ブラウン
プーン 基本有機化学

［第3版］

京都薬科大学名誉教授　　兵庫県立大学名誉教授
池田正澄　　　奥山　格

監訳

東京　廣川書店　発行

訳者一覧 (五十音順)

東屋　　功	東邦大学薬学部教授
飯田　博一	関東学院大学工学部准教授
池田　正澄	京都薬科大学名誉教授
岡本　　忠	近畿大学名誉教授
奥山　　格	兵庫県立大学名誉教授
白井　隆一	同志社女子大学薬学部教授
野上　潤造	元岡山理科大学工学部教授
浜名　　洋	元千葉科学大学薬学部教授
松本　　澄	京都大学名誉教授

Brown, William, H., Poon, Thomas
Introduction To Organic Chemistry—Third Edition.

Copyright © 2005 by John Wiley & Sons, Inc.
This translation published under license.

Translation Copyright © 2006 by Hirokawa Publishing Company.

Ⓒ2006 日本語翻訳出版権所有　廣川書店
　無断転載を禁ず.

Introduction to ORGANIC CHEMISTRY

3rd Edition

William H. Brown
Beloit College

Thomas Poon
Claremont McKenna College
Scripps College
Pitzer College

John Wiley & Sons, Inc.

Project Editor: *Jennifer Yee*
Acquistions Editor: *Kevin Molloy*
Senior Media Editor: *Martin Batey*
Marketing Manager: *Amanda Wygal*
Production Editor: *Sandra Dumas*
Senior Designer: *Kevin Murphy*
Cover and Interior Design: *Nancy Field*
Cover Photo: *Ray Coleman/Photo Researchers, Inc.*
Senior Photo Editor: *Lisa Gee*
Illustration Editor: *Sandra Rigby*
Editorial Program Assistant: *Catherine Donovan*
Production Management Services: *Preparé*

This book was typeset in 10/12 New Baskerville Roman by Preparé and printed and bound by Von Hoffmann Corporation. The cover was printed by Von Hoffmann Corporation.

The paper in this book was manufactured by a mill whose forest management programs include sustained yield harvesting of its timberlands. Sustained yield harvesting principles ensure that the number of trees cut each year does not exceed the amount of new growth.

This book is printed on acid-free paper. ∞

Copyright © 2005 by John Wiley & Sons, Inc. All rights reserved.

No part of this publication may be reproduced, stored in a retrieval system or transmitted in any form or by any means, electronic, mechanical, photocopying recording, scanning or otherwise, except as permitted under Sections 107 or 108 of the 1976 United States Copyright Act, without either the prior written permission of the Publisher or authorization through payment of the appropriate per-copy fee to the Copyright Clearance Center, 222 Rosewood Drive, Danvers, MA 01923, (978) 750-8400, fax (978) 646-8600. Requests to the Publisher for permission should be addressed to the Permissions Department, John Wiley & Sons, Inc., 111 River Street, Hoboken, NJ 07030-5774, (201) 748-6011, fax (201) 748-6008. To order books or for customer service call 1-800-CALL-WILEY(225-5945).

Brown, William, H., Poon, Thomas
Introduction To Organic Chemistry—Third Edition.

ISBN 0-471-44451-0
Wiley International Edition   0-471-45161-4

Printed in the United States of America.

10   9   8   7   6   5   4   3   2   1

訳者序文

　大学で有機化学は何のために学ぶのでしょうか．選んだ学部や学科によって異なると思いますが，大雑把に言えば次の三つになると思います．
　1) 将来有機化学の専門家となり，大学や研究所，企業の研究所の研究者となり，基礎研究あるいは新薬や機能性物質の開発研究に携わるために，
　2) 医療をはじめ，環境化学，衛生化学，食品化学に携わるための基礎的知識として学ぶために，
　3) 直接有機化学とは関係のない分野であっても，一般教養として知っておくために，
が挙げられます．
　このテキストは本質的には二番目の人々のために書かれたものです．しかし，高校の有機化学レベルと大学のそれとの間には相当なギャップがあるのは事実で，将来研究者になろうとしている学生にとっても，最初から大学で高度な分厚いテキストを使うことにはかなりの無理を伴います．そのために一度ざっと有機化学全体を眺めてみて，その後じっくりと詳しくやり直すということをしている大学もあります．そういう場合には本テキストは入門書として最適なものになると思います．決して内容が劣っているという意味ではありません．有機化学的な考え方の基本は十分含まれていますし，内容的に不足している部分は演習問題で補われるように，問題が非常に数多く用意されています．中にはかなり高度な内容の問題も含まれています．そのためにページ数の割に内容が濃くなっています．このテキストの問題以外にウェブサイトを開くとさらに問題が出てきます．このようにして基礎的な有機化学の知識を十分に頭に入れた上で，最後には（第22章 代謝の有機化学）私たちの体の中で起きているさまざまな有機反応を基本的な有機化学の知識で解明しようとしています．そこへ到達するまでにも，私たちの身の周りに見られる有機化学の話題がふんだんにトピックスの形で出てきます．薬に関する話題が多いのも大きな特徴です．
　本書を翻訳するにあたって，スペクトルに関する二章（第11章と第12章）については通常多くの大学で別に機器分析学等の科目で学習するので本書からは割愛しました．また，付録としてついていた「用語のまとめ」もページ数の関係で割愛しました．問題の解答はその半数あまりについて巻末に載せてあります．解答のない問題については自分で考えてみて下さい．その方が力がつくと思います．索引は日本語で作り，それぞれにその英語をカッコで加えました．
　人名，化合物名，用語等については基本的に次のようなルールにしたがいました．
　1) 個々の化合物名は本文中では原則として日本語名で記載した．反応式や構造式中の化合物名は原則的には英語名としたが，命名法の項では日本語名を併記した．総称名は日本語名とした．ただし，第22章の「代謝の有機化学」の項は内容的に生化学に近く，そのため化合物名も生化学の慣例にしたがった．

2）人名や人名反応は原則として英語のままであるが，初出のところでカタカナで発音を示した．ただ，人名については「人名事典」や「広辞苑」などを参考にしたが，必ずしも正確とは限らない．ドイツの文豪ゲーテ Goethe の読み方には既に日本語で 40 通りから 50 通りあると言われ「ギョエテとは俺のことかとゲーテいい」という川柳があるくらいであるから，あくまで参考と考えていただきたい．日本の学会でなら十分通用する．

3）重要用語には初出のところで英語を加え，索引にも英語を並記した．説明不足の用語には適宜訳注を挿入した．

4）その他，学術用語はおおむね「文部省学術用語集化学編（増訂 2 版）」にしたがったが，若干の変更を行っている．例えば，求核種（試薬），求電子種（試薬）などである．

5）化合物名のうち原著に旧名が用いられているものについては，最新の IUPAC 命名規則にしたがって訂正した．

最後に，本書の出版を企画推進された廣川書店会長廣川節男氏，社長廣川治男氏，ならびに編集に当たられた社長室長野呂嘉昭氏，ならびに編集室荻原弘子氏をはじめ多くの方々に厚くお礼申し上げます．

平成 18 年 2 月
（平成 25 年，4 刷にあたって）

訳者一同

緒言

本書の目標

　本書の目標は二つある．一つは，有機化学の領域の中でいろいろな考え方がどのように関係しているか理解し，有機化学の論理を理解できるようにすることである．その目的のために，内容の構成と並べ方を工夫して，すでに学んだこといま勉強しようとしていることの関連をわかりやすくした．もう一つは，有機化学と外の世界がどのように関係しているかをわかるようにすることである．この目的のためには，医学と生物科学，そしてもっと広く私たちのまわりの世界への有機化学の応用について，本文の中でも Chemical Connections 欄でも多数の例をあげて説明している．このように有機化学を論理的に展開し，私たちの生活との関連を述べることによって，有機化学が興味深く理解しやすいものとなり，有機化学が私たちの生活にいかに役立っているか，そしてこれからも重要であることをわかってもらえれば幸いである．

今回の改訂で新しく取り入れたこと

ビジュアルラーニングの重視：　学習と認知に関する研究によると，視覚を用いることと系統立てて学ぶことが非常に効果を高めるという．本書でも全般にわたって，そのような工夫をできるだけ取り入れ，多くの図解で重要な点を吹き出し（短い説明の枠）に書いて見やすくしている．これによって，ほとんどの重要事項をこの位置に見つけることができる．ある事項を思い出したり，問題を解こうとしているときに，各章の該当する図を思い浮かべるようにすればよい．この吹き出しによる視覚的な手がかりが図解の内容や関連事項を思い出すのにいかに役立つかわかって驚くことだろう．

応用問題：　章末の補充問題に応用問題を新しく加えた．この種の問題には，現在学んでいる章と前の章に出てきた概念をこれから学ぶ章に出てくる事柄に応用するような問題を取り上げている．これらの問題の目的は，建設的な方法で有機化学を学ぶことであり，有機化学の学習全体を通して種々の概念が互いに関係し積み上げられて行くことを示すことである．

キラリティーと分子の左右性：　この章は後に移し，第5章のアルケンの反応の次にもってきた．アルケンの付加反応と酸化反応の立体化学の重要性を理解したあとの方が，学生諸君には有機分子の化学を三次元のものとして取り扱うことを容易に行えることがわかったからである．

代謝の有機化学: この章にクエン酸回路の概略を追加した.この回路の主要な反応がそれまでに学んだ有機反応の生化学版であることを示した.この増補は有機化学と生物科学や医学との関係を示すわれわれの努力のもう一つの例に過ぎない.

対象となる読者

　本書は,有機化学の基礎知識を必要とする科学の分野に進もうと考えている学生のために書かれた有機化学の基本的な教科書である.そこで,本書の全般にわたって,有機化学とこれらの科学分野,とくに生物科学,薬学,医学,保健科学との関連について言及するように努めた.本書で有機化学を学んでいく間に,有機化学がこれら多くの学問分野の基盤になっていること,そして有機化合物が,天然物も合成されたものも含めて,私たちのまわりに満ちあふれていることをわかってほしい.それらは,医薬品,プラスチック,繊維,農薬,塗料,衛生用品と化粧品,食品添加物,接着剤,そしてゴムなどである.さらに,有機化学が,ダイナミックで常に成長を続けている科学の領域であり,努力と好奇心とから疑問をもち探究する心構えのある者に開かれた科学であることを実感してほしいと願っている.

本書の構成の概略

　第1章から10章において有機化合物の化学について学ぶ.まず共有結合の基礎,分子のかたち,そして酸塩基の化学を復習することから始め,ついで,重要な有機化合物の構造と典型的な反応について述べる.すなわち,アルカン,アルケンとアルキン,ハロアルカン,アルコールとエーテル,ベンゼンとその誘導体,そしてアミンと続ける.

　第13～15章で,さらにアルデヒドとケトン,カルボン酸,そしてカルボン酸誘導体について学ぶ.第16章ではアルドール反応,Claisen反応とMichael反応について述べる.これら三つの反応は新しい炭素–炭素結合を形成するための重要な方法である.第17章では有機高分子化学について簡単に述べる.

　第18～21章で,炭水化物,アミノ酸とタンパク質,核酸,および脂質の有機化学の基礎について学ぶ.第22章は代謝の有機化学に関する章であり,三つの主要な代謝経路,解糖,脂肪酸のβ酸化とクエン酸回路の理解のために,ここまでに展開してきた有機化学がどのように応用できるかを明らかにする.

章末の補充問題

　章末には多数の補充問題がある.すべての問題は内容によって分類されている.問題番号を赤字で示したのは,天然物や工業製品など実際に役立っているものや研究対象になっている化合物に関連した応用問題である.

有機合成

　本書では，有機合成とその挑戦を教材として取り入れている．この教科書で学んでいる多くの学生が医学，薬学，生化学方面に進むことを考えており，有機合成化学を専門に選ぶ学生は多くないものと思う．一方，有機化学者のもっとも得意とするところは新しい化合物を合成することである．すなわち，ものを作ることである．しかも，有機化学をマスターするのに重要なことの一つは，多くの問題を解いてみることである．この目的のために，実際に用いられているものを標的化合物として選び多数の合成問題を作った．これによって実際的な合成に特定の有機反応を選んで用いる練習ができることをねらっている．われわれの意図するところは，例えば，プロカインの合成法を提案することができるようになることではなくて，反応経路の概略を示したときに，必要な反応剤に何を用いたらよいか決めることができることである．

分子模型

　本書のために275種以上の分子模型を描いた．分子模型はChem3D（CambridgeSoft社）を用いて描いた．また，分子やイオンの中の正電荷と負電荷の計算値を示す電子密度図も説明に用いた．この2種類の分子模型を用いたのは，有機分子を三次元的に見ることに慣れ，異なる電荷の間の引力が化学反応性を決める主要な因子になっていることをわかってもらいたいからである．

章内の例題

　各章の中に詳しい解答のついた例題がたくさんある．例題に続いて同等な練習問題があるので，自分で類題を解いてみることができる．

フルカラーの図と写真

　本書の大きな特徴の一つは視覚に訴える美しさである．写真家のJohn WoolseyとBette Woolseyによる200以上のフルカラー作品を収録している．

欄外の重要用語

　初出の重要用語を太字にし，近くの欄外に定義を書いて学習の便に供した．

章末のまとめと重要反応のまとめ

　章末のまとめには，その章で出てきた新しい重要な用語と概念とを整理している．さらに，新反応を一つずつ取り上げて関連する節を示している．

学生のための補助教材

マルチメディアによる自習： Wiley 社のホームページのウェブサイト（www.wiley.com/college/brown）にアクセスすれば，フラッシュカードとオンラインテストが利用できる．フラッシュカードは Thomas Poon によって作られたもので，便利で勉強しやすいように，重要な反応や概念を整理している．各反応の機構とともに実例を示している．また，ウェブサイトにテスト問題が提供されており，自分のペースで演習し，復習することができる．解答はオンラインで採点される．

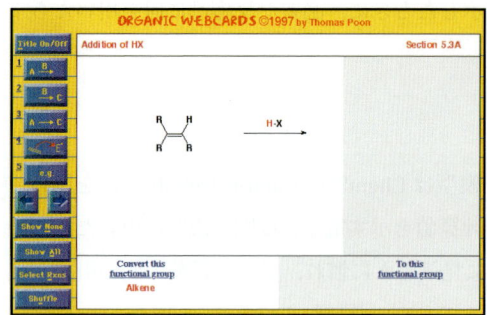 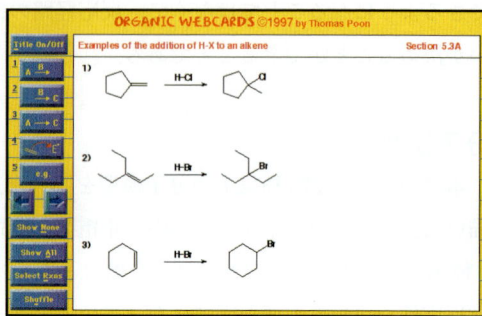

スタディーガイド（Student Solutions Manual）： 全問題の詳しい解答が Mark Erickson（Hartwick College）によってまとめられ，Wiley 社から英語版として出版されている．

謝　辞

　どんな教科書にも「著者」として 1 人あるいは数人の名前があげられているが，実際には数多くの人々の協力によってできるものである（ある人は目に見える仕事をし，ある人は目立たない協力をしているという違いはあるにしても）．ここに多くの方々の御協力を記して感謝の意を表したい．まず，本書をかたちあるものにしていただいた John Wiley 社の David Harris 氏に感謝する．そして編集にかかわった Jennifer Yee（Project Editor），Kevin Molloy（Aquisitions Editor），Amanda Wygal（Marketing Manager），Sandra Dumas（Production Editor），Sandra Rigby（Illustrations Editor），Kevin Murphy（Senior Designer），Lisa Gee（Photo Editor），Martin Batey（Senior New Media Editor），Catherine Donovan（Editorial Program Assistant）の各氏にも謝意を表する．

　また，本書出版のさまざまな過程で貴重なご意見を賜った下記の先生方に心からの謝意を捧げる．

校閲して下さった方々

Jennifer Batten, *Grand Rapids Community College*
Dana S. Chatellier, *University of Delaware*
Peter Hamlet, *Pittsburg State University*
John F. Helling, *University of Florida, Gainesville*
Klaus Himmeldirk, *Ohio University, Athens*

Dennis Neil Kevill, *Northern Illinois University*
Dalila G. Kovacs, *Michigan State University, East Lansing*
Tom Munson, *Concordia University*
Robert H. Paine, *Rochester Institute of Technology*
Jeff Piquette, *University of Southern Colorado, Pueblo*

Joe Saunders, *Pennsylvania State University*

Joshua R. Smith, *Humboldt State University*

K. Barbara Schowen, *University of Kansas, Lawrence*

Richard T. Taylor, *Miami University, Oxford*

Robert P. Smart, *Grand Valley State University*

Kjirsten Wayman, *Humboldt State University*

概要目次

1 共有結合と分子のかたち　1
2 酸塩基反応　43
3 アルカンとシクロアルカン　63
4 アルケンとアルキン　105
5 アルケンの反応　129
6 キラリティー：分子の左右性　155
7 ハロアルカン　187
8 アルコール，エーテルおよびチオール　219
9 ベンゼンとその誘導体　259
10 ア ミ ン　307
13 アルデヒドとケトン　337
14 カルボン酸　377
15 カルボン酸誘導体　407
16 エノラートアニオン　439
17 有機高分子化学　471
18 炭 水 化 物　497
19 アミノ酸とタンパク質　529
20 核　酸　559
21 脂　質　587
22 代謝の有機化学　615

目次

1 共有結合と分子のかたち 1

1.1 はじめに 1
1.2 原子の電子構造 2
1.3 結合のLewisモデル 6
1.4 結合角と分子のかたち 16
1.5 極性分子と非極性分子 20
1.6 共鳴 22
1.7 共有結合の軌道モデル 25
1.8 官能基 31
まとめ 36
補充問題 37

■ CHEMICAL CONNECTIONS
1 バッキーボール―炭素の新しい同素体 20

2 酸塩基反応 43

2.1 はじめに 43
2.2 Arrheniusの酸と塩基 44
2.3 Brønsted-Lowryの酸と塩基 46
2.4 酸と塩基の強さの定量的尺度 49
2.5 酸塩基反応の平衡位置 51
2.6 分子構造と酸性度 53
2.7 Lewis酸とLewis塩基 55
まとめ 58
重要な反応 58
補充問題 59

3 アルカンとシクロアルカン 63

3.1 はじめに 63

3.2 アルカンの構造　64
3.3 アルカンの構造異性　66
3.4 アルカンの命名　69
3.5 シクロアルカン　73
3.6 IUPAC 規則：命名法の一般則　74
3.7 アルカンとシクロアルカンの立体配座　76
3.8 シクロアルカンのシス–トランス異性　83
3.9 アルカンとシクロアルカンの物理的性質　88
3.10 アルカンの反応　91
3.11 アルカンの供給源　92
まとめ　95
重要な反応　96
補充問題　97

■ CHEMICAL CONNECTIONS

3A 毒をもつ魚，フグ　84
3B オクタン価：給油所で見る数字は何を意味するのか　94

4 アルケンとアルキン　105

4.1 はじめに　105
4.2 構　造　107
4.3 命名法　109
4.4 物理的性質　118
4.5 天然に存在するアルケン：テルペン　118
まとめ　121
補充問題　121

■ CHEMICAL CONNECTIONS

4A エチレン：植物の成長調整剤　106
4B 視覚におけるシス–トランス異性　117
4C なぜ植物はイソプレンを放出するのか　119

5 アルケンの反応　129

5.1 はじめに　129
5.2 反応機構　130
5.3 求電子付加反応　134
5.4 アルケンの酸化：グリコールの生成　145
5.5 アルケンの還元：アルカンの生成　146

まとめ　149

重要な反応　149

補充問題　150

6　キラリティー：　分子の左右性　155

6.1　はじめに　155

6.2　立体異性体　156

6.3　エナンチオマー　156

6.4　キラル中心の命名：R, S 表示法　162

6.5　2個のキラル中心をもつ鎖状化合物　164

6.6　2個のキラル中心をもつ環状化合物　168

6.7　3個以上のキラル中心をもつ化合物　171

6.8　立体異性体の性質　171

6.9　光学活性：キラリティーはどのように観測されるか　172

6.10　生物界におけるキラリティーの重要性　175

6.11　エナンチオマーの分離：光学分割　176

まとめ　179

補充問題　179

■ CHEMICAL CONNECTIONS

6　キラルな医薬品　178

7　ハロアルカン　187

7.1　はじめに　187

7.2　命名法　188

7.3　脂肪族求核置換反応と脱離反応　190

7.4　脂肪族求核置換反応　192

7.5　脂肪族求核置換反応の機構　192

7.6　S_N1 機構と S_N2 機構の実験的証拠　196

7.7　求核置換反応の解析　200

7.8　脱離反応　202

7.9　脱離反応の機構　204

7.10　置換と脱離　207

まとめ　210

重要な反応　211

補充問題　212

■ CHEMICAL CONNECTIONS

14 カルボン酸　377

- 14.1　はじめに　377
- 14.2　構　造　378
- 14.3　命名法　378
- 14.4　物理的性質　382
- 14.5　酸性度　383
- 14.6　還　元　388
- 14.7　Fischer エステル化　390
- 14.8　酸塩化物への変換　394
- 14.9　脱炭酸　395
- まとめ　399
- 重要な反応　399
- 補充問題　400

■ CHEMICAL　CONNECTIONS
- 14A　柳の樹皮からアスピリン，そしてそれから　388
- 14B　香料としてのエステル類　392
- 14C　ピレトリン：植物由来の天然殺虫剤　394
- 14D　ケトン体と糖尿病　396

15 カルボン酸誘導体　407

- 15.1　はじめに　407
- 15.2　構造と命名法　408
- 15.3　特徴的な反応　414
- 15.4　水との反応：加水分解　415
- 15.5　アルコールとの反応　420
- 15.6　アンモニアおよびアミンとの反応　421
- 15.7　カルボン酸誘導体の相互変換　424
- 15.8　エステルと Grignard 試薬との反応　425
- 15.9　還　元　427
- まとめ　430
- 重要な反応　430
- 補充問題　432

■ CHEMICAL　CONNECTIONS
- 15A　紫外線防護と日焼け止め　409
- 15B　カビのはえたクローバーから開発された血液希釈剤　410
- 15C　ペニシリンとセファロスポリン：β-ラクタム抗生物質　412

15D 計画的に獲得される植物の抵抗力　425

16　エノラートアニオン　439

16.1　はじめに　439

16.2　エノラートアニオンの生成　440

16.3　アルドール反応　442

16.4　Claisen 縮合と Dieckmann 縮合　448

16.5　生物界における Claisen 縮合とアルドール縮合　453

16.6　Michael 反応：α, β-不飽和カルボニル化合物への共役付加　455

まとめ　461

重要な反応　461

補充問題　463

■ CHEMICAL CONNECTIONS

16　血しょう中のコレステロール値を下げる薬物　456

17　有機高分子化学　471

17.1　はじめに　471

17.2　高分子の構造　472

17.3　高分子の表記法と命名法　473

17.4　高分子の形状：結晶と非晶質　474

17.5　逐次重合高分子　476

17.6　連鎖重合高分子　483

17.7　プラスチックのリサイクル　489

まとめ　490

重要な反応　491

補充問題　492

■ CHEMICAL CONNECTIONS

17A　溶けてなくなる縫い目　482

17B　紙かプラスチックか　485

18　炭水化物　497

18.1　はじめに　497

18.2　単糖　498

18.3　単糖の環状構造　502

18.4　単糖の反応　507

18.5　血糖（グルコース）値の検査　512
18.6　L-アスコルビン酸（ビタミンC）　513
18.7　二糖とオリゴ糖　513
18.8　多　糖　517
まとめ　520
重要な反応　521
補充問題　522

■ CHEMICAL CONNECTIONS

18A　炭水化物と人工甘味料の相対的な甘さ　515
18B　A, B, AB, O の血液型を決める物質　516

19　アミノ酸とタンパク質　529

19.1　はじめに　529
19.2　アミノ酸　530
19.3　アミノ酸の酸塩基の性質　534
19.4　ポリペプチドとタンパク質　539
19.5　ポリペプチドとタンパク質の一次構造　541
19.6　ポリペプチドとタンパク質の三次元構造　545
まとめ　552
重要な反応　553
補充問題　554

20　核　酸　559

20.1　はじめに　559
20.2　ヌクレオシドとヌクレオチド　560
20.3　DNA の構造　563
20.4　リボ核酸　570
20.5　遺伝暗号　573
20.6　核酸の配列決定　576
まとめ　582
補充問題　582

■ CHEMICAL CONNECTIONS

20A　抗ウイルス薬の探索　560
20B　DNA 指紋　581

21 脂質　587

- 21.1 はじめに　587
- 21.2 油脂　588
- 21.3 せっけんと洗剤　591
- 21.4 リン脂質　594
- 21.5 ステロイド　597
- 21.6 プロスタグランジン　603
- 21.7 脂溶性ビタミン　606
- まとめ　610
- 補充問題　611

■ CHEMICAL CONNECTIONS
- 21A 蛇毒のリン脂質加水分解酵素　596
- 21B 非ステロイド性エストロゲン拮抗剤　603

22 代謝の有機化学　615

- 22.1 はじめに　615
- 22.2 解糖とβ酸化に関与する主役たち　616
- 22.3 解糖　621
- 22.4 解糖の10の反応　622
- 22.5 ピルビン酸の運命　627
- 22.6 脂肪酸のβ酸化　630
- 22.7 クエン酸回路　634
- まとめ　638
- 重要な反応　639
- 補充問題　640

問題の解答　643

索引　699

1 共有結合と分子のかたち

- 1.1 はじめに
- 1.2 原子の電子構造
- 1.3 結合の Lewis モデル
- 1.4 結合角と分子のかたち
- 1.5 極性分子と非極性分子
- 1.6 共鳴
- 1.7 共有結合の軌道モデル
- 1.8 官能基

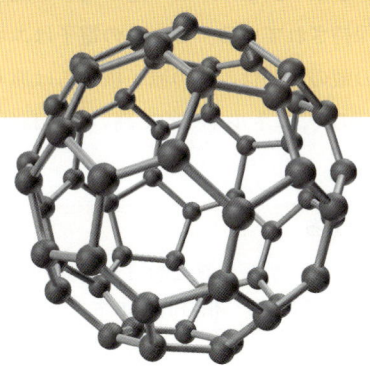

ダイヤモンドの構造の模型．ダイヤモンドは純粋な炭素の同素体の一つであり，各炭素原子は4個の他の炭素原子と結合している．この4個の炭素原子はそれぞれ正四面体の頂点に位置する．左にもう一つの炭素の同素体であるバッキーボールの模型を示す．その分子式は C_{60} である．
(*Charles D. Winters*)

1.1 はじめに

　有機化学は，最も簡単な定義によれば，炭素の化合物の科学であるといえる．有機化学を学ぶにしたがって，有機化合物は私たちのまわりにいくらでもあることに気づくだろう．食物と香辛料に，医薬品，衛生用品と化粧品に，プラスチック，フィルム，繊維，そして樹脂に，ペンキやニスに，接着剤や粘着剤にも，そしてもちろん私たちの身体にも，あらゆる生物体にも，有機化合物は存在する．

　有機化学の特筆すべき特徴は，炭素とほかに数種の元素（おもに水素，酸素と窒素）だけの化学であるということだろう．化学者がこれまでに発見したり作ってきた有機化合物は，優に 1,000 万種を超えている．その大多数は炭素とこれら3種の

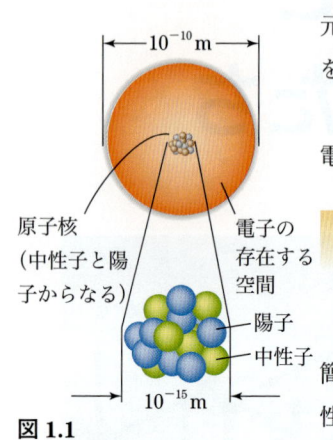

図 1.1
原子の模式図. 原子の質量の大部分は, 小さいが密度の高い原子核に集中している.

殻: 原子核のまわりの電子の存在する空間.

元素だけからなるが, 硫黄, リン, そしてハロゲン (フッ素, 塩素, 臭素, ヨウ素) を含むものも少なくない.

有機化学の学習を始めるに当たって, まず炭素, 水素, 酸素, 窒素がどのように電子対を共有して結合を作り, 分子を形成するのかということから見ていこう.

1.2 原子の電子構造

原子の電子構造の基礎については, ほかの化学の講義ですでに学んでいると思う. 簡単にいえば, 原子は小さくて高密度の原子核と電子からできている. 原子核は中性子と正電荷をもつ陽子とからなり, 原子の質量の大部分は原子核に由来する. 原子核の外側は, 負電荷をもつ電子が存在する広い空間で取り囲まれている. 原子核の直径は $10^{-14} \sim 10^{-15}$ m である. 電子の存在する空間はずっと広くその直径はおおよそ 10^{-10} m である (図 1.1).

電子は原子核のまわりの空間を自由に動きまわれるわけではなく, **主エネルギー準位**あるいは単に**殻** shell とよばれる限定された空間に存在する. この殻は, 1, 2, 3 というように番号 n で区別され, それぞれ最大 $2n^2$ 個の電子を収容することができる. すなわち, 第一の殻は 2 電子を収容でき, 2 番目の殻は 8 電子, 3 番目の殻は 18 電子, 4 番目の殻は 32 電子まで収容できる (表 1.1). 第一殻の電子は正電荷をもつ原子核の最も近くにあり, 最も強く保持されている. これらの電子はエネルギー的に最も低いといわれる. 大きい番号の殻の電子は, 正の原子核からは遠く離れておりそれだけ弱くしか保持されていないので, エネルギー的に高いといわれる.

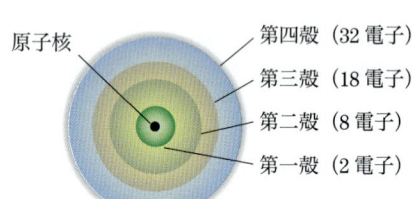

表 1.1 殻における電子の分布

殻	殻が収容できる電子の数	殻における電子の相対的なエネルギー
4	32	高い
3	18	↑
2	8	
1	2	低い

表 1.2 殻の中における軌道の分布

殻	殻に含まれる軌道	殻が収容できる電子の数
4	4s 軌道 1 個, 4p 軌道 3 個, 4d 軌道 5 個, 4f 軌道 7 個	2 + 6 + 10 + 14 = 32
3	3s 軌道 1 個, 3p 軌道 3 個, 3d 軌道 5 個	2 + 6 + 10 = 18
2	2s 軌道 1 個, 2p 軌道 3 個	2 + 6 = 8
1	1s 軌道 1 個	2

殻はさらに s, p, d, f というアルファベットで区別される副殻に分かれる．この副殻の中で電子は軌道に所属する（表1.2）．**軌道** orbital とは，2電子を保持できる空間領域のことである．第一殻には軌道が一つだけあり，1s 軌道とよばれる．第二殻には 2s 軌道が一つと 2p 軌道が三つある．p 軌道は常に 3 個セットで存在し，電子を最大 6 個まで収容できる．第三殻には，3s 軌道 1 個，3p 軌道 3 個，3d 軌道 5 個がある．d 軌道は 5 個セットで存在し，10 個まで電子を収容できる．f 軌道は 7 個セットで存在し，14 個まで電子を収容できる．本書では，炭素と水素，酸素および窒素の化合物を中心に考えるが，これらの原子は s と p 軌道の電子だけを使って共有結合をつくる．したがって，おもに s と p 軌道について説明しよう．

> 軌道：1 個あるいは 2 個の電子が 90〜95％の時間を過ごす空間領域．

A 原子の電子配置

原子の電子配置とは，その電子がどの軌道にあるかを記述するものである．どの原子についても電子配置はいくらでも可能である．ここでは，**基底状態電子配置** ground-state electron configuration，すなわち最もエネルギーの低い電子配置についてのみ考える．周期表の最初の 18 種の元素の基底状態電子配置を表 1.3 に示す．原子の基底状態電子配置は，次の三つの規則を用いて決めることができる．

> 基底状態電子配置：原子，分子またはイオンの最低エネルギーの電子配置．

規則1． 軌道は，エネルギーの低い方から高い方に順に電子で満たされる．
　例：本書では主として周期表の第一，第二および第三周期の元素を取り扱っている．これらの元素の軌道は，1s, 2s, 2p, 3s, 3p の順に満たされる（図1.2）．

規則2． 各軌道はスピンが対になった電子を 2 個まで収容できる．
　例：1s と 2s 軌道が 4 個の電子で満たされると，$1s^2 2s^2$ と表す．もう 6 個の電子で 1 組の p 軌道 3 個が満たされると，$2p_x^2 2p_y^2 2p_z^2$ と書けばよい．あるいは，満たされた 2p 軌道 3 個をまとめて単に $2p^6$ と書いてもよい．スピンが対になるとは，各電子のスピンがその相手のものとは逆方向になっていることを

表1.3　元素 1〜18 の基底状態電子配置

この表では，すべての満たされた内殻を表すのに直前の希ガス元素記号を用いる．例えば，ヘリウムの原子価殻は $1s^2$ であり，ネオンの原子価殻は $2s^2 2p^6$ である．そこでネオンの電子配置を省略形で [He] $2s^2 2p^6$ と表す．

第一周期*		第二周期		第三周期	
H 1	$1s^1$	Li 3	[He] $2s^1$	Na 11	[Ne] $3s^1$
He 2	$1s^2$	Be 4	[He] $2s^2$	Mg 12	[Ne] $3s^2$
		B 5	[He] $2s^2 2p_x^1$	Al 13	[Ne] $3s^2 3p_x^1$
		C 6	[He] $2s^2 2p_x^1 2p_y^1$	Si 14	[Ne] $3s^2 3p_x^1 3p_y^1$
		N 7	[He] $2s^2 2p_x^1 2p_y^1 2p_z^1$	P 15	[Ne] $3s^2 3p_x^1 3p_y^1 3p_z^1$
		O 8	[He] $2s^2 2p_x^2 2p_y^1 2p_z^1$	S 16	[Ne] $3s^2 3p_x^2 3p_y^1 3p_z^1$
		F 9	[He] $2s^2 2p_x^2 2p_y^2 2p_z^1$	Cl 17	[Ne] $3s^2 3p_x^2 3p_y^2 3p_z^1$
		Ne 10	[He] $2s^2 2p_x^2 2p_y^2 2p_z^2$	Ar 18	[Ne] $3s^2 3p_x^2 3p_y^2 3p_z^2$

*元素は，記号，原子番号，基底状態電子配置の順で示す．

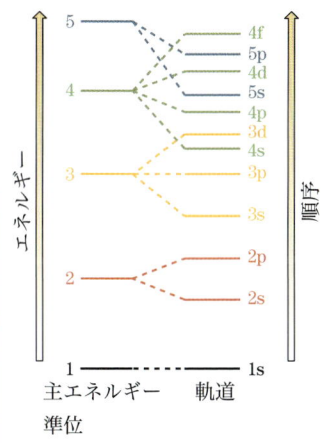

図 1.2
5p 軌道までの相対的エネルギーと軌道を満たしていく順序．

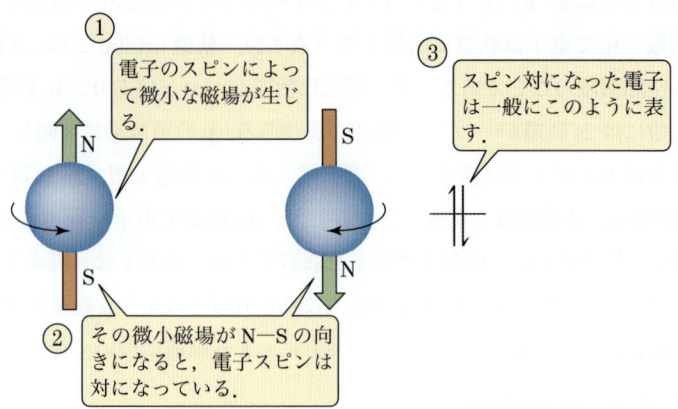

図 1.3
電子スピンの対形成.

意味する（図 1.3）．このスピン対を表すために，一方が上を向きもう一方が下を向いた二つの矢印（⇅）を書く．

規則 3．エネルギーの等しい軌道が複数あって，それらを完全に満たすだけの電子がない場合には，まずすべての軌道に 1 個ずつ電子を入れてから 2 個目の電子を等価な軌道のどれにでも入れていく．

例：4 電子で 1s と 2s 軌道が満たされてから，5 個目の電子を $2p_x$ 軌道に，6 個目の電子を $2p_y$ 軌道に，7 個目の電子を $2p_z$ 軌道に入れる．すべての 2p 軌道に 1 電子ずつ入ってからはじめて，2 個目の電子を $2p_x$ 軌道に入れる．8 電子の場合には，基底状態電子配置は $1s^2 2s^2 2p_x^2 2p_y^1 2p_z^1$ あるいは単に $1s^2 2s^2 2p^4$ と書く．

例題 1.1

次の元素の基底状態の電子配置を書け．
(a) リチウム　　(b) 酸素　　(c) 塩素

解　答
(a) リチウム（原子番号 3）：$1s^2 2s^1$ あるいは，[He] $2s^1$ と書いてもよい．
(b) 酸素（原子番号 8）：$1s^2 2s^2 2p_x^2 2p_y^1 2p_z^1$ あるいは，2p 軌道の 4 電子をまとめて $1s^2 2s^2 2p^4$ と書いてもいいし，[He] $2s^2 2p^4$ と書いてもよい．
(c) 塩素（原子番号 17）：$1s^2 2s^2 2p^6 3s^2 3p^5$ あるいは，[Ne] $3s^2 3p^5$ と書いてもよい．

練習問題 1.1

次の元素の基底状態の電子配置を書いて，比較せよ．
(a) 炭素とケイ素　　(b) 酸素と硫黄　　(c) 窒素とリン

B　Lewis 構造

　化学者が元素の物理的な性質や化学的な性質を考えるとき，その原子の最外殻に注目することが多い．それは最外殻の電子が化学結合の生成や化学反応に関係しているからである．この外殻電子を**価電子** valence electron とよび，そのエネルギー準位は**原子価殻** valence shell とよばれる．例えば，炭素は $1s^2 2s^2 2p^2$ の基底状態電子配置をもち，4個の価電子（外殻電子）をもつ．

　原子の外殻電子を示すために，**Lewis 構造**とよばれる表現法を用いるのが一般的である．この表現法はアメリカの化学者 Gilbert N. Lewis（ルイス）によって提案された．Lewis 構造は，元素記号のまわりに外殻電子の数に相当する点をつけて表される．このときの元素記号は原子核と満たされた内殻電子すべてを表していることになる．表1.4に最初の18元素の Lewis 構造を示す．例えば，酸素は6個の価電子をもち，16族に属する．

　貴ガスのヘリウム，ネオンおよびアルゴンの原子価殻は完全に満たされている．ヘリウムの原子価殻は2電子で満たされ，ネオンの原子価殻は8電子で満たされている．ネオンとアルゴンはその原子価殻の s と p 軌道が8個の電子で満たされた同じ電子配置をもつ．表1.4に示された他のすべての元素の原子価殻に含まれる電子の数は8個より少ない．

　表1.4の Lewis 構造を表1.3の基底状態電子配置と比べてみよう．例えば，ホウ素（B）の Lewis 構造は表1.4に3個の価電子で表されている．これらは表1.3に見られるように 2s 電子2個と $2p_x$ 電子1個に相当する．炭素（C）の Lewis 構造は表1.4に4個の価電子で表されている．これらは対になった 2s 電子2個と $2p_x$ 電子，$2p_y$ 電子の1個ずつに相当する（表1.3）．

　また，周期表（表1.4）の第二周期の C, N, O, F の価電子は，第二殻に属することにも注意しよう．この第二殻を満たすには8電子が必要である．第三周期の Si, P, S, Cl の価電子は第三殻に属する．この第三殻は，8電子では完全には満たされない．3s と 3p 軌道が満たされるだけで，まだ5個の 3d 軌道があって10電子を収容できる．第二周期と第三周期の元素では原子価殻の軌道の数と種類が異なるために，酸素と硫黄あるいは窒素とリンは共有結合をつくるときにかなりの違いを示す．例えば，酸素と窒素は原子価殻に8電子しか収容できないが，リンを含む化合物はリンの原子価殻に10電子もっていることが多いし，硫黄を含む化合物では硫黄の原子

価電子：原子の原子価殻（最外殻）にある電子．原子価電子ともいう．

原子価殻：原子の一番外側にある殻（最外殻）．

原子の Lewis 構造：価電子の数に相当するだけの点に取り囲まれた元素記号．

Gilbert N. Lewis（1875 〜 1946）は電子対の理論を提案し，共有結合と酸塩基の概念の理解に大きな進歩をもたらした．電子を点で示す構造式を Lewis 構造というのは，彼の業績をたたえるものである．（UPI/Bettmann）

表1.4　周期表における元素1〜18の Lewis 構造

1	2	13	14	15	16	17	18
H·							He:
Li·	Be:	B:	·C·	·N·	:O·	:F:	:Ne:
Na·	Mg:	Al:	·Si·	·P·	:S·	:Cl:	:Ar:

価殻に 10 電子さらに 12 電子もっていることも多い．

1.3 結合の Lewis モデル

A イオンの生成

1916 年に Lewis は，化学結合や元素の反応に関する種々の観測結果を統一的に説明する見事で単純なモデルを提案した．彼は，貴ガス（18 族）が化学的に不活性であるのは，これらの元素の電子配置の高い安定性によるものであると指摘した．ヘリウムは 2 電子の原子価殻（$1s^2$），ネオンは 8 電子の原子価殻（$2s^2 2p^6$），およびアルゴンは 8 電子の原子価殻（$3s^2 3p^6$）をもっている．

8 個の価電子をもつ最外殻を達成するように反応する原子の傾向は，1, 2, 13 〜 17 族の元素（典型元素）の場合にとくに一般的であり，特別なよび方で**オクテット則** octet rule といわれる．価電子が 8 個に少しだけ足りないような原子は，8 個になるように電子を得て，原子番号の近い貴ガスに似た電子配置を形成する傾向がある．電子を得ると，その原子は負電荷をもつイオンになり，**アニオン** anion（陰イオン）とよばれる．1 個か 2 個しか価電子をもっていない原子は，その電子を失って貴ガスと同じ電子配置をもつようになる．電子を失うと，その原子は正電荷をもつイオンになり，**カチオン** cation（陽イオン）とよばれる．

貴ガス	貴ガスの電子配置
He	$1s^2$
Ne	[He] $2s^2 2p^6$
Ar	[Ne] $3s^2 3p^6$
Kr	[Ar] $4s^2 4p^6$
Xe	[Kr] $5s^2 5p^6$

オクテット則：8 個の価電子をもつ外殻を形成するように反応する典型原子の傾向．

アニオン：負電荷をもつ原子あるいは原子の集まり（陰イオンともいう）．

カチオン：正電荷をもつ原子あるいは原子の集まり（陽イオンともいう）．

例題 1.2

ナトリウム原子が 1 電子失ってナトリウムイオンになると，安定なオクテットが形成されることを説明せよ．

$$\text{Na} \longrightarrow \text{Na}^+ + e^-$$
ナトリウム　　ナトリウム　　電子
原子　　　　　イオン

解　答

この化学変化によってオクテットが形成されることを確かめるには，Na と Na^+ の基底状態電子配置を書いてそれらを比べればよい．

$$\text{Na （11 電子）}: 1s^2 2s^2 2p^6 3s^1$$
$$\text{Na}^+ \text{（10 電子）}: 1s^2 2s^2 2p^6$$

ナトリウム原子は価電子を 1 個しかもっておらず，これを失って Na^+ になると，原子価殻は 8 電子で完全なオクテットになっており，これは原子番号の最も近い貴ガスであるネオンの電子配置と同じである．

> **練習問題 1.2**
> 硫黄原子が電子を2個獲得して硫化物イオンになると，安定なオクテットが形成されることを説明せよ．
> $$S + 2e^- \longrightarrow S^{2-}$$

B 化学結合の生成

Lewis の結合モデルによれば，化学結合する原子は互いに相互作用して，それぞれ原子番号の最も近い貴ガスの原子価殻と同じ電子配置をもつようになる．原子が満たされた原子価殻をもつ方法には2通りある．

1. 原子が完全に満たされた原子価殻をもつためには，余分の電子を失ってもよいし不足の電子をもらってもよい．電子を受けとった原子はアニオンになり，電子を失った原子はカチオンになる．アニオンとカチオンの間の化学結合は**イオン結合** ionic bond とよばれる．
2. 原子は，一つあるいは複数の他の原子と電子を共有して原子価殻を満たしてもよい．電子を共有してできる化学結合は**共有結合** covalent bond とよばれる．

ここで，化合物の中の二つの原子がイオン結合しているか，共有結合しているかをどう見分ければよいのか問題になる．これに答える一つの方法は，二つの原子の周期表の中での相対的な位置を考えることである．イオン結合は，ふつう金属と非金属の間に形成される．イオン結合の一例は，塩化ナトリウム Na^+Cl^- における金属のナトリウムと非金属の塩素の間に形成されるものである．対照的に，非金属どうしあるいは非金属と**メタロイド** metaloid の間の結合は通常共有結合である．非金属どうしの共有結合を含む化合物の例としては，Cl_2, H_2O, CH_4, NH_3 などがある．メタロイドと非金属の共有結合をもつ化合物の例には，BF_3, $SiCl_4$, AsH_4 などがある．

結合の種類を見分けるもう一つの方法は，結合している原子の電気陰性度を比べることであり，次節で説明する．

イオン結合：アニオンとカチオンの静電引力によって生じる化学結合．

共有結合：1組あるいはそれ以上の電子対を共有することによって形成される化学結合．

メタロイド：B, Si, As などのように金属と非金属の中間の元素（半金属ともいう）．

C 電気陰性度と化学結合

電気陰性度 electronegativity は，ある原子が化学結合でもう一つの原子と共有している電子を引きつける強さの尺度である．最も広く用いられている電気陰性度の尺度は，1930年代に Linus Pauling（ポーリング）によって考案されたものである．Pauling の尺度（表 1.5）では，最も電気的に陰性な元素であるフッ素の電気陰性度を 4.0 とし，他のすべての元素の電気陰性度はフッ素との関係で決められている．

この表の電気陰性度の値を調べてみると，その値は同じ周期では左から右にいくにしたがって，同じ族では下から上にいくにしたがって大きくなることがわかる．電気陰性度が左から右に大きくなるのは，原子核上の正電荷が大きくなり，原子価

電気陰性度：ある原子が化学結合でもう一つの原子と共有している電子を引きつける強さの尺度．

表1.5 原子の電気陰性度（Pauling）

族	1	2	3	4	5	6	7	8	9	10	11	12	13	14	15	16	17
																	H 2.1
	Li 1.0	Be 1.5											B 2.0	C 2.5	N 3.0	O 3.5	F 4.0
	Na 0.9	Mg 1.2											Al 1.5	Si 1.8	P 2.1	S 2.5	Cl 3.0
	K 0.8	Ca 1.0	Sc 1.3	Ti 1.5	V 1.6	Cr 1.6	Mn 1.5	Fe 1.8	Co 1.8	Ni 1.8	Cu 1.9	Zn 1.6	Ga 1.6	Ge 1.8	As 2.0	Se 2.4	Br 2.8
	Rb 0.8	Sr 1.0	Y 1.2	Zr 1.4	Nb 1.6	Mo 1.8	Tc 1.9	Ru 2.2	Rh 2.2	Pd 2.2	Ag 1.9	Cd 1.7	In 1.7	Sn 1.8	Sb 1.9	Te 2.1	I 2.5
	Cs 0.7	Ba 0.9	La 1.1	Hf 1.3	Ta 1.5	W 1.7	Re 1.9	Os 2.2	Ir 2.2	Pt 2.2	Au 2.4	Hg 1.9	Tl 1.8	Pb 1.8	Bi 1.9	Po 2.0	At 2.2

凡例: <1.0 ／ 1.0–1.4 ／ 1.5–1.9 ／ 2.0–2.4 ／ 2.5–2.9 ／ 3.0–4.0

殻の電子を強く引きつけるためである．下から上に大きくなるのは原子核からの価電子の距離が小さくなり，原子核と価電子の間の引力が強くなるためである．

しかし，表1.5の数値は近似的なものに過ぎないということに注意しなければならない．ある特定の元素の電気陰性度は，周期表の位置だけでなくその酸化状態にも依存する．例えば，Cu_2OのCu(I)の電気陰性度は1.8であるが，CuOのCu(II)の電気陰性度は2.0である．このような変動があるにもかかわらず，電気陰性度は化学結合における電子の分布を推定する目やすとして有用である．

Linus Pauling（1901〜1994）は，二つのノーベル賞をいずれも単独で得た最初の人物である．1954年に化学結合の本性の理解に寄与した功績に対してノーベル化学賞が授与された．1962年には，核兵器の国際管理と核実験禁止運動の推進における貢献に対してノーベル平和賞が授与された．（UPI/Bettmann）

例題 1.3

周期表の位置から判断して，どちらの元素の電気陰性度が大きいか推定せよ．
(a) リチウムと炭素　　(b) 窒素と酸素　　(c) 炭素と酸素

解　答

これらの組合せの元素はすべて周期表の第二周期にある．第二周期における電気陰性度は，左から右にいくにしたがって大きくなる．
(a) C > Li　　　　(b) O > N　　　　(c) O > C

練習問題 1.3

周期表の位置から判断して，どちらの元素の電気陰性度が大きいか推定せよ．
(a) リチウムとカリウム　　(b) 窒素とリン　　(c) 炭素とケイ素

イオン結合

イオン結合は，電気陰性度の低い原子の原子価殻から電気陰性度の高い原子の原子価殻に電子が移動することによって形成される．より電気陰性な原子は 1 個あるいは複数の電子を得てアニオンになり，電気陽性な原子は 1 個あるいは複数の電子を失ってカチオンになる．

目やすとして，二つの原子の電気陰性度の差がおよそ 1.9 以上あれば，上記のような電子の移動が起こりイオン性の化合物を生成すると考えて差し支えない．この差が 1.9 よりも小さければ，共有結合をつくると考えてよい．1.9 という値はやや任意的なものであり，人によってはもう少し大きい値が妥当であると考えるし，もう少し小さい値の方がいいという人もいる．このことには注意しなければならないが，1.9 という値は結合がイオン的になりやすいか，共有結合的になりやすいかという目やすを与えるという点で重要である．

イオン結合の一例として，ナトリウム（電気陰性度 0.9）とフッ素（電気陰性度 4.0）の間に形成される結合がある．これら両元素の電気陰性度の差は 3.1 である．Na^+F^- を生成する際に，ナトリウムの 3s 価電子 1 個がフッ素の完全には満たされていない原子価殻に移動する．

$$Na(1s^22s^22p^63s^1) + F(1s^22s^22p^5) \longrightarrow Na^+(1s^22s^22p^6) + F^-(1s^22s^22p^6)$$

この 1 電子の移動の結果，ナトリウムとフッ素は両方とも，原子番号がそれぞれに最も近い貴ガスであるネオンと同じ電子配置をもったイオンを生成する．次の反応式では，Na から F への 1 電子の移動を示すために ⌒ の矢印を用いている．

$$Na\cdot + \cdot\ddot{F}\colon \longrightarrow Na^+ \colon\ddot{F}\colon^-$$

共有結合

共有結合は，電気陰性度の差が 1.9 以下の二つの原子の間で電子対を共有することによって形成される．Lewis モデルによれば，共有結合の 1 対の電子は同時に二つの働きをしている．二つの原子によって共有されると同時にそれぞれの原子の原子価殻を満たしている．

最も簡単な共有結合の例は水素分子 H_2 の結合である．2 個の水素原子が結合するとき，各原子から 1 個ずつの電子が一緒になって電子対を形成する．1 組の電子対の共有によって生成した結合は単結合とよばれ，2 原子間の 1 本の線で表される．H_2 の 2 個の水素原子に共有される電子対は，それぞれの水素の原子価殻を満たしている．すなわち，H_2 において各水素は原子価殻に 2 電子をもち，原子番号の最も近い貴ガスであるヘリウムと類似の電子配置をもつことになる．

$$H\cdot + \cdot H \longrightarrow H{-}H \qquad \Delta H^0 = -104 \text{ kcal/mol } (-435 \text{ kJ/mol})$$

共有結合している原子の安定性は，Lewis モデルによって次のように説明される．共有結合を形成するとき，電子対は二つの原子核の中間領域を占め，一つの正に荷電した原子核をもう一つの正に荷電した原子核との間の反発斥力を和らげる役目をする．同時に，その電子対は二つの原子核を引きつける．いいかえれば，二つの原子核の間にある電子対が糊のようにその原子核どうしを互いにくっつけて，その核間距離を一定の範囲内に保つ．共有結合している原子核間の距離を**結合距離** bond length という．すべての共有結合はそれぞれ一定の結合距離をもっている．H—H の結合距離は 74×10^{-12} m である．

すべての共有結合には電子の共有が関係しているが，共有の程度は幅広く変化する．共有結合は，結合している原子の電気陰性度の差によって，極性結合と非極性結合の二つのタイプに分けられる．**非極性共有結合** nonpolar covalent bond では電子が等しく共有されているが，**極性共有結合** polar covalent bond では電子にかたよりがある．これらの二つの結合のタイプにはっきりとした境界があるわけではないし，同じように極性共有結合とイオン結合もはっきりと分けられるものではない．しかし，表 1.6 の大雑把な基準は，経験則として，ある結合が非極性共有結合か極性共有結合かイオン結合かを判断する目やすとして役立つ．

例えば，炭素と水素の共有結合は非極性共有結合に分類されるが，それはこれら 2 原子の電気陰性度の差が 2.5 − 2.1 = 0.4 であるからである．極性共有結合の一例として H—Cl の結合がある．塩素と水素の電気陰性度の差は 3.0 − 2.1 = 0.9 である．

非極性共有結合：電気陰性度の差が 0.4 以下の原子間の共有結合．

極性共有結合：電気陰性度の差が 0.5 〜 1.8 の原子間の共有結合．

表 1.6 化学結合の分類

結合している原子の電気陰性度の差	結合のタイプ	作りやすい組合せ
< 0.5	非極性共有結合	二つの非金属あるいは
0.5 〜 1.9	極性共有結合	非金属とメタロイド
> 1.9	イオン結合	金属と非金属

例題 1.4

次の結合を，非極性共有結合，極性共有結合およびイオン結合に分類せよ．
(a) O—H   (b) N—H   (c) Na—F   (d) C—Mg

解 答

結合している原子の電気陰性度の差によれば，これら結合のうち 3 個は極性共有結合で 1 個がイオン結合である．

結　合	電気陰性度の差	結合のタイプ
(a) O—H	3.5 − 2.1 = 1.4	極性共有結合
(b) N—H	3.0 − 2.1 = 0.9	極性共有結合
(c) Na—F	4.0 − 0.9 = 3.1	イオン結合
(d) C—Mg	2.5 − 1.2 = 1.3	極性共有結合

練習問題 1.4

次の結合を，非極性共有結合，極性共有結合およびイオン結合に分類せよ．
(a) S—H　　　(b) P—H　　　(c) C—F　　　(d) C—Cl

極性共有結合において電子にかたよりがあるということは，電気陰性度の大きい方の原子が共有された電子をより多くもつことになり，部分的に負電荷を帯びることを意味する．これを $\delta-$（デルタマイナス）の記号で示す．一方，電気陰性度の小さい方の原子は共有電子を少なくしかもてず，部分的に正電荷を帯びることになるので，$\delta+$（デルタプラス）の記号で示す．このような電荷の分離は**双極子** dipole（二つの極を意味する）をつくる．結合に双極子が存在することを矢印で示すこともできる（図 1.4）．この矢印の頭は双極子の負の末端の方に置き，正の末端近くに矢印の尾を置き十字を入れる．

共有結合の極性は，電子密度モデル electron density model という一種の分子模型で表すこともできる．このタイプのモデルでは，青色は $\delta+$ 電荷の存在（電子密度の低い領域）を示し，赤色は $\delta-$ 電荷の存在（電子密度の高い領域）を示す．図 1.4 に HCl の電子密度モデルを示す．モデルの中の球棒分子模型はこの 2 原子の位置を示している．この球棒分子模型のまわりの色で示した表面は原子の相対的な大きさを表している（空間充填分子模型の大きさに相当する）．表面の色は電子密度の分布を示す．青い色によって水素は $\delta+$ 電荷を帯びていることがわかり，赤い色によって塩素は $\delta-$ 電荷を帯びていることがわかる．

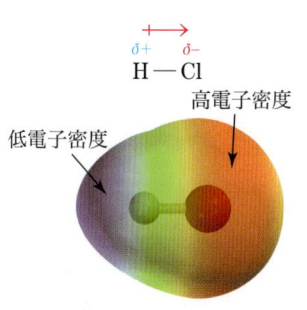

図 1.4
HCl の電子密度モデル．赤色は電子密度の高い領域を示し，青色は電子密度の低い領域を示す．

例題 1.5

$\delta-$ と $\delta+$ の記号を用いて，次の極性共有結合の向きを示せ．
(a) C—O　　　(b) N—H　　　(c) C—Mg

解　答

(a) において，炭素と酸素はともに周期表の第二周期にあり，O は C よりも右の方にあるので電気陰性度が大きい．(b) で，窒素は水素よりも電気陰性度が大きい．(c) で，Mg は金属であり周期表の左の方にあり，炭素は非金属でそれより右にある．水素も含めて非金属はすべて，1 族と 2 族の金属よりも電気陰性度が大きい．各元素の電気陰性度を元素記号の下に示している．

(a) C—O 　　　　(b) N—H 　　　　(c) C—Mg
　δ+ δ−　　　　　　δ− δ+　　　　　　δ− δ+
　2.5 3.5　　　　　3.0 2.1　　　　　2.5 1.2

練習問題 1.5

δ−とδ+の記号を用いて，次の極性共有結合の向きを示せ．
(a) C—N　　　　(b) N—O　　　　(c) C—Cl

D 分子とイオンの Lewis 構造の書き方

　分子とイオンの Lewis 構造を書くことは，有機化学を勉強する上で基本的な技術になる．次の手引きがこの技術を習得する助けになるだろう（表 1.7 の例を見ながら，この手引きを勉強するとよい）．

1．分子あるいはイオンの価電子の数を決める．
　　このために個々の原子に由来する価電子の数の和をとる．イオンについては，イオンの負電荷一つごとに 1 電子を加え，正電荷一つごとに 1 電子を差し引く．例えば，水分子 H_2O の Lewis 構造は，水素から各 1 個と酸素から 6 個，合計 8 個の価電子をもつ．水酸化物イオン OH⁻ の Lewis 構造も，水素から 1 個，酸素から 6 個，それにイオンの負電荷として 1 個，合計 8 個の価電子をもつ．
2．分子あるいはイオンの原子の配列を決める．
　　非常に単純な分子やイオン以外は，この配列は実験によって決める必要がある．例題に取り上げたいくつかの分子やイオンについて，原子の配列を考えてもらいたい．しかし，大部分については実験的に決定された配列を示しておく．
3．電子を対にして，分子あるいはイオンの各原子の原子価殻が満たされるよう

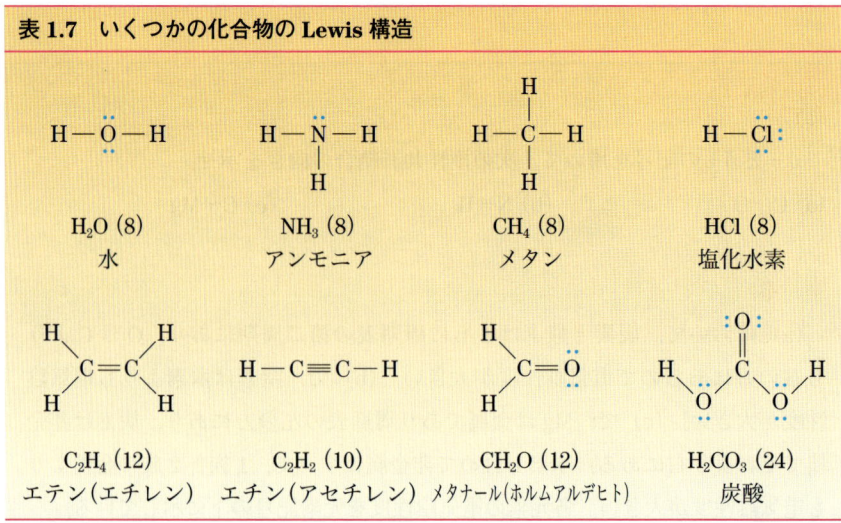

表 1.7　いくつかの化合物の Lewis 構造

に配置する．

このために，まず原子を単結合でつなぎ，ついで残りの電子を対にして分子あるいはイオンの各原子の原子価殻が満たされるように配置する．水素原子はそれぞれ2電子で取り囲まれ，炭素，酸素，窒素およびハロゲンの各原子は（オクテット則によって）8電子で取り囲まれていればよい．

4．**結合電子対** bonding electron pair を1本の線で示し，**非共有電子対** unshared pair of electrons（**非結合性電子対** nonbonding electron pair ともいう）は2個の点で示す．

5．必要に応じて多重結合を使う．
単結合 single bond では2原子が1組の電子対（2電子）を共有する．**二重結合** double bond では2原子が2組の電子対を共有し，**三重結合** triple bond では3組の電子対を共有する．二重結合は2本の線で示し，三重結合は3本の線で示す．

結合電子対：共有結合を形成するために使われている価電子の対．

非共有電子対：共有結合の形成に関係していない価電子の対．非結合性電子対あるいは孤立電子対ともいう．

表1.7に示した化合物や他の有機化合物について調べてみると，電荷をもたない（中性の）有機化合物について，一般的に次のようにいえる．
- Hは結合を一つもつ．
- Cは結合を四つもつ．
- Nは結合三つと非共有電子対1組をもつ．
- Oは結合二つと非共有電子対2組をもつ．
- F，Cl，Br，Iは結合一つと非共有電子対3組をもつ．

> **例題 1.6**
>
> 次の分子について，すべての価電子を示して Lewis 構造を書け．
> (a) H_2O_2　　　　(b) CH_3OH　　　　(c) CH_3Cl
>
> **解　答**
> (a) 過酸化水素 H_2O_2 の Lewis 構造は，酸素の価電子6個ずつと水素の価電子1個ずつをあわせて $12 + 2 = 14$ 個の価電子をもつ．水素は一つしか共有結合を作れないことから，原子の配列は次のようになる．
>
> $$H-O-O-H$$
>
> 単結合三つで価電子6個になるので，残りの8個を酸素原子に振り分けてそれぞれ完全なオクテットを形成する．
>
>
>
> H—Ö—Ö—H
> Lewis 構造
>
> 球棒分子模型は原子核と結合だけを示し，非共有電子対は示していない．

(b) メタノール CH_3OH の Lewis 構造は，炭素から 4 個，水素から 1 個ずつ，酸素から 6 個のあわせて $4+4+6=14$ 個の価電子をもつ．メタノールの原子配置を下図の左に示す．単結合五つで価電子 10 個になるので，残りの価電子 4 個を 2 組の電子対として，点 2 個ずつを酸素上に書くと完全なオクテットになる．

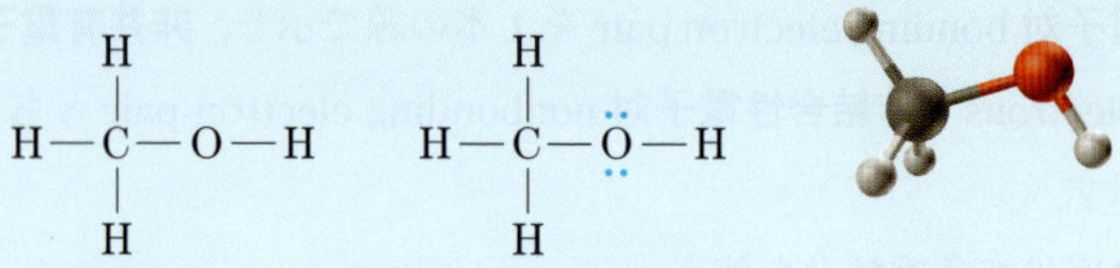

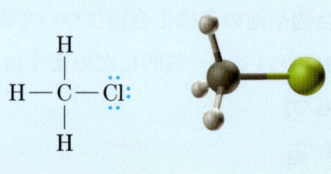

原子配置　　　　　Lewis 構造

(c) クロロメタン CH_3Cl の Lewis 構造は，炭素から 4 個，水素から 1 個ずつ，塩素から 7 個のあわせて $4+3+7=14$ 個の価電子をもつ．炭素は各水素と塩素との結合をあわせて四つもっている．残りの 6 個の価電子を 3 組の電子対として塩素に置くと完全なオクテットになる．

Lewis 構造

練習問題 1.6

次の分子について，すべての価電子を示して Lewis 構造を書け．
(a) C_2H_6　　　(b) CS_2　　　(c) HCN

E 形式電荷

有機化学では，分子ばかりでなく多原子からなるカチオンやアニオンも取り扱う．多原子カチオンの例として，オキソニウムイオン H_3O^+ やアンモニウムイオン NH_4^+ があり，多原子アニオンの例としては，炭酸水素イオン HCO_3^- がある．分子や多原子イオンの中で，どの原子（一つとは限らない）が正あるいは負の電荷をもっているかを決めることは重要である．分子あるいは多原子イオンの中のある原子上の電荷を，**形式電荷** formal charge とよぶ．形式電荷を計算するためには次のようにする．

形式電荷：分子あるいは多原子イオンの中の原子上の電荷．

1. 分子あるいはイオンの正しい Lewis 構造を書く．
2. 各原子に非共有（非結合性）電子全部と共有（結合）電子の 1/2 を割り当てる．
3. ここで得られた電子数を結合していないときの中性原子の価電子数と比べる．結合している原子に割り当てられた電子数が結合していない原子の価電子数

第1章 共有結合と分子のかたち

よりも小さければ，原子核の正電荷がそれを打ち消す負電荷よりも大きいのでその原子は正の形式電荷をもつことになる．逆に結合している原子に割り当てられた電子の数が結合していない原子の価電子数よりも大きければ，その原子は負の形式電荷をもつことになる．

形式電荷＝中性原子の価電子の数－(非共有電子の数＋1/2 共有電子の数)

例題 1.7

次のイオンの Lewis 構造を書き，どの原子が形式電荷をもつか示せ．
(a) H_3O^+ (b) CH_3O^-

解 答

(a) オキソニウムイオンの Lewis 構造には，3個の水素から3個，酸素から6個，正電荷分を1個差し引いて，8個の価電子がある．結合していない中性の酸素原子は価電子を6個もっている．H_3O^+ の酸素原子には非共有電子2個と各共有電子対から1個ずつ電子が割り当てられるので，形式電荷は $6-(2+3)=+1$ となる．

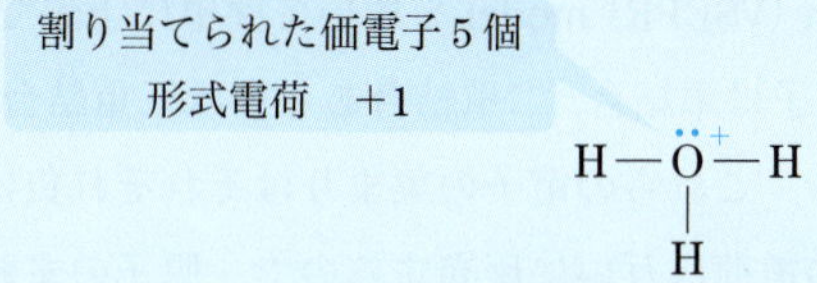

割り当てられた価電子5個
形式電荷 ＋1

$$H-\overset{..}{\overset{+}{O}}-H$$
$$|$$
$$H$$

(b) メトキシドイオン CH_3O^- の Lewis 構造は，炭素から4個，酸素から6個，3個の水素から3個，それに負電荷分を1個加えて，12個の価電子をもつ．炭素は各共有電子対から1電子ずつ割り当てられるので形式電荷をもたない（4－4＝0）．酸素には7個の価電子が割り当てられるので形式電荷は $6-7=-1$ となる．

割り当てられた価電子7個
形式電荷 －1

$$\overset{H}{\underset{H}{H-C-\overset{..}{\underset{..}{O}}:^-}}$$

練習問題 1.7

次のイオンの Lewis 構造を書き，どの原子が形式電荷をもつか示せ．
(a) $CH_3NH_3^+$ (b) CH_3^+

分子やイオンの Lewis 構造を書くときには，炭素，窒素，酸素などの第二周期の元素はその原子価殻の四つの軌道 ($2s, 2p_x, 2p_y, 2p_z$) に電子を最大8個しか収容できないということを忘れてはならない．次に示すのは硝酸 HNO_3 の二つの Lewis

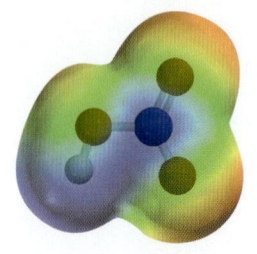

HNO₃

HNO₃ の Lewis 構造は，酸素原子の一つに負の形式電荷が局在していることを示す．一方，上の電子密度モデルによると負電荷は右側の2個の酸素原子上に等しく分布していることを示す．共鳴理論によってこの現象を表すことができるので，1.6 節で説明する．窒素上に正の形式電荷による強い青色が見られることにも注目しよう．

構造であり，いずれも価電子の数は 24 個と正しいが，一方の構造は間違っている．

正しい Lewis 構造　　間違った Lewis 構造

（窒素の原子価殻に 10 電子）

左側の構造は正しい Lewis 構造である．24 個の価電子を示し，各酸素と窒素の原子価殻は 8 電子で満たされている．さらに窒素上に正の形式電荷があり，酸素の一つに負の形式電荷がある．正しい Lewis 構造はこれらの形式電荷を示していなければならない．右側の構造は Lewis 構造としては正しくない．全価電子の数は正しいが，窒素の原子価殻には 10 電子も入っている．しかし，第二殻の四つの軌道($2s$, $2p_x$, $2p_y$, $2p_z$) には価電子を 8 個しか収容できないのである．

1.4　結合角と分子のかたち

1.3 節では，共有結合の基本的な単位として共有電子対を用いて，単結合，二重結合，三重結合を含む小さな分子の Lewis 構造をいくつか書いてきた（例えば，表 1.7 参照）．このような分子の結合角は**原子価殻電子対反発モデル** valence-shell electron-pair repulsion (VSEPR) model を用いて簡単に予想できる．VSEPR モデルによれば，原子の価電子は単結合，二重結合あるいは三重結合の形成に使われるか，非結合性になっている．これらの電子の集まりはそれぞれ負に荷電した空間領域を作り出す．同じ符号の電荷は互いに反発するので，原子のまわりの電子密度の高い領域はできるだけ互いに遠く離れようとする．

このモデルによって非常に簡単に結合角を予想できる．2〜4 個の風船を結びつけると図 1.5 に示すようなかたちになる．結んだ点が結合角を考えている原子の位置であり，風船はその原子のまわりの電子密度が占める領域に相当する．

VSEPR モデルを用いると，メタン CH₄ のかたちを次のように予想できる．CH₄

(a)

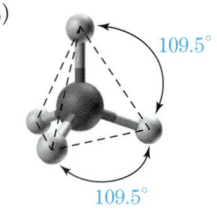

(b)

図 1.6
メタン分子 CH₄ のかたち．(a) Lewis 構造と (b) 球棒分子模型．水素原子は正四面体の四つの頂点を占め，すべての H—C—H 結合角は 109.5° である．

直線状
(a)

平面三方形
(b)

四面体形
(c)

図 1.5
風船をモデルにした結合角の予測．
(a) 2 個の風船により結節点で 180° の結合角をもつ直線のかたちが作れる．(b) 3 個の風船により結節点で 120° の結合角をもつ平面三方形のかたちが作れる．(c) 4 個の風船により結節点で 109.5° の結合角をもつ四面体形のかたちが作れる．(*Charles D. Winters*)

のLewis構造によると，炭素原子のまわりには四つの電子密度の高い領域がある．それぞれの領域は水素原子との結合をつくっている電子対からなる．VSEPRモデルに従うと，これらの4領域は炭素から放射状にできるだけ互いに離れるように広がる．このことは，どれでも2組の電子対の間の角度が109.5°になるときに達成される．したがって，H—C—Hの結合角は109.5°であり，分子のかたちは図1.6に示すように**四面体** tetrahedralであると予想される．メタンのH—C—H結合角は実測されており109.5°である．すなわち，VSEPRモデルで予想されたメタンの結合角とかたちは実測されたものと一致する．

アンモニア分子NH_3のかたちも同じように予想できる．NH_3のLewis構造によると，窒素のまわりには電子密度の高い領域が四つある．そのうち3領域は，水素と共有結合を形成している電子対を1組ずつ含んでいる．もう一つの領域は非共有電子対を含む（図1.7）．VSEPRモデルを用いると，窒素のまわりの電子密度の高い4領域は四面体状に配置され，H—N—H結合角はすべて109.5°と予想される．結合角の実測値は107.3°である．この予想角と実測角の小さな差異は，窒素上の非共有電子対が隣接の電子対を結合電子対よりも強く反発するからであると説明できる．

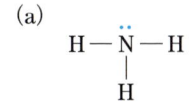

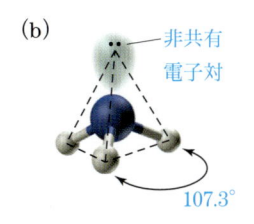

図1.8に水分子のLewis構造と球棒分子模型を示す．H_2Oの中で，酸素は電子密度の高い4領域に囲まれている．これらのうち2領域は水素と共有結合を作っている電子対からなり，残りの2領域は非共有電子対からなる．VSEPRモデルを用いると，酸素のまわりの電子密度の高い4領域は四面体状に配置され，H—O—H結合角は109.5°と予想される．実測すると，実際の結合角は予想値よりは小さく104.5°である．NH_3の場合と同じように，予想値と実測値の違いは非共有電子対が結合電子対よりも隣接の電子対と強く反発するということで説明できる．109.5°からのずれは非共有電子対を2組もつH_2Oの方が，1組しかもたないNH_3よりも大きいことに注意しよう．

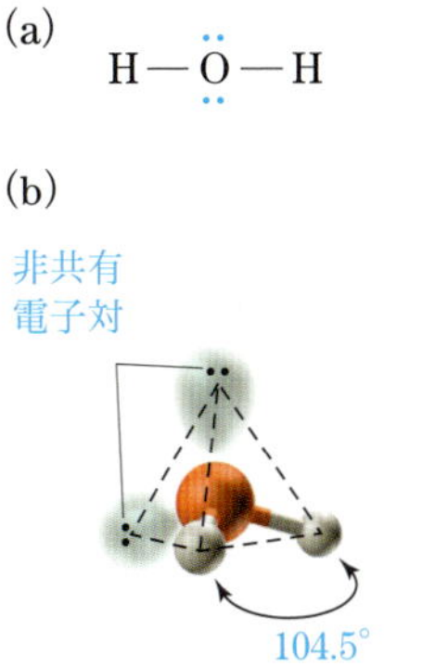

CH_4，NH_3とH_2Oのかたちに関する以上のような考察から，一般的な予想が明らかになる．Lewis構造からある原子のまわりに電子密度の高い領域が四つあることがわかれば，VSEPRモデルにより電子密度はその原子のまわりに四面体状に分布し，結合角はほぼ109.5°になると予想できる．

ある原子が分子の中で三つの電子密度の高い領域で囲まれているような例も少なくない．図1.9に示しているのは，ホルムアルデヒドCH_2OとエチレンC_2H_4のLewis構造である．

VSEPRモデルにおいては，二重結合を一つの電子密度領域として扱う．ホルムアルデヒドでは，炭素は電子密度の高い3領域で取り囲まれている．2領域はそれぞれ水素原子と単結合を形成している電子対1組からなり，3番目の領域は酸素と二重結合を形成している電子対を2組含んでいる．エチレンにおいても，それぞれの炭素が電子密度の高い3領域に囲まれている．そのうち2領域は電子対1組からなり，もう1領域は電子対2組からなる．

図 1.7
アンモニア分子NH_3のかたち．(a) Lewis構造と(b) 球棒分子模型．アンモニア分子の幾何構造をピラミッド形と表現する．すなわち，この分子は3個の水素を底に置き頂点に窒素を置いた三角錐のようなかたちをとっている．

図 1.8
水分子H_2Oのかたち．(a) Lewis構造と (b) 球棒分子模型．

図 1.9
ホルムアルデヒド CH_2O とエチレン C_2H_4 のかたち.

ホルムアルデヒド

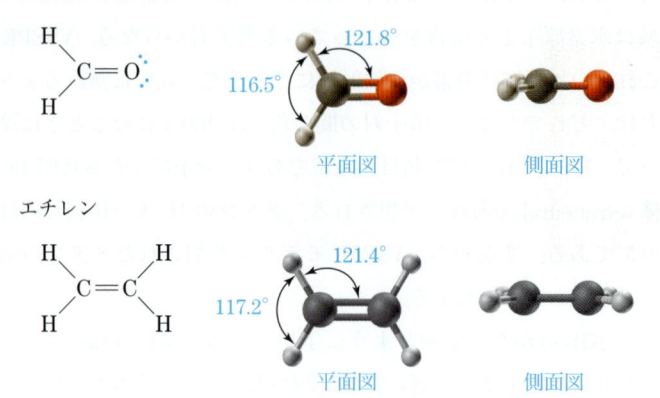

平面図　側面図

エチレン

平面図　側面図

　原子のまわりの電子密度の高い 3 領域は，平面内で互いに 120°の角度をなして広がるときに最も離れている．したがって，ホルムアルデヒドの H—C—H と H—C—O の結合角およびエチレンの H—C—H と H—C—C 結合角は，いずれも 120°と予想される．

　さらに別のタイプの分子では，中心原子のまわりに電子密度の高い領域が二つしかないものもある．図 1.10 に示しているのは，二酸化炭素 CO_2 とアセチレン C_2H_2 の Lewis 構造と球棒分子模型である．

　二酸化炭素の炭素のまわりには電子密度の高い 2 領域があり，それぞれは 2 組の電子対からなり酸素原子と二重結合を形成している．アセチレンにおいてもそれぞれの炭素のまわりには電子密度の高い領域が二つあり，その一つは 1 組の電子対で水素原子と単結合を形成しており，もう一つは 3 組の電子対で炭素原子と三重結合を形成している．いずれの場合にも，中心原子を通る直線を形成し 180°の角度になったとき電子密度の高い二つの領域は最も離れた状態になる．二酸化炭素とアセチレンはともに直線状分子である．VSEPR モデルによって予想される分子のかたちを表 1.8 にまとめる．

二酸化炭素

側面図　一方の端から見た図

図 1.10
二酸化炭素 CO_2 とアセチレン C_2H_2 のかたち.

アセチレン

側面図　一方の端から見た図

表1.8 予想される分子のかたち（VSEPRモデル）

中心原子のまわりの電子密度の高い領域	電子密度分布の予想されるかたち	結合角の予測値	例（分子のかたち）
4	四面体形	109.5°	メタン（正四面体）／アンモニア（ピラミッド）／水（折れ曲がり）
3	平面三方形	120°	エチレン（平面）／ホルムアルデヒド（平面）
2	直線状	180°	二酸化炭素（直線）／アセチレン（直線）

例題 1.8

次の分子の結合角をすべて予想せよ．

(a) CH_3Cl　　　(b) $CH_2=CHCl$

解　答

(a) CH_3Cl の Lewis 構造は炭素のまわりに電子密度の高い領域が四つあることを示している．したがって，炭素のまわりの電子対の分布は四面体状で，すべての結合角は 109.5°であり，CH_3Cl のかたちは四面体であると予想される．

(b) $CH_2=CHCl$ の Lewis 構造は各炭素が三つの電子密度の高い領域で囲まれていることを示している．したがって，すべての結合角は 120°と予想される．

（平面図）　　（C=C 結合に沿って見た図）

CHEMICAL CONNECTIONS

バッキーボール—炭素の新しい同素体

化学の問題でよくあるのは「炭素の元素としての同素体には何があるか？」というものであり，答はふつう「純粋な炭素はグラファイト（黒鉛）とダイヤモンドの二つのかたちで存在する」であった．これらの同素体は何世紀も前から知られており，よく構造のわかったCの網目状の広がりをもつ炭素の形態はこれら二つだけであると一般に信じられていた．

しかしながら，これはそうでないのである．1985年に，アメリカ・テキサス州ヒューストンのライス大学の Richard E. Smalley（スモーリー）とイギリスのサセックス大学の Harry W. Kroto（クロト）とその共同研究者たちは，C_{60} の分子式をもつ新しい炭素の同素体を検出したと発表した．その構造はサッカーボールのかたちをしていて，12個の5員環と20個の6員環からなり，すべての5員環が6員環に囲まれるように配置している．この構造は，革新的な建築家で哲学者であるアメリカ人の R. Buckminster Fuller（フラー）によって考案された構造物である球状ドームを思い起こさせたので，その発見者らは炭素のこの新しい同素体をフラーレン fullerene と命名した．これはバッキーボールともよばれている．フラーレンに関する研究により，Kroto, Smalley および Robert F. Curl（カール）は1996年度のノーベル化学賞を授与された．さらに C_{70} や C_{84} のように高度なフラーレンが単離され研究されている．

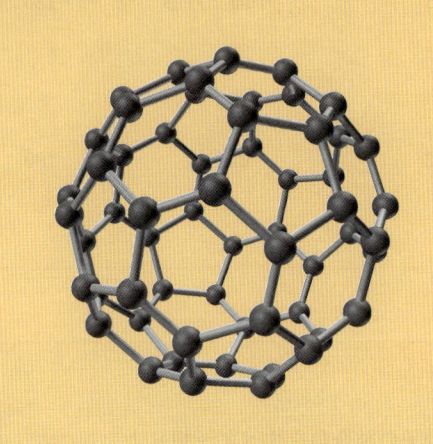

練習問題 1.8

次の分子の結合角をすべて予想せよ．

(a) CH_3OH　　(b) CH_2Cl_2　　(c) H_2CO_3（炭酸）

1.5 極性分子と非極性分子

1.3C 節において，共有結合している一方の原子が部分正電荷をもち，もう一方が部分負電荷をもつような場合に，それを表すために"極性"と"双極子"という用語を用いた．また，共有結合の極性を推定するために，結合している2原子の電気陰性度の差を用いることを学んだ．ここでは結合の極性と分子の幾何構造（1.4節）から，分子の極性が予想できることを説明する．

分子は，(1) 極性結合をもち，(2) 正と負の部分電荷の中心が分子内の異なる位置を占める場合に，極性になる．まず二酸化炭素 CO_2 について考えてみよう．この分子は極性結合である炭素–酸素二重結合を二つもつが，直線状分子であるために，負と正の部分電荷の中心が一致している．その結果，この分子は非極性である．

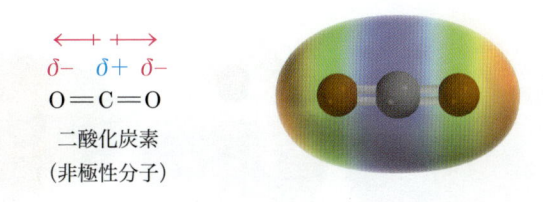

第1章 共有結合と分子のかたち

$$\overset{\delta-\ \ \delta+\ \ \delta-}{O=C=O}$$
二酸化炭素
(非極性分子)

水分子のO—H結合は，電気陰性度の高い酸素が部分負電荷をもち水素が部分正電荷をもつ極性結合である．水分子は曲っているので，部分正電荷の中心は二つの水素原子の間にあり，部分負電荷の中心は酸素にある．したがって，水は極性結合をもち，その幾何構造のために極性分子である．

部分正電荷の中心は
二つの水素原子の中
間にある

水
(極性分子)

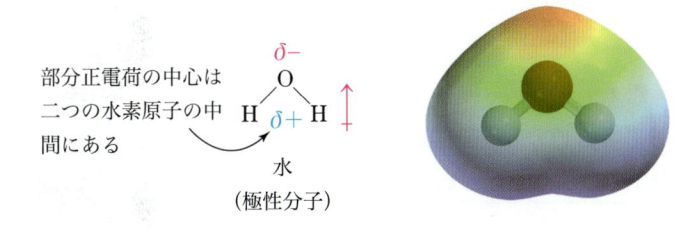

アンモニアは極性のある N—H 結合を三つもち，その幾何構造のために部分正電荷と負電荷の中心が異なる位置にある．すなわち，アンモニアは極性結合をもち，その幾何構造のために極性分子である．

部分正電荷の中心は
三つの水素原子の中
間にある

アンモニア
(極性分子)

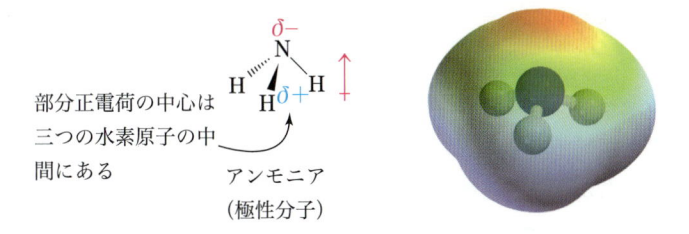

例題 1.9

次の分子のうち極性分子はどれか．極性分子について，それぞれ極性の向きを示せ．
(a) CH_3Cl 　　　(b) CH_2O 　　　(c) C_2H_2

解 答
クロロメタン CH_3Cl とホルムアルデヒド CH_2O は極性結合をもち，その幾何構造から，いずれも極性分子である．アセチレン C_2H_2 は直線状であるために非極性分子である．

(a) クロロメタン（極性）
(b) ホルムアルデヒド（極性）
(c) アセチレン（非極性）

練習問題 1.9

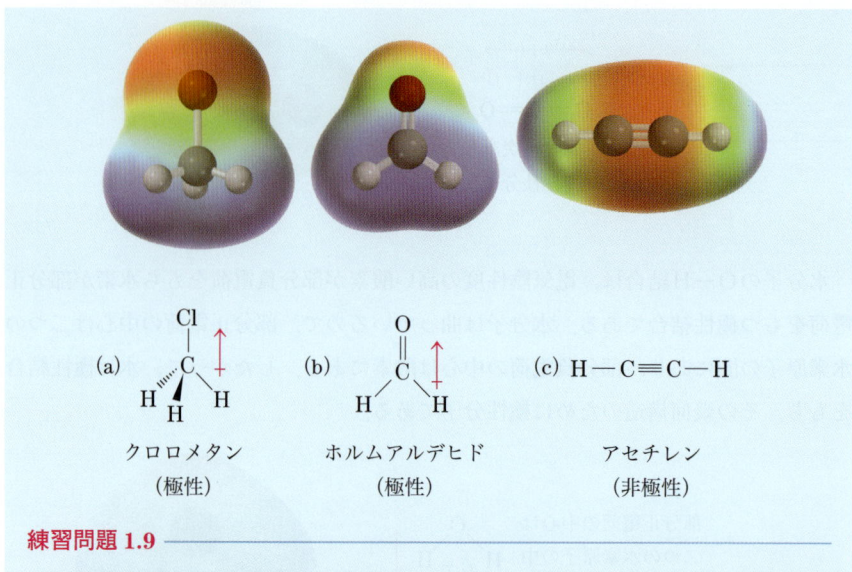

二酸化炭素 CO_2 と二酸化硫黄 SO_2 はいずれも三原子分子である．前者は非極性分子であるのに対して，後者は極性分子であるという事実を説明せよ．

図 1.11
炭酸イオンの三つの Lewis 構造．

1.6 共　　鳴

有機化合物における共有結合に関する理解が深くなるにつれて，非常に多くの分子やイオンについて，一つの Lewis 構造では真に正確な構造表現にはならないことがわかってきた．例えば，図 1.11 は炭酸イオン CO_3^{2-} の三つの Lewis 構造を示している．それぞれの構造は炭素が一つの二重結合と二つの単結合で 3 個の酸素原子と結合していることを表している．各 Lewis 構造は，炭素-酸素結合の一つが他の二つとはちがうことを意味している．しかし，これは事実とは異なる．三つの炭素-酸素結合はすべて同一であることが明らかにされている．

炭酸イオンだけでなく単一の Lewis 構造では的確に表せないような分子やイオンを記述するために，共鳴理論を使う．

A 共鳴理論

共鳴理論は 1930 年代に Linus Pauling によって提案された．この理論によれば，二つ以上の Lewis 構造を書き，実際の分子やイオンがこれらの構造の混成構造であると考えることによって，多くの分子やイオンが最も適切に表される．個々の Lewis 構造は**共鳴寄与構造** resonance contributing structure という．実際の分子やイオンが種々の寄与構造の**共鳴混成体** resonance hybrid であることを，**双頭矢印** double-headed arrow（⟷）で寄与構造を結ぶことによって表す．この矢印を，平衡を表す矢印（⇌）と混同しないようにしよう．

炭酸イオンの三つの共鳴寄与構造を図 1.12 に示す．これらの 3 構造は，同一の

共鳴寄与構造：価電子の分布だけが異なる分子あるいはイオンの構造表現．

共鳴混成体：いくつかの共鳴寄与構造の混成体として表される分子またはイオン．

双頭矢印：共鳴寄与構造をつなぐのに用いる記号．

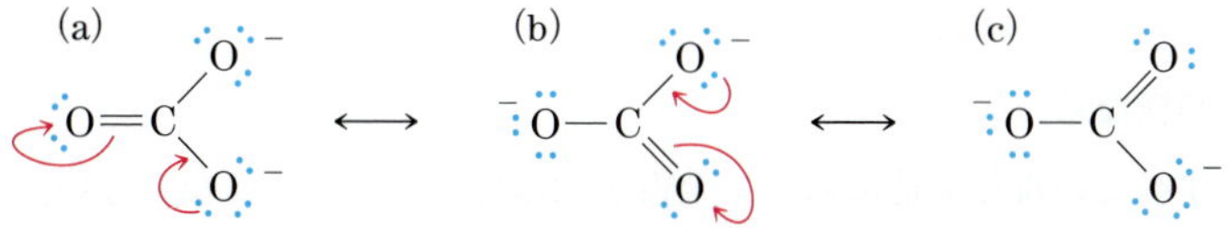

図 1.12
三つの等価な共鳴寄与構造の混成体として表された炭酸イオン．巻矢印は一つの寄与構造から次の寄与構造の間の価電子の再配置を示す．

様式で共有結合しているのでエネルギー的に等しい．このような場合，これらの3構造は等価であるという．

　共有結合に関するこの理論に"共鳴"という用語を用いているために，結合と電子対がある位置から別の位置に絶えず行ったり来たりしているという印象を与えるかもしれないが，これは全く正しくない．例えば，炭酸イオンの構造はただ一つでそれ以外に真実の構造はない．問題はわれわれの側にあり，その一つの真の構造をどう書くかということである．共鳴法は，電子対結合による Lewis 構造を保持しながら，真の構造を記述するための一つの方法である．したがって，炭酸イオンは図 1.12 に示した寄与構造のどの一つを用いても正しくは表せないことを了解した上で，便宜上これらのうちの一つで炭酸イオンを表すことにする．もちろんこう書いていても意図するものは，共鳴混成体であることに変わりはない．

B 巻矢印

　図 1.12 において，共鳴寄与構造 (a) から (b)，そして (b) から (c) への変化は価電子の再配置だけであることに注意しよう．この価電子の再配置を示すために，化学者は **巻矢印** curved arrow（curly arrow）（⌒）を用いる．この矢印は，1組の電子対がもとあった位置（矢印の尾）から新しい位置（矢印の頭）へ再配置されることを示す．電子対の再配置は原子（の非共有電子対）から隣接結合へ，あるいは結合から隣接原子へというように起こる．

　巻矢印は電子対を見失わないようにするための数合わせの記号以上の何ものでもない．あまりにも簡単なので間違わないようにしなければならない．この矢印によって寄与構造の間の関係がわかりやすくなる．さらに有機反応における結合の開裂や生成の過程をたどる助けにもなる．巻矢印の使い方を理解することは有機化学における生き残り術になる．

巻矢印：価電子の再配置を示すために使う記号．

C 共鳴寄与構造の書き方

　共鳴寄与構造を正しく書くためには次の四つの規則に従わねばならない．
1．すべての共鳴寄与構造の価電子数は同一である．
2．すべての寄与構造は共有結合の規則に従わねばならない．すなわち，水素の原子価殻には2個よりも多い電子が入ることはできず，第二周期元素の原子価殻には8個よりも多い電子が入ることはできない．硫黄やリンのような第三周期元素の原子価殻には12個まで電子を入れることができる．

3. 原子核の位置は動かしてはならない．すなわち，寄与構造は価電子の分布だけが異なる．
4. すべての寄与構造において全電子数は等しくなければならない．

例題 1.10

次の組合せの構造式のうち，共鳴寄与構造の関係にあるのはどれか．

(a) 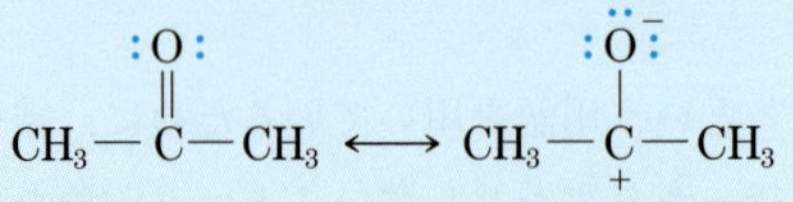 CH$_3$—C(=Ö:)—CH$_3$ ⟷ CH$_3$—C$^+$(—Ö:$^-$)—CH$_3$

(b) 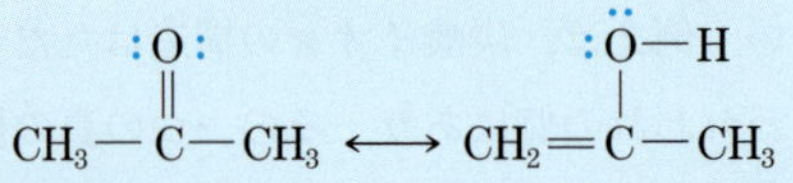 CH$_3$—C(=Ö:)—CH$_3$ ⟷ CH$_2$=C(—Ö—H)—CH$_3$

解 答
(a) これらは価電子の分布が違うだけだから，1組の共鳴寄与構造である．
(b) これらは原子の配置が異なるので，共鳴寄与構造ではない．

練習問題 1.10

次の二つずつの構造式のうち，共鳴寄与構造の関係にあるのはどれか．

(a) 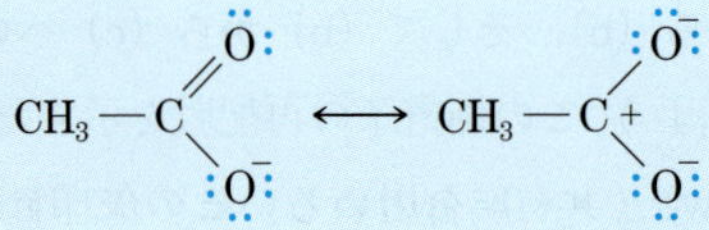 CH$_3$—C(=Ö:)(—Ö:$^-$) ⟷ CH$_3$—C$^+$(—Ö:)(—Ö:$^-$)

(b) 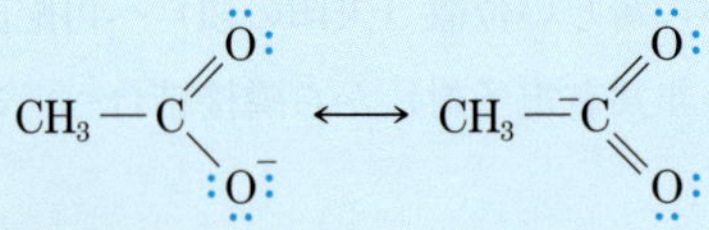 CH$_3$—C(=Ö:)(—Ö:$^-$) ⟷ CH$_3$—C$^-$(—Ö:)(=Ö:)

例題 1.11

巻矢印で示した共鳴寄与構造を書け．すべての価電子と形式電荷を示すこと．

(a) 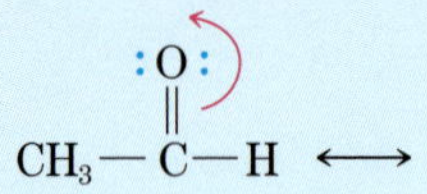 CH$_3$—C(=Ö:)—H ⟷

(b) H—C(H)(:)—C(=Ö:)—H ⟷

(c) CH$_3$—Ö—C$^+$(H)—H ⟷

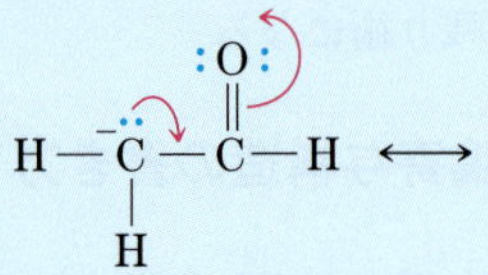

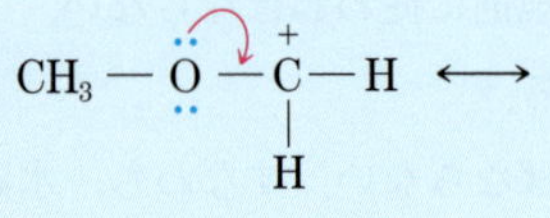

解　答

(a) CH₃—C(=O⁻)—H (H上に+)　　(b) H—C(=O⁻)—C(—H)—H　　(c) CH₃—O⁺=C—H

練習問題 1.11

共鳴寄与構造 (a) から (b)，そして (b) から (c) への変換過程における価電子の再配置を，巻矢印を用いて示せ．さらに (b) を経ないで，(a) から (c) へ直接変換する過程を巻矢印を用いて示せ．

CH₃—C(=O⁻)(—Ö⁻:) ⟷ CH₃—C⁺(—Ö⁻:)(—Ö⁻:) ⟷ CH₃—C(—Ö⁻:)=Ö

　　　　(a)　　　　　　　(b)　　　　　　　(c)

1.7　共有結合の軌道モデル

Lewis モデルと VSEPR モデルは共有結合と分子の幾何構造を理解するのに役立つけれども，なお未解決の問題を数多く残している．その中で最も重要なのは，分子構造と化学反応性の関係である．例えば，炭素-炭素二重結合は炭素-炭素単結合とは化学反応性が異なる．大抵の炭素-炭素単結合はほとんど反応性を示さないが，炭素-炭素二重結合は多様な反応剤と反応する．Lewis モデルでこのようなちがいを説明することは全く不可能である．そこで，共有結合の新しいモデル，すなわち原子軌道の重なりによる共有結合の生成について考えてみよう．

A　原子軌道のかたち

特定の軌道に所属する電子の密度を図で表すためには，その軌道に関係する負電荷の一定量（％）が存在する空間領域の境界表面を図示すればよい．一般的には 95％の境界表面を描いている．このように表すと，すべての s 軌道は，原子核を中心とする球状のかたちをしている（図 1.13）．種々の s 軌道のうちで 1s 軌道がいちばん小さく，2s 軌道はそれより大きく，3s 軌道はさらに大きい球形である．

図 1.14 に三つの 2p 軌道の三次元的なかたちを一つの図に重ねあわせて示す．それによりこれらの軌道の相対的な配置がわかる．各 p 軌道は 2 個のローブからなり，これらのローブは原子核を中心にして直線状に配置している．三つの 2p 軌道は，互いに直交しており $2p_x$, $2p_y$, $2p_z$ と定義される．

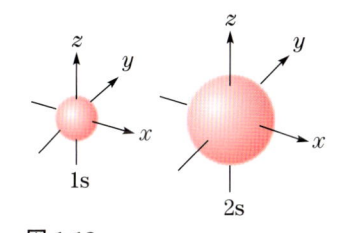

図 1.13
1s 原子軌道と 2s 原子軌道のかたち．

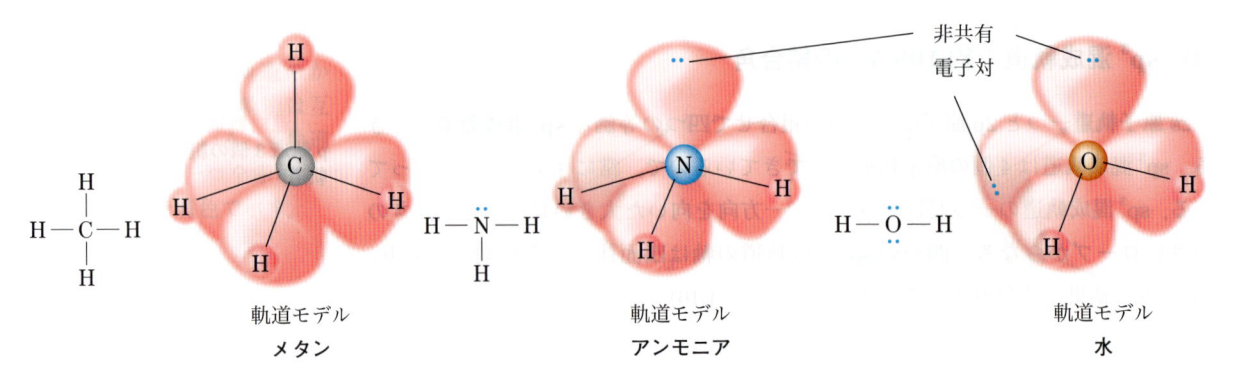

図 1.17
メタン，アンモニア，および水の軌道モデルによる表現．

E sp² 混成軌道：約 120° の結合角

sp² 混成軌道：s 軌道 1 個と p 軌道 2 個の組合せでできた軌道．

一つの 2s 原子軌道と二つの 2p 原子軌道の組合せで，三つの等価な **sp² 混成軌道** ができる．sp² 混成軌道は 3 個の原子軌道からできているので，常に 3 個セットになっている．sp² 混成軌道の一つだけを見てみると大きさの異なる 2 個のローブからできている．三つの sp² 混成軌道は平面内にあり，正三角形の頂点に向いている．すなわち sp² 混成軌道間の角度は 120°である．3 番目の 2p 原子軌道（$2p_x$，$2p_y$，$2p_z$ 軌道のことを思い出そう）は混成には使われず，そのままの形で sp² 混成軌道の平面に垂直な同じ大きさの二つのローブとして残っている．図 1.18 は，三つの等価な sp² 混成軌道を，混成していない残りの 2p 原子軌道とともに示している．

第二周期の原子は sp² 混成軌道を使って二重結合を作る．エチレン C_2H_4 の Lewis 構造が図 1.19（a）に示してある．炭素どうしの σ 結合は，図 1.19（b）に見られ

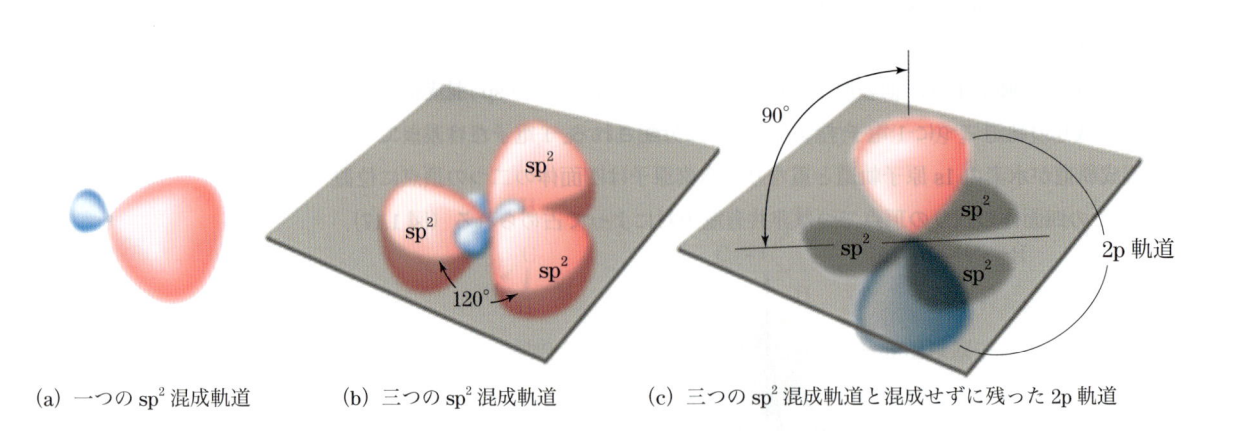

(a) 一つの sp² 混成軌道　　(b) 三つの sp² 混成軌道　　(c) 三つの sp² 混成軌道と混成せずに残った 2p 軌道

図 1.18
sp² 混成軌道．(a) 一つの sp² 混成軌道は大きさの違う二つのローブからなる．(b) 三つの sp² 混成軌道は 120°の角度をなして平面内にある．(c) 混成せずに残った一つの 2p 原子軌道は三つの sp² 混成軌道でつくられた平面に垂直である．

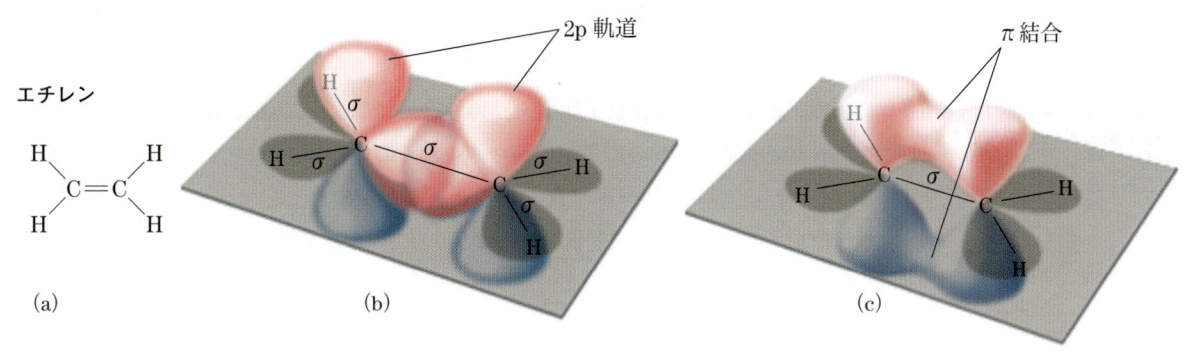

第 1 章　共有結合と分子のかたち

エチレン

図 1.19
エチレンにおける共有結合の形成．(a) Lewis 構造．(b) sp² 混成軌道の重なりによる炭素原子間の σ 結合の生成．(c) 平行な 2p 軌道の重なりによる π 結合の生成．エチレンは平面状の分子である．すなわち，二重結合を形成する炭素原子 2 個とそれらに結合した水素原子 4 個はすべて同一平面内にある．

るように，共通の軸に沿った sp² 混成軌道の重なりによって形成される．各炭素は 2 個の水素とも σ 結合を作る．隣接する炭素原子上の残る 2p 軌道は互いに平行であり，重なって π 結合を作る［図 1.19（c）］．**パイ（π）結合** pi(π)bond は平行な p 軌道の重なりによって形成される共有結合である．π 結合を形成するときの軌道の重なりは σ 結合を形成する場合よりも少ないので，π 結合は一般に σ 結合よりも弱い．

　軌道の重なりの考え方によって，すべての二重結合は炭素-炭素二重結合について見たのと同じように記述される．炭素-酸素二重結合を含む最も単純な有機分子であるホルムアルデヒド CH₂＝O の場合には，炭素の sp² 混成軌道と水素の 1s 原子軌道との重なりによって，炭素が 2 個の水素と σ 結合を作っている．炭素と酸素は，sp² 混成軌道どうしの重なりで作られる σ 結合と，混成に使われなかった 2p 原子軌道どうしの重なりで作られる π 結合とによって結合している（図 1.20）．

パイ（π）結合：平行な二つの p 軌道の重なりでできる共有結合．

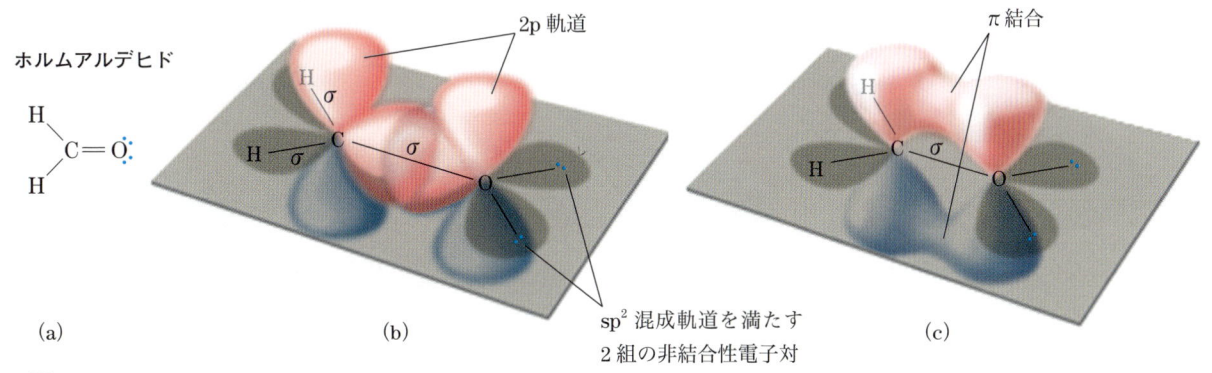

ホルムアルデヒド

図 1.20
炭素-酸素二重結合．(a) ホルムアルデヒド CH₂O の Lewis 構造．(b) σ 結合の骨格と重なりをもたない 2p 原子軌道．(c) 平行な 2p 原子軌道の重なりによる π 結合の生成．

F sp 混成軌道：約 180° の結合角

sp 混成軌道：s 軌道 1 個と p 軌道 1 個の組合せでできた混成軌道．

　2s 原子軌道一つと 2p 原子軌道一つの組合せで二つの等価な **sp 混成軌道**ができる．sp 混成軌道は 2 個の原子軌道から作られるので，常に 2 個セットになっている．この 2 個の sp 混成軌道は原子核を中心として 180°の角度をなしている．混成に使われなかった二つの 2p 原子軌道の軸は互いに，そして二つの sp 混成軌道の軸とも直交している．図 1.21 では，二つの sp 混成軌道を x 軸上に，混成していない 2p 軌道を y 軸と z 軸上に示している．

　図 1.22 にアセチレン C_2H_2 の共有結合を軌道の重なりで示す．炭素-炭素三重結合は sp 混成軌道の重なりによる σ 結合と二つの π 結合とからなる．σ 結合は sp 混成軌道の重なりで形成される．一つの π 結合は平行な 2p 原子軌道の重なりで形成され，もう一つの π 結合はもう 1 組の平行な 2p 原子軌道の重なりで作られている．

　炭素に結合している原子の数，軌道の混成，および結合の種類の間の関係について表 1.9 にまとめてある．

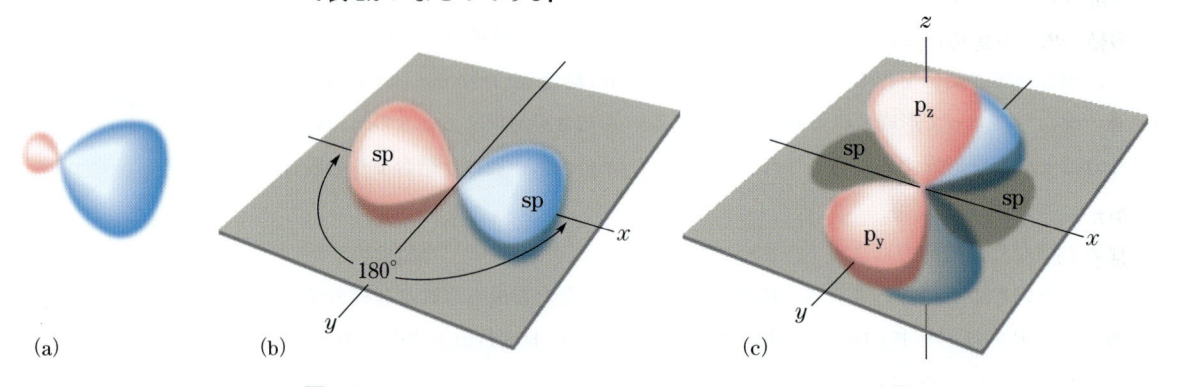

図 1.21
sp 混成軌道．(a) 一つの sp 混成軌道．大きさの異なる 2 個のローブからなる．(b) 直線状に配置した二つの sp 混成軌道．(c) 混成していない二つの 2p 原子軌道はそれぞれ二つの sp 混成軌道の軸でつくられる直線に直交している．

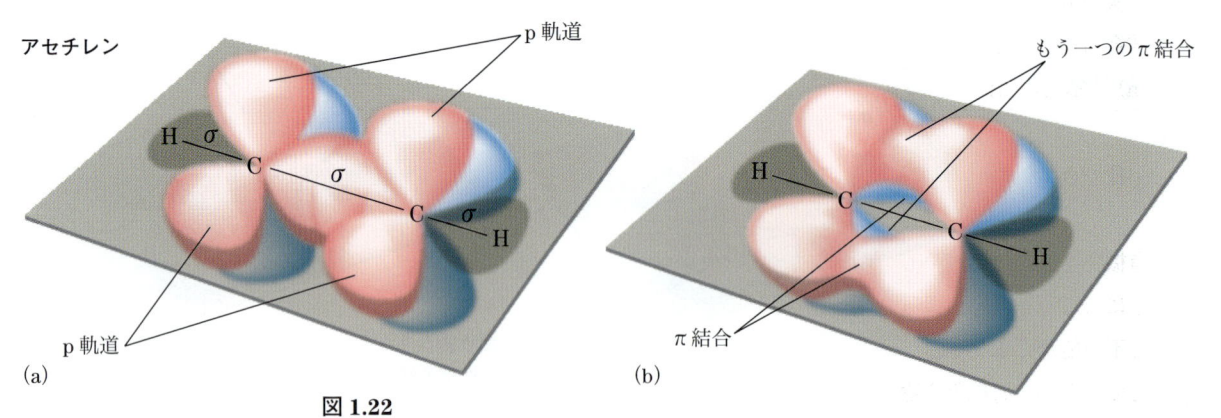

アセチレン

図 1.22
アセチレンの共有結合．(a) σ 結合の骨格と重なりをもたない 2p 原子軌道．(b) 平行な 2 組の 2p 原子軌道の重なりによる二つの π 結合の生成．

表 1.9 炭素の共有結合

炭素に結合している原子数	軌道の混成	結合角の予測値	結合の種類	例	名称
4	sp^3	109.5°	σ結合4個	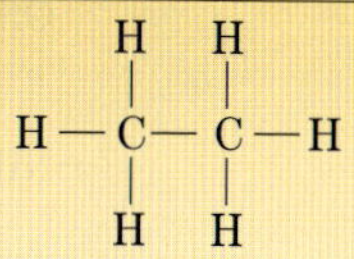 H-CH₃-CH₃-H (エタン構造)	エタン
3	sp^2	120°	σ結合3個と π結合1個	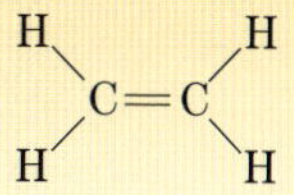 H₂C=CH₂	エチレン
2	sp	180°	σ結合2個と π結合2個	H—C≡C—H	アセチレン

例題 1.12

酢酸 CH_3COOH の結合について,含まれる軌道を明らかにして述べ,すべての結合角を予想せよ.

解答

三つの同じ Lewis 構造を示し,一つ目の構造に各原子の混成,二つ目に σか π か結合の種類を示す.三つ目の構造に,VSEPR モデルから予想される各原子まわりの結合角を示す.

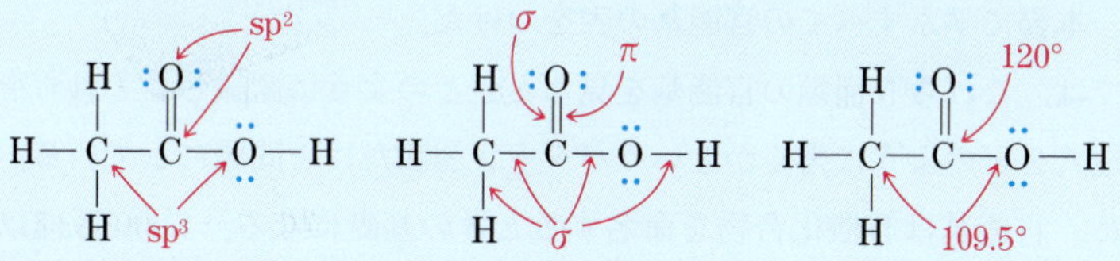

練習問題 1.12

次の分子の結合について,含まれる原子軌道を明らかにして述べ,すべての結合角を予想せよ.

(a) $CH_3CH=CH_2$　　　(b) CH_3NH_2

1.8 官能基

有機化学者によって発見され,あるいは合成されてきた有機化合物は 1,000 万種以上になる.これだけ多数の化合物の物理的性質や化学的性質を覚えることはほとんど不可能なことである.それでも,幸い有機化学の勉強は想像されるほど大変なことではない.有機化合物は多様な化学反応を起こすが,どんな反応でも変化を受けるのは化合物の構造のほんの一部分に過ぎない.有機分子の化学反応を受ける部分を**官能基** functional group という.これから学ぶように,同じ官能基は,どんな

官能基:分子の中で,特徴的な一連の物理的ならびに化学的性質を示す原子あるいは原子の集まり.

表 1.10　5 種類の代表的な官能基

官能基	名　称	化合物の種類	化合物例	名　称
—OH	hydroxy（ヒドロキシ）	alcohol（アルコール）	CH_3CH_2OH	ethanol（エタノール）
—NH₂	amino（アミノ）	amine（アミン）	$CH_3CH_2NH_2$	ethanamine（エタンアミン）
$-\overset{O}{\underset{\|}{C}}-H$	carbonyl（カルボニル）	aldehyde（アルデヒド）	$CH_3\overset{O}{\underset{\|}{C}}H$	ethanal（エタナール）
$-\overset{O}{\underset{\|}{C}}-$	carbonyl（カルボニル）	ketone（ケトン）	$CH_3\overset{O}{\underset{\|}{C}}CH_3$	acetone（アセトン）
$-\overset{O}{\underset{\|}{C}}-OH$	carboxy（カルボキシ）	carboxylic acid（カルボン酸）	$CH_3\overset{O}{\underset{\|}{C}}OH$	acetic acid（酢酸）

有機分子にあっても同じタイプの化学反応を受ける．したがって，1,000 万種の既知の有機化合物の十分の一についてもその反応を調べる必要はない．数種類の特徴的な官能基を特定し，それぞれが受ける化学反応について調べれば十分である．

官能基は，この単位によって有機化合物が分類されるということからも重要である．例えば，四面体炭素に結合した—OH（ヒドロキシ）基をもつ化合物はアルコールという種類に分類され，—COOH（カルボキシ）基をもつ化合物はカルボン酸という種類に分類される．表 1.10 に最も一般的な 5 種類の官能基を示す．裏表紙の内側に，本書で学ぶすべての官能基の表をつけた．

ここでは，これら 5 種類の官能基を見たときどのように認識し，それらを含む分子の構造式をどのように書くかというパターン認識だけを問題にしている．

最後に，官能基は有機化合物を命名するときの基礎になる．1,000 万種以上になる有機化合物は一つずつ異なる名称をもっているのが理想的である．

以上のことをまとめると，官能基は：

・化学反応の起こる位置である．特定の官能基はどんな化合物に含まれていても同じタイプの化学反応を受ける．
・おおよその化合物の物性を決めている．
・有機化合物を分類するための基礎になっている．
・有機化合物の命名の基礎になっている．

A　アルコール

アルコール alcohol の官能基は，四面体（sp^3 混成）炭素に結合した**—OH（ヒドロキシ hydroxy）基**である．次に示す左の一般式で，R の記号は水素か別の炭素基を表す．ここで重要な点は—OH が四面体炭素に結合していることである．一番右のアルコールの構造式は，簡略化した構造式 condensed structural formula CH_3CH_2OH である．簡略化構造式では，CH_3 は 3 個の水素が結合した炭素を示し，

ヒドロキシ基：—OH 基．

訳注：水酸基あるいはヒドロキシル（hydroxyl）基ともいわれるが，1993 年の IUPAC 規則の改正で置換基名は hydroxy（ヒドロキシ）ということが明記された．ラジカルはヒドロキシル（hydroxyl）ラジカルという．

第1章 共有結合と分子のかたち

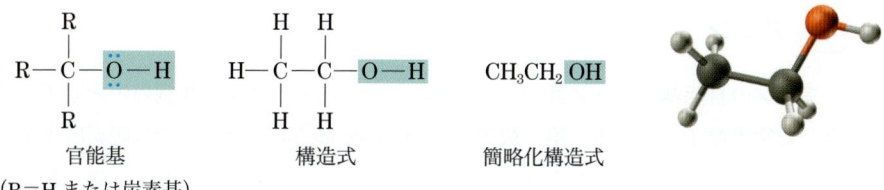

官能基
(R＝Hまたは炭素基)　　構造式　　簡略化構造式

CH_2 は2個の水素が結合した炭素を示し，CH は水素が1個結合した炭素を示している．ふつう簡略化構造式では非共有電子対は示さない．

アルコールは，—OH 基をもつ炭素に結合した炭素数によって，**第一級** primary, **第二級** secondary と**第三級** tertiary に分類される．

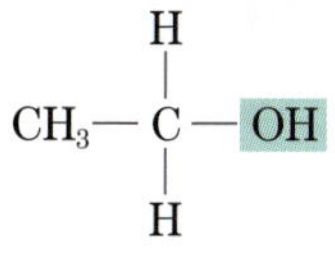

第一級アルコール 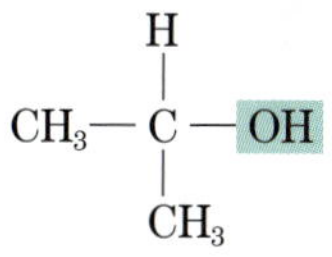　　第二級アルコール 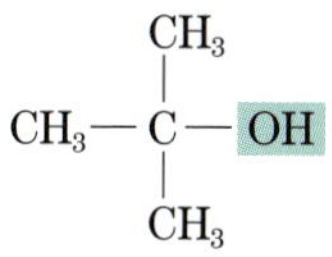　　第三級アルコール

例題 1.13

分子式 C_3H_8O のアルコールは2種類ある．それぞれの構造を簡略化構造式で示し，それぞれを第一級，第二級または第三級に分類せよ．

解　答

3個の炭素を鎖状に結合し，—OH 基を末端の炭素につけるか真中の炭素につける．そして，各炭素が結合を四つもつように7個の水素をつけて構造式を完成する．

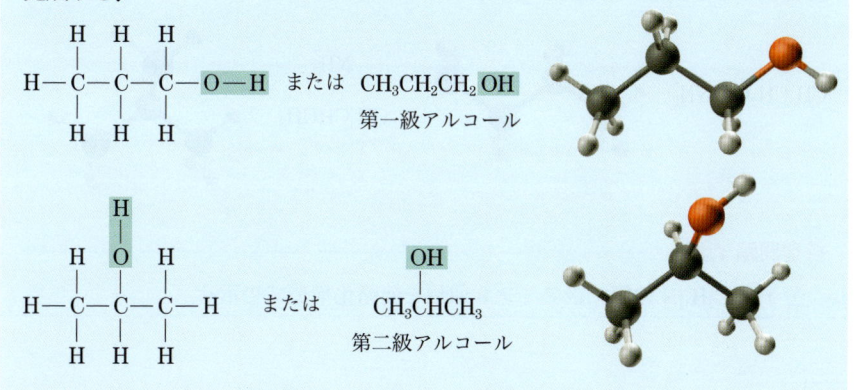

H—C—C—C—O—H　または　$CH_3CH_2CH_2OH$
　　　　　　　　　　　　　　　　第一級アルコール

H—C—C—C—H　または　CH_3CHCH_3
　　　　|　　　　　　　　　　　　|
　　　　OH　　　　　　　　　　　OH
　　　　　　　　　　　　　　　第二級アルコール

練習問題 1.13

分子式 $C_4H_{10}O$ のアルコールは4種類ある．それぞれの構造を簡略化構造式で示し，それぞれを第一級，第二級または第三級に分類せよ．

B アミン

アミノ基：1～3個の炭素基と結合した sp³ 混成窒素原子.

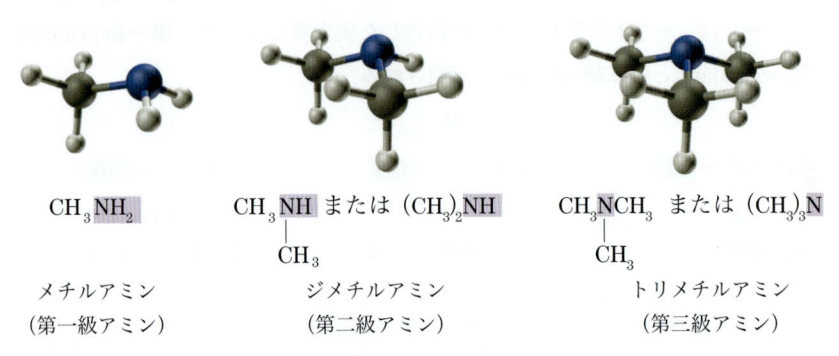

アミンの官能基は**アミノ基** amino group であり，それは1～3個の炭素原子と結合した窒素原子からなる．**第一級アミン** primary amine では，窒素は炭素原子1個と結合している．**第二級アミン** secondary amine では炭素原子2個と，**第三級アミン** tertiary amine では炭素原子3個と結合している．次の構造式で，二つ目と三つ目はさらに省略して CH₃ 基をまとめて書いた式で，それぞれ (CH₃)₂NH と (CH₃)₃N のように書ける．

CH₃NH₂ 　　CH₃NH または (CH₃)₂NH 　　CH₃NCH₃ または (CH₃)₃N
　　　　　　　　　|　　　　　　　　　　　　　　　|
　　　　　　　　CH₃　　　　　　　　　　　　　　CH₃

メチルアミン　　　　　ジメチルアミン　　　　　　トリメチルアミン
（第一級アミン）　　　（第二級アミン）　　　　　（第三級アミン）

例題 1.14

分子式 C_3H_9N の第一級アミン2種類を簡略化構造式で示せ．

解　答

第一級アミンとして，まず水素2個と炭素1個と結合した窒素を書く．C_3 炭素鎖は2種類書ける．ついで，各炭素が結合を四つもつように7個の水素を結合させると正しい構造が得られる．

CH₃CH₂CH₂NH₂　　　　　　　NH₂
　　　　　　　　　　　　　　|
　　　　　　　　　　　　CH₃CHCH₃

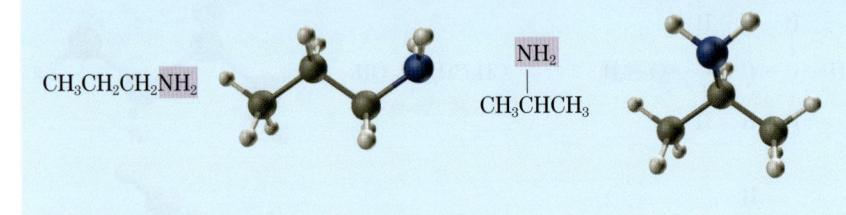

練習問題 1.14

分子式 $C_4H_{11}N$ の第二級アミン3種類を簡略化構造式で示せ．

C アルデヒドとケトン

カルボニル基：ﾞC=O 基.

アルデヒドとケトンは両者とも ﾞC=O（**カルボニル** carbonyl）基をもつ．**アルデヒド** aldehyde の官能基は，水素に結合したカルボニル基をもつ．最も単純なアルデヒドであるホルムアルデヒド CH_2O の場合には，カルボニル炭素が2個の水素と結合している．簡略化構造式では，アルデヒド基は炭素–酸素二重結合を示して，

—CH＝O と書くか，あるいは—CHO と書いてもよい．**ケトン** ketone の官能基は 2 個の炭素原子に結合したカルボニル基である．

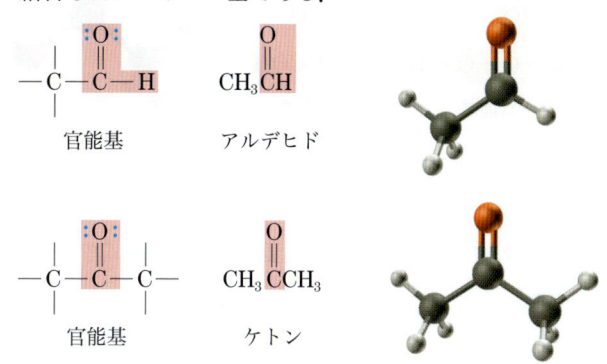

官能基　　アルデヒド

官能基　　ケトン

例題 1.15

分子式 C_4H_8O のアルデヒド 2 種類を簡略化構造式で示せ．

解　答

まずアルデヒドの官能基を書き，残りの炭素を付け加える．その結合の仕方には 2 通りある．ついで，各炭素が結合を四つもつように 7 個の水素をつけると正しい構造式ができる．アルデヒド基は，炭素-酸素二重結合を C＝O のように示して書いてもよいし，あるいは—CHO と書いてもよい．

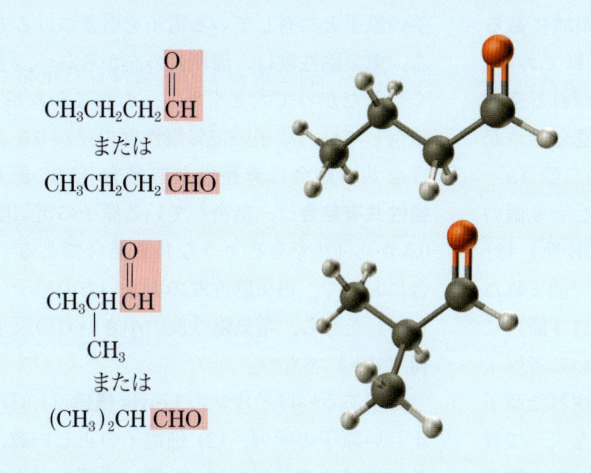

CH₃CH₂CH₂CH
または
CH₃CH₂CH₂ CHO

CH₃CHCH
 |
 CH₃
または
(CH₃)₂CH CHO

練習問題 1.15

分子式 $C_5H_{10}O$ のケトン 3 種類を簡略化構造式で示せ．

D　カルボン酸

カルボン酸の官能基は**—COOH**（カルボキシ carboxy：*carb*onyl ＋ hydr*oxy*）基である．

カルボキシ基：—COOH 基．

R—C—O—H CH₃COH

官能基 酢酸

例題 1.16

分子式 $C_3H_6O_2$ のカルボン酸一つの構造を簡略化構造式で示せ.

解答

CH₃CH₂COH または CH₃CH₂COOH

練習問題 1.16

分子式 $C_4H_8O_2$ のカルボン酸 2 種類を簡略化構造式で示せ.

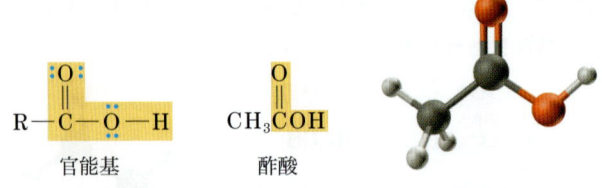

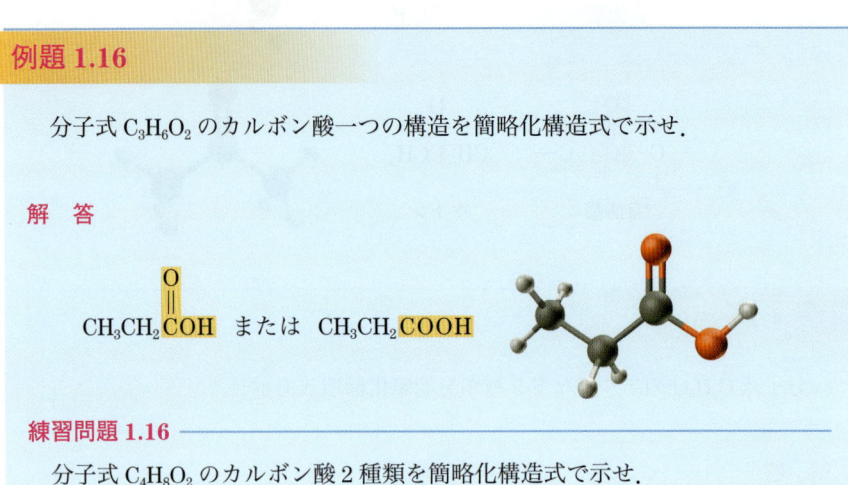

まとめ

　原子は，小さくて密度の高い原子核と電子からなり，電子は原子核のまわりの**殻**とよばれる空間領域にある（1.2A 節）．殻にはそれぞれ番号 n がつけられており，$2n^2$ 個の電子を収容できる．各殻は**軌道**とよばれる空間領域に分けられる．第一殻（$n=1$）は s 軌道を一つだけもち $2 \times 1^2 = 2$ 個の電子を収容できる．第二殻（$n=2$）は s 軌道一つと p 軌道三つをもち，$2 \times 2^2 = 8$ 個の電子を収容できる．元素の **Lewis 構造**（1.2B 節）は，その原子の**原子価殻**にある電子の数だけの点で囲まれた元素記号で表される．**結合の Lewis モデル**（1.3 節）によると，原子が結合するとき，化学結合している各原子は周期表で一番近い貴ガスのものと似た満たされた原子価殻をもつ電子配置をとる．ある原子が電子を失って貴ガス型の原子価殻をとると**カチオン**になる．一方，原子が電子を得て貴ガス型の原子価殻をとると**アニオン**になる．**イオン結合**はアニオンとカチオンの間の引力によって形成される化学結合である．**共有結合**は原子間で電子対を共有することによって形成される化学結合である．H と Li を除く典型元素（1，2 と 13〜17 族の元素）が 8 個の価電子で最外殻を形成する傾向を**オクテット則**という．

　電気陰性度（1.3C 節）は，ある原子が化学結合で相手の原子と共有している電子を引きつける力の尺度である．電気陰性度は，周期表の左から右へ，下から上へいくにしたがって大きくなる．おおまかな目やすとして，結合している原子の電気陰性度の差が 0.5 より小さいような共有結合は**非極性共有結合**（1.3C 節）といえる．**極性共有結合**は，結合している原子の電気陰性度の差が 0.5 から 1.9 であるような共有結合である．極性共有結合において，電気陰性度の大きい方の原子は部分負電荷（$\delta-$）をもち，電気陰性度の小さい方の原子は部分正電荷（$\delta+$）をもつ．

　分子あるいはイオンの **Lewis 構造**（1.3D 節）は，(1) 正しい原子の配列，(2) 価電子の正しい数，(3) 水素の外殻には 2 電子以下，(4) 第二周期の元素の外殻には 8 電子以下，そして (5) すべての形式電荷を示していなければならない．**形式電荷**とは，分子または多原子イオンの中のある原子上の電荷である（1.3E 節）．

　分子と多原子イオンの結合角は，Lewis 構造と**原子価殻電子対反発（VSEPR）モデル**（1.4 節）を用いて予想できる．電子密度の高い領域四つで囲まれた原子には 109.5°の結合角が予想され，電子密度の高い 3 領域が

ある場合には 120°の結合角，電子密度の高い 2 領域がある場合には 180°の結合角が予想される．

極性結合が一つでもあって，部分正電荷の中心と部分負電荷の中心が一致しないとき，その分子は極性をもつ（1.5 節）．

共鳴理論（1.6A 節）によると，単一の Lewis 構造で適切に表せないような分子やイオンの構造は，2 個以上の**共鳴寄与構造**を書き，実際の分子やイオンは種々の寄与構造の**混成体**であると考えることによって最も適切に表せる．共鳴寄与構造は**双頭矢印**（⟷）で結ばれる．一つの寄与構造から別の構造に，価電子がどのように再配置されるかを**巻矢印**で示す（1.6B 節）．この矢印は，電子がもとあったところ（原子の非共有電子対または共有結合）から，その新しい位置（となりの原子あるいは結合）へ向けられる．

軌道モデルによれば，共有結合の生成は原子軌道の重なりの結果である（1.7B 節）．重なりが大きいほど，できた共有結合は強い．原子軌道が一緒になることは**混成**（1.7C 節）といわれ，できた軌道は**混成軌道**とよばれる．2s 軌道 1 個と 2p 軌道 3 個の組合せで 4 個の等価な **sp³ 混成軌道**ができ，それぞれ 109.5°の角度で四面体の頂点を向いている．

2s 軌道 1 個と 2p 軌道 2 個の組合せで 3 個の等価な **sp² 混成軌道**ができ，その軸は平面内にあり，120°の角度をなしている．ほとんどの C=C および C=O 二重結合は，sp² 混成軌道の重なりによってできた**シグマ（σ）結合**一つと平行な 2p 原子軌道の重なりによってできた**パイ（π）結合**一つとからなる．

2s 軌道 1 個と 2p 軌道 1 個の組合せで 2 個の等価な **sp 混成軌道**ができ，その軸は平面内にあり 180°の角度をなしている．すべての C≡C 三重結合は，sp 混成軌道の重なりでできた σ 結合一つと平行な 2p 原子軌道 2 組の重なりでできた π 結合二つからなる．

官能基（1.8 節）は，有機化合物の特徴的な構造単位であり，有機化合物を分類する基礎となり，命名の基礎になっている．また，官能基は化学反応の起こる位置になっており，どんな化合物にあっても同じタイプの反応を受ける．本書のこの段階で重要な官能基は，第一級，第二級および第三級アルコールの**ヒドロキシ基**，第一級，第二級および第三級アミンの**アミノ基**，アルデヒドとケトンの**カルボニル基**およびカルボン酸の**カルボキシ基**である．

補充問題

原子の電子構造

1.17 次の原子の基底状態電子配置を書け．かっこ内に原子番号を示す．
　　(a) ナトリウム（11）　　(b) マグネシウム（12）　　(c) 酸素（8）　　(d) 窒素（7）

1.18 次の元素の基底状態電子配置を書け．
　　(a) カリウム　　(b) アルミニウム　　(c) リン　　(d) アルゴン

1.19 次の基底状態電子配置をもつ元素は何か．
　　(a) $1s^2 2s^2 2p^6 3s^2 3p^4$　　(b) $1s^2 2s^2 2p^4$

1.20 基底状態電子配置が $1s^2 2s^2 2p^6 3s^2 3p^6$ でない元素あるいはイオンは次のうちどれか．
　　(a) S^{2-}　　(b) Cl^-　　(c) Ar　　(d) Ca^{2+}　　(e) K

1.21 原子価殻と価電子の定義を書け．

1.22 次の原子の原子価殻には何個の電子があるか．
　　(a) 炭素　　(b) 窒素　　(c) 塩素　　(d) アルミニウム　　(e) 酸素

1.23 次のイオンの原子価殻には何個の電子があるか．
　　(a) H^+　　(b) H^-

Lewis 構造

1.24 周期表の位置から考えて，次の組合せの原子のうちどちらの電気陰性度が大きいか．
　　(a) 炭素と窒素　　(b) 塩素と臭素　　(c) 酸素と硫黄

1.25 次の化合物のうち，非極性共有結合，極性共有結合あるいはイオン結合をもつものはそれぞれどれか．
 (a) LiF   (b) CH_3F (c) $MgCl_2$ (d) HCl

1.26 次の共有結合に極性があれば，その向きを$\delta-$と$\delta+$の記号を用いて示せ．
 (a) C—Cl   (b) S—H   (c) C—S   (d) P—H

1.27 次の分子のLewis構造を書け．価電子をすべて示すように注意せよ．どの化合物も環状構造を含まない．
 (a) 過酸化水素 H_2O_2 (b) ヒドラジン N_2H_4 (c) メタノール CH_3OH
 (d) メタンチオール CH_3SH (e) メチルアミン CH_3NH_2 (f) クロロメタン CH_3Cl
 (g) ジメチルエーテル CH_3OCH_3 (h) エタン C_2H_6 (i) エチレン C_2H_4
 (j) アセチレン C_2H_2 (k) 二酸化炭素 CO_2 (l) ホルムアルデヒド CH_2O
 (m) アセトン CH_3COCH_3 (n) 炭酸 H_2CO_3 (o) 酢酸 CH_3COOH

1.28 次のイオンのLewis構造を書け．
 (a) 炭酸水素イオン HCO_3^- (b) 炭酸イオン CO_3^{2-} (c) 酢酸イオン CH_3COO^- (d) 塩化物イオン Cl^-

1.29 次の分子式はなぜ不可能か．
 (a) CH_5 (b) C_2H_7

1.30 次のイオンの各原子の原子価殻が満たされるために必要な非共有電子対を書き加えよ．炭素，酸素および窒素の各原子は反応して原子価殻を8個の価電子で満たすという規則にしたがって電子をつけ加え，形式電荷も示せ．

(a) H—O—C(=O)—O   (b) H—C(H)(H)—C(H)—O   (c) H—C(H)(H)—C(H)(H)   (d) H—N(H)(H)—C(H)(=O)—O

1.31 次のLewis構造は価電子をすべて示している．各構造に形式電荷を示せ．

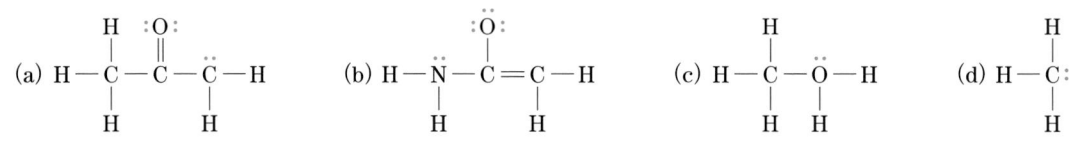

(a) H—C(H)(H)—C(:O:)—C(H)(H)—H   (b) H—N(H)—C(:Ö:)=C(H)—H   (c) H—C(H)(H)—Ö—H   (d) H—C(H)(H):

1.32 次の化合物は共有結合とイオン結合をもつ．それぞれのLewis構造を書け．共有結合を線で，イオン結合を正と負の電荷で示せ．
 (a) NaOH   (b) $NaHCO_3$ (c) NH_4Cl (d) CH_3COONa (e) CH_3ONa

1.33 銀と酸素は安定な化合物を形成できる．この化合物の分子式を示し，イオン結合でできているか共有結合でできているか述べよ．

共有結合の極性

1.34 電気陰性度に関する次の記述のうち正しいのはどれか．
 (a) 周期表の同じ行（周期）で左から右にいくにしたがって電気陰性度が増す．
 (b) 周期表の同じ列（族）で上から下にいくにしたがって電気陰性度が増す．
 (c) 最も原子番号の小さい元素である水素の電気陰性度は最も小さい．
 (d) 元素の原子番号が大きいほど電気陰性度も大きい．

1.35 周期表の右上隅にある元素であるフッ素の電気陰性度が，あらゆる元素の中で最も大きいのはなぜか．

1.36 次の各組合せについて，共有単結合の極性が大きくなる順に並べよ．
 (a) C—H, O—H, N—H   (b) C—H, C—Cl, C—I
 (c) C—C, C—O, C—N   (d) C—Li, C—Hg, C—Mg

1.37 表1.5に与えられた電気陰性度の値を用いて，次に示された結合の組合せのうち，どちらの極性が大きいか予想せよ．また，極性の向きを$\delta-$と$\delta+$の記号を用いて示せ．

(a) CH_3—OH と CH_3O—H (b) H—NH_2 と CH_3—NH_2
(c) CH_3—SH と CH_3S—H (d) CH_3—F と H—F

1.38 次の各分子の中で最も極性の大きい結合を指摘せよ．
(a) $HSCH_2CH_2OH$ (b) $CHCl_2F$ (c) $HOCH_2CH_2NH_2$

1.39 次に示す有機金属化合物の炭素-金属結合が非極性共有結合か，極性共有結合か，イオン結合か，予想せよ．また，極性共有結合の極性の向きを δ− と δ+ の記号を用いて示せ．

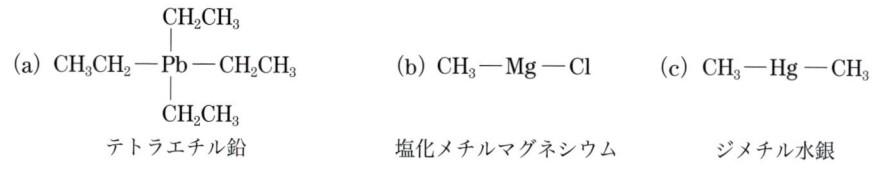

(a) CH_3CH_2—Pb(CH_2CH_3)—CH_2CH_3 (with CH_2CH_3 above and below)
    テトラエチル鉛

(b) CH_3—Mg—Cl
    塩化メチルマグネシウム

(c) CH_3—Hg—CH_3
    ジメチル水銀

結合角と分子のかたち

1.40 VSEPR モデルを用いて，ピンクで示した原子のまわりの結合角を予想せよ．

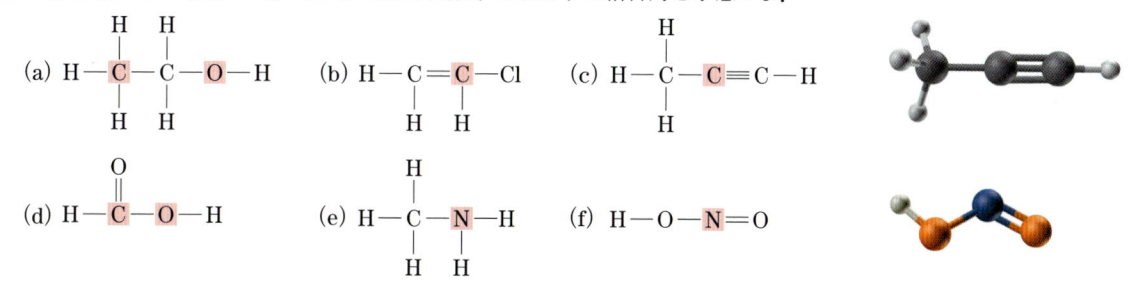

(a) H—C(H,H)—O—H の C と O について
(b) H—C=C—Cl の中央の C について（H が各Cに1つずつ）
(c) H—C(H,H)—C≡C—H の C≡C について
(d) H—C(=O)—O—H の C と O について
(e) H—C(H,H)—N(H)—H の N について
(f) H—O—N=O の N について

1.41 VSEPR モデルを用いて，次の分子の炭素，窒素および酸素原子のまわりの結合角を予想せよ．（ヒント：まず，各原子の原子価殻を満たすのに必要な非共有電子対を付け加えてから，結合角を予想せよ．）

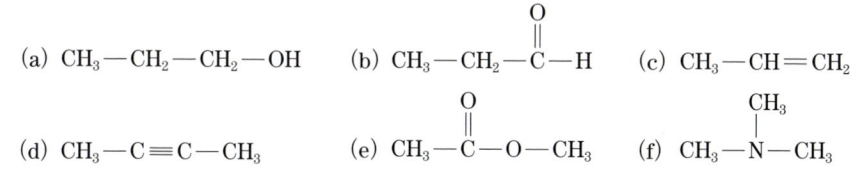

(a) CH_3—CH_2—CH_2—OH
(b) CH_3—CH_2—C(=O)—H
(c) CH_3—CH=CH_2
(d) CH_3—C≡C—CH_3
(e) CH_3—C(=O)—O—CH_3
(f) CH_3—N(CH_3)—CH_3

1.42 ケイ素は周期表で炭素のすぐ下に位置する．テトラメチルシラン $(CH_3)_4Si$ の C—Si—C 結合角を予想せよ．

極性分子と非極性分子

1.43 次の各分子の三次元構造を書け．また，極性分子について，その極性の向きを示せ．
(a) CH_3F (b) CH_2Cl_2 (c) $CHCl_3$ (d) CCl_4
(e) $CH_2=CCl_2$ (f) $CH_2=CHCl$ (g) $CH_3C≡N$ (h) $(CH_3)_2C=O$

1.44 テトラフルオロエチレン C_2F_4 は，テフロンというよく知られたポリマーの合成における出発物である．テトラフルオロエチレン分子は非極性である．この化合物の構造式を書け．

1.45 最近まで冷凍システムの冷媒としてよく使われてきた 2 種類のクロロフルオロ炭素 (CFC) として，フレオン-11 (トリクロロフルオロメタン CCl_3F) とフレオン-12 (ジクロロジフルオロメタン CCl_2F_2) がある．それぞれの三次元構造を書き，極性の向きを示せ．

共鳴寄与構造

1.46 共鳴寄与構造に関する次の記述の中で正しいのはどれか．
(a) 価電子の数はすべての共鳴寄与構造において等しい．

(b) 原子の配列はすべての共鳴寄与構造において同一である．
(c) 共鳴寄与構造のすべての原子が満たされた原子価殻をもっている．
(d) 共鳴寄与構造のすべての結合角は寄与構造どうしで等しい．

1.47 巻矢印で指示されている共鳴寄与構造を書き，必要に応じて形式電荷を示せ．

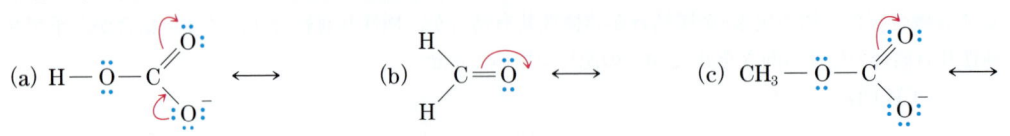

(a), (b), (c) の構造式

1.48 VSEPR モデルを用いて，問題 1.47 の共鳴寄与構造について炭素原子のまわりの結合角を予想せよ．一つの寄与構造からもう一つの構造になるとき結合角はどのように変化するか．

原子軌道の混成

1.49 ピンクで示した原子の軌道混成について述べよ．

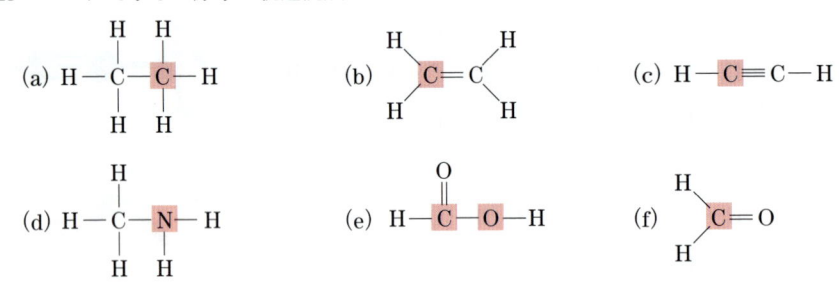

(a)～(f) の構造式

1.50 ピンクで示した結合について，混成軌道の重なりの観点から説明せよ．

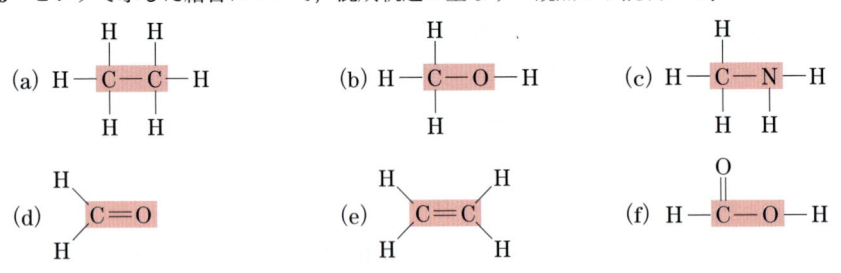

(a)～(f) の構造式

官能基

1.51 次の官能基の Lewis 構造を書け．価電子をすべて示すように注意せよ．
(a) カルボニル基　(b) カルボキシ基　(c) ヒドロキシ基　(d) 第一級アミノ基

1.52 次の分子式をもつ化合物の構造式を書け．
(a) C_2H_6O のアルコール　(b) C_3H_6O のアルデヒド　(c) C_3H_6O のケトン
(d) $C_3H_6O_2$ のカルボン酸　(e) $C_4H_{11}N$ の第三級アミン

1.53 分子式 C_4H_8O の化合物で，次の基をもつものすべてを簡略化構造式で書け．
(a) カルボニル基（アルデヒド 2 種とケトン 1 種）
(b) 炭素-炭素二重結合とヒドロキシ基（8 種類ある）

1.54 次の記述にあう構造式を書け．
(a) 分子式 $C_5H_{12}O$ のアルコール 8 種．　(b) 分子式 $C_6H_{12}O$ のアルデヒド 8 種．
(c) 分子式 $C_6H_{12}O$ のアルデヒド 6 種．　(d) 分子式 $C_6H_{12}O_2$ のカルボン酸 8 種．
(e) 分子式 $C_5H_{13}N$ の第三級アミン 3 種．

1.55 次の化合物の官能基を指摘せよ（各化合物については示された節で詳しく学ぶ）．

(a) CH$_3$—CH(OH)—C(=O)—OH
乳酸
（22.5A 節）

(b) HO—CH$_2$—CH$_2$—OH
エチレングリコール
（8.2B 節）

(c) CH$_3$—CH(NH$_2$)—C(=O)—OH
アラニン
（19.2 節）

(d) HO—CH$_2$—CH(OH)—C(=O)—H
グリセルアルデヒド
（18.2A 節）

(e) CH$_3$—C(=O)—CH$_2$—C(=O)—OH
アセト酢酸
（14.3B 節）

(f) H$_2$NCH$_2$CH$_2$CH$_2$CH$_2$CH$_2$CH$_2$NH$_2$
1,6-ヘキサンジアミン
（17.5A 節）

1.56 ジヒドロキシアセトン C$_3$H$_6$O$_3$ は，人工的に日焼け肌をつくるためのローションの有効成分として用いられているが，ケトン基一つと第一級ヒドロキシ基二つを一つずつ異なる炭素にもっている．ジヒドロキシアセトンの構造式を書け．

1.57 航空機の防氷剤として用いられているプロピレングリコール C$_3$H$_8$O$_2$ は，第一級アルコールと第二級アルコールを含む．プロピレングリコールの構造式を書け．

1.58 エフェドリンは栄養サプリメントのエフェドラの成分であるが，心臓発作，脳いっ血，心悸亢進のような病気に悪い影響がある．今ではエフェドリンをサプリメントに使うことは禁止されている．
(a) エフェドリンに含まれる官能基を少なくとも二つ指摘せよ．
(b) エフェドリンは極性分子かそれとも非極性分子か．

Ephedrine

1.59 オゾン O$_3$ と二酸化炭素 CO$_2$ はいずれも温室効果ガスとして知られている．分子のかたちを，その違いに注目して比べ，これらの分子の各原子の混成状態を示せ．

応用問題

1.60 アレン allene C$_3$H$_4$ は H$_2$C=C=CH$_2$ の構造式をもつ．アレンの各炭素の混成状態を指摘し，分子のかたちを示せ．

1.61 ジメチルスルホキシド dimethyl sulfoxide (CH$_3$)$_2$SO は有機化学でよく使われる溶媒である．
(a) ジメチルスルホキシドの Lewis 構造を書け．
(b) この分子における硫黄の混成状態を予想せよ．
(c) ジメチルスルホキシドの幾何構造を書け．
(d) ジメチルスルホキシドは極性分子か非極性分子か．

1.62 第5章で，カルボカチオンとよばれる有機カチオンについて学ぶ．次に示すのはそのようなカチオンの一つ，tert-ブチルカチオンである．

tert-Butyl cation

(a) 正電荷をもつ炭素の原子価殻には何個の電子があるか．

(b) この炭素まわりの結合角を予想せよ．
(c) (b)で予想した結合角から，この炭素の混成状態はどう考えられるか．

1.63 第5章にはイソプロピルカチオン（$CH_3)_2CH^+$ も出てくる．
(a) このカチオンのLewis構造を書け．正電荷の位置を＋の符号で示せ．
(b) 正電荷をもつ炭素の原子価殻には何個の電子があるか．
(c) VSEPRモデルを用いて，正電荷をもつ炭素原子のまわりの結合角を予想せよ．
(d) このカチオンの各炭素の混成状態について述べよ．

1.64 第9章でベンゼン C_6H_6 とその誘導体について学ぶ．

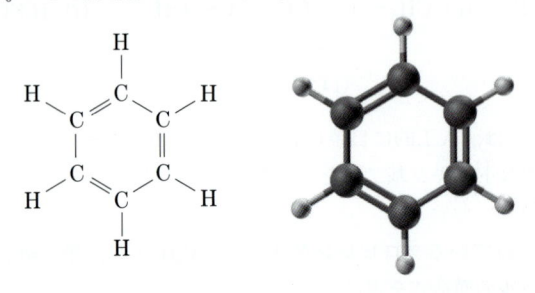

(a) ベンゼンのH—C—CとC—C—Cの結合角はそれぞれいくらになるか予想せよ．
(b) ベンゼンの各炭素の混成状態について述べよ．
(c) ベンゼン分子のかたちを予想せよ．

1.65 ベンゼンの炭素-炭素結合の長さがすべて等しいのはなぜか説明せよ．

2 酸塩基反応

- **2.1** はじめに
- **2.2** Arrhenius の酸と塩基
- **2.3** Brønsted-Lowry の酸と塩基
- **2.4** 酸と塩基の強さの定量的尺度
- **2.5** 酸塩基反応の平衡位置
- **2.6** 分子構造と酸性度
- **2.7** Lewis 酸と Lewis 塩基

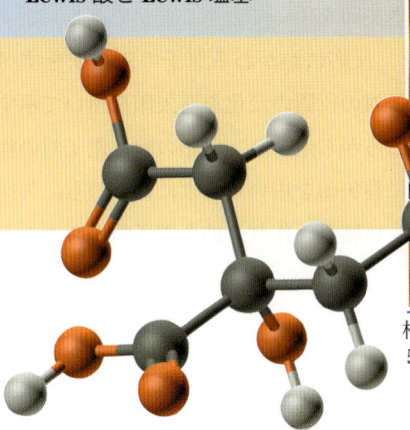

柑橘類の果物はクエン酸を含む．例えば，レモンジュースはクエン酸を 5〜8％含む．クエン酸の分子模型を左に示す．(*Corbis Digital Stock*)

2.1 はじめに

　有機反応の多くは酸塩基反応である．この章と次章以下で，アルコール，フェノール，カルボン酸，α水素をもつカルボニル化合物，アミン，アミノ酸とタンパク質，そして核酸までを含む主な有機化合物の酸塩基の性質を学ぶことになる．しかも，多くの有機反応が H_3O^+ や $CH_3OH_2^+$ のようなプロトンを与える酸の触媒作用によって起こる．また有機反応には $AlCl_3$ のような Lewis 酸触媒によって起こるものもある．したがって，酸塩基の化学の基礎をきちんと身につけることが不可欠である．

2.2 Arrhenius の酸と塩基

1884年にはじめて有用な酸と塩基の定義が Svante Arrhenius（アーレニウス）によって提案された．Arrhenius の最初の定義では，酸は水に溶かしたとき H^+ イオンを出すもの，塩基は水に溶かしたとき OH^- イオンを出すものとされた．今日私たちは，水の中で H^+ イオンは存在できず，ただちに H_2O 分子と反応してオキソニウムイオン H_3O^+ になることを知っている．

$$H^+(aq) + H_2O(l) \longrightarrow H_3O^+(aq)$$
オキソニウムイオン

この修正をすれば，Arrhenius の酸塩基の定義は，水溶液に関する限り現在でも正しく有用である．

酸が水に溶けると，水と反応して H_3O^+ を生じる．例えば，HCl が水に溶けると，水分子と反応してオキソニウムイオンと塩化物イオンを生成する．

$$H_2O(l) + HCl(aq) \longrightarrow H_3O^+(aq) + Cl^-(aq)$$

酸から塩基へのプロトンの移動は，**巻矢印**を用いて表すことができる．まず反応物と生成物のそれぞれの Lewis 構造を，反応にかかわる原子の価電子をすべて示して書く．次いで，反応中に起こる電子対の位置の変化を巻矢印を用いて示す．巻矢印の尾は（動いて行く）電子対のところから始まり，矢印の頭は電子対の移動先を示す．電子の位置の変化を示すために巻矢印を用いるときにはいつも，矢印が原子の非共有電子対から出るときには新しい結合を作り，結合電子対から出るときにはその結合が切れることを意味する．

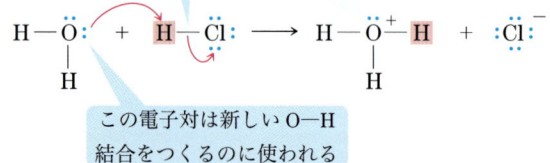

この反応式で，左側の巻矢印は酸素の非共有電子対が水素との新しい共有結合を形成することを示す．右側の巻矢印は，H—Cl 結合の電子対が完全に塩素に与えられて塩化物イオンになることを示す．すなわち，H_2O と HCl の反応においては，HCl から H_2O にプロトンが移動し，その過程で H—Cl 結合が切れて O—H 結合が生成する．

塩基の場合には事情が少々異なる．多くの塩基は，KOH，NaOH，$Mg(OH)_2$，$Ca(OH)_2$ のような金属水酸化物である．これらの化合物はイオン性固体であり，水に溶けるとイオンが単に分かれ，それぞれが水分子によって溶媒和を受ける．これは次の反応式のように表せる．

第 2 章 酸塩基反応

$$NaOH(s) \xrightarrow{H_2O} Na^+(aq) + OH^-(aq)$$

訳注:反応式中の (s) は固体,(l) は液体,(aq) は水溶液を表す.

塩基には水酸化物ではないものもある.その場合,水中で水分子と反応して OH^- イオンを生じる.この種の塩基で最も重要な例は,アンモニア NH_3 とアミン (1.8B 節) である.アンモニアが水に溶けると,水と反応してアンモニウムイオンと水酸化物イオンを生じる.

$$NH_3(aq) + H_2O(l) \rightleftharpoons NH_4^+(aq) + OH^-(aq)$$

2.5 節で述べるように,アンモニアは弱塩基であり,水との反応の平衡の位置はかなり左の方にかたよっている.例えば,NH_3 の 0.1 M 水溶液では NH_3 分子の約 4/1,000 が水と反応して NH_4^+ と OH^- になるに過ぎない.すなわち,アンモニアは水に溶けてもほとんど NH_3 分子として存在する.それにもかかわらず,少しは OH^- を生成するので,NH_3 は塩基である.

アンモニアと水の反応がどのように起こるか巻矢印を用いて表し,水分子からアンモニア分子へプロトンが移動することを示す.

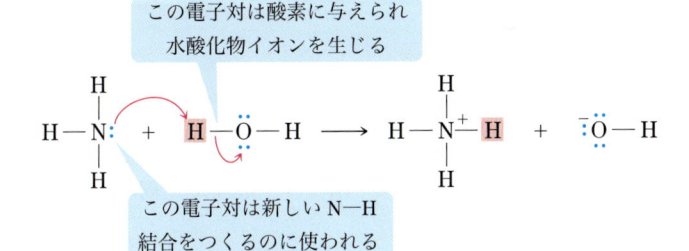

この電子対は酸素に与えられ水酸化物イオンを生じる

この電子対は新しい N—H 結合をつくるのに使われる

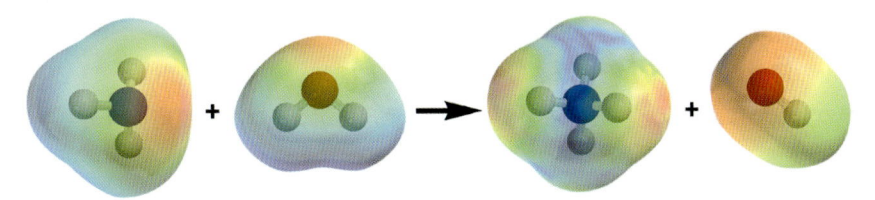

NH_3 のプロトン化や H_2O から脱プロトン化が起こると電荷が増える.NH_4^+ の窒素は NH_3 の窒素よりも濃い青色になり,OH^- の酸素は H_2O の酸素よりも濃い赤色になっていることに注意しよう.

ここで左側の巻矢印は,窒素の非共有電子対が水分子の水素と新しい共有結合を作ることを示している.N—H 結合が生成すると同時に,水の O—H 結合が切れている.右側の矢印は H—O 結合を形成していた電子対が完全に酸素に移って OH^- を生成することを示している.すなわち,アンモニアは水分子からのプロトン移動反応によって OH^- イオンを作り,その結果 OH^- を水溶液に残すのである.

Arrhenius の酸塩基の概念は水中で起こる反応と密接に結びついているので,非水溶液中での酸塩基反応を扱うには不適切である.この理由から,この章ではもっぱら Brønsted-Lowry の定義に基づいて酸塩基の話をすすめる.この方が有機化合物の反応を考えるには有用である.

2.3 Brønsted-Lowry の酸と塩基

1923年にデンマークの化学者 Johannes Brønsted（ブレンステッド）とイギリスの化学者 Thomas Lowry（ローリー）は、酸塩基について次の同じ定義を別々に提案した。すなわち、**酸** acid はプロトンを与えるもの（**プロトン供与体** proton donor）であり、**塩基** base はプロトンを受け取るもの（**プロトン受容体** proton acceptor）である。そして、酸塩基反応は**プロトン移動反応** proton-transfer reaction である。さらに Brønsted-Lowry の定義にしたがって、プロトン移動によって相互に変換できる分子あるいはイオンの対を**共役酸・塩基対** conjugate acid-base pair という。酸がプロトンを塩基に与えると、酸は**共役塩基** conjugate base になり、塩基がプロトンを受け取ると塩基は**共役酸** conjugate acid になる。

これらの関係を、塩化水素と水との反応を調べることによって示すことができる。この反応では塩化物イオンとオキソニウムイオンが生成する。

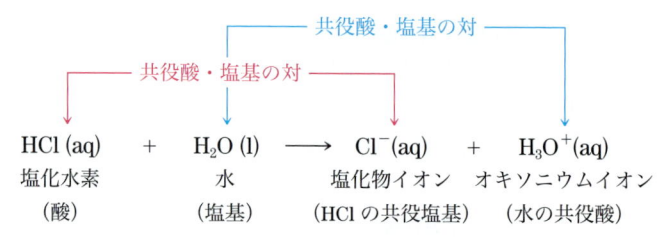

Brønsted-Lowry 酸：プロトン供与体．
Brønsted-Lowry 塩基：プロトン受容体．

共役塩基：酸がプロトンを失って生じる化学種．
共役酸：塩基がプロトンを受け取って生じる化学種．

$$\text{HCl (aq)} + \text{H}_2\text{O (l)} \longrightarrow \text{Cl}^-\text{(aq)} + \text{H}_3\text{O}^+\text{(aq)}$$

塩化水素（酸） ＋ 水（塩基） ⟶ 塩化物イオン（HClの共役塩基） ＋ オキソニウムイオン（水の共役酸）

この反応で、酸の HCl はプロトンを出してその共役塩基の Cl^- になり、塩基となる H_2O はプロトンを受け取って共役酸の H_3O^+ になる。

上の例では、水が反応物になる反応に Brønsted-Lowry の定義を適用した。しかし、この定義では水を反応物とする必要はない。酢酸とアンモニアの反応を考えてみよう。

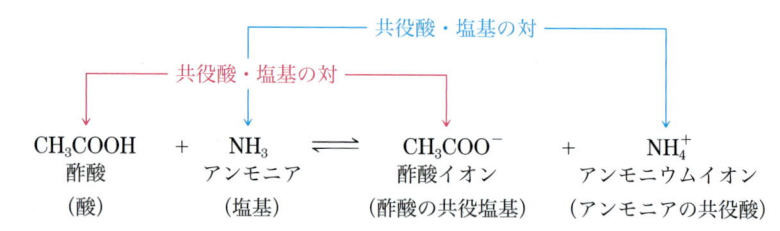

$$\text{CH}_3\text{COOH} + \text{NH}_3 \rightleftharpoons \text{CH}_3\text{COO}^- + \text{NH}_4^+$$

酢酸（酸） ＋ アンモニア（塩基） ⇌ 酢酸イオン（酢酸の共役塩基） ＋ アンモニウムイオン（アンモニアの共役酸）

この反応がどのように起こるか、巻矢印を用いて示すことができる。

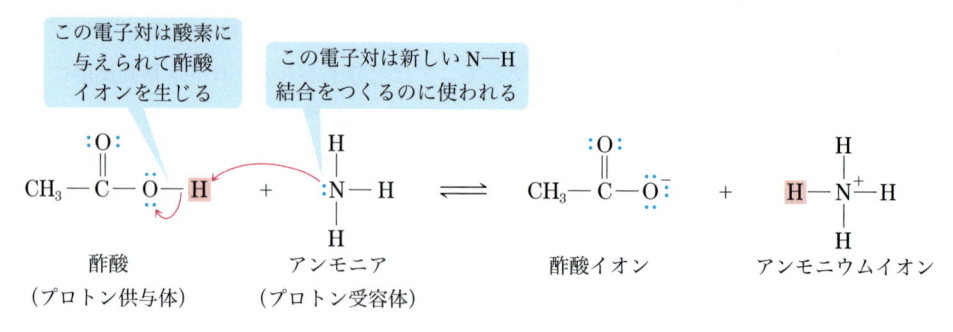

この電子対は酸素に与えられて酢酸イオンを生じる

この電子対は新しい N—H 結合をつくるのに使われる

酢酸（プロトン供与体） ＋ アンモニア（プロトン受容体） ⇌ 酢酸イオン ＋ アンモニウムイオン

表 2.1　酸とその共役塩基

	酸	名　称	共役塩基	名　称	
強酸 ↑	HI	ヨウ化水素酸	I^-	ヨウ化物イオン	弱塩基
	HCl	塩酸	Cl^-	塩化物イオン	
	H_2SO_4	硫酸	HSO_4^-	硫酸水素イオン	
	HNO_3	硝酸	NO_3^-	硝酸イオン	
	H_3O^+	オキソニウムイオン	H_2O	水	
	HSO_4^-	硫酸水素イオン	SO_4^{2-}	硫酸イオン	
	H_3PO_4	リン酸	$H_2PO_4^-$	リン酸二水素イオン	
	CH_3COOH	酢酸	CH_3COO^-	酢酸イオン	
	H_2CO_3	炭酸	HCO_3^-	炭酸水素イオン	
	H_2S	硫化水素	HS^-	硫化水素イオン	
	$H_2PO_4^-$	リン酸二水素イオン	HPO_4^{2-}	リン酸水素イオン	
	NH_4^+	アンモニウムイオン	NH_3	アンモニア	
	HCN	シアン化水素酸	CN^-	シアン化物イオン	
	C_6H_5OH	フェノール	$C_6H_5O^-$	フェノキシドイオン	
	HCO_3^-	炭酸水素イオン	CO_3^{2-}	炭酸イオン	
	HPO_4^{2-}	リン酸水素イオン	PO_4^{3-}	リン酸イオン	
弱酸	H_2O	水	OH^-	水酸化物イオン	↓ 強塩基
	C_2H_5OH	エタノール	$C_2H_5O^-$	エトキシドイオン	

　右側の巻矢印は窒素の非共有電子対がNとHに共有されて新しくH—N結合を作ることを示している．H—N結合が生成すると同時にO—H結合が切れ，O—H結合の電子対が完全に酸素に移って酢酸イオンの $-O^-$ を生成している．これら2組の電子対が移動した結果は，酢酸分子からアンモニア分子へのプロトン移動になっている．表2.1に一般的な酸とその共役塩基の例を示す．この表の共役酸・塩基対の例を調べてみると，次の点が明らかになる．

1. 酸は正電荷をもっていてもよいし，中性でも，負電荷をもっていてもよい．例として，それぞれ H_3O^+，H_2CO_3，$H_2PO_4^-$ がある．
2. 塩基は負電荷をもっているか中性である．例として Cl^- と NH_3 がある．
3. 酸は，放出できるプロトンの数によって一塩基酸，二塩基酸，三塩基酸に分類される．**一塩基酸** monoprotic acid の例には HCl，HNO_3，CH_3COOH がある．**二塩基酸** diprotic acid には H_2SO_4，H_2CO_3 がある．**三塩基酸** triprotic acid の例は H_3PO_4 である．例えば，炭酸はプロトンを1個失って炭酸水素イオンになり，もう一つプロトンを失うと炭酸イオンになる．

$$H_2CO_3 + H_2O \rightleftharpoons HCO_3^- + H_3O^+$$
　　　炭酸　　　　　　　炭酸水素イオン

$$HCO_3^- + H_2O \rightleftharpoons CO_3^{2-} + H_3O^+$$
　　炭酸水素イオン　　　　炭酸イオン

4. いくつかの分子とイオンが酸と共役塩基の欄の両方に現れる．すなわち，それぞれが酸としても塩基としても作用できる．例えば，炭酸水素イオン

HCO_3^- は（酸として）プロトンを失って CO_3^{2-} になるか，（塩基として）プロトンを受け取って H_2CO_3 になることができる．

5. 酸の強さとその共役塩基の強さの間には逆の関係がある．酸が強いほど，その共役塩基は弱い．例えば，HI は表 2.1 の中で一番強い酸であり，その共役塩基である I^- は一番弱い塩基である．もう一つ例を挙げると，CH_3COOH（酢酸）は H_2CO_3（炭酸）よりも強い酸であるが，逆に CH_3COO^-（酢酸イオン）は HCO_3^-（炭酸水素イオン）よりも弱い塩基である．

例題 2.1

次の酸塩基反応をプロトン移動反応として書け．どの反応物が酸でありどれが塩基であるかを示せ．また，どの生成物がもとの酸の共役塩基であり，もとの塩基の共役酸であるかを示せ．巻矢印を用いて反応における電子の流れを示せ．

$$CH_3COOH + HCO_3^- \longrightarrow CH_3COO^- + H_2CO_3$$
酢酸　　炭酸水素イオン　　　酢酸イオン　　炭酸

解　答

まず，反応にかかわる原子の価電子をすべて示して各反応物の Lewis 構造を書く．酢酸は酸（プロトン供与体）であり，炭酸水素イオンは塩基（プロトン受容体）である．炭酸水素イオンは（表 2.1 に示したように）酸としても働けるが，酢酸の方が強酸なので，この反応では酢酸がプロトン供与体になる．

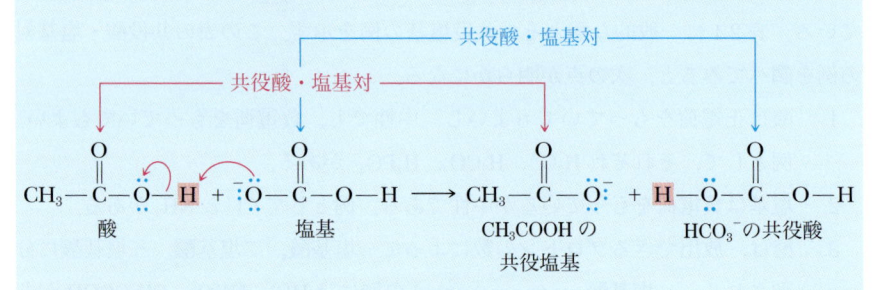

$$CH_3-\overset{O}{\overset{\|}{C}}-\ddot{O}-H + {}^-\ddot{O}-\overset{O}{\overset{\|}{C}}-O-H \longrightarrow CH_3-\overset{O}{\overset{\|}{C}}-\ddot{O}^- + H-\ddot{O}-\overset{O}{\overset{\|}{C}}-O-H$$

酸　　　　　　塩基　　　　　　CH_3COOH の共役塩基　　HCO_3^- の共役酸

（共役酸・塩基対）

練習問題 2.1

次の酸塩基反応をプロトン移動反応として書け．どの反応物が酸でありどれが塩基であるかを示せ．また，どの生成物がもとの酸の共役塩基であり，もとの塩基の共役酸であるかを示せ．巻矢印を用いてそれぞれの反応の電子の流れを示せ．

(a) $CH_3SH + OH^- \longrightarrow CH_3S^- + H_2O$

(b) $CH_3OH + NH_2^- \longrightarrow CH_3O^- + NH_3$

2.4 酸と塩基の強さの定量的尺度

強酸 strong acid あるいは**強塩基** strong base は水溶液中で完全に解離するものである．HCl を水に溶かすと HCl から H_2O への完全なプロトン移動が起こり，Cl^- と H_3O^+ になる．逆反応，すなわち H_3O^+ から Cl^- へのプロトン移動によって HCl と H_2O が生じる反応が起こる傾向は全く見られない．したがって，HCl と H_3O^+ との相対酸性度を比較すれば HCl がより強い酸であり，H_3O^+ はより弱い酸であるということになる．同じように，H_2O は Cl^- より強い塩基である．

$$HCl + H_2O \longrightarrow Cl^- + H_3O^+$$

酸　　　　塩基　　　　HCl の　　　H_2O の
　　　　　　　　　　　共役塩基　　共役酸
(より強い酸) (より強い塩基) (より弱い塩基) (より弱い酸)

強酸：水溶液中で完全に解離する酸．
強塩基：水溶液中で完全に解離する塩基．

水溶液中における強酸の例として，HCl，HBr，HI，HNO_3，$HClO_4$ および H_2SO_4 がある．水溶液中の強塩基の例としては，LiOH，NaOH，KOH，$Ca(OH)_2$ および $Ba(OH)_2$ がある．

弱酸 weak acid あるいは**弱塩基** weak base は水溶液中で完全には解離しないものである．ほとんどの有機酸と有機塩基は弱い．最も一般的な有機酸はカルボン酸であり，カルボキシ基 —COOH（1.8D 節）をもっており，次のように反応する．

$$CH_3COOH + H_2O \rightleftharpoons CH_3CO^- + H_3O^+$$

酸　　　　　塩基　　　　CH_3COOH の　　H_2O の
　　　　　　　　　　　　　共役塩基　　　　共役酸
(より弱い酸) (より弱い塩基) (より強い塩基) (より強い酸)

弱酸：水溶液中で部分的にしか解離しない酸．
弱塩基：水溶液中で部分的にしか解離しない塩基．

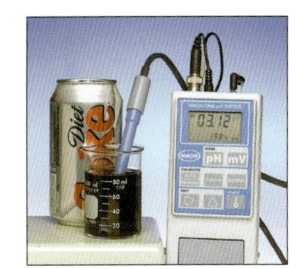

水中における弱酸 HA の解離の式と，この平衡に関する酸解離定数 K_a は次のように表される．

$$HA + H_2O \rightleftharpoons A^- + H_3O^+$$

$$K_a = K_{eq}[H_2O] = \frac{[H_3O^+][A^-]}{[HA]}$$

弱酸の解離定数は負の指数をもつ数値になるので，**pK_a**（$= -\log_{10} K_a$）値で表すことが多い．有機酸および無機酸の名称と分子式，pK_a 値を表 2.2 に示す．pK_a 値が大きくなればなるほど酸は弱くなる．また，共役酸と共役塩基の強さには逆の関係があり，酸が強ければ強いほど共役塩基は弱くなることに注意しよう．

この清涼飲料水の pH は 3.12 である．清涼飲料水の多くはかなり酸性が強い．
(*Charles D. Winters*)

表 2.2　有機酸および無機酸の pK_a 値

	酸	化学式	pK_a	共役塩基	
弱い酸 ↓	エタン	CH_3CH_3	51	$CH_3CH_2^-$	↑ 強い塩基
	アンモニア	NH_3	38	NH_2^-	
	エタノール	CH_3CH_2OH	15.9	$CH_3CH_2O^-$	
	水	H_2O	15.7	HO^-	
	メチルアンモニウムイオン	$CH_3NH_3^+$	10.64	CH_3NH_2	
	炭酸水素イオン	HCO_3^-	10.33	CO_3^{2-}	
	フェノール	C_6H_5OH	9.95	$C_6H_5O^-$	
	アンモニウムイオン	NH_4^+	9.24	NH_3	
	炭酸	H_2CO_3	6.36	HCO_3^-	
	酢酸	CH_3COOH	4.76	CH_3COO^-	
	安息香酸	C_6H_5COOH	4.19	$C_6H_5COO^-$	
	リン酸	H_3PO_4	2.1	$H_2PO_4^-$	
	オキソニウムイオン	H_3O^+	−1.74	H_2O	
	硫酸	H_2SO_4	−5.2	HSO_4^-	
	塩酸	HCl	−7	Cl^-	
強い酸	臭化水素酸	HBr	−8	Br^-	弱い塩基
	ヨウ化水素酸	HI	−9	I^-	

例題 2.2

次の pK_a 値に対して，K_a 値を計算せよ．どちらの化合物がより強い酸か．
(a) エタノール　$pK_a = 15.9$　　(b) 炭酸　$pK_a = 6.36$

解　答

(a) エタノール　$K_a = 1.3 \times 10^{-16}$　　(b) 炭酸　$K_a = 4.4 \times 10^{-7}$

炭酸の pK_a 値はエタノールの値よりも小さいので炭酸の方が強い酸であり，エタノールは弱い酸である．

練習問題 2.2

次の K_a 値に対して，pK_a 値を計算せよ．どちらの化合物がより強い酸か．
(a) 酢酸　$K_a = 1.74 \times 10^{-5}$　　(b) 水　$K_a = 2.0 \times 10^{-16}$

注意：例題2.2や問題2.2のような演習で，どちらの酸が強いか聞かれている．解離定数が1よりもずっと小さいような酸は，すべて，いずれにしても弱酸であることを忘れてはいけない．すなわち，酢酸は水よりかなり強い酸ではあるが，水中ではほんのわずかイオン化しているに過ぎない．例えば，酢酸の0.1 M 水溶液の解離はおよそ1.3%に過ぎない．この弱酸は0.1 M 溶液ではほとんど解離しないでカルボン酸のかたちで存在するのである．

$$0.1\,M\text{ 酢酸溶液中に存在するかたち}\quad \underset{98.7\%}{CH_3COH(=O)} + H_2O \rightleftharpoons \underset{1.3\%}{CH_3CO^-(=O)} + H_3O^+$$

2.5 酸塩基反応の平衡位置

HCl は H_2O と次の平衡反応式のように反応することを知っている．

$$HCl + H_2O \longrightarrow Cl^- + H_3O^+$$

また，HCl が強酸で，平衡位置が右の方に大きくかたよっていることも知っている．

上で見たように，酢酸は次の平衡反応式にしたがって H_2O と反応する．

$$\underset{\text{酢酸}}{CH_3COOH} + H_2O \rightleftarrows \underset{\text{酢酸イオン}}{CH_3COO^-} + H_3O^+$$

酢酸は弱酸である．ごく少数の酢酸分子が水と反応して酢酸イオンとオキソニウムイオンになるだけで，水溶液中の平衡状態で存在する主な化学種は CH_3COOH である．したがって，平衡の位置は左の方に大きくかたよっている．

上の二つの酸塩基反応では，水が塩基（プロトン受容体）であった．しかし，水以外の塩基をプロトン受容体として用いるとどうだろうか．平衡状態で何が主な化学種として存在するか，どうしたら決めることができるだろうか．いいかえれば，平衡の位置が左にかたよっているか，右にかたよっているか，どのようにして決めたらよいだろうか．

一例として，酢酸とアンモニアが反応して酢酸イオンとアンモニウムイオンを生成する酸塩基反応を調べてみよう．

$$\underset{\substack{\text{酢酸} \\ \text{(酸)}}}{CH_3COOH} + \underset{\substack{\text{アンモニア} \\ \text{(塩基)}}}{NH_3} \overset{?}{\rightleftarrows} \underset{\substack{\text{酢酸イオン} \\ (CH_3COOH \text{の共役塩基})}}{CH_3COO^-} + \underset{\substack{\text{アンモニウムイオン} \\ (NH_3 \text{の共役酸})}}{NH_4^+}$$

ここで問題は，平衡矢印の上に示した疑問符のように，平衡の位置が左にかたよっているか，右にかたよっているかである．この平衡には二つの酸，酢酸とアンモニウムイオン，および二つの塩基，アンモニアと酢酸イオンが含まれる．表2.2から，CH_3COOH（pK_a 4.76）の方が強い酸であり，CH_3COO^- が弱い共役塩基ということになる．逆に，NH_4^+（pK_a 9.24）の方が弱い酸であり，NH_3 は強い共役塩基ということになる．そこで，この平衡の酸と塩基の相対的な強さを示すことができる．

ビネガー（酢酸を含む）とベーキングパウダー（炭酸水素ナトリウム）は反応して酢酸ナトリウムと二酸化炭素と水を生じる．二酸化炭素が風船を膨らます．
(*Charles D. Winters*)

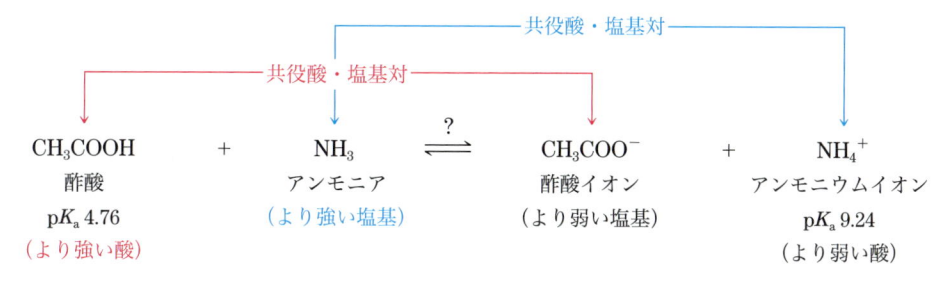

```
           ┌──────────── 共役酸・塩基対 ────────────┐
    ┌──── 共役酸・塩基対 ────┐
CH₃COOH   +   NH₃     ⇌     CH₃COO⁻    +   NH₄⁺
 酢酸        アンモニア       酢酸イオン      アンモニウムイオン
pKₐ 4.76   (より強い塩基)    (より弱い塩基)    pKₐ 9.24
(より強い酸)                                   (より弱い酸)
```

酸塩基反応では，平衡の位置はいつもより強い酸とより強い塩基からより弱い塩基とより弱い酸が生じるようにかたよっている．すなわち，平衡状態で存在する主な化学種は弱い方の酸と塩基である．したがって，酢酸とアンモニアの反応では，

平衡は右にかたよっており，主に存在するのは酢酸イオンとアンモニウムイオンである．

$$CH_3COOH + NH_3 \rightleftharpoons CH_3COO^- + NH_4^+$$
酢酸　　　　　アンモニア　　　　酢酸イオン　　　アンモニウムイオン
(より強い酸)　(より強い塩基)　(より弱い塩基)　(より弱い酸)

まとめると，酸塩基平衡の位置は，次の4ステップを踏んで決めることができる．

1. 平衡に含まれる二つの酸を決める．一つは平衡式の左側に，もう一つは右側にある．
2. 表2.2のデータを用いて，どちらの酸がより強いか決める．
3. 平衡の中で，より強い塩基とより弱い塩基を決める．より強い酸がより弱い共役塩基を生じ，より弱い酸がより強い共役塩基を生じることに注意しよう．
4. より強い酸とより強い塩基が反応して，より弱い塩基とより弱い酸を与える．そして，平衡位置はより弱い酸とより弱い塩基の側にかたよっている．

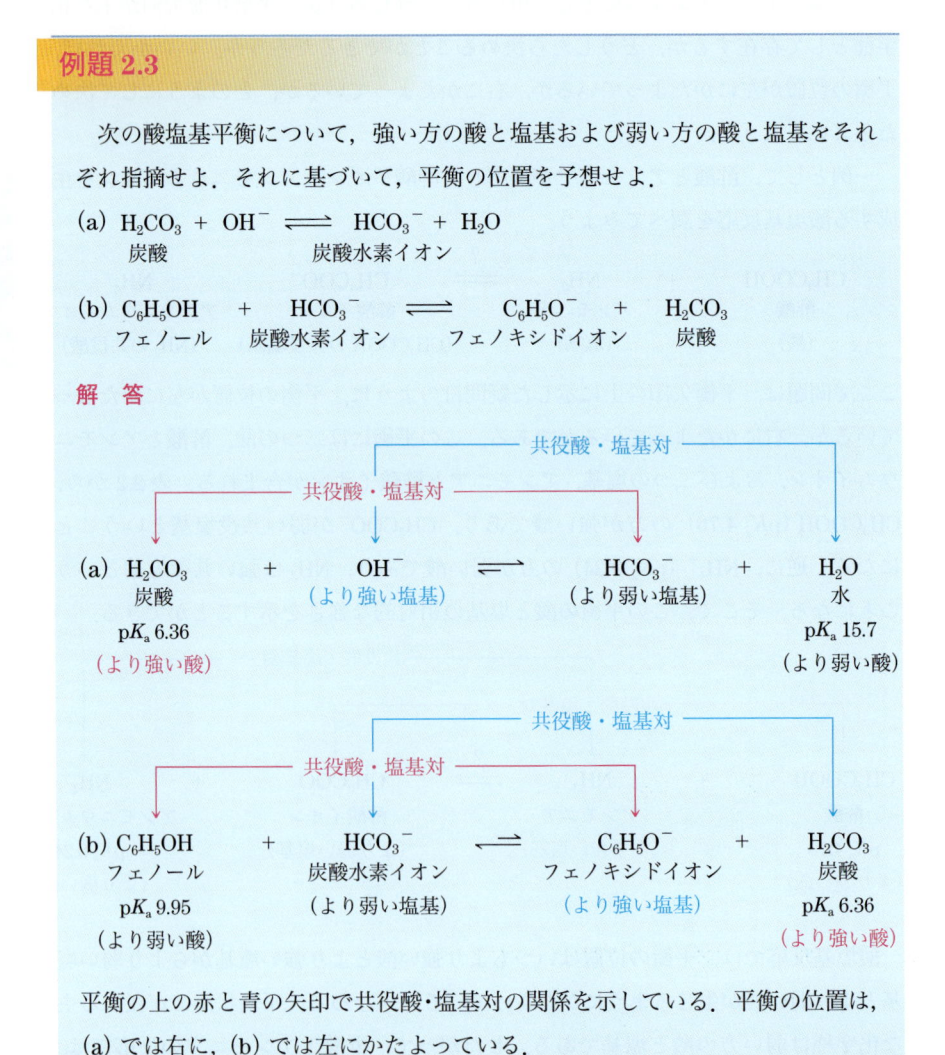

例題 2.3

次の酸塩基平衡について，強い方の酸と塩基および弱い方の酸と塩基をそれぞれ指摘せよ．それに基づいて，平衡の位置を予想せよ．

(a) $H_2CO_3 + OH^- \rightleftharpoons HCO_3^- + H_2O$
　　炭酸　　　　　　　　　炭酸水素イオン

(b) $C_6H_5OH + HCO_3^- \rightleftharpoons C_6H_5O^- + H_2CO_3$
　　フェノール　炭酸水素イオン　フェノキシドイオン　炭酸

解 答

(a) H_2CO_3 + OH^- ⇌ HCO_3^- + H_2O
　　炭酸　　　　(より強い塩基)　(より弱い塩基)　水
　　pK_a 6.36　　　　　　　　　　　　　　　　　pK_a 15.7
　　(より強い酸)　　　　　　　　　　　　　　　　(より弱い酸)

(b) C_6H_5OH + HCO_3^- ⇌ $C_6H_5O^-$ + H_2CO_3
　　フェノール　炭酸水素イオン　フェノキシドイオン　炭酸
　　pK_a 9.95　(より弱い塩基)　(より強い塩基)　pK_a 6.36
　　(より弱い酸)　　　　　　　　　　　　　　　　(より強い酸)

平衡の上の赤と青の矢印で共役酸・塩基対の関係を示している．平衡の位置は，(a)では右に，(b)では左にかたよっている．

> **練習問題 2.3**
>
> 次の酸塩基平衡について，強い方の酸と塩基および弱い方の酸と塩基をそれぞれ指摘せよ．それに基づいて，平衡の位置を予想せよ．
>
> (a) CH_3NH_2 + CH_3COOH ⇌ $CH_3NH_3^+$ + CH_3COO^-
>   メチルアミン　　酢酸　　　　　メチルアンモニウム　　酢酸イオン
>   　　　　　　　　　　　　　　　イオン
>
> (b) $CH_3CH_2O^-$ + NH_3 ⇌ CH_3CH_2OH + NH_2^-
>   エトキシドイオン　アンモニア　　エタノール　　アミドイオン

2.6 分子構造と酸性度

この節では，有機化合物の酸性度と分子構造の関係を調べる．有機酸の酸性度を決める最も重要な因子は，酸 HA から塩基にプロトンが移動したとき生じるアニオン A^- の相対的安定性である．分子構造と酸性度の関係は，(A) H に結合している原子の電気陰性度，(B) 共鳴，および (C) 誘起効果について考えることによって理解できる．この章で，これらの因子のそれぞれについて簡単に見ていく．もっと詳しくは，後の章で問題の官能基が出てきたときに述べる．

A　電気陰性度：周期表の同一周期内の HA の酸性度

周期表の同一周期内の HA の相対的酸性度は A^- の安定性によって決まる．すなわち，プロトンが HA から塩基に移動したときに生じるアニオン A^- の安定性によって決まる．A の電気陰性度が大きいほど，アニオン A^- の安定性は大きく，酸 HA は強くなる．

	H_3C-H	H_2N-H	$HO-H$	$F-H$
pK_a	51	38	15.7	3.5
A—H の A の電気陰性度	2.5	3.0	3.5	4.0

→ 酸性度の増大

B　共鳴効果：A^- における電荷の非局在化

カルボン酸は弱酸である．ほとんどの無置換カルボン酸の pK_a 値は 4〜5 の間にある．例えば，酢酸の pK_a 値は 4.76 である．

$$CH_3COOH + H_2O \rightleftharpoons CH_3COO^- + H_3O^+ \quad pK_a = 4.76$$

ほとんどのアルコールは，これも —OH 基をもつ化合物であるが，15〜18 の pK_a 値をもつ．例えば，エタノールの pK_a 値は 15.9 である．

$$CH_3CH_2-H + H_2O \rightleftharpoons CH_3CH_2O^- + H_3O^+ \quad pK_a = 15.9$$
アルコール　　　　　　　　　アルコキシドイオン

すなわち，アルコールは水（$pK_a = 15.7$）よりわずかに弱い酸であり，カルボン酸

よりはずっと弱い酸である．

カルボン酸がアルコールよりも強い酸であることは，部分的には，共鳴法を用いてアルコキシドイオンとカルボン酸イオンの相対的安定性を比べることによって説明できる．アニオンが安定であるほど，平衡の位置は右にかたより，その化合物の酸性度は強くなる．これがわれわれの考え方である．

アルコキシドイオンには共鳴による安定化はない．しかし，カルボン酸の解離によって生じるアニオンは，二つの等価な共鳴寄与構造で表せ，アニオンの負電荷が非局在化*している．すなわち，負電荷は二つの酸素原子に等しく分布している．

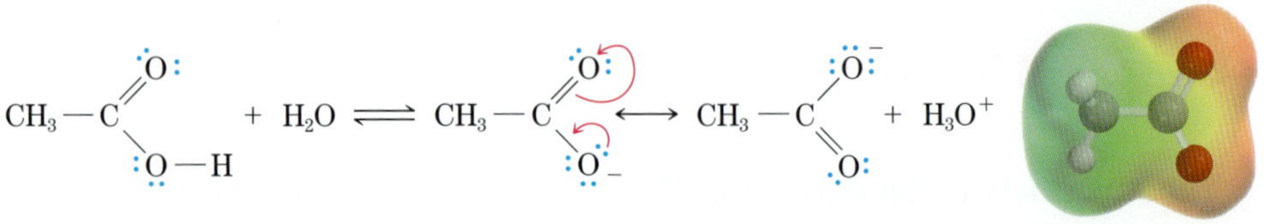

*訳注：非局在化するとは電荷が一つの原子上にとどまらず（局在せず），複数の原子上に広がること．

$$CH_3-C\begin{smallmatrix}O:\\O-H\end{smallmatrix} + H_2O \rightleftharpoons CH_3-C\begin{smallmatrix}O\\O^-\end{smallmatrix} \longleftrightarrow CH_3-C\begin{smallmatrix}O^-\\O:\end{smallmatrix} + H_3O^+$$

右の二つの寄与構造は等価である．カルボン酸イオンは負電荷の非局在化によって安定になっている．電子密度モデルは負電荷が二つの酸素に等しく非局在化していることを示している．

電荷の非局在化のために，カルボン酸イオンはアルコキシドイオンよりもかなり安定である．したがって，カルボン酸のイオン化の平衡は，アルコールのイオン化と比較すると，右の方にかたよっており，カルボン酸はアルコールよりも強い酸である．

C 誘起効果：HA結合からの電子密度の求引

誘起効果：電気陰性度の大きい近くの原子によって引き起こされ，共有結合を通して伝えられる電子密度の分極．

誘起効果 inductive effect というのは，近くの電気陰性度の大きい原子によって生じ，共有結合を通して伝えられる電子密度の分極のことである．誘起効果の例は，酢酸とトリフルオロ酢酸を比べるときにみられ，次のように説明できる．フッ素は炭素よりも電気陰性であり，C—F結合の電子を分極させ，炭素に正電荷をつくり出す．次にこの正電荷が負に荷電したカルボキシラト基から電子密度を引きつける．電子密度を引きつけることは負電荷を非局在化することになり，トリフルオロ酢酸の共役塩基を酢酸の共役塩基よりも安定にする．この非局在化効果はそれぞれの共役塩基の電子密度図を比べてみれば明らかである．

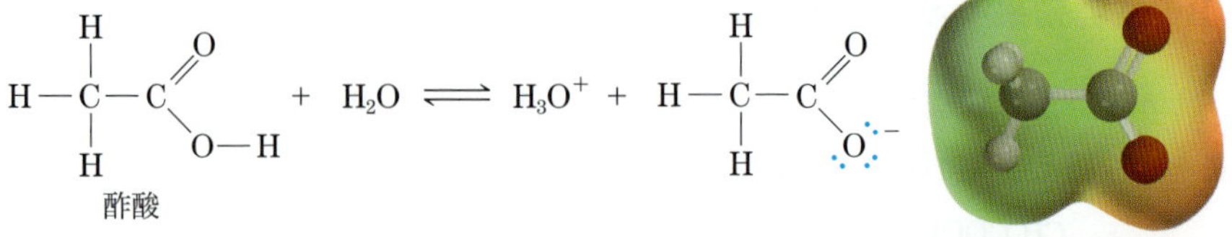

酢酸
pK_a = 4.76

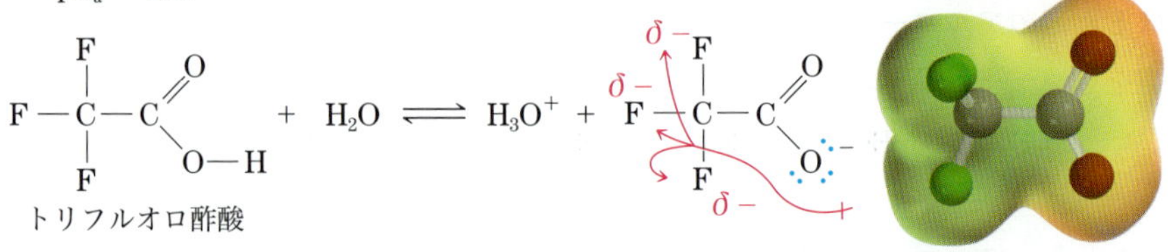

トリフルオロ酢酸
pK_a = 0.23

トリフルオロ酢酸イオンの酸素原子の負電荷の方が小さいことは，淡い赤色で表されていることからわかる．前に見たのと同じように，この結果，トリフルオロ酢酸のイオン化の平衡は酢酸のイオン化の場合よりも右にかたよっており，トリフルオロ酢酸が酢酸よりも強い酸になっている．

2.7　Lewis 酸と Lewis 塩基

　Gilbert Lewis は，共有結合が 1 組あるいはそれ以上の電子対を共有することによって形成されると提案した（1.3 節）が，彼はさらに，酸塩基の理論を Brønsted-Lowry の概念に含まれない一群の物質を含む理論にまで拡張した．Lewis の定義によれば，**Lewis 酸**とは電子対を受け取ることにより，新しい共有結合を形成できる化学種であり，**Lewis 塩基**とは電子対を与えることにより新しい共有結合を形成できる化学種のことである．次の一般式で示すように Lewis 酸 A は電子対を受け取って新しい共有結合を形成し，負の形式電荷をもつ．一方，Lewis 塩基:B はその電子対を与えて新しい共有結合を形成し，正の形式電荷をもつことになる．

Lewis 酸：電子対を受け取ることにより新しい共有結合を形成しうる分子やイオン．

Lewis 塩基：電子対を与えることにより新しい共有結合を形成しうる分子やイオン．

$$A + :B \rightleftharpoons \overset{-}{A}-\overset{+}{B}$$

（この Lewis 酸塩基反応で生成した新しい共有結合）

　ここで Lewis 塩基は電子対を供与するものとしているが，この用語は完全には正確でないことに注意しよう．この場合に供与 donating というのは，ここで考えている電子対が完全に塩基の原子価殻から取り除かれるという意味ではない．この場合，供与というのは電子対が他の原子と共有されて共有結合を形成するということである．

　章が進むにつれて，非常に多くの有機反応が Lewis 酸塩基反応として説明できることを学ぶ．おそらくその中で最も重要な Lewis 酸の一つはプロトン H^+ である．もちろん溶液中では孤立したプロトンは存在しない．プロトンはそこにある最も強い塩基と結合している．例えば，HCl を水に溶かすとそこにある最も強い塩基は H_2O 分子であり，次のプロトン移動反応が起こる．

$$H-\overset{..}{\underset{H}{O}}: + H-\overset{..}{\underset{..}{Cl}}: \longrightarrow H-\overset{+}{\underset{H}{O}}-H + :\overset{..}{\underset{..}{Cl}}:^-$$

オキソニウムイオン

HCl をメタノールに溶かすとそこにある最も強い塩基は CH_3OH 分子であり，次のプロトン移動反応が起こる．

$$CH_3-\underset{H}{\overset{..}{O}}: + H-\overset{..}{\underset{..}{Cl}}: \longrightarrow CH_3-\underset{H}{\overset{+}{O}}-\boxed{H} + :\overset{..}{\underset{..}{Cl}}:^-$$

メタノール　　　　　　　　　　　オキソニウムイオン

オキソニウムイオン oxonium ion は，三つの結合をもち正電荷をもつ酸素原子を含むイオンである．

*訳注：Lewis 塩基は同時に Brønsted 塩基でもある．

表 2.3 には，本書に出てくる最も重要なタイプの Lewis 塩基*の例を，プロトン移動反応で強い塩基性を示す順に挙げている．エーテルは水の誘導体とみなすことができ，水の水素が両方とも炭素基に置き換わっている．エーテルの化学については，アルコールとともに第 8 章で学ぶ．アミンについては第 10 章で学ぶ．

表 2.3　有機 Lewis 塩基とプロトン移動反応における相対的な強さ

ハロゲン化物イオン	水, アルコール, エーテル類	アンモニアとアミン	水酸化物イオンとアルコキシドイオン	アミドイオン
$:\overset{..}{\underset{..}{Cl}}:^-$	$H-\overset{..}{\underset{..}{O}}-H$	$H-\underset{H}{\overset{H}{N}}-H$	$H-\overset{..}{\underset{..}{O}}:^-$	$H-\underset{H}{\overset{..}{N}}^--H$
$:\overset{..}{\underset{..}{Br}}:^-$	$CH_3-\overset{..}{\underset{..}{O}}-H$	$CH_3-\underset{H}{\overset{H}{N}}-H$	$CH_3-\overset{..}{\underset{..}{O}}:^-$	$CH_3-\underset{H}{\overset{..}{N}}^--H$
$:\overset{..}{\underset{..}{I}}:^-$	$CH_3-\overset{..}{\underset{..}{O}}-CH_3$	$CH_3-\underset{CH_3}{\overset{H}{N}}-H$		$CH_3-\underset{CH_3}{\overset{..}{N}}^--H$
		$CH_3-\underset{CH_3}{\overset{H}{N}}-CH_3$		

非常に弱い　　　弱い　　　強い　　　より強い　　　非常に強い →

例題 2.4

次の酸塩基反応を完成せよ．まず反応する原子に非共有電子対を書き加え，各原子がオクテットになるようにせよ．巻矢印を用いて反応による電子の動きを示せ．さらに，この平衡が左にかたよっているか，右にかたよっているか予測せよ．

$$CH_3-\underset{H}{\overset{+}{O}}-H + CH_3-\underset{H}{\overset{H}{N}}-H \rightleftharpoons$$

解　答

プロトン移動はアルコールとアンモニウムイオンを生成するように起こる．表 2.3 からアミンはアルコールよりも強い塩基であることがわかる．また，塩基が弱いほど共役酸は強いこと，そしてその逆も成り立つことを知っている．この解析によって，平衡の位置は弱い酸と弱い塩基の側，すなわち右にかたよっ

ていると結論できる．

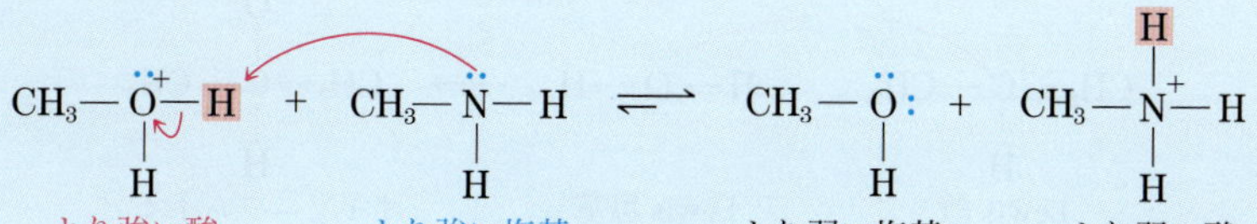

$$CH_3-\overset{+}{\underset{H}{O}}-H + CH_3-\underset{H}{\overset{..}{N}}-H \rightleftharpoons CH_3-\underset{H}{\overset{..}{O}}: + CH_3-\underset{H}{\overset{H}{\overset{|}{\underset{|}{N^+}}}}-H$$

より強い酸　　　より強い塩基　　　　より弱い塩基　　　より弱い酸

練習問題 2.4

次の酸塩基反応を完成せよ．まず反応する原子に非共有電子対を書き加え，各原子がオクテットになるようにせよ．巻矢印を用いて反応による電子の動きを示せ．さらに，この平衡が左にかたよっているか，右にかたよっているか予測せよ．

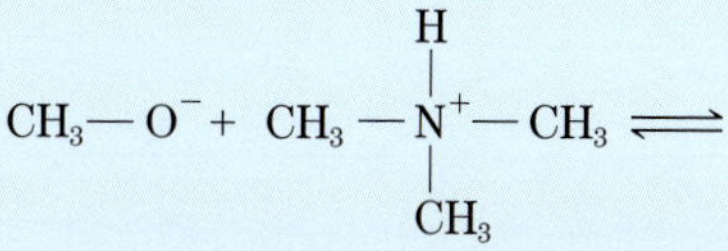

$$CH_3-O^- + CH_3-\underset{CH_3}{\overset{H}{\overset{|}{\underset{|}{N^+}}}}-CH_3 \rightleftharpoons$$

後の章で出てくるもう一つのタイプの Lewis 酸は，炭素陽イオンであり，その炭素は 3 原子とだけ結合しており，正の形式電荷をもつ．このような炭素陽イオンはカルボカチオン carbocation とよばれる．次のカルボカチオンが臭化物イオンと反応するときに起こる反応を考えてみよう．

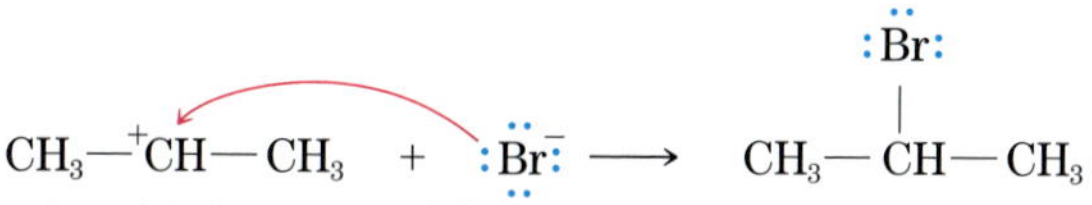

$$CH_3-\overset{+}{C}H-CH_3 + :\overset{..}{\underset{..}{Br}}:^- \longrightarrow CH_3-\underset{|}{\overset{:\overset{..}{\underset{..}{Br}}:}{CH}}-CH_3$$

カルボカチオン　　臭化物イオン　　　　2-ブロモプロパン
（Lewis 酸）　　（Lewis 塩基）

この反応において，カルボカチオンは電子対受容体（Lewis 酸）であり，臭化物イオンは電子対供与体（Lewis 塩基）である．

例題 2.5

次の Lewis 酸塩基反応式を完成せよ．反応する原子の電子対をすべて示し，電子の流れを巻矢印で示せ．

$$CH_3-\overset{+}{C}H-CH_3 + H_2O \longrightarrow$$

解　答

カルボカチオンの 3 価の炭素原子は，原子価殻に空の軌道をもっているので Lewis 酸であり，水は Lewis 塩基である．

$$\text{CH}_3-\overset{+}{\underset{H}{C}}-\text{CH}_3 \quad\quad H-\ddot{\underset{..}{O}}-H \quad \longrightarrow \quad \text{CH}_3-\underset{H}{\overset{\overset{\displaystyle H\;\;\;H}{\diagdown\;\diagup}}{\underset{|}{\overset{|}{C}}}}-\text{CH}_3$$

Lewis 酸　　　　　Lewis 塩基　　　　　オキソニウムイオン

練習問題 2.5

次の Lewis 酸と塩基の反応式を，電子の流れを巻矢印で示して完成せよ．(ヒント：アルミニウムは周期表の第 13 族に属しており，ホウ素のすぐ下にある．$AlCl_3$ のアルミニウムは原子価殻に 6 電子をもつのみで，BF_3 のホウ素と同様に不完全なオクテットをもつ．)

(a) $Cl^- + AlCl_3 \longrightarrow$ 　　　　(b) $CH_3Cl + AlCl_3 \longrightarrow$

まとめ

Arrhenius の定義によると，酸は水に溶けて H_3O^+ を生じるものであり，塩基は水に溶けて OH^- を生じるものである (2.2 節)．Brønsted-Lowry の定義によれば，酸はプロトン供与体であり，塩基はプロトン受容体である (2.3 節)．酸の塩基による中和は**プロトン移動反応**である．プロトン移動反応により，酸はその**共役塩基**に変わり，塩基はその**共役酸**になる．

強酸あるいは**強塩基**は水中で完全に解離するものである．一方，弱酸あるいは弱塩基は水中で部分的にしか解離しない (2.4 節)．弱酸の強さは**解離定数** K_a で表され (2.4 節)，K_a 値が大きいほど強酸である．pK_a ($= -\log K_a$) で表すことも多い．pK_a で表すと，pK_a が小さいほど強酸である．

酸塩基反応の平衡の位置は，より強い酸とより強い塩基が反応して，より弱い塩基とより弱い酸を生成する側にかたよっている (2.5 節)．

有機酸 HA の相対的な酸性度は，次の三つの因子によって決まる：(1) A の電気陰性度，(2) 共役塩基 A^- の共鳴安定化，(3) 共役塩基を安定化する電子求引誘起効果 (2.6 節)．

Lewis の定義 (2.7 節) によると，**酸**は電子対を受け取ることにより新しい共有結合を形成する化学種であり，**塩基**は電子対を与えることにより新しい共有結合を作る化学種である．

重要な反応

1. プロトン移動反応 (2.3 節)

この反応はプロトン供与体 (Brønsted-Lowry 酸) からプロトン受容体 (Brønsted-Lowry 塩基) へのプロトンの移動である．

$$\text{CH}_3-\underset{}{\overset{\overset{\displaystyle :O:}{\|}}{C}}-\ddot{\underset{..}{O}}-H \;+\; :\underset{H}{\overset{H}{N}}-H \;\rightleftharpoons\; \text{CH}_3-\underset{}{\overset{\overset{\displaystyle :O:}{\|}}{C}}-\ddot{\underset{..}{O}}^- \;+\; H-\underset{H}{\overset{H}{\overset{|}{N^+}}}-H$$

酢酸　　　　　アンモニア　　　　　酢酸イオン　　　アンモニウムイオン
(プロトン供与体)　(プロトン受容体)

2. 酸塩基反応の平衡の位置（2.5節）

平衡はより強い酸とより強い塩基が反応して，より弱い酸と弱い塩基が生成する方向にかたよる．

$$CH_3COOH + NH_3 \rightleftharpoons CH_3COO^- + NH_4^+$$

酢酸　　　　　　　　　　　　　アンモニウムイオン
pK_a 4.76　　　　　　　　　　pK_a 9.24
（より強い酸）　　　　　　　　　（より弱い酸）

3. Lewis 酸塩基反応（2.7節）

Lewis 酸塩基反応は，電子対供与体（Lewis 塩基）と電子対受容体（Lewis 酸）との間の電子対の共有を伴う．

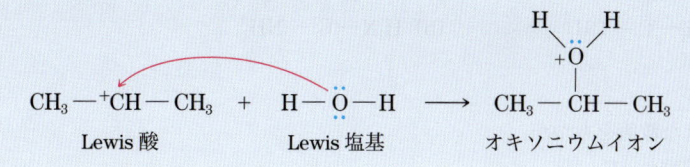

$$CH_3-{}^+CH-CH_3 + H-\ddot{O}-H \longrightarrow CH_3-CH-CH_3$$

　　　Lewis 酸　　　　　　　　Lewis 塩基　　　　　　　オキソニウムイオン

補充問題

Arrhenius の酸と塩基

2.6 次の水溶液中における酸のイオン反応を完成せよ．各反応における電子の流れを，巻矢印を用いて示せ．また，表2.2のプロトン酸の pK_a 値を用いて，それぞれの反応の平衡位置を予想せよ．

(a) $NH_4^+ + H_2O \rightleftharpoons$　　　　(b) $HCO_3^- + H_2O \rightleftharpoons$

(c) $CH_3-\underset{\underset{O}{\|}}{C}-OH + H_2O \rightleftharpoons$

2.7 次の水溶液中における塩基のイオン反応を完成せよ．各反応における電子の流れを，巻矢印を用いて示せ．また，生成するプロトン酸の pK_a 値について表2.2を参照して，それぞれの反応の平衡位置を予想せよ．

(a) $CH_3NH_2 + H_2O \rightleftharpoons$　　　　(b) $HSO_4^- + H_2O \rightleftharpoons$
(c) $Br^- + H_2O \rightleftharpoons$　　　　　　(d) $CO_3^{2-} + H_2O \rightleftharpoons$

Brønsted-Lowry の酸と塩基

2.8 次のプロトン移動反応のそれぞれについて，巻矢印を用いて電子の流れを示しながら反応を完成せよ．さらに，すべての出発物と生成物の Lewis 構造を書け．反応する酸とその共役塩基ならびに塩基とその共役酸を指摘せよ．それぞれの反応式において何がプロトン供与体になるか不確かなときには，プロトン酸の pK_a 値について表2.2を参照すること．

(a) $NH_3 + HCl \longrightarrow$　　　　　　(b) $CH_3CH_2O^- + HCl \longrightarrow$
(c) $HCO_3^- + OH^- \longrightarrow$　　　　(d) $CH_3COO^- + NH_4^+ \longrightarrow$
(e) $NH_4^+ + OH^- \longrightarrow$　　　　 (f) $CH_3COO^- + CH_3NH_3^+ \longrightarrow$
(g) $CH_3CH_2O^- + NH_4^+ \longrightarrow$　(h) $CH_3NH_3^+ + OH^- \longrightarrow$

2.9 次の分子やイオンはいずれも塩基として作用できる．それぞれの塩基の Lewis 構造を完成し，HCl と反応したときに生成する共役酸の構造式を書け．

(a) CH_3CH_2OH　　(b) $\underset{\underset{O}{\|}}{H}CH$　　(c) $(CH_3)_2NH$　　(d) HCO_3^-

2.10 次の事実を説明せよ．
 (a) H_3O^+ の酸性度は NH_4^+ よりも強い．
 (b) 硝酸 HNO_3 は亜硝酸 HNO_2 ($pK_a\ 3.7$) よりも強い．
 (c) エタノール CH_3CH_2OH と水の酸性度はほぼ等しい．
 (d) トリクロロ酢酸 CCl_3COOH ($pK_a\ 0.64$) は酢酸 CH_3COOH ($pK_a\ 4.76$) よりも強酸である．
 (e) トリフルオロ酢酸 CF_3COOH ($pK_a\ 0.23$) はトリクロロ酢酸 CCl_3COOH ($pK_a\ 0.64$) よりも強酸である．

2.11 次の化合物の中で酸性度の最も強いプロトンを選べ．

(a) $H_3C-\overset{\overset{O}{\|}}{C}-CH_2-\overset{\overset{O}{\|}}{C}-CH_3$ (b) $H_2N-\overset{\overset{NH_2^+}{\|}}{C}-NH_2$

酸の強さの定量的尺度

2.12 どちらがより大きな数値をもつか．
 (a) 強酸の pK_a と弱酸の pK_a
 (b) 強酸の K_a と弱酸の K_a

2.13 次の組合せのうち強い酸はどちらか．
 (a) ピルビン酸（$pK_a\ 2.49$）と乳酸（$pK_a\ 3.85$）
 (b) クエン酸（$pK_{a1}\ 3.08$）とリン酸（$pK_{a1}\ 2.10$）
 (c) ニコチン酸（ナイアシン，$K_a\ 1.4\times 10^{-5}$）とアセチルサリチル酸（アスピリン，$K_a\ 3.3\times 10^{-4}$）
 (d) フェノール（$K_a\ 1.12\times 10^{-10}$）と酢酸（$K_a\ 1.74\times 10^{-5}$）

2.14 次の組合せの中で酸性度の増加する順に化合物を並べよ．それぞれの酸の pK_a については表 2.2 を参照せよ．

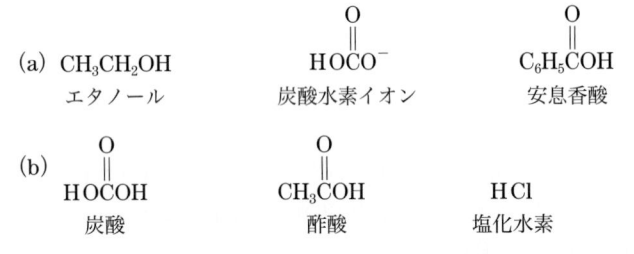

(a) CH_3CH_2OH （エタノール）　$HO\overset{\overset{O}{\|}}{C}O^-$ （炭酸水素イオン）　$C_6H_5\overset{\overset{O}{\|}}{C}OH$ （安息香酸）

(b) $HO\overset{\overset{O}{\|}}{C}OH$ （炭酸）　$CH_3\overset{\overset{O}{\|}}{C}OH$ （酢酸）　HCl （塩化水素）

2.15 次の組合せの中で塩基性度の増加する順に化合物を並べよ．それぞれの塩基の共役酸の pK_a については表 2.2 を参照せよ．（ヒント：酸が強いほど，その共役塩基は弱く，その逆も成り立つ．）

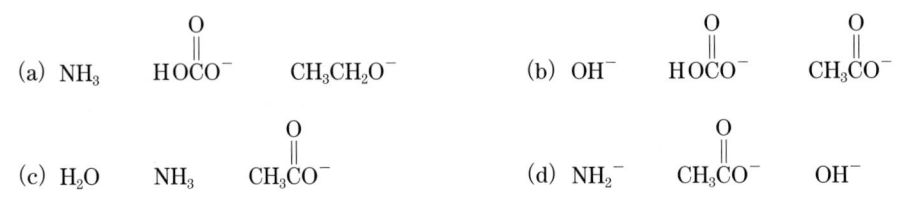

(a) NH_3　$HO\overset{\overset{O}{\|}}{C}O^-$　$CH_3CH_2O^-$ (b) OH^-　$HO\overset{\overset{O}{\|}}{C}O^-$　$CH_3\overset{\overset{O}{\|}}{C}O^-$

(c) H_2O　NH_3　$CH_3\overset{\overset{O}{\|}}{C}O^-$ (d) NH_2^-　$CH_3\overset{\overset{O}{\|}}{C}O^-$　OH^-

酸塩基反応の平衡位置

2.16 圧力をかけなければ，水溶液に溶けた炭酸は分解して二酸化炭素と水になり，二酸化炭素は気泡となって放出される．炭酸が二酸化炭素と水になる反応式を書け．

2.17 炭酸水素ナトリウムを次の化合物の水溶液に加えたとき，二酸化炭素が発生するだろうか．
 (a) H_2SO_4　　(b) CH_3CH_2OH　　(c) NH_4Cl

2.18 酢酸 CH_3COOH は弱い有機酸である（$pK_a\ 4.76$）．酢酸と次の塩基との平衡反応式を書き，どの平衡式が左にかたよっており，どれが右にかたよっているかを述べよ．
 (a) $NaHCO_3$　　(b) NH_3　　(c) H_2O　　(d) $NaOH$

2.19 酸塩基反応において，平衡で主に存在する化学種を示す一つの方法は，pK_a値のより大きい酸に反応の矢印が向くようにすることである．例えば，

$$NH_4^+ + H_2O \longleftarrow NH_3 + H_3O^+$$
$$pK_a\ 9.24 \qquad\qquad pK_a\ -1.74$$

$$NH_4^+ + OH^- \longrightarrow NH_3 + H_2O$$
$$pK_a\ 9.24 \qquad\qquad pK_a\ 15.7$$

なぜ，この法則が有効なのか説明せよ．

Lewis 酸と Lewis 塩基

2.20 次の酸塩基反応を，電子の流れを巻矢印で示しながら，完成せよ．

(a) BF_3 + (テトラヒドロフラン環) ⟶

(b) $CH_3-C(CH_3)(CH_3)-Cl$ + $Al-Cl_3$ ⟶

2.21 Lewis酸とLewis塩基との間の次の反応を完成せよ．出発物のどちらがLewis酸で，どちらがLewis塩基であるかを示し，反応における電子の流れを巻矢印で示せ．この問題を解くにあたって，反応に直接関係する原子の価電子をすべて示すことが必要である．

(a) $CH_3-\overset{+}{C}H-CH_3$ + CH_3-O-H ⟶

(b) $CH_3-\overset{+}{C}H-CH_3$ + Br^- ⟶

(c) $CH_3-\overset{+}{C}(CH_3)(CH_3)$ + $H-O-H$ ⟶

2.22 次のLewis酸塩基反応における電子の流れを，巻矢印を用いて示せ．反応に関係する原子の価電子をすべて示すこと．

(a) $CH_3-\overset{O}{C}-CH_3$ + $:CH_3^-$ ⟶ $CH_3-\overset{O^-}{\underset{CH_3}{C}}-CH_3$

(b) $CH_3-\overset{\overset{+}{O}H}{C}-CH_3$ + $:CN^-$ ⟶ $CH_3-\overset{OH}{\underset{CN}{C}}-CH_3$

(c) CH_3O^- + CH_3-Br ⟶ CH_3-O-CH_3 + Br^-

応用問題

2.23 アルコール（第8章）は弱い有機酸（pK_a 15〜18）で，エタノール CH_3CH_2OH の pK_a は15.9である．次の塩基とエタノールの平衡反応式を書き，どの平衡式が左にかたよっており，またどれが右にかたよっているかを示せ．
(a) $NaHCO_3$ (b) $NaOH$ (c) $NaNH_2$ (d) NH_3

2.24 フェノール類（第9章）は弱酸であり，そのほとんどは水に溶けない．例えば，フェノール C_6H_5OH (pK_a 9.95) はほんの少しだけ水に溶けるが，そのナトリウム塩 $C_6H_5O^-Na^+$ は水によく溶ける．フェノールは次の溶液に溶けるだろうか．
(a) NaOH 水溶液 (b) $NaHCO_3$ 水溶液 (c) Na_2CO_3 水溶液

2.25 カルボン酸（第 14 章）は炭素数 6 以上になると水に溶けないが，そのナトリウム塩は水に非常によく溶ける．例えば，安息香酸 C_6H_5COOH（pK_a 4.19）は水に不溶であるが，そのナトリウム塩 $C_6H_5COO^-Na^+$ は水によく溶ける．安息香酸は次の溶液に溶けるだろうか．

(a) NaOH 水溶液　　(b) $NaHCO_3$ 水溶液　　(c) Na_2CO_3 水溶液

2.26 第 16 章で見るように，カルボニル基の隣接炭素上の水素はそうでない炭素に結合した水素よりも酸性が強い．例えば，ピンクで示したプロパノンの H はエタンの H よりも酸性が強い．

$$CH_3CCH_2-H \qquad CH_3CH_2-H$$
プロパノン　　　　　エタン
pK_a = 20　　　　　pK_a = 51

プロパノンの酸性度が強い理由を，(a) 誘起効果と (b) 共鳴効果の観点から説明せよ．

2.27 ジメチルエーテル CH_3-O-CH_3 のプロトンは，なぜあまり酸性でないのか説明せよ．

2.28 水素化ナトリウム NaH は塩基として作用するか，酸として作用するか，理由とともに答えよ．

2.29 アラニンはタンパク質に含まれる 20 種のアミノ酸（アミノ基とカルボキシ基の両方をもつ）の一つである（第 19 章）．アラニンは構造式 A で表すのがよいか，それとも B で表すのがよいか，説明せよ．

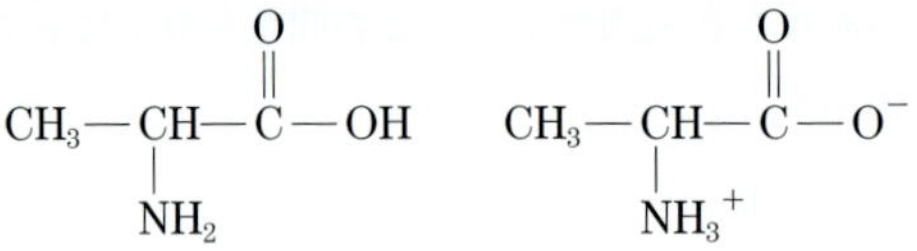

$$CH_3-CH-C-OH \qquad CH_3-CH-C-O^-$$
　　　　NH_2　　　　　　　　　NH_3^+
　　　　(A)　　　　　　　　　　(B)

3 アルカンとシクロアルカン

- 3.1 はじめに
- 3.2 アルカンの構造
- 3.3 アルカンの構造異性
- 3.4 アルカンの命名
- 3.5 シクロアルカン
- 3.6 IUPAC 規則：命名法の一般則
- 3.7 アルカンとシクロアルカンの立体配座
- 3.8 シクロアルカンのシス-トランス異性
- 3.9 アルカンとシクロアルカンの物理的性質
- 3.10 アルカンの反応
- 3.11 アルカンの供給源

ブンゼンバーナーは天然ガスを燃やす．天然ガスは主としてメタンであり，少量のエタン，プロパン，ブタン，および 2-メチルブタンを含む．左の図はメタンの分子模型である．（Charles D. Winters）

3.1 はじめに

この章では，最も簡単な有機化合物であるアルカンとシクロアルカンの物理的ならびに化学的性質について学ぶ．実際，アルカンは炭化水素とよばれる有機化合物の大きなグループのメンバーである．**炭化水素** hydrocarbon は，炭素と水素のみからなる化合物である．図 3.1 に炭化水素の 4 種類のクラスを示し，それぞれに特徴的な炭素原子間の結合の種類を示す．

アルカン alkane は**飽和炭化水素** saturated hydrocarbon である．すなわち，炭素-炭素単結合のみをもつ．ここで"飽和"とは，各々の炭素が最大数の水素と結合していることを意味する．しばしば，アルカンは**脂肪族炭化水素** aliphatic

炭化水素：炭素原子と水素原子のみを含む化合物．

アルカン：炭素原子が鎖状にならんだ飽和炭化水素．

飽和炭化水素：炭素-炭素単結合のみからできた炭化水素．

脂肪族炭化水素：アルカンのもう一つの名称．

図 3.1
4 種類の炭化水素.

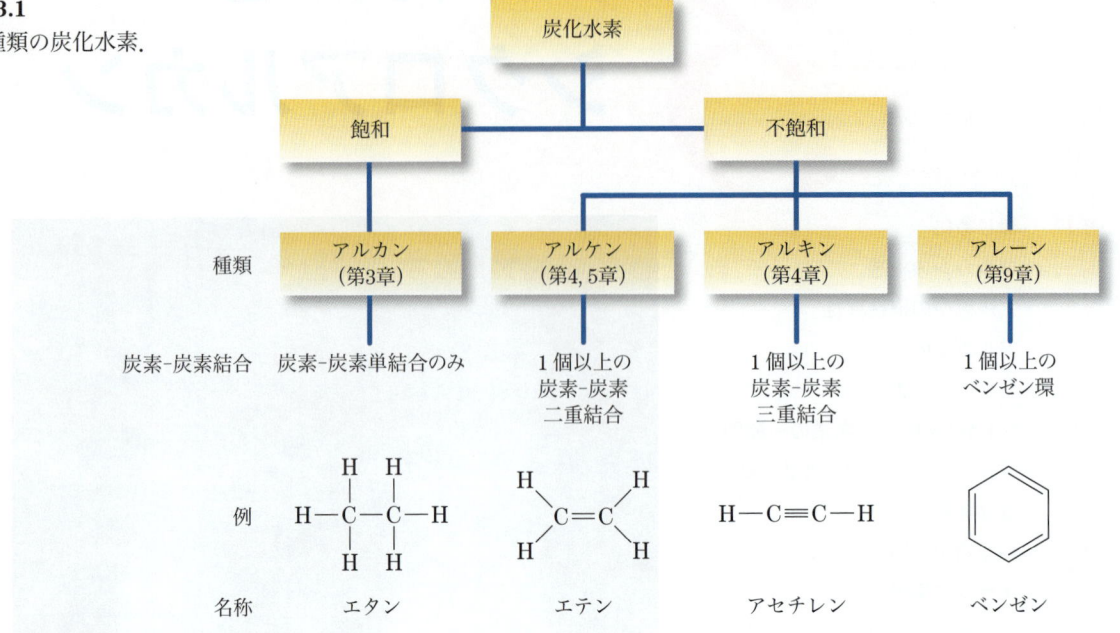

```
                        炭化水素
                    ／          ＼
                 飽和            不飽和
                  │         ／    │    ＼
種類          アルカン    アルケン  アルキン  アレーン
             (第3章)   (第4,5章) (第4章)  (第9章)

炭素-炭素結合  炭素-炭素単  1個以上の   1個以上の   1個以上の
             結合のみ    炭素-炭素   炭素-炭素   ベンゼン環
                        二重結合    三重結合

例          H H        H   H
            │ │         ＼ ／
          H-C-C-H        C=C        H-C≡C-H      (ベンゼン環)
            │ │         ／ ＼
            H H        H   H

名称         エタン      エテン      アセチレン    ベンゼン
```

hydrocarbon とよばれる．その理由は，このクラスに属する高級（高分子量）メンバーの物理的性質が，動物の脂肪や植物油に含まれている長い炭素鎖をもつ分子の性質に似ているためである（ギリシア語：*aleiphar*，脂肪または油）．

1 個以上の炭素-炭素二重結合，三重結合，またはベンゼン環を含む炭化水素は**不飽和炭化水素** unsaturated hydrocarbon に分類される．この章ではアルカン（飽和炭化水素）について学び，アルケンとアルキン（どちらも不飽和炭化水素）は第4章と5章で，また，アレーン arene（これも不飽和炭化水素）は第9章で学ぶ．

3.2 アルカンの構造

メタン（CH_4）とエタン（C_2H_6）は，アルカンに属する最初の二つのメンバーである．図 3.2 にこれらの分子の Lewis 構造と球棒分子模型を示す．メタンの形は正四面体形であり H—C—H 結合角は 109.5°である．エタンの各炭素原子も四面体形であり，すべての結合角は 109.5°に近い．より大きなアルカンの三次元構造は，メタンやエタンに比べるとより複雑であるが，それぞれの炭素原子の 4 個の結合はやはり四面体形で，すべての結合角はほぼ 109.5°である．

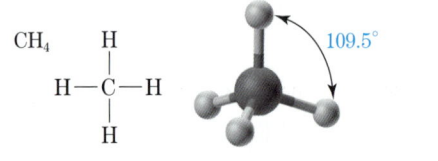

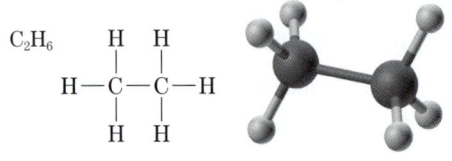

ブタンはライターの燃料である．ブタン分子はライター中で気体と液体の状態で共存している．
(*Charles D. Winters*)

図 3.2
メタンとエタン．

Methane　　　Ethane

第3章　アルカンとシクロアルカン

表3.1	枝分かれのない20種のアルカンの名称，分子式，および簡略化構造式				
名称	分子式	簡略化構造式	名称	分子式	簡略化構造式
methane（メタン）	CH_4	CH_4	undecane（ウンデカン）	$C_{11}H_{24}$	$CH_3(CH_2)_9CH_3$
ethane（エタン）	C_2H_6	CH_3CH_3	dodecane（ドデカン）	$C_{12}H_{26}$	$CH_3(CH_2)_{10}CH_3$
propane（プロパン）	C_3H_8	$CH_3CH_2CH_3$	tridecane（トリデカン）	$C_{13}H_{28}$	$CH_3(CH_2)_{11}CH_3$
butane（ブタン）	C_4H_{10}	$CH_3(CH_2)_2CH_3$	tetradecane（テトラデカン）	$C_{14}H_{30}$	$CH_3(CH_2)_{12}CH_3$
pentane（ペンタン）	C_5H_{12}	$CH_3(CH_2)_3CH_3$	pentadecane（ペンタデカン）	$C_{15}H_{32}$	$CH_3(CH_2)_{13}CH_3$
hexane（ヘキサン）	C_6H_{14}	$CH_3(CH_2)_4CH_3$	hexadecane（ヘキサデカン）	$C_{16}H_{34}$	$CH_3(CH_2)_{14}CH_3$
heptane（ヘプタン）	C_7H_{16}	$CH_3(CH_2)_5CH_3$	heptadecane（ヘプタデカン）	$C_{17}H_{36}$	$CH_3(CH_2)_{15}CH_3$
octane（オクタン）	C_8H_{18}	$CH_3(CH_2)_6CH_3$	octadecane（オクタデカン）	$C_{18}H_{38}$	$CH_3(CH_2)_{16}CH_3$
nonane（ノナン）	C_9H_{20}	$CH_3(CH_2)_7CH_3$	nonadecane（ノナデカン）	$C_{19}H_{40}$	$CH_3(CH_2)_{17}CH_3$
decane（デカン）	$C_{10}H_{22}$	$CH_3(CH_2)_8CH_3$	icosane（イコサン）	$C_{20}H_{42}$	$CH_3(CH_2)_{18}CH_3$

アルカン系列におけるその次のメンバーはプロパン，ブタン，ペンタンである．今後の表示法では，これらの炭化水素はまずすべての炭素と水素を示した簡略化した構造式で表し，さらに簡単にした**線角構造式** line-angle formula という方法でも示す．この表示法では，1本の線が一つの炭素-炭素結合を表し，角には炭素原子があることを示す．線の端は CH_3 基を示している．線角表示法では水素原子は示されていないが，各炭素が4価になるのに必要なだけの水素がついていると考える．

線角構造式：構造式を書く簡略法の一つで，各線の端に炭素があり，1本の線は結合を表す．

球棒分子模型

線角構造式

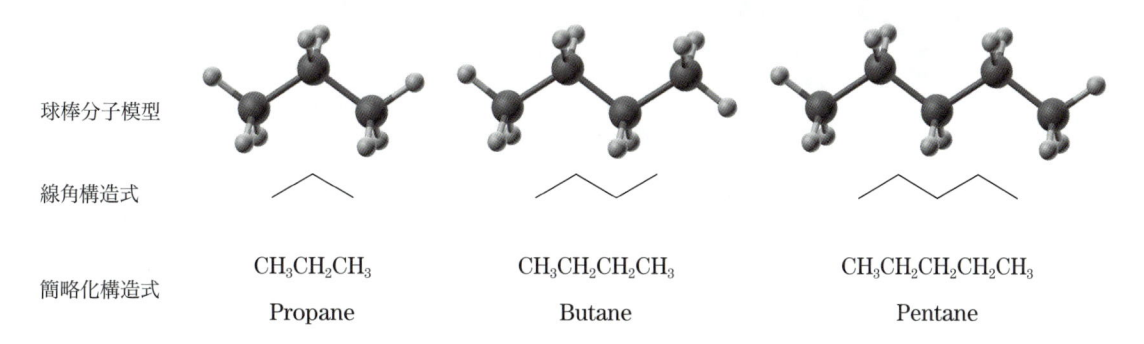

簡略化構造式

$CH_3CH_2CH_3$
Propane

$CH_3CH_2CH_2CH_3$
Butane

$CH_3CH_2CH_2CH_2CH_3$
Pentane

アルカンはもう一つの簡略化した構造式で表すこともできる．例えば，ペンタンの構造式には鎖の中ほどに三つの CH_2（メチレン methylene）基がある．それらをまとめて $CH_3(CH_2)_3CH_3$ と書くことができる．最初の20種のアルカンの名称と分子式を表3.1に示す．これらアルカンの名称は，-ane（アン）で終わっていることに注意しよう．アルカンの命名については3.4節でより詳しく述べる．

アルカンは C_nH_{2n+2} の一般式をもつ．したがってアルカンの炭素数が与えられれば，分子中の水素数とその分子式はたやすく決定できる．例えば炭素原子を10個もつアルカンであるデカンは，$(2 \times 10) + 2 = 22$ 個の水素をもっており，分子式は $C_{10}H_{22}$ である．

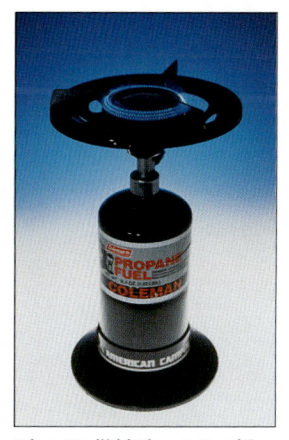

プロパン燃料ボンベの一例．
(*Charles D. Winters*)

3.3 アルカンの構造異性

構造異性体：同じ分子式をもつが原子のつながり方が異なる化合物.

分子式は同じであるが異なる構造式をもつ化合物を**構造異性体** constitutional isomer という．"異なる構造式"とは，これらの化合物の結合の種類（単結合，二重結合，または三重結合）が違ったり，結合順序（原子のつく順序）が異なることをいう．

CH_4, C_2H_6 および C_3H_8 の分子式では，原子の結合順序は1種類だけが可能である．C_4H_{10} の分子式については，2通りの原子の結合のしかたが可能である．そのうちの一つはブタンとよばれ，4個の炭素原子が直鎖状に結合している．もう一つは，2-メチルプロパンとよばれ，3個の炭素原子が直鎖状につながり，4個目の炭素は鎖の枝としてついている．ブタンと 2-メチルプロパンは，構造異性体である．これらは異なる化合物であり，異なる物理的および化学的性質をもっている．たとえば，沸点は約 11 °C 異なる．

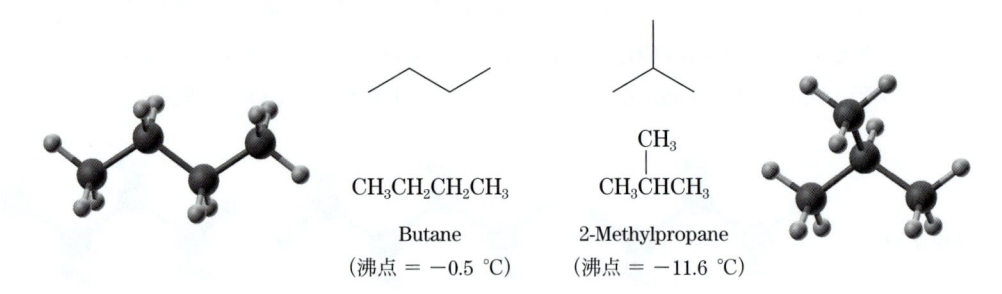

$CH_3CH_2CH_2CH_3$
Butane
（沸点 = −0.5 °C）

CH_3
|
CH_3CHCH_3
2-Methylpropane
（沸点 = −11.6 °C）

すでに 1.8 節で，いくつかの構造異性体の例を見た．そのときには構造異性体とはいわなかったが，分子式 C_3H_8O をもつ二つのアルコール，C_4H_8O の分子式をもつ二つのアルデヒド，$C_4H_8O_2$ の分子式をもつ二つのカルボン酸があった．

二つ以上の構造式が構造異性体かどうかを決めるためには，それぞれの分子式を書いて比較するとよい．同一の分子式をもつけれども構造式が異なる化合物はすべて構造異性体である．

例題 3.1

次の組合せの構造式は同一化合物を表すか，それとも構造異性体か．

(a) $CH_3CH_2CH_2CH_2CH_2CH_3$ と $CH_3CH_2CH_2$
　　　　　　　　　　　　　　　　　　　|
　　　　　　　　　　　　　　　　　$CH_2CH_2CH_3$ 　（どちらも C_6H_{14}）

(b) 　　　CH_3 CH_3 　　　　　　　CH_3
　　　　　　|　　|　　　　　　　　　　|
　　　CH_3CHCH_2CH と $CH_3CH_2CHCHCH_3$ 　（どちらも C_7H_{16}）
　　　　　　　　　|　　　　　　　　　　　|
　　　　　　　　CH_3　　　　　　　　CH_3

解 答

これらの構造式が同一の化合物であるか，それとも構造異性体であるかを決めるためには，まず各々の最も長い炭素原子鎖を見つける．鎖が直線状に示されているか，曲がって示されているかには関係がない．次に，最も長い鎖に沿って，最初の枝分かれが近くにある方の端から番号をつける．最後に，二つの構造式の鎖の長さや枝分かれの長さと位置を比較する．同一の順序で原子がつながっている構造式は同一の化合物である．異なる順序で原子がつながっているものは構造異性体である．

(a) それぞれの構造式は，枝分かれのない 6 個の炭素原子からなる鎖をもっている．これらの構造式は同一であり，したがって同一の化合物を表している．

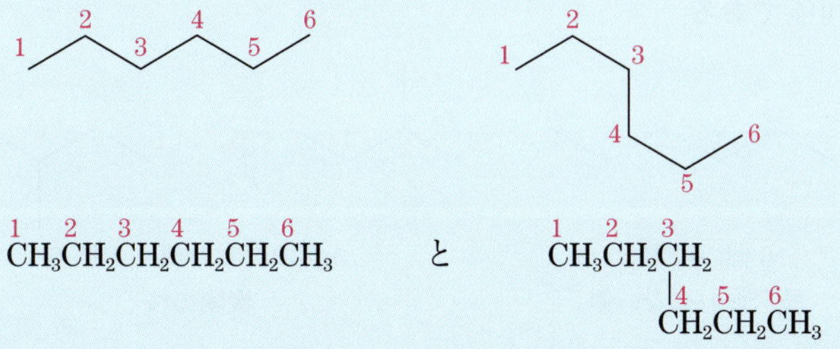

$\overset{1}{CH_3}\overset{2}{CH_2}\overset{3}{CH_2}\overset{4}{CH_2}\overset{5}{CH_2}\overset{6}{CH_3}$ と $\overset{1}{CH_3}\overset{2}{CH_2}\overset{3}{CH_2}\underset{\overset{4}{CH_2}\overset{5}{CH_2}\overset{6}{CH_3}}{|}$

(b) それぞれの構造式は 2 個の CH_3 の枝のついた，5 個の炭素原子からなる鎖をもっている．枝は同一であるが，鎖についている位置が異なっている．したがってこの二つの構造式は構造異性体である．

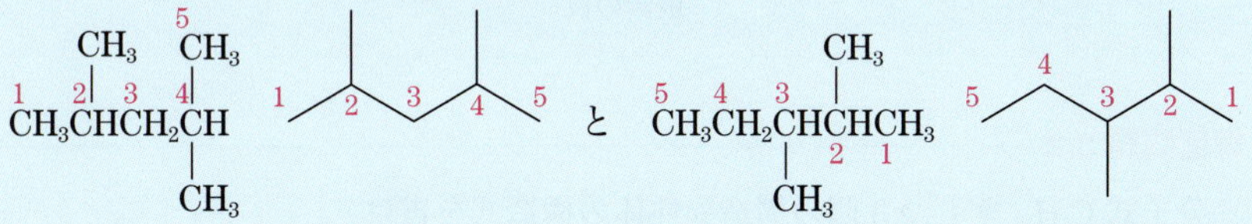

練習問題 3.1

次の組合せの構造式は同一化合物を表すか，それとも構造異性体か．

(a)

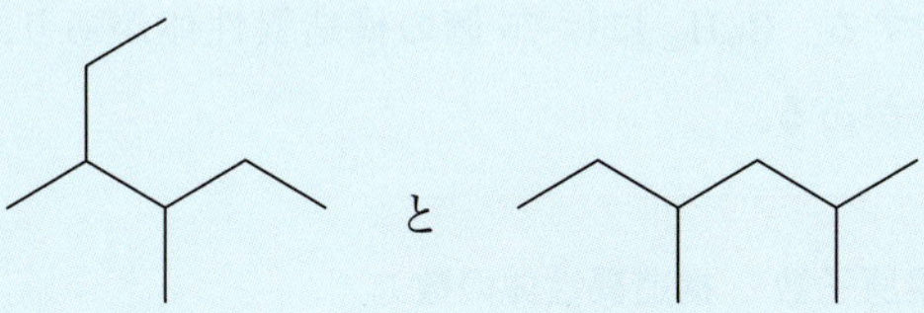

(b)

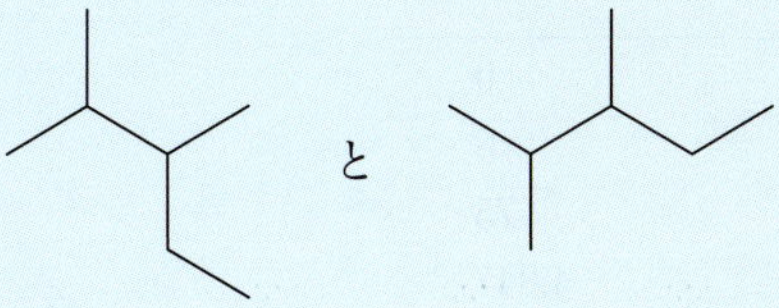

例題 3.2

分子式 C_6H_{14} をもつ 5 個の構造異性体の構造式を書け．

解　答

この種の問題を解くにあたっては作戦をたて，それに従うべきである．作戦の一つを示す．まず，すべての 6 個の炭素原子が枝分かれのない鎖状に並んだ線角構造式を書く．次に，5 個の炭素原子が直鎖状に並び，1 個の炭素原子が鎖の枝としてついている構造異性体の構造式をすべて書く．最後に 4 個の炭素原子が直鎖状に並び，2 個の炭素原子が枝としてついているすべての構造異性体の構造式を書く．最も長い鎖が炭素原子 3 個しかない構造異性体は，C_6H_{14} では不可能である．

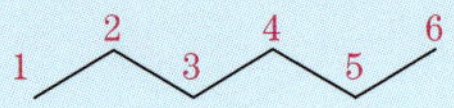

6 個の炭素の
枝分かれのない鎖

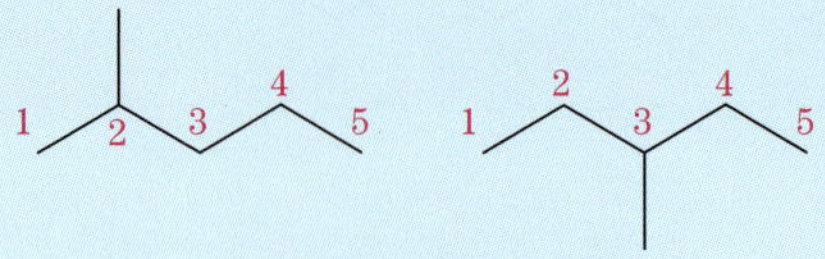

5 個の炭素の鎖 + 1 個の
炭素の枝

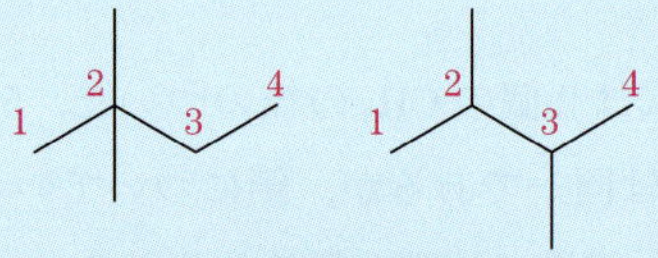

4 個の炭素の鎖 + 2 個の
炭素の枝

練習問題 3.2

分子式 C_5H_{12} をもつ 3 個の構造異性体の構造式を書け．

炭素原子が他の炭素原子との間に強い安定な結合を作るという能力は，驚くほど多くの構造異性体を生じる原因になっている．次の表に示すように，分子式 C_5H_{12} には 3 個の構造異性体が存在する．$C_{10}H_{22}$ には 75 個の構造異性体があり，$C_{25}H_{52}$ には約 3,700 万個の構造異性体がある．

炭素原子数	構造異性体の数
1	0
5	3
10	75
15	4,347
25	36,797,588

このように，わずかな数の炭素と水素からでさえ，非常に多数の構造異性体が可

能となる．実際，炭素，水素，窒素および酸素という基本構成要素のみからできた有機化合物に限っても，構造と官能基の独自性には無限の可能性がある．

3.4 アルカンの命名

A IUPAC 規則

理想をいえば，すべての有機化合物は，その名称から構造式が書けるような名称をもたなければならない．化学者は，この目的のために国際純正・応用化学連合 International Union of Pure and Applied Chemistry (IUPAC) という国際組織が決めた一連の規則を採用した．

枝分かれのない炭素鎖をもつアルカンの IUPAC 名は二つの部分からできている．(1) 鎖の炭素数を示す接頭語と (2) その化合物が飽和炭化水素であることを示す **-ane**（アン）という語尾である．1～20 個の炭素原子を示すのに用いられる接頭語を表 3.2 に示す．

表 3.2 に示す最初の四つの接頭語は，これらが有機化学の言葉として完全に定着していたために IUPAC で選ばれた．実際これらは，考え方のもとになる構造理論のヒントが得られる以前から広く使われていた．例えば but- という接頭語は，バターの脂肪の空気酸化で生じる炭素数 4 の化合物である butyric acid（酪酸）という名称に使われている（ラテン語：*butyrum*, バター）．5 個以上の炭素数を示す接頭語はギリシア語またはラテン語の数に由来している（炭素数 20 までの枝分かれのないアルカンの名称，分子式，と簡略化構造式については表 3.1 を見よ．）．

枝分かれのある炭素鎖をもつアルカンの IUPAC 名は，化合物中の最長の炭素鎖を示す母体鎖名（主鎖）と母体鎖に結合したグループ（基）を示す置換基名とからなる．

表 3.2 炭素数 1～20 の枝分かれのない炭素鎖を表す IUPAC 規則の接頭語

接頭語	炭素数	接頭語	炭素数
meth-	1	undec-	11
eth-	2	dodec-	12
prop-	3	tridec-	13
but-	4	tetradec-	14
pent-	5	pentadec-	15
hex-	6	hexadec-	16
hept-	7	heptadec-	17
oct-	8	octadec-	18
non-	9	nonadec-	19
dec-	10	icos-	20

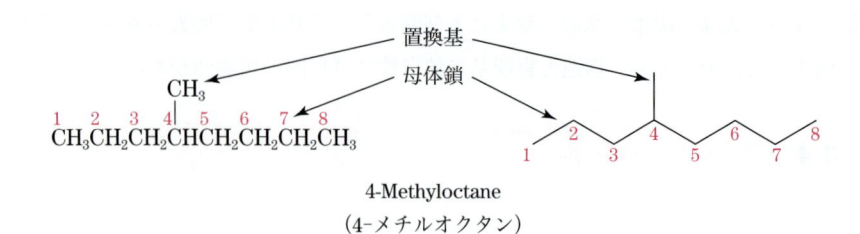

$$\underset{\substack{1\quad2\quad3\quad4\quad5\quad6\quad7\quad8\\ CH_3CH_2CH_2CHCH_2CH_2CH_2CH_3}}{\overset{CH_3}{|}}$$

4-Methyloctane
(4-メチルオクタン)

置換基
母体鎖

アルキル基：アルカンから水素を1個除いてできるグループ；R—の記号で表す．

R—：アルキル基を表すために用いる記号．

アルカンから水素原子を1個とり除いて生じる置換基は，**アルキル基** alkyl group とよばれ，**R—** という記号で一般的に示される．アルキル基は，母体 alkane（アルカン）の名称から -ane をとり除き，代わりに -yl（イル）という接尾語をつけて命名される．最もよく用いられる8個のアルキル基の名称と構造式を表3.3に示す．*sec-* の接頭語は第二級（secondary）の略であり，2個の他の炭素と結合している炭素を示す．*tert-* の接頭語は第三級（tertiary）の略であり，3個の他の炭素と結合している炭素を示す．これらの二つの接頭語は必ずイタリックで示すことに注意しよう．

アルカンの命名に関する IUPAC 規則を次にまとめる．

1. 枝分かれのない炭素鎖をもつ alkane（アルカン）の名称は，鎖中の炭素原子数を示す接頭語と -ane の語尾とからなる．
2. 枝分かれのあるアルカンについては，最も長い炭素鎖を母体鎖とし，その名称を基本名とする．
3. 母体鎖上の各々の置換基には名称と番号とをつける．番号は，置換基が結合する母体鎖の炭素原子の位置を示す．番号と名称をつなぐにはハイフンを用いる．

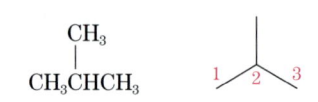

$$\underset{CH_3CHCH_3}{\overset{CH_3}{|}}$$

2-Methylpropane
(2-メチルプロパン)

表3.3　よく出てくるアルキル基の名称

名称	簡略化構造式	名称	簡略化構造式
methyl（メチル）	—CH_3	isobutyl（イソブチル）	—CH_2CHCH_3 の下に CH_3
ethyl（エチル）	—CH_2CH_3		
propyl（プロピル）	—$CH_2CH_2CH_3$	*sec*-butyl（*sec*-ブチル）	—$CHCH_2CH_3$ の下に CH_3
isopropyl（イソプロピル）	—$CHCH_3$ の下に CH_3		
butyl（ブチル）	—$CH_2CH_2CH_2CH_3$	*tert*-butyl（*tert*-ブチル）	CH_3 と CH_3 を持つ —CCH_3

第3章　アルカンとシクロアルカン

4. 置換基が一つだけのときは，その番号が最小になる側の母体鎖の末端から数えて番号をつける．

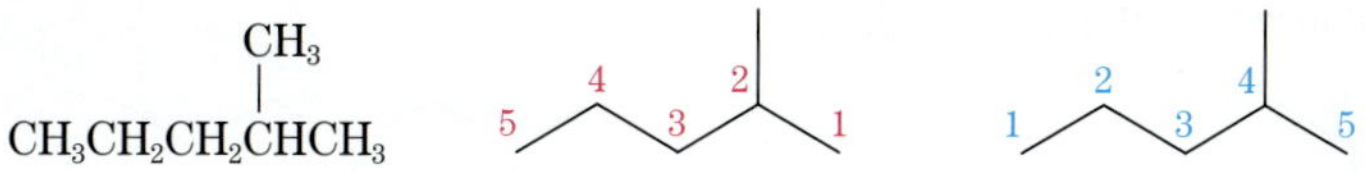

2-Methylpentane
(2-メチルペンタン)

(4-Methylpentane ではない)

5. 2個以上の同一の置換基があるときは，最初に出合う置換基の番号が最小になる側の末端から数えて母体鎖に番号をつける．同一の置換基の個数を接頭語 di-（ジ），tri-（トリ），tetra-（テトラ），penta-（ペンタ），hexa-（ヘキサ）などで示す．位置を示す番号を区切るにはコンマを用いる．

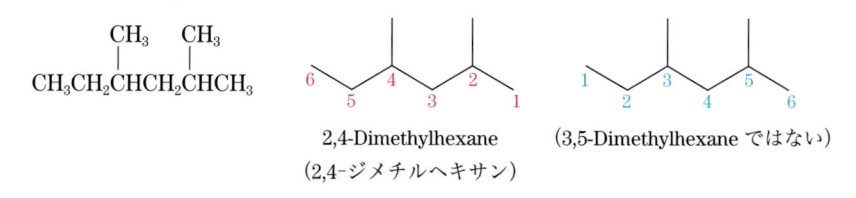

2,4-Dimethylhexane
(2,4-ジメチルヘキサン)

(3,5-Dimethylhexane ではない)

6. 2個以上の異なる置換基があるときは，それらをアルファベット順に並べ，最初に出合う置換基の番号が最小になる側の末端から数えて鎖に番号をつける．異なる置換基が，母体鎖の末端から等しい位置にあるときは，アルファベット順の早い名称をもつ置換基に小さい番号をつける．

3-Ethyl-5-methylheptane
(3-エチル-5-メチルヘプタン)

(3-Methyl-5-ethylheptane ではない)

7. di-（ジ），tri-（トリ），tetra-（テトラ）などの接頭語は，アルファベット順を考えるときには含めない．ハイフンでつないだ接頭語，例えば *sec-* や *tert-* も同様である．置換基をまずアルファベット順に並べ，その後でこれらの接頭語をつける．次の例では，アルファベット順に並べる置換基名は ethyl（エチル）と methyl（メチル）であって，ethyl（エチル）と dimethyl（ジメチル）ではない．

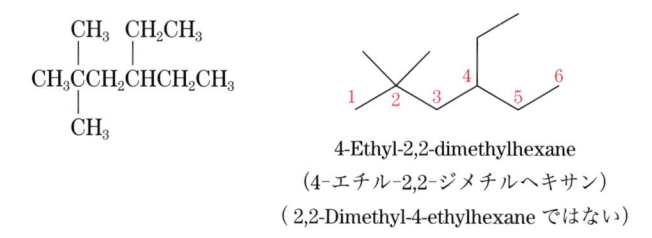

4-Ethyl-2,2-dimethylhexane
(4-エチル-2,2-ジメチルヘキサン)
(2,2-Dimethyl-4-ethylhexane ではない)

例題 3.3

次のアルカンの IUPAC 名を書け.

(a) (b)

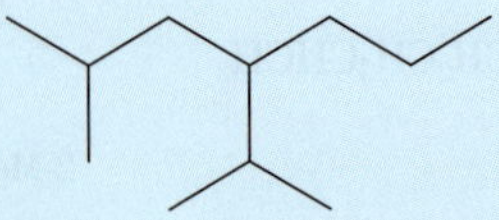

解　答

各化合物中の最も長い鎖にそって，早く置換基に出合う側の末端から数えて番号をつける（規則 4）．(b) の置換基はアルファベット順に並べる（規則 6）．

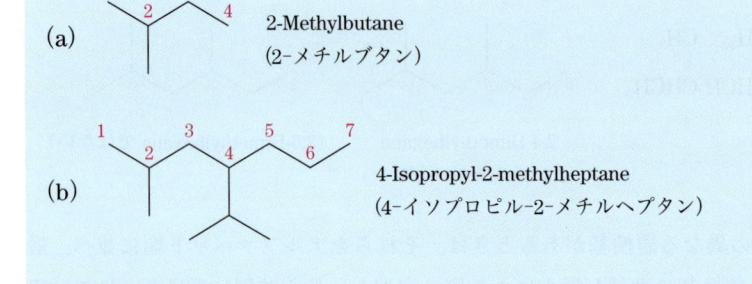

(a) 2-Methylbutane
（2-メチルブタン）

(b) 4-Isopropyl-2-methylheptane
（4-イソプロピル-2-メチルヘプタン）

練習問題 3.3

次のアルカンの IUPAC 名を書け.

(a) (b)

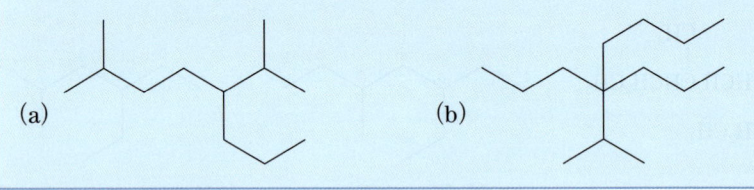

B 慣用名

古い慣用命名法では並び方にかかわらず，アルカンの総炭素原子数で名称が決まる．最初の三つのアルカンは，methane（メタン），ethane（エタン）および propane（プロパン）である．C_4H_{10} の分子式をもつすべてのアルカンは butane（ブタン）とよばれ，C_5H_{12} のアルカンは pentane（ペンタン），C_6H_{14} は hexane（ヘキサン）である．プロパンよりも大きいアルカンでは iso（イソ）は一端が $(CH_3)_2CH-$ 基で終わり，それ以外に置換基が存在しない鎖を示す．以下に慣用名の例を示す．

$CH_3CH_2CH_2CH_3$　　CH_3CHCH_3　　$CH_3CH_2CH_2CH_2CH_3$　　$CH_3CH_2CHCH_3$
　　　　　　　　　　　　　　$|$　　　　　　　　　　　　　　　　　　　　　　　$|$
　　　　　　　　　　　　　CH_3　　　　　　　　　　　　　　　　　　　　　　CH_3
　Butane　　　　　　Isobutane　　　　　　Pentane　　　　　　Isopentane

この慣用命名法は，これ以外の枝分かれした化合物には適用できない．したがって，もっと複雑なアルカンには，汎用性のある IUPAC 命名法を使う必要がある．

本書ではもっぱらIUPAC名を使う．しかし，ときには慣用名も用いる．とくに化学者や生化学者の日常会話の中でふつうに使われる慣用名は用いることにする．IUPAC名と慣用名の両者を示すときには，最初にIUPAC名を書き，続いてかっこに入れて慣用名を示す．こう決めておけば，どの名称がどちらかと迷う心配はない．

C　炭素原子と水素原子の分類

炭素原子は，それに結合している炭素数に応じて**第一級** primary，**第二級** secondary，**第三級** tertiaryおよび**第四級** quaternaryに分類される．他の炭素原子が一つだけ結合している炭素原子は第一級炭素であり，二つの炭素原子と結合している炭素原子は第二級炭素，などなどである．例えば，プロパンには2個の第一級炭素と1個の第二級炭素とがある．2-メチルプロパンは3個の第一級炭素と1個の第三級炭素を，また，2,2,4-トリメチルペンタンは5個の第一級炭素，1個の第二級炭素，1個の第三級炭素および1個の第四級炭素をもっている．

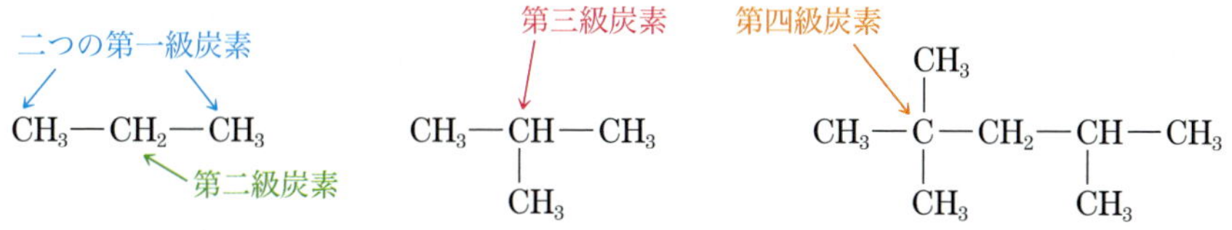

Propane　　2-Methylpropane　　2,2,4-Trimethylpentane

水素も，結合する炭素原子のタイプに応じて，同様に第一級，第二級および第三級に分類される．第一級炭素につく水素は第一級水素，第二級炭素につくのは第二級水素，そして第三級炭素につくのは第三級水素である．

3.5　シクロアルカン

炭素原子が環状に結合した炭化水素を環状炭化水素 cyclic hydrocarbonとよぶ．さらに，環のすべての炭素原子が飽和であるとき，その炭化水素を**シクロアルカン** cycloalkaneという．3～30を超える環員数のシクロアルカンが天然に多く見いだされているが，原理的には環の大きさに制限はない．五員環（シクロペンタン）および六員環（シクロヘキサン）は天然にとくに多く，特別に注目されている．

シクロアルカン：炭素原子が環を作るように結合した飽和炭化水素．

図3.3にシクロブタン，シクロペンタンおよびシクロヘキサンの構造式を示す．化学者はシクロアルカンの構造式を書くとき，すべての炭素と水素原子を書くことは少ない．むしろ，より簡略化した線角構造式でシクロアルカン環を示す．各環はその炭素数と等しい数の正多角形で表される．例えば，シクロブタンは正方形，シ

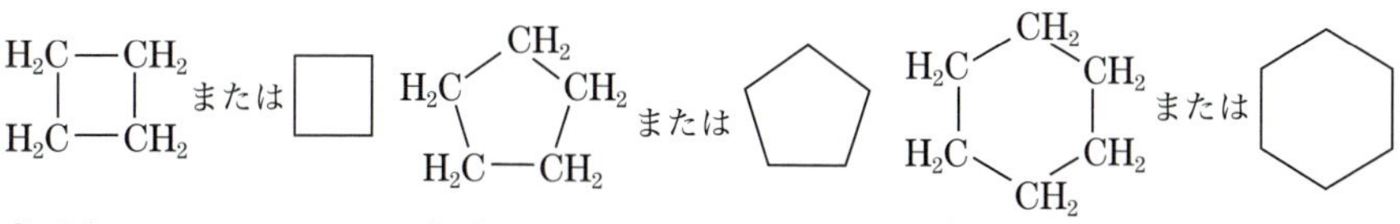

Cyclobutane　　Cyclopentane　　Cyclohexane

図3.3
シクロアルカンの例．

クロペンタンは正五角形，シクロヘキサンは正六角形で示される．

シクロアルカンは，同数の炭素原子をもつアルカンよりも水素原子の数が2個少ない．例えば，シクロヘキサン（C_6H_{12}）とヘキサン（C_6H_{14}）を比べるとわかる．シクロアルカンの一般式は C_nH_{2n} である．

シクロアルカンを命名するには，対応する直鎖状炭化水素の名称に cyclo-（シクロ）という接頭語をつけ，これに環上の各置換基の名称を加える．置換基が一つであれば番号をつける必要はない．2個の置換基があるときは，アルファベット順に置換基に番号をつける．もし3個以上の置換基があれば，番号の合計が最小になるように番号をつけ，アルファベット順に置換基名を書く．

例題 3.4

次のシクロアルカンの分子式と IUPAC 名を書け．

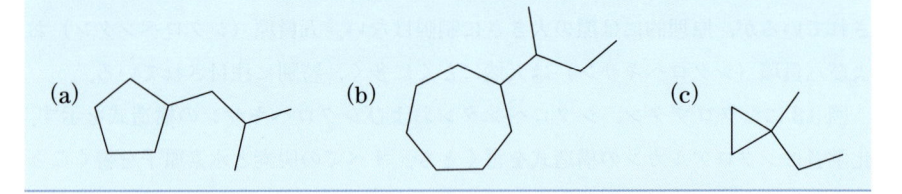

(a)　　　　　　　　　　　　(b)

解　答

(a) このシクロアルカンの分子式は C_8H_{16} である．環には置換基が一つあるだけなので，環の原子に番号をつける必要はない．この化合物の IUPAC 名は isopropylcyclopentane（イソプロピルシクロペンタン）である．

(b) シクロヘキサン環は，アルファベット順で早い位置にある *tert*-ブチル基から始まる番号をつける．この化合物の名称は 1-*tert*-butyl-4-methylcyclohexane（1-*tert*-ブチル-4-メチルシクロヘキサン），分子式は $C_{11}H_{22}$ である．

練習問題 3.4

次のシクロアルカンの分子式と IUPAC 名を書け．

(a)　　　　(b)　　　　(c)

3.6　IUPAC 規則：命名法の一般則

3.4 および 3.5 節に記したアルカンおよびシクロアルカンの命名では，この 2 種類の特定の有機化合物に対する IUPAC 命名法の適用例を示した．ここで IUPAC 命名法の一般則を示そう．炭素鎖をもつ化合物の名称は 3 部分からなる．接頭語，挿

入語（語中に挿入される修飾要素）および接尾語である．各部分は化合物の構造について個々の情報を与える．

訳注：挿入語と接尾語をまとめて，-ane, -ene, -yne を語尾ということもある．

1. 接頭語は，母体鎖の炭素数を表す．炭素数 1 〜 20 の鎖の存在を示す接頭語を表 3.2 にまとめた．
2. 挿入語は母体鎖中の炭素-炭素結合の性質を表す．

挿入語	母体鎖中の炭素-炭素結合の性質
-an-	すべて単結合
-en-	1 個以上の二重結合を含む
-yn-	1 個以上の三重結合を含む

3. 接尾語はその物質が属する化合物の種類を表す．

接尾語	化合物の種類
-e	炭化水素
-ol	アルコール
-al	アルデヒド
-one	ケトン
-oic acid	カルボン酸

例題 3.5

次に四つの化合物の IUPAC 名と構造式を示す．それぞれの名称を接頭語，挿入語，および接尾語に分け，名称の各部分が示す構造式に関する情報を明らかにせよ．

(a) $CH_2=CHCH_3$　(b) CH_3CH_2OH　(c) $CH_3CH_2CH_2CH_2COH$ (=O)　(d) $HC\equiv CH$

　　Propene　　　Ethanol　　　　Pentanoic acid　　　　Ethyne

解　答

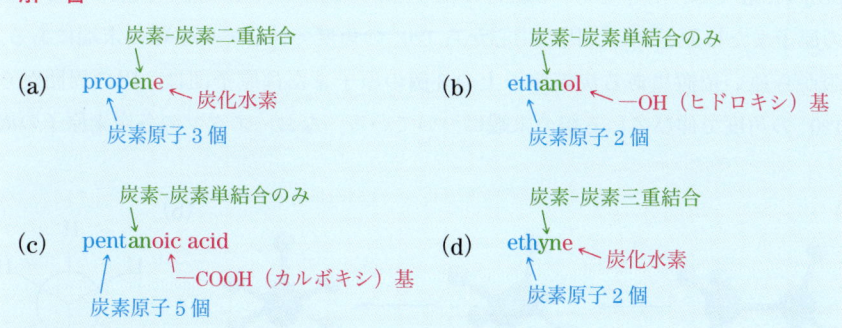

(a) propene　← 炭化水素／炭素-炭素二重結合／炭素原子 3 個

(b) ethanol　← −OH（ヒドロキシ）基／炭素-炭素単結合のみ／炭素原子 2 個

(c) pentanoic acid　← −COOH（カルボキシ）基／炭素-炭素単結合のみ／炭素原子 5 個

(d) ethyne　← 炭化水素／炭素-炭素三重結合／炭素原子 2 個

練習問題 3.5

適当な接頭語，挿入語および接尾語を結びつけて，次の化合物の IUPAC 名を書け．

(a) CH₃CCH₃ (with =O on C) (b) CH₃CH₂CH₂CH (with =O on last C) (c) cyclopentanone (d) cycloheptenone

3.7 アルカンとシクロアルカンの立体配座

構造式は原子がつながる順序を示すのに役立つが，三次元的な形を示すものではない．分子の構造とその化学的および物理的性質との関係について理解が進むにつれて，分子の三次元構造をより深く理解する必要性が増してきた．

この節では，分子を三次元の物体として見ることに力を注ぎ，分子中の結合角だけでなく，互いに結合していない種々の原子や原子団間の距離も見えるようにする．また，ひずみについても述べる．ひずみは三つに分類できる．ねじれひずみ，角度ひずみ，立体ひずみである．実際に分子模型を手にとっていろいろ組み立て，調べるのが望ましい．有機分子は三次元の立体的な物体であり，それを自由に取り扱えるようになることが不可欠である．

A アルカン

2個以上の炭素原子をもつアルカンは，一つまたはそれ以上の炭素–炭素結合のまわりで回転してねじれ，多数の三次元的な原子配列をとることができる．単結合の回転によって生じる原子の三次元的な配列を，**立体配座** conformation とよぶ．図 3.4 (a) にエタンの**ねじれ配座** staggered conformation の分子模型を示す．この立体配座では，一つの炭素原子につく3個の C—H 結合は隣の炭素原子上の3個の C—H 結合からできるだけ遠く離れた位置にある．図 3.4 (b) は Newman 投影式とよばれる表記法であり，エタンのねじれ配座を表す．**Newman 投影式** Newman projection では，分子を C—C 結合の軸方向から眺める．眼に近い位置にある3個の原子または原子団は，円の中心から 120°の角度で伸びている線の末端にある．眼から遠い位置にある炭素原子上の3個の原子または原子団は，円の周囲から 120°の角度で伸びている線の末端についている．なお，エタンの各炭素原子の周

立体配座：分子中の単結合のまわりの回転で生じる原子の三次元的な配列．

ねじれ配座：C—C 単結合のまわりの配座の一つ．この立体配座では，一つの炭素につく原子は，隣の炭素上にある原子からできるだけ遠く離れて存在する．

Newman 投影式：C—C 結合に沿って見た分子の投影図で，立体配座を表すのに用いる．

図 3.4
エタンのねじれ配座．
(a) 球棒分子模型，
(b) Newman 投影式．

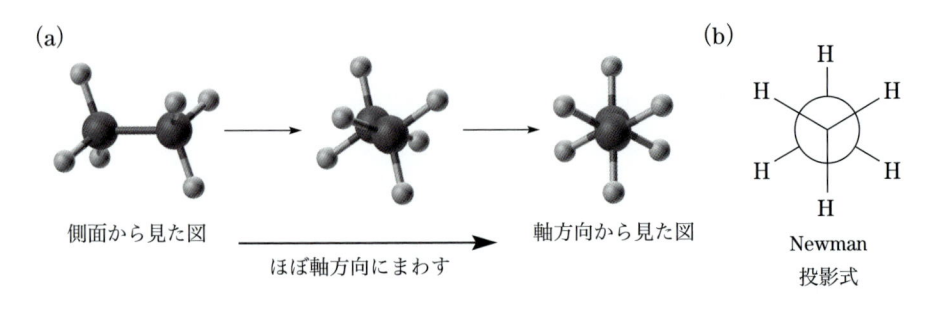

(a) 側面から見た図 → ほぼ軸方向にまわす → 軸方向から見た図

(b) Newman 投影式

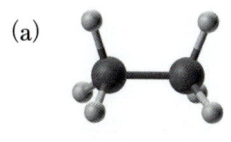

図 **3.5**
エタンの重なり配座.
(a, b) 球棒分子模型,
(c) Newman 投影式.

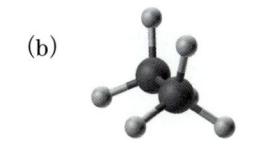

(a) 側面から見た図 (b) ほぼ軸方向にまわす (c) Newman投影式

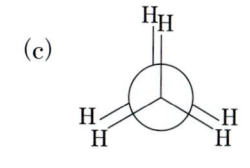

囲の結合角は実際は約 109.5° であって，この Newman 投影式に示されている 120° ではないことに注意してほしい．

図 3.5 はエタンの**重なり配座** eclipsed conformation の球棒分子模型と Newman 投影式を示す．この立体配座では，一つの炭素原子上の 3 個の C—H 結合は，隣の炭素原子上の 3 個の C—H 結合に最も近接している．いいかえると，背後の炭素原子上の水素原子は手前の炭素原子上の水素原子と重なっている．

長い間, 化学者はエタンの C—C 単結合が完全に自由回転していると信じてきた．しかし，エタンや他の分子について研究した結果，ねじれ配座と重なり配座のポテンシャルエネルギーには差があり，回転は必ずしも完全には自由でないことが明らかになった．エタンでは，重なり配座でポテンシャルエネルギーが最大であり，ねじれ配座で最小になる．両配座間のポテンシャルエネルギー差はおよそ 3.0 kcal/mol（12.6 kJ/mol）であり，この値は，室温でエタン分子がねじれ配座と重なり配座をとる比率が約 100：1 であることを意味する．

エタンの重なり配座に生じるひずみは，**ねじれひずみ** torsional strain の一例である．ねじれひずみ（重なり相互作用によるひずみ）は，3 個の結合だけ離れた直接結合していない原子どうしが，ねじれ配座から重なり配座に変えられるときに生じるひずみである．

重なり配座：C—C 単結合のまわりの配座の一つ．この立体配座では，一つの炭素につく原子は，隣の炭素上にある原子にできるだけ近づいて存在する．

ねじれひずみ：3 個の結合だけ離れた原子がねじれ配座から重なり配座になるときに生じるひずみ（重なり相互作用によるひずみ）．

例題 3.6

プロパンのねじれ配座と重なり配座の Newman 投影式を一つずつ書け．

解 答

これらの立体配座の Newman 投影式とその分子模型は次のとおりである．

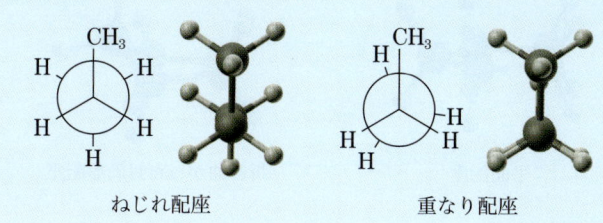

ねじれ配座   重なり配座

> **練習問題 3.6**
> 1,2-ジクロロエタンの二つのねじれ配座と二つの重なり配座の Newman 投影式を書け．

B シクロアルカン

天然に存在する分子の中で最も一般的な環状炭素化合物はシクロペンタンとシクロヘキサンなので，ここではこの 2 種の化合物の立体配座に限定して述べる．

シクロペンタン

シクロペンタン（図 3.6 (a)）は，すべての C—C—C 結合角が等しい 108°（図 3.6 (b)）の平面配座として書くことができる．この角度は，正四面体角の 109.5° からほんの少ししかずれていない．したがって，結果としてシクロペンタンの平面配座にはほとんど角度ひずみを生じない．**角度ひずみ** angle strain は，分子中の結合角が最適の値から広げられたり，縮められたりしたときに生じる．しかし，平面配座では完全な重なり配座の C—H 結合が 10 個存在するので，約 10 kcal/mol（42 kJ/mol）のねじれひずみが生じている．このひずみの少なくとも一部を取り除くために，環を構成する原子はねじれて"封筒形"配座 envelope conformation（図 3.6 (c)）をとる．この立体配座では炭素原子 4 個が平面内に位置するが，5 個目の炭素原子は曲がって平面から外れ，ふたの部分が開いている洋式封筒のような形をとっている．

封筒形配座では重なり型水素相互作用の数は減り，したがってねじれひずみが減少する．しかし，C—C—C 結合角も減少するので，角度ひずみを増加させる．シクロペンタンで実際に観察される C—C—C 結合角は 105° であり，最低エネルギーの立体配座ではシクロペンタンは少しばかり折れ曲がった形になっていることを示している．シクロペンタンのひずみエネルギーはおよそ 5.6 kcal/mol（23.4 kJ/mol）である．

角度ひずみ：結合角が最適値より圧縮されたり広げられたときに生じるひずみ．

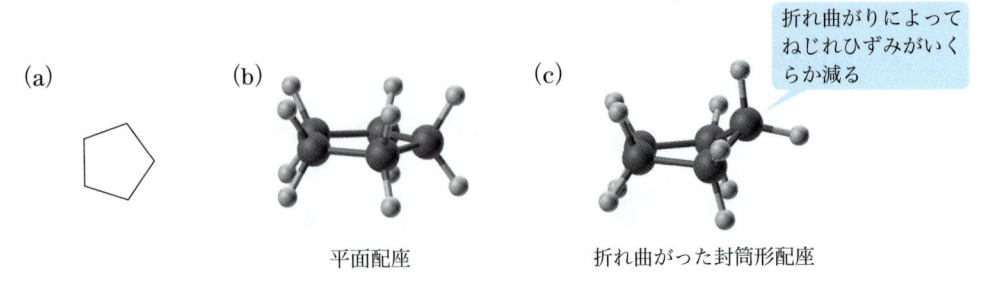

(a) (b) 平面配座 (c) 折れ曲がった封筒形配座

折れ曲がりによってねじれひずみがいくらか減る

図 3.6
シクロペンタン．
(a) 構造式．(b) 平面配座では，10 組の重なり形 C—H 相互作用がある．
(c) 最も安定な折れ曲がった"封筒形"配座．

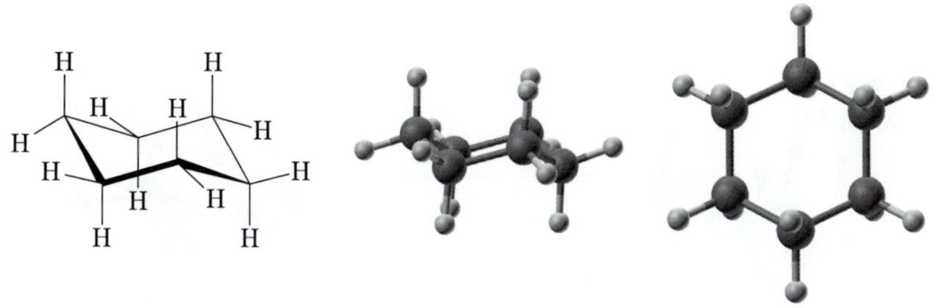

第3章　アルカンとシクロアルカン

図 3.7
シクロヘキサン．最も安定ないす形配座．

骨格模型　　　球棒分子模型の側面図　　　球棒分子模型を上から見た図

シクロヘキサン

シクロヘキサンは，いくつかの非平面配座をとる．その中で最も安定なものがい**す形配座** chair conformation である．いす形配座（図 3.7）ではすべての C—C—C 結合角が 109.5°であり（角度ひずみは最小となる），隣接する炭素上の水素は互いにねじれ配座の位置にある（ねじれひずみも最小）．その結果，シクロヘキサンのいす形配座にはひずみがほとんどない．

いす形配座では，C—H 結合は二つの異なる方向に配向している．6 個の C—H 結合は**エクアトリアル結合** equatorial bond とよばれ，残りの 6 個の結合は**アキシアル結合** axial bond とよばれる．この二つのタイプの結合の違いを認識する一つの方法は，いすの中心を通り床に垂直な軸を想像することである（図 3.8 (a)）．エクアトリアル結合は，この仮想軸に対してほぼ直交していて，環の一つの炭素から次の炭素に移るにつれて交互に少しばかり上向いたり下向いたりしている．アキシアル結合はこの仮想軸に平行である．3 個のアキシアル結合は上を向いており，残りの 3 個は下向きである．アキシアル結合もまた，環の炭素を順にまわるとき，最初が上向きであれば次は下向きというように交互になっていることに注意しよう．また，ある炭素上のアキシアル結合が上向きであれば，その炭素上にあるエクアトリアル結合はわずかに下を向いていることにも注意しよう．逆に，ある炭素上のアキシアル結合が下向きであれば，その同一炭素上にあるエクアトリアル結合はわずかに上向きである．

いす形配座：シクロヘキサンの最も安定な立体配座．すべての結合角は約 109.5°で，隣接する結合はすべてねじれ形の位置にある．

エクアトリアル結合：シクロヘキサン環のいす形配座の結合で，環を通る仮想的な軸に対してほぼ直交している．

アキシアル結合：シクロヘキサン環のいす形配座の結合で，環を通る仮想的な軸に平行である．

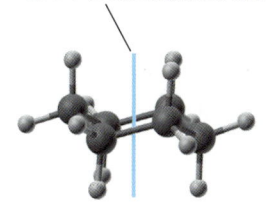

環の中心を通る仮想的な軸

(a) 12 個の水素すべてを示した球棒分子模型
(b) 6 個のエクアトリアル C—H 結合を赤色で示す．
(c) 6 個のアキシアル C—H 結合を青色で示す．

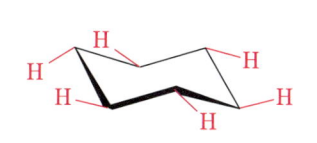

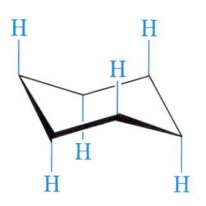

図 3.8
シクロヘキサンのいす形配座．アキシアルおよびエクアトリアル C—H 結合を示す．

図 3.9
いす形配座 (a) から舟形配座 (b) への変換.

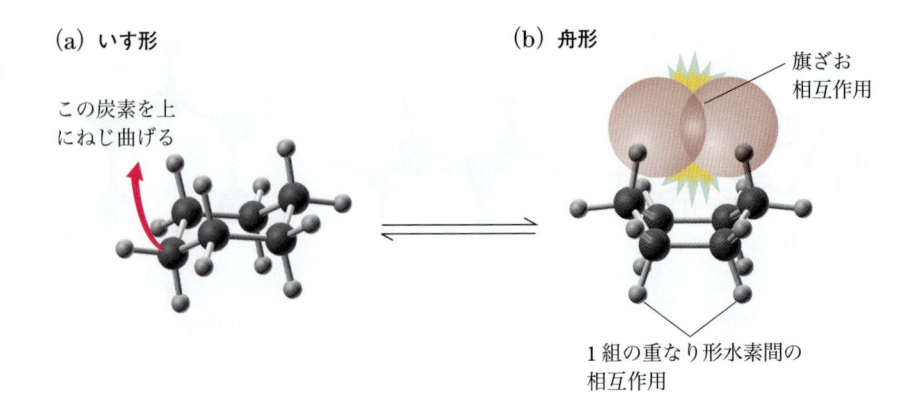

(a) いす形　　　　　(b) 舟形

この炭素を上にねじ曲げる

旗ざお相互作用

1組の重なり形水素間の相互作用

舟形配座：シクロヘキサン環の立体配座の一つで，環の1位の炭素と4位の炭素が互いに近づくように折れ曲がっている．

立体ひずみ：4結合分以上離れた原子が互いに異常に近づけられるときに生じるひずみ．

シクロヘキサンには他にも多くの非平面配座があり，そのうちの一つは**舟形配座** boat conformation である．いす形配座から舟形配座への変換は，図 3.9 に示すように環をねじることにより視覚的に理解することができる．舟形配座はいす形配座よりもかなり不安定である．舟形配座では4組の重なり水素の相互作用によるねじれひずみと，1組の旗ざお相互作用 flagpole interaction による立体ひずみを生じる．**立体ひずみ** steric strain（非結合性相互作用によるひずみ）は，4個またはそれ以上の結合だけ離れた結合していない原子が互いに異常に近づけられたとき，いいかえると，2個の原子が原子半径以上に近づけられたときに生じる．舟形といす形配座間のポテンシャルエネルギー差は約 6.5 kcal/mol（27 kJ/mol）であり，この値は室温でシクロヘキサン分子の約 99.99% がいす形配座にあることを意味する．

シクロヘキサンの等価な二つのいす形配座は，まず一つのいす形から舟形へねじれ，続いてもう一つのいす形へ変わることにより，相互に変換できる．一つのいす形がもう一つのいす形へ変わるとき，炭素原子についている水素原子の相対的な空間配向が変化する．一つのいす形でエクアトリアル位にあったすべての水素原子がもう一方のいす形ではアキシアル位になり，またその逆になる（図 3.10）．シクロヘキサンの一つのいす形から他のいす形への相互変換は室温で速やかに起こる．

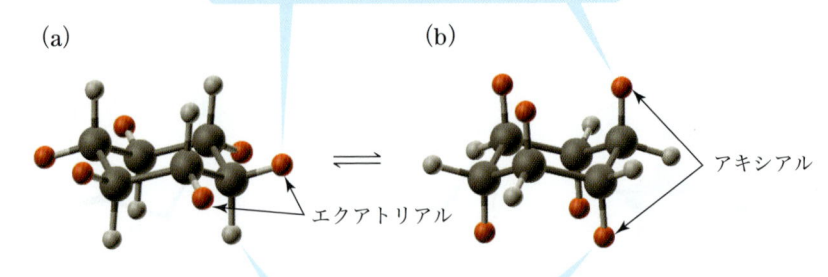

(a)　　　　　(b)

いす-いす間の相互変換で水素はエクアトリアルからアキシアルに変わるが，上向きであることには変わりない．

エクアトリアル

アキシアル

いす-いす間の相互変換で水素はアキシアルからエクアトリアルに変わるが，下向きであることには変わりない．

図 3.10
シクロヘキサンのいす形配座の相互変換．

例題 3.7

次に示すのはメチルシクロヘキサンのいす形配座であり，一つのメチル基と一つの水素原子を示している．

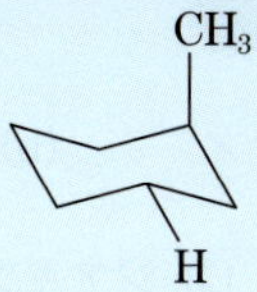

(a) メチル基と H はそれぞれエクアトリアルであるかアキシアルであるかを示せ．
(b) もう一つのいす形配座を書き，この構造でメチルと H がエクアトリアルであるかアキシアルであるかを示せ．

解　答

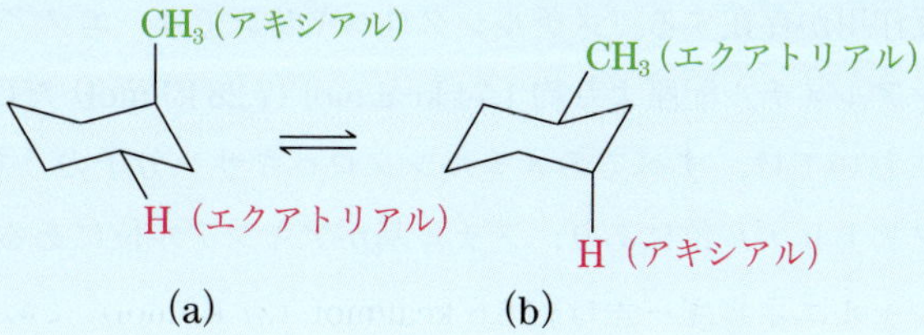

CH₃（アキシアル）　⇌　CH₃（エクアトリアル）
H（エクアトリアル）　　　H（アキシアル）
　　(a)　　　　　　　　　(b)

練習問題 3.7

シクロヘキサンのいす形配座を炭素原子に1から6までの番号をつけて示す．

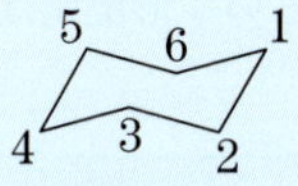

(a) 環の炭素 1 と 2 について環の平面より上にある水素原子を示し，炭素 4 について平面より下にある水素原子を示せ．
(b) これらの水素のうち，どれがエクアトリアルでどれがアキシアルであるかを示せ．
(c) もう一つのいす形配座を書け．どの水素がエクアトリアルで，どれがアキシアルであるか．どれが環の平面より上にあり，またどれが下にあるか．

シクロヘキサンの一つの水素原子をアルキル基で置換すると，その置換基は一つのいす形配座ではエクアトリアル位をとり，もう一つのいす形配座ではアキシアル位を占める．このことは，二つのいす形配座がもはや等価でなく，安定性も等しくないことを示す．

エクアトリアルやアキシアル位に置換基をもつ いす形配座の相対安定性を説明する便利な方法は，**1,3-ジアキシアル相互作用** 1,3-diaxial interaction とよばれる一種

1,3-ジアキシアル相互作用：シクロヘキサン環のいす形配座において，環の同じ側にある平行なアキシアル位の基の間に生じる相互作用．

図 3.11
メチルシクロヘキサンの二つのいす形配座．二つの 1,3-ジアキシアル相互作用（立体ひずみ）のために配座(b)は配座(a)よりも約 1.74 kcal/mol (7.28 kJ/mol) だけ不安定である．

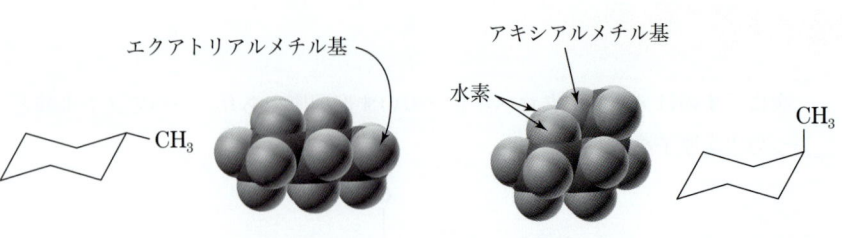

(a) エクアトリアルメチルシクロヘキサン

(b) アキシアルメチルシクロヘキサン

の立体ひずみを用いるものである．1,3-ジアキシアル相互作用は，一つのアキシアル置換基と，環の同じ側に位置するアキシアル位の水素（または他の置換基）の間に生じる立体ひずみをいう．メチルシクロヘキサンについて考えてみよう（図3.11）．—CH_3 基がエクアトリアル位にあるとき，その基は隣の炭素上のすべての基に対してねじれ形の位置にある．—CH_3 がアキシアル位にあると，この—CH_3 は，炭素3および5上のアキシアル C—H 結合に平行である．したがって，アキシアルメチルシクロヘキサンに対しては，二つの好ましくないメチル–水素間の 1,3-ジアキシアル非結合性相互作用が存在する．メチルシクロヘキサンでは，エクアトリアルメチル配座がアキシアルメチル配座より約 1.74 kcal/mol (7.28 kJ/mol) だけ安定になる．室温での平衡においては，すべてのメチルシクロヘキサン分子のうちの約 95% はメチル基がエクアトリアル位にあり，メチル基がアキシアル位にある分子は 5% 以下である．

　置換基の大きさが増すにつれて，エクアトリアル位に置換基が存在する配座の割合が増加する．置換基が *tert*-ブチル基程度に大きくなると，エクアトリアル配座はアキシアル配座よりも室温でおよそ 4,000 倍多く存在する．その結果，環は *tert*-ブチル基がエクアトリアル位にあるいす形配座ばかりに"固定"されてしまう．

例題 3.8

次のいす形配座におけるすべての 1,3-ジアキシアル相互作用を示せ．

解　答

このいす形配座には四つの 1,3-ジアキシアル相互作用が存在する．すなわち，二つのアキシアルメチル基はそれぞれ環の同じ側にある平行な水素原子と 2 組のジアキシアル相互作用をもつ．エクアトリアル位にあるメチル基はジアキシアル相互作用をもたない．

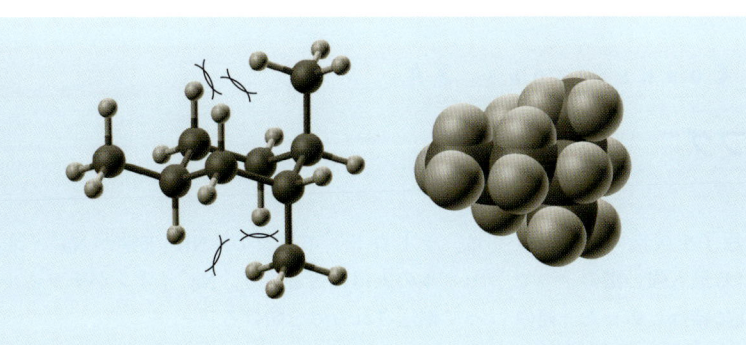

練習問題 3.8

メチル，エチルおよびイソプロピルシクロヘキサンの立体配座平衡は，いずれもエクアトリアル配座が約 95% 優位となる．しかし，*tert*-ブチルシクロヘキサンでは事実上完全にエクアトリアル側にかたよっている．なぜ最初の三つの化合物の立体配座平衡はほぼ同等であるのに，*tert*-ブチルシクロヘキサンではさらにエクアトリアル配座の方に強くかたよるかを説明せよ．

3.8 シクロアルカンのシス-トランス異性

2 個以上の環炭素上に置換基をもつシクロアルカンは，**シス-トランス異性** *cis-trans* isomerism を示す．シス-トランス異性体どうしは，(1) 同一の分子式をもち，(2) 同じ順序で原子が結合し，さらに，(3) 通常の条件下では σ 結合のまわりの回転によって相互変換できない原子配列をとっている．これに対して，立体配座どうしのポテンシャルエネルギー差は極めて小さく，それらは単結合の回転によって室温付近で容易に相互変換できる．

シクロアルカンのシス-トランス異性について，1,2-ジメチルシクロペンタンを例にとって考えてみよう．下の構造式では，シクロペンタン環を平面状の正五角形として環のななめ上から見たところを示してある（置換シクロアルカンでシス-トランス異性体の数を求める目的には，シクロアルカン環を平面状多角形として書くとよい）．

シス-トランス異性体：原子の並ぶ順序は同一であるが，環または炭素-炭素二重結合があるために原子の空間配列が異なる異性体．

***cis*（シス）**："同じ側"を意味する接頭語．

***trans*（トランス）**："向こう側"を意味する接頭語．

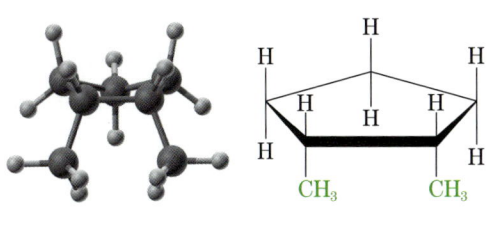

cis-1,2-Dimethyl-cyclopentane

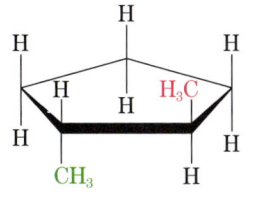

trans-1,2-Dimethyl-cyclopentane

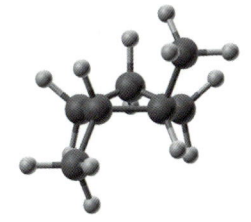

手前に突き出ている環の炭素−炭素結合は太線で示す．この透視図を見ると，シクロペンタン環に結合した置換基は環の上と下に突き出ていることがわかる．1,2-ジ

CHEMICAL CONNECTIONS 3A

毒をもつ魚，フグ

　自然は六員環を作る原子を炭素のみに限っているわけでない．知られている最も強い毒の一つであるテトロドトキシンは，相互に結合しあった一連の六員環からできており，各々の環はいす形配座をとっている．これらの環は，一つを除き，すべて炭素以外の原子を含んでいる．テトロドトキシンは，多くの種類の *Tetraodontidae* 族の魚，特にフグの肝臓や卵巣で作られる．フグの英語名 puffer は驚いたとき，ボール状に膨れる形に因んで名づけられている．明らかにこれは防御を意識した行為であるが，日本人には効かなかった．日本ではフグはご馳走となる．フグ料理を出す料理店の調理師は，有毒な組織を取り除き，食べて安全な料理を作る技術をもつ証明のために調理資格免許を取得していなければならない．

　テトロドトキシン中毒の症状は，強い虚脱発作から始まり，完全な麻痺を経て最終的には死に至る．テトロドトキシンは刺激応答できる細胞膜の Na^+ イオンチャネルをブロックすることにより中毒作用を発現する．テトロドトキシンの $=NH_2^+$ 末端が Na^+ イオンチャネルの入口にとどまり，Na^+ イオンがチャネルを通って輸送されるのを妨げる．

ふくらんだフグ（*Tim Rock/Animals Animals*）
（訳注：上の写真はハリセンボンで，日本人が食べるトラフグではない．）

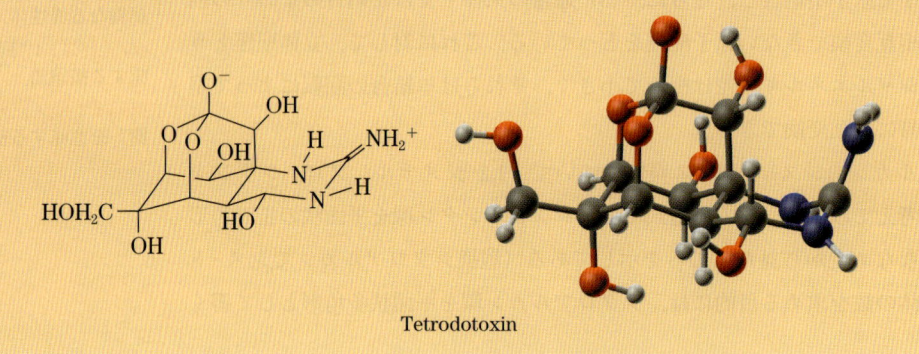

Tetrodotoxin

　メチルシクロペンタンの一つの異性体では，2個のメチル基は環の同じ側に出ている（共に環の平面より上か下にある）が，もう一つの異性体では，二つのメチル基は環の異なる側に（1個は環の平面より上に，1個は下に）出ている．

　もう一つの方法では，シクロペンタン環を紙面におき，上から見る．見ている人の側に出ている（言い換えると紙面から手前に突き出ている）環上の置換基は，実線のくさびで示し，見ている人から遠ざかるよう向こう側に出ている（紙面の裏へ突き出る）置換基は点線のくさびで示す．次に示す構造式では，2個のメチル基のみを示している（環の水素原子は示していない）．

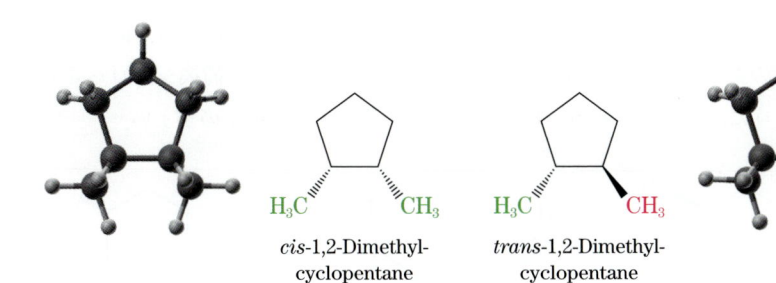

第3章　アルカンとシクロアルカン

cis-1,2-Dimethyl-
cyclopentane

trans-1,2-Dimethyl-
cyclopentane

例題 3.9

どのシクロアルカンがシス-トランス異性を示すか．異性体のある場合にはシスおよびトランス異性体の構造式を書け．
(a) Methylcyclopentane
(b) 1,1-Dimethylcyclobutane
(c) 1,3-Dimethylcyclobutane

解　答
(a) メチルシクロペンタンはシス-トランス異性を示さない．この化合物は環上にただ一つの置換基しかもたない．
(b) 1,1-ジメチルシクロブタンはシス-トランス異性を示さない．環上の2個のメチル基の配列の仕方は一つしかない．
(c) 1,3-ジメチルシクロブタンはシス-トランス異性を示す．次の構造式ではメチル基のつく炭素上の水素だけを示している．

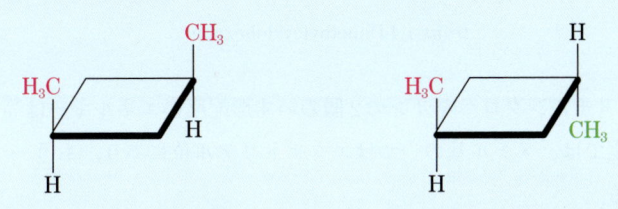

cis-1,3-Dimethylcyclobutane　　　　*trans*-1,3-Dimethylcyclobutane

練習問題 3.9

どのシクロアルカンがシス-トランス異性を示すか．異性体がある場合にはシスおよびトランス異性体の構造式を書け．
(a) 1,3-Dimethylcyclopentane
(b) Ethylcyclopentane
(c) 1-Ethyl-2-methylcyclobutane

1,4-ジメチルシクロヘキサンには2個のシス-トランス異性体がある．置換シクロアルカンのシス-トランス異性体数を求める目的には，次の二置換シクロヘキサンに示すように，シクロアルカン環を平面状の多角形として書くのがよい．

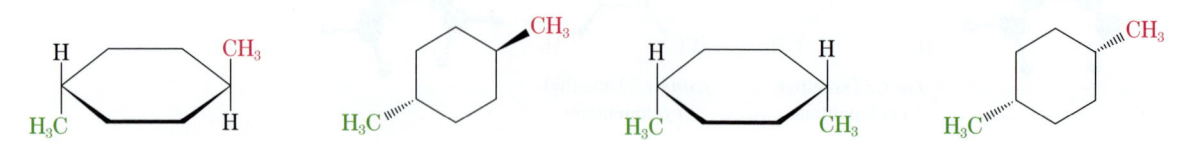

trans-1,4-Dimethylcyclohexane　　　　　　*cis*-1,4-Dimethylcyclohexane

1,4-ジメチルシクロヘキサンのシス-トランス異性体は，非平面的ないす形配座で書くこともできる．2個のいす形配座を扱うにあたっては，一つのいす形配座でアキシアル位にあったすべての置換基は，もう一つのいす形配座ではエクアトリアル位になり，その逆もあることを思い出そう．*trans*-1,4-ジメチルシクロヘキサンの一方のいす形配座では，2個のメチル基がアキシアルにあり，もう一方のいす形配座では，どちらもエクアトリアルにある．これらのいす形配座では，2個のメチル基がエクアトリアルにあるものの方がかなり安定である．

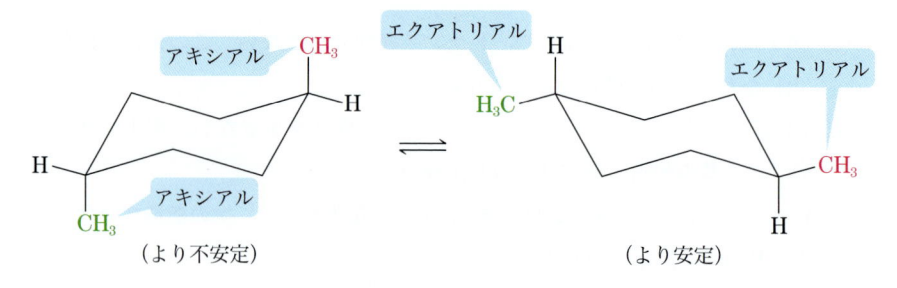

（より不安定）　　　　　　　　　（より安定）

trans-1,4-Dimethylcyclohexane

cis-1,4-ジメチルシクロヘキサンの2個のいす形配座のエネルギーは等しい．各々のいす形配座では，メチル基の一つはエクアトリアル位にあり，もう一つはアキシアル位にある．

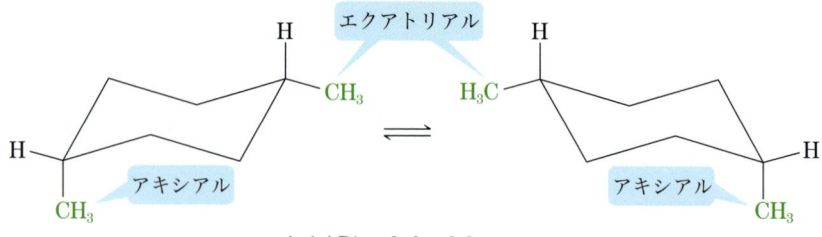

cis-1,4-Dimethylcyclohexane
（二つの立体配座の安定性は等しい）

例題 3.10

1,3-ジメチルシクロヘキサンのいす形配座を次に示す．

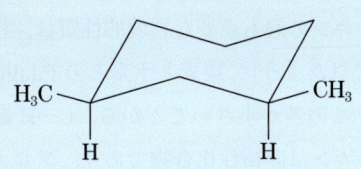

(a) このいす形配座は *cis*-1,3-ジメチルシクロヘキサンか，それとも *trans*-1,3-ジメチルシクロヘキサンか．
(b) もう一つのいす形配座を書け．二つのいす形配座のうち，どちらがより安定か．
(c) この例に示された異性体を平面正六角形表示で書け．

解　答

(a) 示されている異性体は *cis*-1,3-ジメチルシクロヘキサンであり，2個のメチル基は環の同じ側についている．

(b) （より安定）⇌（より不安定）

(c) 　　　または

練習問題 3.10

1,2,4-トリメチルシクロヘキサンの異性体の一つを平面正六角形表示法で示す．この化合物の二つのいす形配座を書き，どちらの立体配座がより安定か述べよ．

3.9 アルカンとシクロアルカンの物理的性質

アルカンとシクロアルカンの最も重要な物理的性質は，ほとんど完全に極性がないことである．1.3C 節で見たように，炭素と水素との Pauling の電気陰性度の差は，$2.5 - 2.1 = 0.4$ であり，この差が小さいことから，C—H 結合は非極性共有結合である．したがって，アルカンは非極性化合物であり，アルカン分子間には弱い相互作用があるだけである．

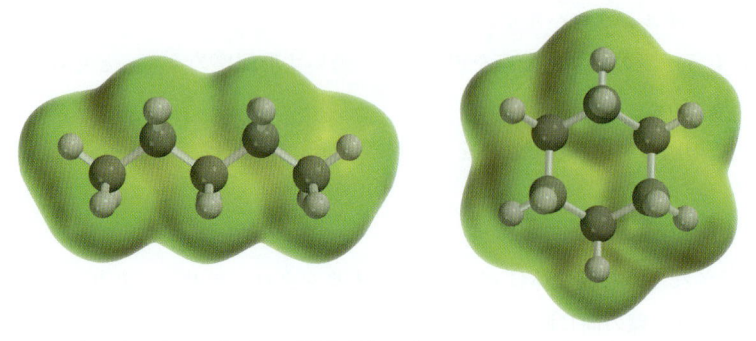

ペンタンとシクロヘキサン．電子密度モデルは，アルカンとシクロアルカンが極性をもたないことを明白に示している．

A 沸 点

アルカンの沸点は，同じ分子量をもつ他のタイプのどの化合物よりも低い．アルカンの沸点と融点は一般に分子量の増加とともに上昇する（表3.4）．炭素数 1～4 のアルカンは室温で気体であり，炭素数 5～17 のアルカンは無色の液体である．高分子量のアルカン（炭素数 18 以上）は白色のワックス状固体である．植物性ワックスのいくつかは高分子量アルカンである．例えば，りんごの皮に含まれるワック

表3.4 枝分かれのないアルカンの物理的性質

名 称	簡略化構造式	融点 (°C)	沸点 (°C)	液体の密度[*] (g/mL, 0 °C)
methane	CH_4	-182	-164	(気体)
ethane	CH_3CH_3	-183	-88	(気体)
propane	$CH_3CH_2CH_3$	-190	-42	(気体)
butane	$CH_3(CH_2)_2CH_3$	-138	0	(気体)
pentane	$CH_3(CH_2)_3CH_3$	-130	36	0.626
hexane	$CH_3(CH_2)_4CH_3$	-95	69	0.659
heptane	$CH_3(CH_2)_5CH_3$	-90	98	0.684
octane	$CH_3(CH_2)_6CH_3$	-57	126	0.703
nonane	$CH_3(CH_2)_7CH_3$	-51	151	0.718
decane	$CH_3(CH_2)_8CH_3$	-30	174	0.730

[*] H_2O の密度は 4 °C で 1 g/mL である．

スは $C_{27}H_{56}$ の分子式をもつ枝分かれのないアルカンである．高分子量アルカンの混合物であるパラフィンワックスは，ろうそく，潤滑油添加物，そしてホームメイドのびん詰のジャム，ゼリーなどの保存食のシール剤として使われる．石油の精製過程で得られるために命名された Petrolatum は高分子量アルカンの液状混合物である．Petrolatum は鉱油やワセリンとして売られ，医薬品や化粧品の軟膏の他，潤滑剤，錆防止剤として用いられる．

B 分散力とアルカン分子間の相互作用

メタンは室温，大気圧下で気体である．この物質は−164 °C に冷やすと液体になり，さらに−182 °C まで冷やすと固体になる．メタンが液体または固体として存在できるのは（これについてはどんな化合物でも同じなのだが），純粋な化合物の粒子間に引力が存在するためである．粒子間の引力は本質的にすべて静電力であるが，相対的な強度は広範囲に変化する．最も強い引力は，たとえば，イオン間の引力であって，NaCl 中の Na^+ と Cl^- 間の引力である（188 kcal/mol, 787 kJ/mol）．水素結合は少し弱い引力である（2〜10 kcal/mol, 8〜42 kJ/mol）．水素結合については第8章でアルコール（OH をもつ化合物）の物理的性質を論じるときにより詳しく述べる．

分散力は最も弱い分子間力である（0.02〜2 kcal/mol, 0.08〜8 kJ/mol）．メタンのような分子量の小さい非極性化合物を液化できる事実を説明できるのは分散力が存在するためである．例えば，メタンを−164 °C で液体から気体に変えるとき，分子の集まりを一つ一つ引き離し，ばらばらにするのには非常に弱い分散力に打ち勝つだけのエネルギーがあればよい．

これらの力の源をはっきり知るためには，電子密度について，平均的分布でなく，一時的分布を考えねばならない．時間をかけてみれば，メタンの電子密度分布は対称的であり（図3.12 (a)），電荷の分離はない．しかし，ある瞬間では電子密度が分極し（かたより），メタン分子の一部の電子密度が他の部分よりも多くなる確率はゼロではない．この一時的な分極は，一時的な部分正電荷または負電荷を生じ，次にはこの電荷が一時的な部分負電荷および正電荷を隣のメタン分子に生じさせる（図3.12 (b)）．**分散力** dispersion force は，隣り合う原子や分子に生じる一時的な正および負の部分電荷間に起こる弱い静電引力である．

アルカン分子間の相互作用はこの非常に弱い分散力のみからできているため，アルカンの沸点は同じ分子量をもつほとんどの他のタイプの化合物よりも低い．アルカンの原子数や分子量が増えるにつれて，アルカン分子間の分散力の強さが増し，その結果，沸点が上昇する．

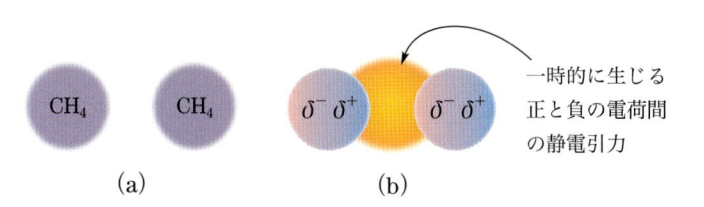

分散力：一時的に生じる双極子の相互作用による非常に弱い分子間引力．

図 3.12
分散力．(a) メタン分子中の電子密度の平均分布は対称的であり，極性はない．(b) 一つの分子の一時的な分極が隣の分子に一時的な分極を生じる．一時的な部分的正電荷と一時的な部分的負電荷との間の静電引力を分散力という．

C 融点と密度

アルカンの融点は分子量の増加と共に上昇する．しかし，分子が規則正しく固体になって並ぶ能力は分子の大きさと形が変わると変化するので，融点の上昇は沸点に見られるほど規則的ではない．

表3.4に示すアルカンの平均密度はおよそ0.7 g/mLである．また，より分子量の大きいアルカンの密度は約0.8 g/mLである．すべての液体または固体のアルカンは水（1.0 g/mL）よりも密度が小さい．したがって，アルカンは水に浮く．

D 構造異性体は異なる物理的性質をもつ

構造異性体の関係にあるアルカンは互いに異なる化合物であり，異なる物理的性質をもっている．表3.5にC_6H_{14}の分子式をもつ5種の構造異性体の沸点，融点および密度を示す．枝分かれした異性体の沸点はヘキサンよりも低く，枝分かれが多いほど沸点は低い．これらの沸点の差は，分子の形と次のような関係がある．アルカン分子間のただ一つの引力は分散力である．枝分かれが増加するにつれて，アルカン分子の形はよりコンパクトになり，表面積が減少する．表面積の減少にともなって分散力が小さくなり，沸点も下がる．すなわち，どのアルカンの構造異性体についても，最も枝分かれの少ない異性体の沸点が一番高く，最も枝分かれの多い異性体の沸点が一番低い．このような傾向は融点ではあまり顕著でないが，既に述べたように，融点は分子が固体の規則的な並び方に詰め込まれるときの起こりやすさと相関している．

表面積が広く，分散力が大きく，沸点は高い

表面積が小さく，分散力が小さく，沸点は低い

Hexane

2,2-Dimethylbutane

表3.5　分子式C_6H_{14}のアルカン異性体の物理的性質

名　称	融点（℃）	沸点（℃）	密度（g/mL）
hexane	−95	69	0.659
3-methylpentane	−6	64	0.664
2-methylpentane	−23	62	0.653
2,3-dimethylbutane	−129	58	0.662
2,2-dimethylbutane	−100	50	0.649

例題 3.11

次の組合せのアルカンを沸点の上昇する順に並べよ．

(a) Butane, decane, hexane
(b) 2-Methylheptane, octane, 2,2,4-trimethylpentane

解　答

(a) すべての化合物は枝分かれのないアルカンである．鎖の炭素数が増すにつれて分子間の分散力が増加し，沸点が上昇する．デカンが最も高い沸点をもち，ブタンの沸点が最も低い．

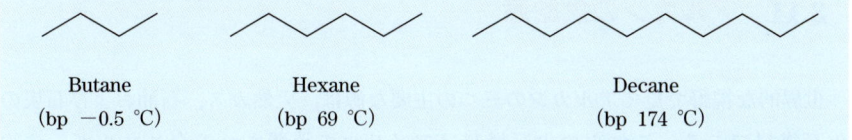

Butane (bp −0.5 ℃)　　Hexane (bp 69 ℃)　　Decane (bp 174 ℃)

(b) これらの3個のアルカンは C_8H_{18} の分子式をもつ構造異性体であり，沸点の違いは枝分かれの程度によって決まる．最も枝分かれの多い異性体である2,2,4-トリメチルペンタンが最も小さい表面積をもっており，沸点は最低である．枝分かれのない異性体であるオクタンは最も大きな表面積をもち，沸点が最高となる．

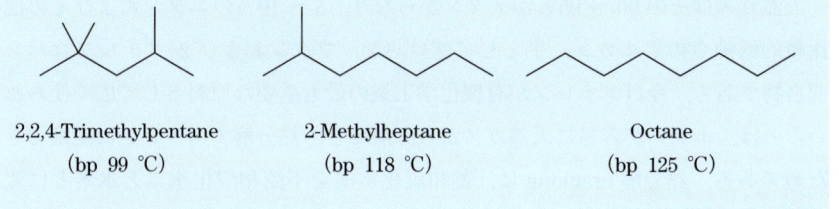

2,2,4-Trimethylpentane (bp 99 ℃)　　2-Methylheptane (bp 118 ℃)　　Octane (bp 125 ℃)

練習問題 3.11

次の組合せのアルカンを沸点の上昇する順に並べよ．

(a) 2-Methylbutane, 2,2-dimethylpropane, pentane
(b) 3,3-Dimethylheptane, 2,2,4-trimethyhexane, nonane

3.10　アルカンの反応

　アルカンおよびシクロアルカンの最も重要な化学的性質はその不活性さである．ほとんどの試薬に対して非常に反応性が低く，非極性化合物であって強いσ結合のみからできているという事実とよく一致している．しかし，ある種の条件下では，アルカンやシクロアルカンは酸素と反応する．最も重要な酸素との反応は，二酸化炭素と水とを生じる酸化（燃焼）である．飽和炭化水素の酸化は，熱（天然ガス，

液化石油ガス (LPG), および燃料油) や動力 (ガソリン, ディーゼル燃料, および航空燃料) を得るためのエネルギー源としてアルカンを使用する根拠になっている. 次に天然ガスの主成分であるメタンおよび LPG の主成分であるプロパンの完全燃焼の反応式を示す.

$$CH_4 + 2O_2 \longrightarrow CO_2 + 2H_2O \quad \Delta H° = -212 \text{ kcal/mol } (-886 \text{ kJ/mol})$$
Methane

$$CH_3CH_2CH_3 + 5O_2 \longrightarrow 3CO_2 + 4H_2O \quad \Delta H° = -530 \text{ kcal/mol } (-2,220 \text{ kJ/mol})$$
Propane

3.11 アルカンの供給源

世界的な視野で見てアルカンの三つの主要な源は, 天然ガス, 石油および石炭の化石燃料である. これらの化石燃料はアメリカで消費される全エネルギーの約90%をまかなっている. 原子力発電や水力発電が残り 10%のほとんどを補う. さらに, これらの化石燃料は, 世界中で消費される有機化学物質の原料の大部分を供給している.

A 天然ガス

天然ガスはその 90〜95%がメタンからなり, 5〜10%のエタンおよびその他の比較的低沸点のアルカン, 主としてプロパン, ブタンおよび 2-メチルプロパンの混合物である. 今日エチレンが有機化学工業の最も重要な原料として広く使われているのは, エタンが容易に天然ガスから分離でき, 熱分解でエチレンに変換できるためである. 熱分解 cracking は, 飽和炭化水素を不飽和炭化水素と水素とに変換する方法である. エタンは, 800〜900 ℃ の炉で数分の一秒間加熱して分解される. 1997 年のアメリカにおけるエチレン生産量はおよそ 2,300 万トンであり, 質量基準でアメリカ化学工業によって最も大量に製造される有機化合物である. 生産されたエチレンの大部分は第 17 章で述べるように有機ポリマーを製造するのに使われる.

$$CH_3CH_3 \xrightarrow[\text{(熱分解)}]{800 \sim 900 \text{ ℃}} CH_2=CH_2 + H_2$$
Ethane Ethylene

B 石 油

石油は, 太古の海洋性動植物の分解で生じた文字どおり数千の化合物を含む濃く粘稠な混合物であり, その大部分は炭化水素である. 石油や, 石油から誘導される製品は, 自動車, 航空機および列車の燃料として使われる. また, 高度に工業化された社会の各種機械に必要とされる潤滑油やグリースも供給する. さらに石油は, 天然ガスとともに, 合成繊維, プラスチック, 洗剤, 医薬品, 染料, その他多数の

石油精油所
(*K. Straiton/Photo Researchers, Inc.*)

製品の合成・製造に用いられる有機原料の90%近くをまかなっている．

この混合液体中の数千にのぼる多種の炭化水素から，廃棄物を最小限に抑えて有用な製品を製造するのが石油精製産業の役割である．この目的を達成するために種々の物理的および化学的方法がとられるが，それらは二つに大別される．複雑な混合物を種々の留分に分ける分離操作と炭化水素成分の分子構造を変える改質操作である．

石油精製の基本分離操作は分別蒸留である（図3.13）．実際，精油所に入ってくるすべての原油は蒸留装置に送られ，そこで370～425℃まで加熱されて各留分に分けられる．それぞれの留分は，ある一定の温度範囲で沸騰する炭化水素の混合物である．

1. 20℃以下で沸騰するガスは蒸留塔の塔頂から得られる．この留分は主としてプロパン，ブタンおよび2-メチルプロパンからなり，室温で加圧すると液化する低分子量炭化水素の混合物である．液化石油ガス（LPG）の名称で知られるこの液化混合物は，金属ボンベに入れて蓄えたり輸送でき，便利な家庭用熱源として暖房や料理用に使われる．

2. ナフサ，沸点20～200℃，はC_5～C_{12}のアルカンおよびシクロアルカンの混合物である．また，ナフサには少量のベンゼン，トルエン，キシレン，その他の芳香族炭化水素（第9章）も含まれる．沸点20～150℃の軽ナフサ留分は直留ガソリンの原料であり，原油のほぼ25%を占める．ナフサは燃料としてのみでなく有機化学工業原料としても有用であり，ある意味では最も価値のある留分といえる．

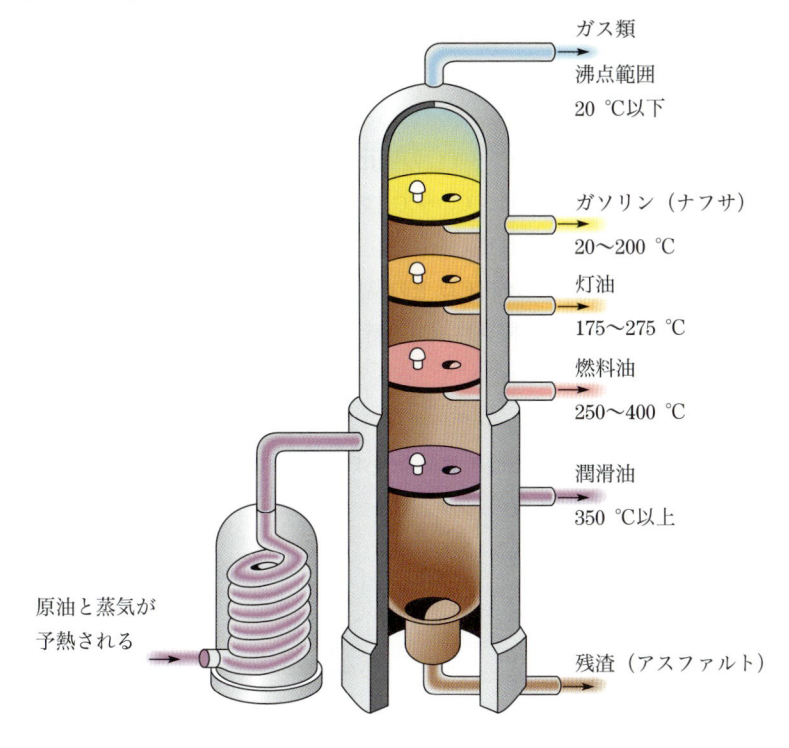

図3.13
石油の分別蒸留．軽く，より揮発性の留分は，塔の高い位置から取り出され，重く揮発しにくい留分は低い位置から取り出される．

Chemical Connections 3B

オクタン価：給油所で見る数字は何を意味するのか

ガソリンは C_6 ～ C_{12} の炭化水素の複雑な混合物である．内燃エンジンの燃料としてのガソリンの品質は，オクタン価 octane rating で示される．エンジンのノッキングは，空気と燃料との混合物の一部が異常爆発を起こしたり（ふつう，圧縮中に生じる熱によって起こる），スパークプラグとは無関係に着火する時に起こる．基準燃料として2種の化合物が選ばれた．その一つは 2,2,4-トリメチルペンタン（"イソオクタン"）で，大変優れたアンチノック性（燃料と空気との混合物が燃焼室内でスムースに燃焼する性質）を示す．この物質のオクタン価が 100 と決められた．（ここで使われた"イソオクタン"という名称は通俗名であり，炭素原子を8個もつこと示す）．もう一つの基準物質はヘプタンである．この物質はアンチノック性が劣っており，オクタン価0と決められた．

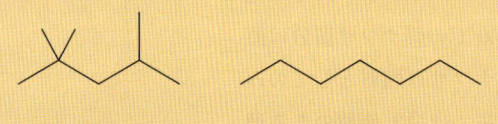

あるガソリンのオクタン価は，そのガソリンと同等のノック性を示すイソオクタン-ヘプタン混合物中のイソオクタンのパーセントで示される．例えば 2-メチルヘキサンのアンチノック性は，42%イソオクタンと 58%ヘプタンの混合物と同じである．したがって，2-メチルヘキサンのオクタン価は 42 と決められる．オクタン自体のオクタン価は-20であり，ヘプタンよりもさらにノッキングを起こしやすい．ガソホール gasohol への添加物であるエタノールは 105 のオクタン価をもっている．ベンゼンとトルエンは，それぞれ 106 と 120 のオクタン価をもつ．

2,2,4-Trimethylpentane
（オクタン価 100）

Heptane
（オクタン価 0）

普通のガソリンの代表的なオクタン価
（Charles D. Winters）

3. 灯油，沸点 175 ～ 275 ℃は C_9 ～ C_{15} の炭化水素の混合物である．
4. 沸点 250 ～ 400 ℃の燃料油は，C_{15} ～ C_{18} の炭化水素の混合物である．この留分からディーゼル燃料が得られる．
5. 潤滑油および重燃料油は，350 ℃以上の温度で留出する．
6. アスファルトは，上に示す揮発性成分を除いた後の黒いタール状残渣である．

最も一般的な石油改質法は，エタンからエチレンへの熱による変換（3.11A 節）の例で示したような熱分解と，ヘキサンからまずシクロヘキサンへ，続いてベンゼンへの変換で示される接触改質の二つである．

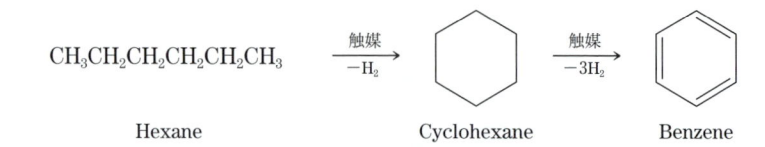

$$CH_3CH_2CH_2CH_2CH_2CH_3 \xrightarrow[-H_2]{触媒} \text{Cyclohexane} \xrightarrow[-3H_2]{触媒} \text{Benzene}$$

Hexane　　　　　Cyclohexane　　　Benzene

C 石　炭

　有機化合物の製造原料として石炭がどのように使われているかを理解するには，合成ガスについて学ばなければならない．**合成ガス** synthesis gas は，一酸化炭素と水素との混合物であり，その割合は製造法によって異なる．合成ガスは石炭上に水蒸気を通じて製造される．またメタンの部分酸化によっても作られる．

$$\underset{\text{石炭}}{C} + H_2O \xrightarrow{\text{熱}} CO + H_2$$

$$\underset{\text{Methane}}{CH_4} + \frac{1}{2}O_2 \xrightarrow{\text{触媒}} CO + 2H_2$$

　今日ほとんど一酸化炭素と水素のみから製造されている重要な有機化合物が二つある．メタノールと酢酸である．メタノールの製造は，一酸化炭素と水素との比率を1：2に調整し，この混合気体を高温高圧で触媒上に通じて行われる．

$$CO + 2H_2 \xrightarrow{\text{触媒}} \underset{\text{Methanol}}{CH_3OH}$$

　ついでメタノールと一酸化炭素との混合物を別の触媒上に通じると酢酸が得られる．

$$\underset{\text{Methanol}}{CH_3OH} + CO \xrightarrow{\text{触媒}} \underset{\text{Acetic acid}}{CH_3\overset{\overset{O}{\|}}{C}OH}$$

　一酸化炭素から直接メタノールや酢酸を作る方法は工業的に解決されているので，次の時代には石炭からメタノールを経由して，その他の有機化合物を合成するルートが開発されるであろう．

まとめ

　炭化水素は炭素と水素のみを含む化合物である．**飽和炭化水素**は単結合だけを含む．アルカンは C_nH_{2n+2} の一般式をもつ．**構造異性体**（3.3節）は同一の分子式をもつが原子の結合する順序が異なる．アルカンは，**国際純正・応用化学連合（IUPAC）**の定めた規則に従って命名される（3.4A節）．炭素原子は，それに結合している炭素数に応じて**第一級，第二級，第三級，第四級**に分類される（3.4C節）．また水素は，結合している炭素の種類によって第一級，第二級，第三級に分類される．

　環を作っているアルカンを**シクロアルカン**という（3.5節）．シクロアルカンの命名には，鎖状炭化水素の名称の前に"cyclo-シクロ"をつける．五員環（シクロペンタン）および六員環（シクロヘキサン）は特に生物界に豊富にある．

　IUPAC規則は命名法の一般則である（3.6節）．化合物のIUPAC名は3部分からなる：(1) 母体鎖中の炭素数を示す**接頭語**，(2) 母体鎖中の炭素-炭素結合の性質

を示す**挿入語**，(3) 化合物の属する種類を示す**接尾語**である．アルカンから水素原子1個を取り除いた置換基は **alkyl**（アルキル）**基**とよばれ **R** の記号で示す．アルキル基名は，母体 alkane から -ane の語尾を取り除き，-yl をつけて作る．

立体配座は，単結合の回転によって生じる種々の三次元原子配列をさす（3.7節）．立体配座を示す一つの表記法は **Newman 投影式**である．ねじれ配座は重なり配座よりもエネルギーが低い（より安定である）．

分子ひずみ（3.7節）には次の三つのタイプがある．
(1) **ねじれひずみ**（重なり相互作用によるひずみ）は，3結合だけ離れた原子がねじれ配座から重なり配座へ変えられるときに生じる．
(2) **角度ひずみ**は，結合角が最適値から異常に広げられるかまたは圧縮されるときに生じる．
(3) **立体ひずみ**（非結合性相互作用によるひずみ）は，4結合分以上離れている互いに結合していない原子が，異常に近づけられるときに生じる．いいかえると，それらの原子が原子半径が許す距離以上に接近させられるときに生じる．

シクロペンタン，シクロヘキサン，およびより大きなシクロアルカンは，すべていくつかの非平面配座間の動的平衡で存在する．シクロペンタンの最もエネルギーの低い立体配座は封筒形配座である．シクロヘキサンの最もエネルギーの低い立体配座は，相互変換する二つの**いす形配座**(3.7B節)である．いす形配座では，6個の結合は**アキシアル**位にあり，残りの6個は**エクア**トリアル位にある．一つのいす形でアキシアル位にある結合は，もう一つのいす形ではエクアトリアル位になる．**舟形配座**はいす形配座よりもエネルギーが高い．置換シクロヘキサンでは，**1,3-ジアキシアル相互作用**を最小にするいす形配座が，より安定な配座である．

シス-トランス異性体（3.8節）は，同一の分子式をもち，原子の結合する順序も同じであるが，結合の回転による相互変換ができない空間原子配列をもっている．**シス**は置換基が環の同じ側にあることを示し，**トランス**は置換基が環の異なる側にあることを示す．2個以上の環炭素に置換基をもつほとんどのシクロアルカンは，シス-トランス異性を示す．

アルカンは非極性物質であり，分子間に作用するただ一つの引力は**分散力**である（3.9節）．この力は，原子や分子中の一時的な正と負の部分電荷間にはたらく弱い静電的相互作用である．メタン，エタンおよびプロパンのような低分子量アルカンは，室温，大気圧下で気体である．ガソリンや灯油の成分のような，より分子量の大きいアルカンは液体である．パラフィンワックスに含まれるような非常に高分子量のアルカンは固体である．アルカンの構造異性体の中では，枝分かれの最も少ない異性体は一般に最高の沸点をもち，枝分かれが最も多い異性体は最低の沸点をもつ．

天然ガス（3.11A節）は，90～95％のメタンと少量のエタンおよび他の低分子量炭化水素とからなる．**石油**（3.11B節）は，文字どおり数千の異なる炭化水素の液状混合物である．**合成ガス**は一酸化炭素と水素との混合物で，天然ガスや石炭から得られる（3.11C節）．

| **重要な反応**

1. アルカンの酸化（3.10節）
アルカンの二酸化炭素と水への酸化は，熱や動力のエネルギー源としてアルカンを利用する根拠になっている．

$$CH_3CH_2CH_3 + 5O_2 \longrightarrow 3CO_2 + 4H_2O + エネルギー$$

第3章 アルカンとシクロアルカン

補充問題

アルカンの構造

3.12 次の簡略化した構造式で示すアルカンを線角構造式で書け．

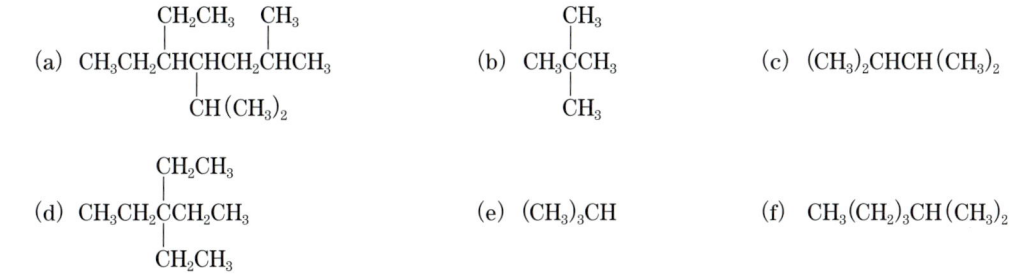

(a) CH$_3$CH$_2$CH(CH$_2$CH$_3$)CH(CH$_3$)CH$_2$CH$_3$ with CH(CH$_3$)$_2$ branch

(b) CH$_3$C(CH$_3$)(CH$_3$)CH$_3$

(c) (CH$_3$)$_2$CHCH(CH$_3$)$_2$

(d) CH$_3$CH$_2$C(CH$_2$CH$_3$)(CH$_2$CH$_3$)CH$_2$CH$_3$

(e) (CH$_3$)$_3$CH

(f) CH$_3$(CH$_2$)$_3$CH(CH$_3$)$_2$

3.13 次のアルカンの簡略化した構造式と分子式を書け．

(a) (b) (c)

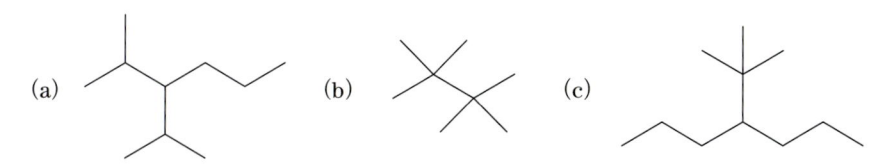

3.14 次の簡略化した分子構造について，かっこと下つき文字を用いてより簡略化した構造式を書け．

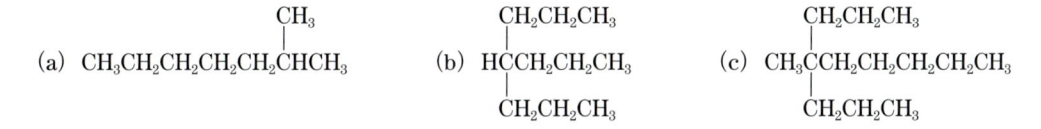

(a) CH$_3$CH$_2$CH$_2$CH$_2$CH$_2$CH(CH$_3$)CH$_3$

(b) HCCH$_2$CH$_2$CH$_3$ with CH$_2$CH$_2$CH$_3$ and CH$_2$CH$_2$CH$_3$ branches

(c) CH$_3$C(CH$_2$CH$_3$)(CH$_2$CH$_3$)CH$_2$CH$_2$CH$_2$CH$_2$CH$_3$

構造異性

3.15 構造異性体に関する次の記述のうちどれが正しいか．
 (a) 同じ分子式をもつ．
 (b) 同じ分子量をもつ．
 (c) 原子の結合順序が同じである．
 (d) 同じ物理的性質をもつ．

3.16 次に示す化合物群はアルコールである．いいかえると，それぞれ—OH (ヒドロキシ基, 1.8A節) をもっている．どの構造式が (1) 同一の化合物，(2) 構造異性体で異なる化合物，(3) 構造異性体ではないが異なる化合物か．

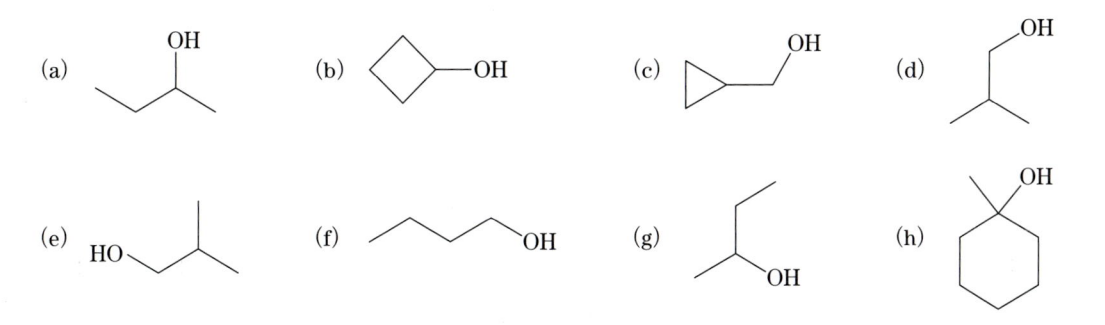

(a) (b) (c) (d)

(e) (f) (g) (h)

3.17 次に示す化合物群はアミンである．いいかえると，それぞれ 1 個，2 個，または 3 個の炭素基と結合した窒素をもっている（1.8B 節）．どの構造式が (1) 同一の化合物，(2) 構造異性体で異なる化合物，(3) 構造異性体ではないが異なる化合物か．

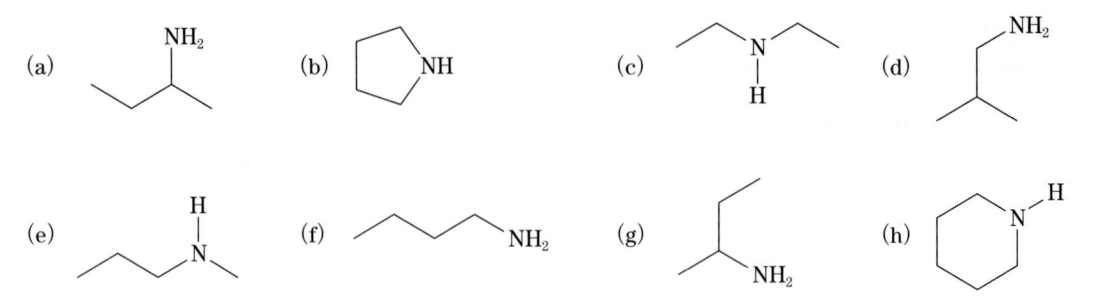

3.18 次に示す化合物群はアルデヒドかケトンである（1.8C 節）．どの構造式が (1) 同一の化合物，(2) 構造異性体で異なる化合物，(3) 構造異性体ではないが異なる化合物か．

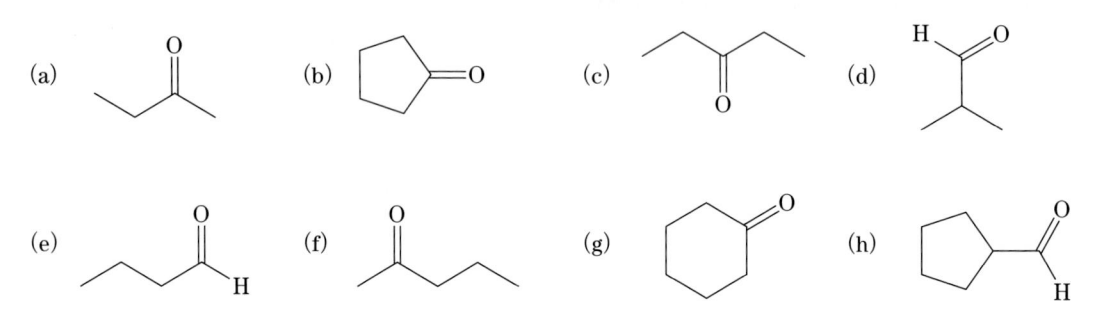

3.19 次の組合せの化合物について，示した構造式が (1)～(3) のいずれかを答えよ．
(1) 同一化合物
(2) 構造異性体で異なる化合物
(3) 構造異性体ではないが異なる化合物

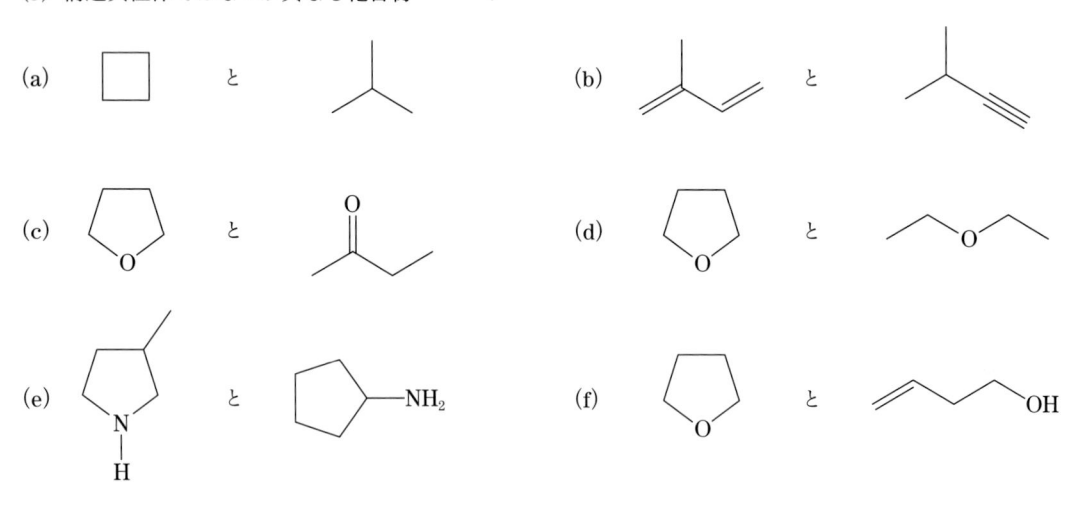

3.20 分子式 C_7H_{16} の 9 個の構造異性体を線角構造式で示し，命名せよ．

3.21 次の組合せの化合物が構造異性体であるか否かを答えよ．

(a) CH₃CH₂OH と CH₃OCH₃ (b) CH₃CCH₃ と CH₃CH₂CH
                                    ‖   ‖
                                    O   O

(c) CH₃COCH₃ と CH₃CH₂COH (d) CH₃CHCH₂CH₃ と CH₃CCH₂CH₃
    ‖   ‖ | ‖
    O   O   OH   O

(e) ⬠ と CH₃CH₂CH₂CH₂CH₃ (f) ⬠ と CH₂=CHCH₂CH₂CH₃

3.22 次の記述にあう化合物を線角構造式で示せ．
　(a) 分子式 $C_4H_{10}O$ のアルコール 4 種
　(b) 分子式 C_4H_8O のアルデヒド 2 種
　(c) 分子式 C_4H_8O のケトン 1 種
　(d) 分子式 $C_5H_{10}O$ のケトン 3 種
　(e) 分子式 $C_5H_{10}O_2$ のカルボン酸 4 種

アルカンとシクロアルカンの命名

3.23 次のアルカンとシクロアルカンの IUPAC 名を書け．

(a) CH₃CHCH₂CH₂CH₃　　(b) CH₃CHCH₂CH₂CHCH₃　　(c) CH₃(CH₂)₄CHCH₂CH₃
    | | | |
    CH₃   CH₃   CH₃   CH₂CH₃

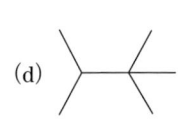

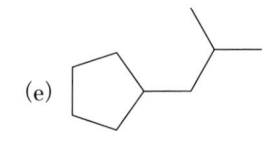

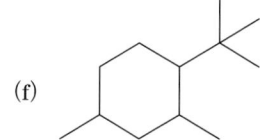

(d)　　　(e)　　　(f)

3.24 次のアルカンの線角構造式を書け．
　(a) 2,2,4-Trimethylhexane　　(b) 2,2-Dimethylpropane
　(c) 3-Ethyl-2,4,5-trimethyloctane　　(d) 5-Butyl-2,2-dimethylnonane
　(e) 4-Isopropyloctane　　(f) 3,3-Dimethylpentane
　(g) *trans*-1,3-Dimethylcyclopentane　　(h) *cis*-1,2-Diethylcyclobutane

3.25 次の IUPAC 名のどこが間違っているか指摘し，正しい IUPAC 名を書け．
　(a) 1,3-Dimethylbutane　　(b) 4-Methylpentane
　(c) 2,2-Diethylbutane　　(d) 2-Ethyl-3-methylpentane
　(e) 2-Propylpentane　　(f) 2,2-Diethylheptane
　(g) 2,2-Dimethylcyclopropane　　(h) 1-Ethyl-5-methylcyclohexane

3.26 次の化合物の構造式を書け．
　(a) Ethanol　　(b) Ethanal　　(c) Ethanoic acid
　(d) Butanone　　(e) Butanal　　(f) Butanoic acid
　(g) Propanal　　(h) Cyclopropanol　　(i) Cyclopentanol
　(j) Cyclopentene　　(k) Cyclopentanone

3.27 次の化合物の IUPAC 名を書け．

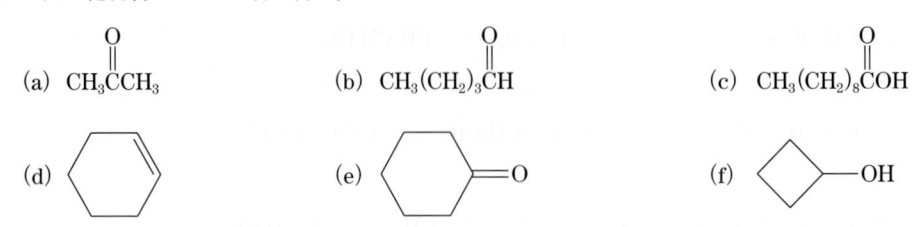

(a) CH₃CCH₃ (O)   (b) CH₃(CH₂)₃CH (O)   (c) CH₃(CH₂)₈COOH

(d) シクロヘキセン   (e) シクロヘキサノン   (f) シクロブチル-OH

アルカンとシクロアルカンの立体配座

3.28 2-メチルプロパンには異なるねじれ配座がいくつあるか．また重なり配座はいくつあるか．

3.29 ブタンの炭素 2 と 3 の間の結合に沿って見ると，2 個の異なるねじれ配座と，2 個の異なる重なり配座が存在する．それぞれの Newman 投影式を書き，最も安定な配座から不安定な立体配座へと順に並べよ．

3.30 次に示す Newman 投影式が，各分子の最も安定な立体配座でない理由を説明せよ．

3.31 次の構造式が 3-ヘキセンの異なる立体配座でない理由を説明せよ．

3.32 次の立体配座のどちらがより安定か（ヒント：分子模型を用いて構造を比較せよ）．

3.33 次の組合せの構造式が同一分子のものか構造異性体かを判定せよ．もし同一分子なら，立体配座が同じか異なるかを示せ．

シクロアルカンのシス-トランス異性

3.34 シクロアルカンのどのような構造の特徴がシス-トランス異性を可能にしているか.

3.35 アルカンでシス-トランス異性は可能か.

3.36 1,2-ジメチルシクロプロパンのシスおよびトランス異性体の構造式と名称を書け.

3.37 C_5H_{10} の分子式をもつすべてのシクロアルカンの構造式を書き,命名せよ.構造異性体とシス-トランス異性体が含まれることを確かめよ.

3.38 シクロペンタン環の平面正五角形表示法を使って,次の物質のシスおよびトランス異性体の構造式を書け.

(a) 1,2-Dimethylcyclopentane   (b) 1,3-Dimethylcyclopentane

3.39 1,2-ジメチルシクロヘキサン,1,3-ジメチルシクロヘキサン,および1,4-ジメチルシクロヘキサンのシスおよびトランス異性体の二つのいす形配座を書き,次の問に答えよ.

(a) 各メチル基がアキシアルかエクアトリアルかを表示せよ.
(b) どの異性体で二つのいす形配座が等しい安定性をもつか.
(c) どの異性体で一つのいす形配座が他のいす形配座より安定になるか.

3.40 問題 3.39 の解答を使って,シクロヘキサンの二置換体についてシス,トランスおよびアキシアル (a),エクアトリアル (e) 間の関係を示す下の表を完成せよ.

置換の位置	シス	トランス
1,4-	a,e または e,a	e,e または a,a
1,3-	__ または __	__ または __
1,2-	__ または __	__ または __

3.41 2-イソプロピル-5-メチルシクロヘキサノールには4個のシス-トランス異性体がある.

(a) シクロヘキサン環の平面正六角形表示法を用いて,4個のシス-トランス異性体の構造式を書け.
(b) (a) の解答の構造式について,より安定ないす形配座を書け.
(c) 4個のシス-トランス異性体でもっとも安定なものはどれか.正解できたなら,天然に存在しメントールという名称の異性体を選んだことになる.

2-Isopropyl-5-methylcyclohexanol

3.42 次の置換シクロヘキサンの二つのいす形配座を書き,どちらのいす形配座がより安定か答えよ.

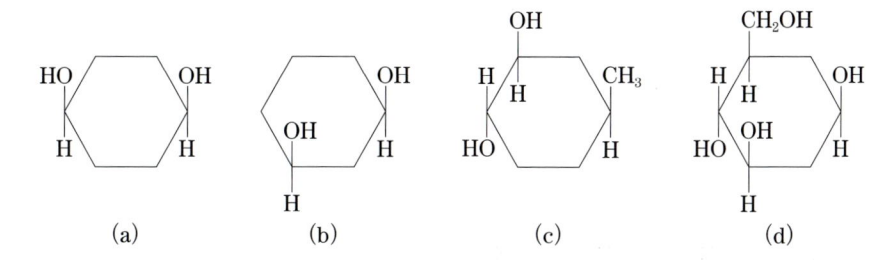

(a)　　　(b)　　　(c)　　　(d)

3.43 アダマンタンでは六員環がどのような立体配座をとっているか．

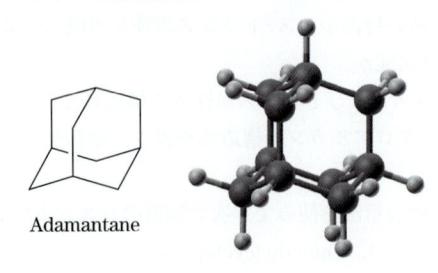

Adamantane

アルカンとシクロアルカンの物理的性質

3.44 問題3.20で書いた分子式 C_7H_{16} のすべての構造異性体の中で，沸点が最も高いものと最も低いものを予想せよ．

3.45 アルカンの密度について，水と比較してどのような一般化が可能か．

3.46 枝分かれのないアルカンで水に最も近い沸点をもつものは何か（表3.4参照）．このアルカンの分子量を計算し，水の分子量と比べよ．

3.47 表3.4から分かるように，アルカンの炭素鎖に CH_2 がふえると沸点が上昇する．CH_4 から C_2H_6 や C_2H_6 から C_3H_8 への増加量は，C_8H_{18} から C_9H_{20} または C_9H_{20} から $C_{10}H_{22}$ への変化より大きい．この傾向の理由は何か．

3.48 ドデカン $C_{12}H_{26}$ は枝分かれのないアルカンである．次の点について予想せよ．
 (a) 水に溶けるか．
 (b) ヘキサンに溶けるか．
 (c) 着火したら燃焼するか．
 (d) この物質は室温，大気圧下で液体，固体，または気体のどれか．
 (e) 水と比較して密度は大きいかまたは小さいか．

3.49 3.9A節で述べたように，りんごの皮に含まれるワックスは $C_{27}H_{56}$ の分子式をもつ枝分かれのないアルカンである．このアルカンの存在がりんごの水分の放散をいかにして防いでいるかを説明せよ．

アルカンの反応

3.50 次の炭化水素の燃焼の化学式を示せ．なお，いずれも完全に二酸化炭素と水に変わると仮定せよ．
 (a) Hexane   (b) Cyclohexane   (c) 2-Methylpentane

3.51 メタンとプロパンの燃焼熱を下に示す．グラム単位あたりで，この炭化水素のどちらが熱エネルギー源としてよりすぐれているか．

炭化水素	含有するもの	$\Delta H°$ [kcal/mol (kJ/mol)]
CH_4	天然ガス	$-212 (-886)$
$CH_3CH_2CH_3$	LPG	$-530 (-2220)$

3.52 エタノールをガソリンに加えてガソホール gasohol を作るとき，エタノールはガソリンがより完全に燃焼するのを助け，オクタン価を上げる（3.11B節）．2,2,4-トリメチルペンタンの燃焼熱（1304 kcal/mol）とエタノールの値（327 kcal/mol）とを比較せよ．kcal/mol および kcal/g 単位で計算して燃焼熱がより大きいのはどちらか．

応用問題

3.53 1,2-ジメチルシクロヘキサンにはシス-トランス異性体が存在するのに，1,2-ジメチルシクロドデカンでは存在しない理由を説明せよ．

3.54 グルコース分子を左端に示す（グルコースの構造と化学は第18章で学ぶ）．
(a) この表示法を平面正六角形表示法に変換せよ．
(b) この表示法をいす形表示法に変換せよ．いす形配座のどの置換基がエクアトリアルにあるか，またアキシアルにあるのはどれか．

Glucose   (a)   (b)

3.55 ヒトの胆汁の一成分で，食品中の脂肪の吸収と消化を助ける機能をもつコール酸の構造式を示す（21.5A節）．

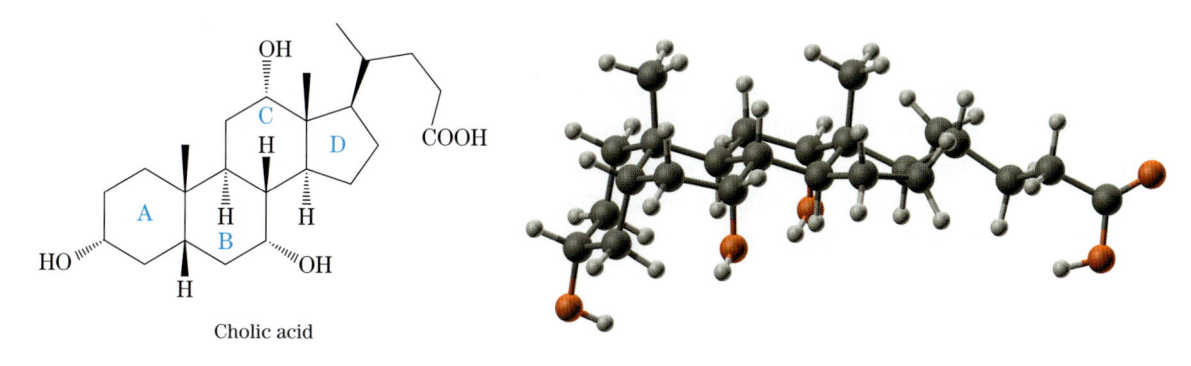

Cholic acid

(a) A, B, C, D 環の立体配座をそれぞれ答えよ．
(b) A, B, C 環にはヒドロキシ基がある．それぞれがアキシアルかエクアトリアルかを答えよ．
(c) A環とB環の結合位にあるメチル基はA環に対してエクアトリアルかアキシアルか．B環に対してはどうか．
(d) C環とD環の結合位にあるメチル基はC環に対してエクアトリアルかアキシアルか．

3.56 コレスタノールの構造式と球棒分子模型を示す．この化合物とコレステロール（21.5A節）との差は，コレステロールがB環に炭素–炭素二重結合をもつことだけである．

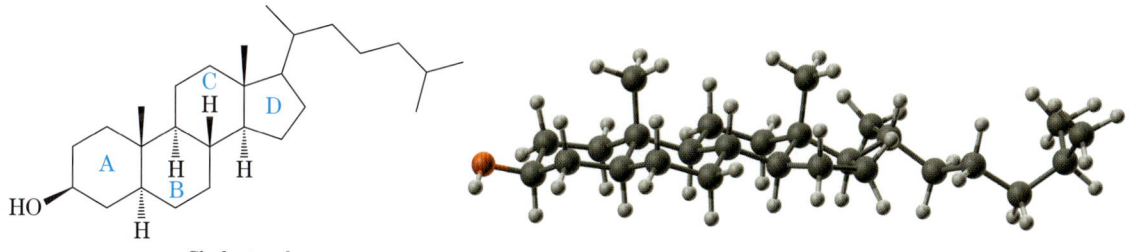

Cholestanol

(a) コレスタノールの，A, B, C, および D 環の立体配座を書け．
(b) A環のヒドロキシ基はアキシアルかエクアトリアルか．
(c) A環とB環との結合位にあるメチル基について考えよう．このメチル基はA環に対してアキシアルかエクアトリアルか．B環に対してはどうか．
(d) C環とD環との結合位にあるメチル基はC環に対してアキシアルかエクアトリアルか．

3.57 3.5節で見てきたように，IUPAC命名法は化合物の名称を接頭語（炭素数を表す），挿入語（炭素-炭素単結合，二重結合，三重結合の存在を示す），および接尾語（アルコール，アミン，アルデヒド，ケトン，またはカルボン酸の存在を示す）に分ける．以下の問題では，アルコールまたはアミンであるためには，ヒドロキシ基またはアミノ基が四面体（sp^3混成）炭素原子に結合していなければならないと仮定する．

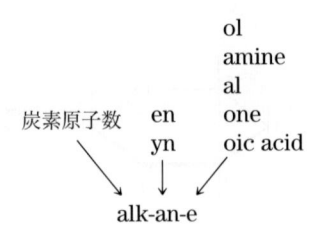

$$\text{炭素原子数} \searrow \begin{matrix} & \text{ol} \\ & \text{amine} \\ & \text{al} \\ \text{en} & \text{one} \\ \text{yn} & \text{oic acid} \end{matrix} \swarrow$$
$$\text{alk-an-e}$$

上記の情報に基づいて炭素原子数が4で枝分かれのない次の化合物の構造式を書け．

(a) アルカン alkane   (b) アルケン alkene   (c) アルキン alkyne
(d) アルカノール alkanol   (e) アルケノール alkenol   (f) アルキノール alkynol
(g) アルカンアミン alkanamine   (h) アルケンアミン alkenamine   (i) アルキンアミン alkynamine
(j) アルカナール alkanal   (k) アルケナール alkenal   (l) アルキナール alkynal
(m) アルカノン alkanone   (n) アルケノン alkenone   (o) アルキノン alkynone
(p) アルカン酸 alkanoic acid   (q) アルケン酸 alkenoic acid   (r) アルキン酸 alkynoic acid

(注意：この問題の中にはただ一つの構造式しかないものもあるし，2個以上の構造式が可能なものもある．2個以上が可能な場合，IUPAC命名法がそれらをどのように区別するかについては，これらの官能基に関する章で説明する．)

4 アルケンとアルキン

4.1 はじめに
4.2 構　造
4.3 命名法
4.4 物理的性質
4.5 天然に存在する
　　アルケン：テルペン

カロテンとカロテン様の分子は，自然界でクロロフィルとともに太陽光をエネルギーとして取り込む働きを分担している．秋に緑色のクロロフィルが分解すると，カロテンと関連分子の黄色や赤色が目に見えるようになる．トマトの赤色は，カロテンと近い関係にある分子のリコペンに由来する（これについては問題 4.33 と 4.34 を参照すること）．左図は β - カロテンの分子模型を示す．（*Charles D. Winters*）

4.1　はじめに

　この章ではじめて不飽和炭化水素について学ぶ．炭素に結合している水素の数がアルカンの場合よりも少なければ，その炭化水素は不飽和である．アルケン，アルキンとアレーンの3種類の不飽和炭化水素がある．**アルケン** alkene は二重結合を，**アルキン** alkyne は三重結合を一つあるいはそれ以上もっている．最も単純なアルケンはエテン（エチレン）であり，最も単純なアルキンはエチン（アセチレン）である．**アレーン** arene はもう一つ別の種類の不飽和炭化水素であり，最も単純なものはベンゼンである．

アルケン：炭素−炭素二重結合をもつ不飽和炭化水素．

アルキン：炭素−炭素三重結合をもつ不飽和炭化水素．

アレーン：一つまたは複数のベンゼン環を含む化合物．

Chemical Connections 4A

エチレン：植物の成長調整剤

　エチレンは，自然界にはごく微量しか存在しないと述べた．科学者は，微量でもこの小さな分子が天然の果実成熟剤として作用していることを見つけた．この知識のおかげで，果物生産者はまだ熟さないで傷みにくいうちに摘果することができるようになった．摘果後，出荷に合わせてエチレンガスで処理して熟させることができる．あるいは，果物をエテホンで処理して，徐々にエチレンを発生させて成熟させることもできる．こんど市場で熟したバナナを見たら，これがいつ収穫され，人工的に熟されたのかどうか気になるだろう．

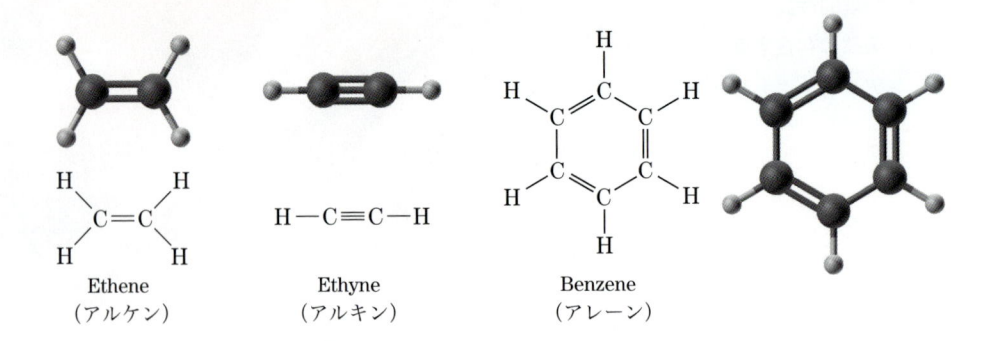

$$\text{Ethephon} \quad \text{Cl}-\text{CH}_2-\text{CH}_2-\overset{\overset{\displaystyle O}{\|}}{\underset{\underset{\displaystyle OH}{|}}{P}}-\text{OH}$$

Ethene（アルケン）　　Ethyne（アルキン）　　Benzene（アレーン）

　ベンゼンとその誘導体の化学はアルケンやアルキンの化学とは非常に異なっている．アレーンの化学は第9章まで出てこないが，ベンゼン環を含む化合物の構造式はもっと前の章でも出てくる．ここで覚えておく必要があるのは，ベンゼン環は化学反応性に乏しく，第4～8章で考えるような反応条件では反応しないということである．

　炭素−炭素二重結合をもつ化合物は，天然にも広く存在する．しかも，エチレンやプロペンのような低分子量アルケンのいくつかは，現代の工業化された社会では産業の面で非常に重要である．エチレンは世界中の有機化学工業においてどんな他の化学物質よりも大量に生産されている．年間生産量はアメリカだけで2,500万トンを超えている．

　エチレンについて意外なことは，天然にはごく微量にしか存在しないことである．化学工業に必要な莫大な量のエチレンが炭化水素の熱分解によって生産されている．大量の天然ガスの貯蔵をもつアメリカなどの地域においては，エチレン生産の主なプロセスは，天然ガスに少量含まれるエタンを熱分解する方法である（3.11A節）．

$$\underset{\text{Ethane}}{\text{CH}_3\text{CH}_3} \xrightarrow[\text{(熱分解)}]{800\sim900\,°\text{C}} \underset{\text{Ethylene}}{\text{CH}_2=\text{CH}_2} + \text{H}_2$$

　ヨーロッパや日本など天然ガスがあまり産出されない地域では，ほとんどすべての

エチレンを石油の熱分解によって生産している．エチレンとそれから製造されるすべての工業製品は，いずれも再生不可能な天然資源である天然ガスか石油から来ているということを忘れてはいけない．

4.2 構　造

A　アルケンのかたち

原子価殻電子対反発（VSEPR）モデル（1.4節）から，二重結合を形成している炭素のまわりの結合角は120°になることが予測できる．エチレンのH–C–C結合角の実測値は121.7°で，推定値に近い．他のアルケンでは120°からのずれはもう少し大きい．例えば，プロペンのC–C–C結合角は124.7°である．

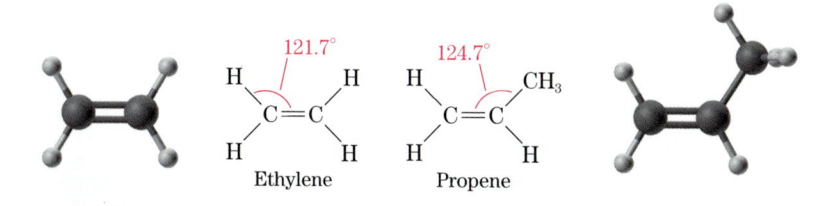

B　炭素–炭素二重結合の軌道モデル

1.7D節で，原子軌道の重なりによって炭素–炭素二重結合が形成されることを説明した．**炭素–炭素二重結合** carbon-carbon double bond は一つのσ結合と一つのπ結合からできている．二重結合を作っているそれぞれの炭素は，三つのsp^2混成軌道を用いて三つの原子とσ結合を形成している．混成していない2p原子軌道が三つのsp^2軌道で作られる平面に垂直に存在し，それらが重なり合って炭素–炭素二重結合のπ結合を形成する．

エチレンのπ結合を切断するには，およそ63 kcal/mol（264 kJ/mol）のエネルギーを要する．π結合の切断とは，隣り合う炭素の2p原子軌道間の重なりがゼロにな

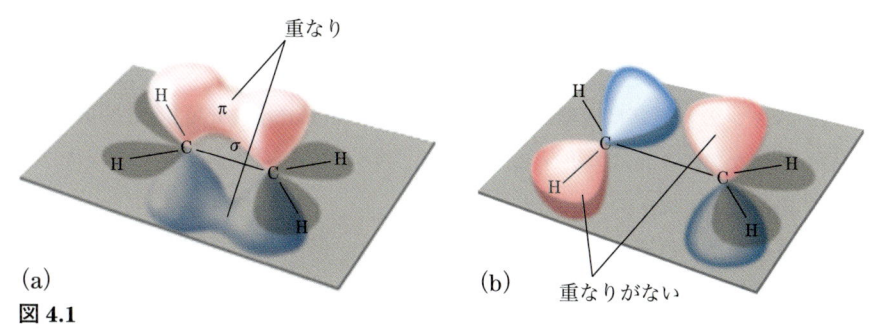

図 4.1
炭素–炭素二重結合のまわりの制限された回転．(a) π結合を示す軌道モデル．(b) π結合は一つのH–C–H面に対してもう一方のH–C–H面を90°回転させることによって切断される．

るまで，すなわち片方の炭素をもう一方の炭素に対して 90°回転させることである（図 4.1）．このエネルギーは室温で得られる熱エネルギーよりもかなり大きいので，炭素–炭素二重結合のまわりの回転には強い制約がある．エチレンのようなアルケンの炭素–炭素二重結合のまわりの回転を，エタン（3.7 A 節）のようなアルカンの炭素–炭素単結合のまわりの回転と比べると，エタンの炭素–炭素単結合のまわりの回転が比較的自由である（回転障壁＝約 3 kcal/mol）のに，エチレンの炭素–炭素二重結合のまわりの回転は制限されている（回転障壁＝約 63 kcal/mol）．

C アルケンのシス-トランス異性

炭素–炭素二重結合のまわりの回転が制限されているために，二重結合を形成しているそれぞれの炭素に結合した二つの置換基が異なる場合には，アルケンは**シス-トランス異性** *cis-trans* isomerism を示す．例えば，2-ブテンを考えると，*cis*-2-ブテンでは二つのメチル基は二重結合の同じ側にあり，*trans*-2-ブテンでは二つのメチル基は二重結合の反対側にある．

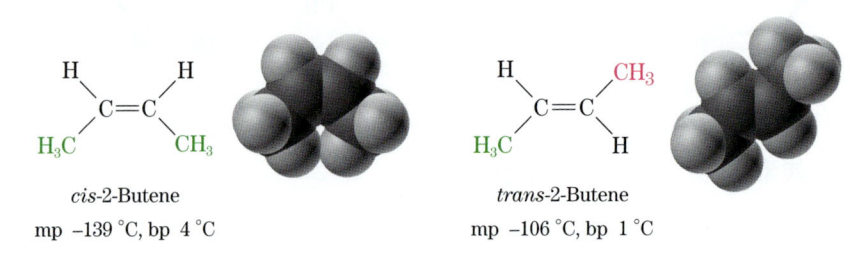

シス-トランス異性：原子の結合順序は同一であるがその空間的な配置が異なる異性体で，環構造（第 3 章）あるいは炭素–炭素二重結合（第 4 章）をもつ場合に見られる（訳注：*cis*- と *trans*- は，イタリック体で化合物名の接頭語として用いる．日本語で独立した用語として使うときにはカタカナで書く）．

cis-2-Butene
mp –139 °C, bp 4 °C

trans-2-Butene
mp –106 °C, bp 1 °C

これらの二つの化合物は，室温では二重結合のまわりの回転が制限されているため，互いに変換されることはない．すなわち，異なる化合物であって，異なる物理的・化学的性質を示す．

アルケンのシス異性体はそのトランス体よりも不安定である．2-ブテンのシスおよびトランス異性体の空間充填分子模型に見られるように，シス体の二重結合の同じ側にあるアルキル置換基の間に非結合性相互作用によるひずみが生じるためである．これと同種の立体ひずみはメチルシクロヘキサンにも見られ，そのためにメチル基がアキシアル位になるよりエクアトリアル位になる方が安定である（3.7 B 節）．

D アルキンのかたち

アルキンの官能基は**炭素–炭素三重結合** carbon-carbon triple bond である．最も単純なアルキンはエチン C_2H_2 であり，すべての結合角が 180°の直線状分子である（図 1.12）．

三重結合は，軌道モデル（1.7 E 節）によると，隣り合う炭素原子の sp 混成軌道の重なりによって形成される σ 結合と，平行な $2p_y$ 軌道の重なりによって形成される π 結合および $2p_z$ 軌道の重なりによって形成される二つ目の π 結合からなる．エチンの炭素–水素結合は水素の 1s 原子軌道と炭素の sp 混成軌道の重なりによって形成されている．

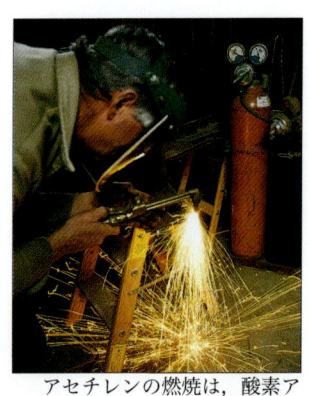

アセチレンの燃焼は，酸素アセチレンバーナーの高温をつくり出すエネルギーを生じる．（*Charles D. Winters*）

4.3 命名法

アルケンとアルキンは IUPAC 命名法に従って命名されるが，現在でも慣用名でよばれるものもある．

A IUPAC 名

アルケンの IUPAC 名は母体 alkane（アルカン）の語尾 -ane（アン）を -ene（エン）に変えることによって命名される（3.6節）．したがって，$CH_2=CH_2$ は ethene（エテン）であり，$CH_3CH=CH_2$ は propene（プロペン）である．これより長いアルケンでは，二重結合の位置の異なる異性体が存在するので，炭素に位置番号をつけて命名する．二重結合を含む最も長い炭素鎖を選び，二重結合の炭素の位置番号ができるだけ小さくなるように番号をつける．二重結合の位置は二重結合の最初の炭素の番号によって示される．枝分かれまたは置換アルケンについてもアルカンと同様に命名する．すなわち，主鎖の炭素原子に番号をつけ，置換基の結合している位置を決めて置換基名を書き，次に二重結合の位置を書いて，主鎖を命名する．

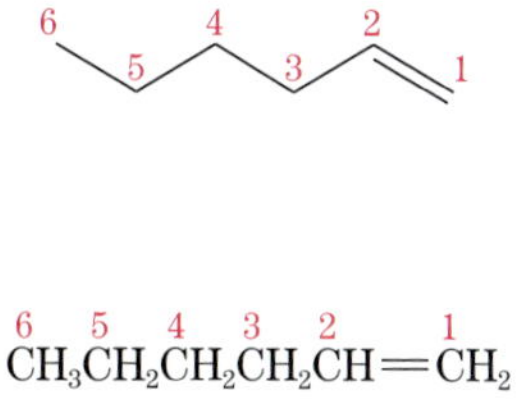

1-Hexene
（1-ヘキセン）

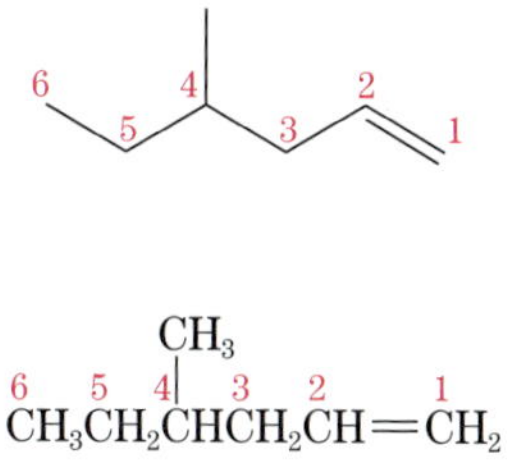

4-Methyl-1-hexene
（4-メチル-1-ヘキセン）

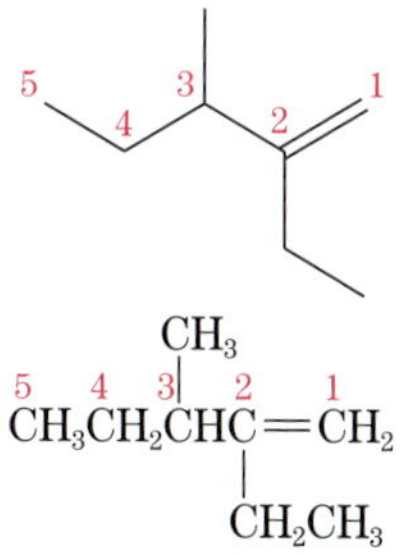

2-Ethyl-3-methyl-1-pentene
（2-エチル-3-メチル-1-ペンテン）

2-エチル-3-メチル-1-ペンテンには炭素原子 6 個を含む鎖があるが，二重結合を含む最も長い鎖は 5 炭素鎖であるから，母体アルカンはペンタンになる．したがって，この分子は二置換の 1-ペンテンとして命名される．

アルキンの IUPAC 名は母体 alkane（アルカン）の語尾 -ane（アン）を -yne（イン）に変えることによって命名される（3.6節）．すなわち，$HC\equiv CH$ は ethyne（エチン）であり，$CH_3C\equiv CH$ は propyne（プロピン）である．IUPAC 命名法では，acetylene（アセチレン）を使うことも許されている．したがって，$HC\equiv CH$ には二つの名称 ethyne と acetylene が可能になる．この二つのうち acetylene の方がよく用いられている．もっと長鎖のアルキンについては，三重結合を含む最も長い炭素鎖に，三重結合の炭素の位置番号ができるだけ小さくなる方の端から番号をつける．三重結合の位置は三重結合の最初の炭素の番号によって示される．

$\overset{4}{C}H_3\overset{3}{C}H\overset{2}{C}\equiv\overset{1}{C}H$
　　|
　　CH_3

3-Methyl-1-butyne
(3-メチル-1-ブチン)

$\overset{4}{C}H_3\overset{3}{C}H\overset{2}{C}\equiv\overset{1}{C}H$ （中央）
$\overset{1}{C}H_3\overset{2}{C}H_2\overset{3}{C}\equiv\overset{4}{C}\overset{5}{C}H_2\overset{6}{C}\overset{7}{C}H_3$
　　　　　　　　　　　|
　　　　　　　　　　CH_3

6,6-Dimethyl-3-heptyne
(6,6-ジメチル-3-ヘプチン)

例題 4.1

次の不飽和炭化水素の IUPAC 名を書け．

(a) $CH_2=CH(CH_2)_5CH_3$

(b) 構造式：H_3C, CH_3 が $C=C$ の左側，H_3C, H が右側

(c) $CH_3(CH_2)_2C\equiv CCH_3$

解　答

(a) 1-Octene（1-オクテン）　(b) 2-Methyl-2-butene（2-メチル-2-ブテン）

(c) 2-Hexyne（2-ヘキシン）

練習問題 4.1

次の不飽和炭化水素の IUPAC 名を書け．

(a)　(b)　(c)

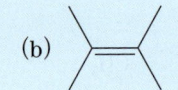

B 慣用名

IUPAC 命名法は厳密であり世界的に受け入れられているが，アルケンによっては慣用名の方がよく用いられるものもある．とくに低分子量のアルケンについて，次に示すような慣用名が用いられる．

	$CH_2=CH_2$	$CH_3CH=CH_2$	$CH_3\underset{|}{\overset{CH_3}{C}}=CH_2$
IUPAC 名：	Ethene	Propene	2-Methylpropene
慣用名：	Ethylene	Propylene	Isobutylene

C アルケンの立体配置を表示する方法

シス–トランス命名法

アルケンの立体配置を特定するための最も一般的な方法は *cis* あるいは *trans* という接頭語を用いる方法である．この方法では，アルケンの主鎖の原子の配置によってシスかトランスかを決める．次の例は 4-メチル-2-ペンテンのシス異性体の構造式である．この例では，主鎖の炭素原子（炭素 1 と炭素 4）が二重結合の同じ側に

あるからシスである．

cis-4-Methyl-2-pentene

例題 4.2

次のアルケンを命名し，シス-トランス命名法によって二重結合の立体配置を示せ．

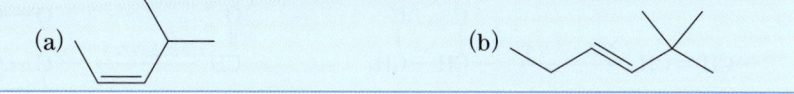

(a)　(b)

解　答

(a) 主鎖は7個の炭素原子を含んでおり，二重結合の最初の炭素がより小さな番号になるように端から番号をつける．主鎖の炭素原子は二重結合の反対側にある．したがって，*trans*-3-heptene（*trans*-3-ヘプテン）である．

(b) 最も長い炭素鎖は7個の炭素原子からなり，二重結合の最初の炭素が3となるように，右端から番号をつける．主鎖の炭素原子は二重結合の同じ側にあるので，*cis*-6-methyl-3-heptene（*cis*-6-メチル-3-ヘプテン）である．

練習問題 4.2

次のアルケンを命名し，シス-トランス命名法によって二重結合の立体配置を示せ．

(a)　(b)

E, *Z* 命名法

三置換あるいは四置換アルケンには ***E*, *Z* 命名法**を用いる必要がある．この命名法では，二重結合炭素のそれぞれに結合している置換基の優先順位を，順位則を用いて決める．優先順位の高い方の置換基が，二重結合の同じ側にあるときにその立体配置を *Z*（ドイツ語の *zusammen*，一緒に）と表示し，優先順位の高い置換基が互いに二重結合の反対側にあるときには *E*（ドイツ語の *entgegen*，反対に）と表示する．

Z(zusammen)　　　*E*(entgegen)

***E*, *Z* 命名法**：炭素−炭素二重結合に結合した置換基の立体配置を表示するための命名法（*E* と *Z* はいずれもイタリック体で書き，化合物名の接頭語となるときにはかっこに入れる）．

Z：二重結合炭素に結合した優先順位のより高い置換基が同じ側にあるならば，立体配置は *Z* で表される．

E：二重結合炭素に結合した優先順位のより高い置換基が反対側にあるならば，立体配置は *E* で表される．

二重結合の E,Z 立体配置を決めるには，まずそれぞれの炭素に結合している二つの置換基の優先順位を決めることから始める．

順位則

1. 優先順位は原子番号によって決められ，原子番号が大きいほど優先順位は高い．次にいくつかの置換基を優先順位が高くなる順に並べて示す（優先順位を決めている原子の原子番号をかっこ内に示している）．

$$\underset{(1)}{-H}, \underset{(6)}{-CH_3}, \underset{(7)}{-NH_2}, \underset{(8)}{-OH}, \underset{(16)}{-SH}, \underset{(17)}{-Cl}, \underset{(35)}{-Br}, \underset{(53)}{-I}$$

優先順位の増大 →

2. 二重結合に直接結合している原子で優先順位を決定できない場合には，2 番目の原子どうしを比べる．それでも優先順位が決定できなければ，3 番目，4 番目と決定できるまで続ける．次にいくつかの置換基を優先順位が高くなる順に並べて示す（ここでも，優先順位を決めている原子の原子番号をかっこ内に示している）．

$$\underset{(1)}{-CH_2-H} \quad \underset{(6)}{-CH_2-CH_3} \quad \underset{(7)}{-CH_2-NH_2} \quad \underset{(8)}{-CH_2-OH} \quad \underset{(17)}{-CH_2-Cl}$$

優先順位の増大 →

3. sp^3 混成でない炭素を比べるためには，炭素が四置換になるように操作する必要がある．すなわち，原子が二重結合あるいは三重結合を形成している場合には，相手原子が単結合で 2 個あるいは 3 個結合していると考える．すなわち，二重結合の場合，相手原子を二重に考慮するのである．したがって次のようになる．

$$-CH=CH_2 \xrightarrow{\text{等価とみなす}} \underset{\underset{C}{|}}{-CH}-\underset{\underset{C}{|}}{CH_2} \qquad -\overset{O}{\underset{\|}{CH}} \xrightarrow{\text{等価とみなす}} -\underset{\underset{H}{|}}{\overset{O-C}{C}}-O$$

例題 4.3

次の組合せにおける置換基の優先順位を決定せよ．

(a) $-\overset{O}{\underset{\|}{C}}OH$ と $-\overset{O}{\underset{\|}{C}}H$ 　　(b) $-CH_2NH_2$ と $-\overset{O}{\underset{\|}{C}}OH$

解 答

(a) 最初の違いは，ホルミル基の —H に対してカルボキシ基の —OH の O である．したがって，カルボキシ基の方が優先順位が高い．

第4章 アルケンとアルキン

$$-\overset{\overset{\displaystyle O}{\|}}{C}-O-H$$
カルボキシ基
（優先順位が高い）

$$-\overset{\overset{\displaystyle O}{\|}}{C}-H$$
ホルミル基
（優先順位が低い）

(b) 酸素の方が窒素より優先順位が高い（原子番号が大きい）．したがって，カルボキシ基の方が第一級アミノ基よりも優先順位が高い．

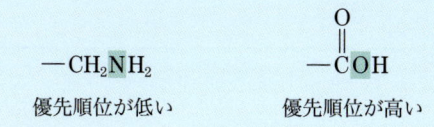

$$-CH_2NH_2$$
優先順位が低い

$$-\overset{\overset{\displaystyle O}{\|}}{C}OH$$
優先順位が高い

例題 4.4

次のアルケンを命名し，E, Z 命名法により立体配置を表示せよ．

(a) 構造式

(b) 構造式

解 答

(a) 炭素2と炭素3に結合した優先順位の高い方の置換基は，それぞれメチルとイソプロピルである．より高い優先順位にある置換基が炭素–炭素二重結合の同じ側にあるので，このアルケンは Z 配置である．したがって，(Z)-3,4-dimethyl-2-pentene（(Z)-3,4-ジメチル-2-ペンテン）と命名される．

(b) 炭素2と3に結合した優先順位の高い方の置換基はそれぞれ—Clと—CH_2CH_3 である．これらの置換基は二重結合の反対側にあるので，このアルケンの立体配置は E であり，(E)-2-chloro-2-pentene（(E)-2-クロロ-2-ペンテン）と命名される．

練習問題 4.3

次のアルケンを命名し，E, Z 命名法によってその立体配置を表示せよ．

(a) 構造式 (b) 構造式 (c) 構造式

D シクロアルケン

シクロアルケン cycloalkene の命名においては，環内の二重結合の炭素原子の番号を1と2にし，その順は最初に出合う置換基の位置番号がより小さくなるようにする．複数の置換基がある場合には，次の例のように置換基を命名しアルファベット順に並べる．

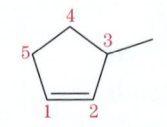

3-Methylcyclopentene
(3-メチルシクロペンテン)
(5-Methylcyclopenteneではない)

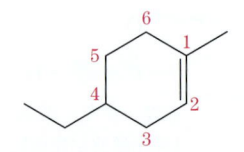

4-Ethyl-1-methylcyclohexene
(4-エチル-1-メチルシクロヘキセン)
(5-Ethyl-2-methylcyclohexeneではない)

例題 4.5

次のシクロアルケンの IUPAC 名を書け．

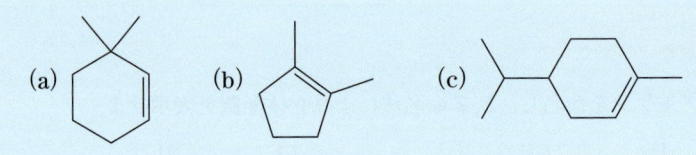

(a) (b) (c)

解　答

(a) 3,3-Dimethylcyclohexene (3,3-ジメチルシクロヘキセン)
(b) 1,2-Dimethylcyclopentene (1,2-ジメチルシクロペンテン)
(c) 4-Isopropyl-1-methylcyclohexene (4-イソプロピル-1-メチルシクロヘキセン)

練習問題 4.4

次のシクロアルケンの IUPAC 名を書け．

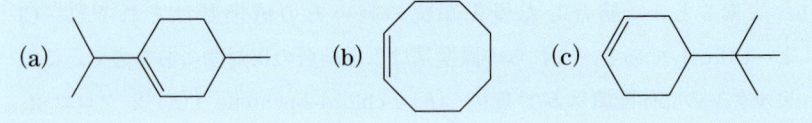

(a) (b) (c)

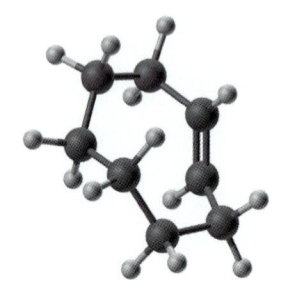

trans-Cyclooctene

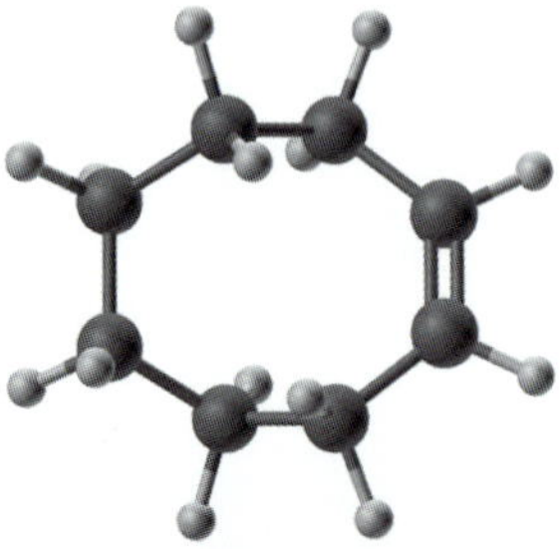

cis-Cyclooctene

E シクロアルケンのシス-トランス異性

次に四つのシクロアルケンの構造式を示している．

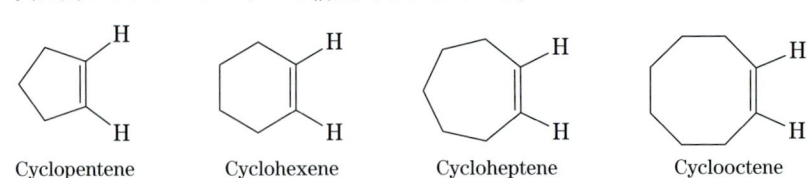

Cyclopentene　　Cyclohexene　　Cycloheptene　　Cyclooctene

これらの構造式では，それぞれの二重結合の立体配置はシスである．7員環以下の小員環シクロアルケンでは，環のひずみのためにトランス配置になることは不可能である．現在までのところ，*trans*-シクロオクテンが，室温で安定な純粋な形で得られる最小の *trans*-シクロアルケンである．この *trans*-シクロアルケンでさえ，かなりのひずみがある．*cis*-シクロオクテンはトランス異性体より 9.1 kcal/mol (38 kJ/mol) 安定である．

F ジエン，トリエンおよびポリエン

二つ以上の二重結合をもつアルケンはアルカジエン alkadiene，アルカトリエン alkatriene などと命名される．複数個の二重結合をもつアルケンを総称してポリエン polyene という（ギリシア語：*poly*，多い）．次にジエンの例を三つあげる．

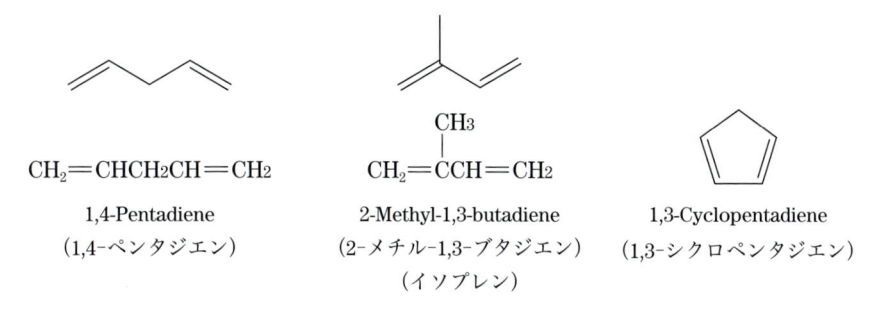

$CH_2=CHCH_2CH=CH_2$
1,4-Pentadiene
（1,4-ペンタジエン）

$CH_2=\overset{\underset{|}{CH_3}}{C}CH=CH_2$
2-Methyl-1,3-butadiene
（2-メチル-1,3-ブタジエン）
（イソプレン）

1,3-Cyclopentadiene
（1,3-シクロペンタジエン）

G ジエン，トリエンおよびポリエンのシス-トランス異性

これまでは，炭素–炭素二重結合を一つだけ含むアルケンのシス-トランス異性について考えてきた．先に述べたように，シス-トランス異性を示しうる炭素–炭素二重結合を一つもつアルケンには二つのシス-トランス異性体が可能である．したがって，それぞれがシス-トランス異性を示しうる炭素–炭素二重結合を n 個もつアルケンでは，2^n 個のシス-トランス異性体が可能になる．

例題 4.6

2,4-ヘプタジエンにはいくつのシス-トランス異性体があるか．

解 答

この分子には二つの炭素–炭素二重結合が存在し，それぞれがシス-トランス異性を示す．下の表に示すように，$2^2 = 4$ 個のシス-トランス異性体がある．これらのうちの二つの構造式を表の右に示す．

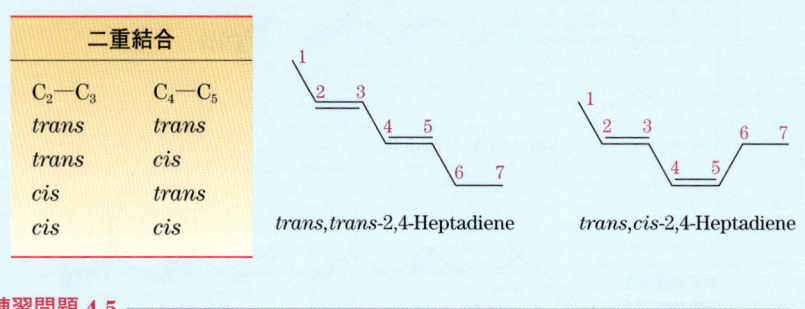

二重結合	
C_2-C_3	C_4-C_5
trans	*trans*
trans	*cis*
cis	*trans*
cis	*cis*

trans,trans-2,4-Heptadiene

trans,cis-2,4-Heptadiene

練習問題 4.5

2,4-ヘプタジエンの残りの二つのシス-トランス異性体の構造式を書け．

例題 4.7

次の不飽和アルコールのシス-トランス異性体をすべて書け.

$$CH_3C(CH_3)=CHCH_2CH_2C(CH_3)=CHCH_2OH$$

解　答

シス-トランス異性は炭素 2 と 3 の間の二重結合についてだけ可能である．もう一つの二重結合については，炭素 7 に同じ置換基が結合しているので，シス-トランス異性は不可能である．したがって，$2^1 = 2$ 個の異性体が存在する．ゲラニオール geraniol とよばれるこのアルコールのトランス異性体は，バラ，柑橘類，レモングラスの精油の主成分である．

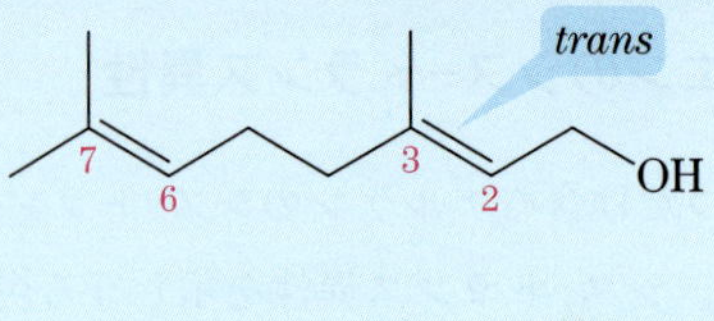

トランス異性体 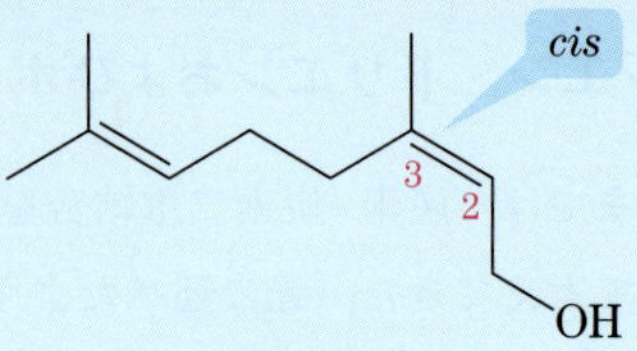　　　　　　　シス異性体

練習問題 4.6

次の不飽和アルコールにはいくつのシス-トランス異性体があるか.

$$CH_3C(CH_3)=CHCH_2CH_2C(CH_3)=CHCH_2CH_2C(CH_3)=CHCH_2OH$$

ビタミン A（レチノール）は，多くのシス-トランス異性体が存在しうるような生物学的に重要な化合物の一例である．置換シクロヘキセン環に結合した炭素鎖には四つの炭素–炭素二重結合があり，それぞれにシス-トランス異性の可能性があ

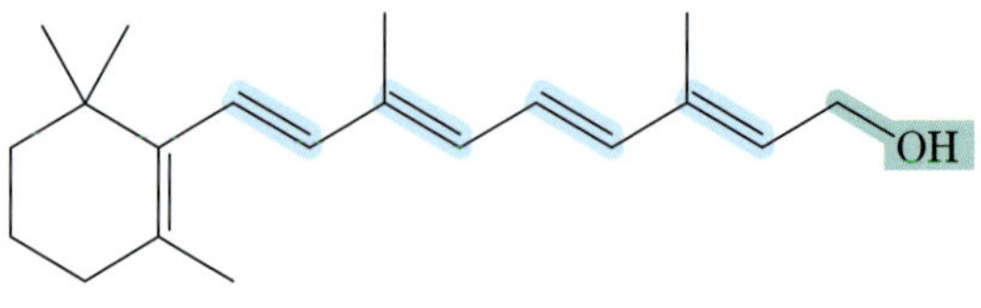

Vitamin A (retinol)

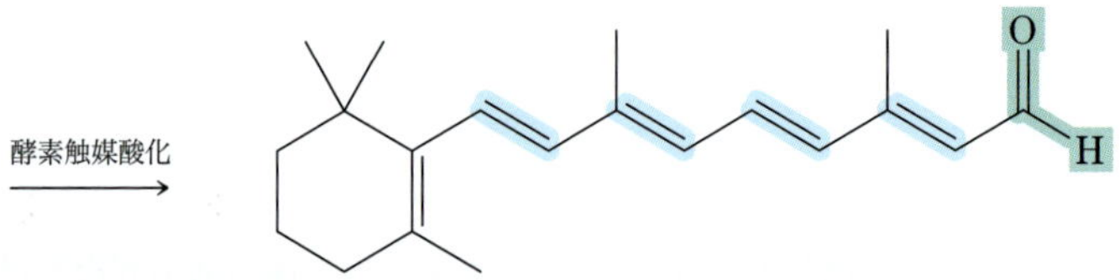

酵素触媒酸化 →

Vitamin A aldehyde (retinal)

CHEMICAL CONNECTIONS 4B

視覚におけるシス-トランス異性

網膜には，視覚色素とよばれる赤みを帯びた化合物がある．その名称はロドプシンであり，「バラ色をした」という意味のギリシア語からきている．ロドプシン分子はオプシンというタンパク質 1 分子と 11-*cis*-レチナール 1 分子からできている．レチナールはビタミン A の誘導体であり，ビタミンの CH_2OH 基がホルミル基—CHO に変換され，側鎖の炭素 11 と 12 の間の二重結合がより不安定なシス配置になったものである．ロドプシンが光のエネルギーを吸収すると，この不安定なシス二重結合がより安定なトランス二重結合に変換される．この異性化によってロドプシン分子のかたちが変化し，視覚神経のニューロンが刺激され視覚を生み出す．

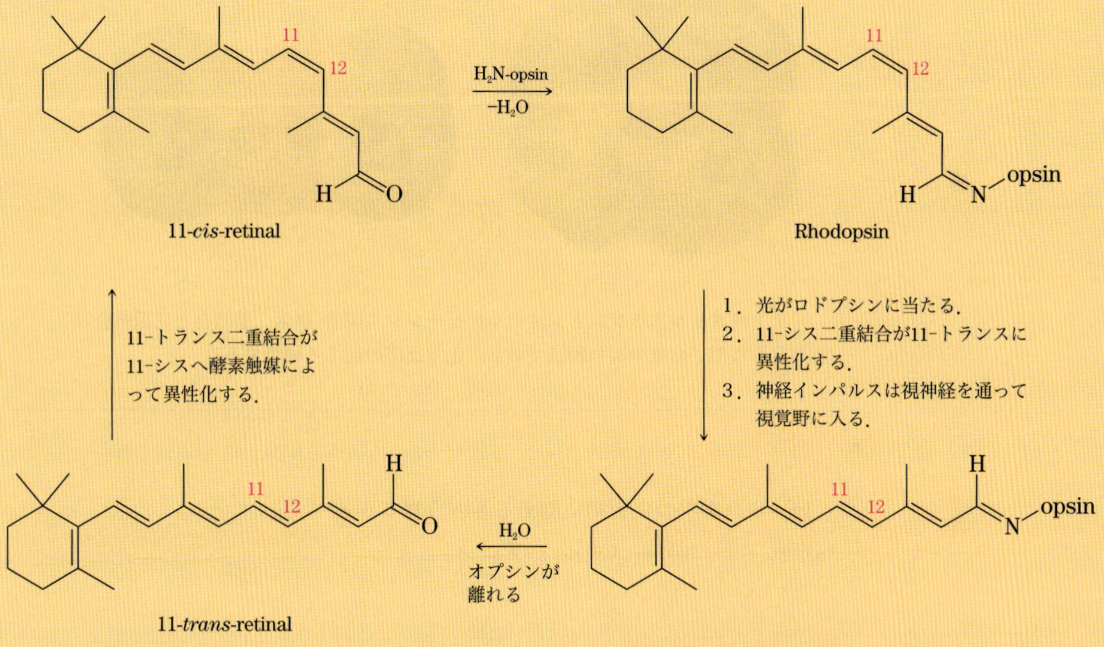
11
12
H
O
11-*cis*-retinal
H_2N-opsin
$-H_2O$
11
12
H
N
opsin
Rhodopsin
1．光がロドプシンに当たる．
2．11-シス二重結合が11-トランスに異性化する．
3．神経インパルスは視神経を通って視覚野に入る．
11-トランス二重結合が11-シスへ酵素触媒によって異性化する．
H
11
12
O
11-*trans*-retinal
H_2O
オプシンが離れる
H
11
12
N
opsin

脊椎動物の網膜にはロドプシンを含む 2 種類の細胞，桿体細胞と錐体細胞がある．錐体細胞は明るいところで働き色覚に関係し，網膜の中央部に集まっており，視力（眼の分解能）を担っている．網膜の他の大部分は桿体細胞からなり，周辺視覚と夜間（黒白像）の視覚を担っている．11-*cis*-レチナールは，桿体細胞と錐体細胞の両方に含まれる．桿体細胞は 1 種類のオプシンしかもたないが，錐体細胞は青，緑と赤色の視覚に有効な 3 種類のオプシンをもっている．

る．したがって，この構造式には $2^4 = 16$ 個のシス-トランス異性体が可能である．ビタミン A は全トランス異性体である．酵素触媒による酸化でビタミン A の第一級ヒドロキシ基がホルミル基に変換され，生物学的に活性なかたちであるレチナールになる．

4.4 物理的性質

アルケンとアルキンは非極性化合物であり，その分子間に働く引力は分散力（3.9B 節）のみである．したがって，その物理的性質は同じ炭素骨格のアルカンの物理的性質（3.9 節）に似ている．室温で液体のアルケンとアルキンの密度は 1.0 g/mL より小さい．すなわち，密度が水より小さい．アルカンと同様にアルケンとアルキンも非極性であり，互いに可溶である．その極性が水とは対照的であるために，水には溶けない．水やエタノールのような極性の液体と混ぜると，2 層を形成する．

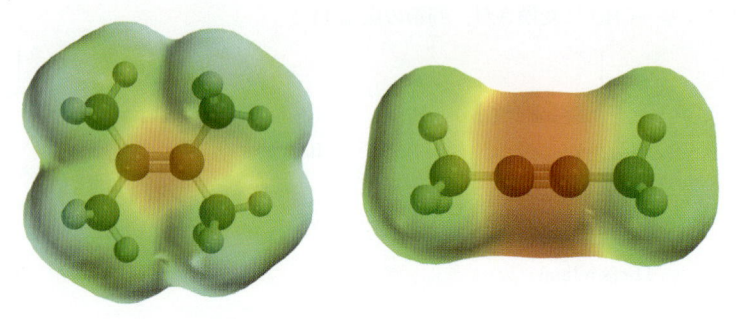

テトラメチルエチレンとジメチルアセチレン：炭素-炭素二重結合と三重結合はともに電子密度の高い領域であり，化学反応の起こる場所である．

例題 4.8

1-ノネンを次の化合物に加えるとどうなるか述べよ．
(a) 水　　(b) 8-メチル-1-ノニン

解　答
(a) 1-ノネンはアルケンだから非極性である．水のような極性溶媒には溶けないので，2 層を形成する．水の方が密度が高いので下層になり，1-ノネンが上層になる．
(b) アルケンとアルキンはともに非極性なので，互いに溶けあう．

4.5 天然に存在するアルケン：テルペン

テルペン：その炭素骨格を二つ以上のイソプレン単位に分けることのできる化合物．

植物の精油に含まれる化合物の中に，**テルペン** terpene とよばれる一群の物質がある．その炭素骨格は二つ以上のイソプレンと同じ炭素骨格の単位に分けることができる．**イソプレン単位** isoprene unit の炭素 1 を頭 head といい，炭素 4 を尾 tail という．テルペンはイソプレン単位の尾と別のイソプレン単位の頭が結合して形成

Chemical Connections 4C

なぜ植物はイソプレンを放出するのか

バージニア州のブルーリッジ，ジャマイカのブルーマウンテンピーク，オーストラリアのブルーマウンテンのような名前は，夏に木々に囲まれた丘をおおう青みを帯びたかすみを思い出させる．このかすみがイソプレンに富んでいることが1950年代に発見され，イソプレンが想像以上に大気に豊富に存在することがわかった．かすみは，イソプレンや他の炭化水素の光酸化で生じたエアロゾルによる光の散乱のために発生する．植物によるイソプレンの放出は全世界中で年間3億トンにおよぶと概算されており，その量は光合成によって固定される全炭素量の約2％に相当する．アトランタ地域における炭化水素の放出についての最近の研究によれば，植物が炭化水素を最も多く放出しており，そのうち植物由来のイソプレン量は全量の60％にものぼると概算されている．

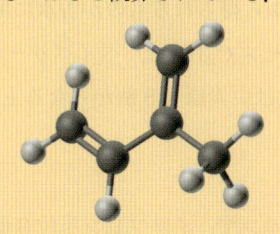

植物はなぜ，テルペンや他の天然物の合成に用いないで，多量のイソプレンを大気中に放出するのであろうか．ウィスコンシン大学の植物生理学者 Tom Sharkey(シャーキー)はイソプレンの放出が温度にきわめて敏感であることを見いだした．20℃では植物はイソプレンを放出しないが，葉の温度が30℃まで上昇すると放出を始める．ある種の植物では，葉の温度が10℃上昇するとイソプレンの放出が10倍にも増加する．Sharkeyは外来のつる植物であるクズの葉について，温度によって起こされる葉の損傷とイソプレン濃度との関係について研究した．そして，クロロフィルの分解を指標にした葉の損傷は，イソプレンがない場合には37.5℃で起こり始めるが，イソプレンが存在する場合には45℃まで起こらないことを見つけた．Sharkeyはイソプレンが葉の膜中にあって，何らかの方法により熱ストレスに対する耐久性を増しているのだろうと推定している．イソプレンの産生と消失はすばやく起こるので，その濃度は一日のうちでも気温と相関関係を示す．

スモーキーマウンテンのかすみは，イソプレンなどの炭化水素の光酸化で生じたエアロゾルによる光散乱のために発生する．
挿入図はイソプレンの分子模型．（*Digital Vision*）

された化合物である．

$$CH_2=\underset{\underset{CH_3}{|}}{C}-CH=CH_2$$

2-Methyl-1,3-butadiene
（Isoprene）

頭 — C(1)—C(2)—C(3)—C(4) — 尾 （C は 2 位に結合）

イソプレン単位

テルペンは生物界に最も広く存在する化合物の一つであり，その構造の研究から，自然界は単純な炭素骨格からきわめて多様性のある世界を作り上げるわざを

図 4.2
4種のテルペン. いずれも二つのイソプレン単位（カラーで示している）の一方の頭と他方の尾で結合してできている. リモネンとメントールでは, もう一つ炭素–炭素結合をつくって六員環になっている.

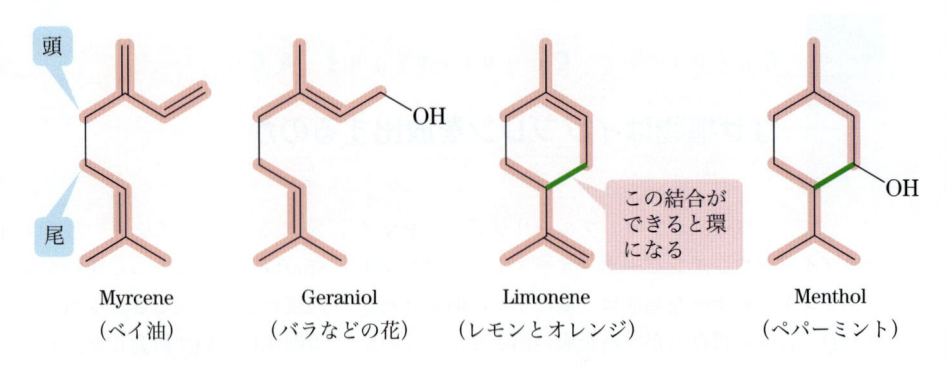

Myrcene
（ベイ油）

Geraniol
（バラなどの花）

Limonene
（レモンとオレンジ）

この結合ができると環になる

Menthol
（ペパーミント）

もっていることをかいま見ることができる. テルペンはまた生体系の分子論理の重要な原理を例示している. すなわち, 大きな分子を構築するために小さなサブユニットが繰り返し用いられ, また精密な酵素触媒反応によって化学的な修飾がなされるのである. 化学者も研究室で同じ原理によって化合物を合成しようとするが, 細胞系の酵素触媒反応の精密さや選択性には遠く及ばない.

　最も馴染みの深い（少なくとも, そのにおいによって）テルペンは, 植物のいろいろな部分から水蒸気蒸留やエーテル抽出によって取り出される精油 essential oil という成分であろう. 精油は, 大部分が植物の特有の芳香の原因である比較的低分子量の物質からなる. 多くの精油, とくに花から得られるものが香水に用いられる.

　精油から得られるテルペンの一例はミルセン $C_{10}H_{16}$ で, ベイベリーワックスやベイ油, バーベナ油の成分である. ミルセンは炭素原子8個からなる主鎖と二つの一炭素分枝をもつトリエンである（図4.2）.

　ファルネソールは, 分子式 $C_{15}H_{26}O$ のテルペンで, イソプレン単位3個からなる. ファルネソールとゲラニオールの誘導体はコレステロールの生合成における中間体である（21.5B節）.

Farnesol
（スズラン）

　ビタミンA（4.3G節）は, 分子式 $C_{20}H_{30}O$ のテルペンであり, イソプレン単位4個が頭-尾（head-to-tail）結合し, さらに1箇所で架橋して六員環を形成した構造をもつ.

第4章 アルケンとアルキン

まとめ

　アルケンは炭素-炭素二重結合をもつ不飽和炭化水素であり，一般式 C_nH_{2n} で表される．**アルキン**は炭素–炭素三重結合をもつ不飽和炭化水素で，一般式 C_nH_{2n-2} で表される．**軌道モデル**（4.2B節）によれば，炭素–炭素二重結合は sp^2 混成軌道の重なりによって形成される σ 結合一つと平行な 2p 原子軌道の重なりによって形成される π 結合一つからできている．エチレンの π 結合を切るには約 63 kcal/mol（264 kJ/mol）のエネルギーを要する．三重結合は，sp 混成軌道の重なりによって形成される σ 結合一つと 2 組の平行な 2p 軌道の重なりによってできる π 結合二つの組合せである．

　アルケンの**シス-トランス異性**を可能にする構造的な特徴は，二重結合を形成する二つの炭素のまわりの回転が制限されていることである（4.2C節）．現在までに純粋な形で合成され，室温で安定な最小のトランスの環状アルケンは *trans*-シクロオクテンである．

　IUPAC 命名法（4.3A節）では，**炭素-炭素二重結合**のあることを，母体アルカンの -ane を -ene に変えることによって示す．**炭素-炭素三重結合**のあることは，母体アルカンの -ane を -yne に変えることによって示す．

　アルケンの立体配置がシスであるかトランスであるかは二重結合の両側の主鎖の炭素原子の配置によって決まる（4.3C節）．もし，主鎖の炭素原子が二重結合の同じ側にあればそのアルケンはシスであり，反対側にあればトランスである．炭素–炭素二重結合の立体配置は優先順位則を用いる ***E, Z* 命名法**によって表示することもできる（4.3C節）．より優先順位の高い二つの基が二重結合の同じ側にあればそのアルケンは *Z* と表示され，反対側にあれば *E* と表示される．

　二つ以上の二重結合を含むアルケンを命名するには，母体アルカンの -ane を -adiene, -atriene というように変えればよい（4.3F節）．複数の二重結合を含む化合物はポリエンと総称される．

　アルケンとアルキンは非極性化合物であり，その分子間に働く引力は**分散力**のみである．それらの物理的性質はアルカンと似ている（4.4節）．

　テルペン（4.5節）の特徴的な構造は，2 個以上の**イソプレン単位**に分けることのできる炭素骨格にある．テルペンは生物系の分子論理の重要な原理を例示している．すなわち，大きな分子を構築するときには，小さなサブユニットがくり返し用いられ，また精密な酵素触媒反応によって化学的な修飾がなされるのである．

補充問題

アルケンとアルキンの構造

4.7 エタンとエチレンの各炭素は価電子 8 個に囲まれ，四つの結合を形成している．エタンの炭素のまわりの結合角が 109.5° であり，エチレンの炭素のまわりの結合角が 120° であることを，VSEPR モデル（1.4節）に基づいて説明せよ．

4.8 カラーで示している炭素原子のまわりの結合角を，VSEPR モデルを用いて予想せよ．

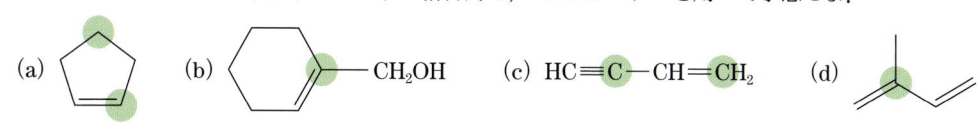

(a)　(b)　—CH_2OH　(c) $HC{\equiv}C{-}CH{=}CH_2$　(d)

4.9 問題 4.8 においてカラーで示した炭素原子について，σ 結合と π 結合を形成するために用いられている軌道の種類はそれぞれ何か．

4.10 カラーで示している炭素原子のまわりの結合角を予想せよ．

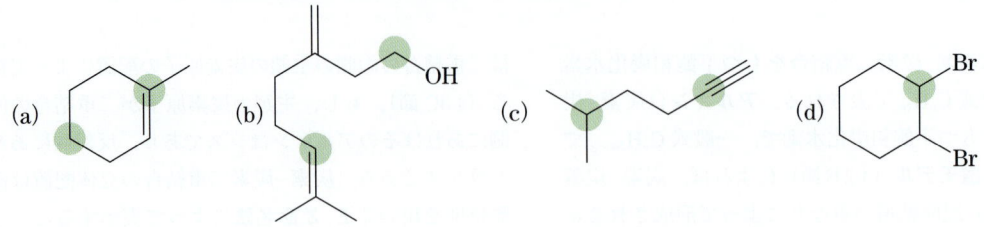

(a) (b) (c) (d)

4.11 問題 4.10 においてカラーで示した炭素原子について，σ結合とπ結合を形成するために用いられている軌道の種類はそれぞれ何か．

4.12 次に示すのは 1,2-プロパジエン（アレン）の構造である．
炭素 1 の H—C—H がつくる面と炭素 3 の H—C—H がつくる面とは直交している．

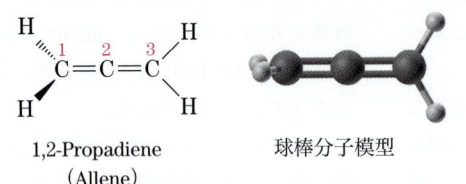

1,2-Propadiene
(Allene)　　球棒分子模型

(a) アレンの各炭素の軌道混成について述べよ．
(b) 軌道モデルを用いてアレンの幾何構造を説明せよ．特に 4 個の水素原子すべてが同じ面内にない理由を説明せよ．

アルケンとアルキンの命名

4.13 次の化合物の構造式を書け．
(a) trans-2-Methyl-3-hexene　　(b) 2-Methyl-3-hexyne
(c) 2-Methyl-1-butene　　(d) 3-Ethyl-3-methyl-1-pentyne
(e) 2,3-Dimethyl-2-butene　　(f) cis-2-Pentene
(g) (Z)-1-Chloropropene　　(h) 3-Methylcyclohexene

4.14 次の化合物の構造式を書け．
(a) 1-Isopropyl-4-methylcyclohexene　　(b) (6E)-2,6-Dimethyl-2,6-octadiene
(c) trans-1,2-Diisopropylcyclopropane　　(d) 2-Methyl-3-hexyne
(e) 2-Chloropropene　　(f) Tetrachloroethylene

4.15 次の化合物の IUPAC 名を書け．

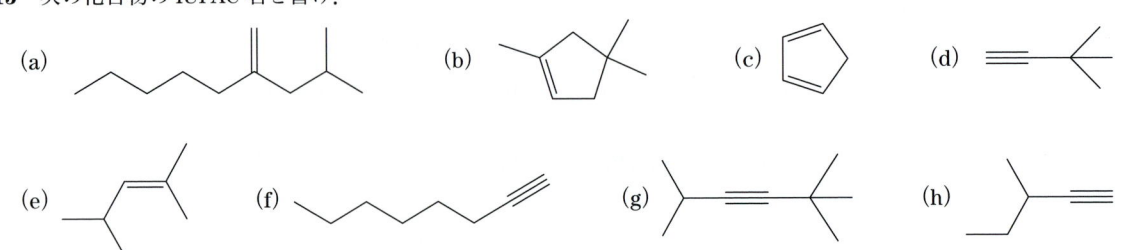

(a) (b) (c) (d)

(e) (f) (g) (h)

4.16 次の化合物名がなぜ間違っているか説明し，正しいと思われる名称を書け．
(a) 1-Methylpropene　　(b) 3-Pentene
(c) 2-Methylcyclohexene　　(d) 3,3-Dimethylpentene
(e) 4-Hexyne　　(f) 2-Isopropyl-2-butene

第4章 アルケンとアルキン

4.17 次の化合物名がなぜ間違っているか説明し，正しいと思われる名称を書け．

(a) 2-Ethyl-1-propene   (b) 5-Isopropylcyclohexene
(c) 4-Methyl-4-hexene   (d) 2-sec-Butyl-1-butene
(e) 6,6-Dimethylcyclohexene   (f) 2-Ethyl-2-hexene

アルケンとシクロアルケンのシス-トランス異性

4.18 どのアルケンにシス-トランス異性があるか．あるものについて，両異性体の構造式を書け．

(a) 1-Hexene   (b) 2-Hexene
(c) 3-Hexene   (d) 2-Methyl-2-hexene
(e) 3-Methyl-2-hexene   (f) 2,3-Dimethyl-2-hexene

4.19 どのアルケンにシス-トランス異性体があるか．あるものについて，両異性体の構造式を書け．

(a) 1-Pentene   (b) 2-Pentene
(c) 3-Ethyl-2-pentene   (d) 2,3-Dimethyl-2-pentene
(e) 2-Methyl-2-pentene   (f) 2,4-Dimethyl-2-pentene

4.20 どのアルケンにシス-トランス異性が存在するか．存在するものについて，トランス異性体の構造式を書け．

(a) $CH_2=CHBr$ (b) $CH_3CH=CHBr$
(c) $(CH_3)_2C=CHCH_3$ (d) $(CH_3)_2CHCH=CHCH_3$

4.21 分子式 $C_2H_2Br_2$ の化合物が3種類ある．そのうち二つは双極子をもち，もう一つは双極子をもたない．これら三つの化合物の構造式を書き，その二つはなぜ双極子をもち，もう一つは双極子をもたないか説明せよ．

4.22 分子式 C_5H_{10} で表されるすべてのアルケンの構造式を書き，命名せよ．シス異性体とトランス異性体は異なる化合物として区別すること．

4.23 次の炭素骨格をもち，分子式 C_6H_{12} で表されるすべてのアルケンの構造式を書き，命名せよ．シス異性体とトランス異性体を区別すること．

(a) C—C(—C)—C—C—C   (b) C—C(—C)—C(—C)—C   (c) C—C(—C)(—C)—C—C

4.24 次の置換基を優先順位が高い順に並べよ．

(a) $-CH_3$, $-Br$, $-CH_2CH_3$ (b) $-OCH_3$, $-CH(CH_3)_2$, $-CH_2CH_2NH_2$
(c) $-CH_2OH$, $-COOH$, $-OH$ (d) $-CH=CH_2$, $-CH=O$, $-CH(CH_3)_2$

4.25 分子式 C_5H_9Br のブロモアルケンで，(a) E,Z 異性を示すものと，(b) E,Z 異性を示さないもの，それぞれの構造式を少なくとも一つずつ書け．

4.26 次の化合物のうち，シス-トランス異性を示す分子についてシス異性体の構造式を書け．

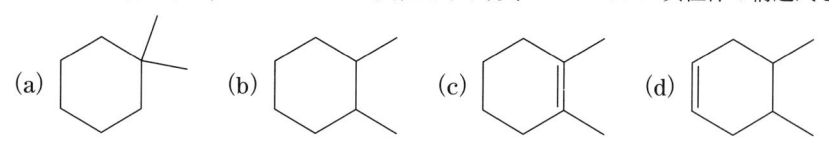

(a) 1,1-dimethylcyclohexane   (b) 1,2-dimethylcyclohexane   (c) 1,2-dimethylcyclohexene   (d) 3,4-dimethylcyclohexene

4.27 次の化合物名がなぜ間違っているかあるいは不完全か説明し，正しいと思われる名称を書け．

(a) (*Z*)-2-Methyl-1-pentene   (b) (*E*)-3,4-Diethyl-3-hexene
(c) *trans*-2,3-Dimethyl-2-hexene   (d) (1*Z*,3*Z*)-2,3-Dimethyl-1,3-butadiene

4.28 分子式 C_5H_{10} をもつ化合物のうち，次の条件にあうものの構造式をすべて書け．
 (a) シス-トランス異性を示さないアルケン
 (b) シス-トランス異性を示すアルケン
 (c) シス-トランス異性を示さないシクロアルケン
 (d) シス-トランス異性を示すシクロアルケン

4.29 β-オシメン β-ocimene は綿花の香りやいくつかの精油に存在するトリエンであり，IUPAC 名は (3Z)-3,7-dimethyl-1,3,6-octatriene である．β-オシメンの構造式を書け．

4.30 オレイン酸とエライジン酸は，それぞれ 9-オクタデセン酸のシスおよびトランス異性体である．これらの脂肪酸の一つは 4 ℃で固化する無色の液体でバター脂の主成分である．もう一方は融点 44〜45 ℃の白色固体であり，植物油を部分的に水素化した場合の主成分である．これら 2 種の脂肪酸のうち，どちらがシス異性体で，どちらがトランス異性体か．

4.31 次に示す組合せの構造は，同一分子を表しているか，シス-トランス異性体か，構造異性体か．同一分子である場合には，同じ立体配座を示しているか異なる配座を示しているか．

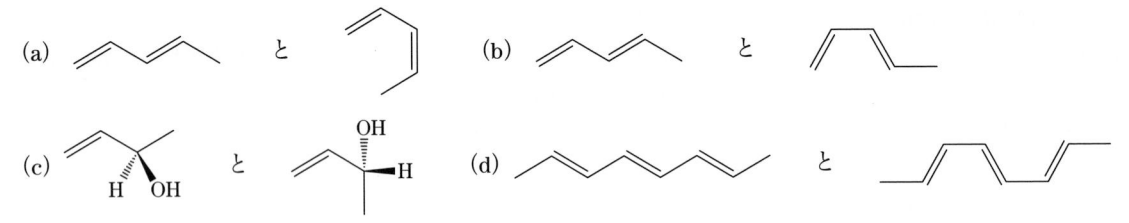

テルペン

4.32 ビタミンA（4.3G節）の構造式をイソプレン単位に分けると，その 4 個が頭-尾結合し，さらに 1 箇所で架橋して六員環を形成したものであることを示せ．

4.33 次の化合物は熟した果物，とくにトマトの赤色のもとになる濃赤色の化合物，リコペンの構造式である．およそ 20 mg のリコペンが 1 kg の熟したトマトから単離できる．

Lycopene

 (a) リコペンは，4 個のイソプレン単位が頭-尾結合し，さらにそれが 2 組結合した炭素骨格をもつテルペンであることを示せ．
 (b) リコペンの炭素-炭素二重結合のうち，いくつがシス-トランス異性を示しうるか．リコペンは全トランス異性体である．

4.34 ビタミンAの前駆物質であるβ-カロテンはニンジンから初めて単離された．β-カロテンの希薄溶液は黄色であり，食品用色素として用いられる．植物の中では，ほとんどの場合クロロフィルとともに存在し，太陽光のエネルギーを取り込むのを助けている．秋に木の葉が枯れると，カロテンとカロテン誘導体の黄色や赤色がクロロフィル分子の緑色に取って替わる．

β-Carotene

(a) β-カロテンとリコペンの炭素骨格を比較し，類似点と相違点を述べよ．

(b) β-カロテンがテルペンであることを示せ．

4.35 ミブヨモギから単離されたα-サントニンは駆虫薬，すなわち寄生虫の除去に使用される薬剤である．世界の人口の三分の一以上が寄生虫に感染していると推定されている．一方，ファルネソールは華やかな香りのするアルコールである．サントニンの3個のイソプレン単位を示し，ファルネソールの炭素骨格がどのように環を巻いて架橋すればサントニンになるかを示せ．ファルネソールの炭素骨格が2種類の異なる環形成をすればサントニンになる．それら二つを見つければよい．

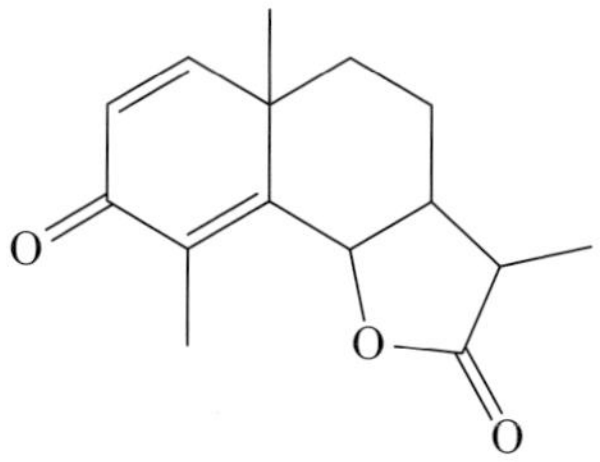

Santonin

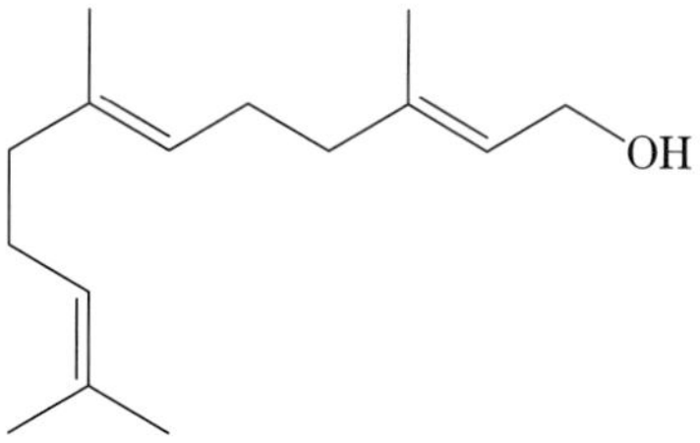

Farnesol

4.36 ペリプラノンは，ゴキブリの一種から単離されたフェロモン（性誘因物質）である．ペリプラノンの炭素骨格から，これがテルペンに分類できることを示せ．

Periplanone

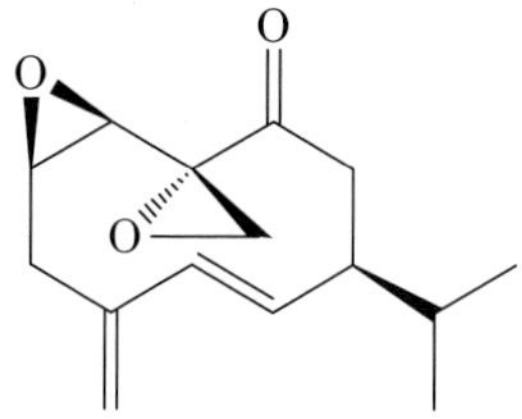

4.37 綿の種子に存在するゴシポールという化合物は，中国のような過剰人口をかかえる国で男性用避妊薬として用いられている．ゴシポールがテルペンであることを示せ．

Gossypol

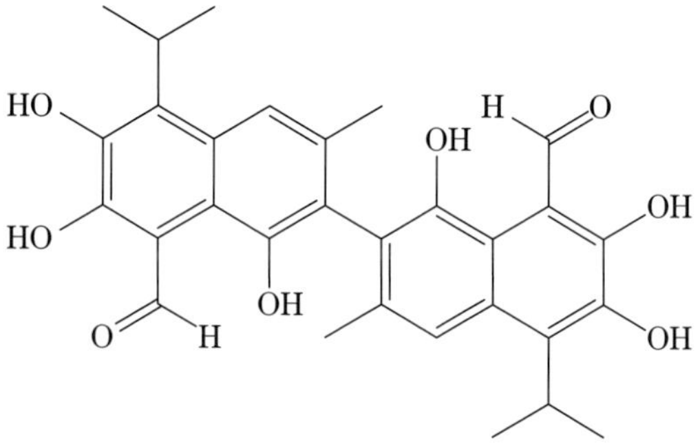

4.38 南アメリカの多くの地方では *Montanoa tomentosa* の葉や小枝からの抽出物が避妊薬，月経誘発薬，陣痛促進薬，あるいは妊娠中絶薬として用いられている．これらの効力を示す化合物はゾアパタノールである．

Zoapatanol

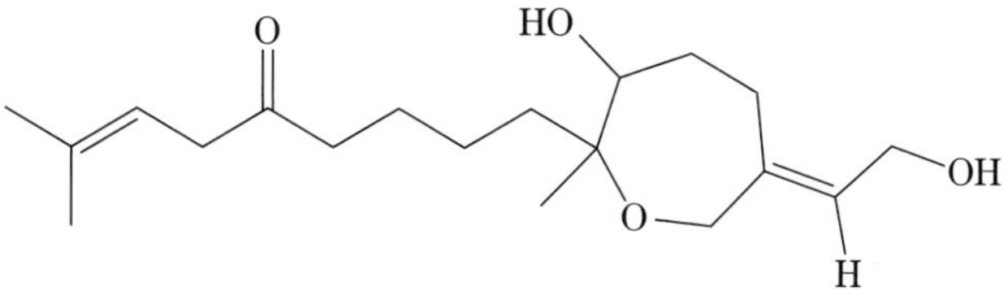

(a) ゾアパタノールの炭素骨格が，頭-尾結合し主鎖上の1箇所で架橋した4個のイソプレン単位に分けられることを示せ．
(b) 七員環に結合している炭素-炭素二重結合まわりの立体配置を E, Z 命名法により表示せよ．
(c) ゾアパタノールにはシス-トランス異性体がいくつ存在しうるか．環と炭素-炭素二重結合の両方にシス-トランス異性が可能であることに注意すること．

4.39 ピレトリンⅡとピレトロシンはキク科の植物から単離された天然物である．ピレトリンⅡは天然の殺虫剤として販売されている．

Pyrethrin Ⅱ   Pyrethrosin

(a) 各化合物についてシス-トランス異性の可能な炭素-炭素二重結合をすべて指摘せよ．
(b) ピレトリンⅡの三員環にはシス-トランス異性が可能であるのに，五員環にはシス-トランス異性がないのはなぜか．
(c) ピレトロシンの環状系が3個のイソプレン単位からなることを示せ．

4.40 クパレンとヘルベルテンは種々の地衣類から単離される天然物である．これらがテルペンとして分類できるかどうか述べよ．

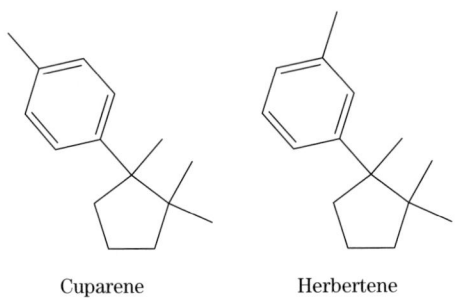

Cuparene   Herbertene

応用問題

4.41 1,3-ブタジエンの＝C–C 単結合が，1-ブテンの＝C–C 単結合よりもやや短いのはなぜか説明せよ．

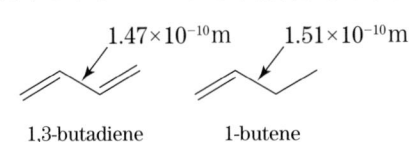

1.47×10^{-10} m 1.51×10^{-10} m

1,3-butadiene   1-butene

4.42 次のシクロアルケンの C=C 二重結合の反応性に対して，環の大きさはどのような効果をもっているか．

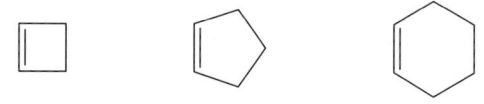

4.43 次の置換基はそれぞれアルケンの C=C 二重結合の電子密度に対してどのような効果をもっているか．

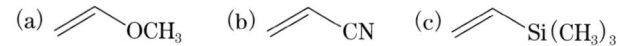

(a) CH$_2$=CH–OCH$_3$ (b) CH$_2$=CH–CN   (c) CH$_2$=CH–Si(CH$_3$)$_3$

4.44 21.1 節で脂肪酸の生化学について述べるが，そこで三つの長鎖不飽和カルボン酸，オレイン酸，リノール酸，リノレン酸について学ぶ．それぞれ炭素 18 個からなり，動物脂肪，植物油，生体膜の成分である．

Oleic acid   CH$_3$(CH$_2$)$_7$CH=CH(CH$_2$)$_7$COOH
Linoleic acid   CH$_3$(CH$_2$)$_4$CH=CHCH$_2$CH=CH(CH$_2$)$_7$COOH
Linolenic acid   CH$_3$CH$_2$CH=CHCH$_2$CH=CHCH$_2$CH=CH(CH$_2$)$_7$COOH

(a) それぞれの脂肪酸にいくつのシス-トランス異性体が可能か．
(b) これらの3種の脂肪酸は，生体膜にはほとんど完全にシス体として存在する．炭素-炭素二重結合をシス立体配置として炭素鎖をジグザグの線で表した構造式で各脂肪酸の構造を示せ．

4.45 クエン酸回路（22.7 節）の中間体となる次のカルボン酸の立体配置を *E*, *Z* とシス-トランス表示で示せ（構造式の下に慣用名を示す）．

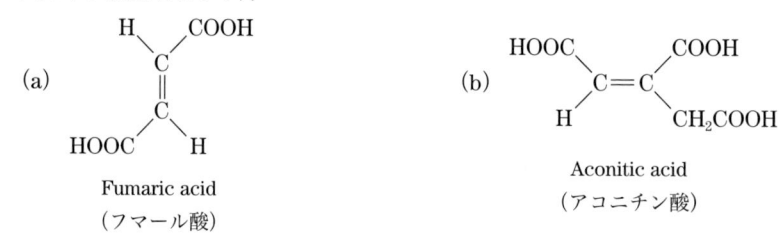

(a) Fumaric acid
（フマール酸）

(b) Aconitic acid
（アコニチン酸）

5 アルケンの反応

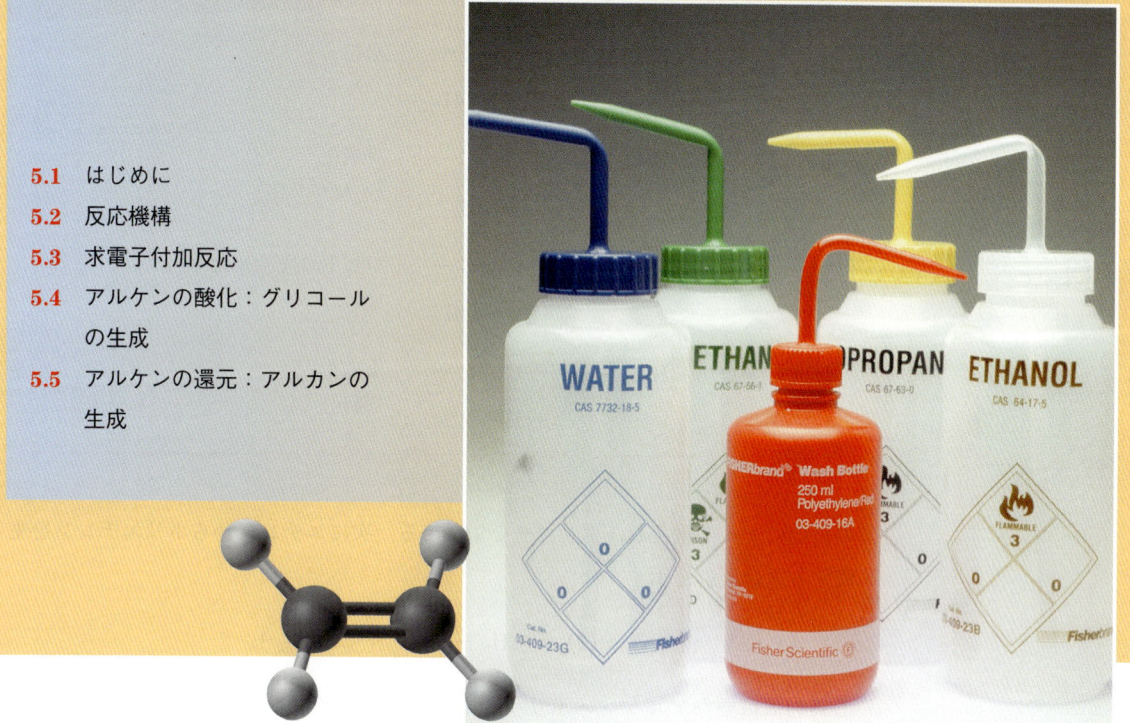

5.1 はじめに
5.2 反応機構
5.3 求電子付加反応
5.4 アルケンの酸化：グリコールの生成
5.5 アルケンの還元：アルカンの生成

洗浄びんはポリエチレンから作られる．左の図はエチレンの分子模型を示す．(*Charles D. Winters*)

5.1 はじめに

　この章では，有機化学という学問の中で非常に重要な位置を占めている反応機構についての系統的な勉強を始める．この反応機構を学ぶ手段として，ここではアルケンの反応を取り上げる．

　アルケンの最も特徴的な反応は**炭素–炭素二重結合に対する付加** addition to the carbon-carbon double bond である．付加反応においては π 結合が切れて，その代わりに二つの原子あるいは原子団との間に新しい σ 結合が生成する．表5.1に炭素–炭素二重結合の代表的な反応をその名称とともに示す．

　工業的に最も重要な反応は，エチレンなどの低分子量のアルケンから**重合体**（ポリマー）polymer（ギリシア語で *poly* は多くの，*meros* は部分を意味する）を生産する反応である．重合反応では，開始剤とよばれる触媒の存在下，種々のアルケン，すなわち**単量体** monomer（ギリシア語で *mono* は一つ，*meros* は部分を意味する）

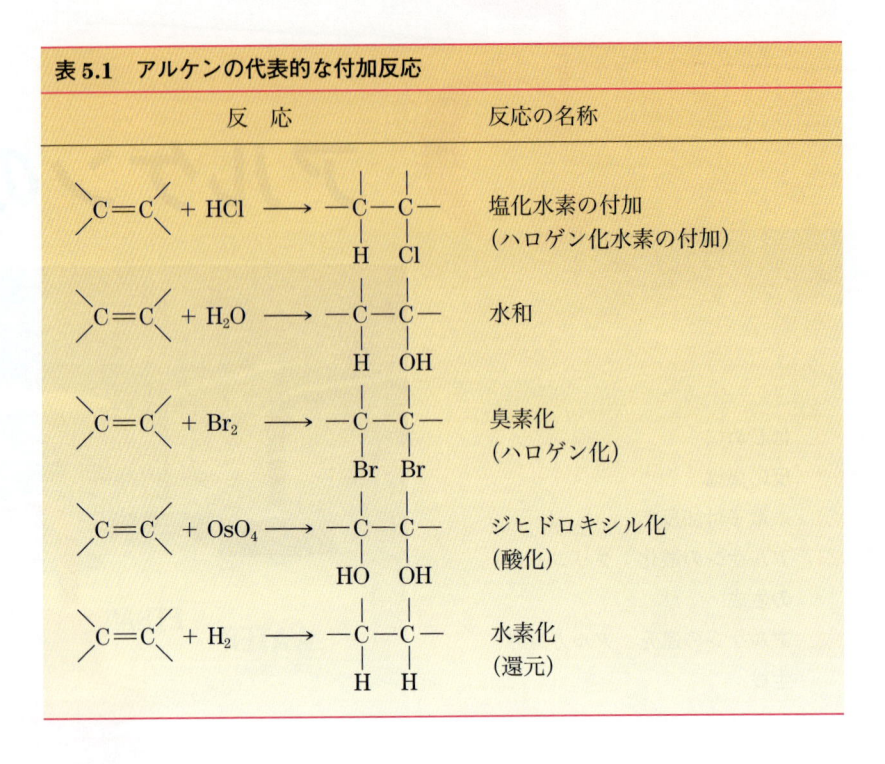

表 5.1　アルケンの代表的な付加反応

反　応	反応の名称
$\mathrm{\searrow C=C\swarrow} + \mathrm{HCl} \longrightarrow -\underset{H}{\overset{|}{C}}-\underset{Cl}{\overset{|}{C}}-$	塩化水素の付加 （ハロゲン化水素の付加）
$\mathrm{\searrow C=C\swarrow} + \mathrm{H_2O} \longrightarrow -\underset{H}{\overset{|}{C}}-\underset{OH}{\overset{|}{C}}-$	水和
$\mathrm{\searrow C=C\swarrow} + \mathrm{Br_2} \longrightarrow -\underset{Br}{\overset{|}{C}}-\underset{Br}{\overset{|}{C}}-$	臭素化 （ハロゲン化）
$\mathrm{\searrow C=C\swarrow} + \mathrm{OsO_4} \longrightarrow -\underset{HO}{\overset{|}{C}}-\underset{OH}{\overset{|}{C}}-$	ジヒドロキシル化 （酸化）
$\mathrm{\searrow C=C\swarrow} + \mathrm{H_2} \longrightarrow -\underset{H}{\overset{|}{C}}-\underset{H}{\overset{|}{C}}-$	水素化 （還元）

の付加によって重合し，ポリマーを生成する．次にエチレンからポリエチレンを生成する重合反応を示す．

$$n\mathrm{CH_2 = CH_2} \xrightarrow{\text{開始剤}} -(\mathrm{CH_2CH_2})_n-$$

工業的に重要なアルケンのポリマーは上式の n の値が数千という大きなものである．このアルケンの反応は第 17 章で詳しく説明する．

5.2　反応機構

反応機構：どのように反応が進行するのかを示す段階ごとの記述．

　反応機構 reaction mechanism は，化学反応がどのように起こるかを詳しく記述するものである．すなわち，どの結合が切断されてどの結合が新しく形成されるのか，また結合の切断と生成の起こる順序とその相対速度について記述する．反応が溶液中で進行する場合には溶媒の役割について，また触媒が使われる場合には触媒の役割についても説明する．

A　エネルギー図と遷移状態

　化学反応とエネルギーとの関係を理解するためには，化学結合を一種のばねのようなものと考えるとよい．ばねが静止状態から伸びるとエネルギーは増大する．それがもとの静止状態にもどるとエネルギーは減少する．同様に，化学反応の進行に伴って結合が切断されるとエネルギーは増大し，結合が生成するとエネルギーは減少する．反応物 reactant から生成物 product へと反応が進行するときに起こるエ

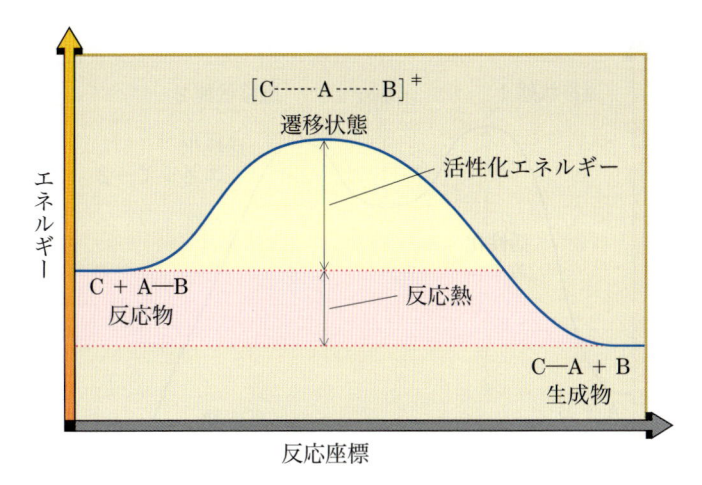

第 5 章　アルケンの反応

図 5.1
C と A—B との一段階反応のエネルギー図．遷移状態で新しい C—A 結合ができかけ，A—B 結合が切れかけていることを点線で示している．この例では反応物のエネルギーが生成物より高い．

ネルギーの変化を示すために**エネルギー図** energy diagram を用いる．縦軸はエネルギーの変化を，横軸は反応の進行による原子の位置の変化を目盛る．後者を**反応座標** reaction coordinate という．反応座標は反応が起きていない状態から終了するまで，どのぐらい反応が進んだか，その程度を示すものである．

図 5.1 は C と A—B が反応して C—A と B が生成する反応のエネルギー図を示したものである．この反応は 1 段階で進行し，反応物の結合の切断と生成物の結合の生成は同時に起こっている．

反応物と生成物との間のエネルギーの差は**反応熱** heat of reaction（ΔH）とよばれる．生成物のエネルギーが反応物のエネルギーよりも低い場合は熱が放出される．このとき反応は**発熱的** exothermic であるという．逆に生成物のエネルギーの方が反応物より高い場合には熱が吸収される．このとき反応は**吸熱的** endothermic であるという．図 5.1 に示した一段階反応は発熱的である．

遷移状態 transition state とは反応座標でエネルギーが最も高い位置のことである．遷移状態においては十分なエネルギーが特定の結合に集中され，反応物の結合が切れかけると同時にエネルギーが再配分されて新しい結合が生成してくる．いったん遷移状態に到達するとエネルギーの放出を伴って反応が進行し，生成物ができてくる．

遷移状態は一定の構造をもち，結合性の電子と非結合性の電子の配列も決まっており，一定の電子密度と電荷の分布をもつ．遷移状態はエネルギー図のエネルギー極大点にあるために，遷移状態そのものを単離することはできず，構造を決めることもできない．またその寿命もピコ秒単位（結合の 1 振動の時間程度）と極めて短い．しかし，遷移状態を直接観測することはできなくても，他のさまざまな実験から実際の構造に関する多くの情報が得られる．

図 5.1 に示したように，遷移状態における部分結合を表すのに点線が用いられる．C が A と新しい結合を作り始めると（点線で示される），A と B との結合が切れ始める（点線で示される）．反応が終了すると，もとの A—B 結合は完全に切断され，新しい C—A 結合が完全に形成されている．

エネルギー図：化学反応の進行に伴うエネルギー変化を示すグラフ．エネルギーの変化を縦軸に，反応の進行度を横軸にプロットする．

反応座標：反応の進行の程度を示し，エネルギー図で横軸にプロットする．

反応熱：反応物と生成物とのエネルギーの差．ΔH で表す．

発熱反応：生成物のエネルギーが反応物のエネルギーより低い反応．熱が放出される反応．

吸熱反応：生成物のエネルギーが反応物のエネルギーより高い反応．熱が吸収される反応．

遷移状態：反応中でエネルギーがもっとも高い不安定な状態．エネルギー図の極大点．

図 5.2
中間体の生成を伴う二段階反応のエネルギー図．反応物のエネルギーは生成物より高く，A＋BがC＋Dへと変化する際にエネルギーが放出される．

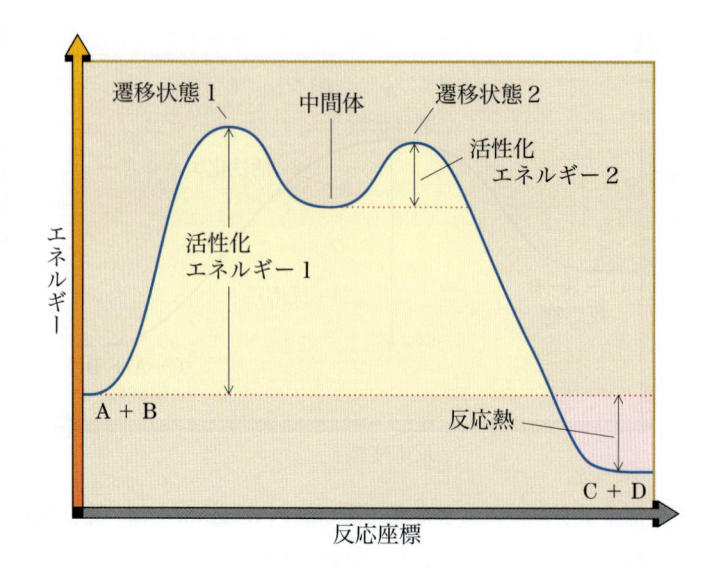

(図：反応座標に対するエネルギー変化を示すグラフ．A＋Bから遷移状態1（活性化エネルギー1），中間体，遷移状態2（活性化エネルギー2）を経てC＋Dに至る．A＋BとC＋Dのエネルギー差が反応熱．)

活性化エネルギー：反応物と遷移状態とのエネルギーの差．E_aで表す．

反応物と遷移状態とのエネルギーの差は**活性化エネルギー** activation energy（E_a）とよばれる．活性化エネルギーは反応が起こるのに必要な最小のエネルギーであり，反応のエネルギー障壁と考えることができる．活性化エネルギーは反応速度，つまりその反応がどのくらいの速さで進行するのかを決定する．活性化エネルギーが大きい場合には，非常にわずかの分子の衝突だけしか十分なエネルギーをもって遷移状態に到達することができないので，その反応は遅い．それに対して活性化エネルギーが小さい場合は，多くの分子の衝突が十分なエネルギーをもって遷移状態に到達できるので，反応は速い．

2段階またはそれ以上の段階で進行する反応では，各段階が固有の遷移状態と活性化エネルギーをもつ．図5.2に反応物から生成物へ2段階で反応が進行するときのエネルギー図を示す．二つの遷移状態，この場合は遷移状態1と遷移状態2との間にエネルギーの低くなっているところがある．**反応中間体** reaction intermediate は，この極小点に相当する．この中間体は反応物と生成物のいずれよりもエネルギーが高く反応性に富むので，めったに単離されることはない．

反応中間体：二つの遷移状態間に存在するエネルギー極小点にある不安定な化学種．

律速段階：多段階反応でエネルギー障壁の最も高い段階．

多段階からなる反応の中で最も高いエネルギー障壁を有する段階を**律速段階** rate-determining step という．図5.2では，段階1がより高いエネルギー障壁をもつので，律速段階である．

例題 5.1

第二段階が律速であるような二段階発熱反応のエネルギー図を書け．

解 答
二段階反応においては中間体が存在する．発熱反応であるためには生成物の方が反応物より低いエネルギーをもたなければならない．第二段階が律速であ

るためには，この段階が第一段階より高いエネルギー障壁をもっていなければならない．

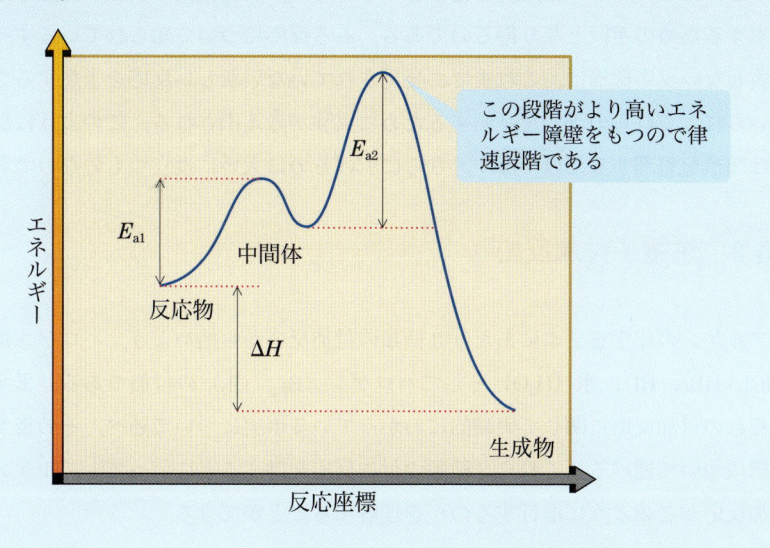

図中:
- 縦軸: エネルギー
- 横軸: 反応座標
- E_{a1}, E_{a2}, ΔH
- 反応物，中間体，生成物
- 吹き出し: この段階がより高いエネルギー障壁をもつので律速段階である

練習問題 5.1

反応が吸熱的である場合には，例題 5.1 で書いたエネルギー図をどのように書き換えればよいか．

B 反応機構の解明

反応機構を解明するためには，その化学反応の詳細を明らかにするような実験を工夫して行うことから始める．次に，化学者としての経験と直感によって，全体の化学変化を説明できるようないくつかの段階的反応過程，すなわち反応機構を提案する．最後に，提案した各反応機構が実験事実に反しないかどうかを調べ，事実に一致しない反応機構を除外する．

一つの反応機構は，他の合理的にみえる反応機構を除外し，またすべての実験事実と一致することを示すことによって確立される．もちろん，一般的に受け入れられている反応機構が化学反応をすべて正確に説明できるという意味ではなく，化学者が考え出した最良の機構というに過ぎない．新しい実験事実が得られたときに，その反応機構を修正するか，それを捨てて最初からやり直さなければならないこともあることを知っておく必要がある．

反応と反応機構をまだ勉強していない段階では，なぜ反応機構を確立することに苦労し，また反応機構をきちんと勉強しなければならないのかと疑問に思うかも知れない．一つの理由は非常に現実的なことである．反応機構は化学全体を系統だてて説明する理論的枠組みを提供するものである．例えば，ある試薬がどのように特定のアルケンに付加するのかを理解すれば，この反応を一般化し，同じ試薬が他のアルケンにも同様に付加するだろうと予測することが可能になる．第二の理由は，

化学反応系の挙動を正確に反映できるモデルを構築することによって知的満足を得ることにある．さらに創造的な化学者にとっては，反応機構は新しい知識や理解を探求するための手段となり得るのである．ある反応について知られているすべてに矛盾しない反応機構は，これまでに発見されていない新しい反応を予想することに用いられ，これらの予想を証明するために実験が考え出される．このように反応機構は知識を整理するだけでなく，さらに広げるのに大いに役立つものなのである．

5.3 求電子付加反応

アルケンの化学を学ぶにあたり3種類の付加反応から始めよう．ハロゲン化水素（HCl，HBr，HI），水（H_2O）そしてハロゲン（Br_2，Cl_2）の付加である．まず，それぞれの付加反応に関して実験的にわかっている事実について述べ，その後で反応機構について述べる．これら3種類の付加反応を学ぶことによって，アルケンへの付加反応がどのように進行するのかを理解することができる．

A ハロゲン化水素の付加

ハロゲン化水素 HCl，HBr，HI はアルケンに付加してハロアルカン（ハロゲン化アルキル）を生成する．これらの付加反応は溶媒を用いないで行われることもあるが，酢酸のような極性溶媒を用いても行われる．HCl はエチレンに付加しクロロエタン（塩化エチル）を生成する．

$$CH_2=CH_2 + HCl \longrightarrow \underset{\text{Chloroethane}}{CH_2-CH_2} \text{ (with H, Cl substituents)}$$

Ethylene

HCl のプロペンへの付加は 2-クロロプロパン（塩化イソプロピル）を生成する．水素はプロペンの1位の炭素に，塩素は2位の炭素に付加する．付加の配向が逆になると，1-クロロプロパン（塩化プロピル）が生成するはずである．実験結果によると，2-クロロプロパンのみが生成し 1-クロロプロパンは事実上生成しない．

$$CH_3CH=CH_2 + HCl \longrightarrow \underset{\text{2-Chloropropane}}{CH_3CH-CH_2} + \underset{\substack{\text{1-Chloropropane}\\\text{(生成しない)}}}{CH_3CH-CH_2}$$

Propene

このような場合，HCl のプロペンへの付加は位置選択性が高いといい，2-クロロプロパンを反応の主生成物という．**位置選択的反応** regioselective reaction とは，結合の生成あるいは切断の方向によって生成物が異なるとき，ある一定の方向が他のすべての方向に優先して起こる反応のことである．

Vradimir Markovnikov（マルコフニコフ）はこの位置選択性を見いだし，**Markovnikov 則**とよばれ

位置選択的反応：結合の生成または切断の方向が他の方向に優先して選択的に起こる反応．

る一般則にした．すなわち，HX がアルケンへ付加するとき，水素は二重結合炭素のうちで水素がより多く結合している炭素に付加する．Markovnikov 則は多くのアルケンの付加反応の生成物を予測する方法にはなるが，なぜそうなるかということは説明していない．

Markovnikov 則：HX または H_2O がアルケンに付加する場合に，水素がより多く結合している二重結合の炭素に水素が付加する．

例題 5.2

次のアルケンの付加反応の主生成物を命名し，構造式を書け．

(a) $CH_3\underset{\underset{CH_3}{|}}{C}=CH_2$ + HI ⟶

(b) シクロペンテン-1-メチル + HCl ⟶

解 答

Markovnikov 則を用いると，(a) は 2-ヨード-2-メチルプロパン，(b) は 1-クロロ-1-メチルシクロペンタンが生成物である．

(a) $CH_3\underset{\underset{I}{|}}{\overset{\overset{CH_3}{|}}{C}}CH_3$

2-Iodo-2-methylpropane

(b) 1-クロロ-1-メチルシクロペンタン (Cl と CH_3 が同一炭素)

1-Chloro-1-methylcyclopentane

練習問題 5.2

次のアルケンの付加反応の主生成物を命名し，構造式を書け．

(a) $CH_3CH=CH_2$ + HI ⟶

(b) シクロヘキシリデン=CH_2 + HI ⟶

HX のアルケンへの付加は二段階反応機構で説明されるが，ここでは塩化水素が 2-ブテンに付加して 2-クロロブタンが生成する反応を例にとって説明する．まず二段階機構を一般的に見てからもとにもどって各段階について詳細に検討しよう．

機構：HCl の 2-ブテンに対する求電子付加

段階1：この反応は HCl から 2-ブテンにプロトンが移動することから始まる．

$CH_3CH=CHCH_3$ + $H\overset{\delta+}{-}\overset{\delta-}{Cl}:$ ⇌ (遅い，律速段階) $CH_3CH\overset{H}{-}\overset{+}{C}HCH_3$ + $:Cl:^-$

sec-ブチルカチオン
(第二級カルボカチオン中間体)

これは，段階1の左辺の二つの巻矢印で示される．最初の巻矢印はアルケンの π 結合が切れ，その電子対が HCl の水素原子と新しい共有結合を作るのに使われることを示している．もう一つの巻矢印は HCl の極性共有結合が切れ，

電子対が完全に塩素上に移動して塩化物イオンとなることを示している．この反応機構の段階 1 ではカルボカチオンと塩化物イオンとが生成する．

段階 2：*sec*-ブチルカチオン（Lewis 酸）は塩化物イオンと反応して炭素の原子価殻を完全に満たし，2-クロロブタンを生成する．

$$:\ddot{\underset{..}{Cl}}:^{-} + \overset{+}{CH_3CHCH_2CH_3} \xrightarrow{速い} \underset{CH_3CHCH_2CH_3}{\overset{:\ddot{\underset{..}{Cl}}:}{|}}$$

塩化物イオン　　*sec*-ブチルカチオン　　　2-Chlorobutane
（Lewis 塩基）　　（Lewis 酸）

ここで，もう一度各段階を一つずつ詳しく見てみよう．この二つの段階には重要なことがいろいろと含まれており，それをきちんと理解することが重要である．

段階 1 ではカチオンが生成する．このカチオンの一つの炭素原子には原子価殻に 6 電子しか入っておらず，そのために +1 の電荷をもっている．正電荷の炭素原子をもつ化学種を**カルボカチオン** carbocation（*carbon* + *cation*）とよぶ．カルボカチオンは正電荷をもつ炭素に結合している炭素の数に従って第一級，第二級，第三級の 3 種類に分類される．すべてのカルボカチオンは Lewis 酸であり（2.7 節），求電子種でもある．**求電子種** electrophile とは文字通り"電子を好むもの"という意味である．

カルボカチオンでは，正電荷をもつ炭素原子は 3 個の原子と結合しており，原子価殻電子対反発（VSEPR）モデルから予想されるように，その炭素のまわりの三つの結合は平面構造をとり，その結合角は約 120°である．軌道モデルで考えると，カルボカチオンの電子不足の炭素は sp² 混成軌道を使って三つのσ結合を形成しており，混成に使われなかった 2p 軌道は電子の入っていない空の軌道でσ結合と直交している．*tert*-ブチルカチオンの Lewis 構造と軌道とを図 5.3 に示す．

図 5.4 は，HCl と 2-ブテンの二段階反応のエネルギー図を示したものである．反応速度の遅い律速段階（より高いエネルギー障壁をもつ段階）は段階 1 であり，第二級カルボカチオンが生成する．この中間体は段階 1 と 2 の遷移状態間で極小のエネルギー値を有する．カルボカチオン中間体（Lewis 酸）が生成すると，速やかに塩化物イオン（Lewis 塩基）と Lewis 酸塩基反応して 2-クロロブタンが生成する．2-クロロブタン（生成物）のエネルギーが 2-ブテンと HCl（反応物）のエネルギー

カルボカチオン：三つしか結合をもたず，正電荷をもつ炭素原子を含む化学種．

求電子種：電子対を受け取って新しい共有結合を形成することのできる分子またはイオン．Lewis 酸に分類される．

図 5.3
tert-ブチルカチオンの構造．
(a) Lewis 構造．
(b) 軌道の形．

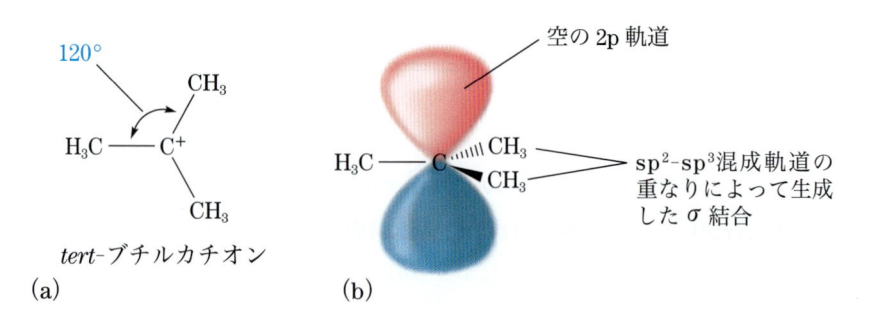

(a) *tert*-ブチルカチオン

(b) 空の 2p 軌道／sp²-sp³ 混成軌道の重なりによって生成したσ結合

第5章 アルケンの反応

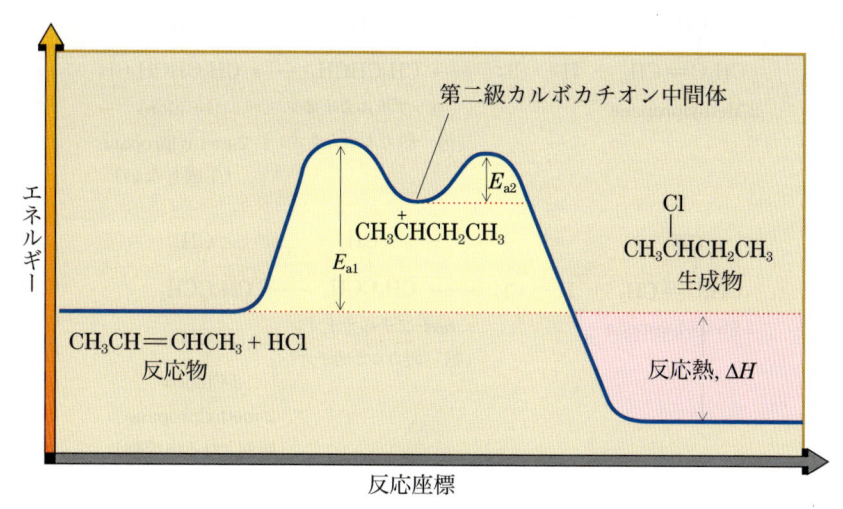

図 5.4
HCl の 2-ブテンへの二段階付加反応のエネルギー図．反応は発熱的である．

[エネルギー図：CH₃CH=CHCH₃ + HCl（反応物）→ 第二級カルボカチオン中間体 CH₃ĊHCH₂CH₃（E_{a1}, E_{a2}）→ CH₃CHClCH₂CH₃（生成物），反応熱 ΔH．横軸：反応座標]

よりも低いことに注目しよう．このアルケンの付加反応では熱が放出される．したがって，この反応は発熱的である．

カルボカチオンの相対的な安定性：位置選択性と Markovnikov 則

HX とアルケンとの反応では，原理的には二重結合のどちらの炭素が H⁺ と結合をつくるかによって，2 種類のカルボカチオン中間体ができる．その例を，プロペンと HCl との反応で示す．

$$CH_3CH=CH_2 + H-Cl: \longrightarrow CH_3CH_2\overset{+}{C}H_2 \xrightarrow{:\overset{..}{\underset{..}{Cl}}:^-} CH_3CH_2CH_2\overset{..}{\underset{..}{Cl}}:$$
Propene　　プロピルカチオン　　1-Chloropropane
（第一級カルボカチオン）　（生成しない）

$$CH_3CH=CH_2 + H-Cl: \longrightarrow CH_3\overset{+}{C}HCH_3 \xrightarrow{:\overset{..}{\underset{..}{Cl}}:^-} CH_3\underset{\overset{|}{:\overset{..}{\underset{..}{Cl}}:}}{C}HCH_3$$
Propene　　イソプロピルカチオン　　2-Chloropropane
（第二級カルボカチオン）（観測される生成物）

実際に生成するのは 2-クロロプロパンである．カルボカチオンと塩化物イオンとの反応は非常に速いことから，1-クロロプロパンが生成しないのは第二級カルボカチオンが第一級カルボカチオンに優先して生成していることを示している．

同様に HCl と 2-メチルプロペンとの反応では，二重結合へのプロトンの付加により生成するのはイソブチルカチオン（第一級カルボカチオン）と *tert*-ブチルカチオン（第三級カルボカチオン）のいずれかである．

$$\underset{\text{2-Methylpropene}}{CH_3C(CH_3)=CH_2} + H-\ddot{\underset{..}{Cl}}: \longrightarrow \underset{\substack{\text{イソブチルカチオン}\\(\text{第一級カルボカチオン})}}{CH_3\overset{CH_3}{\underset{|}{C}}H\overset{+}{C}H_2} \quad :\ddot{\underset{..}{Cl}}:^- \longrightarrow \underset{\substack{\text{1-Chloro-}\\\text{2-methylpropane}\\(\text{生成しない})}}{CH_3\overset{CH_3}{\underset{|}{C}}HCH_2\ddot{\underset{..}{Cl}}:}$$

$$\underset{\text{2-Methylpropene}}{CH_3C(CH_3)=CH_2} + H-\ddot{\underset{..}{Cl}}: \longrightarrow \underset{\substack{tert\text{-ブチルカチオン}\\(\text{第三級カルボカチオン})}}{CH_3\overset{CH_3}{\underset{+}{C}}CH_3} \quad :\ddot{\underset{..}{Cl}}:^- \longrightarrow \underset{\substack{\text{2-Chloro-}\\\text{2-methylpropane}\\(\text{観測される生成物})}}{CH_3\overset{CH_3}{\underset{\underset{:\ddot{\underset{..}{Cl}}:}{|}}{C}}CH_3}$$

実際に生成するのは2-クロロ-2-メチルプロパンであり，このことは第三級カルボカチオンが第一級カルボカチオンに優先して生成していることを示している．

このような実験と他の多くの実験的な証拠から，第三級カルボカチオンは第二級カルボカチオンよりも安定であり，その生成に必要な活性化エネルギーはより低いことがわかっている．第二級カルボカチオンは第一級カルボカチオンよりも安定で，その生成に必要な活性化エネルギーはより低い．つまりより安定なカルボカチオンが不安定なカルボカチオンよりも速く生成する．4種類のアルキルカルボカチオンの安定性の順序は次の通りである．

メチルカチオン	エチルカチオン	イソプロピルカチオン	tert-ブチルカチオン
(メチル)	(第一級)	(第二級)	(第三級)

→ カルボカチオンの安定性の増大する順序 →

このようなカルボカチオンの相対的な安定性の概念はMarkovnikovの時代には確立してはいなかったが，この相対的な安定性がMarkovnikov則の基になっている．すなわち，H—Xのプロトンは二重結合の二つの炭素のうち水素の数の多い方の炭素に付加する．この結果生成するカルボカチオン中間体がより安定になるからである．

それでは，このようなカルボカチオンの安定性の順序はどのように説明できるのだろうか．物理学の基本的な原理によると，正であろうと負であろうと電荷をもつ系ではその電荷が非局在化（広がっていること）している方が安定である．この原理からカルボカチオンの安定性の順序を説明することができる．正電荷をもつ炭素に結合しているアルキル基はカルボカチオンに電子を供与することができる．そのためにカチオン上の電荷が非局在化できる．カルボカチオンに結合しているアルキル基の電子供与性は**誘起効果 inductive effect**（2.6C節）によって説明できる．

誘起効果は次のように説明される．正電荷をもつ炭素原子は電子不足であるためにσ結合を形成している電子を引きつけて分極させる．その結果，カチオンの正電荷は3価の炭素上に局在せずに，むしろ近くの原子上に非局在化する．正電荷の広がりが大きくなればなるほどカチオンの安定性は増加する．したがって，カルボカチオンに結合しているアルキル基の数が増えるとカチオンはより安定になる．図5.5には正電荷をもつ炭素の電子求引性誘起効果とその結果正電荷が非局在化している様子を示す．量子力学の計算によると，メチルカチオンの炭素上の電荷は＋0.645，三つの水素原子上ではそれぞれ＋0.118である．このようにメチルカチオンでさえも正電荷は炭素上に局在してはいない．カチオンを含む系全体に非局在化していると考えるべきである．電子密度の分布と電荷の非局在化は，tert-ブチルカチオンの場合にはさらに顕著である．

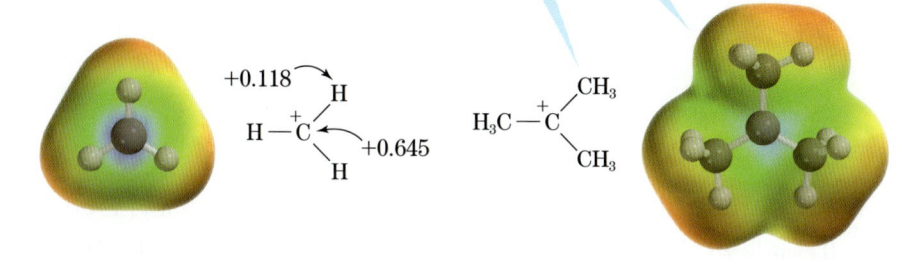

図 5.5
メチルカチオンと tert-ブチルカチオン．正電荷をもつ3価の炭素の電子求引性誘起効果による正電荷の非局在化．分子軌道法の計算による．

例題 5.3

次のカルボカチオンを安定性の高くなる順に並べよ．

(a)　(b)　(c)

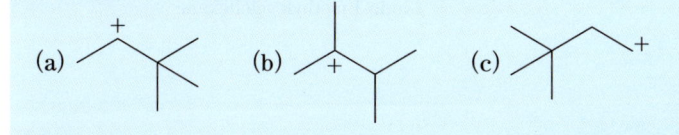

解　答

カルボカチオン (a) は第二級，(b) は第三級，(c) は第一級であることから，安定性は c＜a＜b の順である．

練習問題 5.3

次のカルボカチオンを安定性の高くなる順に並べよ．

(a)　(b)　(c)

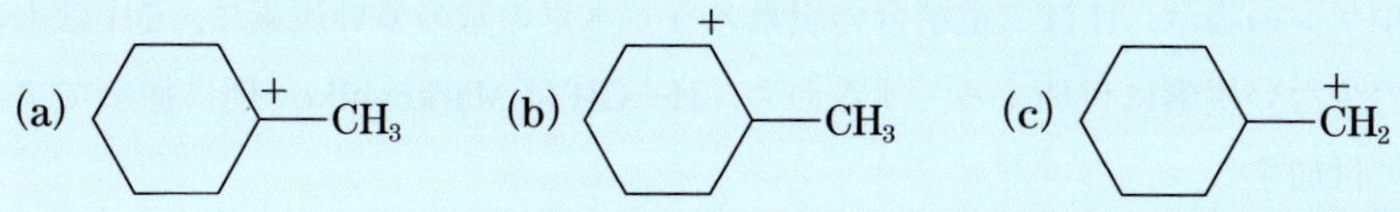

例題 5.4

メチレンシクロヘキサンに HI が付加して 1-ヨード-1-メチルシクロヘキサンが生成する反応の機構を書け．どの段階が律速段階であるかも示せ．

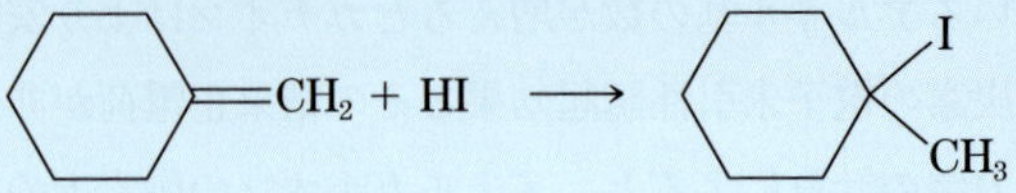

$$\text{Methylenecyclohexane} + \text{HI} \longrightarrow \text{1-Iodo-1-methylcyclohexane}$$

解 答

HCl のプロペンへの付加反応において述べた二段階反応と同様の機構を書く．

段階 1：HI のプロトンが炭素-炭素二重結合に付加して第三級カルボカチオン中間体が生成する段階が律速段階である．

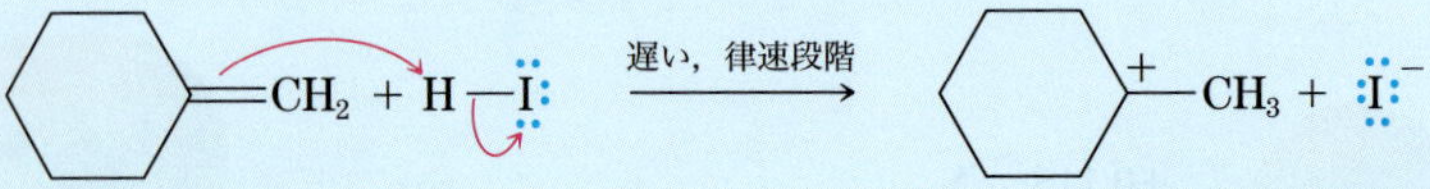

（遅い，律速段階）
Methylenecyclohexane → 第三級カルボカチオン中間体 + I⁻

段階 2：生成した第三級カルボカチオン中間体 (Lewis 酸) とヨウ化物イオン (Lewis 塩基) との反応によって炭素原子の原子価殻が満たされ，生成物を生じる．

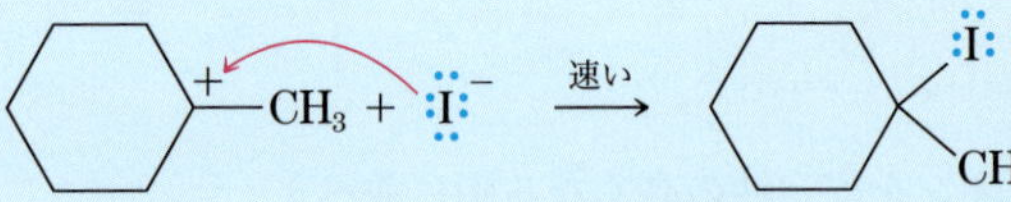

（速い）
→ 1-Iodo-1-methylcyclohexane

練習問題 5.4

HCl の 1-メチルシクロヘキセンへの付加反応により 1-クロロ-1-メチルシクロヘキサンが生成する反応機構を書け．どの段階が律速段階かも示せ．

B 水の付加：酸触媒水和反応

酸触媒（通常濃硫酸を用いる）が存在すると，アルケンの炭素-炭素二重結合に水が付加してアルコールが生成する．この水の付加を**水和** hydration という．簡単なアルケンの場合，H は二重結合の炭素のうち水素の数の多い炭素に，OH は水素の数の少ない炭素に付加する．すなわち，H—OH は Markovnikov 則に従ってアルケンに付加する．

水和：水の付加．

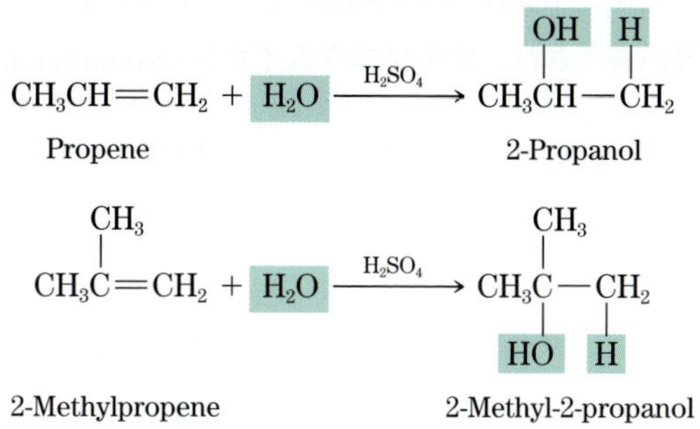

第5章 アルケンの反応

$$CH_3CH=CH_2 + \boxed{H_2O} \xrightarrow{H_2SO_4} CH_3CH-CH_2$$
$$\text{Propene} \qquad \qquad \qquad \boxed{OH}\ \boxed{H}$$
$$\text{2-Propanol}$$

$$CH_3\underset{\underset{CH_3}{|}}{C}=CH_2 + \boxed{H_2O} \xrightarrow{H_2SO_4} CH_3\underset{\underset{CH_3}{|}}{C}-CH_2$$
$$\text{2-Methylpropene} \qquad \qquad \boxed{HO}\ \boxed{H}$$
$$\text{2-Methyl-2-propanol}$$

例題 5.5

1-メチルシクロヘキセンの酸触媒水和反応生成物の構造式を書け．

解 答

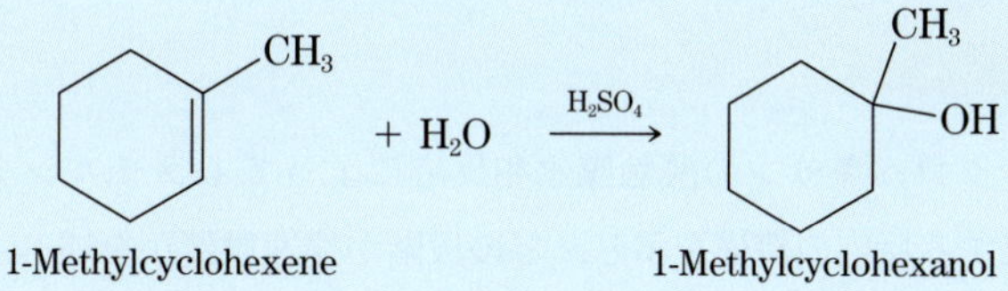

1-Methylcyclohexene + H_2O $\xrightarrow{H_2SO_4}$ 1-Methylcyclohexanol

練習問題 5.5

次のアルケンの水和反応生成物の構造式を書け．

(a) (CH₃)₂C=CHCH₃ + H_2O $\xrightarrow{H_2SO_4}$

(b) CH₂=C(CH₃)CH₂CH₃ + H_2O $\xrightarrow{H_2SO_4}$

アルケンの酸触媒水和反応の機構は，アルケンへの HCl, HBr, HI の付加についてすでに述べた反応機構によく似ている．ここでは，プロペンの水和によって 2-プロパノールが生成する反応で説明する．この反応機構は酸が触媒になっていることと一致している．H_3O^+ は段階 1 で消費されるが，段階 3 で再生される．

反応機構：プロペンの酸触媒水和反応

段階 1：酸触媒からプロトンがプロペンに移動して，第二級カルボカチオン中間体（Lewis 酸）が生成する．

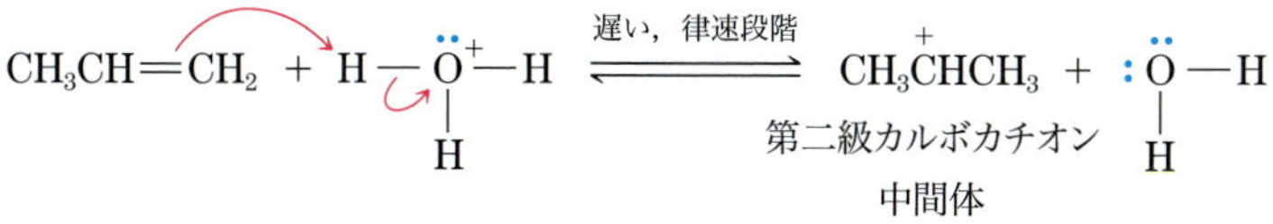

$$CH_3CH=CH_2 + H-\overset{..}{\underset{H}{\overset{+}{O}}}-H \underset{\text{遅い，律速段階}}{\rightleftharpoons} CH_3\overset{+}{C}HCH_3 + :\overset{..}{\underset{H}{O}}-H$$
第二級カルボカチオン中間体

オキソニウムイオン：酸素が3個の他の原子と結合し正電荷をもっているイオン.

段階2：カルボカチオン中間体（Lewis酸）と水（Lewis塩基）との反応により炭素の原子価殻が満たされ，**オキソニウムイオン** oxonium ion が生成する．

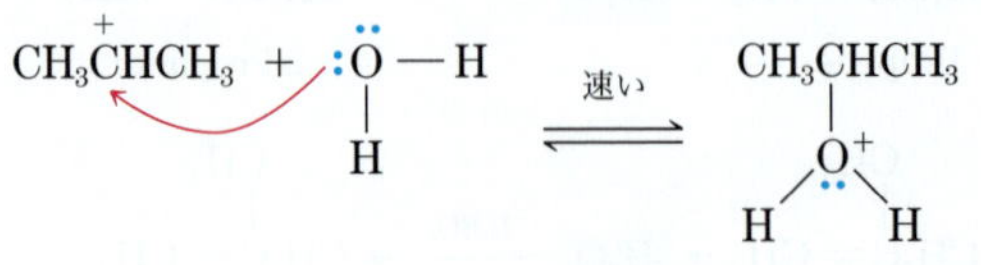

$$CH_3CHCH_3 + :\overset{..}{O}-H \underset{}{\overset{速い}{\rightleftharpoons}} CH_3CHCH_3-\overset{+}{\underset{H}{\overset{H}{O}}}$$
オキソニウムイオン

段階3：オキソニウムイオンのプロトンが水に移動し，アルコールが生成し触媒が再生する．

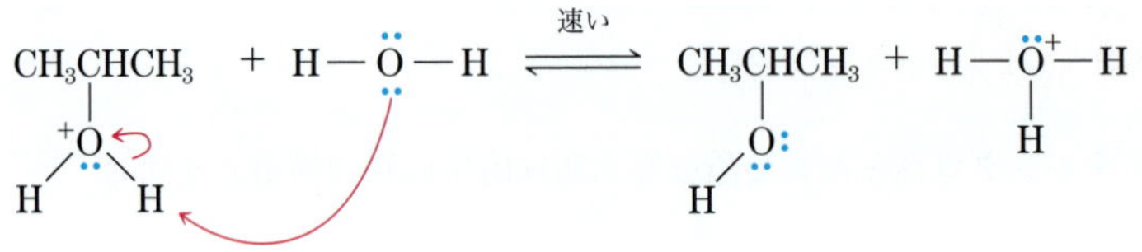

$$CH_3CHCH_3 + H-\overset{..}{\underset{..}{O}}-H \overset{速い}{\rightleftharpoons} CH_3CHCH_3 + H-\overset{+}{\underset{H}{O}}-H$$

例題 5.6

メチレンシクロヘキサンの酸触媒水和反応によって1-メチルシクロヘキサノールが生成する反応の機構を示し，どの段階が律速段階かを述べよ．

解　答

プロペンへの酸触媒水和反応と同様の3段階の機構を考える．段階1で第三級カルボカチオンが生成する反応が律速段階である．

段階1：酸触媒からプロトンがアルケンに移動して第三級カルボカチオン中間体（Lewis酸）が生成する．

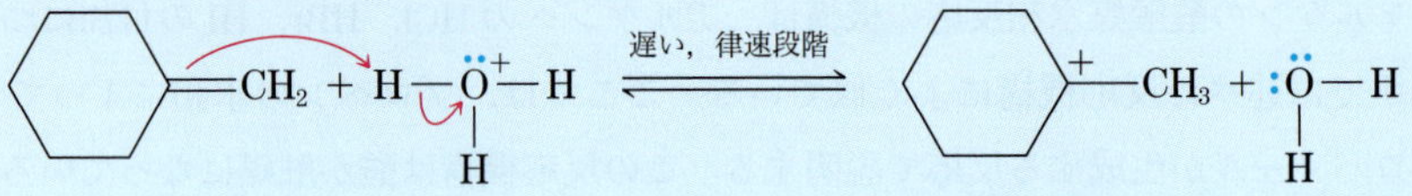

（反応式：メチレンシクロヘキサン + H₃O⁺ ⇌ 遅い，律速段階 ⇌ 第三級カルボカチオン中間体 + :Ö-H の H）

段階2：カルボカチオン中間体（Lewis酸）と水（Lewis塩基）の反応により炭素の原子価殻が満たされ，オキソニウムイオンが生成する．

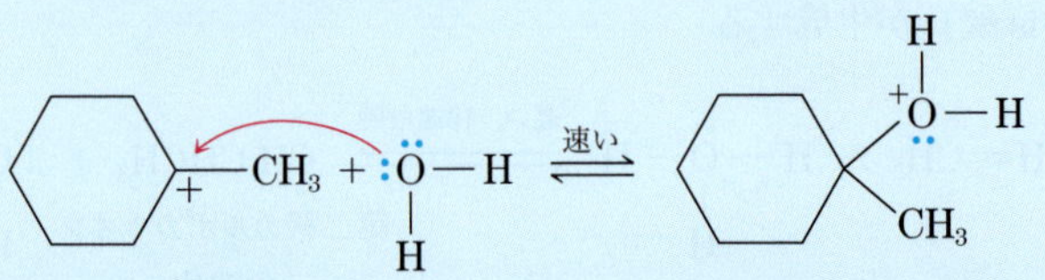

（反応式：シクロヘキシル⁺-CH₃ + :Ö-H のH ⇌ 速い ⇌ オキソニウムイオン）

段階3：オキソニウムイオンからH⁺が水に移動してアルコールを生成し，触

第 5 章　アルケンの反応

媒が再生する．

（反応機構図：1-メチルシクロヘキシル カチオンに結合した $\overset{+}{O}H_2$ が水分子と反応し，速い平衡で $-OH$ と H_3O^+ を生成する）

練習問題 5.6

1-メチルシクロヘキサノールを生成する 1-メチルシクロヘキセンの酸触媒水和反応の機構を示し，どの段階が律速段階であるかを述べよ．

C　臭素と塩素の付加

塩素（Cl_2）と臭素（Br_2）は室温でアルケンと反応し，ハロゲン原子が二重結合の炭素に付加して 2 個の新しい炭素–ハロゲン結合を形成する．

$$CH_3CH=CHCH_3 + Br_2 \xrightarrow{CH_2Cl_2} CH_3CH(Br)-CH(Br)CH_3$$

2-Butene　　　　　　　　　　　2,3-Dibromobutane

フッ素（F_2）もアルケンに付加するが，反応が非常に速くて制御することが難しいので合成反応としては適していない．ヨウ素（I_2）も同様に付加するが合成的には有用でない．

臭素または塩素がシクロアルケンに付加すると，トランスのジハロシクロアルカンが生成する．例えば，臭素がシクロヘキセンに付加すると，*trans*-1,2-ジブロモシクロヘキサンが生成しシス体は生成しない．このようにハロゲンのシクロアルケンへの付加は立体選択的である．**立体選択的反応** stereoselective reaction とは，一つの立体異性体の生成または分解が，他のすべての立体異性体の生成や分解に優先して起こる反応をいう．臭素のシクロアルケンへの付加は高い立体選択性をもち，ハロゲン原子は必ず互いにトランスで付加する．

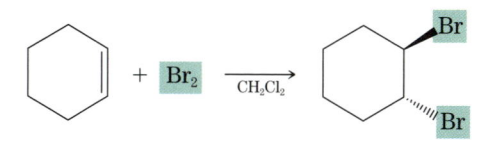

Cyclohexene + Br_2 $\xrightarrow{CH_2Cl_2}$ *trans*-1,2-Dibromocyclohexane

臭素とアルケンとの反応は，炭素–炭素二重結合の確認のための特に有効な定性試験でもある．臭素をジクロロメタンに溶かすと溶液は赤色を呈するが，アルケンもジブロモアルカンもともに無色である．したがって，アルケンに臭素溶液を数滴加えるとジブロモアルカンが生成し，溶液は無色になる．

立体選択的反応：一つの立体異性体が他のすべての立体異性体に優先して生成あるいは分解する反応．

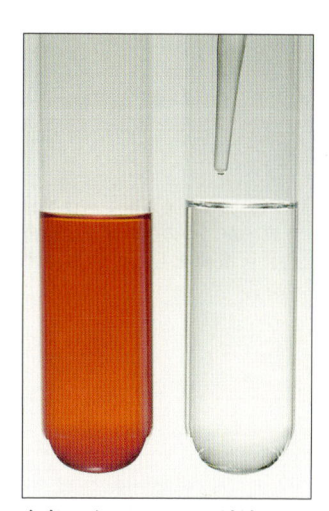

臭素のジクロロメタン溶液は赤色である．アルケンを数滴加えると赤い色は消失する．（Charles D. Winters）

例題 5.7

次の反応を完成せよ．生成物の置換基の相対的な立体配置を示すこと．

(a) 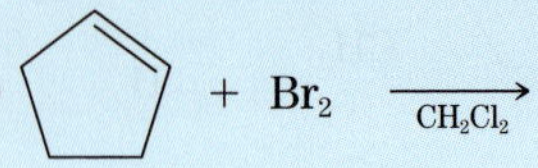 シクロペンテン + Br_2 →(CH_2Cl_2)

(b) 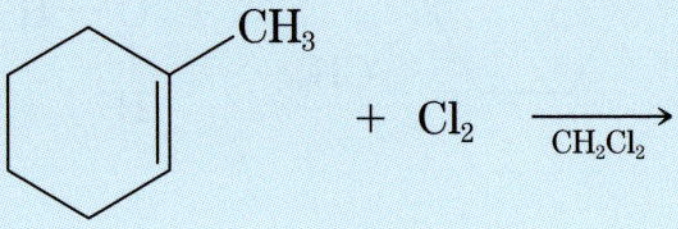 1-メチルシクロヘキセン + Cl_2 →(CH_2Cl_2)

解 答
生成物のハロゲン原子は互いにトランスである．

(a) 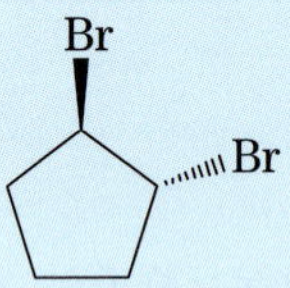 trans-1,2-ジブロモシクロペンタン

(b) 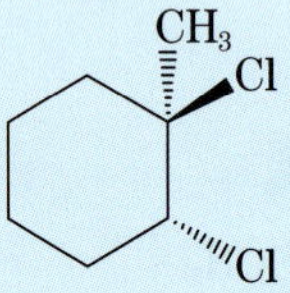 trans-1-クロロ-2-クロロ-1-メチルシクロヘキサン

練習問題 5.7

次の反応を完成せよ．

(a) 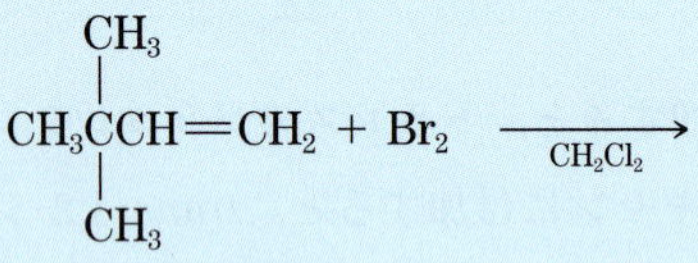 $CH_3CH(CH_3)CH=CH_2 + Br_2 \xrightarrow{CH_2Cl_2}$

(b) 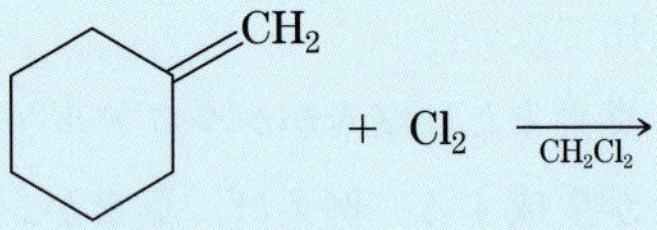 メチレンシクロヘキサン + $Cl_2 \xrightarrow{CH_2Cl_2}$

アンチ選択性と橋かけハロニウムイオン中間体

シクロアルケンへの臭素と塩素の付加反応とその選択性（常にトランス付加）は，**ハロニウムイオン** halonium ion といわれる正に荷電したハロゲン原子を含むカチオン中間体を経る二段階機構によって説明できる．このカチオンの環状構造は**橋かけハロニウムイオン** bridged halonium ion とよばれる．この反応機構に示されている橋かけハロニウムイオンの構造は一見奇妙にみえるかもしれないが，Lewis 構造として矛盾はない．形式電荷の計算によれば正電荷は臭素原子上に存在する．次の段階2では，臭化物イオンが環状中間体の臭素原子の反対側から攻撃してジブロモアルカンを生成する．結局，二つの臭素原子は炭素-炭素二重結合の反対の面から付加することになる．このような付加反応は**アンチ選択性** *anti* selectivity で進行するという．あるいは，ハロゲンの付加反応はアンチ付加の立体選択性を有するともいう．

ハロニウムイオン：ハロゲン原子が二つの他の原子と結合し正電荷をもっているイオン．

アンチ立体選択性：炭素-炭素二重結合に対して反対側または反対面から原子や原子団が付加すること．

反応機構：アンチ選択性の臭素付加

段階1：炭素-炭素二重結合のπ電子と臭素が反応して，橋かけブロモニウムイオン中間体を生成する．この中間体の臭素原子は正の形式電荷をもっている．

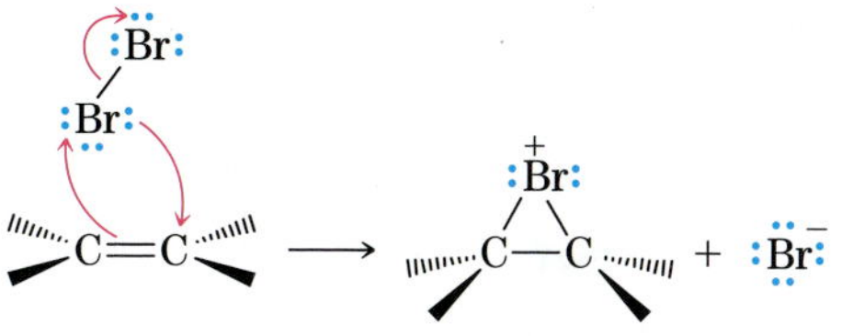

橋かけブロモニウムイオン中間体

段階2：臭化物イオン（Lewis 塩基）は橋かけブロモニウムイオンの反対側から炭素原子（Lewis 酸）を攻撃し，三員環が開裂する．

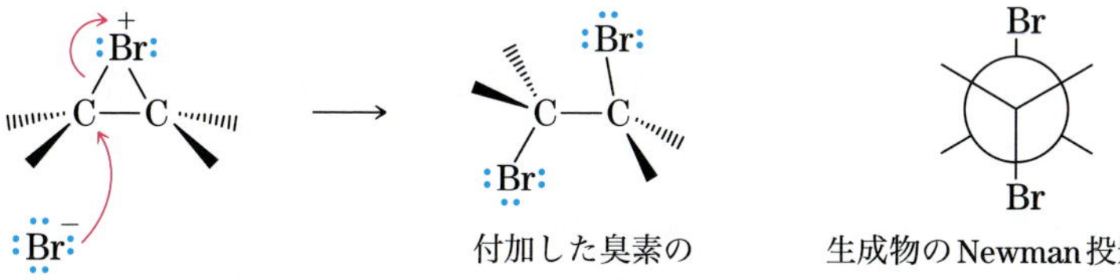

付加した臭素の
アンチ平面配向

生成物の Newman 投影式

　塩素または臭素がシクロヘキセンやその誘導体へ付加すると，トランス-ジアキシアル生成物が得られる．シクロヘキサン環の隣接した炭素ではアキシアル位だけがアンチで平面になれるからである．この最初に生成したトランス-ジアキシアル配座はトランス-ジエクアトリアル配座と平衡状態にある．シクロヘキサンの簡単な誘導体においては後者の方がより安定で，平衡はその方にかたよる．

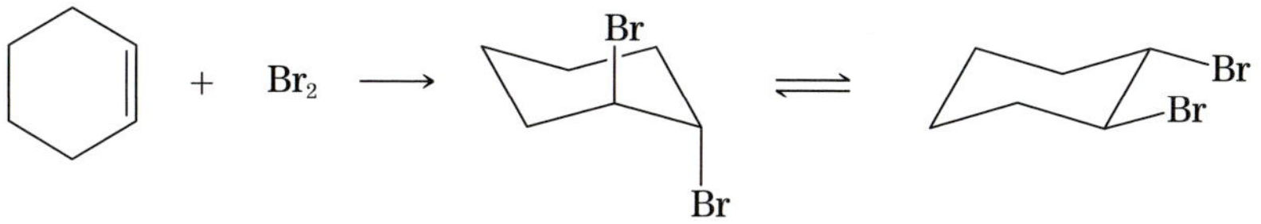

トランス-ジアキシアル　　　トランス-ジエクアトリアル
（より安定）

5.4 アルケンの酸化：グリコールの生成

　酸化 oxidation と還元 reduction は，酸素あるいは水素を得るか失うかによって定義されることを一般化学で学んだ．有機化合物に関しては酸化と還元を次のように定義する．

酸化：炭素原子へ O が加わるか炭素原子から H が除かれる
還元：炭素原子から O が除かれるか炭素原子へ H が加わる

　四酸化オスミウム OsO_4 などの遷移金属の酸化物はアルケンを**グリコール** glycol に変換する効率的な酸化剤である．グリコールは隣接する炭素に二つのヒドロキシ

グリコール：隣接した炭素に二つのヒドロキシ基（—OH）をもつ化合物．

シン付加：炭素-炭素二重結合の同じ側または同じ面からの原子や原子団の付加．

基をもつ化合物である．四酸化オスミウムによるアルケンの酸化は立体選択的であり，二重結合の炭素原子へ**シン付加** syn addition（同じ側からの付加）する．例えば，シクロペンテンを OsO_4 で酸化するとシス体のグリコールである *cis*-1,2-シクロペンタンジオールが生成する．

シクロペンテン →(OsO_4)→ 環状オスマート →($NaHSO_3$, H_2O)→ *cis*-1,2-Cyclopentanediol（シス-グリコール）

このグリコールにはシスとトランス異性体のどちらも存在可能であるが，シス異性体のみが生成する．

四酸化オスミウム酸化のシン選択性は環状オスマート osmate 経由の機構で説明できる．すなわち，OsO_4 の酸素原子が二重結合の二つの炭素と共有結合をつくるとき，もとのアルケンとシスで縮環したオスミウムを含む五員環構造をもつように起こる．この環状オスマートは単離して構造を確認することもできるが，通常は $NaHSO_3$ などの還元剤を直接反応系に加えてオスミウム-酸素結合を切断し，シス-グリコールとオスミウムの還元体を得るのが一般的である．

しかしながら，OsO_4 は高価で毒性が強いという問題点がある．これらの問題点を避ける方法の一つとして他の酸化剤を化学量論的に使用し，還元されたオスミウムをもとの酸化状態へ戻してオスミウム試薬をリサイクルすることによって，OsO_4 を触媒量で使用する方法がある．このような目的で使用する酸化剤としては過酸化水素 H_2O_2 や *tert*-ブチルヒドロペルオキシド $(CH_3)_3COOH$ が一般的である．この改良法では $NaHSO_3$ などの還元剤を使用する必要はない．

5.5 アルケンの還元：アルカンの生成

A 接触還元

ほとんどのアルケンは，遷移金属触媒の存在下で分子状水素 H_2 と定量的に反応してアルカンを生成する．通常用いる遷移金属触媒は白金，パラジウム，ルテニウム，ニッケルなどであり，収率はほぼ定量的である．アルケンのアルカンへの変換は，触媒の存在下における水素による還元反応なので，**接触還元** catalytic reduction あるいは**接触水素化** catalytic hydrogenation とよばれる．

Cyclohexene + H_2 →(Pd, 25°C, 3気圧)→ Cyclohexane

金属触媒は，活性炭やアルミナのような不活性な物質に支持させたきめの細かい

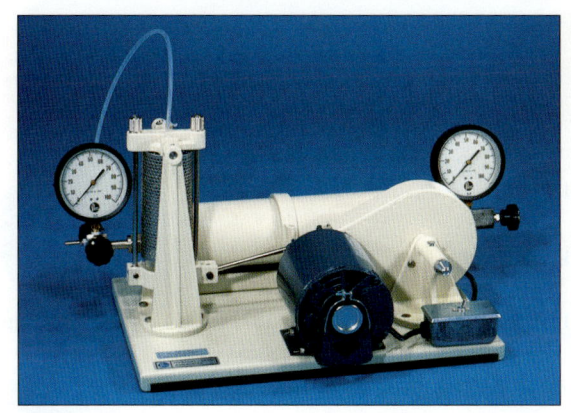

第5章 アルケンの反応

Paar 振とう型水素化装置.
(*Paar Instrument Co., Moline, IL.*)

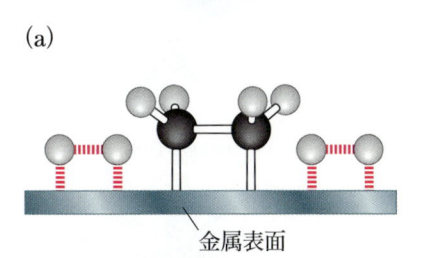

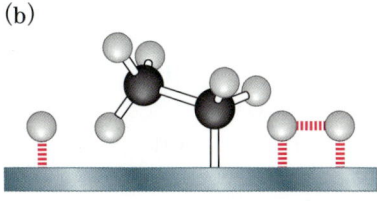

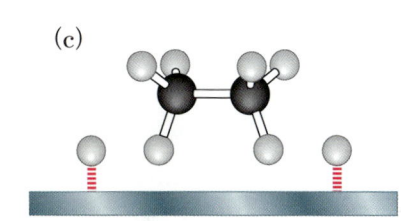

(a)　(b)　(c)

金属表面

図 5.6
遷移金属触媒によるアルケンへの水素のシン付加.
(a) 水素とアルケンが金属表面に吸着される.(b) 水素原子1個がアルケンに付加しC—H結合を形成する.もう一つの炭素はまだ金属表面に吸着されている.(c) 二つ目のC—H結合が生成しアルカンが放出される.

粉末として使用される.還元反応に対して不活性なエタノールなどの溶媒にアルケンを溶解し,固体の触媒を加え,水素ガスを1〜100気圧の圧力で反応させる.別法では,金属触媒を有機化合物とキレートさせて可溶な金属錯体として用いる.

接触還元は立体選択的であり,水素は二重結合に対して**シン付加**をするのが一般的である.例えば,1,2-ジメチルシクロヘキセンの接触還元では *cis*-1,2-ジメチルシクロヘキサンが生成する.

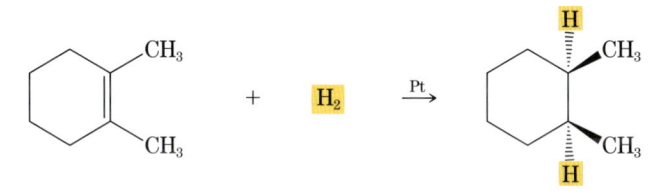

1,2-Dimethylcyclohexene + H₂ —Pt→ *cis*-1,2-Dimethylcyclohexane

接触還元に用いられる遷移金属は,おそらく金属-水素σ結合を形成することにより,その表面に大量の水素を吸着することができる.同様に遷移金属はアルケンを表面に吸着し炭素原子とも炭素-金属結合をつくる(図5.6 (a)).水素原子は2段階でアルケンに付加する.

B アルケンの水素化熱と相対安定性

アルケンの**水素化熱** heat of hydrogenation は,水素と反応してアルカンを与えるときに発生する反応熱 $\Delta H°$ と定義される.表5.2にアルケンの水素化熱の値をまとめる.

表 5.2 アルケンの水素化熱

名称	構造式	$\Delta H°$, kcal/mol (kJ/mol)
Ethylene	$CH_2{=}CH_2$	−32.8 (−137)
Propene	$CH_3CH{=}CH_2$	−30.1 (−126)
1-Butene	$CH_3CH_2CH{=}CH_2$	−30.3 (−127)
cis-2-Butene	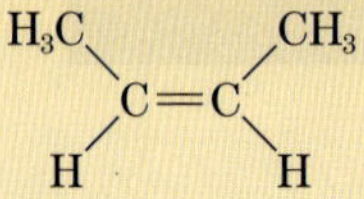 (H₃C)(H)C=C(CH₃)(H)	−28.6 (−120)
trans-2-Butene	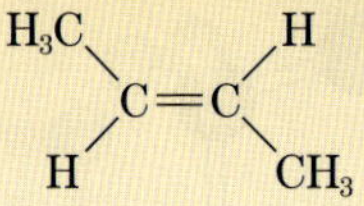 (H₃C)(H)C=C(H)(CH₃)	−27.6 (−115)
2-Methyl-2-butene	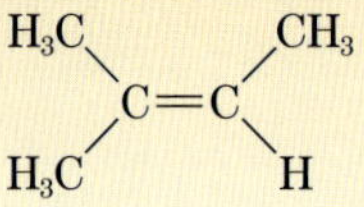 (H₃C)(H₃C)C=C(CH₃)(H)	−26.9 (−113)
2,3-Dimethyl-2-butene	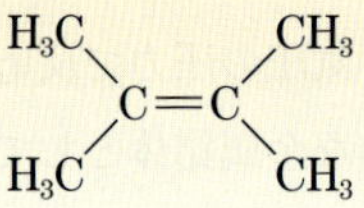 (H₃C)(H₃C)C=C(CH₃)(CH₃)	−26.6 (−111)

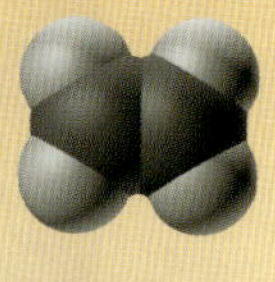

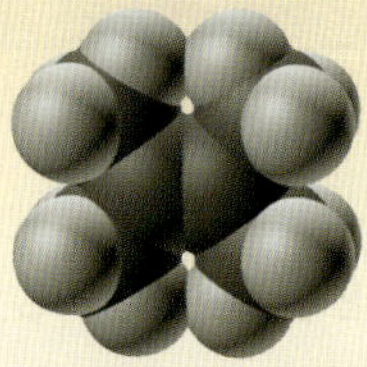

表 5.2 から次のような三つの重要な点がわかる．

1. アルケンのアルカンへの還元は発熱反応である．水素化で，より弱い π 結合がより強い σ 結合へ変換される事実と一致している．すなわち，一つの σ 結合（H—H）と一つの π 結合（C=C）が切断され，新しい二つの σ 結合（C—H）が生成する．

2. 水素化熱は炭素−炭素二重結合の置換基の数に依存する．すなわち，置換基の数が多ければ多いほど水素化熱の値は小さくなる．エチレン（置換基なし），プロペン（置換基 1 個），1-ブテン（置換基 1 個），cis- と trans- 2-ブテン（置換基 2 個）の水素化熱を比較せよ．

3. トランス-アルケンの水素化熱はシス異性体より小さい．例えば，cis-2-ブテンと trans-2-ブテンを比較してみよ．還元によってどちらのブテンからも同じブタンが生成するということは，この水素化熱の差は二つのアルケンのエネルギー差に等しいことを意味している（図 5.7）．より低い $\Delta H°$ 値（負の値が小さい）をもつアルケンがより安定である．

非結合性相互作用による立体ひずみを考えると，トランス-アルケンがシス-アルケンより安定であることを説明できる．cis-2-ブテンでは二つのメチル基が互いに

第5章 アルケンの反応

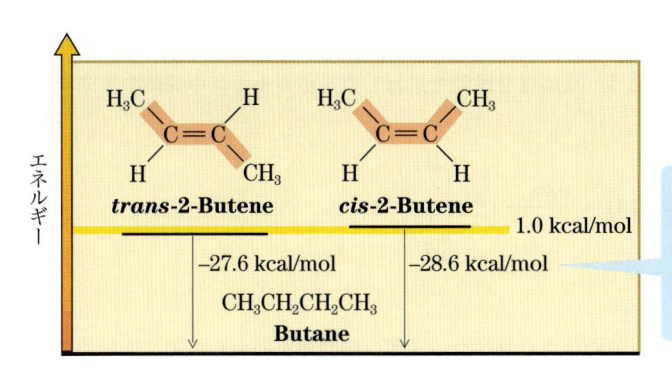

より大きな水素化熱はより多くの熱が放出されたことを意味し，シス-アルケンの方が高いエネルギーをもつ（より不安定である）ことを示している．

接近しているためにその電子雲間でより大きな反発が生じる．この反発のために，trans-2-ブテンに比べて cis-2-ブテンの方がより不安定で，より大きな水素化熱をもっている（約 1.0 kcal/mol）．

図 5.7
cis-2-ブテンと trans-2-ブテンの水素化熱．trans-2-ブテンが cis-2-ブテンより 1.0 kcal/mol（4.2 kJ/mol）安定．

まとめ

　反応機構（5.2節）は，(1) 化学反応がどのようにまたなぜ起こるのか，(2) どの結合が切断されてどのような新しい結合が生成するのか，(3) 種々の結合が切断し新しい結合が生成する場合の順序と相対的な速さについて，そして (4) 触媒を含む反応の場合，触媒の役割について記述するものである．**遷移状態理論**（5.2A節）は反応速度，分子構造とエネルギーの関係を理解するためのモデルを提供する．遷移状態理論の鍵となる仮説は**遷移状態**が存在するということである．反応物と遷移状態とのエネルギー差は**活性化エネルギー**とよばれる．**中間体**は二つの遷移状態の間のエネルギー最小の状態である．多段階反応におけるエネルギー障壁の最も高い段階を**律速段階**という．

　アルケンの特徴的な反応は**付加**であり，この反応によって一つのπ結合が切断され，新しい二つの原子あるいは原子団とのσ結合が生成する．

　求電子種（5.3A節）とは電子対を受け取って新しい共有結合をつくることのできる分子またはイオンのことであって，求電子種はすべて Lewis 酸である．アルケンへの**求電子付加**の律速段階は炭素-炭素二重結合と求電子種が反応して**カルボカチオン**を生成する段階である．カルボカチオンとは，原子価殻に6電子しかなくて正電荷をもつ炭素を含むイオンのことである．カルボカチオンは平面で，正電荷をもつ炭素原子のまわりの結合角は120°である．カルボカチオンの安定性の順序は第三級＞第二級＞第一級＞メチルである（5.3A節）．

重要な反応

1. H—X の付加（5.3A節）
　H—X の付加は位置選択的であり，Markovnikov 則に従う．反応は2段階で進行しカルボカチオン中間体の生成を含む．

2. 酸触媒による水和反応（5.3B 節）

水和反応も位置選択的であり，Markovnikov 則に従う．反応は2段階で進行しカルボカチオン中間体の生成を含む．

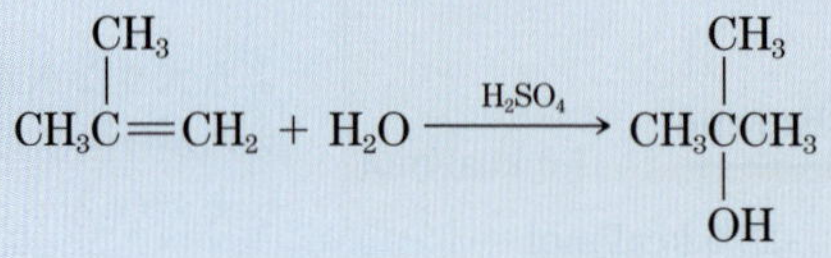

$$CH_3C(CH_3)=CH_2 + H_2O \xrightarrow{H_2SO_4} CH_3C(CH_3)(OH)CH_3$$

3. 臭素と塩素の付加（5.3C 節）

付加は2段階で起こり，橋かけブロモニウムイオンまたはクロロニウムイオン中間体を経由してアンチ付加で進行する．

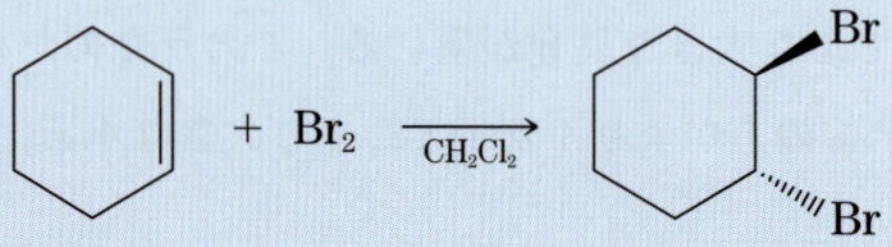

シクロヘキセン + Br_2 $\xrightarrow{CH_2Cl_2}$ trans-1,2-ジブロモシクロヘキサン

4. 酸化：グリコールの生成（5.4B 節）

OsO_4 による酸化は環状オスマートを経由し，二重結合に対して OH のシン付加で進行する．

シクロペンテン $\xrightarrow[ROOH]{OsO_4}$ cis-1,2-シクロペンタンジオール

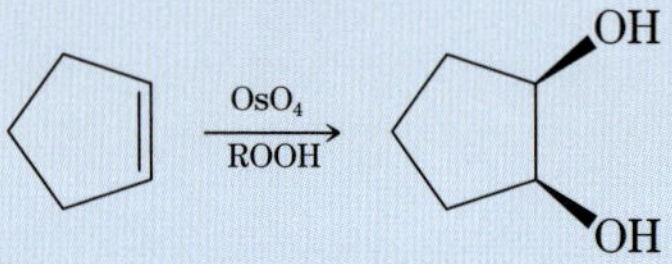

5. 還元：アルカンの生成（5.5 節）

接触還元は水素のシン付加で進行する．

1,2-ジメチルシクロヘキセン + H_2 $\xrightarrow{遷移金属触媒}$ cis-1,2-ジメチルシクロヘキサン

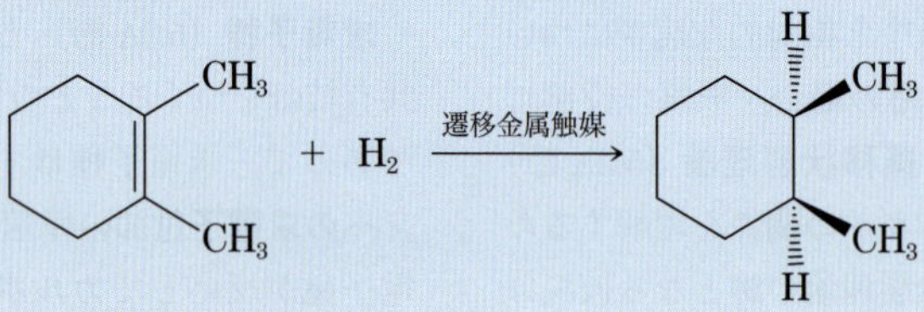

補充問題

エネルギー図

5.8 遷移状態と反応中間体との違いについて述べよ．

5.9 反応が非常に遅く，ほんのわずかに発熱的な一段階反応のエネルギー図を書け．このような反応においてはいくつの遷移状態が存在するか．また，いくつの中間体が存在するか．

5.10 第一段階が吸熱反応，第二段階が発熱反応で全体としては発熱反応である二段階反応のエネルギー図を書け．

5.11 次の記述の正誤を，その根拠とともに記せ．
  (a) 遷移状態のエネルギーが反応物のエネルギーより低くなることはありえない．
  (b) 吸熱反応は二つ以上の中間体をもつことはない．
  (c) 発熱反応は二つ以上の中間体をもつことはない．

第 5 章　アルケンの反応

求電子付加反応

5.12　次の組合せのうち安定なカルボカチオンを選べ．

(a) $CH_3CH_2CH_2^+$　　　$CH_3\overset{+}{C}HCH_3$　　(b) $CH_3\overset{CH_3}{\underset{+}{C}H}CHCH_3$　　$CH_3\overset{CH_3}{\underset{+}{C}}CH_2CH_3$

5.13　次の組合せのうち安定なカルボカチオンを選べ．

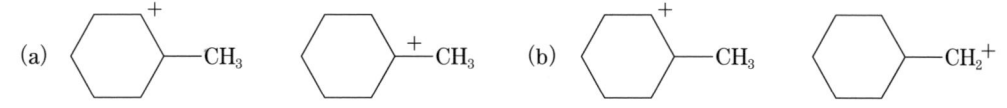

(a) [シクロヘキシル-CH₃ にカチオンが環上]　[シクロヘキシル-CH₃]　(b) [シクロヘキシル-CH₃]　[シクロヘキシル-CH₂⁺]

5.14　次のアルケンについて HCl との反応で生成するすべてのカルボカチオン中間体の構造式を書き，それぞれ第一級か，第二級か，第三級かを示せ．またこれらのうちで優先的に生成すると思われるカルボカチオンはどれか．

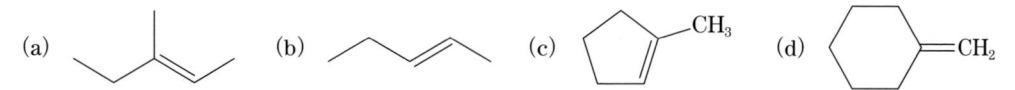

(a) [2-メチル-2-ブテン型]　(b) [2-ペンテン]　(c) [1-メチルシクロペンテン]　(d) [メチレンシクロヘキサン]

5.15　次の化合物の組合せから HI とより速く反応する化合物を選べ．また，それぞれの場合の主生成物の構造式を書き，その根拠を述べよ．

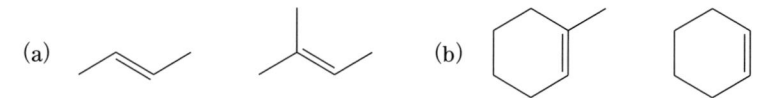

(a) [プロペン]　[2-メチル-2-ブテン]　(b) [1-メチルシクロヘキセン]　[シクロヘキセン]

5.16　次の反応で生成する主生成物を予想し，反応式を完成せよ．

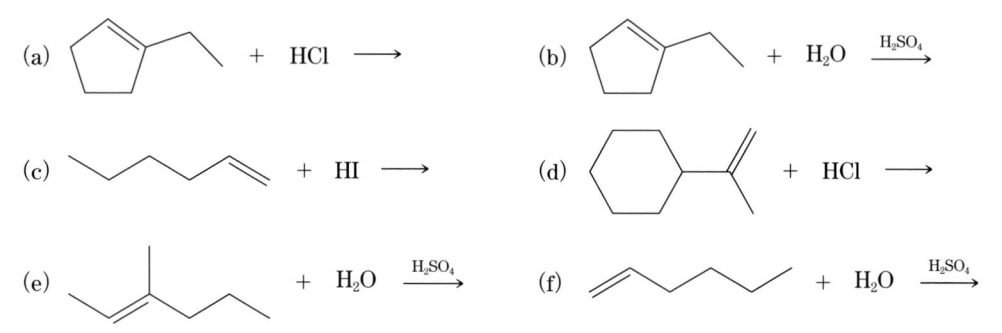

(a) [1-エチルシクロペンテン] + HCl ⟶　　(b) [1-エチルシクロペンテン] + H_2O $\xrightarrow{H_2SO_4}$

(c) [1-ペンテン] + HI ⟶　　(d) [イソプロペニルシクロヘキサン] + HCl ⟶

(e) [2-メチル-2-ペンテン] + H_2O $\xrightarrow{H_2SO_4}$　　(f) [1-ペンテン] + H_2O $\xrightarrow{H_2SO_4}$

5.17　2-メチル-2-ペンテンと次の各試薬との反応は位置選択的である．各反応の生成物の構造式を書き，観測される位置選択性を説明せよ．

　　(a) HI　　　　　　　　　(b) H_2SO_4 存在下 H_2O

5.18　シクロアルケンへの臭素と塩素の付加は立体選択的である．次の各反応の生成物の立体化学を示せ．

　　(a) 1-Methylcyclohexene + Br_2　(b) 1,2-Dimethylcyclopentene + Cl_2

5.19　次の反応に示す主生成物を与えるアルケンの構造式を書け．アルケンの分子式を示しているが，同じ化合物を主生成物として与えるアルケンは 1 種類とは限らない．

(a) C_5H_{10} + H_2O $\xrightarrow{H_2SO_4}$ [2-メチル-2-ブタノール]　　(b) C_5H_{10} + Br_2 ⟶ [1,2-ジブロモ-3-メチルブタン]

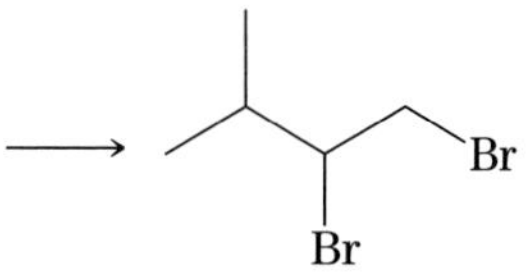

(c) C_7H_{12} + HCl ⟶ [1-クロロ-1-メチルシクロヘキサン]

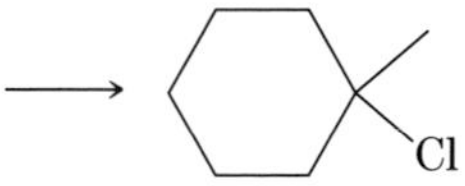

5.20 臭素と反応して次の生成物を与える分子式 C_5H_{10} のアルケンの構造式を書け．

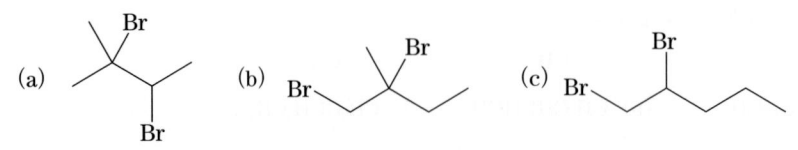

(a), (b), (c) [構造式]

5.21 塩素と反応して次の生成物を与える分子式 C_6H_{12} のシクロアルケンの構造式を書け．

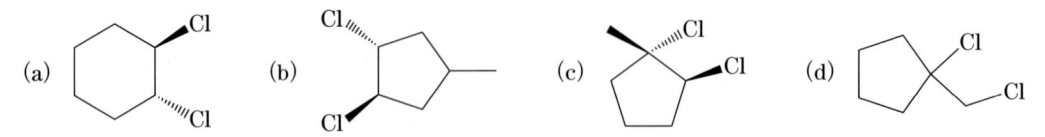

(a), (b), (c), (d) [構造式]

5.22 HCl と反応して，次のクロロアルカンを主生成物として与える分子式 C_5H_{10} のアルケンの構造式を書け．

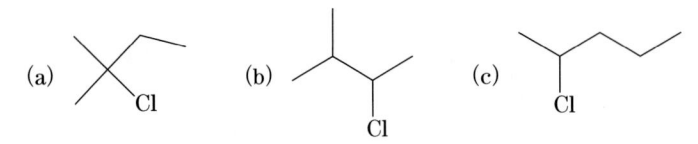

(a), (b), (c) [構造式]

5.23 酸触媒水和反応によって次のアルコールを主生成物として与えるアルケンの構造式を書け．原料であるアルケンは1種類とは限らない．

(a) 3-Hexanol (b) 1-Methylcyclobutanol
(c) 2-Methyl-2-butanol (d) 2-Propanol

5.24 酸触媒水和反応によって次のアルコールを主生成物として与えるアルケンの構造式を書け．原料であるアルケンは1種類とは限らない．

(a) Cyclohexanol (b) 1,2-Dimethylcyclopentanol
(c) 1-Methylcyclohexanol (d) 1-Isopropyl-4-methylcyclohexanol

5.25 リモネンの酸触媒水和反応によってテルピンが製造されている．

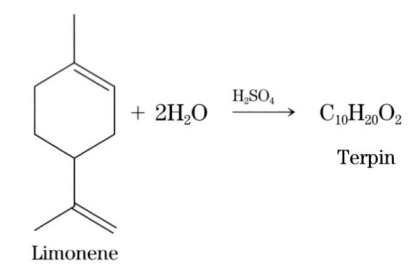

Limonene + 2H_2O $\xrightarrow{H_2SO_4}$ $C_{10}H_{20}O_2$ Terpin

(a) テルピンの構造式とその生成反応の機構を書け．
(b) その構造式には何種類のシス-トランス異性体が考えられるか．
(c) 炭素原子1個からなる置換基と炭素原子3個からなる置換基がシスになっている異性体のテルピン水和物は，咳を抑える去痰薬として使用されている．このテルピン水和物のいす形配座を二つ書き，どちらがより安定であるかを示せ．

5.26 硫酸触媒の存在下で2-メチルプロペンをメタノールと反応させると，*tert*-ブチルメチルエーテルが生成する．このエーテルが生成する反応の機構を書け．

$CH_3C(CH_3)=CH_2$ + CH_3OH $\xrightarrow{H_2SO_4}$ $(CH_3)_3C-OCH_3$

2-Methylpropene Methanol *tert*-Butyl methyl ether

5.27 硫酸触媒下で 1-メチルシクロヘキセンをメタノールと反応させると，分子式 $C_8H_{16}O$ の化合物を与える．この生成物の構造式と生成反応の機構を書け．

1-Methylcyclohexene + CH$_3$OH $\xrightarrow{H_2SO_4}$ C$_8$H$_{16}$O

Methanol

5.28 *cis*-3-ヘキセンと *trans*-3-ヘキセンは異なる化合物で，それぞれ別の物理的性質と化学的性質をもっている．しかし，H_2O/H_2SO_4 で処理するとどちらからも同じアルコールが生成する．このアルコールの構造式を書き，どちらからも同じアルコールが生成する反応機構を説明せよ．

酸化還元反応

5.29 次の変換反応のそれぞれについて，酸化か還元か，あるいはそのいずれでもないかを区別せよ．

(a) CH$_3$CHCH$_3$ (OH) $\longrightarrow$ CH$_3$CCH$_3$ (O)   (b) CH$_3$CHCH$_3$ (OH) $\longrightarrow$ CH$_3$CH=CH$_2$

(c) CH$_3$CH=CH$_2$ $\longrightarrow$ CH$_3$CH$_2$CH$_3$

5.30 2-メチルプロペンは燃焼すると二酸化炭素と水を生成する．これを係数つきの反応式で示せ．酸化剤は空気中に約 20% 含まれている O_2 である．

5.31 次のアルケンを OsO_4/ROOH 水溶液で処理して得られる生成物を書け．

(a) 1-Methylcyclopentene   (b) 1-Cyclohexylethylene   (c) *cis*-2-Pentene

5.32 OsO_4/ROOH 水溶液で処理したとき，次のグリコールを与えるアルケンの構造式を書け．

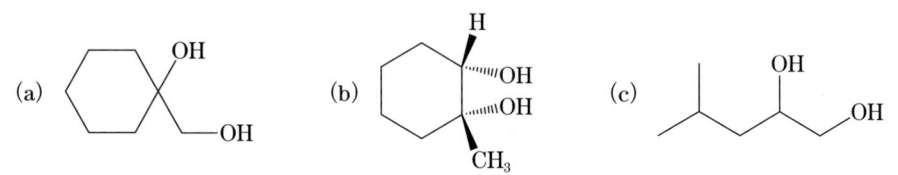

5.33 次のアルケンを H_2/Ni と反応して得られる生成物を書け．

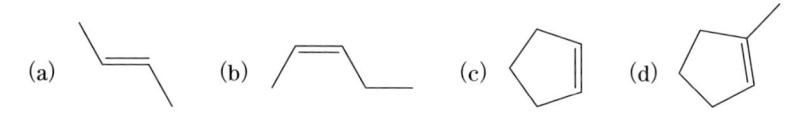

5.34 分子式 C_5H_8 で表される炭化水素 A は 2 mol の Br_2 と反応して 1,2,3,4-テトラブロモ-2-メチルブタンを与える．この炭化水素 A の構造を示せ．

5.35 二つのアルケン A と B はそれぞれ C_5H_{10} の分子式をもっている．H_2/Pt あるいは HBr と反応させるとどちらも同じ生成物を与える．A と B の構造を示せ．

合 成

5.36 エチレンを次の化合物に変換する方法を書け．

(a) Ethane   (b) Ethanol   (c) Bromoethane
(d) 1,2-Dibromoethane   (e) 1,2-Ethanediol   (f) Chloroethane

5.37 シクロペンテンを次の化合物に変換する方法を書け．

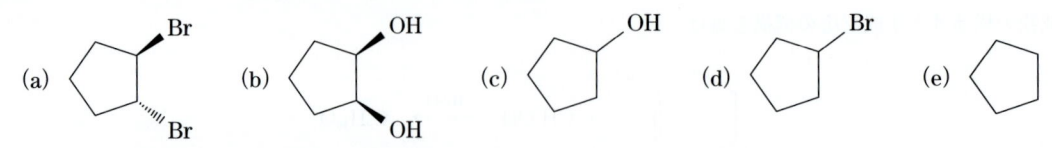

(a) trans-1,2-ジブロモシクロペンタン (b) cis-1,2-シクロペンタンジオール (c) シクロペンタノール (d) ブロモシクロペンタン (e) シクロペンタン

5.38 1-ブテンを次の化合物に変換する方法を書け．
(a) Butane
(b) 2-Butanol
(c) 2-Bromobutane
(d) 1,2-Dibromobutane

5.39 アルケンから次の化合物を収率よく合成する方法を書け．

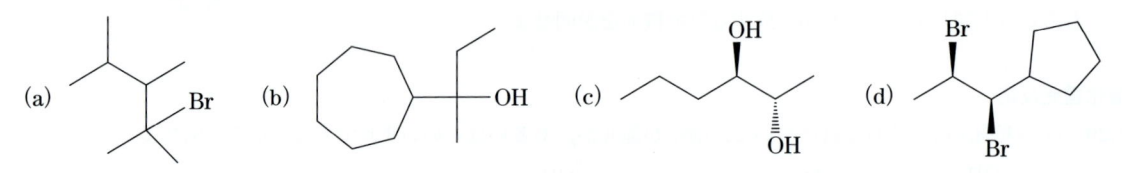

応用問題

5.40 (a)〜(c) に示す第二級カルボカチオンは左に示す第三級カルボカチオンよりも安定である．その理由を述べよ．

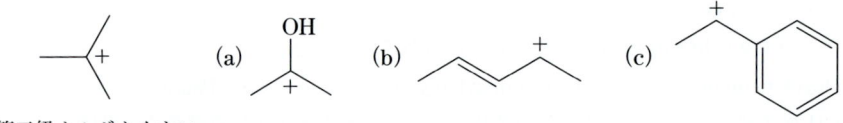

5.41 アルケンには，その C=C 二重結合の面の上下にπ電子雲の広がりがある．したがって，反応試薬はこの二重結合の上からも下からも攻撃できる．次に示す試薬を反応させたとき cis-2-ブテンの二重結合に対して上から攻撃しても下から攻撃しても同じ生成物を与えるかどうか調べよ．(ヒント：生成物の分子模型をつくり，比較せよ．)

(a) H_2/Pt
(b) OsO_4/ROOH
(c) Br_2/CH_2Cl_2

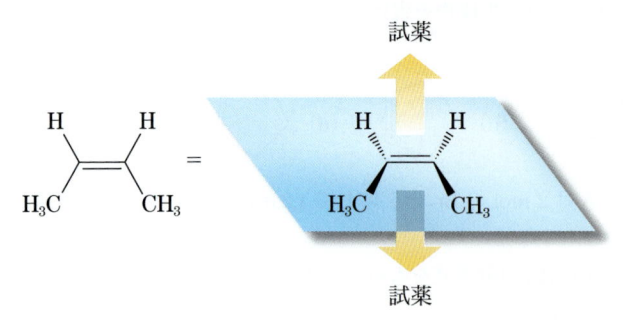

5.42 次の反応においては2種類の生成物が生じる．2種類の生成物の構造式を書き，どちらが優先的に生成するかを述べよ．

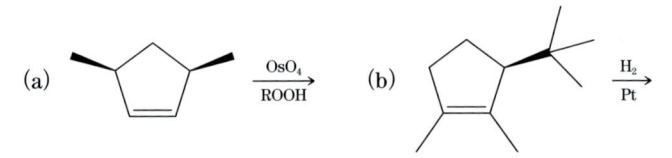

6 キラリティー：分子の左右性

6.1 はじめに
6.2 立体異性体
6.3 エナンチオマー
6.4 キラル中心の命名：R, S 表示法
6.5 2個のキラル中心をもつ鎖状化合物
6.6 2個のキラル中心をもつ環状化合物
6.7 3個以上のキラル中心をもつ化合物
6.8 立体異性体の性質
6.9 光学活性：キラリティーはどのように観測されるか
6.10 生物界におけるキラリティーの重要性
6.11 エナンチオマーの分離：光学分割

酒石酸はブドウなどの果物に，遊離の酸のかたちや塩のかたちで含まれる（6.5B 節参照）．左の図は酒石酸の分子模型である．(*Pierre-Louis Martin/ Photo Researchers, Inc.*)

6.1 はじめに

　この章では，三次元の物体とその鏡像との関係について考える．鏡を見るとき，あなたには自分の反転像，すなわち**鏡像**が見える．ここで，あなたの鏡像が三次元の物体であるとしよう．そのとき，"自分自身とその鏡像の間にどのような関係があるだろうか？" と問うてみたとする．もっと具体的に言えば，"自分自身とその鏡像を細部にわたって完全に重ね合わせることができるだろうか？" ということである．この問に対する答えは，"重ね合わせることはできない" である．例えば，もしあなたが右手の小指に指輪をはめていたら，鏡像は左手の小指に指輪をはめていることになる．もしあなたが髪の毛を右側で分けていたら，あなたの鏡像は左側

鏡像：鏡に映った像．

で分けている．つまり，自分自身とその鏡像は異なる物体であり，重ね合わせることはできない．

このような関係を理解することは，有機化学や生化学を理解するための基礎となる．実際，分子を三次元的に取り扱う能力は，有機化学や生化学における生き残り術といえよう．

アフリカガゼルの角はキラリティーを示しており互いに鏡像関係にある．（William H. Brown）

6.2 立体異性体

同じ分子式をもち，分子内で原子が同じ順序で結合しているが，空間における原子の三次元的配置が異なるものを**立体異性体** stereoisomer という．これまでに学んだ立体異性体の例としては，シクロアルカン（3.8節）とアルケン（4.2C節）のシス-トランス異性体がある．

cis-1,2-Dimethyl-cyclohexane と trans-1,2-Dimethyl-cyclohexane

cis-2-Butene と trans-2-Butene

立体異性体：同じ分子式をもち，原子の結合順序も同一でありながら，原子の空間配置だけが異なる異性体．

この章ではエナンチオマーとジアステレオマーについて学ぶ（図6.1）．

6.3 エナンチオマー

A エナンチオマーとは何か

エナンチオマー：互いに重ね合わせることができない鏡像関係にある立体異性体．鏡像異性体（鏡像体）ともいう．

エナンチオマー enantiomer（鏡像体ともいう）とは，その実像と鏡像を互いに重ね合わせることができない立体異性体のことである．生物学の世界において，無

異性体
同じ分子式をもちながら異なる化合物

- **構造異性体**
  原子の結合順序が異なる異性体
- **立体異性体**
  原子の結合順序が同じでありながら，その空間配置が異なる異性体
  - **エナンチオマー**
    互いに重ね合わせることができない鏡像関係にある立体異性体
  - **ジアステレオマー**
    鏡像関係にない立体異性体

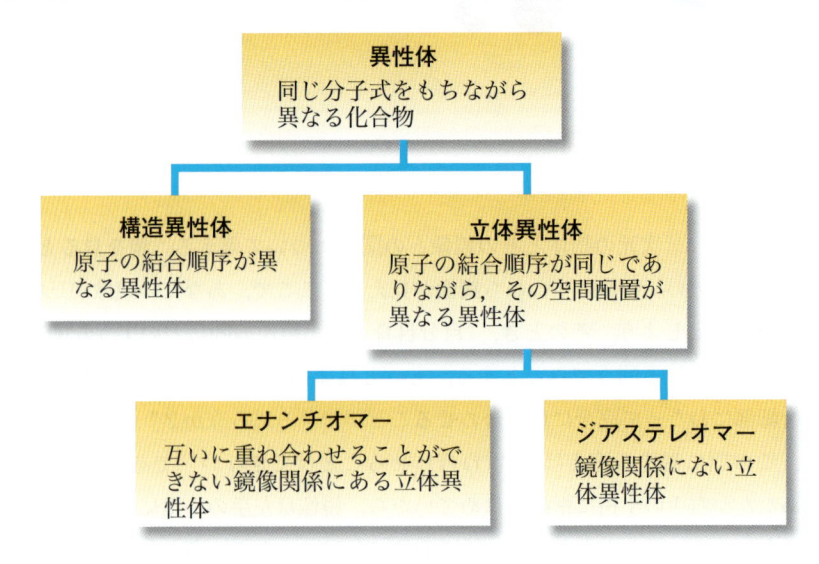

図6.1
異性体の関係．

第6章 キラリティー：分子の左右性

機化合物あるいは少数の単純な有機化合物を除く極めて多くの分子，例えば炭水化物（第18章），脂質（第21章），アミノ酸とタンパク質（第19章），核酸（DNAとRNA，第20章）などがこのタイプの異性を示すことから，この異性体の概念はとても重要である．さらに人に使われる医薬品のおよそ半数がこのような**エナンチオ異性** enantiomerism*を示す．

*訳注：エナンチオマーの関係．

エナンチオ異性を示す分子の例として，2-ブタノールを考えてみよう．この分子について議論を進めるために，2位の炭素すなわち—OH基をもつ炭素に注目する．この炭素に注目する理由は，この炭素には4個の異なる置換基が結合していることにある．この4個の異なる置換基をもつ炭素が，有機分子のエナンチオマーを生じる最も基本的な要因である．

右に書いた構造式は，2-ブタノールの形すなわち空間的な原子の配置を示してはいない．これを示すためには，2-ブタノールの分子構造を三次元的に考える必要がある．次の図の左側に"元の分子"とその球棒分子模型を示す．この構造において，2位の炭素に結合している—OHと—CH$_3$は紙面上にあり，—Hは紙面の向こう側に，—CH$_2$CH$_3$は紙面の手前に位置する．

OH
CH$_3$CHCH$_2$CH$_3$
2-Butanol

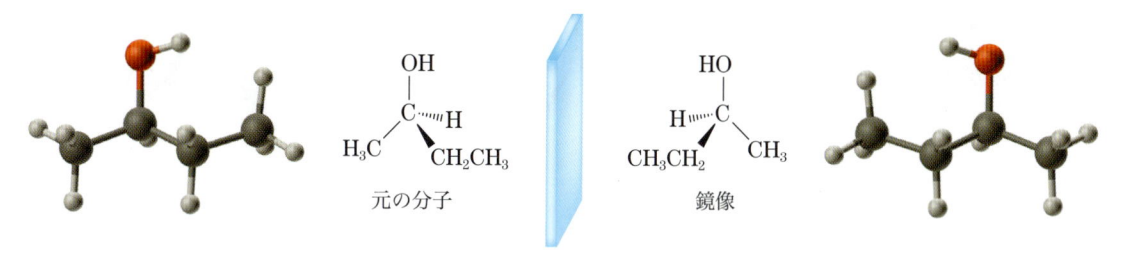

元の分子　　　鏡像

上の図の右側に示すのは元の分子の鏡像である．すべての分子，そして身のまわりにあるすべての物体について，その鏡像を考えることができる．ここで考えなければならないのは，"元の2-ブタノールとその鏡像はどういう関係にあるか？"という問題である．これに答えるためには，頭の中で鏡像を思い描き，それを空間的に自由に動かすことが必要である．もし，その鏡像を空間的に動かしたとき元の分子と重なることがある，つまり鏡像のすべての結合，原子そして細部が元の分子の結合，原子，細部にすべて完全に一致することがあるならば，元の分子とその鏡像は"**重ね合わせることができる** superposable"と表現される．この場合，鏡像と元の分子は同じ分子であり，それが空間的に異なる向きに配置しているだけである．しかし，もし鏡像を空間的にどのように動かしても，細部にわたって元の分子と完全には一致しない場合，これら二つの分子は"**重ね合わせることができない** nonsuperposable"と表現され，互いに異なる分子である．

ここで重要な点は，ある物体とその鏡像とを重ね合わせることができるか，それともできないか，ということである．それでは，2-ブタノールとその鏡像は重ね合わせることができるだろうか．

次の図は，2-ブタノールの鏡像が元の分子と重ね合わせられないことを見るための一つの方法を示している．

元の分子　　　　　　　　元の分子の鏡像　　　　　　　　　　180°回転した鏡像

頭の中で鏡像のC—OH結合をもち，この結合を軸として分子を180°回転させてみよう．—OHの空間的位置は変わらない．しかし紙面上で右側にある—CH₃は，紙面上にはあるが，2位の炭素に対して左側に位置するようになる．同じように紙面の手前左側にある—CH₂CH₃は，この回転によって，紙面の向こう左側に位置するようになる．

それでは，この回転させた鏡像を空間的に移動させることによって，元の分子とすべての結合と原子を一致させられるかどうか試してみよう．

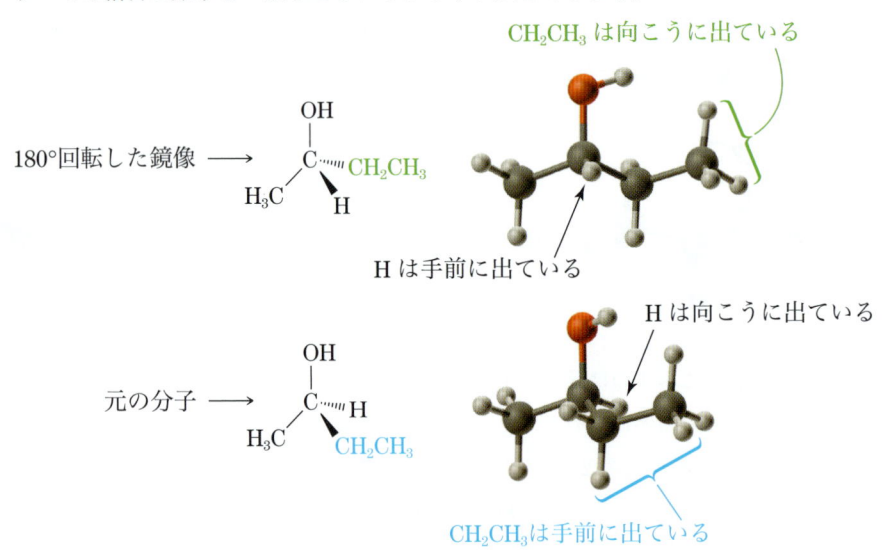

左巻きと右巻きの巻貝．右巻きの貝を右手にもつと親指は貝の先の方を向き，貝の口は右側にくる．(*Charles D. Winters*)

180°回転した鏡像 →　　　　　CH₂CH₃は向こうに出ている
　　　　　　　　　　　　　　Hは手前に出ている

元の分子 →　　　　　Hは向こうに出ている
　　　　　　　　　　CH₂CH₃は手前に出ている

先ほど行った回転操作によって，鏡像の—OHと—CH₃の位置は，元の分子の—OHと—CH₃の位置と完全に一致する．しかし，—Hと—CH₂CH₃の位置は一致しない．つまり，元の分子の—Hは紙面の向こう側に位置するが，鏡像では手前に位置している．また元の分子の—CH₂CH₃は紙面の手前に位置するが，鏡像では向こう側に位置している．したがって，2-ブタノールはその鏡像と重ね合わせることができない．つまりこれらは互いに異なる化合物である．

まとめると，2-ブタノールの鏡像を，空間的に自由に回転させたとき，結合を切ったり転位させたりしない限りは，2位の炭素に結合している4個の基のうち2個しか元の分子の基と一致させることはできない．すなわち，2-ブタノールはその鏡像と重ね合わせることはできない．したがって，元の分子とその鏡像は，互いにエナンチオマーの関係にあるということになる．手袋と同じように，エナンチオマーは常に一対の組として存在する．

第6章 キラリティー：分子の左右性

その鏡像と重ね合わせることができない物体を**キラル** chiral（ギリシア語の手を意味する *cheir* に由来する）であるという．つまり，その物体は左右性 handedness を示す．**キラリティー** chirality はさまざまな三次元的物体に見ることができる．左手はキラルである．したがって右手もキラルである．ノートブックのコイルもキラルである．右巻きの機械ねじもキラルである．船のスクリューもキラルである．身のまわりにあるものについて調べてみると，驚くほどたくさんの物がキラルであることがわかるだろう．

2-ブタノールとその鏡像について調べる際に述べたように，有機分子において最も一般的に見られるエナンチオ異性の要因は，4個の異なる基が結合した炭素の存在である．そのような炭素をもたない2-プロパノールのような分子を考えることによって，このことについてさらに調べてみよう．この分子において，2位の炭素には3個の異なる基が結合しているが，どの炭素も4個の異なる基とは結合していない．問題は，"2-プロパノールの鏡像は，元の分子と重ね合わせることができるか，それともできないか？"である．

次の図で，左にあるのは2-プロパノールを三次元的に表現したものであり，右にあるのはその鏡像である．

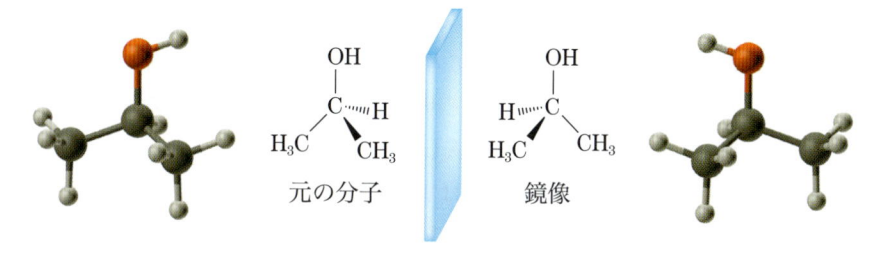

ここで問題は"鏡像と元の分子との関係はどうか？"ということである．今度は鏡像をC—OH結合のまわりに60°回転させて元の分子と比較してみよう．この回転を行うと，鏡像のすべての原子と結合が元の分子と正確に重なり合うことがわかるだろう．このことは最初に書いた元の分子とその鏡像とが同じものである，つまり実際には同じ分子を違う方向から見て書いたものにすぎないということを意味している．

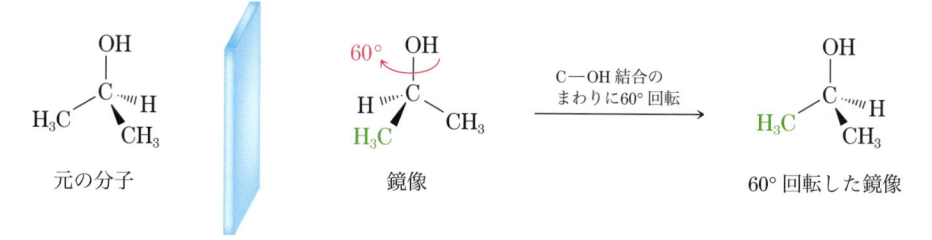

もしある物体とその鏡像を重ね合わせることができれば，つまり，物体とその鏡像が一致する場合，エナンチオマーの関係は決して生じない．このような物体のことを**アキラル** achiral（キラリティーがない）であるという．

アキラルな物体は少なくとも一つの対称面をもっている．**対称面** plane of

キラル：その鏡像と重ね合わせることができない物体．ギリシア語の *cheir*（手）が語源．

キラリティ：キラルな関係にあること．形容詞キラルの名詞形．

南西大平洋の深海に生息するオウムガイの中央切断面．この貝は左右性を示し，写真の断面は右巻きらせんである．(*Photo Disc, Inc./Getty Images*)

アキラル：キラリティーのない物体．左右性をもたない物体．

対称面：物体の半分が他の半分の鏡像になるように物体を二分する仮想的な平面．

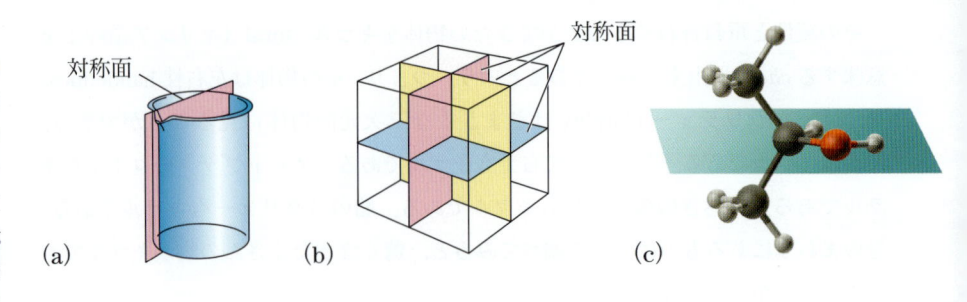

図 6.2
ビーカー (a)，立方体 (b) および 2-プロパノール (c) に見られる対称面．ビーカーと 2-プロパノールはそれぞれ対称面を一つもっている．立方体は複数の対称面をもつが，そのうち三つの対称面を示している．

キラル中心：4個の異なる基が結合している原子．立体中心ともいい，炭素原子の場合，不斉炭素 asymmetric carbon ともいう．

symmetry（鏡面ともいう）は，ある物体を通る仮想的な平面であり，その物体を，一方が他方の鏡映になるように分ける．図 6.2 に示したように，ビーカーは一つの対称面をもっており，立方体は複数の対称面をもっている．2-プロパノールも対称面を一つもっている．

繰り返すと，有機分子にキラリティーを生じる最も一般的な要因は，4個の異なる基が結合した四面体形炭素の存在である．そのような炭素原子のことを**キラル中心 chiral center**（立体中心 stereocenter ともいう）という．2-ブタノールはキラル中心を 1 個もっており，2-プロパノールはキラル中心をもっていない．

キラル中心をもつ他の分子の例として，2-ヒドロキシプロパン酸 2-hydroxypropanoic acid（慣用名は乳酸）について考えてみよう．乳酸は生体内において嫌気的解糖により産生される化合物であり，サワークリームに酸味を与えている化合物でもある．図 6.3 は乳酸を三次元的に表したものと，その鏡像を示している．これらの表示において，中心炭素の結合角はすべて約 109.5°であり，その中心炭素から出た 4 本の結合は，それぞれ四面体の頂点に向かっている．乳酸はエナンチオマーをもつ．つまり，乳酸分子とその鏡像は重なり合わず，異なる分子である．

図 6.3
乳酸とその鏡像の三次元構造．

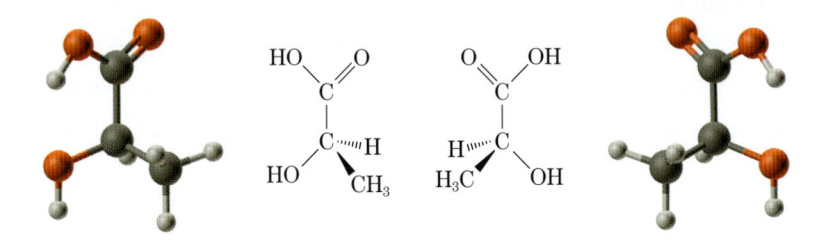

2-Hydroxypropanoic acid
(Lactic acid)

B エナンチオマーを書く

前節でエナンチオマーについて説明したので，次にそれらの三次元的な構造を二次元の紙にどのように表示すればよいか考えてみよう．例として，2-ブタノールのエナンチオマーの一つを取り上げる．次に示すのは，2-ブタノールのエナンチオマーの四つの異なる表し方である．

第6章 キラリティー：分子の左右性

(1)　(2)　(3)　(4)

2-ブタノールに関して前節で行った考察では，キラル中心の四面体形構造を表すために，(1)の構造式を用いた．この式では，2個の基を紙面上に置き，残り2個の基のうち一つを紙面より手前に，もう一つを紙面の向こう側に置いている．次に(1)の式を空間的に少し回転させたのち，わずかに傾けて紙面上に炭素骨格がのるようにする．そうすることによって(2)が得られる．ここでも2個の基は紙面上にあり，残りの置換基の一つは紙面より手前に，もう一つは紙面の向こう側にある．2-ブタノールのエナンチオマーをさらに省略して書くと，(2)の代わりに線角構造式(3)で表すことができる．線角構造式では普通Hを書かないが，キラル中心に四つ目の基として確かにHが存在する．このことをはっきりと示すために(3)のように表すこともある．この式はさらに省略することができて，結局2-ブタノールは(4)のように書くことができる．ここではキラル中心に結合しているHを省略しているが，そのHが確かにその炭素に結合していて，またそれが紙面の向こう側に出ているということが暗黙に了解されている．省略された(3)または(4)の構造式は，書くのにとても簡単である．したがって，これから先，この表示法を用いることが多くなるだろう．キラル中心をもつ分子を三次元的に書く場合は，炭素骨格を紙面上に置くようにして，残り2個の基を，それぞれ一つは紙面より手前側に，もう一つは紙面の向こう側に書くようにするとよい．(4)をモデルとして用いると，そのエナンチオマーは次のように二つの異なる構造式で表すことができる．二つ目の構造式では，炭素骨格が反転していることに注意しよう．

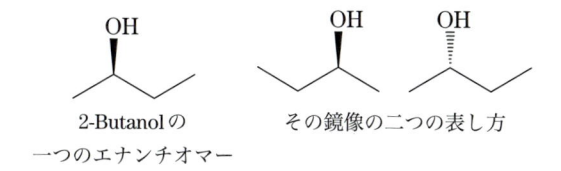

2-Butanolの　　　その鏡像の二つの表し方
一つのエナンチオマー

例題 6.1

次の分子はそれぞれキラル中心を一つもっている．一対のエナンチオマーをそれぞれ立体的に書け．

(a) $CH_3CHCH_2CH_3$ (Cl上に)　　(b) （シクロヘキセンにClが付いた構造）

解　答

これらの問題を解くとき，それぞれのエナンチオマーの分子模型を組み，様々な方向から眺めてみるとよい．これらの分子模型からわかるように，各エナン

チオマーはそれぞれ4個の異なる基が結合した炭素原子をもち，それによってその分子がキラルになっているということに注意しよう．キラル中心に結合したHは (a) には書いているが，(b) には書いていない．

練習問題 6.1

次の分子はそれぞれキラル中心を一つもっている．各エナンチオマーをそれぞれ立体的に書け．

R, S 表示法：キラル中心の立体配置を特定するための規則．

6.4 キラル中心の命名：*R, S* 表示法

互いにエナンチオマーの関係にある化合物は異なる化合物であるので，それぞれ別の名前がつけられなければならない．例えば，薬局で売っているイブプロフェンにはエナンチオマーがある．

Ibuprofen の薬理活性のないエナンチオマー

薬理活性のあるエナンチオマー

イブプロフェンは一方のエナンチオマーのみが薬理活性をもつ．活性なエナンチオマーは，生体内においておよそ12分間で有効濃度に到達する．しかし，この場合，薬理活性のないエナンチオマーも無駄にはならない．活性なエナンチオマーへの変換が，生体内でゆっくりと起こる．

それぞれのエナンチオマーを区別して人に伝えられるように，イブプロフェンのエナンチオマー（さらにはあらゆるエナンチオマーの対）に名前をつける必要がある．そのため化学者は ***R, S* 表示法**を考案した．キラル中心に対して，*R* 配置か *S* 配置かを決める手順の最初は，そのキラル中心に結合する基を優先順位に従って並べることである．そのために，4.3節でアルケンの *E, Z* を決める際に用いた優先順位則を用いる．

キラル中心の *R* 配置か *S* 配置かを決めるためには，次の手順に従う．

優先順位の低い基を向こう側に置く

1. キラル中心を見つけ，4個の基を確認し，それぞれの基の優先順位を1番（最高位）から4番（最低位）まで決める．

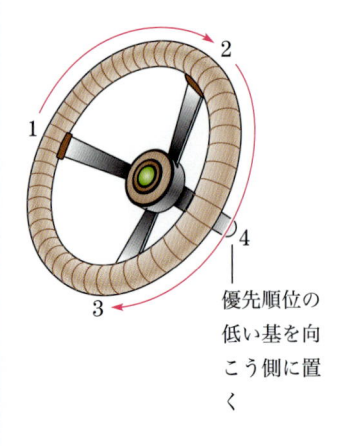

2. 分子を空間的に動かして，優先順位が最低の基(4)を最も遠くなるように置く．車のハンドルに例えると，ハンドルの軸の方向である．より優先順位の高い置換基（1～3）は手前に出ることになり，その結合はハンドルを支えるスポークに対応する．
3. 手前に出ている3個の置換基を，優先順位の高い順（1から3）に読んでいく．
4. このとき，置換基をたどる方向が時計回りであれば，その配置を **R**（ラテン語の *rectus*，右 の意）と表し，反時計回りであれば，その配置を **S**（ラテン語の *sinister*，左の意）と表す．この関係を，ハンドルを右に回す場合は R，左に回す場合は S というように感覚的にとらえてもよい．

R：ラテン語の *rectus*（右）が語源．R, S 表示法で用いられ，キラル中心の置換基を優先順にたどると時計回りになることを示す．

S：ラテン語の *sinister*（左）が語源．R, S 表示法で用いられ，キラル中心の置換基を優先順にたどると反時計回りになることを示す．

例題 6.2

次の化合物のキラル中心の R, S 立体配置を決めよ．

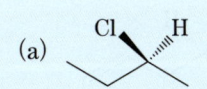

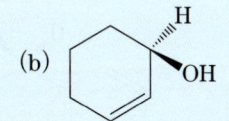

解答

優先順位の最も低い基がキラル中心の向こう側に向くように，分子を見る．

(a) 優先順位は $-Cl > -CH_2CH_3 > -CH_3 > -H$ である．最低順位の $-H$ が向こう側を向くように置く．優先順位 1, 2, 3 の順に置換基を見ていくと反時計回りになるので，立体配置は S である．

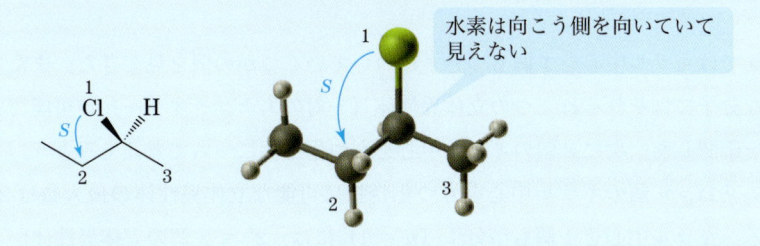

水素は向こう側を向いていて見えない

(b) 優先順位は $-OH > -CH=CH > -CH_2-CH_2 > -H$ である．最低順位の $-H$ が向こう側を向くように置く．優先順位 1, 2, 3 の順に置換基を見ていくと時計回りになるので，立体配置は R である．

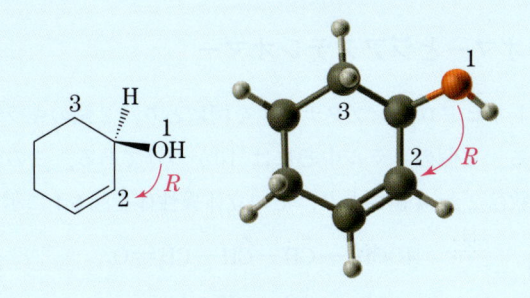

練習問題 6.2

次の化合物のキラル中心の R, S 立体配置を決めよ．

(a), (b), 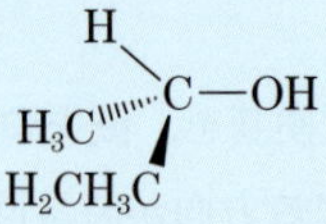 (c) の構造式

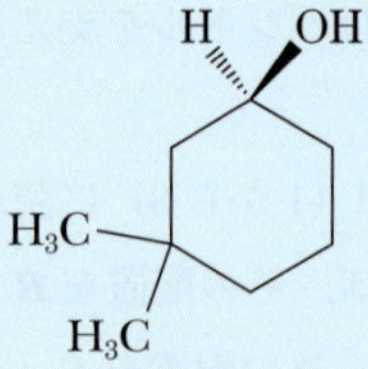

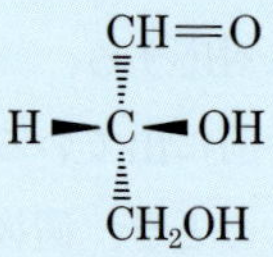

さて，イブプロフェンのエナンチオマーの三次元式に戻って，それぞれの R, S 配置を決めよう．キラル中心に結合した基の優先順位の高い順は，$-COOH > -C_6H_4 > -CH_3 > -H$ である．左側のエナンチオマーでは，優先順位の高い順に置換基を見ていくと，時計回りとなる．したがって，このエナンチオマーは (R)-イブプロフェンであり，その鏡像は (S)-イブプロフェンである．

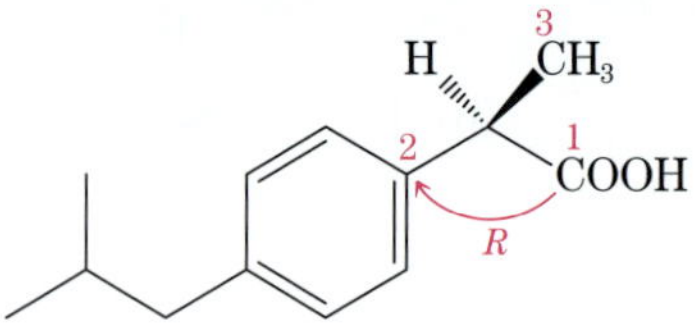

(R)-Ibuprofen
（薬理活性のないエナンチオマー）

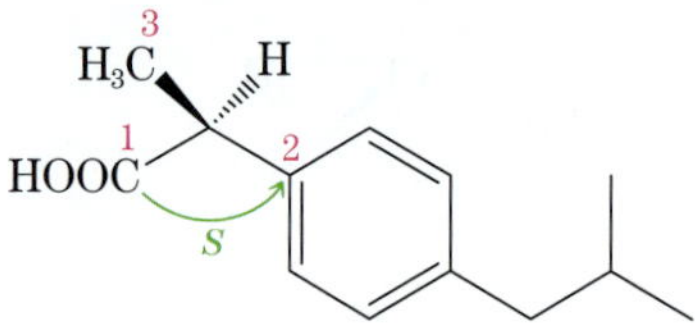

(S)-Ibuprofen
（薬理活性のあるエナンチオマー）

6.5　2個のキラル中心をもつ鎖状化合物

前節ではキラル中心を1個もつ分子についていくつかの例を見てきた．またこのような分子にはそれぞれ二つの立体異性体（一対のエナンチオマー）が可能であることを確認した．次に2個のキラル中心をもつ化合物について考えてみよう．一般的にいえば，n 個のキラル中心をもつ化合物に可能な立体異性体の最大数は 2^n 個となる．キラル中心を1個もつ分子（$n=1$）には，$2^1 = 2$ 個の立体異性体が可能であることをすでに見た．2個のキラル中心をもつ化合物には $2^2 = 4$ 個の立体異性体が可能である．また3個のキラル中心をもつ化合物には $2^3 = 8$ 個の立体異性体が可能である．

A　エナンチオマーとジアステレオマー

まず，2,3,4-トリヒドロキシブタナールを例にとり，2個のキラル中心をもつ分子について考える．2個のキラル中心には*印がつけてある．この分子に可能な立体異性体の最大数は $2^2 = 4$ 個であり，その立体異性体を図6.4に示す．

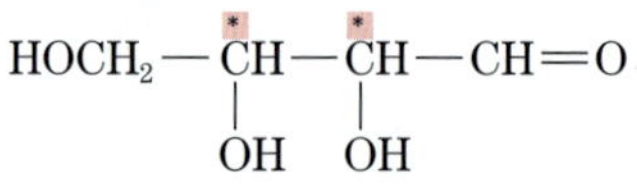

$$HOCH_2-\overset{*}{CH}-\overset{*}{CH}-CH=O$$
$$|\ |$$
$$OH\ \ OH$$

2,3,4-Trihydroxybutanal

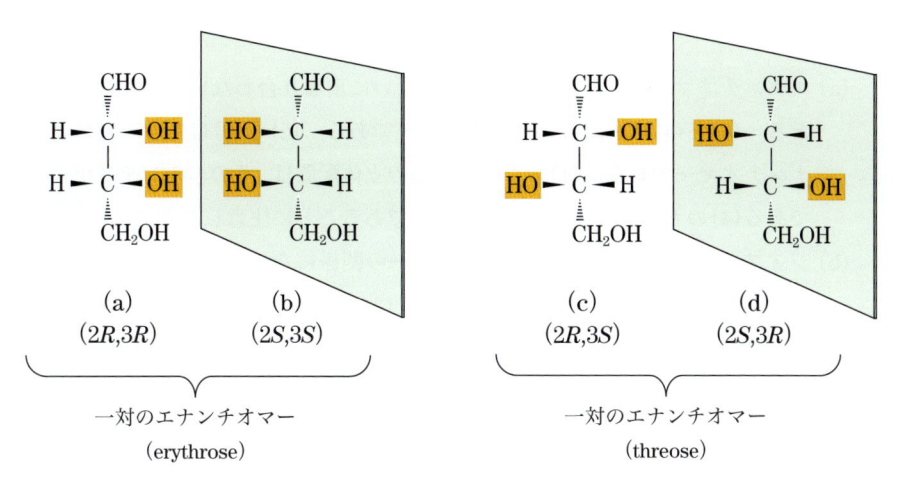

図 6.4
2個のキラル中心をもつ2,3,4-トリヒドロキシブタナールの四つの立体異性体.

立体異性体(a)と(b)は重ね合わせることができない鏡像であるので，一対のエナンチオマーである．立体異性体(c)と(d)もやはり重ね合わせることができない鏡像であり，もう一対のエナンチオマーである．これら4個の立体異性体は2組のエナンチオマー対から構成される．エナンチオマー(a)と(b)は**エリトロース**とよばれる化合物であり，赤血球 erythrocyte で作られるのでそのような名称がついている．エナンチオマー(c)と(d)は**トレオース**とよばれる．エリトロースとトレオースは，第18章で学ぶ炭水化物に分類される化合物である．

以上のように，(a)と(b)および(c)と(d)の関係については明確にすることができた．それでは(a)と(c)，(a)と(d)，(b)と(c)，(b)と(d)の関係はどうだろうか．これらはジアステレオマーである．**ジアステレオマー** diastereomer は，エナンチオマーの関係にない立体異性体である．つまり，互いに鏡像の関係にない立体異性体のことをいう（したがって，シス-トランス異性体も含まれる）．

ジアステレオマー：鏡像関係にない立体異性体．シス-トランス異性体も含まれる．

例題 6.3

次に示す構造式は，1,2,3-ブタントリオールの4個の立体異性体を立体的に表したものである．

(1) 　　　(2) 　　　(3) 　　　(4)

(1)と(4)の式にはキラル中心の立体配置を示している．
(a) どの化合物とどの化合物がエナンチオマーの関係にあるか．
(b) どの化合物とどの化合物がジアステレオマーの関係にあるか．

解　答

(a) エナンチオマーとは，鏡像関係にあり互いに重なり合わない立体異性体である．(1)と(4)は一対のエナンチオマーである．(2)と(3)はもう一対のエナンチオマーである．(1)のキラル中心の立体配置は，そのエナンチオマーである(4)のキラル中心の立体配置と逆であることに注意しよう．

(b) ジアステレオマーとは，エナンチオマーの関係にない立体異性体である．化合物(1)と(2)，(1)と(3)，(2)と(4)，(3)と(4)はそれぞれ互いにジアステレオマーの関係にある．

練習問題 6.3

次に示す構造式は，3-クロロ-2-ブタノールの4個の立体異性体を立体的に表したものである．

```
     CH₃            CH₃            CH₃            CH₃
      |              |              |              |
  H—C◂OH        H—C◂OH       HO—C◂H         HO—C◂H
      |              |              |              |
  Cl—C◂H         H—C◂Cl        H—C◂Cl        Cl—C◂H
      |              |              |              |
     CH₃            CH₃            CH₃            CH₃
     (1)            (2)            (3)            (4)
```

(a) どの化合物とどの化合物がエナンチオマーの関係にあるか．
(b) どの化合物とどの化合物がジアステレオマーの関係にあるか．

B　メソ化合物

複数のキラル中心をもつ分子の中には，特別な対称性のために，2^n 則から予想される立体異性体の数よりも実際の立体異性体の数が少ないものがある．そのような分子の例として，2,3-ジヒドロキシブタン二酸（慣用名は酒石酸）がある．

$$\text{HOC}\overset{\text{O}}{\overset{\|}{-}}\overset{*}{\text{CH}}-\overset{*}{\text{CH}}-\overset{\text{O}}{\overset{\|}{\text{COH}}}$$
$$\qquad\quad\ \ |\quad\ \ |$$
$$\qquad\quad\ \text{OH}\ \ \text{OH}$$

2,3-Dihydroxybutanedioic acid
(Tartaric acid)

酒石酸は無色の結晶性化合物であり，植物界に広く見られ，特にブドウに多く含まれている．ブドウからブドウ酒への発酵過程で酒石酸水素カリウム（—COOH の一つがカリウム塩—COO⁻K⁺になっている）がワイン樽の底に析出する．これを集めて精製したものが，酒石英 cream of tartar として市販されている．

酒石酸では2位と3位の炭素がキラル中心であり，2^n 則から考えると可能な立体異性体の最大数は $2^2 = 4$ と計算される．図6.5はこの立体異性体の2組の鏡像を示している．構造(a)と(b)は重ね合わせることができない鏡像なので，一対のエ

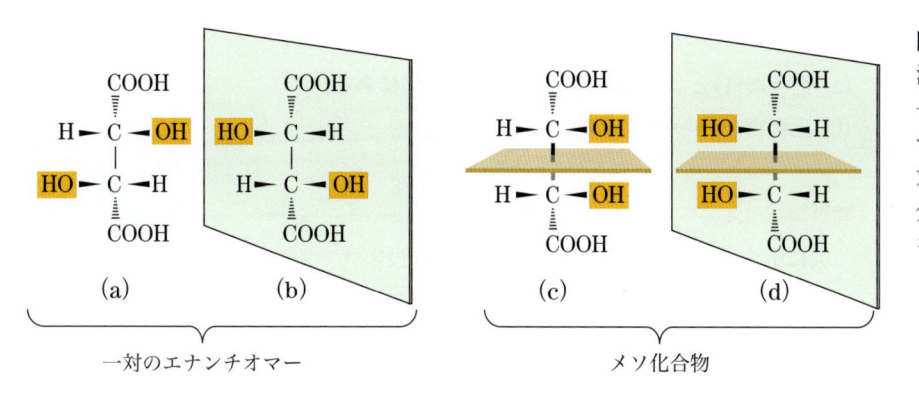

図 6.5
酒石酸の立体異性体．一対のエナンチオマーと一つのメソ化合物．分子内に対称面があることは，その分子がアキラルであることを示す．

(a) (b) 一対のエナンチオマー

(c) (d) メソ化合物

ナンチオマーである．しかし，構造(c)と(d)は鏡像の関係にあるが，互いに重ね合わせることができる．これを確かめるには，(d)を紙面上で180°回転させて，その回転させたものを(c)の上に重ねることを想像してみるとよい．もしこの想像上の操作を正しく行えば，(c)は(d)と重なり合うということがわかるだろう．すなわち，(c)と(d)は同じ分子であって，ただ置かれた向きが違うだけである．(c)はその鏡像と重ね合わせることができるので，アキラルである．

(c)がアキラルであることを確かめるもう一つの方法は，上半分が下半分の反転像になるような，分子を二つに分ける対称面を見つけることである．こうして(c)は2個のキラル中心をもつにもかかわらず，アキラルである．(c)あるいは(d)によって表される酒石酸の立体異性体は，**メソ化合物** meso compound とよばれ，これは複数のキラル中心をもつにもかかわらずアキラルな化合物のことをいう．

ここで最初の問題に戻ろう．酒石酸にはいくつの立体異性体があるかという問に対する答えは，3個，すなわち，一対のエナンチオマーと一つのメソ化合物である．メソ化合物とそれぞれのエナンチオマーは互いに鏡像関係にないこと，すなわちジアステレオマーの関係にあることに注意しよう．

メソ化合物：キラル中心を二つまたはそれ以上もっているにもかかわらずアキラルな化合物．

例題 6.4

次の構造式は，2,3-ブタンジオールの三つの立体異性体を立体的に表したものである．

(1) (2) (3)

(a) どの化合物とどの化合物がエナンチオマーの関係にあるか．
(b) メソ化合物はどれか．

解 答

(a) 化合物(1)と(3)がエナンチオマーの関係にある．

(b) 化合物(2)がメソ化合物である．

練習問題 6.4

次に示すのは，酒石酸の四つの Newman 投影式である．

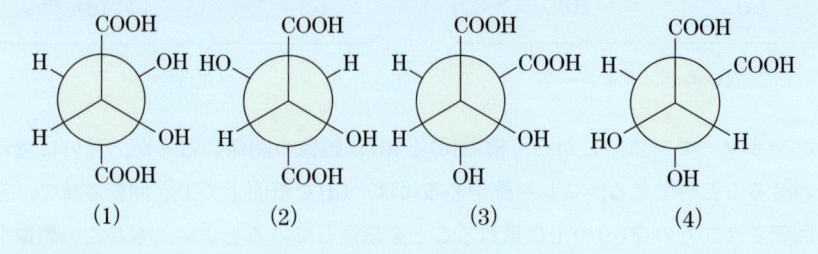

(1)　(2)　(3)　(4)

(a) どれとどれが同じ化合物を表しているか．

(b) どれとどれがエナンチオマーの関係にあるか．

(c) どれがメソ酒石酸か．

6.6　2個のキラル中心をもつ環状化合物

この節では，2個のキラル中心をもつシクロペンタンとシクロヘキサンの誘導体を取り上げる．鎖状化合物の立体異性を解析した方法は，これら環状化合物にも同じように適用できる．

A　二置換シクロペンタン誘導体

まず2個のキラル中心をもつ2-メチルシクロペンタノールを考えよう．2^n 則を用いると可能な立体異性体の数は最大 $2^2 = 4$ と予想される．シス体もトランス体もともにキラルであり，それぞれに一対のエナンチオマーが存在する．

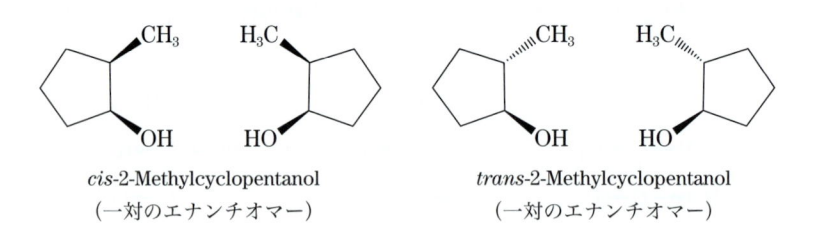

cis-2-Methylcyclopentanol
（一対のエナンチオマー）

trans-2-Methylcyclopentanol
（一対のエナンチオマー）

1,2-シクロペンタンジオールもまた2個のキラル中心をもっている．したがって 2^n 則から最大 $2^2 = 4$ 個の立体異性体の存在が予想される．しかし次に示す立体的な構造式からわかるように，この化合物には三つの立体異性体しか存在しない．

cis-1,2-Cyclopentanediol
（メソ化合物）

trans-1,2-Cyclopentanediol
（一対のエナンチオマー）

対称面

鏡像は元の分子に重ね合わせることができる

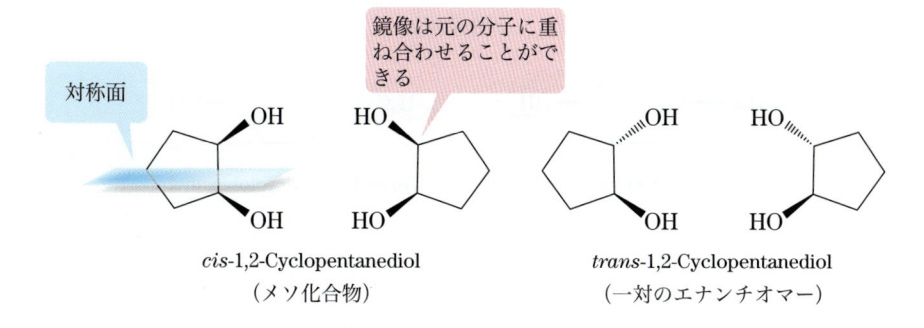

シス体はその鏡像と元の構造を重ね合わせることができるので，アキラル（メソ化合物）である．別の言い方をすると，シス体は分子を二つの鏡像部分に分割するような対称面をもつのでアキラルである．一方，トランス体はキラルであり，一対のエナンチオマーとして存在する．

例題 6.5

3-メチルシクロペンタノールには立体異性体がいくつあるか．

解 答

3-メチルシクロペンタノールには4個の立体異性体があり，シス体は一対のエナンチオマーとして，またトランス体ももう一対のエナンチオマーとして存在する．

cis-3-Methylcyclopentanol
（一対のエナンチオマー）

trans-3-Methylcyclopentanol
（一対のエナンチオマー）

練習問題 6.5

1,3-シクロペンタンジオールには立体異性体がいくつあるか．

B 二置換シクロヘキサン誘導体

二置換シクロヘキサンの例として，メチルシクロヘキサノールを考えてみよう．4-メチルシクロヘキサノールにはシス-トランス異性に基づく二つの立体異性体が存在する．

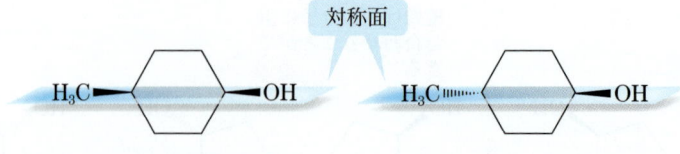

cis-4-Methylcyclohexanol   *trans*-4-Methylcyclohexanol

このシス体とトランス体はともにアキラルである．どちらの化合物にも，CH_3 と OH およびそれぞれが結合した 2 個の炭素を通る対称面がある．

3-メチルシクロヘキサノールには 2 個のキラル中心があり，$2^2 = 4$ 個の立体異性体，すなわちシス体が一対のエナンチオマーとして，トランス体がもう一対のエナンチオマーとして存在する．

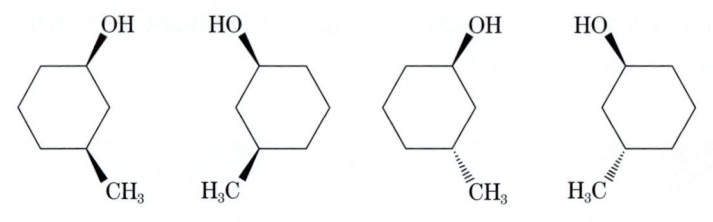

cis-3-Methylcyclohexanol
（一対のエナンチオマー）

trans-3-Methylcyclohexanol
（一対のエナンチオマー）

同じように，2-メチルシクロヘキサノールには 2 個のキラル中心があり，$2^2 = 4$ 個の立体異性体，すなわちシス体が一対のエナンチオマーとして，トランス体がもう一対のエナンチオマーとして存在する．

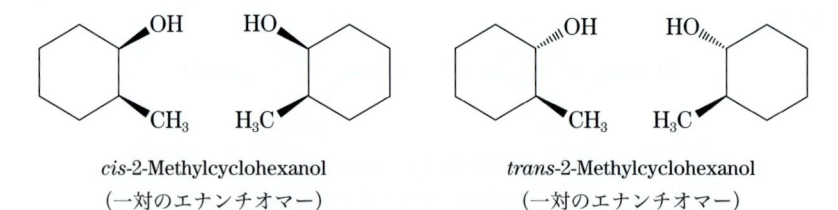

cis-2-Methylcyclohexanol
（一対のエナンチオマー）

trans-2-Methylcyclohexanol
（一対のエナンチオマー）

例題 6.6

1,3-シクロヘキサンジオールには立体異性体がいくつあるか．

解　答

1,3-シクロヘキサンジオールは 2 個のキラル中心をもつ．2^n 則によると最大 $2^2 = 4$ 個の立体異性体が可能である．この化合物のトランス体は一対のエナンチオマーとして存在するが，シス体は対称面をもっており，メソ化合物である．したがって，この化合物の立体異性体は一対のエナンチオマーとメソ化合物の三つである．

第6章　キラリティー：分子の左右性

cis-1,3-Cyclohexanediol
（メソ化合物）

trans-1,3-Cyclohexanediol
（一対のエナンチオマー）

練習問題 6.6
1,4-シクロヘキサンジオールには立体異性体がいくつあるか．

6.7　3個以上のキラル中心をもつ化合物

3個以上のキラル中心をもつ化合物にも同様に2^n則を適用することができる．右の化合物は＊印で示した3個のキラル中心をもつ三置換シクロヘキサノールである．この分子には，最大$2^3 = 8$個の立体異性体が可能である．その8個のうちの一つ，メントールは右に示すような立体配置をもっており，キラル中心の立体配置が示してある．メントールはペパーミント油や他のハッカ油に含まれている．

さらに複雑な化合物であるコレステロールは8個のキラル中心をもっている．

2-Isopropyl-5-methyl-cyclohexanol

Menthol

Cholesterol は8個のキラル中心をもち，256個の立体異性体が可能

この異性体はヒトの代謝物に含まれている

どの炭素がキラル中心であるかを確認するために，キラル中心と考えられる炭素が四つの結合をもつように，必要な数のHを書き加えてみよう．

6.8　立体異性体の性質

アキラルな環境においては，エナンチオマーの関係にある化合物の物理的および化学的性質は等しい．例えば，酒石酸のエナンチオマーは，融点，沸点，水や他の一般的な溶媒に対する溶解度，pK_a値（酸解離定数）が等しく，同じ酸塩基反応を行う（表6.1）．しかし，酒石酸のエナンチオマーは，光学活性（偏光面を回転させ

ハッカ植物(*Mentha piperita*)は，芳香性を持つ多年生ハーブで，メントールの原料であり，キャンディ，ガム，ジュース類やフルーツポンチや果物の香味料として用いられる．(*John Kaprielian/Photo Researchers, Inc.*)

表 6.1 酒石酸の立体異性体の物理的性質

	(R,R)-Tartaric acid	(S,S)-Tartaric acid	meso-Tartaric acid
比旋光度*	+12.7	−12.7	0
融点（℃）	171〜174	171〜174	146〜148
密度（g/cm^3, 20 ℃）	1.7598	1.7598	1.660
水への溶解度（g/100 mL, 20 ℃）	139	139	125
pK_1（25 ℃）	2.98	2.98	3.23
pK_2（25 ℃）	4.34	4.34	4.82

*比旋光度については次節で説明する．

る能力）において，異なる性質をもつ．この性質については次の節で説明する．

一方，ジアステレオマーの関係にある化合物どうしは，アキラルな環境においても異なる物理的・化学的性質を示す．酒石酸のメソ化合物は，エナンチオマーとは異なった物理化学的性質をもつ．

6.9 光学活性：キラリティーはどのように観測されるか

これまで述べてきたように，エナンチオマーは異なる化合物であり，したがって異なる性質をもつはずである．エナンチオマーの間で異なる性質の一つは平面偏光に対する効果である．一対のエナンチオマーのそれぞれが偏光面を回転させるという性質をもつが，それゆえにエナンチオマーは**光学活性** optically active であると

光学活性：偏光面を回転させる化合物の性質．

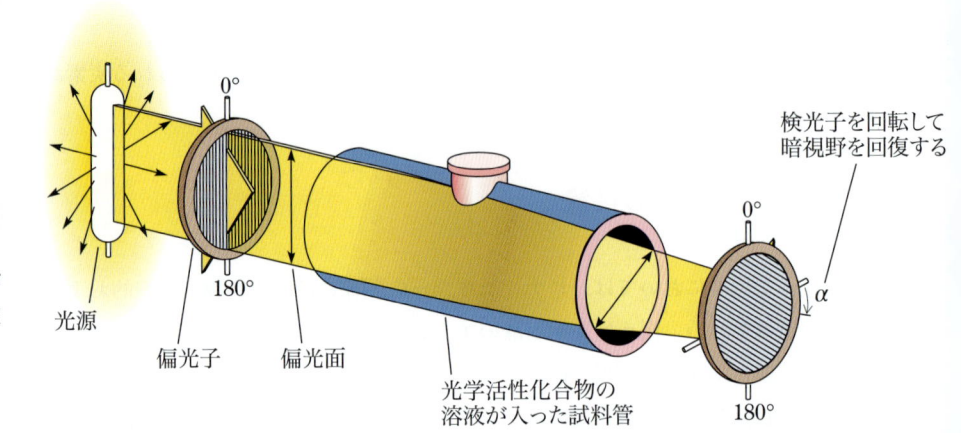

図 6.6
光学活性な化合物の溶液が入った試料管を挿入した旋光計の模式図．検光子を α だけ時計方向に回転させると暗視野が回復する．

A 平面偏光

通常の光は進行方向に垂直なあらゆる平面内で振動している波動と考えてよい（図 6.6）．方解石やポラロイド膜（正確に配向した有機物の結晶が埋め込まれたプラスチック膜）のような材質は，ある一つの平面で振動している光波だけを選択的に透過させる．一つの平面内だけで振動する電磁波は**平面偏光** plane-polarized light とよばれる．

平面偏光：一つの平面内で振動する光．

B 旋光計

旋光計 polarimeter は光源，偏光子と検光子（いずれも方解石かポラロイド膜からできている），および試料管から構成されている（図 6.6）．試料管が空の場合，偏光子と検光子の偏光軸が平行であると，観測者の目に到達する光が最大強度になる．検光子を時計方向あるいは反時計方向に回転すると透過する光の量は減少する．偏光子と検光子の偏光軸が直交すると光は透過せず暗視野となる．この時の検光子の位置を 0°とする．

キラル分子は偏光面を回転させる能力がある．この性質は旋光計を用いて次のようにして観測できる．まず，溶媒だけを入れた試料管を旋光計に挿入し，検光子を回転して光が観察者に全く到達しないようにする．これを 0°に設定する．次に光学活性な化合物の溶液を入れた試料管を旋光計に挿入すると，いくらかの光が検光子を通過して観測者に到達する．これは，偏光子を通過した光の偏光面が光学活性な化合物により回転し，そのため検光子との角度が 90°ではなくなるためである．そこで観測者は暗視野を回復するように検光子を回転する（図 6.6）．このとき回転した検光子の回転角 α を**旋光角** angle of rotation という．検光子を右（時計回り）に回転したとき暗視野が回復した場合，すなわち光学活性な化合物を透過した光の偏光面が右に回転したとき，その化合物は**右旋性** dextrorotatory（ラテン語：*dexter*, 右側に）であるという．検光子を左（反時計回り）に回転したとき暗視野が回復した場合，その化合物は**左旋性** levorotatory（ラテン語：*laevus*, 左側に）であるという．

特定の化合物に対する旋光角の大きさは，濃度，試料管の長さ，測定温度，使用した溶媒，用いた光の波長に依存する．旋光性のデータを標準化するため，化学者は"比旋光度"を用いている．**比旋光度** specific rotation $[\alpha]$ は特定の試料管の長さと特定の濃度のもとでの旋光角と定義される．

$$比旋光度 = [\alpha]_\lambda^T = \frac{測定された旋光角(度)}{長さ(dm) \times 濃度}$$

旋光計：化合物が偏光面を回転させる能力を測定する装置．

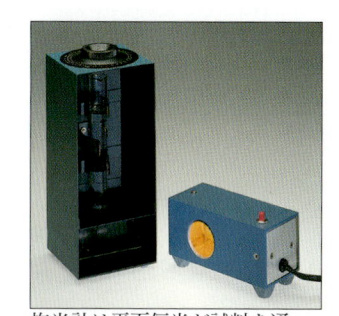

旋光計は平面偏光が試料を通過したときの回転角を測定するのに用いられる．(*Richard Magna, 1992, Fundamental Photographs*)

旋光角：化合物が偏光面を回転させる角度の測定値．

右旋性：偏光面を右に回転させること．

左旋性：偏光面を左に回転させること．

比旋光度：長さ 1.0 dm の試料管に濃度 1.0 g/1 mL の試料を入れたときの旋光角．

標準の試料管の長さは 1.0 デシメートル（1.0 dm = 10 cm）とする．純粋な液体試料については濃度を g/mL（密度）で表す．溶媒に溶かした試料の濃度も g/mL で表す．測定温度（T, ℃）と光の波長（λ, nm）は［α］の右上および右下にそれぞれ添字で示す．旋光計における光源には普通ナトリウムのD線（λ = 589 nm）が用いられる．これはナトリウムランプが放射する黄色の光である．

旋光角あるいは比旋光度の値を示す場合，一般に右旋性化合物には（+）を，左旋性化合物には（−）をつける．エナンチオマーの一方は右旋性，他方は左旋性である．エナンチオマー間では比旋光度の絶対値は正確に等しく，符号は逆になる．次に 2-ブタノールのエナンチオマーの 25 ℃におけるナトリウムのD線を用いたときの比旋光度を示す．

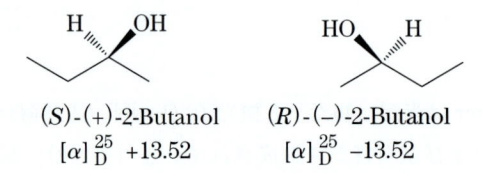

訳注：IUPAC 立体化学命名規則にしたがって，比旋光度には単位をつけない．比旋光度の符号と R, S 表示とは関係がない．例えば，R 体で比旋光度の符号が（+）のものも（−）のものもある．

(S)-(+)-2-Butanol
$[\alpha]_D^{25}$ +13.52

(R)-(−)-2-Butanol
$[\alpha]_D^{25}$ −13.52

例題 6.7

男性ホルモン（表 21.4）のテストステロン 400 mg を 10.0 mL のエタノールに溶かした試料溶液を調製し，長さ 1.00 dm の試料管に入れた．ナトリウムのD線を用いて 25 ℃で測定したときの旋光角は＋4.36°であった．テストステロンの比旋光度を計算せよ．

解　答

テストステロンの濃度は 400 mg/10.0 mL = 0.0400 g/mL, 試料管の長さは 1.00 dm である．これらの値を式に代入して比旋光度を計算すると，

$$\text{比旋光度} = \frac{\text{測定された旋光角（度）}}{\text{長さ（dm）×濃度}} = \frac{+4.36°}{1.00 \times 0.0400} = +109$$

練習問題 6.7

女性ホルモン（表 21.4）のプロゲステロンの比旋光度は 20 ℃で＋172 である．400 mg のプロゲステロンを 10 mL のジオキサンに溶解し，1.00 dm の試料管に入れて測定した場合の旋光角を計算せよ．

第 6 章　キラリティー：分子の左右性

C　ラセミ混合物

二つのエナンチオマーの等量混合物を**ラセミ混合物** racemic mixture という．これは"ラセミ酸"（ラテン語：*racemus*，ブドウのふさ）を語源とする．ラセミ酸は，もともと酒石酸（表 6.1）のエナンチオマーの等量混合物につけられた名称である．ラセミ混合物は右旋性と左旋性の化合物を等量含むため，その比旋光度は 0 となり光学不活性である．ラセミ混合物は化合物名の前に記号（±）をつけて示される．

> **ラセミ混合物**：二つのエナンチオマーの等量混合物．

6.10　生物界におけるキラリティーの重要性

無機塩と少数の低分子量の有機物質を除けば，植物においても動物においても生命系に見られるほとんどの分子はキラルである．これらの分子には多くの立体異性体が考えられるが，ほとんどの場合，天然には単一の立体異性体しか見られない．もちろん，2 種類以上の立体異性体が見られる場合もあるが，同じ生物系でそれらが同時に見られることはほとんどない．

A　生体分子におけるキラリティー

おそらく，生物関連分子で最も顕著なキラリティーの例は，多数のキラル中心をもつ酵素であろう．一例としてキモトリプシンを取り上げる．この酵素は動物の腸内でタンパク質の消化を触媒している（19.4 節）．キモトリプシンには 251 個のキラル中心があり，可能な立体異性体の数は 2^{251} という途方もなく大きな数字になる．幸い，自然は貴重なエネルギーや資源を浪費しない．すなわち，生物はどのようなものでも唯一の立体異性体だけを合成し，使用する．酵素はキラルな物質であるため，そのキラリティーに合った物質とのみ反応し，そのキラリティーに合った物質のみを生成する．

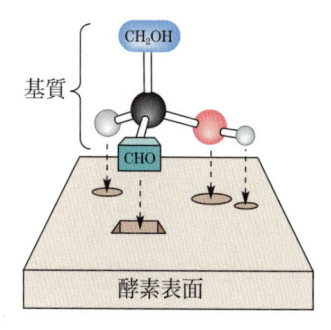

glyceraldehyde のこのエナンチオマーは酵素表面の三つの特異的結合部位に適合する．

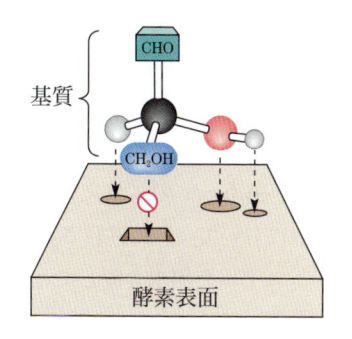

glyceraldehyde のこのエナンチオマーは同じ結合部位に適合しない．

図 6.7　酵素表面の模式図．(R)-$(+)$-グリセルアルデヒドとは 3 か所で結合できるが (S)-$(-)$-グリセルアルデヒドとは 2 か所でしか結合できないことを示している．

B 酵素はどのようにエナンチオマーを区別するか

酵素はその分子表面上の**結合部位** binding site に基質分子を固定することにより生体反応を触媒する．酵素はキラル中心の四つの基のうちの，三つと特異的に結合する部位をもつことにより，特定の分子をそのエナンチオマーあるいはジアステレオマーと区別することができる．例えば，グリセルアルデヒドの反応を触媒する酵素が，—H，—OH，—CHO と特異的に結合する三つの結合部位をもっていると仮定しよう．また，三つの結合部位が酵素表面で図 6.7 のように配置されていると仮定しよう．そうするとこの酵素は (R)-$(+)$-グリセルアルデヒド（生物学的に活性な天然の形）をそのエナンチオマーの (S)-$(-)$-グリセルアルデヒドと区別することができる．それは天然形の前者では三つの置換基が酵素表面の対応する部位に結合することができるのに対して，後者ではせいぜい2か所でしか結合できないからである．

生物系における分子間の相互作用はキラルな環境下で起こるため，ある分子とそのエナンチオマーあるいはジアステレオマーが生理的に異なる性質を示すのは驚くことではない．これまでに見てきたように，(S)-イブプロフェンは解熱鎮痛剤として働くが，R 体にはその活性がない．イブプロフェンと構造が極めてよく似ているナプロキセンの S エナンチオマーはやはり鎮痛剤として働くが，その R エナンチオマーは肝毒性をもつ．

(S)-Ibuprofen (S)-Naproxen

6.11 エナンチオマーの分離：光学分割

光学分割：ラセミ混合物を個々のエナンチオマーに分離すること．

光学分割 resolution とはラセミ混合物をエナンチオマーに分離することをいう．一般的にエナンチオマーの混合物を分離することは難しいが，化学者は多くの方法を開発してきた．この節では実験室で行われる分割の方法について，一つだけ説明することにしよう．それは酵素をキラル触媒として用いる方法である．ここで取り上げる方法の原理は，ある酵素はキラルな分子の一方のエナンチオマーの反応を触媒するが，もう一方のエナンチオマーの反応は触媒しない，ということである．

この点において，特に注目されている一連の酵素はエステラーゼである．この酵素は，エステルを加水分解してカルボン酸とアルコールを与える反応を触媒する．(R,S)-ナプロキセンの分割について，この方法がどのように使われるかを見てみよう．ナプロキセンの R 体と S 体のエチルエステルは，ともに固体で非常に水に溶けにくい．そこで，アルカリ性の溶液中でエステラーゼを作用させると，S 体が

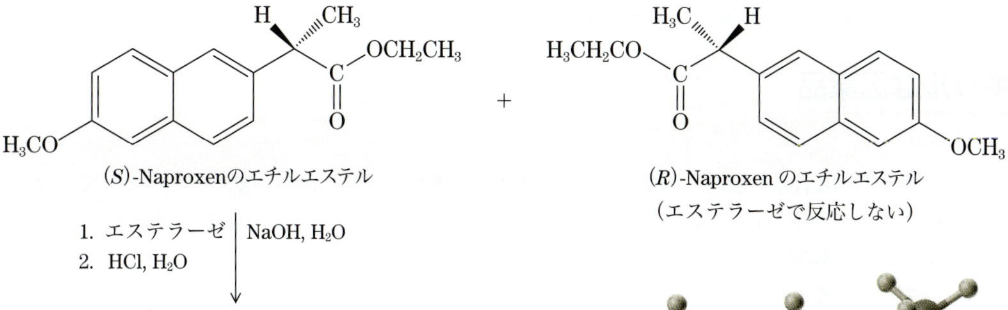

第6章　キラリティー：分子の左右性

(S)-Naproxenのエチルエステル ＋ (R)-Naproxenのエチルエステル（エステラーゼで反応しない）

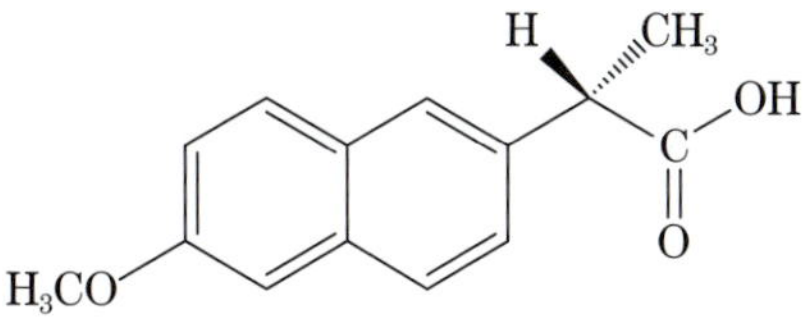

1. エステラーゼ｜NaOH, H₂O
2. HCl, H₂O

(S)-Naproxen

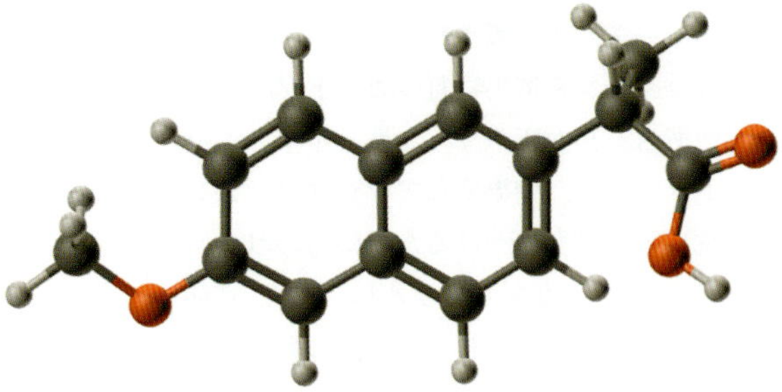

選択的に加水分解されて，生じたカルボン酸がナトリウム塩として水中に移行する．この条件では R 体は加水分解を受けない．この反応液をろ過すると，R 体のエステルを結晶として取り除くことができる．R 体のエステルを取り除いた後，ろ液を酸性にすると，純粋な (S)-ナプロキセンが析出してくる．回収された R 体のエステルは，ラセミ化（R 体と S 体の混合物に変換）したのち，再びエステラーゼを作用させる．このようにして，R 体のエステルの回収，ラセミ化を繰り返すことにより，ラセミ体のエステルすべてを (S)-ナプロキセンに変換することができる．
(S)-ナプロキセンのナトリウム塩は，多くの非ステロイド系の抗炎症製剤の有効成分である．

CHEMICAL CONNECTIONS

キラルな医薬品

ヒトの治療に用いられる一般的な医薬品のうち，あるもの（例：アスピリン，14.4B節参照）はアキラルである．またある医薬品はキラルであり，単一のエナンチオマーとして市販されている．ペニシリン系，エリスロマイシン系抗生物質やカプトプリルはすべてキラルである．高血圧やうっ血性心不全の治療に有効なカプトプリルは，効果的なアンジオテンシン変換酵素（ACE）阻害剤を見つけるために行われた研究において開発された．カプトプリルは (S,S) 立体異性体として製造され，販売されている．しかしながら，キラルな医薬品の多くはラセミ混合物として市販されている．よく用いられる鎮痛剤であるイブプロフェンは，S 体のみが生理活性を示し鎮痛効果を発揮する．一方，R 体は鎮痛効果を示さないが，体内において S 体に変換され薬効を示す．

Captopril

(S)-Ibuprofen

ほとんどのラセミ混合物の医薬品では，どちらか一方のエナンチオマーのみが薬効を示し，もう一方のエナンチオマーは薬効を示さないかあるいは有害な効果をもつこともある．したがって，純粋な単一のエナンチオマーの医薬品はたいていそのラセミ混合物よりも薬効が強いはずである．典型的な例として，パーキンソン病治療に用いられる3,4-ジヒドロキシフェニルアラニンが挙げられる．薬理活性物質はドーパミンであるが，この化合物は血液-脳関門を通過せず脳内の作用部位に到達しない．したがって，ドーパミンではなくそのプロドラッグが投与される．プロドラッグ prodrug とはそれ自身は薬効を示さず，体内で薬理活性物質に変換され薬理作用を示す化合物のことである．3,4-ジヒドロキシフェニルアラニンは，このようなプロドラッグであり，血液-脳関門を通過したあとでドーパミン脱炭酸酵素により脱炭酸されドーパミンに変換される．

(S)-(−)-3,4-Dihydroxyphenylalanine
(L-DOPA)
$[\alpha]_D^{13}$ −13.1

酵素触媒
脱炭酸
$\longrightarrow$

Dopamine + CO_2

ドーパミン脱炭酸酵素は L-DOPA として知られる S 体のみに選択的に作用するため，エナンチオマーとして純粋なプロドラッグを投与する必要がある．ラセミ混合物のプロドラッグを投与した場合，R 体は脳内の酵素により代謝されず蓄積されるため危険である．

近年，米国食品医薬品局（FDA）は，キラルな医薬品の試験や販売における新たなガイドラインを発表した．多くの製薬会社はこのガイドラインを検討し，新しいキラルな医薬品について一方のエナンチオマーのみの開発を行う方針を決めている．通常の法的な規制に加え，特許の問題がある．たとえある製薬会社がラセミ混合物の医薬品で特許を取得していたとしても，しばしばそのエナンチオマーに対して新たな特許を取得することができる．

まとめ

立体異性体(6.2節)は原子の結合順序は同じであるが，それらの空間における三次元的な配列が異なる．**鏡像**とは鏡に映った像のことである (6.3節)．**エナンチオマー**は互いに重ね合わせることのできない，鏡像関係にある一対の立体異性体のことである (6.3節)．鏡像と重なり合わない分子は**キラル**であるといわれる．キラリティーは物体全体としての性質で，特定の原子の性質ではない．もし物体が対称面をもっていれば，それは**アキラル**である．**対称面**とは物体の半分が他の半分と鏡像関係になるように物体を分割する仮想的な平面のことをいう．

原子に結合している2個の原子または置換基を交換したときに，異なる立体異性体を与える場合，その原子を**キラル中心**(6.3節)という．最も一般的なキラル中心は，4個の異なる基が結合した四面体形の炭素原子である．

キラル中心の**立体配置**は **R, S 表示法**により表される (6.4節)．この表示法を適用するために，(1) キラル中心に結合するそれぞれの原子あるいは置換基に，優先順位をつける．(2) もっとも優先順位の低い基が，観測者から最も遠くなるように分子を置く．(3) 残りの3個の置換基を優先順位が高い順からたどる．その方向が時計回りならキラル中心の立体配置は **R**，反時計回りであれば **S** である．

n 個のキラル中心をもつ分子の立体異性体の数は最大 2^n である (6.5節)．**ジアステレオマー**(6.5A節)は鏡像関係にない立体異性体のことである．ある種の化合物では特別な対称性をもつため，2^n 則で予測されるより立体異性体の数が少なくなる．**メソ化合物**(6.5B節)とはキラル中心を二つまたはそれ以上もっているにもかかわらずアキラルな化合物である．

エナンチオマーはアキラルな環境においては，同一の物理的・化学的性質をもつ (6.8節)．ジアステレオマーは異なる物理的・化学的性質をもつ．

一つの平面内でのみ振動している光を**平面偏光**(6.9A節)という．**旋光計**(6.9B節)は，光学活性を検出し，その強度を測定するための装置である．**旋光角**はキラル物質により偏光面が回転した度数である．**比旋光度**は 1 dm の試料管を用い 1 g/mL の試料濃度で測定したときの旋光角に相当する．暗視野を回復するため検光子を時計まわりに回転させた場合には，その化合物は**右旋性**，反時計まわりに回転させた場合には**左旋性**であるという．偏光面を回転させることのできる化合物は**光学活性**であるという．一対のエナンチオマーはそれぞれ単独で偏光面を正確に同じ度数だけ回転させるが，その方向は逆である (6.9B節)．二つのエナンチオマーの等量混合物を**ラセミ混合物**(6.9C節)という．その旋光度は0である．

酵素は生体反応を触媒する．酵素反応の第一段階は基質分子を酵素表面の結合部位に固定することである (6.10節)．キラル中心の四つの基のうち三つに対して特異的な結合部位をもつ酵素は，基質分子をそのエナンチオマーから識別することができる．

光学分割(6.11節)とはエナンチオマーの混合物をそれぞれの純粋なエナンチオマーに分けることをいう．分割の一手法として，ラセミ混合物の一方のエナンチオマーの反応は触媒するが，もう一方のエナンチオマーの反応は触媒しないような酵素を用いる方法がある．

補充問題

キラリティー

6.8 立体異性体の定義を述べよ．4種類の立体異性体の名称をあげよ．

6.9 構造異性体と立体異性体は，どのような点で異なるか．またどのような点が同じか．

6.10 次の物体のうち，キラルなものはどれか．(ラベルや識別のためのマークなどがついていないものとする．)
 (a) はさみ　　(b) テニスボール　　(c) クリップ　　(d) ビーカー
 (e) 流しや風呂桶から排水するときにできる渦

6.11 らせん状の電話のコードあるいはノートのらせん状のバインダーについて考えてみよう．それらのらせんを一方の端から見たときに，左巻きのらせんであったとする．もしこれらのらせんを反対側の端から見たとしたら，そのらせんは右巻きに見えるだろうか，それとも同じように左巻きに見えるだろうか．

6.12 らせん状のねじれをもつドリルの刃や貝殻を集めたものを見る機会があれば，そのねじれのキラリティーについて調べてみよう．右にねじれたドリルの刃と，左にねじれたドリルの刃を同数見つけることができるだろうか．それともすべてのドリルの刃が同一方向にねじれているだろうか．また，貝殻についてはどうだろうか．

6.13 らせん状のねじれをもつ様々なパスタ (rotini, fusilli, radiatori, tortiglioni) について調べる機会があれば，そのねじれのキラリティーについて調べてみよう．右にねじれたものばかりだろうか，左にねじれたものばかりだろうか．それともラセミ混合物だろうか．

6.14 様々な有機化合物についてその立体異性体の数がいくつあるかにより，sp^3 混成の炭素が四面体構造をとっていることを確認できる．
(a) 炭素原子が四面体構造をしているとしたら，$CHCl_3$, CH_2Cl_2, $CHClBrF$ にはいくつの立体異性体が存在するか．
(b) 炭素原子が正方形の平面構造をしているとしたら，$CHCl_3$, CH_2Cl_2, $CHClBrF$ にはいくつの立体異性体が存在するか．

6.15 次の記述のうち，正しいものはどれか．
(a) エナンチオマーは常にキラルである．
(b) キラルな分子のジアステレオマーは必ずキラルである．
(c) 対称面を内部にもつ分子は決してキラルにはならない．
(d) アキラルな分子には必ずエナンチオマーが存在する．
(e) アキラルな分子には必ずジアステレオマーが存在する．
(f) キラルな分子には必ずエナンチオマーが存在する．
(g) キラルな分子には必ずジアステレオマーが存在する．

エナンチオマー

6.16 次の化合物のうち，キラル中心をもつものはどれか．
(a) 2-Chloropentane (b) 3-Chloropentane (c) 3-Chloro-1-pentene (d) 1, 2-Dichloropropane

6.17 C，H，O だけを用いて，最も小さい分子量をもつキラルな化合物の構造式を書け．
(a) アルカン   (b) アルコール   (c) アルデヒド
(d) ケトン   (e) カルボン酸

6.18 分子式 $C_5H_{12}O$ のアルコールでキラルなものを示せ．

6.19 分子式 $C_6H_{12}O_2$ のカルボン酸でキラルなものを示せ．

6.20 次の化合物のエナンチオマーを書け．

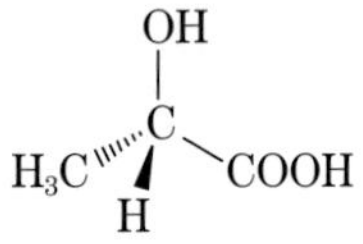

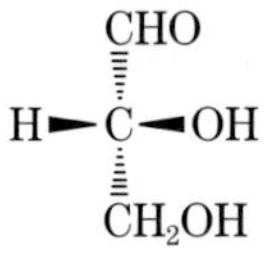

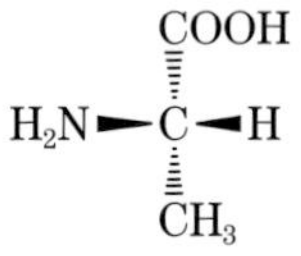

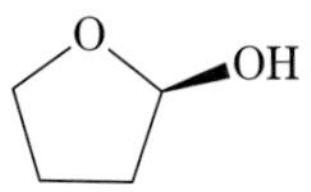

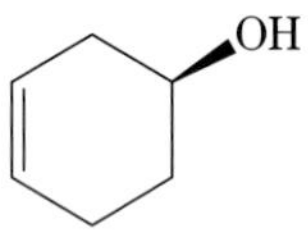

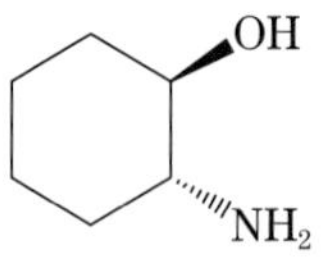

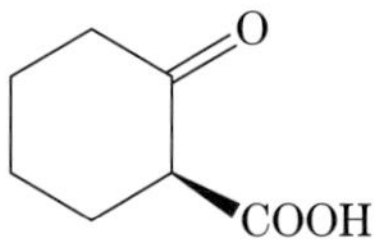

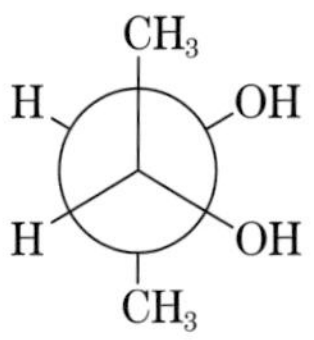

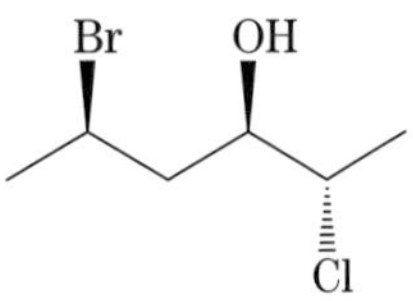

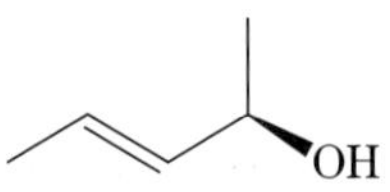

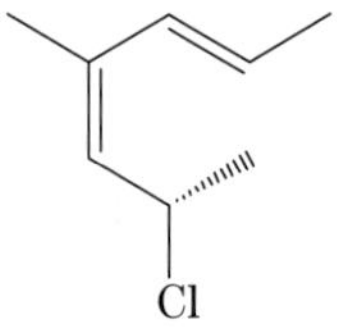

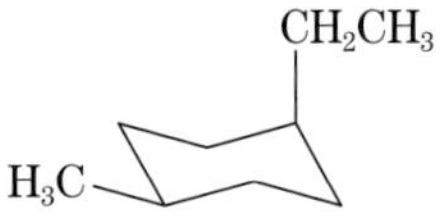

6.21 次の化合物のキラル中心に＊印でしるしをつけよ．ただし，すべての化合物がキラル中心をもっているわけではない．

(a) C₆H₅-CH(OH)-CH₂-N(CH₃)₂

(b) CH₃CH₂-CH(OH)-C(O)-CH₂CH₃

(c) (CH₃)₂CH-CH(NH₃⁺)-COO⁻

(d) CH₃-C(O)-CH₂CH₃

6.22 次の化合物のキラル中心に＊印でしるしをつけよ．ただし，すべての化合物がキラル中心をもっているわけではない．

(a) HOCH₂-CH(OH)-CH₂OH

(b) HOCH₂-CH(OH)-CH₂CH₃

(c) CH₃CH₂-CH(OH)-CH=CH₂

(d) CH₃-CH(OH)-CH₂CH₃

6.23 次の化合物のキラル中心に＊印でしるしをつけよ．ただし，すべての化合物がキラル中心をもっているわけではない．

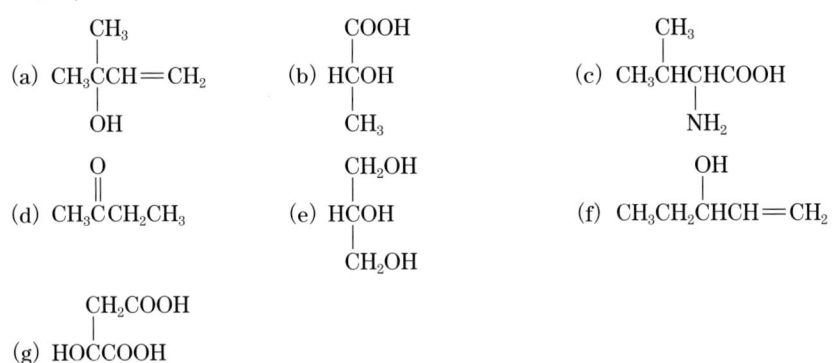

(a) CH₃CH(OH)CH=CH₂ (CH₃ 上)

(b) HOOC-CH(OH)-CH₃

(c) CH₃-CH(CH₃)-CH(NH₂)-COOH

(d) CH₃-C(O)-CH₂CH₃

(e) HOCH₂-CH(OH)-CH₂OH

(f) CH₃CH₂-CH(OH)-CH=CH₂

(g) HOC(CH₂COOH)₂COOH

6.24 次に示す8個の構造は乳酸を立体的に表したものである．(a)と同一のものはどれか．また，(a)と鏡像のものはどれか．

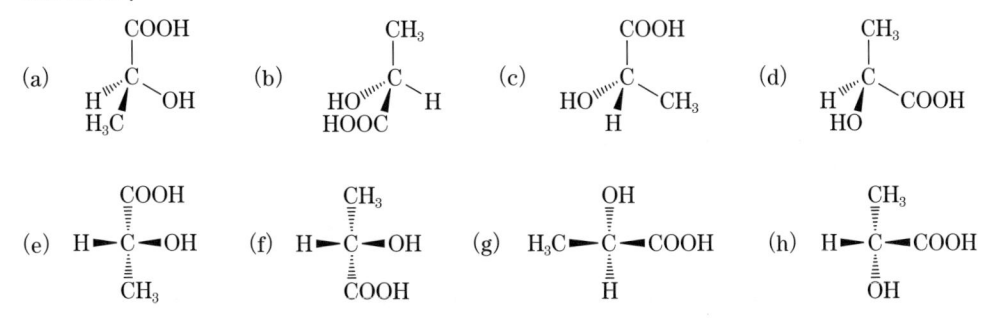

(a), (b), (c), (d), (e), (f), (g), (h) —— 乳酸の立体構造8種

立体配置の命名：R, S 表示法

6.25 次の組合せの基に優先順位をつけよ．

(a) —H —CH_3 —OH —CH_2OH

(b) —$CH_2CH=CH_2$ —$CH=CH_2$ —CH_3 —CH_2COOH

(c) —CH_3 —H —COO^- —NH_3^+

(d) —CH_3 —CH_2SH —NH_3^+ —COO^-

6.26 次のどの分子が R 配置をもつか．

6.27 次に示すのはカルボンのエナンチオマーの構造式である．

(−)-Carvone (スペアミント油)   (+)-Carvone (キャラウェイ油, イノンド油)

それぞれのエナンチオマーは，それが単離された植物によって異なる香りをもつ．それぞれのエナンチオマーのキラル中心を R, S 配置で示せ．構造が似ているのになぜこれらはそのような異なる性質をもっているのか．

6.28 次に示すのは，2-ブタノールの一つの立体異性体のねじれ形配座である．

(a) これは (R)-2-ブタノールか，それとも (S)-2-ブタノールか．

(b) このねじれ形配座を2位の炭素と3位の炭素の結合に沿って見たときの Newman 投影式で書け．

(c) この分子のもう一つのねじれ形配座を Newman 投影式で書け．どちらの立体配座がより安定か．ただし，—OH と —CH_3 は形の上で大きさが同じくらいであると考えてよい．

2個またはそれ以上のキラル中心をもつ分子

6.29 分子式 $C_6H_{14}O$ で2個のキラル中心をもつアルコールの構造式を書け．

6.30 何世紀にもわたって，漢方医学では喘息の治療にマオウ科植物 *Ephedra sinica* の抽出物を用いてきた．化学的研究により，この植物から極めて効果的な肺気道の拡張薬であるエフェドリンが単離された．この化合物は左旋性であり，次の立体構造で表される．各キラル中心の立体配置を R, S 表示法で示せ．

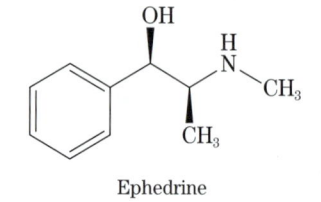

Ephedrine

気管支拡張作用のあるエフェドリンを含むマオウ科植物 *Ephedra sinica*.
(*Paolo Koch/Photo Researchers, Inc.*)

6.31 天然に得られるエフェドリン（問題 6.30）の比旋光度は −41 である．この化合物のエナンチオマーの比旋光度はいくらか．

6.32 次の化合物のキラル中心に＊印でしるしをつけよ．また，各分子について，それぞれいくつの立体異性体が可能か．

(a) 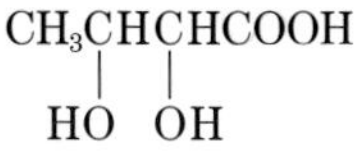 CH₃CHCHCOOH
      | |
      HO OH

(b) 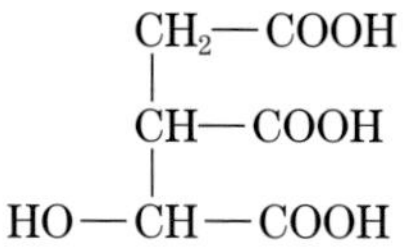 CH₂—COOH
    |
    CH—COOH
    |
    HO—CH—COOH

(c) 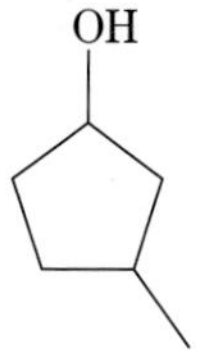 [構造式: ヒドロキシメチルシクロペンタン]

(d) 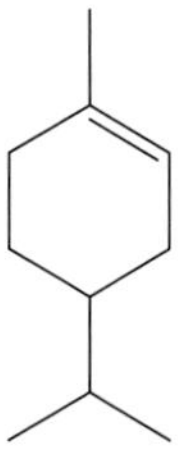 [構造式: リモネン様構造]

(e) 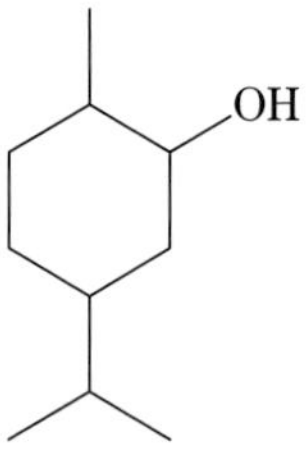 [構造式: メントール様構造]

(f) 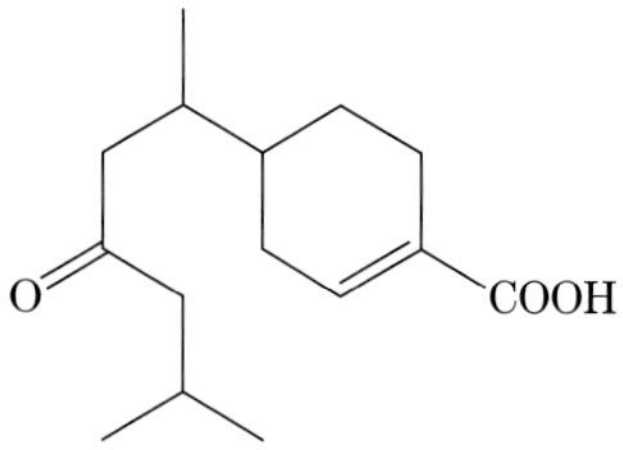 [構造式: シクロヘキセンカルボン酸誘導体]

(g) 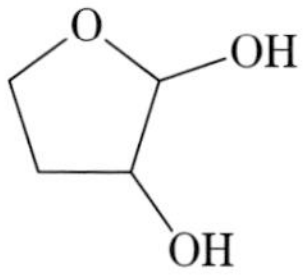 [構造式: テトラヒドロフランジオール]

(h) 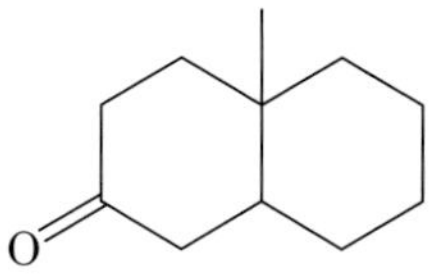 [構造式: デカロン構造]

6.33 半合成ペニシリンの一種であるアモキシシリンの4個のキラル中心に＊印でしるしをつけよ．

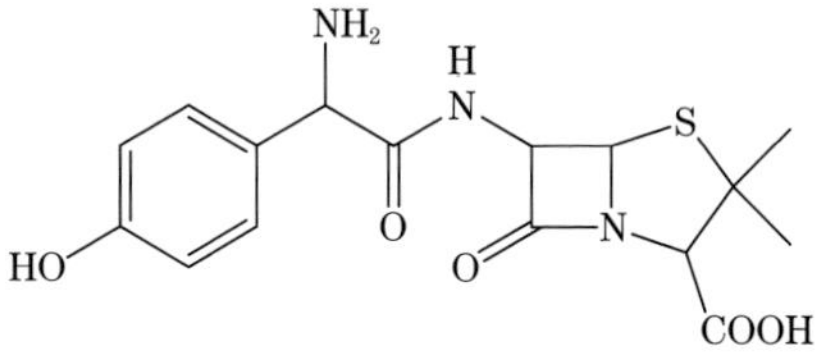

Amoxicillin

6.34 アメリカで最もよく売れている抗ヒスタミン薬であるロラタジンとフェキソフェナジンのすべてのキラル中心に＊印でしるしをつけよ．また，各化合物について，それぞれいくつの立体異性体が可能か．

(a) 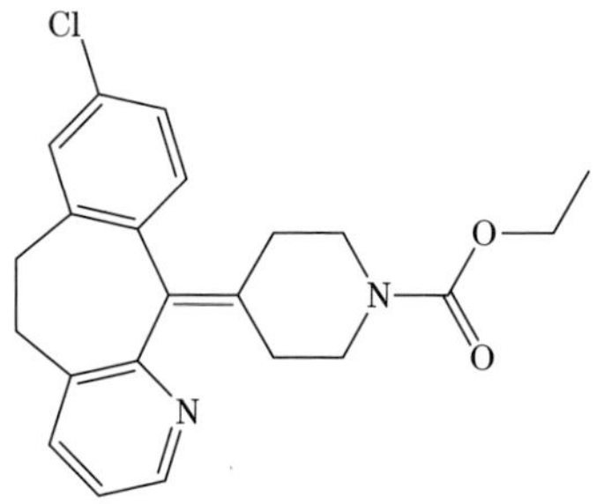 Loratadine

(b) 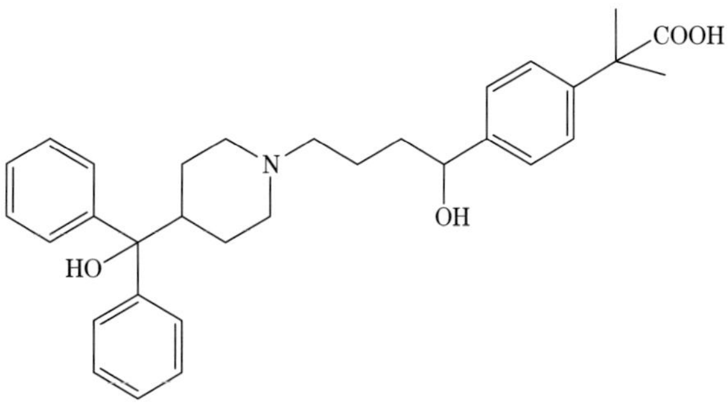 Fexofenadine

6.35 うつ病に対して次の構造式をもつ三つの医薬品が最も広く用いられている．各化合物について，キラル中心に＊印でしるしをつけ，可能な立体異性体の数を書け．

(a) 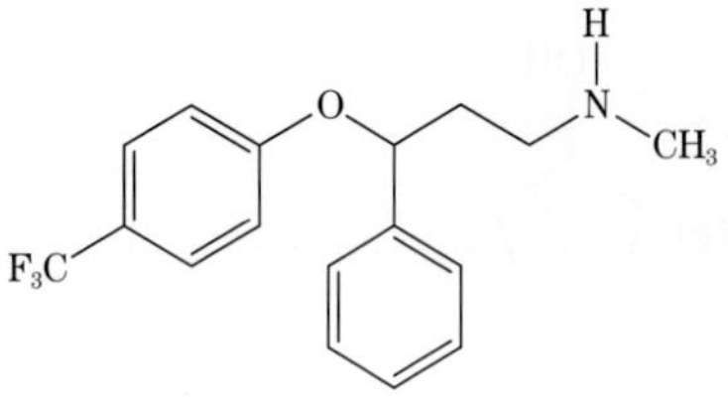 Fluoxetine
（フルオキセチン）

(b) 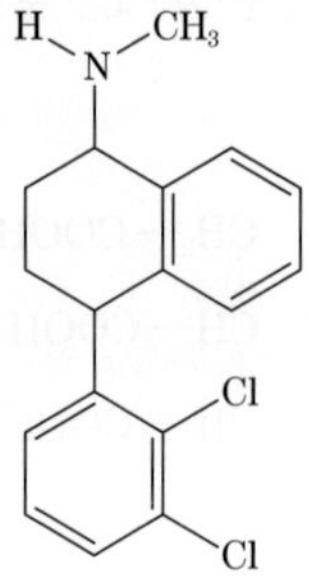 Sertraline
（セルトラリン）

(c) 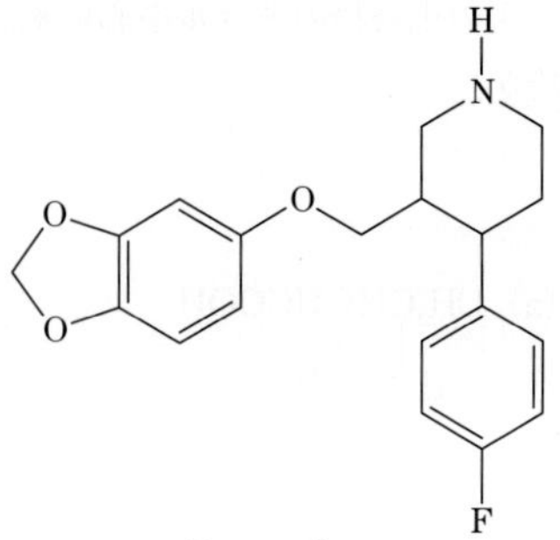 Paroxetine
（パロキセチン）

6.36 トリアムシノロンのアセトニド（アセトンとのアセタール）は気管支ぜんそくに処方されるステロイド薬の一種である．

Triamcinolone acetonide

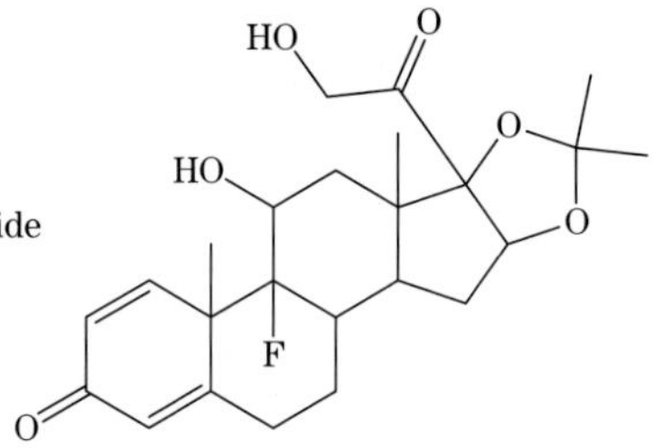

(a) この化合物中にある8個のキラル中心に＊印でしるしをつけよ．
(b) この分子に対して，いくつの立体異性体が可能か．（このうち1個だけが有効成分である．）

6.37 次にあげるどの構造式がメソ化合物を表しているか．

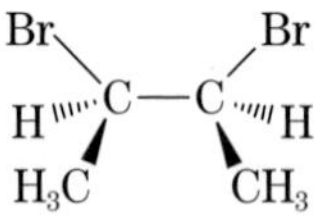

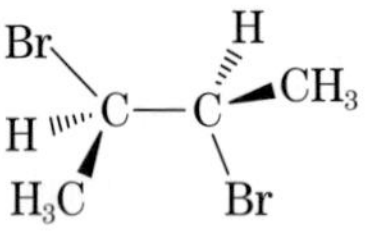

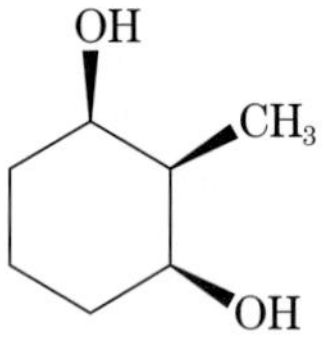

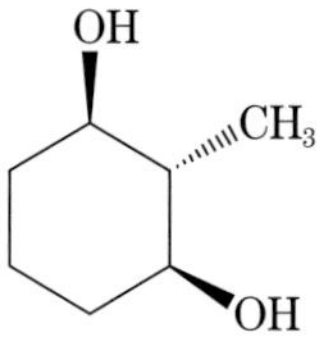

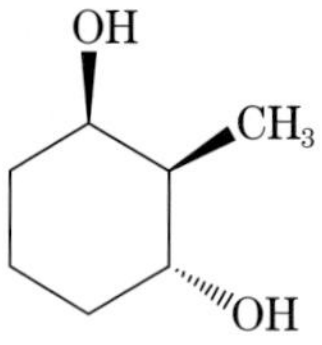

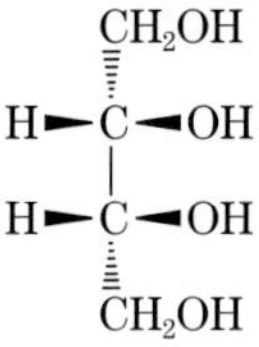

6.38 メソ-酒石酸を 2 位と 3 位の炭素-炭素結合に沿って見たときの Newman 投影式のうち，最も安定な立体配座と最も安定性の低い立体配座を書け．

$$HOOC-\underset{\underset{H}{|}}{\overset{\overset{OH}{|}}{C}}-\underset{\underset{H}{|}}{\overset{\overset{OH}{|}}{C}}-COOH$$

6.39 1,3-ジメチルシクロペンタンにはいくつの立体異性体が存在するか．どれが一対のエナンチオマーでどれがメソ化合物か．

6.40 問題 3.54 でグルコースの安定性の高い方のいす形立体配座，すなわち六員環上のすべての置換基がエクアトリアル位を占める立体配座を書くように求められた．右下にその構造を示す．

(a) 分子内のすべてのキラル中心を指摘せよ．
(b) 何種類の立体異性体が可能か．
(c) 何組のエナンチオマーが可能か．
(d) 1 位と 5 位の炭素の立体配置を R または S で示せ．

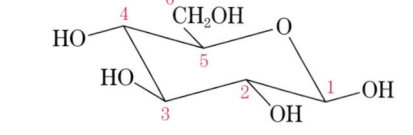

6.41 ラセミ混合物とは何か．ラセミ混合物は光学活性か，つまり偏光面を回転させることができるか．

応用問題

6.42 次の反応の生成物を予想せよ．（生成物は一つとは限らない．立体異性体が可能な場合には異性体を別々に示せ．）

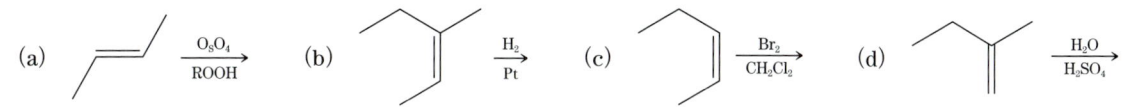

(a) [アルケン] $\xrightarrow[\text{ROOH}]{\text{OsO}_4}$ (b) [アルケン] $\xrightarrow[\text{Pt}]{\text{H}_2}$ (c) [アルケン] $\xrightarrow[\text{CH}_2\text{Cl}_2]{\text{Br}_2}$ (d) [アルケン] $\xrightarrow[\text{H}_2\text{SO}_4]{\text{H}_2\text{O}}$

6.43 H_2/Pd と反応させたとき，高収率で次の立体異性体を与えるアルケンの構造を示せ．

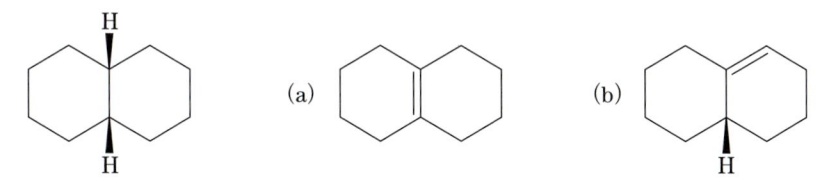

cis-Decalin

6.44 次の反応のうち，生成物としてラセミ混合物を与えるのはどれか．

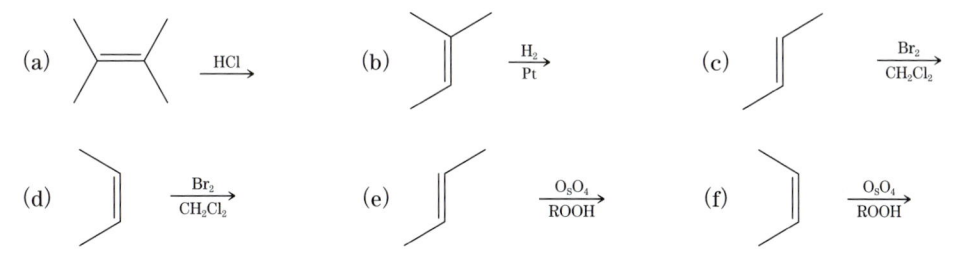

(a) $\xrightarrow{\text{HCl}}$ (b) $\xrightarrow[\text{Pt}]{\text{H}_2}$ (c) $\xrightarrow[\text{CH}_2\text{Cl}_2]{\text{Br}_2}$

(d) $\xrightarrow[\text{CH}_2\text{Cl}_2]{\text{Br}_2}$ (e) $\xrightarrow[\text{ROOH}]{\text{OsO}_4}$ (f) $\xrightarrow[\text{ROOH}]{\text{OsO}_4}$

6.45 次の反応で生成し得る立体異性体をすべて書け．また，この反応が合成法として有用であるかどうか述べよ．

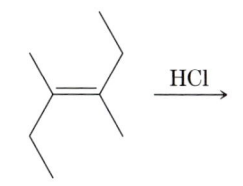

$\xrightarrow{\text{HCl}}$

6.46 次の反応の生成物が偏光面を回転させないのはなぜか．説明せよ．

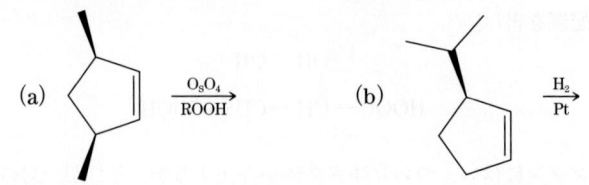

7 ハロアルカン

- **7.1** はじめに
- **7.2** 命名法
- **7.3** 脂肪族求核置換反応と脱離反応
- **7.4** 脂肪族求核置換反応
- **7.5** 脂肪族求核置換反応の機構
- **7.6** S_N1機構とS_N2機構の実験的証拠
- **7.7** 求核置換反応の解析
- **7.8** 脱離反応
- **7.9** 脱離反応の機構
- **7.10** 置換と脱離

コンパクトディスクはポリ塩化ビニルから作られている．その原料は1,2-ジクロロエタンである．左の図は塩化ビニル分子を示している．(*Charles D. Winters*)

7.1 はじめに

sp³混成の炭素原子と共有結合したハロゲンをもつ化合物を**ハロアルカン** haloalkane，あるいは慣用名では**ハロゲン化アルキル** alkyl halide という．ハロゲン化アルキルの一般式はR—Xであって，XはF，Cl，BrまたはIである．

この章ではハロアルカンの二つの特徴的な反応，求核置換反応と脱離反応について学ぶ．これらの反応により，ハロアルカンはアルコール，エーテル，チオール，アミンおよびアルケンに変換することができるので非常に有用な化合物である．実際，ハロアルカンは，例えば，医薬品，食品化学および農業の分野などで，われわれの社会生活に必要な多くの化合物の原料として欠くことのできないものである．

ハロゲン化アルキル：アルキル基と共有結合したハロゲンをもつ化合物．RXで表す．

$$R-\ddot{\underset{..}{X}}:$$

ハロアルカン
（ハロゲン化アルキル）

7.2 命名法

A IUPAC 命名法

Haloalkane（ハロアルカン）の IUPAC 規則による命名は，3.4A 節で学んだ規則に従って，母体のアルカンの命名から始める．

- 母体 alkane（アルカン）に末端から番号をつけるが，その際，鎖の末端に近い置換基の結合している炭素の位置番号が最小になるように番号をつける．
- ハロゲンは接頭語 fluoro-（フルオロ），chloro-（クロロ），bromo-（ブロモ），iodo-（ヨード）で示し，他の置換基と共にアルファベット順に並べる．
- 母体鎖上でのハロゲンの位置はハロゲンの名称の前に番号をつけて示す．
- Haloalkene（ハロアルケン）の場合，母体の炭化水素の番号は炭素–炭素二重結合の位置で決定される．接尾語，例えば -ol（オール），-al（アール），-one（オン），-oic acid（酸）など命名法で優先順位の高い官能基をもつ分子の場合には，その官能基の位置により炭素鎖の番号を決める．

3-Bromo-2-methylpentane
（3-ブロモ-2-メチルペンタン）

4-Bromocyclohexene
（4-ブロモシクロヘキセン）

trans-2-Chlorocyclohexanol
（trans-2-クロロシクロヘキサノール）

B 慣用名

ハロアルカンの慣用名は，アルキル基の慣用名のあとにハロゲン化物の名称を別の単語としてつける．つまり，**alkyl halide**（ハロゲン化アルキル）となる（日本語名ではアルキル基の名称の前にフッ化，塩化，臭化あるいはヨウ化をつける）．次の例では，まず IUPAC 名を示し，かっこ内に慣用名を示す．

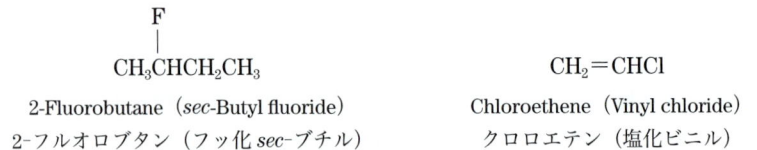

$CH_3CHCH_2CH_3$ (F上)
2-Fluorobutane（sec-Butyl fluoride）
2-フルオロブタン（フッ化 sec-ブチル）

$CH_2=CHCl$
Chloroethene（Vinyl chloride）
クロロエテン（塩化ビニル）

ポリハロメタンのいくつかは溶媒として広く用いられており，一般に慣用名でよばれている．その中でもジクロロメタン（塩化メチレン）は溶媒として最も広く使用されている．CHX_3 で示される化合物を**ハロホルム** haloform という．例えば，$CHCl_3$ の慣用名はクロロホルムであり，CH_3CCl_3 はメチルクロロホルムである．メチルクロロホルムやトリクロロエチレンはドライクリーニングに用いられる．

第7章 ハロアルカン

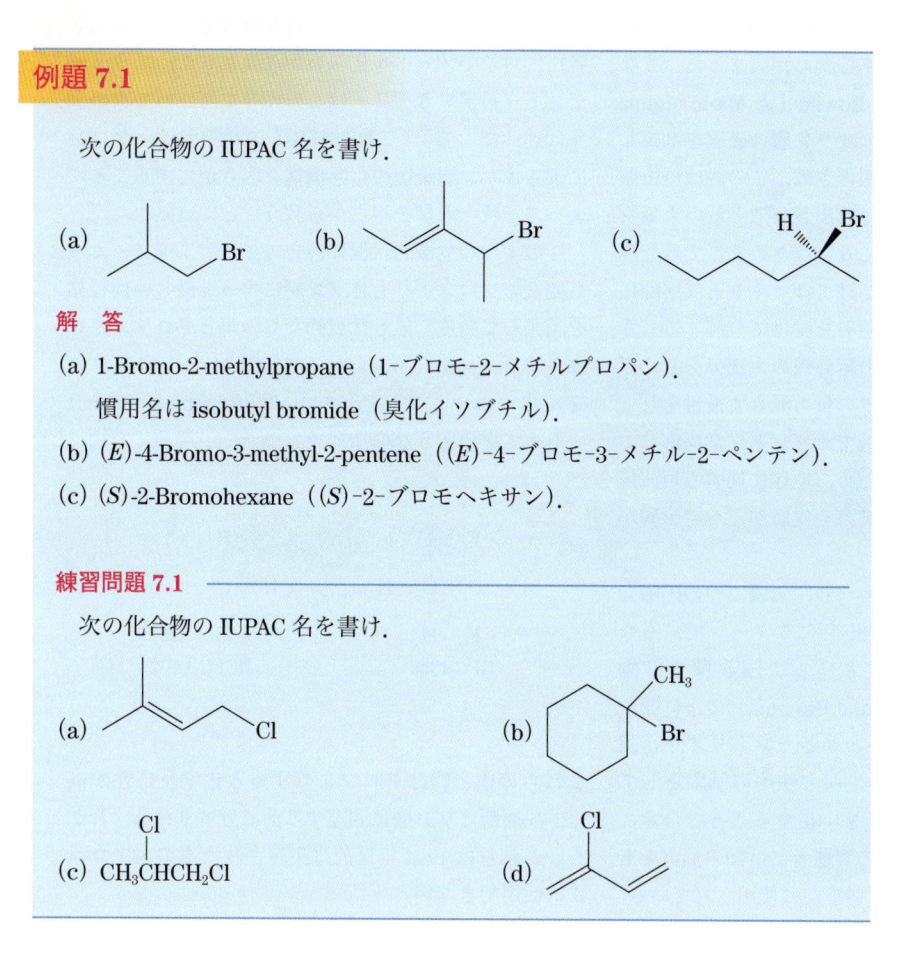

CH_2Cl_2	$CHCl_3$	CH_3CCl_3	$CCl_2=CHCl$
Dichloromethane	Trichloromethane	1,1,1-Trichloroethane	Trichloroethene
ジクロロメタン	トリクロロメタン	1,1,1-トリクロロエタン	トリクロロエテン
(Methylene chloride)	(Chloroform)	(Methyl chloroform)	(Trichlor)
(塩化メチレン)	(クロロホルム)	(メチルクロロホルム)	(トリクロル)

例題 7.1

次の化合物の IUPAC 名を書け．

(a) (b) (c)

解　答

(a) 1-Bromo-2-methylpropane（1-ブロモ-2-メチルプロパン）．
慣用名は isobutyl bromide（臭化イソブチル）．
(b) (E)-4-Bromo-3-methyl-2-pentene（(E)-4-ブロモ-3-メチル-2-ペンテン）．
(c) (S)-2-Bromohexane（(S)-2-ブロモヘキサン）．

練習問題 7.1

次の化合物の IUPAC 名を書け．

(a) (b)

(c) CH_3CHCH_2Cl (d)

ハロアルカンの中で最もよく知られているのがクロロフルオロカーボン chlorofluorocarbon（CFC）であってフレオン Freon®（日本では俗にフロンとよばれている）という商標名で製造されている．CFC は，無味無臭，無毒，不燃性であって，しかも腐食性もない．それまで冷蔵庫などの冷却媒体として，アンモニアや二酸化硫黄のような有害な化合物が使用されていたので，CFC は理想的な代替品と考えられた．CFC の中でもトリクロロフルオロメタン（CCl_3F，Freon-11）やジクロロジフルオロメタン（CCl_2F_2，Freon-12）がこの目的に最も広く用いられた．CFC は精密機器に使用される部品の洗浄用溶剤など工業的にも広く用いられ，さらにはエアロゾル・スプレー噴霧剤としても使用されていた．しかし，環境に有害であることから今では生産が中止されている．

CHEMICAL CONNECTIONS

クロロフルオロカーボンと環境問題

年間 450 トンの CFC（フロン）が大気に排出されていることが明らかになった 1970 年代以降，フロンによる環境問題に対する関心が高まった．すなわち，1974 年に Sherwood Rowland（ローランド）と Mario Molina（モリナ）によって，フロンが成層圏のオゾン層の破壊を触媒しているという考えが最初に報告され，この説は後に確証された．フロンは大気中に放出されると低い大気圏に留まるが，化学的に極めて安定なためそこでは分解されない．フロンは時間をかけてゆっくりと成層圏にまで上昇し，強い紫外線の照射を受けて分解する．オゾン層は太陽からの短波長の紫外線の大部分をさえぎり，地球表面に達する紫外線の量を減らす役目をしている．フロンはこのオゾン層でオゾンと化学反応してオゾン層を破壊する．そのため，地球に達する短波長の紫外線の量が増え，農業被害や皮膚がんへの影響が考えられる．

このようなフロンへの関心から，急遽二つの国際会議が開催された．一つは 1985 年にウィーンで，もう一つは 1987 年にモントリオールで国連環境計画（United Nations Environmental Program）の下に開かれた．1987 年の会議ではいわゆるモントリオール議定書が提言され，フロンの生産と使用の制限そして 1996 年までには完全に生産を中止することで合意に達した．この削減はフロンの製造者に巨額の損害をもたらしたが，開発途上国ではいまだに使用されている．

1995 年，Rowland, Molina, および Paul Crutzen（クルッツェン）（ドイツのマックスプランク化学研究所のオランダ人化学者）に対してノーベル化学賞が授与された．スウェーデン王立科学アカデミーはこの授与に当たって次のように述べている．"これらの 3 人の科学者は，フロンによるオゾン層破壊の化学機構を明らかにすることによって，我々人類を滅亡から救うことに貢献した．"

このような危機的状況に答えて，化学工業メーカーも従来のフロンよりもオゾン層にずっと優しい代替品を開発している．最も代表的なものがヒドロフルオロカーボン hydrofluorocarbon（HFC）とヒドロクロロフルオロカーボン hydrochlorofluorocarbon（HCFC）であって次のような構造式をもつ．

$$\text{HFC-134a} \qquad \text{HCFC-141b}$$

これらの化合物はフロンよりずっと化学反応性が高く，成層圏オゾン層に到達する前に分解される．しかし，これらは 1994 年以前に生産された車のエアコンには使用できない．

7.3 脂肪族求核置換反応と脱離反応

求核種：他の原子や原子団に電子対を供与して新たな共有結合をつくることができる原子や原子団．求核試薬 nucleophilic reagent ともいう．

求核置換反応：求核種による置換反応．

求核種 nucleophile（核を好む反応種）とは電子対を供与して新たな共有結合をつくることができる試薬のことであって，**求核置換反応** nucleophilic substitution とはある求核種が他の置換基と置き換わる反応をいう．次の一般式では，求核種は Nu:⁻，脱離基 leaving group は X⁻ で表し，置換は sp^3 混成の炭素原子で起こる．

$$\text{Nu:}^- + -\underset{|}{\overset{|}{C}}-X \xrightarrow{\text{求核置換反応}} -\underset{|}{\overset{|}{C}}-\text{Nu} + :X^-$$

第7章 ハロアルカン

ハロゲン化物イオンは脱離しやすく，最も重要な脱離基の一つである．

すべての求核種は塩基でもあるので，塩基による**脱離反応** elimination が求核置換反応と競争して起こる．例えば，エトキシドイオンは求核種であると同時に塩基でもある．ブロモシクロヘキサンとの反応で，求核種として反応するとエトキシシクロヘキサン（シクロヘキシルエチルエーテル）を与え（赤で示した経路），塩基として反応するとシクロヘキセンとエタノールとを生成する（青で示した経路）．

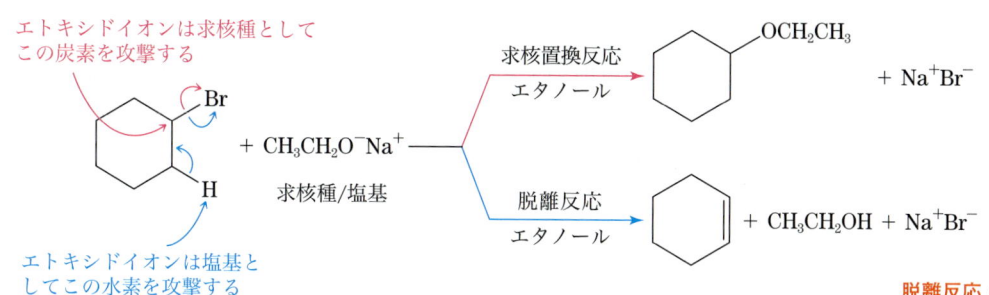

この章では，この二つの反応について学ぶ．これらの反応によってハロアルカンからアルコール，エーテル，チオール，スルフィド，アミン，ニトリル，アルケン，およびアルキンなどの他の官能基をもつ化合物に変換することができる．このように求核置換反応と脱離反応を理解することによって有機化学の全く新しい領域が開ける．

脱離反応：隣接する炭素から原子または原子団が脱離して炭素-炭素二重結合が生成する反応．例えば，ハロゲン化アルキルから H と X，あるいはアルコールから H と OH とが脱離してアルケンが生成する反応．（訳注：このような脱離反応を特に β 脱離という．原著では β 脱離反応となっているが，本書では単に脱離反応とした．）

表7.1 求核置換反応の例

反応：$Nu^- + CH_3X \longrightarrow CH_3Nu + :X^-$

求核種	生成物	生成物の種類
HO^-	CH_3OH	アルコール
RO^-	CH_3OR	エーテル
HS^-	CH_3SH	チオール
RS^-	CH_3SR	スルフィド
$:I^-$	CH_3I	ヨウ化アルキル
$:NH_3$	$CH_3NH_3^+$	アルキルアンモニウムイオン
HOH	$CH_3\overset{+}{O}(H)-H$	アルコール（プロトン移動後）
CH_3OH	$CH_3\overset{+}{O}(H)-CH_3$	エーテル（プロトン移動後）

7.4　脂肪族求核置換反応

　求核置換反応は，ハロアルカンの最も重要な反応の一つであり，他の多くの官能基への変換を可能にする．そのいくつかの例を表 7.1 に示した．この表の各項目を学ぶにあたっては，次の点に注意しよう．

1．求核種が OH^- や RS^- のように負電荷をもつ場合は，求核置換反応で非共有電子対を出す原子は電荷を失って生成物では中性になる．
2．求核種が NH_3 や CH_3OH のように電荷をもたない場合は，求核置換反応で非共有電子対を出す原子は生成物の中で正電荷をもつ．この生成物は，次の段階でプロトンを失って中性の置換生成物になることが多い．

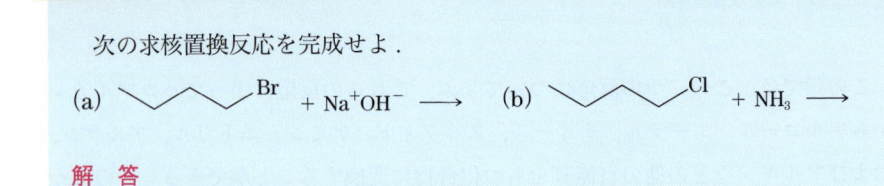

例題 7.2

次の求核置換反応を完成せよ．

(a) ～～～Br + Na^+OH^- ⟶　　(b) ～～～Cl + NH_3 ⟶

解　答

(a) 水酸化物イオンが求核種で，臭化物イオンが脱離基．

～～～Br + Na^+OH^- ⟶ ～～～OH + Na^+Br^-
1-Bromobutane　Sodium hydroxide　　1-Butanol　　Sodium bromide

(b) アンモニアが求核種で，塩化物イオンが脱離基．

～～～Cl + NH_3 ⟶ ～～～$NH_3^+ Cl^-$
1-Chlorobutane　Ammonia　　Butylammonium chloride

練習問題 7.2

次の求核置換反応を完成せよ．

(a) ⬠—Br + $CH_3CH_2S^-Na^+$ ⟶　　(b) ⬠—Br + $CH_3CO^-Na^+$ (C=O) ⟶

7.5　脂肪族求核置換反応の機構

　70 年にも及ぶ豊富な実験結果に基づき，求核置換反応の機構として二つの基本的な機構が提唱されている．両者の根本的な相違は，"炭素と脱離基との結合の切

"断"と"炭素と求核種との結合の生成"のタイミングである．

A S_N2 機構

　一つの極限として，結合の切断と結合の生成が同時に進む反応が考えられる．これを**協奏反応** concerted reaction という．ここでは，求核種の攻撃によって脱離基の脱離が助けられている．この機構は S_N2 と表され，S は置換 Substitution，N は求核 Nucleophilic，2 は**二分子反応** bimolecular reaction を示す．このタイプの置換反応は，ハロアルカンと求核種の両方が律速段階に関与しているので二分子反応と分類される．つまり，次のように速度式がハロアルカンと求核種の濃度に対してそれぞれ一次であって全体として二次になる．

$$速度 = k\,[ハロアルカン]\,[求核種]$$

　次に，水酸化物イオンとブロモメタンとの反応からメタノールと臭化物イオンとが生成する S_N2 機構について考えてみよう．

> **二分子反応**：律速段階の遷移状態に 2 分子の反応物が関与している反応．

反応機構：S_N2 反応

　求核種は脱離基の反対側から反応中心を攻撃する．すなわち，この反応は求核種による背面攻撃で進行する．

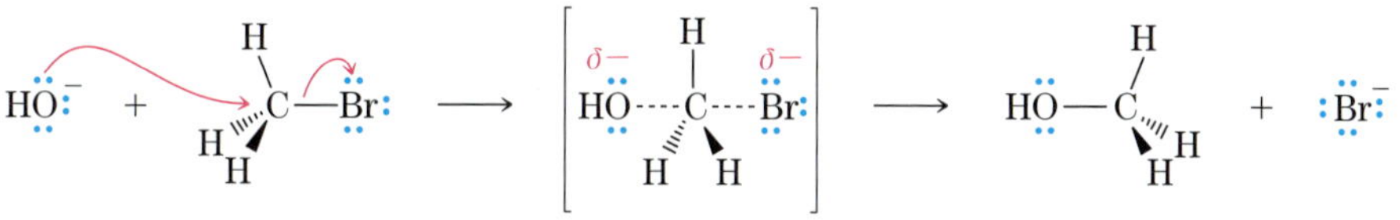

反応物 　　　遷移状態：結合の切断と結合の生成が同時に起こっている　　　生成物

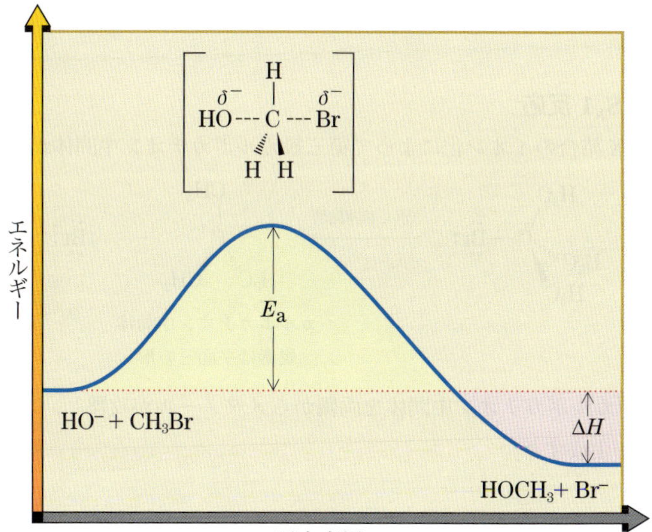

図 7.1
S_N2 反応のエネルギー図．反応はただ一つの遷移状態を経由して進行し，反応中間体は存在しない．

図7.1 に S_N2 反応のエネルギー図を示す．反応は唯一の遷移状態を経由して進行し，反応中間体は存在しない．

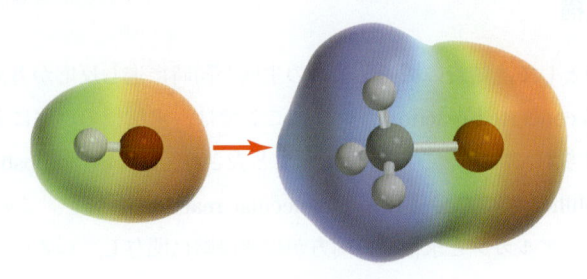

脱離基の反対側からの求核攻撃

S_N2 反応は，求核種の負電荷（この場合水酸化物イオンの負電荷をもつ酸素）と求電子種の正電荷中心（この場合脱離基である塩素の電子求引性のため部分正電荷を帯びた炭素）との引力相互作用によって進行する．

B S_N1 機構

もう一方の極限として S_N1 といわれる機構が存在し，炭素と求核種との結合の生成が始まる前に，炭素と脱離基の結合が完全に切断される．**S_N1** 表示において，Sは置換 Substitution，N は求核 Nucleophilic，1 は**一分子反応** unimolecular reaction を示す．このタイプの置換反応は一分子反応（単分子反応ともいう）と分類される．その理由はハロアルカン1分子だけが律速段階に関与しているからであって，反応速度式にはハロアルカンの濃度のみが含まれる．

一分子反応：律速段階の遷移状態で1分子の反応物のみが関与している反応．単分子反応ともいう．

$$速度 = k\,[ハロアルカン]$$

S_N1 反応の例として，2-ブロモ-2-メチルプロパン（臭化 tert-ブチル）のメタノール中での**加溶媒分解** solvolysis 反応があげられ，2-メトキシ-2-メチルプロパン（tert-ブチルメチルエーテル）を生成する．

加溶媒分解：溶媒が求核種となっている求核置換反応．

反応機構：S_N1 反応

段階1：C—X 結合のイオン化によって第三級カルボカチオン中間体が生成する．

遅い，律速段階

カルボカチオン中間体
炭素は平面三方形

段階2：平面カルボカチオン中間体を両側からメタノールが攻撃し，オキソニウムイオンが生成する．

段階3：オキソニウムイオンからメタノール（溶媒でもある）へプロトンが移動し，tert-ブチルメチルエーテルが生成する．

図 7.2 は 2-ブロモ-2-メチルプロパンとメタノールとの S_N1 反応のエネルギー図である．カルボカチオン中間体の生成に至る段階 1 に遷移状態が一つあり，カルボカチオンとメタノールからオキソニウムイオンが生成する段階 2 にもう一つの遷移状態がある．カルボカチオン中間体に至る過程の方がエネルギー障壁が高いので，この段階が律速段階となる．

　S_N1 反応がキラル中心で起こる場合，主生成物はラセミ混合物になる．この結果を次の例で説明する．例えば，R エナンチオマーはイオン化によって，アキラルなカルボカチオン中間体を生成する．求核種がカルボカチオン中間体の左側から攻撃すると S 体が，また右側から攻撃すると R 体が生成する．カルボカチオン中間体は平面構造であって，左右からの攻撃の確率は等しいので，R と S のエナンチオマーは等量生成し，生成物はラセミ混合物になる．

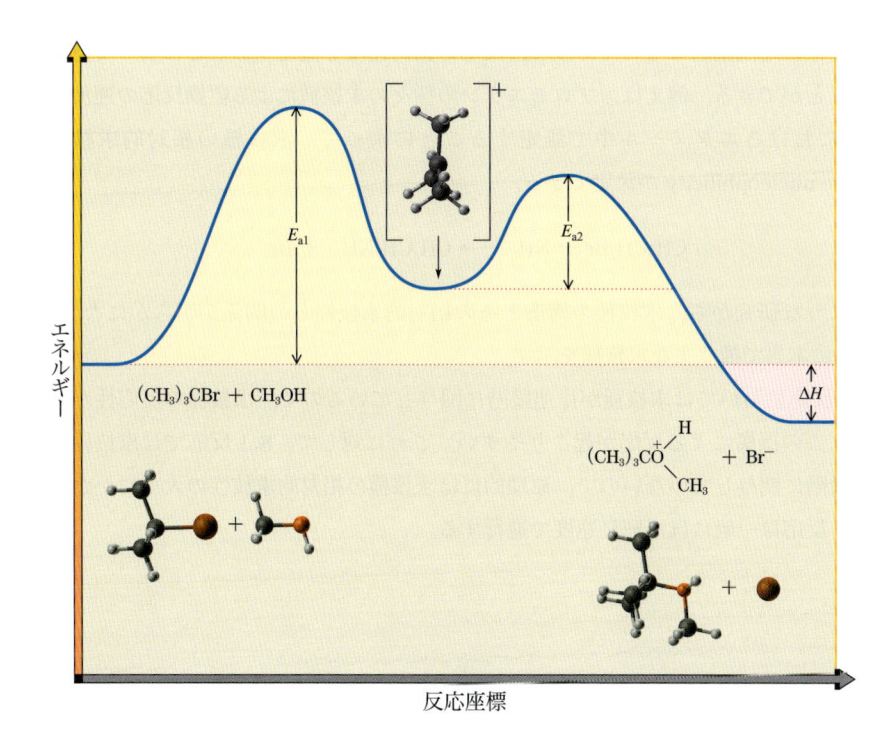

図 7.2
2-ブロモ-2-メチルプロパンとメタノールとの S_N1 反応のエネルギー図．

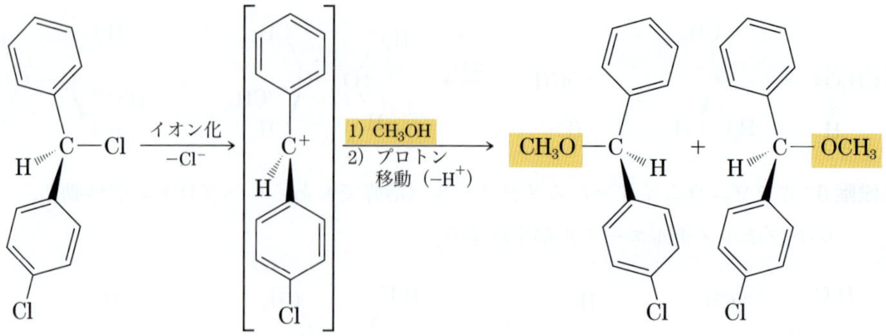

イオン化
$-Cl^-$
1) CH_3OH
2) プロトン
移動 ($-H^+$)
Cl
Cl
Cl
Cl
R エナンチオマー
平面カルボカチオン
(アキラル)
S 体
R 体
ラセミ混合物

7.6 S_N1 機構と S_N2 機構の実験的証拠

さて，これらの二つの反応機構の実験的な証拠を調べてみよう．結局，次のような問題を考えることになる．

1．求核種の構造は反応速度にどのような効果をもたらすか．
2．ハロアルカンの構造は反応速度にどのような効果をもたらすか．
3．脱離基の構造は反応速度にどのような効果をもたらすか．
4．溶媒は反応機構にどのような影響を及ぼすか．

A 求核種の構造

相対的求核性：基準となる求核置換反応におけるある求核種の相対的反応速度．

求核性は速度論的なものであって，反応の相対速度を測定することによって見積もることができる．例えば，ブロモエタンの種々の求核種による置換反応の速度を25 ℃におけるエタノール中で測定することによって，求核種の**相対的求核性** relative nucleophilicity が決定できる．

$$CH_3CH_2Br + NH_3 \longrightarrow CH_3CH_2NH_3^+ + Br^-$$

このような研究から，求核種の構造とその相対的求核性との関係が明らかになる．表 7.2 に本書で扱う主な求核種を示す．

S_N2 反応においては求核種が律速段階に関与しているので，求核種の反応性が高いほどこの機構による反応が起こりやすい．これに対して，S_N1 反応では求核種が律速段階に関与していないので，原理的には求核種の相対的求核性の大小にかかわらず，反応は一般にほぼ同じ速度で進行する．

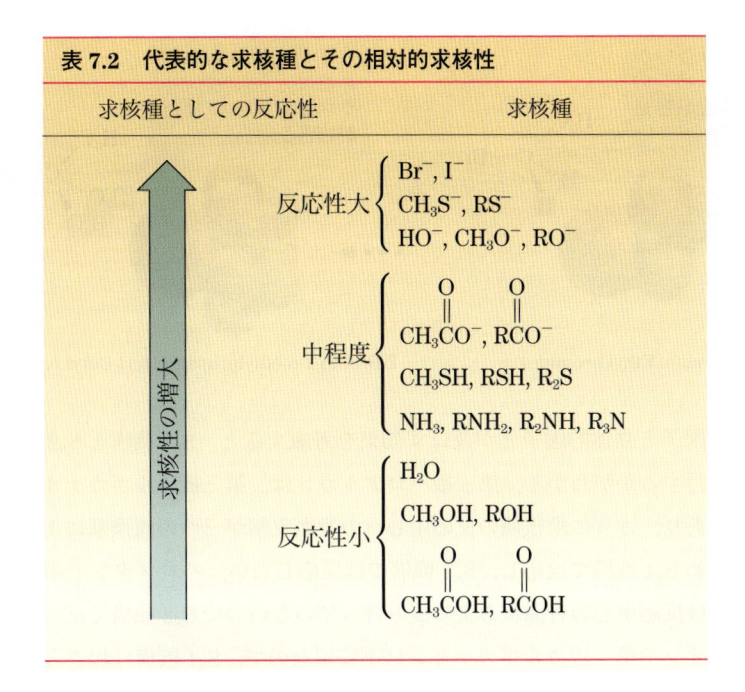

表 7.2 代表的な求核種とその相対的求核性

求核種としての反応性	求核種
反応性大	Br^-, I^- CH_3S^-, RS^- HO^-, CH_3O^-, RO^-
中程度	$CH_3CO_2^-$, RCO_2^- CH_3SH, RSH, R_2S NH_3, RNH_2, R_2NH, R_3N
反応性小	H_2O CH_3OH, ROH CH_3COOH, $RCOOH$

↑ 求核性の増大

B ハロアルカンの構造

S_N1 反応は主として**電子的因子** electronic factor,すなわちカルボカチオンの安定性によって支配される.これに対して,S_N2 反応は主として**立体的因子** steric factor によって支配され,その遷移状態は特に反応中心のまわりの混み具合に影響されやすい.その違いは次のようになる.

1. カルボカチオンの相対的安定性.5.3A 節で述べたように,第三級カルボカチオンが最も安定であって,その生成の活性化エネルギーが最も小さい.これに対して第一級カルボカチオンは最も不安定であって,その生成の活性化エネルギーは最も大きい.実際,第一級カルボカチオンはあまりにも不安定なので溶液中では生成しない.したがって,第三級ハロアルカンはカルボカチオンを経て反応するが,第二級ハロアルカンではカルボカチオン経由では反応しにくくなり,ハロメタンや第一級ハロアルカンにいたっては S_N1 機構では反応が進まない.

2. 立体障害.置換反応が起こるためには,求核種はまず反応中心に接近し,新たな共有結合を生成し始めなければならない.この反応中心への接近のしやすさを第一級ハロアルカンと第三級ハロアルカンについて比較すると第一級ハロアルカンの方がかなり容易であることがわかる.すなわち,第一級ハロアルカンでは 2 個の水素と 1 個のアルキル基が反応中心の背面をおおっているのに対して,第三級ハロアルカンでは 3 個のアルキル基が反応中心の背面をおおっている.したがって,ブロモエタンの反応中心には求核種は容易に接近できるが,2-ブロモ-2-メチルプロパンの反応中心付近は非常に混み合っているため求核種の接近が著しく妨げられる.

立体障害:原子または原子団がその大きさによって反応種の反応中心への接近を妨げる効果.

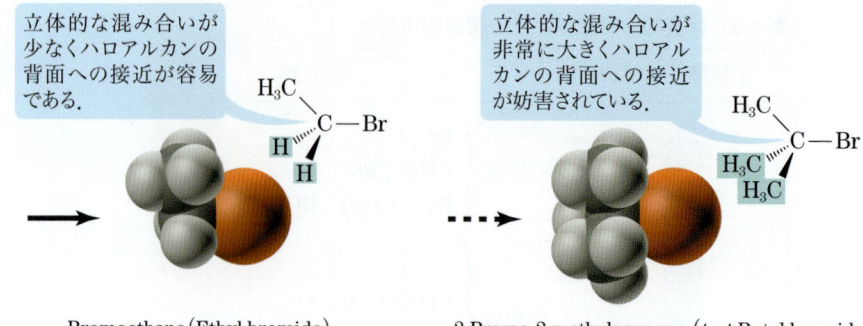

立体的な混み合いが少なくハロアルカンの背面への接近が容易である．

Bromoethane (Ethyl bromide)

立体的な混み合いが非常に大きくハロアルカンの背面への接近が妨害されている．

2-Bromo-2-methylpropane (*tert*-Butyl bromide)

　電子的因子と立体的因子とが及ぼす効果を考慮すると，S_N1 機構と S_N2 機構のどちらで進行するかがわかる．第三級ハロアルカンは，第三級カルボカチオン中間体が安定であり，さらに求核種の反応中心への背面攻撃が三つの置換基によって妨げられるため S_N1 機構で反応し，S_N2 機構では反応しない．ハロメタンや第一級ハロアルカンは反応中心の背面があまり混み合っていないので S_N2 機構で反応する．メチルカチオンや第一級カルボカチオンは不安定なので，S_N1 機構は起こらない．第二級ハロアルカンでは，どちらの機構で反応するかは求核種や溶媒の種類による．ハロアルカンの求核置換反応における電子的因子と立体的因子の競合と相対速度に対する効果を図 7.3 に示す．

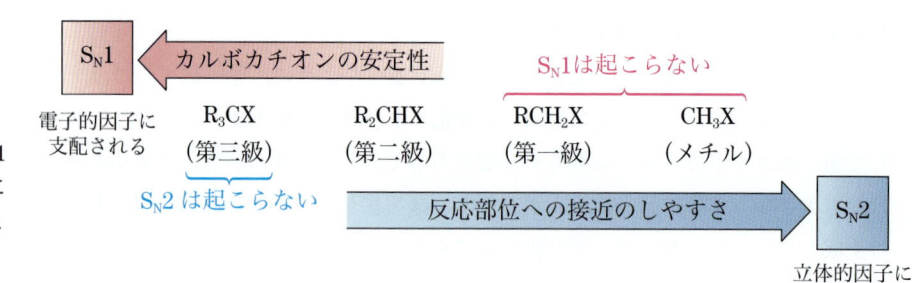

図 7.3
ハロアルカンの S_N1 と S_N2 反応の競争に及ぼす電子的因子と立体的因子．

S_N1 ← カルボカチオンの安定性　　　S_N1 は起こらない

電子的因子に支配される　　R_3CX（第三級）　　R_2CHX（第二級）　　RCH_2X（第一級）　　CH_3X（メチル）

S_N2 は起こらない　　反応部位への接近のしやすさ → S_N2

立体的因子に支配される

C　脱離基

　ハロアルカンの求核置換反応では，S_N1 と S_N2 機構のいずれにおいても，遷移状態で脱離基の負電荷が増加する．そのため，脱離基としての能力は，そのアニオンの安定性に依存する．最も安定なアニオン（塩基）となり，脱離基として最も優れているのは，強酸から生じる共役塩基である．したがって，有機酸および無機酸の相対酸性度（表 2.1）が，どのアニオンが脱離基として優れているかを判断するのに用いられる．

← 脱離基としての離れやすさ

　　　　　　　　　　　　　　　　　　　　　求核置換反応でも脱離反応
　　　　　　　　　　　　　　　　　O　　　でもほとんど脱離しない
　　　　　　　　　　　　　　　　　∥
I^- > Br^- > Cl^- ≫ F^- > CH_3CO^- > HO^- > CH_3O^- > NH_2^-

← アニオンの安定性の増大する順序：共役酸の強さが増大

　この中で最もよい脱離基は，ハロゲン化物イオン I^-，Br^- と Cl^- である．水酸化物イオン（OH^-），メトキシドイオン（CH_3O^-）およびアミドイオン（NH_2^-）は脱離しにくく，そのままでは求核置換反応の脱離基とはならない．

D 溶　媒

　溶媒は反応物を溶かす媒体であって，求核置換反応はその中で進行する．通常，反応溶媒はプロトン性溶媒と非プロトン性溶媒の二つに分類される．

　プロトン性溶媒 protic solvent は—OH をもち，水素結合の水素供与体となる．水，低分子量のアルコール，低分子量のカルボン酸などが求核置換反応によく用いられる（表7.3）．プロトン性溶媒はイオン性化合物のアニオンとカチオンの両方を溶媒和する．それは部分的負電荷をもつ酸素とカチオンとの静電的相互作用および部分的正電荷をもつ水素とアニオンとの水素結合による．このような特質のため，C—X 結合のイオン化を助け，X^- アニオンとカルボカチオンが生成しやすくなる．したがって，プロトン性溶媒は S_N1 反応を行うのに適した溶媒である．

　—OH をもたない溶媒を**非プロトン性溶媒** aprotic solvent という．求核置換反応によく用いられる非プロトン性溶媒を表7.4に示す．この表にあるジメチルスルホキシド（DMSO）やアセトンは極性非プロトン性溶媒であるが，ジクロロメタンやジエチルエーテルは非極性非プロトン性溶媒である．表に示した溶媒は S_N2 反応の溶媒として特に優れている．極性非プロトン性溶媒はカチオンのみを溶媒和し，アニオンは溶媒和できない．それゆえ，求核種として非常に反応性に富む"裸"のアニオンとして存在する．

プロトン性溶媒：水，エタノール，酢酸のように水素結合の水素供与体となる溶媒．

非プロトン性溶媒：アセトン，ジエチルエーテル，ジクロロメタンのように水素結合できる水素をもたない溶媒．

表7.3　代表的なプロトン性溶媒

プロトン性溶媒	構造	溶媒の極性	説明
水	H_2O	↑ 増大	これらの溶媒は S_N1 反応の溶媒として優れている．カルボカチオンと脱離基（アニオン）の両方を溶媒和するので，溶媒の極性が高いほどカルボカチオンの生成が容易になる．
ギ酸	HCOOH		
メタノール	CH_3OH		
エタノール	CH_3CH_2OH		
酢酸	CH_3COOH		

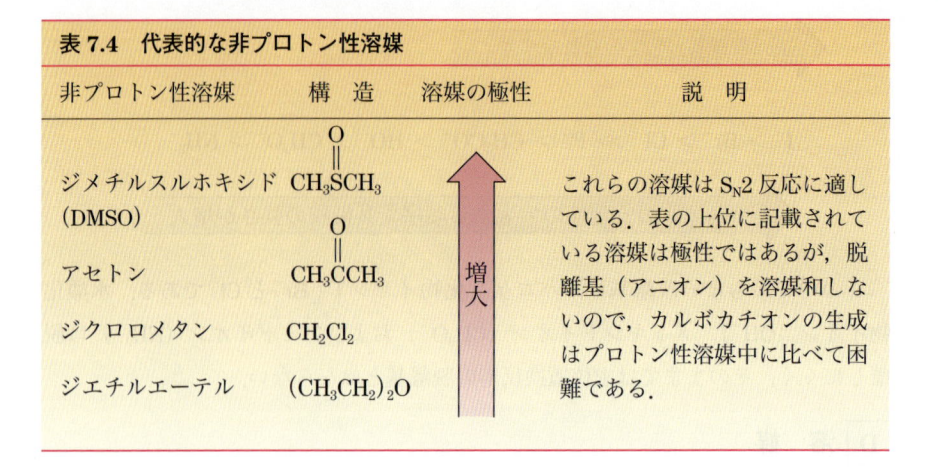

表 7.4　代表的な非プロトン性溶媒

非プロトン性溶媒	構　造	溶媒の極性	説　明
ジメチルスルホキシド (DMSO)	$CH_3\overset{\underset{\parallel}{O}}{S}CH_3$	↑ 増大	これらの溶媒は S_N2 反応に適している．表の上位に記載されている溶媒は極性ではあるが，脱離基（アニオン）を溶媒和しないので，カルボカチオンの生成はプロトン性溶媒中に比べて困難である．
アセトン	$CH_3\overset{\underset{\parallel}{O}}{C}CH_3$		
ジクロロメタン	CH_2Cl_2		
ジエチルエーテル	$(CH_3CH_2)_2O$		

　S_N1 または S_N2 反応を促進する因子をまとめると表 7.5 のようになる．この表にはキラル中心で置換反応が起こるときの立体配置の変化についてもまとめている．

表 7.5　ハロアルカンの S_N1 反応と S_N2 反応の比較

ハロアルカン	S_N2	S_N1
メチル CH_3X	S_N2 が優先する．	S_N1 は起こらない．メチルカチオンは非常に不安定なので溶液中では決して生成しない．
第一級 RCH_2X	S_N2 が優先する．	S_N1 は起こらない．第一級カルボカチオンは非常に不安定なので溶液中では生成しない．
第二級 R_2CHX	非プロトン性溶媒中で強い求核種を用いると，S_N2 が優先する．	プロトン性溶媒中で弱い求核種を用いると，S_N1 が優先する．
第三級 R_3CX	反応中心付近の立体障害のため S_N2 は起こらない．	第三級カルボカチオンが容易に生成するため，S_N1 が優先する．
キラル中心での置換	立体配置の反転．求核種は脱離基の反対側からキラル中心を攻撃する．	ラセミ化．カルボカチオン中間体は平面であり，求核種の攻撃は平面の両側から同じ確率で起こる．

7.7 求核置換反応の解析

求核置換反応の機構を予測するには，ハロアルカンの構造，求核種，脱離基および溶媒について考えなければならない．以下に求核置換反応の三つの例をあげ，それぞれの解析について説明する．

求核置換反応 1

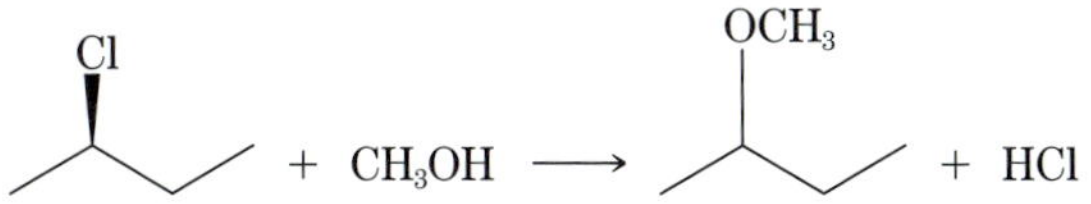

$$\text{2-クロロブタン (R エナンチオマー)} + CH_3OH \longrightarrow \text{2-メトキシブタン} + HCl$$

メタノールは極性プロトン性溶媒であるため，カルボカチオンの生成に適している．2-クロロブタンはメタノール中でイオン化して第二級カルボカチオン中間体を生成する．また，メタノールは求核種としては弱い．この解析により，この反応はS_N1機構で進行すると予想できる．第二級カルボカチオン中間体（求電子種）がメタノール（求核種）と反応し，ついでプロトン移動により生成物を与える．生成物はR体とS体との50:50の混合物，すなわちラセミ混合物である．

求核置換反応 2

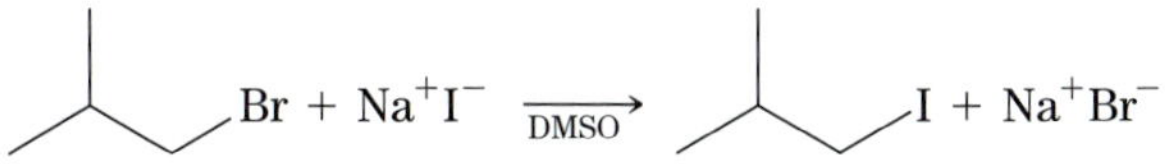

$$\text{(CH}_3\text{)}_2\text{CHCH}_2\text{Br} + Na^+I^- \xrightarrow{\text{DMSO}} \text{(CH}_3\text{)}_2\text{CHCH}_2\text{I} + Na^+Br^-$$

第一級ブロモアルカンと求核性の優れたヨウ化物イオンとの反応である．第一級カルボカチオンは極めて不安定であるため，溶液中で生成することはない．したがってS_N1反応は不可能である．DMSOは極性非プロトン性溶媒であるので，S_N2反応を行うのに適している．以上の解析により，この反応はS_N2機構で進行すると予想できる．

求核置換反応 3

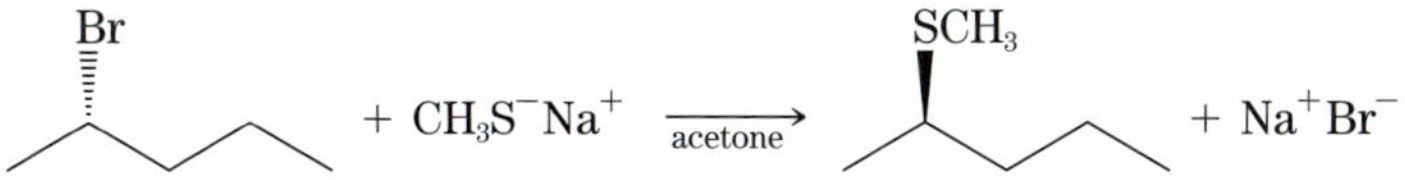

$$\text{2-ブロモペンタン (S エナンチオマー)} + CH_3S^-Na^+ \xrightarrow{\text{acetone}} \text{2-(メチルチオ)ペンタン} + Na^+Br^-$$

第二級炭素に結合した臭素は脱離基として優れている．メタンチオラートイオンは強い求核種である．アセトンは極性非プロトン性溶媒であり，S_N2反応には適しているが，S_N1反応には適していない．したがって，この反応はS_N2機構で進行し，生成物はR配置になると予想できる．

例題 7.3

次の求核置換反応の生成物を書き，その反応機構を予想せよ．

(a) 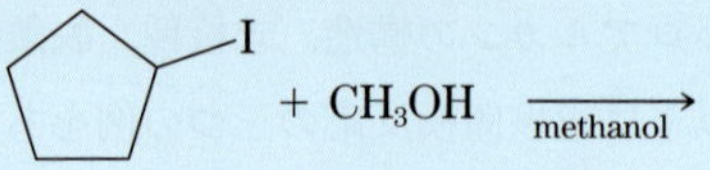 シクロペンチル-I + CH$_3$OH $\xrightarrow{\text{methanol}}$

(b) 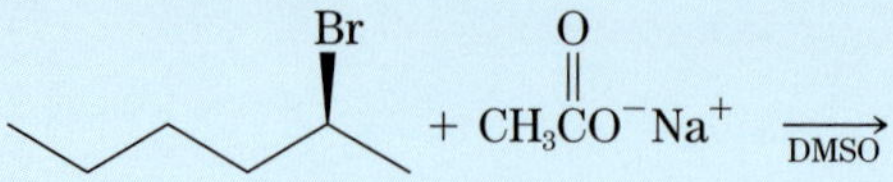 (S)-2-ブロモヘキサン + CH$_3$CO$^-$Na$^+$ $\xrightarrow{\text{DMSO}}$

解　答

(a) メタノールは求核性が弱い．また極性プロトン性溶媒であるのでカルボカチオンを溶媒和できる．炭素−ヨウ素結合がイオン化すると，第二級カルボカチオンが生成する．したがって S_N1 機構が予想される．

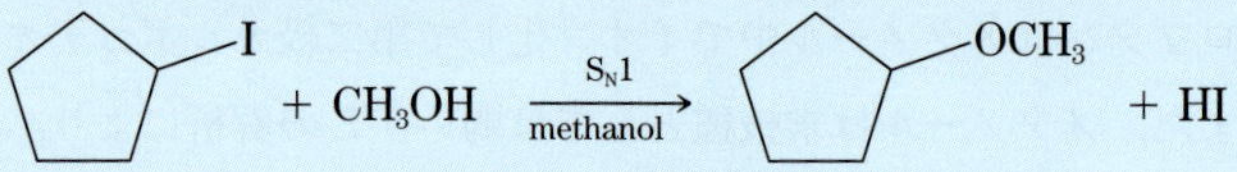

シクロペンチル-I + CH$_3$OH $\xrightarrow[\text{methanol}]{S_N1}$ シクロペンチル-OCH$_3$ + HI

(b) 第二級炭素に結合した臭素は優れた脱離基となる．酢酸イオンは求核種としては中程度の強さである．DMSO は特に S_N2 反応に適した溶媒である．以上より，この反応は S_N2 機構で進行し，キラル中心の立体配置の反転が予想される．

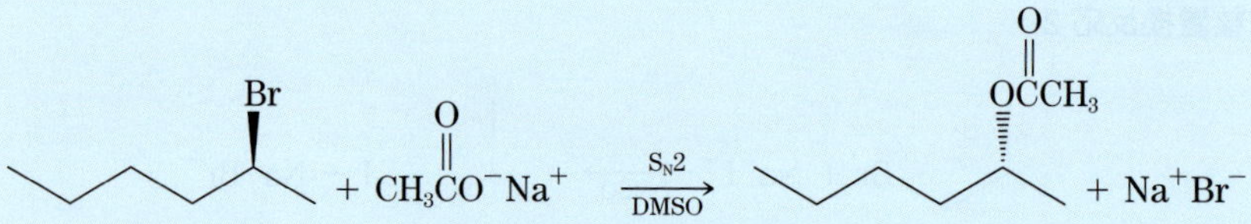

(S)-2-ブロモヘキサン + CH$_3$CO$^-$Na$^+$ $\xrightarrow[\text{DMSO}]{S_N2}$ (R)-2-アセトキシヘキサン + Na$^+$Br$^-$

練習問題 7.3

次の求核置換反応の生成物を書き，その反応機構を予想せよ．

(a) 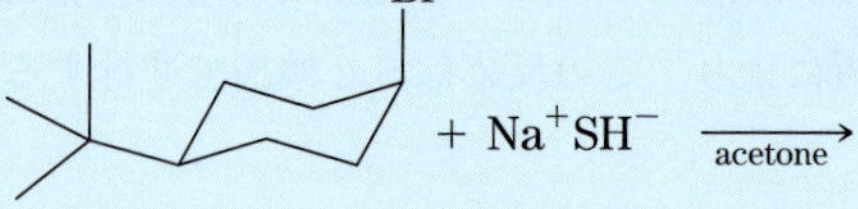 (4-tert-ブチルシクロヘキシル)ブロミド + Na$^+$SH$^-$ $\xrightarrow{\text{acetone}}$

(b) 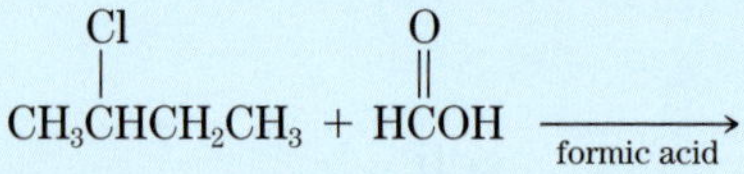 CH$_3$CHClCH$_2$CH$_3$ + HCOOH $\xrightarrow{\text{formic acid}}$

7.8　脱離反応

脱ハロゲン化水素：隣接する炭素から−Hと−Xが脱離する反応．脱離反応の一つ．

　この節では，**脱ハロゲン化水素** dehydrohalogenation とよばれる脱離反応の代表例について学ぶ．すなわち，水酸化物イオンやエトキシドイオンなどの強塩基の存在下にハロアルカンの一つの炭素からハロゲンが，その隣の炭素から水素がとれて

次のように炭素-炭素二重結合を生成する.

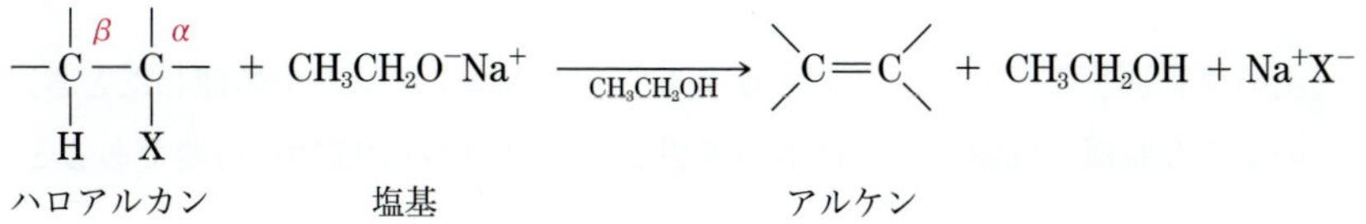

$$-\underset{H}{\overset{|}{\underset{|}{C}}}\overset{\beta}{-}\underset{X}{\overset{|}{\underset{|}{C}}}\overset{\alpha}{-} + CH_3CH_2O^-Na^+ \xrightarrow{CH_3CH_2OH} \underset{}{>}C=C\underset{}{<} + CH_3CH_2OH + Na^+X^-$$

　　ハロアルカン　　　　塩基　　　　　　　　　　　　　アルケン

上の反応式に示したようにハロゲンが結合している炭素を<u>α炭素</u>，その隣の炭素を<u>β炭素</u>という．

　ほとんどの求核種は塩基としても作用できるので，脱離反応と求核置換反応とは競争的に起こる．この節では，主として脱離反応をとりあつかう．7.10節で，これらの二つの反応の競争について説明する．

　脱離反応によく用いられる強塩基には OH^-，OR^-，NH_2^- がある．次に，塩基で促進される脱離反応の例を三つ示そう．

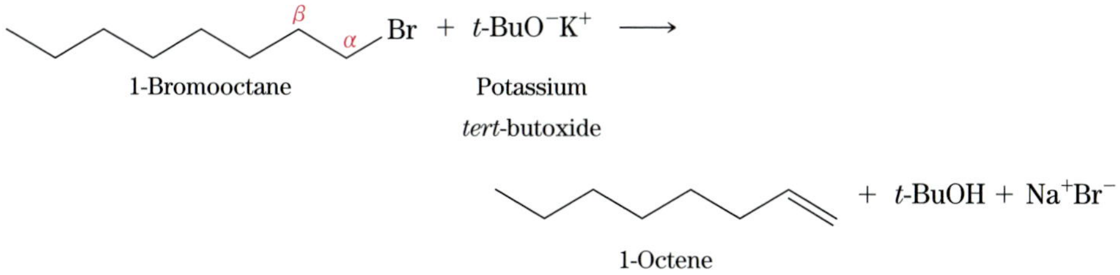

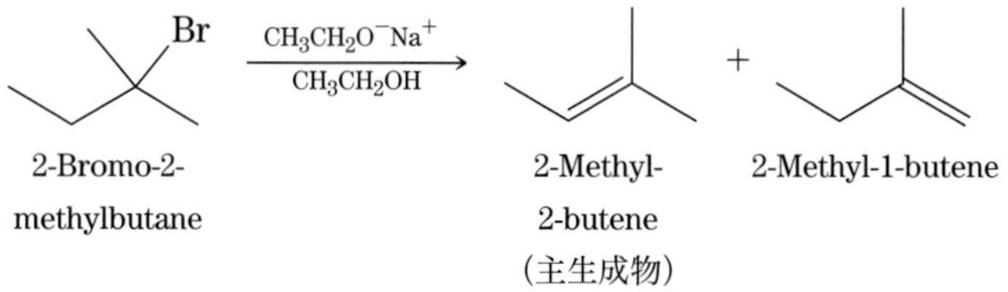

1-Bromooctane + Potassium *tert*-butoxide ⟶

1-Octene + *t*-BuOH + Na⁺Br⁻

2-Bromo-2-methylbutane $\xrightarrow[CH_3CH_2OH]{CH_3CH_2O^-Na^+}$ 2-Methyl-2-butene（主生成物） + 2-Methyl-1-butene

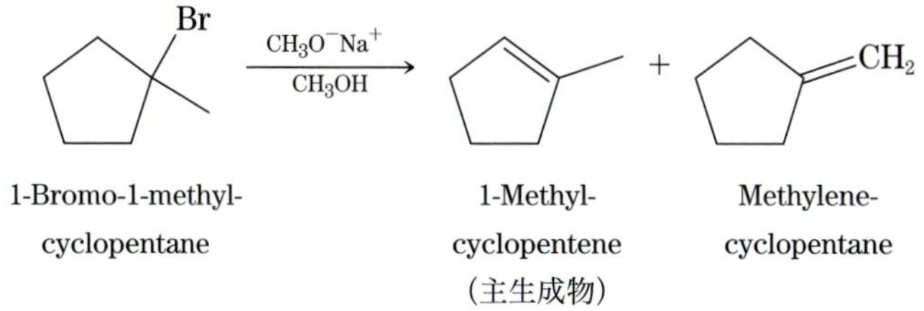

1-Bromo-1-methyl-cyclopentane $\xrightarrow[CH_3OH]{CH_3O^-Na^+}$ 1-Methyl-cyclopentene（主生成物） + Methylene-cyclopentane

　最初の例では，塩基を反応物として示したが，あとの二つでは矢印の上に示した．また，あとの二つの例では水素原子をもつβ炭素が2種類存在する．したがって，脱離によって2種類のアルケンが生成する可能性がある．これらの反応を含む多くの脱離反応で，より多くのアルキル置換基をもつアルケン（より安定なアルケン：5.5B節）が主生成物となる．この経験則はその発見者の名前から，**Zaitsev 則** Zaitsev's rule といわれ，またこの規則に従う反応は Zaitsev 脱離反応とよばれる．

Zaitsev 則：脱離反応で，最も安定なアルケン，すなわち，二重結合により多くのアルキル置換基をもつアルケンが主生成物になるという規則．

例題 7.4

次のブロモアルカンをエタノール中ナトリウムエトキシドで処理したとき，どのような脱離生成物が得られるか予想せよ．2種類の生成物が可能であるときには，いずれが主生成物となるか予想せよ．

(a) 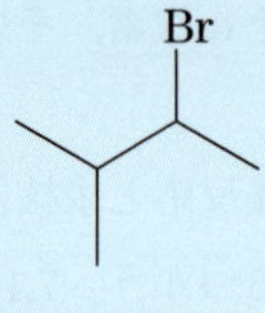 (2-ブロモ-3-メチルブタン) (b) 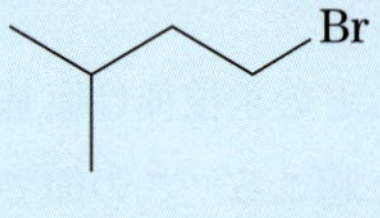 (1-ブロモ-3-メチルブタン)

解　答

(a) このブロモアルカンにはβ炭素が2種類あり，2種類のアルケンの生成が可能である．より多くの置換基をもつアルケンつまり2-メチル-2-ブテンが主生成物となる．

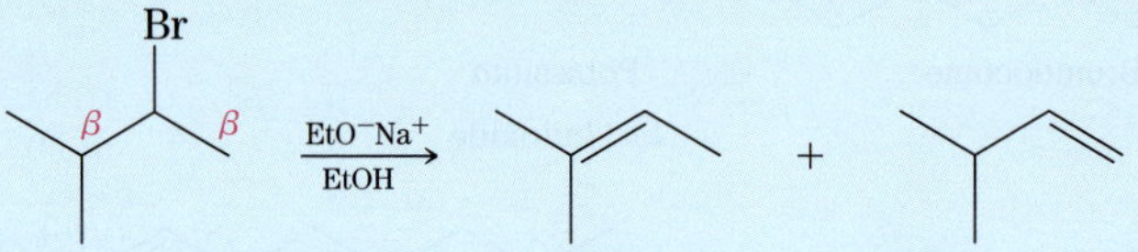

2-Methyl-2-butene（主生成物） ＋ 3-Methyl-1-butene

(b) このブロモアルカンにはβ炭素が一つしかないので，1種類のアルケンのみが生成する．

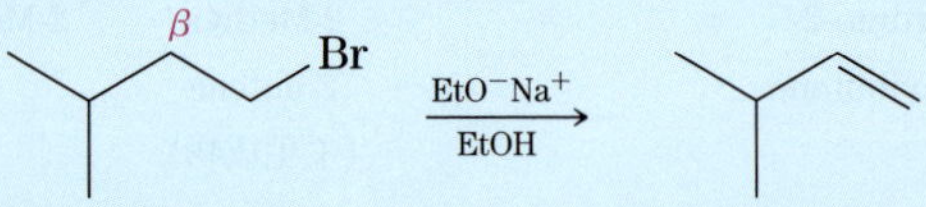

3-Methyl-1-butene

練習問題 7.4

次のクロロアルカンをエタノール中ナトリウムエトキシドで処理したときに生成する脱離生成物を予想せよ．2種類の生成物が可能な場合は，いずれが主生成物となるかを予想せよ．

(a) 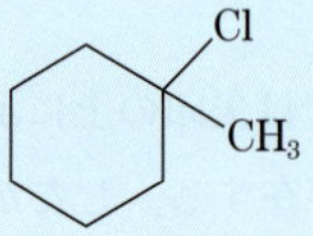 1-クロロ-1-メチルシクロヘキサン (b) 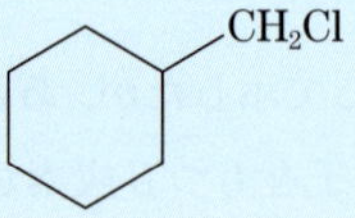 クロロメチルシクロヘキサン (c) 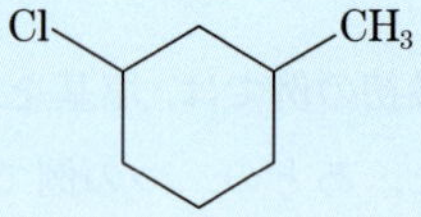 1-クロロ-3-メチルシクロヘキサン

7.9　脱離反応の機構

脱離反応に対して，二つの基本的な反応機構が提案されている．二つの機構の根本的な相違は結合切断と結合生成のタイミングである．7.5節で，求核置換反応の

二つの機構に対しても同じことを述べた．

A E1 機構

一方の基本的な機構では，まず C—X 結合が切れ，そのあとで塩基により水素が引き抜かれ炭素–炭素二重結合が生成する．この反応機構を **E1 機構**という．E は脱離 elimination を，また 1 は 1 分子（ここではハロアルカン）だけが律速段階に関与していることを示す．E1 反応の速度式は S_N1 反応と同じである．

$$速度 = k\,[ハロアルカン]$$

E1 反応の機構の例として，2-ブロモ-2-メチルプロパンから 2-メチルプロペンが生成する反応をあげる．この二段階機構においては，律速段階は炭素–ハロゲン結合のイオン化によるカルボカチオン中間体の生成であり，S_N1 機構の場合と同じである．

反応機構：2-ブロモ-2-メチルプロパンの E1 反応

段階 1：C—X 結合が律速的にイオン化し，カルボカチオン中間体が生成する．

$$CH_3-\underset{\underset{:\ddot{B}r:}{|}}{\overset{\overset{CH_3}{|}}{C}}-CH_3 \xrightarrow{遅い,\ 律速} CH_3-\underset{+}{\overset{\overset{CH_3}{|}}{C}}-CH_3 + :\ddot{B}\ddot{r}:^-$$

カルボカチオン中間体

段階 2：カルボカチオン中間体からメタノールへプロトンが移動し，アルケンが生成する．この場合，メタノールは溶媒であると同時に反応物（塩基）となる．

$$\underset{H_3C}{\overset{H}{}}\!\!:\!\ddot{O}: + H-CH_2-\underset{+}{\overset{\overset{CH_3}{|}}{C}}-CH_3 \xrightarrow{速い} \underset{H_3C}{\overset{H}{}}\!\!\overset{+}{O}-H + CH_2=\overset{\overset{CH_3}{|}}{C}-CH_3$$

B E2 機構

脱離反応のもう一つの基本的な機構は協奏反応であり，**E2 機構**とよばれている．E は脱離を，2 は 2 分子を意味する．塩基が β 炭素から水素を引き抜くのと C—X 結合が切れてハロゲン化物イオンを生成するのとが同時に起こるので，速度式はハロアルカンと塩基の両方の濃度に依存する．

$$速度 = k\,[ハロアルカン]\,[塩基]$$

用いる塩基が強いほど，E2 機構による反応が進行しやすい．E2 機構の例として 1-ブロモプロパンとナトリウムエトキシドとの反応をあげよう．

反応機構：1-ブロモプロパンの E2 反応

この反応機構では，塩基による水素の引き抜き，二重結合の生成，臭化物イオン

の脱離が同時に起こる．すなわち，結合の生成と結合の切断がすべて同時に起こっている．

$$CH_3CH_2\ddot{\underset{\cdot\cdot}{O}}{}^- + H-\underset{\underset{CH_3}{|}}{CH}-CH_2-\ddot{\underset{\cdot\cdot}{Br}}\colon \longrightarrow CH_3CH_2\ddot{\underset{\cdot\cdot}{O}}-H + CH_3CH=CH_2 + \colon\ddot{\underset{\cdot\cdot}{Br}}\colon^-$$

主生成物は，E1反応でもE2反応でもZaitsev則に従って生じる．次にE2反応の例を示す．

2-Bromohexane →(CH₃O⁻Na⁺ / CH₃OH) 2-Hexene (74%) + 1-Hexene (26%)

ハロアルカンの脱離反応についてまとめると，表7.6のようになる．

表7.6　ハロアルカンのE1反応とE2反応の比較

ハロアルカン	E1	E2
第一級 RCH_2X	E1は起こらない．第一級カルボカチオンは不安定なので溶液中では生成しない．	E2が優先する．
第二級 R_2CHX	H_2OやROHなどの弱塩基との反応ではE1が主反応になる．	OH^-やRO^-などの強塩基との反応ではE2が主反応になる．
第三級 R_3CX	H_2OやROHなどの弱塩基との反応ではE1が主反応になる．	OH^-やRO^-などの強塩基との反応ではE2が主反応になる．

例題 7.5

次の脱離反応がE1とE2機構のいずれで進行するか予想し，その有機化合物の主生成物を構造式で書け．

(a) $CH_3\underset{\underset{Cl}{|}}{\overset{\overset{CH_3}{|}}{C}}CH_2CH_3 + NaOH \xrightarrow[H_2O]{80\ °C}$

(b) $CH_3\underset{\underset{Cl}{|}}{\overset{\overset{CH_3}{|}}{C}}CH_2CH_3 \xrightarrow{CH_3COOH}$

解　答

(a) 第三級ハロアルカンを強塩基と加熱しているので，E2反応が優先し，2-メチル-2-ブテンが主生成物になる．

$$CH_3\underset{\underset{Cl}{|}}{\overset{\overset{CH_3}{|}}{C}}CH_2CH_3 + NaOH \xrightarrow[H_2O]{80\ °C} CH_3\overset{\overset{CH_3}{|}}{C}=CHCH_3 + NaCl + H_2O$$

(b) 第三級ハロアルカンを酢酸に溶かしているので，カルボカチオンの生成を促進し，第三級カルボカチオンが生成し，プロトンが外れて2-メチル-2-ブテンが主生成物になる．これはE1機構である．

$$\underset{\underset{Cl}{|}}{\underset{|}{CH_3CCH_2CH_3}} \xrightarrow{CH_3COOH} \underset{\underset{}{|}}{\underset{CH_3}{|}} CH_3C=CHCH_3 + HCl$$
（左側のCH上にCH₃）

練習問題 7.5

次に示す脱離反応は E1 と E2 機構のいずれで進行するか予想せよ．また，有機化合物の主生成物を構造式で書け．

(a) （2-ブロモブタン）+ CH$_3$O$^-$Na$^+$ $\xrightarrow{\text{methanol}}$

(b) （trans-1-クロロ-4-メチルシクロヘキサン）+ CH$_3$CH$_2$O$^-$Na$^+$ $\xrightarrow{\text{ethanol}}$

7.10 置換と脱離

これまでハロアルカンの二つのタイプの反応，求核置換と脱離について説明してきた．水酸化物イオンやアルコキシドイオンなど多くの求核種は同時に強塩基でもあるため，求核置換と脱離が競争して起こり，二つの反応の速度比に応じて生成物比が決まる．

$$H-\underset{|}{\overset{|}{C}}-\underset{|}{\overset{|}{C}}-X + :Nu^- \begin{array}{c} \xrightarrow{\text{求核置換}} H-\underset{|}{\overset{|}{C}}-\underset{|}{\overset{|}{C}}-Nu + :X^- \\ \xrightarrow{\text{脱離}} \diagup C=C \diagdown + H-Nu + :X^- \end{array}$$

A S$_N$1 反応と E1 反応

第二級と第三級ハロアルカンの極性プロトン性溶媒中での反応では，置換生成物と脱離生成物の混合物が得られる．ともに反応の第一段階はカルボカチオン中間体の生成である．ついで，1) カルボカチオンがH$^+$を失ってアルケンを生成する（E1反応）か，2) カルボカチオンが溶媒と反応して置換生成物を生成する（S$_N$1 反応）か，いずれかの道をたどる．極性プロトン性溶媒中では，生成物はカルボカチオンの構造にのみ依存する．例えば，80%のエタノール水溶液中では，塩化 tert-ブチルもヨウ化 tert-ブチルもともに溶媒と反応し，同じ比率で置換生成物と脱離生成物の混合物を与える．

塩化物イオンよりヨウ化物イオンの方がずっとよい脱離基であるので，ヨウ化 tert-ブチルは塩化 tert-ブチルより 100 倍以上速く反応するが，生成物の比は変わらない．

B S_N2 反応と E2 反応

求核種であり塩基としても作用できる試薬とハロアルカンの反応で置換生成物と脱離生成物の生成比を予測するのはかなり容易であって，次のような指針がある．

1. α 炭素もしくは β 炭素に枝分かれがあると α 炭素のまわりの立体障害が大きくなるので，S_N2 反応が起こりにくくなる．逆に，より安定なアルケンが生成することになるので，これらの枝分かれは E2 反応に有利になる．
2. 試薬の求核性が強いほど S_N2 反応が起こりやすく，逆に塩基性の強いほど E2 反応が起こりやすくなる．

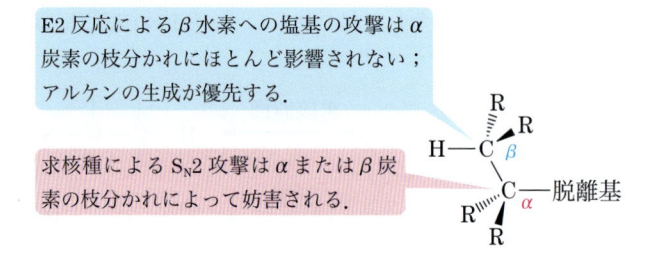

> E2 反応による β 水素への塩基の攻撃は α 炭素の枝分かれにほとんど影響されない；アルケンの生成が優先する．

> 求核種による S_N2 攻撃は α または β 炭素の枝分かれによって妨害される．

第一級アルキルハロゲン化物は求核種（塩基でもある）と反応し，置換生成物を優先的に生成する．水酸化物イオンやエトキシドイオンなどの強塩基との反応では，E2 反応生成物も生成するがわずかであり，一般に S_N2 反応生成物が主生成物になる．tert-ブトキシドイオンのようなかさ高い強塩基との反応では，E2 反応生成物が主になる．第三級ハロゲン化物は，強塩基（強い求核種でもある）を用いると脱離生成物のみを与える．

第二級ハロゲン化物は境界線上にあって，置換生成物と脱離生成物との比は求核種（塩基），溶媒，温度などに依存する．水酸化物イオンやエトキシドイオンのように塩基性も求核性も強い場合は，脱離反応が優先する．一方，酢酸イオンのように塩基性も求核性も弱い場合は，置換反応が優先する．ハロアルカンの反応におけ

る置換と脱離との対比を，一般則として表7.7にまとめる．

表 7.7 ハロアルカンの反応における置換と脱離

ハロゲン化物	反応	説　明
メチル CH_3X	S_N2 S_N1	置換反応のみが起こる． ハロゲン化メチルのS_N1は起こらない．メチルカチオンは極めて不安定で，溶液中では決して生成しない．
第一級 RCH_2X	S_N2 E2 S_N1/E1	HO^-やEtO^-などの強塩基のときの主反応．また，求核性が強く塩基性が弱いI^-やCH_3COO^-のときにも主反応． カリウム*tert*-ブトキシドのようにかさ高い強塩基を用いたときの主反応． 第一級ハロゲン化物では，第一級カチオンが溶液中で生成することがないためS_N1とE1は起こらない．
第二級 R_2CHX	S_N2 E2 S_N1/E1	求核性が強く塩基性が弱いI^-やCH_3COO^-のときの主反応． HO^-やEtO^-のような強塩基を用いたときの主反応． 水，メタノール，エタノールなどの極性プロトン性溶媒中で弱い求核種を用いたときの主反応．
第三級 R_3CX	S_N2 E2 S_N1/E1	第三級ハロゲン化物は，第三級炭素のまわりが非常に混み合っているのでS_N2は起こらない． HO^-やRO^-のような強塩基を用いたときの主反応． 弱い求核種で弱塩基を用いたときの主反応．

例題 7.6

次の反応では，主に置換（S_N1またはS_N2）か脱離（E1またはE2）か，あるいは両者が競争するかを予想せよ．また，有機化合物の主生成物の構造式を書け．

(a) (CH₃)₃C-Cl + NaOH $\xrightarrow[H_2O]{80\,°C}$　　(b) (CH₃)₂CHCH₂CH₂Br + $(C_2H_5)_3N$ $\xrightarrow[CH_2Cl_2]{30\,°C}$

解　答

(a) 塩基としても求核種としても強いOH^-と第三級ハロゲン化物との加熱下での反応である．したがって，E2反応による脱離が優先し2-メチル-2-ブテンが主生成物として得られる．

(CH₃)₃C-Cl + NaOH $\xrightarrow[H_2O]{80\,°C}$ (CH₃)₂C=CHCH₃ + NaCl + H₂O

(b) 求核種としては中程度であるが，弱塩基のトリエチルアミンと第一級ハロゲン化物との反応である．したがって，S_N2反応による置換が優先する．

$$\text{(CH}_3)_2\text{CHCH}_2\text{CH}_2\text{Br} + (\text{C}_2\text{H}_5)_3\text{N} \xrightarrow[\text{CH}_2\text{Cl}_2]{30\ °\text{C}} (\text{CH}_3)_2\text{CHCH}_2\text{CH}_2\overset{+}{\text{N}}(\text{C}_2\text{H}_5)_3\text{Br}^-$$

練習問題 7.6

次の反応では，主に置換（S_N1 または S_N2）か脱離（E1 または E2）か，あるいは両者が競争するかを予想せよ．また，有機化合物の主生成物の構造式を書け．

(a) sec-ブチル ブロミド（2-ブロモブタン）+ CH$_3$O$^-$ Na$^+$ $\xrightarrow{\text{methanol}}$

(b) trans-1-クロロ-4-メチルシクロヘキサン + Na$^+$ I$^-$ $\xrightarrow{\text{acetone}}$

まとめ

　ハロアルカンは sp^3 混成の炭素原子に共有結合したハロゲンをもつ化合物である（7.1 節）．IUPAC 命名法ではハロゲンを fluoro-（フルオロ），chloro-（クロロ），bromo-（ブロモ），iodo-（ヨード）とし，他の置換基とともにアルファベット順に並べアルカンの名称の前につける（7.2A 節）．ハロアルカンの慣用名は**ハロゲン化アルキル** alkyl halide である．英語慣用名では，"alkyl" のあとに "halide" を続けて 2 語で表すが，日本語名ではアルキル基の名称の前に "ハロゲン化" とつける．CHX$_3$ で表される化合物は**ハロホルム** haloform とよばれる．

　求核種（7.3 節）は，新たな共有結合をつくるために他の原子またはイオンに供与できる非共有電子対をもつ分子またはイオンのことである．求核種は Lewis 塩基でもある．**S_N2 反応**は 1 段階で進行する（7.5A 節）．求核種の攻撃によって脱離基が押し出され，求核種も脱離基もともに遷移状態に関与している．S_N2 反応は立体選択的であって，キラル中心での反応は立体配置の反転を伴う．

　S_N1 反応は 2 段階で進行する（7.5B 節）．第一段階は C—X 結合がイオン化してカルボカチオンを生成する遅い段階（律速段階）であり，第二段階はカルボカチオン中間体が求核種と結合して置換反応を完結する速い段階である．キラル中心で起こる S_N1 反応は主としてラセミ化を伴う．

　反応試薬の**求核性**は，基準となる求核置換反応の相対速度によって見積もられる（7.6A 節）．S_N1 反応は主として**電子的因子**，すなわちカルボカチオンの安定性に支配される．S_N2 反応は主として**立体的因子**，すなわち反応部位周辺の混み具合に支配される．

　脱離基としての能力はそのアニオンとしての安定性に関係している（7.6C 節）．最もよい脱離基（安定なアニオン）は強酸の共役塩基である．

　—OH をもつ溶媒を**プロトン性溶媒**という（7.6D 節）．プロトン性溶媒は極性分子やイオンと強く相互作用し，カルボカチオンの生成を促進する．このような溶媒中では S_N1 反応が起こりやすい．—OH をもたない溶媒を**非プロトン性溶媒**という．代表的非プロトン性溶媒には，ジメチルスルホキシド，アセトン，ジエチルエーテル，ジクロロメタンなどがある．非プロトン性溶媒は極性分子やイオンとそれほど強く相互作用せず，この溶媒中ではカルボカチオンを生成しにくい．このような溶媒中では S_N2 反応が起こりやすい．

　脱ハロゲン化水素は，脱離反応の一種であって隣接する炭素原子から H と X とが脱離する反応である（7.8 節）．アルキル基が最も多く置換したアルケンを生成する脱離を **Zaitsev 脱離**という．E1 反応は二段階反応である．すなわち C—X 結合が切れてカルボカチオンが生成する段階と，それに続いて H$^+$ が脱離してアルケンが生成する段階とからなる．E2 反応は一段階反応である．すなわち塩基による H$^+$ の引き抜きとハロゲンの脱離が同時に起こり，アルケンの生成が 1 段階で進む．

重要な反応

1. 脂肪族求核置換反応：S_N2 反応（7.5A 節）

S_N2 反応は 1 段階で起こり，求核種と脱離基の両方が律速段階の遷移状態に関与している．求核種は負電荷をもつ場合も電荷をもたない場合もある．S_N2 反応は反応中心での立体配置の反転を伴う．この反応は極性プロトン性溶媒に比べて極性非プロトン性溶媒中で速く進行する．S_N2 反応は主として立体的因子，すなわち反応中心付近の混み具合に支配される．

$$I^- + \underset{H_3C}{\underset{H}{\overset{CH_3CH_2}{C}}}-Cl \longrightarrow I-\underset{CH_3}{\underset{H}{\overset{CH_2CH_3}{C}}} + Cl^-$$

$$(CH_3)_3N + \underset{H_3C}{\underset{H}{\overset{CH_3CH_2}{C}}}-Cl \longrightarrow (CH_3)_3\overset{+}{N}-\underset{CH_3}{\underset{H}{\overset{CH_2CH_3}{C}}} + Cl^-$$

2. 脂肪族求核置換反応：S_N1 反応（7.5B 節）

S_N1 反応は 2 段階で起こる．第一段階は C-X 結合のイオン化で，カルボカチオン中間体を生成する．この段階が遅い律速段階である．第二段階はカルボカチオンと求核種との速い反応で，これによって反応が完結する．キラル中心での反応はラセミ混合物を与える．S_N1 反応は主として電子的因子，すなわちカルボカチオンの相対的安定性に支配される．

(1-メチルシクロヘキシル)Cl + CH_3CH_2OH ⟶ (1-メチルシクロヘキシル)OCH_2CH_3 + HCl

3. 脱離：E1 反応（7.9A 節）

E1 反応では隣接炭素から原子または原子団が脱離する．反応は 2 段階で起こり，カルボカチオン中間体を含む．

$$\text{(2-クロロ-3-メチルブタン)} \xrightarrow[CH_3COOH]{E1} \text{(2-メチル-2-ブテン)} + HCl$$

4. 脱離：E2 反応（7.9B 節）

E2 反応は 1 段階で起こる．塩基による β 水素の引き抜きと脱離基の脱離と，それに伴うアルケンの生成とが同時に起こる反応である．

$$\text{(2-ブロモヘキサン)} \xrightarrow[CH_3OH]{CH_3O^-Na^+} \text{(2-ヘキセン)} (74\%) + \text{(1-ヘキセン)} (26\%)$$

補充問題

命名法

7.7 次の化合物の IUPAC 名を書け．

(a) $CH_2=CF_2$　　(b) 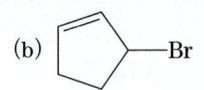 [cyclopentenyl bromide structure]　　(c) 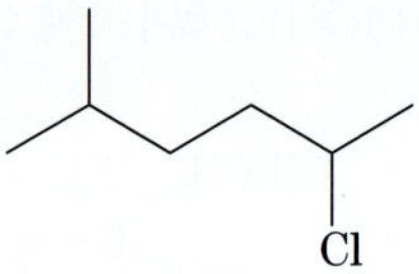 [4-methyl-2-chloropentane structure with Cl]

(d) $Cl(CH_2)_6Cl$　　(e) CF_2Cl_2　　(f) 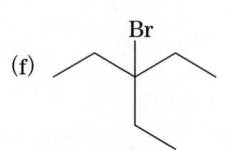 [3-bromo-3-ethylpentane structure with Br]

7.8 次の化合物の IUPAC 名を書け．立体配置が問題になる場合はそれも明示すること．

(a) 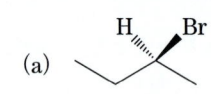 [H, Br stereochemistry structure]　　(b) 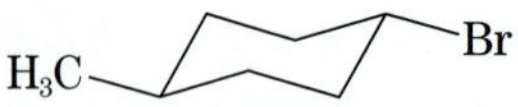 [H₃C-cyclohexane-Br structure]　　(c) 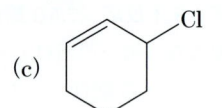 [cyclohexene with Cl structure]

(d) 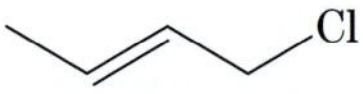 [alkene-Cl structure]　　(e) 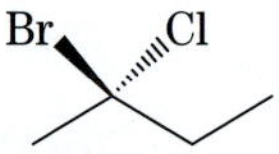 [Br, Cl stereochemistry structure]　　(f) 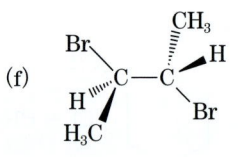 [CH₃, Br, H stereochemistry structure]

7.9 IUPAC 名で示された次の化合物の構造式を書け．

(a) 3-Bromopropene　　(b) (*R*)-2-Chloropentane
(c) *meso*-3,4-Dibromohexane　　(d) *trans*-1-Bromo-3-isopropylcyclohexane
(e) 1,2-Dichloroethane　　(f) Bromocyclobutane

7.10 慣用名で示された次の化合物の構造式を書け．

(a) Isopropyl chloride　　(b) *sec*-Butyl bromide
(c) Allyl iodide　　(d) Methylene chloride
(e) Chloroform　　(f) *tert*-Butyl chloride
(g) Isobutyl chloride

7.11 次の化合物のうち，どれが第二級ハロゲン化アルキルか．

(a) Isobutyl chloride　　(b) 2-Iodooctane　　(c) *trans*-1-Chloro-4-methylcyclohexane

ハロゲン化アルキルの合成

7.12 どのようなアルケン（一つとは限らない）と反応条件を用いると，次のハロゲン化アルキルを好収率で合成できるか．（ヒント：第5章を復習すること）

(a) 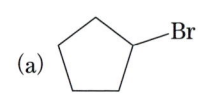 [cyclopentyl bromide]　　(b) 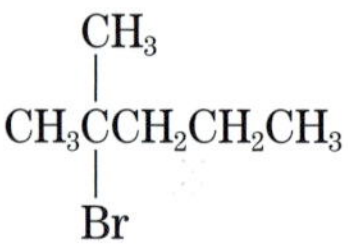 $CH_3C(CH_3)(Br)CH_2CH_3$　　(c) 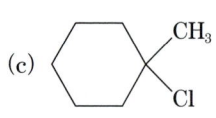 [1-chloro-1-methylcyclohexane]

7.13 次の反応を行うための試薬と反応条件とを示せ．

(a) (CH₃)₂C=CHCH₃ ⟶ (CH₃)₂CClCH₂CH₃

(b) CH₃CH₂CH=CH₂ ⟶ CH₃CH₂CHICH₃

(c) CH₃CH=CHCH₃ ⟶ CH₃CHClCH₂CH₃

(d) 1-メチルシクロペンテン ⟶ 1-ブロモ-1-メチルシクロペンタン

脂肪族求核置換反応

7.14 よく用いられる次の有機溶媒の構造式を書け．
   (a) Dichloromethane　　(b) Acetone　　(c) Ethanol
   (d) Diethyl ether　　(e) Dimethyl sulfoxide

7.15 次のプロトン性溶媒を極性の高くなる順に並べよ．
   (a) H_2O　　(b) CH_3CH_2OH　　(c) CH_3OH

7.16 次の非プロトン性溶媒を極性の高くなる順に並べよ．
   (a) Acetone　　(b) Pentane　　(c) Diethyl ether

7.17 次の求核種の組合せのうち，求核性が強いのはどちらか．
   (a) H_2O と OH^-　　(b) CH_3COO^- と OH^-　　(c) CH_3SH と CH_3S^-

7.18 ハロアルカンの S_N2 反応に関する記述で正しいものはどれか．
   (a) ハロアルカンと求核種の両方が遷移状態に関与している．
   (b) 反応は，反応中心での立体配置の反転を伴って進行する．
   (c) 反応は光学活性を保持して進行する．
   (d) 反応性の順序は第三級＞第二級＞第一級＞メチルである．
   (e) 求核種は非共有電子対と負電荷をもっていなければならない．
   (f) 求核種の求核性が強くなるほど，反応も速くなる．

7.19 次の S_N2 反応を完結せよ．

(a) $Na^+I^- + CH_3CH_2CH_2Cl \xrightarrow{acetone}$

(b) $NH_3 +$ シクロヘキシルBr $\xrightarrow{ethanol}$

(c) $CH_3CH_2O^-Na^+ + CH_2=CHCH_2Cl \xrightarrow{ethanol}$

7.20 次の S_N2 反応を完結せよ．

(a) シクロヘキシルCl + $CH_3CO^-Na^+$ (O=C) $\xrightarrow{ethanol}$

(b) $CH_3CHICH_2CH_3 + CH_3CH_2S^-Na^+ \xrightarrow{acetone}$

(c) $CH_3CH(CH_3)CH_2CH_2Br + Na^+I^- \xrightarrow{acetone}$

(d) $(CH_3)_3N + CH_3I \xrightarrow{acetone}$

(e) ⌬-CH$_2$Br + CH$_3$O$^-$ Na$^+$ $\xrightarrow{\text{methanol}}$

(f) H$_3$C-⌬-Cl + CH$_3$S$^-$ Na$^+$ $\xrightarrow{\text{ethanol}}$

(g) ⌬-NH + CH$_3$(CH$_2$)$_6$CH$_2$Cl $\xrightarrow{\text{ethanol}}$

(h) ⌬-CH$_2$Cl + NH$_3$ $\xrightarrow{\text{ethanol}}$

7.21 問題7.20では，S$_N$2反応であることが予め知らされていた．もし，反応機構が不明であったとしたら，ハロアルカンの構造，求核種，および溶媒などから，これらの反応がS$_N$2反応であることをどのように説明できるか．

7.22 次の反応において，アルカンは二つの求核中心をもつ化合物と反応している．求核性のより強い部位を指摘し，そのS$_N$2反応の生成物を示せ．

(a) HOCH$_2$CH$_2$NH$_2$ + CH$_3$I $\xrightarrow{\text{ethanol}}$

(b) モルホリン + CH$_3$I $\xrightarrow{\text{ethanol}}$

(c) HOCH$_2$CH$_2$SH + CH$_3$I $\xrightarrow{\text{ethanol}}$

7.23 ハロアルカンのS$_N$1反応に関する記述で正しいものはどれか．
(a) ハロアルカンと求核種の両方が律速段階の遷移状態に関与している．
(b) キラル中心での反応では，立体配置が保持される．
(c) キラル中心での反応では，光学活性が消失する．
(d) 反応性の順序は第三級＞第二級＞第一級＞メチルである．
(e) 反応中心近傍の立体障害が増すにつれて，反応速度が減少する．
(f) 強い求核種との反応の方が，弱い求核種との反応より速い．

7.24 次のS$_N$1反応の生成物を構造式で示せ．

(a) CH$_3$CHClCH$_2$CH$_3$ + CH$_3$CH$_2$OH $\xrightarrow{\text{ethanol}}$
   Sエナンチオマー

(b) 1-クロロ-1-メチルシクロペンタン + CH$_3$OH $\xrightarrow{\text{methanol}}$

(c) (CH$_3$)$_3$CCl + CH$_3$COOH $\xrightarrow{\text{acetic acid}}$

(d) シクロヘキシル-Br + CH$_3$OH $\xrightarrow{\text{methanol}}$

7.25 問題7.24では，S$_N$1反応であることが予め知らされていた．もし，反応機構が不明であるとしたら，ハロアルカンの構造，求核種，溶媒などから，これらの反応がS$_N$1反応であることをどのように説明できるか．

7.26 次の化合物の組合せのうち，エタノール水溶液中で求核置換反応がより速く進行するのはどちらか．

(a) CH$_3$CH$_2$CH$_2$CH$_2$CH$_2$Cl と (CH$_3$)$_2$CHCH$_2$CH(Cl)CH$_3$

(b) 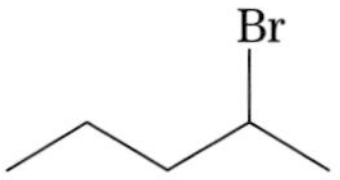 [CH₃CH₂CH₂CH(Br)CH₃] と [(CH₃)₃CBr]

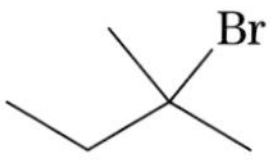

(c) 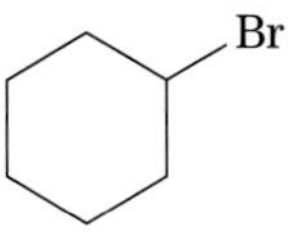 [cyclohexyl-Br] と [1-methyl-1-bromocyclohexane]

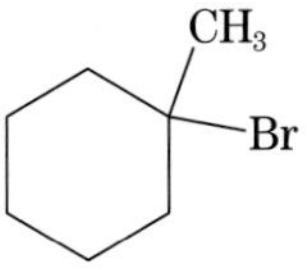

7.27 次の反応における各生成物の生成機構を考えよ．ただし，生成比については考慮しなくてよい．

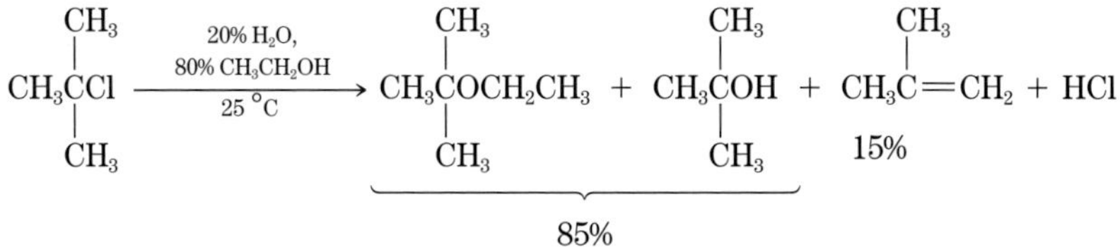

$$(CH_3)_3CCl \xrightarrow[25\ ^\circ C]{20\%\ H_2O,\ 80\%\ CH_3CH_2OH} CH_3\underset{CH_3}{\overset{CH_3}{C}}OCH_2CH_3 + CH_3\underset{CH_3}{\overset{CH_3}{C}}OH + CH_3\overset{CH_3}{C}=CH_2 + HCl$$

85%　　　　　　　　　　　　15%

7.28 問題 7.27 の反応を水 80%：エタノール 20% 中で行うと，その速度が水 40%：エタノール 60% 中に比べて 140 倍に増大する．この差異を説明せよ．

7.29 次のハロアルカンの組合せのうち，アセトン中 KI との S_N2 反応がより速く進行するのはどちらか．

(a)  [CH₃CH₂CH₂CH₂Cl] と [(CH₃)₂CHCH₂Cl]　　(b)  [CH₃CH₂CH₂CH₂Cl] と [CH₃CH₂CH₂CH₂Br]

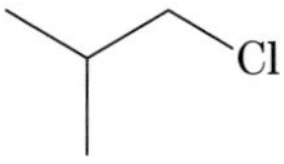

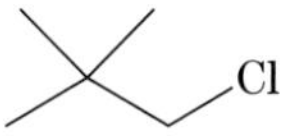

(c) 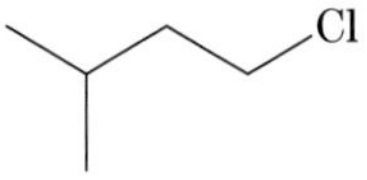 [(CH₃)₂CHCH₂CH₂Cl] と [(CH₃)₃CCH₂Cl]　　(d) 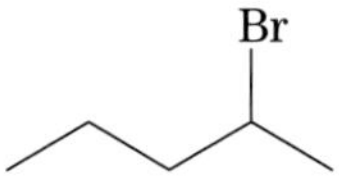 [CH₃CH₂CH₂CH(Br)CH₃] と [(CH₃)₂CHCH(Br)CH₃]

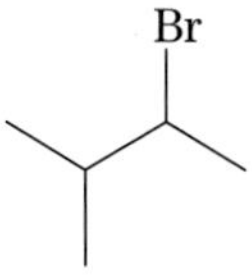

7.30 S_N2 反応の遷移状態における中心炭素原子の軌道の混成はどのように説明できるか．

7.31 臭化ビニル $CH_2=CHBr$ のようなハロアルケンでは S_N1 反応も S_N2 反応も起こらない．その理由を説明せよ．

7.32 次の化合物をハロアルカンと求核試薬から合成する方法を示せ．

(a) 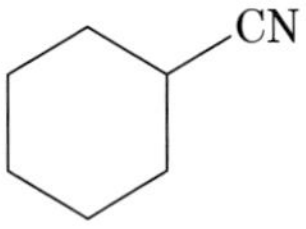 シクロヘキシル-CN　(b) 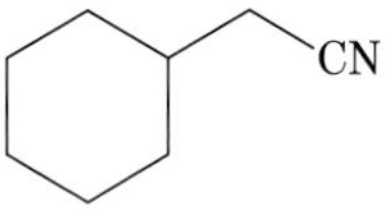 シクロヘキシル-CH₂CN

(c) 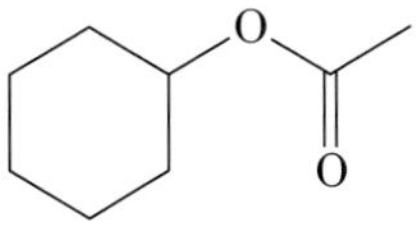 シクロヘキシル-OC(=O)CH₃　(d) 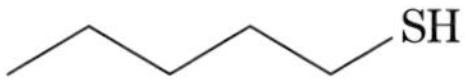 CH₃CH₂CH₂CH₂CH₂SH

(e)  CH₃(CH₂)₅OCH₃　(f) 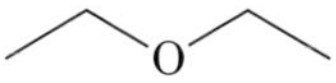 CH₃CH₂OCH₂CH₃　(g) 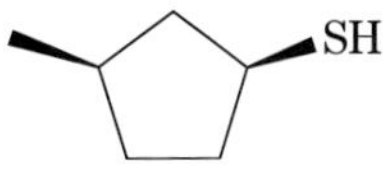 cis-3-メルカプト-1-メチルシクロペンタン

7.33 次の化合物をハロアルカンと求核試薬から合成する方法を示せ．

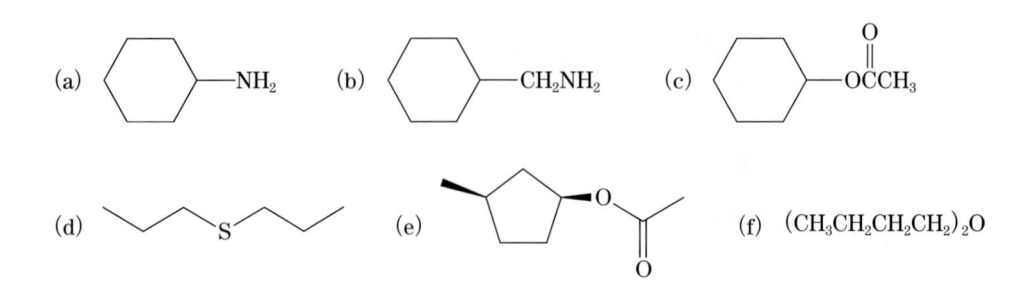

(a) 〔cyclohexyl〕—NH₂　(b) 〔cyclohexyl〕—CH₂NH₂　(c) 〔cyclohexyl〕—OCCH₃ (with =O)

(d) CH₃CH₂—S—CH₂CH₃　(e) (trans-3-methylcyclopentyl acetate)　(f) (CH₃CH₂CH₂CH₂)₂O

脱離反応

7.34 次のハロアルカンをエタノール中ナトリウムエトキシドで処理したとき，生成するアルケンを構造式で示せ．脱離は E2 機構で進むものと仮定する．2 種類のアルケンの生成が可能な場合には，どのアルケンが主生成物となるか Zaitsev 則から予想せよ．

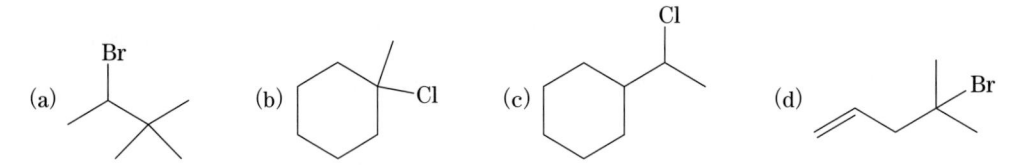

(a) (CH₃)₂CHCHBrC(CH₃)₃ 相当の構造　(b) 1-クロロ-1-メチルシクロヘキサン　(c) 1-クロロエチルシクロヘキサン　(d) (CH₃)₂CBrCH₂CH=CH₂

7.35 次のハロアルカンの脱ハロゲン化水素を行ったとき，シス-トランス異性を示さないアルケンを生成するのはどれか．

(a) 2-Chloropentane　(b) 2-Chlorobutane
(c) Chlorocyclohexane　(d) Isobutyl chloride

7.36 次のハロアルカンの脱ハロゲン化水素反応の主生成物には，シス-トランス異性体も含めて何種類の異性体が可能か．

(a) 3-Chloro-3-methylhexane　(b) 3-Bromohexane

7.37 次のアルケンを収率よく異性体の副生なく合成するには，どのようなハロアルカンを出発物質に選べばよいか．

(a) 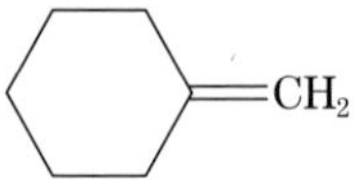 シクロヘキシリデン=CH₂
(b) CH₃CH(CH₃)CH₂CH=CH₂

7.38 水酸化カリウムによる脱ハロゲン化水素反応を用いて次のアルケンを主生成物として得るには，どのようなクロロアルカンを出発物質に選べばよいか．その構造式を書け．一つのクロロアルカンしか考えられない場合もあるが，2 種のクロロアルカンが可能な場合もある．

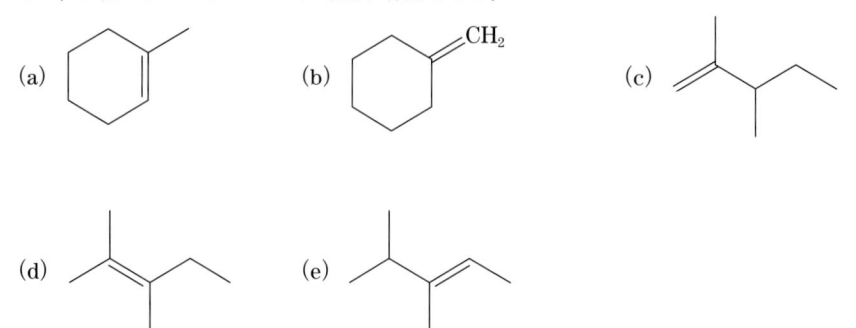

(a) 1-メチルシクロヘキセン　(b) メチレンシクロヘキサン　(c) CH₂=C(CH₃)CH(CH₃)CH₂CH₃ 相当

(d) (CH₃)₂C=C(CH₃)CH₂CH₃ 相当　(e) (CH₃)₂CHC(CH₃)=CHCH₃ 相当

7.39 *cis*-4-クロロシクロヘキサノールをエタノール中水酸化ナトリウムと反応させると置換生成物 *trans*-1,4-シク

ロヘキサンジオール（1）のみが得られる．同じ反応条件で，トランス体からは3-シクロヘキセノール（2）と環状エーテル（3）とが得られる．

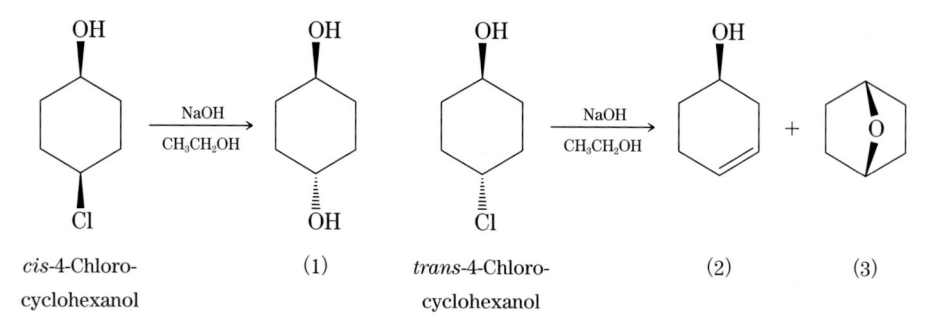

cis-4-Chloro-cyclohexanol → (1) （NaOH, CH₃CH₂OH）

trans-4-Chloro-cyclohexanol → (2) + (3) （NaOH, CH₃CH₂OH）

(a) 生成物（1）の生成機構を書き，その立体配置を説明せよ．
(b) 生成物（2）の生成機構を書け．
(c) 環状エーテル（3）がトランス体からは得られるが，シス体からは得られない理由を説明せよ．

合 成

7.40 次に与えられた出発物質から各生成物に変換する方法を示せ．あるものは1段階で合成できるが2段階以上の反応工程を必要とするものもある．

(a) (CH₃)₂CHCH₂Cl → (CH₃)₂C=CH₂

(b) (CH₃)₂C=CH₂ → (CH₃)₃CBr

(c) (CH₃)₂CHCH₂Cl → (CH₃)₃COH

(d) 1-メチル-1-ブロモシクロヘキサン → 1-メチルシクロヘキセン

(e) ブロモシクロヘキサン → trans-1,2-シクロヘキサンジオール

(f) ブロモシクロヘキサン → trans-1,2-ジブロモシクロヘキサン

応用問題

7.41 金属アルコキシドとハロアルカンからエーテルを合成する方法はWilliamson（ウイリアムソン）エーテル合成とよばれる．ベンジル tert-ブチルエーテルの合成を目指した二つの反応を次に示す．一方の反応では目的のエーテルが好収率で得られるが，もう一つの反応ではエーテルが得られない．エーテルが生成するのはどちらの反応か．もう一つの反応の生成物は何か．また，それが生成する理由を説明せよ．

(a) $(CH_3)_3CO^- K^+$ + C_6H_5-CH_2Cl $\xrightarrow{DMSO}$ $(CH_3)_3COCH_2C_6H_5$ + KCl

(b) C_6H_5-$CH_2O^- K^+$ + $(CH_3)_3CCl$ $\xrightarrow{DMSO}$ $(CH_3)_3COCH_2C_6H_5$ + KCl

7.42 次のエーテルは原理的にはハロアルカンと金属アルコキシドとの二つの異なる組合せにより合成できる．エーテル結合（1）ともう一つのエーテル結合（2）を生成するためのハロアルカンとアルコキシドの組合せを示せ．

エーテルの収率は，どちらの組合せによる反応がより高いか．

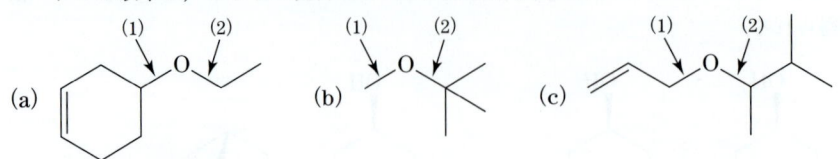

(a) [構造式：シクロヘキセン-O-エチル，(1)(2)の矢印] (b) [構造式：メチル-O-tert-ブチル，(1)(2)の矢印] (c) [構造式：アリル-O-sec-ブチル(イソプロピル側)，(1)(2)の矢印]

7.43 次の反応の機構を書け．

$$Cl-CH_2-CH_2-OH \xrightarrow{Na_2CO_3,\ H_2O} H_2C\overset{O}{-}CH_2$$

2-Chloroethanol　　　　　　　　　Ethylene oxide

7.44 ヒドロキシ基はきわめて脱離しにくいにもかかわらず，次の反応では置換反応が容易に起こる．この反応機構を書き，OH が容易に脱離する理由を説明せよ．

[構造式：(CH3)2C(OH)CH2CH3 → HBr → (CH3)2C(Br)CH2CH3]

7.45 (S)-2-ブロモブタンを DMSO 中で臭化ナトリウムと反応させると光学活性が消失する．その理由を説明せよ．

[構造式：(S)-2-ブロモブタン → NaBr/DMSO → 光学不活性]
光学活性

7.46 フェノキシドはシクロヘキシルオキシドよりずっと弱い求核種である．その理由を説明せよ．

Sodium phenoxide　　　Sodium cyclohexyloxide

7.47 エーテルでは，酸素原子の両側は必ず RO 基であって，脱離しにくい．エポキシドは三員環エーテルである．エポキシドはエーテルであるにもかかわらず容易に求核種と反応する．その理由を説明せよ．

$$R-O-R + :Nu^- \longrightarrow 反応しない$$
エーテル

[構造式：エポキシド + :Nu⁻ → ⁻O-CH2-CH2-Nu]
エポキシド

8 アルコール，エーテルおよびチオール

- 8.1 はじめに
- 8.2 アルコール
- 8.3 アルコールの反応
- 8.4 エーテル
- 8.5 エポキシド
- 8.6 チオール
- 8.7 チオールの反応

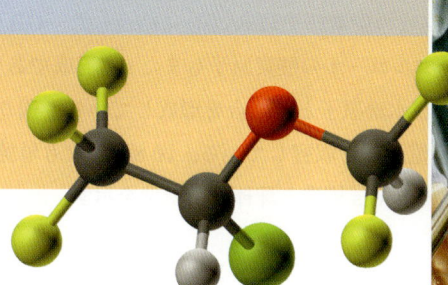

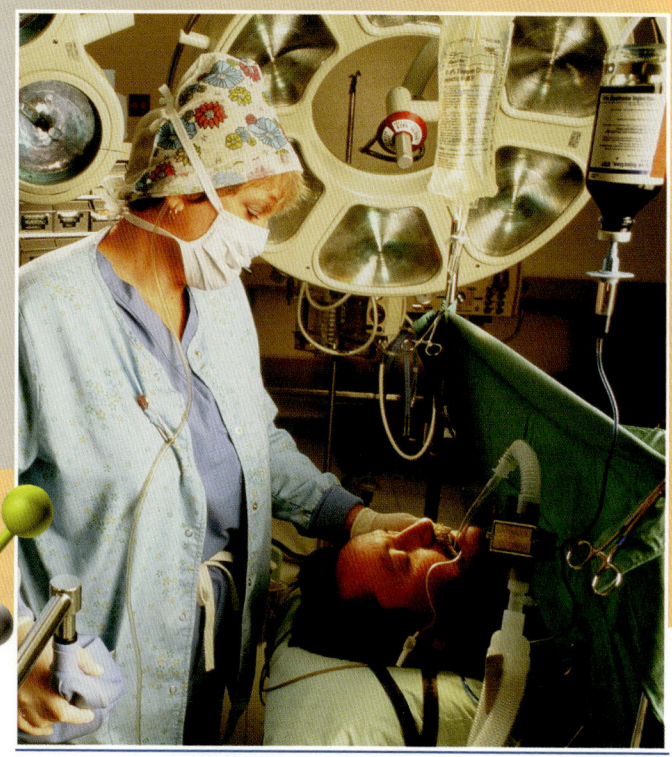

エーテルを吸入すると患者が痛みを感じなくなるということを発見したことにより，医療に革命がもたらされた．左の図はイソフルラン $CF_3CHClOCHF_2$ の分子模型を示す．このハロゲン化エーテルは吸入麻酔薬としてヒトにも動物にも広く用いられている．
(Allan Levenson/Stone/Getty Images)

8.1 はじめに

この章では，酸素を含む2種類の化合物，アルコールとエーテルの物理的および化学的性質について学ぶ．また硫黄を含む化合物の一つであるチオールについても学ぶ．チオールは，—OH 基のかわりに—SH 基をもつ点以外はアルコールに似ている．

CH_3CH_2OH	$CH_3CH_2OCH_2CH_3$	CH_3CH_2SH
Ethanol	Diethyl ether	Ethanethiol
（アルコールの一種）	（エーテルの一種）	（チオールの一種）

これら三つの化合物についてはたぶんよく知っていると思う．エタノールはガソホール gasohol の燃料添加物であり，アルコール性飲料のアルコール，そして重要な工業用溶剤であり，実験用溶媒でもある．ジエチルエーテルは，一般手術に用いられた最初の吸入麻酔薬である．これもまた重要な工業用溶剤であり，実験用溶媒でもある．エタンチオールは，他の低分子量のチオールと同様に，悪臭をもっている．スカンク，腐った卵や下水のにおいはチオールからきている．

アルコールは，有機化合物の化学的ならびに生化学的変換において特に重要である．アルケン，ハロアルカン，アルデヒド，ケトン，カルボン酸やエステルのような他の種類の化合物に変換できる．また，逆にこれらの化合物から作ることもできる．すなわち，アルコールは有機官能基の相互変換において中心的な役割を果たしている．

8.2 アルコール

A 構造

アルコール：sp^3 混成炭素に結合した—OH（ヒドロキシ）基をもつ化合物．

アルコール alcohol の官能基は sp^3 混成の炭素原子（1.8A 節）に結合した**—OH（ヒドロキシ）基** hydroxy group である．アルコールの酸素原子もまた sp^3 混成である．酸素の二つの sp^3 混成軌道は炭素および水素原子と σ 結合を形成している．残りの二つの sp^3 混成軌道はそれぞれ非共有電子対を収容している．図 8.1 に最も単純なアルコールであるメタノール CH_3OH の Lewis 構造と球棒分子模型を示す．

B 命名法

アルコールの IUPAC 名は，アルケンの場合と同じように母体のアルカンから誘導される．すなわち，alkane（アルカン）の接尾語 -e を -ol（オール）に変える．接尾語の -ol は，その化合物がアルコールであることを示している．

1. 母体アルカンとして—OH を含む最も長い炭素鎖を選び，—OH 基に近い方の末端から番号をつける．母体の炭素鎖の番号づけにおいて，—OH 基の位置はアルキル基やハロゲンよりも優先する．
2. 母体 alkane（アルカン）の接尾語 -e を -ol（オール）に変え（3.6 節），—OH 基の位置を番号で示す．環状アルコールでは，—OH 基の結合した炭素を 1 とする．
3. 置換基の名称と位置番号をつけ，アルファベット順に並べる．

アルコールの慣用名は，—OH についたアルキル基名に alcohol（アルコール）という語を加えることによってつける．以下に，8 種の低分子量アルコールの IUPAC 名と，かっこ内に慣用名を示す．

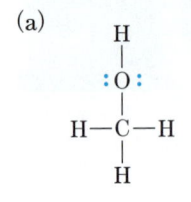

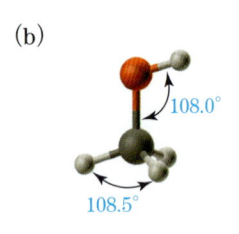

図 8.1
メタノール CH_3OH．
(a) Lewis 構造，(b) 球棒分子模型，メタノールの H—O—C 結合角の測定値は 108.0°であり，これは正四面体角の 109.5°にきわめて近い．

第8章 アルコール，エーテルおよびチオール

Ethanol
エタノール
(Ethyl alcohol)
(エチルアルコール)

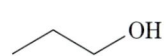

1-Propanol
1-プロパノール
(Propyl alcohol)
(プロピルアルコール)

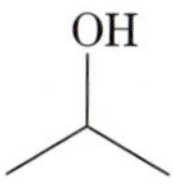

2-Propanol
2-プロパノール
(Isopropyl alcohol)
(イソプロピルアルコール)

1-Butanol
1-ブタノール
(Butyl alcohol)
(ブチルアルコール)

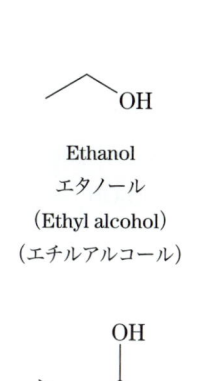

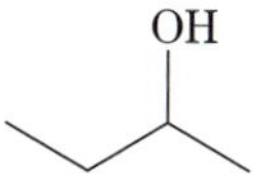

2-Butanol
2-ブタノール
(sec-Butyl alcohol)
(sec-ブチルアルコール)

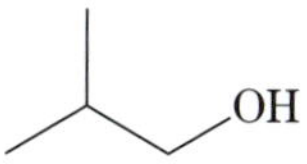

2-Methyl-1-propanol
2-メチル-1-プロパノール
(Isobutyl alcohol)
(イソブチルアルコール)

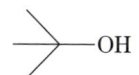

2-Methyl-2-propanol
2-メチル-2-プロパノール
(tert-Butyl alcohol)
(tert-ブチルアルコール)

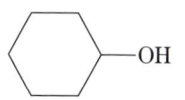

Cyclohexanol
シクロヘキサノール
(Cyclohexyl alcohol)
(シクロヘキシルアルコール)

例題 8.1

次のアルコールの IUPAC 名を書け．

(a) $CH_3(CH_2)_6CH_2OH$ (b) [構造式]   (c) [構造式]

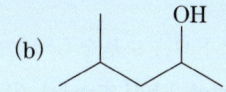

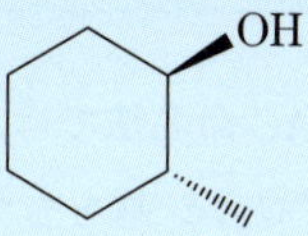

解 答

(a) 1-Octanol（1-オクタノール）

(b) 4-Methyl-2-pentanol（4-メチル-2-ペンタノール）

(c) trans-2-Methylcyclohexanol（trans-2-メチルシクロヘキサノール）

練習問題 8.1

次のアルコールの IUPAC 名を書け．

(a) [構造式]   (b) [構造式]   (c) [構造式]

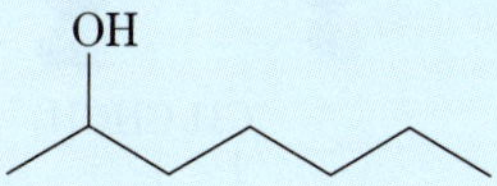

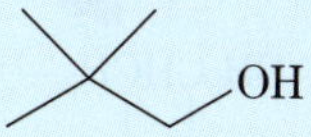

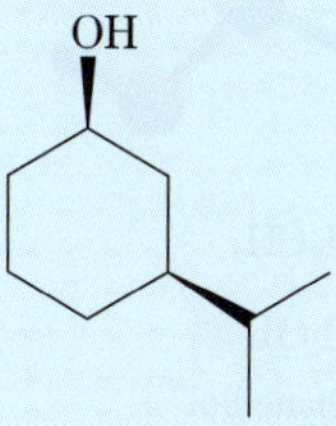

アルコールは，その—OH 基が第一級炭素，第二級炭素あるいは第三級炭素（1.8A 節）に結合しているかどうかで，**第一級** primary，**第二級** secondary あるいは**第三級** tertiary に分類される*．

*訳注：メタノールは第一級アルコールには含めないで，別に扱う．

例題 8.2

次のアルコールを第一級，第二級あるいは第三級に分類せよ．

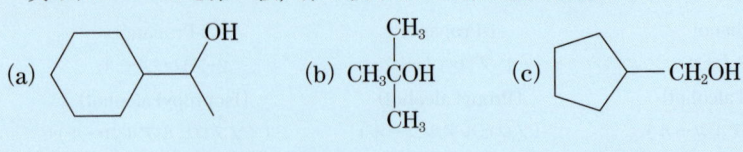

(a) シクロヘキシル-CH(OH)-CH₃ (b) (CH₃)₂CH(OH)CH₃ [中央のCにOH, CH₃二つ] (c) シクロペンチル-CH₂OH

解 答
(a) 第二級　　(b) 第三級　　(c) 第一級

練習問題 8.2

次のアルコールを第一級，第二級あるいは第三級に分類せよ．

(a) 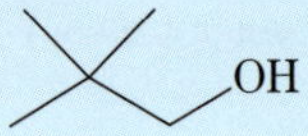 (CH₃)₃C-CH₂-OH の構造（ネオペンチルアルコール型）　　(b) 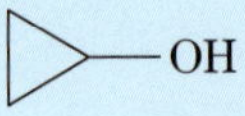 シクロプロピル-OH

(c) CH₂=CHCH₂OH　　(d) 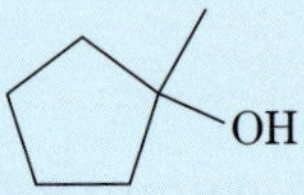 1-メチルシクロペンタノール

IUPAC 命名法では，二つのヒドロキシ基をもつ化合物は **diol**（ジオール），三つのヒドロキシ基をもつものは **triol**（トリオール）のように命名される．ジオール，トリオールなどの IUPAC 名には，1,2-ethanediol（1,2-エタンジオール）の例のように母体のアルカン名の最後の e はそのまま残る．

他の有機化合物と同様に，簡単なジオールとトリオールには慣用名が今でも使われている．隣接炭素に二つのヒドロキシ基をもつ化合物は **glycol**（グリコール）ということが多い（5.4 節）．エチレングリコールとプロピレングリコールはそれぞれエチレンとプロピレンから合成される．慣用名はそれに基づいている．

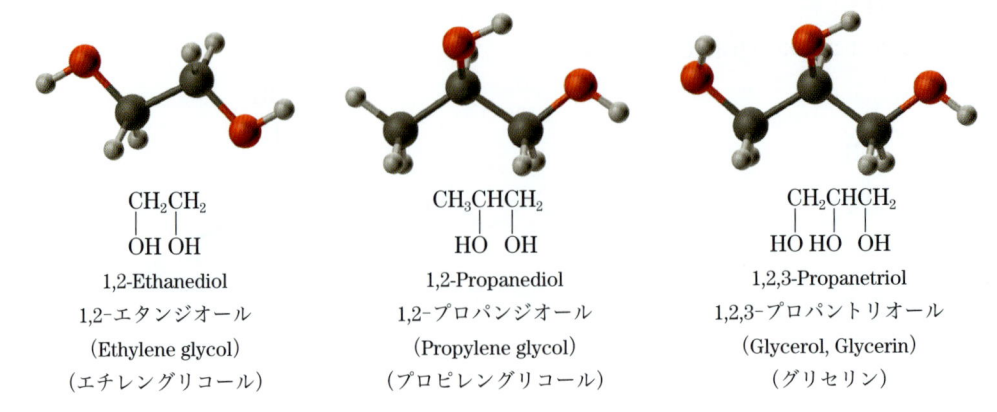

グリコール：隣り合った sp³ 混成炭素にヒドロキシ基を 2 個もつ化合物．

CH₂CH₂　　　　　　　CH₃CHCH₂　　　　　　CH₂CHCH₂
| |　　　　　　　　　| |　　　　　　　　　| | |
OH OH　　　　　　　HO OH　　　　　　　　HO HO OH

1,2-Ethanediol　　　　1,2-Propanediol　　　　1,2,3-Propanetriol
1,2-エタンジオール　　1,2-プロパンジオール　　1,2,3-プロパントリオール
(Ethylene glycol)　　　(Propylene glycol)　　　(Glycerol, Glycerin)
(エチレングリコール)　(プロピレングリコール)　(グリセリン)

―OH 基と C=C 基とを含む化合物は，しばしば不飽和アルコール unsaturated alcohol とよばれる．不飽和アルコールを命名するには，

第8章　アルコール，エーテルおよびチオール

1. 母体アルカンに—OH基が最も小さい数字となるように，番号をつける．
2. 二重結合は，母体 alkane（アルカン）の -an-（アン）という挿入語を -en-（エン）に変えることによって示し（3.6節），アルコールであることは，さらに接尾語 -e を -ol（オール）と変えることによって示す．
3. 数字は炭素-炭素二重結合とヒドロキシ基の両方の位置を示すために用いられる．

エチレングリコールは極性分子であり，極性溶媒の水に容易に溶ける．(Charles D. Winters)

例題 8.3

次の不飽和アルコールの IUPAC 名を書け．

(a) $CH_2=CHCH_2OH$　　(b)　　(c)

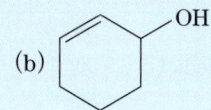

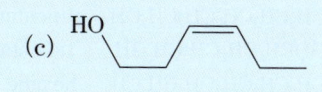

解答

(a) 2-Propen-1-ol（2-プロペン-1-オール）．慣用名は allyl alcohol（アリルアルコール）
(b) 2-Cyclohexenol（2-シクロヘキセノール）
(c) cis-3-Hexen-1-ol（cis-3-ヘキセン-1-オール）

練習問題 8.3

次の不飽和アルコールの IUPAC 名を書け．

(a)　　(b)

C　物理的性質

アルコールの最も重要な物理的性質は—OH基の極性である．酸素と炭素（3.5 − 2.5 = 1.0）および酸素と水素（3.5 − 2.1 = 1.4）の大きな電気陰性度の違い（表1.5）のために，アルコールのC—OとO—H結合はいずれも極性共有結合であり，図8.2のメタノールの例に示すように，アルコールは極性分子である．

表8.1に，5種のアルコールとそれと同等の分子量をもつアルカンの沸点と水溶性を比較している．比較した二つの化合物のうちアルコールの方が，沸点が高く水に溶けやすい．

アルコールの沸点が同等の分子量のアルカンよりも高いのは，アルコールが極性分子であり，液体状態で**水素結合** hydrogen bonding とよばれる分子間引力によって会合できるからである（図8.3）．アルコール分子間の水素結合の強さは，およそ 2〜5 kcal/mol（8.4〜21 kJ/mol）である．比較のために，O—H共有結合の強さは

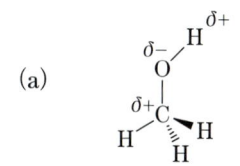

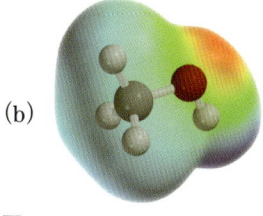

図 8.2
メタノールのC—O—H結合の極性．
(a) 炭素と水素に部分正電荷があり，酸素に部分負電荷がある．(b) 電子密度図は酸素のまわりに部分負電荷（赤）があり，—OHの水素のまわりに部分正電荷（青）があることを示している．

水素結合：水素の部分的な正電荷と近くにある酸素，窒素，フッ素原子上の部分的な負電荷との間の引力．

表 8.1　同じような分子量をもつ 5 組のアルコールとアルカンの沸点と水に対する溶解度

構造式	名称	分子量	bp (°C)	水に対する溶解度
CH$_3$OH	methanol	32	65	無限大
CH$_3$CH$_3$	ethane	30	−89	不溶
CH$_3$CH$_2$OH	ethanol	46	78	無限大
CH$_3$CH$_2$CH$_3$	propane	44	−42	不溶
CH$_3$CH$_2$CH$_2$OH	1-propanol	60	97	無限大
CH$_3$CH$_2$CH$_2$CH$_3$	butane	58	0	不溶
CH$_3$CH$_2$CH$_2$CH$_2$OH	1-butanol	74	117	8 g/100 g
CH$_3$CH$_2$CH$_2$CH$_2$CH$_3$	pentane	72	36	不溶
CH$_3$CH$_2$CH$_2$CH$_2$CH$_2$OH	1-pentanol	88	138	2.3 g/100 g
HOCH$_2$CH$_2$CH$_2$CH$_2$OH	1,4-butanediol	90	230	無限大
CH$_3$CH$_2$CH$_2$CH$_2$CH$_2$CH$_3$	hexane	86	69	不溶

およそ 110 kcal/mol（460 kJ/mol）である．これらの数値からわかるように，O···H 水素結合は O—H 共有結合よりかなり弱いけれども，アルコールの物理的性質に重大な影響を与えるには十分である．

　液体状態のアルコールは分子間に水素結合をもつため，気体状態になるためには水素結合したアルコール分子を隣接分子から引き離すのに余分のエネルギーが必要となる．その結果，アルコールの沸点はアルカンと比べてかなり高い．分子内にさらに余分のヒドロキシ基があると，それだけ水素結合の効果を増大させる．このことは，分子量がほぼ等しい 1-ペンタノール（138 °C）と 1,4-ブタンジオール（230 °C）の沸点を比較すればよくわかる．

　大きな分子の間では分散力が増大する（3.9B 節）ために，アルコールを含めてすべての化合物の沸点は分子量が増えるとともに高くなる．これを調べるためには，たとえば，エタノール，1-プロパノール，1-ブタノール，そして 1-ペンタノールの沸点を比較してみるとよい．

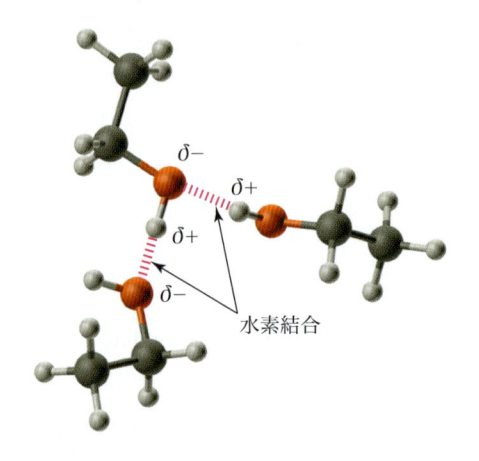

図 8.3
液体状態におけるエタノールの会合．各 O—H は（1 個は水素，2 個は酸素を通して）最大 3 個の水素結合に関与できる．この図では可能な 3 個の水素結合のうち 2 個しか示していない．

CHEMICAL CONNECTIONS 8A

ニトログリセリン：爆薬と医薬

1847年，Ascanio Sobrero（ソブレロ）（1812〜1888）は，1,2,3-プロパントリオール（もっと一般的にはグリセリンという）が硫酸の存在下に硝酸と反応してニトログリセリンとよばれる淡黄色の油性液体を生じることを発見した．

$$\begin{array}{c} CH_2-OH \\ | \\ CH-OH \\ | \\ CH_2-OH \end{array} + 3HNO_3 \xrightarrow{H_2SO_4} \begin{array}{c} CH_2-ONO_2 \\ | \\ CH-ONO_2 \\ | \\ CH_2-ONO_2 \end{array} + 3H_2O$$

1,2,3-Propanetriol　　　　1,2,3-Propanetriol trinitrate
(Glycerol, Glycerin)　　　　　　(Nitroglycerin)

Sobreroはこの化合物の爆発性も発見した．少量を加熱すると爆発した．間もなく，ニトログリセリンは運河，トンネル，道路や鉱山の建設に爆薬として用いられ，また戦争にも広く用いられるようになった．

すぐにニトログリセリンの使用について一つの問題点が出てきた．安全に取り扱うことが難しく，爆発事故がしばしば起こった．スウェーデンの化学者 Alfred Nobel（ノーベル）（1833〜1896）がこの問題を解決した．ニトログリセリンをケイソウ土にしみ込ませると，点火しなければ爆発しないことを見つけた．Nobelは，ニトログリセリンとケイソウ土に炭酸ナトリウムを加えたものをダイナマイト dynamite と命名した．

Alfred Nobel（1833〜1896）がダイナマイトの製造で築いた財産は，ノーベル賞の基金になっている．(Bettmann/Corbis)

意外なことに，ニトログリセリンは狭心症の治療のために医薬品としても用いられる．狭心症は冠状動脈の血流の減少のために生じる強い胸の痛みであり，ニトログリセリンを，錠剤，スプレー，あるいは塗り薬として使うと，血管の平滑筋をゆるめ，冠状動脈の拡張を起こす．この拡張により心臓に血液が供給されやすくなる．

Nobelが心臓病になったとき，彼の主治医は胸の痛みをやわらげるためにニトログリセリンをとるように処方した．Nobelは，爆薬がどうして胸の痛みをとることができるのかわからないといって，それを拒否した．その理由がわかるには，それから100年以上かかった．現在では，ニトログリセリンのニトロ基から発生した酸化窒素 NO が痛みをやわらげていることがわかっている．

アルコールは，同じくらいの分子量のアルカン，アルケン，アルキンよりも，はるかに水によく溶ける．これは，アルコール分子が水と水素結合できるためである．メタノール，エタノールおよび1-プロパノールはどんな割合でも水に溶ける．分子量が増加するにつれ，アルコールの物理的性質は同等の分子量の炭化水素とよく似てくる．高分子量のアルコールは，分子中の炭化水素部分が大きくなるために，水に溶けにくくなる．

8.3 アルコールの反応

この節では，アルコールの酸性度と塩基性度，アルケンへの脱水反応，ハロアルカンへの変換，そしてアルデヒド，ケトンあるいはカルボン酸への酸化について学ぶ．

A アルコールの酸性度

アルコールの pK_a は，水の pK_a (15.7) とほぼ等しい．したがって，アルコールの水溶液の pH は，純水の pH とほぼ等しい．たとえば，メタノールの pK_a は 15.5 である．

$$CH_3\ddot{O}-H + \underset{H}{:\ddot{O}-H} \rightleftharpoons CH_3\ddot{O}:^- + \underset{H}{H-\overset{+}{\ddot{O}}-H}$$

$$K_a = \frac{[CH_3O^-][H_3O^+]}{[CH_3OH]} = 3.2 \times 10^{-16}$$

$$pK_a = 15.5$$

表 8.2 にいくつかの低分子量のアルコールの酸解離定数を示す．メタノールとエタノールは水と同じくらいの酸性度である．それよりも分子量の大きい水溶性のアルコールは水よりもわずかに弱い酸である．アルコールはわずかに酸性ではあるが，炭酸水素ナトリウムや炭酸ナトリウムのような弱い塩基と反応するほど十分強い酸ではない（ここで，2.5 節の酸塩基反応の平衡について復習するとよい）．酢酸は，HCl や HBr に比べると"弱酸"であるが，それでもなおアルコールよりは 10^{10} 倍ほど強い酸であることに注意しよう．

表 8.2 代表的なアルコールの水溶液中における pK_a 値*

化合物	構造式	pK_a	
hydrogen chloride	HCl	-7	強酸 ↑
acetic acid	CH_3COOH	4.8	
methanol	CH_3OH	15.5	
water	H_2O	15.7	
ethanol	CH_3CH_2OH	15.9	
2-propanol	$(CH_3)_2CHOH$	17	
2-methyl-2-propanol	$(CH_3)_3COH$	18	弱酸

* 比較のために，水，酢酸，塩酸の pK_a も示す．

B アルコールの塩基性度

強い酸が存在すると，アルコールの酸素原子は弱い塩基として作用し，プロトン移動によって酸と反応してオキソニウムイオンを生成する．

$$CH_3CH_2-\ddot{O}-H + H-\underset{H}{\overset{+}{\ddot{O}}-H} \xrightarrow{H_2SO_4} CH_3CH_2-\underset{H}{\overset{+}{\ddot{O}}-H} + \underset{H}{:\ddot{O}-H}$$

Ethanol　　オキソニウムイオン　　エチルオキソニウムイオン
　　　　　　　(pK_a − 1.7)　　　　　　(pK_a − 2.4)

すなわち，アルコールは弱い酸としても弱い塩基としても作用できる．

C 活性金属との反応

水と同じように，アルコールは Li, Na, K, Mg や他の活性な金属と反応して水素を発生し，金属アルコキシドを生成する．次の酸化還元反応において，Na は Na^+ に酸化され，H^+ は H_2 に還元される．

$$2\,CH_3OH + 2\,Na \longrightarrow 2\,CH_3O^-Na^+ + H_2$$
Sodium methoxide
ナトリウムメトキシド

金属アルコキシドを命名するには，カチオンの名称をはじめにつけ，ついでアニオンの名称を続ける．アルコキシドイオンの名称は，炭素原子の数とその配列を示す接頭語（meth-, eth-, isoprop-, *tert*-but-, など）と，-oxide オキシドという接尾語からなる*．

アルコキシドイオンは水酸化物イオンよりもわずかに強い塩基である．ナトリウムメトキシドのほかに，次のアルコキシドが非水溶媒中で強い塩基を必要とするような有機反応に一般的に用いられる．エタノール中のナトリウムエトキシドと 2-メチル-2-プロパノール（*tert*-ブチルアルコール）中のカリウム *tert*-ブトキシドがその例である．

$$CH_3CH_2O^-Na^+ \qquad\qquad \underset{\underset{CH_3}{|}}{\overset{\overset{CH_3}{|}}{CH_3C}}O^-K^+$$
Sodium ethoxide   Potassium *tert*-butoxide
ナトリウムエトキシド   カリウム *tert*-ブトキシド

第 7 章で見たように，アルコキシドイオンは置換反応における求核種としても用いられる．

メタノールは金属ナトリウムと反応して水素ガスを発生する．(*Charles D. Winters*)

*訳注：炭素数が 5 以上の場合は alkyloxide（アルキルオキシド）と命名する．日本語名はそのままローマ字読みして一語とする．ただし，sodium と potassium はそれぞれナトリウムとカリウムとする．

例題 8.4

シクロヘキサノールと金属ナトリウムとの反応式を，係数を合わせて書け．

解 答

$$2\;\text{C}_6\text{H}_{11}\text{—OH} + 2\,Na \longrightarrow 2\;\text{C}_6\text{H}_{11}\text{—O}^-Na^+ + H_2$$

Cyclohexanol   Sodium
cyclohexyloxide

練習問題 8.4

次の酸塩基反応の平衡の位置を予測せよ（ヒント：2.5 節を見よ）．

$$\text{CH}_3\text{CH}_2\text{O}^-\text{Na}^+ + \text{CH}_3\overset{\overset{\text{O}}{\|}}{\text{C}}\text{OH} \rightleftharpoons \text{CH}_3\text{CH}_2\text{OH} + \text{CH}_3\overset{\overset{\text{O}}{\|}}{\text{C}}\text{O}^-\text{Na}^+$$

D ハロアルカンへの変換

アルコールからハロゲン化アルキルへの変換は，飽和炭素上における—OH のハロゲンによる置換反応である．この変換の最も一般的な試薬は，ハロゲン化水素と塩化チオニル SOCl_2 である．

HCl，HBr および HI との反応

水溶性の第三級アルコールは HCl，HBr および HI と非常に速やかに反応する．第三級アルコールを濃塩酸と室温で数分間まぜると，このアルコールは水に不溶のクロロアルカンになって水層から分離する．

$$\underset{\text{2-Methyl-2-propanol}}{\text{CH}_3\underset{\underset{\text{CH}_3}{|}}{\overset{\overset{\text{CH}_3}{|}}{\text{C}}}\text{OH}} + \text{HCl} \xrightarrow{25\ ℃} \underset{\text{2-Chloro-2-methylpropane}}{\text{CH}_3\underset{\underset{\text{CH}_3}{|}}{\overset{\overset{\text{CH}_3}{|}}{\text{C}}}\text{Cl}} + \text{H}_2\text{O}$$

第一級および第二級アルコールは，低分子量で水溶性であってもこの反応条件ではほとんど反応しない．

水に不溶の第三級アルコールを第三級ハロゲン化物に変換するためには，このアルコールのジエチルエーテルあるいはテトラヒドロフラン（THF）溶液に HX ガスを吹き込むことによって行われる．

1-Methyl-cyclohexanol + HCl $\xrightarrow[\text{ether}]{0\ ℃}$ 1-Chloro-1-methyl-cyclohexane + H_2O

水に不溶の第一級と第二級アルコールは，この条件ではゆっくりとしか反応しない．

第一級と第二級アルコールは，濃 HBr あるいは濃 HI と反応させることによって，ブロモアルカンあるいはヨードアルカンに変換できる．たとえば，1-ブタノールを濃 HBr とともに加熱すると 1-ブロモブタンになる．

1-Butanol + HBr ⟶ 1-Bromobutane (Butyl bromide) + H_2O

第8章 アルコール，エーテルおよびチオール

アルコールの HX に対する反応の起こりやすさの相対的な順序（第三級＞第二級＞第一級）から，第三級と第二級アルコールの濃 HX によるハロアルカンへの変換反応は，S_N1 機構で起こっており，カルボカチオン中間体の生成を経ていると考えられる．

反応機構：第三級アルコールと HCl との反応：S_N1 反応

段階1：酸から OH 基への速やかな可逆的プロトン移動によりオキソニウムイオンを生成する．このプロトン移動の結果，脱離基が脱離能の乏しい OH^- から脱離能の優れた H_2O に変換される．

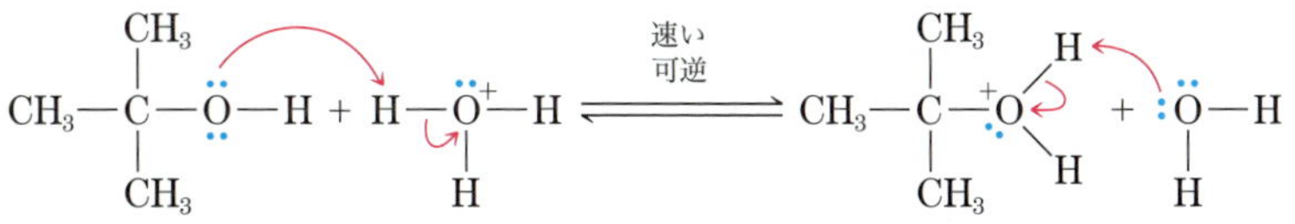

2-Methyl-2-propanol
(*tert*-Butyl alcohol)　　　　　　　　　オキソニウムイオン

段階2：水が脱離して第三級カルボカチオン中間体が生成する．

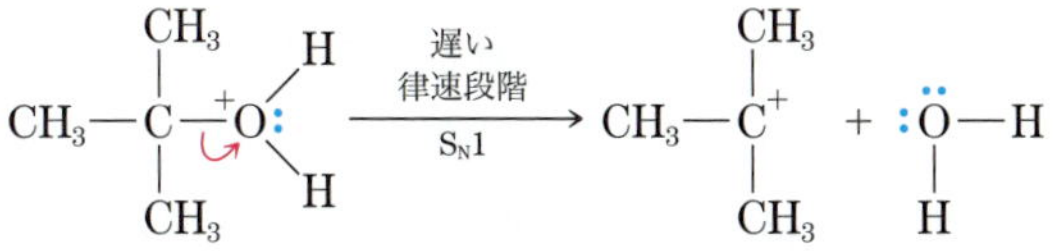

オキソニウムイオン　　　第三級カルボカチオン中間体

段階3：この第三級カルボカチオン中間体（求電子種）が塩化物イオン（求核種）と反応して生成物を与える．

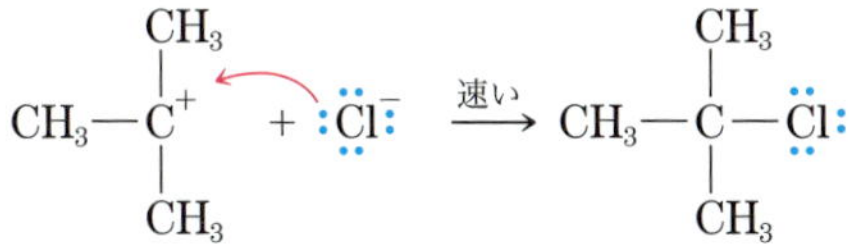

2-Chloro-2-methylpropane
(*tert*-Butyl chloride)

第一級アルコールは HX と S_N2 機構で反応する．律速段階において，ハロゲン化物イオンはオキソニウムイオンの炭素上で H_2O を置換する．H_2O の置換と C―X 結合の生成は同時に起こる．

反応機構：第一級アルコールと HBr との反応：S_N2 反応

段階1：OH 基への速やかな可逆的プロトン移動により，脱離基を脱離能の乏しい OH^- から脱離能の優れた H_2O に変換する．

オキソニウムイオン

段階2：Br⁻によるH₂Oの求核置換によりブロモアルカンを生成する．

$$:\overset{..}{\underset{..}{Br}}:^- + CH_3CH_2CH_2CH_2-\overset{+}{\underset{H}{\overset{H}{O}}}-H \xrightarrow[S_N2]{\text{遅い}\atop\text{律速段階}} CH_3CH_2CH_2CH_2-\overset{..}{\underset{..}{Br}}: + \overset{H}{\underset{H}{\overset{..}{O}}}$$

なぜ第三級アルコールはHXとの反応においてカルボカチオン中間体を生成するのに対して，第一級アルコールは—OHの（より正確には—OH₂⁺の）直接置換によって反応するのだろうか．答は，ハロアルカンの求核置換反応（7.6B節）で見られたのと同じ二つの因子の組合せによる．

1. **電子効果**：第三級カルボカチオンが最も安定であり（生成の活性化エネルギーが最も低い），第一級カルボカチオンが最も不安定である（生成の活性化エネルギーが最も高い）．そのため，第三級アルコールはカルボカチオンを最も生成しやすく，第二級アルコールがその次で，第一級アルコールがカルボカチオンを生成して反応する例はほとんどない．

2. **立体効果**：新しい炭素-ハロゲン結合を作るためには，ハロゲン化物イオンは置換の起こる中心に近づき，そして新しい共有結合を作り始めなければならない．第一級オキソニウムイオンの置換中心への接近の容易さを第三級の場合と比較すれば，第一級の場合の方がかなり容易であるということがわかる．第一級オキソニウムイオンの置換中心の背面は2個の水素原子と1個のアルキル基によっておおわれているにすぎないが，第三級オキソニウムイオンの置換中心の背面は3個のアルキル基によっておおわれている．

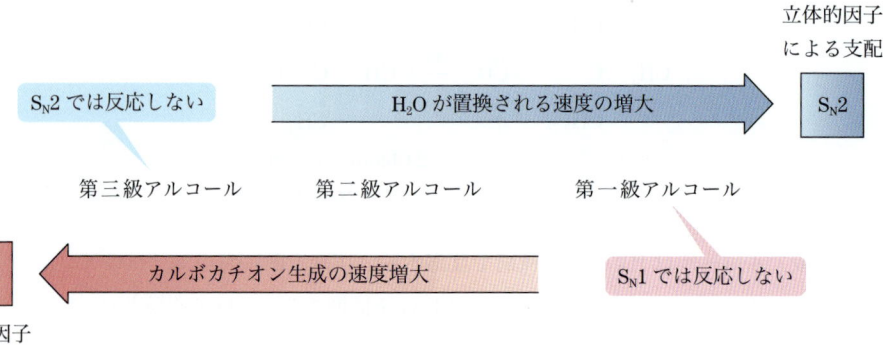

立体的因子による支配 S_N2

S_N2では反応しない ← H₂Oが置換される速度の増大 →

第三級アルコール 第二級アルコール 第一級アルコール

S_N1 ← カルボカチオン生成の速度増大 S_N1では反応しない

電子的因子による支配

塩化チオニルとの反応

第一級および第二級アルコールを塩化アルキルに変換するのに最も広く用いられている反応剤は塩化チオニル SOCl₂ である．この求核置換反応の副生物は，HClとSO₂であり，いずれも気体として出ていく．ピリジンのような有機塩基（10.2節）を添加して，副生物のHClを中和することも多い．

第8章　アルコール，エーテルおよびチオール

$$\text{1-Heptanol} + \text{SOCl}_2 \xrightarrow{\text{pyridine}} \text{1-Chloroheptane} + \text{SO}_2 + \text{HCl}$$

1-Heptanol　　Thionyl chloride　　　　　　　1-Chloroheptane

E　アルケンへの酸触媒脱水反応

アルコールは，**脱水** dehydration 反応により，すなわち隣接する炭素原子から1分子の水を脱離することによりアルケンに変換される．実験室においては，アルコールの脱水は，85％リン酸あるいは濃硫酸とともに加熱することによって行われるのが最も一般的である．第一級アルコールが最も脱水され難く，一般に濃硫酸とともに180℃の高温で加熱する必要がある．第二級アルコールはもう少し低温で脱水する．第三級アルコールの酸触媒脱水反応は，ふつう室温よりわずかに高い温度で十分進む．

脱水：水分子の脱離．

$$\text{CH}_3\text{CH}_2\text{OH} \xrightarrow[180\,°\text{C}]{\text{H}_2\text{SO}_4} \text{CH}_2=\text{CH}_2 + \text{H}_2\text{O}$$

Cyclohexanol $\xrightarrow[140\,°\text{C}]{\text{H}_2\text{SO}_4}$ Cyclohexene $+ \text{H}_2\text{O}$

$$\underset{\substack{\text{2-Methyl-2-propanol}\\(tert\text{-Butyl alcohol})}}{(\text{CH}_3)_3\text{COH}} \xrightarrow[50\,°\text{C}]{\text{H}_2\text{SO}_4} \underset{\substack{\text{2-Methylpropene}\\(\text{Isobutylene})}}{\text{CH}_3\text{C}(\text{CH}_3)=\text{CH}_2} + \text{H}_2\text{O}$$

すなわち，アルコールの酸触媒脱水反応の起こりやすさは次の順になる．

第一級アルコール ＜ 第二級アルコール ＜ 第三級アルコール

→　アルコールの脱水反応の起こりやすさ

アルコールの酸触媒脱水反応によりアルケンの異性体が得られるときには，一般的により安定なアルケン（二重結合に置換基をより多くもつもの；5.5B節参照）が主生成物として得られる．すなわち，アルコールの酸触媒脱水反応は Zaitsev 則（7.8節）に従う．

$$\underset{\text{2-Butanol}}{\text{CH}_3\text{CH}_2\text{CH}(\text{OH})\text{CH}_3} \xrightarrow[\text{加熱}]{85\%\ \text{H}_3\text{PO}_4} \underset{\substack{\text{2-Butene}\\(80\%)}}{\text{CH}_3\text{CH}=\text{CHCH}_3} + \underset{\substack{\text{1-Butene}\\(20\%)}}{\text{CH}_3\text{CH}_2\text{CH}=\text{CH}_2}$$

例題 8.5

次のアルコールの酸触媒脱水反応により生成するアルケンの構造式を書き，どのアルケンが主生成物となるか予想せよ．

(a) 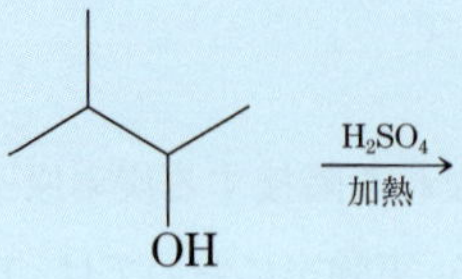 [構造式: 3-メチル-2-ブタノール] $\xrightarrow{H_2SO_4, 加熱}$

(b) 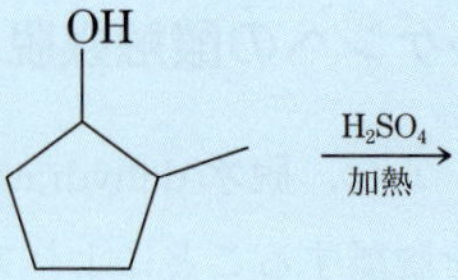 [構造式: 2-メチルシクロペンタノール] $\xrightarrow{H_2SO_4, 加熱}$

解 答

(a) 2位と3位の炭素からのH_2Oの脱離は2-メチル-2-ブテンを，1位と2位の炭素からのH_2Oの脱離は3-メチル-1-ブテンを与える．二重結合に三つのメチル基をもつ2-メチル-2-ブテンが主生成物である．二重結合にただ一つのアルキル基（イソプロピル基）をもつ3-メチル-1-ブテンは副生物となる．

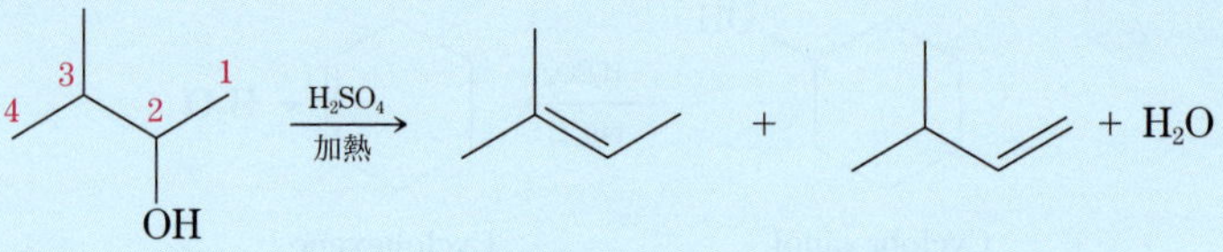

3-Methyl-2-butanol $\xrightarrow{H_2SO_4, 加熱}$ 2-Methyl-2-butene（主生成物） + 3-Methyl-1-butene + H_2O

(b) 主生成物の1-メチルシクロペンテンは二重結合に三つのアルキル置換基をもつ．副生物の3-メチルシクロペンテンは二重結合に二つのアルキル置換基しかもっていない．

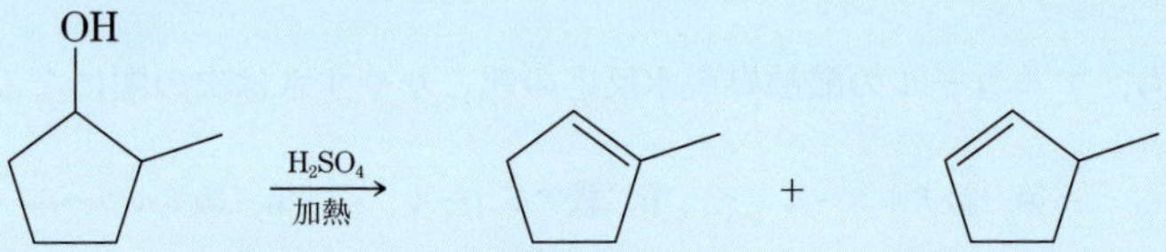

2-Methylcyclopentanol $\xrightarrow{H_2SO_4, 加熱}$ 1-Methylcyclopentene（主生成物） + 3-Methylcyclopentene

練習問題 8.5

次のアルコールの酸触媒脱水反応により生成するアルケンの構造式を書き，どのアルケンが主生成物となるか予想せよ．

(a) 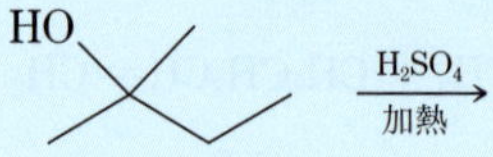 [構造式] $\xrightarrow{H_2SO_4, 加熱}$

(b) 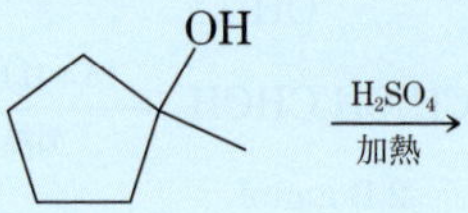 [構造式] $\xrightarrow{H_2SO_4, 加熱}$

第8章　アルコール，エーテルおよびチオール

アルコールの脱水反応の容易さの順序（第三級＞第二級＞第一級）から，第二級と第三級アルコールの酸触媒脱水反応に三段階機構が提案されている．この機構では，カルボカチオン中間体の生成が律速段階になるので，E1 機構である．

反応機構：2-ブタノールの酸触媒脱水反応：E1 機構

段階 1：H_3O^+ からアルコールの OH 基へのプロトン移動によりオキソニウムイオンを生成する．この反応の結果，脱離能の乏しい OH^- が脱離能の優れた H_2O になる．

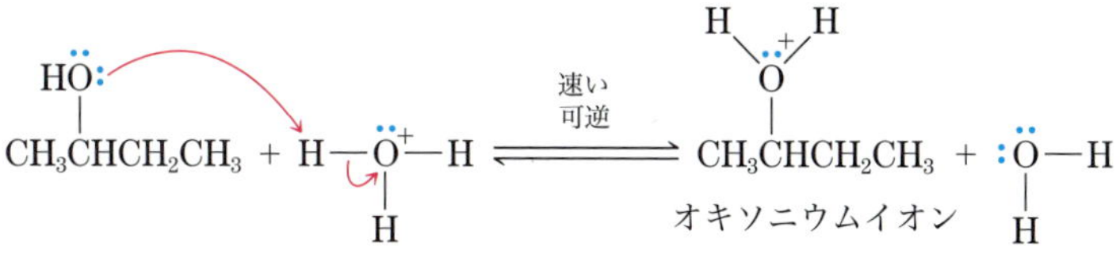

段階 2：C—O 結合が開裂し第二級カルボカチオン中間体と H_2O を生じる．

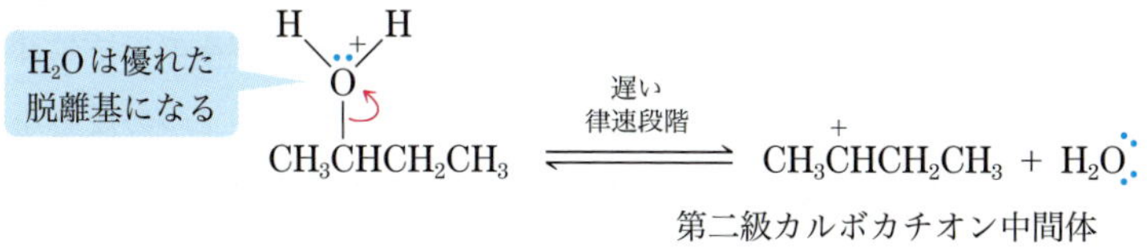

H_2O は優れた脱離基になる

段階 3：正電荷をもつ炭素の隣の炭素原子から H_2O へのプロトン移動によりアルケンを生じ，触媒を再生する．C—H 結合の σ 電子が炭素-炭素二重結合の π 電子になる．

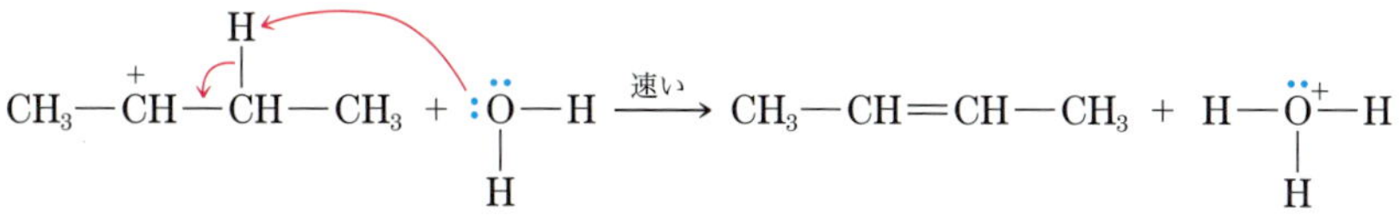

第二級と第三級アルコールの酸触媒脱水反応の律速段階はカルボカチオン中間体の生成であるので，アルコールの脱水の相対的な起こりやすさはカルボカチオンの生成しやすさと一致している．

第一級アルコールは，次に示す二段階機構で反応し，段階 2 が律速段階になる．

反応機構：第一級アルコールの酸触媒脱水反応：E2 機構

段階 1：H_3O^+ からアルコールの OH 基へのプロトン移動によりオキソニウムイオンを生成する．

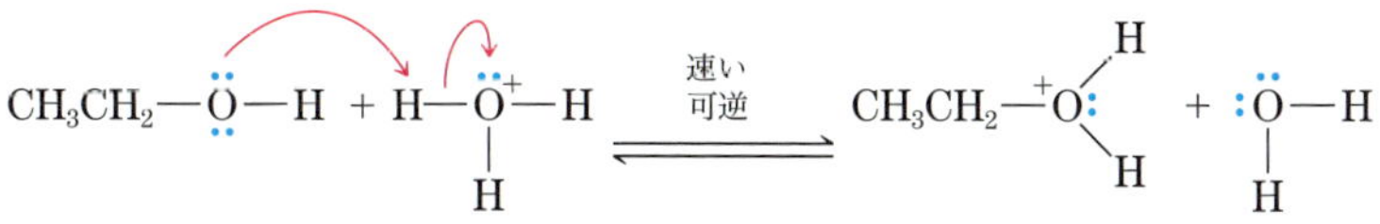

段階 2:溶媒へのプロトン移動と H_2O の脱離が同時に起こりアルケンを生成する．

$$H-\ddot{O}: + H-C-CH_2-\overset{+}{\underset{H}{O}}: \xrightarrow[E2]{\text{遅い}\\\text{律速段階}} H-\overset{+}{\underset{H}{O}}-H + \underset{H}{\overset{H}{C}}=\underset{H}{\overset{H}{C}} + :\ddot{O}-H$$

5.3B 節において，アルコールを生成するアルケンの酸触媒水和反応について学んだ．本節ではアルケンを生成するアルコールの酸触媒脱水反応について学んでいる．事実，水和と脱水は可逆反応である．アルケンの水和とアルコールの脱水は競争して起こっており，次の平衡を形成している．

$$\overset{}{\underset{}{>}}C=C\overset{}{\underset{}{<}} + \boxed{H_2O} \xrightleftharpoons[]{\text{酸触媒}} -\underset{\boxed{H}}{\overset{}{C}}-\underset{\boxed{OH}}{\overset{}{C}}-$$

アルケン　　　　　　　　　　　アルコール

では，どちらかの生成物を支配的に得るにはどのようにすればよいのか．平衡にある系に条件変化を与えると，その変化をやわらげるように平衡系が応答するという LeChâtelier(ルシャトリエ) の原理を思い出そう．この原理を応用すれば，二つの反応を制御して目的の生成物を得ることができる．大量の水（酸の希薄水溶液）はアルコールの生成に有利であり，水のほとんど存在しない条件（濃厚な酸を用いる）や水を除く実験条件（たとえば 100 °C 以上で反応混合物を加熱する）ではアルケンの生成に有利になる．したがって，実験条件次第で，水和-脱水の平衡を用いてアルコールあるいはアルケンをそれぞれ高い収率で合成することが可能になる．

F 第一級および第二級アルコールの酸化

第一級アルコールの酸化の結果，実験条件によってアルデヒドあるいはカルボン酸が生じる．第二級アルコールは酸化されてケトンになる．第三級アルコールは酸化されない．第一級アルコールが酸化されてまずアルデヒドになり，ついでカルボン酸になる一連の変換式を下に示す．それぞれの変換が酸化を伴うということは，矢印上に [O] と書くことによって示される．

$$CH_3-\underset{H}{\overset{OH}{\underset{|}{\overset{|}{C}}}}-H \xrightarrow{[O]} CH_3-\overset{O}{\overset{\|}{C}}-H \xrightarrow{[O]} CH_3-\overset{O}{\overset{\|}{C}}-OH$$

第一級アルコール　　　アルデヒド　　　カルボン酸

第一級アルコールからカルボン酸への変換と第二級アルコールからケトンへの変換に，実験室で最もよく用いられる酸化剤はクロム酸 H_2CrO_4 である．クロム酸は酸化クロム (VI) あるいは二クロム酸カリウムを硫酸水溶液に溶かして調製される．

$$CrO_3 + H_2O \xrightarrow{H_2SO_4} H_2CrO_4$$

Chromium(VI) oxide　　　Chromic acid

$$K_2Cr_2O_7 \xrightarrow{H_2SO_4} H_2Cr_2O_7 \xrightarrow{H_2O} 2\,H_2CrO_4$$

Potassium dichromate　　　　　　　Chromic acid

1-オクタノールの硫酸水溶液中，クロム酸による酸化は，高収率でオクタン酸を与える．この実験条件は，中間体のアルデヒドをカルボン酸にまで酸化してしまうのに十分である．

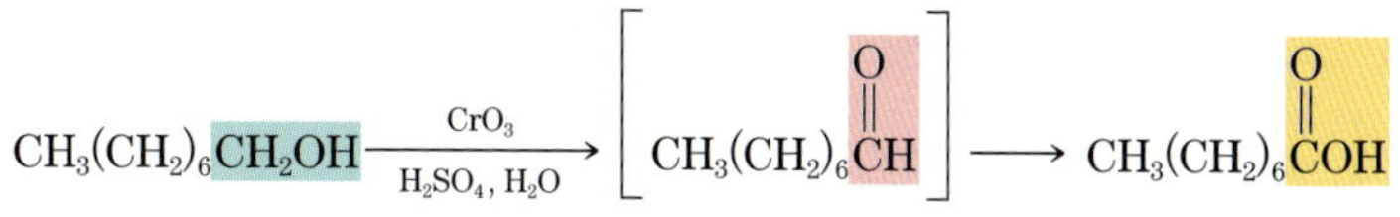

$$CH_3(CH_2)_6CH_2OH \xrightarrow[H_2SO_4,\,H_2O]{CrO_3} [CH_3(CH_2)_6\overset{O}{CH}] \longrightarrow CH_3(CH_2)_6\overset{O}{COH}$$

1-Octanol　　　　　　　　　Octanal　　　　　　Octanoic acid
　　　　　　　　　　　　　（単離されない）

第一級アルコールをアルデヒドに酸化するためによく用いられる Cr(VI) 試薬は，HCl 水溶液に CrO_3 を溶かしピリジンを加えて**クロロクロム酸ピリジニウム** pyridinium chlorochromate (**PCC**) を固体として沈殿させることにより調製される．PCC 酸化は非プロトン性溶媒中で行われるが，最もよく用いられる溶媒はジクロロメタン CH_2Cl_2 である．

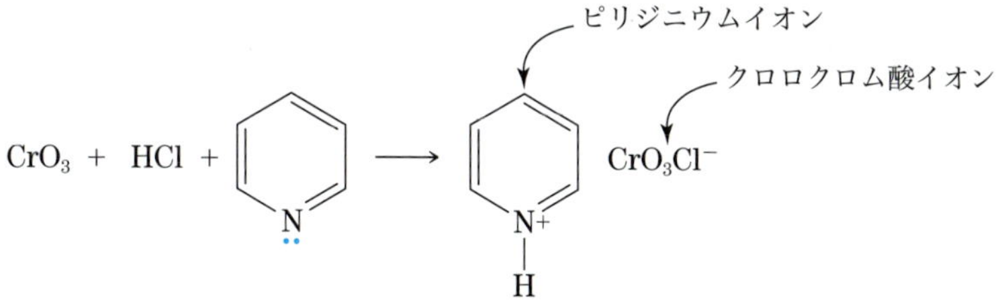

$$CrO_3 + HCl + \text{Pyridine} \longrightarrow \text{Pyridinium}\ CrO_3Cl^-$$

Pyridine　　Pyridinium chlorochromate (PCC)

（ピリジニウムイオン，クロロクロム酸イオン）

この試薬は第一級アルコールのアルデヒドへの酸化に非常に選択的であるだけでなく，炭素-炭素二重結合や他の酸化されやすい官能基にはほとんど影響しない．次の例では，炭素-炭素二重結合はそのままで，ゲラニオールが酸化されてゲラニアールになっている．

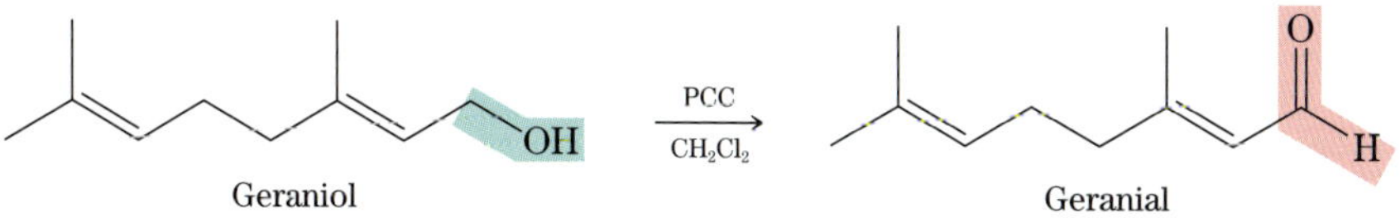

Geraniol $\xrightarrow[CH_2Cl_2]{PCC}$ Geranial

第二級アルコールはクロム酸や PCC によって酸化されてケトンになる．

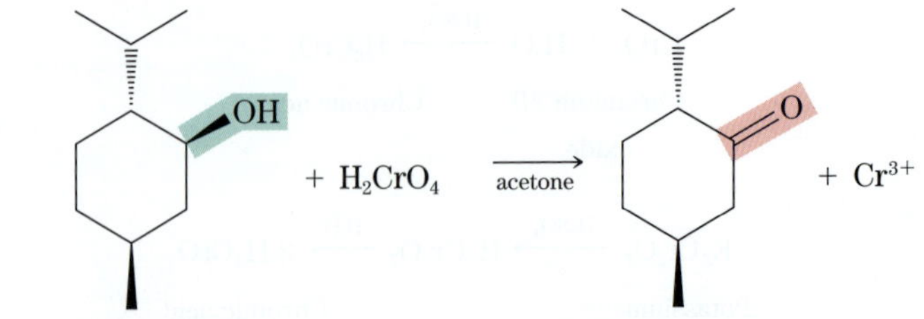

$$\underset{\substack{\text{2-Isopropyl-5-methyl-}\\\text{cyclohexanol}\\\text{(Menthol)}}}{\text{[構造式]}} + H_2CrO_4 \xrightarrow{\text{acetone}} \underset{\substack{\text{2-Isopropyl-5-methyl-}\\\text{cyclohexanone}\\\text{(Menthone)}}}{\text{[構造式]}} + Cr^{3+}$$

第三級アルコールは，—OH と結合している炭素がすでに三つの他の炭素原子に結合し，そのために炭素–酸素二重結合を形成できないので，酸化されない．

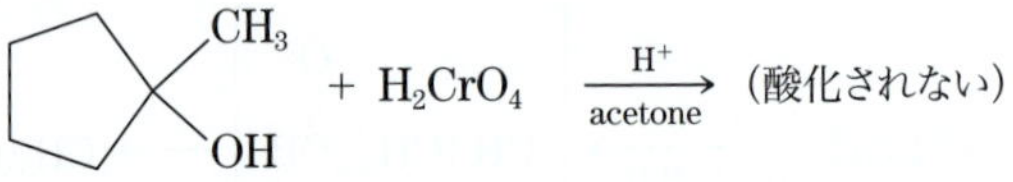

$$\underset{\text{1-Methylcyclopentanol}}{\text{[構造式]}} + H_2CrO_4 \xrightarrow[\text{acetone}]{H^+} \text{（酸化されない）}$$

アルコールの酸化の基本的な特徴は，OH 基をもつ炭素に少なくとも 1 個水素があるということである．第三級アルコールにはそのような水素がないので，酸化されない．

例題 8.6

次のアルコールを PCC と反応させたときに得られる生成物を書け．
(a) 1-Hexanol　　(b) 2-Hexanol　　(c) Cyclohexanol

解　答

1-ヘキサノールは第一級アルコールであり，ヘキサナールに酸化される．2-ヘキサノールは第二級アルコールなので 2-ヘキサノンに酸化される．シクロヘキサノールは第二級アルコールなのでシクロヘキサノンに酸化される．

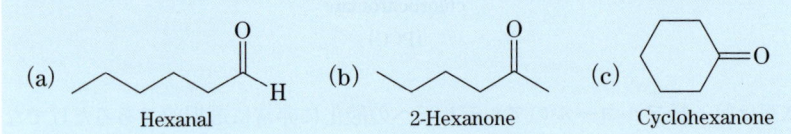

(a) Hexanal　　(b) 2-Hexanone　　(c) Cyclohexanone

練習問題 8.6

例題 8.6 のアルコールをクロム酸と反応させたときの生成物を書け．

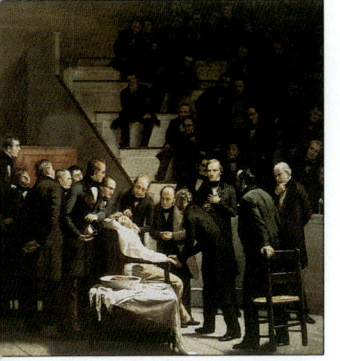

Robert Hinckley のこの絵は，1846 年にエーテルが麻酔剤として初めて使用された状況を示している．Robert John Collins 博士は首の腫瘍の摘出手術を行っている．エーテルの麻酔性を発見した歯科医の W. T. G. Morton が麻酔を担当している．
(*Boston Medical Library in the Francis A. Coutney Library of Medicine*)

8.4 エーテル

A 構造

エーテル ether の官能基は，二つの炭素原子に結合した酸素原子である．図 8.4 に最も単純なエーテルであるジメチルエーテル CH_3OCH_3 の Lewis 構造と球棒分子模型を示す．ジメチルエーテルにおいて，酸素原子の二つの sp^3 混成軌道が二つの炭素原子と σ 結合をつくる．酸素の残りの二つの sp^3 混成軌道にはそれぞれ非共有電子対が入る．ジメチルエーテルの C—O—C 結合角は 110.3°で，予想される正四面体角の 109.5°に近い値である．

エチルビニルエーテルのエーテル酸素は，sp^3 混成炭素一つと sp^2 混成炭素一つと結合している．

CH_3CH_2—O—CH=CH_2
Ethyl vinyl ether

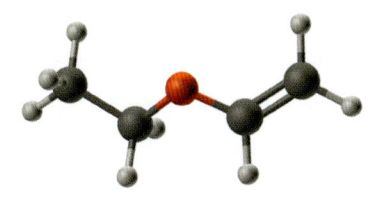

エーテル：二つの炭素に結合した酸素をもつ化合物．

(a)

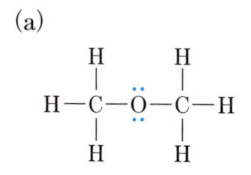

(b)

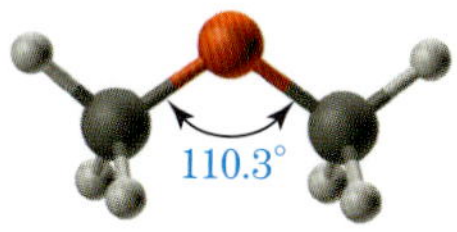

図 8.4
ジメチルエーテル
CH_3OCH_3．
(a) Lewis 構造，
(b) 球棒分子模型．

B 命名法

IUPAC 命名法において，エーテルは，母体 alkane（アルカン）として最も長い炭素鎖を選び，—OR 基を **alkoxy**（アルコキシ）（*alk*yl + *ox*ygen）基と名づけることにより命名される．慣用名は，酸素についたアルキル基をアルファベット順に並べ，ether（エーテル）という語をつけ加えることにより導かれる．

アルコキシ基：—OR 基のこと，ここで R はアルキル基．

$CH_3CH_2OCH_2CH_3$

Ethoxyethane
エトキシエタン
(Diethyl ether)
(ジエチルエーテル)

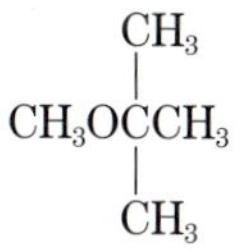

$CH_3OC(CH_3)_3$ (構造: CH_3, CH_3OC, CH_3)

2-Methoxy-2-methylpropane
2-メトキシ-2-メチルプロパン
(Methyl *tert*-butyl ether, MTBE)
(メチル *tert*-ブチルエーテル)

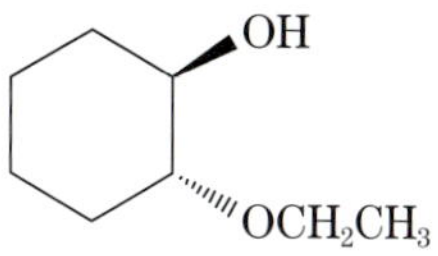

trans-2-Ethoxycyclohexanol
trans-2-エトキシシクロヘキサノール

低分子量のエーテルについては，ほとんどの場合，慣用名が用いられる．たとえば，エトキシエタンが $CH_3CH_2OCH_2CH_3$ の IUPAC 名であるが，それはほとんど用いられず，むしろジエチルエーテル，エチルエーテル，あるいはもっと一般的には単にエーテルとよばれる．一時期ガソリンのオクタン価を改善する添加剤として用いられた *tert*-ブチルメチルエーテルの略号は，慣用名のメチル *tert*-ブチルエーテルの頭文字をとって MTBE である．

環状エーテル cyclic ether はエーテル酸素が環の中の原子の一つとして含まれる

環状エーテル：酸素が環を構成する原子の一つになっているエーテル．

ヘテロ環化合物である．これらのエーテルは一般に慣用名で知られている．

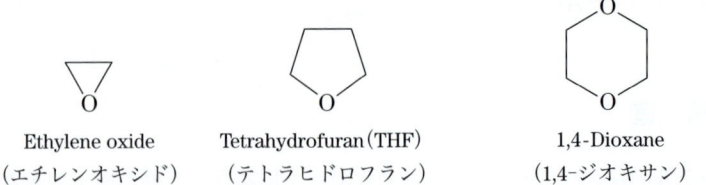

Ethylene oxide Tetrahydrofuran (THF) 1,4-Dioxane
（エチレンオキシド）　（テトラヒドロフラン）　（1,4-ジオキサン）

C 物理的性質

エーテルは，酸素が部分負電荷をもち，それに結合している二つの炭素がそれぞれ部分正電荷をもつ極性化合物である（図8.5）．しかし，立体障害のために純粋な液体状態でもエーテル分子間には弱い引力しか存在しない．したがって，エーテルの沸点は，ほぼ同じ分子量をもつアルコールに比べてずっと低い（表8.3）．エーテルの沸点は，同等の分子量をもつ炭化水素の沸点に近い（表3.4と表8.3のデータを比較せよ）．

エーテルの酸素原子は部分負電荷をもっているために，水分子と水素結合をつくることができる（図8.6）．したがって，ほぼ同じ分子量と形をもった炭化水素よりも水に溶けやすい（表3.4と表8.3を比較せよ）．

アルコール中の水素結合の役割については，エタノールの沸点（78 ℃）をその構造異性体であるジメチルエーテルの沸点（−24 ℃）と比較するとはっきりわかる．

図 8.5
エーテルは極性化合物であるが，純液体のエーテル分子間には立体障害のために弱い双極子-双極子相互作用があるだけである．

表8.3　ほぼ等しい分子量をもつアルコールとエーテルの沸点と水に対する溶解度

構造式	名　称	分子量	bp（℃）	水に対する溶解度
CH_3CH_2OH	ethanol	46	78	無限大
CH_3OCH_3	dimethyl ether	46	−24	7.8 g/100 g
$CH_3CH_2CH_2CH_2OH$	1-butanol	74	117	7.4 g/100 g
$CH_3CH_2OCH_2CH_3$	diethyl ether	74	35	8 g/100 g
$CH_3CH_2CH_2CH_2CH_2OH$	1-pentanol	88	138	2.3 g/100 g
$HOCH_2CH_2CH_2OH$	1,4-butanediol	90	230	無限大
$CH_3CH_2CH_2CH_2OCH_3$	butyl methyl ether	88	71	わずか
$CH_3OCH_2CH_2OCH_3$	ethylene glycol dimethyl ether	90	84	無限大

CHEMICAL CONNECTIONS 8B

血中アルコール検査

エタノールの酢酸への二クロム酸カリウムによる酸化反応が，人の血中アルコール濃度を決定するために法執行機関（警察等）で用いられるアルコール呼気検査の基礎になっている．この検査は試薬の二クロム酸イオン（赤橙色）と生成物のクロム（III）イオン（緑色）の色の違いに基づいている．すなわち，色の変化は呼気試料中に存在するエタノール量の指標として用いることができる．

$$\text{CH}_3\text{CH}_2\text{OH} + \text{Cr}_2\text{O}_7^{2-} \xrightarrow[\text{H}_2\text{O}]{\text{H}_2\text{SO}_4}$$
Ethanol　　Dichromate ion
　　　　　　（赤橙色）

$$\text{CH}_3\overset{\overset{\text{O}}{\|}}{\text{C}}\text{OH} + \text{Cr}^{3+}$$
Acetic acid　Chromium(III) ion
　　　　　　　　　（緑色）

その最も簡単なかたちの呼気アルコール検査では，二クロム酸カリウム-硫酸試薬をしみこませたシリカゲルをつめたガラス管を用いる．検査をするときには，管の両端を切り，一端に吹き口を取り付け，他方はゴム風船に挿入する．検査を受ける人はゴム風船がふくらむまで吹き口から息を吹き込む．

エタノールの蒸気を含んだ呼気がその管を通ると，赤橙色の二クロム酸イオンは緑色のクロム（III）イオンに還元される．呼気中のエタノールの濃度は，クロム酸イオンの緑色が管の長さに従って，どこまで伸びているか調べることによって見積もられる．緑色が二分の一の点を超えると，その人は血中アルコール濃度が高いので再度もっと精密な検査を受けなければならないと判定される．

より精密な呼気検査器は，前述の簡便なスクリーニング法と同じ原理に基づいて操作される．この検査器の中では，一定体積の呼気が硫酸水溶液に溶かした二クロム酸カリウムの溶液に泡立てて吹き込まれる．色の変化は分光光度計によって測定される．

これらの検査では呼気中のアルコールを測定する．しかしながら，アルコール量の法律上の定義は呼気のアルコール量でなく血中のアルコール量に基づいている．これらの二つの測定値の間の化学的相関は，肺の中の深く吸入された空気が肺動脈を通る血液と平衡にあり，したがって血中アルコールと呼気アルコールとの間には平衡が確立されているということにある．アルコールを飲んだ人の検査によって，2,100 mL の呼気は 1.00 mL の血液中のエタノールと等しい量を含んでいることが定量されている．

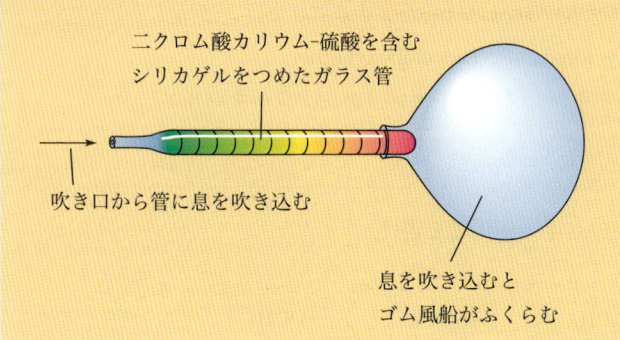

二クロム酸カリウム-硫酸を含むシリカゲルをつめたガラス管

吹き口から管に息を吹き込む

息を吹き込むとゴム風船がふくらむ

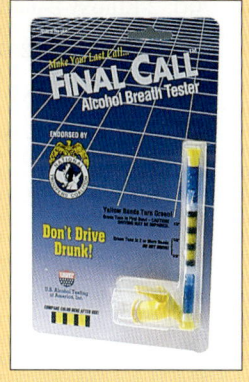

呼気のエタノールを検査するテストキット．エタノールが二クロム酸カリウムによって酸化されると，二クロム酸イオンの赤橙色がクロム（III）イオンに還元されるに従って緑色になる．
(*Charles D. Winters*)

図 8.6
水中のジメチルエーテル. 部分負電荷をもつエーテル酸素が水素結合受容体になり, 部分正電荷をもつ水分子の水素が水素結合供与体になっている. エーテルは水素結合受容体となるだけであり, 水素結合供与体にはならない.

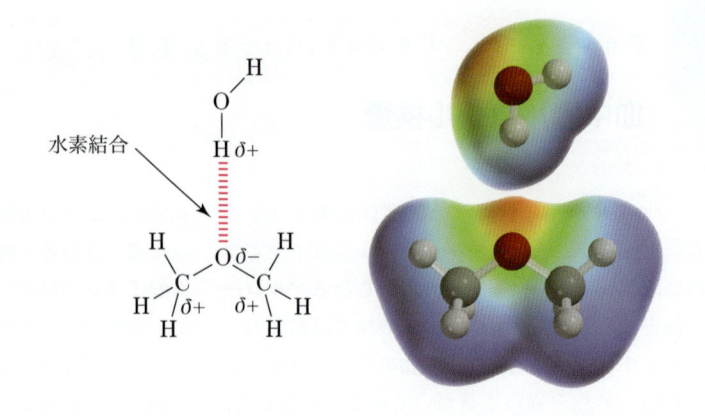

これらの二つの化合物の沸点の違いは, 分子間で水素結合を形成することができるアルコールの極性 O—H 基のためである. この水素結合はエタノール分子間の引力を増大させる. そのために, エタノールはジメチルエーテルよりも高い沸点をもつことになる.

例題 8.7

次のエーテルの IUPAC 名と慣用名を書け.

(a) $CH_3COCH_2CH_3$ (with CH_3 groups above and below) (b) シクロヘキシル-O-シクロヘキシル

解 答

(a) 2-Ethoxy-2-methylpropane (*tert*-Butyl ethyl ether)
   2-エトキシ-2-メチルプロパン (*tert*-ブチルエチルエーテル)

(b) Cyclohexyloxycyclohexane (Dicyclohexyl ether)
   シクロヘキシルオキシシクロヘキサン (ジシクロヘキシルエーテル)

練習問題 8.7

次のエーテルの IUPAC 名と慣用名を書け.

(a) $CH_3CHCH_2OCH_2CH_3$ (with CH_3 branch) (b) シクロペンチル-OCH_3

例題 8.8

次の化合物を, 水への溶解度の高い順に並べよ.

CH$_3$OCH$_2$CH$_2$OCH$_3$	CH$_3$CH$_2$OCH$_2$CH$_3$	CH$_3$CH$_2$CH$_2$CH$_2$CH$_2$CH$_3$
Ethylene glycol dimethyl ether	Diethyl ether	Hexane

解　答

　水は極性溶媒である．非極性の炭化水素であるヘキサンは，水に対して最も低い溶解度を示す．ジエチルエーテルもエチレングリコールジメチルエーテルも極性のC—O—Cの結合をもつために極性化合物であり，それぞれは水素結合受容体として水と相互作用をもつ．エチレングリコールジメチルエーテルは分子内の水素結合できる位置が多いので，ジエチルエーテルよりも水に溶けやすい．

CH$_3$CH$_2$CH$_2$CH$_2$CH$_2$CH$_3$	CH$_3$CH$_2$OCH$_2$CH$_3$	CH$_3$OCH$_2$CH$_2$OCH$_3$
不溶	8 g/100 g H$_2$O	どんな割合でも溶ける

練習問題 8.8

次の化合物を沸点の高い順に並べよ．

CH$_3$OCH$_2$CH$_2$OCH$_3$　　　　HOCH$_2$CH$_2$OH　　　　CH$_3$OCH$_2$CH$_2$OH

D　エーテルの反応

　エーテル（R—O—R）は，ほとんど化学反応を起こさない点において，炭化水素に似ている．二クロム酸カリウムや過マンガン酸カリウムなどのような酸化剤とも反応しない．エーテルは通常の温度ではほとんどの酸や塩基にも影響されない．溶媒としての優れた性質と化学反応に対する不活性さにより，エーテルは多くの有機反応の最適な溶媒になる．

8.5　エポキシド

A　構造と命名法

　エポキシド epoxide は，酸素が三員環の原子の一つになっている環状エーテルである．

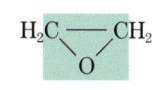

エポキシドの官能基　　　Ethylene oxide　　　Propylene oxide

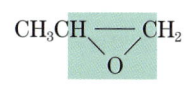

エポキシド：酸素が三員環を構成する環状エーテル．

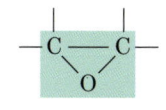

　エポキシドは形式的にはエーテルに分類されるが，他のエーテルとは非常に異なった化学反応性を示すので，別に考えている．

エポキシドの慣用名は，そのエポキシドが誘導された元のアルケンの慣用名に"oxide（オキシド）"という語をつけることにより導かれる．その一例がethylene oxide（エチレンオキシド）である．

B アルケンからの合成

工業的規模で製造されている数少ないエポキシドの一つであるエチレンオキシドは，エチレンと空気（または酸素）の混合物を銀触媒上に通すことにより製造される．この方法によるエチレンオキシドの米国における年間生産量は約 10^9 kgである．

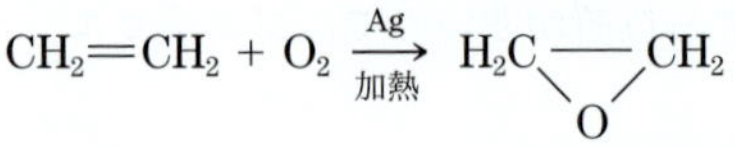

$$\text{CH}_2=\text{CH}_2 + \text{O}_2 \xrightarrow[\text{加熱}]{\text{Ag}} \text{H}_2\text{C}-\text{CH}_2$$
$$\text{Ethylene} \qquad \text{Ethylene oxide}$$

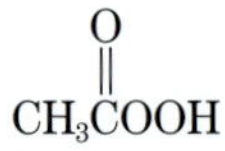

Peroxyacetic acid
(Peracetic acid)
CH_3COOH (with =O)

アルケンからエポキシドを合成する最も一般的な実験室的方法は，ペルオキシカルボン酸 peroxycarboxylic acid（過酸 peracid）RCO_3H を用いる酸化反応である．この目的に用いられる過酸の一つは過酢酸である．

次式は，ペルオキシカルボン酸によるシクロヘキセンのエポキシ化の係数を合わせた反応式である．この反応で，ペルオキシカルボン酸はカルボン酸に還元される．

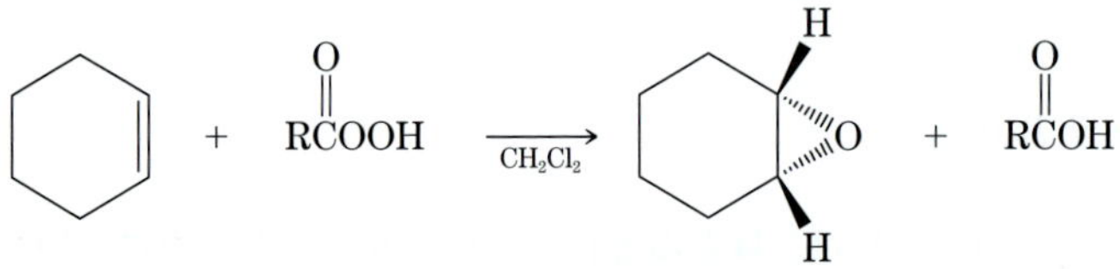

Cyclohexene ＋ ペルオキシカルボン酸 $\xrightarrow{\text{CH}_2\text{Cl}_2}$ 1,2-Epoxycyclohexane (Cyclohexene oxide) ＋ カルボン酸

アルケンのエポキシ化は立体選択的である．たとえば，cis-2-ブテンのエポキシ化では cis-2-ブテンオキシドだけを生成する．

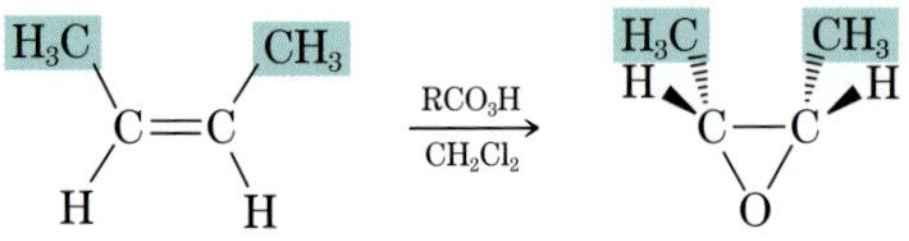

cis-2-Butene $\xrightarrow[\text{CH}_2\text{Cl}_2]{\text{RCO}_3\text{H}}$ cis-2-Butene oxide

---

例題 8.9

trans-2-ブテンとペルオキシカルボン酸との反応により生成するエポキシドの構造式を書け．

解 答

エポキシド環の酸素は，炭素-炭素二重結合の同じ側から二つの炭素-酸素結合を形成することにより付加する．

$$\underset{\textit{trans}\text{-2-Butene}}{\overset{H_3C}{\underset{H}{\diagdown}}C=C\overset{H}{\underset{CH_3}{\diagup}}} \xrightarrow[CH_2Cl_2]{RCO_3H} \underset{\textit{trans}\text{-2-Butene oxide}}{\overset{H_3C\;\;\;\;\;H}{\underset{O}{C-C}}\overset{}{\underset{}{CH_3}}}$$

練習問題 8.9

1,2-ジメチルシクロペンテンとペルオキシカルボン酸との反応により生成するエポキシドの構造式を書け.

C 開環反応

　エーテルは，通常，酸水溶液とは簡単に反応しない（8.4D 節）．それに対して，エポキシドは三員環の角度ひずみのために特別に反応性に富んでいる．sp^3 混成の炭素や酸素の正常な結合角は 109.5°である．この 109.5°から 60°へのエポキシド三員環における結合角の圧縮によって生じるひずみのために，エポキシドは種々の反応剤と反応して開環する．

　酸触媒（最もよく使われるのは過塩素酸）の存在下に，エポキシドは加水分解されてグリコールになる．たとえば，エチレンオキシドの酸触媒加水分解によりエチレングリコールが生じる．

$$\underset{\text{Ethylene oxide}}{CH_2\!\!-\!\!\!-\!\!CH_2} + H_2O \xrightarrow{H^+} \underset{\substack{\text{1,2-Ethanediol}\\ \text{(Ethylene glycol)}}}{HOCH_2CH_2OH}$$

　アメリカにおけるエチレングリコールの年間生産量はほぼ 1,000 万トンであり，大きな用途が二つある．一つには自動車の不凍液として，もう一つはポリエチレンテレフタレート（PET）の二つの原料の一つとして用いられる．PET はポリエステル繊維および包装用フィルムとして消費用製品に加工されている（17.5B 節）．

　エポキシドの酸触媒開環反応は，S_N2 反応に予想される立体選択性を示す．求核種は脱離するヒドロキシ基のアンチから攻撃し，生成したグリコールの —OH 基はアンチになっている．その結果，エポキシシクロアルカンの加水分解により *trans*-1,2-シクロアルカンジオールが生成する.

1,2-Epoxycyclopentane
(Cyclopentene oxide)

trans-1,2-Cyclopentanediol

ここで，エポキシドの酸触媒加水分解により生成するグリコールと，アルケンの OsO_4 酸化で生成するグリコール（5.4 節）の立体化学を比較してみよう．それぞれの反応は立体選択的であるが，異なった立体異性体を与える．シクロペンテンオキシドの酸触媒加水分解は *trans*-1,2-シクロペンタンジオールを与えるが，シクロペンテンの OsO_4 酸化は *cis*-1,2-シクロペンタンジオールを与える．したがって，シクロアルケンは適当な試薬を選択すれば *cis* –グリコールにも *trans*-グリコールにも変換できる．

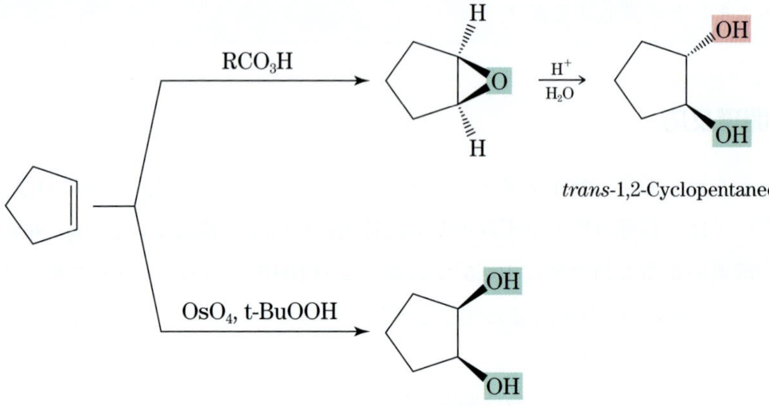

trans-1,2-Cyclopentanediol

cis-1,2-Cyclopentanediol

例題 8.10

シクロヘキセンオキシドを酸水溶液で処理したときに得られる生成物の構造式を書け．生成物の立体化学を示すこと．

解　答

エポキシド三員環の酸触媒加水分解は *trans*-グリコールを与える．

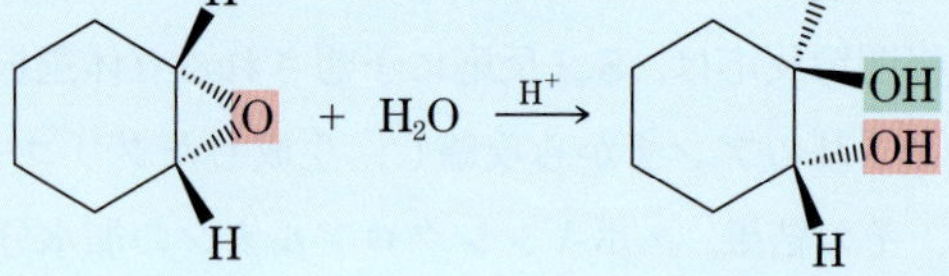

trans-1,2-cyclohexanediol

練習問題 8.10

シクロヘキセンを *cis*-1,2-シクロヘキサンジオールに変換する方法を示せ．

エーテルは，通常は求核種に対しても（求電子種に対するのと同じく）反応性を示さない．しかし，エポキシドは三員環のひずみのために，アンモニアとアミン（第 10 章），アルコキシドイオン，そしてチオールとそのアニオン（8.7 節）のような

優れた求核種による開環反応を受ける．優れた求核種は S_N2 反応機構により環を攻撃し，位置選択性は三員環の立体障害の小さい炭素への求核攻撃として説明できる．次の反応例は，シクロヘキセンオキシドとアンモニアとの反応により *trans*-2-アミノシクロヘキサノールが生成することを示している．

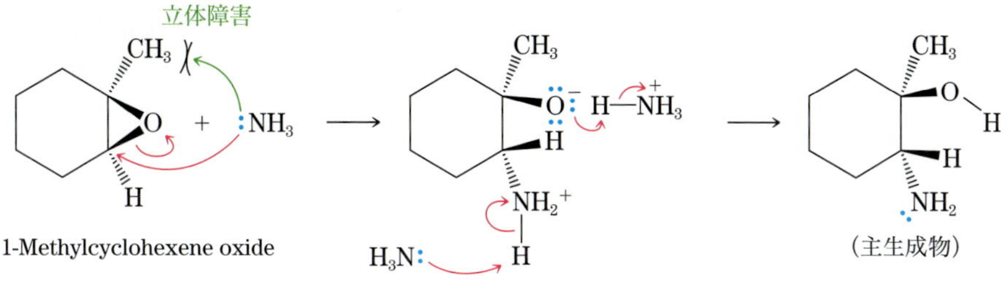
立体障害
CH_3
O
NH_3
H
1-Methylcyclohexene oxide
CH_3
O
H—NH_3
H
NH_2^+
H_3N
H
CH_3
O
H
H
NH_2
（主生成物）

エポキシドの有用性は，開環反応に使える求核種の数とそれから調製できる官能基の組合わせの多様性にある．次の図は，最も重要な 3 種の求核的開環反応をまとめたものである（各開環生成物の特徴的な構造をカラーで示している）．

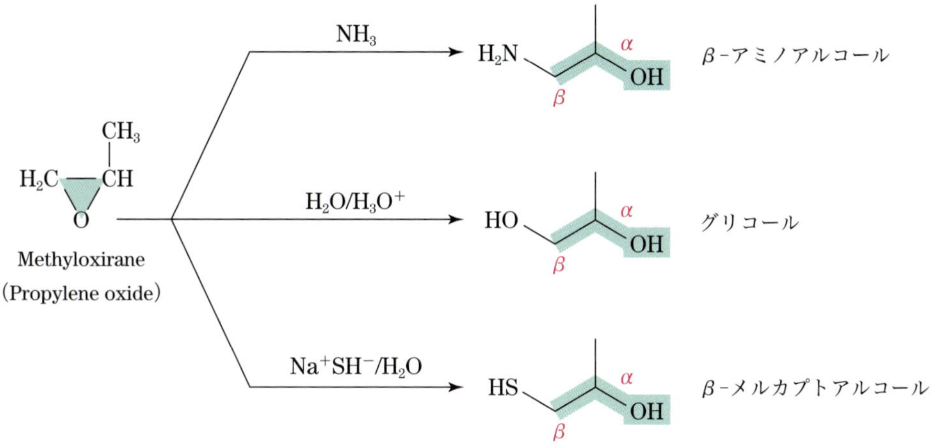
CH_3
H_2C
CH
O
Methyloxirane
(Propylene oxide)
NH_3
H_2N
OH
α
β
β-アミノアルコール
H_2O/H_3O^+
HO
OH
α
β
グリコール
Na^+SH^-/H_2O
HS
OH
α
β
β-メルカプトアルコール

エチレンオキシドとその置換体は，より大きな有機分子の合成のための重要な構成要素になっている．次に示すのは，広く用いられている二つの医薬品の構造式であり，それぞれ部分的にエチレンオキシドから合成されている．

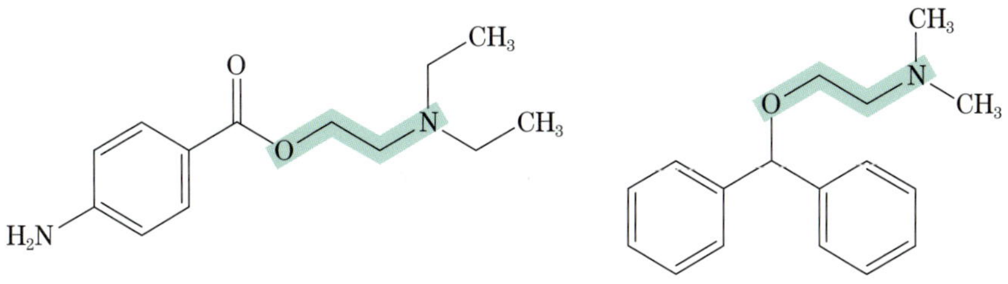
O
O
N
CH_3
CH_3
H_2N
CH_3
N
CH_3
O

Procaine
(Novocaine)

Diphenhydramine
(Benadryl)

ノボカインは最初の注射用局所麻酔薬であり，ベナドリルは最初の合成抗ヒスタミン薬である．エチレンオキシドと窒素求核剤の反応に由来するそれぞれの炭素骨格

Chemical Connections 8C

エチレンオキシド：化学消毒剤

エチレンオキシドは非常にひずみのかかった分子なので，生体物質に存在するある種の求核性基と反応する．十分に高い濃度ではエチレンオキシドは微生物の死を引き起こすのに十分なくらい細胞内の分子と反応する．この毒性はエチレンオキシドが化学消毒剤として用いられることの基礎となっている．病院では，使い捨てにできない外科用具などの器具を，エチレンオキシドにさらすことにより消毒している．

の部分をカラーで示している．しかし，ここでは—O—C—C—Nu 単位がエチレンオキシドあるいは置換エチレンオキシドの求核的開環で誘導されていることがわかれば十分である．

8.6 チオール

低分子量のチオールの最も顕著な性質はその悪臭にある．スカンク，腐った卵，下水などの不快なにおいの原因になっている．スカンクのにおいは，主として二つのチオールによる．

$$CH_3CH=CHCH_2SH \qquad CH_3CHCH_2CH_2SH$$
$$\text{2-Butene-1-thiol} \qquad \underset{CH_3}{|} \text{3-Methyl-1-butanethiol}$$

マダラスカンクの放つ悪臭は2種類のチオール，3-メチル-1-ブタンチオールと 2-ブテン-1-チオールの混合物である．
(Stephen J. Krausemann/Photo Researchers, Inc.)

チオール：—SH（メルカプト）基をもつ化合物．

A 構造

チオール thiol の官能基は **—SH（メルカプト）基** mercapto group である．図 8.7 に最も単純なチオールであるメタンチオールの Lewis 構造と球棒分子模型を示す．

B 命名法

アルコールの硫黄類似体は，チオール thiol（thi- はギリシア語の *theion*，硫黄，

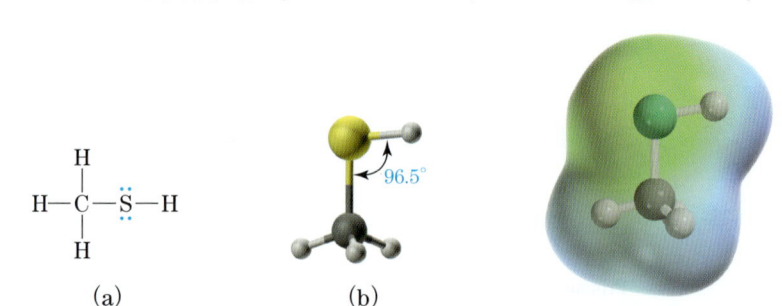

図 8.7
メタンチオール CH_3SH．
(a) Lewis 構造，
(b) 球棒分子模型．
C—S—H 結合角は 96.5° であり，正四面体角の 109.5° より小さい．

Methanethiol．炭素と硫黄の電気陰性度は実質的に等しい（ともに 2.5）が，硫黄は水素（2.5 対 2.1）よりはわずかに電気陰性である．電子密度図によると S—H 基の水素上にわずかに部分正電荷があり，硫黄上にわずかに部分負電荷があることがわかる．

第8章　アルコール，エーテルおよびチオール

からきている），あるいは古い文献ではメルカプタン*mercaptan（これは文字通り "水銀の捕捉 mercury capturing" を意味する）とよばれている．水溶液中でチオールは Hg^{2+} と反応して不溶性の沈澱として硫化物を生じる．たとえば，チオフェノール C_6H_5SH は $(C_6H_5S)_2Hg$ を生成する．

*訳注：メルカプタンという慣用名は IUPAC 規則で廃止されることになった．

IUPAC 命名法によれば，チオールは母体アルカンとして—SH 基を含む最も長い炭素鎖を選ぶことにより命名される．化合物がチオールであることを示すには，母体 alkane（アルカン）の最後の -e を保持したまま，接尾語の -thiol（チオール）をつければよい．番号は母体アルカン鎖上で—SH 基の位置が小さい数字になるようにつける．

他の官能基をもつ化合物においては，—SH 基の存在は接頭語の mercapto-（メルカプト）で示される．IUPAC 命名法では，—OH は番号づけにもまた命名においても—SH よりも優先される．

CH_3CH_2SH　　　　CH_3CHCH_2SH (CH$_3$上付き)　　　　$HSCH_2CH_2OH$

Ethanethiol　　　　2-Methyl-1-propanethiol　　　　2-Mercaptoethanol
エタンチオール　　　　2-メチル-1-プロパンチオール　　　　2-メルカプトエタノール

エーテルの硫黄類似体は—S—の存在を示すために sulfide（スルフィド）という単語を用いて命名される．次に示すのは二つのスルフィドの慣用名である．

CH_3SCH_3　　　　$CH_3CH_2SCHCH_3$（CH$_3$上付き）

Dimethyl sulfide　　　　Ethyl isopropyl sulfide
ジメチルスルフィド　　　　エチルイソプロピルスルフィド

マッシュルーム，タマネギ，ニンニク，コーヒーはいずれも硫黄化合物を含んでいる．コーヒーに含まれるものの一つに次のチオールがある．

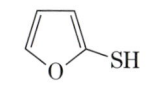

(Charles D. Winters)

例題 8.11

次のチオールの IUPAC 名を書け．

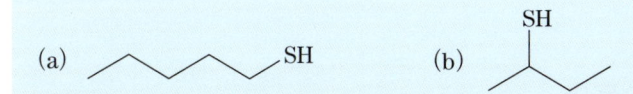

(a) ～～～SH　　　　(b) SH が付いた構造

解　答

(a) 母体アルカンは pentane（ペンタン）であり，母体アルカン名に thiol をつけて—SH 基の存在を示す．IUPAC 名は 1-pentanethiol（1-ペンタンチオール）である．

(b) 母体アルカンは butane（ブタン）で，IUPAC 名は 2-butanethiol（2-ブタンチオール）．

練習問題 8.11

次のチオールの IUPAC 名を書け．

(a) (CH₃)₂CHCH₂CH₂SH 構造

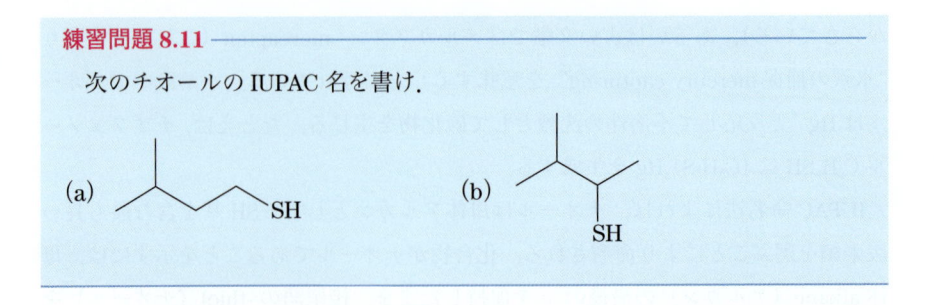

(b) (CH₃)₂CHCH(SH)CH₃ 構造

C 物理的性質

硫黄と水素の電気陰性度の差は小さい（2.5 − 2.1 = 0.4）ので，S—H 結合は非極性共有結合として分類される．結合の極性がないため，チオールは水素結合による会合を示すことはほとんどない．したがって，ほぼ同じ分子量のアルコールよりも沸点は低く，水や他の極性溶媒に対して溶解度が低い．表 8.4 に 3 種の低分子量チオールの沸点を示す．比較のために同じ炭素数のアルコールの沸点も示している．

表 8.4　同数の炭素原子をもつアルコールとチオールの沸点

チオール	bp（℃）	アルコール	bp（℃）
methanethiol	6	methanol	65
ethanethiol	35	ethanol	78
1-butanethiol	98	1-butanol	117

CH_3CH_2SH
Ethanethiol
bp 35 ℃

CH_3SCH_3
Dimethyl sulfide
bp 37 ℃

以前に，エタノールの沸点（78 ℃）を構造異性体のジメチルエーテルの沸点（−24 ℃）と比較することにより，アルコールの水素結合の重要性を示した．同様に比較すると，エタンチオールの沸点は 35 ℃であり，構造異性体のジメチルスルフィドの沸点は 37 ℃である．これらの構造異性体の沸点がほぼ等しいということは，チオール分子間に水素結合による会合がほとんど，あるいは全く存在しないということを示している．

8.7　チオールの反応

この節では，チオールの酸性度および水酸化ナトリウムのような強い塩基との反応，そして酸素分子との反応について学ぶ．

第8章 アルコール，エーテルおよびチオール

A 酸性度

硫化水素は水より強い酸である．

$$H_2O + H_2O \rightleftharpoons HO^- + H_3O^+ \qquad pK_a = 15.7$$
$$H_2S + H_2O \rightleftharpoons HS^- + H_3O^+ \qquad pK_a = 7.0$$

同様に，チオールはアルコールよりも強い酸である．たとえば，希薄水溶液におけるエタノールとエタンチオールの pK_a は次のように比べられる．

$$CH_3CH_2OH + H_2O \rightleftharpoons CH_3CH_2O^- + H_3O^+ \qquad pK_a = 15.9$$
$$CH_3CH_2SH + H_2O \rightleftharpoons CH_3CH_2S^- + H_3O^+ \qquad pK_a = 8.5$$

チオールは，水酸化ナトリウム水溶液に溶かしたとき，完全にナトリウム塩になるに十分なほど強い酸である．

$$CH_3CH_2SH + Na^+OH^- \longrightarrow CH_3CH_2S^-Na^+ + H_2O$$

pK_a 8.5 　　　　　　　　　　　　pK_a 15.7
Ethanethiol　　　　　　Sodium ethanethiolate
より強い酸　より強い塩基　　より弱い塩基　より弱い酸

チオールの塩を命名するためには，まずカチオンの名称をつけ，alkanethiolate（アルカンチオラート）と続ける．例えば，ethanethiol（エタンチオール）のナトリウム塩は，sodium ethanethiolate（ナトリウムエタンチオラート）となる．

B ジスルフィドへの酸化

チオールの化学的性質の多くは，チオールの硫黄原子が容易により高い酸化状態に酸化されるという事実に基づいている．生体系のチオールの最も一般的な反応はジスルフィドへの酸化である．**ジスルフィド** disulfide の官能基は—S—S—結合である．チオールは分子状酸素により容易にジスルフィドへ酸化される．実際に，チオールは非常に酸化されやすいので，酸素から遮断して保存しなければならない．ジスルフィドは逆に，いくつかの試薬を用いて容易にチオールに還元される．チオールとジスルフィドがこのように容易に相互変換できることは，第20章で見るように，タンパク質の化学において非常に重要になる．

$$2\ HOCH_2CH_2SH \underset{\text{還元}}{\overset{\text{酸化}}{\rightleftharpoons}} HOCH_2CH_2S-SCH_2CH_2OH$$

チオール　　　　　　　ジスルフィド

単純なジスルフィドの慣用名は，硫黄についている置換基の名称をあげ，disulfide（ジスルフィド）の語を加えることにより誘導される．たとえば，CH₃S—SCH₃ は dimethyl disulfide（ジメチルジスルフィド）と命名される．

まとめ

アルコールの官能基（8.2A節）は，sp^3 混成炭素に結合している **—OH（ヒドロキシ）基** である．アルコールは，—OH 基が第一級，第二級，第三級炭素に結合しているかどうかにより **第一級，第二級，第三級** に分類される（8.2A節）．アルコールの IUPAC 名は，母体の alkane（アルカン）の接尾語の -e を -ol に変えることにより誘導される（8.2B節）．その炭素鎖の番号は，—OH のついた炭素をより低い番号にするようにつける．アルコールの慣用名は，—OH に結合したアルキル基の名称に alcohol（アルコール）をつけ加えることにより誘導される．

アルコールは極性化合物であり（8.2C節），部分負電荷をもつ酸素に部分正電荷をもつ炭素と水素が結合している．**水素結合** による分子間会合のために，アルコールの沸点は分子量のほぼ等しい炭化水素よりも高い．分散力の増大のために，アルコールの沸点は分子量の増大とともに高くなる．アルコールは水素結合により水と相互作用するので，分子量のほぼ等しい炭化水素よりも水に溶けやすい．

エーテル の官能基は二つの炭素原子に結合している酸素である（8.4A節）．エーテルの IUPAC 名は，母体アルカンの名称に—OR 基を alkoxy（アルコキシ）置換基としてつけ加えて誘導される（8.4B節）．慣用名は，酸素に結合している二つのアルキル基名に ether（エーテル）をつけ加えることにより導かれる．エーテルはわずかに極性の化合物である（8.4C節）．エーテルの沸点は分子量のほぼ等しい炭化水素の沸点に近い．エーテルは水素結合受容体なので，同じくらいの分子量をもつ炭化水素よりも水に溶けやすい．エポキシドは，三員環の原子の一つとして酸素を含む環状エーテルである（8.5A節）．

チオール（8.6A節）はアルコールの硫黄類似体であり，—OH 基のかわりに **—SH（メルカプト）** 基をもつ．チオールはアルコールと同じ方式で命名されるが，接尾語の -e はそのまま保持し -thiol（チオール）と続ける（8.6B節）．高い優先順位の他の官能基を含む化合物においては，—SH の存在を接頭語 mercapto-（メルカプト）で示す．スルフィドは，硫黄に結合している二つの置換基に sulfide（スルフィド）と続けることにより命名される．S—H 結合は非極性であり，チオールの物理的性質はアルコールよりも分子量のほぼ等しい炭化水素のほうに似ている（8.6C節）．

重要な反応

1. アルコールの酸性度（8.3A節）

希薄水溶液ではメタノールやエタノールの酸性度は水とほぼ等しい．第二級および第三級アルコールの酸性はそれより弱い．

$$CH_3OH + H_2O \rightleftharpoons CH_3O^- + H_3O^+ \qquad pK_a = 15.5$$

2. アルコールと活性金属との反応（8.3C節）

アルコールは Li，Na，K などの活性金属と反応して金属アルコキシドを生成する．この塩は NaOH や KOH よりもいくらか強い塩基である．

$$2\,CH_3CH_2OH + 2\,Na \longrightarrow 2\,CH_3CH_2O^-Na^+ + H_2$$

3. アルコールと HCl，HBr および HI との反応（8.3D節）

第一級アルコールは，HBr および HI と S_N2 機構で反応する．

$$CH_3CH_2CH_2CH_2OH + HBr \longrightarrow CH_3CH_2CH_2CH_2Br + H_2O$$

第三級アルコールは HCl，HBr および HI と，カルボカチオン中間体を経る S_N1 機構で反応する．

$$\underset{\substack{|\\CH_3}}{\overset{\substack{CH_3\\|}}{CH_3COH}} + HCl \xrightarrow{25\ ^\circ C} \underset{\substack{|\\CH_3}}{\overset{\substack{CH_3\\|}}{CH_3CCl}} + H_2O$$

第二級アルコールとHCl，HBrおよびHIとの反応は，アルコールの構造と反応条件により，S_N2あるいはS_N1機構のどちらかで進む．

4. アルコールとSOCl₂との反応（8.3D節）

この反応はアルコールを塩化アルキルに変換するよい方法となることが多い．

$$CH_3(CH_2)_5OH + SOCl_2 \longrightarrow CH_3(CH_2)_5Cl + SO_2 + HCl$$

5. アルコールの酸触媒脱水（8.3E節）

生成物アルケンに異性体があるときには，一般に多置換アルケンが主生成物になる（Zaitsev則）．

$$\underset{\substack{|\\ }}{\overset{\substack{OH\\|}}{CH_3CH_2CHCH_3}} \xrightarrow[\text{加熱}]{H_3PO_4} \underset{\text{主生成物}}{CH_3CH=CHCH_3} + CH_3CH_2CH=CH_2 + H_2O$$

6. 第一級アルコールのアルデヒドへの酸化（8.3F節）

この酸化反応は，クロロクロム酸ピリジニウム（PCC）によって行うのが最も便利である．

シクロペンチル-CH₂OH $\xrightarrow[CH_2Cl_2]{PCC}$ シクロペンチル-CHO

7. 第一級アルコールのカルボン酸への酸化（8.3F節）

第一級アルコールはクロム酸酸化によりカルボン酸になる．

$$CH_3(CH_2)_4CH_2OH + H_2CrO_4 \xrightarrow[\text{acetone}]{H_2O} CH_3(CH_2)_4COOH + Cr^{3+}$$

8. 第二級アルコールのケトンへの酸化（8.3F節）

第二級アルコールはクロム酸あるいはPCCによりケトンに酸化される．

$$\underset{\substack{|\\ }}{\overset{\substack{OH\\|}}{CH_3(CH_2)_4CHCH_3}} + H_2CrO_4 \longrightarrow \underset{\substack{|\\ }}{\overset{\substack{O\\\parallel}}{CH_3(CH_2)_4CCH_3}} + Cr^{3+}$$

9. アルケンのエポキシドへの酸化（8.5B節）

最も一般的なエポキシドのアルケンからの合成法は，過酢酸のようなペルオキシカルボン酸による酸化である．

シクロヘキセン + RCOOH ⟶ シクロヘキセンオキシド + RCOH

10. エポキシドの酸触媒加水分解（8.5C節）

シクロアルケンより得られたエポキシドの酸触媒加水分解は，立体選択的に*trans*-グリコールを与える．

11. エポキシドの求核的開環（8.5C 節）

アンモニアやアミンのような優れた求核種は，S_N2 機構によって高ひずみをもつエポキシドを開環し，立体選択的に三員環の立体障害の小さい炭素を攻撃する．

Cyclohexene oxide　　　　trans-2-Aminocyclohexanol

12. チオールの酸性度（8.7A 節）

チオール（pK_a 8〜9）は弱酸ではあるが，アルコール（pK_a 16〜18）よりもかなり強い酸である．

$$CH_3CH_2SH + H_2O \rightleftharpoons CH_3CH_2S^- + H_3O^+ \quad pK_a = 8.5$$

13. ジスルフィドへの酸化（8.7B 節）

O_2 によるチオールの酸化でジスルフィドが生成する．

$$2\,RSH + \tfrac{1}{2}O_2 \longrightarrow RS\text{-}SR + H_2O$$

補充問題

構造と命名法

8.12 次の化合物のうちから第二級アルコールを選べ．

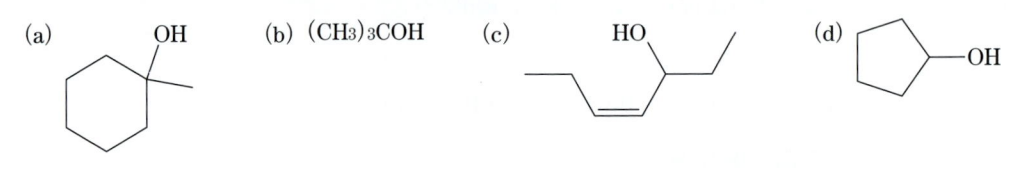

(a)　　　　(b) $(CH_3)_3COH$　　　　(c)　　　　(d)

8.13 次の化合物を命名せよ．

(a)　　　　(b)　　　　(c)

(d)　　　　(e)　　　　(f)

8.14 次のアルコールの構造式を書け．

(a) Isopropyl alcohol　　　　(b) Propylene glycol

(c) (*R*)-5-Methyl-2-hexanol (d) 2-Methyl-2-propyl-1,3-propanediol
(e) 2,2-Dimethyl-1-propanol (f) 2-Mercaptoethanol
(g) 1,4-Butanediol (h) (*Z*)-5-Methyl-2-hexen-1-ol
(i) *cis*-3-Penten-1-ol (j) *trans*-1,4-Cyclohexanediol

8.15 次のエーテルの名称を書け．

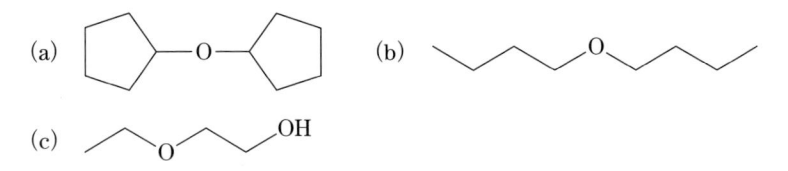

(a) シクロペンチル–O–シクロペンチル (b) プロピル–O–プロピル

(c) エチル–O–CH₂CH₂OH

8.16 分子式 $C_5H_{12}O$ のアルコール異性体 8 種の構造式を書き，命名せよ．そのうちキラルなものはどれか．

物理的性質

8.17 次の化合物を沸点の高くなる順に並べよ（それぞれの沸点は −42, 78, 117, 198 ℃である）．
(a) $CH_3CH_2CH_2CH_2OH$ (b) CH_3CH_2OH
(c) $HOCH_2CH_2OH$ (d) $CH_3CH_2CH_3$

8.18 次の化合物を沸点の高くなる順に並べよ（それぞれの沸点は −42, −24, 78, 118 ℃である）．
(a) CH_3CH_2OH (b) CH_3OCH_3
(c) $CH_3CH_2CH_3$ (d) CH_3COOH

8.19 プロパン酸と酢酸メチルは構造異性体であり，どちらも室温では液体である．そのうちの一つは沸点 141 ℃であり，もう一つは 57 ℃である．どちらがどの沸点をもつか答え，その理由を説明せよ．

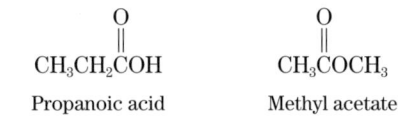

CH_3CH_2COH (Propanoic acid) CH_3COCH_3 (Methyl acetate)

8.20 エチレングリコール $HOCH_2CH_2OH$ のねじれ形配座をすべて書け．ゴーシュ配座がアンチ配座よりも約 1 kcal/mol だけ安定である理由を説明せよ．

8.21 次に示すのは 1-ブタノールと 1-ブタンチオールの構造式である．このうちの一つの沸点は 98.5 ℃であり，もう一つは 117 ℃である．どちらの化合物がどの沸点をもつか答え，その理由を説明せよ．

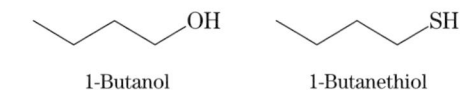

1-Butanol   1-Butanethiol

8.22 次の組合せの化合物について，どちらが水に溶けやすいか示し，その理由を説明せよ．

(a) CH_2Cl_2 と CH_3OH (b) CH_3CCH_3 (O=) と CH_3CCH_3 (=CH₂)
(c) CH_3CH_2Cl と $NaCl$ (d) $CH_3CH_2CH_2SH$ と $CH_3CH_2CH_2OH$
(e) $CH_3CH_2CHCH_2CH_3$ (OH) と $CH_3CH_2CCH_2CH_3$ (=O)

8.23 次の各化合物群を水に対する溶解度の減少する順に並べよ．
(a) Ethanol; butane; diethyl ether (b) 1-Hexanol; 1,2-hexanediol; hexane

8.24 この問題に与えられた化合物はいずれも一般的な有機溶媒である．それぞれの化合物の組合せから水に対する溶解度の大きいものを選べ．

(a) CH_2Cl_2 と CH_3CH_2OH (b) $CH_3CH_2OCH_2CH_3$ と CH_3CH_2OH

(c) $CH_3\overset{O}{\overset{\|}{C}}CH_3$ と $CH_3CH_2OCH_2CH_3$ (d) $CH_3CH_2OCH_2CH_3$ と $CH_3(CH_2)_3CH_3$

アルコールの合成

8.25 次のアルコールまたはグリコールを得ることのできるアルケンの構造式を書け（一つとは限らない）.
  (a) 2-Butanol   (b) 1-Methylcyclohexanol   (c) 3-Hexanol
  (d) 2-Methyl-2-pentanol   (e) Cyclopentanol   (f) 1,2-Propanediol

8.26 シクロペンテンへの臭素付加とシクロペンテンオキシドの酸触媒加水分解はどちらも立体選択的であり，それぞれトランス体を与える．この二つの機構を比較し，どのようにしてトランス体が生成するのかを示せ．

アルコールとチオールの酸性度

8.27 次の組合せのうちから酸として強い方を選び，さらにその共役塩基の構造式を書け．
  (a) H_2O と H_2CO_3 (b) CH_3OH と CH_3COOH
  (c) CH_3COOH と CH_3CH_2SH

8.28 次の化合物を酸性度が大きくなる順に並べよ（酸性の弱い方から強い方に）．

$CH_3CH_2CH_2OH$ $CH_3CH_2\overset{O}{\overset{\|}{C}}OH$ $CH_3CH_2CH_2SH$

8.29 次の組合せについて，塩基として強い方を選び，さらにその共役酸の構造式を書け．
  (a) OH^- と CH_3O^- (b) $CH_3CH_2S^-$ と $CH_3CH_2O^-$
  (c) $CH_3CH_2O^-$ と NH_2^-

8.30 次の化学平衡式について，強い方の酸と塩基，弱い方の酸と塩基を示せ．またその平衡位置を予測せよ．pK_a値については，表2.1を見よ．
  (a) $CH_3CH_2O^- + HCl \rightleftharpoons CH_3CH_2OH + Cl^-$
  (b) $CH_3\overset{O}{\overset{\|}{C}}OH + CH_3CH_2O^- \rightleftharpoons CH_3\overset{O}{\overset{\|}{C}}O^- + CH_3CH_2OH$

8.31 次の酸塩基反応の平衡位置を予測せよ．すなわち，それぞれについて，かなり左にかたよっているか，右にかたよっているか，それともほぼ等しくバランスしているか，述べよ．
  (a) $CH_3CH_2OH + Na^+OH^- \rightleftharpoons CH_3CH_2O^-Na^+ + H_2O$
  (b) $CH_3CH_2SH + Na^+OH^- \rightleftharpoons CH_3CH_2S^-Na^+ + H_2O$
  (c) $CH_3CH_2OH + CH_3CH_2S^-Na^+ \rightleftharpoons CH_3CH_2O^-Na^+ + CH_3CH_2SH$
  (d) $CH_3CH_2S^-Na^+ + CH_3\overset{O}{\overset{\|}{C}}OH \rightleftharpoons CH_3CH_2SH + CH_3\overset{O}{\overset{\|}{C}}O^-Na^+$

アルコールの反応

8.32 簡単な化学反応によりシクロヘキサノールとシクロヘキセンとを区別する方法を示せ．
  （ヒント：それぞれにBr_2のCCl_4溶液を加えて，どうなるかを見よ．）

8.33 第一級アルコールである1-ブタノールと次の試薬との反応を式で示せ．
  (a) 金属Na   (b) HBr, 加熱   (c) $K_2Cr_2O_7$, H_2SO_4, 加熱
  (d) $SOCl_2$ (e) クロロクロム酸ピリジニウム (PCC)

8.34 第二級アルコールである 2-ブタノールと次の試薬との反応を式で示せ．
  (a) 金属 Na   (b) H_2SO_4，加熱   (c) HBr，加熱
  (d) $K_2Cr_2O_7$, H_2SO_4，加熱   (e) $SOCl_2$ (f) クロロクロム酸ピリジニウム（PCC）

8.35 (R)-2-ブタノールを酸性水溶液にして放置すると徐々に光学活性を失う．この水溶液から有機物を回収しても 2-ブタノールしか検出できない．光学活性が失われる理由を説明せよ．

8.36 次の反応の最も可能性の高い反応機構を示せ．反応中間体（一つとは限らない）の構造式を書くこと．

$$\text{(CH}_3\text{)}_2\text{C(OH)CH}_2\text{CH}_3 + \text{HCl} \longrightarrow \text{(CH}_3\text{)}_2\text{C(Cl)CH}_2\text{CH}_3 + \text{H}_2\text{O}$$

8.37 次の反応式を完成せよ．

  (a) (CH₃)₂CHCH₂CH₂OH + H_2CrO_4 ⟶
  (b) (CH₃)₂CHCH₂CH₂OH + $SOCl_2$ ⟶
  (c) 1-メチルシクロヘキサノール + HCl ⟶
  (d) HO-(CH₂)₄-OH + HBr（過剰）⟶
  (e) シクロオクタノール + H_2CrO_4 ⟶
  (f) シクロヘキセン + OsO_4, H_2O_2 ⟶

8.38 かつてアンチノック剤として用いられたオクタン価を向上させるガソリン添加剤である tert-ブチルメチルエーテルの工業的合成法では，2-メチルプロペンとメタノールを酸触媒上に通過させてこのエーテルを得る．この反応の機構を示せ．

$$\text{CH}_3\text{C(CH}_3\text{)}=\text{CH}_2 + \text{CH}_3\text{OH} \xrightarrow{\text{酸触媒}} \text{CH}_3\text{C(CH}_3\text{)}_2\text{OCH}_3$$

2-Methylpropene   Methanol   2-Methoxy-2-methylpropane
(Isobutylene)   (Methyl tert-butyl ether, MTBE)

8.39 環状のブロモアルコールを塩基で処理すると，分子内 S_N2 反応を起こして二環性エーテルを生成することがある．次の化合物はそれぞれ二環性エーテルを生成することができるかどうか考え，生成できる場合には生成物の構造を示せ．

  (a) trans-ブロモシクロオクタノール + 塩基 ⟶
  (b) cis-ブロモシクロオクタノール + 塩基 ⟶

(c) [構造式: シクロペンタンの1位に OH（くさび）、2位に Br（くさび）] —塩基→

合 成

8.40 次の変換を行うための反応式を示せ．それぞれ2段階で行うこと．
(a) 1-プロパノールから2-プロパノールへの変換
(b) シクロヘキセンからシクロヘキサノンへの変換
(c) シクロヘキサノールから *cis*-1,2-シクロヘキサンジオールへの変換
(d) プロペンからプロパノン（アセトン）への変換

8.41 シクロヘキサノールを次の化合物に変換する方法を示せ．
(a) Cyclohexene　　(b) Cyclohexane　　(c) Cyclohexanone

8.42 1-プロパノールから次の化合物を合成するときにつかわれる試薬と実験条件を示せ．この問題の初めの方で合成した1-プロパノールの誘導体は後の問題に使用してよい．
(a) Propanal　　(b) Propanoic acid　　(c) Propene
(d) 2-Propanol　　(e) 2-Bromopropane　　(f) 1-Chloropropane
(g) Propanone　　(h) 1,2-Propanediol

8.43 2-メチル-1-プロパノール（イソブチルアルコール）から次の化合物を合成する方法を示せ．反応が多段階にわたるときには，各段階で生成する中間体化合物を示すこと．

(a) $CH_3\underset{\underset{CH_3}{|}}{C}=CH_2$　　(b) $CH_3\underset{\underset{OH}{|}}{\overset{\overset{CH_3}{|}}{C}}CH_3$

(c) $CH_3\underset{\underset{HO}{|}}{\overset{\overset{CH_3}{|}}{C}}-\underset{\underset{OH}{|}}{CH_2}$　　(d) $CH_3\underset{\underset{CH_3}{|}}{CH}COOH$

8.44 2-メチルシクロヘキサノールから次の化合物を合成する方法を示せ．反応が多段階にわたるときには各段階で生成する中間体化合物を示すこと．

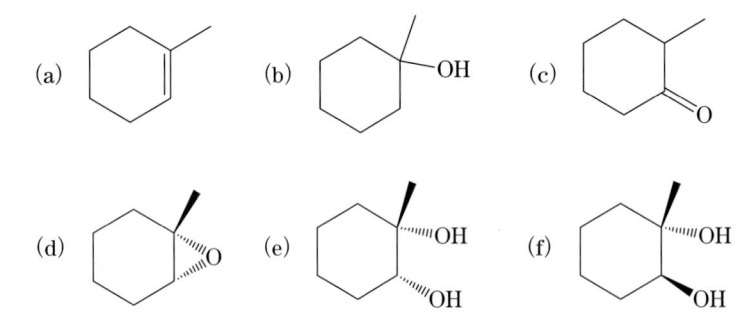

(a) 1-メチルシクロヘキセン
(b) 1-メチルシクロヘキサノール
(c) 2-メチルシクロヘキサノン
(d) 1-メチル-1,2-エポキシシクロヘキサン
(e) trans-1-メチル-1,2-シクロヘキサンジオール
(f) cis-1-メチル-1,2-シクロヘキサンジオール

8.45 次のアルコールから (a), (b) および (c) の化合物へ変換する方法を示せ．

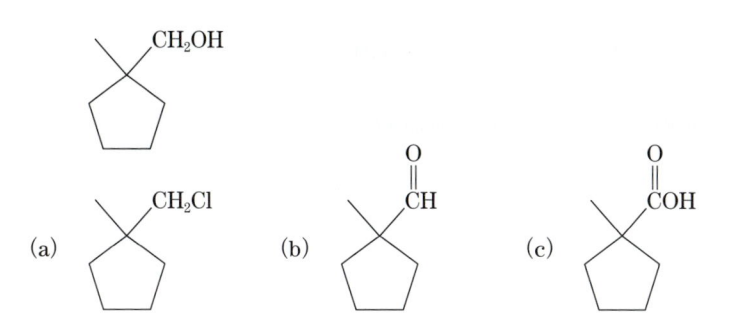

8.46 マイマイガ (*Porthetria dispar*) の性誘因物質であるジスパルアは，次の (*Z*)-アルケンから実験室で合成された．

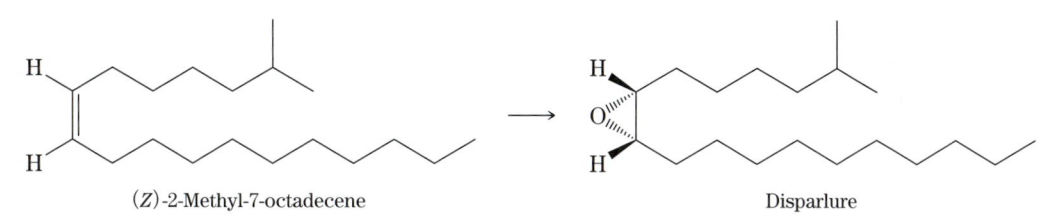

(*Z*)-2-Methyl-7-octadecene   Disparlure

(a) この変換の方法を示せ．
(b) ジスパルアにはいくつの異性体が可能か．(a) で答えた変換反応ではいくつの異性体が生成するか．

8.47 雌のカイコガが雄を誘引するために分泌するフェロモンであるボンビコール bombykol の化学名は，*trans*-10-*cis*-12-ヘキサデカジエン-1-オールである．この化合物は 16 炭素鎖にヒドロキシ基 1 個と炭素–炭素二重結合 2 個とをもっている．

(a) ボンビコールの構造式を書け．二重結合の立体配置を正しく示すこと．
(b) (a) で書いた構造式にはいくつのシス–トランス異性体が可能か．すべての可能なシス–トランス異性体が実験室で合成されたが，ボンビコールと命名されたものだけが雌のカイコガによって産生され，それだけが雄のカイコガを誘引する．

応用問題

8.48 N—H 結合をもつ化合物は水素結合により会合する．

(a) この会合は O—H 結合をもつ化合物の会合よりも強いか，それとも弱いと予想されるか．
(b) (a) に対する解答に基づき，1-ブタノールと 1-ブタンアミンとではどちらの沸点が高いと考えられるか．

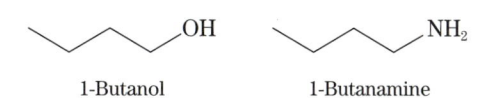

1-Butanol   1-Butanamine

マイマイガの幼虫．(*William D. Griffin/Animals, Animals*)

8.49 フェノールとシクロヘキサノールについて，NaOH との反応を，係数をあわせた反応式で示せ．

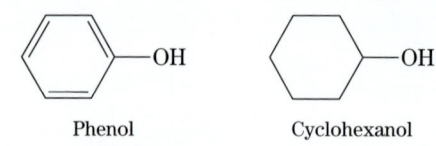

Phenol　　Cyclohexanol

(a) どちらの化合物の酸性度が強いか（表 2.2 を参照せよ）．
(b) どちらの共役塩基が求核種として優れているか．

8.50 次の化合物の共鳴寄与構造を書け．これらの共鳴寄与構造ではヘテロ原子（O または S）が正電荷をもつ．

Methyl vinyl ether　　Methyl vinyl sulfide

(a) それぞれのアルケンの求電子種に対する反応性に，共鳴構造はどのような影響を及ぼすか，エチレンと比較して述べよ．
(b) 過酸は求電子試薬として知られている．共鳴理論と元素の周期表における性質から，メチルビニルエーテルとメチルビニルスルフィドではどちらがエポキシドを生成しやすいと考えられるか．
(c) 誘起効果だけを考えたとしたら，(b) の答は変わるだろうか，それとも変わらないだろうか．

8.51 次の組合せの 3 種の反応剤を，求核性の大きいものから小さいものの順に並べよ．

(a)

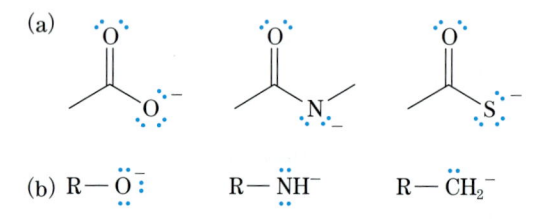

(b) R—Ö:⁻　　R—N̈H⁻　　R—C̈H₂⁻

8.52 次の二つの化合物のどちらの塩基性が強いか．

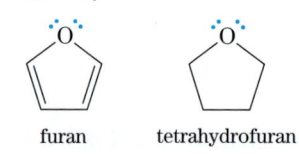

furan　　tetrahydrofuran

8.53 第 15 章で，次のカルボニル化合物の反応性が脱離基アニオンの安定性と直接関係していることを学ぶ．脱離基アニオンの安定性に基づいて，これらのカルボニル化合物を反応性の高いものから低いものの順に並べよ．

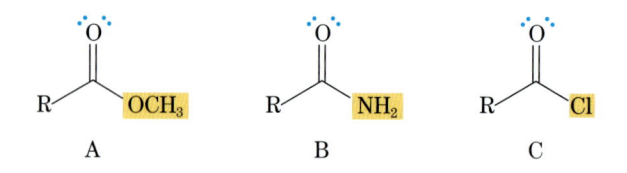

A　　B　　C

9 ベンゼンとその誘導体

- 9.1 はじめに
- 9.2 ベンゼンの構造
- 9.3 芳香族性の概念
- 9.4 命名法
- 9.5 ベンゼンの反応：ベンジル位の酸化
- 9.6 ベンゼンの反応：芳香族求電子置換反応
- 9.7 芳香族求電子置換反応の機構
- 9.8 二置換および多置換ベンゼン
- 9.9 フェノール

トウガラシ．Chemical Connections "カプサイシン：辛いものが好きなあなたに" 参照．
左の図はカプサイシンの分子模型．(*Douglas Brown*)

9.1 はじめに

　無色の液体であるベンゼンは，1825年にMichael Faraday(ファラデー)によって，ロンドンのガス灯配管にたまった油から初めて単離された．炭素6個のアルカンは C_6H_{14} であり，炭素6個のシクロアルカンは C_6H_{12} であるのと比べると，ベンゼンの分子式 C_6H_6 は不飽和度が非常に高いことを示している．ベンゼンの不飽和度が高いことを考えると，ベンゼンもアルケンと同じように反応するだろうと考えても不思議はない．ところが，ベンゼンはきわめて不活性である．ベンゼンはアルケンに特徴的な付加，酸化，還元などの反応を起こさない．臭素，塩化水素，その他の一般に炭素–炭素二重結合に付加する試薬とは反応しない．その上ベンゼンは，アルケンが

十分酸化される条件でもクロム酸や四酸化オスミウムによる酸化を受けない．ベンゼンが反応するときには，ベンゼン環の水素が他の原子や原子団（複数の原子の集団）に置き換わる置換反応を起こす．

芳香族という用語は，もともとベンゼンやその誘導体の多くが独特のにおいをもっているので，それらを分類するのに使われた．しかし，今やこれらの化合物のより正しい分類は，その香りではなく，明確に構造や化学反応性に基づいてなされている．**芳香族** aromatic という用語は，不飽和度が非常に高いにもかかわらず，ベンゼンやその誘導体はアルケンと反応するような試薬に対して予想外に安定な化合物であるということを意味している．

芳香族炭化水素を意味する**アレーン** arene という用語は，アルカンやアルケンと同じように総称名として用いる．ベンゼンはアレーンの母体化合物である．ちょうど，アルカンからHを一つ取ってできる基をアルキル基とよび，記号R—で表すように，アレーンからHを一つ取ってできる基を**アリール基** aryl group とよび，記号Ar—で示す．

芳香族化合物：ベンゼンとその誘導体を分類するのに使われる用語．

アレーン：芳香族炭化水素．

アリール基：芳香族化合物（アレーン）からHを1個取ってできる基，Ar— の記号で表す．

Ar—：アリール基を示す記号．アルキル基を R— で示すのと同じ．

9.2　ベンゼンの構造

19世紀半ばに，化学者がベンゼンの構造をどのように考えていたか振り返ってみよう．まず，ベンゼンの分子式は C_6H_6 であるから，この分子は不飽和度が高いはずである．ところがベンゼンは，その当時唯一不飽和炭化水素として知られていたアルケンの化学的性質を示さない．ベンゼンは反応するにはするが，その反応は付加反応ではなくて置換反応である．たとえば，臭化鉄（III）触媒を用いて臭素と反応させると分子式 C_6H_5Br の化合物が1種類だけ生成する．

$$C_6H_6 + Br_2 \xrightarrow{FeBr_3} C_6H_5Br + HBr$$
$$\text{Benzene} \qquad \text{Bromobenzene}$$

そこで，当時の化学者はベンゼンの6個の炭素と水素はそれぞれどれも等価であると判断した．ブロモベンゼンに臭化鉄（III）触媒を用いて臭素とさらに反応させると，3種類のジブロモベンゼン異性体が生成する．

$$C_6H_5Br + Br_2 \xrightarrow{FeBr_3} C_6H_4Br_2 + HBr$$
$$\text{Bromobenzene} \qquad \text{Dibromobenzene}$$
（3種の構造異性体の混合物）

19世紀半ばの化学者が解決しなければならなかった問題は，すでに認められていた炭素が4価であることと，これらの実験結果をベンゼンの構造式に取込むことであった．彼らの提案を検証する前に，ベンゼンや他の芳香族炭化水素の構造の問題に，化学者が一世紀以上にわたって努力を積み重ねてきたことを知っておく必要

がある．化学者は，ベンゼンやその誘導体のユニークな化学的性質を 1930 年代までは理解していなかったのである．

A ベンゼンの Kekulé モデル

1872 年に August Kekulé（ケクレ）によって提案されたベンゼンの最初の構造は，単結合と二重結合が交互にあってそれぞれの炭素が 1 個の水素と結合している六員環をしていた．さらに Kekulé は，環の三つの二重結合は非常に速く移動しているので二つの構造が分離できないのであると提案した．それぞれの構造は **Kekulé 構造** としてよく知られるようになった．

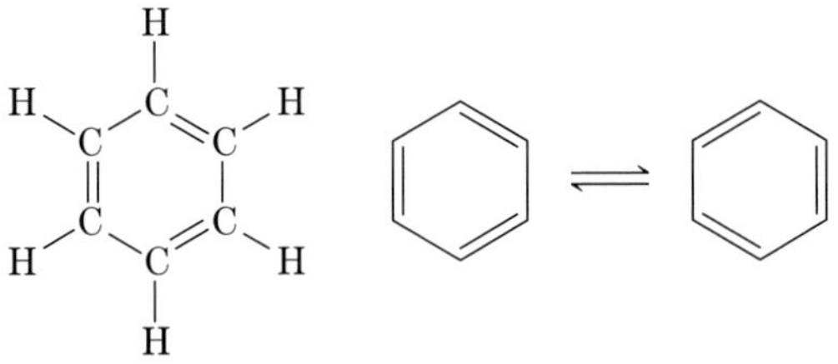

Kekulé 構造
（すべての原子を示した構造）

Kekulé 構造
（線角構造式）

Kekulé 構造のすべての炭素と水素は等価であるため，臭素がどの水素と置換しても，同一の生成物が得られる．したがって，Kekulé が提案した構造は，臭化鉄(III) 存在下でのベンゼンと臭素との反応で，分子式 C_6H_5Br のただ 1 種類の化合物が生成するという事実を矛盾なく説明している．その上，ブロモベンゼンの臭素化で，たった 3 種類のジブロモベンゼン異性体だけしか得られないという事実も説明している．

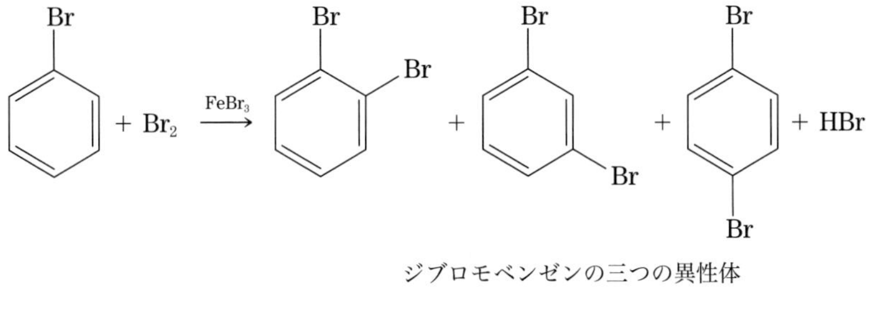

ジブロモベンゼンの三つの異性体

Kekulé の提案は多くの実験事実をうまく説明したが，長年論争の的となった．異論の中心は，その構造ではベンゼンの異常な化学的性質を説明できないということであった．批判的化学者は，ベンゼンに 3 個の二重結合があるのならなぜアルケンと同じような反応をしないのかという疑問を投げかけた．なぜ 3 mol の臭素を付加して 1,2,3,4,5,6-ヘキサブロモシクロヘキサンを生成しないのか．なぜベンゼンは付加反応ではなくて置換反応をするのか．

B ベンゼンの軌道モデル

1930年代にLinus Paulingによって提案された**原子軌道の混成**と**共鳴理論**の考えによって，初めてベンゼンの構造が満足に表現された．ベンゼンの炭素骨格は，C—C—CとH—C—C結合角120°の正六角形であり，この結合は炭素のsp^2混成軌道（1.7E節）からなる．それぞれの炭素は隣接する2個の炭素とsp^2-sp^2混成軌道の重なりによってσ結合を，水素とはsp^2-1s軌道の重なりによってσ結合を形成している．ベンゼンのすべての炭素–炭素結合は同じ長さ1.39×10^{-10}mであることが実験によって明らかにされた．この値は，sp^3混成炭素どうしの単結合の長さ（1.54×10^{-10}m）とsp^2混成炭素どうしの二重結合の長さ（1.33×10^{-10}m）とのほぼ中間である．

また，それぞれの炭素は混成していない2p軌道を一つもっており，その軌道に1電子ずつ入っている．これら6個の2p軌道は環の平面に垂直であり，重なり合って，6個の炭素すべてを取り囲んで切れ目のないπ電子雲を作っている．ベンゼン環のπ電子系の電子密度は，環平面の上と下のドーナツ形の部分に存在する（図9.1）．

C ベンゼンの共鳴モデル

共鳴理論の仮説の一つは，二つあるいはそれ以上の寄与構造によって分子やイオンを表すことができる場合には，その分子はどの一つの寄与構造によっても適切には表せないということである．真のベンゼンは，**Kekulé構造**といわれる二つの等価な寄与構造の共鳴混成体として表現される．

図9.1
ベンゼンの結合の軌道モデル．(a) 炭素と水素の骨格に，1電子ずつ入った6個の2p軌道を独立に示している．(b) 平行な2p軌道の重なりによって，環平面の上と下に二つのドーナツ形の切れ目のないπ電子雲を作っている．

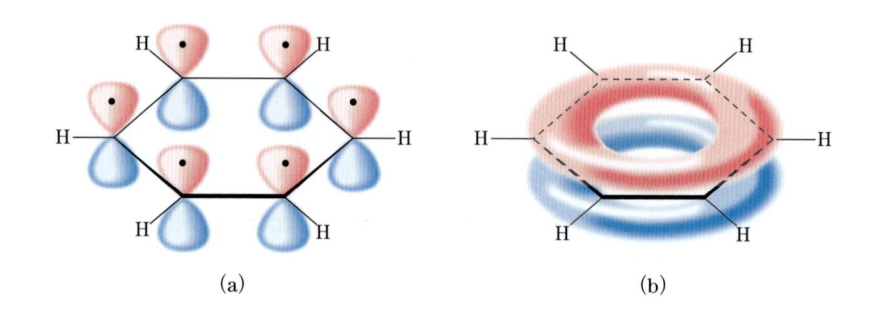

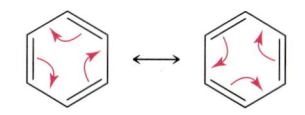

二つの等価な寄与構造の
混成体としてのベンゼン

　いずれのKekulé構造も混成体に同等の寄与をしている．すなわち，C—C結合は単結合でも二重結合でもなく，その中間の状態である．私たちは，二つのどちらの寄与構造も実在しないことを知っている．それらは単に2p軌道を二つずつ対にした別の表現法にすぎない．真の構造は両方を重ね合わせた状態である．それにもかかわらず化学者たちは，ベンゼンを書き表すのに片方の寄与構造を用い続けている．古典的なLewis構造と炭素が4価であるという制約のもとで表現するとしたら，これ以上正確な構造に近い表現ができないからである．

D　ベンゼンの共鳴エネルギー

　共鳴エネルギー resonance energy とは，共鳴混成体と最も安定な仮想的な寄与構造とのエネルギー差である．ベンゼンの共鳴エネルギーを概算する方法の一つは，シクロヘキセンとベンゼンの水素化熱を比較することである．シクロヘキセンは遷移金属触媒の存在下で，水素によって容易にシクロヘキサンに還元される（5.5節）．

$$\text{シクロヘキセン} + H_2 \xrightarrow[1\sim2\text{気圧}]{Ni} \text{シクロヘキサン} \qquad \Delta H^0 = -28.6 \text{ kcal/mol} \ (-120 \text{ kJ/mol})$$

　それと比べて，ベンゼンは同じ条件で非常にゆっくりと還元されてシクロヘキサンになる．加熱し数百気圧の加圧水素のもとではより速く還元される．

$$\text{ベンゼン} + 3H_2 \xrightarrow[200\sim300\text{気圧}]{Ni} \text{シクロヘキサン} \qquad \Delta H^0 = -49.8 \text{ kcal/mol} \ (-208 \text{ kJ/mol})$$

　アルケンの接触還元は発熱反応である（5.5B節）．二重結合あたりの水素化熱ΔH^0は二重結合の置換度によっていくらか変わる．シクロヘキセンの水素化熱ΔH^0は28.6 kcal/mol（120 kJ/mol）である．ベンゼンを二重結合と単結合が交互に並ぶ1,3,5-シクロヘキサトリエンと仮定すると，そのΔH^0は$-28.6 \times 3 = -85.8$ kcal/mol（-359 kJ/mol）と予想される．けれども，ベンゼンのΔH^0はわずか-49.8 kcal/mol（-208 kJ/mol）にすぎない．予想値と実測値の差，36.0 kcal/mol（151 kJ/mol）が**ベンゼンの共鳴エネルギー**である．これらの実験結果を図9.2にグラフで示す．

共鳴エネルギー：共鳴混成体と仮想的な寄与構造のうち最も安定なものとのエネルギー差．

図 9.2
シクロヘキセン，ベンゼン，および仮想的な 1,3,5-シクロヘキサトリエンの水素化熱の比較によって求めたベンゼンの共鳴エネルギー．

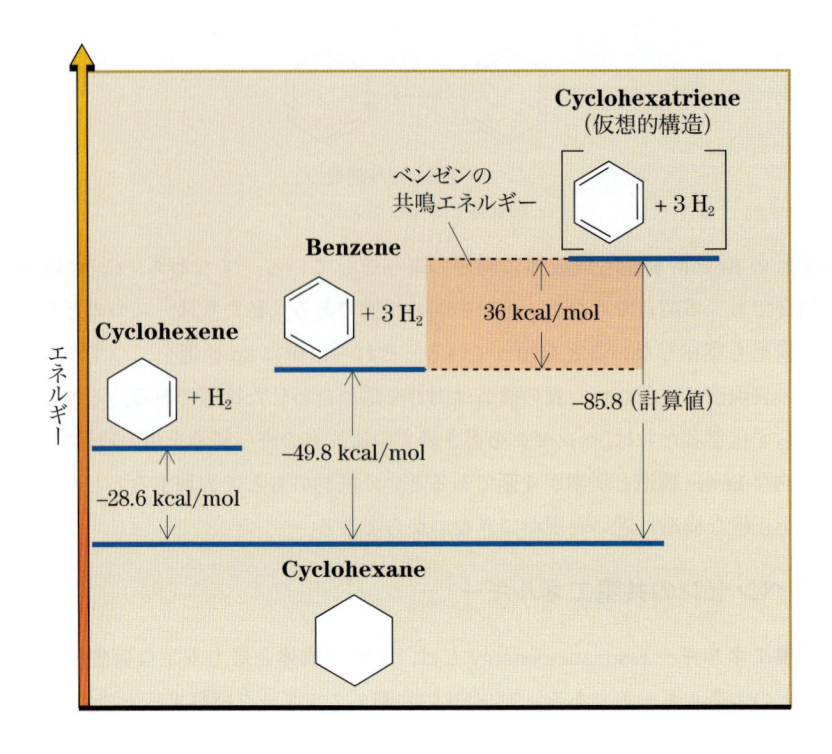

炭素–炭素単結合の強さはおよそ 80 〜 100 kcal/mol（333 〜 418 kJ/mol）であり，水や低分子量のアルコールの水素結合のエネルギーはおよそ 2 〜 5 kcal/mol（8.4 〜 21 kJ/mol）である．それらと比較すると，ベンゼンの共鳴エネルギーは炭素–炭素単結合よりは小さいけれども，水やアルコールの水素結合よりはかなり大きい．8.2C 節で，水素結合はアルカンと比べてアルコールの物理的性質に劇的な効果をもたらすものであることを学んだ．この章では，ベンゼンやその他の芳香族炭化水素の共鳴エネルギーが芳香族化合物の反応性に劇的な効果を及ぼすことを学ぶ．

ベンゼンとその他のいくつかの芳香族炭化水素の共鳴エネルギーを次に示す．

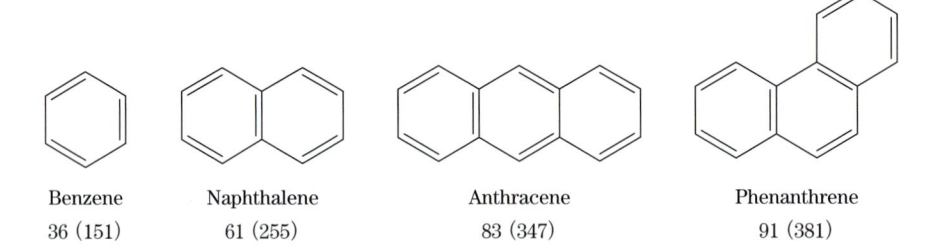

| 共鳴エネルギー [kcal/mol（kJ/mol）] | Benzene 36 (151) | Naphthalene 61 (255) | Anthracene 83 (347) | Phenanthrene 91 (381) |

9.3　芳香族性の概念

ベンゼンとその誘導体のほかにも多くの別のタイプの化合物が**芳香族性** aromaticity を示す．すなわち，不飽和度が高いけれどもアルケンに特徴的な付加反応や酸化還元反応を受けない．化学者がずっと理解しようとしてきたことは，芳

第9章　ベンゼンとその誘導体

香族性の基本的な原理である．ドイツの化学物理学者 Erich Hückel によってその解答が1930年代に初めて得られた．

　Hückel 則は次のように要約できる．

1．環のすべての原子上に 2p 軌道を 1 個もつ．
2．平面かほぼ平面であり，その結果環のすべての 2p 軌道が連続またはほとんど連続して重なっている．
3．この 2p 軌道の環状配列に 2, 6, 10, 14, 18 個のように π 電子をもっている．

ベンゼンはこの基準にあてはまる．環状で，平面で，環の炭素原子は 2p 軌道を 1 個ずつもっていて，その 2p 軌道の環状配列に 6 個の π 電子（芳香族 6 π 電子）をもっている．

　いくつかの芳香族の**ヘテロ環化合物** heterocyclic compound に，この基準をあてはめてみよう．ピリジンやピリミジンはベンゼンのヘテロ環類似体である．ピリジンではベンゼンの 1 個の CH 単位が 1 個の窒素原子に置き換えられ，ピリミジンでは 2 個の CH 単位が 2 個の窒素原子に置き換えられている．

ヘテロ環化合物：環内に炭素以外の原子を 1 個以上含む環状有機化合物．

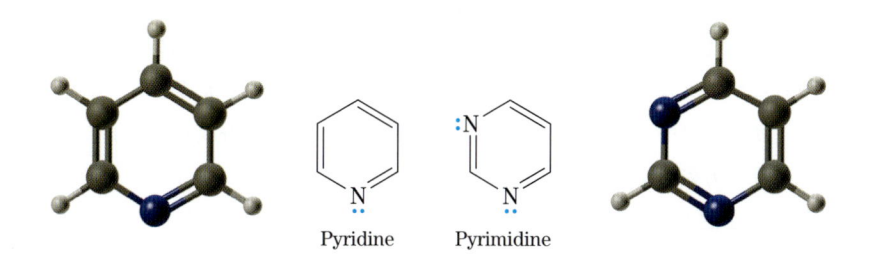

Pyridine　Pyrimidine

どちらの分子も，芳香族性の Hückel 則に合っている．いずれも環状で平面であり，それぞれの原子上に 2p 軌道を 1 個もち，しかも π 系に 6 電子を含む．ピリジンでは，窒素は sp^2 混成であり，その非共有電子対は π 系の 2p 軌道に直交した sp^2 軌道を占めているので π 系には含まれない．ピリミジンにおいても，窒素のいずれの非共有電子対も π 系には含まれない．ピリジンの共鳴エネルギーは 32 kcal/mol（134 kJ/mol）で，ベンゼンよりも少し小さい．ピリミジンの共鳴エネルギーは 26 kcal/mol（109 kJ/mol）である．

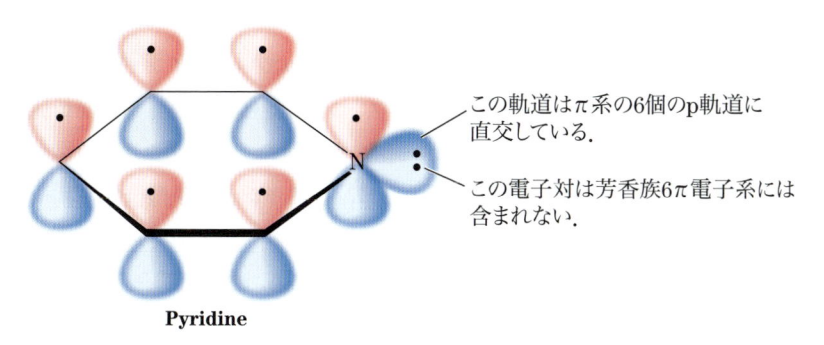

この軌道は π 系の 6 個の p 軌道に直交している．
この電子対は芳香族 6 π 電子系には含まれない．

Pyridine

図 9.3
フランとピロールの 6 π 電子（芳香族 6 π 電子系）の由来．
フランの共鳴エネルギー＝ 16 kcal/mol（67 kJ/mol），ピロールの共鳴エネルギー＝ 21 kcal/mol（88 kJ/mol）．

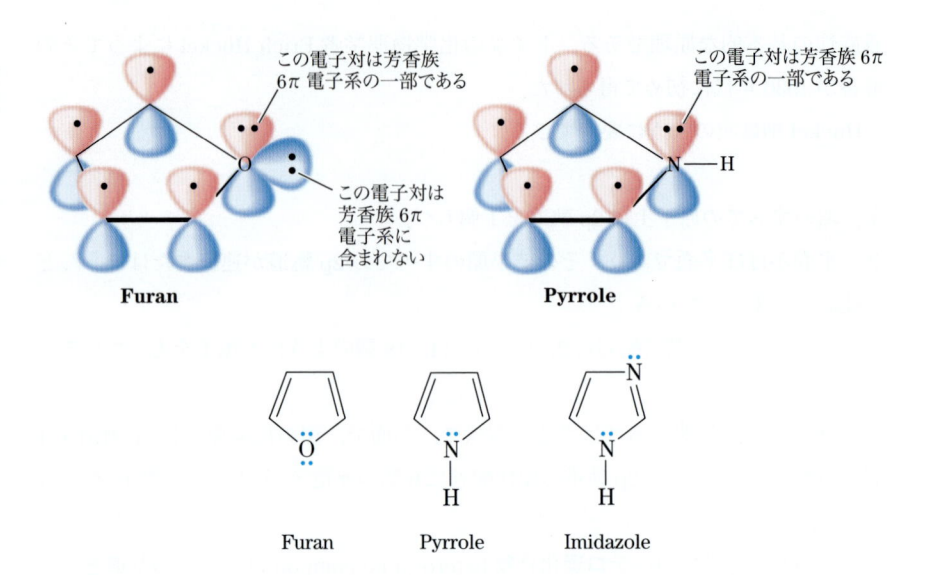

この電子対は芳香族 6π 電子系の一部である

この電子対は芳香族 6π 電子系に含まれない

この電子対は芳香族 6π 電子系の一部である

Furan　　　Pyrrole

Furan　　　Pyrrole　　　Imidazole

五員環化合物であるフラン，ピロールおよびイミダゾールも芳香族である．これらの平面化合物では，ヘテロ原子はいずれも sp^2 混成で，混成していない 2p 軌道は 5 個で切れ目のない環を形成している．フランでは，そのヘテロ原子の非共有電子対の 1 組は混成していない 2p 軌道にあって，π 系の一部になっている（図 9.3）．もう 1 組の非共有電子対は 2p 軌道に直交する sp^2 混成軌道にあって π 系には含まれない．ピロールでは，窒素の非共有電子対は芳香族 6 π 電子の一部になっている．イミダゾールでは，一方の窒素の非共有電子対は芳香族 6 π 電子に含まれるが，もう一方の窒素の非共有電子対はそうではない．

天然には 1 個あるいはそれ以上の別の環に縮合したヘテロ環をもつ化合物が多い．生物界で特に重要な 2 種の化合物はインドールとプリンである．

Indole　　　Serotonin（神経伝達物質）　　　Purine　　　Adenine

インドールはベンゼン環に縮合したピロール環をもっている．インドールから誘導される化合物には，必須アミノ酸の L-トリプトファン（19.2A 節）や神経伝達物質のセロトニンなどがある．プリンはピリミジン六員環とイミダゾール五員環が縮環している．アデニンは第 20 章で述べるように，デオキシリボ核酸（DNA）やリボ核酸（RNA）の構成成分の一つである．また，生物学的酸化剤であるニコチンアミドヌクレオチド（NAD^+ と略される）の成分でもある（22.2B 節）．

9.4 命名法

A 一置換ベンゼン

一置換アルキルベンゼンは ethylbenzene（エチルベンゼン）のようにベンゼンの誘導体として命名される．IUPAC 規則は，いくつかの比較的簡単な一置換アルキルベンゼンの慣用名を残している．**Toluene**（トルエン，methylbenzene）や **styrene**（スチレン，phenylethene）がその例である．

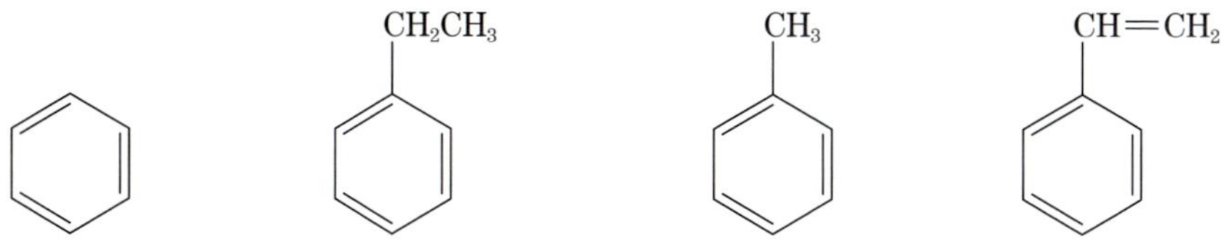

Benzene　　Ethylbenzene　　Toluene　　Styrene

Phenol（フェノール），**aniline**（アニリン），**benzaldehyde**（ベンズアルデヒド），**benzoic acid**（安息香酸），**anisole**（アニソール）などの慣用名も IUPAC 規則に残されている．

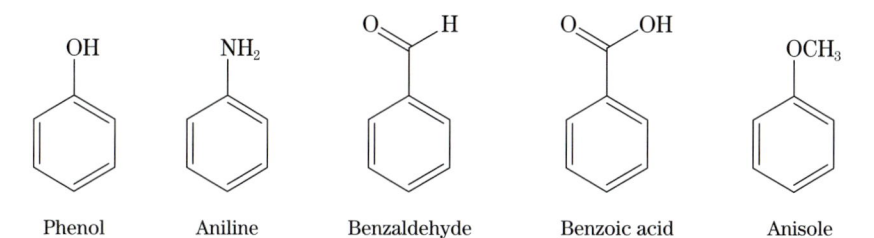

Phenol　　Aniline　　Benzaldehyde　　Benzoic acid　　Anisole

5.1 節で述べたように，ベンゼンから H を 1 個とってできる置換基は **phenyl**（フェニル）基（Ph），トルエンのメチル基から H を 1 個とってできる置換基は **benzyl**（ベンジル）基（Bn）である．

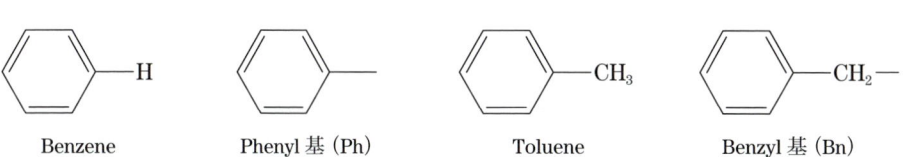

Benzene　　Phenyl 基（Ph）　　Toluene　　Benzyl 基（Bn）

他の官能基を含む分子では，フェニル基やベンジル基を置換基として命名する場合が多い．

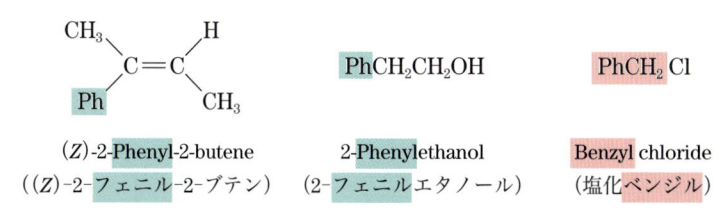

(Z)-2-Phenyl-2-butene　　2-Phenylethanol　　Benzyl chloride
((Z)-2-フェニル-2-ブテン)　　(2-フェニルエタノール)　　(塩化ベンジル)

フェニル基：C_6H_5-，ベンゼンから H を 1 個取ってできる基．

ベンジル基：$C_6H_5CH_2-$，トルエンのメチル基から H を 1 個取ってできるアルキル基．

オルト (*o*)：ベンゼン環の1,2位にある基の位置関係を示す．

メタ (*m*)：ベンゼン環の1,3位にある基の位置関係を示す．

パラ (*p*)：ベンゼン環の1,4位にある基の位置関係を示す．

B 二置換ベンゼン

ベンゼン環上に2個の置換基があるときには，3種の構造異性体が可能である．その置換基の位置は，環の原子に番号をつけるか，***ortho***（オルト），***meta***（メタ），***para***（パラ）という位置を示す用語を用いて示される．それぞれ1,2- は *ortho*（ギリシア語：まっすぐの意味），1,3- は *meta*（ギリシア語：後に），1,4- は *para*（ギリシア語：超えて）に対応する．

環の2個の置換基のうちの一つがあることによってその環がトルエン，アニリンのような特別な名称でよばれるときには，その化合物は母体分子の誘導体として命名される．その名称のもとになる置換基の位置を1とする．IUPAC規則では，ジメチルベンゼンの3種の異性体に **xylene**（キシレン）という慣用名を残している．2個の置換基のいずれもが特別な名称のもとにならない場合には，2個の置換基をアルファベット順に並べ，-benzene と続ける．そのときアルファベット順の早い方の置換基が結合しているベンゼン環炭素に1と番号をつける．

4-Bromotoluene
4-ブロモトルエン
(*p*-Bromotoluene)
(*p*-ブロモトルエン)

3-Chloroaniline
3-クロロアニリン
(*m*-Chloroaniline)
(*m*-クロロアニリン)

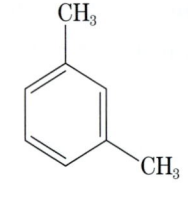

1,3-Dimethylbenzene
1,3-ジメチルベンゼン
(*m*-Xylene)
(*m*-キシレン)

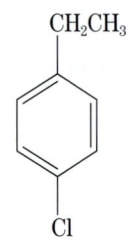

1-Chloro-4-ethylbenzene
1-クロロ-4-エチルベンゼン
(*p*-Chloroethylbenzene)
(*p*-クロロエチルベンゼン)

C 多置換ベンゼン

3個以上の置換基があるときには，置換基の位置は数字によって区別する．もしそのうちの一つが特別な名称のもとになるなら，その分子を特別な名称の化合物の誘導体として命名する．そうでないときには，それらの置換基をアルファベット順に並べ，-benzene で終る．次の例においては，第一の化合物はトルエンの誘導体であり，第二のものはフェノールの誘導体である．3番目の化合物には特別な名称がないので，三つの置換基がアルファベット順に並べられる．

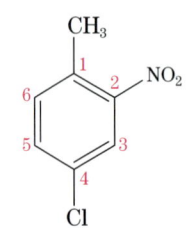

4-Chloro-2-nitrotoluene
4-クロロ-2-ニトロトルエン

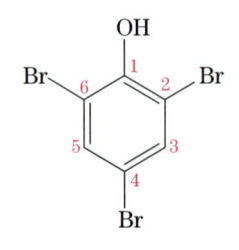

2,4,6-Tribromophenol
2,4,6-トリブロモフェノール

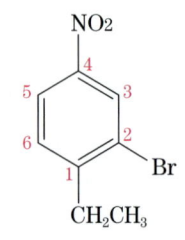

2-Bromo-1-ethyl-4-nitrobenzene
2-ブロモ-1-エチル-4-ニトロベンゼン

例題 9.1

次の化合物を命名せよ．

(a) (b) (c) (d)

解 答

(a) 3-Iodotoluene（3-ヨードトルエン）または *m*-iodotoluene
(b) 3,5-Dibromobenzoic acid（3,5-ジブロモ安息香酸）
(c) 1-Chloro-2,4-dinitrobenzene（1-クロロ-2,4-ジニトロベンゼン）
(d) 3-Phenylpropene（3-フェニルプロペン）

練習問題 9.1

次の化合物を命名せよ．

(a) (b) (c)

多環芳香族炭化水素 polynuclear aromatic hydrocarbon（PAH）は2個以上の芳香環を含み，隣接するそれぞれの環は2個の環炭素を共有している．ナフタレン，アントラセン，フェナントレンなどの最もよく知られたPAHとその誘導体はコールタールや高沸点石油残留物中に存在する．一時期，ナフタレンは虫除けや殺虫剤として毛織物や毛皮製品の保存に使われたが，*p*-ジクロロベンゼンなどの塩素化炭化水素が用いられるようになり，その用途が減少した．

わずかではあるがベンゾ[*a*]ピレンもまたコールタール中に存在する．これらの化合物はガソリン内燃機関（例えば自動車エンジン）の排気ガスやタバコの煙にも含まれている．ベンゾ[*a*]ピレンは極めて強力な発がん物質 carcinogen であり，また変異原物質 mutagen でもある．

多環芳香族炭化水素：2個以上の縮合した芳香環をもつ炭化水素．

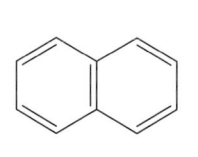

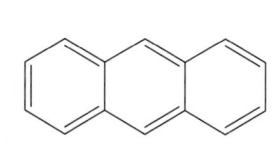

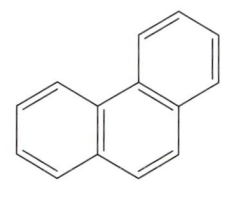

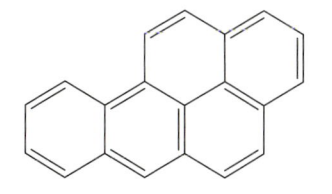

Naphthalene Anthracene Phenanthrene Benzo[*a*]pyrene

9.5 ベンゼンの反応：ベンジル位の酸化

すでに述べたように，芳香族性のためにベンゼンはアルケンに起こる典型的な多くの反応を起こさない．しかし，他の方法を用いればベンゼンを反応させることができる．ベンゼン環は，種々の医薬品，プラスチック，食物の防腐剤など社会が必要とする多くの化合物によく見られるので，これは幸運である．ベンゼンの反応について，ベンゼン環ではなく，ベンゼン環に直接結合している炭素で起こる反応から始めよう．このような炭素を，**ベンジル位** benzylic position という．

ベンジル位炭素：ベンゼン環に結合している sp^3 混成炭素．

ベンゼンは $KMnO_4$ や H_2CrO_4 のような強い酸化剤でも反応しないが，トルエンをこれらの酸化剤と反応させると，側鎖のメチル基がカルボキシ基に酸化されて安息香酸になる．

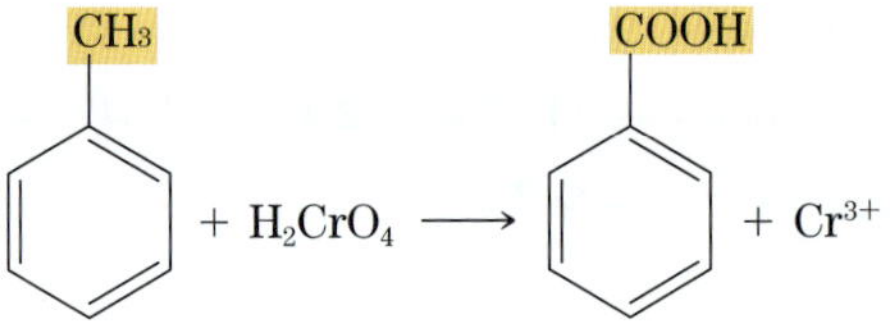

Toluene + H_2CrO_4 → Benzoic acid（安息香酸） + Cr^{3+}

CHEMICAL CONNECTIONS 9A

発がん性多環芳香族化合物と喫煙

発がん物質 carcinogen はがんの原因となる化合物である．確認された最初の発がん物質は，少なくとも4個の芳香環からなる多環芳香族炭化水素であった．その一つがベンゾ[*a*]ピレンで，芳香族炭化水素の中で最も発がん性の強い物質の一つである．有機化合物が不完全燃焼するときいつも発生する．たとえば，ベンゾ[*a*]ピレンは，タバコの煙，車の排ガス，炭火焼き肉に見られる．

ベンゾ[*a*]ピレンは，次のようにがんを引き起こす．ひとたびそれが吸収され体内に取り込まれると，身体はそれを体外に排出しやすい溶解性の高い化合物に変換しようとする．この目的のために，一連の酵素触媒反応によって**ジオールエポキシド** diol epoxide に変換される．するとこれは DNA のアミノ基の一つと反応して DNA と結合し，それによって DNA の構造が変化し，がんを引き起こす突然変異を生じる．

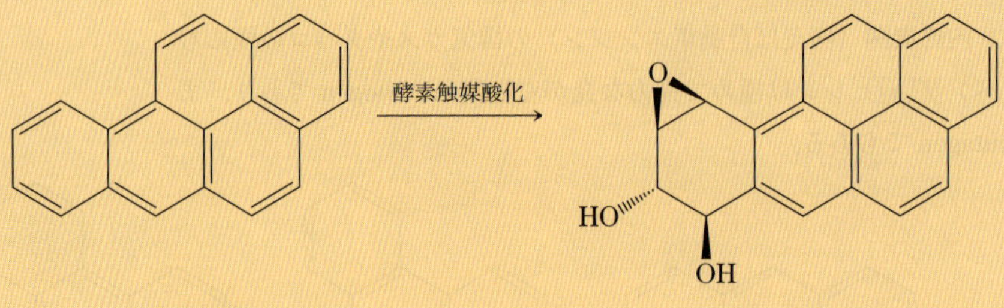

Benzo[*a*]pyrene —酵素触媒酸化→ ジオールエポキシド

側鎖メチル基は酸化されるが芳香環は変化しないということは，芳香環が化学的に非常に安定であることを示している．芳香環上のハロゲンやニトロ置換基はこれらの酸化による影響を受けない．例えば，2-クロロ-4-ニトロトルエンは酸化されて2-クロロ-4-ニトロ安息香酸になる．この酸化反応では，ニトロ基やクロロ基は影響を受けず，そのままであることに注目しよう．

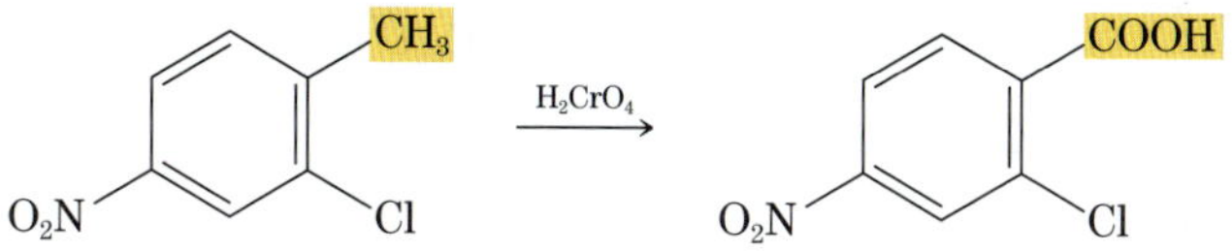

2-Chloro-4-nitrotoluene → 2-Chloro-4-nitrobenzoic acid （H$_2$CrO$_4$）

エチルベンゼンやイソプロピルベンゼンも同じ反応条件で安息香酸に酸化される．tert-ブチルベンゼンはベンジル水素がないので，同様の酸化反応条件では影響を受けない．

これらのことから，ベンジル水素があるとベンジル炭素（9.4A節）はカルボキシ基に酸化され，それ以外の側鎖の炭素はすべて取り除かれると結論される．tert-ブチルベンゼンのようにベンジル水素がない場合には側鎖の酸化は起こらない．

もし2個以上のアルキル鎖があれば，それぞれ—COOHに酸化される．m-キシレンを酸化すると，1,3-ベンゼンジカルボン酸（イソフタル酸とよばれることが多い）が生成する．

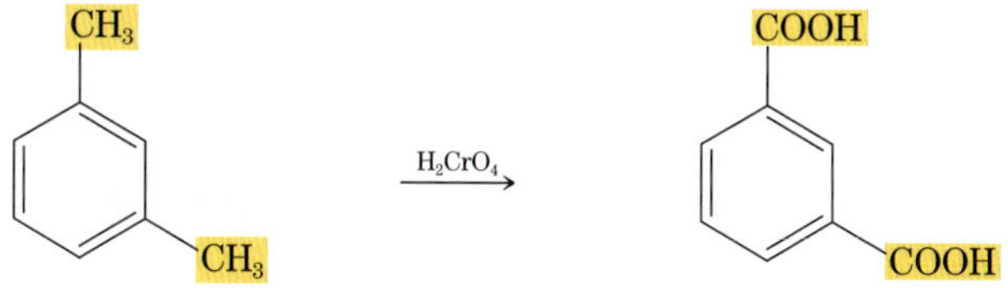

m-Xylene → 1,3-Benzenedicarboxylic acid (Isophthalic acid) （H$_2$CrO$_4$）

例題 9.2

1,4-ジメチルベンゼン（p-キシレン）を H$_2$Cr$_2$O$_4$ で激しく酸化したときの生成物の構造式を書け．

解答

両方のメチル基が—COOHに酸化される．生成物はテレフタル酸で，ポリエステル（PET）の合成に必要な2種のモノマーのうちの一つである（17.5B節）．

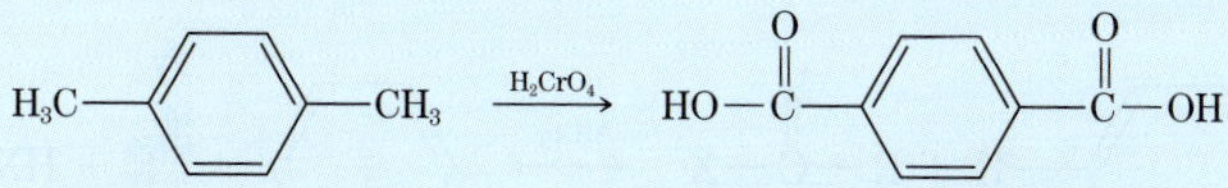

1,4-Dimethylbenzene (p-Xylene) → 1,4-Benzenedicarboxylic acid (Terephthalic acid) （H$_2$CrO$_4$）

練習問題 9.2

次の化合物を $H_2Cr_2O_4$ で激しく酸化したときの生成物の構造式を書け．

(a) 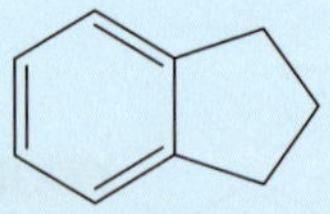 インダン (b) 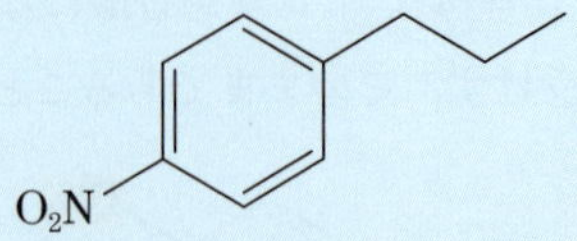 4-ニトロプロピルベンゼン

9.6　ベンゼンの反応：芳香族求電子置換反応

芳香族化合物の最も特徴的な反応は，何といっても，環炭素における置換反応である．環に直接導入できる官能基は，ハロ（フッ素を除く）基，ニトロ（—NO_2）基，スルホ（—SO_3H）基，アルキル（—R）基およびアシル（RCO—）基などである．これらの置換反応をそれぞれ下の反応式に示している．

ハロゲン化：

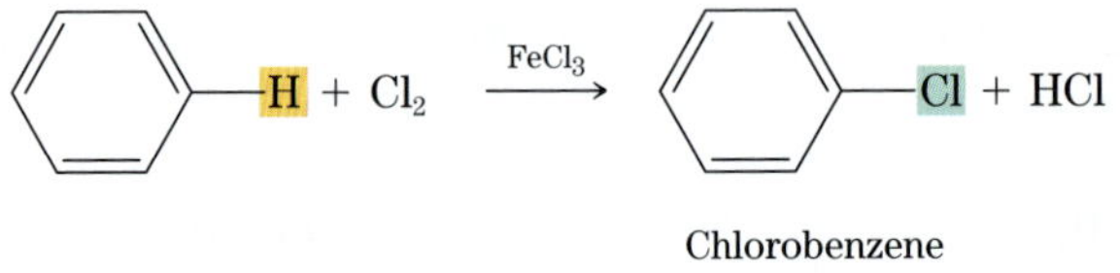

$$C_6H_5\text{-}H + Cl_2 \xrightarrow{FeCl_3} C_6H_5\text{-}Cl + HCl$$

Chlorobenzene

ニトロ化：

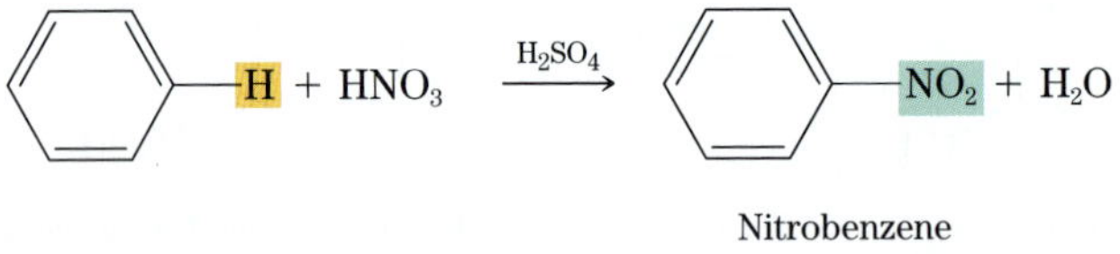

$$C_6H_5\text{-}H + HNO_3 \xrightarrow{H_2SO_4} C_6H_5\text{-}NO_2 + H_2O$$

Nitrobenzene

スルホン化：

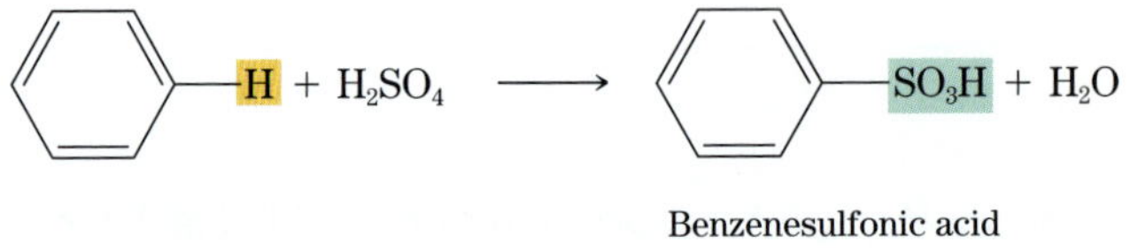

$$C_6H_5\text{-}H + H_2SO_4 \longrightarrow C_6H_5\text{-}SO_3H + H_2O$$

Benzenesulfonic acid

アルキル化：

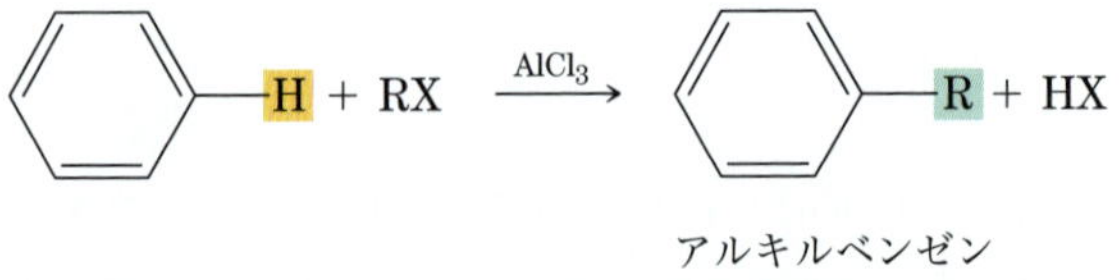

$$C_6H_5\text{-}H + RX \xrightarrow{AlCl_3} C_6H_5\text{-}R + HX$$

アルキルベンゼン

アシル化：

$$C_6H_5\text{-}H + R\text{-}CO\text{-}X \xrightarrow{AlCl_3} C_6H_5\text{-}COR + HX$$

ハロゲン化アシル　　アシルベンゼン

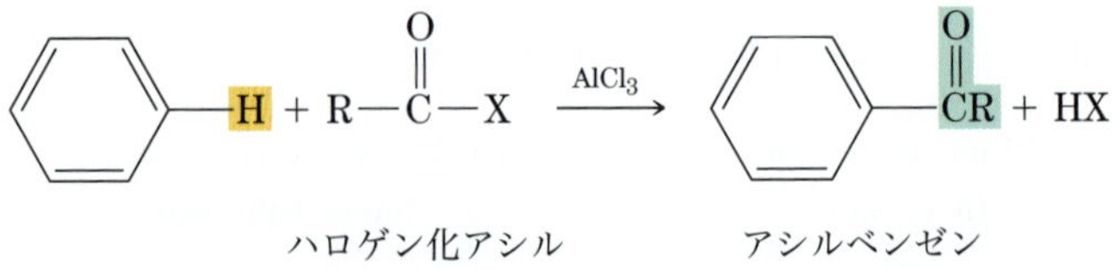

9.7 芳香族求電子置換反応の機構

この章では，いくつかのタイプの**芳香族求電子置換反応** electrophilic aromatic substitution reaction，すなわち，芳香環上の水素原子が求電子種（E^+）によって置き換えられる反応，について学ぶ．いくつかのタイプといってもこれらの反応の機構は実によく似ている．その機構は 3 段階に分けることができる．

芳香族求電子置換反応：芳香環上の水素が求電子種 E^+ と置き換わる反応．

段階 1：求電子種の発生．

$$試薬 \longrightarrow E^+$$

段階 2：求電子種の芳香環への攻撃による共鳴安定化カチオン中間体の生成．

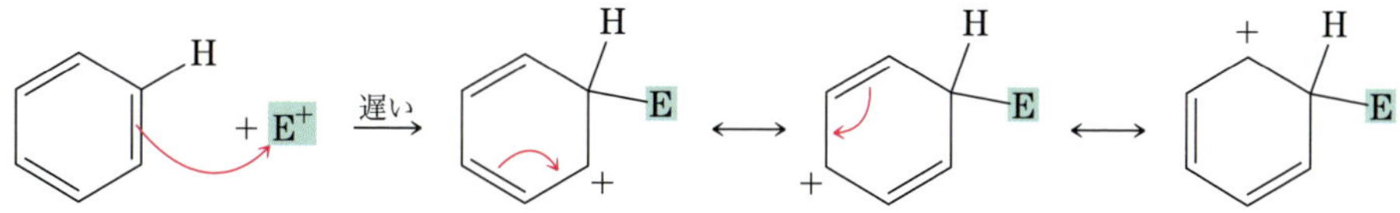

共鳴安定化したカチオン中間体

段階 3：塩基 B へのプロトン移動による芳香環の再生．

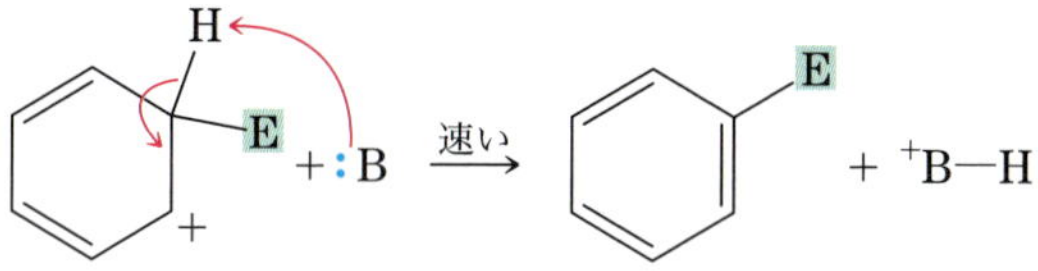

これから述べようとしている反応は，求電子種を発生させる方法と芳香環を再生するためにプロトンを除去する塩基だけが異なる．それぞれの反応を詳しく学んでいくにあたり，この基本を心に留めておこう．

A 塩素化と臭素化

塩素がシクロヘキセンにすばやく付加する（5.3C 節）のとは異なり，塩素だけではベンゼンは反応しない．しかし，塩化鉄（Ⅲ）や塩化アルミニウムのような Lewis 酸触媒存在下には反応が進行し，クロロベンゼンと HCl が生成する．この種の芳香族求電子置換反応は次に示す 3 段階機構で説明される．

反応機構：芳香族求電子置換——塩素化

段階 1：求電子種の発生：塩素（Lewis 塩基）と $FeCl_3$（Lewis 酸）の反応で塩素カチオン（求電子種）を含むイオン対を生成する．

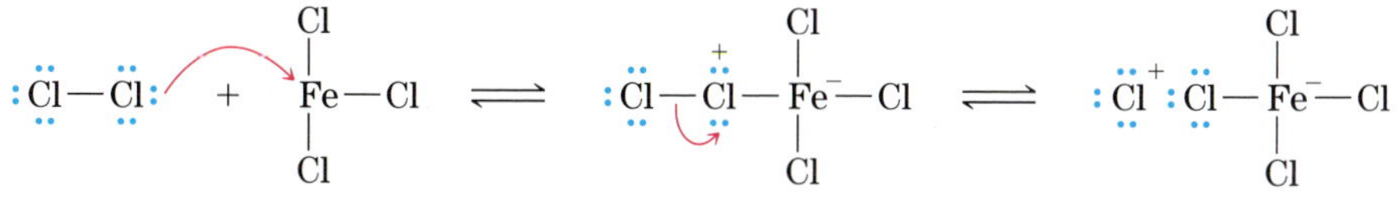

塩素   塩化鉄(Ⅲ)   Cl に正電荷，Fe に負電荷   塩素カチオンを含む
(Lewis 塩基) (Lewis 酸)   をもつ分子錯体   イオン対

段階2：求電子種の環への攻撃：Cl_2-$FeCl_3$ イオン対と芳香環のπ電子雲との反応によって，次に示す共鳴安定化カチオン中間体（三つの寄与構造の混成体として表される）を生成する．

共鳴安定化したカチオン中間体

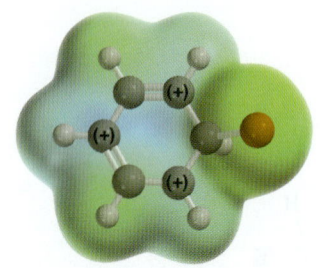

共鳴安定化した中間体の正電荷は，置換位置に対して2，4，6位の環炭素にほとんど同等に分布している．

段階3：プロトン移動：このカチオン中間体からプロトンが $FeCl_4^-$ に移り HCl を生成し，Lewis 酸触媒を再生し，クロロベンゼンが生成する．

カチオン中間体　　　　　　　　　　　　　　　　クロロベンゼン

臭化鉄（Ⅲ）の存在下臭素をベンゼンに反応させると，ブロモベンゼンと HBr が生成する．その反応機構はベンゼンの塩素化で示したものと同じである．

アルケンへのハロゲンの付加と芳香環上のハロゲンによる置換との主な違いは，それぞれの反応の第一段階で生成するカチオン中間体がどうなるかということに集約できる．5.3C 節で学んだように，塩素のアルケンへの付加は二段階反応であり，最初の遅い段階で橋かけクロロニウムイオン中間体が生成することを思い出そう．この中間体が，ついで塩化物イオンと反応して付加が完結する．芳香族化合物では，カチオン中間体から H^+ が失われて芳香環が再生し，大きな共鳴安定化を回復する．アルケンの場合には取り戻すような共鳴安定化は存在しない．

B　ニトロ化とスルホン化

ベンゼンのニトロ化とスルホン化の反応過程は塩素化や臭素化とよく似ている．ニトロ化では，求電子種は硝酸と硫酸の反応で発生する**ニトロニウムイオン** nitronium ion，NO_2^+，である．次式ではニトロニウムイオンの発生源をわかりやすくするために，硝酸を $HONO_2$ と書いた．

反応機構：ニトロニウムイオンの発生

段階1：硫酸から硝酸の OH へのプロトン移動による硝酸の共役酸の生成．

硝酸　　　　　　　　　　　　　　　硝酸の共役酸

段階 2：その共役酸からの水の脱離によるニトロニウムイオン NO_2^+ の生成．

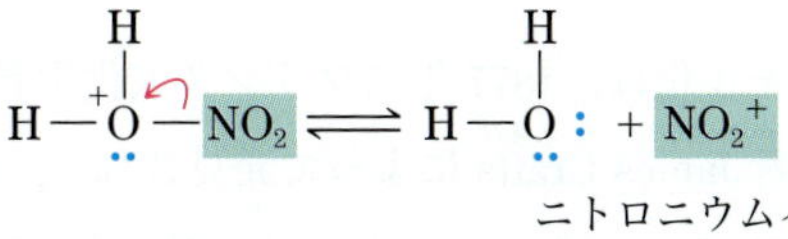

$$H-\overset{H}{\underset{..}{\overset{+}{O}}}-NO_2 \rightleftharpoons H-\overset{H}{\underset{..}{O}}: + NO_2^+$$

ニトロニウムイオン

ベンゼンのスルホン化は熱濃硫酸を用いて行われる．この時の求電子種は，実験条件によって異なるが，SO_3 または HSO_3^+ である．HSO_3^+ は硫酸から次のように生成する．

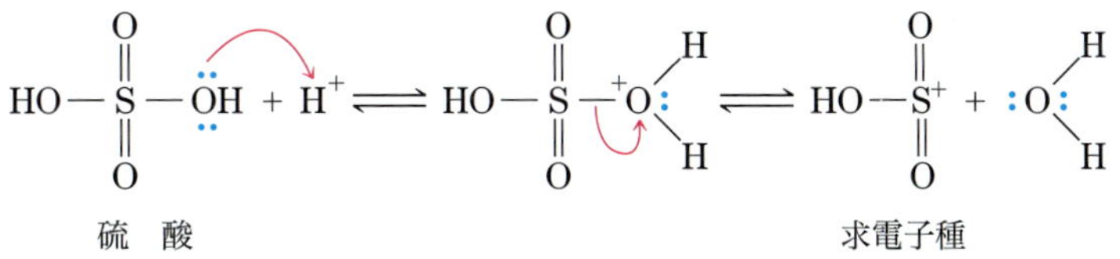

$$HO-\underset{O}{\overset{O}{S}}-\ddot{O}H + H^+ \rightleftharpoons HO-\underset{O}{\overset{O}{S}}-\overset{+}{O}\underset{H}{\overset{H}{:}} \rightleftharpoons HO-\underset{O}{\overset{O}{\overset{+}{S}}} + :\overset{H}{\underset{H}{O}}$$

硫　酸　　　　　　　　　　　　　　　　　求電子種

例題 9.3

ベンゼンのニトロ化の反応機構を段階的に書け．

解　答

段階 1：ニトロニウムイオン（求電子種）がベンゼン環（求核種）を攻撃して共鳴安定化したカチオン中間体を生成する．

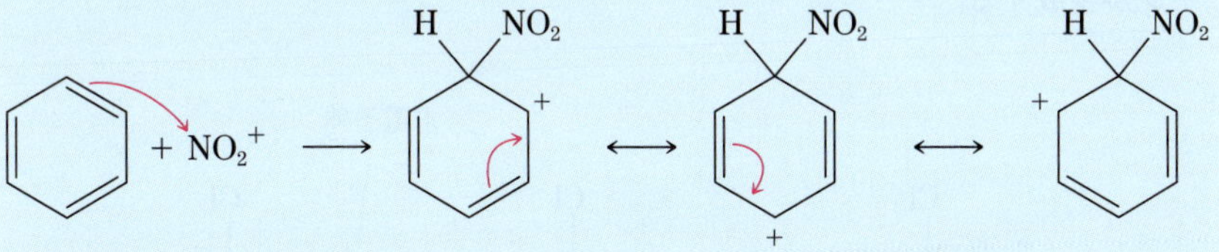

[ベンゼン環] + NO_2^+ ⟶ [中間体共鳴構造] ↔ [中間体共鳴構造] ↔ [中間体共鳴構造]

段階 2：この中間体から H_2O へプロトンが移動して芳香環を再生し，ニトロベンゼンが生成する．

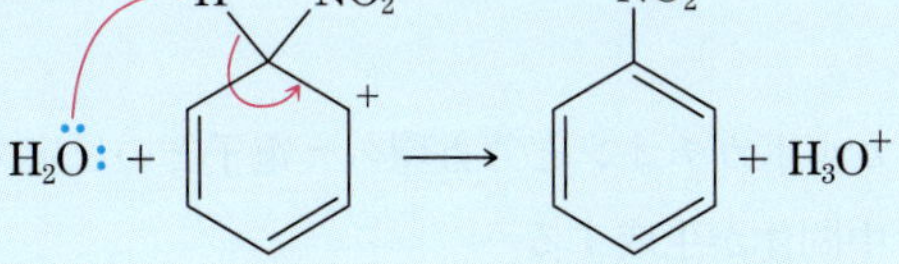

$H_2\ddot{O}:$ + [中間体] ⟶ [ニトロベンゼン] + H_3O^+

Nitrobenzene

練習問題 9.3

ベンゼンのスルホン化の反応機構を段階的に書け．

C Friedel-Crafts アルキル化

芳香族炭化水素のアルキル化は，1877年にフランス人化学者 Charles Friedel（フリーデル）と滞在中のアメリカ人化学者 James Crafts（クラフツ）によって発見された．彼らは，ベンゼン，ハロゲン化アルキル，AlCl$_3$ を混ぜるとアルキルベンゼンと HX が生成することを見つけた．**Friedel-Crafts アルキル化** alkylation は，塩化アルミニウム存在下のベンゼンと 2-クロロプロパンの反応で示されるように，ベンゼンとアルキル基の間に新しい炭素–炭素結合を形成する．

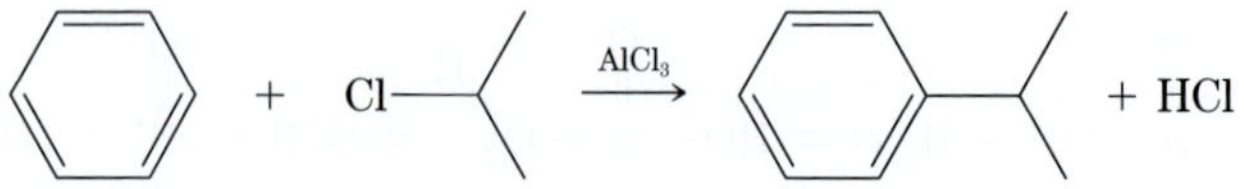

Benzene + 2-Chloropropane (Isopropyl chloride) $\xrightarrow{\text{AlCl}_3}$ Isopropylbenzene (Cumene) + HCl

Friedel-Crafts アルキル化は芳香環に新しい炭素–炭素結合を形成するための最も重要な方法の一つである．

反応機構：Friedel-Crafts アルキル化

段階 1：この反応は，ハロゲン化アルキル（Lewis 塩基）と塩化アルミニウム（Lewis 酸）が分子錯体を作ることから始まる．この錯体では，アルミニウムは負の形式電荷を，ハロゲン化アルキルのハロゲンは正の形式電荷をもつ．この錯体中における電子の再配置によって，イオン対の一方としてアルキルカルボカチオンが生成する．

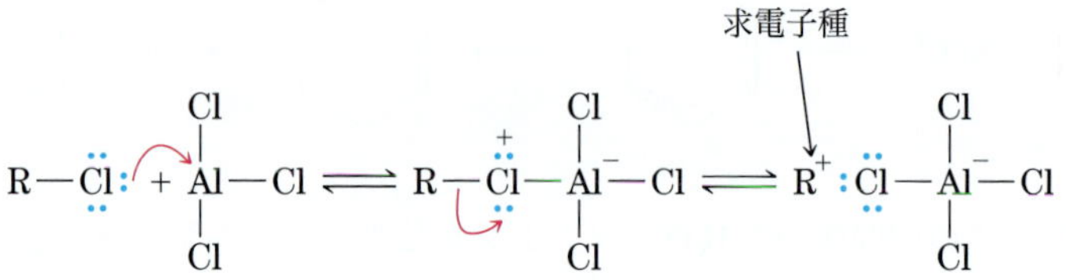

R—Cl: + Al—Cl ⇌ R—Cl$^+$—Al$^-$—Cl ⇌ R$^+$:Cl—Al$^-$—Cl （求電子種）

Cl に正電荷，Al に負電荷をもつ分子錯体　　カルボカチオンを含むイオン対

段階 2：アルキルカルボカチオンと芳香環の π 電子との反応で，共鳴安定化したカルボカチオン中間体が生成する．

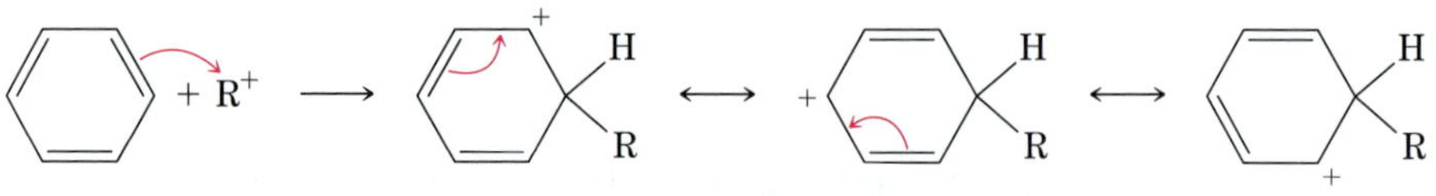

正電荷は環上の 3 原子に非局在化している

段階3：プロトン移動によって環の芳香族性と Lewis 酸触媒が再生する．

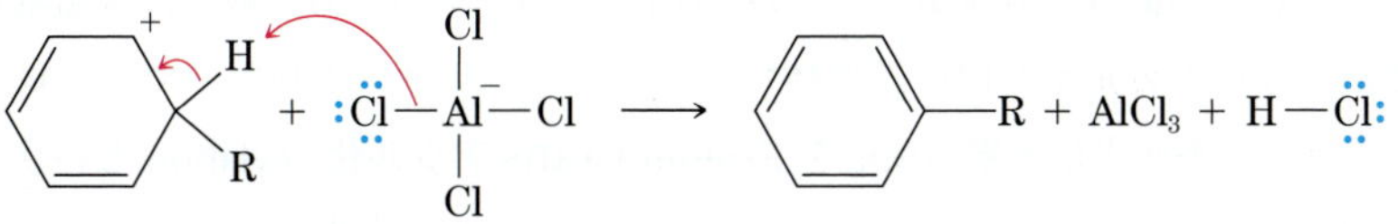

Friedel-Crafts アルキル化には二つの大きな制約がある．一つは，第三級や第二級カルボカチオンのような安定なカチオンの場合にのみ実用的であることである．その理由はここでは述べないでおく．

二つ目の制約は，ベンゼン環に一つあるいはそれ以上の強い電子求引基が存在すると，この反応は全く起こらないことである．次の表にこれらの置換基の例をいくつか示す．

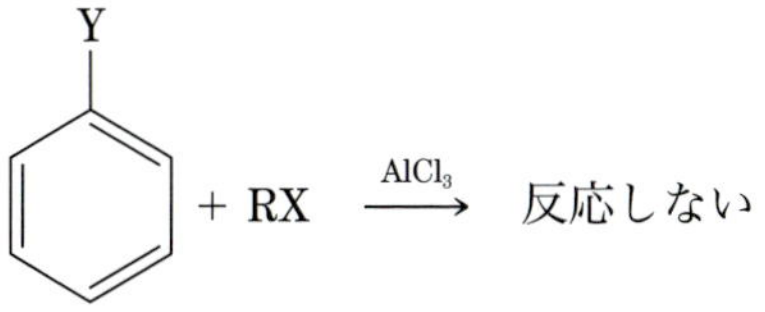

ベンゼン環上の Y が次のような置換基である場合には，Friedel-Crafts アルキル化を受けない
—CHO —CR(=O) —COOH —COR —CONH₂
—SO₃H —C≡N —NO₂ —NR₃⁺
—CF₃ —CCl₃

上の表にあげた置換基に共通する特徴は，それぞれベンゼン環に結合している原子に完全な正電荷または部分正電荷が存在することである．カルボニル置換基では，その部分正電荷はカルボニル基の酸素と炭素の電気陰性度の違いによって生じる．—CF_3 と —CCl_3 では，炭素上の部分正電荷は，炭素とそれに結合しているハロゲンとの電気陰性度の差によって生じる．ニトロ基とトリアルキルアンモニオ基には，窒素上に正電荷が存在する．

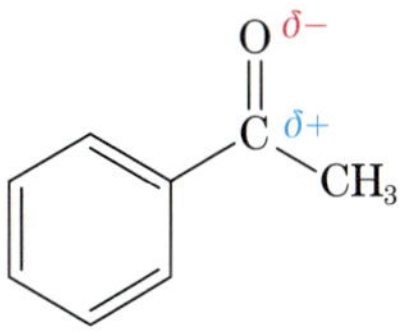

ケトンのカルボニル基 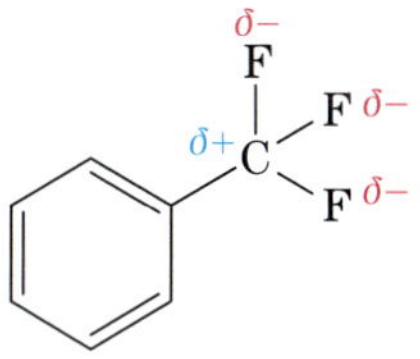　　トリフルオロメチル基 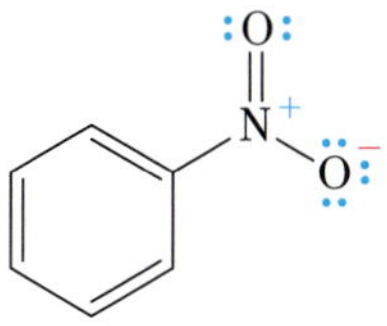　　ニトロ基 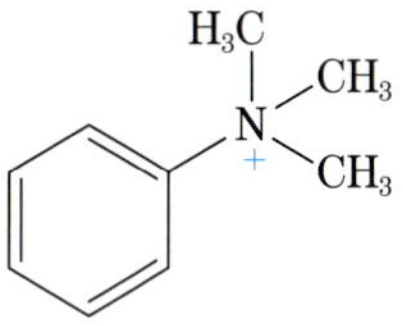　　トリメチルアンモニオ基

D　Friedel-Crafts アシル化

Friedel と Crafts は，芳香族炭化水素とハロゲン化アシル（15.2A 節）を塩化ア

ハロゲン化アシル：カルボキシ基の—OH がハロゲン（一般的には塩素）と置き換わったカルボン酸誘導体の一つ．

ルミニウムの存在下で反応させるとケトンが生成することも発見した．**ハロゲン化アシル** acyl halide は，カルボキシ基の—OH がハロゲン（最も一般的には塩素）に置き換えられたカルボン酸の誘導体である．RCO—がアシル基なので，ハロゲン化アシルと芳香族炭化水素の反応を **Friedel-Crafts アシル化** acylation という．その一例として，塩化アルミニウムの存在下にベンゼンと塩化アセチルからアセトフェノンが生成する反応を示す．

$$\text{Benzene} + \text{CH}_3\text{CCl}(=O) \xrightarrow{\text{AlCl}_3} \text{Acetophenone} + \text{HCl}$$

Benzene　　Acetyl chloride　　　　Acetophenone
　　　　　（ハロゲン化アシル）　　　（ケトン）

Friedel-Crafts アシル化では，求電子種は次のように生成するアシリウムイオンである．

反応機構：Friedel-Crafts アシル化——アシリウムイオンの生成

ハロゲン化アシル（Lewis 塩基）のハロゲンと塩化アルミニウム（Lewis 酸）が反応して分子錯体を生成する．次に，価電子の再配列でアシリウムイオン*を含むイオン対が生成する．

*訳注：アシリウムイオンの正電荷をもつ炭素は sp 混成であり，イオンの構造は直線状である．

$$R-C(=O)-Cl: + Al(Cl)_2-Cl \rightleftharpoons R-C(=O)-\overset{+}{Cl}-Al(Cl)_2-Cl \rightleftharpoons R-\overset{+}{C}(=O) \; :Cl-Al(Cl)_2-Cl$$

塩化アシル　塩化アルミニウム　　　Cl に正電荷，Al に　　　アシリウムイオンを
（Lewis 塩基）　（Lewis 酸）　　　　負電荷をもつ分子錯体　　　含むイオン対

例題 9.4

ベンゼンと次の化合物の Friedel-Crafts アルキル化またはアシル化によってできる生成物の構造式を書け．

(a)　$C_6H_5CH_2Cl$
　　　Benzyl chloride

(b)　$C_6H_5\overset{O}{\overset{\|}{C}}Cl$
　　　Benzoyl chloride

解　答

(a) 塩化ベンジルと塩化アルミニウムから共鳴安定化したベンジルカチオンができ，それがベンゼンを攻撃し，ついで H^+ を放出してジフェニルメタンが生成する．

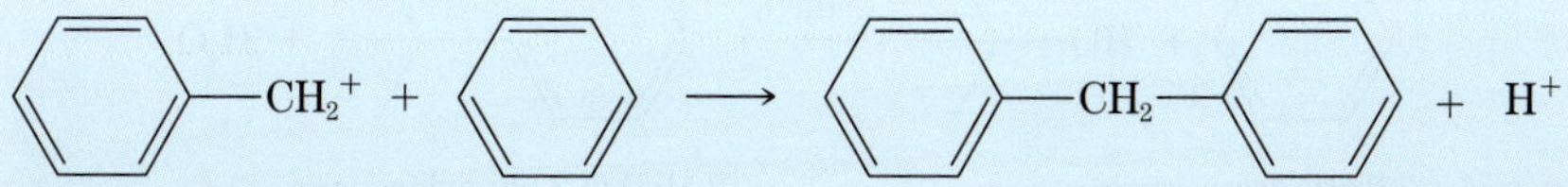

Benzyl cation　　　　　　　　　　　　Diphenylmethane

(b) 塩化ベンゾイルと塩化アルミニウムからアシルカチオンができ，それがベンゼンを攻撃し，ついでH$^+$を放出してベンゾフェノンが生成する．

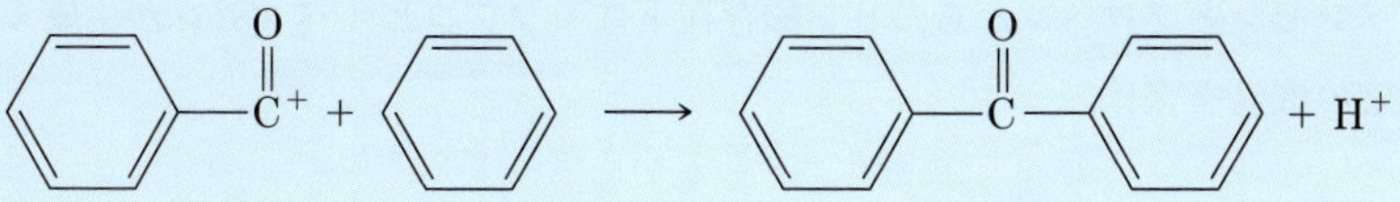

Benzoyl cation　　　　　　　　　　　　Benzophenone

練習問題 9.4

ベンゼンと次の化合物の Friedel-Crafts アルキル化またはアシル化によってできる生成物の構造式を書け．

(a)　　　(b) 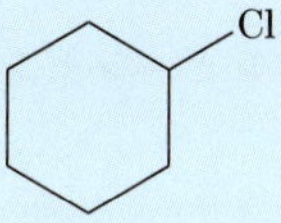　　　(c)

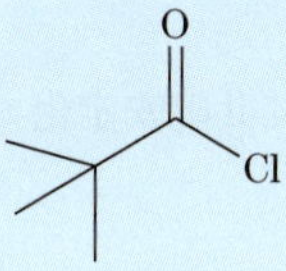

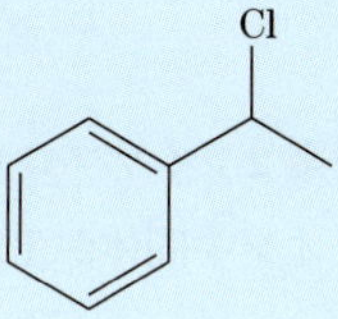

E その他の求電子的芳香族アルキル化

Friedel-Crafts アルキル化やアシル化がカチオン求電子種によるということが明らかにされると，試薬と触媒の他の組合せによっても同じ生成物が得られることが実証された．この節では，これらのうちの二つの反応，アルケンからとアルコールからのカルボカチオンの生成について学ぶ．

5.3A 節で見たように，アルケンは強酸，最も一般的には H$_2$SO$_4$ や H$_3$PO$_4$ との反応によってカルボカチオンを生成する．イソプロピルベンゼン（クメン）は酸触媒存在下でのベンゼンとプロペンの反応で工業的に生産されている．

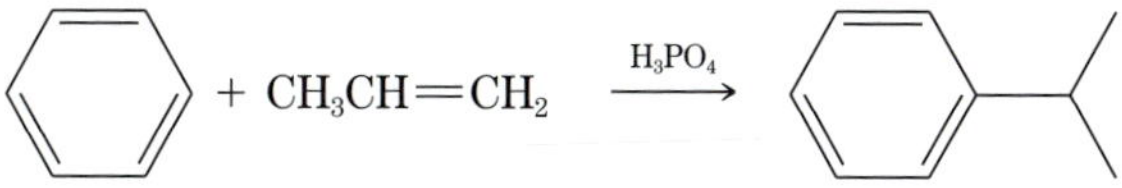

Benzene　＋　Propene　$\xrightarrow{H_3PO_4}$　Isopropylbenzene (Cumene)

カルボカチオンはアルコールと H$_2$SO$_4$ や H$_3$PO$_4$ との反応でも生成する（8.3E 節）．

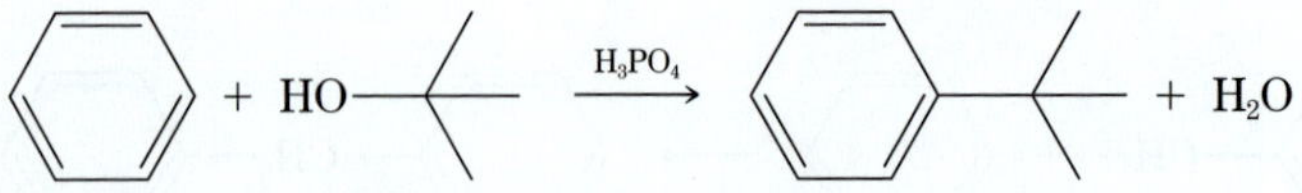

$$\text{Benzene} + \text{HO-C(CH}_3)_3 \xrightarrow{\text{H}_3\text{PO}_4} \text{2-Methyl-2-phenylpropane (tert-Butylbenzene)} + \text{H}_2\text{O}$$

例題 9.5

ベンゼンとプロペンから，リン酸存在下にイソプロピルベンゼンが生成する反応の機構を書け．

解 答

段階 1：リン酸からプロペンへのプロトン移動によってイソプロピルカチオンが生成する．

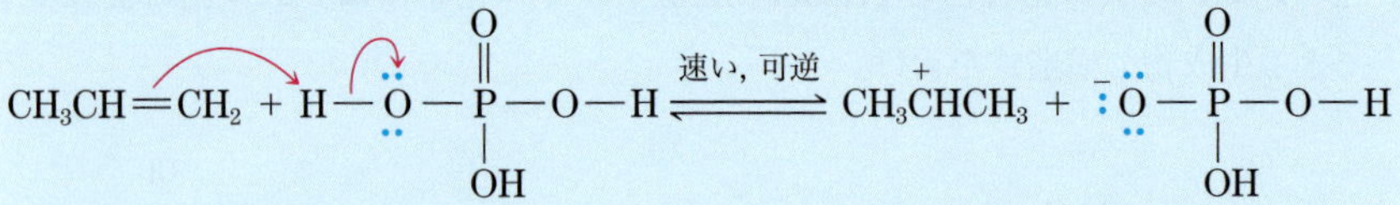

$$\text{CH}_3\text{CH=CH}_2 + \text{H–O–P(=O)(OH)–OH} \underset{\text{速い，可逆}}{\rightleftharpoons} \text{CH}_3\overset{+}{\text{CH}}\text{CH}_3 + {}^-\text{O–P(=O)(OH)–OH}$$

段階 2：イソプロピルカチオンとベンゼンが反応して共鳴安定化カルボカチオン中間体が生成する．

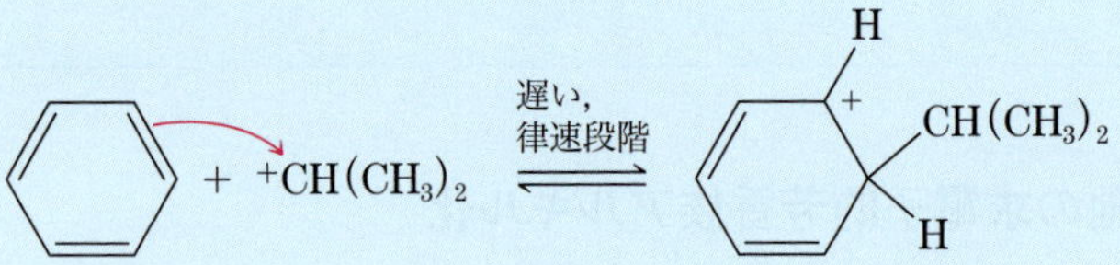

$$\text{C}_6\text{H}_6 + {}^+\text{CH(CH}_3)_2 \underset{\text{遅い，律速段階}}{\rightleftharpoons} \text{[arenium ion intermediate]}$$

段階 3：この中間体からリン酸二水素イオンにプロトン移動してイソプロピルベンゼンが生成する．

$$\text{[intermediate]} + {}^-\text{O–P(=O)(OH)–OH} \xrightarrow{\text{速い}} \text{C}_6\text{H}_5\text{–CH(CH}_3)_2 + \text{H–O–P(=O)(OH)–OH}$$

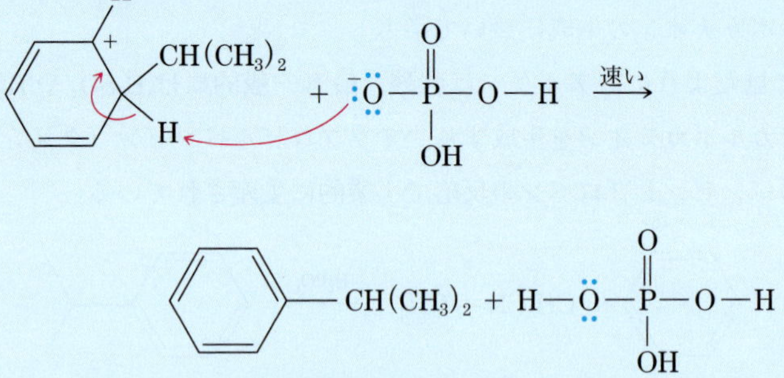

Isopropylbenzene

練習問題 9.5

ベンゼンと *tert*-ブチルアルコールから，リン酸存在下に *tert*-ブチルベンゼンが生成する反応の機構を書け．

9.8　二置換および多置換ベンゼン

A 置換反応への置換基の影響

　一置換ベンゼンの芳香族求電子置換反応においては，すでに環上にある置換基に対してオルト，メタ，パラ置換の3種類の生成物ができる可能性がある．化学者は豊富な実験事実に基づいて，すでに存在する置換基が置換反応に影響する仕方について次のようにまとめた．

1. 置換基は新しい基が導入される位置に影響を及ぼす．導入される新しい基をオルトとパラ位に優先的に配向する置換基と，メタ位に配向する置換基がある．いいかえると，ベンゼン環上の置換基は**オルト-パラ配向基** *ortho-para* director と**メタ配向基** *meta* director に分類できる．
2. 置換基は新しい基が導入される速度に影響を及ぼす．置換反応速度をベンゼンの場合よりも大きくする置換基と，小さくする置換基がある．いいかえると，ベンゼン環上の置換基を，次の求電子置換反応に対して**活性化** activating するものと**不活性化** deactivating するものに分類できる．

　このような配向性と活性化-不活性化効果はアニソールとニトロベンゼンの反応を比較してみるとよくわかる．アニソールの臭素化はベンゼンの臭素化と比べて，その速度はかなり大きく（メトキシ基は活性化基である），その生成物は *o*-ブロモアニソールと *p*-ブロモアニソールの混合物である（メトキシ基はオルト-パラ配向基である）．

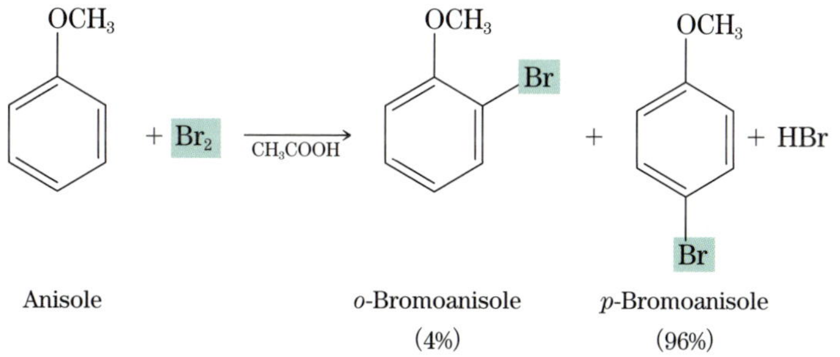

> **オルト-パラ配向基**：ベンゼン環上にあって芳香族求電子置換をオルトとパラ位に優先的に配向する置換基．
>
> **メタ配向基**：ベンゼン環上にあって芳香族求電子置換をメタ位に優先的に配向する置換基．
>
> **活性化基**：ベンゼン環上にあって，芳香族求電子置換反応の速度をベンゼンの反応速度よりも大きくする置換基．
>
> **不活性化基**：ベンゼン環上にあって，芳香族求電子置換反応の速度をベンゼンの反応速度よりも小さくする置換基．

$$\text{Anisole} + Br_2 \xrightarrow{CH_3COOH} o\text{-Bromoanisole (4\%)} + p\text{-Bromoanisole (96\%)} + HBr$$

　これとは全く異なるもう一つの例を，ニトロベンゼンのニトロ化に見ることができる．この反応はベンゼンのニトロ化よりもはるかにゆっくりと進行する（ニトロ基は強い不活性化基である）．そして，その生成物はおよそ93%のメタ異性体と合わせて7%以下のオルトとパラ異性体の混合物である（ニトロ基はメタ配向基である）．

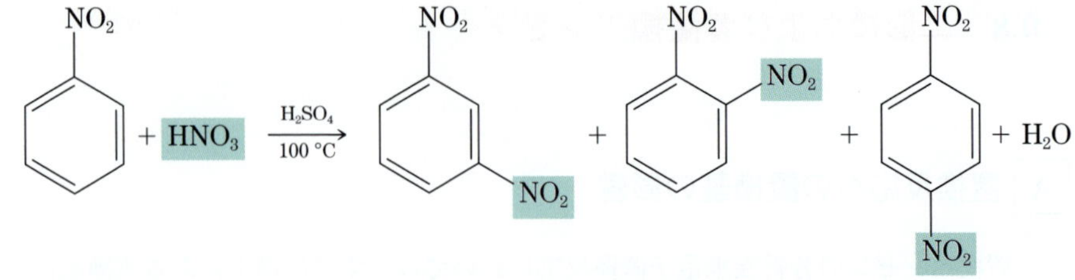

$$\text{Nitrobenzene} + \text{HNO}_3 \xrightarrow[100\,°C]{\text{H}_2\text{SO}_4} \underset{(93\,\%)}{m\text{-Dinitrobenzene}} + o\text{-Dinitrobenzene} + p\text{-Dinitrobenzene} + \text{H}_2\text{O}$$

o-, p-ジニトロベンゼン 合わせて 7 % 以下

表 9.1 に示すのは,本書に出てくる主要な置換基の配向性と活性化-不活性化効果である.この表のオルト-パラおよびメタ配向基の構造の類似性や相異を比較すると,次のような一般則を導くことができる.

1. アルキル基,フェニル基,環に結合している原子が非共有電子対をもつ置換基はオルト-パラ配向性である.その他はすべてメタ配向性である.
2. ハロゲンを除いて,すべてのオルト-パラ配向基は置換反応を活性化する.ハロゲンは少し不活性化する.
3. すべてのメタ配向基は,環に結合している原子上に部分的あるいは完全な正電荷をもっており,不活性化基である.

表 9.1 芳香族求電子置換反応における置換基の効果

オルト-パラ配向性	強い活性化	—NH$_2$	—NHR	—NR$_2$	—OH	—OR
	中程度の活性化	—NHCR(=O)	—NHCAr(=O)	—OCR(=O)	—OCAr(=O)	
	弱い活性化	—R 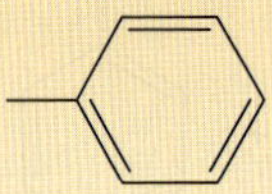	—C$_6$H$_5$			
	弱い不活性化	—F:	—Cl:	—Br:	—I:	
メタ配向性	中程度の不活性化	—CH(=O)	—CR(=O)	—COH(=O)	—COR(=O)	—CNH$_2$(=O) —SOH(=O)(=O)
	強い不活性化	—NO$_2$	—NH$_3^+$	—CF$_3$	—CCl$_3$	

置換反応を方向づける相対的な強さの順序

次のような二つの二置換ベンゼン誘導体の合成について考察してみると，上の一般則の有用性がわかる．いま，ベンゼンから m-ブロモニトロベンゼンを合成するとしよう．この変換はニトロ化と臭素化の2段階で行える．仮に，この順序で2段階の反応を行ったとすると，主生成物は確かに m-ブロモニトロベンゼンである．ニトロ基はメタ配向基であるから臭素化はメタ位で起こる．

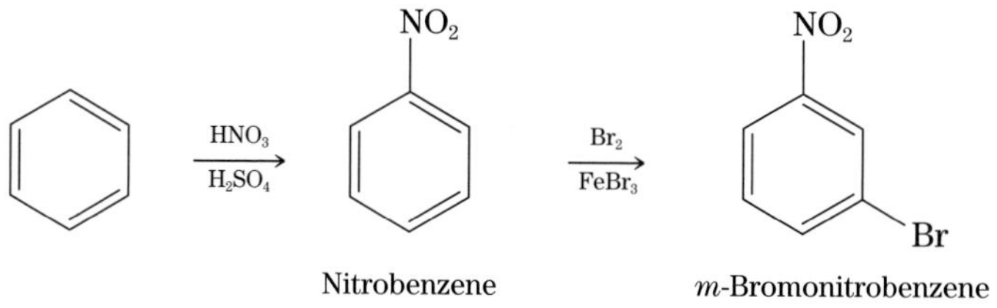

$$\text{Benzene} \xrightarrow[H_2SO_4]{HNO_3} \text{Nitrobenzene} \xrightarrow[FeBr_3]{Br_2} m\text{-Bromonitrobenzene}$$

しかし，その順序を入れ替えて，初めにブロモベンゼンを合成すると，オルト–パラ配向性の置換基が環に入ることになる．そうするとブロモベンゼンのニトロ化は，パラ体を主生成物としてオルトとパラ位に優先的に起こる．

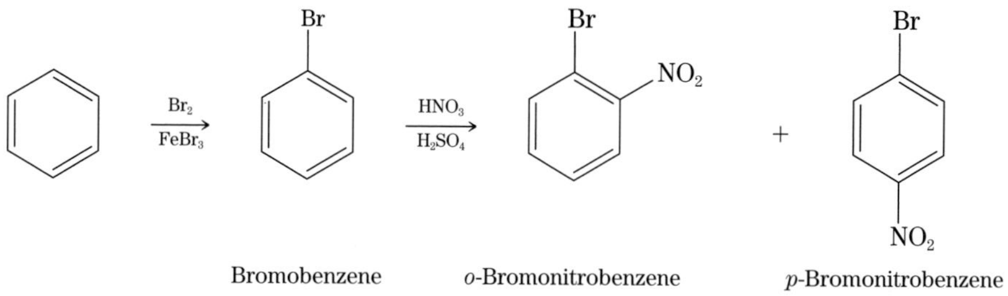

$$\text{Benzene} \xrightarrow[FeBr_3]{Br_2} \text{Bromobenzene} \xrightarrow[H_2SO_4]{HNO_3} o\text{-Bromonitrobenzene} + p\text{-Bromonitrobenzene}$$

芳香族求電子置換反応の順序の重要性を示す別の例として，トルエンのニトロ安息香酸への変換を考えてみよう．ニトロ基は，硝酸と硫酸の混酸によって導入される．カルボキシ基は，メチル基の酸化によって導入できる（9.5節）．

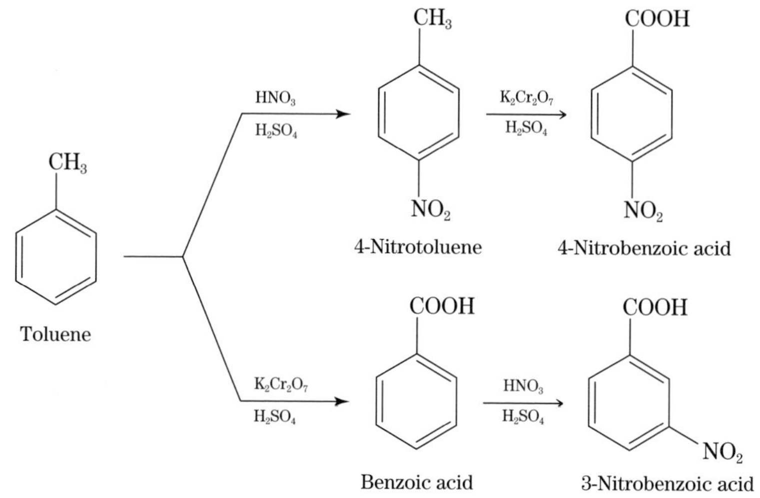

$$\text{Toluene} \xrightarrow[H_2SO_4]{HNO_3} \text{4-Nitrotoluene} \xrightarrow[H_2SO_4]{K_2Cr_2O_7} \text{4-Nitrobenzoic acid}$$

$$\text{Toluene} \xrightarrow[H_2SO_4]{K_2Cr_2O_7} \text{Benzoic acid} \xrightarrow[H_2SO_4]{HNO_3} \text{3-Nitrobenzoic acid}$$

安息香酸のニトロ化では互いにメタ位に置換基がある生成物ができるのに対し

て，トルエンのニトロ化によって，二つの置換基が互いにパラ位にある生成物が得られる．ここでもまた，反応の順序が重要であることがわかる．

後者の例において，トルエンのニトロ化でパラ異性体だけが生成するとしたが，メチル基はオルト–パラ配向基であるから，実際にはオルトとパラ異性体の両方ができる．この異性体のうちの一方だけを作る必要があるというような問題では，オルトとパラ異性体の両方が生成するけれども，その二つを分離する物理的な方法があり，必要な異性体を得ることができると仮定している．

例題 9.6

次の芳香族求電子置換反応を完成せよ．メタ置換と予想するときはメタ生成物だけを示し，オルト–パラ置換と予想するときは両方の生成物を示せ．

(a) 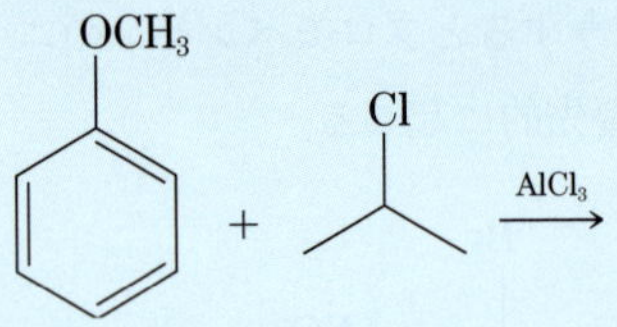 アニソール + イソプロピルクロリド $\xrightarrow{\text{AlCl}_3}$

(b) 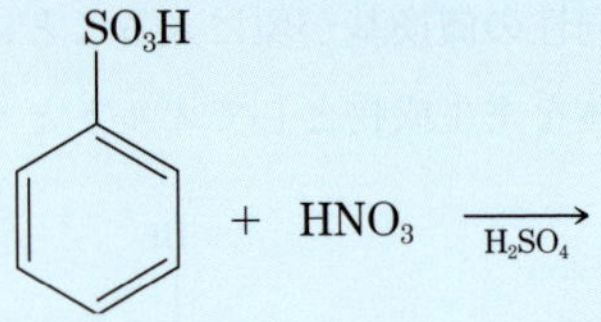 ベンゼンスルホン酸 + HNO$_3$ $\xrightarrow{\text{H}_2\text{SO}_4}$

解 答

(a)のメトキシ基はオルト–パラ配向性で強く活性化する．(b)のスルホン酸基はメタ配向性でかなり不活性化する．

(a) 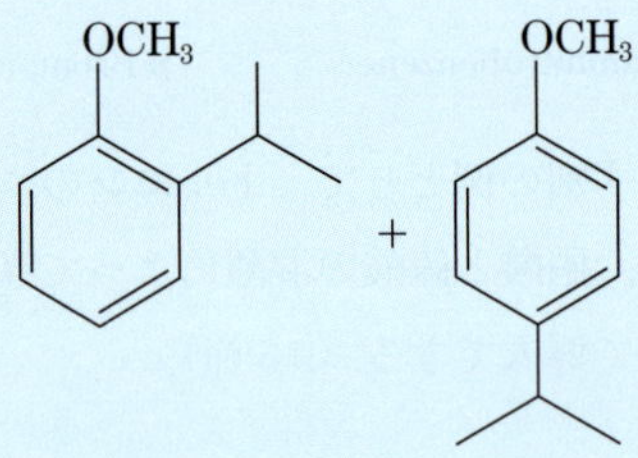 2-Isopropyl-anisole + 4-Isopropyl-anisole

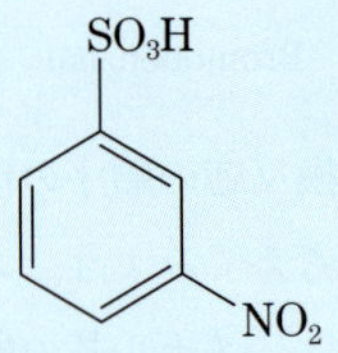

(b) 3-Nitrobenzene-sulfonic acid

練習問題 9.6

次の芳香族求電子置換反応を完成せよ．メタ置換と予想するときはメタ生成物だけを示し，オルト–パラ置換と予想するときは両方の生成物を示せ．

(a) 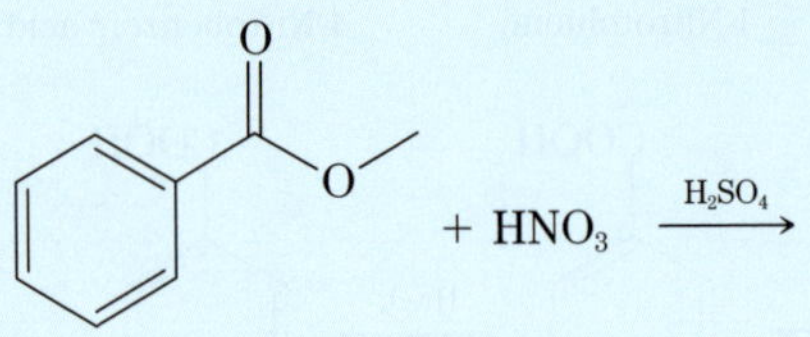 安息香酸メチル + HNO$_3$ $\xrightarrow{\text{H}_2\text{SO}_4}$

(b) 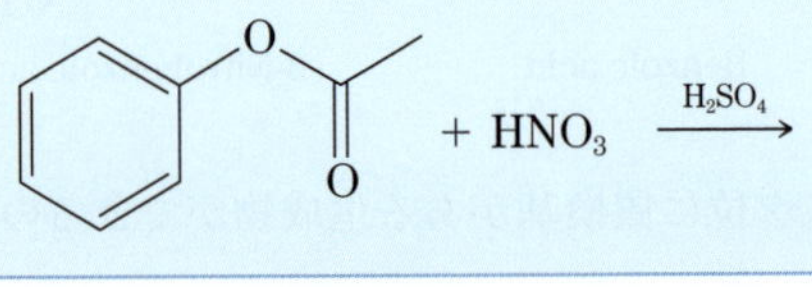 酢酸フェニル + HNO$_3$ $\xrightarrow{\text{H}_2\text{SO}_4}$

B 配向効果の理論

芳香環にすでにある置換基が次の置換反応の配向性に大きく影響することがわかった．その傾向は次の三つの一般則にまとめられる．

1. 環に結合している原子に非共有電子対があると，その官能基はオルト–パラ配向基である．
2. 環に結合している原子上に，部分的あるいは完全な正電荷が存在すると，その置換基はメタ配向基である．
3. アルキル基はオルト–パラ配向基である．

9.6 節で最初に示した芳香族求電子置換反応の一般的な反応機構を手掛りにして，この傾向を説明する．すでに環上に存在する置換基が，二つ目の置換反応で生成するカチオン中間体の相対的な安定性にどのように影響するか反応機構の考え方を広げてみよう．

反応機構の中の最も遅い段階によって芳香族求電子置換反応の速度が決まり，そして，ほとんどすべての求電子種と芳香環の反応では，求電子種が芳香環を攻撃して共鳴安定化したカチオン中間体の生成する段階が律速であるという事実から始めよう．そこで，どちらのカルボカチオン中間体（オルト–パラ置換の中間体かメタ置換の中間体）がより安定か決定しなければならない．すなわち，カルボカチオン中間体のどちらがより低い活性化エネルギーで生成するかということである．

アニソールのニトロ化

この反応の律速段階は，ニトロニウムイオンが環を攻撃して共鳴安定化したカチオン中間体が生成する段階である．図 9.4 は求電子種がメトキシ基のメタ位を攻撃

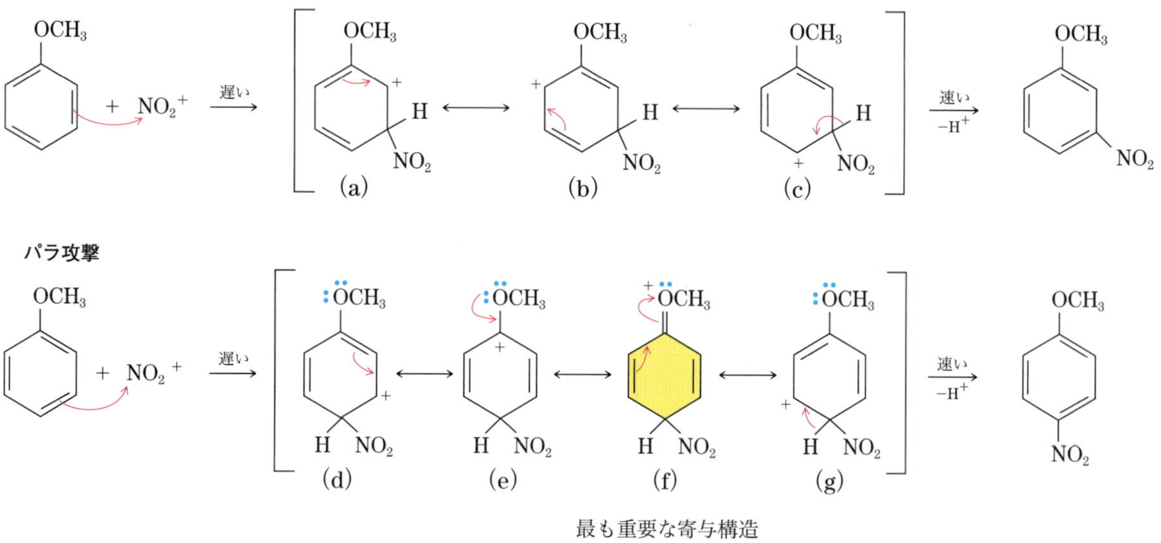

図 9.4
アニソールのニトロ化．メトキシ基のメタとパラ位への求電子種の反応．芳香環の再生はそれぞれの右端の寄与構造から起こるものとして示している．

最も重要な寄与構造

して生成するカチオン中間体と，パラ位を攻撃して生成するカチオン中間体を示している．メタ位での反応によって生成するカチオン中間体は，3 個の主要な寄与構造 (a)，(b)，(c) の共鳴混成体である．これら 3 個だけがメタ位の反応について書くことができる重要な寄与構造である．

一方，パラ位での反応によって生成するカチオン中間体は，4 個の主要な寄与構造 (d)，(e)，(f)，(g) の共鳴混成体である．構造 (f) に関して特に重要なことは，その中のすべての原子が完全なオクテットになっていることで，そのことはこの構造が (d)，(e)，(g) の構造よりも大きく混成体に寄与していることを意味している．アニソールのオルトあるいはパラ位での反応によってできるカチオンの共鳴安定化が大きく，そのために，その生成の活性化エネルギーが低くなるので，アニソールのニトロ化はオルトとパラ位で優先的に起こる．

ニトロベンゼンのニトロ化

図 9.5 は，ニトロニウムイオンがニトロ基のメタおよびパラ位のニトロ化によってできる共鳴安定化したカチオン中間体を示している．これらのカチオンはいずれも 3 個の寄与構造の混成体であり，これ以上は書けない．ここで，それぞれの混成体の相対的な共鳴安定化を比較する必要がある．窒素上に正の形式電荷をもつニトロ基の Lewis 構造を書いてみると，寄与構造 (e) は正電荷が二つの隣接原子に存在することになる．

図 9.5
ニトロベンゼンのニトロ化．ニトロ基のメタとパラ位への求電子種の反応．芳香環の再生はそれぞれの右端の寄与構造から起こるものとして示している．

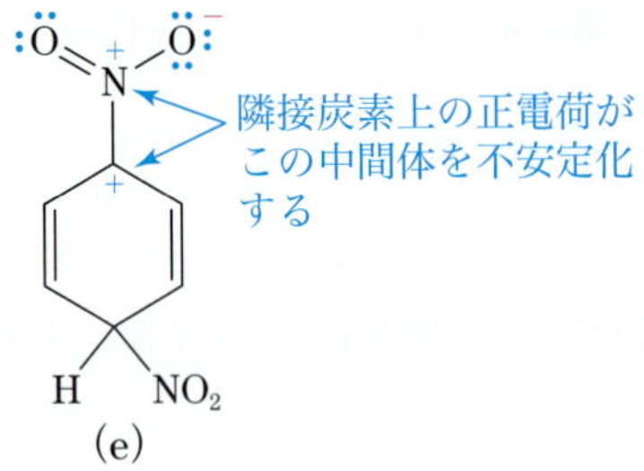
隣接炭素上の正電荷がこの中間体を不安定化する
H
NO_2
(e)

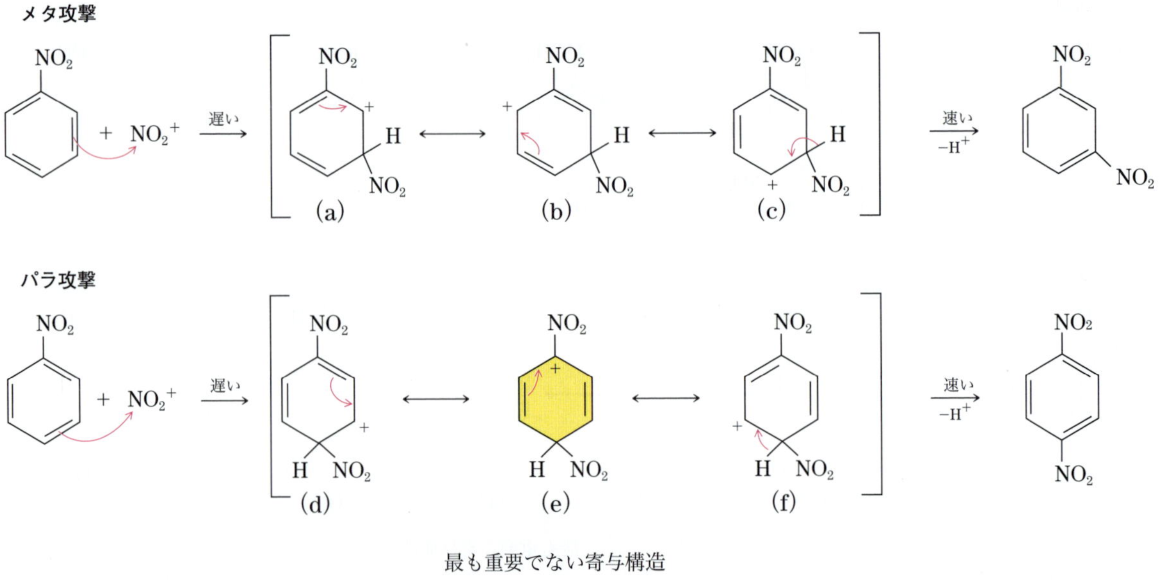
メタ攻撃
NO_2^+
遅い
(a)
(b)
(c)
速い
$-H^+$
パラ攻撃
(d)
(e)
(f)
最も重要でない寄与構造

これでは静電的な反発が起きてしまうので，構造 (e) は混成体にはほとんど寄与しない．メタ位での反応の中間体の寄与構造には隣接原子に正電荷がくるものは一つもない．その結果，メタ位での反応によって生成するカチオンの共鳴安定化は，パラ（あるいはオルト）位での反応によって生成するカチオンに対する共鳴安定化よりも大きい．いいかえれば，メタ位での反応に対する活性化エネルギーはパラ位での反応よりも小さい．

表 9.1 にあげた置換基をみると，ほとんどのオルト–パラ配向基は芳香環に結合している原子に非共有電子対をもっていることがわかる．したがって，表 9.1 の大部分のオルト–パラ配向基の配向効果は，主として，環に結合している原子がカチオン中間体の芳香環上の正電荷をさらに非局在化できることによるものである．

アルキル基がオルト–パラ配向性であるということは，アルキル基もまたカチオン中間体の安定化を助けるということを示している．5.3A 節でアルキル基がカルボカチオン中間体を安定化すること，そしてカルボカチオンの安定性の順序は，第三級＞第二級＞第一級＞メチルであることを説明した．アルケンの反応でできるカルボカチオン中間体をアルキル基が安定化するのと全く同じように，アルキル基は芳香族求電子置換反応でできるカルボカチオン中間体をも安定化する．

要するに，カチオン中間体をさらに安定化する芳香環上の置換基はすべてオルト–パラ配向性である．逆に，カチオン中間体を不安定化する置換基はすべてメタ配向性である．

例題 9.7

クロロベンゼンのニトロ化でできるカチオンの寄与構造を書いて，ニトロニウムイオンがオルト–パラ位に配向するのに塩素がどのように関与しているかを示せ．

解 答

寄与構造 (a)，(b)，(d) には正電荷が環原子上にある．一方，寄与構造 (c) には正電荷が塩素上にあり，カチオン中間体のより大きな共鳴安定化を生み出している．

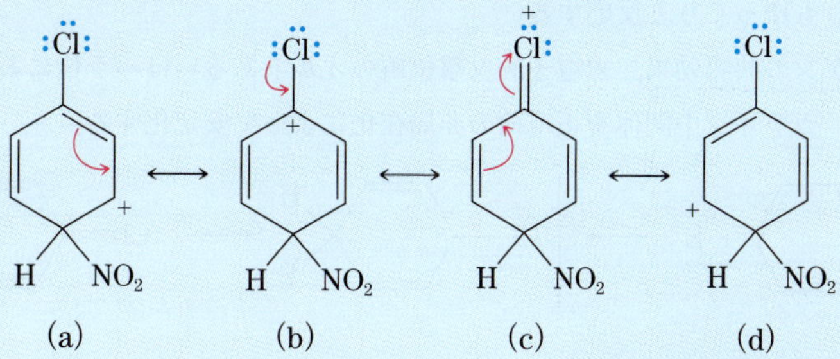

練習問題 9.7

酸素の電気陰性度が炭素よりも大きいので，カルボニル基の炭素は部分正電荷をもち，酸素は部分負電荷をもっている．これをもとに，カルボニル基がメタ配向性であることを示せ．

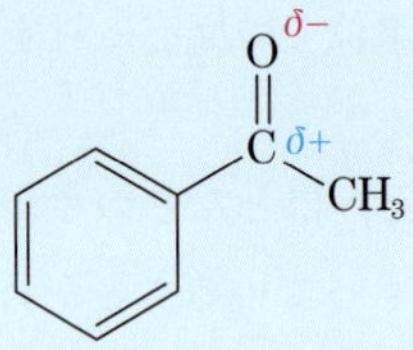

C 活性化-不活性化効果の理論

共鳴効果と誘起効果の両方を用いて置換基の活性化-不活性化効果を説明する．

1. $-NH_2$，$-OH$，$-OR$（いずれも非共有電子対をもっている）のように，カチオン中間体の正電荷を非局在化する共鳴効果はすべて，その生成のための活性化エネルギーを低くし，芳香族求電子置換反応を活性化する．すなわち，これらの置換基は，ベンゼンの反応に比べて，芳香族求電子置換反応を速める．
2. $-NO_2$，$-C=O$，$-SO_3H$，$-NR_3^+$，$-CCl_3$，$-CF_3$ などの環の電子密度を下げる共鳴と誘起効果はすべて，ベンゼンの反応に比べて，芳香族求電子置換反応を遅くする．
3. メチル基やほかのアルキル基のように，電子密度を環の方に押し出す誘起効果は，置換反応に対して環を活性化する．

ハロゲンの場合，共鳴効果と誘起効果が反対の方向に働く．表9.1に示すように，ハロゲンはオルト–パラ配向基であるが，他のオルト–パラ配向基と違って，わずかに不活性化している．これらの結果は次のように説明できる．

1. <u>ハロゲンの誘起効果</u>．ハロゲンは炭素より電気的に陰性であり，電子求引性の誘起効果を示す．それゆえ，ハロベンゼンは芳香族求電子置換反応ではベンゼンよりもゆっくりと反応する．
2. <u>ハロゲンの共鳴効果</u>．求電子的攻撃位置のオルトあるいはパラ位にあるハロゲンは，カチオン中間体を正電荷の非局在化によって安定化する．

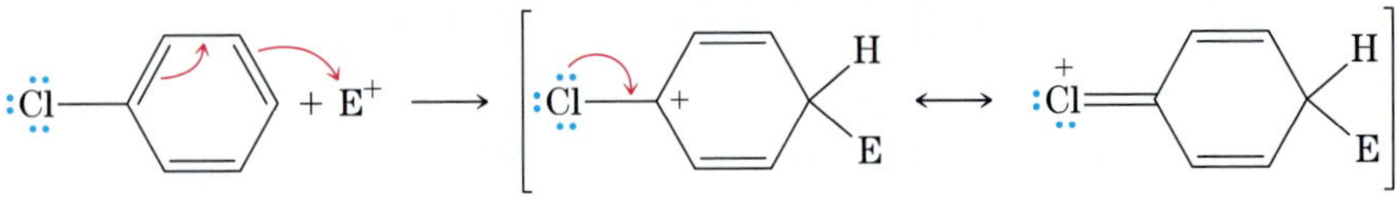

例題 9.8

次の芳香族求電子置換反応の生成物を予想せよ．

(a) 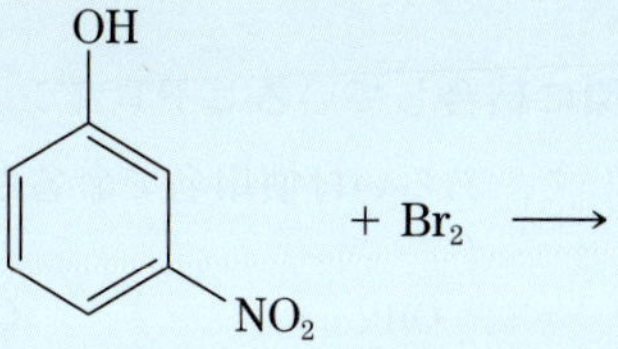 3-ニトロフェノール + Br_2 ⟶

(b) 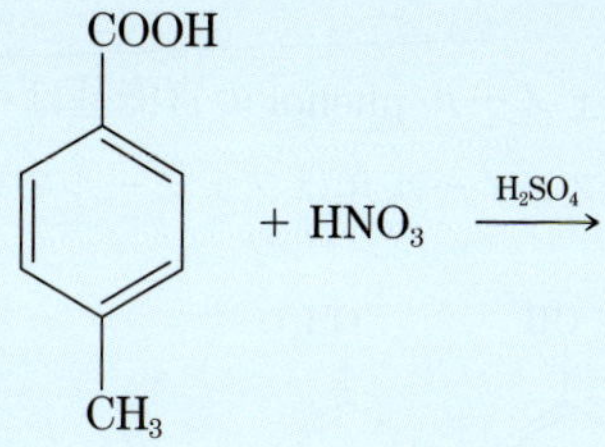 4-メチル安息香酸 + HNO_3 $\xrightarrow{H_2SO_4}$

解　答

二置換ベンゼンがさらに置換反応を受けるときの位置を予測する鍵は，メタ配向基は置換反応を不活性化するが，オルト-パラ配向基は活性化することである．このことはオルト-パラ配向基とメタ配向基が競争したとき，オルト-パラ配向基が勝つことを意味する．

(a) オルト-パラ配向で活性化基の—OH が，臭素化の位置を決定する．—OH と—NO_2 の間の臭素化は，この位置への臭素の攻撃に対する立体障害のため，ほんのわずかである．

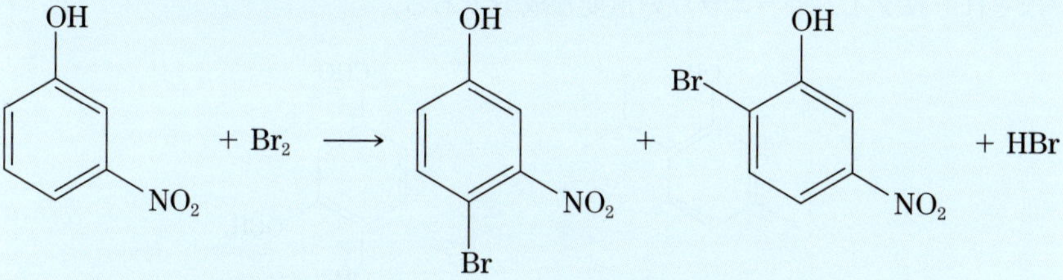

3-ニトロフェノール + Br_2 ⟶ 4-ブロモ-3-ニトロフェノール + 2-ブロモ-5-ニトロフェノール + HBr

(b) オルト-パラ配向で活性化基のメチル基が，ニトロ化の位置を決定する．

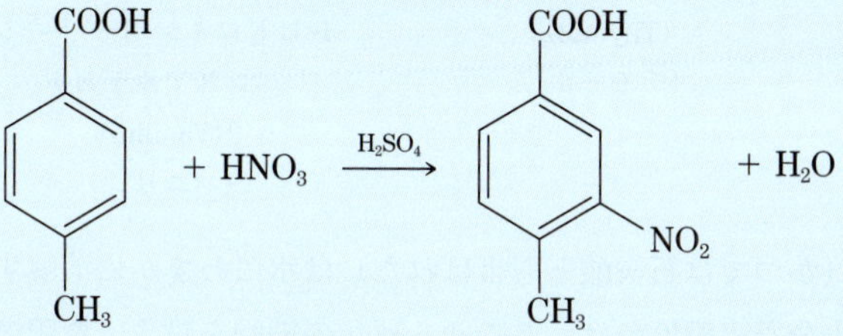

4-メチル安息香酸 + HNO_3 $\xrightarrow{H_2SO_4}$ 4-メチル-3-ニトロ安息香酸 + H_2O

練習問題 9.8

次の化合物を，HNO_3/H_2SO_4 と反応させたときの生成物を予想せよ．

(a) 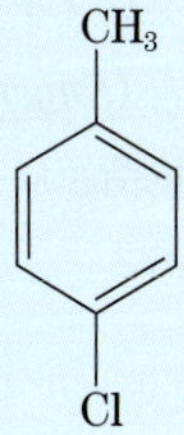 4-クロロトルエン

(b) 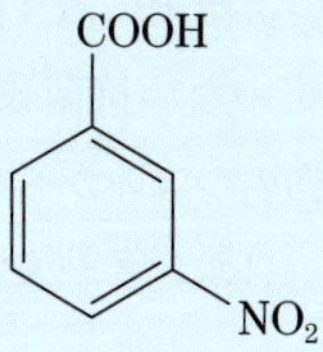 3-ニトロ安息香酸

9.9 フェノール

A 構造と命名

フェノール：ベンゼン環に結合した—OH基をもつ化合物.

フェノール phenol の官能基はベンゼン環に結合しているヒドロキシ基である．置換フェノール類はフェノールの誘導体として，あるいは慣用名で命名される．

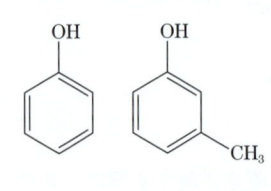

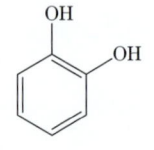

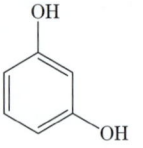

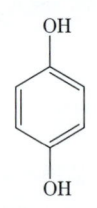

Phenol
フェノール

3-Methylphenol
3-メチルフェノール
(m-Cresol)
(m-クレゾール)

1,2-Benzenediol
1,2-ベンゼンジオール
(Catechol)
(カテコール)

1,3-Benzenediol
1,3-ベンゼンジオール
(Resorcinol)
(レソルシノール)

1,4-Benzenediol
1,4-ベンゼンジオール
(Hydroquinone)
(ヒドロキノン)

フェノール類は自然界に広く分布している．フェノールあるいはクレゾールの異性体（o-, m-, p-クレゾール）はコールタール中に存在する．チモールやバニリンはそれぞれタイムやバニラ豆の重要な成分である．

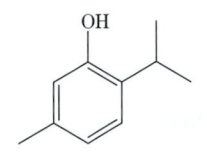

2-Isopropyl-5-methylphenol
2-イソプロピル-5-メチルフェノール
(Thymol)
(チモール)

4-Hydroxy-3-methoxy-benzaldehyde
4-ヒドロキシ-3-メトキシベンズアルデヒド
(Vanillin)
(バニリン)

チモールはタチジャコウソウ（タイム）*Thymus vulgaris* の成分である．(Wally Eberhart/Visuals Unlimited)

フェノール（かつては石炭酸ともよばれた）は水にわずかに溶解する融点の低い固体である．十分な高濃度では，あらゆる種類の細胞を殺す．希釈溶液は抗菌作用があり，Joseph Lister（リスター）によって外科手術に導入された．彼は1865年にグラスゴー大学医学部の手術教室で無菌手術の技術を公開した．現在では，より強力でしかも害の少ない抗菌剤に置き換えられている．例えば，ヘキシルレソルシノールは処方外調剤で害のない抗菌殺菌剤として用いられる．チョウジ（*Eugenia aromatica*）という植物のつぼみから単離されたオイゲノールは歯科用抗菌鎮痛薬として用いられている．ウルシオールはウルシの刺激性樹液の主成分である．

ウルシ（Charles D. Winters）

CHEMICAL CONNECTIONS 9B
カプサイシン：辛いものが好きなあなたへ

種々のトウガラシ類の実に含まれる辛味成分であるカプサイシンは 1876 年に単離され，構造は 1919 年に決定された．

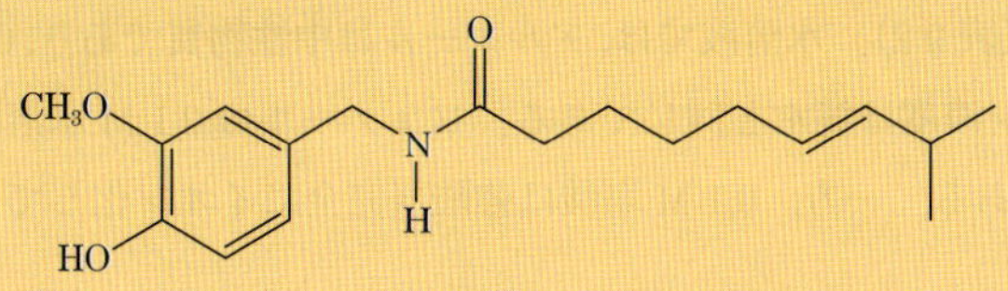

Capsaicin
(トウガラシ類に含まれる)

カプサイシンの炎症作用はよく知られていて，5 リットルの水にほんの一滴溶かしただけで人の舌に感じる．トウガラシを口にすると，口の中が燃えるように熱くなり急に涙が出てくる．これらの激辛食物から抽出したカプサイシンを含む抽出物は，ジョギングやサイクリング中に足に噛みついてくる犬などの動物を追い払うスプレーにも使われている．

皮肉にも，カプサイシンは痛みを引き起こすが，痛み止めにもなる．現在，カプサイシンを含む塗り薬がヘルペス後の神経痛（帯状ヘルペスの合併症）による激痛の治療に処方されている．また，糖尿病患者にも，繰り返す足の痛みをやわらげるために用いられる．

カプサイシンによってこれらの痛みが除かれるメカニズムははっきりとはわかっていない．しかし，使用すると，痛みの伝達の原因となる領域の末梢神経が一時的に麻痺するといわれている．カプサイシンはその痛み伝達神経細胞の特異的な受容体部位につかまったままになり，痛みを阻止する．やがてカプサイシンはその受容体部位から離れるが，そこに存在する間は痛みから解放される．

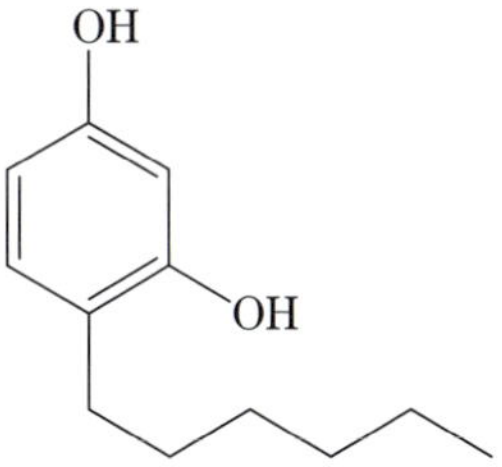

Hexylresorcinol 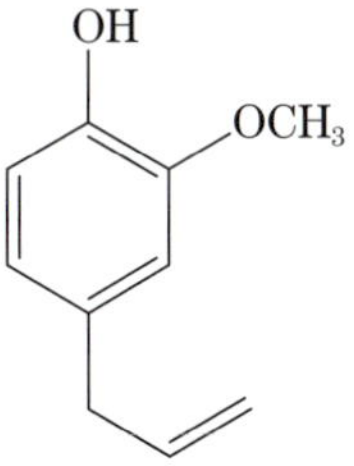   Eugenol 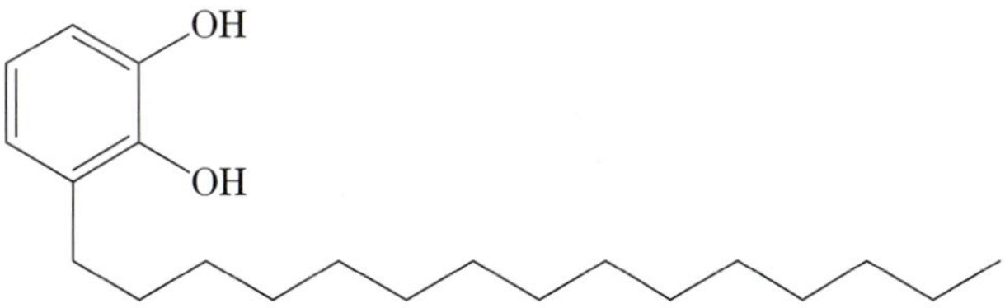   Urushiol

B フェノールの酸性度

フェノールもアルコールもヒドロキシ基 —OH をもっている．しかし，フェノールはその化学的性質がアルコールとは全く異なるため，別に分類されている．その違いの最も重要なところは，フェノールがアルコールよりもかなり強い酸性を示すということである．フェノールの酸解離定数は，何とアルコールの 10^6 倍にもなる．

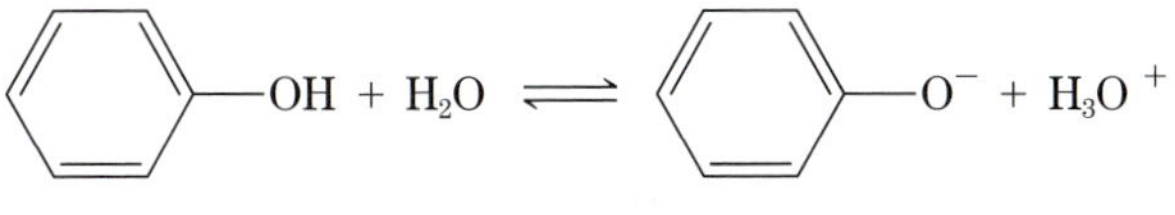

Phenol —OH + H_2O ⇌ Phenoxide ion —O^- + H_3O^+ $K_a = 1.1 \times 10^{-10}$ $pK_a = 9.95$

$CH_3CH_2OH + H_2O$ ⇌ $CH_3CH_2O^- + H_3O^+$ $K_a = 1.3 \times 10^{-16}$ $pK_a = 15.9$
Ethanol   Ethoxide ion

表 9.2　エタノール，フェノールおよび HCl の 0.1 M 水溶液の相対的酸性度

酸解離平衡	[H$^+$]	pH
CH$_3$CH$_2$OH + H$_2$O $\rightleftharpoons$ CH$_3$CH$_2$O$^-$ + H$_3$O$^+$	1×10^{-7}	7.0
C$_6$H$_5$OH + H$_2$O $\rightleftharpoons$ C$_6$H$_5$O$^-$ + H$_3$O$^+$	3.3×10^{-6}	5.4
HCl + H$_2$O $\rightleftharpoons$ Cl$^-$ + H$_3$O$^+$	0.1	1.0

　エタノールとフェノールの相対的な酸性度を比較するもう一つの方法は，それぞれの 0.1 M 水溶液の水素イオン濃度と pH を調べることである．比較のために，HCl についても示してある（表 9.2）．水溶液では，アルコールは中性物質であり，0.1 M のエタノールの水素イオン濃度は純水と同じである．フェノールの 0.1 M 水溶液はわずかに酸性で pH 5.4 である．一方，0.1 M 塩酸は強酸（完全にイオン化している）で，pH 1.0 である．

　フェノールがアルコールよりもかなり強い酸性を示す理由は，フェノキシドイオンがアルコキシドイオンと比較してはるかに安定だからである．フェノキシドイオンでは負電荷が共鳴によって非局在化する．フェノキシドイオンの共鳴寄与構造のうち左の二つの負電荷は酸素上にあり，右の三つは負電荷が環のオルトとパラ位にある．それゆえ，非局在化できないアルコキシドイオンと比較して，フェノキシドイオンの共鳴混成体では負電荷は4個の原子に非局在化して，フェノキシドイオンを安定化している．

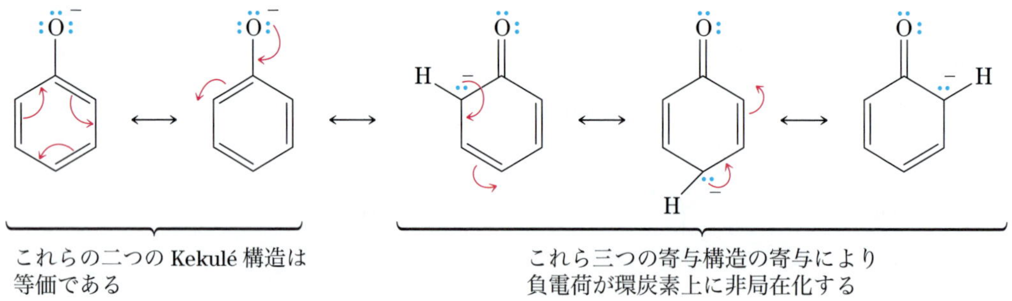

これらの二つの Kekulé 構造は等価である

これら三つの寄与構造の寄与により負電荷が環炭素上に非局在化する

　この共鳴モデルは，なぜフェノールがアルコールよりも強い酸であるかということを理解する方法ではあるけれども，ある酸が他の酸よりどの程度強い酸であるかを知るためには，実験的にそれらの pK_a 値を求め比較しなければならない．

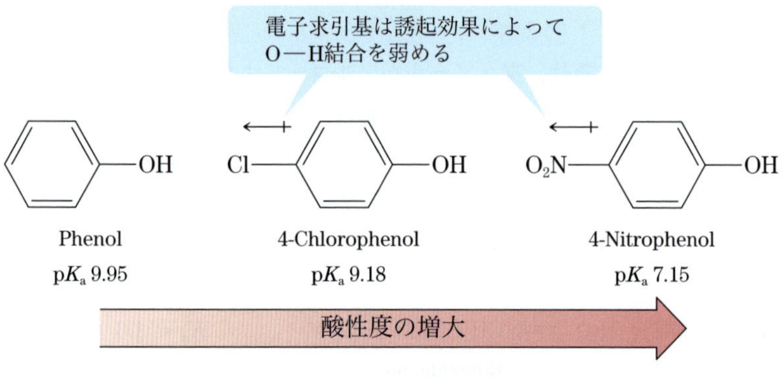

電子求引基は誘起効果によってO—H結合を弱める

Phenol
pK_a 9.95

4-Chlorophenol
pK_a 9.18

4-Nitrophenol
pK_a 7.15

酸性度の増大

環上の置換基，特にハロゲンやニトロ基は誘起効果と共鳴効果の両方でフェノールの酸性度に大きな影響を及ぼす．ハロゲンは炭素よりも電気陰性度が大きいので，芳香環から電子を引き寄せ O—H 結合を弱め，しかもフェノキシドイオンを安定化する．ニトロ基も同じで，芳香環から電子を引き寄せ O—H 結合を弱め，しかもフェノキシドイオンを安定化し，その結果酸性度を高める．

例題 9.9

次の化合物を，酸性度が高くなる順に並べよ．

2,4-dinitrophenol, phenol, benzyl alcohol

解　答

ベンジルアルコールは第一級アルコールで pK_a 値はおよそ 16～18 である（8.3A 節）．フェノールの pK_a 値は 9.95 である．ニトロ基は電子求引性で，フェノール性 —OH の酸性度を高める．酸性度の高くなる順は，次のようになる．

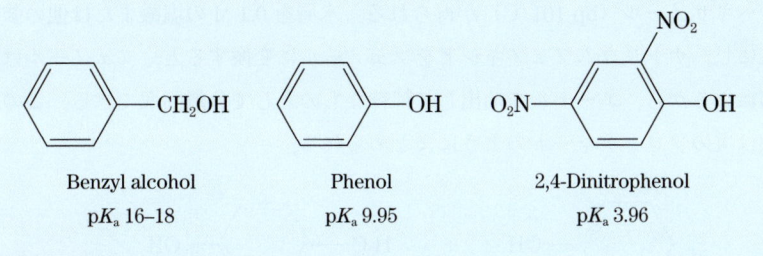

Benzyl alcohol　　　　Phenol　　　　2,4-Dinitrophenol
pK_a 16–18　　　　　pK_a 9.95　　　　pK_a 3.96

練習問題 9.9

次の化合物を酸性度が高くなる順に並べよ．

2,4-dichlorophenol, phenol, cyclohexanol

C　フェノールの酸塩基反応

フェノール類は弱酸であり，NaOH などの強塩基と反応して水に可溶な塩を形成する．

Phenol　　　　　Sodium　　　　　Sodium　　　　　Water
pK_a 9.95　　　hydroxide　　　phenoxide　　　pK_a 15.7
（より強い酸）　（より強い塩基）　（より弱い塩基）　（より弱い酸）

大部分のフェノール類は，炭酸水素ナトリウムのような弱い塩基とは反応しないので，炭酸水素ナトリウム水溶液には溶けない．炭酸はほとんどのフェノール類よりも強い酸である．したがって，フェノール類と炭酸水素イオンとの反応の平衡はかなり左にかたよっている（2.5 節参照）．

$$\text{C}_6\text{H}_5\text{-OH} + \text{NaHCO}_3 \rightleftharpoons \text{C}_6\text{H}_5\text{-O}^-\text{Na}^+ + \text{H}_2\text{CO}_3$$

Phenol	Sodium bicarbonate	Sodium phenoxide	Carbonic acid
pK_a 9.95			pK_a 6.36
(より弱い酸)	(より弱い塩基)	(より強い塩基)	(より強い酸)

このように，アルコールは中性であるのにフェノールは弱い酸であるということは，水に不溶なアルコールとフェノールを分離するのに好都合である．フェノールとシクロヘキサノールを分離するとしよう．それぞれ水にはごくわずかしか溶けないので，水への溶解度の差では分離できない．しかし，酸性度の違いによる分離はできる．まず，その二つの混合物を水と混じらないジエチルエーテルなどの溶媒に溶かす．次に，そのエーテル溶液を分液漏斗に入れ，NaOHの希薄水溶液とよく振り混ぜる．この条件でフェノールはNaOHと反応してナトリウムフェノキシドとなり，水に溶ける．分液漏斗の上層はジエチルエーテル（比重 0.74 g/cm³）で，シクロヘキサノールだけが溶けている．下の水層は溶けたナトリウムフェノキシドだけを含んでいる．この2層を分離し，エーテル（bp 35 ℃）を留去すると純粋なシクロヘキサノール（bp 161 ℃）が得られる．水層を 0.1 M の塩酸または他の強酸で酸性にし，ナトリウムフェノキシドをフェノールに変換すると，フェノールは水に不溶になるから，エーテルで抽出して純粋なものとして分離回収できる．この実験手順は次のフローチャートのようにまとめられる．

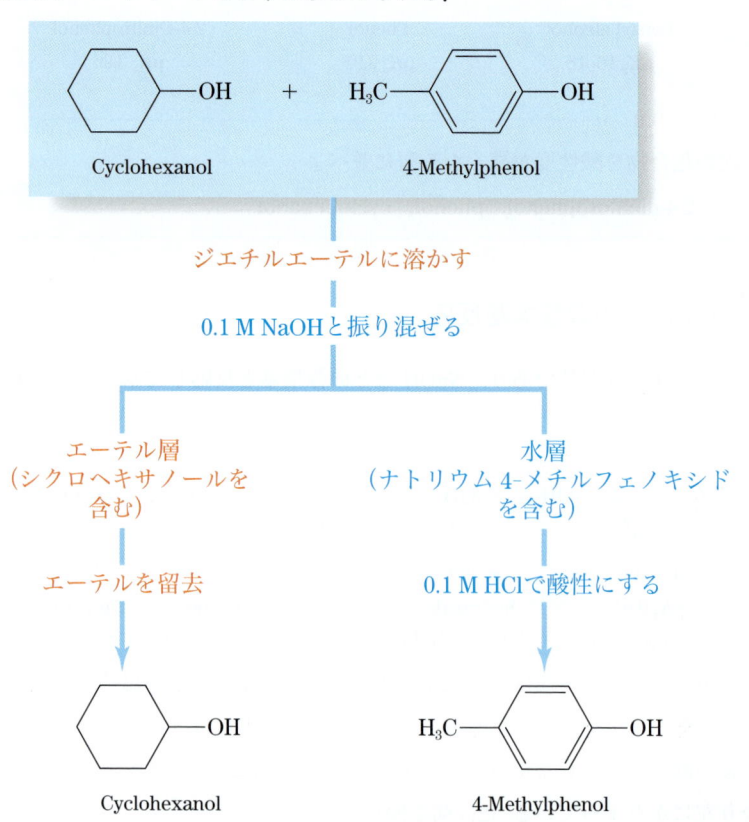

```
          Cyclohexanol  +  4-Methylphenol
                    │
                    │ ジエチルエーテルに溶かす
                    │
                    │ 0.1 M NaOHと振り混ぜる
                    │
           ┌────────┴────────┐
           │                 │
        エーテル層            水層
    (シクロヘキサノールを  (ナトリウム4-メチルフェノキシド
         含む)                を含む)
           │                 │
       エーテルを留去      0.1 M HClで酸性にする
           │                 │
       Cyclohexanol       4-Methylphenol
```

D 酸化防止剤としてのフェノール

　生体系，食物，その他の炭素–炭素二重結合を含む物質で，重要な反応は**自動酸化** autoxidation である．すなわち，他の試薬を必要とせず酸素だけを必要とする酸化である．長い間放置しておいた食用油のビンを空けると，空気がビンに入るシュッという音に気がつくはずだ．油の自動酸化によって酸素が消費され，ビンの中が陰圧になっているためにこの音が出る．

　食用油はポリ不飽和脂肪酸のエステルである．エステルについては第 15 章で学ぶので，今はエステルについて考えなくてよい．ここで重要なのは，すべての植物油が，その多くは 1 個以上の炭素–炭素二重結合をもつ長い炭化水素鎖の脂肪酸を含んでいることである（これら脂肪酸の中の三つの構造については，問題 4.44 を参照）．自動酸化は二重結合に結合している炭素，すなわち**アリル位炭素** allylic carbon で起こる．

　自動酸化は，R—H を R—O—O—H（ヒドロペルオキシドとよばれる）に変換するラジカル連鎖機構である．その反応は，アリル位炭素から水素原子（H·）が引き抜かれることから始まる．H· を引き抜かれた炭素はその原子価殻に 7 電子しかもっておらず，その 1 個は不対電子である．不対電子をもつ原子や分子を**ラジカル** radical という．

段階 1：連鎖開始—ラジカルの発生．　H· の引き抜きによるアリルラジカルの生成．

$$-CH_2CH=CH-\underset{H}{CH}- \xrightarrow[\text{または熱}]{\text{光}} -CH_2CH=CH-\overset{·}{CH}-$$

　　　脂肪酸の炭化水素鎖の一部　　　　　　　　　アリルラジカル

段階 2a：連鎖成長—ラジカル反応による新しいラジカルの生成．　アリルラジカルがジラジカルである酸素と反応してヒドロペルオキシルラジカルを生成する．アリルラジカルの電子 1 個と酸素ジラジカルの電子 1 個の結合によってヒドロペルオキシルラジカルの新しい共有結合ができる．

$$-CH_2CH=CH-\overset{·}{CH}- \ + \ ·O-O· \ \longrightarrow \ -CH_2CH=CH-\underset{\underset{O-O·}{|}}{CH}-$$

　　　　　　　　　　　　　　酸素（ジラジカル）　　ヒドロペルオキシルラジカル

段階 2b：連鎖成長—ラジカル反応による新しいラジカルの生成．　ヒドロペルオキシルラジカルは，新しい脂肪酸炭化水素鎖からアリル位水素原子（H·）を引き抜き，ヒドロペルオキシドが生成すると同時に新しいアリルラジカルが発生する．

$$-CH_2CH=CH-\underset{\underset{O-O·}{|}}{CH}- \ + \ -CH_2CH=CH-\underset{H}{CH}- \ \longrightarrow$$

　　　　　　　　　　　　　　　　　　　　　新しい脂肪酸の炭化水素鎖の一部

$$-CH_2CH=CH-\overset{\overset{O-O-H}{|}}{CH}-CH_2- \quad + \quad -CH_2CH=CH-\overset{\cdot}{CH}-$$

　　　　ヒドロペルオキシド　　　　　　新しいアリルラジカル

　連鎖成長段階の二つの反応（2a と 2b）に関して最も重要な点は，反応が途切れずに回る（連鎖する）ことである．段階 2b で生成する新しいラジカルは，次に段階 2a で別の O_2 と反応し新しいヒドロペルオキシルラジカルを生成する．そして，そのヒドロペルオキシルラジカルは新しい炭化水素鎖と反応し，段階 2b を繰り返す．このように 2a と 2b が何度も繰り返される．したがって，段階 1 で一度ラジカルが発生すれば，成長段階のサイクルは何千回も繰り返され，何千ものヒドロペルオキシド分子が生成する．連鎖成長反応のサイクルが繰り返される回数を**連鎖長 chain length** とよぶ．

　ヒドロペルオキシドそのものは不安定で，生化学的な条件（自然な状態）で分解して，不快な"腐敗臭"のする短い炭素鎖のアルデヒドやカルボン酸になる．不飽和油脂を含む古い食用油や食品のにおいをかいだことがあれば，そのにおいを知っているだろう．動脈壁に蓄積した低密度リポタンパク質中での同様のヒドロペルオキシドの生成がヒトの心臓血管の病気を引き起こす．さらに，老化による多くの影響はヒドロペルオキシドの生成やその分解によるものと考えられている．

　幸いにも，自然界には，有害なヒドロペルオキシドに対抗するために，フェノールであるビタミンE，アスコルビン酸（ビタミンC），グルタチオンなどの一連の防御物質が存在する．ヒドロペルオキシドから防御するこれらの化合物は天然のラジカル捕捉剤である．例えば，ビタミンEは段階 2a, 2b に関与して，そのフェノール性 —OH からアリルラジカルに H・を渡して，そのラジカルを元の炭化水素鎖にもどす．ビタミンEラジカルは安定なので，連鎖段階のサイクルを遮断し，それによって有害なヒドロペルオキシドがそれ以上生成するのを防止している．いくらかヒドロペルオキシドが発生したとしてもその数は非常に少なく，酵素触媒反応の一つによって，簡単に無害な物質に分解される．

　残念ながら，ビタミンEは，多くの食物や食品の調理中になくなる．これを補うために，BHTやBHAのようなフェノール類が食品に添加され，自動酸化による品質低下を遅らせる．類似の化合物が，プラスチックやゴムのような物質を自動酸化から保護するために添加されている．

BHT（ブチル化ヒドロキシトルエン）はパン製品の"防腐"のために酸化防止剤としてよく用いられる．

(Charles D. Winters)

Vitamin E

Butylated hydroxytoluene
(BHT)

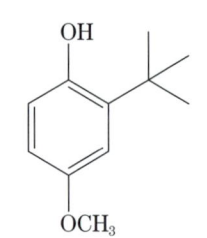

Butylated hydroxyanisole
(BHA)

まとめ

　ベンゼンとそのアルキル誘導体は，**芳香族炭化水素**あるいは**アレーン**に分類される．**原子軌道の混成**と**共鳴理論**の概念（9.1C 節）が，1930 年代に提案され，それによってベンゼンの構造が初めて適切に表現された．ベンゼンの**共鳴エネルギー**は約 36 kcal/mol（151 kJ/mol）である（9.2D 節）．

　芳香族性の Hückel 則に従えば，(1) 環の原子上に p 軌道が 1 個ずつあること，(2) 環が平面であり，環のすべての p 軌道が重なることができる，(3) 重なりをもった p 軌道に 2，6，10，14 個などの π 電子があること，の条件を満たす五員環あるいは六員環は芳香族である（9.3 節）．**芳香族ヘテロ環化合物**は芳香環に炭素以外の原子を 1 個以上含む．

　芳香族化合物は IUPAC 命名法で命名される（9.4 節）．トルエン，キシレン，スチレン，フェノール，アニリン，安息香酸などの慣用名は残されている．C_6H_5- は**フェニル**，また $C_6H_5CH_2-$ は**ベンジル**とよばれる．ベンゼン環上の 2 個の置換基の位置は環の原子に番号をつけて示すか，**オルト**（o），**メタ**（m），**パラ**（p）を用いて示す．

　多環式芳香族炭化水素（9.4C 節）は 2 個以上の縮合ベンゼン環を含む．特によく見られるのは，ナフタレン，アントラセン，フェナントレンとその誘導体である．

　芳香族化合物に特徴的な反応は，**芳香族求電子置換反応**（9.6 節）である．芳香環上の置換基は，置換反応の位置と速度の両方に影響を及ぼす（9.8 節）．導入される基をオルトとパラ位に優先的に配向する置換基を**オルト–パラ配向基**という．導入される基をメタ位に優先的に配向する置換基を**メタ配向基**という．**活性化基**は置換反応をベンゼンよりも速くし，**不活性化基**はベンゼンよりも遅くする．

　配向性の反応機構的な説明は，芳香環と求電子種の反応によって生成するカチオン中間体がどの程度共鳴安定化するかに基づいている（9.8B 節）．カチオン中間体を安定化する置換基はオルト–パラ配向基で，不安定化する置換基は不活性化基でメタ配向基である．

　フェノールの官能基はベンゼン環に結合している —OH である（9.9A 節）．フェノールとその誘導体は pK_a がおよそ 10.0 の弱酸であるが，同じ —OH をもつアルコール（pK_a 16 ～ 18）よりもかなり強い酸である．

重要な反応

1. ベンジル位の酸化（9.5 節）
水素を少なくとも 1 個もつベンジル位炭素は酸化されてカルボキシ基になる．

$$H_3C-\text{C}_6\text{H}_4-CH(CH_3)_2 \xrightarrow[H_2SO_4]{K_2Cr_2O_7} HOOC-\text{C}_6\text{H}_4-COOH$$

2. 塩素化と臭素化（9.7A 節）
求電子種は Cl_2 や Br_2 と $FeCl_3$ や $FeBr_3$ の反応で生成する Cl^+ や Br^+ である．

$$\text{C}_6\text{H}_6 + Cl_2 \xrightarrow[AlCl_3]{FeCl_3 \text{または}} \text{C}_6\text{H}_5-Cl + HCl$$

3. ニトロ化（9.7B 節）
求電子種は硝酸と硫酸の反応でできるニトロニウムイオン NO_2^+ である．

$$\text{C}_6\text{H}_4\text{Br} + \text{HNO}_3 \xrightarrow{\text{H}_2\text{SO}_4} \text{o-Br-C}_6\text{H}_4\text{-NO}_2 + \text{p-Br-C}_6\text{H}_4\text{-NO}_2 + \text{H}_2\text{O}$$

4. スルホン化（9.7B 節）

求電子種は SO_3 または HSO_3^+ である．

$$\text{C}_6\text{H}_6 + \text{H}_2\text{SO}_4 \longrightarrow \text{C}_6\text{H}_5\text{-SO}_3\text{H} + \text{H}_2\text{O}$$

5. Friedel-Crafts アルキル化（9.7C 節）

求電子種はハロゲン化アルキルと Lewis 酸の反応によってできるアルキルカルボカチオンである．

$$\text{C}_6\text{H}_6 + (\text{CH}_3)_2\text{CHCl} \xrightarrow{\text{AlCl}_3} \text{C}_6\text{H}_5\text{-CH(CH}_3)_2 + \text{HCl}$$

6. Friedel-Crafts アシル化（9.7D 節）

求電子種はハロゲン化アシルと Lewis 酸の反応によってできるアシリウムイオンである．

$$\text{C}_6\text{H}_6 + \text{CH}_3\text{COCl} \xrightarrow{\text{AlCl}_3} \text{C}_6\text{H}_5\text{-COCH}_3 + \text{HCl}$$

7. アルケンを用いるアルキル化（9.7E 節）

求電子種はアルケンと H_2SO_4 または H_3PO_4 との反応で生成するカルボカチオンである．

$$\text{4-methylphenol} + 2\,\text{CH}_3\text{C(CH}_3\text{)=CH}_2 \xrightarrow{\text{H}_3\text{PO}_4} \text{2,6-di-tert-butyl-4-methylphenol}$$

8. アルコールを用いるアルキル化（9.7E 節）

求電子種はアルコールと H_2SO_4 または H_3PO_4 との反応で生成するカルボカチオンである．

$$\text{C}_6\text{H}_6 + (\text{CH}_3)_3\text{COH} \xrightarrow{\text{H}_3\text{PO}_4} \text{C}_6\text{H}_5\text{-C(CH}_3)_3 + \text{H}_2\text{O}$$

9. フェノールの酸性度（9.9B 節）

フェノールは弱酸である．ハロゲンやニトロ基のような電子求引基で置換するとフェノール類の酸性度は増す．

$$\text{C}_6\text{H}_5\text{-OH} + \text{H}_2\text{O} \rightleftharpoons \text{C}_6\text{H}_5\text{-O}^- + \text{H}_3\text{O}^+ \qquad K_a = 1.1 \times 10^{-10}$$
$$\text{p}K_a = 9.95$$

Phenol   Phenoxide ion

10. フェノールと強塩基の反応（9.9C 節）

水に不溶のフェノールは強塩基と定量的に反応して水溶性の塩になる．

C₆H₅—OH + NaOH ⟶ C₆H₅—O⁻Na⁺ + H₂O

Phenol　　　Sodium　　　Sodium　　　Water
pK_a 9.95　hydroxide　phenoxide　pK_a 15.7
（より強い酸）（より強い塩基）（より弱い塩基）（より弱い酸）

補充問題

芳香族性

9.10 次の化合物のうち，芳香族であるのはどれか．

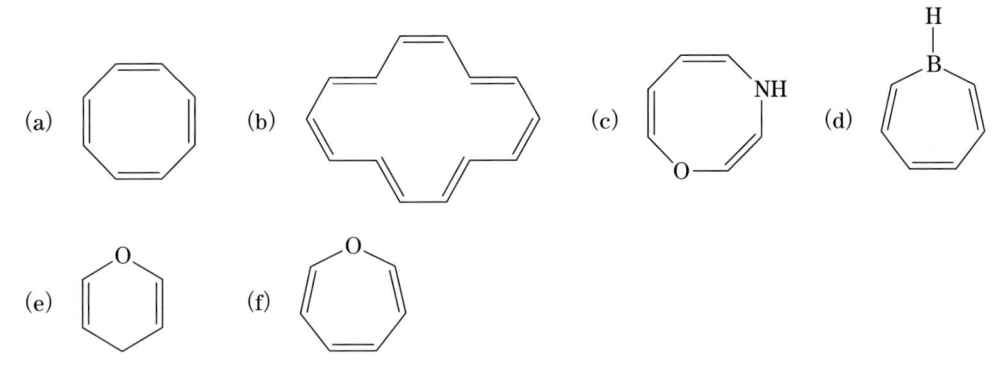

(a) シクロオクタテトラエン　(b) [12]アヌレン　(c) 1,5-オキサゾシン様　(d) ボレピン様

(e) 2H-ピラン　(f) オキセピン

9.11 シクロペンタジエン（pK_a 16）が，シクロペンタン（pK_a > 50）よりも何桁も酸性が強い理由を説明せよ．
（ヒント：—CH₂—からプロトンが1個引き抜かれて生成するアニオンの構造式を書き，Hückel 則を適用せよ．）

　　　　　　Cyclopentadiene　　Cyclopentane

命名と構造式

9.12 次の化合物を命名せよ．

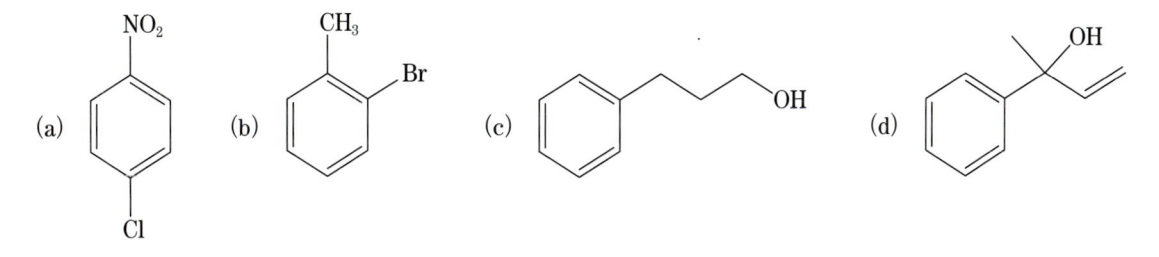

(a) 4-クロロニトロベンゼン　(b) 2-ブロモ-1-メチルベンゼン　(c) 3-フェニル-1-プロパノール　(d) 2-フェニル-3-ブテン-2-オール

(e) 構造: ベンゼン環に COOH と NO₂ (meta位)
(f) 構造: シクロヘキサン環に OH と C₆H₅
(g) C₆H₅−CH=CH−C₆H₅
(h) 構造: トルエンの 2,4-ジクロロ体 (CH₃, Cl, Cl)

9.13 次の化合物の構造式を書け．
  (a) 1-Bromo-2-chloro-4-ethylbenzene
  (b) 4-Iodo-1,2-dimethylbenzene
  (c) 2,4,6-Trinitrotoluene
  (d) 4-Phenyl-2-pentanol
  (e) *p*-Cresol
  (f) 2,4-Dichlorophenol
  (g) 1-Phenylcyclopropanol
  (h) Styrene（phenylethene）
  (i) *m*-Bromophenol
  (j) 2,4-Dibromoaniline
  (k) Isobutylbenzene
  (l) *m*-Xylene

9.14 ピリジンが2個の等価な寄与構造の共鳴混成体として表すことができることを示せ．

9.15 ナフタレンが3個の寄与構造の共鳴混成体として表せることを示せ．一つの寄与構造がどのように次の寄与構造に変換されるか巻矢印を用いて示せ．

9.16 アントラセンの4個の寄与構造を書け．

芳香族求電子置換：一置換

9.17 ベンゼンと次のそれぞれの試薬の組合せとの反応によって生成する化合物の構造式を書け．
  (a) $CH_3CH_2Cl/AlCl_3$
  (b) $CH_2=CH_2/H_2SO_4$
  (c) CH_3CH_2OH/H_2SO_4

9.18 ベンゼンをクメン（イソプロピルベンゼン）に変換するために用いることができる異なる三つの試薬の組合せを示せ．

9.19 ナフタレンを $Cl_2/AlCl_3$ と反応させたとき，何種類の一置換生成物が可能か．

9.20 次の反応の段階的な反応機構を書け．巻矢印を用いてそれぞれの段階の電子の流れを示せ．

ベンゼン + (CH₃)₃C−Cl $\xrightarrow{AlCl_3}$ tert-ブチルベンゼン + HCl

9.21 塩化アルミニウムを触媒として，ベンゼンとジクロロメタンからジフェニルメタンを生成する反応の段階的な機構を示せ．

芳香族求電子置換：二置換

9.22 *o*-キシレン（1,2-ジメチルベンゼン）を $Cl_2/AlCl_3$ と反応させると2種の生成物の混合物が得られる．これらの生成物の構造式を書け．

9.23 *p*-キシレンを $Cl_2/AlCl_3$ と反応させると何種類の一置換生成物ができるか．*m*-キシレンではどうか．

9.24 次の化合物を $Cl_2/AlCl_3$ と反応させてできる主生成物の構造式を書け．
  (a) Toluene
  (b) Nitrobenzene
  (c) Chlorobenzene
  (d) *tert*-Butylbenzene
  (e) C₆H₅−COCH₃
  (f) C₆H₅−OCOCH₃
  (g) C₆H₅−COOCH₃

9.25 クロロベンゼンとトルエンを $Cl_2/AlCl_3$ と反応させると，どちらがより速く芳香族求電子置換反応を受けるか．その理由を説明し，それぞれの主生成物の構造式を書け．

9.26 次の組合せの化合物を，芳香族求電子置換反応における反応性が低くなる（速いものから遅いもの）順に並べよ．

(a)  (A) 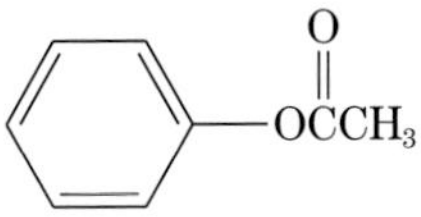 ベンゼン　(B) 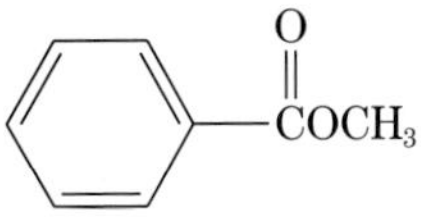 C₆H₅-OC(=O)CH₃　(C) C₆H₅-C(=O)OCH₃

(b) 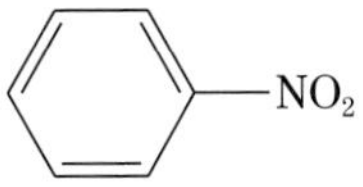 (A) 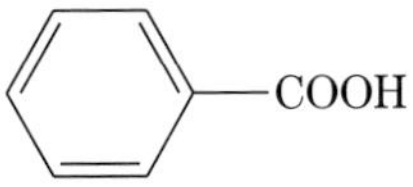 C₆H₅-NO₂　(B) 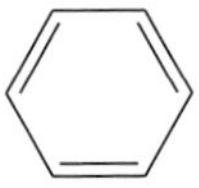 C₆H₅-COOH　(C) ベンゼン

(c) 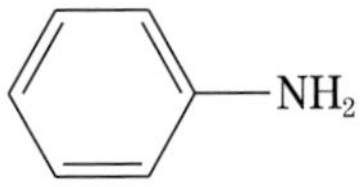 (A) 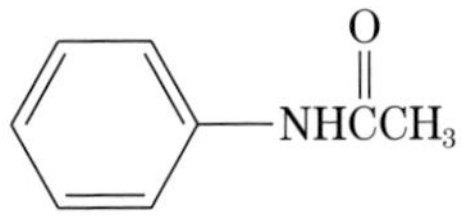 C₆H₅-NH₂　(B) 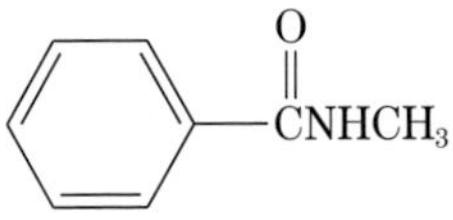 C₆H₅-NHC(=O)CH₃　(C) C₆H₅-C(=O)NHCH₃

(d)  (A) 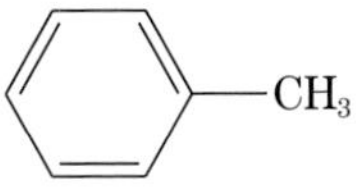 ベンゼン　(B) 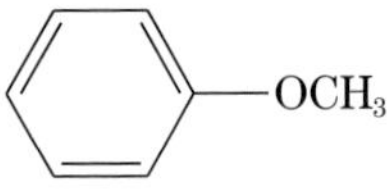 C₆H₅-CH₃　(C) C₆H₅-OCH₃

9.27 次の例に示すように，トリフルオロメチル基はメタ配向性であるという実験結果を説明せよ．

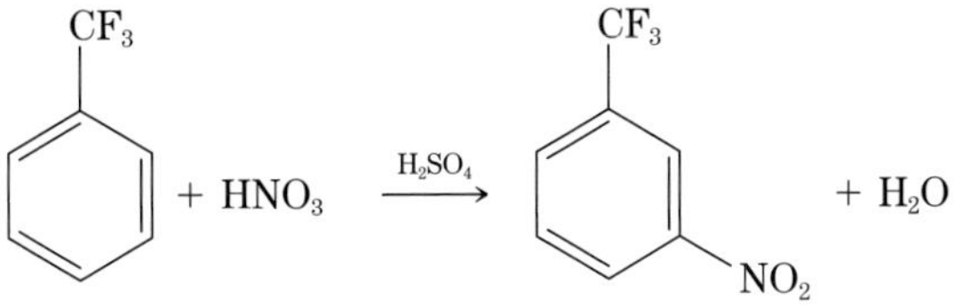

C₆H₅-CF₃ + HNO₃ —H₂SO₄→ 3-NO₂-C₆H₄-CF₃ + H₂O

9.28 トルエンを次の化合物へ変換する方法を示せ．
　(a) 4-Chlorobenzoic acid　　(b) 3-Chlorobenzoic acid

9.29 次の変換反応に必要な試薬と反応条件を示せ．

(a) 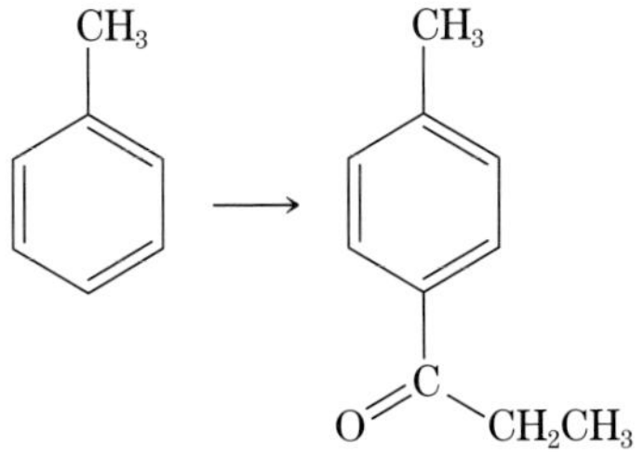 トルエン → 4-プロパノイルトルエン (4-CH₃-C₆H₄-C(=O)CH₂CH₃)

(b) 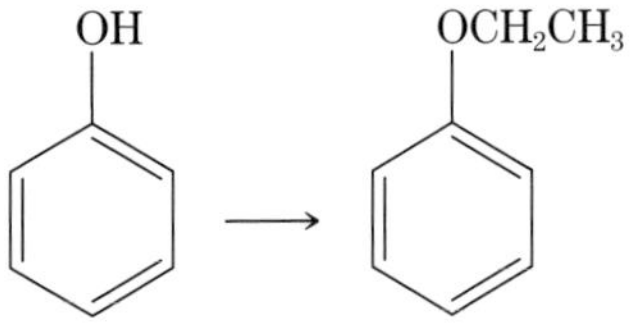 フェノール (C₆H₅-OH) → エトキシベンゼン (C₆H₅-OCH₂CH₃)

(c) 反応式: OCH₃-ベンゼン → 4-メトキシアセトフェノン (OCH₃ と CCH₃(=O) が para)

(d) 反応式: NHCCH₃(=O)-ベンゼン → 4-(アセチルアミノ)ベンゼンスルホン酸 (NHCCH₃(=O) と SO₃H が para)

9.30 ベンゼンを唯一の芳香環源として，トリフェニルメタンの合成法を提案せよ．他に必要な試薬は何を用いてもよい．

9.31 酸触媒存在下にフェノールとアセトンを反応させるとビスフェノール A という化合物ができる．ビスフェノール A はエポキシ樹脂やポリカーボネート樹脂の製造に用いられる(17.5C, 17.5E 参照)．その生成の機構を示せ．(ヒント：第一段階はリン酸からアセトンのカルボニル基の酸素へのプロトン移動である．)

$$2 \text{ C}_6\text{H}_5\text{OH} + \text{CH}_3\text{CCH}_3(=O) \xrightarrow{\text{H}_3\text{PO}_4} \text{HO-C}_6\text{H}_4\text{-C(CH}_3)_2\text{-C}_6\text{H}_4\text{-OH} + \text{H}_2\text{O}$$

　　　　　　　　　Acetone　　　　　　　　　　　　　　　Bisphenol A

9.32 2,6-ジ-*tert*-ブチル-4-メチルフェノール（別名ブチル化ヒドロキシトルエンまたは BHT）は食品の酸化防止剤として腐敗を抑えるために用いられる．BHT は工業的には 4-メチルフェノール（*p*-クレゾール）からリン酸の存在下 2-メチルプロペンとの反応によって合成される．この反応の機構を示せ．

4-Methylphenol + 2 (2-Methylpropene) $\xrightarrow{\text{H}_3\text{PO}_4}$ 2,6-Di-*tert*-butyl-4-methylphenol
（Butylated hydroxytoluene, BHT）

9.33 雑草の成育を抑える除草剤として，初めて広く用いられたのは 2,4-ジクロロフェノキシ酢酸 (2,4-D) であった．この化合物を 2,4-ジクロロフェノールとクロロ酢酸 ClCH₂COOH から合成する方法を示せ．

2,4-Dichlorophenol → 2,4-Dichlorophenoxyacetic acid (2,4-D)

フェノールの酸性度

9.34 フェノール（pK_a 9.95）がシクロヘキサノール（pK_a 約 18）よりも強い酸であることを共鳴理論を用いて説明せよ．

9.35 次の組合せの分子あるいはイオンを酸性度が高くなる順に（最も弱い酸から強い酸へ）並べよ．

(a) 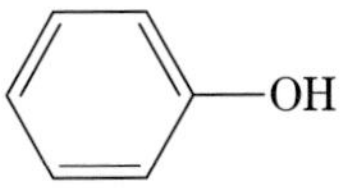 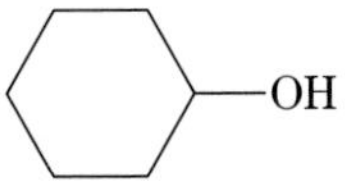 [C₆H₅-OH] [C₆H₁₁-OH] CH₃COOH

(b) 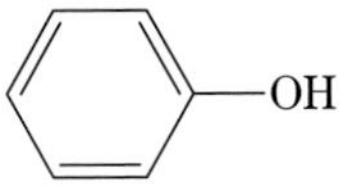 [C₆H₅-OH] NaHCO₃ H₂O

(c)  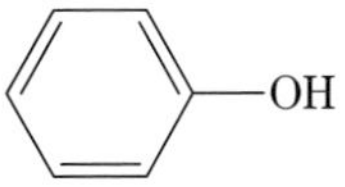 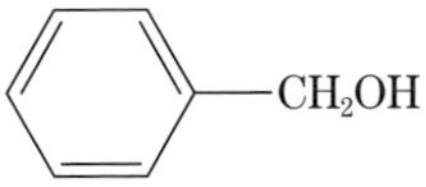 O₂N-[C₆H₄]-OH [C₆H₅]-OH [C₆H₅]-CH₂OH

9.36 次の組合せのうち，どちらが強い塩基か．

(a) 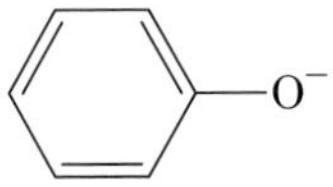 [C₆H₅]-O⁻ と OH⁻　　(b) 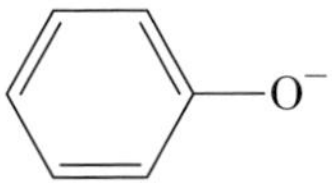 [C₆H₅]-O⁻ と [C₆H₁₁]-O⁻

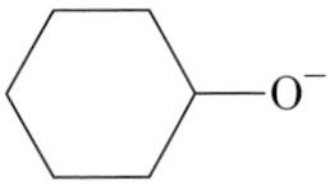

(c) 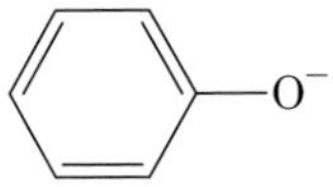 [C₆H₅]-O⁻ と HCO₃⁻　　(d) 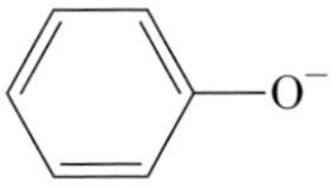 [C₆H₅]-O⁻ と CH₃COO⁻

9.37 水に不溶のカルボン酸（pK_a 4〜5）は 10% 炭酸水素ナトリウム水溶液にガスを発生しながら溶けるが，水に不溶のフェノール（pK_a 9.5〜10.5）はそのような化学的性質は示さない．その理由を説明せよ．

9.38 1-ヘキサノールと 2-メチルフェノール（o-クレゾール）の混合物を分離して，それぞれを純粋に得る手法を述べよ．どちらも水には不溶でエーテルには可溶である．

合成

9.39 ただ一つの芳香族化合物の出発原料としてスチレン $C_6H_5CH=CH_2$ を用いて，次の化合物を合成する方法を示せ．スチレンのほかにどのような有機，無機薬品を用いてもよい．この問題の一つで合成した化合物を他の問題の合成に使ってもよい．

(a) 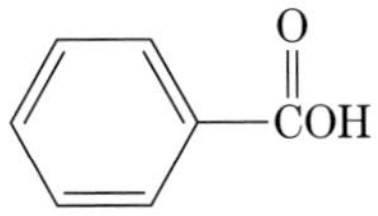 C₆H₅-COOH　　(b) 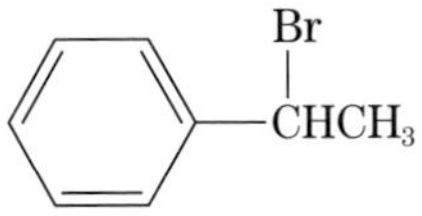 C₆H₅-CHBrCH₃　　(c) 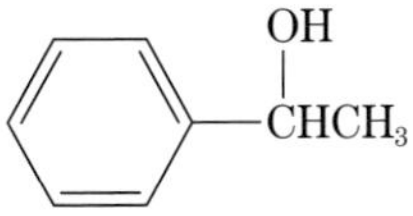 C₆H₅-CH(OH)CH₃

(d) 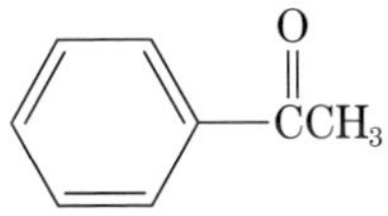 C₆H₅-COCH₃　　(e) 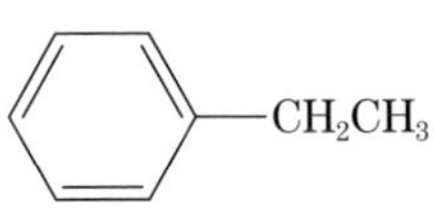 C₆H₅-CH₂CH₃　　(f) 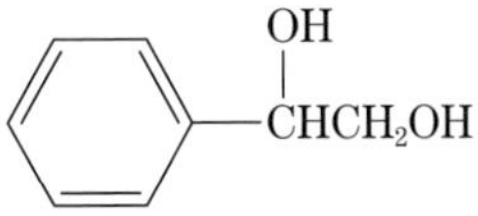 C₆H₅-CH(OH)CH₂OH

9.40 芳香族化合物の原料としてベンゼン，トルエンおよびフェノールだけを用いて，次の化合物を合成する方法を示せ．いずれの合成においても，オルト体とパラ体の混合物は分離でき，必要な異性体が純粋に得られるものと考えよ．

(a) m-Bromonitrobenzene　　(b) 1-Bromo-4-nitrobenzene
(c) 2,4,6-Trinitrotoluene（TNT）　　(d) m-Bromobenzoic acid
(e) p-Bromobenzoic acid　　(f) p-Dichlorobenzene
(g) m-Nitrobenzenesulfonic acid　　(h) 1-Chloro-3-nitrobenzene

9.41 ただ一つの芳香族化合物の原料としてベンゼンまたはトルエンを用いて次の芳香族ケトンを合成する方法を示せ．いずれの合成においても，オルト体とパラ体の混合物は分離できて必要な異性体が純粋に得られるものとする．

(a), 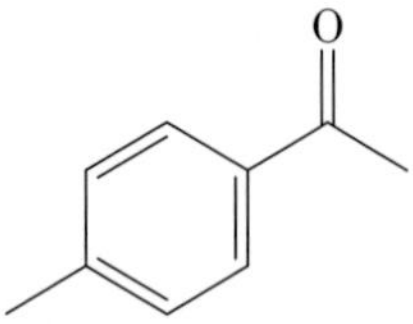 (b), 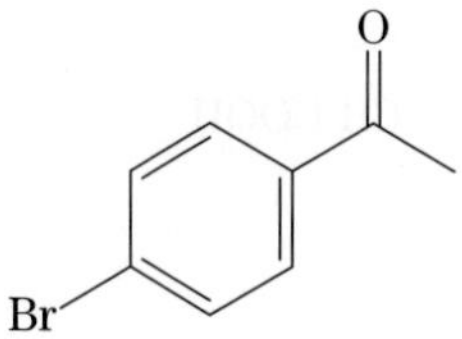 (c) 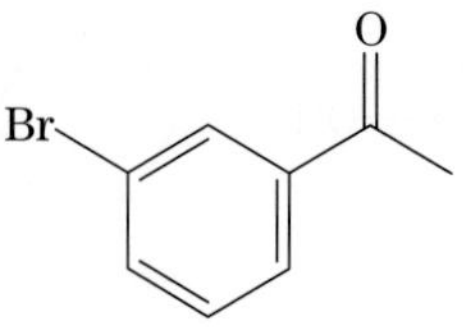 [構造式]

9.42 アヤメ科の植物の根から単離された次のケトンはスミレの香りがあって，香料の香気成分として用いられている．このケトンをベンゼンから合成する方法を示せ．

4-Isopropylacetophenone

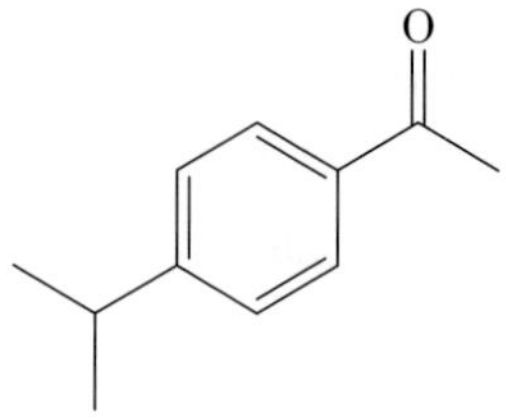

9.43 ある種の甲虫（bombardier beetle）は，過酸化水素を酸化剤としてヒドロキノンを酵素触媒で酸化することによって，刺激性の化学物質 p-キノンを生成する．この酸化で発生する熱により過熱水蒸気が生成し，爆発的に p-キノンとともに放出される．

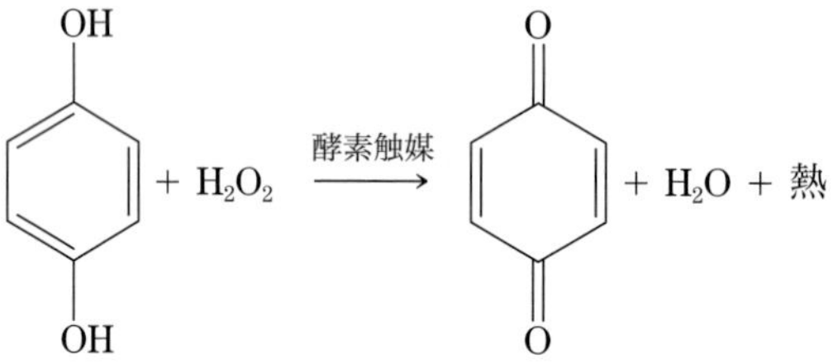

Hydroquinone + H_2O_2 →(酵素触媒) p-Quinone + H_2O + 熱

(a) 係数をつけて上の反応式を完成せよ．
(b) ヒドロキノンのこの反応は酸化反応であることを示せ．

9.44 次に示すのは，香気を高め保持させるために香料に用いられる合成ムスク musk ambrette の構造式である．m-クレゾールから musk ambrette を合成する方法を提案せよ．

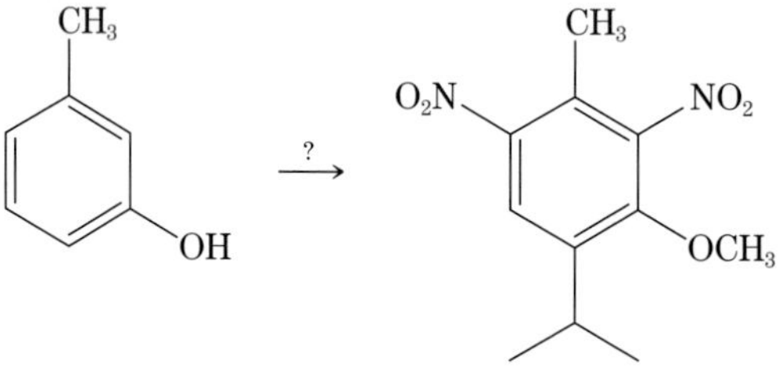

m-Cresol → Musk ambrette

9.45 1-(3-クロロフェニル)プロパノンはブプロピオン合成の中間体である．その塩酸塩は抗うつ剤，塩酸ブプロピオンである．臨床試験を通じて，研究者たちは愛煙家がその薬を服用して1～2週間後にタバコへの依存度が減少すると報告しているのを見つけた．さらに臨床試験によってこの事実が確認され，その薬は禁煙補助剤として販売されている．ベンゼンからこの合成中間体を合成する方法を提案せよ．（13.9節でブプロピオンの合成法について学ぶ．）

第9章 ベンゼンとその誘導体

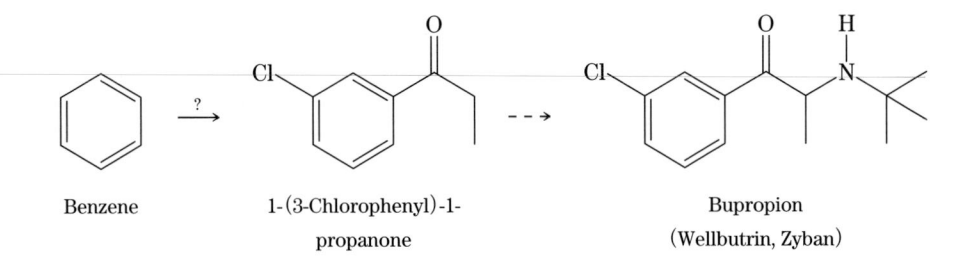

応用問題

9.46 次の化合物のうち，芳香族求電子置換反応を用いて直接合成できるものはどれか．

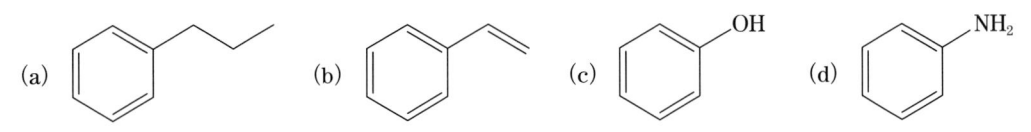

(a) プロピルベンゼン　(b) スチレン　(c) フェノール　(d) アニリン

9.47 どちらの化合物が，求核種として反応性が高いか．

Aniline　と　Cyclohexanamine

9.48 AlCl₃ を反応に用いたとき，次のアレーンは芳香族求電子置換反応を起こさない．その理由を述べよ．

(a) 1-フェニル-1-プロパノール　(b) ベンジルチオール　(c) アニリン

9.49 次の酸塩基反応の生成物を予想せよ．

イミダゾール + H_3O^+ ⟶

9.50 どちらのハロアルカンが，より速く S_N1 反応をするか．

(1-クロロエチル)ベンゼン と (1-クロロエチル)シクロヘキサン

10 アミン

- 10.1 はじめに
- 10.2 構造と分類
- 10.3 命名法
- 10.4 物理的性質
- 10.5 アミンの塩基性
- 10.6 酸との反応
- 10.7 芳香族アミンの合成：ニトロ基の還元
- 10.8 第一級芳香族アミンと亜硝酸との反応

エピネフリン（アドレナリン）の構造にならって合成された気管支拡張作用のあるアルブテロールが，この吸入器によって吸入できる（問題10.13参照）．左の図はアルブテロールの分子模型である．
(Mark Clarke/Photo Researchers, Inc.)

10.1 はじめに

　炭素，水素，酸素の三つが有機化合物中に見られる最も一般的な元素である．アミンが生物界に広く存在しているので，窒素は有機化合物中の第4番目に重要な元素である．アミンの最も重要な化学的性質はその塩基性と求核性である．

10.2 構造と分類

　アミンは，アンモニアの水素のうち一つまたはそれ以上がアルキル基かアリール基で置換されたものであり，アルキル基またはアリール基に置換された水素の数に

Chemical Connections 10A

医薬品の設計と開発の手がかりとなるモルヒネ

ケシ *Papaver somniferum* の未成熟な実の汁を乾かしたものが，鎮痛，催眠，多幸感発現などの作用をもつことは何世紀にもわたって知られていた．19世紀の初頭までに，その活性主体であるモルヒネが単離され構造も決定されていた．このケシに含まれる成分に，モルヒネのモノメチルエーテルであるコデインもある．ヘロインは，モルヒネに 2 mol の無水酢酸を反応させて合成できる．

モルヒネは現在でも最も効果のある鎮痛剤の一つではあるが，二つの重大な副作用がある．一つは依存性をもつ麻薬となることであり，もう一つは中枢神経の呼吸器系制御中心を抑制することである．モルヒネやヘロインをとり過ぎると，呼吸器系の障害により死に至ることがある．このような理由から，構造的にはモルヒネに似ているが重大な副作用をもっていない鎮痛薬を開発する努力が続けられている．この研究の戦略は，モルヒネの構造類似化合物を合成し，同等の強力な鎮痛作用をもちながら副作用の減少を期待することである．次に示すのは，臨床的に有効とわかったそのような化合物の二つの構造式である．

レボメトルファンは強い鎮痛作用をもつ．面白いことに，右旋性のエナンチオマーのデキストロメトルファンは全く鎮痛作用をもたない．しかしながら，モルヒネとほぼ同じ鎮咳効果をもち，鎮咳治療に広く用いられている．

Morphine　　　Codeine　　　Heroin

---

*訳注：アミンの第一級，第二級，第三級は，Nに結合しているアルキル基の第一級，第二級，第三級には関係ないことに注意しよう．アルコール，ハロアルカン，カルボカチオンの場合と比べてみよう．

よって，第一級，第二級，第三級に分類される（1.8B節）*．

$:NH_3$　　　CH_3-NH_2　　　CH_3-NH　　　CH_3-N-CH_3
　　　　　　　　　　　　　　　　　　　　$|$　　　　　　　　$|$
　　　　　　　　　　　　　　　　　　　　CH_3　　　　　CH_3

Ammonia　　Methylamine　　Dimethylamine　　Trimethylamine
アンモニア　メチルアミン　　ジメチルアミン　　トリメチルアミン
　　　　　　（第一級アミン）　（第二級アミン）　（第三級アミン）

脂肪族アミン：窒素にアルキル基だけが結合したアミン．
芳香族アミン：窒素に一つ以上のアリール基が結合したアミン．

アミンはさらに脂肪族アミンと芳香族アミンに分類される．**脂肪族アミン** aliphatic amine では，窒素に直接結合しているのはすべてアルキル基であり，**芳香族アミン** aromatic amine では，そのうちの一つ以上がアリール基である．

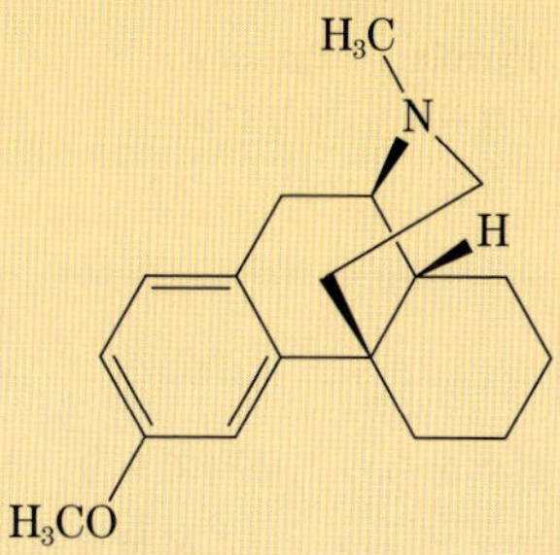

(−)-エナンチオマー = Levomethorphan
(+)-エナンチオマー = Dextromethorphan

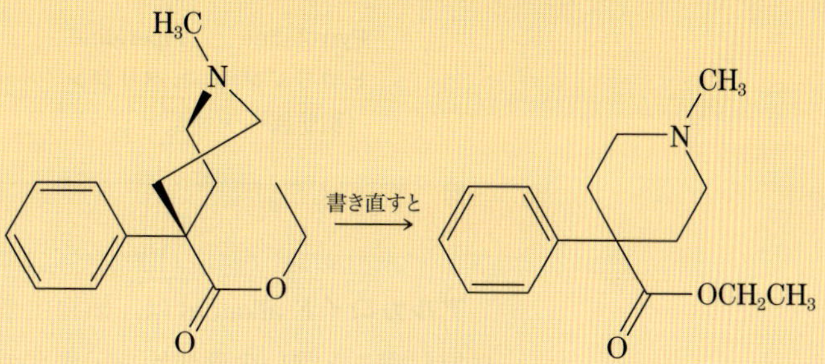

Pethidine
（塩酸pethidineをmeperidineという）

　モルヒネ様鎮痛薬の構造をさらに単純化できることがわかった．その一例がペチジンである．その塩酸塩はメペリジンとよばれ，鎮痛薬として広く用いられている．メペリジンや関連の合成医薬品は，モルヒネのような有害な副作用をもたないことを期待して開発されてきた．しかしながら，今になってそうではないことが明らかになった．たとえば，メペリジンは明らかに依存性をもっている．この目的で多くの研究が行われてきたにもかかわらず，モルヒネに匹敵する鎮痛作用をもちながら依存症の危険が完全にない鎮痛薬はまだ発見されていない．

　どのように，そして脳のどの部分でモルヒネは働くのだろうか．1979年に，モルヒネなどのアヘンに特異的な受容体があることが発見された．この受容体は情動行動や痛覚に関係する領域である大脳周縁系に集まっている．次に化学者が考えたことは，なぜモルヒネに特異的な受容体がヒトの脳にあるのだろうかということである．脳自体が独自のアヘンを産生するということがあり得るのだろうか．1974年には実際に脳内にアヘン類似の化合物が存在することが発見された．1975年には脳内アヘンが単離され，エンケファリン enkephalin（脳内の意味）と名づけられた．しかし，天然の脳内アヘンの役割はまだ理解されていない．おそらく，その生化学が明らかになったときには，もっと有効で依存性の少ない鎮痛薬を設計し合成するための手がかりが得られるだろう．

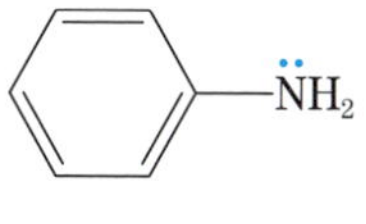

Aniline
アニリン
（第一級芳香族アミン）

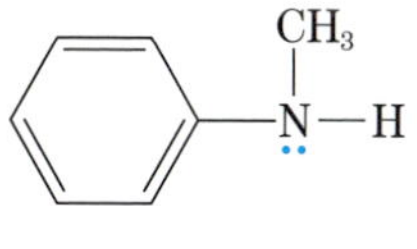

N-Methylaniline
N-メチルアニリン
（第二級芳香族アミン）

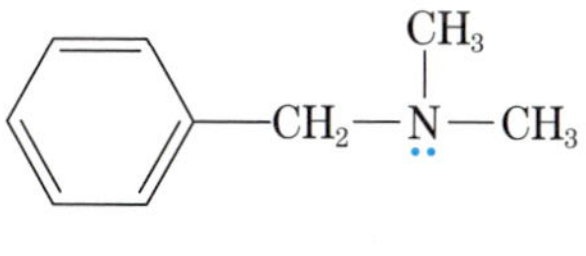

Benzyldimethylamine
ベンジルジメチルアミン
（第三級芳香族アミン）

　窒素が環の一部を構成しているアミンは**ヘテロ環アミン** heterocyclic amine として分類される．窒素が芳香環（9.3節）の中にあるとき，そのアミンは**芳香族ヘテロ環アミン** heterocyclic aromatic amine に分類される．次に示すのは二つの脂肪族ヘテロ環アミンと二つの芳香族ヘテロ環アミンの構造式である．

ヘテロ環アミン：窒素が環構造の一部を構成しているアミン．

芳香族ヘテロ環アミン：窒素が芳香環の一部を構成しているアミン．

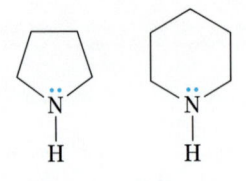

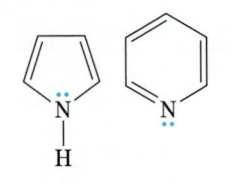

Pyrrolidine　Piperidine　　　Pyrrole　Pyridine
ピロリジン　ピペリジン　　　ピロール　ピリジン
（脂肪族ヘテロ環アミン）　　（芳香族ヘテロ環アミン）

例題 10.1

　アルカロイド alkaloid は，植物由来の塩基性窒素をもつ化合物であり，ヒトに投与すると強い生理活性を示すものが多い．ドクニンジンから単離されたコニインは強い毒性をもち，摂取すると衰弱，息切れ，麻痺を引き起こし，時には死に至る．コニインはソクラテスの自殺に使われたドクニンジンの成分である．ニコチンは，少量の摂取では常習性の興奮剤として作用するが，大量に摂取すると陰うつ，吐き気，嘔吐を引き起こす．さらに大量に摂取すると致死的な毒性をもつ．ニコチンの水溶液は殺虫剤として用いられる．コカインはコカの葉から採れる中枢神経興奮薬である．これらのアルカロイド中のアミノ基を分類せよ（第一級，第二級，第三級，脂肪族，ヘテロ環，芳香族など）．

(a) (S)-Coniine　　(b) (S)-Nicotine

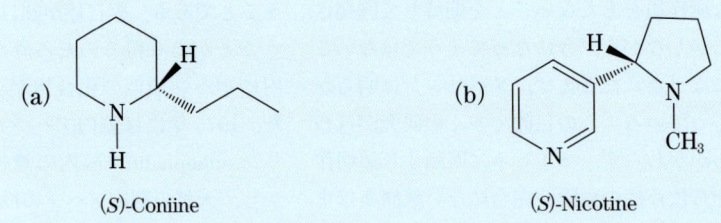

(c) Cocaine

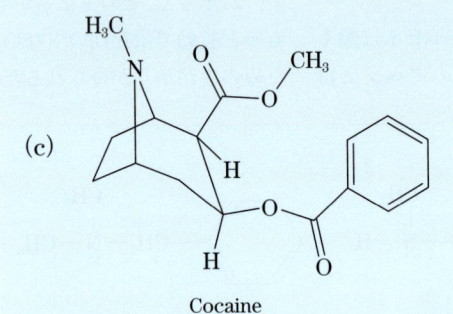

解　答
(a) 第二級脂肪族ヘテロ環アミン．
(b) 第三級脂肪族ヘテロ環アミンと芳香族ヘテロ環アミン各 1 個．
(c) 第三級脂肪族ヘテロ環アミン．

練習問題 10.1 ─────────────────
　コニイン，ニコチンおよびコカインのすべてのキラル中心を示せ．

10.3 命名法

A 系統的命名法

脂肪族アミンの系統名はアルコールの場合と同じように導かれる．母体 alkane（アルカン）の語尾 -e を -amine（アミン）に置き換える．すなわち，**alkanamine**（アルカンアミン）*と命名する．

*訳注：アルカナミンとしない

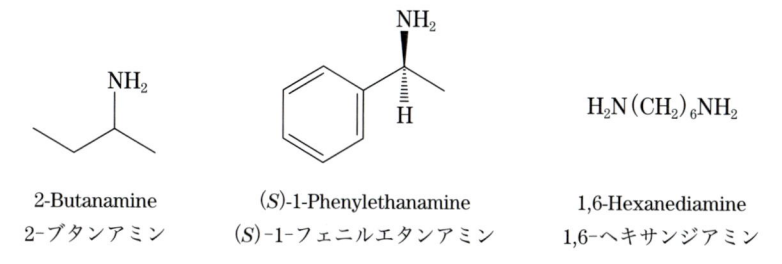

2-Butanamine
2-ブタンアミン

(S)-1-Phenylethanamine
(S)-1-フェニルエタンアミン

1,6-Hexanediamine
1,6-ヘキサンジアミン

例題 10.2

次のアミンの IUPAC 名を書け．

(a), (b), (c)

解　答

(a) 1-Hexanamine（1-ヘキサンアミン）

(b) 1,4-Butanediamine（1,4-ブタンジアミン）

(c) 系統名は (S)-1-phenyl-2-propanamine（(S)-1-フェニル-2-プロパンアミン）であるが，慣用名は amphetamine（アンフェタミン）という．ここに示した右旋性の異性体は中枢神経興奮薬で，いくつかの商品名で生産，販売されている．

練習問題 10.2

次のアミンの構造式を書け．

(a) 2-Methyl-1-propanamine　(b) Cyclohexanamine　(c) (R)-2-Butanamine

IUPAC 命名法では，最も簡単な芳香族アミン $C_6H_5NH_2$ に対する慣用名 **aniline**（アニリン）の使用を認めている．アニリンの単純な誘導体は，接頭語 *o*-, *m*-, *p*- または番号をつけて置換基の位置を表す．アニリンの誘導体のいくつかには今でも広く慣用名が使われている．たとえば，メチルアニリンを toluidine（トルイジン），メトキシアニリンを anisidine（アニシジン）という．

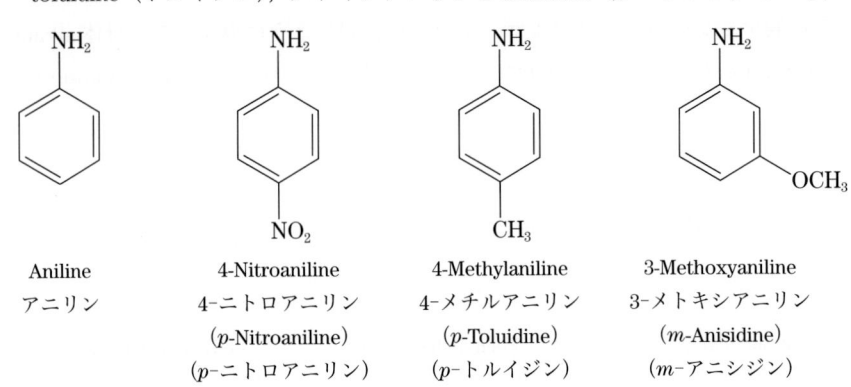

Aniline
アニリン

4-Nitroaniline
4-ニトロアニリン
(*p*-Nitroaniline)
(*p*-ニトロアニリン)

4-Methylaniline
4-メチルアニリン
(*p*-Toluidine)
(*p*-トルイジン)

3-Methoxyaniline
3-メトキシアニリン
(*m*-Anisidine)
(*m*-アニシジン)

第二級および第三級アミンは一般に *N*-置換第一級アミンとして命名される．非対称なアミンの場合は，最も大きなグループを母体アミンとして選び，窒素に結合した小さなグループの名称をつけ，その位置を接頭語 *N*- で示す（窒素に結合していることを示す）．

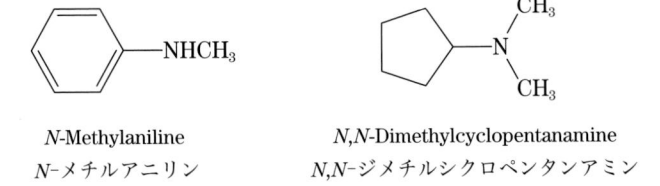

N-Methylaniline
N-メチルアニリン

N,N-Dimethylcyclopentanamine
N,N-ジメチルシクロペンタンアミン

次に，IUPAC 規則によって慣用名が認められている4種の芳香族ヘテロ環アミンの化合物名と構造式を示す．

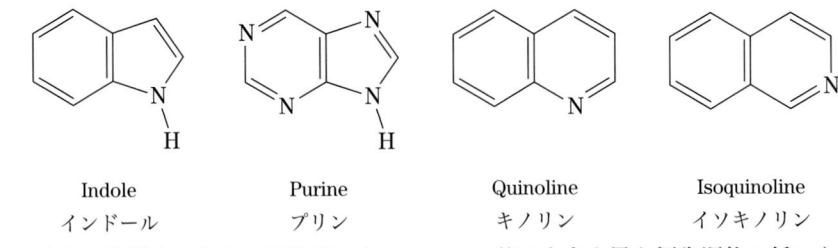

Indole
インドール

Purine
プリン

Quinoline
キノリン

Isoquinoline
イソキノリン

本書に登場する多くの官能基の中で，—NH_2 基は命名上最も優先順位の低いものの一つである．次の化合物はそれぞれアミノ基よりも優先順位の高い官能基をもっており，したがって，アミノ基は接頭語 amino-（アミノ）で示される．

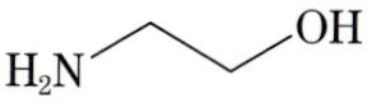

2-Aminoethanol
2-アミノエタノール
(Ethanolamine)
(エタノールアミン)

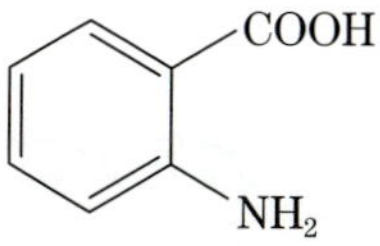

2-Aminobenzoic acid
2-アミノ安息香酸
(Anthranilic acid)
(アントラニル酸)

B 慣用名

ほとんどの脂肪族アミンの慣用名は窒素に結合したアルキル基をアルファベット順に並べて一語とし，接尾語 -amine（アミン）をつける．すなわち，alkylamine（**アルキルアミン**）と命名する．

CH_3NH_2

Methylamine
メチルアミン

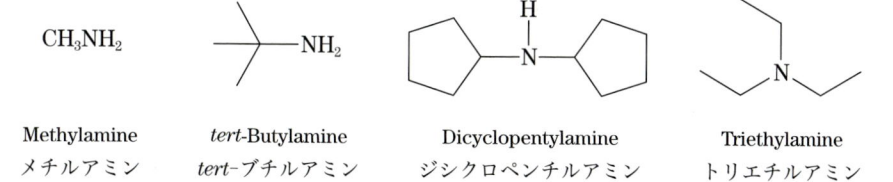

tert-Butylamine
tert-ブチルアミン

Dicyclopentylamine
ジシクロペンチルアミン

Triethylamine
トリエチルアミン

例題 10.3

次のアミンの構造式を書け．
(a) Isopropylamine（イソプロピルアミン）　(b) Cyclohexylmethylamine（シクロヘキシルメチルアミン）　(c) Benzylamine（ベンジルアミン）

解　答

(a) $(CH_3)_2CHNH_2$　(b) シクロヘキシル-NHCH_3　(c) C_6H_5-CH_2NH_2

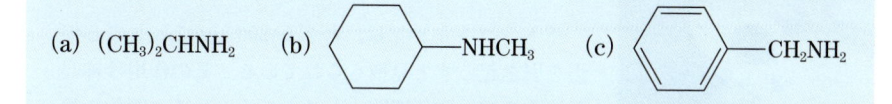

練習問題 10.3

次のアミンの構造式を書け．
(a) Isobutylamine　(b) Triphenylamine　(c) Diisopropylamine

窒素原子に4個の原子が結合しているとき，その化合物は対応するアミンの塩 quaternary ammonium salt（**第四級アンモニウム塩**）として命名する．接尾語 -amine（アミン）を -ammonium（アンモニウム）に変え，アニオン名（chloride（塩化）*など）をつけ加える．Aniline（アニリン），pyridine（ピリジン）などは，anilinium（アニリニウム），pyridinium（ピリジニウム）などとする．このようなイオンを含む化合物は塩の特徴をもっている．次に例を三つ示そう．

市販のうがい薬は殺菌剤として塩化 N-アルキルピリジニウムを含んでいる．（*Charles D. Winters*）

*訳注：日本語名では最初につける．

CHEMICAL CONNECTIONS 10B

南アメリカのヤドクガエル——致死アミン

コロンビア西部のジャングルに住むノアナマ族やエンブラ族は何世紀も前から，おそらく何千年にもわたって毒吹き矢を使ってきた．その毒は *Phyllobates* 属の数種の非常に色鮮やかなカエルの表皮分泌物から採れる．1匹のカエルから20本分の矢毒が採れる．最も毒性の強い種（*Phyllobates terribilis*）では，矢の先でカエルの背中をこするだけで十分である．

米国立衛生研究所（NIH）の科学者達は，これらの毒が細胞のイオンチャネルに作用することから，イオン輸送機構の基礎研究に利用できるかもしれないと興味をもつようになった．そこで，ヤドクガエルを集めるためにコロンビア西部に拠点を作り，5,000匹のカエルから 11 mg のバトラコトキシンとバトラコトキシニンAを単離した．これらの名称はギリシア語のカエルを意味する *batrachos* に由来している．

バトラコトキシンやバトラコトキシニンAはこれまでに発見された猛毒のうちでも最も強いものに入る．

Batrachotoxin

Batrachotoxinin A

ヤドクガエル *Phyllobates terribilis*.
(Juan M. Renjifo/Animals, Animals)

バトラコトキシンは，わずか 200 μg でヒトの心停止を引き起こすと見積もられている．その作用は神経と筋肉細胞の電位関門ナトリウムチャネルを開放の状態に固定して，大量の Na^+ イオンの細胞への流入を引き起こしてしまうためであると結論されている．

バトラトキシンの物語は，新薬発見におけるいくつかの共通点を示している．第一に，生物的に活性な化合物に関する情報は，地域の原住民から得られることが多い．第二に，熱帯雨林は構造的に複雑な生物活性物質の宝庫である．第三に，植物に限らず全生態系が魅力ある有機分子の資源を秘めていることである．

第 10 章　アミン

$(CH_3)_4N^+Cl^-$

Tetramethylammonium chloride
塩化テトラメチルアンモニウム

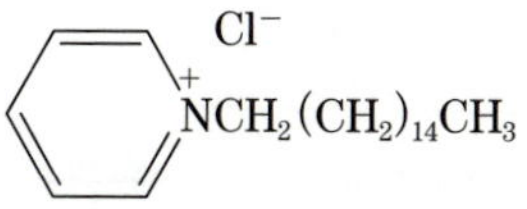

Hexadecylpyridinium chloride
塩化ヘキサデシルピリジニウム
(Cetylpyridinium chloride)
(塩化セチルピリジニウム)

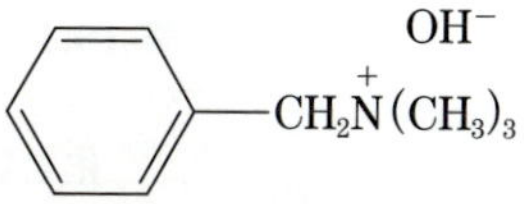

Benzyltrimethylammonium hydroxide
水酸化ベンジルトリメチルアンモニウム

10.4　物理的性質

アミンは極性化合物であり，第一級アミンと第二級アミンはいずれも分子間で水素結合を形成する（図10.1）．N—H…N 水素結合は O—H…O 水素結合ほど強くない．それは窒素と水素の電気陰性度の差（3.0 − 2.1 = 0.9）が酸素と水素との差（3.5 − 2.1 = 1.4）ほど大きくないからである．分子間水素結合の影響力はメチルアミンとメタノールの沸点を比較してみればわかる．

	CH_3NH_2	CH_3OH
分子量	31.1	32.0
bp（℃）	− 6.3	65.0

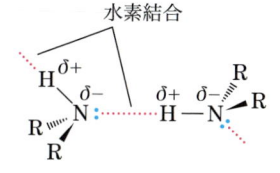

図 10.1
第一級および第二級アミンの水素結合による分子間会合．窒素はほぼ四面体構造をとっており，水素結合は四面体の第四の位置を占めている．

これらはともに極性分子であり，純粋な液体では水素結合による相互作用をもっている．水素結合はメチルアミンよりメタノールの方が強く，したがって，メタノールの方が沸点も高い．

すべてのアミン類は水と水素結合を形成し，ほぼ同じ分子量の炭化水素よりも水に溶けやすい．ほとんどの低分子量のアミンは完全に水に溶ける（表 10.1）が，高分子量のアミンは少しだけ溶けるかまたは不溶である．

10.5　アミンの塩基性

アンモニア同様，すべてのアミンは弱塩基であり，アミンの水溶液は塩基性である．次のアミンと水との酸塩基反応は，このプロトン移動反応において窒素の非共有電子対が水素と新しい共有結合を形成して水酸化物イオンと置き換わることを巻矢印で示している．

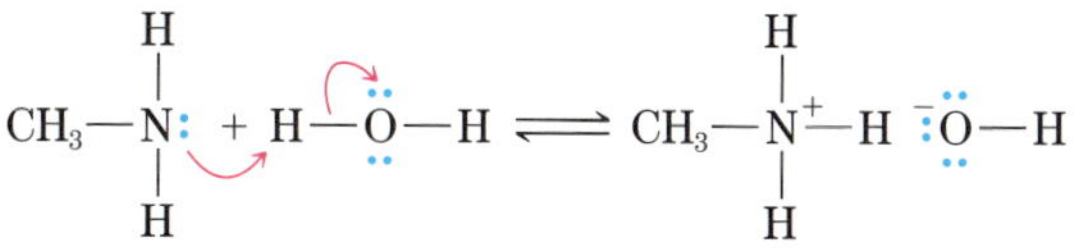

Methylamine　　　　Methylammonium hydroxide

表 10.1　代表的なアミンの物理的性質

化合物名	構造式	mp (°C)	bp (°C)	水への溶解性
ammonia（アンモニア）	NH_3	−78	−33	易溶
第一級アミン				
methylamine（メチルアミン）	CH_3NH_2	−95	−6	易溶
ethylamine（エチルアミン）	$CH_3CH_2NH_2$	−81	17	易溶
propylamine（プロピルアミン）	$CH_3CH_2CH_2NH_2$	−83	48	易溶
butylamine（ブチルアミン）	$CH_3(CH_2)_3NH_2$	−49	78	易溶
benzylamine（ベンジルアミン）	$C_6H_5CH_2NH_2$	10	185	易溶
cyclohexylamine（シクロヘキシルアミン）	$C_6H_{11}NH_2$	−17	135	難溶
第二級アミン				
dimethylamine（ジメチルアミン）	$(CH_3)_2NH$	−93	7	易溶
diethylamine（ジエチルアミン）	$(CH_3CH_2)_2NH$	−48	56	易溶
第三級アミン				
trimethylamine（トリメチルアミン）	$(CH_3)_3N$	−117	3	易溶
triethylamine（トリエチルアミン）	$(CH_3CH_2)_3N$	−114	89	難溶
芳香族アミン				
aniline（アニリン）	$C_6H_5NH_2$	−6	184	難溶
芳香族ヘテロ環アミン				
pyridine（ピリジン）	C_5H_5N	−42	116	易溶

メチルアミンと水が反応して水酸化メチルアンモニウムを生成する反応を例として示したが，アミンと水の反応の平衡定数 K_{eq} は次式で表される．

$$K_{eq} = \frac{[CH_3NH_3^+][OH^-]}{[CH_3NH_2][H_2O]}$$

メチルアミンの希薄水溶液では，水の濃度は実質的に一定（$[H_2O]$ = 55.5 mol/L）なので，K_{eq} とまとめて<u>塩基解離定数 K_b</u> という新しい定数を定義する．メチルアミンの K_b 値は 4.37×10^{-4} （pK_b = 3.36）である．

$$K_b = K_{eq}[H_2O] = \frac{[CH_3NH_3^+][OH^-]}{[CH_3NH_2]} = 4.37 \times 10^{-4}$$

アミンの塩基性を対応する共役酸の酸解離定数に基づいて議論することも一般に行われる．たとえば，メチルアンモニウムイオンの解離の場合は次のようになる．

$$CH_3NH_3^+ + H_2O \rightleftharpoons CH_3NH_2 + H_3O^+$$

$$K_a = \frac{[CH_3NH_2][H_3O^+]}{[CH_3NH_3^+]} = 2.29 \times 10^{-11} \quad pK_a = 10.64$$

表10.2 代表的なアミンの塩基性度 pK_b と共役酸の酸性度 pK_a*

アミン	構造式	pK_b	pK_a
ammonia	NH_3	4.74	9.26
第一級アミン			
methylamine	CH_3NH_2	3.36	10.64
ethylamine	$CH_3CH_2NH_2$	3.19	10.81
cyclohexylamine	$C_6H_{11}NH_2$	3.34	10.66
第二級アミン			
dimethylamine	$(CH_3)_2NH$	3.27	10.73
diethylamine	$(CH_3CH_2)_2NH$	3.02	10.98
第三級アミン			
trimethylamine	$(CH_3)_3N$	4.19	9.81
triethylamine	$(CH_3CH_2)_3N$	3.25	10.75
芳香族アミン			
aniline	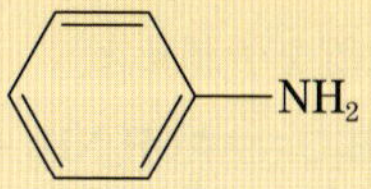 C$_6$H$_5$-NH$_2$	9.37	4.63
4-methylaniline	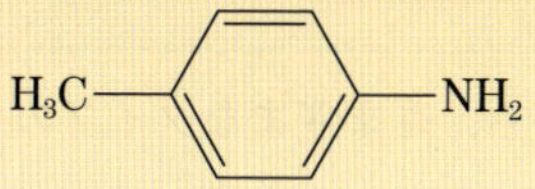 H$_3$C-C$_6$H$_4$-NH$_2$	8.92	5.08
4-chloroaniline	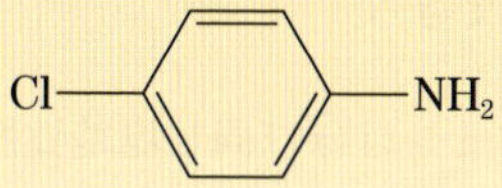 Cl-C$_6$H$_4$-NH$_2$	9.85	4.15
4-nitroaniline	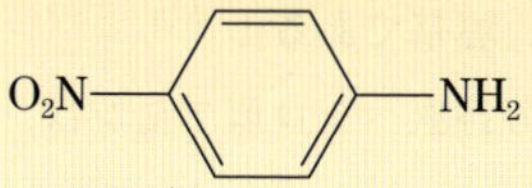 O$_2$N-C$_6$H$_4$-NH$_2$	13.0	1.0
芳香族ヘテロ環アミン			
pyridine	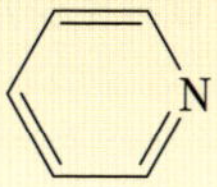 ピリジン	8.75	5.25
imidazole	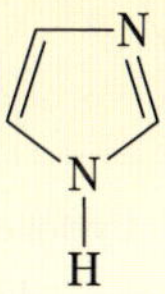 イミダゾール	7.05	6.95

* 各アミンについて pK_a + pK_b = 14.00.

酸–共役塩基のどのような組合せにおいても，pK_a と pK_b の関係は次式で表される．

$$pK_a + pK_b = 14.00$$

代表的なアミンの pK_a と pK_b の値を表10.2に示す．

例題 10.4

次の酸塩基反応の平衡位置を予測せよ．

$$CH_3NH_2 + CH_3COOH \rightleftharpoons CH_3NH_3^+ + CH_3COO^-$$

解　答

酸塩基反応の平衡位置を予測するために 2.5 節で説明した方法を使う．平衡では，より強い酸とより強い塩基からより弱い酸とより弱い塩基が生成するのが有利である．すなわち，この反応の平衡は，メチルアンモニウムイオンと酢酸イオンが生成するほうにかたよっている．

$$CH_3NH_2 + CH_3COOH \rightleftharpoons CH_3NH_3^+ + CH_3COO^-$$

$\quad\quad\quad\quad\quad\quad\quad\quad\quad\quad$ pK_a = 4.76 $\quad\quad$ pK_a = 10.64
$\quad\quad\quad\quad$ より強い塩基　より強い酸　$\quad$ より弱い酸　より弱い塩基

練習問題 10.4

次の酸塩基反応の平衡位置を予測せよ．

$$CH_3NH_3^+ + H_2O \rightleftharpoons CH_3NH_2 + H_3O^+$$

表 10.2 のデータから，さまざまなタイプのアミンの酸塩基特性に関して次のように一般化することができる．

1. すべての脂肪族アミンはほぼ同じ塩基性度 pK_b 3.0 ～ 4.0 を示し，アンモニアよりわずかに強い塩基である．

2. 芳香族アミンと芳香族ヘテロ環アミンは，脂肪族アミンに比べてかなり弱い塩基である．たとえば，アニリンとシクロヘキシルアミンの pK_b 値を比べると，アニリンの塩基解離定数はシクロヘキシルアミンの値の $1/10^6$ である（pK_b 値が大きいほど塩基性は弱い）．

Cyclohexylamine + H_2O $\rightleftharpoons$ Cyclohexylammonium hydroxide ($-NH_3^+OH^-$)　　pK_b = 3.34　　$K_b = 4.5 \times 10^{-4}$

Aniline + H_2O $\rightleftharpoons$ Anilinium hydroxide ($-NH_3^+OH^-$)　　pK_b = 9.37　　$K_b = 4.3 \times 10^{-10}$

芳香族アミンは，窒素上の非共有電子対と芳香環の π 電子系との共鳴相互作用のために，脂肪族アミンよりも弱塩基になっている．アルキルアミンではそのような共鳴相互作用が不可能なので，アルキルアミンの窒素上の電子対はそれだけ酸と反応しやすい．

第 10 章　アミン

二つの Kekulé 構造　　　窒素上の電子対と芳香環の
　　　　　　　　　　　π 電子との相互作用

アルキルアミンは共鳴できない

3. ハロゲン，ニトロ基，カルボニル基などの電子求引基は，窒素上の非共有電子対の電子密度を小さくすることによりこれらの置換芳香族アミンの塩基性を下げる．

Aniline
pK_b 9.37

4-Nitroaniline
pK_b 13.0

9.9B 節において，これらの同じ置換基がフェノールの酸性度を上げることを述べたことを思い出そう．

例題 10.5

次のアミンの組合せにおいて，より強い塩基を選べ．

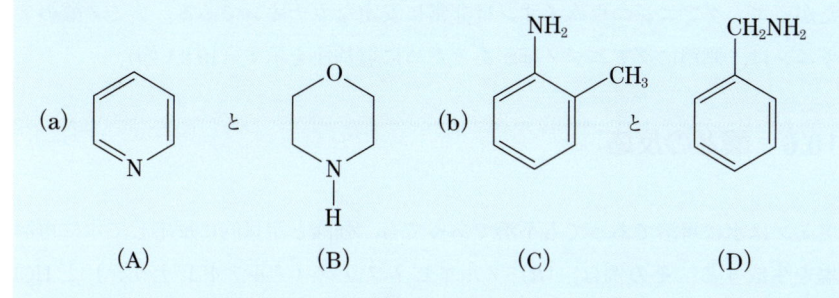

(a) 　　　と　　　　(b)　　　と

(A)　　　(B)　　　　(C)　　　(D)

解　答

(a) モルホリン morpholine (B) がより強い塩基であり ($pK_b = 5.79$)，第二級脂肪族アミンに相当する塩基性をもっている．芳香族ヘテロ環アミンのピリジン (A) ($pK_b = 8.75$) の塩基性は脂肪族アミンに比べてかなり弱い．

(b) 第一級脂肪族アミンのベンジルアミン (D) がより強い塩基であり ($pK_b = 3 \sim 4$)，芳香族アミンの o-トルイジン (C) は弱い塩基である ($pK_b = 9 \sim 10$)．

練習問題 10.5

次のイオンの組合せにおいて，より強い酸を選べ．

(a) O_2N-C₆H₄-NH_3^+ (A) と H_3C-C₆H₄-NH_3^+ (B)

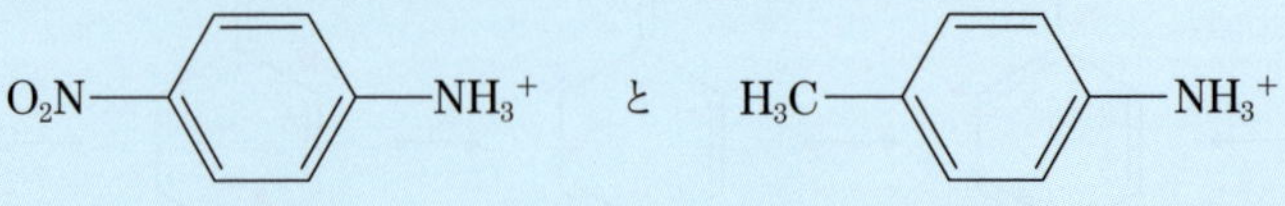

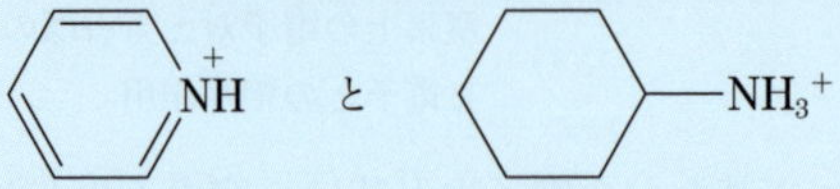

(b) ピリジニウムイオン (C) と シクロヘキシル-NH_3^+ (D)

グアニジン（$pK_b = 0.4$）は電荷をもたない化合物としては最も強い塩基である．

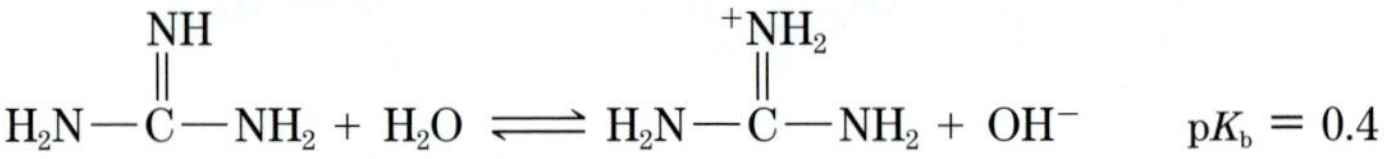

$$H_2N-C(=NH)-NH_2 + H_2O \rightleftharpoons H_2N-C(=\overset{+}{N}H_2)-NH_2 + OH^- \quad pK_b = 0.4$$

Guanidine　　Guanidinium ion

グアニジンの非常に強い塩基性は，グアニジニウムイオンの正電荷が3個の窒素に等しく非局在化しているためであり，三つの等価な共鳴寄与構造で表せる．

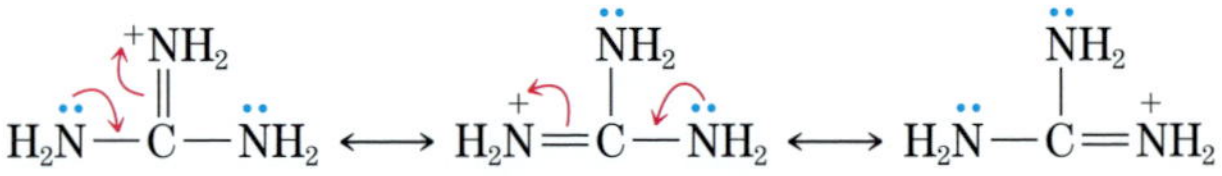

$$H_2N-C(=\overset{+}{N}H_2)-NH_2 \longleftrightarrow H_2N-\overset{+}{C}(=NH_2)-NH_2 \longleftrightarrow H_2N-C(=NH_2)-\overset{+}{N}H_2$$

三つの等価な共鳴寄与構造

したがって，グアニジニウムイオンは非常に安定なカチオンである．アミノ酸のアルギニンは，側鎖にグアニジノ基があるために塩基性を示す（19.2A節）．

10.6 酸との反応

アミンは水に可溶であっても不溶であっても，強酸と定量的に反応して水に可溶な塩を生成する．その例は，(R)-ノルエピネフリン（ノルアドレナリン）と HCl 水溶液の反応で塩酸塩が生じる場合に見られる．

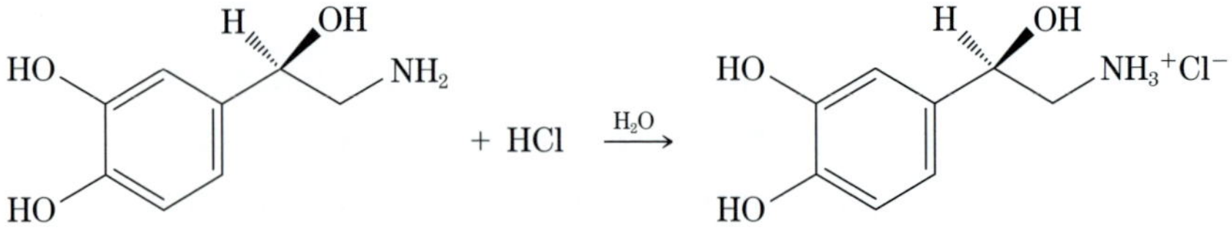

(R)-Norepinephrine（水に難溶）＋ HCl $\xrightarrow{H_2O}$ (R)-Norepinephrine hydrochloride（水溶性の塩）

ノルエピネフリンは副腎から分泌される神経伝達物質であり，脳の感情を制御する領域で作用していると考えられている．

例題 10.6

次の酸塩基反応を完成し，生成する塩の名称を書け．

(a) $(CH_3CH_2)_2NH + HCl \longrightarrow$

(b) ［ピリジン］ $+ CH_3COOH \longrightarrow$

解 答

(a) $(CH_3CH_2)_2NH_2^+Cl^-$
Diethylammonium chloride
塩化ジエチルアンモニウム

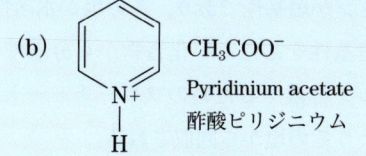

(b) ［ピリジニウム環 N$^+$–H］ CH_3COO^-
Pyridinium acetate
酢酸ピリジニウム

練習問題 10.6

次の酸塩基反応を完成し，生成する塩の名称を書け．

(a) $(CH_3CH_2)_3N + HCl \longrightarrow$

(b) ［シクロヘキシル］$NH + CH_3COOH \longrightarrow$

例題 10.7

タンパク質の構成単位の一つであるアラニン（2-アミノプロパン酸）の二つの構造式を示す（第19章）．アラニンは，構造式（A）で表すのと（B）で表すのとでは，どちらが適切か．

$$\underset{(A)}{\underset{NH_2}{\overset{O}{\underset{|}{CH_3CH\overset{\|}{C}OH}}}} \qquad \underset{(B)}{\underset{NH_3^+}{\overset{O}{\underset{|}{CH_3CH\overset{\|}{C}O^-}}}}$$

解 答

構造式（A）にはアミノ基（塩基）とカルボキシ基（酸）の両方がある．より強い酸（—COOH）からより強い塩基（—NH$_2$）にプロトン移動が起こると，分子内塩が生じる．したがって，アラニンの構造式としては（B）の方がよい．アミノ酸化学の分野では（B）で表される分子内塩を**双性イオン** zwitterion とよぶ（第19章参照）．

練習問題 10.7

例題 10.7 で示したように，アラニンは分子内塩として表される．この分子内塩が水に溶けるものとして次の問に答えよ．

(a) 濃 HCl を加えて溶液の pH を 2.0 に調整すると，水溶液中のアラニンの構造はどのように変わるか．

(b) 濃 NaOH を加えて溶液の pH を 12.0 にすると，水溶液中のアラニンの構造はどのように変わるか．

アミンが塩基性であり，その塩が水溶性であることを利用して，アミンを水に不溶な塩基性をもたない化合物から分離できる．図 10.2 に示すのはアニリンとアニソールを分離するためのフローチャートである．アニリンは NaOH で処理することによりその塩から回収される．

2 種の化合物の混合物

$C_6H_5OCH_3$ と $C_6H_5NH_2$
アニソール　　アニリン

↓

ジエチルエーテルに溶解

↓

HCl, H_2O と混合する

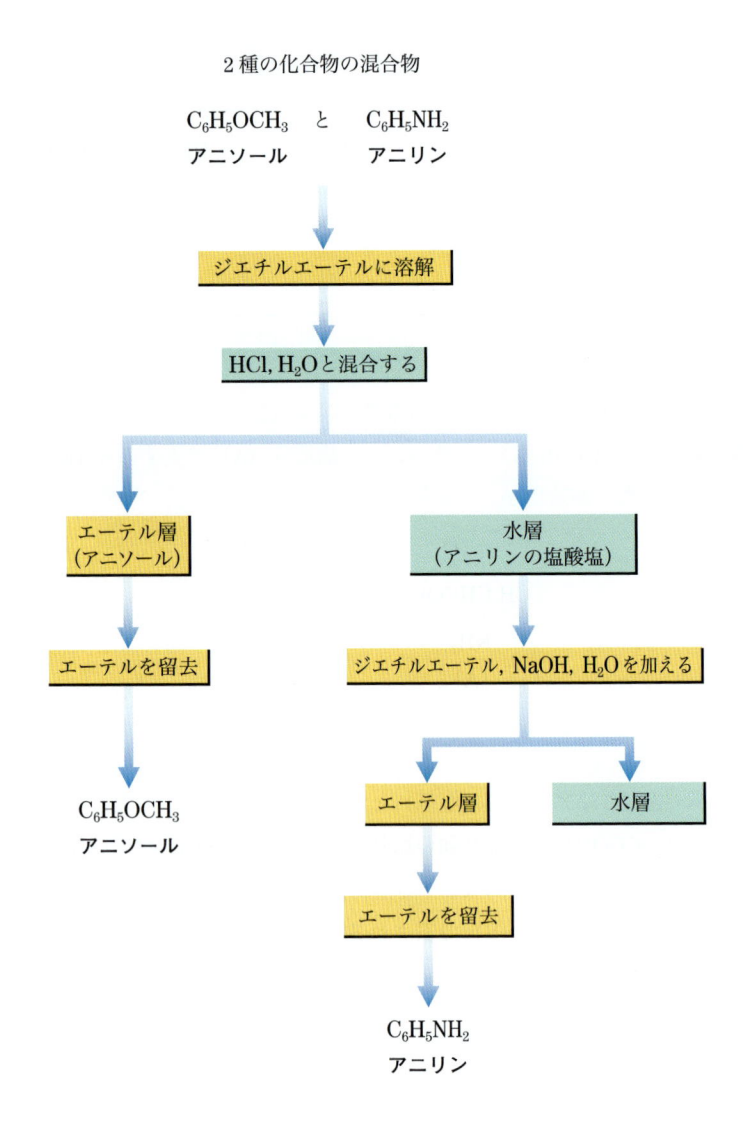

┌──────────┴──────────┐
↓　　　　　　　　　　　　↓
エーテル層　　　　　　　水層
（アニソール）　　　　　（アニリンの塩酸塩）

↓　　　　　　　　　　　　↓
エーテルを留去　　　　ジエチルエーテル, NaOH, H_2O を加える

↓　　　　　　　　　　┌──────┴──────┐
↓　　　　　　　　　　↓　　　　　　　　↓
$C_6H_5OCH_3$　　　　エーテル層　　　水層
アニソール

　　　　　　　　　　　↓
　　　　　　　　　　エーテルを留去
　　　　　　　　　　　↓
　　　　　　　　　　$C_6H_5NH_2$
　　　　　　　　　　アニリン

図 10.2
アミンと中性化合物の分離と精製．

10.7 芳香族アミンの合成：ニトロ基の還元

既に学んだように（9.7B節），芳香族化合物のニトロ化で NO_2 基が導入できる．ニトロ化が特に重要なのは，Ni, Pd, Pt のような遷移金属触媒存在下に水素化（接触還元）することによって容易に第一級アミン－NH_2 に還元できることにある．

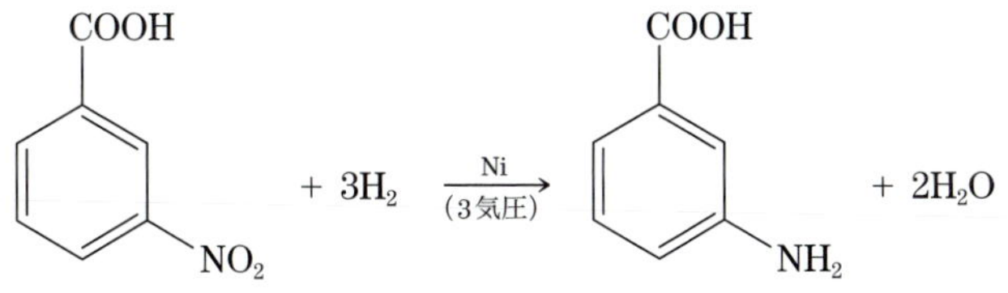

$$\text{3-Nitrobenzoic acid} + 3H_2 \xrightarrow[\text{(3気圧)}]{\text{Ni}} \text{3-Aminobenzoic acid} + 2H_2O$$

他に還元されやすい炭素-炭素二重結合あるいはアルデヒドやケトンのカルボニル基のような官能基がある場合には，この方法は不利である．－COOH や芳香環はこの条件では還元されない．

ニトロ基は，酸に金属を加えるという別法によっても第一級アミノ基に還元できる．最も一般的に用いられる金属還元剤は，希 HCl 中 Fe, Zn, Sn である．この方法で還元するとアミンは塩として得られるが，強塩基によってアミンを遊離できる．

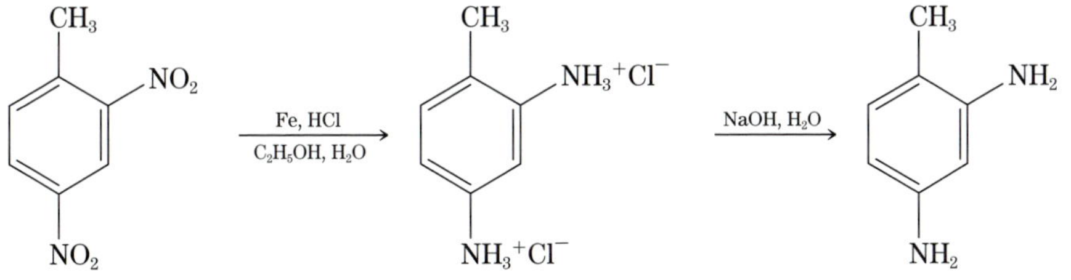

$$\text{2,4-Dinitrotoluene} \xrightarrow[\text{C}_2\text{H}_5\text{OH, H}_2\text{O}]{\text{Fe, HCl}} \text{(ジアンモニウム塩)} \xrightarrow{\text{NaOH, H}_2\text{O}} \text{2,4-Diaminotoluene}$$

10.8 第一級芳香族アミンと亜硝酸との反応

亜硝酸 HNO_2 は不安定な化合物であり，亜硝酸ナトリウム $NaNO_2$ の水溶液に硫酸または塩酸を加えて調製される．亜硝酸は弱酸であり，次式によって解離する．

$$HNO_2 + H_2O \rightleftharpoons H_3O^+ + NO_2^- \qquad K_a = 4.26 \times 10^{-4}$$
$$\text{Nitrous acid} \qquad pK_a = 3.37$$

亜硝酸とアミンの反応は，アミンが第一級，第二級，第三級か，あるいは脂肪族か，芳香族であるかによって，結果は異なる．ここでは，有機合成において有用な亜硝酸と第一級芳香族アミンとの反応についてだけ述べる．

第一級芳香族アミン，たとえばアニリン，を亜硝酸と反応させると，ジアゾニウム塩，すなわち塩化ベンゼンジアゾニウムが得られる．

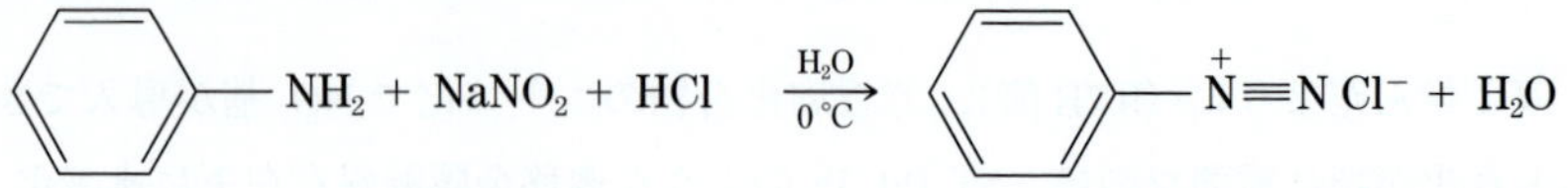

$$\text{C}_6\text{H}_5-\text{NH}_2 + \text{NaNO}_2 + \text{HCl} \xrightarrow[0\,°\text{C}]{\text{H}_2\text{O}} \text{C}_6\text{H}_5-\overset{+}{\text{N}}\equiv\text{N}\ \text{Cl}^- + \text{H}_2\text{O}$$

Aniline　　　　　Sodium　　　　　　　　　　　　Benzenediazonium
（第一級芳香族アミン）　nitrite　　　　　　　　　　　　　　chloride

この反応は，省略して次のように書くこともできる．

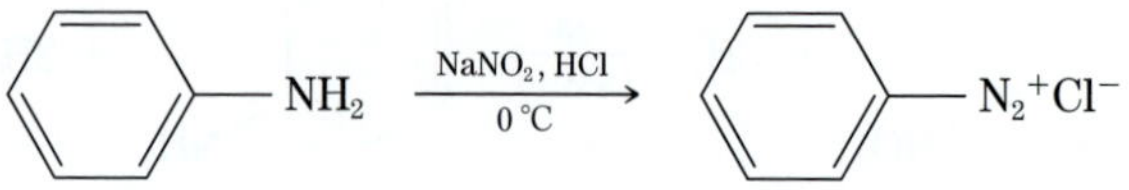

$$\text{C}_6\text{H}_5-\text{NH}_2 \xrightarrow[0\,°\text{C}]{\text{NaNO}_2,\ \text{HCl}} \text{C}_6\text{H}_5-\text{N}_2^+\text{Cl}^-$$

Benzenediazonium chloride

アレーンジアゾニウム塩の水溶液を温めると，$-\text{N}_2^+$基が$-\text{OH}$基に置き換わる．この反応は，数少ないフェノールの合成法の一つになる．まずアレーンジアゾニウム塩をつくり，次いでその溶液を加熱することにより，芳香族アミンをフェノールに変換することができる．この方法で，2-ブロモ-4-メチルアニリンを2-ブロモ-4-メチルフェノールに変換できる．

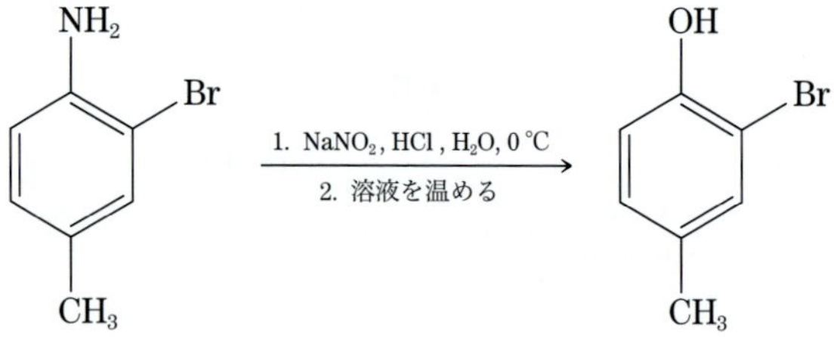

2-Bromo-4-methylaniline　$\xrightarrow[\text{2. 溶液を温める}]{\text{1. NaNO}_2,\ \text{HCl},\ \text{H}_2\text{O},\ 0\,°\text{C}}$　2-Bromo-4-methylphenol

例題 10.8

トルエンは4段階で4-ヒドロキシ安息香酸に変換できる．各段階に必要な反応試薬を示せ．

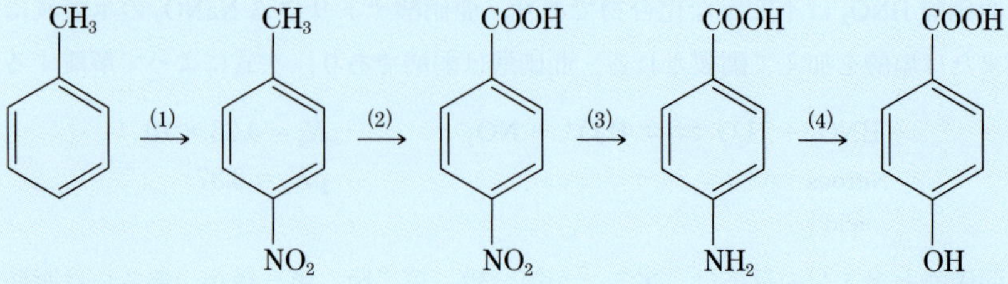

Toluene $\xrightarrow{(1)}$ 4-nitrotoluene $\xrightarrow{(2)}$ 4-nitrobenzoic acid $\xrightarrow{(3)}$ 4-aminobenzoic acid $\xrightarrow{(4)}$ 4-Hydroxybenzoic acid

第 10 章　アミン

> **解　答**
> **段階1**：トルエンを H_2SO_4／HNO_3 でニトロ化し，オルト体とパラ体を分離する（9.7 B節）．
> **段階2**：クロム酸を用いてベンジル位炭素を酸化する（9.5節）．
> **段階3**：遷移金属触媒存在下に H_2 を用いるか，HCl 溶液中 Fe, Sn あるいは Zn を用いてニトロ基を還元する（10.8節）．
> **段階4**：芳香族アミンを $NaNO_2$／HCl と反応させてジアゾニウム塩を作り，続いて溶液を加熱する．

> **練習問題 10.8**
> 例題 10.8 で使った反応を異なる順序で行うと，トルエンを 3-ヒドロキシ安息香酸に変換できる．どのような順序で反応したらよいか．

アレーンジアゾニウム塩を次亜リン酸 H_3PO_2 と反応させると，ジアゾニオ基は還元されて—H に置換される．下にアニリンから 1,3,5-トリクロロベンゼンへの変換反応を示す．—NH_2 基は，強力な活性化オルト-パラ配向基である（9.8A節）ことを思い出そう．アニリンと塩素の反応は触媒を必要とせず，2,4,6-トリクロロアニリンを与える．トリクロロアニリンを亜硝酸と反応させ，次いで次亜リン酸で処理すると変換が完了する．

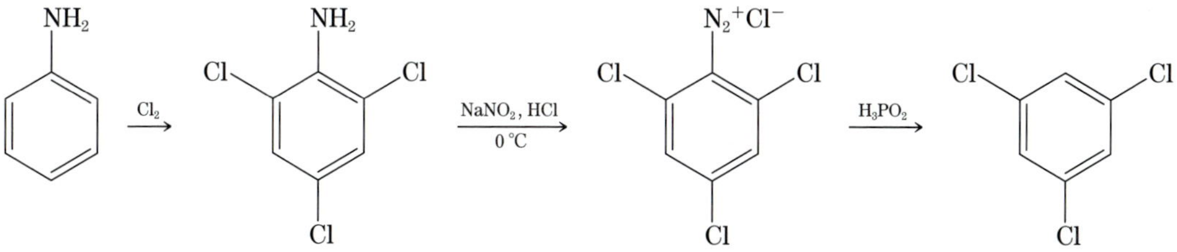

Aniline → (Cl₂) → 2,4,6-トリクロロアニリン → ($NaNO_2$, HCl, 0 ℃) → ジアゾニウム塩 → (H_3PO_2) → 1,3,5-Trichlorobenzene

まとめ

アミンは，アルキル基あるいはアリール基に置換されたアンモニアの水素の数にしたがって，**第一級，第二級，第三級**に分類される（10.2 節）．**脂肪族アミン**では窒素に結合している炭素はすべてアルキル基であり，**芳香族アミン**ではそのうちの一つ以上がアリール基になっている．**ヘテロ環アミン**では窒素原子が環の一部を形成している．**芳香族ヘテロ環アミン**では窒素原子は芳香環の一部になっている．

脂肪族アミンは，系統的命名法では**アルカンアミン** alkanamine と命名する（10.3A 節）が，慣用名は**アルキルアミン** alkylamine という（10.3B 節）．アルキル基をアルファベット順に一語として並べ，接尾語 -amine をつける．四つのアルキル基またはアリール基が窒素に結合したイオンは，**第四級アンモニウムイオン**という．

アミンは極性化合物であり，第一級および第二級アミンは分子間水素結合により会合する（10.4 節）．N—H···N の水素結合は O—H···O の水素結合よりも弱いので，アミンは同等の分子量と構造をもつアルコールよりも沸点が低い．すべてのアミン類は水と水素結合を形成するので，分子量のほとんど等しい炭化水素よりも水に溶けやすい．

アミンは弱塩基であり，アミンの水溶液は塩基性である（10.5 節）．水中でのアミンの塩基解離定数は K_b の記号で示す．アミンの酸塩基特性について述べるとき，その共役酸の酸解離定数 K_a を用いることも多い．水中でのアミンの酸および塩基解離定数の間には $pK_a + pK_b = 14.0$ の関係がある．

重要な反応

1. 脂肪族アミンの塩基性（10.5 節）
ほとんどの脂肪族アミンの塩基性はアンモニアよりわずかに強い（$pK_b = 3.0 \sim 4.0$）．

$$CH_3NH_2 + H_2O \rightleftharpoons CH_3NH_3^+ + OH^- \qquad pK_b = 3.36$$

2. 芳香族アミンの塩基性（10.5 節）
芳香族アミン（$pK_b \, 9.0 \sim 10.0$）は脂肪族アミンよりかなり弱い塩基である．窒素上の非共有電子対は，芳香環のπ電子系との相互作用による共鳴安定化のために，酸と反応しにくくなっている．芳香環上の電子求引基は —NH_2 基の塩基性を弱める．

$$C_6H_5-NH_2 + H_2O \rightleftharpoons C_6H_5-NH_3^+ + OH^- \qquad pK_b = 9.37$$

3. アミンと強酸との反応（10.6 節）
すべてのアミンは強酸と定量的に反応して水に可溶な塩を生成する．

$$C_6H_5-N(CH_3)_2 + HCl \longrightarrow C_6H_5-\overset{+}{N}H(CH_3)_2 \, Cl^-$$

水に不溶　　　　　　　　　　　　　水溶性の塩

4. 芳香族 NO_2 基の還元（10.7 節）
芳香環の NO_2 基は，接触還元するか，塩酸中金属で処理し，次いで強塩基でアミンを遊離することによって，

アミノ基に還元できる．

$$\text{C}_6\text{H}_5\text{NO}_2 + 3\text{H}_2 \xrightarrow[\text{(3気圧)}]{\text{Ni}} \text{C}_6\text{H}_5\text{NH}_2$$

$$m\text{-C}_6\text{H}_4(\text{NO}_2)_2 \xrightarrow[\text{C}_2\text{H}_5\text{OH, H}_2\text{O}]{\text{Fe, HCl}} m\text{-C}_6\text{H}_4(\text{NH}_3^+\text{Cl}^-)_2 \xrightarrow{\text{NaOH, H}_2\text{O}} m\text{-C}_6\text{H}_4(\text{NH}_2)_2$$

5. 第一級芳香族アミンのフェノールへの変換（10.8 節）

第一級芳香族アミンを亜硝酸と反応させると，アレーンジアゾニウム塩が得られる．水溶液中でこの塩を加熱すると N_2 を発生してフェノールを生成する．

$$o\text{-CH}_3\text{C}_6\text{H}_4\text{NH}_2 \xrightarrow[\text{0 °C}]{\text{NaNO}_2\text{, HCl}} o\text{-CH}_3\text{C}_6\text{H}_4\text{N}_2^+\text{Cl}^- \xrightarrow{\text{加熱}} o\text{-CH}_3\text{C}_6\text{H}_4\text{OH}$$

6. アレーンジアゾニウム塩の還元（10.8 節）

アレーンジアゾニウム塩を次亜リン酸 H_3PO_2 と反応させると，N_2^+ 基が H に置換される．

$$2,4\text{-Cl}_2\text{C}_6\text{H}_3\text{NH}_2 \xrightarrow[\text{0 °C}]{\text{NaNO}_2\text{, HCl}} 2,4\text{-Cl}_2\text{C}_6\text{H}_3\text{N}_2^+\text{Cl}^- \xrightarrow{\text{H}_3\text{PO}_2} 1,3\text{-Cl}_2\text{C}_6\text{H}_4$$

補充問題

構造と命名法

10.9 次のアミンの構造式を書け．

(a) (R)-2-Butanamine
(b) 1-Octanamine
(c) 2,2-Dimethyl-1-propanamine
(d) 1,5-Pentanediamine
(e) 2-Bromoaniline
(f) Tributylamine
(g) N,N-Dimethylaniline
(h) Benzylamine
(i) tert-Butylamine
(j) N-Ethylcyclohexanamine
(k) Diphenylamine
(l) Isobutylamine

10.10 次のアミンの構造式を書け．
(a) 4-Aminobutanoic acid
(b) 2-Aminoethanol (ethanolamine)
(c) 2-Aminobenzoic acid
(d) (S)-2-Aminopropanoic acid（alanine）
(e) 4-Aminobutanal
(f) 4-Amino-2-butanone

10.11 少なくとも4個の sp^3 混成炭素原子をもつ第一級，第二級 および第三級アミンの例を構造式で示せ．同じ条件で第一級，第二級 および第三級アルコールの例を示せ．この2種類の官能基において，分類の仕方がどのように異なるか説明せよ．

10.12 次の化合物のアミノ基を第一級，第二級，第三級のいずれか，さらに脂肪族か芳香族かに分類せよ．

(a) Benzocaine（局所麻酔薬）

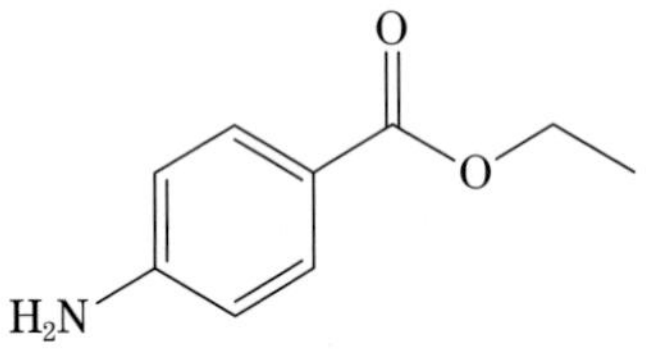

(b) Chloroquine（マラリア治療薬）

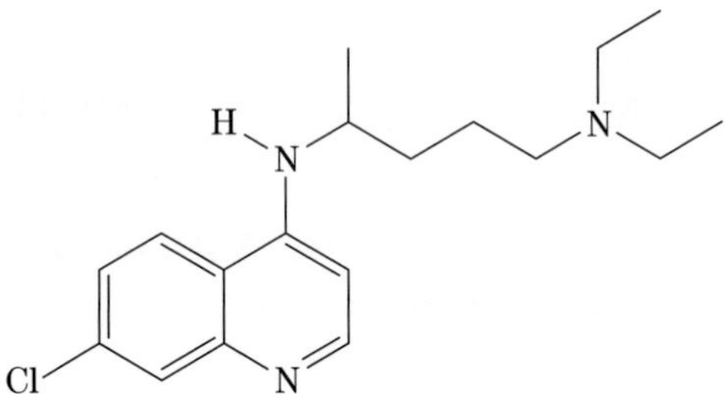

10.13 エピネフリン（アドレナリン）は副腎髄質から分泌されるホルモンで，気管支拡張薬として作用する．アルブテロールは最も効果的で広く処方されているぜん息薬の一つである．ぜん息の治療にはR体の方がS体よりも68倍効果がある．

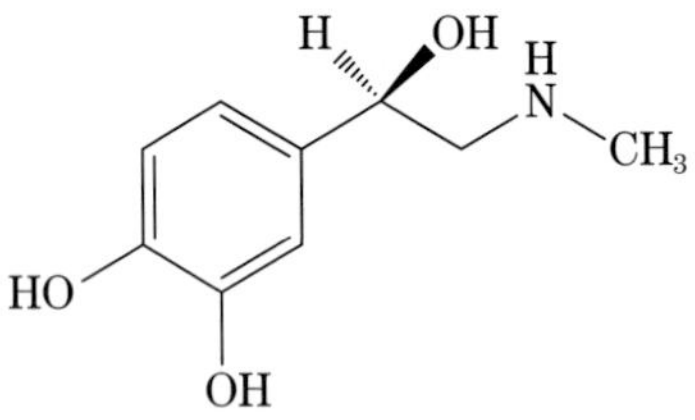

(R)-Epinephrine (Adrenaline)

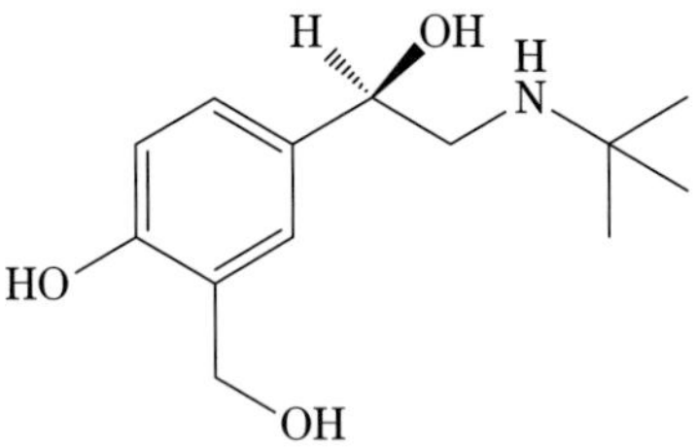

(R)-Albuterol

(a) アミノ基をそれぞれを第一級，第二級，第三級に分類せよ．
(b) これらの化合物の構造上の類似点と相違点を挙げよ．

10.14 分子式 $C_4H_{11}N$ の構造異性体は8個ある．それらの構造式と名称を書き，第一級，第二級，第三級アミンに分類せよ．

10.15 次の分子式をもつ化合物の構造式を書け．
(a) 第二級アリールアミン，C_7H_9N
(b) 第三級アリールアミン，$C_8H_{11}N$
(c) 第一級脂肪族アミン，C_7H_9N
(d) キラルな第一級アミン，$C_4H_{11}N$
(e) 第三級ヘテロ環アミン，$C_6H_{11}N$
(f) 三置換第一級アリールアミン，$C_9H_{13}N$
(g) キラルな第四級アンモニウム塩，$C_9H_{22}NC$

物理的性質

10.16 プロピルアミン，エチルメチルアミン，トリメチルアミンは分子式 C_3H_9N をもつ構造異性体である．これら三つの異性体のうち，トリメチルアミンの沸点が最も低く，プロピルアミンの沸点が最も高い理由を説明せよ．

CH₃CH₂CH₂NH₂   CH₃CH₂NHCH₃   (CH₃)₃N
bp 48 ℃   bp 37 ℃   bp 3 ℃
Propylamine   Ethylmethylamine Trimethylamine

10.17 1-ブタンアミンの沸点が1-ブタノールよりも低い理由を説明せよ．

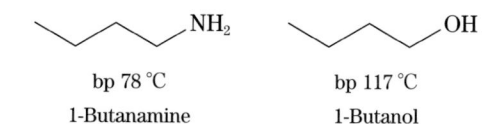

bp 78 ℃   bp 117 ℃
1-Butanamine   1-Butanol

10.18 プトレッシンは，腐った肉の悪臭の原因である．2当量のHClで処理するとにおいがなくなる理由を説明せよ．

1,4-Butanediamine
(Putrescine)

アミンの塩基性

10.19 アミンがアルコールよりも塩基性が強い理由を説明せよ．

10.20 次の組合せの化合物の中で塩基性の強いものを選べ．

(a) ピペリジン と ピリジン

(b) シクロヘキシル-N(CH₃)₂ と フェニル-N(CH₃)₂

(c) 3-メチルアニリン と ベンジルアミン

(d) 4-ニトロアニリン と 4-メチルアニリン

10.21 ニトロ基が置換基としてつくと芳香族アミンの塩基性は弱くなり，フェノールの酸性は強くなる．たとえば，4-ニトロアニリンはアニリンよりも弱い塩基で，4-ニトロフェノールはフェノールよりも強い酸である．この理由を説明せよ．

10.22 次の化合物のうち塩基性の強いものを選べ．

C₆H₅-CH₂N(CH₃)₂ と C₆H₅-CH₂N⁺(CH₃)₃OH⁻

10.23 次の酸塩基反応を完成し，平衡位置を予測せよ．また，各平衡におけるより強い酸とより弱い酸のpK_a値を調べて，予測の正しさを確かめよ．酸解離定数の値については表2.2（無機酸と有機酸のpK_a），表8.2（アルコールのpK_a），9.9 B節（フェノールの酸性度），表10.2（アミンの塩基性の強さ）を参照し，解離定数が示されていない場合には，表中の値などから推定すること．

(a) CH₃COOH + Pyridine ⇌

Acetic acid   Pyridine

(b) Phenol–OH + (CH₃CH₂)₃N ⇌

Phenol   Triethylamine

(c) PhCH₂CH(CH₃)NH₂ + CH₃CH(OH)COOH ⇌

1-Phenyl-2-propanamine (Amphetamine)   2-Hydroxypropanoic acid (Lactic acid)

(d) PhCH₂CH(CH₃)NHCH₃ + CH₃COOH ⇌

Methamphetamine   Acetic acid

10.24 モルホリニウムイオンの pK_a は 8.33 である．

Morpholinium ion + H₂O ⇌ Morpholine + H₃O⁺   pK_a = 8.33

(a) pH 7.0 の水溶液中でモルホリンとモルホリニウムイオンの比を計算せよ．

(b) モルホリンとモルホリニウムイオンの濃度が等しくなる pH の値を求めよ．

10.25 アンフェタミン（例題 10.2）の pK_b は約 3.2 である．血しょうの pH である pH 7.4 におけるアンフェタミンとその共役酸の比を計算せよ．

10.26 胃酸中での pH 1.0 におけるアンフェタミンとその共役酸の比を計算せよ．

10.27 次に示すのはビタミン B₆ 群の一つであるピリドキサミンの構造式である．

Pyridoxamine (Vitamin B₆)

(a) ピリドキサミンの窒素原子のうち，塩基性がより強いのはどれか．

(b) ピリドキサミン 1 mol が 1 mol の HCl と反応したときの塩酸塩の構造式を書け．

10.28 エピバチジンは，エクアドル産のドクガエル *Epipedobates tricolor* の皮膚から分泌される無色の油状物質であるが，モルヒネに比べて数倍の鎮痛作用がある．これは天然物から初めて単離された非アヘン型の（構造的に非モルヒネ様の）麻酔作用をもつ塩素含有物質である．

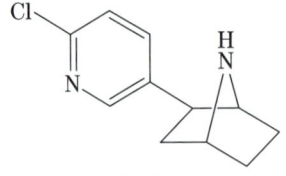

Epibatidine

(a) エピバチジンの二つの窒素原子のうち塩基性の強いのはどちらか．

(b) この分子のキラル中心をすべて指摘せよ．

ヤドクガエル

(Stephen J. Krasemann/Photo Researchers, Inc.)

第10章 アミン

10.29 プロカインは最初の局所麻酔薬の一つで，その塩酸塩がノボカインとして市販されている．

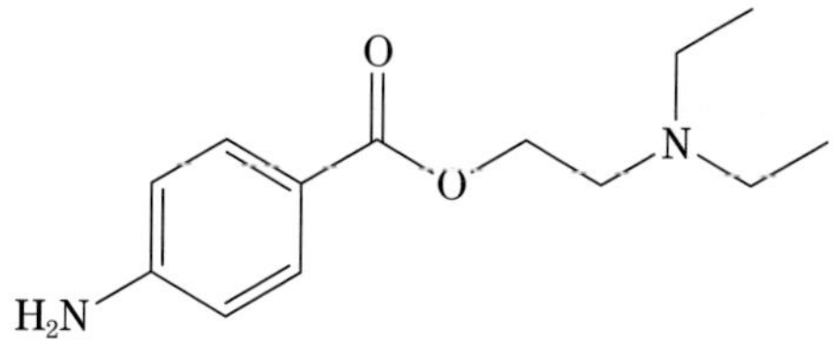

Procaine

(a) プロカインの中の窒素原子のうち，塩基性のより強いのはどれか．
(b) プロカイン 1 mol を 1 mol の HCl と反応させたときに生成する塩の構造式を書け．
(c) プロカインはキラルか．その塩酸塩の水溶液は光学活性か，不活性か．

10.30 トリメチルアミンを酢酸 2-クロロエチルと反応させると，神経伝達物質であるアセチルコリンが塩として得られる．この第四級アンモニウム塩の構造式を書き，生成反応の機構を示せ．

$$(CH_3)_3N + CH_3COCH_2CH_2Cl \longrightarrow C_7H_{16}ClNO_2$$

Acetylcholine chloride

10.31 アニリンはニトロベンゼンの接触還元により得られる．アニリンの塩基性を利用して，アニリンを未反応のニトロベンゼンから分離する化学的方法を考えよ．

Ph-NO$_2$ $\xrightarrow{H_2/Ni}$ Ph-NH$_2$

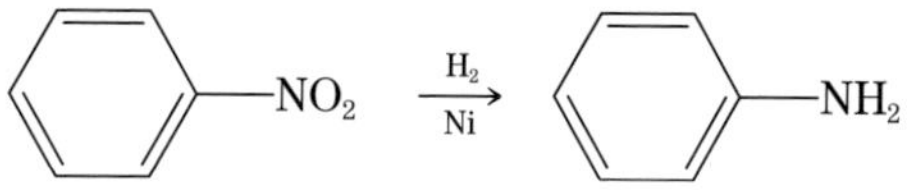

10.32 次の3種の化合物の混合物をその塩基性と酸性を利用して分離し，それぞれを純粋な形で単離する化学的方法を考えよ．

4-Nitrotoluene
(*p*-Nitrotoluene)

4-Methylaniline
(*p*-Toluidine)

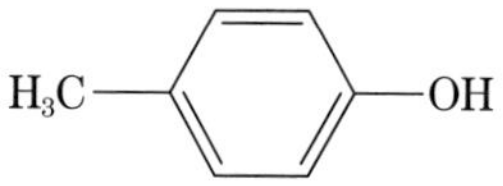

4-Methylphenol
(*p*-Cresol)

10.33 次に示すのはメトホルミンの構造式であり，その塩酸塩は抗糖尿病薬として市販されている．

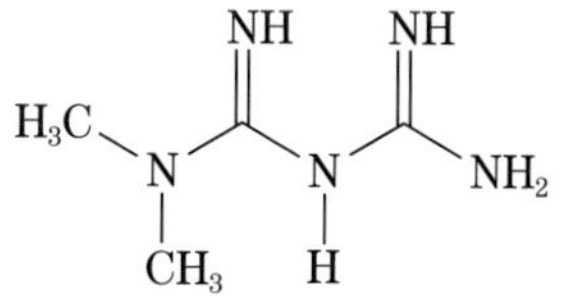

Metformin

メトホルミンは 1995 年にアメリカで 2 型糖尿病の臨床薬として導入された．2000 年には 2,500 万人以上がこの薬を処方され，最も広く処方される抗糖尿病薬になっている．

(a) メトホルミンの塩酸塩の構造式を書け．
(b) メトホルミンの塩酸塩は水に可溶か不溶か予想せよ．血しょうには可溶か不溶か．また，ジエチルエーテルあるいはジクロロメタンに可溶かどうか．それぞれ理由とともに答えよ．

合 成

10.34 4-アミノフェノールは，鎮痛薬のアセトアミノフェンの合成の中間体である．この中間体をフェノールから2段階で合成する方法を示せ（第15章でアセトアミノフェンの合成について学ぶ）．

Phenol → (1) → 4-Nitrophenol → (2) → 4-Aminophenol ⇢ Acetaminophen

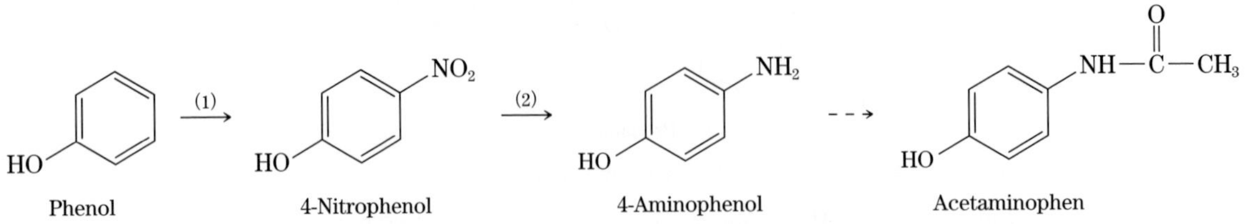

10.35 4-アミノ安息香酸は，局所麻酔薬に使われるベンゾカインの合成中間体である．この中間体をトルエンから3段階で合成する方法を示せ（第15章でベンゾカインの合成について学ぶ）．

Toluene → (1) → (nitrotoluene) → (2) → (nitrobenzoic acid) → (3) → 4-Aminobenzoic acid ⇢ Ethyl 4-aminobenzoate (Benzocaine)

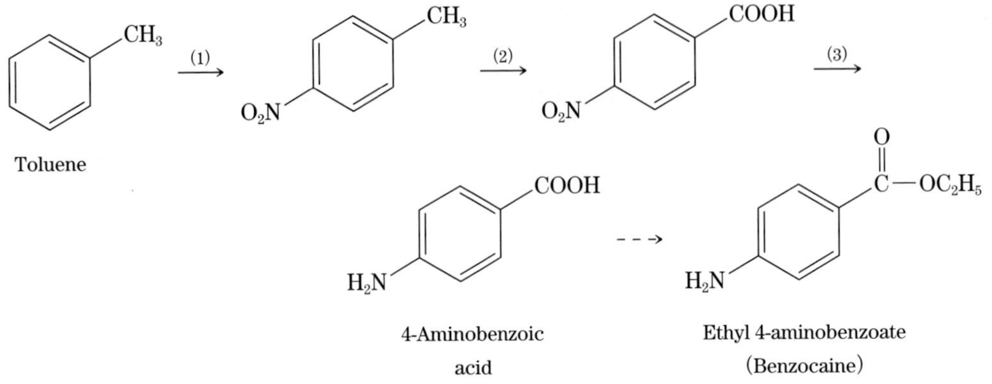

10.36 4-アミノサリチル酸は，麻酔薬のプロポキシカインの合成に必要な中間体の一つである．（プロカイン，リドカインのようにカイン caine のつく医薬品は局所麻酔薬である．）4-アミノサリチル酸は，サリチル酸から5段階で合成される（第15章でプロポキシカインの合成について学ぶ）．この合成の各段階で必要な反応試薬を示せ．

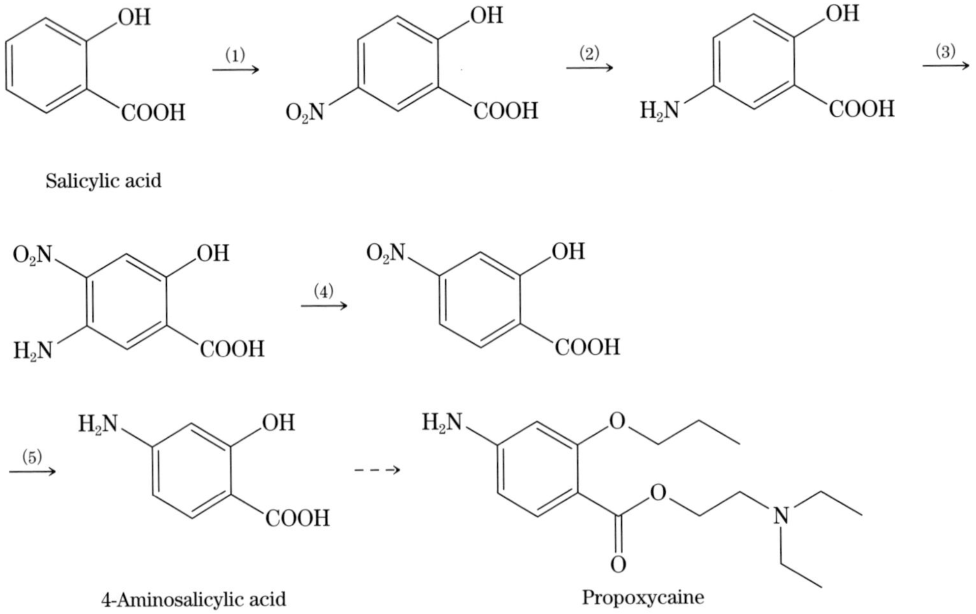

Salicylic acid → (1) → (5-nitrosalicylic acid) → (2) → (5-aminosalicylic acid) → (3) → (4,5-substituted) → (4) → (4-nitrosalicylic acid) → (5) → 4-Aminosalicylic acid ⇢ Propoxycaine

10.37 プロポキシカインの合成に必要なもう一つの中間体は 2-ジエチルアミノエタノールである．この化合物が，エチレンオキシドとジエチルアミンからどのように合成されるか反応式で示せ．

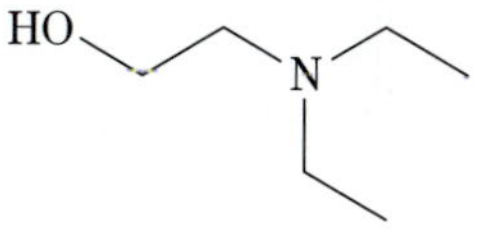

2-Diethylaminoethanol

10.38 次に示すのは，血管拡張作用をもついわゆる β 遮断薬で高血圧治療に用いられるプロプラノロールの二段階合成法である．

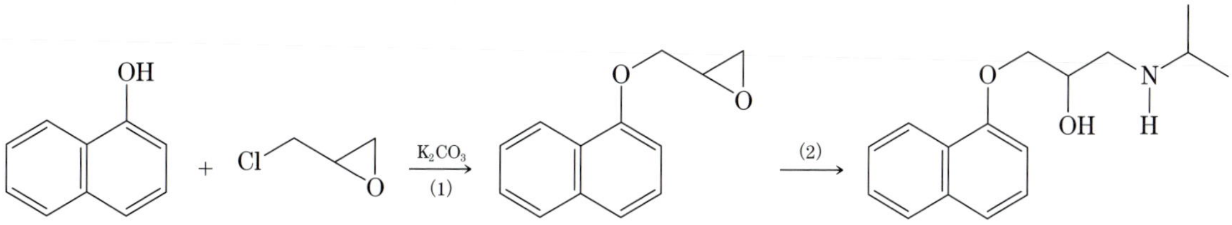

1-Naphthol + Epichlorohydrin $\xrightarrow{K_2CO_3}$ (1) → $\xrightarrow{(2)}$ Propranolol

プロプラノロールや他の β 遮断薬は，高血圧，偏頭痛，緑内障，狭心症，不整脈の治療に有効であるために，大きな注目を集めてきた．プロプラノロールの塩酸塩は少なくとも 30 種以上の商品名で市販されている．
 (a) 段階 1 の炭酸カリウム K_2CO_3 の役割は何か．この段階における酸素−炭素結合生成の反応機構を示せ．
 (b) 段階 2 に必要なアミンを命名し，この段階の反応機構を示せ．
 (c) プロプラノロールはキラルかどうか．もしキラルなら，立体異性体はいくつ可能か．

10.39 4-エトキシアニリンは，処方なしで買える鎮痛薬であるフェナセチン（訳注：現在日本ではほとんど使用されていない．）の合成中間体であり，フェノールから 3 段階で合成できる．4-エトキシアニリンの合成の各段階に必要な反応試薬を示せ（第 15 章でフェナセチンの合成について学ぶ）．

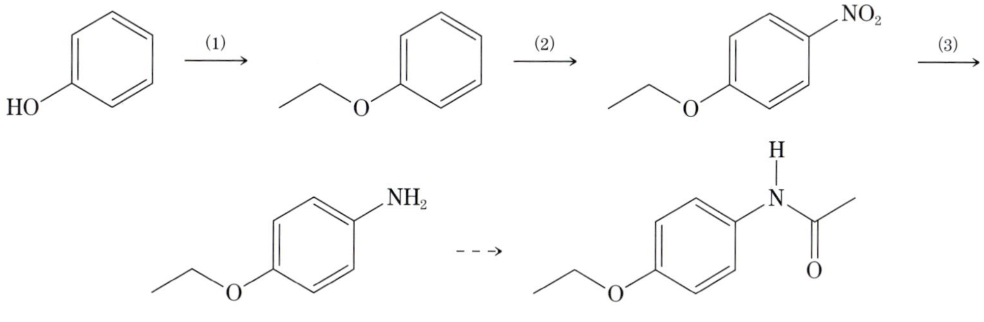

4-Ethoxyaniline Phenacetin

10.40 X 線造影剤は，人体よりも強く X 線を吸収する物質であり，経口または静脈注射で投与される．最もよく知られているものの一つは硫酸バリウムであり，胃腸管の造影に使われる "バリウムカクテル" の主成分である．その他の X 線造影剤の中に，いわゆるトリヨード芳香族化合物がある．その中でも次の三つのトリヨードベンゼンカルボン酸の誘導体が最も一般的である．

3-Amino-2,4,6-triiodobenzoic acid

3,5-Diamino-2,4,6-triiodobenzoic acid

5-Amino-2,4,6-triiodoisophthalic acid

3-アミノ-2,4,6-トリヨード安息香酸は安息香酸から3段階で合成される．

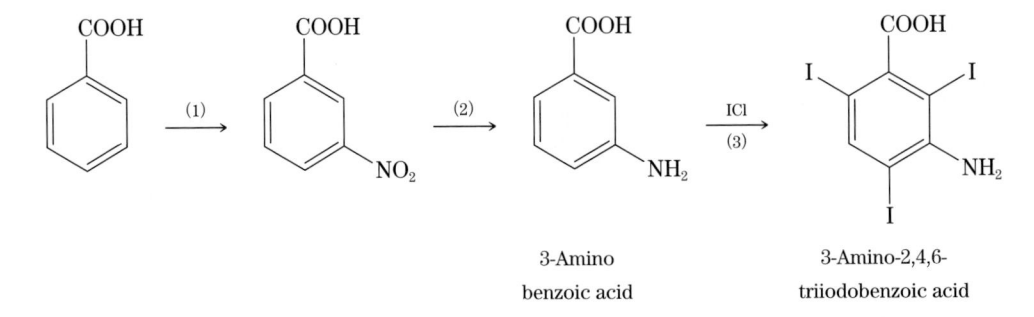

3-Aminobenzoic acid

3-Amino-2,4,6-triiodobenzoic acid

(a) 段階（1）と（2）に必要な反応試薬を示せ．
(b) 塩化ヨウ素 ICl は，黒色結晶性固体で，融点 27.2 ℃，沸点 97 ℃であり，等モル量の I_2 と Cl_2 を混ぜることによって調製できる．この試薬による3-アミノ安息香酸のヨウ素化の反応機構を示せ．
(c) 安息香酸から3,5-ジアミノ-2,4,6-トリヨード安息香酸を合成する方法を示せ．
(d) イソフタル酸（1,3-ベンゼンジカルボン酸）から5-アミノ-2,4,6-トリヨードイソフタル酸を合成する方法を示せ．

10.41 全身麻酔薬のプロポホールはフェノールから4段階で合成される．各段階に必要な反応試薬を示せ．

Phenol

Propofol

応用問題

10.42 次の化合物の窒素原子の混成状態について述べよ．

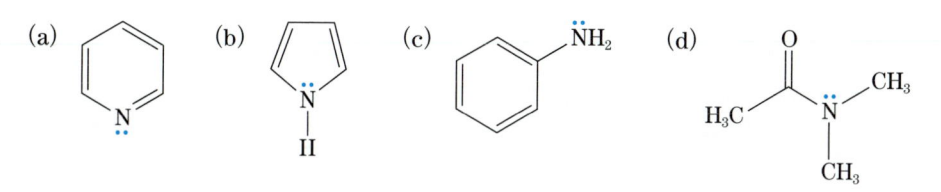

(a) ピリジン (b) ピロール (c) アニリン (d) N,N-ジメチルアセトアミド

10.43 アミンは求核種として反応できる．次の分子について，アミン窒素の攻撃を最も受けやすい原子を丸で囲め．

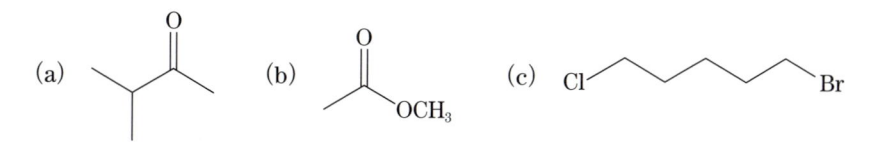

(a) 3-メチル-2-ブタノン (b) 酢酸メチル (c) 1-クロロ-5-ブロモペンタン

10.44 分子式 C_3H_7N の分子で，環状構造も炭素−炭素二重結合も含まないものの Lewis 構造を書け．

10.45 次の脱離基を優れたものから劣るものの順に並べよ．

R—Cl   R—O—C(=O)—R   R—OCH$_3$ R—N(CH$_3$)$_2$

13 アルデヒドとケトン

13.1　はじめに
13.2　構造と結合
13.3　命名法
13.4　物理的性質
13.5　反　応
13.6　**Grignard** 試薬の付加
13.7　アルコールの付加
13.8　アンモニアとアミンの付加
13.9　ケト-エノール互変異性
13.10　酸　化
13.11　還　元

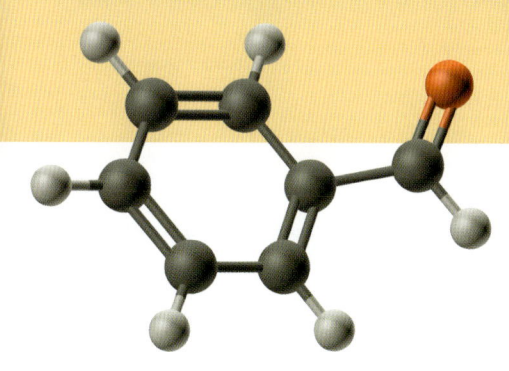

ベンズアルデヒドはアーモンドの種に，シンナムアルデヒドはスリランカや中国産のシナモン油に含まれる．左の図はベンズアルデヒドの分子模型である．(Charles D. Winters)

13.1　はじめに

　この章と次の章ではカルボニル基 $\diagup\!\!\!\!\!C\!=\!O$ をもつ化合物の物理的・化学的性質について学ぶ．カルボニル基はアルデヒド，ケトン，カルボン酸およびその誘導体の官能基であり，有機化学において最も重要な官能基の一つである．カルボニル基の化学的性質はわかりやすく，その典型的な反応を理解することは広範な有機反応を手早く理解することに通じる．

13.2 構造と結合

アルデヒド：水素と結合したカルボニル基（―CHO）を含む化合物．

ケトン：2個の炭素原子と結合したカルボニル基を含む化合物．

アルデヒド aldehyde の官能基は水素原子に結合したカルボニル基である（1.8C 節）．最も単純なアルデヒドであるメタナールでは，カルボニル基は2個の水素原子に結合している．その他のアルデヒドでは1個の水素原子と1個の炭素原子に結合している．ケトン ketone の官能基は2個の炭素原子に結合したカルボニル基である．次にアルデヒドであるメタナールとエタナールの構造と，最も単純なケトンであるプロパノンの構造を示す（かっこ内に慣用名を示している）．

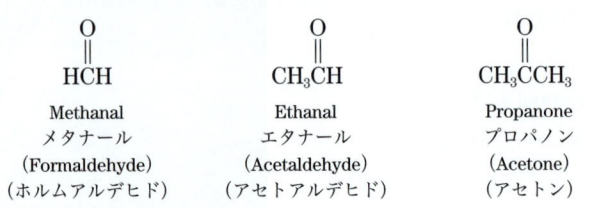

$$\underset{\substack{\text{Methanal}\\\text{メタナール}\\\text{(Formaldehyde)}\\\text{(ホルムアルデヒド)}}}{\text{HCH}}\overset{\text{O}}{\underset{\|}{}} \qquad \underset{\substack{\text{Ethanal}\\\text{エタナール}\\\text{(Acetaldehyde)}\\\text{(アセトアルデヒド)}}}{\text{CH}_3\text{CH}}\overset{\text{O}}{\underset{\|}{}} \qquad \underset{\substack{\text{Propanone}\\\text{プロパノン}\\\text{(Acetone)}\\\text{(アセトン)}}}{\text{CH}_3\text{CCH}_3}\overset{\text{O}}{\underset{\|}{}}$$

炭素–酸素二重結合は炭素と酸素の sp^2 混成軌道どうしの重なりにより形成された σ 結合一つと，平行な 2p 軌道どうしの重なりにより形成された π 結合一つからなる．2組の非共有電子対は酸素上に残った二つの sp^2 混成軌道を占める（図 1.20）．

13.3 命名法

ジヒドロキシアセトンは人工的に日焼け肌をつくるローションの活性成分である．（Andy Washnik）

A IUPAC 命名法

アルデヒドとケトンの IUPAC 命名法では，まず官能基を含む最も長い炭素鎖を母体アルカンとして選ぶ．アルデヒド基は methanal（メタナール）のように母体 alkane（アルカン）の接尾語 -e を -al（アール）に変えて示す（3.6節）．アルデヒドの官能基は必ず炭素鎖の末端にくるので，その炭素を1とするが，その位置番号をつける必要はない．

不飽和アルデヒドに対しては，炭素–炭素二重結合の存在を挿入語 -en-（エン）をつけて示す．接尾語と挿入語の両方をもつ場合には，他の分子と同様に接尾語の位置で番号が決まる．

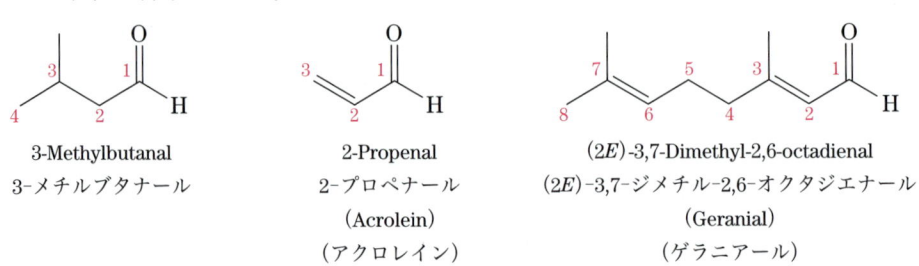

3-Methylbutanal
3-メチルブタナール

2-Propenal
2-プロペナール
(Acrolein)
(アクロレイン)

(2E)-3,7-Dimethyl-2,6-octadienal
(2E)-3,7-ジメチル-2,6-オクタジエナール
(Geranial)
(ゲラニアール)

環状化合物で―CHO が環に直接結合したものは，環の名称に語尾 -carbaldehyde（カルボアルデヒド）をつけて命名する．このとき―CHO が結合した環上の原子を

第 13 章　アルデヒドとケトン

番号1とする．

Cyclopentane-
carbaldehyde
シクロペンタン
カルボアルデヒド

trans-4-Hydroxycyclo-
hexanecarbaldehyde
trans-4-ヒドロキシシクロ
ヘキサンカルボアルデヒド

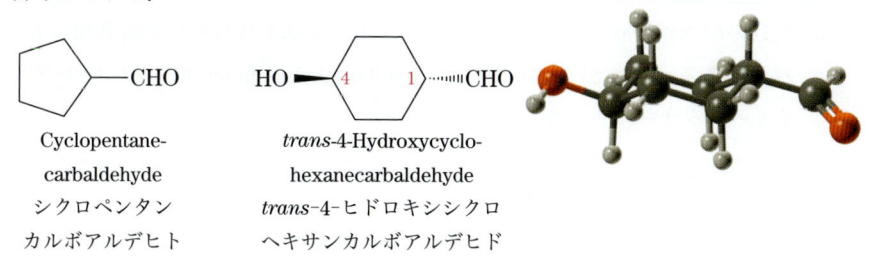

　IUPAC 規則が認めているアルデヒドの慣用名の中には benzaldehyde（ベンズアルデヒド）と cinnamaldehyde（シンナムアルデヒド）がある．

Benzaldehyde
ベンズアルデヒド

trans-3-Phenyl-2-propenal
trans-3-フェニル-2-プロペナール
（Cinnamaldehyde）
（シンナムアルデヒド）

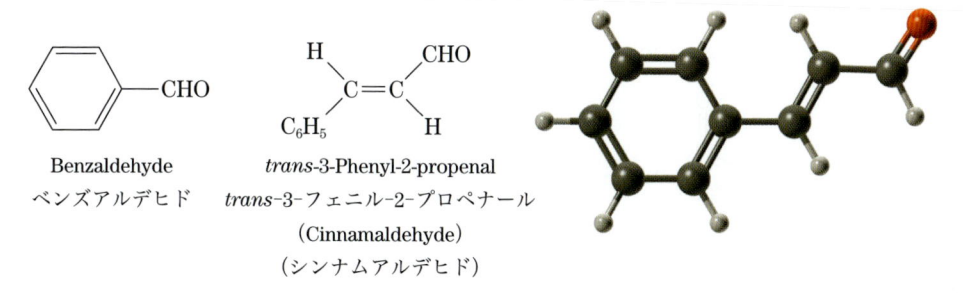

ここでフェニル基の表し方が2通りあることに注意しよう．ベンズアルデヒドは線角表示法で表しているが，シンナムアルデヒドでは C_6H_5 と略して表している．

　IUPAC 規則では，ケトンはカルボニル基を含む長い炭素鎖を母体 alkane（アルカン）として選び，接尾語 -e を -one（オン）に換えて命名する（3.6 節）．番号はカルボニル基の位置が最小になるようにつける．IUPAC 規則は acetophenone（アセトフェノン）と benzophenone（ベンゾフェノン）の慣用名を認めている．

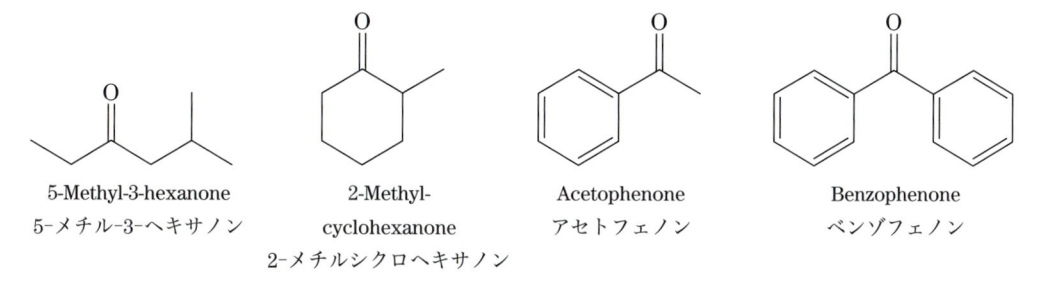

5-Methyl-3-hexanone
5-メチル-3-ヘキサノン

2-Methyl-
cyclohexanone
2-メチルシクロヘキサノン

Acetophenone
アセトフェノン

Benzophenone
ベンゾフェノン

例題 13.1

次の化合物の IUPAC 名を書け．

(a) 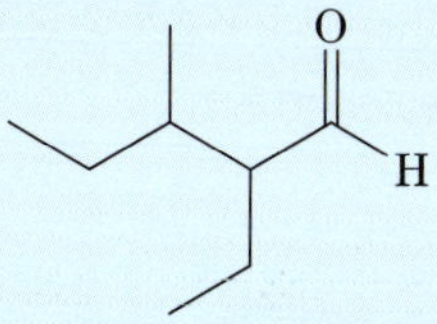　(b) 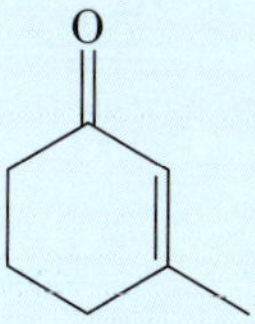　(c)

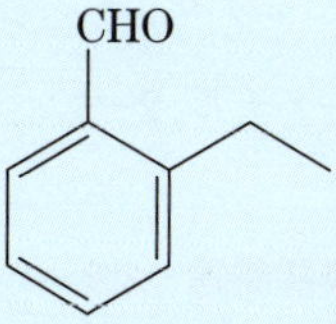

解 答

(a) 最長の炭素鎖は6原子からなるが，カルボニル基を含む最長の炭素鎖は5原子である．したがって名称は 2-ethyl-3-methylpentanal（2-エチル-3-メチルペンタナール）となる．

(b) 六員環にはカルボニル炭素から番号をつける．IUPAC 名は 3-methyl-2-cyclohexenone（3-メチル-2-シクロヘキセノン）である．

(c) ベンズアルデヒドの誘導体であり，IUPAC 名は 2-ethylbenzaldehyde（2-エチルベンズアルデヒド）である．

練習問題 13.1

次の化合物の IUPAC 名を書き，また（c）の絶対配置を示せ．

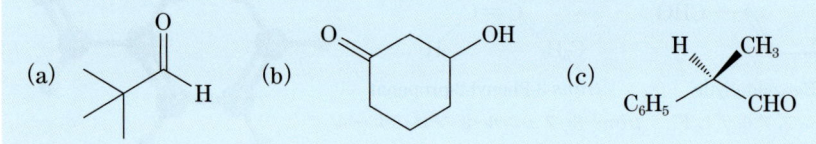

例題 13.2

$C_6H_{12}O$ で表されるすべてのケトンの構造およびそれらの IUPAC 名を書け．それらのうちキラルなものはどれか．

解 答

上の分子式をもつ6種のケトンの構造式と IUPAC 名は以下の通りである．

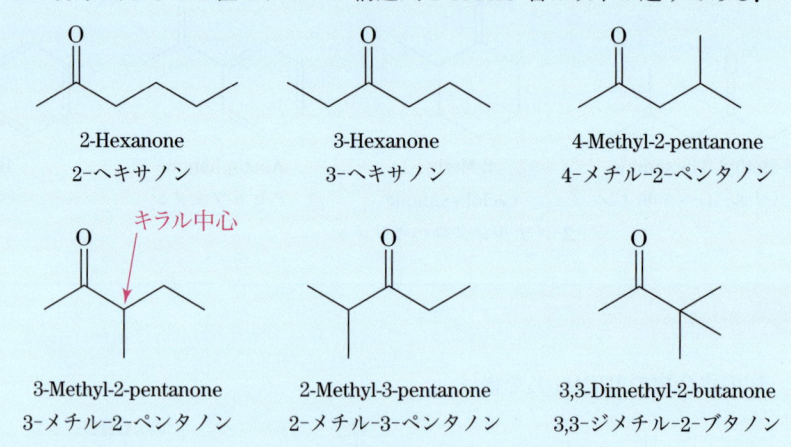

2-Hexanone
2-ヘキサノン

3-Hexanone
3-ヘキサノン

4-Methyl-2-pentanone
4-メチル-2-ペンタノン

キラル中心

3-Methyl-2-pentanone
3-メチル-2-ペンタノン

2-Methyl-3-pentanone
2-メチル-3-ペンタノン

3,3-Dimethyl-2-butanone
3,3-ジメチル-2-ブタノン

3-メチル-2-ペンタノンのみがキラル中心をもち，キラルである．

練習問題 13.2

$C_6H_{12}O$ で表されるすべてのアルデヒドの構造およびそれらの IUPAC 名を書け．それらのうちキラルなものはどれか．

B 複雑なアルデヒドとケトンのIUPAC名

接尾語で表される官能基が二つ以上ある化合物の命名に関して，IUPAC規則は**官能基の優先順位** order of precedence of functional groups を決めている．これまでに学んだ官能基の優先順位を表13.1に示す．

官能基の優先順位：IUPAC命名法で一つの化合物に複数の官能基があるとき，優先順位の高い基が接尾語になり，低い基が接頭語になる．

表13.1 6種の官能基の優先順位の高い順

官能基	接尾語	接頭語	官能基の優先順位が低い場合の例	
Carboxy group カルボキシ基	-oic acid （酸）	—		
Carbonyl group カルボニル基 （アルデヒド）	-al （アール）	oxo- （オキソ）	3-Oxopropanoic acid 3-オキソプロパン酸	
Carbonyl group カルボニル基 （ケトン）	-one （オン）	oxo- （オキソ）	3-Oxobutanoic acid 3-オキソブタン酸	
Hydroxy group ヒドロキシ基	-ol （オール）	hydroxy- （ヒドロキシ）	4-Hydroxybutanoic acid 4-ヒドロキシブタン酸	
Amino group アミノ基	-amine （アミン）	amino- （アミノ）	3-Aminobutanoic acid 3-アミノブタン酸	
Mercapto group メルカプト基	-thiol （チオール）	mercapto- （メルカプト）	2-Mercaptoethanol 2-メルカプトエタノール	

例題 13.3

次の化合物のIUPAC名を書け．

(a), (b), (c)

解答

(a) アルデヒドはケトンよりも優先順位が高いので，ケトンのカルボニル基は接頭語 oxo- によって示す．IUPAC名は 3-oxobutanal（3-オキソブタナール）である．

(b) カルボキシ基の方が優先順位が高いので，アミノ基は接頭語 amino- で示す．IUPAC名は 4-aminobenzoic acid（4-アミノ安息香酸）である．この化合物は p-aminobenzoic acid ともよばれ，PABA と略される．PABA は微

生物の成長因子であり，葉酸 folic acid の生合成に必要である．
(c) カルボニル基はヒドロキシ基よりも優先順位が高いので，ヒドロキシ基は接頭語 hydroxy- で示す．IUPAC 名は (R)-6-hydroxy-2-heptanone〔(R)-6-ヒドロキシ-2-ヘプタノン〕である．

練習問題 13.3

次の化合物の IUPAC 名を書け．これらは代謝中間体として重要である．各化合物の下に示している化合物名は生化学でよく使われる慣用名である．

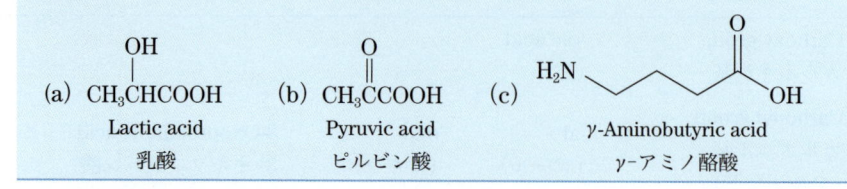

(a) CH$_3$CH(OH)COOH
Lactic acid
乳酸

(b) CH$_3$C(O)COOH
Pyruvic acid
ピルビン酸

(c) H$_2$N–CH$_2$CH$_2$CH$_2$–COOH
γ-Aminobutyric acid
γ-アミノ酪酸

C 慣用名

アルデヒドの慣用名は，カルボン酸の慣用名の"acid"を取り，語尾の -ic または -oic を -aldehyde に変えることにより導かれる．カルボン酸の慣用名についてはまだ学んでいないので，アルデヒドの慣用名について詳しく述べることはできないが，よく知られている二つのカルボン酸の慣用名に由来するアルデヒドの名称の例を示すにとどめておく．Formaldehyde（ホルムアルデヒド）は formic acid（ギ酸）から，acetaldehyde（アセトアルデヒド）は acetic acid（酢酸）から誘導されている．

HCH(=O)	HCOH(=O)	CH$_3$CH(=O)	CH$_3$COH(=O)
Formaldehyde	Formic acid	Acetaldehyde	Acetic acid
ホルムアルデヒド	ギ酸	アセトアルデヒド	酢酸

ケトンの慣用名は，カルボニル基に結合したアルキル基名またはアリール基名を並べて，それに ketone（ケトン）をつけ加えることによって誘導される．これらの基は，一般的に分子量の増加する順に表される（MEK と略されるメチルエチルケトンはニスやラッカー用の一般的な溶剤である）．

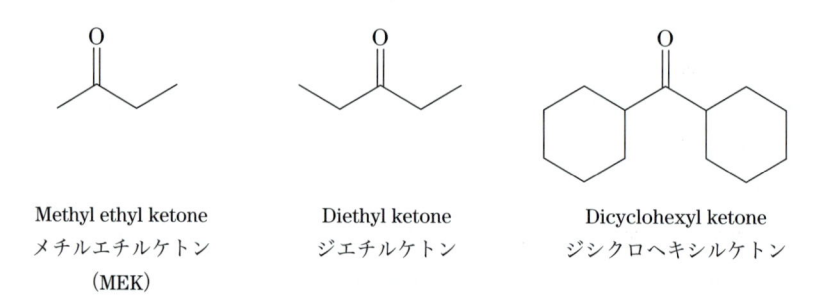

Methyl ethyl ketone
メチルエチルケトン
（MEK）

Diethyl ketone
ジエチルケトン

Dicyclohexyl ketone
ジシクロヘキシルケトン

13.4 物理的性質

酸素は炭素に比べて電気陰性度が大きいので（表1.5によると，炭素2.5に対して酸素3.5），炭素-酸素二重結合は極性であり，酸素が部分負電荷を，炭素が部分正電荷をもっている．

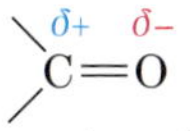

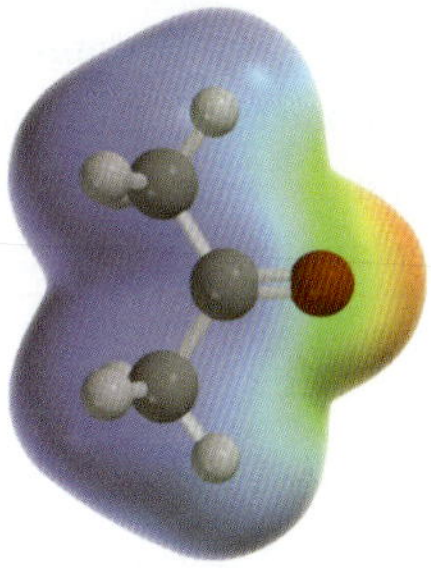

電子密度モデルによると，アセトン分子の部分正電荷はカルボニル炭素と2個のメチル基上に分布していることを示している．

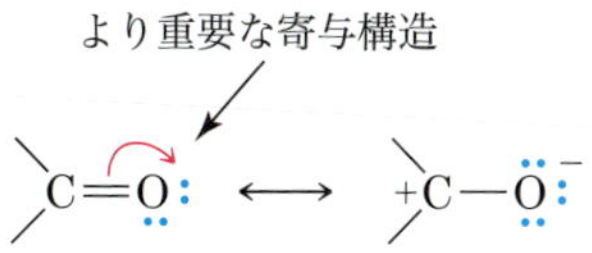

さらに右側の共鳴構造式では，カルボニル基の反応においてその炭素が求電子種でLewis酸として振る舞うことが強調されている．逆にカルボニル酸素は求核種でLewis塩基として振る舞う．

カルボニル基の極性のためにアルデヒドとケトンは極性化合物であるから，液体状態では双極子-双極子により相互作用する．したがって，同等の分子量をもつ非極性化合物に比べてこれらの沸点は高い．表13.2に分子量のほぼ等しい6種の化合物の沸点を示す．

ペンタンとジエチルエーテルが，6種の化合物中最も沸点が低い．ブタナールと2-ブタノンはともに極性化合物であり，カルボニル基の分子間引力のためにその沸点はペンタンよりも高くなっている．アルデヒドとケトンは水素結合によって会合することはできないが，アルコール（8.2C節）やカルボン酸（14.4節）は極性化合物であり，水素結合によって会合できる．そのため，それらの沸点は同じような

表13.2 ほぼ同じ分子量をもつ6種の化合物の沸点

化合物名	構造式	分子量	沸点（℃）
Diethyl ether	$CH_3CH_2OCH_2CH_3$	74	34
Pentane	$CH_3CH_2CH_2CH_2CH_3$	72	36
Butanal	$CH_3CH_2CH_2CHO$	72	76
2-Butanone	$CH_3CH_2COCH_3$	72	80
1-Butanol	$CH_3CH_2CH_2CH_2OH$	74	117
Propanoic acid	CH_3CH_2COOH	72	141

表 13.3　代表的なアルデヒドとケトンの物理的性質

IUPAC 名	慣用名	構造式	沸点 (°C)	溶解度 (g/100 g 水)
Methanal	Formaldehyde	HCHO	−21	無限
Ethanal	Acetaldehyde	CH_3CHO	20	無限
Propanal	Propionaldehyde	CH_3CH_2CHO	49	16
Butanal	Butyraldehyde	$CH_3CH_2CH_2CHO$	76	7
Hexanal	Caproaldehyde	$CH_3(CH_2)_4CHO$	129	難溶
Propanone	Acetone	CH_3COCH_3	56	無限
2-Butanone	Methyl ethyl ketone	$CH_3COCH_2CH_3$	80	26
3-Pentanone	Diethyl ketone	$CH_3CH_2COCH_2CH_3$	101	5

会合ができないブタナールや2-ブタノンに比べてさらに沸点が高い．

　アルデヒドとケトンのカルボニル基は，水分子と水素結合により相互作用するので，低分子量のアルデヒドやケトンは同等の分子量の非極性化合物に比べて水に溶けやすい．表 13.3 に低分子量のアルデヒドとケトンの沸点および水への溶解度を示す．

13.5　反　応

　カルボニル基の最も一般的な反応は求核種の付加であり，**四面体カルボニル付加中間体** tetrahedral carbonyl addition intermediate を生成する．次の反応式では，求核種は Nu:⁻ と表され，求核種に非共有電子対があることを強調している．

$$Nu:^- + \underset{R}{\underset{|}{R}}C=O: \longrightarrow Nu-\underset{R}{\underset{|}{C}}-\overset{..}{\underset{..}{O}}:^-$$

四面体カルボニル付加中間体

13.6　Grignard 試薬の付加

　広く有機化学を見て，カルボニル基への炭素求核種の付加反応は，新たな炭素-炭素結合を形成する最も重要なタイプの求核付加反応である．この節では Grignard 試薬の調製とそれらのアルデヒドおよびケトンとの反応について学ぶ．

A　有機マグネシウム化合物の生成と構造

有機金属化合物：炭素–金属結合をもつ化合物．

　ハロゲン化アルキル，アリール，ビニルは第 1 族，第 2 族やその他の金属と反応して**有機金属化合物** organometallic compound を生成する．有機金属化合物の中で

有機マグネシウム化合物は最も容易に入手可能で，容易に調製でき，容易に扱うことができる．1912 年に Victor Grignard（グリニャール）が有機マグネシウム化合物の発見と有機合成への応用によりノーベル化学賞を受賞して以来，それは一般的に **Grignard 試薬**とよばれている．

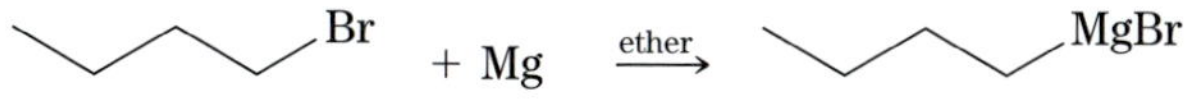

Grignard 試薬：RMgX または ArMgX で表される有機マグネシウム化合物．

Grignard 試薬は一般にエーテル系の溶媒，たいていはジエチルエーテルかテトラヒドロフラン（THF）に懸濁（けんだく）した金属マグネシウムにハロゲン化アルキルをゆっくりと加えることにより調製される．ヨウ化アルキルや臭化アルキルは速く反応するが，塩化アルキルは遅い．例えば，臭化ブチルマグネシウムは金属マグネシウムのジエチルエーテル懸濁液に，1-ブロモブタンを加えることにより生成する．臭化フェニルマグネシウムのようなアリール Grignard 試薬も類似の方法で作られる．

1-Bromobutane　　Butylmagnesium bromide

Bromobenzene　　Phenylmagnesium bromide

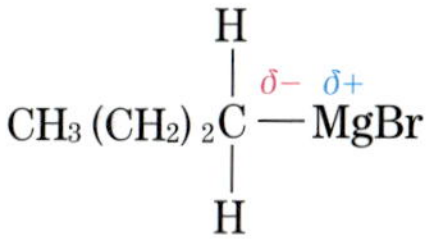

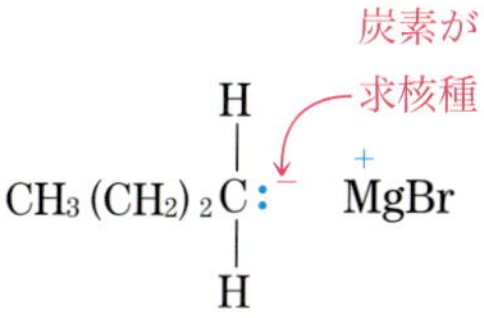

炭素とマグネシウムの間の電気陰性度の差は 1.3（2.5 − 1.2）であるので，右の上の構造に示されるように炭素-マグネシウム結合は極性共有結合であり，炭素が部分負電荷を，金属が部分正電荷をもっている．下の構造では C—Mg 結合はその求核性を表すようにイオン結合として示している．Grignard 試薬を**カルボアニオン** carbanion として書き表すこともあるが，極性の共有結合化合物として表すほうがより正確な表現であることを注意しておこう．

カルボアニオン：炭素が非共有電子対と負電荷をもつアニオン．炭素陰イオンともいう．

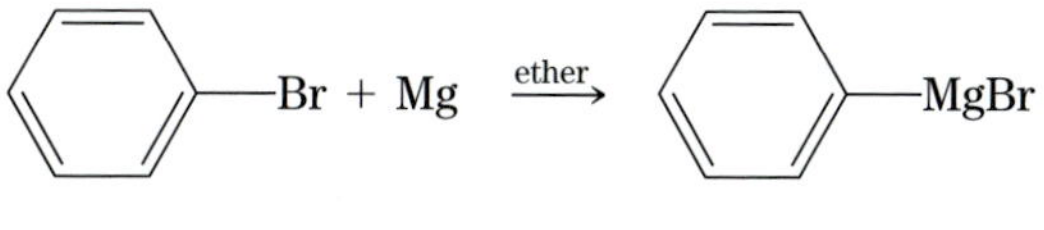

有機合成において Grignard 試薬を非常に有用にしているのは，ハロゲンをもつ炭素を求核種に変換することができるからである．

B　プロトン酸との反応

Grignard 試薬は非常に強い塩基であり，様々な酸（プロトン供与体）と容易に反応してアルカンを生成する．例えば，臭化エチルマグネシウムは水と即座に反応してエタンとマグネシウム塩を生成する．この反応は，2.5 節で学んだものと同様に，より強い酸とより強い塩基が反応して，より弱い酸とより弱い塩基を与える反応の一例である．

$$\underset{\text{より強い塩基}}{CH_3\overset{\delta-}{C}H_2—\overset{\delta+}{Mg}Br} + \underset{\substack{pK_a\,15.7\\ \text{より強い酸}}}{H—OH} \longrightarrow \underset{\substack{pK_a\,51\\ \text{より弱い酸}}}{CH_3CH_2—H} + Mg^{2+} + \underbrace{OH^- + Br^-}_{\text{より弱い塩基}}$$

O—H，N—HやS—H結合をもつ化合物は，すべてプロトン移動によりGrignard試薬と反応する．次に示すのはこれらの官能基をもつ化合物の例である．

HOH	ROH	ArOH	RCOOH	RNH$_2$	RSH
水	アルコール	フェノール	カルボン酸	アミン	チオール

Grignard試薬はこれらのプロトン酸と非常に速やかに反応するので，そのようなプロトンをもつハロゲン化物からGrignard試薬を調製することはできない．

例題 13.4

ヨウ化エチルマグネシウムとアルコールの酸塩基反応を書け．この反応の電子対の流れを巻矢印で示せ．さらに，この反応において，より強い酸とより強い塩基が反応してより弱い酸とより弱い塩基が生成していることを示せ．

解 答

アルコールはより強い酸であり，エチルアニオンはより強い塩基である．

$$CH_3CH_2—MgI + H—\ddot{O}R \longrightarrow CH_3CH_2—H + R\ddot{O}:^- MgI^+$$

ヨウ化エチルマグネシウム	アルコール	エタン	マグネシウムアルコキシド
	pK_a 16〜18	pK_a 51	
(より強い塩基)	(より強い酸)	(より弱い酸)	(より弱い塩基)

練習問題 13.4

次のGrignard試薬がどのように"自己分解"するか示せ．

(a) 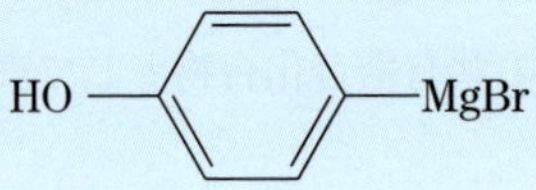 HO—C$_6$H$_4$—MgBr   (b) 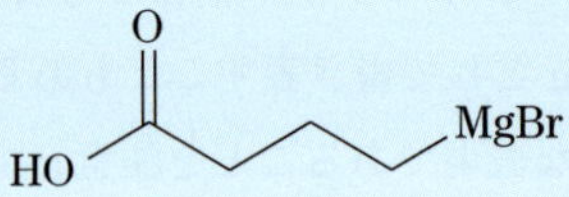 HOOC—CH$_2$CH$_2$CH$_2$—MgBr

C Grignard試薬のアルデヒドとケトンへの付加

Grignard試薬は，炭素–炭素結合を生成するための優れた試薬として特に価値がある．このような反応ではGrignard試薬はカルボアニオンとして振る舞う．カルボアニオンは優れた求核種であり，アルデヒドやケトンのカルボニル基と反応して四面体付加物を与える．この反応の推進力となるのは，有機金属化合物の炭素上の部分負電荷とカルボニル炭素上の部分正電荷の間の引力である．次ページの反応式では，マグネシウム–酸素の結合はそのイオン結合性を強調するために—O$^-$[MgBr]$^+$と書いている．Grignard反応で生成したアルコキシドイオンは強い塩基であり（8.4C節），反応後にHClやNH$_4$Clなどの酸性水溶液で処理するとアルコールを生成する．

メタナールへの付加による第一級アルコールの生成

Grignard 試薬をメタナール（ホルムアルデヒド）と反応させ，酸性水溶液で加水分解すると第一級アルコールが得られる．

$$CH_3CH_2-MgBr + H-\underset{Formaldehyde}{\overset{O}{\underset{\|}{C}}}-H \xrightarrow{ether} CH_3CH_2-\underset{\text{マグネシウム}\atop\text{アルコキシド}}{CH_2-\overset{:\!\ddot{O}\!:^-[MgBr]^+}{}} \xrightarrow[H_2O]{HCl} \underset{\text{1-Propanol}\atop\text{（第一級アルコール）}}{CH_3CH_2-CH_2-\overset{:\!\ddot{O}\!H}{}} + Mg^{2+}$$

アルデヒドへの付加による第二級アルコールの生成

Grignard 試薬をメタナール以外のアルデヒドと反応させ加水分解すると，第二級アルコールが得られる．

$$\text{C}_6\text{H}_{11}-MgBr + CH_3-\underset{Acetaldehyde}{\overset{O}{\underset{\|}{C}}}-H \xrightarrow{ether} \underset{\text{マグネシウム}\atop\text{アルコキシド}}{C_6H_{11}-CHCH_3} \xrightarrow[H_2O]{HCl} \underset{\text{1-Cyclohexylethanol}\atop\text{（第二級アルコール）}}{C_6H_{11}-CHCH_3} + Mg^{2+}$$

ケトンへの付加による第三級アルコールの生成

Grignard 試薬をケトンと反応させ，酸性水溶液で加水分解すると第三級アルコールが得られる．

$$\text{Ph}-MgBr + CH_3-\underset{Acetone}{\overset{O}{\underset{\|}{C}}}-CH_3 \xrightarrow{ether} \underset{\text{マグネシウム}\atop\text{アルコキシド}}{Ph-\underset{CH_3}{\overset{:\ddot{O}:^-[MgBr]^+}{|}}{CCH_3}} \xrightarrow[H_2O]{HCl} \underset{\text{2-Phenyl-2-propanol}\atop\text{（第三級アルコール）}}{Ph-\underset{CH_3}{\overset{:\ddot{O}H}{|}}{CCH_3}} + Mg^{2+}$$

例題 13.5

2-フェニル-2-ブタノールは Grignard 試薬とケトンの 3 通りの組合せにより合成できる．その組合せを示せ．

解 答

次の各反応において，巻矢印は新たに炭素−炭素結合とアルコキシドイオンが生成することを表し，最終生成物中に新しく生成した結合を示している．

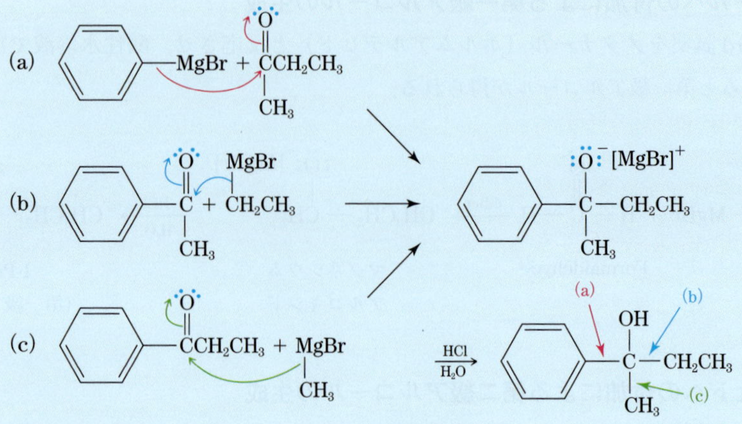
(a)
MgBr
CCH₂CH₃
CH₃
(b)
MgBr
C
CH₂CH₃
CH₃
(c)
CCH₂CH₃
MgBr
CH₃
[MgBr]⁺
C
CH₂CH₃
CH₃
HCl
H₂O
OH
C
CH₂CH₃
CH₃
(a)
(b)
(c)

練習問題 13.5

同一の Grignard 試薬から次の三つの化合物を合成する方法を示せ.

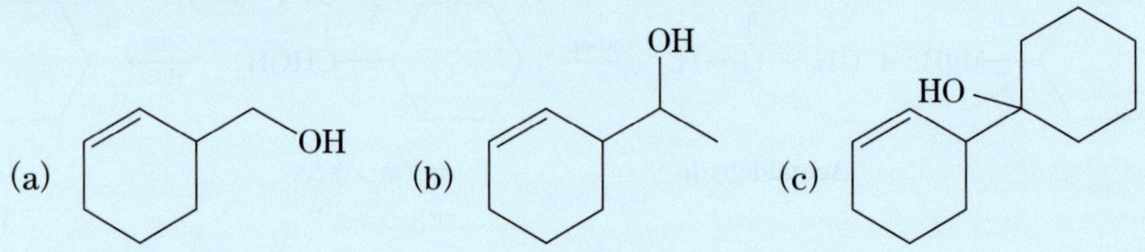
(a)
OH
(b)
OH
(c)
HO

13.7 アルコールの付加

A アセタールの生成

ヘミアセタール：—OH と—OR（または—OAr）が同じ炭素に結合した化合物.

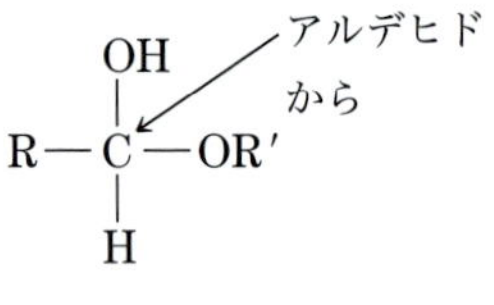
アルデヒド
から
OH
R
C
OR′
H

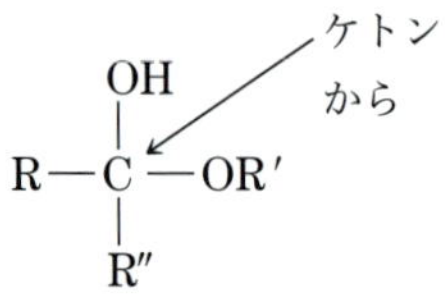
ケトン
から
OH
R
C
OR′
R″

ヘミアセタール

アルコールがアルデヒドやケトンのカルボニル基へ付加すると**ヘミアセタール** hemiacetal が生成する. この反応は酸と塩基のいずれによっても触媒され, 酸素はカルボニル炭素に付加し, 水素はカルボニル炭素に結合する.

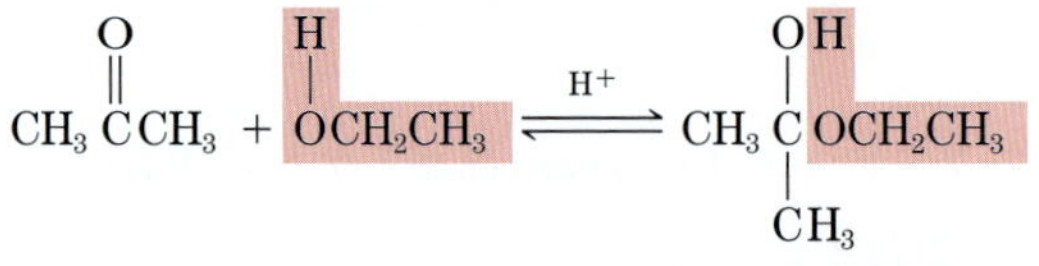
O
CH₃ C CH₃
H
OCH₂CH₃
H⁺
OH
CH₃ C OCH₂CH₃
CH₃

ヘミアセタール

ヘミアセタールの官能基は, —OH と—OR（または—OAr）に結合している炭素である.

一つの非常に重要なタイプの分子を除いて, 一般にヘミアセタールは不安定で平衡混合物の微量成分にすぎない. 同一分子中にヒドロキシ基とカルボニル基が存在し五員環か六員環を形成できるとき, そのほとんどは環状のヘミアセタール形として存在する.

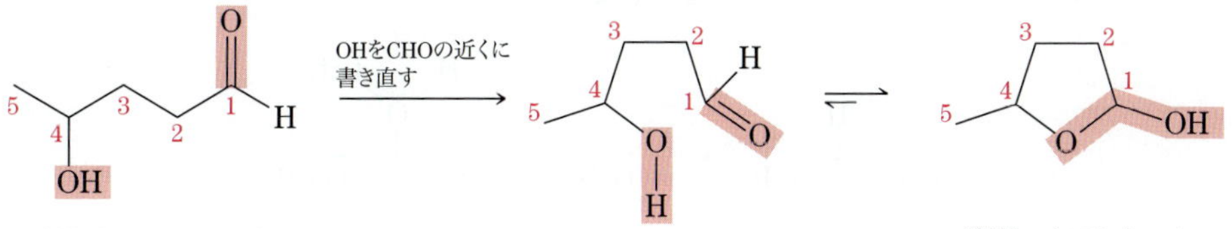

第13章 アルデヒドとケトン

4-Hydroxypentanal → (OHをCHOの近くに書き直す) → ⇌ 環状ヘミアセタール（平衡において優勢に存在）

環状のヘミアセタールについては，第18章で炭水化物の化学を学ぶときに詳しく述べる．

ヘミアセタールはさらにもう1分子のアルコールと反応して**アセタール** acetal と水1分子を生成する．この反応は酸によって触媒される．

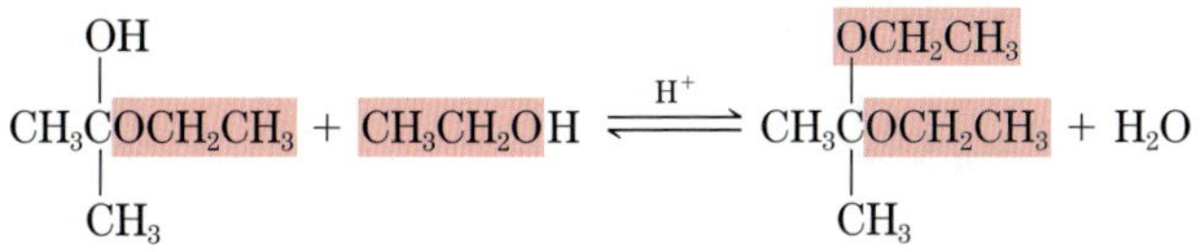

アセタール：二つの—OR（または—OAr）が同じ炭素に結合した化合物．

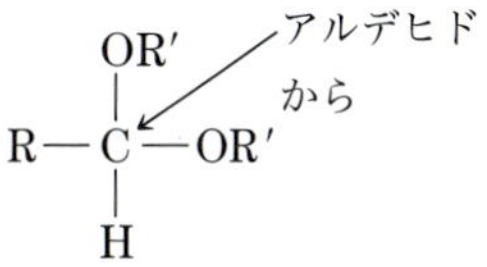

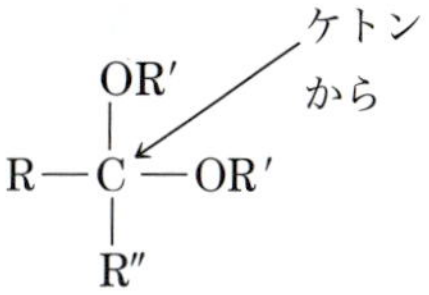

ヘミアセタール + CH_3CH_2OH $\xrightarrow{H^+}$ ジエチルアセタール + H_2O

アルデヒドから / ケトンから / アセタール

アセタールの官能基は，二つの—OR または—OAr に結合している炭素である．

メチルヘミアセタールからジメチルアセタールへの酸触媒反応は，4段階に分けられる．段階1で利用されている酸 H—A が真の触媒で，段階4では H—A が再生されていることに注意しよう．

反応機構：酸触媒によるアセタールの生成

段階1：酸 H—A からヘミアセタールの—OH へのプロトン移動でオキソニウムイオンが生成する．

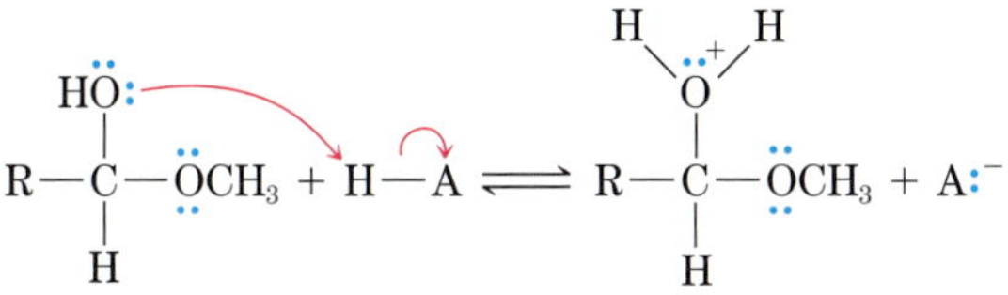

オキソニウムイオン

段階2：水分子が脱離して共鳴により安定化されたカチオンが生成する．

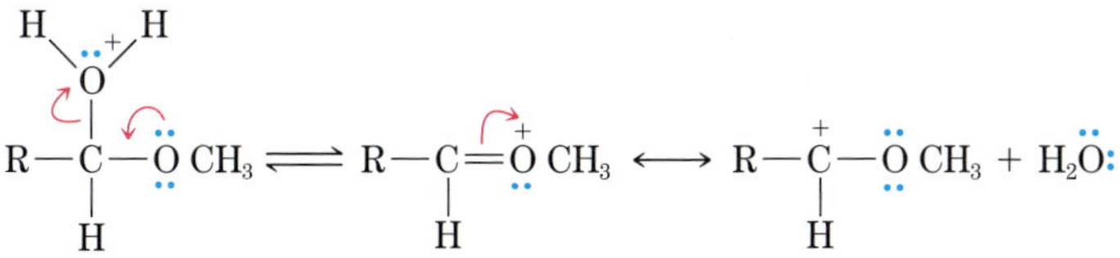

共鳴安定化したカチオン

段階3：共鳴により安定化されたカチオン（求電子種）とメタノール（求核種）

の反応でアセタールの共役酸が生成する.

$$CH_3-\overset{H}{\underset{..}{O}}: + R-\overset{H}{\underset{H}{C}}=\overset{+}{\underset{..}{O}}CH_3 \rightleftharpoons R-\overset{\overset{+}{\underset{H}{O}}-CH_3}{\underset{H}{\underset{|}{C}}}-\overset{..}{\underset{..}{O}}CH_3$$

プロトン化されたアセタール

段階 4：プロトン化されたアセタールから A^- へのプロトン移動によりアセタールが生成し，新たな酸触媒 H—A が再生される．

$$A:^- + R-\overset{\overset{H}{\underset{|}{O^+}}-CH_3}{\underset{H}{\underset{|}{C}}}-\overset{..}{\underset{..}{O}}CH_3 \rightleftharpoons HA + R-\overset{\overset{..}{\underset{|}{O}}-CH_3}{\underset{H}{\underset{|}{C}}}-\overset{..}{\underset{..}{O}}CH_3$$

プロトン化アセタール　　　　　　アセタール

アセタールの生成はしばしばアルコール溶媒中で無水の HCl（塩化水素）を溶解させるか，アルコール中にアレーンスルホン酸（9.7B 節）を加えて行われる．反応物としても溶媒としても働くアルコールが過剰に存在すると，平衡は右にかたよりアセタールの生成が有利になる．あるいは生成する水を除去して反応を右に進めてもよい．

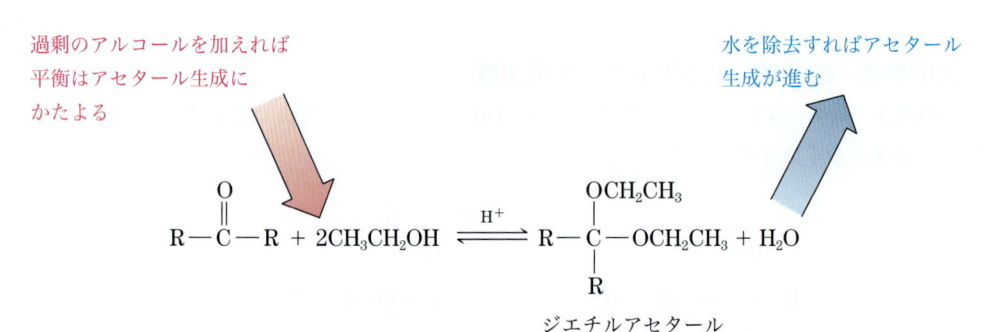

過剰のアルコールを加えれば平衡はアセタール生成にかたよる　　　　　　　　　水を除去すればアセタール生成が進む

$$R-\overset{O}{\underset{||}{C}}-R + 2CH_3CH_2OH \xrightleftharpoons{H^+} R-\overset{OCH_2CH_3}{\underset{R}{\underset{|}{C}}}-OCH_2CH_3 + H_2O$$

ジエチルアセタール

例題 13.6

次のケトンのカルボニル基が 1 分子のアルコールと反応してヘミアセタールを，さらにもう 1 分子のアルコールと反応してアセタールを生成する反応の生成物を示せ．(b) ではエチレングリコールがジオールとして 1 分子で二つのヒドロキシ基を提供することに注意しよう．

(a) $CH_3-\overset{O}{\underset{||}{C}}-CH_2CH_3$ + 2CH_3CH_2OH $\xrightleftharpoons{H^+}$

(b) 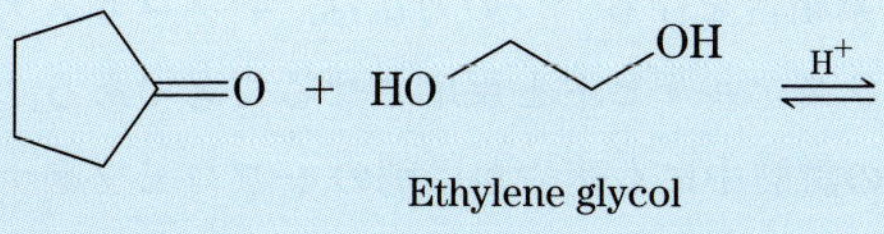 [シクロペンタノン] =O + HO〜OH ⇌(H⁺)
　　　　　　　　　　　Ethylene glycol

解答
ヘミアセタールとアセタールの構造式を次に示す．

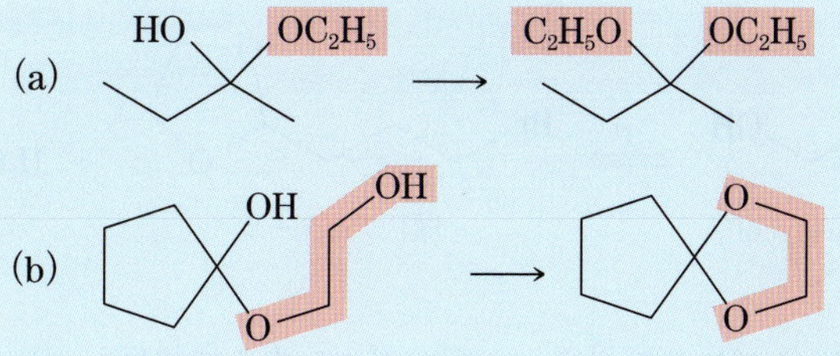

(a) HO, OC₂H₅ → C₂H₅O, OC₂H₅

(b) OH, OH → スピロ環状アセタール
　　　O

練習問題 13.6

アセタールの加水分解により，アルデヒドまたはケトンと2分子のアルコールが生成する．次のアセタールの酸性水溶液中における加水分解生成物の構造式を書け．

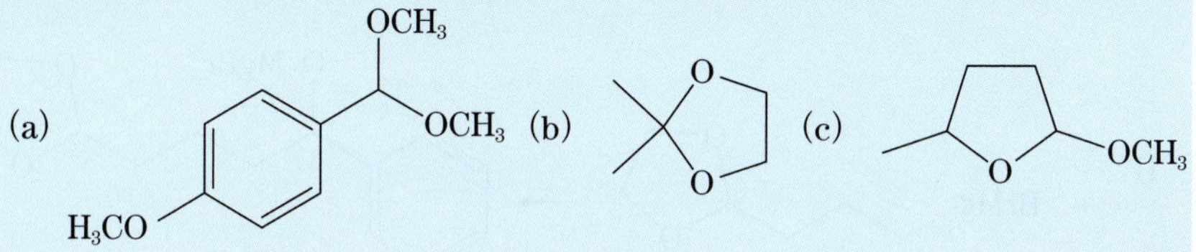

(a) 4-メトキシフェニル-CH(OCH₃)₂　(b) 2,2-ジメチル-1,3-ジオキソラン　(c) 2-メトキシ-5-メチルテトラヒドロフラン

　エーテルと同様に，アセタールは，塩基，H_2/M などの還元剤，Grignard 試薬，酸化剤（もちろん酸の水溶液を含むようなものは除く）とは反応しない．アセタールはこれらの試薬に対する反応性の低さから，しばしば分子内の他の官能基に反応を行う際に，アルデヒドやケトンのカルボニル基を保護するために用いられる．

B カルボニル保護基としてのアセタール

カルボニル保護基としてのアセタールの利用を，ベンズアルデヒドと 4-ブロモブタナールから 5-ヒドロキシ-5-フェニルペンタナールを合成する反応で示そう．

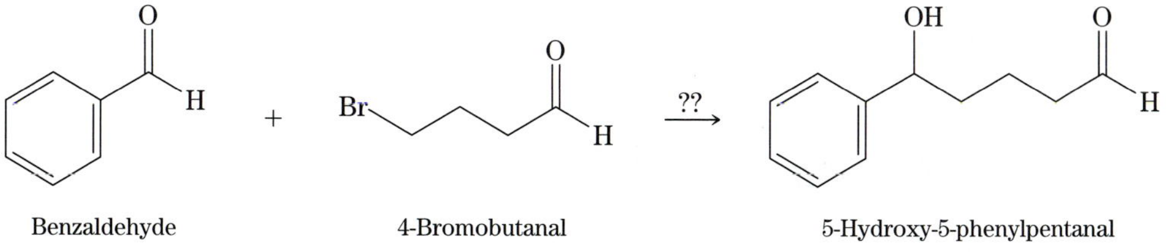

Benzaldehyde (PhCHO) + 4-Bromobutanal (Br-CH₂CH₂CH₂-CHO) →(??) 5-Hydroxy-5-phenylpentanal (Ph-CH(OH)-CH₂CH₂CH₂-CHO)

これら2分子から新たな炭素-炭素結合を作る一つの方法は，4-ブロモブタナールから調製したGrignard試薬をベンズアルデヒドと反応させることである．しかしながら，このGrignard試薬はその調製中にも速やかに別の4-ブロモブタナール分子のカルボニル基と反応して，自己分解するであろう（13.6B節）．この問題を回避する方法は，4-ブロモブタナールのカルボニル基をアセタールに変換して保護することである．環状アセタールは特に容易に作れるためよく用いられる．

Ethylene glycol　　環状アセタール

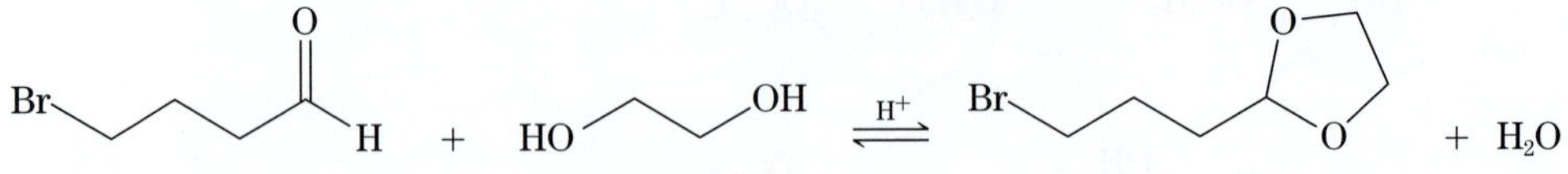

ジエチルエーテル中で保護されたブロモブタナールをマグネシウムで処理し，次いでベンズアルデヒドを加えると，マグネシウムアルコキシドが生成する．

環状アセタール　　Grignard 試薬

Benzaldehyde　　マグネシウムアルコキシド

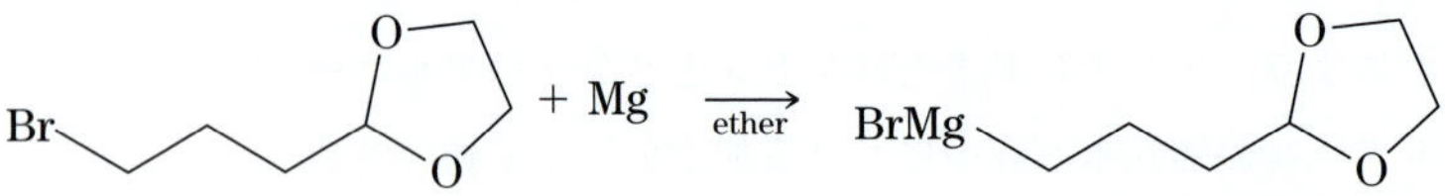

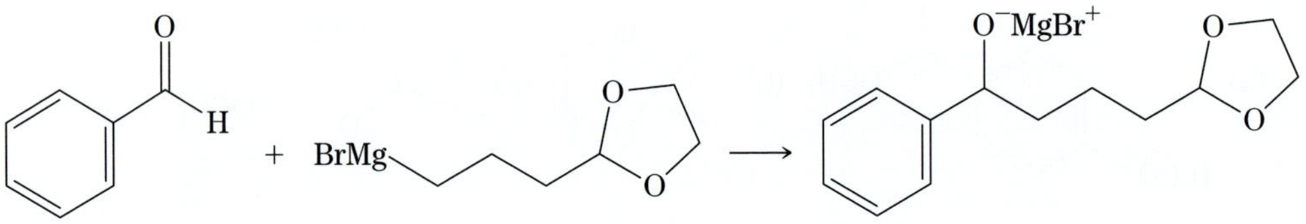

マグネシウムアルコキシドを酸水溶液で処理すると，二つのことが起こる．まず，アルコキシドイオンがプロトン化されて目的のヒドロキシ基が生成し，次いで環状アセタールの加水分解でアルデヒド基を再生する．

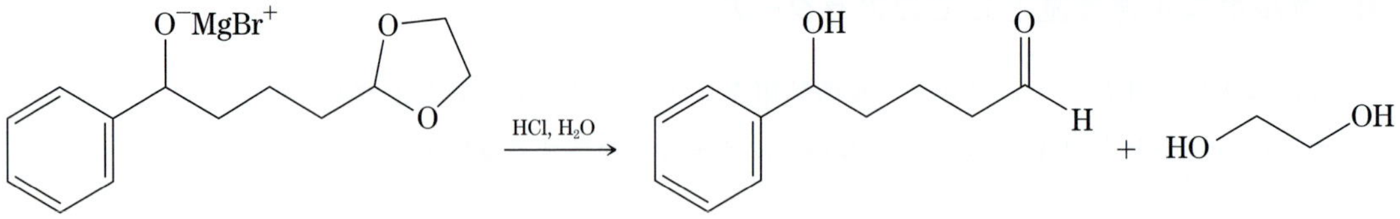

13.8　アンモニアとアミンの付加

A　イミンの生成

アンモニア，第一級脂肪族アミン（RNH_2）および第一級芳香族アミン（$ArNH_2$）

第13章 アルデヒドとケトン

はアルデヒドとケトンのカルボニル基と酸触媒存在下に反応して炭素-窒素二重結合をもつ生成物を与える。炭素-窒素二重結合をもつ化合物は**イミン** imine または**Schiff 塩基**とよばれる。

イミン：炭素-窒素二重結合をもつ化合物．
Schiff 塩基：イミンの別名．

$$\text{CH}_3\text{CHO} + \text{H}_2\text{N-C}_6\text{H}_5 \underset{}{\overset{\text{H}^+}{\rightleftarrows}} \text{CH}_3\text{CH=N-C}_6\text{H}_5 + \text{H}_2\text{O}$$

Ethanal　　Aniline　　　　　　　イミン
　　　　　　　　　　　　　　　（Schiff 塩基）

$$\text{Cyclohexanone} + \text{NH}_3 \underset{}{\overset{\text{H}^+}{\rightleftarrows}} \text{C}_6\text{H}_{10}\text{=NH} + \text{H}_2\text{O}$$

Cyclohexanone　Ammonia　　　　イミン
　　　　　　　　　　　　　　　（Schiff 塩基）

反応機構：アルデヒドまたはケトンからのイミンの生成

段階 1：よい求核種であるアンモニアや第一級アミンの窒素原子はカルボニル炭素に付加し，プロトン移動を経て四面体カルボニル付加中間体を与える．

四面体カルボニル付加中間体

段階 2：OH 基へのプロトン化とそれに続く脱水と溶媒へのプロトン移動により，イミンを生成する．脱水とプロトン移動は E2 脱離の特性をもつことに注意しよう．この脱水反応では三つのことが同時に起こっている．塩基（ここでは水分子）が窒素上からプロトンを奪い，炭素-窒素二重結合が生成し，脱離基（ここでは水分子）が脱離する．

電子の流れは E2 反応と同様である

生体系でイミンが重要な役割を果たしている例として一つだけあげると，活性型ビタミンAアルデヒド（レチナール）はヒト網膜上のタンパク質オプシンにロドプシンとよばれるイミンの形で結合している（第4章，CHEMICAL CONNECTIONS 4B 参照）．アミノ酸のリシンがこの反応の第一級アミノ基を提供している（表18.1）．

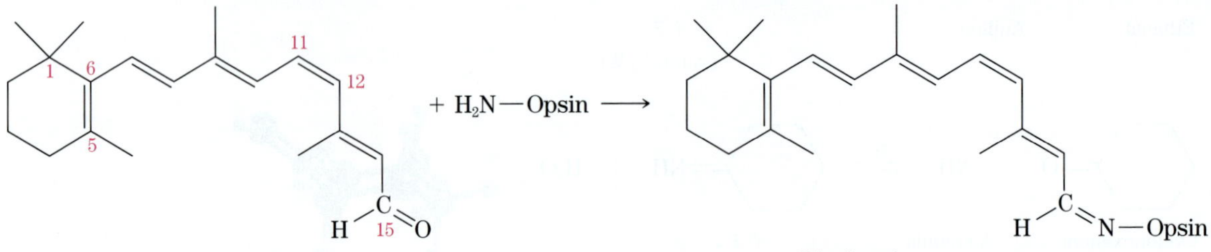

11-*cis*-Retinal + H$_2$N—Opsin ⟶ Rhodopsin

例題 13.7

次の反応で生成するイミンの構造式を書け．

(a) シクロペンタノン + sec-ブチルアミン $\xrightarrow[-H_2O]{H^+}$

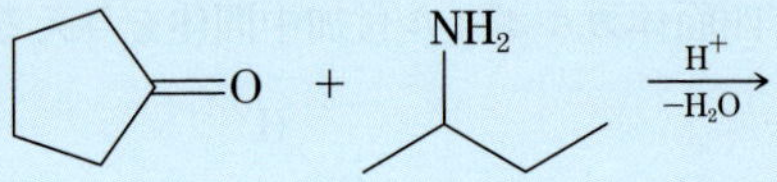

(b) アセトン + H$_2$N—C$_6$H$_4$—OCH$_3$ $\xrightarrow[-H_2O]{H^+}$

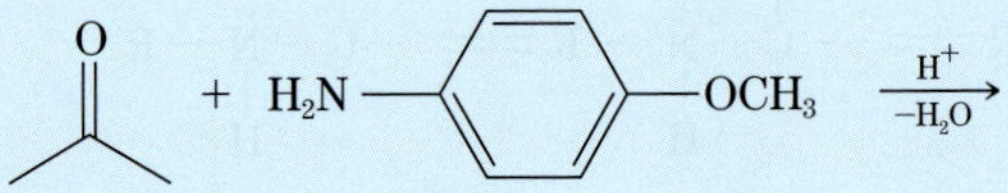

解 答

イミンの構造式は次のとおりである．

(a) シクロペンチリデン=N—sec-Bu (b) (CH$_3$)$_2$C=N—C$_6$H$_4$—OCH$_3$

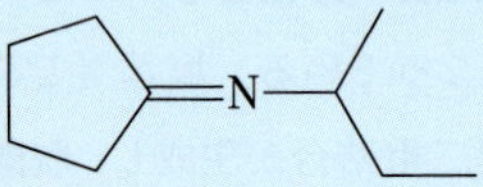

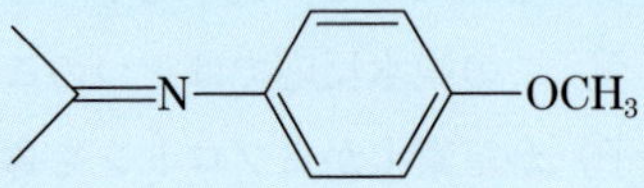

練習問題 13.7

イミンの酸触媒加水分解によってアミンとアルデヒドまたはケトンが生成する．1当量の酸を用いるとそのアミンはアンモニウム塩となる．1当量のHClを用いて次のイミンを加水分解したとき得られる生成物の構造式を書け．

(a) C$_6$H$_5$—CH=NCH$_2$CH$_3$ + H$_2$O $\xrightarrow{HCl}$

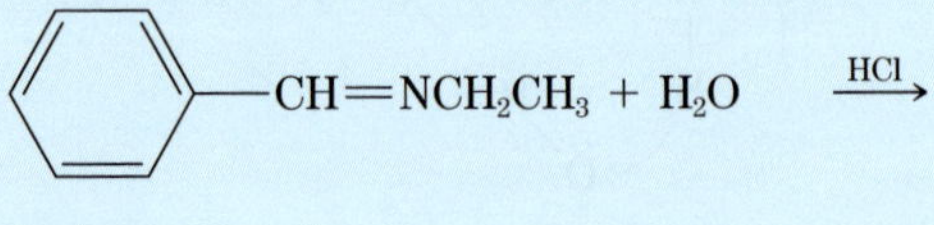

(b) シクロヘプチル—CH$_2$N=シクロペンチリデン + H$_2$O $\xrightarrow{HCl}$

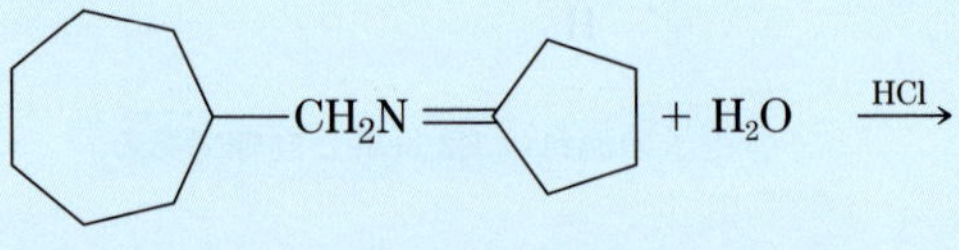

B アルデヒドとケトンの還元的アミノ化

イミンの有用な反応の一つは,ニッケルやその他の遷移金属触媒の存在下に炭素–窒素二重結合を炭素–窒素単結合に還元できることである.シクロヘキシルアミンからジシクロヘキシルアミンへの変換で示すように,**還元的アミノ化** reductive amination とよばれる次の二段階反応で第一級アミンはイミンを経て第二級アミンに変換される.

還元的アミノ化:アルデヒドまたはケトンから生成したイミンの還元によりアミンを生成する反応.

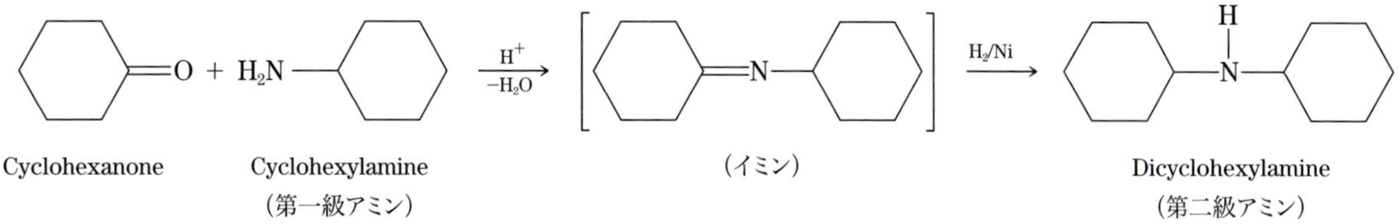

Cyclohexanone + Cyclohexylamine (第一級アミン) $\xrightarrow{H^+, -H_2O}$ [イミン] $\xrightarrow{H_2/Ni}$ Dicyclohexylamine (第二級アミン)

アルデヒドやケトンのアミンへの変換は,1段階の実験操作で,カルボニル化合物とアミンあるいはアンモニア,水素と遷移金属触媒をともに混合して行われる.この操作ではイミン中間体は取り出されない.

例題 13.8

還元的アミノ化によって次のアミンをどのように合成するか.

(a) 1-フェニルエチルアミン (b) ジイソプロピルアミン

解 答

適当な化合物(ここではいずれもケトン)を H_2/Ni の存在下にアンモニアまたはアミンと処理する.

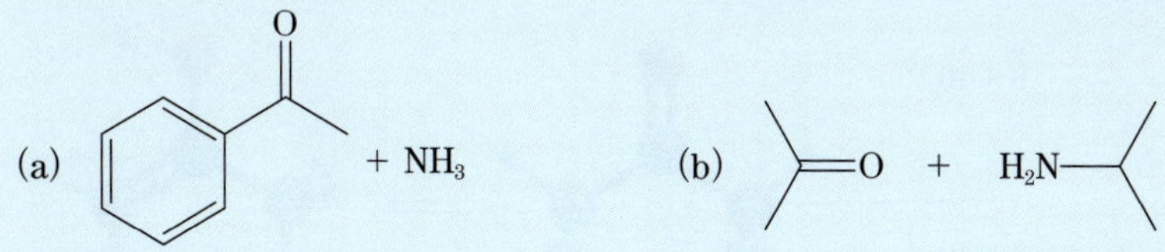

(a) アセトフェノン + NH_3 (b) アセトン + H_2N-iPr

練習問題 13.8

適当なアルデヒドあるいはケトンを用いて,次のアミンを還元的アミノ化により合成する方法を示せ.

(a) (b)

13.9 ケト-エノール互変異性

A ケト形とエノール形

カルボニル基に隣接する炭素原子を **α炭素** α-carbon とよび，その炭素に結合している水素を **α水素** α-hydrogen とよぶ．

最低でも1個のα水素をもつアルデヒドまたはケトンはエノールとよばれる構造異性体と平衡状態にある．**エノール** enol という名称は IUPAC 名のアルケン（-en-）とアルコール（-ol）の両方に由来する．

$$CH_3-\overset{O}{\underset{\|}{C}}-CH_3 \rightleftharpoons CH_3-\underset{|}{\overset{OH}{C}}=CH_2$$

Acetone　　　　　Acetone
（ケト形）　　　　（エノール形）

ケト形とエノール形は互いに平衡にある構造異性体，すなわち，**互変異性体** tautomer の例であり，水素の位置と O, S, N などのヘテロ原子の関与する二重結合の位置が異なっている．この種類の異性を**互変異性** tautomerism という．

炭素–酸素二重結合の方が炭素–炭素二重結合よりも強いので，ほとんどの単純なアルデヒドとケトンでケト–エノール互変異性の平衡は大きくケト形にかたよっている（表 13.4）．

α水素

$$CH_3-\overset{O}{\underset{\|}{C}}-CH_2-CH_3$$

α炭素

α炭素：カルボニル基に隣接した炭素．
α水素：α炭素に結合した水素．
エノール：炭素–炭素二重結合に結合したヒドロキシ基をもつ化合物．
互変異性体：水素の位置と O, N, S の関与する二重結合の位置が異なる構造異性体．

表 13.4　アルデヒドとケトンのケト-エノール平衡の位置[*]

ケト形	エノール形	平衡における エノールの割合(%)
CH_3CHO	$CH_2=CHOH$	6×10^{-5}
CH_3COCH_3	$CH_3C(OH)=CH_2$	6×10^{-7}
シクロペンタノン	1-シクロペンテノール	1×10^{-6}
シクロヘキサノン	1-シクロヘキセノール	4×10^{-5}

[*] J. March, *Advanced Organic Chemistry*, 4th ed. (Wiley Interscience, New York, 1992), p.70 のデータによる．

ケト形とエノール形の平衡反応は，次の二段階機構に示されるように酸によって触媒される（H—A 分子は段階 1 で消費されるが，別の H—A 分子が段階 2 で再生される）．

反応機構：ケト-エノール互変異性体の酸触媒平衡反応

段階 1：酸触媒 H—A からカルボニル酸素へプロトンが移動してアルデヒドまたはケトンの共役酸を生成する．

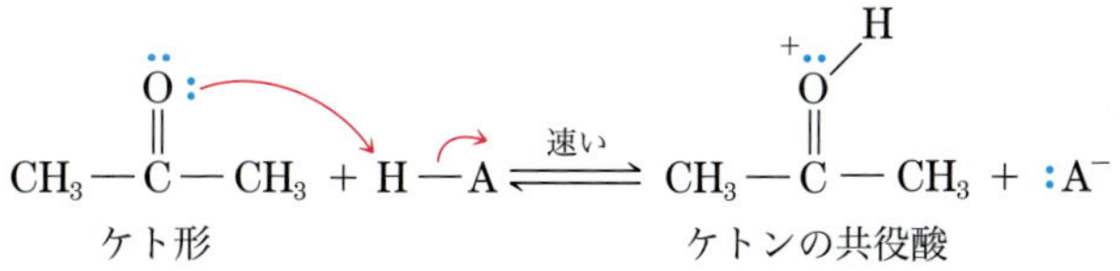

$$CH_3-\underset{ケト形}{C(=O)}-CH_3 + H-A \underset{}{\overset{速い}{\rightleftharpoons}} CH_3-\underset{ケトンの共役酸}{C(=\overset{+}{O}H)}-CH_3 + :A^-$$

段階 2：α 炭素から塩基 A^- へプロトンが移動してエノールが生成し，酸触媒 H—A を再生する．

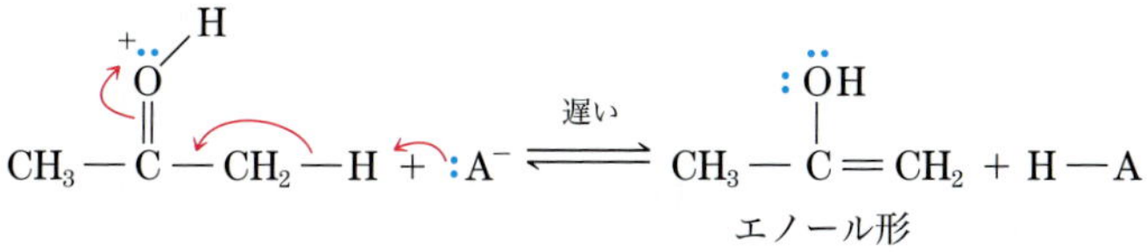

$$CH_3-C(=\overset{+}{O}H)-CH_2-H + :A^- \overset{遅い}{\rightleftharpoons} CH_3-\underset{エノール形}{C(OH)=CH_2} + H-A$$

例題 13.9

次の化合物のエノール形を二つずつ書け．また，平衡においてどちらのエノールが優勢と予想されるか．

(a) 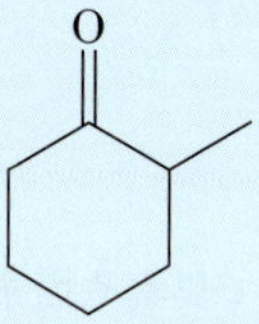 2-メチルシクロヘキサノン

(b) 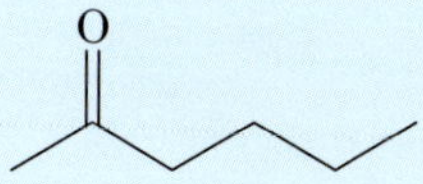 2-ヘキサノン

解 答

いずれの場合もより多く置換された（より安定な）炭素-炭素二重結合をもつエノール形が優先する．

(a) 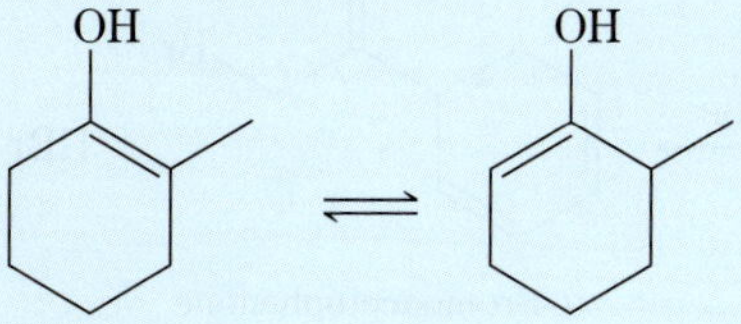 主要なエノール ⇌ （他方のエノール）

(b) 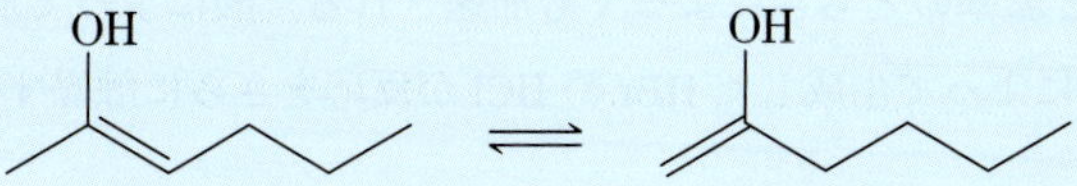 主要なエノール ⇌ （他方のエノール）

> **練習問題 13.9**
>
> 次のエノールに対するケト形の構造式を書け．
>
> (a) 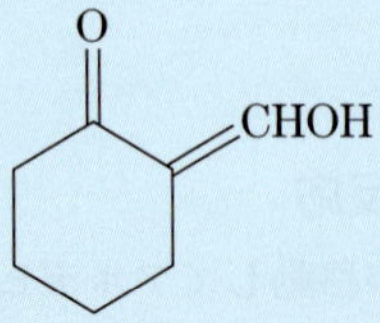 2-(ヒドロキシメチレン)シクロヘキサノン　(b) 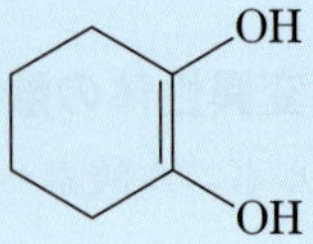 1,2-ジヒドロキシシクロヘキセン　(c) 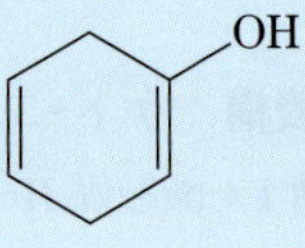 2-シクロヘキセン-1-オール（フェノール互変異性体）

B　α炭素でのラセミ化

3-フェニル-2-ブタノンの純粋なエナンチオマー（R または S 体）をエタノールに溶かして何時間放置しておいても，この溶液の光学活性には何の変化も起こらない．しかし，そこへ少量の酸（例えば HCl）を加えると，溶液の光学活性は徐々に減少し，ついにはゼロになる．この溶液から 3-フェニル-2-ブタノンを単離するとラセミ混合物（6.9C 節）になっていることがわかる．アキラルなエノール形からキラルなケト形への互変異性化において R 体と S 体は同じ確率で生成する．

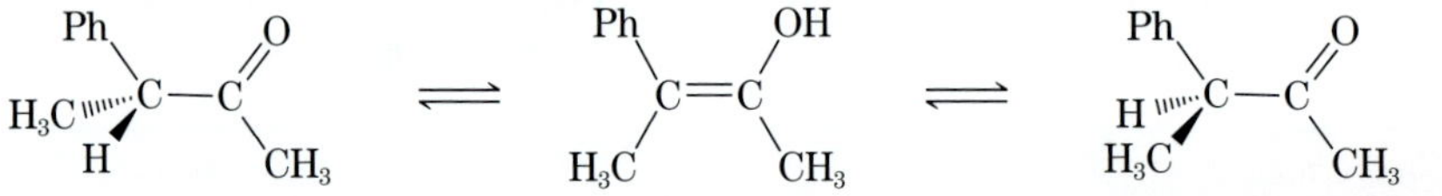

(R)-3-Phenyl-2-butanone ⇌ アキラルなエノール ⇌ (S)-3-Phenyl-2-butanone

ラセミ化：純粋なエナンチオマーがラセミ混合物に変化すること．

この機構による**ラセミ化** racemization は α 水素を 1 個もつキラル中心の α 炭素でのみ起こる．

C　α-ハロゲン化

少なくとも 1 個の α 水素をもつアルデヒドやケトンは α 炭素で臭素や塩素と反応して，α-ハロアルデヒドや α-ハロケトンを与える．例えば，アセトフェノンは酢酸中で臭素と反応して α-ブロモケトンを与える．

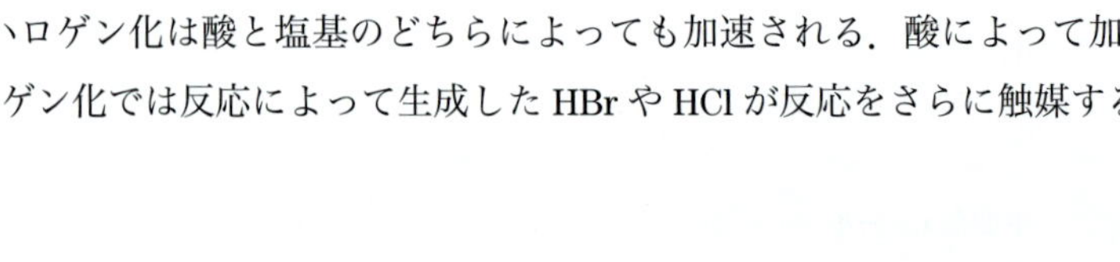

Acetophenone + Br$_2$ $\xrightarrow{CH_3COOH}$ α-Bromoacetophenone + HBr

α-ハロゲン化は酸と塩基のどちらによっても加速される．酸によって加速されるハロゲン化では反応によって生成した HBr や HCl が反応をさらに触媒する．

反応機構：ケトンの酸触媒ハロゲン化

段階1：酸触媒ケト-エノール互変異性化によってエノールが生成する．

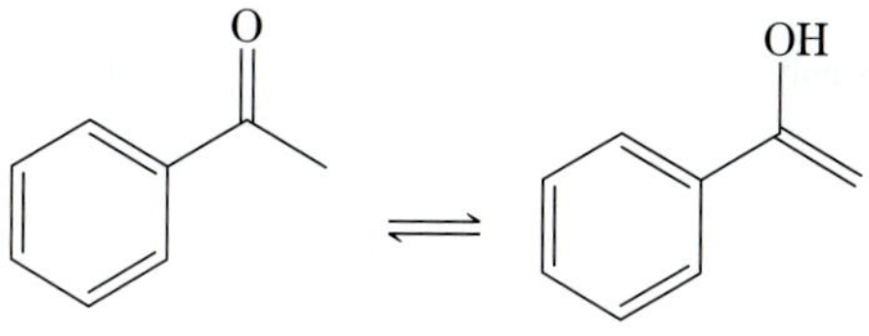

ケト形 ⇌ エノール形

段階2：ハロゲン分子へエノールが求核攻撃すると，α-ハロケトンが生成する．

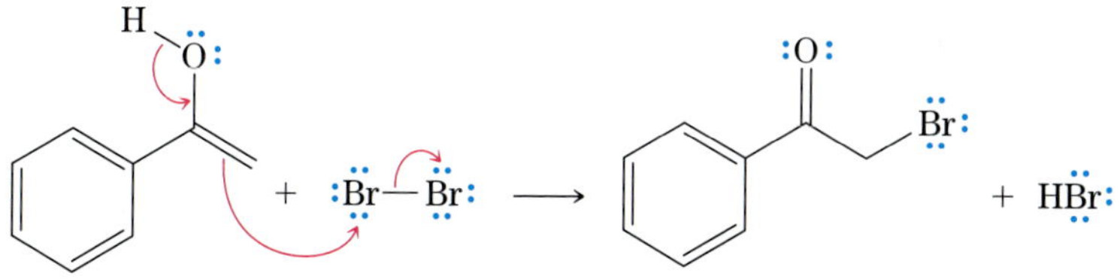

α-ハロゲン化の有用性は，それがα炭素をよい脱離基をもった反応中心に変えるからであり，その結果さまざまな求核種の攻撃を受ける．次の反応ではジエチルアミン（求核種）とα-ブロモケトンが反応して，α-ジエチルアミノケトンが生成することを示している．

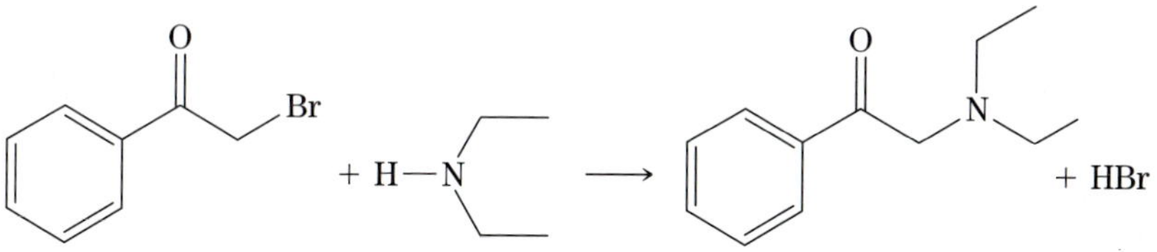

α-ブロモケトン + H—N(Et)₂ → α-ジエチルアミノケトン + HBr

実際にはこのタイプの求核置換反応は，生成してくる酸HXを中和するために炭酸カリウムのような弱塩基の存在下で行うのが一般的である．

13.10 酸 化

A アルデヒドのカルボン酸への酸化

アルデヒドはクロム酸，分子状酸素などのさまざまな一般的酸化剤によってカルボン酸に酸化される．実際，アルデヒドはすべての官能基の中で最も酸化されやすいものの一つである．例として，ヘキサナールのクロム酸によるヘキサン酸への酸化を示そう．

$$\text{Hexanal} \xrightarrow{H_2CrO_4} \text{Hexanoic acid}$$

アルデヒドは Ag^+ イオンによってもカルボン酸に酸化される．実験室における一つの方法は，アルデヒドの水性エタノールまたは水性テトラヒドロフラン（THF）溶液に Ag_2O を懸濁させて攪拌するものである．

$$\text{Vanillin（バニラより）} + Ag_2O \xrightarrow[NaOH]{THF, H_2O} \xrightarrow{HCl, H_2O} \text{Vanillic acid} + Ag$$

Tollens 試薬 Tollens' reagent は Ag^+ イオンを含む別のかたちであり，硝酸銀の水溶液に水酸化ナトリウムを加えて Ag_2O として1価の銀を沈殿させ，そこへアンモニア水溶液を加えて銀アンミン錯体として Ag^+ を再度溶解して調製する．

$$Ag^+NO_3^- + 2NH_3 \xrightleftharpoons{NH_3, H_2O} Ag(NH_3)_2^+NO_3^-$$

Tollens 試薬をアルデヒドに加えると，アルデヒドは酸化され，Ag^+ は金属銀へと還元される．この反応を正しく行えば銀は鏡面のように滑らかな沈殿となるので，**銀鏡反応** silver-mirror test とよばれる．

$$RCHO + 2Ag(NH_3)_2^+ \xrightarrow{NH_3, H_2O} RCO^- + 2Ag + 4NH_3$$
（銀鏡として沈殿）

銀は高価であり，もっと簡便な方法があるので，現在ではアルデヒドの酸化剤として Ag^+ が用いられることはほとんどない．しかし，銀鏡を作るときには今でもこの反応が用いられる．ホルムアルデヒドやグルコースは工業的に銀イオンを還元するアルデヒドとして用いられている．

アルデヒドは分子状酸素や過酸化水素によってもカルボン酸に酸化される．

$$2\,\text{Benzaldehyde} + O_2 \longrightarrow 2\,\text{Benzoic acid}$$

アルデヒドと Tollens 試薬との反応でフラスコ内壁に生成した銀鏡．(*Charles D. Winters*)

第 13 章　アルデヒドとケトン

分子状酸素は最も安価で身近な酸化剤であり，アルデヒドなどの有機化合物の空気酸化は工業的規模では非常に一般的である．ただし，アルデヒドの空気酸化は問題になることもある．例えば，室温で液体のアルデヒドは空気酸化に対して非常に敏感なので，保存に際しては空気との接触を避けなければならない．このために，アルデヒドはしばしば窒素雰囲気下に容器中に密封される．

例題 13.10

次の化合物を Tollens 試薬で処理した後，塩酸酸性にして得られる生成物の構造式を書け．

(a) Pentanal　　　(b) Cyclopentanecarbaldehyde

解　答

各化合物のホルミル基がカルボキシ基に酸化される．

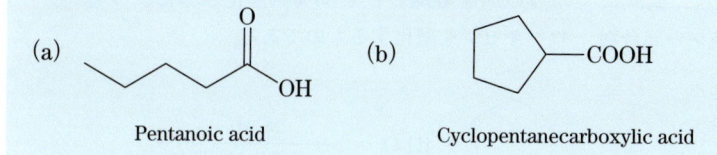

(a) Pentanoic acid
(b) Cyclopentanecarboxylic acid

練習問題 13.10

次の酸化反応を完成せよ．
(a) 3-Oxobutanal + O_2 ⟶
(b) 3-Phenylpropanal + Tollens 試薬 ⟶

B　ケトンのカルボン酸への酸化

ケトンはアルデヒドよりも酸化に対してずっと抵抗する．例えば，ケトンは通常過マンガン酸カリウムやクロム酸では酸化されない．実際，これらの試薬は，第二級アルコールのケトンへの酸化反応に一般法として使われている (8.3F 節)．

ケトンは，高温では二クロム酸カリウムや過マンガン酸カリウムにより，また高濃度の硝酸 HNO_3 でエノール形を経由して酸化的開裂を起こす．エノールの炭素–炭素二重結合は開裂し，最初のケトンの置換基しだいで，二つのカルボキシ基かケトン基を生成する．この反応の重要な工業的応用例はシクロヘキサノンのヘキサン二酸（アジピン酸）への酸化反応である．これはナイロン 66 の合成に必要な二つのモノマー成分のうちの一方である (17.5A 節)．

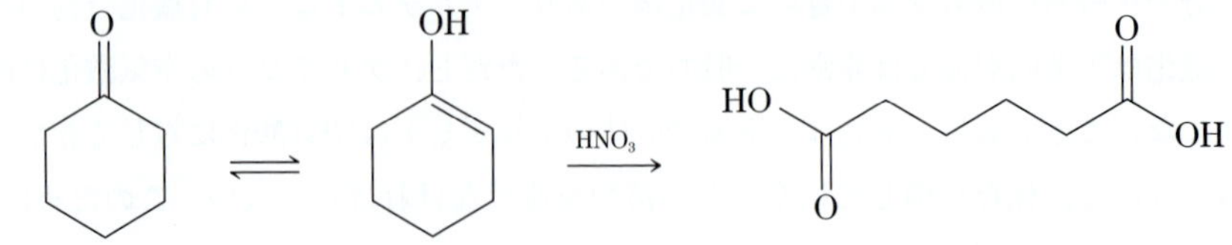

Cyclohexanone (ケト形) ⇌ Cyclohexanone (エノール形) →[HNO₃] Hexanedioic acid (Adipic acid)

CHEMICAL CONNECTIONS

アジピン酸のグリーン合成

現在のアジピン酸の工業的生産は，硝酸によるシクロヘキサノールとシクロヘキサノンの混合物の酸化によっている．

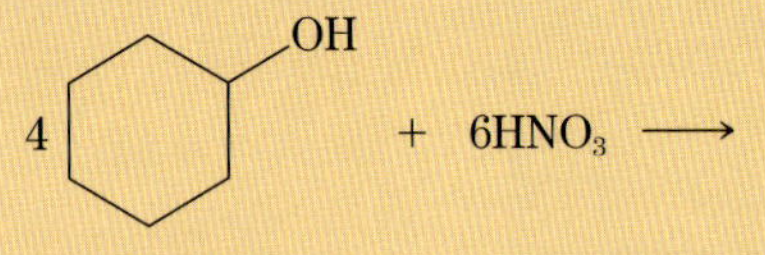

$$4\, \text{Cyclohexanol} + 6\,HNO_3 \longrightarrow 4\, \text{Hexanedioic acid (Adipic acid)} + 3\,N_2O + 3\,H_2O \,(\text{Nitrous oxide})$$

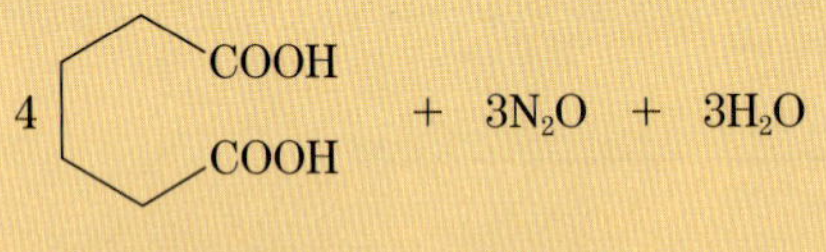

この酸化の一つの副生物は，酸性雨や酸性のスモッグの要因でもあり，地球温暖化や大気中のオゾン層の破壊への影響が考えられている酸化窒素である．アジピン酸の世界総生産量は年間約22億トンで，酸化窒素の生成量は莫大である．酸化窒素の回収とリサイクルの技術進展にもかかわらず，毎年約40万トンが回収されずに大気中に放出されていると見積もられている．

最近になって，名古屋大学の野依良治教授と共同研究者たちはアジピン酸への"グリーン green（環境に優しい）"経路を開発した．それはタングステン酸ナトリウムを触媒として 30% 過酸化水素によってシクロヘキセンを酸化するものである．

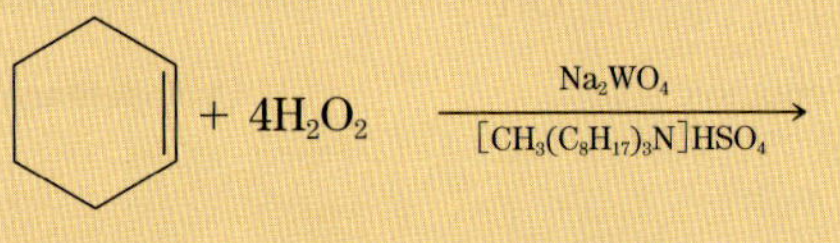

$$\text{Cyclohexene} + 4\,H_2O_2 \xrightarrow[{[CH_3(C_8H_{17})_3N]HSO_4}]{Na_2WO_4} \text{Hexanedioic acid (Adipic acid)} + 4\,H_2O$$

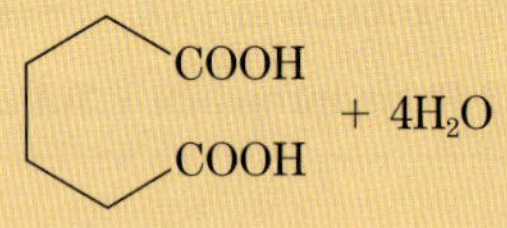

このプロセスでは，シクロヘキセンを 30% 過酸化水素と混合して生じた二層系（シクロヘキセンは水には不溶である）に，タングステン酸ナトリウム，硫酸水素メチルトリオクチルアンモニウムを加える．この条件で，シクロヘキセンは約 90% の収率でアジピン酸に酸化される．

このアジピン酸合成経路は環境調和型ではあるが，30% 過酸化水素が高コストであるために，まだ硝酸酸化経路にはかなわない．十分競合しうるためには，過酸化水素にかかるコストを大幅に減らすことができるか，あるいはより厳しい酸化窒素排出規制が定められるか（またはこれらの両方とも）にかかっている．

13.11 還元

アルデヒドは第一級アルコールに，ケトンは第二級アルコールに還元される．

$$\underset{\text{アルデヒド}}{\text{RCHO}} \xrightarrow{\text{還元}} \underset{\text{第一級アルコール}}{\text{RCH}_2\text{OH}} \qquad \underset{\text{ケトン}}{\text{RCOR}'} \xrightarrow{\text{還元}} \underset{\text{第二級アルコール}}{\text{RCH(OH)R}'}$$

A 接触還元

アルデヒドやケトンのカルボニル基は，微粉末状のパラジウム，白金，ニッケル，ロジウムなどの遷移金属触媒存在下に，水素によりヒドロキシ基へと還元される．一般にこの還元は 25～100 ℃, 水素圧 1～5 気圧で行われる．このような条件下で，シクロヘキサノンはシクロヘキサノールに還元される．

$$\text{Cyclohexanone} + \text{H}_2 \xrightarrow[\text{25 ℃, 2 気圧}]{\text{Pt}} \text{Cyclohexanol}$$

アルデヒドとケトンの接触還元は簡単に行えて，収率もよく，最終生成物の単離も容易である．欠点は，炭素–炭素二重結合などの他の官能基の中にも，この条件で還元されるものがあることである．

$$\underset{\substack{\textit{trans}\text{-2-Butenal} \\ (\text{Crotonaldehyde})}}{\text{CH}_3\text{CH=CHCHO}} \xrightarrow[\text{Ni}]{2\text{H}_2} \underset{\text{1-Butanol}}{\text{CH}_3\text{CH}_2\text{CH}_2\text{CH}_2\text{OH}}$$

B 金属ヒドリド還元

アルデヒドやケトンのアルコールへの還元に研究室で最もよく使われる試薬は，水素化ホウ素ナトリウムと水素化アルミニウムリチウムである．これらの試薬は強力な求核種である**ヒドリドイオン** hydride ion 源になる．ここに示したこれらの還元剤の構造式にはホウ素とアルミニウム上に負の形式電荷がある．実際にはホウ素やアルミニウムよりも水素はより電気的に陰性であり (H = 2.1, Al = 1.5, B = 2.0)，二つの還元剤の負電荷は金属上よりも水素上にかたよっている．

ヒドリドイオン：原子価殻に2個の電子をもつ水素原子．
訳注：水素化物イオンともいう．

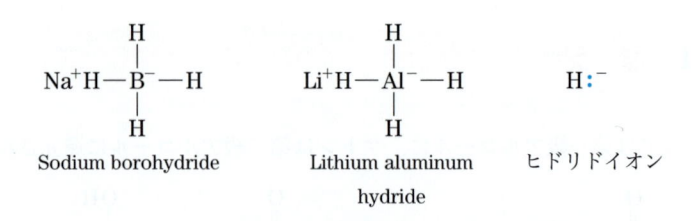

$$\underset{\text{Sodium borohydride}}{Na^+ H-\overset{H}{\underset{H}{B^-}}-H} \qquad \underset{\substack{\text{Lithium aluminum}\\\text{hydride}}}{Li^+ H-\overset{H}{\underset{H}{Al^-}}-H} \qquad \underset{\text{ヒドリドイオン}}{H:^-}$$

水素化アルミニウムリチウムは非常に強力な還元剤で，アルデヒドやケトンのカルボニル基のみならず，カルボン酸（14.6節）やその官能基誘導体（15.9節）のカルボニル基まで速やかに還元する．水素化ホウ素ナトリウムは，はるかに選択的な試薬であり，アルデヒドやケトンのみを速やかに還元する．

水素化ホウ素ナトリウムによる還元は，一般に水性メタノール中か純メタノールまたはエタノール中で行われる．最初の生成物はテトラアルキルボラートで，水で処理するとアルコールとホウ酸塩になる．1 mol の水素化ホウ素ナトリウムは，4 mol のアルデヒドまたはケトンを還元する．

$$4 R\overset{O}{\overset{\|}{C}}H + NaBH_4 \xrightarrow{CH_3OH} \underset{\text{テトラアルキルボラート}}{(RCH_2O)_4B^- Na^+} \xrightarrow{H_2O} 4 RCH_2OH + \text{ホウ酸塩}$$

アルデヒドやケトンの金属ヒドリド還元の鍵をにぎる段階は，還元剤からカルボニル炭素へヒドリドイオンが移動して四面体カルボニル付加物を生成するところである．アルデヒドやケトンのアルコールへの還元では，炭素に結合する水素原子だけがヒドリド還元剤に由来し，酸素に結合する水素原子は金属アルコキシド塩の加水分解の際に水から来る．

$$Na^+ H-\overset{H}{\underset{H}{B^-}}-H + R-\overset{\ddot{O}:}{\underset{}{C}}-R' \longrightarrow R-\overset{:\ddot{O}-\bar{B}H_3Na^+}{\underset{H}{C}}-R' \xrightarrow{H_2O} R-\overset{O-H}{\underset{H}{C}}-R'$$

このHは加水分解時に水から来る
このHはヒドリド還元剤から来る

次の二つの反応式は，炭素-炭素二重結合存在下でのカルボニル基の選択的還元と，逆にカルボニル基の存在下での炭素-炭素二重結合の選択的還元を示している．

カルボニル基の選択的還元

$$RCH=CH\overset{O}{\overset{\|}{C}}R' \xrightarrow[\text{2. } H_2O]{\text{1. } NaBH_4} RCH=CHCHR'\text{(OH)}$$

炭素-炭素二重結合の選択的還元

$$RCH=CH\overset{O}{\overset{\|}{C}}R' + H_2 \xrightarrow{Rh} RCH_2CH_2\overset{O}{\overset{\|}{C}}R'$$

例題 13.11

次の還元反応を完成せよ.

(a) 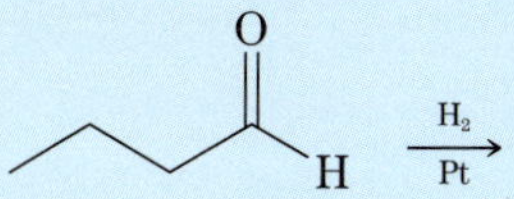 CH₃CH₂CH₂CHO $\xrightarrow{\text{H}_2, \text{Pt}}$

(b) 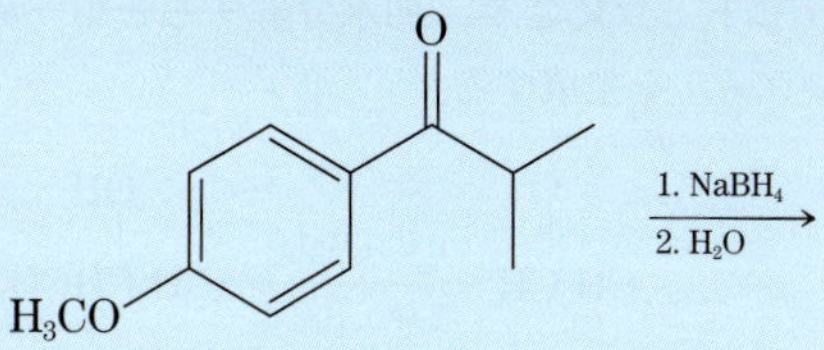 4-CH₃O-C₆H₄-CO-CH(CH₃)₂ $\xrightarrow{\text{1. NaBH}_4}{\text{2. H}_2\text{O}}$

解　答

(a) のアルデヒドは第一級アルコールに還元され，(b) のケトンは第二級アルコールに還元される.

(a)  CH₃CH₂CH₂CH₂OH

(b) 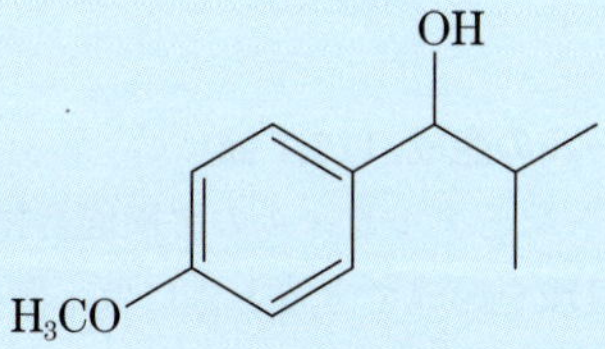 4-CH₃O-C₆H₄-CH(OH)-CH(CH₃)₂

練習問題 13.11

$NaBH_4$ による還元で次のアルコールを生成するのは，どのようなアルデヒドまたはケトンか.

(a) 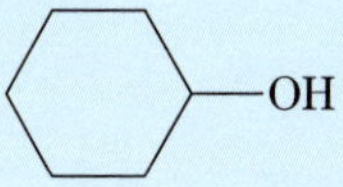 シクロヘキシル-OH

(b) 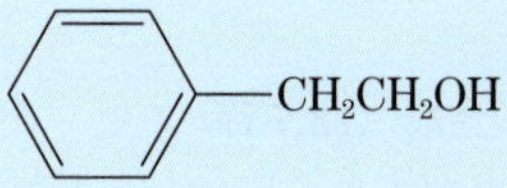 C₆H₅-CH₂CH₂OH

(c) 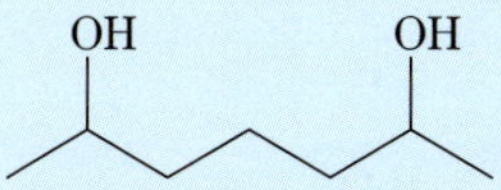 CH₃CH(OH)CH₂CH₂CH(OH)CH₃

まとめ

　アルデヒドは水素原子と炭素原子に結合したカルボニル基をもち，**ケトン**は2個の炭素原子に結合したカルボニル基をもつ（13.2 節）. アルデヒドは母体 alkane（アルカン）の接尾語 -e を -al（アール）に変えて命名される（13.3 節）. 環構造に結合した CHO は語尾 -carbaldehyde（カルボアルデヒド）をつけて示す. ケトンは母体 alkane の接尾語 -e を -one（オン）に変え，番号でカルボニル基の位置を示すことによって命名される. 二つ以上の官能基を有する化合物の命名には，IUPAC 規則で**優先順位**が決められている. アルデヒドまたはケトンのカルボニル基が分子中の他の官能基よりも優先順位が低いときは，oxo-（オキソ）で示される.

　アルデヒドやケトンは極性化合物であり（13.4 節），純粋な状態では双極子－双極子相互作用があるので，同等の分子量の非極性化合物よりも沸点が高く，水に溶けやすい.

　Grignard 試薬（13.5 節）の炭素－金属結合は高いイオン性を有している. Grignard 試薬はカルボアニオンとして働き，強塩基であり，強い求核種である.

　カルボニル基に隣接した炭素は**α炭素**とよばれ，その炭素に結合した水素は**α水素**とよばれる（13.9A 節）.

重要な反応

1. Grignard 試薬との反応（13.6C 節）

Grignard 試薬をホルムアルデヒドと反応させ，加水分解すると第一級アルコールが生成する．その他のアルデヒドとの反応では第二級アルコールを生成する．

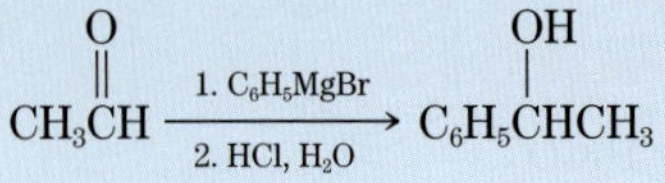

$$\text{CH}_3\text{CHO} \xrightarrow[\text{2. HCl, H}_2\text{O}]{\text{1. C}_6\text{H}_5\text{MgBr}} \text{C}_6\text{H}_5\text{CH(OH)CH}_3$$

Grignard 試薬をケトンと反応させると第三級アルコールが生成する．

$$\text{CH}_3\text{COCH}_3 \xrightarrow[\text{2. HCl, H}_2\text{O}]{\text{1. C}_6\text{H}_5\text{MgBr}} \text{C}_6\text{H}_5\text{C(OH)(CH}_3)_2$$

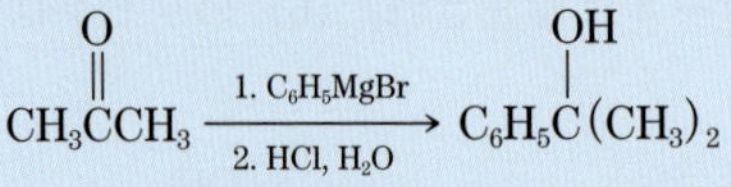

2. アルコールの付加によるヘミアセタールの生成（13.7 節）

ヘミアセタールはアルデヒドまたはケトンとアルコールの平衡混合物の微量成分にすぎないが，同じ分子内に −OH と C=O があり，五員環または六員環を形成できるときには平衡の主成分になる．

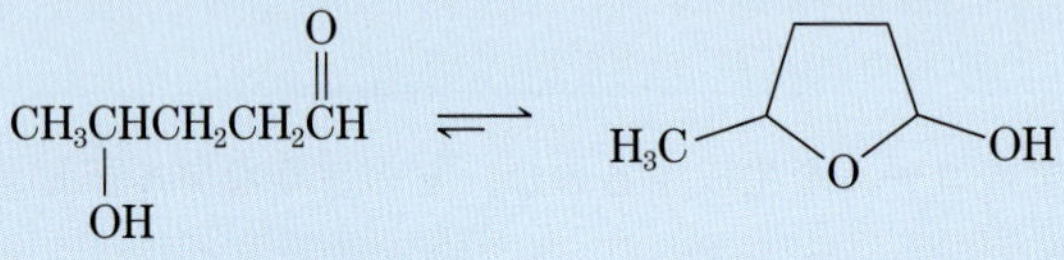

4-Hydroxypentanal ⇌ 環状ヘミアセタール

3. アルコールの付加によるアセタールの生成（13.7 節）

アセタール生成は酸で触媒される．

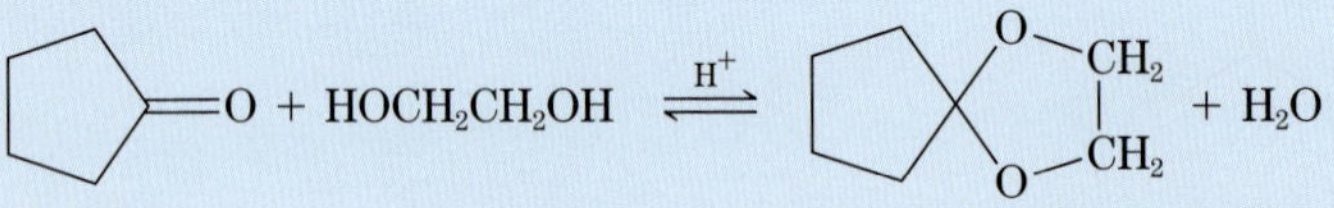

シクロペンタノン + HOCH$_2$CH$_2$OH $\xrightarrow{\text{H}^+}$ 環状アセタール + H$_2$O

4. アンモニアとその誘導体の付加によるイミンの生成（13.8 節）

アンモニアまたは第一級アミンがアルデヒドまたはケトンのカルボニル基に付加すると四面体カルボニル付加中間体を生成する．この中間体から水が脱離するとイミン（Schiff 塩基）を生成する．

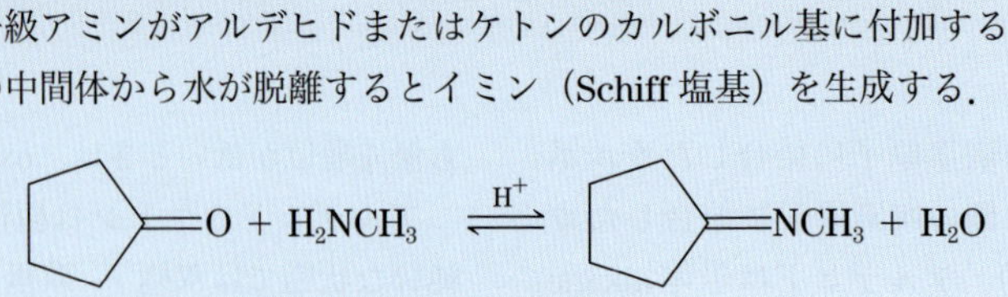

シクロペンタノン + H$_2$NCH$_3$ $\xrightarrow{\text{H}^+}$ =NCH$_3$ + H$_2$O

第13章 アルデヒドとケトン

5. アミンへの還元的アミノ化（13.8B節）

イミンの炭素-窒素二重結合は遷移金属触媒の存在下，水素により炭素-窒素単結合に還元される．

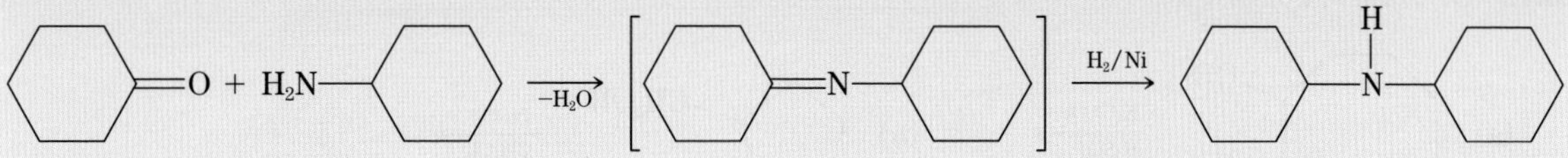

6. ケト-エノール互変異性（13.9A節）

一般に平衡ではケト形が優勢である．

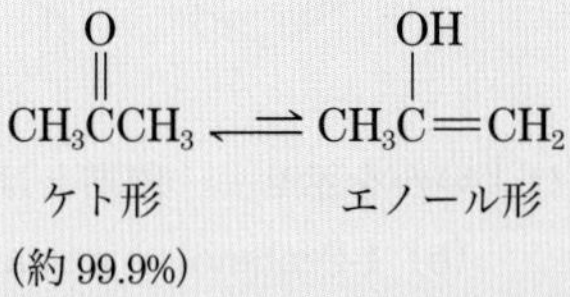

$$CH_3\underset{\underset{\text{ケト形}}{\text{(約99.9\%)}}}{\overset{O}{\overset{\|}{C}}}CH_3 \rightleftarrows CH_3\underset{\text{エノール形}}{\overset{OH}{\overset{|}{C}}=CH_2}$$

7. アルデヒドの酸化によるカルボン酸の生成（13.10節）

アルデヒド基は最も酸化されやすい官能基の一つである．酸化剤にはクロム酸，Tollens試薬，酸素などがある．

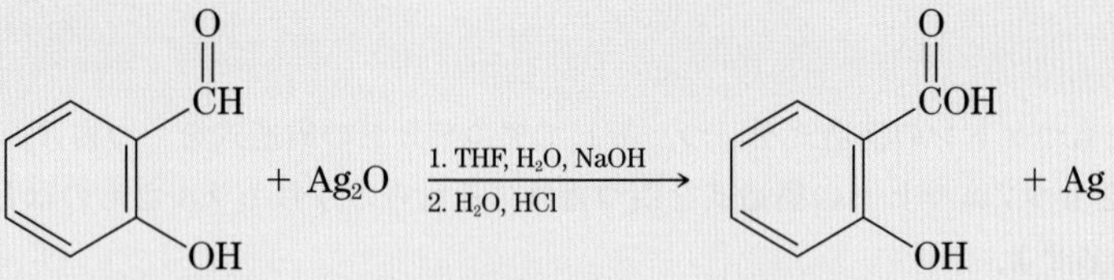

8. 接触還元によるアルコールの生成（13.11A節）

アルデヒドやケトンのカルボニル基の接触還元は操作が容易で高収率でアルコールを与える．

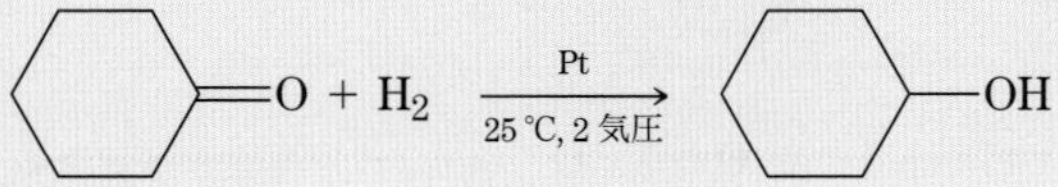

9. 金属ヒドリド還元によるアルコールの生成（13.11B節）

$LiAlH_4$ と $NaBH_4$ は，ともにカルボニル基を選択的に還元し，離れて存在する炭素-炭素二重結合は還元しない．

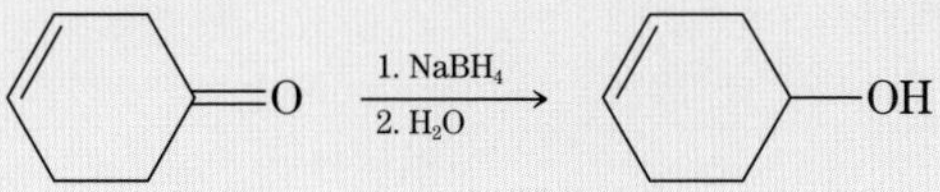

補充問題

アルデヒドとケトンの合成（第8章と第9章を参照のこと）

13.12 次の反応式を完成せよ．

(a) 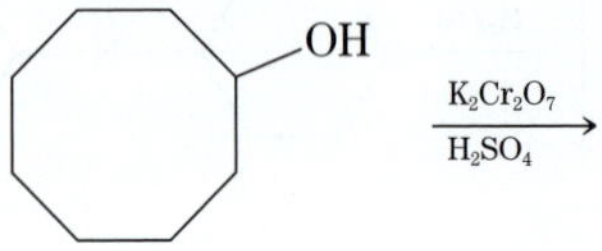 シクロオクタノール $\xrightarrow{K_2Cr_2O_7 / H_2SO_4}$

(b) 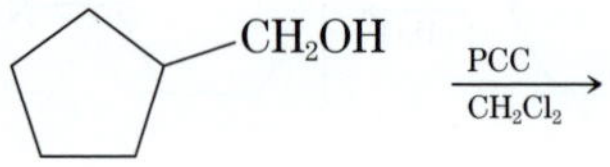 シクロペンチルメタノール $\xrightarrow{PCC / CH_2Cl_2}$

(c) 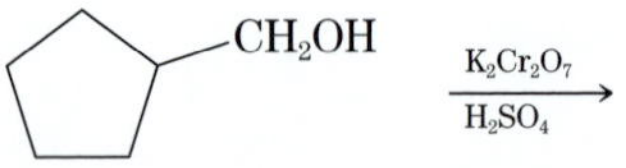 シクロペンチルメタノール $\xrightarrow{K_2Cr_2O_7 / H_2SO_4}$

(d) 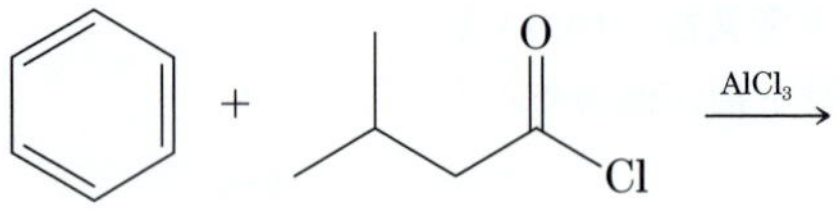 ベンゼン + 3-メチルブタノイルクロリド $\xrightarrow{AlCl_3}$

13.13 次の化合物の変換はどのように行えばよいかを示せ．一段階とは限らない．

(a) 1-Pentanol → pentanal
(b) 1-Pentanol → pentanoic acid
(c) 2-Pentanol → 2-pentanone
(d) 1-Pentene → 2-pentanone
(e) Benzene → acetophenone
(f) Styrene → acetophenone
(g) Cyclohexanol → cyclohexanone
(h) Cyclohexene → cyclohexanone

構造と命名法

13.14 分子式 C_4H_8O をもつケトンの構造式を一つ，そしてアルデヒドの構造式を二つ書け．

13.15 分子式 $C_5H_{10}O$ をもつアルデヒドの構造式を四つ書け．それらのうちキラルなものはどれか．

13.16 次の化合物を命名せよ．

(a) 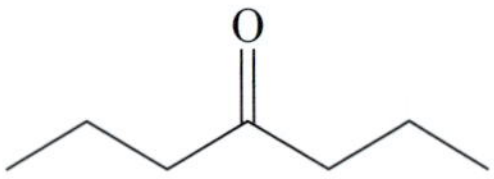 4-ヘプタノン
(b) 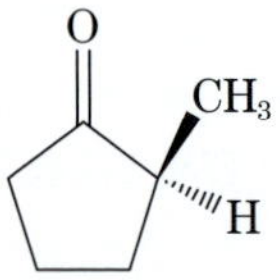 (R)-2-メチルシクロペンタノン
(c) 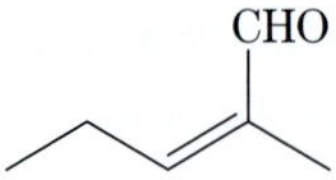 2-メチル-2-ペンテナール
(d) 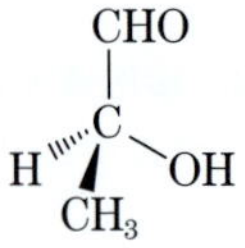 2-ヒドロキシプロパナール
(e) 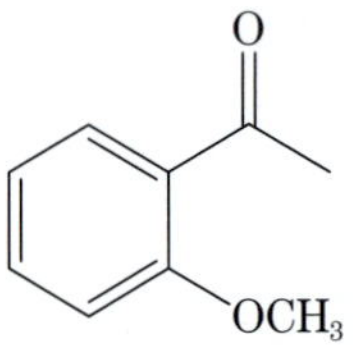 2'-メトキシアセトフェノン
(f) 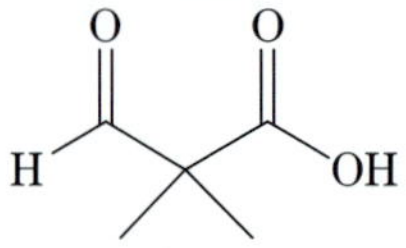 2,2-ジメチル-3-オキソプロパン酸
(g) 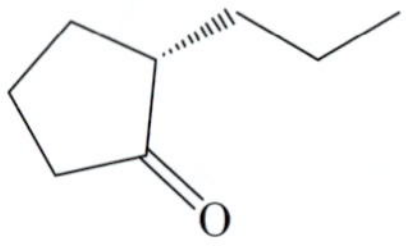 2-プロピルシクロペンタノン

13.17 次の化合物の構造式を書け．

(a) 1-Chloro-2-propanone
(b) 3-Hydroxybutanal
(c) 4-Hydroxy-4-methyl-2-pentanone
(d) 3-Methyl-3-phenylbutanal
(e) (S)-3-Bromocyclohexanone
(f) 3-Methyl-3-buten-2-one
(g) 5-Oxohexanal
(h) 2,2-Dimethylcyclohexanecarbaldehyde
(i) 3-Oxobutanoic acid

第13章　アルデヒドとケトン

炭素求核種の付加

13.18 ヨウ化フェニルマグネシウムとカルボン酸の酸塩基反応式を書け．この反応における電子の流れを巻矢印で示せ．さらに，この反応は，より強い酸とより強い塩基が反応して，より弱い酸とより弱い塩基が生成する反応の一例であることを示せ．

13.19 ジエチルエーテルは工業的規模でエタノールの酸触媒脱水反応により合成される．

$$2CH_3CH_2OH \xrightarrow[180\,°C]{H_2SO_4} CH_3CH_2OCH_2CH_3 + H_2O$$

なぜ，Grignard 反応に使われるジエチルエーテルは完全にエタノールや水を除いておかなければならないか説明せよ．

13.20 次の化合物を臭化プロピルマグネシウムと反応させ，次いで酸性水溶液で加水分解して得られる生成物の構造式を書け．

(a) CH₂O　　(b) 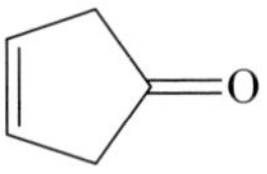 3-シクロペンテノン　　(c) 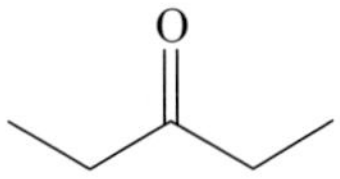 3-ペンタノン

(d) 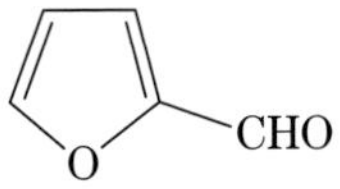 2-フルアルデヒド　　(e) 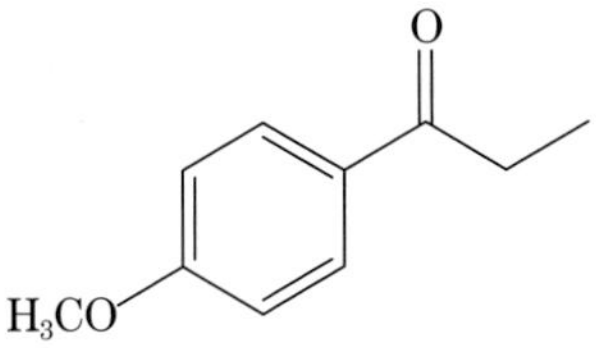 4′-メトキシプロピオフェノン

13.21 適当なアルデヒドまたはケトンと Grignard 試薬を組合せて，次のアルコールを合成する方法を示せ．標的分子の下のかっこ内には可能な Grignard 試薬とアルデヒドまたはケトンの組合せの数を示している．

(a) 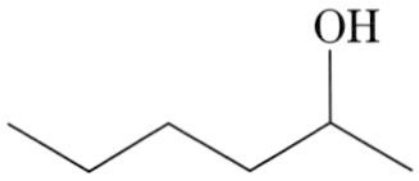 2-ヘキサノール　　（二つの組合せ）

(b) 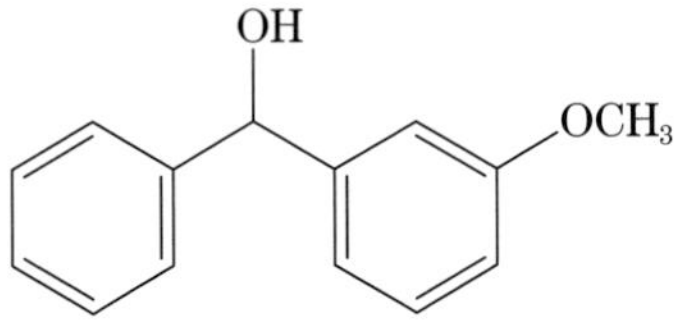 フェニル(3-メトキシフェニル)メタノール　　（二つの組合せ）

(c) 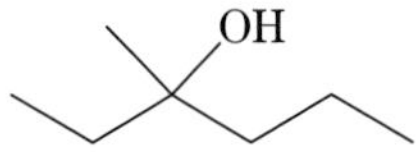 3-メチル-3-ヘキサノール　　（三つの組合せ）

酸素求核種の付加

13.22 5-ヒドロキシヘキサナールは，水溶液中の平衡で優勢な六員環状ヘミアセタールを生成する．

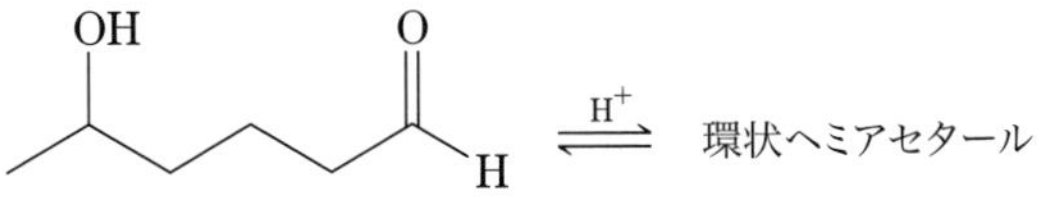

5-Hydroxyhexanal $\xrightleftharpoons{H^+}$ 環状ヘミアセタール

(a) この環状ヘミアセタールの構造式を書け．
(b) 5-ヒドロキシヘキサナールにはいくつの立体異性体が可能か．
(c) この環状ヘミアセタールにはいくつの立体異性体が可能か．
(d) この環状ヘミアセタールの各立体異性体について，それぞれ二つのいす形配座を書け．
(e) 各立体異性体について，どちらのいす形配座がより安定か．

13.23 次の化合物の組合せから，酸触媒存在下に生成するヘミアセタールとアセタールの構造式を書け．

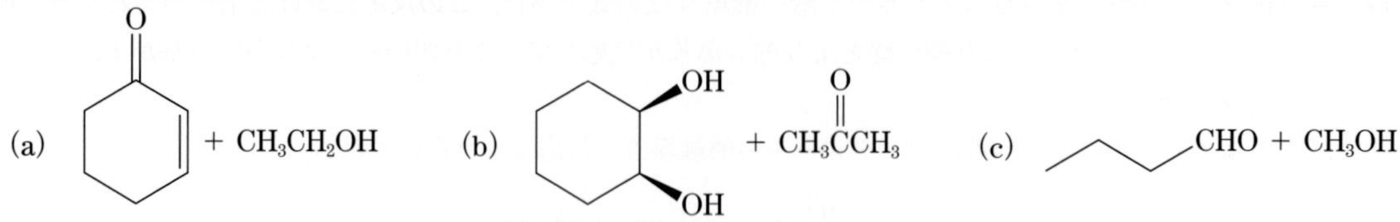

(a) シクロヘキセノン + CH₃CH₂OH　　(b) シクロヘキサン-1,2-ジオール + CH₃COCH₃　　(c) CH₃CH₂CH₂CHO + CH₃OH

13.24 次のアセタールの酸水溶液中での加水分解生成物の構造式を書け．

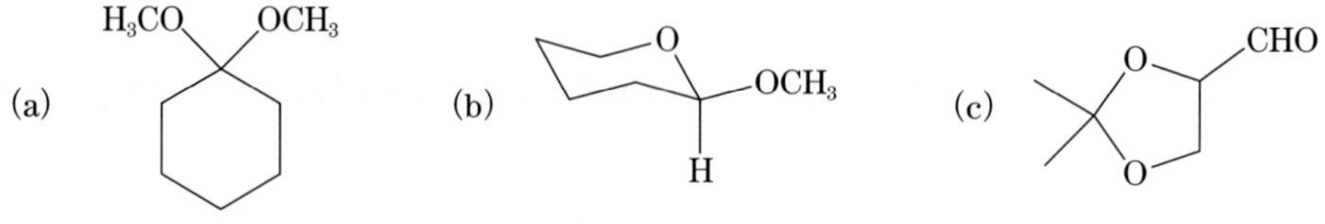

(a) 1,1-ジメトキシシクロヘキサン　　(b) 2-メトキシテトラヒドロピラン　　(c) 2,2-ジメチル-1,3-ジオキソラン-4-カルボアルデヒド

13.25 次の化合物はジャスミンの芳香の成分である．それはどのようなカルボニル基を含む化合物とアルコールから導かれたものか．

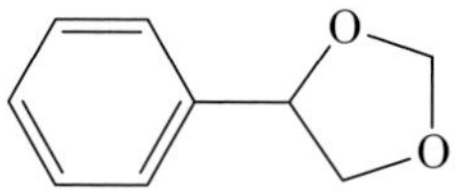

(フェニル-1,3-ジオキソラン)

13.26 酸触媒存在下にアセトンとエチレングリコールから環状アセタールが生成する反応の機構を示せ．生成する水の酸素原子がアセトンのカルボニル酸素に由来するという事実に矛盾しないように注意すること．

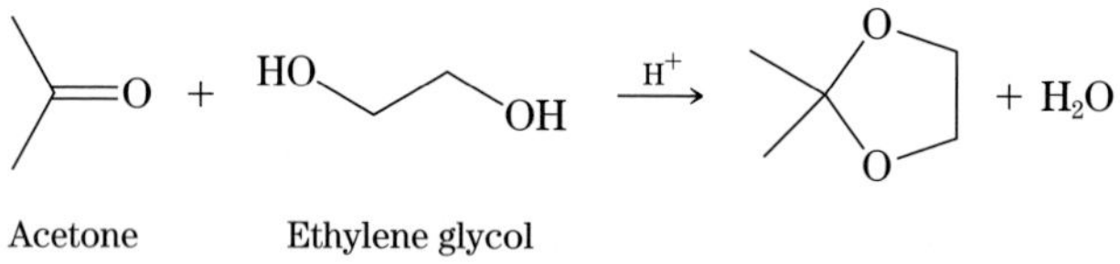

Acetone + Ethylene glycol $\xrightarrow{H^+}$ 環状アセタール + H₂O

13.27 4-ヒドロキシペンタナールと1当量のメタノールから環状アセタールが生成する反応の機構を示せ．また，4-ヒドロキシペンタナールのカルボニル酸素を ^{18}O で標識すると，^{18}O はアセタールと水のどちらに取り込まれるか．

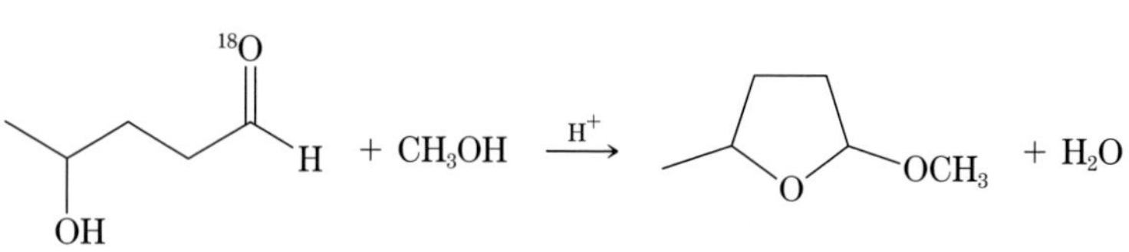

4-ヒドロキシペンタナール (^{18}O 標識) + CH₃OH $\xrightarrow{H^+}$ 2-メトキシ-5-メチルテトラヒドロフラン + H₂O

窒素求核種の付加

13.28 次の第二級アミンを2回の還元的アミノ化によって合成する方法を示せ．

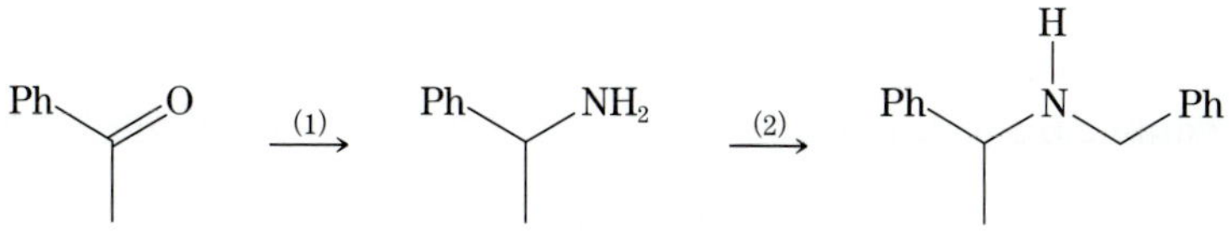

13.29 シクロヘキサノンを次のアミンへ変換する方法を示せ．

(a) 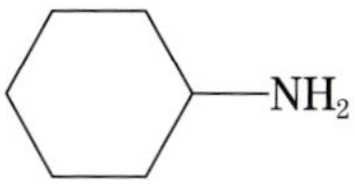 シクロヘキシル-NH₂　(b) 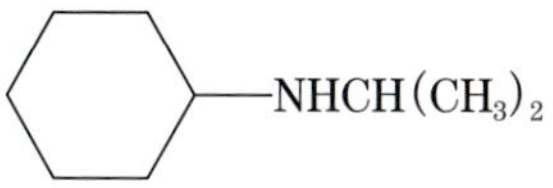 シクロヘキシル-NHCH(CH₃)₂　(c) 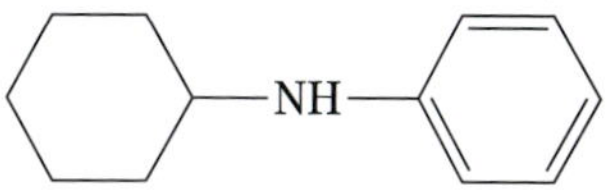 シクロヘキシル-NH-フェニル

13.30 ベンズアルデヒドを次のアミンへ変換する方法を示せ．

(a) Benzylamine　　(b) Benzylmethylamine　　(c) Benzyldimethylamine

13.31 リマンタジンはインフルエンザA型ウイルスの感染予防や治療に効果がある．この薬は，ウイルスの会合を阻害することにより抗ウイルス活性をもつと考えられている．次の反応はこの化合物の合成の最終段階である．

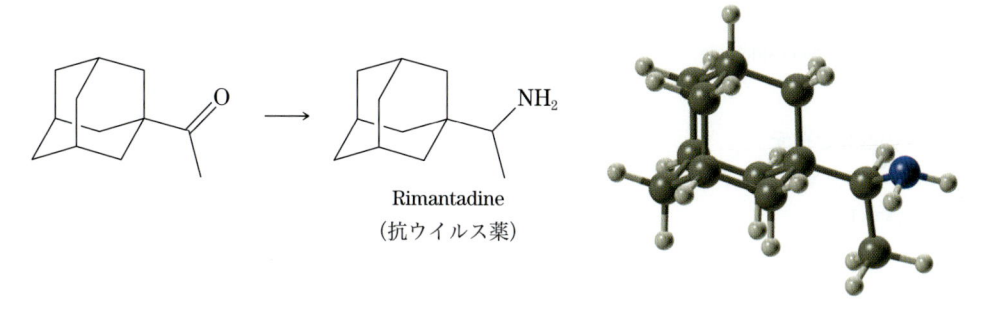

Rimantadine
（抗ウイルス薬）

(a) この反応を行うための実験条件を示せ．
(b) リマンタジンはキラルか．

13.32 メテナミンはホルムアルデヒドとアンモニアとの反応生成物で，プロドラッグの例である．プロドラッグはそれ自身では不活性であるが，生体内での生化学変換によって活性になる薬物である．メテナミンがプロドラッグとして働くのは，ほとんどのバクテリアが 20 mg/mL 以上の濃度のホルムアルデヒドで致死するためである．しかし，ホルムアルデヒドは血しょう中で有効濃度に達するまで投与はできず，直接薬として用いることはできない．メテナミンは pH 7.4（血しょうの pH）で安定であるが，腎臓や尿道中の酸性条件下ではホルムアルデヒドとアンモニアに加水分解される．そこで，メテナミンは泌尿器感染症の治療に部位選択的薬剤として使われる．

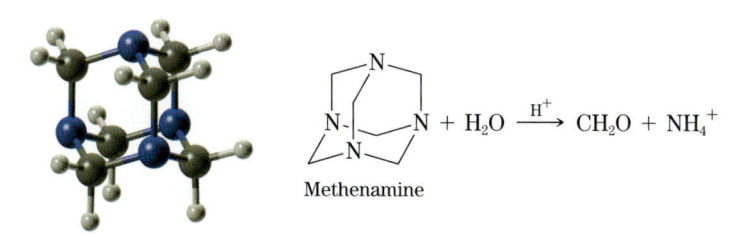

Methenamine + H_2O $\xrightarrow{H^+}$ CH_2O + NH_4^+

(a) メテナミンのホルムアルデヒドとアンモニウムイオンへの加水分解の反応に係数をつけて当量関係を示せ．
(b) 加水分解の結果，メテナミンの水溶液の pH はどう変化するか．また，それはなぜか説明せよ．
(c) メテナミンの官能基はアセタールの窒素類似体である．この意味を説明せよ．
(d) メテナミンは血しょう中で安定であるが尿道中では加水分解されるという事実を説明せよ．

ケト-エノール互変異性

13.33 次の化合物はエンジオールとよばれる化合物で，二重結合の二つの炭素はそれぞれ—OH をもっている．このエンジオールと平衡関係にある α-ヒドロキシケトンと α-ヒドロキシアルデヒドの構造式を書け．

$$\alpha\text{-ヒドロキシアルデヒド} \rightleftharpoons \begin{array}{c} HC-OH \\ \parallel \\ C-OH \\ | \\ CH_3 \end{array} \rightleftharpoons \alpha\text{-ヒドロキシケトン}$$
エンジオール

13.34 希酸の水溶液中で (R)-グリセルアルデヒドは (R,S)-グリセルアルデヒドとジヒドロキシアセトンの平衡混合物となる．この異性化の機構を書け．

$$\begin{array}{c} CHO \\ | \\ CHOH \\ | \\ CH_2OH \end{array} \xrightleftharpoons{H_2O,\ HCl} \begin{array}{c} CHO \\ | \\ CHOH \\ | \\ CH_2OH \end{array} + \begin{array}{c} CH_2OH \\ | \\ C=O \\ | \\ CH_2OH \end{array}$$

(R)-Glyceraldehyde   (R,S)-Glyceraldehyde   Dihydroxyacetone

アルデヒドとケトンの酸化と還元

13.35 ブタナールを次の試薬と反応させたとき得られる生成物の構造式を書け．

(a) $LiAlH_4$, 次いで H_2O
(b) CH_3OH/H_2O 中 $NaBH_4$
(c) H_2/Pt
(d) NH_3/H_2O 中 $Ag(NH_3)_2^+$, 次いで HCl/H_2O
(e) $K_2Cr_2O_7/H_2SO_4$
(f) H_2/Ni 存在下 $C_6H_5NH_2$

13.36 p-ブロモアセトフェノンを問題 13.35 の各試薬と反応させたとき得られる生成物の構造式を書け．

合 成

13.37 シクロヘキサノールをシクロヘキサンカルボアルデヒドに変換するための試薬と反応条件を示せ．

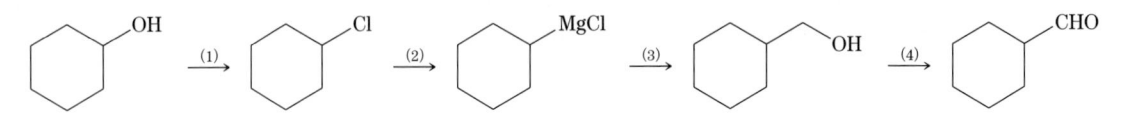

OH $\xrightarrow{(1)}$ Cl $\xrightarrow{(2)}$ MgCl $\xrightarrow{(3)}$ CH$_2$OH $\xrightarrow{(4)}$ CHO

13.38 シクロヘキサノンから出発して，次の化合物をどのように合成すればよいか．必要に応じてどのような有機，無機試薬を用いてもよい．

(a) Cyclohexanol
(b) Cyclohexene
(c) cis-1,2-Cyclohexanediol
(d) 1-Methylcyclohexanol
(e) 1-Methylcyclohexene
(f) 1-Phenylcyclohexanol
(g) 1-Phenylcyclohexene
(h) Cyclohexene oxide
(i) trans-1,2-Cyclohexanediol

13.39 次の化学変換はどのように行えばよいか．必要に応じてどのような有機，無機試薬を用いてもよい．

(a) $C_6H_5\underset{\underset{O}{\parallel}}{C}CH_2CH_3 \longrightarrow C_6H_5\underset{\underset{OH}{|}}{C}HCH_2CH_3 \longrightarrow C_6H_5CH=CHCH_3$

(b) 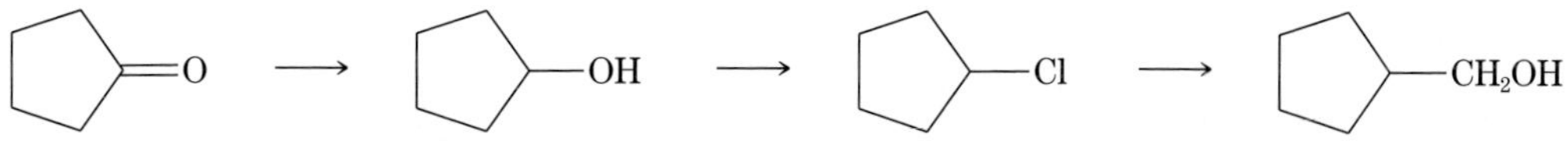 シクロペンタノン → シクロペンタノール → クロロシクロペンタン → シクロペンチルメタノール

(c) 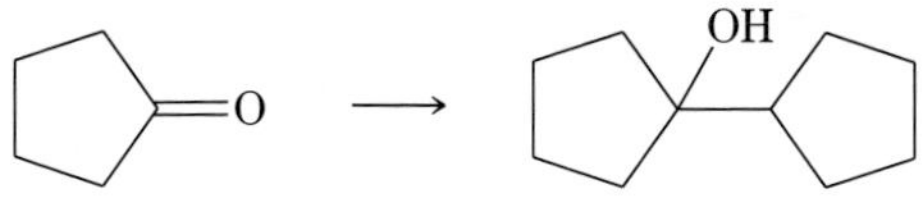 シクロペンタノン → 1-シクロペンチルシクロペンタノール

(d) 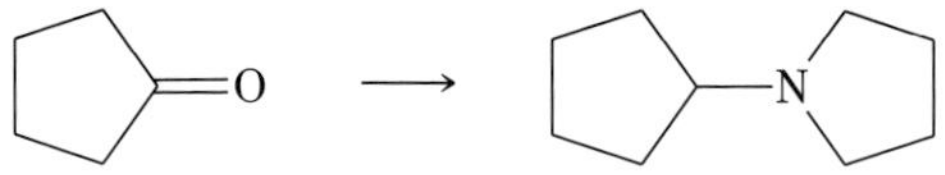 シクロペンタノン → 1-シクロペンチルピロリジン

13.40 乳がんの多くはエストロゲンに関係している．エストロゲンの結合を妨げる薬物は抗腫瘍活性をもち，時にはその発症抑制の助けになるかもしれない．タモキシフェンは広く用いられている抗エストロゲン薬である．

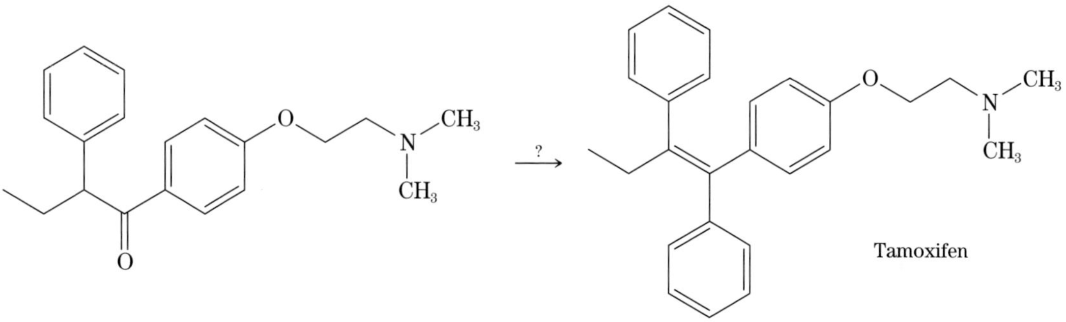

Tamoxifen

(a) タモキシフェンにはいくつの立体異性体があるか．
(b) 図に示した立体異性体の立体配置を示せ．
(c) タモキシフェンは図に示したケトンから Grignard 反応，次いで脱水して合成される．これを説明せよ．

13.41 次に示すのは抗うつ薬ブプロピオンの合成経路の一つである．この合成の各工程を行うために必要な試薬を示せ．

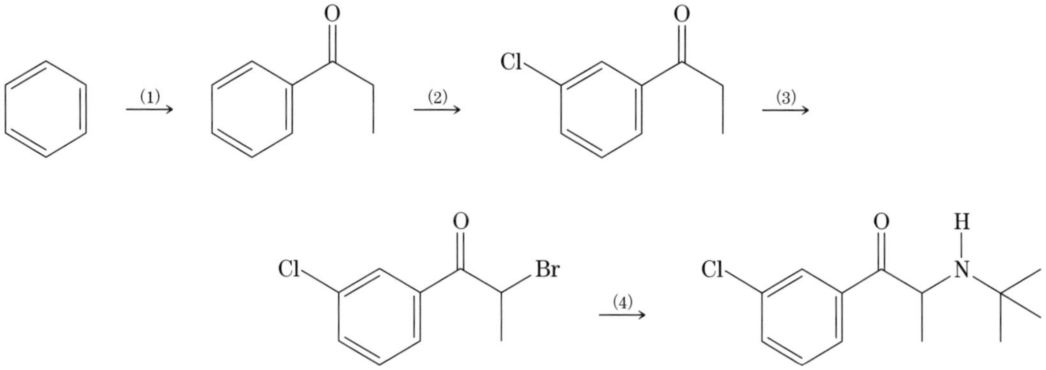

Bupropion

13.42 1950年代のクロルプロマジンの合成と，それに続いて発見されたその抗精神活性は，中枢神経系薬理学への生化学的研究の新しい領域を開いた．より有効な向精神薬探索の過程で合成された化合物の一つにアミトリプチリンがある．

Chlorpromazine

Amitriptyline

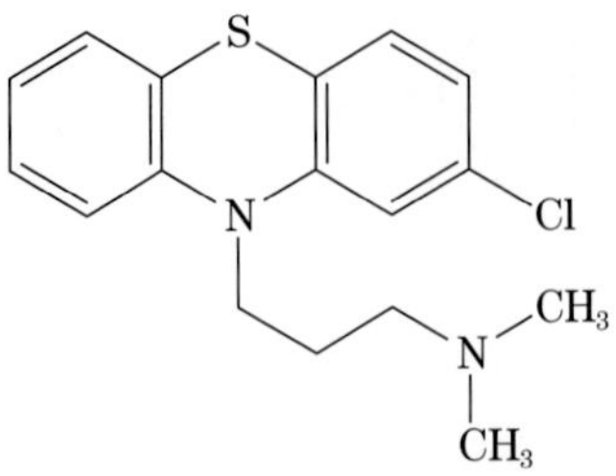

驚いたことにアミトリプチリンは抗精神作用よりもむしろ抗うつ作用を示す．アミトリプチリンがシナプス間隙からノルエピネフリンやセロトニンの再取り込みを阻害することが知られている．これら神経伝達物質の再取り込みが阻害されるために，それらの作用が増大する．すなわち，この二つの神経伝達物質が残留し，セロトニンとノルエピネフリン結合部位により長く相互作用するために，セロトニンとノルエピネフリンが仲介する神経経路の興奮を引き起こす．以下に示すのはアミトリプチリンの合成経路である．

三環性ケトン

Amitriptyline

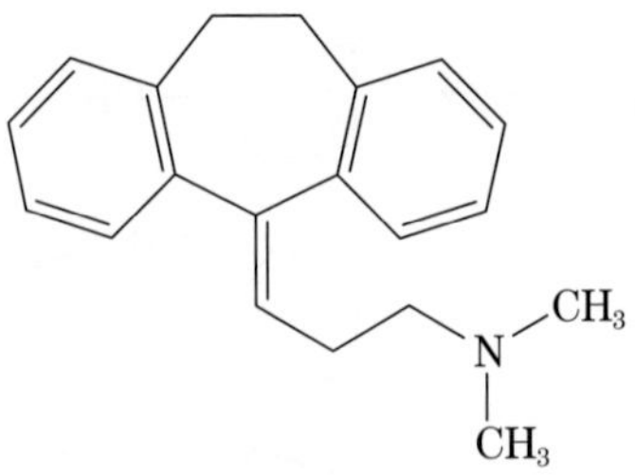

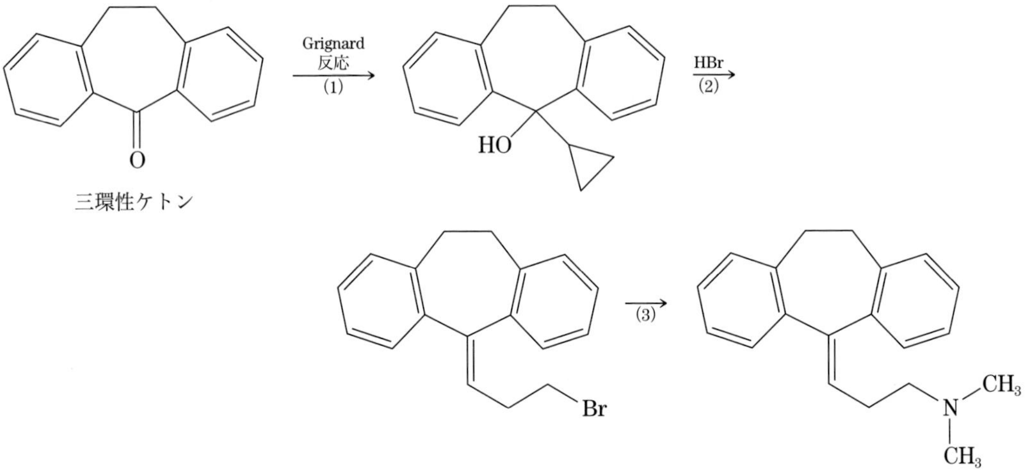

(a) 段階 1 の試薬を示せ．

(b) 段階 2 の反応機構を示せ（中間体として第一級カルボカチオンを考えることは避けること）．

(c) 段階 3 の試薬を示せ．

13.43 次に示すのはジフェンヒドラミンの合成経路である．塩酸ジフェンヒドラミンは抗ヒスタミン薬になる．

Diphenhydramine

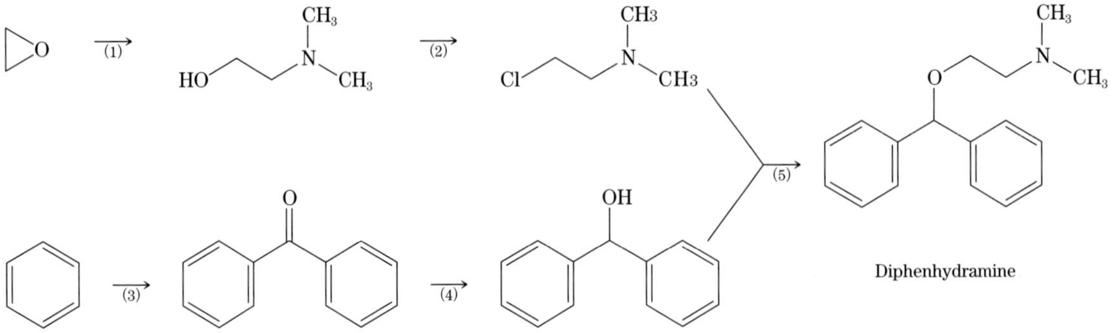

(a) 段階1と2に必要な試薬を示せ．
(b) 段階3と4に必要な試薬を示せ．
(c) 段階5が脂肪族求核置換反応の例であることを示せ．S_N1とS_N2のどちらの反応機構で進んでいると考えられるか．説明せよ．

13.44 次に示すのは抗うつ薬ベンラファキシンの合成経路である．

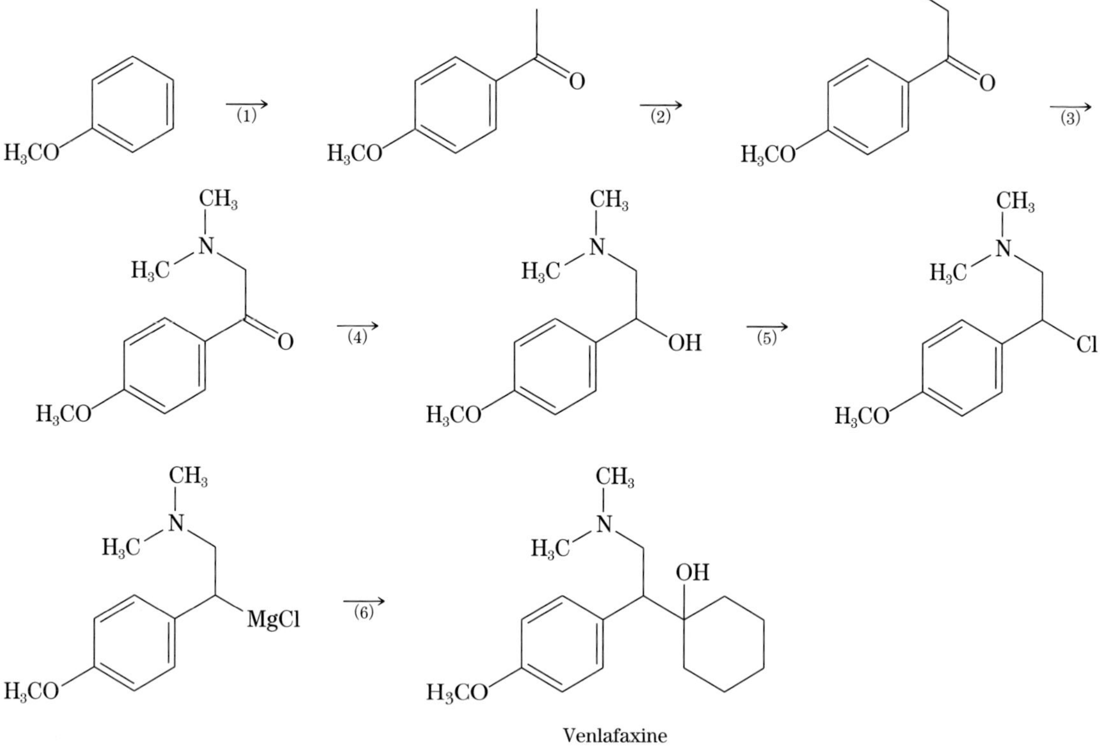

(a) 段階1に必要な試薬を示し，そこで起こる反応の名称を述べよ．
(b) 段階2と3に必要な試薬を示せ．
(c) 段階4と5に必要な試薬を示せ．
(d) 段階6に必要な試薬を示し，そこで起こる反応の名称を述べよ．

応用問題

13.45 Grignard試薬を二酸化炭素と反応し，それに続いてHCl水溶液で処理すると，カルボン酸を与える．臭化フェニルマグネシウムとCO_2の反応で生成する中間体（反応式にかっこで示している）の構造式を書け．また，この中間体生成の機構を説明せよ．

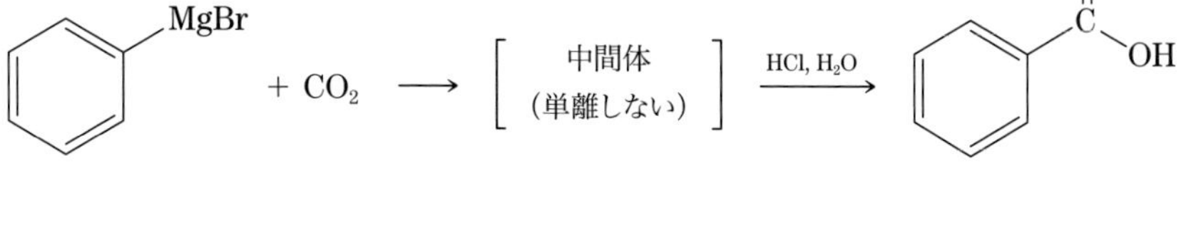

13.46 次のカルボニル化合物を，求核攻撃に対する反応性の高い順に並べ，その理由を説明せよ．

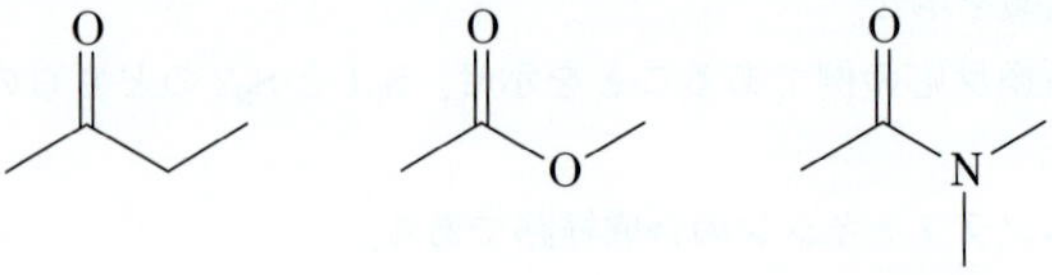

13.47 次のケトンのエノール形を書き，平衡がどちらにかたよっているか予測せよ．

13.48 次の構造式で赤色をつけた—OH とアルデヒド基の反応により生成する環状ヘミアセタールの構造式を書け．

(a) Glucose (b) Ribose

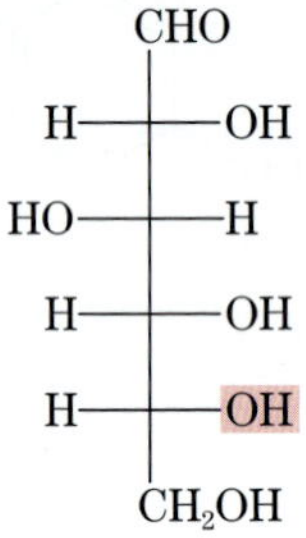

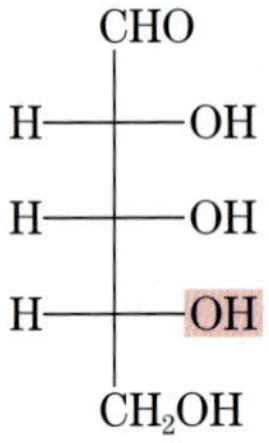

13.49 次のヘミアセタールが酸触媒によってアミン（求核種）と反応するときの反応機構を書け．

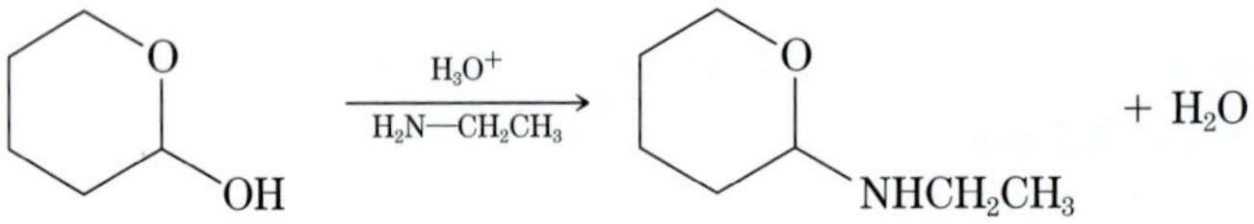

14 カルボン酸

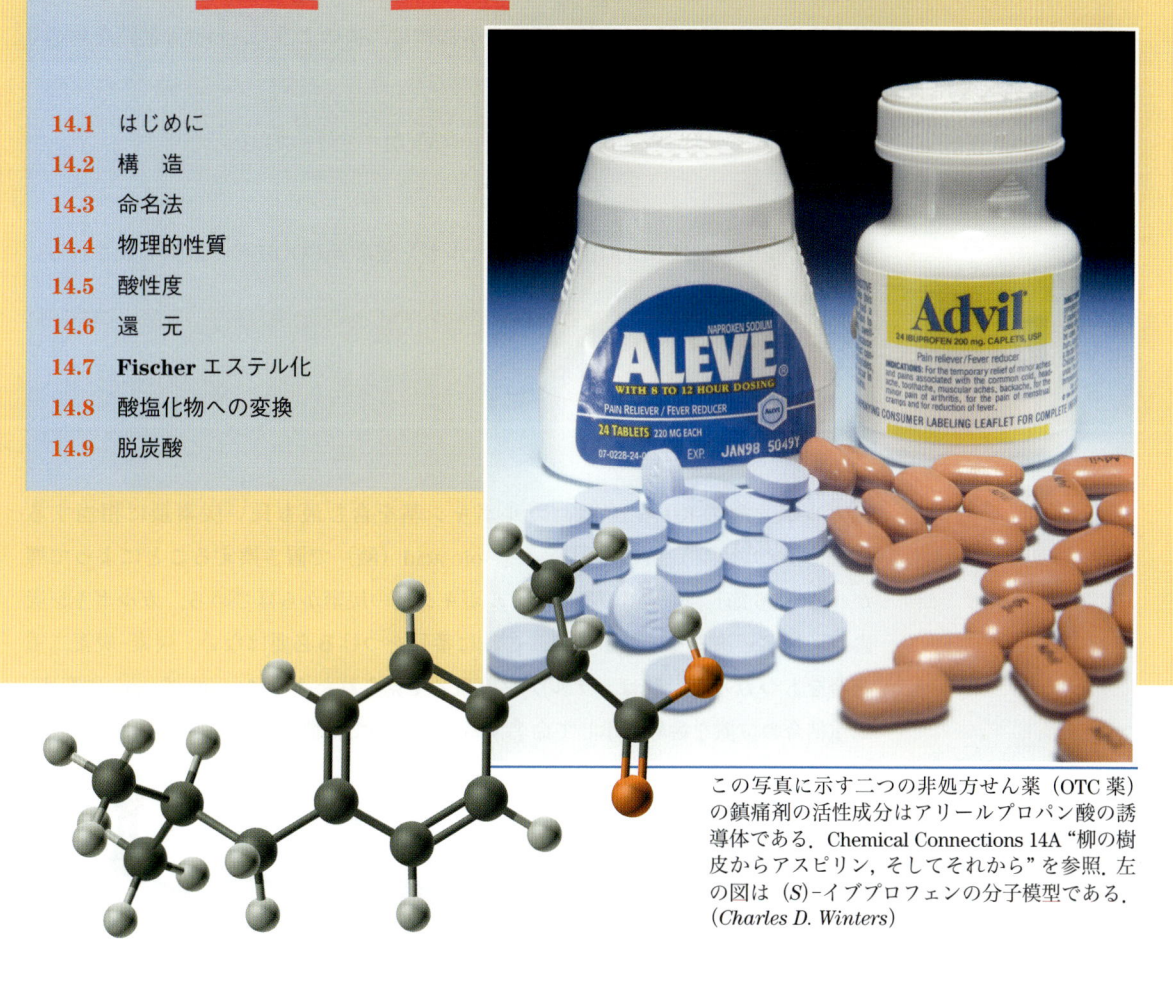

- 14.1 はじめに
- 14.2 構 造
- 14.3 命名法
- 14.4 物理的性質
- 14.5 酸性度
- 14.6 還 元
- 14.7 Fischer エステル化
- 14.8 酸塩化物への変換
- 14.9 脱炭酸

この写真に示す二つの非処方せん薬（OTC 薬）の鎮痛剤の活性成分はアリールプロパン酸の誘導体である．Chemical Connections 14A "柳の樹皮からアスピリン，そしてそれから" を参照．左の図は (S)-イブプロフェンの分子模型である．(Charles D. Winters)

14.1 はじめに

　カルボニル基をもつ化合物の仲間にカルボン酸がある．カルボン酸はその名のとおり，酸性という重要な性質をもち，また，エステル，アミド，無水物や酸ハロゲン化物のような重要な誘導体に導かれる．本章ではカルボン酸について学び，第 15 章と第 16 章でカルボン酸の誘導体について学ぶ．

14.2 構造

カルボキシ基：—COOH 基.

カルボン酸の官能基は**カルボキシ基** carboxy group であり，その名称は，この基が**カルボニル基** carbonyl group とヒドロキシ基 hydroxy group からなることに由来する（1.8D 節）．カルボキシ基の表示法には，次のように，Lewis 構造を含め 3 種類ある．

$$-\text{C}\begin{matrix}\ddot{\text{O}}: \\ :\ddot{\text{O}}-\text{H}\end{matrix} \qquad -\text{COOH} \qquad -\text{CO}_2\text{H}$$

脂肪族カルボン酸は RCOOH，芳香族カルボン酸は ArCOOH の一般式で表される．

14.3 命名法

A   IUPAC 命名法

カルボン酸の IUPAC 名は，カルボキシ基を含む最も長い炭素鎖に相当する alkane（アルカン）名の末尾の -e を -oic acid（酸）で置き換えることによって導かれる（3.6 節）．炭素鎖の番号はカルボキシ基の炭素からはじめる．カルボキシ炭素原子は 1 と決まっているので，これに番号をつける必要はない．炭素-炭素二重結合をもつカルボン酸は，アルケンの命名で見られたように，-an- を -en- に変え，二重結合の位置を番号で示して命名する．次の例では慣用名をかっこ内に示す．

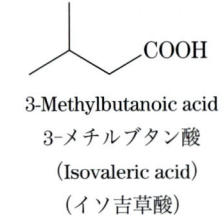

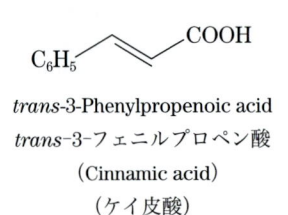

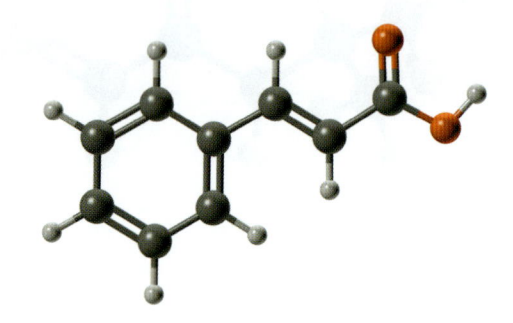

3-Methylbutanoic acid
3-メチルブタン酸
(Isovaleric acid)
(イソ吉草酸)

trans-3-Phenylpropenoic acid
trans-3-フェニルプロペン酸
(Cinnamic acid)
(ケイ皮酸)

IUPAC 命名法では，カルボキシ基は，ヒドロキシ基，アミノ基，またアルデヒドやケトンのカルボニル基など，ほとんどすべての官能基よりも優先順位が高い（表 13.1）．したがって，次の例に示すように，これらの官能基をあわせもつ化合物は，アルコールの —OH を hydroxy-（ヒドロキシ），アミンの —NH₂ を amino-（アミノ），そしてアルデヒドやケトンの ＝O を oxo-（オキソ）という接頭語で表して命名する．

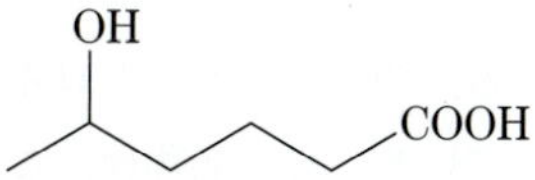

第 14 章　カルボン酸

5-Hydroxyhexanoic acid
5-ヒドロキシヘキサン酸

4-Aminobutanoic acid
4-アミノブタン酸

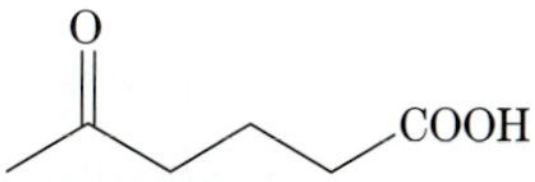

5-Oxohexanoic acid
5-オキソヘキサン酸

　ジカルボン酸は，基本となる alkane（アルカン）名（2個のカルボキシ基の炭素を含める）の語尾に接尾語 -dioic acid（二酸）をつけて命名する．この場合，カルボキシ基は両端に位置するため番号をつける必要はない．いくつかの重要な脂肪族ジカルボン酸の IUPAC 名と慣用名を次に示す．

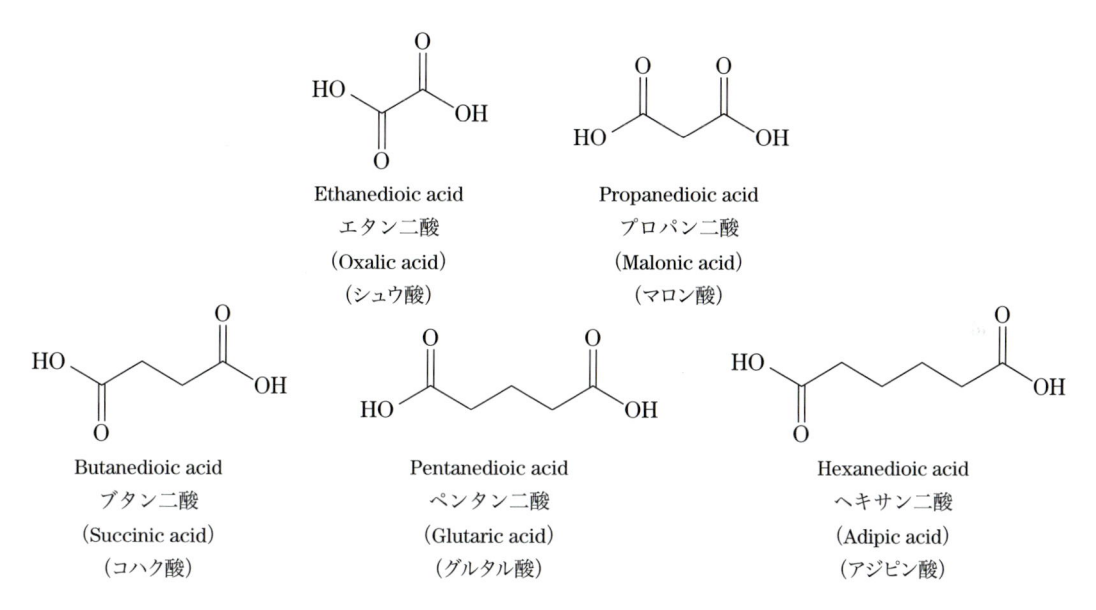

Ethanedioic acid
エタン二酸
（Oxalic acid）
（シュウ酸）

Propanedioic acid
プロパン二酸
（Malonic acid）
（マロン酸）

Butanedioic acid
ブタン二酸
（Succinic acid）
（コハク酸）

Pentanedioic acid
ペンタン二酸
（Glutaric acid）
（グルタル酸）

Hexanedioic acid
ヘキサン二酸
（Adipic acid）
（アジピン酸）

　シュウ酸 oxalic acid という名称は，ダイオウなどのカタバミ（*Oxalis*）属植物に由来している．また，ヒトや動物の尿中にもあり，シュウ酸カルシウムは尿道結石の主成分である．アジピン酸はナイロン 66 の合成に必要な原料の一つであり，アメリカではナイロン 66（17.5A 節）の合成のためだけに年間約 80 万トンが生産されている．

　シクロアルカンに結合したカルボキシ基をもつカルボン酸は，その環の名称の後に接尾語 -carboxylic acid（カルボン酸）をつけて命名する．この場合，—COOH の結合している炭素の番号を 1 とする．

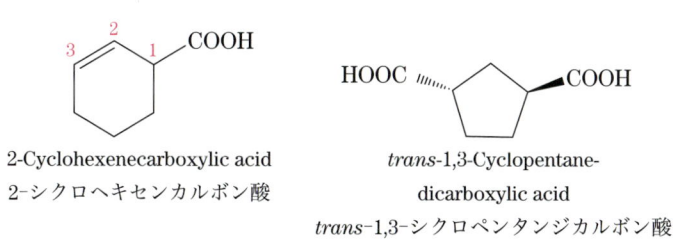

2-Cyclohexenecarboxylic acid
2-シクロヘキセンカルボン酸

trans-1,3-Cyclopentane-
dicarboxylic acid
trans-1,3-シクロペンタンジカルボン酸

ダイオウの葉には，有毒なシュウ酸が，カリウムまたはナトリウム塩として含まれている．(*Hans Reinhard/OKAPIA/Photo Researchers, Inc.*)

　最も簡単な芳香族カルボン酸は benzoic acid（安息香酸）である．その誘導体は，

カルボキシ基の結合した炭素を1として，置換基を対応する接頭語で示して命名する．慣用名の方がよく知られている芳香族カルボン酸もある．例えば，2-ヒドロキシ安息香酸は一般に salicylic acid（サリチル酸）とよばれている．この名称は，この化合物がヤナギ（*Salix*）属の樹木，シロヤナギの幹から初めて単離されたことに由来する．芳香族ジカルボン酸は，接尾語 -dicarboxylic acid（ジカルボン酸）を benzene（ベンゼン）の後につけて命名される．1,2-ベンゼンジカルボン酸と 1,4-ベンゼンジカルボン酸の構造を例として示している．これらは，フタル酸とテレフタル酸という慣用名でよく知られている．テレフタル酸は，ポリエステル繊維を合成するのに必要な2種の原料のうちの一つである（17.5B 節）．

Benzoic acid
安息香酸

2-Hydroxybenzoic acid
2-ヒドロキシ安息香酸
（Salicylic acid）
（サリチル酸）

1,2-Benzenedicarboxylic acid
1,2-ベンゼンジカルボン酸
（Phthalic acid）
（フタル酸）

1,4-Benzenedicarboxylic acid
1,4-ベンゼンジカルボン酸
（Terephthalic acid）
（テレフタル酸）

B 慣用名

脂肪族カルボン酸の多くは，構造理論や IUPAC 命名法が確立される以前から知られており，その命名はそれが得られた起源物質または特徴的な性質に基づいて行われてきた．表 14.1 には，生物界に見られるいくつかの直鎖脂肪族カルボン酸の構造と慣用名を示している．炭素数が 16, 18, 20 の脂肪酸は，油脂（21.2 節）や生体膜のリン脂質の成分（21.4 節）としてとくに広く存在する．

表 14.1 脂肪族カルボン酸とその慣用名

構造式	IUPAC 名	慣用名	語 源
HCOOH	methanoic acid（メタン酸）	formic acid（ギ酸）	ラテン語：*formica*, アリ
CH_3COOH	ethanoic acid（エタン酸）	acetic acid（酢酸）	ラテン語：*acetum*, 食酢
CH_3CH_2COOH	propanoic acid（プロパン酸）	propionic acid（プロピオン酸）	ギリシア語：*propion*, 最初の脂肪
$CH_3(CH_2)_2COOH$	butanoic acid（ブタン酸）	butyric acid（酪酸）	ラテン語：*butyrum*, バター
$CH_3(CH_2)_3COOH$	pentanoic acid（ペンタン酸）	valeric acid（吉草酸）	ラテン語：*valere*, 強いこと
$CH_3(CH_2)_4COOH$	hexanoic acid（ヘキサン酸）	caproic acid（カプロン酸）*	ラテン語：*caper*, ヤギ
$CH_3(CH_2)_6COOH$	octanoic acid（オクタン酸）	caprylic acid（カプリル酸）*	ラテン語：*caper*, ヤギ
$CH_3(CH_2)_8COOH$	decanoic acid（デカン酸）	capric acid（カプリン酸）*	ラテン語：*caper*, ヤギ
$CH_3(CH_2)_{10}COOH$	dodecanoic acid（ドデカン酸）	lauric acid（ラウリン酸）	ラテン語：*laurus*, 月桂樹
$CH_3(CH_2)_{12}COOH$	tetradecanoic acid（テトラデカン酸）	myristic acid（ミリスチン酸）	ギリシア語：*myristikos*, 香料
$CH_3(CH_2)_{14}COOH$	hexadecanoic acid（ヘキサデカン酸）	palmitic acid（パルミチン酸）	ラテン語：*palma*, ヤシ
$CH_3(CH_2)_{15}COOH$	octadecanoic acid（オクタデカン酸）	stearic acid（ステアリン酸）	ギリシア語：*stear*, 牛脂
$CH_3(CH_2)_{18}COOH$	icosanoic acid（イコサン酸）	arachidic acid（アラキジン酸）	ギリシア語：*arachis*, 落花生

*訳注：これら三つの慣用名は IUPAC 規則によって廃止された．

第14章　カルボン酸

慣用名を用いる場合には，置換基の位置を示すのにギリシア文字α，β，γ，δなどが用いられる．カルボン酸のα位はカルボキシ基の隣の位置で，IUPAC命名法では2位に相当する．GABA はガンマ-アミノ酪酸 gamma-aminobutyric acid の頭文字をとった省略名であるが，ヒトの中枢神経系の抑制性神経伝達物質である．

4-Aminobutanoic acid
4-アミノブタン酸
(γ-Aminobutyric acid, GABA)
(γ-アミノ酪酸，GABA)

ギ（蟻）酸は，アリ（*Formica*属）をつぶし蒸留して1670年に初めて得られた．アリの毒素の一つである．
(*Ted Nelson/Dembinsky Photo Associates*)

置換基としてケトンのカルボニル基をもつ場合，慣用名では β-ketobutyric acid（β-ケト酪酸）の例のように，接頭語 keto-(ケト) で示される．3-オキソブタン酸は，またアセト酢酸ともよばれる．

3-Oxobutanoic acid
3-オキソブタン酸
(β-Ketobutyric acid; Acetoacetic acid)
(β-ケト酪酸；アセト酢酸)

Acetyl group
アセチル基

例題 14.1

次のカルボン酸の IUPAC 名を書け．

(a) $CH_3(CH_2)_7$ — C=C — $(CH_2)_7COOH$ (H,H)

(b) シクロヘキサン環に COOH と OH (trans)

(c) H — C(OH)(CH_3) — COOH

(d) $ClCH_2COOH$

解　答

(a) *cis*-9-Octadecenoic acid　*cis*-9-オクタデセン酸（oleic acid オレイン酸）

(b) *trans*-2-Hydroxycyclohexanecarboxylic acid　*trans*-2-ヒドロキシシクロヘキサンカルボン酸

(c) (*R*)-2-Hydroxypropanoic acid　(*R*)-2-ヒドロキシプロパン酸[(*R*)-lactic acid (*R*)-乳酸]

(d) Chloroethanoic acid　クロロエタン酸（chloroacetic acid クロロ酢酸）

練習問題 14.1

次の化合物は，慣用名でよく知られている．グリセリン酸の誘導体は解糖における中間体である（22.4節）．マレイン酸とメバロン酸はそれぞれ，クエン酸回路およびステロイドの生合成における中間体である(21.5B節)．これらの化合物の IUPAC 名を書け．立体配置を示す接頭語をつけること．

(a) Glyceric acid グリセリン酸
(b) Maleic acid マレイン酸
(c) Mevalonic acid メバロン酸

14.4 物理的性質

液体および固体状態では，次の酢酸の例に示すように，ほとんどのカルボン酸は二量体で存在する．

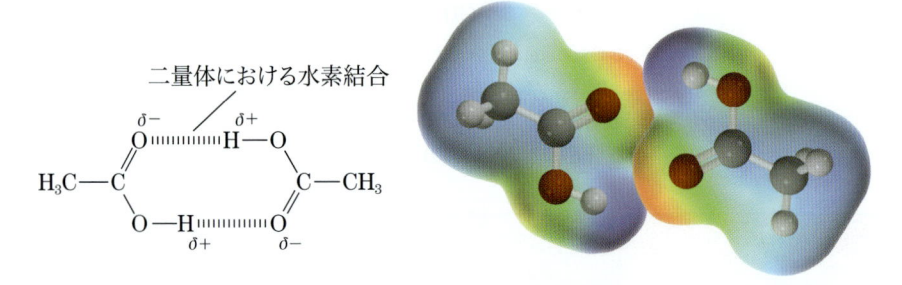

二量体における水素結合

カルボン酸の沸点は，分子量がほぼ等しい他の有機化合物，アルコールやアルデヒド，ケトンなどに比べるとかなり高い．例えば，ブタン酸（表14.2）の沸点は，1-ペンタノールやペンタナールよりも高い．カルボン酸の沸点がこのように高いのは，極性が高く，分子間で非常に強い水素結合を形成しているからである．

カルボン酸はまた，カルボニル基とヒドロキシ基がそれぞれ水分子と水素結合を形成して相互作用をもつ．この水との水素結合のために，カルボン酸は同程度の分子量をもつアルコール，エーテル，アルデヒドやケトンに比べて水によく溶ける．カルボン酸の水溶性は，分子量が大きくなるにつれて減少する．水溶性に関するこのような傾向は，次のように説明される．カルボン酸は，極性の非常に異なる2種類の部分構造をもっている．一つは極性で親水性を示すカルボキシ基であり，もう一つは，ギ酸は例外であるが，無極性で疎水性のアルキル鎖である．**親水性** hydrophilic のカルボキシ基は水溶性を増大し，**疎水性** hydrophobic のアルキル基は水溶性を減少させる．

親水性：Hydrophilic という英語は，ギリシア語に由来し"水を好む"の意味．

疎水性：Hydrophobic という英語は，ギリシア語に由来し"水を嫌う"の意味．

表 14.2　ほぼ等しい分子量をもつカルボン酸，アルコールおよびアルデヒドの沸点と水に対する溶解度

構造式	名　称	分子量	沸点(℃)	溶解度 (g/100 mL H_2O)
CH_3COOH	acetic acid	60.5	118	∞
$CH_3CH_2CH_2OH$	1-propanol	60.1	97	∞
CH_3CH_2CHO	propanal	58.1	48	16
$CH_3(CH_2)_2COOH$	butanoic acid	88.1	163	∞
$CH_3(CH_2)_3CH_2OH$	1-pentanol	88.1	137	2.3
$CH_3(CH_2)_3CHO$	pentanal	86.1	103	低い
$CH_3(CH_2)_4COOH$	hexanoic acid	116.2	205	1.0
$CH_3(CH_2)_5CH_2OH$	1-heptanol	116.2	176	0.2
$CH_3(CH_2)_5CHO$	heptanal	114.1	153	0.1

疎水性(非極性)の尾部　　　親水性(極性)の頭部

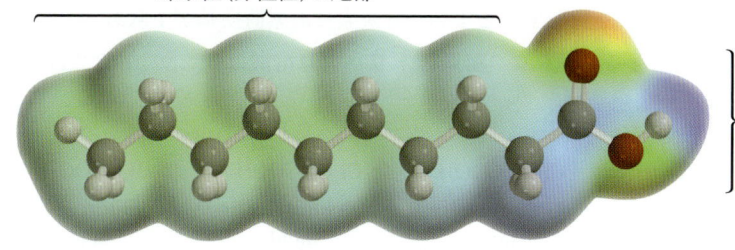

Decanoic acid
(0.2 g/100 mL H_2O)

　分子量の小さい4種のカルボン酸（ギ酸，酢酸，プロパン酸，ブタン酸）は水にいくらでも溶ける．これは親水性のカルボキシ基の寄与が疎水性のアルキル鎖の寄与に勝っているからである．カルボキシ基に比べてアルキル鎖が大きくなるにつれてカルボン酸の水溶性は減少する．ヘキサン酸(炭素数6)の水に対する溶解度は 1.0 g/水 100 mL であるが，デカン酸（炭素数10）になると，その水溶性はわずか 0.2 g/水 100 mL に減少する．

　もう一つのカルボン酸の物理的性質として述べておかなければならないことは，プロパン酸からデカン酸までの液体のカルボン酸はチオールに匹敵するほどの悪臭（質は違うが)を放つことである．ブタン酸(酪酸)は臭い汗に含まれ，いわゆる"ロッカールームのにおい"の主成分である．ペンタン酸は一層悪臭であり，C_6，C_8，C_{10} のカルボン酸を分泌するヤギはその悪臭で知られている．

14.5　酸性度

A　酸解離定数

　カルボン酸は弱酸であり，ほとんどの無置換脂肪族および芳香族カルボン酸の酸

解離定数 K_a は 10^{-4}〜10^{-5} の範囲内にある．例えば，酢酸の K_a 値は 1.74×10^{-5} で pK_a 値は 4.76 である．

$$CH_3COOH + H_2O \rightleftharpoons CH_3COO^- + H_3O^+$$

$$K_a = \frac{[CH_3COO^-][H_3O^+]}{[CH_3COOH]} = 1.74 \times 10^{-5}$$

$$pK_a = 4.76$$

2.6B 節で述べたように，カルボン酸（pK_a 4〜5）はアルコール（pK_a 16〜18）より強酸である．それは，カルボン酸イオンが共鳴による負電荷の非局在化のために安定化されるのに対して，アルコキシドイオンにはそのような安定化がないためである．

カルボン酸の α 炭素に電気陰性度の大きい原子または基が結合すると，カルボン酸の酸性度が何桁も高くなることがある（2.6C 節）．例えば，酢酸（pK_a 4.76）とクロロ酢酸（pK_a 2.86）を比較するとよい．α 炭素に塩素置換基が 1 個あると酸性度が約 100 倍も高くなる．ジクロロ酢酸とトリクロロ酢酸はリン酸（pK_a 2.1）よりも強酸である．

構造式：	CH_3COOH	$ClCH_2COOH$	$Cl_2CHCOOH$	Cl_3CCOOH
名称：	Acetic acid	Chloroacetic acid	Dichloroacetic acid	Trichloroacetic acid
pK_a：	4.76	2.86	1.48	0.70

→ 酸性度の増大

ハロゲン置換基の効果はカルボキシ基から離れるにしたがって急速に低下する．2-クロロブタン酸の酸解離定数（pK_a 2.83）はブタン酸のそれよりも 100 倍も大きいが，4-クロロブタン酸（pK_a 4.52）ではわずか 2 倍に過ぎない．

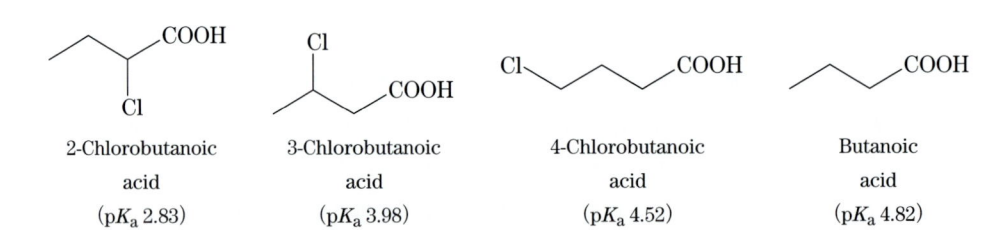

2-Chlorobutanoic acid (pK_a 2.83)　3-Chlorobutanoic acid (pK_a 3.98)　4-Chlorobutanoic acid (pK_a 4.52)　Butanoic acid (pK_a 4.82)

→ 酸性度の低下

例題 14.2

次の二つのカルボン酸のうち，どちらが強酸か．

(a)

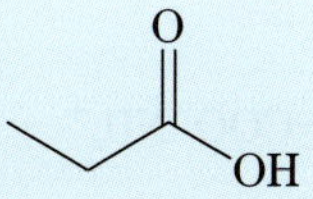

Propanoic acid　と 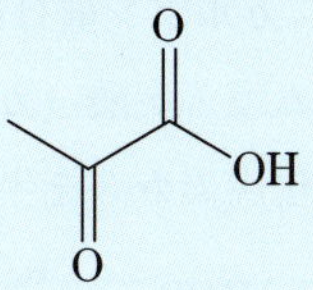　2-Hydroxypropanoic acid (Lactic acid)

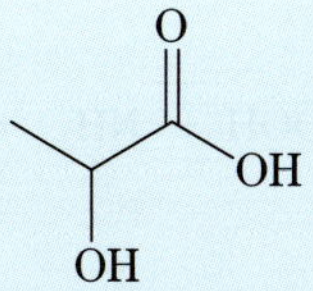

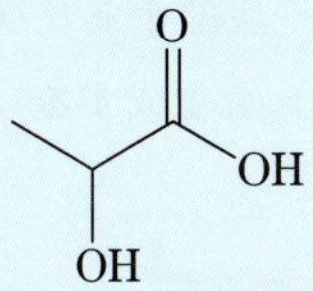

(b)

2-Hydroxypropanoic acid (Lactic acid)　と　2-Oxopropanoic acid (Pyruvic acid)

解　答

(a) ヒドロキシ基の電子求引誘起効果のために，2-ヒドロキシプロパン酸（乳酸）(pK_a 3.08) の方がプロパン酸 (pK_a 4.87) より強酸である．

(b) ヒドロキシ酸素よりもカルボニル酸素の電子求引誘起効果が大きいので，2-オキソプロパン酸（ピルビン酸）(pK_a 2.06) の方が 2-ヒドロキシプロパン酸 (pK_a 3.08) より強酸である．

練習問題 14.2

次の化合物について，適切な pK_a 値を右から選べ．

$CH_3C(CH_3)_2COOH$　　CF_3COOH　　$CH_3CH(OH)COOH$　　$pK_a = 5.03,\ 3.08,\ 0.22$

2,2-Dimethyl-propanoic acid　　Trifluoro-acetic acid　　2-Hydroxy-propanoic acid (Lactic acid)

B　塩基との反応

すべてのカルボン酸は，水に溶ける溶けないに関係なく，NaOH，KOH などの強塩基と反応して水溶性の塩を生成する．

$C_6H_5\text{-COOH} + \text{NaOH} \xrightarrow{H_2O} C_6H_5\text{-COO}^-\text{Na}^+ + H_2O$

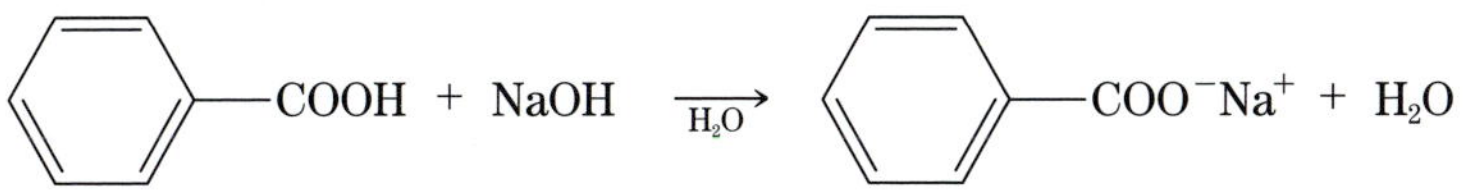

Benzoic acid（水に難溶）　　　　Sodium benzoate (60 g/100 mL H_2O)

安息香酸ナトリウムは，菌の成長阻害作用をもっているので食品の"保存料"として添加されている．プロパン酸カルシウムも同じ目的に使われる．

　カルボン酸はまたアンモニアやアミンとも反応して水溶性の塩を生成する．

C₆H₅—COOH + NH₃ →(H₂O) C₆H₅—COO⁻NH₄⁺

Benzoic acid　　　　　　　　　　　　　Ammonium benzoate
（水に難溶）　　　　　　　　　　　　　（20 g/100 mL H₂O）

2.5節で述べたように，カルボン酸は炭酸水素ナトリウムや炭酸ナトリウムと反応し，水溶性のナトリウム塩と炭酸（カルボン酸よりも弱酸）を生成する．炭酸はさらに分解し，水と二酸化炭素ガスを生成する．

$$CH_3COOH + Na^+HCO_3^- \xrightarrow{H_2O} CH_3COO^-Na^+ + \boxed{H_2CO_3}$$
$$\boxed{H_2CO_3} \longrightarrow CO_2 + H_2O$$

$$\overline{CH_3COOH + Na^+HCO_3^- \longrightarrow CH_3COO^-Na^+ + CO_2 + H_2O}$$

カルボン酸の塩は無機酸の塩と同じように命名する．すなわち，英語名ではカチオン名を先に書き，その後にアニオン名を続ける（日本語名では逆になる）．アニオン名は，カルボン酸名の接尾語 -ic acid を -ate に変えてつける．例えば，CH₃CH₂COO⁻Na⁺は sodium propanoate（プロパン酸ナトリウム），CH₃(CH₂)₁₄COO⁻Na⁺は sodium hexadecanoate（ヘキサデカン酸ナトリウム）（慣用名：sodium palmitate（パルミチン酸ナトリウム））と命名する．

例題 14.3

次の酸塩基反応を完成し，生成した塩を命名せよ．

(a) CH₃CH₂CH₂COOH + NaOH ⟶

(b) CH₃CH(OH)COOH + NaHCO₃ ⟶

解　答

それぞれのカルボン酸は相当するナトリウム塩になる．反応(b)の場合には炭酸が生成し，これは二酸化炭素と水に分解する．

(a) CH₃CH₂CH₂COOH + NaOH ⟶ CH₃CH₂CH₂COO⁻Na⁺ + H₂O
　　Butanoic acid　　　　　　　　　Sodium butanoate
　　ブタン酸　　　　　　　　　　　　ブタン酸ナトリウム

(b) CH₃CH(OH)COOH + NaHCO₃ ⟶ CH₃CH(OH)COO⁻Na⁺ + H₂O + CO₂
　　2-Hydroxypropanoic acid　　　　Sodium 2-hydroxypropanoate
　　2-ヒドロキシプロパン酸　　　　　2-ヒドロキシプロパン酸ナトリウム
　　（Lactic acid）　　　　　　　　　（Sodium lactate）
　　（乳酸）　　　　　　　　　　　　（乳酸ナトリウム）

第14章　カルボン酸

> **練習問題 14.3**
> 例題14.3の2種類の酸とアンモニアの反応式を書き，生成する塩を命名せよ．

　水に溶けないカルボン酸をアンモニウム塩やアルカリ金属塩にすると水に溶けるようになるので，水で抽出できる．抽出された塩に HCl や H_2SO_4 などの強酸を加えると，遊離のカルボン酸が再生される．この反応を用いて，水に不溶のカルボン酸を水に不溶の中性化合物から分離することができる．

　図 14.1 は，水に不溶の酸の一つである安息香酸と，水に不溶の非酸性物質のベンジルアルコールの分離法を示している．まず，安息香酸とベンジルアルコールの混合物をジエチルエーテルに溶かし，この溶液に NaOH などの強い塩基の水溶液を加えて振とうすると，安息香酸は水溶性の塩に変換される．エーテル層と水層を分離後，エーテル層を蒸留すると，まずジエチルエーテル（bp 35 ℃），次いでベンジルアルコール（bp 205 ℃）が蒸留されてくる．一方，水層を HCl で酸性にすると，安息香酸が水に不溶性の固体（mp 122 ℃）として析出するので，これをろ過して回収することができる．

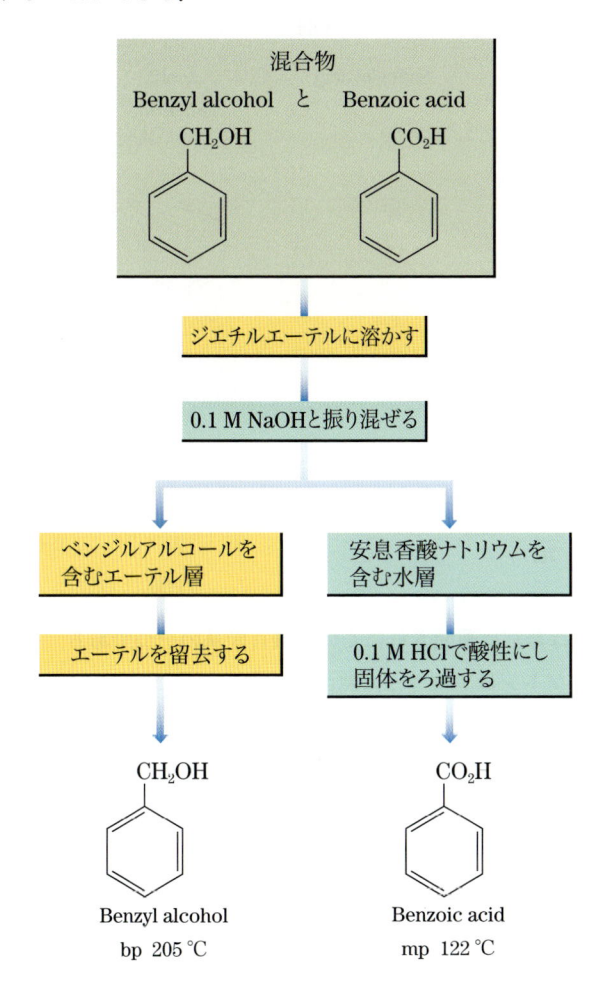

図 14.1 安息香酸とベンジルアルコールの分離操作.

Chemical Connections 14A

柳の樹皮からアスピリン，そしてそれから

広く使用されるようになった最初の薬は鎮痛薬アスピリンである．アメリカだけで年間約800億錠のアスピリンが消費されている．この薬の発見物語は2000年以上も昔に遡る．紀元前400年にギリシアの医師 Hippocrates (ヒポクラテス) は出産の痛みを和らげるために，また目の感染症を治療するために柳の樹皮をかむことを推奨した．

後に，柳の樹皮の活性物質はサリシンであることが明らかにされた．これはサリチルアルコールにβ-D-グルコース (18.3節) が結合した化合物である．サリシンを酸で加水分解すると，サリチルアルコールになり，これを酸化するとサリチル酸が得られる．これは

サリシンより効果的に痛み，熱，炎症を緩和し，その上サリシンのもつ強烈な苦みがない．ところが，患者たちはサリチル酸には強い副作用のあることに気がついた．胃を覆っている粘膜にひどい炎症が生じるのである．このような副作用のないサリチル酸の誘導体を求めて，ドイツのイー・ゲー社のバイエル部門の化学者たちは1883年に2-アセトキシ安息香酸を合成した．彼らはこの化合物にドイツ語の *Spirsäure*（サリチル酸）にアセチル基の頭文字 a をつけて *aspirin* と命名した．

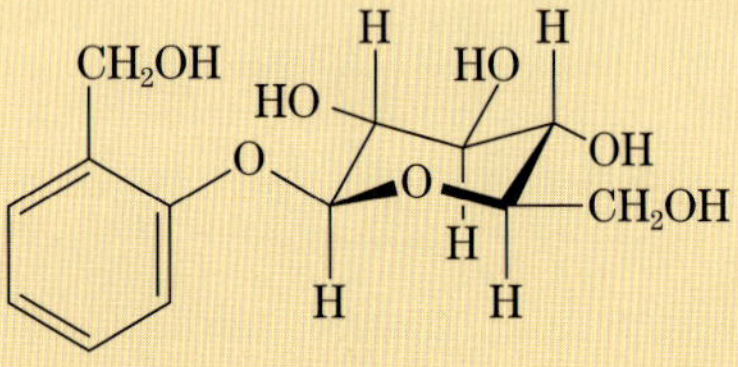

Salicin

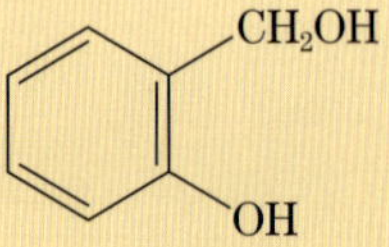

Salicyl alcohol

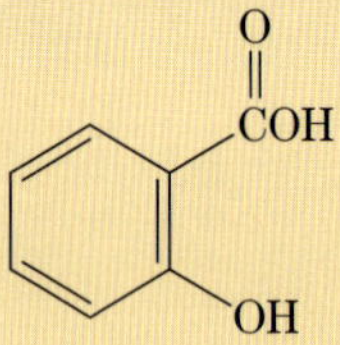

Salicylic acid

Salicylic acid + CH₃COCCH₃ ⟶

Acetic anhydride

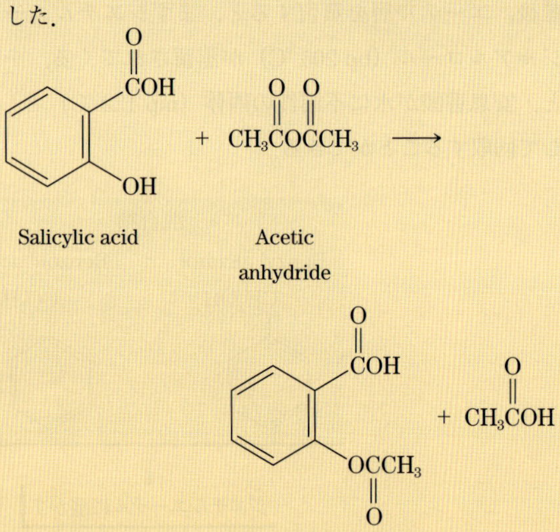

2-Acetoxybenzoic acid (Aspirin) + CH₃COH

14.6 還元

カルボキシ基は非常に還元されにくい有機官能基の一つである．接触還元によってアルデヒドやケトンはアルコールに，またアルケンはアルカンに変換されるが，同じ条件ではカルボキシ基は還元されない．カルボン酸を第一級アルコールに還元するのに最もよく用いられる試薬は，非常に強力な還元剤である水素化アルミニウムリチウムである（13.11B節）．

アスピリンはサリチル酸よりも胃に対する炎症が少なく、リウマチ性の関節炎の痛みや炎症を和らげる効果が高いことが証明された。バイエルは1899年にアスピリンの大量生産を開始した。

1960年代に入って、より有効な鎮痛剤や抗炎症剤を求めて、イギリスのブーツ社は構造的にサリチル酸に似た化合物の研究を行い、より活性の強い化合物、イブプロフェンを発見した。その後アメリカのシンテックス社はナプロキセン、フランスのローン-プーラン社はケトプロフェンを開発した。

これらの化合物にはキラル中心が1個あるから、エナンチオマーが1組存在する。いずれの薬物も生理的に活性なものは S エナンチオマーである。イブプロフェンの R エナンチオマーは鎮痛作用も抗炎症作用ももっていないが、体内で活性な S エナンチオマーに変換される。

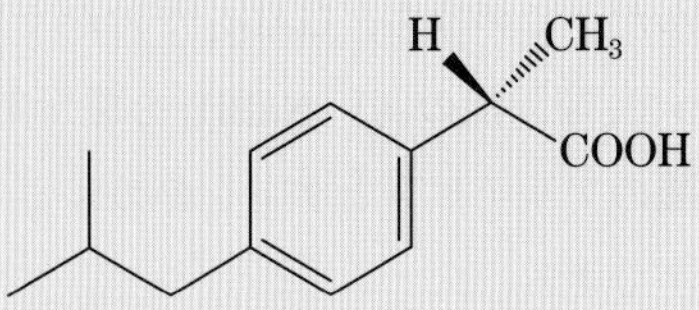

1960年代に科学者たちは、アスピリンがアラキドン酸をプロスタグランジン（21.6節）に変換する酵素、シクロオキシゲナーゼ（COX）を阻害することによって活性を発現することを発見した。このことからなぜイブプロフェン、ナプロキセンやケトプロフェンの一方のエナンチオマーだけが活性であるかが明らかになった。すなわち、それぞれの S エナンチオマーだけが COX と結合する正しい立体配置であって、そのために COX の活性を阻害するのである。

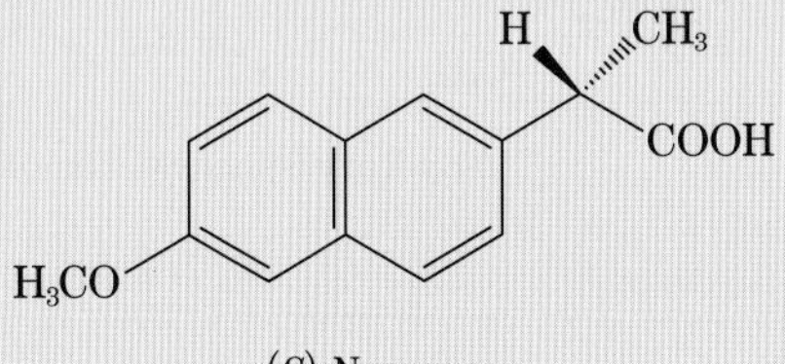

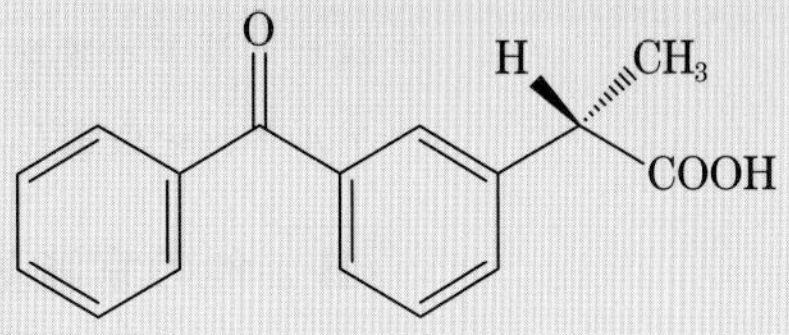

これらの薬物が COX の阻害に有効であることが発見されたために、医薬品研究の全く新しい道が開かれた。この鍵酵素の構造と機能についてもっと知ることができれば、リウマチ性の関節炎や他の炎症性の病気の治療のためのより有効な非ステロイド性抗炎症薬の設計や発見が可能になるであろう。

柳の樹皮をかむことの効果の発見で始まった物語はこうしてまだ続いている。

A カルボキシ基の還元

水素化アルミニウムリチウム $LiAlH_4$ はカルボン酸を第一級アルコールに高収率で還元する。還元は通常ジエチルエーテルまたはテトラヒドロフラン（THF）中で行う。この反応では、最初にアルミニウムアルコキシドが生成し、これが水で第一級アルコールと水酸化リチウムおよび水酸化アルミニウムに分解される。

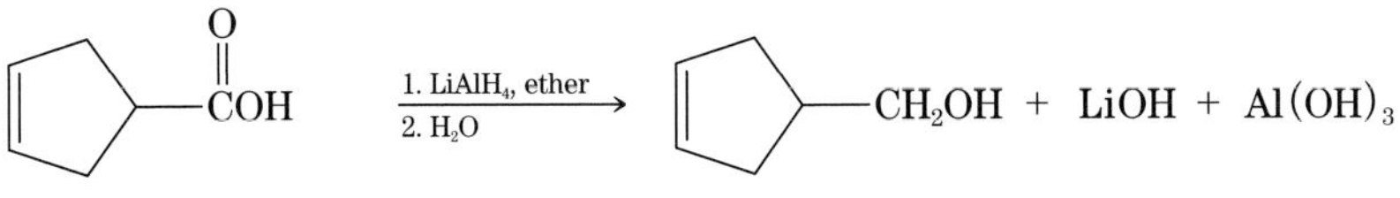

3-Cyclopentene-carboxylic acid $\xrightarrow[\text{2. }H_2O]{\text{1. }LiAlH_4,\text{ ether}}$ 4-Hydroxymethyl-cyclopentene + LiOH + Al(OH)$_3$

これらの水酸化物はジエチルエーテルやTHFに溶けないため，ろ過すると除かれる．溶媒を蒸留によって除くと，目的の第一級アルコールが得られる．

アルケンは，一般に金属水素化物還元剤では還元されない．金属水素化物還元剤はヒドリドイオン（H:$^-$）の供与体，すなわち求核種として働くが，通常求核種はアルケンを攻撃しない．

B 他の官能基の選択的還元

接触還元はカルボキシ基を還元しないが，アルケンをアルカンに還元する．したがって，H_2/M を用いると，カルボキシ基を残したままアルケンだけを選択的に還元できる．

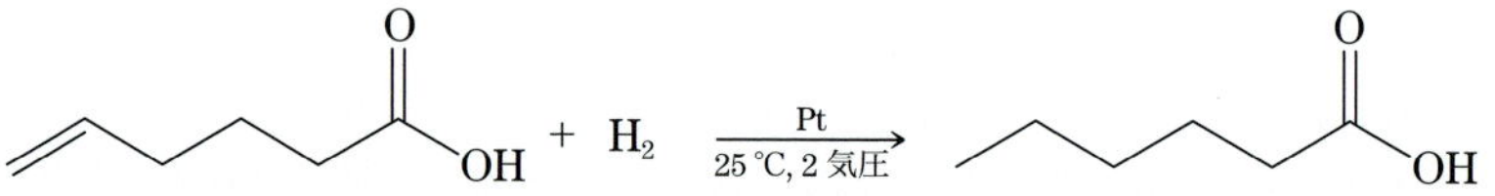

5-Hexenoic acid + H_2 $\xrightarrow{\text{Pt}}_{25\,°C,\,2\,気圧}$ Hexanoic acid

すでに13.11B節で，アルデヒドとケトンが $LiAlH_4$ と $NaBH_4$ のいずれによってもアルコールに還元されることを学んだ．このうち，$LiAlH_4$ だけがカルボキシ基を還元する能力をもっている．したがって，還元能の弱い $NaBH_4$ を還元剤に用いれば，アルデヒドとケトンをもつカルボン酸のアルデヒドとケトンのカルボニル基だけを選択的にアルコールに還元することができる．

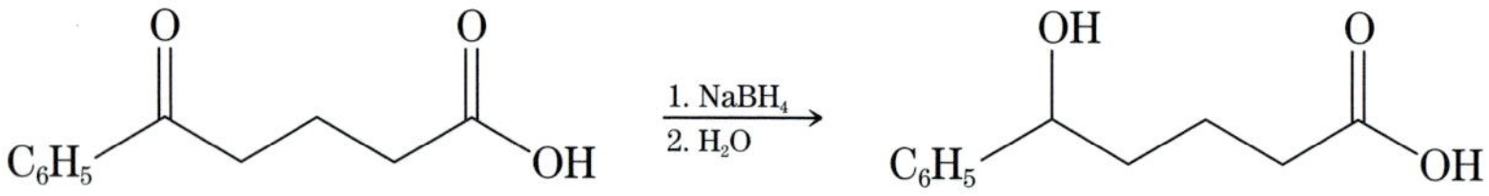

5-Oxo-5-phenylpentanoic acid $\xrightarrow[\text{2. } H_2O]{\text{1. } NaBH_4}$ 5-Hydroxy-5-phenylpentanoic acid

14.7 Fischerエステル化

硫酸などの酸触媒の共存下に，カルボン酸とアルコールを反応させるとエステルが合成できる．カルボン酸とアルコールからエステルを合成するこの合成法は，ドイツの化学者 Emil Fischer（1852〜1919）にちなんで，特に **Fischerエステル化** Fischer esterification とよばれる．その一例として，酢酸とエタノールを濃硫酸存在下に処理すると酢酸エチルと水ができる反応を示す．

Fischerエステル化：硫酸などの酸を触媒として，カルボン酸とアルコールからエステルを合成する方法．

CH_3COOH + CH_3CH_2OH $\xrightleftharpoons{H_2SO_4}$ $CH_3COOCH_2CH_3$ + H_2O

Ethanoic acid　　Ethanol　　　Ethyl ethanoate
(Acetic acid)　(Ethyl alcohol)　(Ethyl acetate)

第 14 章 カルボン酸

エステルの構造，命名法，反応は，第 15 章でもっと詳しく述べることにして，この章ではカルボン酸からの合成法のみについて学ぶ．

酸触媒エステル化は可逆的であり，一般にその平衡状態では，未反応のカルボン酸とアルコールの量はかなり多い．しかし，反応条件を調整すれば，Fischer エステル化によってエステルを高収率で合成できる．アルコールがカルボン酸に比べて安価である場合には，大過剰のアルコールを用いて平衡を右にかたよらせ，カルボン酸を収率よくエステルに変換することができる．

これらの製品は酢酸エチルを溶媒として含む．（*Charles D. Winters*）

例題 14.4

次の Fischer エステル化の反応式を完成せよ．

(a) PhCOOH + CH$_3$OH $\overset{H^+}{\rightleftharpoons}$

(b) HOOC-CH$_2$CH$_2$-COOH + EtOH (過剰) $\overset{H^+}{\rightleftharpoons}$

解 答

各反応で生成するエステルの構造式は次のようになる．

(a) PhCOOCH$_3$

Methyl benzoate

(b) EtOOC-CH$_2$CH$_2$-COOEt

Diethyl butanedioate
（Diethyl succinate）

練習問題 14.4

次の Fischer エステル化の反応式を完成せよ．

(a) (CH$_3$)CHCOOH + HO–シクロヘキシル $\overset{H^+}{\rightleftharpoons}$

(b) HO–CH$_2$CH$_2$CH$_2$–COOH $\overset{H^+}{\rightleftharpoons}$ （環状エステル）

Fischer エステル化の反応機構を次に示す．この反応機構は，次の第 15 章で学ぶカルボン酸誘導体の反応の基本になるので，完全に理解しておく必要がある．Fischer エステル化では酸触媒として硫酸を書いてはいるが，実際に反応を開始する酸は，H_2SO_4（より強い酸）からエステル化に用いられるアルコール（より強い塩基）へプロトンが移動して生成したオキソニウムイオンであることに注意しよう．

CHEMICAL CONNECTIONS 14B

香料としてのエステル類

香料は食品添加物の最たるものである．今日では千を超える合成および天然香料が知られている．香料の大部分は，その香りをもった植物からの濃縮液か抽出液であり，数十から数百種類の化合物の混合物である場合も多い．多くの香料は工業的に合成されているが，これらは主にエステルである．その多くは目的とする香りに非常によく似ており，アイスクリーム，ソフトドリンクやキャンディーなどに自然の風味をつけるには，1 種類か数種類を添加するだけでよい．次の表は香料として用いられているいくつかのエステルの構造式を示す．

構造	名 称	香 気
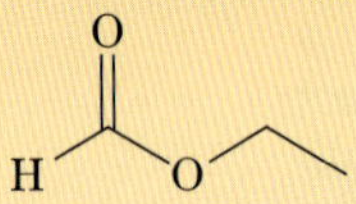	Ethyl formate	ラム（酒）
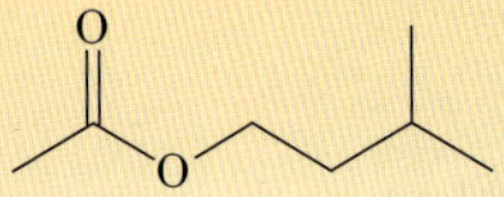	3-Methylbutyl acetate （Isopentyl acetate）	バナナ
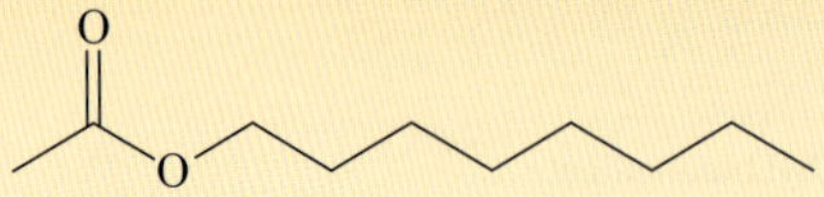	Octyl acetate	オレンジ
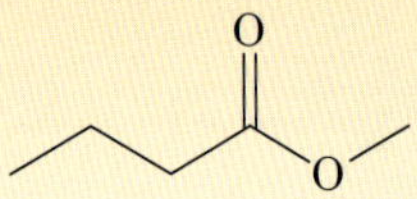	Methyl butanoate	リンゴ
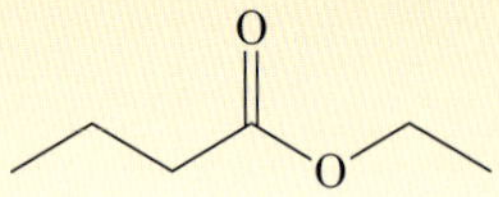	Ethyl butanoate	パイナップル
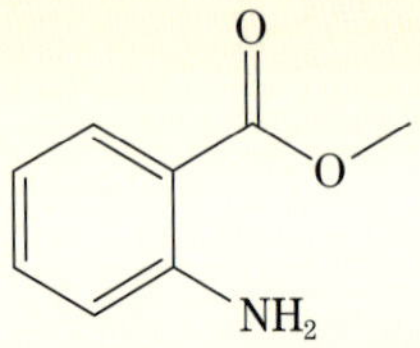	Methyl 2-aminobenzoate （Methyl anthranilate）	ブドウ

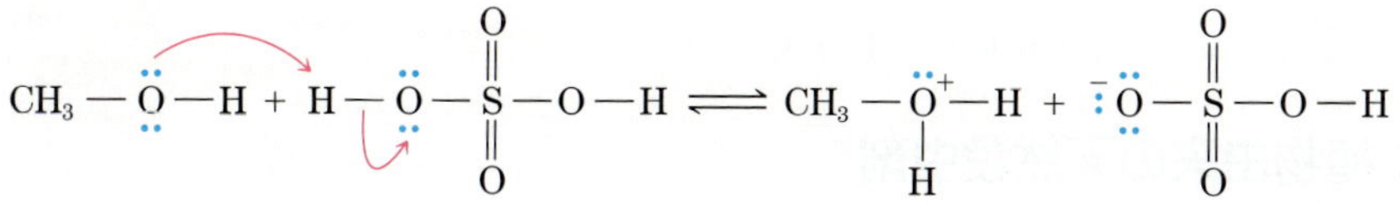

第14章 カルボン酸

$CH_3-\overset{..}{\underset{..}{O}}-H + H-\overset{..}{\underset{..}{O}}-\overset{\overset{O}{\|}}{\underset{\underset{O}{\|}}{S}}-O-H \rightleftharpoons CH_3-\overset{+}{\underset{H}{O}}-H + {}^{-}\overset{..}{\underset{..}{O}}-\overset{\overset{O}{\|}}{\underset{\underset{O}{\|}}{S}}-O-H$

反応機構：Fischer エステル化

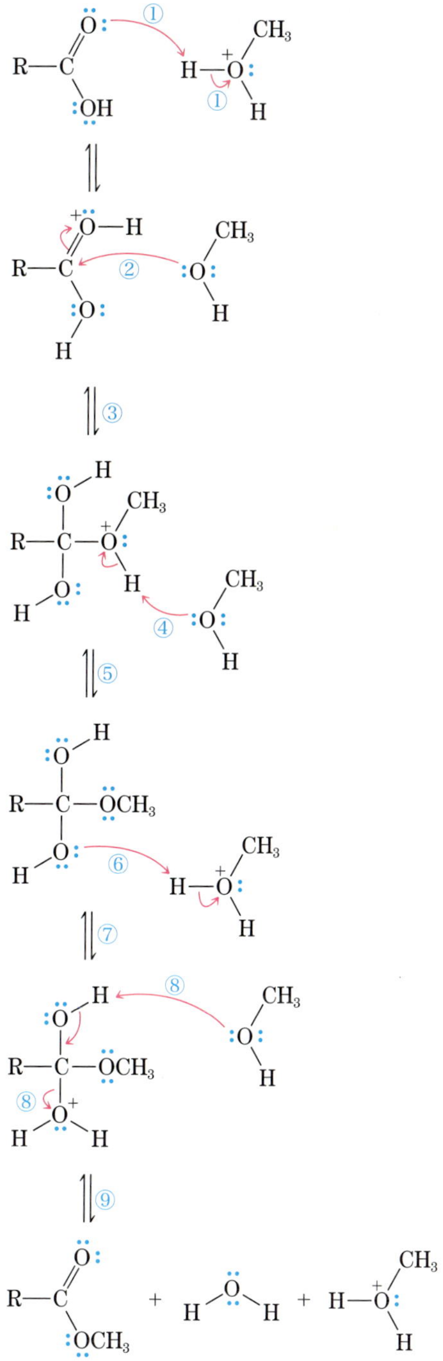

① 酸触媒からカルボニル酸素へプロトンが移動し，カルボニル炭素の求電子性が増大する．

② アルコールの求核性酸素原子がカルボニル炭素を攻撃する．

③ オキソニウムイオンを生成する

④ オキソニウムイオンからもう1分子のアルコールへプロトンが移動する．

⑤ 四面体カルボニル付加中間体（TCAI）を生成する．

⑥ TCAI の—OH の一つへプロトンが移動する．

⑦ 新しいオキソニウムイオンを生成する．

⑧ このオキソニウムイオンから水が脱離する．

⑨ エステルと水を生成し，酸触媒を再生する．

CHEMICAL CONNECTIONS 14C

ピレトリン：植物由来の天然殺虫剤

除虫菊はキク科植物，特に *Chrysanthemum cinerariaefolium*（ジョチュウギク）の花を粉末にしてつくられた天然の殺虫剤である．除虫菊の活性物質は主にピレトリンⅠとⅡで，昆虫や冷血脊椎動物に対する接触毒である．除虫菊の粉末の使用濃度では植物や高等動物には無毒であるので家庭や家畜にはスプレーで，食用植物には細粉末として用いられる．天然のピレトリンはクリサンテミン酸のエステルである．

除虫菊の粉末は有効な殺虫剤であるが，その活性成分は環境中で分解されるのが速い．そこで天然の殺虫剤と同じくらいの活性をもち，安定性の高い化合物を求めて，クリサンテミン酸に構造的に近い化合物が種々合成された．ペルメトリンは家庭や農産物に最も広く用いられている合成ピレトリン様化合物の一つである．

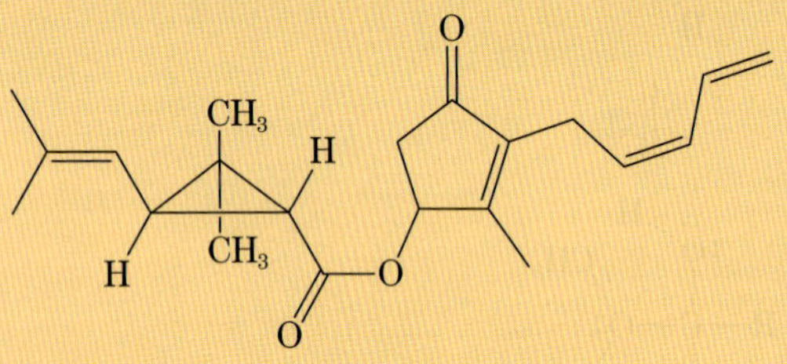

Pyrethrin I

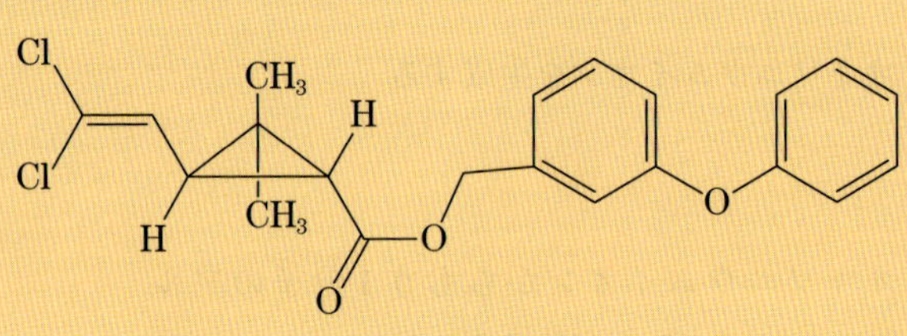

Permethrin

14.8 酸塩化物への変換

酸ハロゲン化物の官能基は，ハロゲン原子が結合したカルボニル基である．酸ハロゲン化物のうち，酸塩化物が実験室においても工業的にも最もよく用いられる．

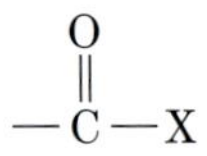

酸ハロゲン化物
の官能基

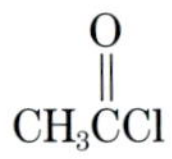

Acetyl chloride
塩化アセチル

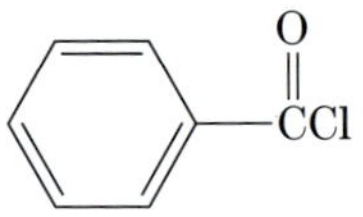

Benzoyl chloride
塩化ベンゾイル

酸ハロゲン化物の命名法，構造および特徴的な反応は第15章に譲り，本章ではカルボン酸からの合成法についてのみ学ぶ．

酸塩化物の最も一般的な合成法はカルボン酸に塩化チオニルを反応させる方法である．この試薬（塩化チオニル）は，アルコールをクロロアルカンへ変換するときにも用いられたものである（8.3D節）．

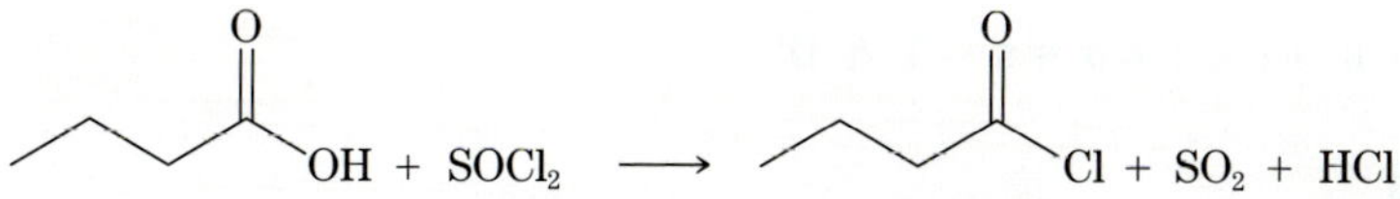

$$\text{Butanoic acid} + SOCl_2 \longrightarrow \text{Butanoyl chloride (塩化ブタノイル)} + SO_2 + HCl$$

塩化チオニル = Thionyl chloride

例題 14.5

次の反応式を完成せよ．

(a) 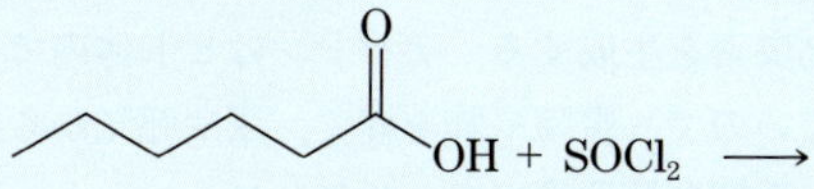 CH₃CH₂CH₂CH₂CH₂COOH + SOCl₂ ⟶

(b) 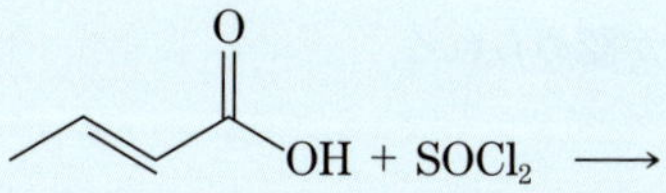 CH₃CH=CHCOOH + SOCl₂ ⟶

解答

各反応の生成物は次の通りである．

(a) 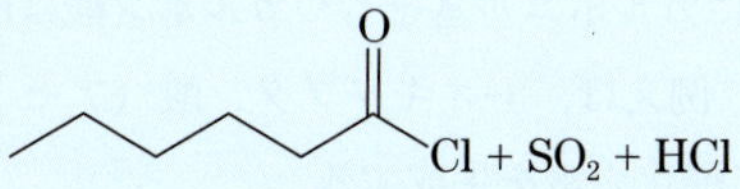 CH₃CH₂CH₂CH₂CH₂COCl + SO₂ + HCl

(b) 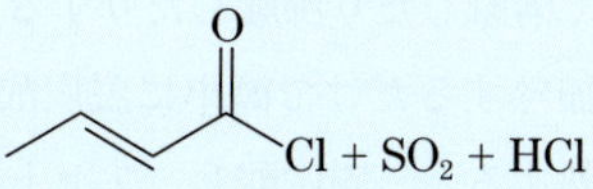 CH₃CH=CHCOCl + SO₂ + HCl

練習問題 14.5

次の反応式を完成せよ．

(a) 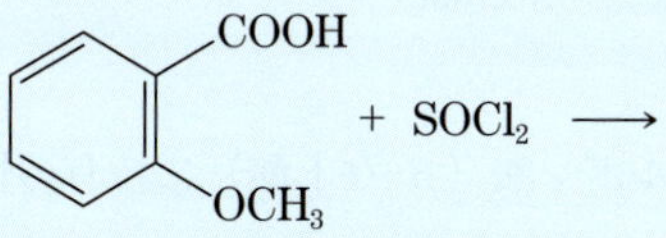 2-メトキシ安息香酸 (o-OCH₃-C₆H₄-COOH) + SOCl₂ ⟶

(b) 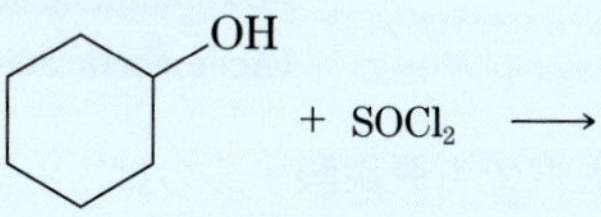 シクロヘキサノール + SOCl₂ ⟶

14.9 脱炭酸

A β-ケト酸

カルボキシ基から CO_2 が脱離する反応を **脱炭酸** decarboxylation という．非常に高温に加熱すれば，ほとんどのカルボン酸は脱炭酸を起こす．

$$RCOOH \xrightarrow{\text{脱炭酸}} RH + CO_2$$

脱炭酸：カルボキシ基から CO_2 が脱離する反応．

Chemical Connections 14D

ケトン体と糖尿病

3-オキソブタン酸（アセト酢酸）とその還元体3-ヒドロキシブタン酸は，脂肪酸（22.6C節）とある種のアミノ酸の代謝産物であるアセチルCoAから肝臓で合成される．

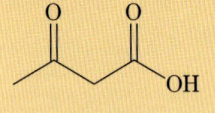

3-Oxobutanoic acid
(Acetoacetic acid)

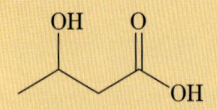

3-Hydroxybutanoic acid
(β-Hydroxybutyric acid)

この2種のブタン酸は，まとめてケトン体とよばれる．

健常者の血液中のケトン体の濃度は約 0.01 mM/L であるが，栄養失調者や糖尿病患者では，その濃度は正常値の500倍にも達することがある．このような状況になると，アセト酢酸は自発的に分解し，アセトンと二酸化炭素を生成する．アセトンはヒト体内では代謝されないので，腎臓や肺を経て，尿や呼気から排出される．重篤な糖尿病患者の呼気には，アセトン特有の"甘い香り"が認められる．

しかし，大部分のカルボン酸は少々の熱には安定で，多少の加熱では脱炭酸することなく溶融したり沸騰したりする．β位にカルボニル基をもつカルボン酸は例外で，少し加熱するだけで簡単に脱炭酸する．例えば，3-オキソブタン酸（アセト酢酸）を加熱すると，脱炭酸し，アセトンと二酸化炭素を生成する．

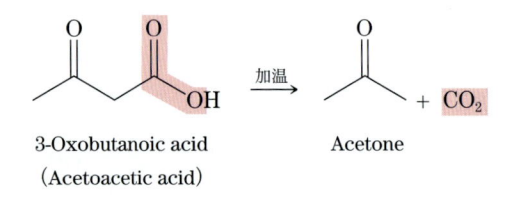

3-Oxobutanoic acid
(Acetoacetic acid) →(加温) Acetone + CO_2

低い温度でも脱炭酸するのは，3-オキソカルボン酸（β-ケト酸）に特有の性質で，他のケトカルボン酸には見られない．

反応機構：β-ケトカルボン酸の脱炭酸

段階1：六員環遷移状態を経由して6電子が再配列し，二酸化炭素とエノールを生成する．

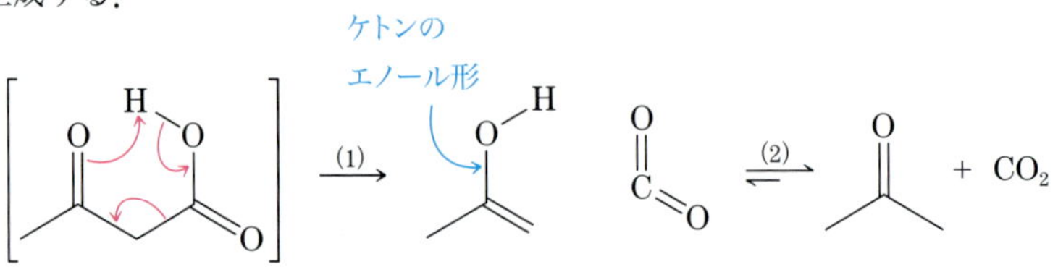

（六員環移状態） →(1) ケトンのエノール形 ⇌(2) + CO_2

段階 2：生成したエノールはケト-エノール互変異性（13.9A 節）によってより安定なケト形の生成物に変換される．

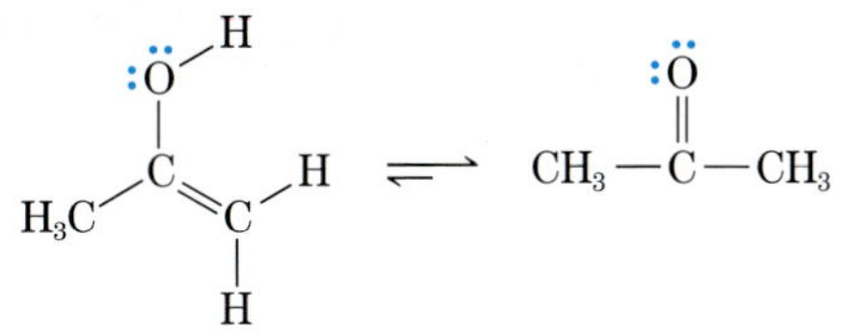

$$\text{H}_3\text{C}-\underset{\text{OH}}{\overset{}{\text{C}}}=\underset{\text{H}}{\overset{\text{H}}{\text{C}}} \rightleftharpoons \text{CH}_3-\overset{\text{O}}{\underset{\|}{\text{C}}}-\text{CH}_3$$

β-ケト酸の脱炭酸反応の重要な例が，生物界でクエン酸回路の食物の酸化過程に見られる．この回路の重要中間体の一つにオキサロコハク酸があり，この酸は徐々に脱炭酸して α-ケトグルタル酸を生成する．オキサロコハク酸の三つのカルボキシ基のうち，一つだけがその β 位にカルボニル基をもっており，このカルボキシ基だけが脱炭酸する．

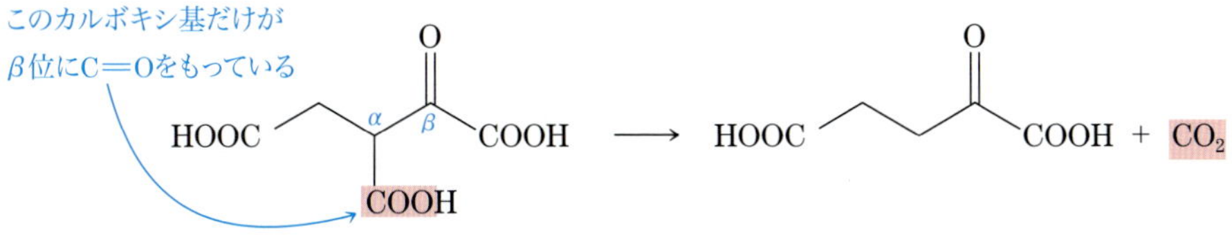

このカルボキシ基だけが β 位に C=O をもっている

HOOC–CH$_2$–CH(COOH)–C(=O)–COOH ⟶ HOOC–CH$_2$–CH$_2$–C(=O)–COOH + CO_2

Oxalosuccinic acid   α-Ketoglutaric acid

B　マロン酸と置換マロン酸

カルボキシ基の β 位にケトンまたはアルデヒドのカルボニル基があると容易に脱炭酸する．この反応はもっと一般的で，β 位のカルボニル基がカルボキシ基やエステルであってもよい．マロン酸や置換マロン酸も加熱によって容易に脱炭酸する．例えば，マロン酸は融点（135〜137 ℃）より少し高く加熱すると脱炭酸する．

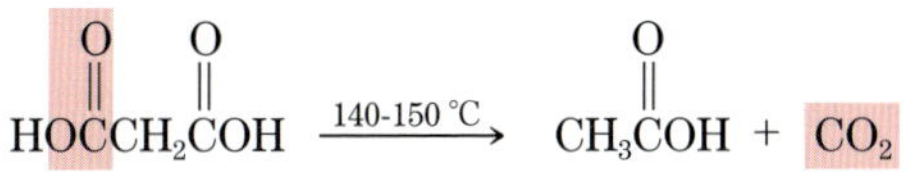

HOCCH$_2$COH $\xrightarrow{140\text{-}150\,℃}$ CH$_3$COH + CO_2

Propanedioic acid
（Malonic acid）

マロン酸の脱炭酸の機構は，すぐ前で学んだ β-ケト酸の脱炭酸の機構によく似ている．六員環遷移状態を経て，3 組の電子対の移動によりカルボン酸のエノール形が生成し，次いでカルボン酸に異性化する．

反応機構：β-ジカルボン酸の脱炭酸

段階 1：六員環遷移状態を経て，6 電子（3 組の電子対）の再配列によって二酸化炭素とカルボン酸のエノール形が生成する．

段階 2：生成したエノールはケト-エノール互変異性（13.9A 節）によってより安定なカルボキシ基のケト形に変換される．

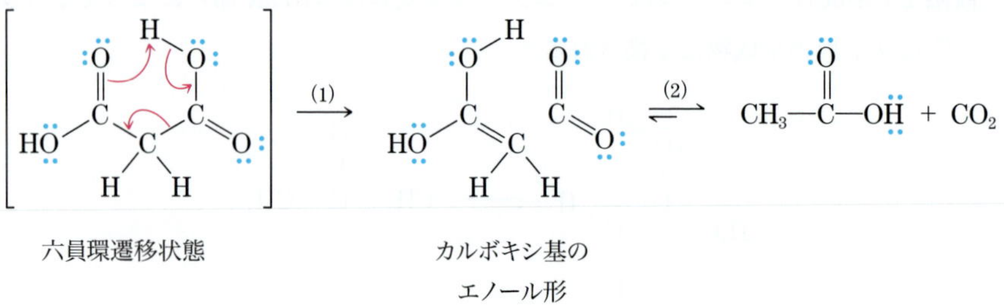

$$\left[\begin{array}{c}\text{六員環遷移状態}\end{array}\right] \xrightarrow{(1)} \text{カルボキシ基の エノール形} \xrightleftharpoons{(2)} CH_3-C(=O)-OH + CO_2$$

例題 14.6

次のカルボン酸は加熱すると脱炭酸する．エノール中間体と最終生成物の構造式を書け．

(a) 2-オキソシクロヘキサンカルボン酸

(b) シクロブタン-1,1-ジカルボン酸

解 答

(a) [エノール中間体: 1-ヒドロキシシクロヘキセン] ⟶ シクロヘキサノン + CO_2

(b) [エノール中間体: シクロブチリデン(ジヒドロキシ)メタン] ⟶ シクロブタンカルボン酸 + CO_2

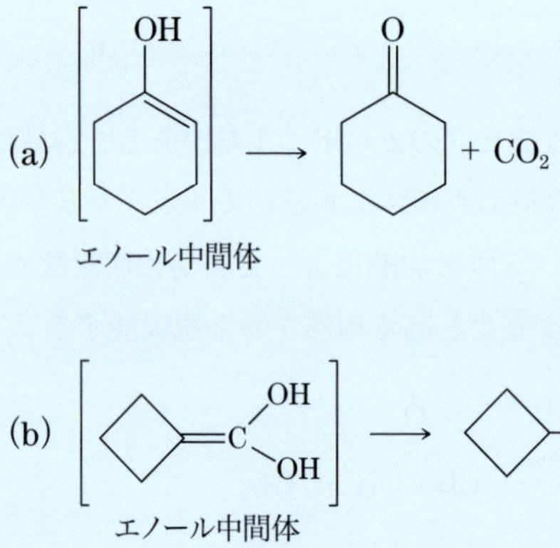

練習問題 14.6

次の反応の出発物質である β-ケト酸の構造式を書け．

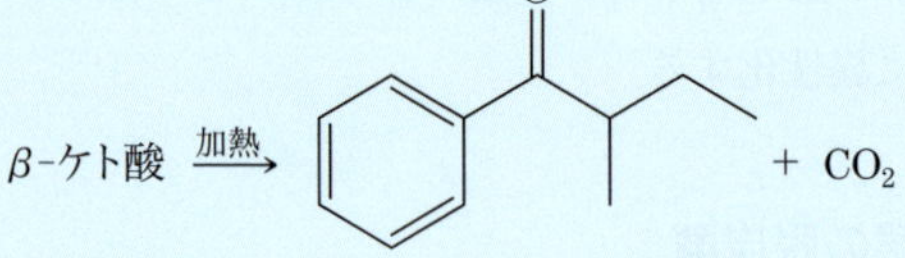

β-ケト酸 $\xrightarrow{\text{加熱}}$ PhCO-CH(CH$_3$)-CH$_2$CH$_3$ + CO_2

第14章 カルボン酸

まとめ

カルボン酸の官能基は**カルボキシ基—COOH**である（14.2節）．カルボン酸をIUPAC規則で命名するには，母体alkane（アルカン）名の末尾の-eを除き，その代わりに-oic acid（酸）をつける（14.3節）．ジカルボン酸は-eを除かずに-dioic acid（二酸）をつけて命名される．

カルボン酸は極性化合物で（14.4節），液体および固体状態では水素結合によって会合し，二量体を形成している．カルボン酸は同程度の分子量をもつアルコール，アルデヒド，ケトンおよびエーテルに比べて沸点が高く，水に溶け易い．カルボン酸は二つの相反する極性領域をもっている．その一つは極性で**親水性**のカルボキシ基で，これが水溶性を高める．もう一つは，非極性で**疎水性**のアルキル鎖で，これが水溶性を減少させる．脂肪族カルボン酸のうち，最初の4種のカルボン酸（炭素数が1から4）は，親水性基の寄与が勝っているので水にいくらでも溶ける．しかし，アルキル炭素鎖が長くなるにつれて，疎水性が増大して水溶性が減少する．

脂肪族カルボン酸のpK_a値は4.0〜5.0の間にある（14.5A節）．カルボキシ基の近くに電子求引基があると，脂肪族および芳香族カルボン酸の酸性度が増大する．

重要な反応

1. カルボン酸の酸性度（14.5A節）

大部分の無置換の脂肪族および芳香族カルボン酸のpK_a値は4〜5の範囲にある．電子求引基で置換されるとpK_a値は小さくなる（酸性度が高くなる）．

$$CH_3COOH + H_2O \rightleftharpoons CH_3COO^- + H_3O^+ \quad pK_a = 4.76$$

2. カルボン酸と塩基の反応（14.5B節）

カルボン酸は，アルカリ金属の水酸化物，炭酸塩，炭酸水素塩，アンモニア，アミンなどと反応し，水溶性の塩を生成する．

$$C_6H_5COOH + NaOH \xrightarrow{H_2O} C_6H_5COO^-Na^+ + H_2O$$

3. 水素化アルミニウムリチウムによる還元（14.6節）

カルボン酸は水素化アルミニウムリチウムによって第一級アルコールに還元される．

シクロペンテニル-COOH $\xrightarrow[\text{2. } H_2O]{\text{1. LiAlH}_4}$ シクロペンテニル-CH$_2$OH

4. Fischerエステル化（14.7節）

Fischerエステル化は可逆反応である．平衡を右にかたよらせる一つの方法はアルコールを過剰に用いることである．

$$CH_3COOH + HOCH_2CH_2CH_3 \xrightleftharpoons{H_2SO_4} CH_3COOCH_2CH_2CH_3 + H_2O$$

5. 酸ハロゲン化物への変換（14.8 節）

酸ハロゲン化物のうち最もよく用いられる酸塩化物は，カルボン酸と塩化チオニルから合成される．

$$\text{CH}_3\text{CH}_2\text{CH}_2\text{COOH} + \text{SOCl}_2 \longrightarrow \text{CH}_3\text{CH}_2\text{CH}_2\text{COCl} + \text{SO}_2 + \text{HCl}$$

6. β-ケト酸の脱炭酸（14.9A 節）

脱炭酸は，六員環遷移状態を経て，結合電子対の再配列を伴って進行する．

2-オキソシクロヘキサンカルボン酸 $\xrightarrow{\text{加温}}$ シクロヘキサノン $+ \text{CO}_2$

7. β-ジカルボン酸の脱炭酸（14.9B 節）

β-ジカルボン酸の脱炭酸の機構は，β-ケト酸の脱炭酸の機構によく似ている．

$$\text{HOCCH}_2\text{COH} \xrightarrow{\text{加熱}} \text{CH}_3\text{COH} + \text{CO}_2$$

補充問題

構造と命名法

14.7 分子式 $C_5H_{10}O_2$ で示される4種のカルボン酸の構造式を書き，命名せよ．またこのうちキラルな化合物はどれか．

14.8 次の化合物の IUPAC 名を書け．

(a) シクロヘキセン-1-カルボン酸

(b) 4-ヒドロキシペンタン酸（構造式）

(c) ジエニル酸構造式

(d) 1-メチルシクロペンタンカルボン酸

(e) ヘキサン酸アンモニウム塩 COO⁻NH₄⁺

(f) HOOC–CH₂–CH(OH)–COOH

14.9 次のカルボン酸の構造式を書け．

  (a) 4-Nitrophenylacetic acid
  (b) 4-Aminopentanoic acid
  (c) 3-Chloro-4-phenylbutanoic acid
  (d) *cis*-3-Hexenedioic acid
  (e) 2,3-Dihydroxypropanoic acid
  (f) 3-Oxohexanoic acid
  (g) 2-Oxocyclohexanecarboxylic acid
  (h) 2,2-Dimethylpropanoic acid

14.10 メガトモ酸は雌のヒメマルカツオブシムシの性誘引物質である．その構造式を次に示す．

$$\text{CH}_3(\text{CH}_2)_7\text{CH}=\text{CHCH}=\text{CHCH}_2\text{COOH}$$

Megatomoic acid

(a) メガトモ酸の IUPAC 名を書け．
(b) この化合物にはいくつの立体異性体が可能か．

14.11 イブプロフェン ibuprofen の IUPAC 名は，2-(4-イソブチルフェニル)プロパン酸 2-(4-isobutylphenyl)-propanoic acid である．イブプロフェンの構造式を書け．

14.12 次のカルボン酸塩の構造式を書け．
(a) Sodium benzoate (b) Lithium acetate (c) Ammonium acetate
(d) Disodium adipate (e) Sodium salicylate (f) Calcium butanoate

14.13 ダイオウをはじめ，ある種の葉菜にはシュウ酸水素カリウム potassium hydrogen oxalate が含まれている．シュウ酸とその塩は，高濃度では毒性を示す．シュウ酸水素カリウムの構造式を書け．

14.14 ソルビン酸カリウム potassium sorbate は，バクテリアやカビによる食物の腐敗を妨げ，その貯蔵寿命を延ばすために保存剤として食品に添加されている．ソルビン酸カリウムの IUPAC 名は，(2E, 4E)-2,4-ヘキサジエン酸カリウム potassium (2E, 4E)-2,4-hexadienoate である．ソルビン酸カリウムの構造式を書け．

14.15 10-ウンデセン酸 10-undecenoic acid の亜鉛塩である 10-ウンデセン酸亜鉛 zinc 10-undecenoate は，ある種の菌類による感染症，特に水虫の治療に使われている．この亜鉛塩の構造式を書け．

物理的性質

14.16 次の組合せの化合物を沸点が高くなる順に並べよ．
(a) $CH_3(CH_2)_5COOH$ $CH_3(CH_2)_6CHO$ $CH_3(CH_2)_6CH_2OH$
(b) CH_3CH_2COOH $CH_3CH_2CH_2OH$ $CH_3CH_2OCH_2CH_3$

カルボン酸の合成

14.17 次の化合物を弱く加温しながらクロム酸 H_2CrO_4 で酸化して得られる生成物の構造式を書け．

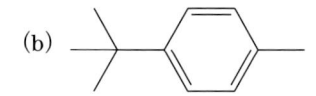

(a) $CH_3(CH_2)_4CH_2OH$ (b) [構造式：4-tert-ブチルトルエン] (c) [構造式：HO—シクロヘキサン—CH_2OH]

14.18 次の分子式で示される化合物を，クロム酸酸化すると右のカルボン酸あるいはジカルボン酸が生成する．元の化合物の構造式を書け．

(a) $C_6H_{14}O$ —酸化→ [構造式：CH_3(CH_2)_4COOH]

(b) $C_6H_{12}O$ —酸化→ [構造式：C_5鎖-COOH]

(c) $C_6H_{14}O_2$ —酸化→ HOOC—[鎖]—COOH

カルボン酸の酸性度

14.19 次の組合せのうちどちらが強い酸か．
(a) フェノール（pK_a 9.95）と安息香酸（pK_a 4.17）
(b) 乳酸（K_a 1.4×10^{-4}）とアスコルビン酸（K_a 7.9×10^{-5}）

14.20 安息香酸，ベンジルアルコール，およびフェノールを酸性の強い順に並べよ．

14.21 次のそれぞれのカルボン酸は，かっこ内に示した pK_a 値のどちらと対応するか．

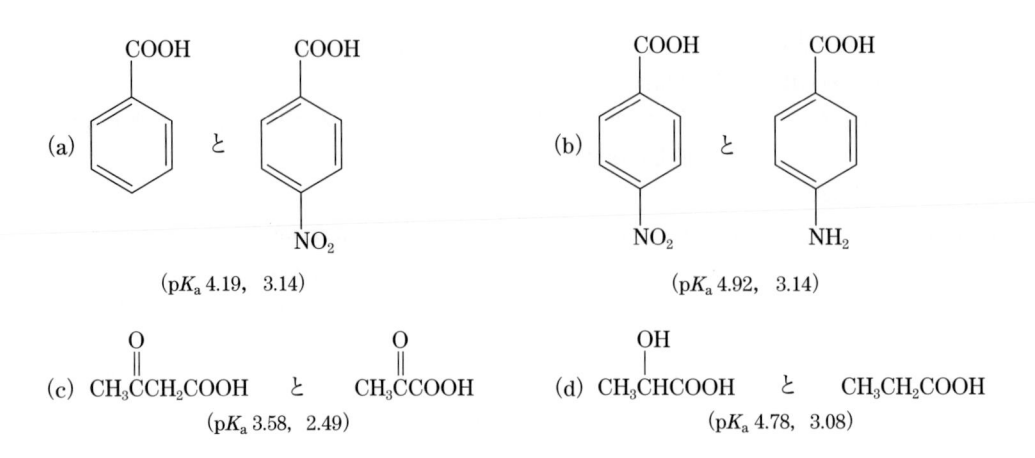

(a) [ベンゼン環-COOH] と [4-NO₂-ベンゼン環-COOH]　(pK_a 4.19, 3.14)

(b) [4-NO₂-ベンゼン環-COOH] と [4-NH₂-ベンゼン環-COOH]　(pK_a 4.92, 3.14)

(c) $CH_3\overset{O}{\overset{\|}{C}}CH_2COOH$ と $CH_3\overset{O}{\overset{\|}{C}}COOH$　(pK_a 3.58, 2.49)

(d) $CH_3\overset{OH}{\overset{|}{C}H}COOH$ と CH_3CH_2COOH　(pK_a 4.78, 3.08)

14.22 次の酸塩基反応を完成せよ．

(a) [ベンゼン環]—CH_2COOH + NaOH ⟶

(b) $CH_3CH=CHCH_2COOH$ + $NaHCO_3$ ⟶

(c) [2-OH-ベンゼン環-COOH（サリチル酸）] + $NaHCO_3$ ⟶

(d) $CH_3\overset{OH}{\overset{|}{C}H}COOH$ + $H_2NCH_2CH_2OH$ ⟶

(e) $CH_3CH=CHCH_2COO^-Na^+$ + HCl ⟶

14.23 血しょうの正常な pH は 7.35〜7.45 である．血しょう中では，乳酸（pK_a 3.85）は，遊離のカルボン酸あるいはカルボン酸イオンのうち，主にいずれの形で存在しているかを予想し，その理由を説明せよ．

14.24 アスコルビン酸（18.7 節）の pK_a は 4.76 である．血しょう（pH 7.35〜7.45）に溶けているアスコルビン酸は，遊離のアスコルビン酸あるいはアスコルビン酸イオンのうち，主にいずれの形で存在しているかを予想し，その理由を説明せよ．

14.25 過剰のアスコルビン酸（pK_a 4.76）は，通常の pH が 4.8〜8.4 の尿中に排泄される．pH 8.4 の尿中では，遊離のアスコルビン酸あるいはアスコルビン酸イオンのうち，いずれの形で存在しているかを予想し，その理由を説明せよ．

14.26 ヒトの胃液の pH は通常 1.0〜3.0 である．胃の中では，乳酸（pK_a 3.85）は遊離の乳酸あるいは乳酸アニオンのうち，いずれの形で存在しているかを予想し，その理由を説明せよ．

14.27 アミノ酸のアラニン（19.2 節）には次の二つの構造式が書ける．どちらの構造式で表すのがよいか．その理由を説明せよ．

$$CH_3-\underset{NH_2}{\underset{|}{C}H}-\overset{O}{\overset{\|}{C}}-OH \qquad CH_3-\underset{NH_3^+}{\underset{|}{C}H}-\overset{O}{\overset{\|}{C}}-O^-$$

(A)　　　　　　　　(B)

14.28 第 19 章でアミノ酸について述べる．これらの化合物はアミノ基とカルボキシ基の両方をもっていることからそうよばれる．次の構造式はアラニンを分子内塩の形で書き表したものである．

第 14 章 カルボン酸

$$CH_3CHCO^-\quad \text{Alanine}$$
$$\underset{NH_3^+}{|}\overset{\overset{O}{\|}}{}$$

(a) pH 2.0, (b) pH 5〜6, (c) pH 11.0 の水溶液中に存在するアラニンの主構造式を予想し,その理由を説明せよ.

カルボン酸の反応

14.29 フェニル酢酸 $PhCH_2COOH$ を次の各試薬で処理したときに生じる主生成物を書け.

(a) $SOCl_2$ (b) $NaHCO_3$, H_2O (c) $NaOH$, H_2O
(d) NH_3, H_2O (e) $LiAlH_4$, 次いで H_2O (f) $NaBH_4$, 次いで H_2O
(g) $CH_3OH + H_2SO_4$（触媒）   (h) 25 ℃, 3 気圧, H_2/Ni

14.30 *trans*-3-フェニル-2-プロペン酸（ケイ皮酸）を,次の化合物に変換するにはどうすればよいか.反応式で示せ.

(a) Ph–CH=CH–CH₂OH   (b) Ph–CH₂CH₂–COOH   (c) Ph–CH₂CH₂CH₂OH

14.31 3-オキソブタン酸（アセト酢酸）を,次の化合物に変換するにはどうすればよいか.反応式で示せ.

(a) $CH_3\underset{|}{\overset{OH}{C}}HCH_2COOH$ (b) $CH_3\underset{|}{\overset{OH}{C}}HCH_2CH_2OH$ (c) $CH_3CH=CHCOOH$

14.32 次の Fischer エステル化の式を完成せよ（過剰のアルコールを用いるものとする）.

(a) $CH_3COOH + HOCH_2CH(CH_3)_2 \underset{}{\overset{H^+}{\rightleftharpoons}}$

(b) phthalic acid (1,2-benzenedicarboxylic acid) $+ CH_3OH \underset{}{\overset{H^+}{\rightleftharpoons}}$

(c) $HOOCCH_2CH_2COOH + CH_3CH_2OH \underset{}{\overset{H^+}{\rightleftharpoons}}$

14.33 アリに咬まれたりハチに刺されると,ギ酸が皮下に入り痛くなる.この痛みを和らげるには,刺されたところにふくらし粉($NaHCO_3$)を水で練ってこすりつけるとよい.酸を中和するからである.この反応を反応式で示せ.

14.34 2-ヒドロキシ安息香酸メチル（サリチル酸メチル）は,冬緑油の芳香を有する.このエステルは,2-ヒドロキシ安息香酸とメタノールを用いた Fischer エステル化により合成される.2-ヒドロキシ安息香酸メチルの構造式を書け.

14.35 局所麻酔薬ベンゾカイン benzocaine は,酸触媒の存在下に,4-アミノ安息香酸とエタノールを反応させた後,中和して合成される.ベンゾカインの構造式を書け.

14.36 ピレトリンとペルメトリン（Chemical Connections 14C を参照）の構造式を調べてみよう.
 (a) これらの化合物のエステルの位置を示せ.
 (b) ピレトリンはキラルか.立体異性体はいくつ可能か.
 (c) ペルメトリンはキラルか.立体異性体はいくつ可能か.

14.37 市販の殺虫剤の活性成分であるペルメトリンには次のように記載されている．
シス/トランス比：最低 35%（＋/－）シスと最高 65%（＋/－）トランス
(a) シス/トランス比は何を意味しているか．
(b) "(＋/－)" という表示は何を意味しているか．

14.38 次のエステルを合成するのに必要なカルボン酸とアルコールを示せ．

(a) 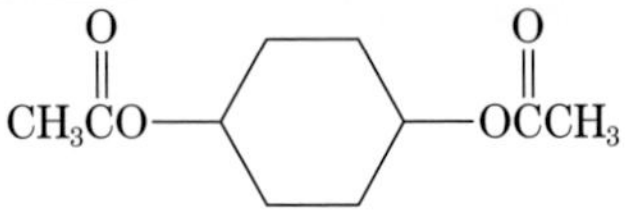 $CH_3COO-C_6H_{10}-OCCH_3$ (ジアセトキシシクロヘキサン)

(b) $CH_3OCCH_2CH_2COCH_3$

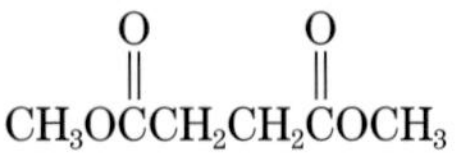

(c) シクロヘキサン-$COOCH_3$

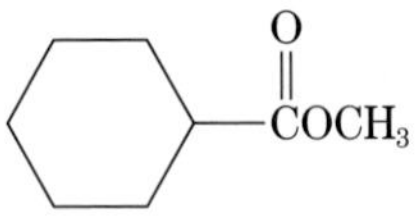

(d) 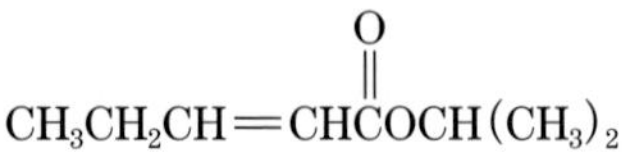 $CH_3CH_2CH=CHCOCH(CH_3)_2$

14.39 4-ヒドロキシブタン酸を酸触媒で処理すると，環状エステル（ラクトン）を生成する．このラクトンの構造式を書け．

14.40 次の化合物の熱的な脱炭酸反応で生成する化合物の構造式を書け．

(a)  $C_6H_5CCH_2COOH$

(b) $C_6H_5CH_2CHCOOH$ (with COOH上)

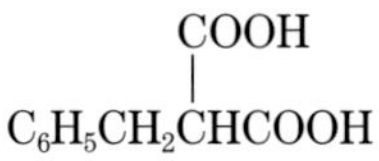

(c) 1-アセチルシクロペンタン-1-カルボン酸

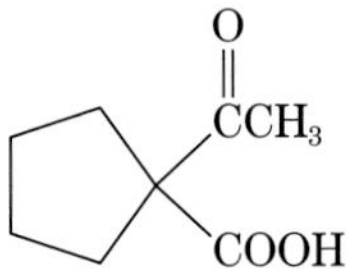

合 成

14.41 ぶどうの風味をもつ香料（Chemical Connections 14B）の 2-アミノ安息香酸メチルは，トルエンから数段階を経て次のように合成される．この合成に必要な各段階の試薬を書け．

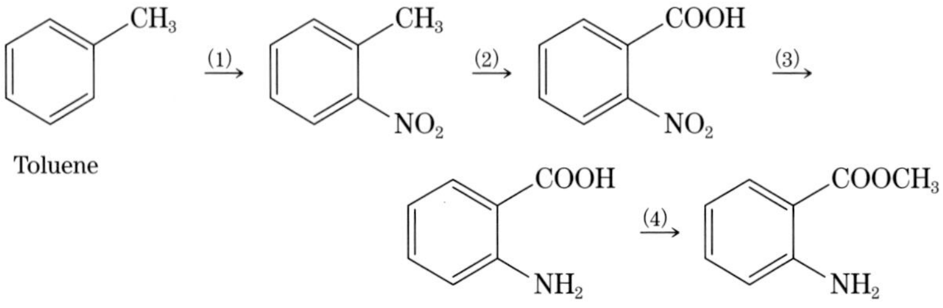

Toluene →(1)→ o-ニトロトルエン →(2)→ 2-ニトロ安息香酸 →(3)→ 2-アミノ安息香酸 →(4)→ Methyl 2-aminobenzoate

14.42 メチルパラベンとプロピルパラベンは食物，飲み物，化粧品の保存剤に用いられている．これらの化合物を合成するには，問題 14.41 に示した合成法をどう変えればよいかを示せ．

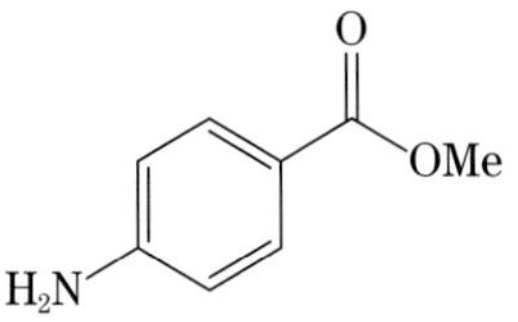

Methyl 4-aminobenzoate（Methylparaben）

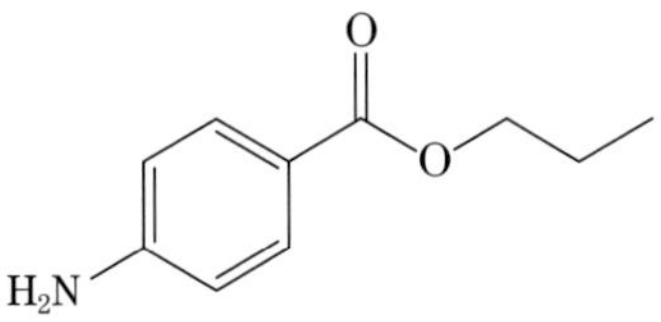

Propyl 4-aminobenzoate（Propylparaben）

14.43 プロカイン（塩酸塩として市販されている）は最初の局所麻酔薬の一つであり，次のように Fischer エステ

ル化を使って合成される．プロカインの構造式を書け．

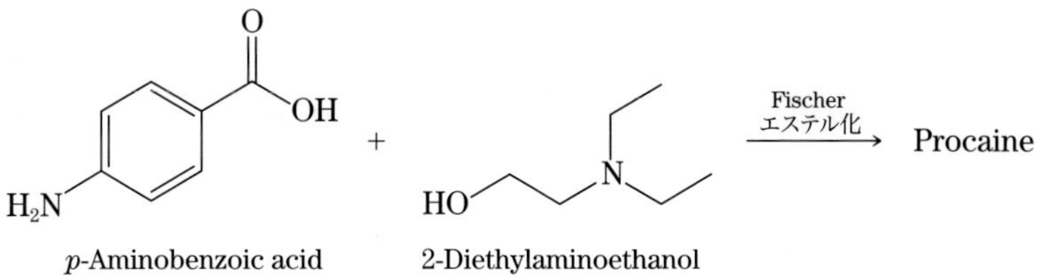

p-Aminobenzoic acid + 2-Diethylaminoethanol $\xrightarrow{\text{Fischer エステル化}}$ Procaine

14.44 メクリジンは抗嘔吐薬である．船酔いなどで起こる嘔吐を防いだり，弱めたりする作用がある．メクリジンは次のようにして合成される．

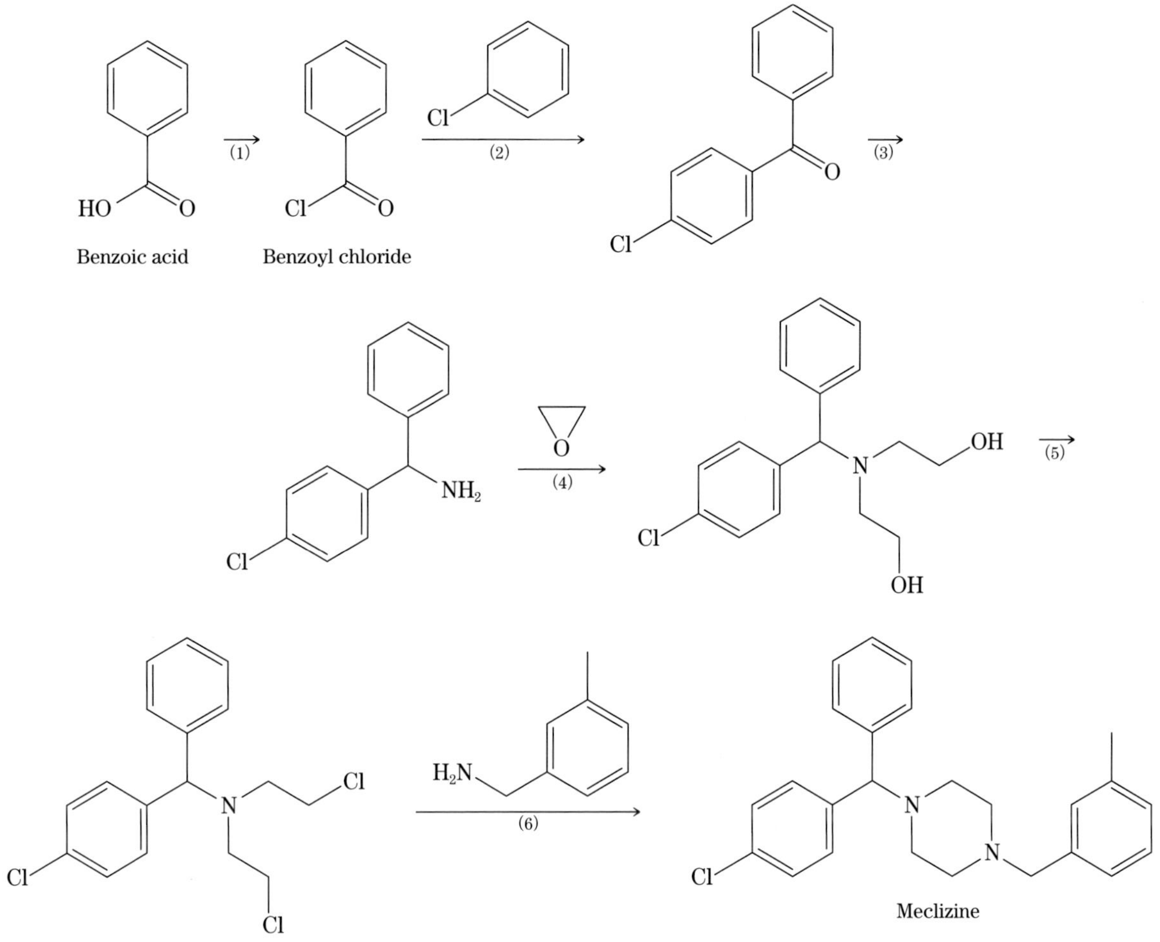

Benzoic acid $\xrightarrow{(1)}$ Benzoyl chloride $\xrightarrow[(2)]{\text{C}_6\text{H}_5\text{Cl}}$ (4-クロロフェニル フェニル ケトン) $\xrightarrow{(3)}$

(4-クロロフェニル)(フェニル)メチルアミン $\xrightarrow[(4)]{\text{エポキシド}}$ ビス(2-ヒドロキシエチル)アミン誘導体 $\xrightarrow{(5)}$

ビス(2-クロロエチル)アミン誘導体 $\xrightarrow[(6)]{m\text{-メチルベンジルアミン}}$ Meclizine

(a) 段階 1 の試薬を示せ．
(b) 段階 2 の触媒は $AlCl_3$ である．この段階の反応の名称は何か．
(c) 段階 3 の試薬を示せ．
(d) 段階 4 の反応機構を書け．脂肪族求核置換反応の一例であることを示せ．
(e) 段階 5 の試薬を示せ．
(f) 段階 6 も脂肪族求核置換反応の一例であることを示せ．

14.45 抗喘息薬アルブテロールの合成法が種々開発されている．その一つはサリチル酸から出発する．

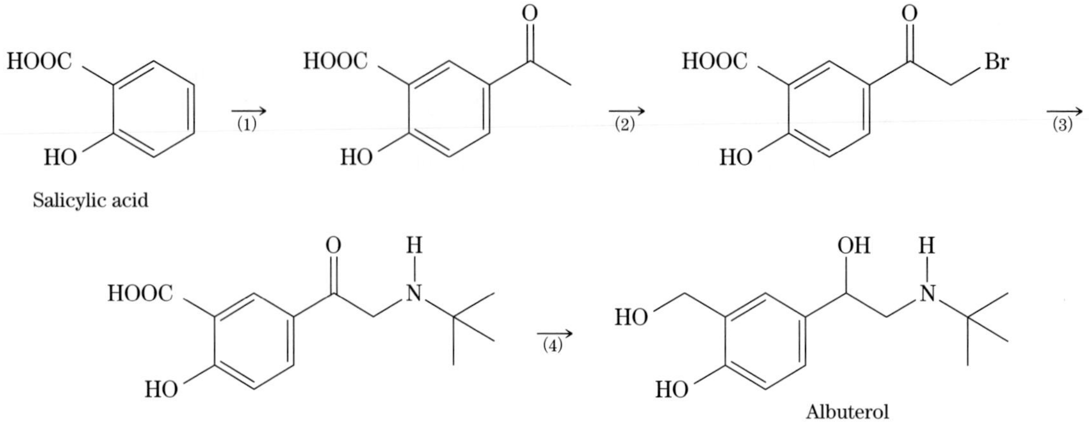

(a) 段階1の試薬と触媒を書け．この反応の名称は何か．
(b) 段階2の試薬を示せ．
(c) 段階3に用いられるアミンの名称は何か．
(d) 段階4は二つの官能基の還元である．還元される官能基の名称とこの還元に用いられる試薬を述べよ．

応用問題

14.46 タンパク質（第20章）の構成単位であるα-アミノ酸は，脂肪族カルボン酸よりもほとんど千倍以上酸性が強い．その理由を述べよ．

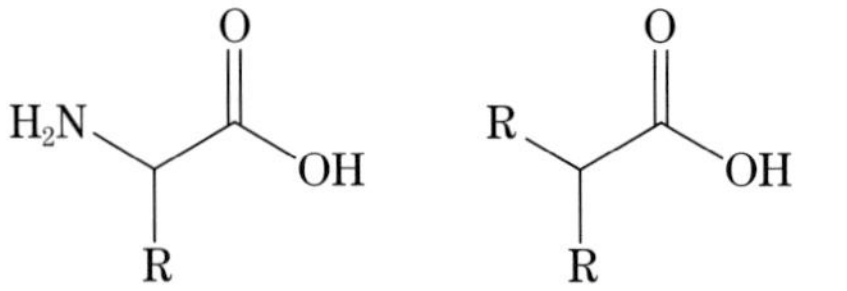

α-アミノ酸 $pK_a \approx 2$

脂肪族カルボン酸 $pK_a \approx 5$

14.47 カルボン酸とカルボン酸イオンのどちらが $LiAlH_4$ で還元されにくいか．

14.48 エステルが H^+/H_2O と反応してカルボン酸とアルコールになる反応機構を書け．
（ヒント：この反応は Fischer エステル化の逆反応である）

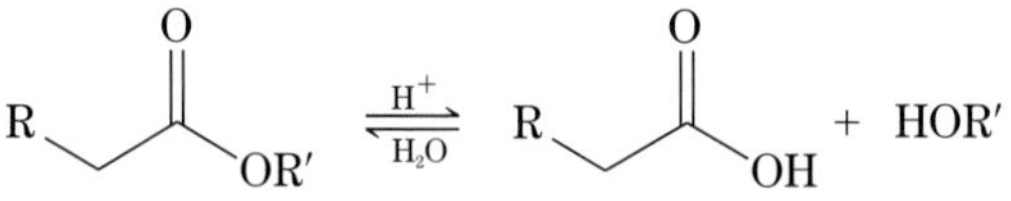

14.49 第13章で Grignard 試薬がケトンやアルデヒドのカルボニル炭素を攻撃することを述べた．Grignard 試薬とカルボン酸との反応で同じことが起こるであろうか．またエステルとではどうか．

14.50 14.7節でカルボン酸の Fischer エステル化の機構はカルボン酸誘導体の反応の基本であることを述べた．酸ハロゲン化物と水の反応はその一例である．この反応の機構を推定せよ．

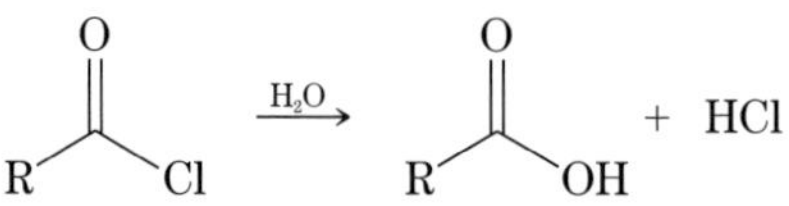

15 カルボン酸誘導体

- 15.1 はじめに
- 15.2 構造と命名法
- 15.3 特徴的な反応
- 15.4 水との反応：加水分解
- 15.5 アルコールとの反応
- 15.6 アンモニアおよびアミンとの反応
- 15.7 カルボン酸誘導体の相互変換
- 15.8 エステルと **Grignard** 試薬との反応
- 15.9 還 元

Whickerman の寒天培地の入ったペトリ皿に生えたカビ *Penicillium notatum* の拡大写真．このカビは最初のペニシリン抗生物質の供給源として初期に用いられた．左の図はアモキシシリンの分子模型である．(*Andrew McClenaghan/Photo Researchers, Inc.*)

15.1 はじめに

　この章では，カルボキシ基から誘導される 4 種類の有機化合物，すなわち，酸ハロゲン化物，酸無水物，エステルおよびアミドについて学ぶ．これらの官能基の一般式を使って形式的にカルボキシ基とどのような関係になっているかを見てみよう．例えば，カルボキシ基から―OH，H―Cl から H―をとると酸塩化物が，またカルボキシ基から―OH，アンモニアから H―をとるとアミドが得られる．

$$\underset{\substack{\text{RCCl}\\\text{酸塩化物}}}{\overset{\overset{\displaystyle O}{\parallel}}{}} \qquad \underset{\substack{\text{RCOCR'}\\\text{酸無水物}}}{\overset{\overset{\displaystyle O\ \ \ O}{\parallel\ \ \ \ \parallel}}{}} \qquad \underset{\substack{\text{RCOR'}\\\text{エステル}}}{\overset{\overset{\displaystyle O}{\parallel}}{}} \qquad \underset{\substack{\text{RCNH}_2\\\text{アミド}}}{\overset{\overset{\displaystyle O}{\parallel}}{}}$$

↑ −H₂O　　　　↑ −H₂O　　　　↑ −H₂O　　　　↑ −H₂O

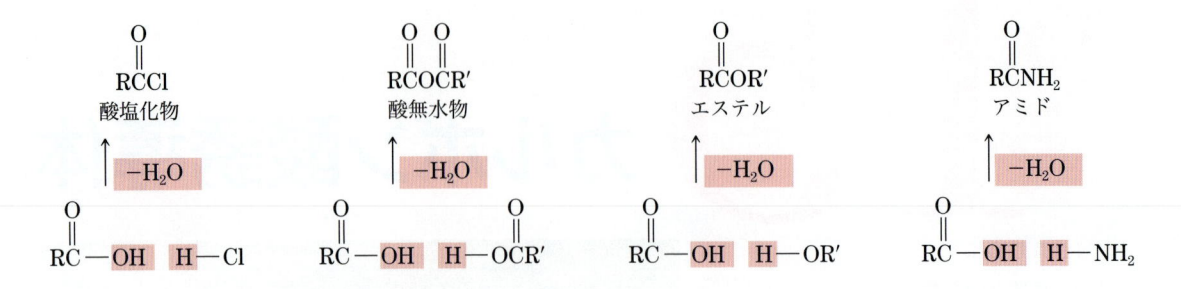

$$\underset{}{\overset{\overset{\displaystyle O}{\parallel}}{\text{RC—OH}}} \ \ \text{H—Cl} \qquad \underset{}{\overset{\overset{\displaystyle O}{\parallel}}{\text{RC—OH}}} \ \ \text{H—OCR'} \qquad \underset{}{\overset{\overset{\displaystyle O}{\parallel}}{\text{RC—OH}}} \ \ \text{H—OR'} \qquad \underset{}{\overset{\overset{\displaystyle O}{\parallel}}{\text{RC—OH}}} \ \ \text{H—NH}_2$$

15.2　構造と命名法

A　酸ハロゲン化物

酸ハロゲン化物：カルボキシ基の—OHがハロゲン原子で置換されたカルボン酸の誘導体．ハロゲンとしては塩素が最も一般的である．

　酸ハロゲン化物 acid halide（ハロゲン化アシル acyl halide）の官能基は，ハロゲン原子が結合した**アシル基** acyl group（RCO—）である（14.8節）．最も一般的な酸ハロゲン化物は酸塩化物である．酸ハロゲン化物を命名するには，母体のカルボン酸名の語尾 -ic acid を -yl halide で置き換えればよい（日本語名はハロゲン化アシルとする）．

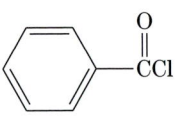

$$\underset{\substack{\text{Ethanoyl chloride}\\\text{塩化エタノイル}\\\text{(Acetyl chloride)}\\\text{(塩化アセチル)}}}{\overset{\overset{\displaystyle O}{\parallel}}{\text{CH}_3\text{CCl}}} \qquad \underset{\substack{\text{Benzoyl chloride}\\\text{塩化ベンゾイル}}}{\overset{\overset{\displaystyle O}{\parallel}}{\text{C}_6\text{H}_5\text{CCl}}}$$

B　酸無水物

カルボン酸無水物

カルボン酸無水物：酸素に二つのアシル基が結合した化合物．

　カルボン酸無水物 carboxylic anhydride（通常，単に無水物 anhydride という）の官能基は，酸素原子に結合した二つのアシル基である．アシル基は，脂肪族または芳香族のどちらであってもよい．さらに，無水物には対称型（二つのアシル基が同じ場合）のものと混合型（二つのアシル基が異なる場合）のものがある*．

*訳注：日本語名は一般的には〜酸無水物とするが，簡単な4種類の化合物だけは無水酢酸，無水マレイン酸，無水コハク酸，無水フタル酸のようにいう．

$$\underset{\substack{\text{Acetic anhydride}\\\text{無水酢酸}}}{\overset{\overset{\displaystyle O\ \ \ \ \ \ \ \ \ O}{\parallel\ \ \ \ \ \ \ \ \ \ \parallel}}{\text{CH}_3\text{C—O—CCH}_3}} \qquad \underset{\substack{\text{Benzoic anhydride}\\\text{安息香酸無水物}}}{\overset{\overset{\displaystyle O\ \ \ \ \ \ \ O}{\parallel\ \ \ \ \ \ \ \ \parallel}}{\text{C}_6\text{H}_5\text{C—O—C}\text{C}_6\text{H}_5}} \qquad \underset{\substack{\text{Acetic benzoic anhydride}\\\text{酢酸安息香酸無水物}\\\text{(混合酸無水物)}}}{\overset{\overset{\displaystyle O\ \ \ \ \ \ \ O}{\parallel\ \ \ \ \ \ \ \ \parallel}}{\text{CH}_3\text{C—O—C}\text{C}_6\text{H}_5}}$$

リン酸無水物

　リン酸無水物は，生化学において特に重要な役割を果たしている（第22章）ので，カルボン酸無水物との類似点を示すためにここで取りあげる．**リン酸無水物** phosphoric anhydride の官能基は，酸素原子に二つのホスホリル基が結合したもの

Chemical Connections 15A

紫外線防護と日焼け止め

　地球のオゾン層を通過してくる紫外線 (UV) は，任意に UVB（290〜320 nm）と UVA（320〜400 nm）の二つの領域に分けられる．UVB は UVA よりエネルギーが高く，皮膚や目の分子と直接相互作用し，皮膚がん，皮膚の老化，白内障など目の損傷，UV 照射に当たってから 12〜24 時間後に現れる遅延日焼けの原因となる．これに対して UVA は日焼けの肌色をつくる．これも皮膚の害になるが，UVB よりはずっと軽い．UVA が皮膚がんを促進するかどうかについてはあまりよくわかっていない．

　市販の日焼け止め製品は太陽保護因子 (SPF) によってランク付けされる．SPF は未保護の皮膚と比べて，保護された皮膚が遅延日焼けをもたらす最小の UV 照射有効量と定義される．市販の日焼け止めには 2 種類の活性な成分が含まれている．最も一般的なものは酸化亜鉛 ZnO で，紫外線を反射し，散乱させる白い結晶性物質である．第二のものは紫外線を吸収し，熱として再放出する．第二のタイプの成分は UVB を阻止するのに有効であるが，UVA は阻止しない．したがって，肌は黒くなるが，UVB に関係する損傷を防止する．市販製品のラベルに有効成分と書かれている日焼け止め剤の 3 種のエステルの構造式と名称を掲げる．

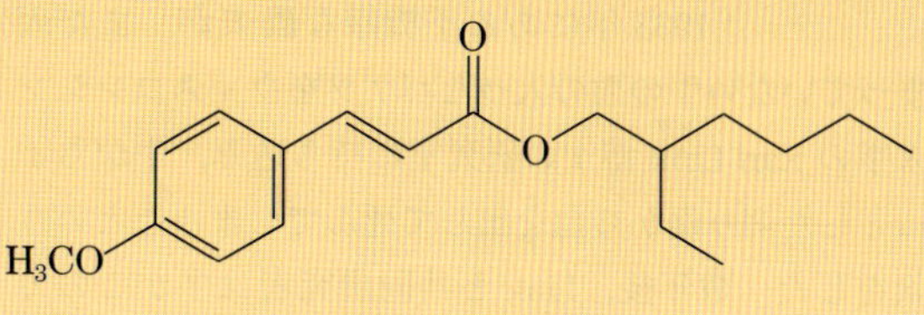

Octyl *p*-methoxycinnamate
p-メトキシケイ皮酸オクチル

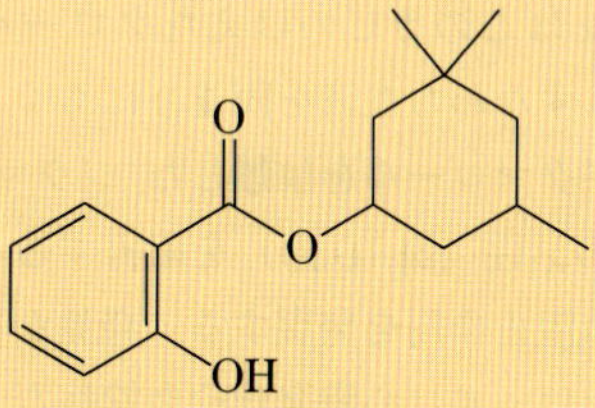

Homosalate
ホモサレート

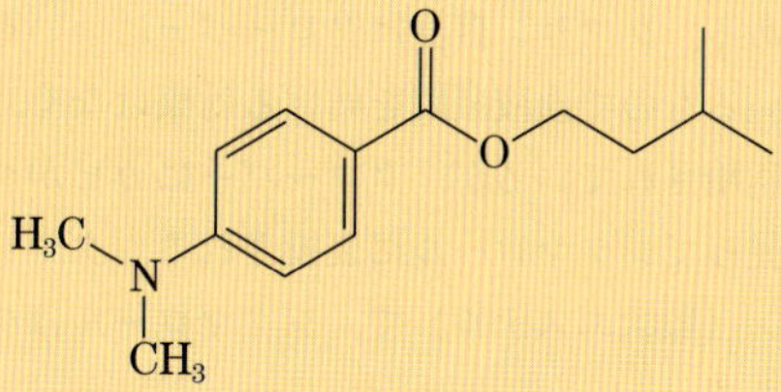

Padimate A
パジメート A

である．リン酸 H_3PO_4 の無水物 2 種と，それぞれの酸性水素が解離して生じるイオンの構造式を次に示す．

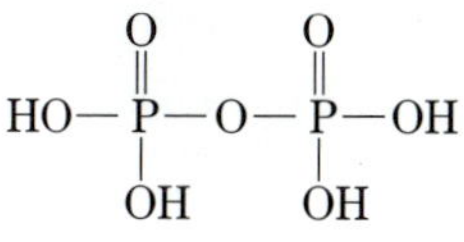

Diphosphoric acid
二リン酸
(Pyrophosphoric acid)
（ピロリン酸）

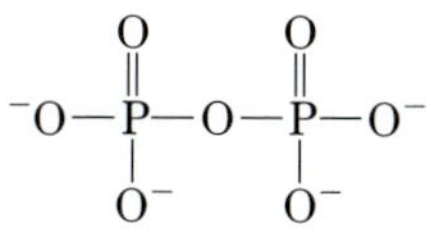

Diphosphate ion
二リン酸イオン
(Pyrophosphate ion)
（ピロリン酸イオン）

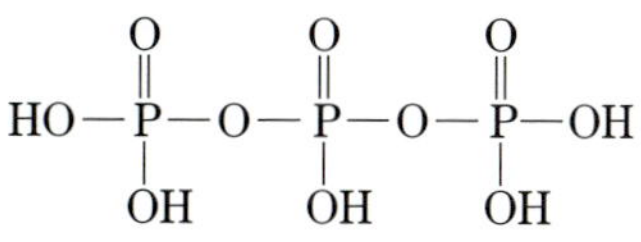

Triphosphoric acid
三リン酸

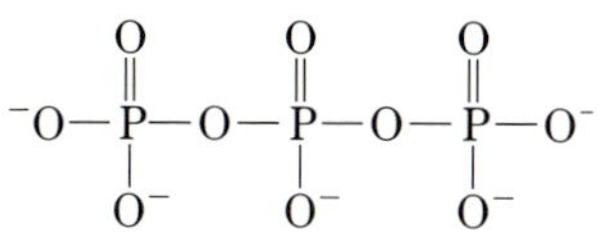

Triphosphate ion
三リン酸イオン

C　エステルとラクトン

カルボン酸のエステル

　カルボン酸エステル carboxylic acid ester（通常，単にエステル ester という）の

CHEMICAL CONNECTIONS 15B

カビのはえたクローバーから開発された血液希釈剤

1933年にある不機嫌な農夫が，まだ固まっていない牛の血の入ったバケツをウィスコンシン大学のKarl Link 博士の研究室に持ち込み，牛がちょっとした切り傷から血を出して死んでしまったという話をした．数年後，Linkと共同研究者は牛がこのカビのはえたクローバーを食べると，血液の凝固が阻害され，わずかな傷や擦り傷から出血して死ぬことを発見した．Linkはこのカビのはえたクローバーから凝血阻止作用，すなわち血液を固まりにくくする作用をもつ化合物ジクマロールを単離した．ジクマロールは，ビタミン K の活性（21.7D節）を阻害することによって，その凝血阻止作用を発現する．発見から数年のうちに，ジクマロールは心臓発作や血栓症などの治療に広く使われるようになった．

ジクマロールは環状エステルの一種のクマリンの誘導体である．クマリン自身はクローバーにいい香りをさせているもので血液凝固を妨げる効果はなく，香料として利用されているが，クローバーにカビがついてくるに従ってジクマロールに変換される．クマリンはラクトン（環状エステル）で，ジクマロールはジラクトンである．

Linkは，より効果のある凝血阻止薬の探索を続け，現在では主に殺鼠剤として使われているワルファリンを開発した．鼠がこれを食べると血液が固まらなくなり，出血死してしまう．ワルファリンはまた，血液希釈剤として臨床にも使われている．(S)エナンチオマーの方が(R)エナンチオマーよりも活性である．市販品はラセミ混合物である．

Warfarin
(合成凝血阻止薬)

Coumarin
(クローバーから)

クローバーにカビがついてくるに従って

Dicoumarol
(凝血阻止薬)

強力な凝血阻止作用をもつジクマロールは，最初，カビのはえたクローバーから単離された．
(Grant Heilman/Grant Heilman Photography, Inc.)

官能基は，—OR または—OAr が結合したアシル基である．エステルは，IUPAC 名および慣用名のいずれにおいても，相当するカルボン酸名から導かれる．すなわち，酸素に結合しているアルキルまたはアリール基名を先に書き，その後に酸の語尾 -ic acid を -ate に置き換えた酸名を続ける*．

*訳注：日本語名では，カルボン酸の名称をそのままにして次にアルキルまたはアリール基名を続ける．

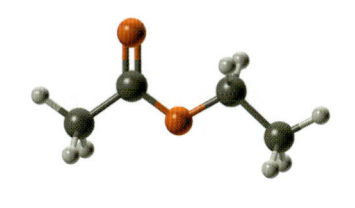

第 15 章　カルボン酸誘導体

Ethyl ethanoate
エタン酸エチル
(Ethyl acetate)
（酢酸エチル）

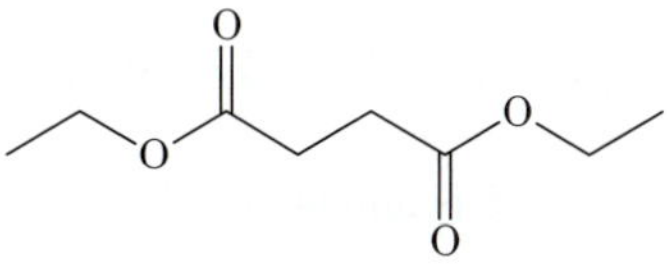

Diethyl butanedioate
ブタン二酸ジエチル
(Diethyl succinate)
（コハク酸ジエチル）

　環状エステルは**ラクトン** lactone とよばれる．ラクトンの IUPAC 命名法は，カルボン酸の語尾の -oic acid をとり除き，その代わりに -olactone をつける．慣用名も同様である．環内の酸素の位置は，カルボン酸を IUPAC 名で表す場合には番号で，また慣用名を使う場合にはギリシア文字の α, β, γ, δ, ε などで示す．

ラクトン：環状エステル．

4-Butanolactone
4-ブタノラクトン
（γ-ラクトン）

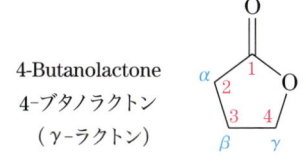

リン酸のエステル

　リン酸は三つの—OH をもつので，リン酸モノエステル，ジエステルおよびトリエステルを生成する．リン酸エステルは，例えば dimethyl phosphate（リン酸ジメチル）のように，酸素についたアルキルまたはアリール基名に *phosphate* をつけて命名される（日本語名では，"リン酸"の次にアルキルまたはアリール基名をつける）．複雑なリン酸エステルでは，まず有機化合物を命名し，次に *phosphate* をつけるか，または接頭語 *phospho-* を用いてリン酸エステルの存在を示す．下の構造式の右二つは，生物界で特に重要なリン酸エステルである．グルコースの代謝の最初の反応は，D-グルコースのリン酸エステル，すなわち D-グルコース 6-リン酸の生成である（22.4 節）．ピリドキサールリン酸は，活性型ビタミン B_6 の一つである．これらのエステルはともに，血しょうの pH 7.4 ではイオン化し，二つの水素が解離した 2 価のアニオンの形で存在している．

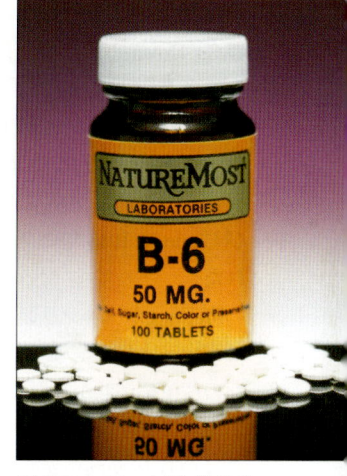

ビタミン B_6, ピリドキサール．(*Charles D. Winters*)

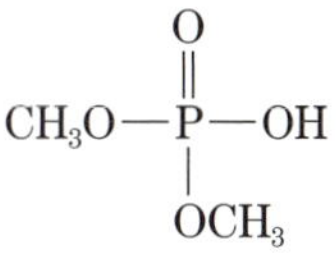

Dimethyl phosphate
（リン酸ジメチル）

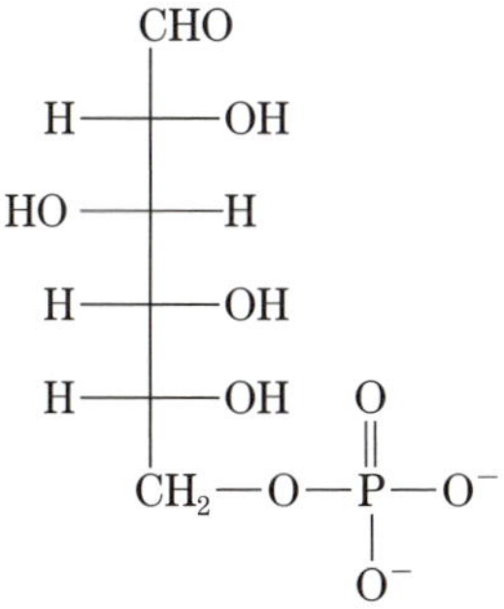

D-Glucose 6-phosphate
（D-グルコース 6-リン酸）

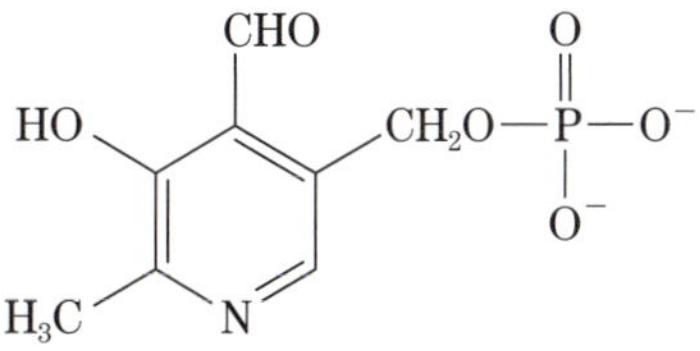

Pyridoxal phosphate
（ピリドキサールリン酸）

D アミドとラクタム

アミド amide の官能基は，3価の窒素原子に結合したアシル基である．アミドは，対応するカルボン酸名から，IUPAC 名では語尾の -oic acid を，慣用名では -ic acid をとり除き，-amide に置き換えて命名される．アルキル基やアリール基がアミドの窒素原子に結合している場合には，窒素に結合していることを N- で示し，置換基名を続ける．アルキル基またはアリール基が二つ結合している場合には，同じ置換基のときは N,N-di- で，異なる置換基のときは N-alkyl-N-alkyl- で表す．

CHEMICAL CONNECTIONS 15C

ペニシリンとセファロスポリン：β-ラクタム抗生物質

ペニシリン penicillin は，スコットランド出身の細菌学者 Sir Alexander Fleming によって 1928 年に発見された．オーストラリア出身の病理学者 Sir Howard Florey と，ナチスドイツから亡命した化学者 Ernst Chain による見事な実験研究の末，1943 年にはペニシリン G が実際の治療に導入された．かつて例のない劇的な効果を発揮する抗生物質の開発における先駆的な業績によって，Fleming，Florey および Chain に 1945 年のノーベル医学生理学賞が授与された．

Fleming がペニシリンを見つけたカビは，*Penicillium notatum* という菌種であったが，この菌種はペニシリンの産生率が低かった．その後，イリノイ州ピオリアの市場で売られていたグレープフルーツについていたカビから *P. chrysogenum* という菌種が見つかり，現在はこの菌種がペニシリンの生産に使われている．ペニシリンは微生物の細胞膜の生合成を阻害することによって，その殺菌作用を発現する．

すべてのペニシリンに共通の構造上の特性は，1 個の S 原子と 1 個の N 原子を含む五員環に縮環した β-ラクタム環をもっていることである．

ペニシリンが治療に導入されてほどなく耐性菌が出現しだし，その数は現在も増え続けている．これに対抗する一つの方法は，より有効な新しいペニシリンを合成することである．こうして開発されたものの中で，アンピシリン，メチシリンとアモキシシリンがある．もう一つの方法は，より有効な新しい β-ラクタム抗生物質を探索することである．これまでに見いだされた中で最も有効なものはセファロスポリン cephalosporin で，最初のものは *Cephalosporium acremonium* というカビから見つかった．この系統の β-ラクタム抗生物質はペニシリンよりも幅広い抗菌効果を示し，多くのペニシリン耐性菌にも有効である．

Amoxicillin（アモキシシリン）
（β-ラクタム抗生物質）

Keflex（ケフレックス）
（β-ラクタム抗生物質）

第 15 章　カルボン酸誘導体

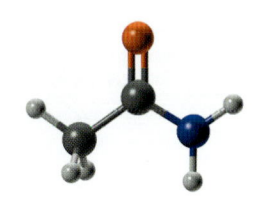

CH₃CNH₂	CH₃C-N(H)(CH₃)	H-C-N(CH₃)₂
Acetamide	N-Methylacetamide	N,N-Dimethylformamide (DMF)
アセトアミド	N-メチルアセトアミド	N,N-ジメチルホルムアミド
（第一級アミド）	（第二級アミド）	（第三級アミド）

アミド結合は，アミノ酸どうしを連結してポリペプチドやタンパク質を形成する重要な結合である（第 19 章）．

環状アミドには特に**ラクタム** lactam という名称が使われる．慣用名はラクトンと同じようにつけられるが，語尾が -olactone ではなく -olactam になる点で異なる．

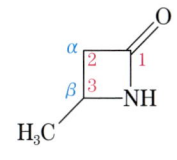

ラクタム：環状アミド．

3-Butanolactam
3-ブタノラクタム
（β-ラクタム）

6-Hexanolactam
6-ヘキサノラクタム
（ε-ラクタム）

6-ヘキサノラクタムはナイロン-6（17.5A 節）の重要な合成中間体である．

例題 15.1

次の化合物の IUPAC 名を記せ．

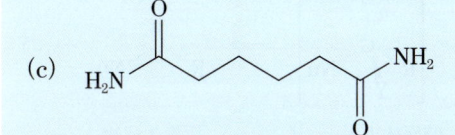

(a) （構造式）
(b) （構造式）
(c) （構造式）
(d) （構造式）

解　答

まず IUPAC 名を示し，次いでかっこ内に慣用名も示す．

(a) Methyl 3-methylbutanoate 3-メチルブタン酸メチル
　　（methyl isovalerate イソ吉草酸メチル）
(b) Ethyl 3-oxobutanoate 3-オキソブタン酸エチル
　　（ethyl β-ketobutyrate β-ケト酪酸エチル）
(c) Hexanediamide ヘキサンジアミド　（adipamide アジポアミド）
(d) Phenylethanoic anhydride フェニルエタン酸無水物
　　（phenylacetic anhydride フェニル酢酸無水物）

練習問題 15.1

次の化合物の構造式を書け．

(a) *N*-Cyclohexylacetamide
(b) *sec*-Butyl acetate
(c) Cyclobutyl butanoate
(d) *N*-(2-Octyl)benzamide
(e) Diethyl adipate
(f) Propanoic anhydride

15.3 特徴的な反応

酸ハロゲン化物，酸無水物，エステルおよびアミドに共通する代表的な反応は求核種のカルボニル基への付加であり，まず四面体構造をもつカルボニル付加中間体が生成する．この点では，アルデヒドやケトンのカルボニル基への求核付加とよく似ている（13.5 節）．アルデヒドとケトンから生成した中間体は H^+ をとり反応を完結する．この反応は求核アシル付加反応である．

求核アシル付加：

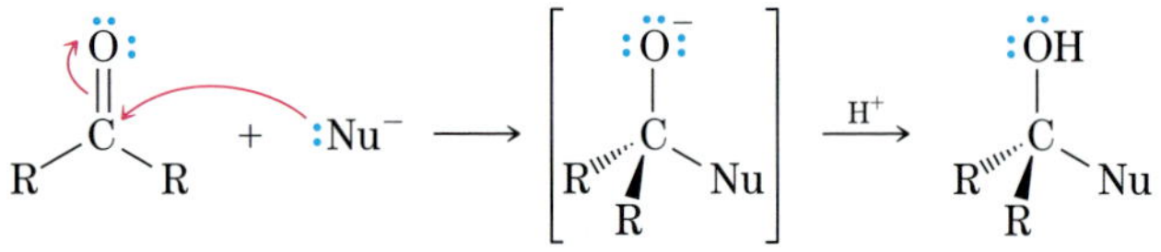

アルデヒド　　　　　四面体カルボニル　　　付加生成物
またはケトン　　　　付加中間体

カルボン酸誘導体では，この四面体カルボニル付加中間体はまったく異なった運命をたどる．生成した中間体は脱離基を放出して，カルボニル基を再生する．すなわち，付加−脱離反応の結果，**求核アシル置換反応** nucleophilic acyl substitution が起こったことになる．

求核アシル置換反応：カルボニル炭素に結合している求核種が，他の求核種と置き換わる反応．

求核アシル置換：

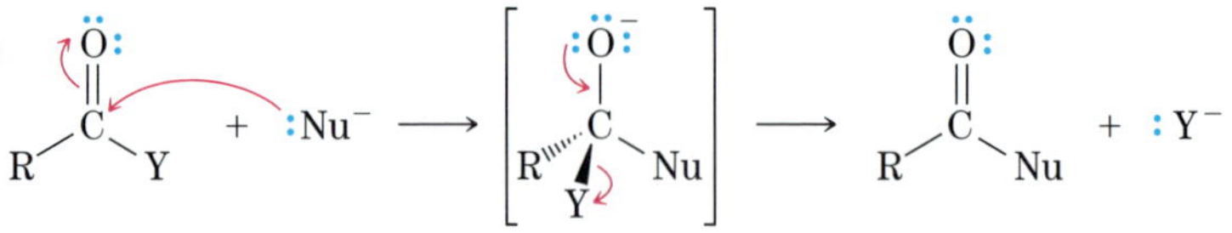

カルボン酸　　　四面体カルボニル　　　置換生成物
誘導体　　　　　付加中間体

二つのカルボニル付加反応がこのように異なる主な点は，アルデヒドとケトンには安定なアニオンとして脱離できる置換基 Y がないことである．そのために，単に求核アシル付加反応で終わる．それに対して，この章で学ぶ 4 種のカルボン酸誘導体はすべて安定なアニオン Y^- として脱離できる脱離基 Y をもっているので，求核アシル置換反応を起こす．

上の一般式には，求核種と脱離基をアニオンとして示している．しかし求核種は必ずしもアニオンである必要はなく，特に酸触媒反応では水，アルコール，アンモニアなどの中性分子である．脱離基をあえてアニオンで示したのは，脱離基に関す

る次の性質の重要性を強調したいためである．すなわち，脱離基はその塩基性が弱ければ弱いほど脱離能が優れている（7.6 C節）．

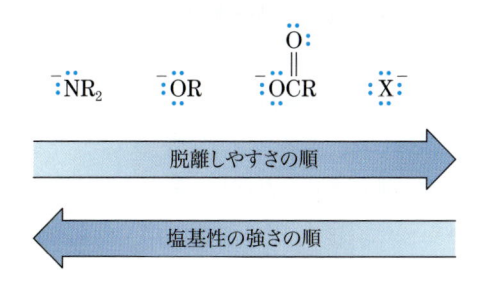

$$:\!\ddot{N}R_2 \quad :\!\ddot{O}R \quad :\!\ddot{O}\overset{\overset{\displaystyle \ddot{O}}{\|}}{C}R \quad :\!\ddot{X}:$$

脱離しやすさの順 →
← 塩基性の強さの順

　これら4種のアニオンのうち，最も弱い塩基，すなわち最もよい脱離基はハロゲン化物イオンである．したがって，酸ハロゲン化物は求核アシル置換反応に対する反応性が最も高い．最も強い塩基，すなわち最も弱い脱離基はアミドイオンであり，アミドは求核アシル置換反応を最も起こしにくい．酸ハロゲン化物や酸無水物は反応性が高いので，天然には存在しないが，エステルやアミドは広く分布している．

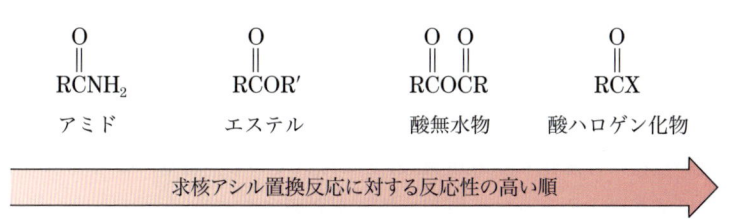

$$\underset{\text{アミド}}{\overset{\overset{\displaystyle O}{\|}}{RCNH_2}} \quad \underset{\text{エステル}}{\overset{\overset{\displaystyle O}{\|}}{RCOR'}} \quad \underset{\text{酸無水物}}{\overset{\overset{\displaystyle O}{\|}}{RCOCR}\overset{\overset{\displaystyle O}{\|}}{}} \quad \underset{\text{酸ハロゲン化物}}{\overset{\overset{\displaystyle O}{\|}}{RCX}}$$

求核アシル置換反応に対する反応性の高い順 →

15.4　水との反応：加水分解

A　酸塩化物

　分子量の小さい酸塩化物は，水と非常に速く反応してカルボン酸とHClを生成する．分子量の大きい酸塩化物は水溶性が低く，このために水との反応は遅い．

$$\overset{\overset{\displaystyle O}{\|}}{CH_3CCl} + H_2O \longrightarrow \overset{\overset{\displaystyle O}{\|}}{CH_3COH} + HCl$$

B　酸無水物

　一般に酸無水物は酸塩化物に比べると反応性が低い．しかし分子量の小さい酸無水物は水と速やかに反応し，2分子のカルボン酸を生成する．

$$\overset{\overset{\displaystyle O}{\|}\overset{\displaystyle O}{\|}}{CH_3COCCH_3} + H_2O \longrightarrow \overset{\overset{\displaystyle O}{\|}}{CH_3COH} + \overset{\overset{\displaystyle O}{\|}}{HOCCH_3}$$

C エステル

エステルの加水分解は非常に遅く，沸騰水中でもゆっくりとしか進行しない．しかし，酸や塩基の共存下に加熱すると，加水分解はかなり速くなる．すでに 14.7 節において，酸触媒エステル化（Fischer エステル化）について学び，この反応が可逆反応であることを指摘した．エステルの酸触媒加水分解も可逆反応であり，エステル化と同じ反応機構で進行する．ただし，その方向は逆である．触媒である酸の役割は，カルボニル基の酸素原子へのプロトン化である．その結果，カルボニル炭素の求電子性が増し，水の攻撃による四面体カルボニル付加中間体の生成が容易になる．この中間体が分解するとカルボン酸とアルコールが生成する．この反応では，酸は触媒として働き，最初の段階で消費されるが最終段階で再生される．

四面体カルボニル
付加中間体

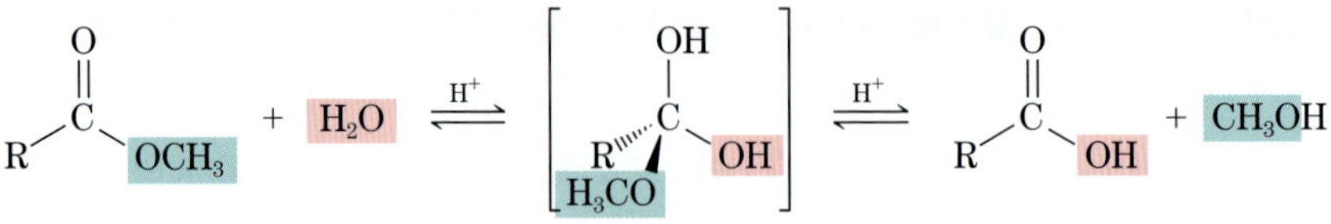

エステルはまた，NaOH 水溶液などの塩基性水溶液と加熱することによっても加水分解される．塩基によるエステルの加水分解は，せっけんの製造工程（21.3A 節）との関連から特に**けん化** saponification とよばれている．塩基による加水分解では，次の化学反応式で示すように，塩基は等モル必要である．

けん化：エステルを NaOH または KOH 水溶液でアルコールとカルボン酸のナトリウム塩またはカリウム塩に加水分解する反応．

$$\mathrm{R\overset{O}{\overset{\|}{C}}OCH_3 + NaOH \xrightarrow{H_2O} R\overset{O}{\overset{\|}{C}}O^-Na^+ + CH_3OH}$$

反応機構：エステルの塩基による加水分解

段階 1：水酸化物イオンがエステルのカルボニル炭素に付加し四面体カルボニル付加中間体を生成する．

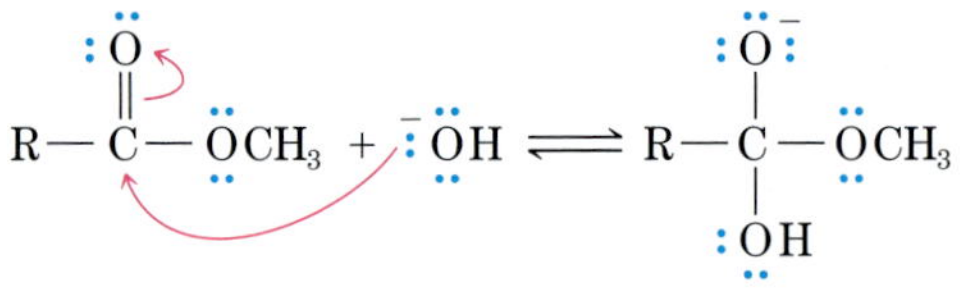

段階 2：この中間体が分解して，カルボン酸とアルコキシドイオンになる．

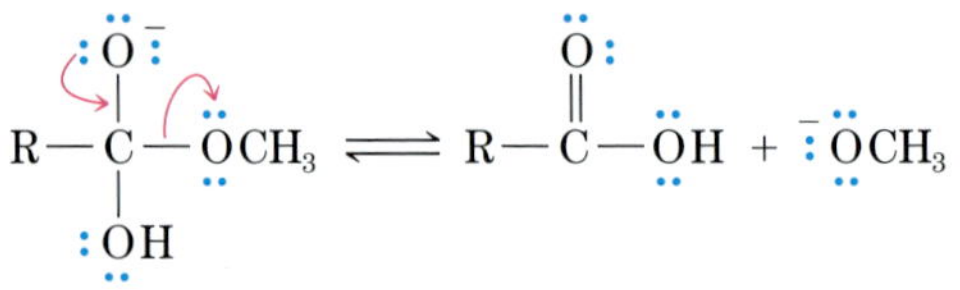

段階 3：カルボキシ基（酸）からアルコキシドイオン（塩基）にプロトン移動が起こり，カルボン酸イオンを生成する．この段階は不可逆反応である．アルコールはカルボン酸よりも弱酸であり，カルボン酸イオンを攻撃できるほど強い求

第 15 章　カルボン酸誘導体

核種ではないからである．

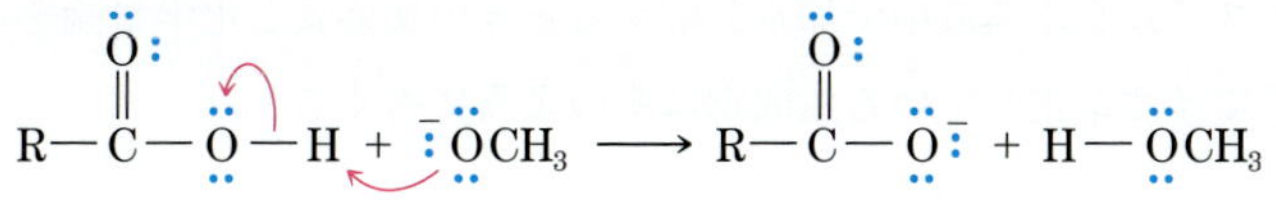

$$\text{R}-\overset{\overset{\displaystyle \ddot{\text{O}}:}{\|}}{\text{C}}-\ddot{\text{O}}-\text{H} + {:}\ddot{\text{O}}\text{CH}_3 \longrightarrow \text{R}-\overset{\overset{\displaystyle \ddot{\text{O}}:}{\|}}{\text{C}}-\ddot{\text{O}}{:}^- + \text{H}-\ddot{\text{O}}\text{CH}_3$$

エステルの加水分解で，その条件が酸性であるか塩基性であるかによって次のような二つの大きな違いがある．

1. 酸による加水分解では，酸は触媒量でよい．塩基による加水分解では，塩基は等モル必要で，触媒ではない．
2. 酸による加水分解は可逆反応である．一方，塩基による加水分解はカルボン酸のアニオンが ROH によって攻撃されることはないから不可逆反応である．

例題 15.2

次のエステルを，NaOH 水溶液中で加水分解するときの反応式と化学量論を示せ．NaOH 水溶液中でイオン化している生成物はそのように書くこと．

(a) 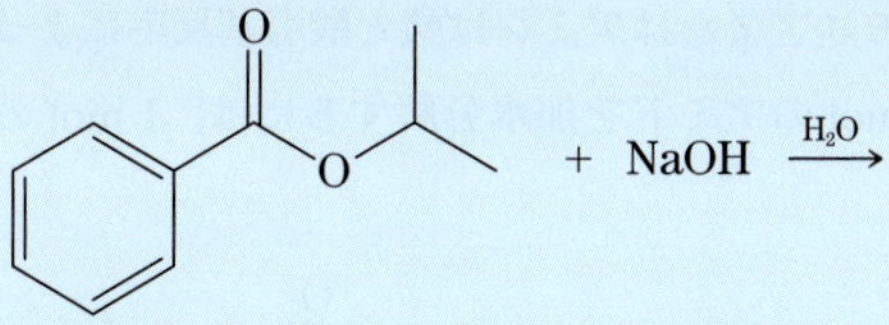 安息香酸イソプロピル + NaOH $\xrightarrow{\text{H}_2\text{O}}$

(b) 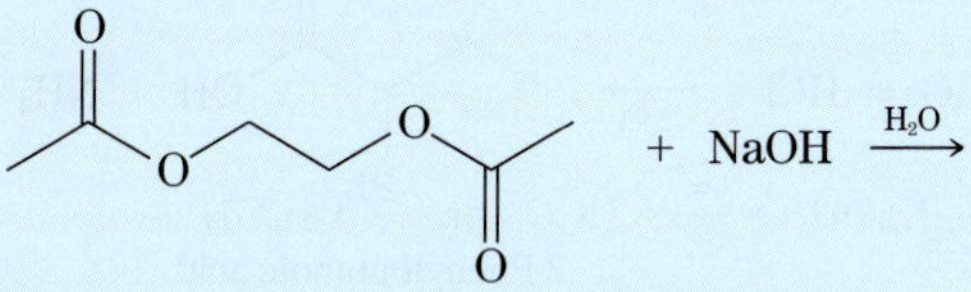 エチレングリコールジアセテート + NaOH $\xrightarrow{\text{H}_2\text{O}}$

解　答

(a) の加水分解生成物は，安息香酸と 2-プロパノールである．NaOH 水溶液中では安息香酸はナトリウム塩になる．したがって，1 mol のエステルを加水分解するには，1 mol の NaOH が必要である．化合物 (b) は，エチレングリコールのジエステルである．この化合物を完全に加水分解するには，2 mol の NaOH が必要である．

(a) 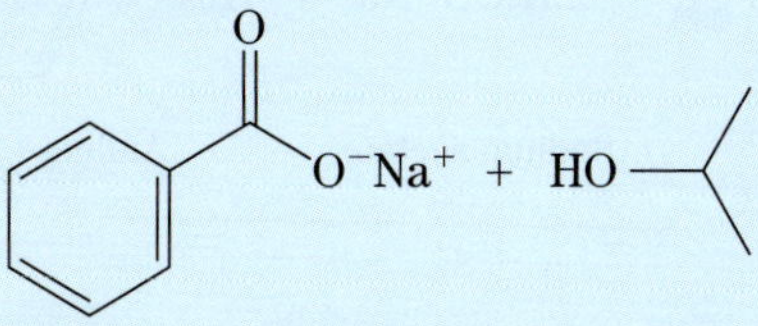 Sodium benzoate + 2-Propanol (Isopropyl alcohol)

(b) 2 CH$_3$CO$^-$Na$^+$ + HOCH$_2$CH$_2$OH
    Sodium acetate   1,2-Ethanediol (Ethylene glycol)

練習問題 15.2

次のエステルを水溶液中で加水分解するときの反応式と化学量論を示せ．反応条件下でイオン化している生成物はそのように書くこと．

(a) 1,2-ベンゼンジカルボン酸ジメチル (phthalate dimethyl ester) + NaOH (過剰) $\xrightarrow{H_2O}$

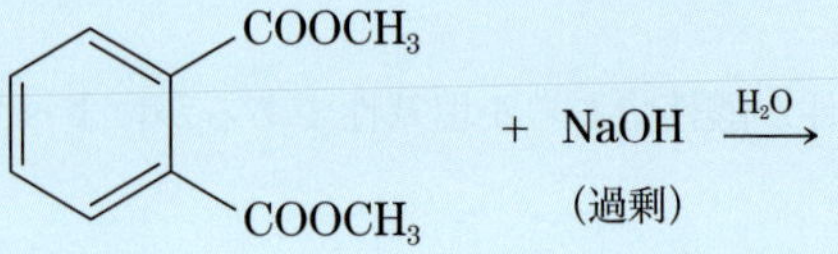

(b) CH$_3$COCH$_2$CH$_2$COOC$_2$H$_5$ + H$_2$O $\xrightarrow{HCl}$

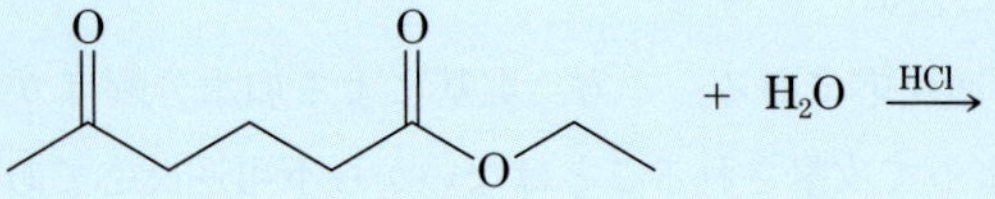

D アミド

アミドは酸や塩基によって加水分解されるが，エステルよりかなり強い条件が必要である．アミドを酸で加水分解するには加熱が必要で，カルボン酸とアンモニアまたはアミンが生成する．アンモニアまたはアミンは酸と酸塩基反応によってアンモニウムイオンを生成する．1 mol のアミドを加水分解するには，1 mol の酸が必要である．

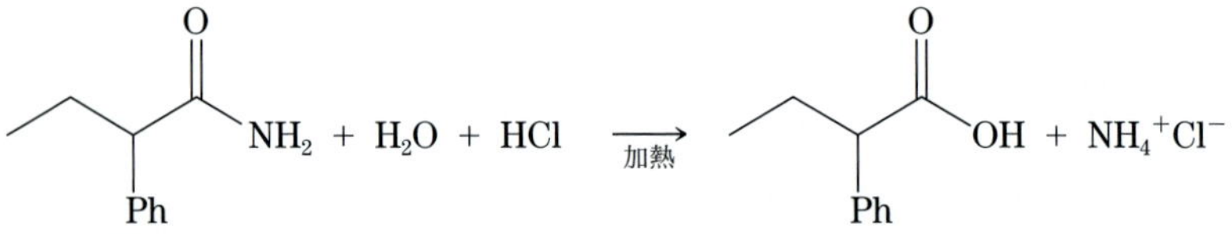

2-Phenylbutanamide + H$_2$O + HCl $\xrightarrow{加熱}$ 2-Phenylbutanoic acid + NH$_4^+$Cl$^-$

塩基性水溶液中での加水分解の生成物は，カルボン酸とアンモニアまたはアミンである．塩基による加水分解は，カルボン酸が塩基との酸塩基反応によって塩を形成するので，完結するまで進む．1 mol のアミドの加水分解には，塩基は 1 mol 必要である．

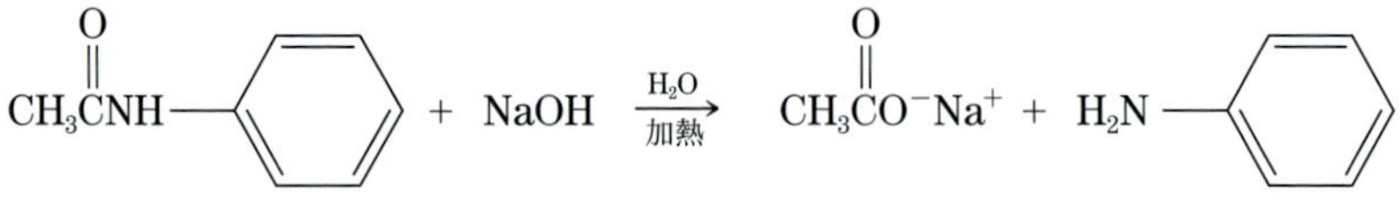

N-Phenylethanamide (N-Phenylacetamide, Acetanilide) + NaOH $\xrightarrow[加熱]{H_2O}$ CH$_3$CO$^-$Na$^+$ (Sodium acetate) + H$_2$N–C$_6$H$_5$ (Aniline)

これらの官能基の水との反応について表 15.1 にまとめる．これら 4 種の官能基はいずれも水と反応するが，その速度と加水分解の反応条件は大きく異なることに注意しよう．

第15章 カルボン酸誘導体

表 15.1 酸塩化物，無水物，エステル，アミドと水との反応のまとめ

$$R-\underset{\underset{O}{\|}}{C}-Cl + H_2O \longrightarrow R-\underset{\underset{O}{\|}}{C}-OH + HCl$$

$$R-\underset{\underset{O}{\|}}{C}-O-\underset{\underset{O}{\|}}{C}-R + H_2O \longrightarrow R-\underset{\underset{O}{\|}}{C}-OH + HO-\underset{\underset{O}{\|}}{C}-R$$

$$R-\underset{\underset{O}{\|}}{C}-OR' + H_2O \xrightarrow{NaOH} R-\underset{\underset{O}{\|}}{C}-O^-Na^+ + R'OH$$
$$\xrightarrow{H_2SO_4} R-\underset{\underset{O}{\|}}{C}-OH + R'OH$$

$$R-\underset{\underset{O}{\|}}{C}-NH_2 + H_2O \xrightarrow{NaOH} R-\underset{\underset{O}{\|}}{C}-O^-Na^+ + NH_3$$
$$\xrightarrow{HCl} R-\underset{\underset{O}{\|}}{C}-OH + NH_4^+Cl^-$$

例題 15.3

次のアミドを濃塩酸中で加水分解するときの反応式を書け．すべての生成物は HCl 溶液中で存在する形で示し，加水分解に必要な HCl の mol 数を示せ．

(a) $CH_3\underset{\underset{O}{\|}}{C}N(CH_3)_2$

(b) （δ-ラクタム環構造：6員環に C=O と NH を含む）

解 答

(a) N,N-ジメチルアセトアミドを加水分解すると，酢酸とジメチルアミンが生成する．塩基であるジメチルアミンは，HCl によりプロトン化されジメチルアンモニウムイオンを形成するので，反応式には塩化ジメチルアンモニウムとして示している．アミド 1 mol を加水分解するのに 1 mol の HCl が必要である．

$$CH_3\underset{\underset{O}{\|}}{C}N(CH_3)_2 + H_2O + HCl \xrightarrow{加熱} CH_3\underset{\underset{O}{\|}}{C}OH + (CH_3)_2NH_2^+Cl^-$$

(b) この δ-ラクタムの加水分解は，5-アミノペンタン酸の塩酸塩を生成する．ラクタム 1 mol 当たり 1 mol の HCl が必要である．

$$\text{(δ-ラクタム)} + H_2O + HCl \xrightarrow{加熱} HO-\underset{\underset{O}{\|}}{C}-CH_2CH_2CH_2CH_2-NH_3^+Cl^-$$

練習問題 15.3

例題 15.3 に示されたアミドを濃 NaOH 水溶液中で加水分解するときの反応式を書け．すべての生成物は NaOH 水溶液中で存在する形で示し，加水分解するのに必要な NaOH の mol 数を示せ．

15.5 アルコールとの反応

A 酸塩化物

酸塩化物は，アルコールと反応してエステルを生成する．

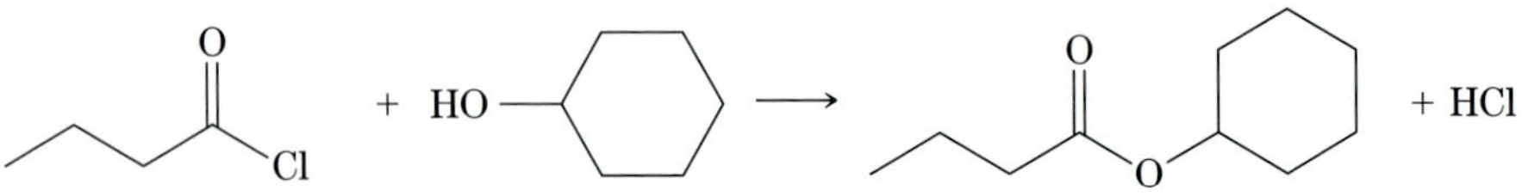

Butanoyl chloride + Cyclohexanol → Cyclohexyl butanoate + HCl

酸塩化物はアルコールのような弱い求核種とも反応するほど反応性が高いので，この反応には触媒は不要である．フェノールや置換フェノールも，酸塩化物と反応してエステルを生成する．

B 酸無水物

酸無水物はアルコールと反応して，エステルとカルボン酸を 1 mol ずつ生成する．

CH_3COCCH_3 + $HOCH_2CH_3$ → $CH_3COCH_2CH_3$ + CH_3COH

Acetic anhydride Ethanol Ethyl acetate Acetic acid

アルコールと酸無水物の反応はエステルの合成法として有用である．アスピリンは無水酢酸とサリチル酸から工業的規模で合成されている．

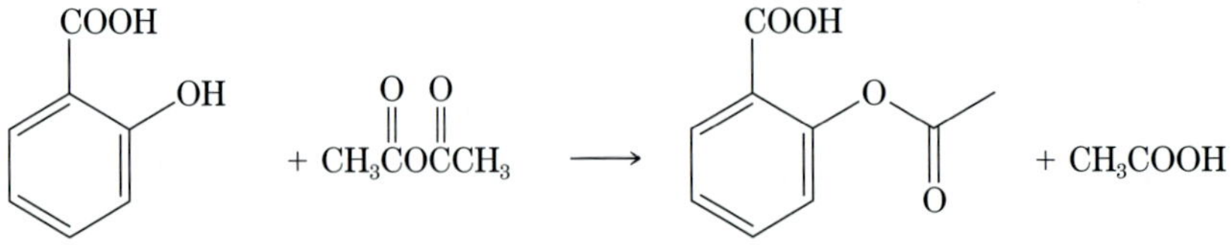

2-Hydroxybenzoic acid (Salicylic acid) + Acetic anhydride → 2-Acetoxybenzoic acid (Aspirin) + Acetic acid

C エステル

酸触媒の存在下にアルコールと反応させると，エステルは**エステル交換反応**

transesterification を起こす．この反応では元のエステルの—OR が新しい—OR′ に置き換わる．次の例では，メタノールの沸点（65 ℃）以上に反応温度を上げると，メタノールが反応混合物から蒸留によって除かれるので，反応は完結する．

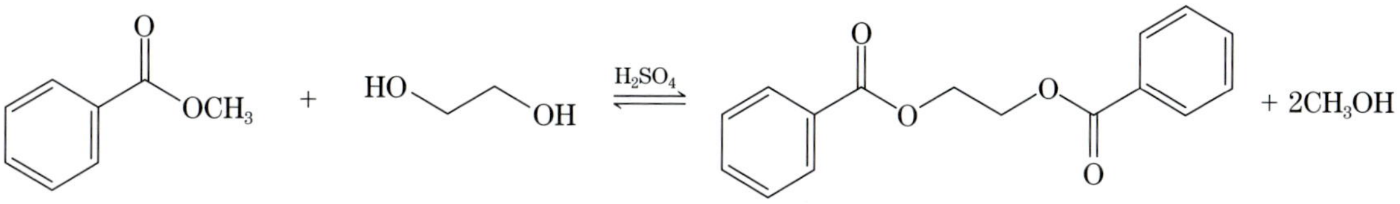

Methyl benzoate + 1,2-Ethanediol (Ethylene glycol) ⇌ (H₂SO₄) （エチレングリコールのジエステル） + 2CH₃OH

D アミド

アミドはアルコールとは反応しない．アルコールはアミドのカルボニル基を攻撃できるほど強い求核種ではないからである．

以上の官能基とアルコールの反応を表 15.2 にまとめる．これらの官能基と水との反応で述べたように，アルコールとの反応でもその速度と反応条件は大きく異なる．酸塩化物や酸無水物は非常に速く反応する一方，アミドは全く反応しない．

表 15.2　酸塩化物，無水物，エステル，アミドとアルコールとの反応のまとめ

$$R-\underset{\underset{O}{\|}}{C}-Cl + HOR'' \longrightarrow R-\underset{\underset{O}{\|}}{C}-OR'' + HCl$$

$$R-\underset{\underset{O}{\|}}{C}-O-\underset{\underset{O}{\|}}{C}-R + R''OH \longrightarrow R-\underset{\underset{O}{\|}}{C}-OR'' + HO-\underset{\underset{O}{\|}}{C}-R$$

$$R-\underset{\underset{O}{\|}}{C}-OR' + R''OH \underset{}{\overset{H_2SO_4}{\rightleftharpoons}} R-\underset{\underset{O}{\|}}{C}-OR'' + R'OH$$

$$R-\underset{\underset{O}{\|}}{C}-NH_2 + R''OH \longrightarrow 反応しない$$

15.6　アンモニアおよびアミンとの反応

A 酸塩化物

酸塩化物はアンモニアや第一級または第二級アミンと速やかに反応してアミドを生成する．酸塩化物を完全にアミドに変換するには，アンモニアやアミンが 2 mol 必要である．この場合，1 mol はアミドを作るのに使われ，残りの 1 mol は生成する HCl を中和するのに使われる．

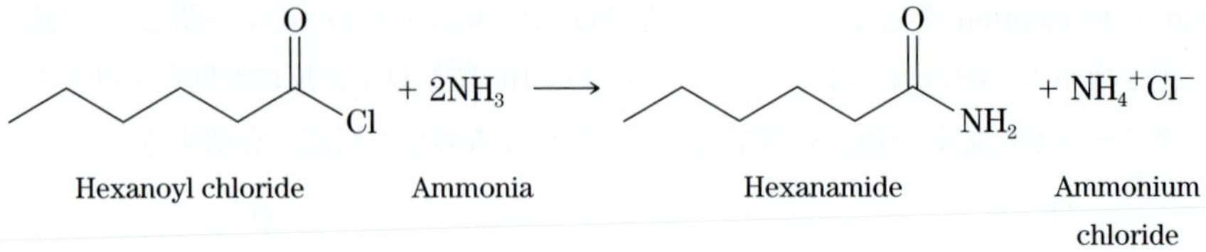

O
Cl
+ 2NH3
O
NH2
+ NH4+Cl−
Hexanoyl chloride
Ammonia
Hexanamide
Ammonium
chloride

B 酸無水物

酸無水物はアンモニアや第一級または第二級アミンと反応してアミドを生成する．酸塩化物の場合と同様に，反応を完結させるためには，アンモニアやアミンが 2 mol 必要になる．この場合，1 mol はアミドを作るのに使われ，もう 1 mol は副生成物であるカルボン酸を中和するのに使われる．理解しやすいように，この反応を 2 段階にわけて示す．この二つの反応を足すと，酸無水物とアンモニアの正味の反応になる．

$$CH_3\overset{O}{\overset{\|}{C}}O\overset{O}{\overset{\|}{C}}CH_3 + NH_3 \longrightarrow CH_3\overset{O}{\overset{\|}{C}}NH_2 + CH_3\overset{O}{\overset{\|}{C}}OH$$

$$CH_3\overset{O}{\overset{\|}{C}}OH + NH_3 \longrightarrow CH_3\overset{O}{\overset{\|}{C}}O^-NH_4^+$$

$$CH_3\overset{O}{\overset{\|}{C}}O\overset{O}{\overset{\|}{C}}CH_3 + 2NH_3 \longrightarrow CH_3\overset{O}{\overset{\|}{C}}NH_2 + CH_3\overset{O}{\overset{\|}{C}}O^-NH_4^+$$

C エステル

エステルはアンモニアや第一級または第二級アミンと反応してアミドを生成する．

O
Ph
O
+ NH3
O
Ph
NH2
+ HO
Ethyl phenylacetate
Phenylacetamide
Ethanol

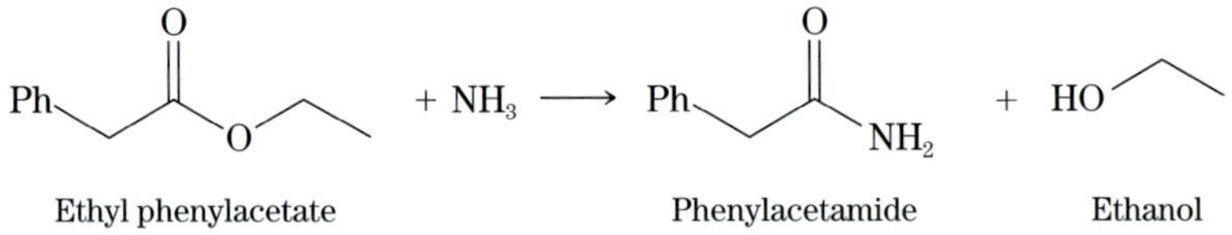

アルコキシドイオンはハロゲン化物イオンやカルボン酸イオンに比べると脱離基としては弱いので，アンモニアやアミンに対するエステルの反応性は酸塩化物や酸無水物よりも低い．

D アミド

アミドはアンモニアやアミンと反応しない．

以上の 4 種の官能基とアンモニアやアミンとの反応を表 15.3 にまとめる．

表 15.3　酸塩化物，無水物，エステル，アミドとアンモニアおよびアミンとの反応のまとめ

$$R-\overset{O}{\underset{\|}{C}}-Cl + 2NH_3 \longrightarrow R-\overset{O}{\underset{\|}{C}}-NH_2 + NH_4^+Cl^-$$

$$R-\overset{O}{\underset{\|}{C}}-O-\overset{O}{\underset{\|}{C}}-R + 2NH_3 \longrightarrow R-\overset{O}{\underset{\|}{C}}-NH_2 + R-\overset{O}{\underset{\|}{C}}-O^-NH_4^+$$

$$R-\overset{O}{\underset{\|}{C}}-OR' + NH_3 \rightleftharpoons R-\overset{O}{\underset{\|}{C}}-NH_2 + R'OH$$

$$R-\overset{O}{\underset{\|}{C}}-NH_2 \quad \text{アンモニアやアミンとは反応しない}$$

例題 15.4

次の反応式を完成せよ（化学量論は反応式に示している）．

(a) 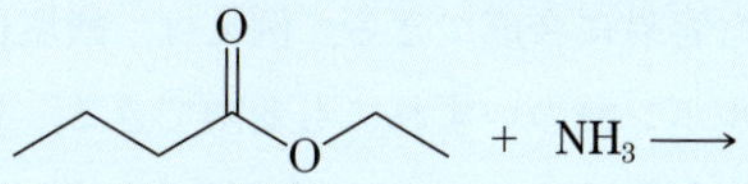 Ethyl butanoate + $NH_3 \longrightarrow$

(b) 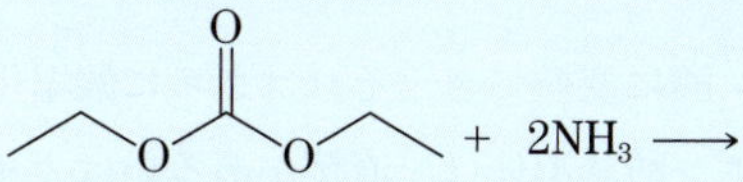 Diethyl carbonate + $2NH_3 \longrightarrow$

解　答

(a) 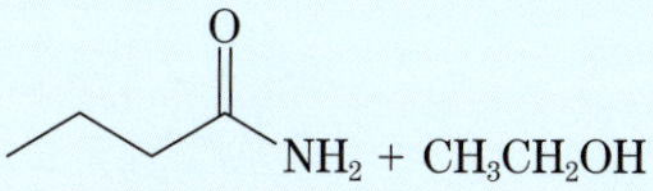 Butanamide ($CH_3CH_2CH_2CONH_2$) + CH_3CH_2OH

(b) 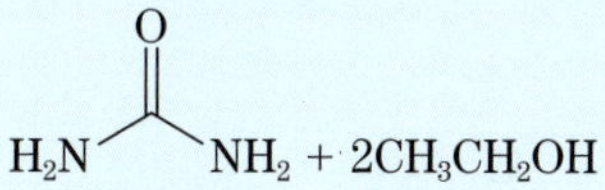 Urea（尿素）$H_2N-CO-NH_2$ + $2CH_3CH_2OH$

練習問題 15.4

次の反応式を完成せよ（化学量論は反応式に示している）．

(a) 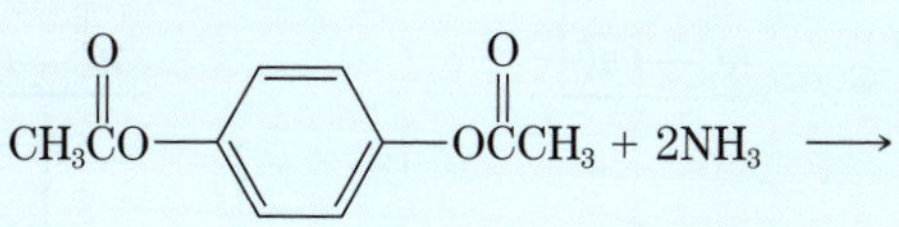 $CH_3CO-O-C_6H_4-OCCH_3 + 2NH_3 \longrightarrow$

(b) 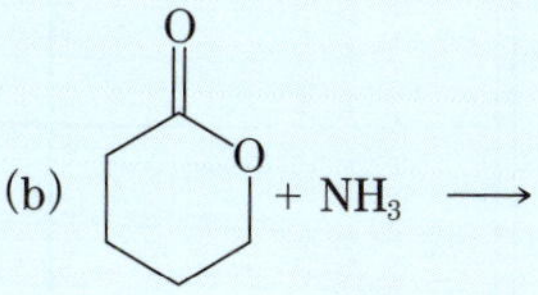 δ-バレロラクトン + $NH_3 \longrightarrow$

15.7 カルボン酸誘導体の相互変換

これまで見てきたように，求核アシル置換反応に対する反応性は，酸塩化物が最も高く，アミドが最も低い．

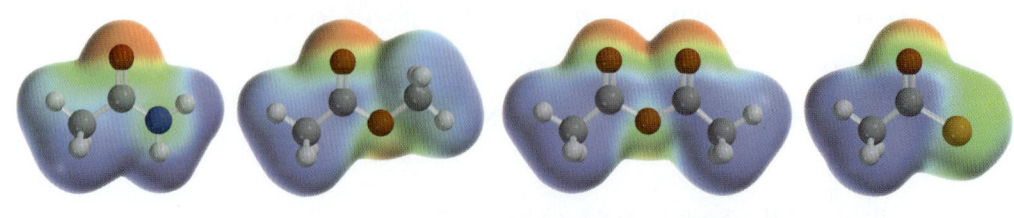

アミド＜エステル＜酸無水物＜酸ハロゲン化物

求核アシル置換反応に対する反応性の順 →

4種のカルボン酸誘導体の相対的な反応性をもっとわかりやすく表したのが図15.1である．この図に示す官能基は，適当な酸素または窒素求核種を作用させると，それより上にある官能基のいずれからも容易に合成できる．例えば，酸塩化物は，酸無水物，エステル，アミドおよびカルボン酸のいずれにも変換できる．しかし，酸無水物，エステルおよびアミドは，塩化物イオン（Cl^-）と反応して酸塩化物を生成することはない．

すべてのカルボン酸誘導体はカルボン酸に変換でき，それはさらに酸塩化物に変換できる．したがって，すべてのカルボン酸誘導体は，直接かあるいはカルボン酸を経て，他の誘導体の合成に用いることができる．

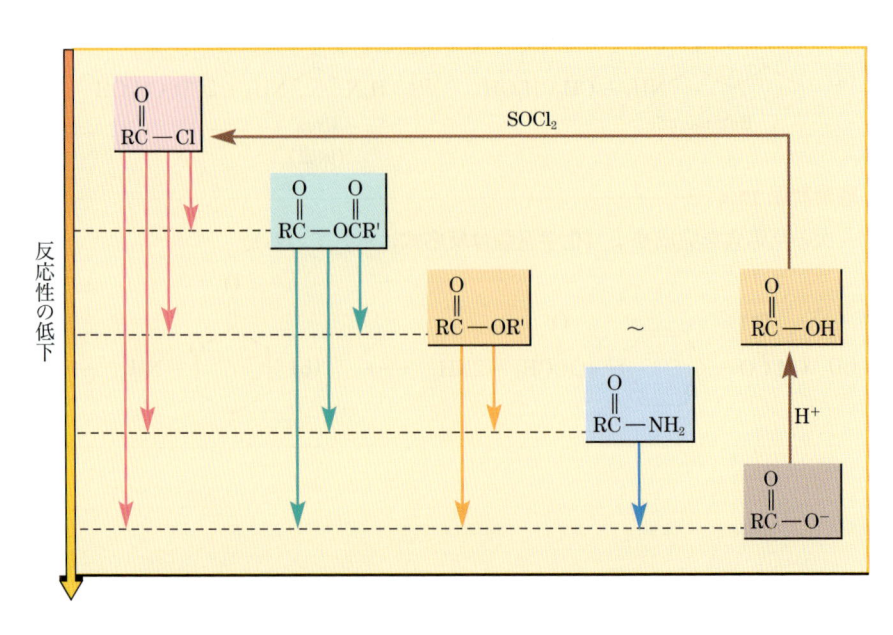

図 15.1 求核アシル置換反応に対するカルボン酸誘導体の相対的反応性．活性な誘導体は適当な試薬を反応させることによって活性の低い誘導体に変換できる．カルボン酸を塩化チオニルで処理すると，より活性な酸塩化物に変換できる．カルボン酸は酸性条件ではエステルとほぼ同等の活性をもっているが，塩基性条件では不活性なカルボン酸イオンになってしまう．

Chemical Connections 15D

計画的に獲得される植物の抵抗力

植物を有害な病原菌から守るために殺菌剤を使用することは農業では普通になっている．最近，植物生理学者はある種の植物は病原菌に対して自ら防御することができることを見いだした．例えば，タバコモザイクウイルス（TMV）はタバコ，キュウリ，トマトのような植物に対して特に破滅的な病原菌である．科学者たちは，これらの植物のある種の株はTMVに感染すると大量のサリチル酸をつくり出すことを発見した．感染にともなって植物の葉には病変が現れ，それが感染を局所的な部分にとどまるようにする．さらに，科学者たちは近くの植物がTMVに対する抵抗力を獲得することを発見した．感染した植物が，サリチル酸をサリチル酸メチルに変換して近くの植物に迫ってきた危険を知らせるようである．

Salicylic acid → Methyl salicylate

サリチル酸メチルは，サリチル酸よりも低沸点で高い蒸気圧をもっているので，感染した植物から空中に拡散し，周辺の植物がTMVに対してその防御を高めるシグナルとして用いている．

タバコ, *Nicotiana tobacum*
(*Inga Spence/Index Stock*)

15.8 エステルとGrignard試薬との反応

ギ酸エステルに2 molのGrignard試薬を反応させ，その後酸水溶液で処理すると第二級アルコールが得られる．ギ酸エステル以外のエステルにGrignard試薬を反応させると，—OHのついている炭素に同じ基が結合した第三級アルコールが得られる．

$$\text{HCOCH}_3 + 2\text{RMgX} \xrightarrow{\text{マグネシウムアルコキシド塩}} \xrightarrow{\text{H}_2\text{O, HCl}} \text{HC(OH)R}_2 + \text{CH}_3\text{OH}$$

ギ酸のエステル　　　　　　　　　　　　　　　　　　第二級アルコール

$$\text{CH}_3\text{COCH}_3 + 2\text{RMgX} \xrightarrow{\text{マグネシウムアルコキシド塩}} \xrightarrow{\text{H}_2\text{O, HCl}} \text{CH}_3\text{C(OH)R}_2 + \text{CH}_3\text{OH}$$

ギ酸以外のエステル　　　　　　　　　　　　　　　　第三級アルコール

エステルと Grignard 試薬は，順次2種の四面体カルボニル付加中間体を経て反応する．最初の中間体は自発的に分解して新しいカルボニル化合物を与える．すなわち，ギ酸エステルからはアルデヒドが，またその他のエステルからはケトンが生成する．第二の中間体は安定で，プロトンをとって最終生成物のアルコールを与える．ここで重要なことは，RMgX とエステルの反応によってアルデヒドまたはケトンを合成することはできないということである．中間体として生成するアルデヒドやケトンはエステルより反応性が高いので，ただちに Grignard 試薬と反応してアルコールになってしまうからである．

反応機構：エステルと Grignard 試薬の反応

段階1と2：反応はまず1 mol の Grignard 試薬がカルボニル炭素に付加し，四面体カルボニル付加中間体を生成してはじまる（段階1）．次いで，この中間体は分解し，新しいカルボニル化合物とマグネシウムアルコキシド塩になる（段階2）．

$$CH_3-C(=O)-OCH_3 + R-MgX \longrightarrow CH_3-\underset{R}{\underset{|}{C}}(O^-[MgX]^+)-OCH_3 \longrightarrow CH_3-\underset{R}{\underset{|}{C}}(=O) + CH_3O^-[MgX]^+$$

マグネシウム塩（四面体カルボニル付加中間体）　　ケトン

段階3と4：新しいカルボニル化合物はもう1 mol の Grignard 試薬と反応し，第二の四面体カルボニル付加中間体を生成する（段階3）．この中間体を酸の水溶液で加水分解すると第三級アルコール（ギ酸エステルの場合は第二級アルコール）を与える（段階4）．

$$CH_3-\underset{R}{\underset{|}{C}}(=O) + R-MgX \longrightarrow CH_3-\underset{R}{\underset{|}{C}}(O^-[MgX]^+)-R \xrightarrow{H-O-H, HCl} CH_3-\underset{R}{\underset{|}{C}}(OH)-R$$

ケトン　　　　　マグネシウム塩　　　　　第三級アルコール

例題 15.5

次の Grignard 反応を完成せよ．

(a) $HCOCH_3$ $\xrightarrow[2. H_2O, HCl]{1. 2\ CH_3CH_2CH_2MgBr}$
(b) $CH_3CH_2CH_2COOCH_3$ $\xrightarrow[2. H_2O, HCl]{1. 2\ PhMgBr}$

解 答

反応(a)では第二級アルコールが，反応(b)では第三級アルコールが得られる．

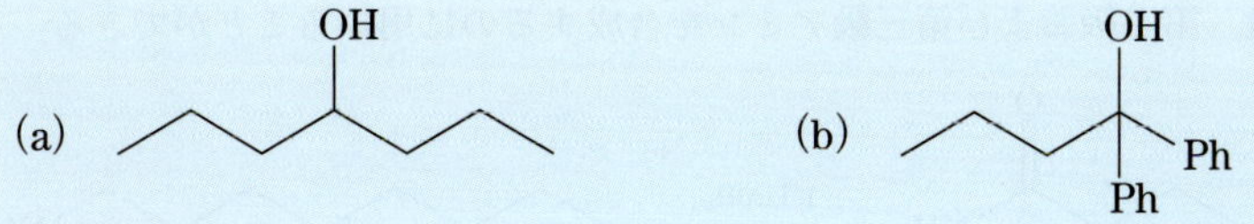

(a) [構造式: 4-heptanol]   (b) [構造式: 1,1-diphenyl-1-butanol]

練習問題 15.5
エステルと Grignard 試薬を用いて次のアルコールを合成する方法を示せ．

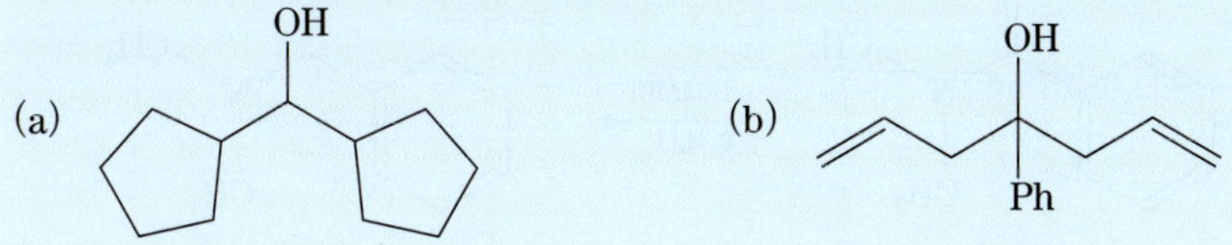

(a) [構造式: dicyclopentylmethanol]   (b) [構造式: 3-phenyl-1,6-heptadien-3-ol]

15.9 還元

アルデヒドとケトンを含めてカルボニル化合物の還元は，ほとんどの場合ホウ素あるいはアルミニウムの水素化物からのヒドリドイオンの移動を使って行われる．すでに，アルデヒドとケトンは水素化ホウ素ナトリウムによって還元されアルコールを与えること（13.11B 節），また水素化アルミニウムリチウムはアルデヒドやケトンのみならず，カルボン酸をもアルコールに還元すること（14.6A 節）を学んだ．

A エステル

エステルを水素化アルミニウムリチウムで還元すると 2 種類のアルコールができる．そのうち，アシル基が還元されて生成する第一級アルコールが通常目的とするものである．

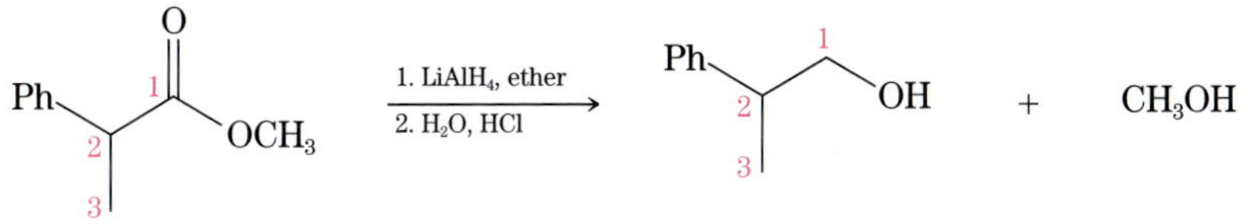

[反応式: Methyl 2-phenylpropanoate → (1. LiAlH₄, ether; 2. H₂O, HCl) → 2-Phenyl-1-propanol（第一級アルコール） + Methanol]

水素化ホウ素ナトリウムは，反応が遅いためにエステルの還元には用いられない．このため水素化ホウ素ナトリウムを使うと，同一分子内にあるエステルやカルボキシ基を還元することなく，アルデヒドあるいはケトンのカルボニル基だけをヒドロキシ基に変換することができる．

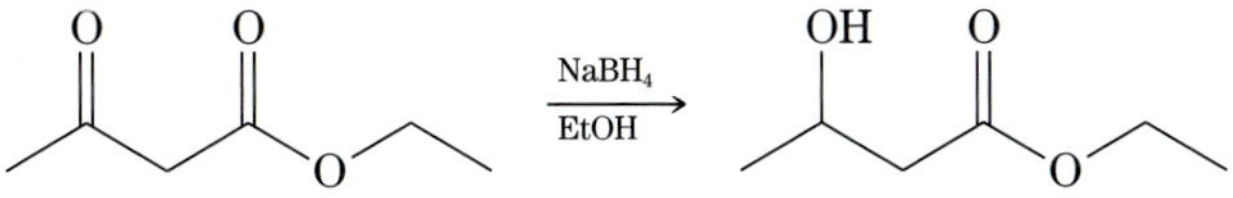

[反応式: エチル アセトアセテート → (NaBH₄/EtOH) → エチル 3-ヒドロキシブタノエート]

B アミド

アミドを水素化アルミニウムリチウムで還元する方法は，アミドの置換の程度に

応じて第一級，第二級および第三級アミンを合成するのに用いることができる．

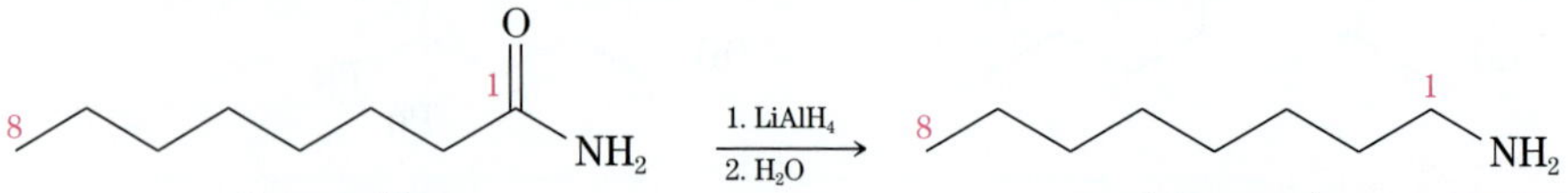

Octanamide $\xrightarrow{\text{1. LiAlH}_4}_{\text{2. H}_2\text{O}}$ 1-Octanamine
（第一級アミン）

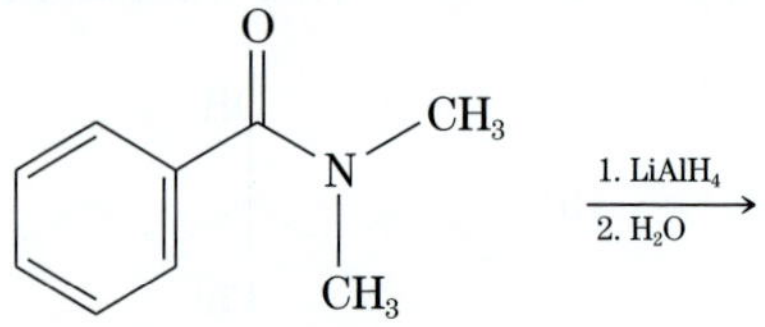

N,N-Dimethylbenzamide $\xrightarrow{\text{1. LiAlH}_4}_{\text{2. H}_2\text{O}}$ N,N-Dimethylbenzylamine
（第三級アミン）

例題 15.6

次の変換反応の方法を示せ．

(a) 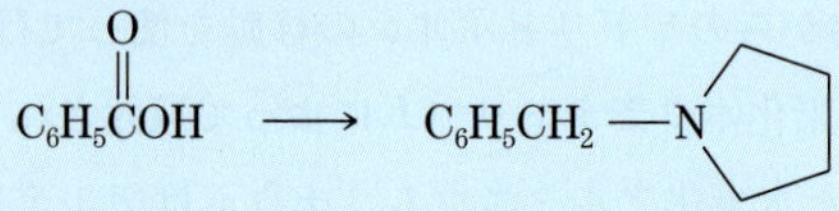 $C_6H_5COH \longrightarrow C_6H_5CH_2-N\big\langle$ ピロリジン環 $\big\rangle$

(b) 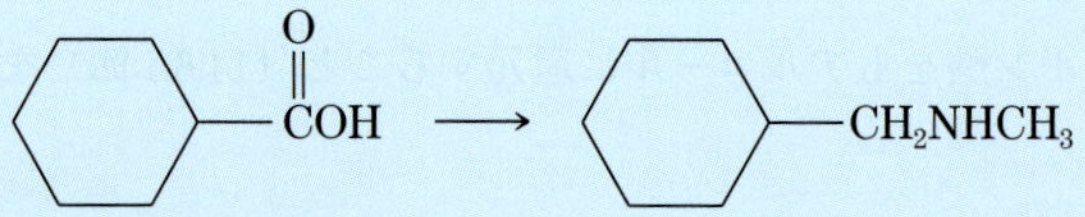 シクロヘキシル-COOH $\longrightarrow$ シクロヘキシル-CH_2NHCH_3

解　答

鍵はカルボン酸をアミドに変換し，そのアミドを LiAlH$_4$ で還元する（15.9B 節）ことである．アミドはカルボン酸に SOCl$_2$ を作用させて酸塩化物（14.8 節）とし，この酸塩化物をアミンと反応する（15.6A 節）と得られる．また別の方法として，カルボン酸を Fischer エステル化（14.7 節）によってエステルとし，このエステルにアミンを反応させてアミドにすることもできる．解答 (a) は酸塩化物を用いる方法，解答 (b) はエステルを用いる方法を示している．

(a) 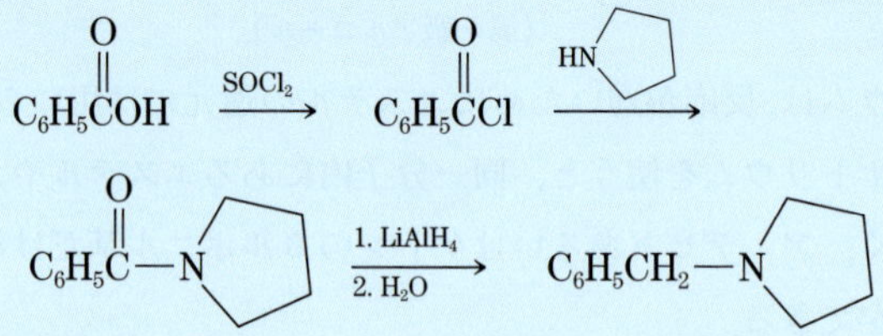 $C_6H_5COH \xrightarrow{SOCl_2} C_6H_5CCl \xrightarrow{HN\big\langle\big\rangle}$

$C_6H_5\overset{O}{C}-N\big\langle\big\rangle \xrightarrow[\text{2. H}_2\text{O}]{\text{1. LiAlH}_4} C_6H_5CH_2-N\big\langle\big\rangle$

(b) 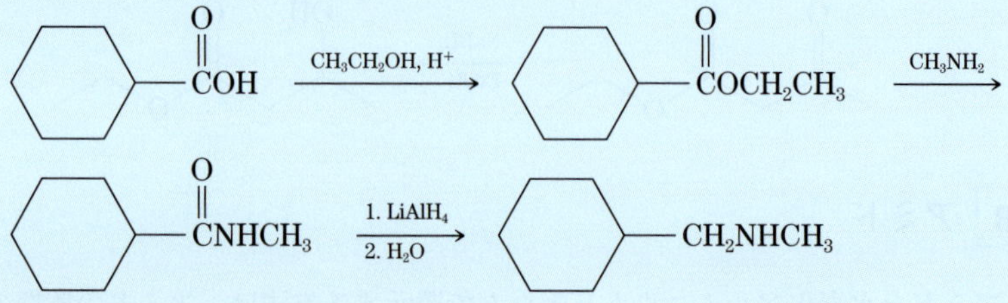 シクロヘキシル-COOH $\xrightarrow{CH_3CH_2OH,\ H^+}$ シクロヘキシル-COCH$_2$CH$_3$ $\xrightarrow{CH_3NH_2}$

シクロヘキシル-CNHCH$_3$ $\xrightarrow[\text{2. H}_2\text{O}]{\text{1. LiAlH}_4}$ シクロヘキシル-CH$_2$NHCH$_3$

練習問題 15.6

ヘキサン酸を次のアミンに収率よく変換する方法を示せ．

(a) CH₃(CH₂)₅-N(CH₃)₂ 構造

(b) CH₃(CH₂)₅-NH-CH(CH₃)₂ 構造

例題 15.7

フェニル酢酸を次の化合物に変換する方法を示せ．

(a) PhCH₂C(=O)OCH₃

(b) PhCH₂C(=O)NH₂

(c) PhCH₂CH₂NH₂

(d) PhCH₂CH₂OH

解 答

Fischer エステル化 (14.7 節) によって，フェニル酢酸とメタノールからメチルエステル (a) をつくり，このエステルをアンモニアと反応させるとアミド (b) が生成する．また，フェニル酢酸を塩化チオニルと反応させ (14.8 節)，生成した酸塩化物に 2 当量のアンモニアを反応させても，アミド (b) が得られる．アミド (b) を LiAlH₄ で還元すると第一級アミン (c) を与え，フェニル酢酸やエステル (a) を同様に還元すると，アルコール (d) が生成する．

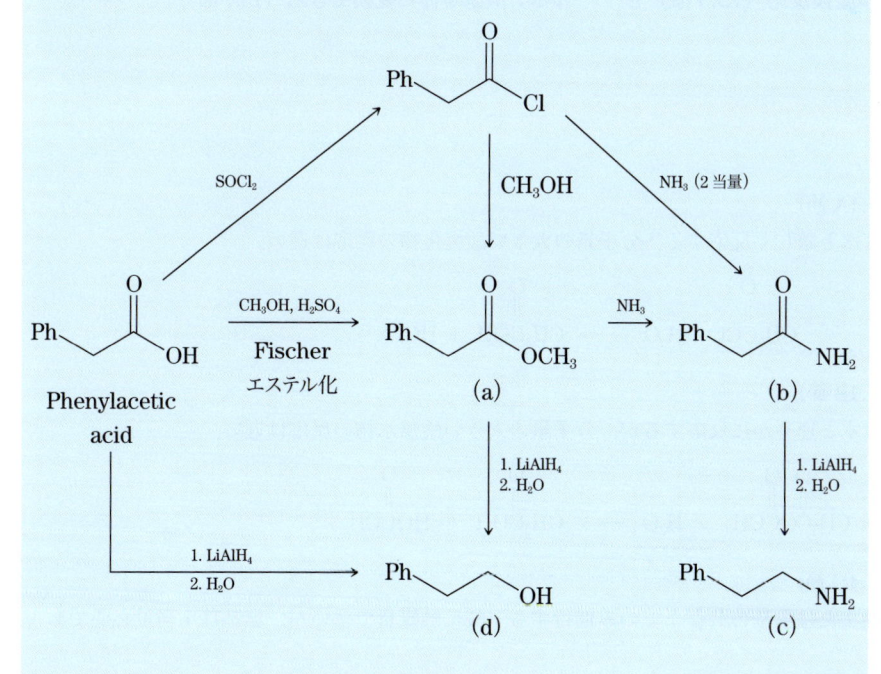

Phenylacetic acid
→ SOCl₂ → PhCH₂COCl
→ CH₃OH, H₂SO₄ (Fischer エステル化) → (a) PhCH₂COOCH₃
→ NH₃ → (b) PhCH₂CONH₂
酸塩化物 + NH₃ (2当量) → (b)
(a) 1. LiAlH₄ 2. H₂O → (d) PhCH₂CH₂OH
(b) 1. LiAlH₄ 2. H₂O → (c) PhCH₂CH₂NH₂
Phenylacetic acid 1. LiAlH₄ 2. H₂O → (d)

練習問題 15.7

(R)-2-フェニルプロパン酸を次の化合物に変換する方法を示せ．

(a) (R)-2-Phenyl-1-propanol

(b) (R)-2-Phenyl-1-propanamine

まとめ

酸ハロゲン化物（15.2A 節）の官能基は，ハロゲン原子に結合したアシル基である．酸ハロゲン化物のうち，最もよく用いられるのは酸塩化物である．**酸無水物**（15.2B 節）の官能基は，酸素原子に結合した二つのアシル基である．**カルボン酸エステル**（15.2C 節）の官能基は，—OR または—OAr に結合したアシル基である．環状エステルは**ラクトン**とよばれる．リン酸は三つの—OH をもつので，モノ，ジおよびトリエステルを生成する．**アミド**（15.2D 節）の官能基は，3 価の窒素原子に結合したアシル基である．環状アミドは**ラクタム**とよばれる．

カルボン酸誘導体に共通する反応は，カルボニル炭素への**求核アシル付加**であり，**四面体カルボニル付加中間体**を生成する．この中間体は，分解してカルボニル基を再生し，結果的には**求核アシル置換反応**（15.3 節）となる．4 種のカルボン酸誘導体を，求核アシル置換反応に対する反応性が増大する順にならべると，次のようになる．

$$\underset{\text{アミド}}{RCNH_2} \quad \underset{\text{エステル}}{RCOR'} \quad \underset{\text{酸無水物}}{RCOCR'} \quad \underset{\text{酸塩化物}}{RCCl}$$

求核アシル置換反応に対する反応性 →

低反応性　　　　　　　　　　　　　高反応性

反応性の高いカルボン酸誘導体は，適当な酸素求核種または窒素求核種との反応によって，より反応性の低いカルボン酸誘導体に変換できる（15.7 節）．

重要な反応

1. 酸塩化物の加水分解（15.4A 節）

分子量の小さい酸塩化物は水と激しく反応する．分子量の大きい酸塩化物の反応は遅い．

$$CH_3CCl + H_2O \longrightarrow CH_3COH + HCl$$

2. 酸無水物の加水分解（15.4B 節）

分子量の小さい酸無水物は水と速やかに反応するが，分子量の大きい酸無水物の反応は遅い．

$$CH_3COCCH_3 + H_2O \longrightarrow CH_3COH + HOCCH_3$$

3. エステルの加水分解（15.4C 節）

エステルの加水分解は，酸または塩基の共存下でのみ進行する．酸は触媒量でよいが，塩基は 1 当量必要である．

第 15 章 カルボン酸誘導体

$$CH_3CO\text{-}C_6H_{11} + NaOH \xrightarrow{H_2O} CH_3CO^-Na^+ + HO\text{-}C_6H_{11}$$

$$CH_3CO\text{-}C_6H_{11} + H_2O \xrightarrow{HCl} CH_3COOH + HO\text{-}C_6H_{11}$$

4. アミドの加水分解（15.4D 節）

酸，塩基いずれの場合も，アミドと等モル量が必要である．

$$CH_3CH_2CH_2CNH_2 + H_2O + HCl \xrightarrow[\text{加熱}]{H_2O} CH_3CH_2CH_2COH + NH_4^+Cl^-$$

$$CH_3CNH\text{-}C_6H_5 + NaOH \xrightarrow[\text{加熱}]{H_2O} CH_3CO^-Na^+ + H_2N\text{-}C_6H_5$$

5. 酸塩化物とアルコールの反応（15.5A 節）

酸塩化物にアルコールを反応させると，エステルと HCl を生じる．

$$CH_3CH_2CH_2COCl + HOCH_3 \longrightarrow CH_3CH_2CH_2COOCH_3 + HCl$$

6. 酸無水物とアルコールの反応（15.5B 節）

酸無水物にアルコールを反応させると，エステルとカルボン酸を生成する．

$$CH_3COCCH_3 + HOCH_2CH_3 \longrightarrow CH_3COCH_2CH_3 + CH_3COH$$

7. エステルとアルコールの反応（15.5C 節）

エステルを酸触媒の存在下アルコールと反応させると，エステル交換が起こる．すなわち，―OR が別の―OR′ に置き換わる．

$$C_6H_{11}COOCH_3 + HOCH_2CH_2CH(CH_3)_2 \underset{}{\overset{H_2SO_4}{\rightleftharpoons}} C_6H_{11}COOCH_2CH_2CH(CH_3)_2 + CH_3OH$$

8. 酸塩化物とアンモニアまたはアミンの反応（15.6A 節）

この反応には 2 mol のアンモニアまたはアミンが必要である．1 mol はアミドを作るのに，もう 1 mol は副生成物の HCl を中和するのに使われる．

$$CH_3CCl + 2NH_3 \longrightarrow CH_3CNH_2 + NH_4^+Cl^-$$

9. 酸無水物とアンモニアまたはアミンの反応（15.6B 節）

この反応には 2 mol のアンモニアまたはアミンが必要である．1 mol はアミドを作るのに，もう 1 mol は副生成物のカルボン酸を中和するのに使われる．

$$\underset{\text{O O}}{\text{CH}_3\text{COCCH}_3} + 2\text{NH}_3 \longrightarrow \underset{\text{O}}{\text{CH}_3\text{CNH}_2} + \underset{\text{O}}{\text{CH}_3\text{CO}^-}\text{NH}_4^+$$

10. エステルとアンモニアまたはアミンの反応（15.7C 節）

エステルはアンモニアや第一級および第二級アミンと反応してアミドを生成する．

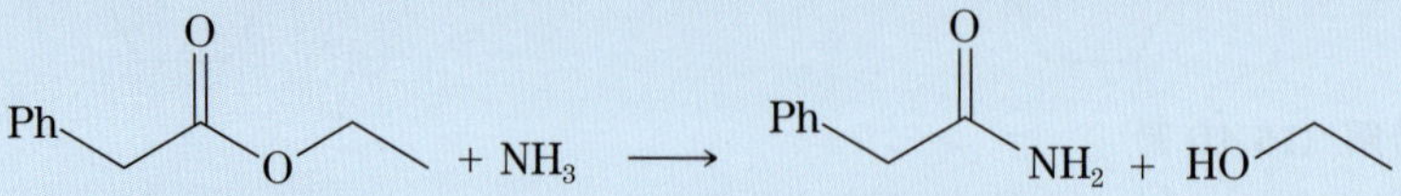

Ethyl phenylacetate + NH₃ ⟶ Phenylacetamide + Ethanol

11. エステルと Grignard 試薬の反応（15.8 節）

ギ酸エステルに Grignard 試薬を反応させ，次いで加水分解すると第二級アルコールを与える．他のエステルに Grignard 試薬を反応させると第三級アルコールを与える．

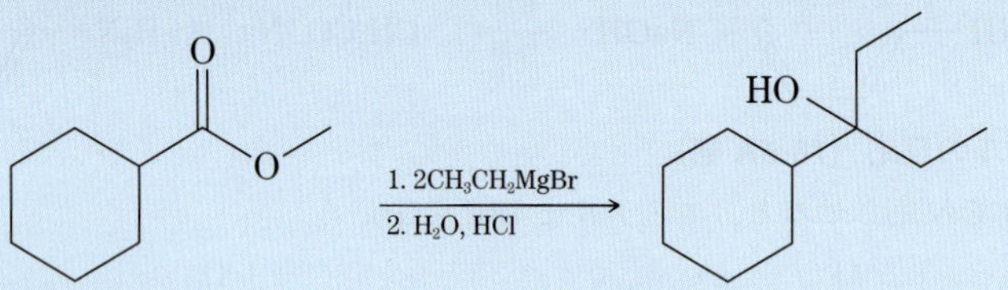

12. エステルの還元（15.9A 節）

水素化アルミニウムリチウムで還元すると 2 種のアルコールが生成する．

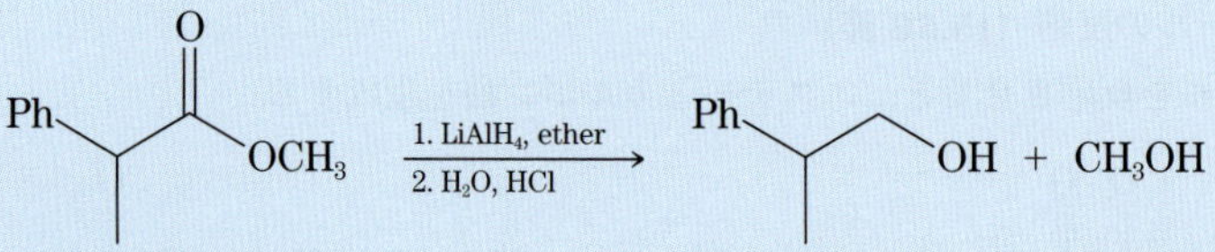

Methyl 2-phenyl-propanoate ⟶ 2-Phenyl-1-propanol + Methanol

13. アミドの還元（15.9B 節）

水素化アルミニウムリチウムで還元するとアミンが生成する．

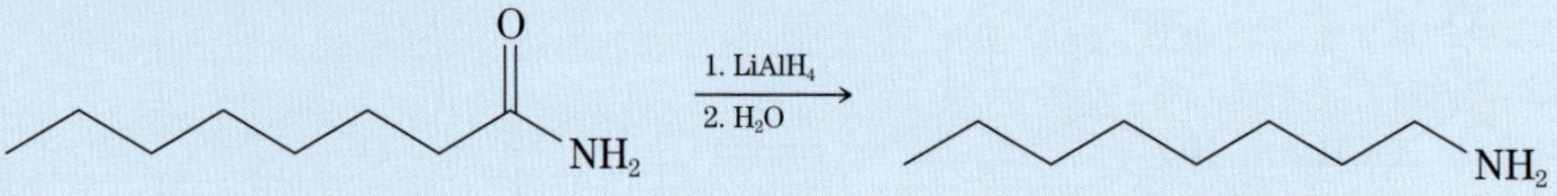

Octanamide ⟶ 1-Octanamine

補充問題

構造および命名法

15.8 次の化合物の構造式を書け．
- (a) Dimethyl carbonate（炭酸ジメチル）
- (b) *p*-Nitrobenzamide
- (c) Octanoyl chloride
- (d) Diethyl oxalate（シュウ酸ジエチル）
- (e) Ethyl *cis*-2-pentenoate
- (f) Butanoic anhydride
- (g) Dodecanamide
- (h) Ethyl 3-hydroxybutanoate

15.9 次の化合物の IUPAC 名を書け．

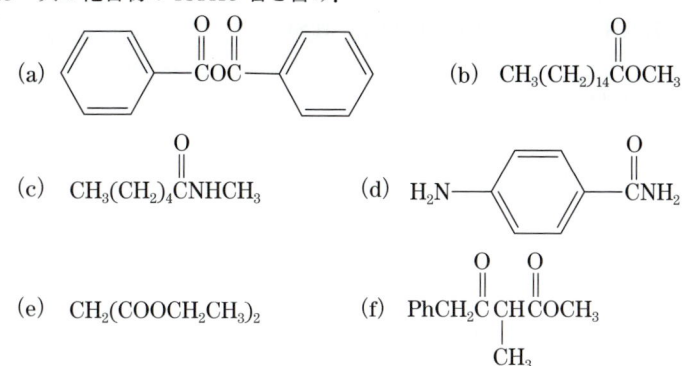

(a) Ph-CO-O-CO-Ph

(b) $CH_3(CH_2)_{14}COCH_3$

(c) $CH_3(CH_2)_4CNHCH_3$ (アミド)

(d) H_2N-C$_6$H$_4$-$CONH_2$

(e) $CH_2(COOCH_2CH_3)_2$

(f) $PhCH_2COCH(CH_3)COCH_3$

15.10 マッコウクジラの頭部からとれる油を冷すと，白い真珠色の光沢のある半透明な鯨ろうが析出する．鯨ろうは鯨油の 11%を占め，主成分はヘキサデカン酸ヘキサデシル（パルミチン酸セチル cetyl palmitate）である．かつて鯨ろうは，化粧品，芳香せっけんやろうそくの原料として広く使われていた．パルミチン酸セチルの構造式を書け．

マッコウクジラの潜水．ニュージーランド・カイクラにおいて撮影．(Kim Westerskov/Stone/Getty Images)

物理的性質

15.11 酢酸とギ酸メチルは構造異性体である．室温ではどちらも液体であり，その沸点は 32 ℃ と 118 ℃ である．沸点の高い化合物はどちらか．

15.12 酢酸の沸点は 118 ℃ である．そのメチルエステルの沸点は 57 ℃ である．酢酸の方が分子量が小さいのにもかかわらず，沸点はそのメチルエステルよりも高い．その理由を説明せよ．

反 応

15.13 次の化合物を求核アシル置換反応に対する反応性の高い順に並べよ．

(1) エチルエステル (2) 酸塩化物 (3) アミド (4) 酸無水物

15.14 カルボン酸は Fischer エステル化によってエステルに変換できる．次のエステルを Fischer エステル化によって合成するには，どのようなカルボン酸とアルコールを用いればよいか．

(a) ペンタン酸シクロヘキシル
(b) 2-メチルプロパン酸エチル

15.15 カルボン酸はまた 2 段階の反応を経てエステルに変換することもできる．まず酸塩化物にし，酸塩化物をアルコールと反応させる．問題 15.14 のエステルをこの方法によって合成するためにはどうすればよいか．反応経路を示せ．

15.16 次のアミドを酸塩化物とアンモニアまたはアミンとの反応により合成する方法を示せ．

(a) N-シクロヘキシルペンタンアミド
(b) N,N-ジメチル-2-メチルプロパンアミド
(c) ヘキサン二アミド

15.17 塩化ブタノイルとアンモニアの反応によりブタンアミドと塩化アンモニウムが生成する反応の機構を示せ．

15.18 塩化ベンゾイルと次の試薬との反応生成物を書け．
(a) C_6H_6, $AlCl_3$ (b) $CH_3CH_2CH_2CH_2OH$ (c) $CH_3CH_2CH_2CH_2SH$
(d) $CH_3CH_2CH_2CH_2NH_2$ (2 当量) (e) H_2O (f) ピペリジン N—H (2 当量)

15.19 プロパン酸無水物と次の試薬との反応生成物を書け．
(a) エタノール（1 当量） (b) アンモニア（2 当量）

15.20 安息香酸無水物と次の試薬との反応生成物を書け．
(a) エタノール（1 当量） (b) アンモニア（2 当量）

15.21 鎮痛薬であるフェナセチン phenacetin（現在はほとんど使用されていない）は，4-エトキシアニリンと無水酢酸との反応によって合成される．これを反応式で示せ．

15.22 鎮痛薬であるアセトアミノフェン acetaminophen は，4-アミノフェノールと1当量の無水酢酸との反応により合成される．これを反応式で示せ．（ヒント：7.6A節で述べたように，$-NH_2$基は$-OH$基よりも求核性が高い．）

15.23 一般にナイアシンとよばれているニコチン酸は，ビタミンB群の一つである．ニコチン酸を（a）ニコチン酸エチルに変換し，さらに（b）ニコチンアミドに変換するにはどのようにしたらよいか．反応式で示せ．

Nicotinic acid (Niacin) → ? → Ethyl nicotinate → ? → Nicotinamide

15.24 次の反応式を完成せよ．
(a) CH_3O-C$_6H_4$-NH_2 + CH_3COCCH_3(無水酢酸) ⟶
(b) CH_3CCl(O) + 2HN(ピペリジン) ⟶
(c) CH_3COCH_3(酢酸無水物の一部) + HN(ピペリジン) ⟶
(d) C_6H_5-NH_2 + $CH_3(CH_2)_5CCl$(O) ⟶

15.25 安息香酸エチルと次の試薬との反応生成物を書け．
(a) H_2O, NaOH, 加熱 (b) $LiAlH_4$, 次いで H_2O (c) H_2O, H_2SO_4, 加熱
(d) $CH_3CH_2CH_2CH_2NH_2$ (e) C_6H_5MgBr（2 当量），次いで H_2O/HCl

15.26 2-ヒドロキシ安息香酸（サリチル酸）を次の化合物に変換する方法を反応式で示せ．
(a) Methyl salicylate（冬緑油）
(b) 2-Acetoxybenzoic acid (Aspirin)

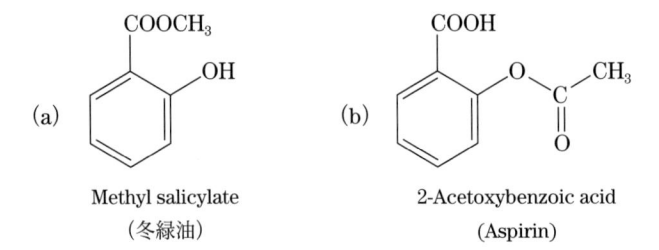

15.27 ベンズアミドと次の試薬との反応生成物を書け．
(a) H_2O, HCl, 加熱 (b) NaOH, H_2O, 加熱 (c) $LiAlH_4$, 次いで H_2O

第 15 章 カルボン酸誘導体

15.28 γ-ブチロラクトンに 2 当量の CH_3MgBr を反応させ，次いで酸の水溶液で加水分解すると分子式 $C_6H_{14}O_2$ の化合物を与える．この化合物の構造式を書け．

$$\text{γ-butyrolactone} \xrightarrow[\text{2. H}_2\text{O/HCl}]{\text{1. 2CH}_3\text{MgBr}} C_6H_{14}O_2$$

15.29 γ-ブチロラクトンと次の試薬との反応生成物を書け．
 (a) NH_3 (b) $LiAlH_4$, 次いで H_2O (c) NaOH, H_2O, 加熱

15.30 N-メチル-γ-ブチロラクタムと次の試薬との反応生成物を書け．
 (a) H_2O, HCl, 加熱   (b) NaOH, H_2O, 加熱   (c) $LiAlH_4$, 次いで H_2O

15.31 次の反応を完成せよ．

(a) 安息香酸エチル $\xrightarrow[\text{2. H}_2\text{O/HCl}]{\text{1. 2 CH}_2=\text{CHCH}_2\text{MgBr}}$

(b) フタリド $\xrightarrow[\text{2. H}_2\text{O/HCl}]{\text{1. 2CH}_3\text{MgBr}}$

(c) 吉草酸エチル $\xrightarrow[\text{2. H}_2\text{O/HCl}]{\text{1. 2CH}_3\text{MgBr}}$

15.32 次のアルコールを合成するにはどのようなエステルと Grignard 試薬の組合せを用いればよいか．
 (a) 2-Methyl-2-butanol   (b) 3-Phenyl-3-pentanol   (c) 1,1-Diphenylethanol

15.33 第一級あるいは第二級アミンと炭酸ジエチルの反応では，反応条件を制御すればカルバミン酸エステルが生成する．この反応の機構を示せ．

$$\text{EtO-CO-OEt} + H_2N-C_4H_9 \longrightarrow \text{EtO-CO-N(H)-C}_4\text{H}_9 + EtOH$$

Diethyl carbonate 1-Butanamine (Butylamine) カルバミン酸エステル

15.34 バルビツール酸誘導体は，ナトリウムエトキシドを触媒として，マロン酸ジエチルやその誘導体と尿素との反応により作られる．バルビタールは，10 種類以上の商品名で処方されている作用持続型の催眠・鎮静薬であるが，ジエチルマロン酸ジエチルと尿素から次のように合成される．

Diethyl 2,2-diethylmalonate + Urea $\xrightarrow[\text{2. H}_2\text{O}]{\text{1. CH}_3\text{CH}_2\text{O}^-\text{Na}^+}$ 5,5-Diethylbarbituric acid (Barbital) + 2EtOH

 (a) この反応の機構を書け．
 (b) バルビタールの pK_a 値は 7.4 である．この化合物において，最も酸性度の高い水素はどれか．また，その理由を説明せよ．

15.35 メプロバメートとフェノバルビタールを，酸性水溶液中で加熱し，完全に加水分解したときに生じる生成物の構造式を書き，命名せよ．メプロバメートは，58 種類もの商品名で処方されているトランキライザー（精神

安定薬）である．フェノバルビタールは作用持続型の催眠，鎮静および抗けいれん薬である．［ヒント：β-ジカルボン酸やβ-ケト酸を加熱すると，脱炭酸することを思い出そう（14.9B節）．］

(a) 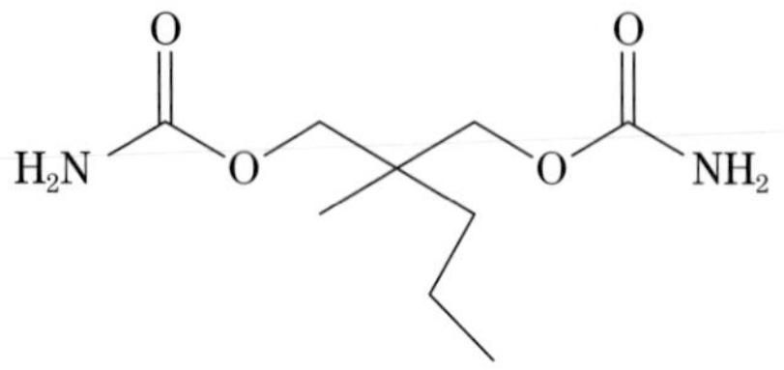 Meprobamate

(b) 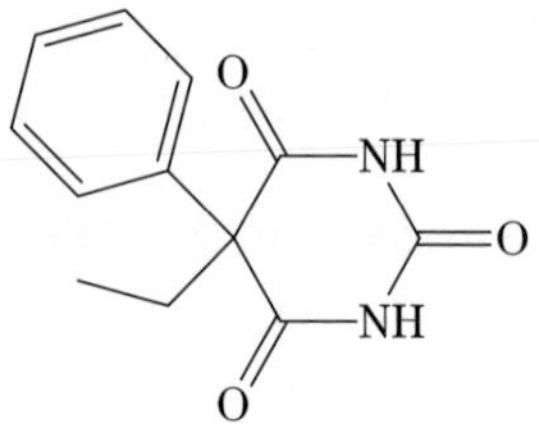 Phenobarbital

合 成

15.36 N,N-ジエチル-m-トルアミドは，市販の防虫剤に含まれている活性成分である．この化合物は3-メチル安息香酸（m-トルイル酸）とジエチルアミンから合成される．この合成法を反応式で示せ．

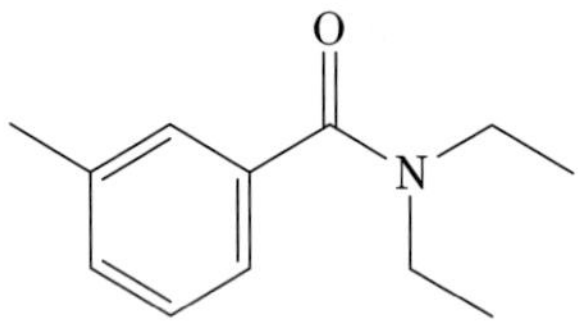

N,N-Diethyl-m-toluamide (Deet)

15.37 2-ペンテン酸エチルを次の化合物に変換する方法を示せ．

(a) 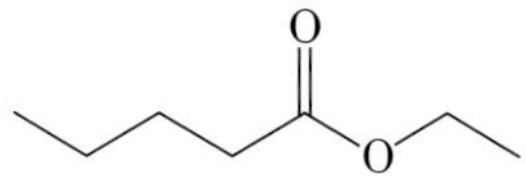   (b) 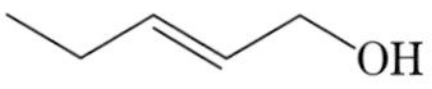   (c)

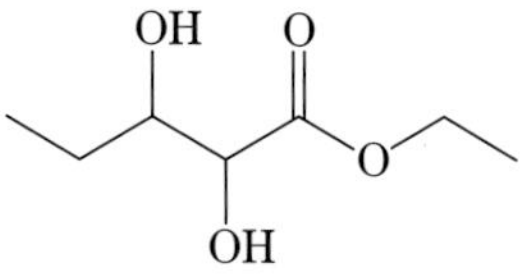

15.38 プロカインは最初の局所麻酔薬の一つである．次の3種類の試薬からプロカインを合成する方法を示せ．

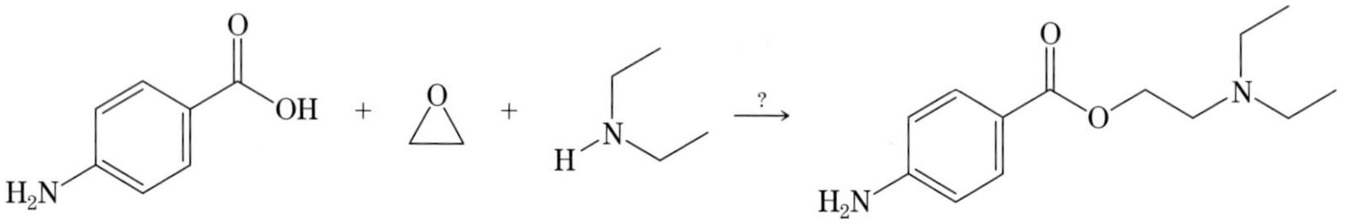

4-Aminobenzoic acid + Ethylene oxide + Diethylamine → Procaine

15.39 プロカインには2種類の窒素原子がある．どちらの窒素の塩基性がより強いか．プロカインを1 molの塩酸と反応させたとき生成する塩の構造式を書け．

15.40 水田で用いられる除草剤，プロパニルの合成原料は，ベンゼンとプロピオン酸である．この合成に必要な試薬を示せ．

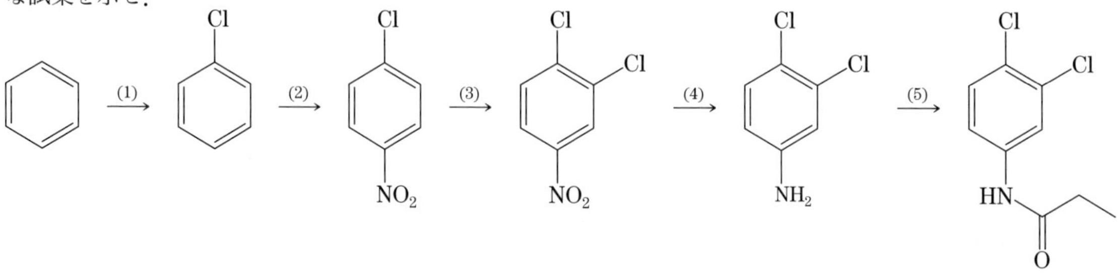

Propanil

第15章 カルボン酸誘導体

15.41 次に3種の局所麻酔薬の構造式を示す．リドカインは1948年に導入され，現在ではその塩酸塩が局所麻酔薬としてもっとも広く用いられている．エチドカイン（塩酸塩として市販されている）は，効き目の点ではリドカインとさほど変わらないが，麻酔作用は2～3倍長く持続する．メピバカイン（塩酸塩として市販されている）は，リドカインよりも速効性のある麻酔薬で，作用時間も幾分長い．

Lidocaine   Etidocaine   Mepivacaine

(a) 2,6-ジメチルアニリン，塩化クロロアセチルおよびジエチルアミンからリドカインを合成せよ．
(b) 2,6-ジメチルアニリン，塩化2-クロロブタノイルおよびエチルプロピルアミンからエチドカインを合成せよ．
(c) メピバカインを合成するために必要なアミンと酸塩化物を書け．

15.42 次の反応式は駆虫薬のジエチルカルバマジンの5段階合成法を示している．

Ethylene oxide   Diethylcarbamazine

ジエチルカルバマジンは主に回虫などの線虫の駆除に用いられる．
(a) 段階1の試薬は何か．この段階の反応機構は S_N1 か S_N2 のいずれであると思われるか．その理由を説明せよ．
(b) 段階2の試薬は何か．
(c) 段階3の試薬は何か．
(d) 段階4で用いられるクロロギ酸エチルは酸塩化物であると同時にエステルでもある．この試薬の OCH_2CH_3 よりも Cl が置換される理由を説明せよ．

15.43 食物の保存剤として広く用いられているメチルパラベンの5段階合成法の概略を次に示す．各段階の試薬を書け．

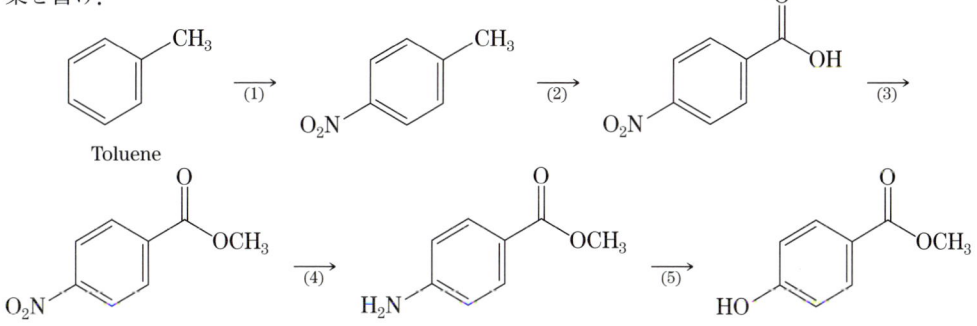

Toluene

Methyl 4-hydroxybenzoate
(Methylparaben)

応用問題

15.44 次のエステルの最も酸性の強いプロトンはどれか．

(a) 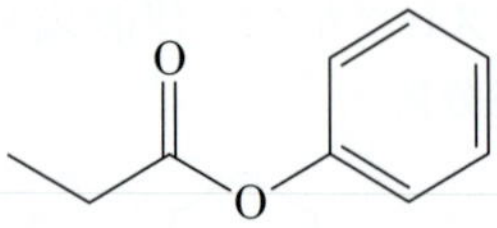 プロパン酸フェニル

(b) 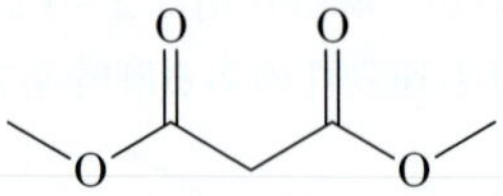 マロン酸ジメチル

15.45 次のエステルと求核試薬によって求核アシル置換反応は起こるだろうか．起こるとすればそれを証明する実験を考案せよ．

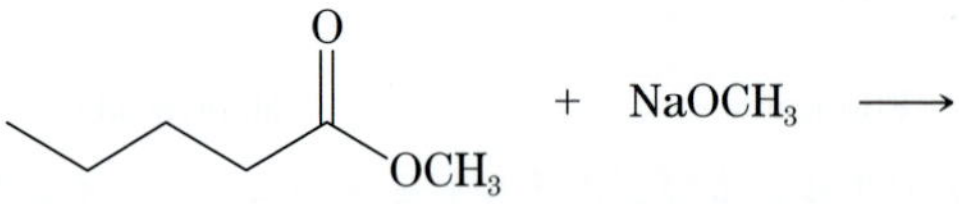

ペンタン酸メチル + NaOCH$_3$ ⟶

15.46 次の α,β-不飽和エステルでは求核種 Nu:⁻ はカルボニル炭素だけでなく，β 炭素も攻撃する．その理由を説明せよ．

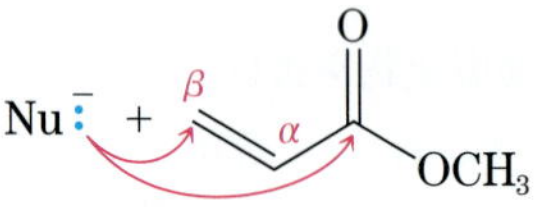

15.47 次のアミドに対して Grignard 試薬は求核アシル置換反応をしない．その理由を述べよ．

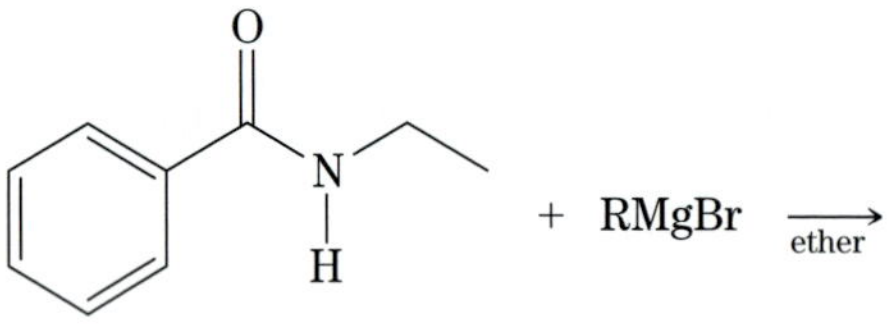

N-エチルベンズアミド + RMgBr $\xrightarrow{\text{ether}}$

15.48 次のアミドは低温にするとシス-トランス異性を示すが，高温では示さない．どうしてこのようなことが起こるか説明せよ．

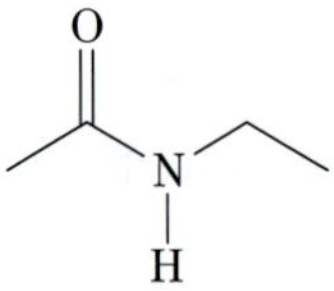

16 エノラートアニオン

16.1 はじめに
16.2 エノラートアニオンの生成
16.3 アルドール反応
16.4 Claisen 縮合と Dieckmann 縮合
16.5 生物界における Claisen 縮合とアルドール縮合
16.6 Michael 反応：$\alpha\beta$-不飽和カルボニル化合物への共役付加

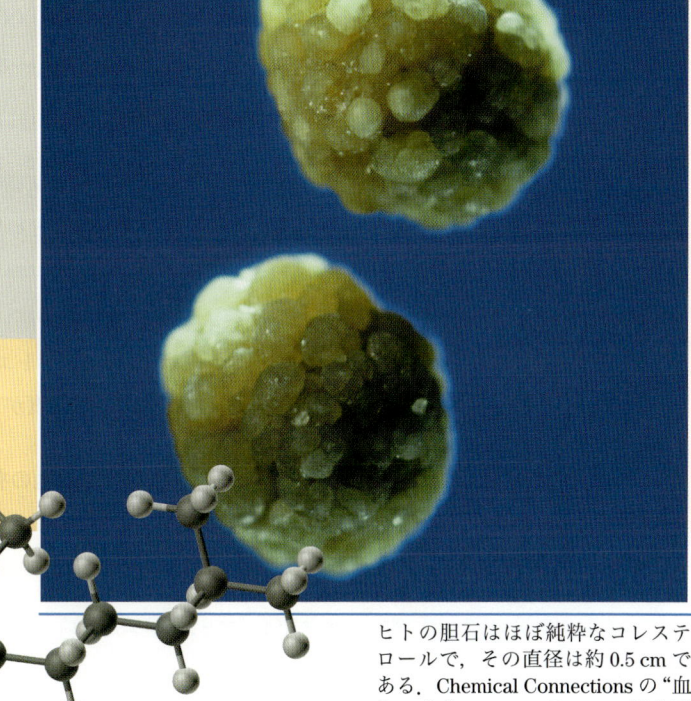

ヒトの胆石はほぼ純粋なコレステロールで，その直径は約 0.5 cm である．Chemical Connections の"血しょう中のコレステロール値を下げる薬物"を参照．左の図はコレステロールの分子模型である．(Carolina Biological Supply Company/Phototake, Inc.)

16.1 はじめに

この章では引き続きカルボニル化合物の化学について学ぶ．第 13～15 章ではカルボニル基そのものと，四面体カルボニル付加物を与える求核付加反応について学んだ．この章ではカルボニル基を含む化合物の化学を拡張し，α 水素の酸性度とそれが引き抜かれて生成するエノラートアニオンについて考える．

16.2 エノラートアニオンの生成

A α水素の酸性度

カルボニル基に隣接する炭素を**α炭素**といい，その炭素上にある水素を**α水素**という．

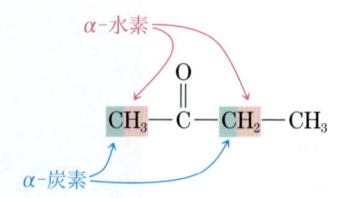

$$\text{CH}_3-\overset{\overset{\displaystyle O}{\|}}{C}-\text{CH}_2-\text{CH}_3$$

（α-水素はCH₃およびCH₂上の水素，α-炭素はCおよびCH₂）

炭素と水素は同程度の電気陰性度をもっているので，通常 C—H 結合はほとんど極性をもたない．しかしながら，カルボニル基のα位にある水素の場合には状況が異なる．表 16.1 に示すように，アルデヒド，ケトンおよびエステルのα水素はアルカンやアルケンの水素よりもはるかに酸性度が高いが，アルコールのヒドロキシ基の水素よりは酸性度が低い．この表はまた，β-ケトエステルやβ-ジエステルのように，二つのカルボニル基に挟まれたα水素の酸性度がアルコールよりも強いことも示している．

表 16.1　カルボニル基のα位水素と他の有機化合物の水素の酸性度の比較

化合物の種類	例	pK_a
β-ケトエステル（アセト酢酸エステル）	$\text{H}_3\text{C-CO-CH(H)-CO-OEt}$	11
β-ジエステル（マロン酸エステル）	$\text{EtO-CO-CH(H)-CO-OEt}$	13
アルコール	$\text{CH}_3\text{CH}_2\text{O—H}$	16
アルデヒド，ケトン	$\text{CH}_3\text{CCH}_2\text{—H}$（C=O）	20
エステル	$\text{EtOCCH}_2\text{—H}$（C=O）	25
アルケン	$\text{CH}_2=\text{CH—H}$	44
アルカン	$\text{CH}_3\text{CH}_2\text{—H}$	51

（酸性度の増大：下から上へ）

B エノラートアニオン

カルボニル基は二つの効果によってα水素の酸性度を増加させる。第一にカルボニル基の電子求引誘起効果がα水素の結合を弱め、そのイオン化を促進する。第二に生成した**エノラートアニオン** enolate anion の負電荷は、アルカンやアルケンから生成したアニオンに比べ、共鳴による非局在化により安定化している。

エノラートアニオン：カルボニル化合物のα水素を取り除いてできるアニオン。(訳注：単にエノラートイオンということが多い。)

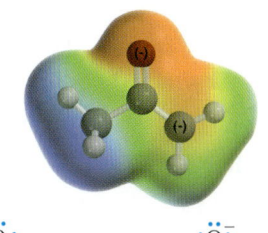

$$CH_3-\underset{\substack{\| \\ O}}{C}-CH_2-H + :A^- \rightleftharpoons \left[CH_3-\underset{\substack{\| \\ :O:}}{C}-CH_2^- \longleftrightarrow CH_3-\underset{\substack{| \\ :O:^-}}{C}=CH_2 \right] + H-A$$

カルボニル基の電子求引誘起効果が
C—H 結合を弱める

共鳴がエノラートアニオンを
安定化する

> エノラートアニオンの負電荷の大部分はカルボニル酸素上に存在するが、それでもα炭素上にもかなりの部分負電荷がある。

アルコールに比べてカルボン酸が強い酸性を示すことを説明するために、2.6 節でこれら二つの因子を同じように用いたことを思い出そう。

例題 16.1

次の化合物の酸性α水素を示せ。

(a) Butanal (b) 2-Butanone

解 答

ブタナールは1種類の酸性α水素をもち、2-ブタノンは2種類の酸性α水素をもつ。

(a) $CH_3CH_2CH_2CH$ (with C=O)

(b) $CH_3CH_2CCH_3$ (with C=O)

練習問題 16.1

次の化合物の酸性水素を示せ。

(a) Cyclohexanone (b) Acetophenone

C 炭素–炭素結合形成へのエノラートアニオンの利用

エノラートアニオンは有機合成において重要な組み立て部品である．これから新たな炭素–炭素結合を形成するための求核試薬としての利用について学ぶ．

エノラートアニオンはカルボニル付加反応における求核種として働く．

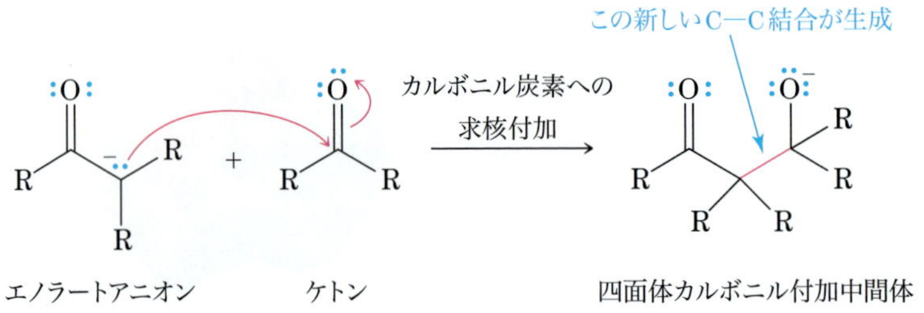

アルドール反応（16.3節）におけるアルデヒドやケトンとの反応およびClaisen縮合（16.4A節）とDieckmann縮合（16.4B節）におけるエステルとの反応で，このタイプのエノラートアニオンの反応は特に有用である．

エノラートアニオンはアルデヒド，ケトンやエステルのカルボニル基と共役した炭素–炭素二重結合に求核付加する．

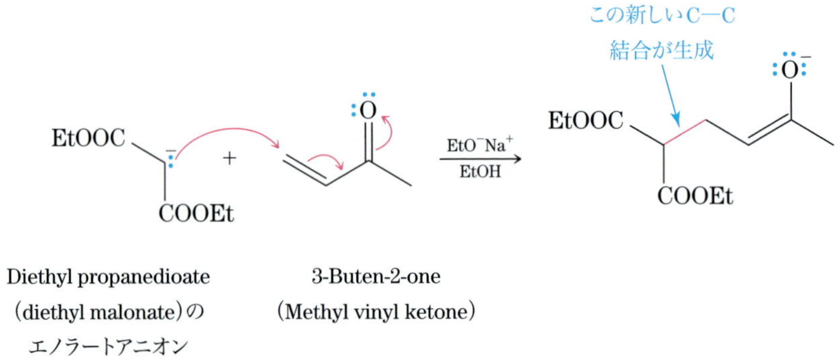

このタイプのエノラートアニオンの反応はMichael反応（16.6節）とよばれる．

16.3 アルドール反応

A アルデヒドとケトンのエノラートアニオンの生成

酸性の α 水素をもつアルデヒドやケトンを水酸化ナトリウムやナトリウムエトキシドのような強塩基で処理すると，エノラートアニオンが生成する．このエノラートアニオンは，主に二つの共鳴寄与構造の混成体として表される．次の平衡では，二つの酸の相対的酸性度からわかるように，平衡の位置はかなり左側にかたよっている．

第 16 章 エノラートアニオン

$$CH_3CCH_3 + NaOH \rightleftharpoons \left[H-\underset{H}{\overset{H}{C}}-\underset{}{\overset{O}{C}}-CH_3 \longleftrightarrow H-\underset{H}{\overset{}{C}}=\underset{}{\overset{O^-}{C}}-CH_3 \right] Na^+ + H_2O$$

pK_a 20 　　　　　　　　　　　　エノラートアニオン　　　　　　　　pK_a 15.7
(より弱い酸)　　　　　　　　　　　　　　　　　　　　　　　　　　　(より強い酸)

B　アルドール反応

　アルデヒドあるいはケトンから生成したエノラートアニオンが別のアルデヒドやケトンのカルボニル基へ付加する反応を，次の例で示す．

$$CH_3-\overset{O}{\overset{\|}{C}}-H + \underset{H}{\overset{H}{\underset{|}{C}H_2}}-\overset{O}{\overset{\|}{C}}-H \xrightleftharpoons{NaOH} CH_3-\overset{OH}{\underset{|}{C}H}\overset{\beta}{-}CH_2\overset{\alpha}{-}\overset{O}{\overset{\|}{C}}-H$$

Ethanal　　　　　　　Ethanal　　　　　　　　　　3-Hydroxybutanal
(Acetaldehyde)　　　(Acetaldehyde)　　　　　　　(β-ヒドロキシアルデヒド)

$$CH_3-\overset{O}{\overset{\|}{C}}-CH_3 + \underset{H}{\overset{H}{\underset{|}{C}H_2}}-\overset{O}{\overset{\|}{C}}-CH_3 \xrightleftharpoons{NaOH} CH_3-\underset{CH_3}{\overset{OH}{\underset{|}{\overset{|}{C}}}}\overset{\beta}{-}CH_2\overset{\alpha}{-}\overset{O}{\overset{\|}{C}}-CH_3$$

Propanone　　　　　Propanone　　　　　　　　　4-Hydroxy-4-methyl-2-pentanone
(Acetone)　　　　　(Acetone)　　　　　　　　　　　(β-ヒドロキシケトン)

　アセトアルデヒドの塩基による反応で得られる生成物は，それがアルデヒド *ald*ehyde でもありアルコール alcoh*ol* でもあることから，通俗名では，**アルドール** aldol とよばれる．アルドールというのは，このタイプの反応で得られる生成物の一般名にもなっている．すなわち，**アルドール反応** aldol reaction の生成物，β-ヒドロキシアルデヒドあるいはβ-ヒドロキシケトンのことである．

　塩基触媒アルドール反応の重要な段階は，カルボニル基を含む分子から生成したエノラートアニオンがもう1分子のカルボニル基へ付加する段階であり，四面体カルボニル付加中間体を生じる．この反応の機構は，2分子のアセトアルデヒドのアルドール反応を例にとって下のように示される．この3段階の反応機構においてOH$^-$は触媒であり，段階1で使われるが，段階3で別のOH$^-$が再生されている．アルドール反応の段階2は Grignard 試薬とアルデヒドやケトン (13.6 節)，エステル (15.8 節) との反応と似ていることにも注意しよう．

アルドール反応：β-ヒドロキシアルデヒドあるいはβ-ヒドロキシケトンを与える2分子のアルデヒドまたはケトンの間の反応．

反応機構：塩基触媒アルドール反応

段階1：塩基によりα水素が引き抜かれると，共鳴安定化したエノラートアニオンが生成する．

$$\text{H}-\overset{..}{\underset{..}{\text{O}}}{}^- + \text{H}-\text{CH}_2-\overset{\overset{\displaystyle :\!\overset{..}{\text{O}}\!:}{\|}}{\text{C}}-\text{H} \rightleftharpoons \text{H}-\overset{..}{\underset{..}{\text{O}}}-\text{H} + \left[:\!\overset{-}{\text{CH}}_2-\overset{\overset{\displaystyle :\!\overset{..}{\text{O}}\!:}{\|}}{\text{C}}-\text{H} \longleftrightarrow \text{CH}_2=\overset{\overset{\displaystyle :\overset{..}{\underset{..}{\text{O}}}:^-}{|}}{\text{C}}-\text{H} \right]$$

エノラートアニオン

段階2：エノラートアニオンが別のアルデヒド（またはケトン）のカルボニル炭素へ求核付加すると，四面体カルボニル付加中間体が生じる．

$$\text{CH}_3-\overset{\overset{\displaystyle :\!\overset{..}{\text{O}}\!:}{\|}}{\text{C}}-\text{H} + :\!\overset{-}{\text{CH}}_2-\overset{\overset{\displaystyle :\!\overset{..}{\text{O}}\!:}{\|}}{\text{C}}-\text{H} \rightleftharpoons \text{CH}_3-\overset{\overset{\displaystyle :\overset{..}{\underset{..}{\text{O}}}:^-}{|}}{\underset{|}{\text{C}}}-\text{CH}_2-\overset{\overset{\displaystyle :\!\overset{..}{\text{O}}\!:}{\|}}{\text{C}}-\text{H}$$

四面体カルボニル付加中間体

段階3：四面体カルボニル付加中間体がプロトン供与体と反応すると，アルドール生成物が得られ，新たに水酸化物イオンが生成する．

$$\text{CH}_3-\overset{\overset{\displaystyle :\overset{..}{\underset{..}{\text{O}}}:^-}{|}}{\underset{|}{\text{C}}}\text{H}-\text{CH}_2-\overset{\overset{\displaystyle :\!\overset{..}{\text{O}}\!:}{\|}}{\text{C}}-\text{H} + \text{H}-\overset{..}{\underset{..}{\text{O}}}\text{H} \rightleftharpoons \text{CH}_3-\overset{\overset{\displaystyle :\overset{..}{\underset{..}{\text{O}}}\text{H}}{|}}{\underset{|}{\text{C}}}\text{H}-\text{CH}_2-\overset{\overset{\displaystyle :\!\overset{..}{\text{O}}\!:}{\|}}{\text{C}}-\text{H} + :\!\overset{..}{\underset{..}{\text{O}}}\text{H}^-$$

例題 16.2

次の化合物のアルドール反応生成物の構造を示せ．

(a) Butanal　　　　(b) Cyclohexanone

解　答

アルドール生成物は，一つの化合物のα炭素がもう一方のカルボニル炭素に求核付加してできる．

(a) [構造式: OH基をもつ炭素にプロピル基と，α炭素（エチル基とCHO）が結合した構造]　新しい C—C 結合

(b) [構造式: シクロヘキサン環のOHを持つ炭素が，もう一つのシクロヘキサノンのα炭素と結合した構造]　新しい C—C 結合

練習問題 16.2

次の化合物のアルドール反応生成物の構造を示せ．

(a) Acetophenone　　(b) Cyclopentanone

β-ヒドロキシアルデヒドやβ-ヒドロキシケトンは非常に脱水しやすいので，アルドール反応の条件で脱水反応が起こることも多い（8.3E節）．脱水はアルドール生成物を弱酸中で加温することで行うこともできる．アルドール生成物の脱水から得られる主生成物は，炭素-炭素二重結合がカルボニル基と共役したもの，すなわち，α,β-不飽和アルデヒドあるいはα,β-不飽和ケトン（不飽和結合である二重結合がαとβ炭素の間にあることを意味する）である．

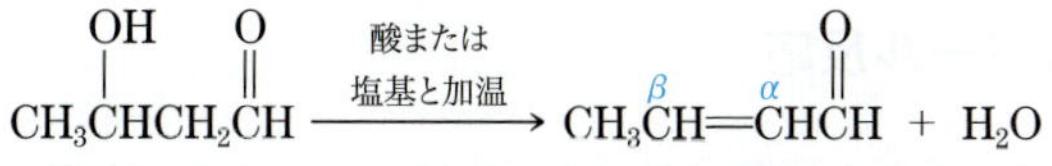

第16章 エノラートアニオン

$$\text{CH}_3\text{CHCH}_2\text{CH} \xrightarrow[\text{塩基と加温}]{\text{酸または}} \text{CH}_3\overset{\beta}{\text{CH}}=\overset{\alpha}{\text{CHCH}} + \text{H}_2\text{O}$$

α, β-不飽和アルデヒド

塩基触媒アルドール反応は可逆反応であり，一般的には平衡状態ではアルドール生成物はほとんど存在しない．しかし，脱水反応の平衡定数は通常大きいので，反応条件が脱水を起こすほど十分強いものであれば高収率で生成物が得られる．

反応機構：アルドール生成物の塩基触媒による脱水

アルドール生成物の塩基触媒による脱水は，次の2段階の反応機構で表せる．

段階1：酸塩基反応でα水素が引き抜かれ，エノラートアニオンを生成する．

段階2：エノラートアニオンが水酸化物イオンを追い出し，α,β-不飽和カルボニル化合物を与える．

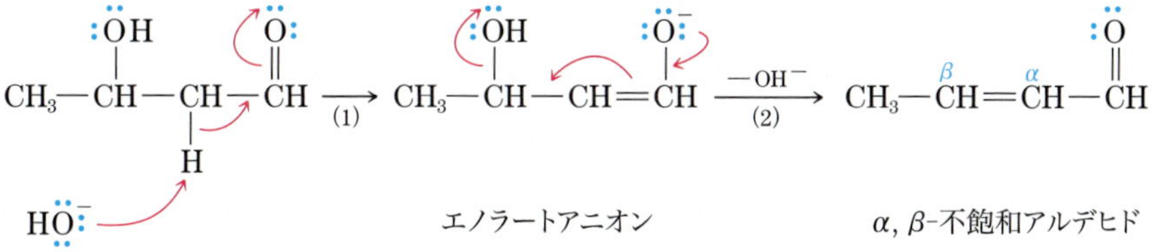

例題 16.3

例題 16.2 において得られた各アルドール生成物の塩基触媒脱水反応の生成物を示せ．

解 答

アルドール生成物(a)から H_2O が失われると α,β-不飽和アルデヒドが生じ，アルドール生成物(b)から H_2O が失われると α,β-不飽和ケトンが生じる．

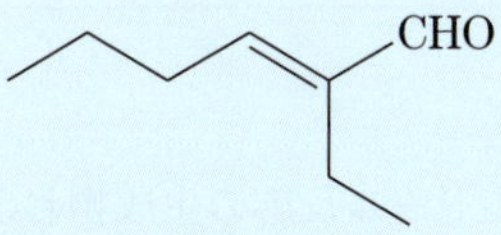

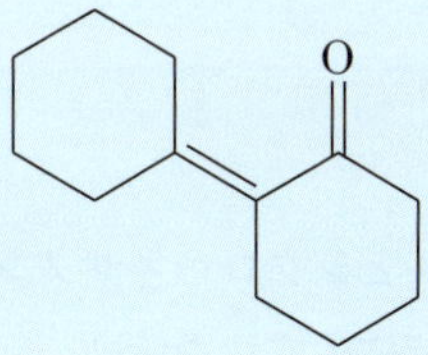

練習問題 16.3

問題 16.2 において得られた各アルドール生成物の塩基触媒脱水反応の生成物を示せ．

C 交差アルドール反応

アルドール反応の重要な段階における反応種は，エノラートアニオンとその受容体となるカルボニル基である．自己反応においては，両方の役割が同じ化合物によって演じられる．両者が異なることもまた可能であり，**交差アルドール反応 crossed aldol reaction** とよばれる．その一例はアセトンとホルムアルデヒドの交差アルドール反応である．ホルムアルデヒドはα水素をもたないのでアニオンを供給することはできないが，そのカルボニル基は立体障害がないので特別に反応性の高いアニオン受容体として反応できる．一方，アセトンはエノラートアニオンを生成できるけれども，そのカルボニル基は二つのアルキル基をもつので，ホルムアルデヒドよりも反応性の低いアニオン受容体である．その結果として，アセトンとホルムアルデヒドの交差アルドール反応によって4-ヒドロキシ-2-ブタノンが得られる．

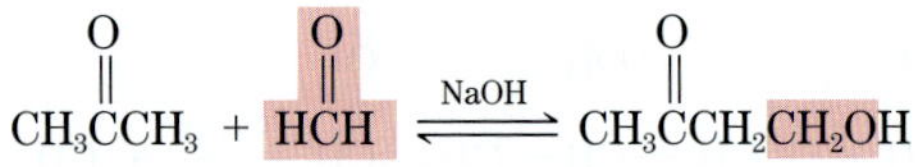

交差アルドール反応：2種類の異なるカルボニル化合物（アルデヒドまたはケトン）の間のアルドール反応．

$$CH_3CCH_3 + HCH \xrightleftharpoons{NaOH} CH_3CCH_2CH_2OH$$

4-Hydroxy-2-butanone

この例が示すように，交差アルドール反応がうまく進行するためには，二つの反応基質のうちの一つがα水素をもたず，エノラートアニオンが生じないようにする必要がある．さらにα水素をもたない化合物が，例えばアルデヒドのように，より反応性に富んだカルボニル基であればさらに効果的である．α水素をもたず，交差アルドール反応に用いることができるアルデヒドには次のようなものがある．

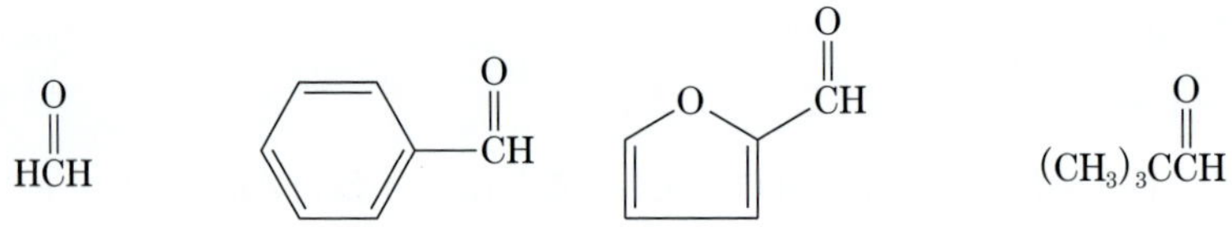

Formaldehyde   Benzaldehyde   Furfural   2,2-Dimethylpropanal

例題 16.4

フルフラールとシクロヘキサノンの交差アルドール反応の生成物およびその塩基触媒脱水反応生成物を示せ．

解答

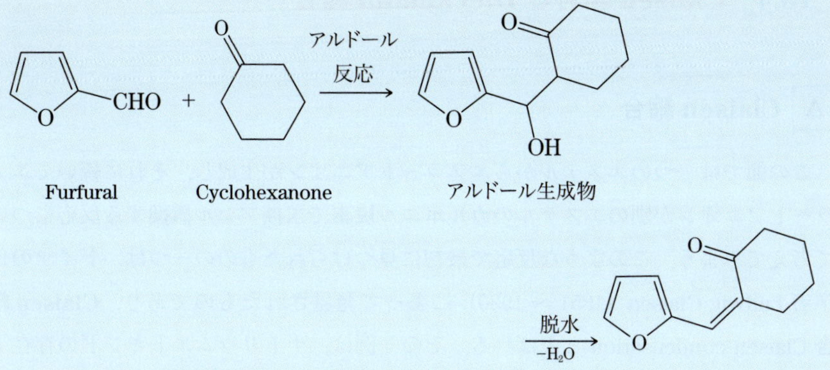

Furfural + Cyclohexanone →(アルドール反応) アルドール生成物 →(脱水 $-H_2O$) 生成物

練習問題 16.4
ベンズアルデヒドと3-ペンタノンの交差アルドール反応の生成物およびその塩基触媒脱水反応生成物を示せ．

D 分子内アルドール反応

エノラートアニオンとその受容体となるカルボニル基の両方が同じ分子内にある場合には，アルドール反応によって環が生成する．このような**分子内アルドール反応** intramolecular aldol reaction は，五員環および六員環を形成する反応としてきわめて有用である．これらは最も安定な環なので，四員環や七員環およびそれより大きな環よりもはるかに容易に生成する．例えば，2,7-オクタンジオンからエノラートアニオン $α_3$ を経由した分子内アルドール反応は五員環を与えるが，エノラートアニオン $α_1$ を経由した同じ化合物の分子内アルドール反応は七員環を与える．2,7-オクタンジオンの場合には五員環が七員環に優先して生成する．

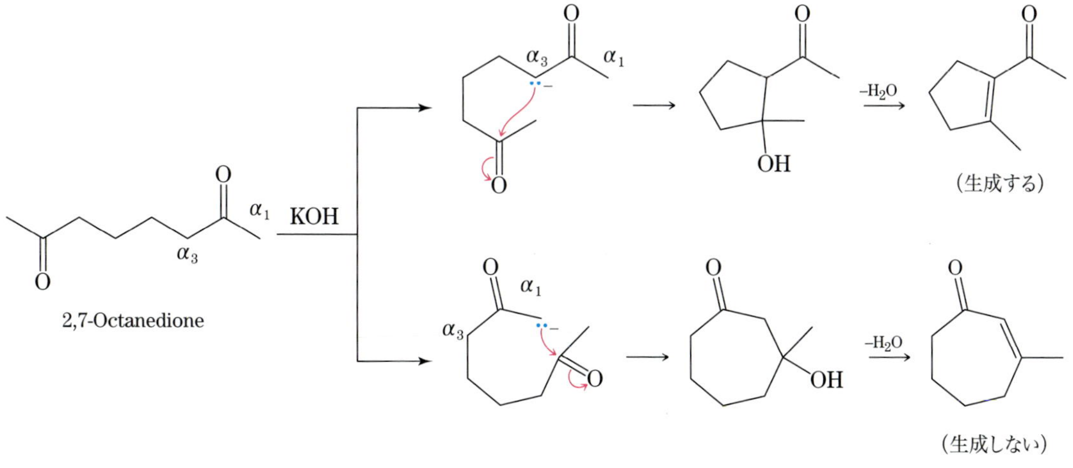

16.4 Claisen 縮合と Dieckmann 縮合

A Claisen 縮合

この節では一つのエステルからエノラートアニオンが生成し，それに続いてエノラートアニオンが別のエステルのカルボニル炭素で求核アシル置換する反応について考えてみよう．このような反応で最初に見つけられたものの一つは，ドイツの化学者 Ludwig Claisen（1851～1930）によって発見されたものであり，**Claisen 縮合** Claisen condensation とよばれる．その一例は，ナトリウムエトキシドの存在下に 2 分子の酢酸エチルが反応し，酸性にするとアセト酢酸エチルが生じる縮合反応である（この反応式や以後の多くの反応式ではエチル基を Et と省略している）．

縮合：水やアルコールなどを脱離しながら新しい共有結合が生成する反応．

Claisen 縮合：2 分子のエステルから β-ケトエステルを生成するカルボニル縮合反応．

$$2\ CH_3COEt \xrightarrow[\text{2. } H_2O,\ HCl]{\text{1. } EtO^-Na^+} CH_3CCH_2COEt + EtOH$$

Ethyl ethanoate　　　　Ethyl 3-oxobutanoate　　　Ethanol
（Ethyl acetate）　　　　（Ethyl acetoacetate）

Claisen 縮合の生成物の官能基は **β-ケトエステル** β-ketoester である．プロパン酸エチル 2 分子の Claisen 縮合により次の β-ケトエステルが生じる．

β-ケトエステル構造: $-\overset{\text{O}}{\underset{}{C}}-\overset{}{\underset{\beta}{C}}-\overset{}{\underset{\alpha}{C}}-\overset{\text{O}}{\underset{}{C}}-OR$

Ethyl propanoate + Ethyl propanoate $\xrightarrow[\text{2. } H_2O,\ HCl]{\text{1. } EtO^-Na^+}$ Ethyl 2-methyl-3-oxopentanoate + EtOH

Claisen 縮合はアルドール反応と同様に塩基を必要とする．しかし，NaOH のような塩基水溶液は，エステル加水分解（けん化，15.4C 節）が起こってしまうので，Claisen 縮合には使えない．かわりに Claisen 縮合に最もよく用いられる塩基は，エタノール中ナトリウムエトキシドやメタノール中ナトリウムメトキシドのような塩基の非水溶液である．

反応機構：Claisen 縮合

この反応機構を考えるとき，その第一段階はアルドール反応の第一段階（16.3 節）とよく似ていることに注意しよう（16.3 節）．それぞれの反応で，第一段階で塩基が α 炭素からプロトンを引き抜いて共鳴安定化したエノラートアニオンを生成する．第二段階ではエノラートアニオンがもう 1 分子のエステルのカルボニル炭素を攻撃し，四面体カルボニル付加中間体を生成する．

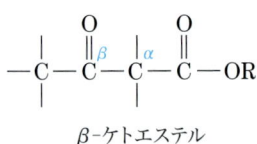

段階 1：塩基がエステルの α 水素を引き抜き，共鳴安定化したエノラートアニオンが生成する．

$$\text{EtO}^- + \text{H}-\text{CH}_2-\text{COEt} \rightleftharpoons \text{EtOH} + {}^-\text{CH}_2-\text{COEt} \longleftrightarrow \text{CH}_2=\text{C(O}^-\text{)OEt}$$

(より弱い塩基)　　　　　pKₐ 22　　　　pKₐ 15.9　　　　共鳴安定化したエノラートアニオン
　　　　　　　　　　(より弱い酸)　　(より強い酸)　　　　　　(より強い塩基)

エステルの α 水素はより弱い酸であり，エトキシドイオンはより弱い塩基であるので，この平衡の位置は大きく左にかたよっている．

段階 2：エノラートアニオンがもう 1 分子のエステルのカルボニル炭素を攻撃し，四面体カルボニル付加中間体が生成する．

$$\text{CH}_3-\overset{\overset{\text{O}}{\|}}{\text{C}}-\text{OEt} + {}^-\text{CH}_2-\overset{\overset{\text{O}}{\|}}{\text{C}}-\text{OEt} \rightleftharpoons \left[\text{CH}_3-\underset{\text{OEt}}{\overset{\text{O}^-}{\underset{|}{\overset{|}{\text{C}}}}}-\text{CH}_2-\overset{\overset{\text{O}}{\|}}{\text{C}}-\text{OEt}\right]$$

　　　　　　　　　　　　　　　　　　　　　　　　　　　　四面体カルボニル付加中間体

段階 3：アルドール反応の四面体カルボニル付加中間体と異なり，この中間体は脱離基（エトキシドイオン）をもっている．エトキシドイオンを放出して四面体カルボニル付加中間体が分解すると，β-ケトエステルが生成する．

$$\text{CH}_3-\underset{\text{OEt}}{\overset{\text{O}^-}{\underset{|}{\overset{|}{\text{C}}}}}-\text{CH}_2-\overset{\overset{\text{O}}{\|}}{\text{C}}-\text{OEt} \rightleftharpoons \text{CH}_3-\overset{\overset{\text{O}}{\|}}{\text{C}}-\text{CH}_2-\overset{\overset{\text{O}}{\|}}{\text{C}}-\text{OEt} + \text{EtO}^-$$

段階 4：β-ケトエステルのエノラートアニオンの生成が Claisen 縮合を右に進める．β-ケトエステル（より強い酸）はエトキシドイオン（より強い塩基）と反応して，エタノール（より弱い酸）と β-ケトエステルのアニオン（より弱い塩基）を与える．この段階の平衡の位置は大きく右にかたよっている．

$$\text{EtO}^- + \text{CH}_3-\overset{\overset{\text{O}}{\|}}{\text{C}}-\underset{\text{H}}{\overset{|}{\text{CH}}}-\overset{\overset{\text{O}}{\|}}{\text{C}}-\text{OEt} \rightleftharpoons \text{CH}_3-\overset{\overset{\text{O}}{\|}}{\text{C}}-\overset{-}{\text{CH}}-\overset{\overset{\text{O}}{\|}}{\text{C}}-\text{OEt} + \text{EtOH}$$

　　　　　　　　　　　pKₐ 10.7　　　　　　　　　　　　　　　　　　pKₐ 15.9
(より強い塩基)　　(より強い酸)　　　　　　　　　　　(より弱い塩基)　　(より弱い酸)

段階 5：エノラートアニオンに酸を加えると，β-ケトエステルが得られる．

$$\text{CH}_3-\overset{\overset{\text{O}}{\|}}{\text{C}}-\overset{-}{\text{CH}}-\text{COEt} + \text{H}-\overset{+}{\underset{\text{H}}{\text{O}}}-\text{H} \xrightarrow{\text{HCl, H}_2\text{O}} \text{CH}_3-\overset{\overset{\text{O}}{\|}}{\text{C}}-\text{CH}_2-\text{COEt} + \text{H}_2\text{O}$$

例題 16.5

ナトリウムエトキシドの存在下にブタン酸エチルの Claisen 縮合を行い，その後塩酸で酸性にしたとき得られる生成物を示せ．

解 答

Claisen 縮合において形成される新しい結合は，一つのエステルのカルボニル基と別のエステルの α 炭素の間にできる．

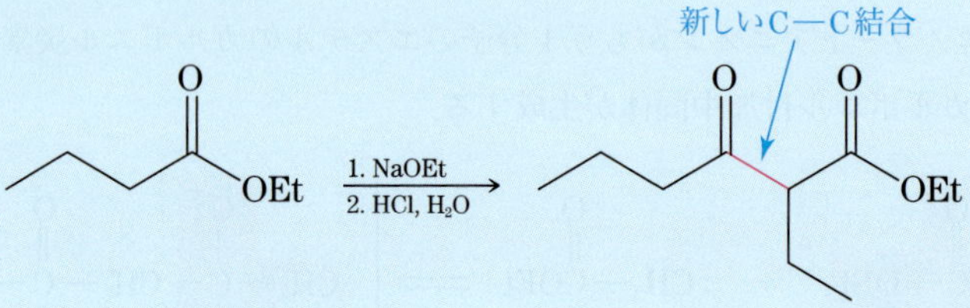

Ethyl butanoate → Ethyl 2-ethyl-3-oxohexanoate

新しいC—C結合

練習問題 16.5

ナトリウムエトキシド存在下に3-メチルブタン酸エチルから生じる Claisen 縮合の生成物を示せ．

B Dieckmann 縮合

五員環あるいは六員環を形成するジカルボン酸エステルの分子内 Claisen 縮合は，**Dieckmann 縮合** Dieckmann condensation として知られている．例えば，ヘキサン二酸ジエチル（アジピン酸ジエチル）は，1当量のナトリウムエトキシドの存在下に分子内縮合を起こして五員環を形成する．

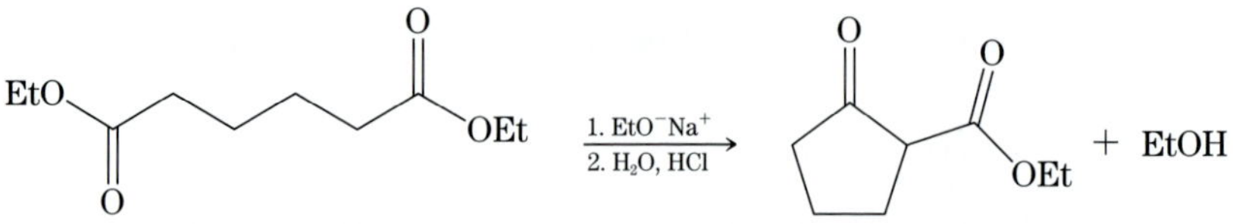

Diethyl hexanedioate (Diethyl adipate) → Ethyl 2-oxocyclopentanecarboxylate + EtOH

Dieckmann 縮合：五員環または六員環を生成するジカルボン酸エステルの分子内 Claisen 縮合．

Dieckmann 縮合の反応機構は Claisen 縮合で述べた機構と同じである．第一段階でエステル α 炭素上に生成したアニオンが，第二段階でもう一つのエステルカルボニル基に付加して四面体カルボニル付加中間体を与える．この中間体は第三段階でエトキシドイオンを放出し，カルボニル基を再生する．第四段階では環化に続いて Claisen 縮合と同様に β-ケトエステルの共役塩基が生成する．β-ケトエステルは酸水溶液で酸性にすることで単離される．

C 交差 Claisen 縮合

交差 Claisen 縮合 crossed Claisen condensation（それぞれが α 水素をもつ 2 種の異なるエステル間の Claisen 縮合）では，4 種の β-ケトエステルの混合物が生じる可能性がある．したがって，このような交差 Claisen 縮合は一般に合成の目的には役立たない．しかし，エステルの片方に α 水素がなくてエノラートアニオン受容体としてのみ作用できるというように，二つのエステルの反応性が十分ちがっている場合には，この交差縮合が有用になる．α 水素をもっていないエステルとしては，次のようなものがある．

> **交差 Claisen 縮合**：2 種の異なるエステル間の Claisen 縮合．

Ethyl formate (HCOEt), Diethyl carbonate (EtOCOEt), Diethyl ethanedioate (Diethyl oxalate) (EtOC-COEt), Ethyl benzoate (PhCOEt)

このタイプの交差 Claisen 縮合では通常 α 水素をもたないエステルを過剰に用いる．次に示す反応では安息香酸メチルを過剰に用いている．

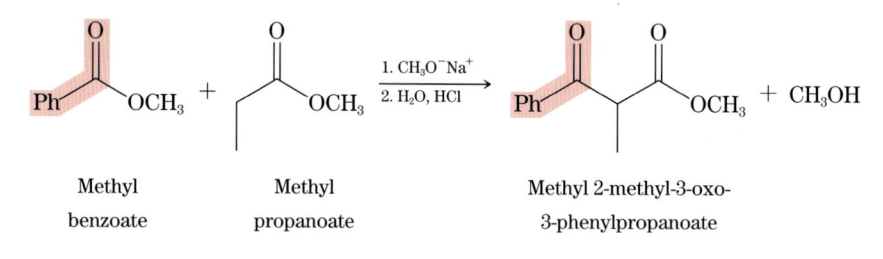

Methyl benzoate + Methyl propanoate $\xrightarrow{\text{1. CH}_3\text{O}^-\text{Na}^+ \\ \text{2. H}_2\text{O, HCl}}$ Methyl 2-methyl-3-oxo-3-phenylpropanoate + CH₃OH

例題 16.6

次の交差 Claisen 縮合の反応式を完成せよ．

$$\text{HCOEt} + \text{CH}_3\text{CH}_2\text{COEt} \xrightarrow[\text{2. H}_2\text{O, HCl}]{\text{1. EtO}^-\text{Na}^+}$$

解 答

$$\text{HC-CH-COEt} + \text{EtOH}$$
$$\quad\quad |$$
$$\quad\text{CH}_3$$

練習問題 16.6

次の交差 Claisen 縮合の反応式を完成せよ．

$$\text{Ph-COEt} + \text{Ph-CH}_2\text{COEt} \xrightarrow[\text{2. H}_2\text{O, HCl}]{\text{1. EtO}^-\text{Na}^+}$$

D β-ケトエステルの加水分解と脱炭酸

15.4 C 節において，エステルを水酸化ナトリウム水溶液中で加水分解（けん化）し，ついで HCl あるいは他の強酸で酸性にすると，エステルをカルボン酸に変換できることを述べた．また 14.9 節では，β-ケト酸および β-ジカルボン酸が加熱により容易に脱炭酸する（CO_2 を失う）ことも述べた．次の反応式は，Claisen 縮合に続いてけん化，酸性化，そして最後に脱炭酸が起こった結果を示している．

Claisen 縮合

$$\text{CH}_3\text{CH}_2\text{COOEt} \xrightarrow[\text{2. H}_2\text{O, HCl}]{\text{1. EtO}^-\text{Na}^+} \text{CH}_3\text{CH}_2\text{COCH(CH}_3\text{)COOEt} + \text{EtOH}$$

加水分解とそれに続く酸性化

$$\text{CH}_3\text{CH}_2\text{COCH(CH}_3\text{)COOEt} \xrightarrow[\text{4. H}_2\text{O, HCl}]{\text{3. NaOH, H}_2\text{O, 加熱}} \text{CH}_3\text{CH}_2\text{COCH(CH}_3\text{)COOH} + \text{EtOH}$$

脱炭酸

$$\text{CH}_3\text{CH}_2\text{COCH(CH}_3\text{)COOH} \xrightarrow{\text{5. 加熱}} \text{CH}_3\text{CH}_2\text{COCH}_2\text{CH}_3 + \text{CO}_2$$

この 5 段階の反応の結果，エステルの一方はカルボニル基を提供し，もう一方はエノラートアニオンを提供して，2 分子のエステルからケトンと二酸化炭素が生じる．

$$\underset{\substack{\text{カルボニル基で反応した}\\\text{エステルから}}}{\text{R}-\text{CH}_2-\overset{\text{O}}{\underset{\text{OR}'}{\text{C}}}} + \text{CH}_2-\overset{\text{O}}{\text{C}}-\text{OR}' \xrightarrow{\text{数段階}} \text{R}-\text{CH}_2-\overset{\text{O}}{\underset{}{\text{C}}}-\text{CH}_2-\text{R} + 2\,\text{HOR}' + \text{CO}_2$$

一般的には，二つのエステルは同一であり，生成物は対称なケトンとなる．

例題 16.7

次の化合物は，(1, 2) Claisen 縮合，(3) けん化，(4) 酸性化，そして (5) 熱的脱炭酸を受ける．この一連の反応が完結したときに生じる生成物を構造式で示せ．

(a) 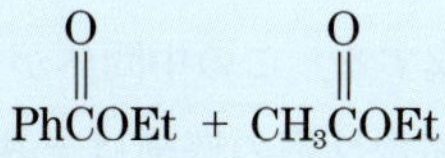 PhCOEt + CH₃COEt (b) 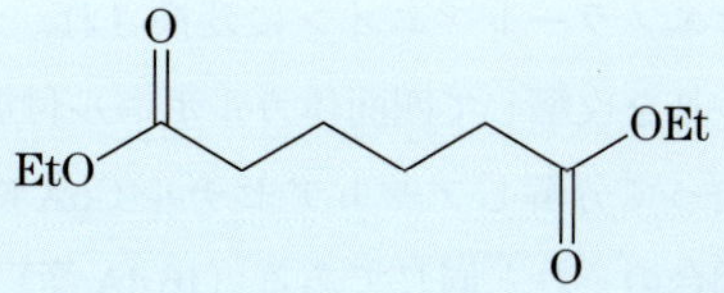 EtO-CO-(CH₂)₄-CO-OEt

解　答

段階1と段階2では，(a) で交差 Claisen 縮合，(b) で Dieckmann 縮合が起こり，β-ケトエステルを生成する．段階3と段階4はβ-ケトエステルのβ-ケト酸への加水分解，段階5はケトンへの脱炭酸である．

(a) 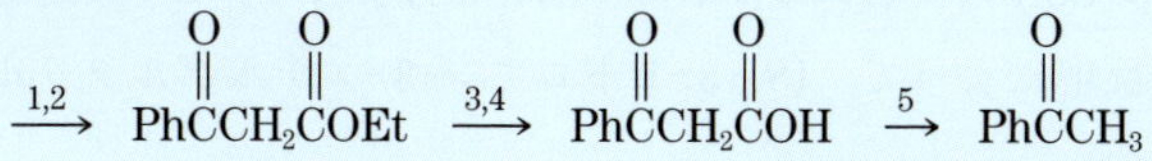 $\xrightarrow{1,2}$ PhCCH₂COEt $\xrightarrow{3,4}$ PhCCH₂COH $\xrightarrow{5}$ PhCCH₃

(b) 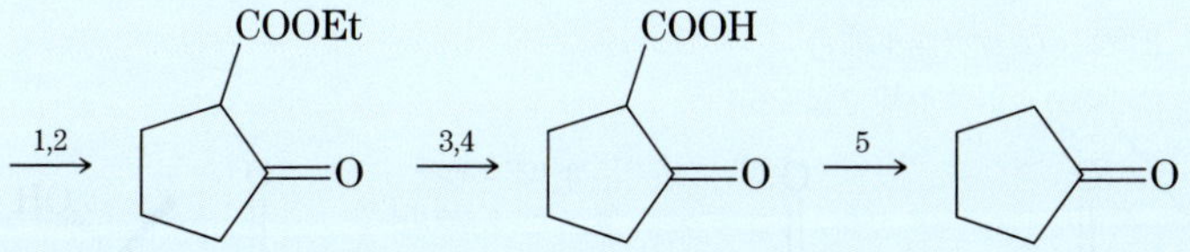 $\xrightarrow{1,2}$ 2-(エトキシカルボニル)シクロペンタノン $\xrightarrow{3,4}$ 2-カルボキシシクロペンタノン $\xrightarrow{5}$ シクロペンタノン

練習問題 16.7

Claisen 縮合を用いて，安息香酸エチルを 3-メチル-1-フェニル-1-ブタノン（イソブチルフェニルケトン）に変換する方法を示せ．

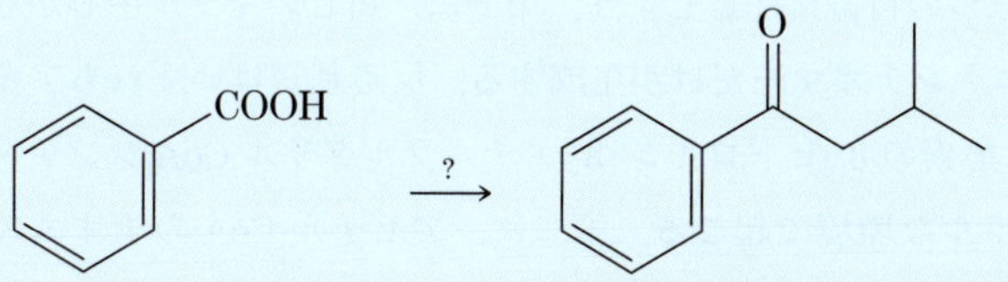

Benzoic acid → 3-Methyl-1-phenyl-1-butanone

16.5　生物界における Claisen 縮合とアルドール縮合

　カルボニル縮合反応は，脂肪酸，コレステロール，ステロイドホルモン，そしてテルペンのような重要な生体分子における新しい炭素–炭素結合を組み立てるのに，生物界で最も広く使われる反応の一つである．これらの生体分子の合成に使われる炭素原子の一般的な原料は**アセチル CoA** acetyl-CoA である．これは酢酸と補酵素 A coenzyme A のメルカプト基（CoA-SH，22.2D 節）のチオエステルである．アセチル CoA の補酵素 A 残基の機能は，酵素系の表面にアセチル基をつなぎとめることであり，この酵素が触媒する反応についてこの節で学ぶ．しかし，以下の議論ではそれぞれの酵素が触媒して起こる反応の機構には触れず，それぞれの段階において起こる反応のタイプについて考える．

　酵素チオラーゼ thiolase によって触媒される Claisen 縮合では，アセチル CoA

はエノラートアニオンに変換され，ついでもう1分子のアセチルCoAのカルボニル基を攻撃して四面体カルボニル付加中間体を生成する．この中間体がCoA-SHを失って分解しアセトアセチルCoAになる．この縮合反応の機構はまさにClaisen縮合のそれと同じである（16.4A節）．

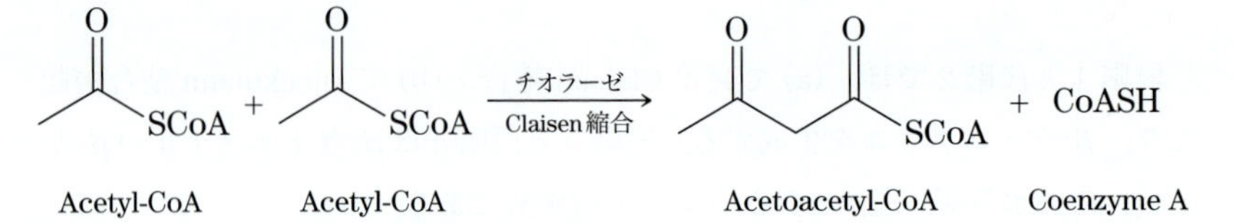

$$\text{Acetyl-CoA} + \text{Acetyl-CoA} \xrightarrow[\text{Claisen 縮合}]{\text{チオラーゼ}} \text{Acetoacetyl-CoA} + \text{CoASH (Coenzyme A)}$$

アセトアセチルCoAのケトンカルボニル基と3分子目のアセチルCoAとの酵素触媒アルドール反応によって，(S)-3-ヒドロキシ-3-メチルグルタリルCoAが生じる．

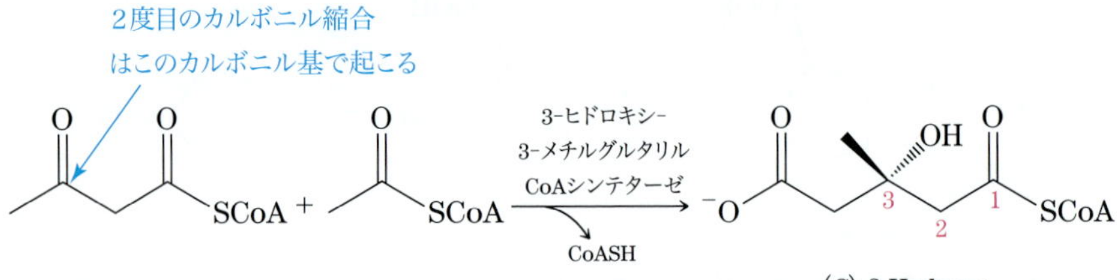

2度目のカルボニル縮合はこのカルボニル基で起こる

(S)-3-Hydroxy-3-methylglutaryl-CoA

この反応の三つの特徴に注意しよう．第一に，新しいキラル中心が立体選択的につくられ，Sエナンチオマーだけが生成する．反応基質はいずれもアキラルであるが，その縮合は酵素の3-ヒドロキシ-3-メチルグルタリルCoAシンテターゼによって作られるキラルな環境で起こる．第二に，アセチルCoAのチオエステル基の加水分解がアルドール反応に連動して起こる．そして第三に，血しょうや多くの細胞液のおよそのpHである7.4ではカルボキシ基は，イオン化しているということである．

3-ヒドロキシ-3-メチルグルタリルCoAのチオエステル基は第一級アルコールへ還元され，メバロン酸（アニオンとして示されている）が生成する．

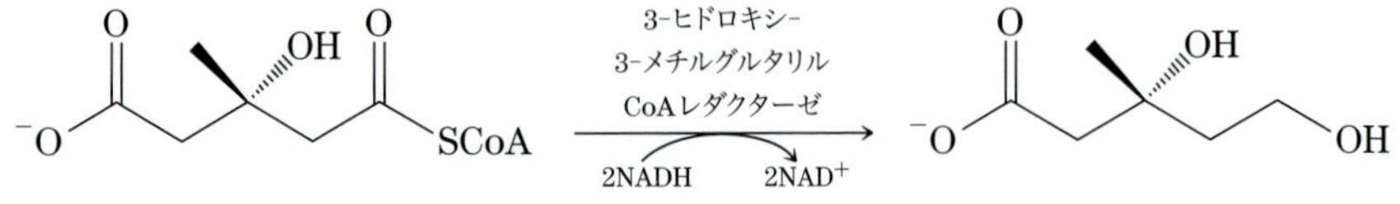

(S)-3-Hydroxy-3-methylglutaryl-CoA → (R)-Mevalonate
3-ヒドロキシ-3-メチルグルタリルCoAレダクターゼ
2NADH → 2NAD$^+$

この変換反応の還元剤は，ニコチンアミドアデニンジヌクレオチドNADH（22.2B節）である．この還元剤はLiAlH$_4$の生化学的等価体である．どちらの還元剤もヒドリドイオン（H:$^-$）をアルデヒド，ケトンやエステルのカルボニル炭素に受け渡す．この還元において立体配置の表示がSからRに変わるが，これはキラル中心の配置が変化したためではなくキラル中心に結合している四つの置換基の優先順位が変化したためであることに注意しよう．

酵素触媒によりリン酸基がアデノシン三リン酸（ATP，20.2 節）からメバロン酸イオンの 3-ヒドロキシ基へ移動すると，3 位炭素でリン酸エステルが生成する．酵素触媒による 2 分子目の ATP からピロリン酸基が移動すると，5 位炭素でのピロリン酸エステル（15.2B 節）を与える．この分子から酵素触媒 β 脱離によって，いずれも優れた脱離基である CO_2 と PO_4^{3-} が失われる．

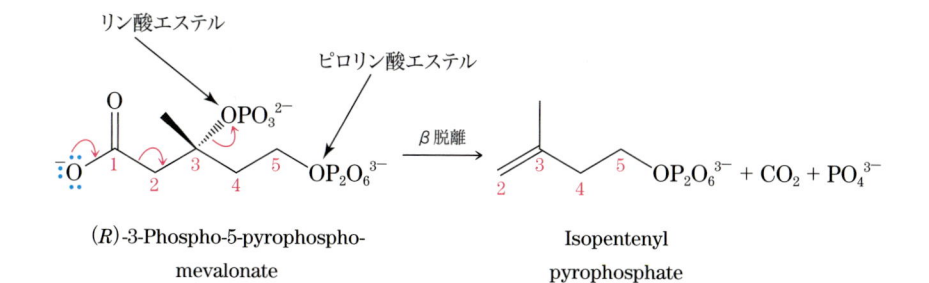

(R)-3-Phospho-5-pyrophospho-mevalonate → Isopentenyl pyrophosphate + CO_2 + PO_4^{3-}

イソペンテニルピロリン酸 isopentenyl pyrophosphate は，テルペンの構成単位であるイソプレンの骨格（4.5 節）をもっている．この分子は実際に，イソプレン，テルペン，コレステロール，ステロイドホルモン，胆汁酸の生合成における重要な中間体である．

Isopentenyl pyrophosphate → コレステロール → ステロイドホルモン，胆汁酸
　　　　　　　　　　　　→ テルペン
　　　　　　　　　　　　→ イソプレン

16.6　Michael 反応：α,β-不飽和カルボニル化合物への共役付加

これまでに新しい炭素-炭素結合をつくるために二つの方法で炭素求核種を用いることを学んだ．

1. 有機マグネシウム（Grignard）試薬のアルデヒド，ケトンおよびエステルのカルボニル基への付加．
2. アルデヒドまたはケトン（アルドール反応）やエステル（Claisen 縮合と Dieckmann 縮合）由来のエノラートアニオンの他のアルデヒド，ケトンやエステルのカルボニル基への付加．

カルボニル基と共役した炭素-炭素二重結合へのエノラートアニオンの付加は全く新しい合成方法である．この節では，求電子的な炭素-炭素二重結合への求核付加，すなわち共役付加について学ぶ．

Chemical Connections 16

血しょう中のコレステロール値を下げる薬物

冠動脈疾患は欧米では死因の上位を占め，全死因の約半数がアテローム性動脈硬化症に起因している．アテローム性動脈硬化症は動脈内壁のプラークとよばれる脂肪の堆積形成から起こる．プラークの主成分は血しょう中の低密度リポ蛋白質（LDL）由来のコレステロールである．ヒト体内の総コレステロールの半分以上は肝臓でアセチル CoA から合成されるので，このシステムを阻害する解決策を見出すために多大の努力がなされてきた．コレステロール生合成の律速段階は 3-ヒドロキシ-3-メチルグルタリル CoA（HMG-CoA）のメバロン酸への還元である．この還元は酵素 HMG-CoA レダクターゼによって触媒され，HMG-CoA 1 mol 当たり 2 mol の NADPH が必要である．

1970 年代の初頭に，日本の製薬会社三共の研究者たちが 8,000 種以上の微生物をスクリーニングし，1976 年に真菌 *Penicillium citrinum* の培養液から HMG-CoA レダクターゼの阻害剤となるメバスタチンの単離を発表した．同じ化合物がイギリスのビーチャム社の研究者によって *Penicillium brevicompactum* の培養液から単離された．それからまもなく，2 番目の阻害剤であるさらに強力なロバスタチンが真菌 *Monascus ruber* から三共により，*Aspergillus terreus* からメルク社により単離された．これらのかび代謝産物は血しょう中 LDL 濃度を低下させるのにきわめて有効である．それらの活性型はδ-ラクトンの加水分解により生じた 5-ヒドロキシカルボン酸イオンである．

薬物の活性構造

これらの薬物と類似の合成薬物は，酵素の触媒作用を妨げる酵素-阻害剤複合体を形成することにより HMG-CoA レダクターゼを阻害する．これらの薬物の活性型の 3,5-ジヒドロキシカルボン酸イオン部分が，HMG-CoA の最初の還元により生成するヘミチオアセタール中間体を模倣しているため，酵素に強力に結合すると考えられている．

3-Hydroxy-3-methyl-glutaryl-CoA (HMG-CoA)

最初のNADPH還元により生成するヘミチオアセタール中間体

Mevalonate

$R_1=R_2=H$, mevastatin
$R_1=H, R_2=CH_3$, lovastatin (Mevacor)
$R_1=R_2=CH_3$, simvastatin (Zocor)

δ-ラクトンの加水分解

系統的な研究によって薬物のそれぞれの部分の重要性が明らかにされた．例えば，カルボン酸イオン（—COO⁻）は 3 位 OH 基や 5 位 OH 基と同様に必須であることがわかった．二つの融合した六員環やその置換様式を変えるといずれも活性が低下した．

A エノラートアニオンのMichael付加

エノラートアニオンのα,β-不飽和カルボニル化合物への付加は1887年にアメリカの化学者 Arthur Michael (マイケル) によって最初に報告された．次に示すのは **Michael 反応**の二つの例である．最初の例では求核種はマロン酸ジエチルのエノラートアニオンであり，二つ目ではアセト酢酸エチルのエノラートアニオンである．

Michael 反応：エノラートアニオンや他の求核種がα,β-不飽和カルボニル化合物へ共役付加する反応．

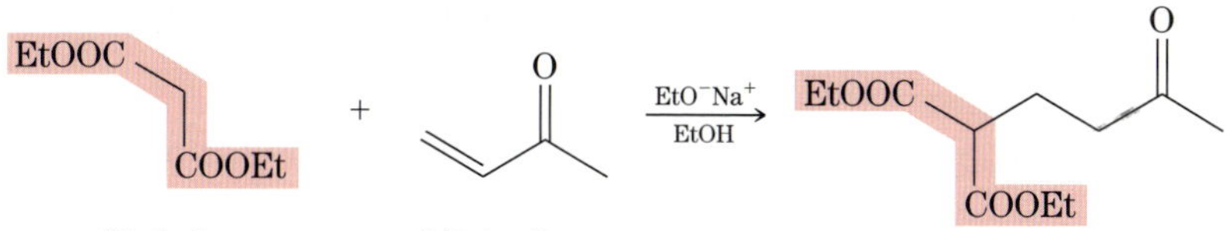

Diethyl propanedioate (Diethyl malonate) + 3-Buten-2-one (Methyl vinyl ketone) → 生成物

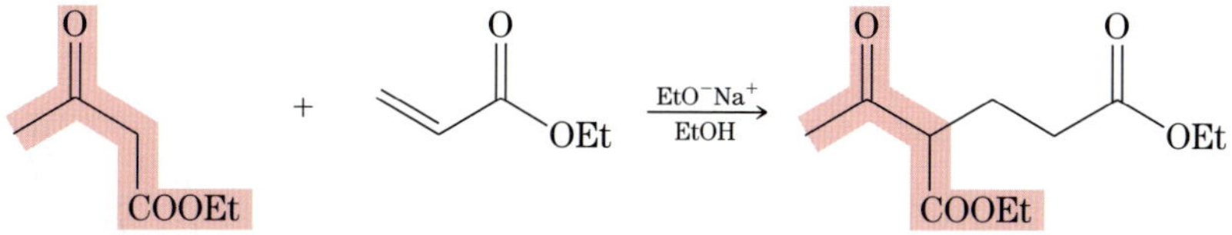

Ethyl 3-oxobutanoate (Ethyl acetoacetate) + Ethyl 2-Propenoate (Ethyl acrylate) → 生成物

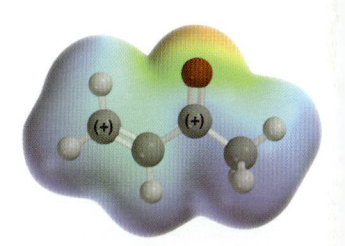

求核種は，通常は炭素-炭素二重結合には付加しないことを思い出そう．それよりはむしろ求電子種に付加する（5.3節）．Michael 反応で求核攻撃に対して炭素-炭素二重結合を活性化しているのは，隣接しているカルボニル基である．α,β-不飽和カルボニル化合物の一つの重要な共鳴構造において正電荷が二重結合のβ炭素上にあり，そのために求電子性になっている．したがって，求核種は"活性化された"二重結合に付加できる．

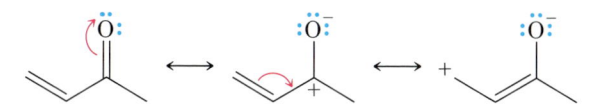

α,β-不飽和カルボニル化合物の部分正電荷の大部分はカルボニル炭素上にあるが，それでもかなりの部分正電荷がβ炭素上にも存在している．

表16.2に Michael 反応で用いられるα,β-不飽和カルボニル化合物と求核種の最も一般的な組合せを示す．最も広く用いられる塩基は金属アルコキシド，ピリジン，ピペリジンである．

Michael 反応の一般的な反応機構を次のように書くことができる．

反応機構：Michael 反応

段階1：H—Nu を塩基で処理すると求核種 Nu:⁻ が生じる．

$$\text{Nu—H} + :\text{B}^- \rightleftarrows \text{Nu:}^- + \text{H—B}$$

塩基

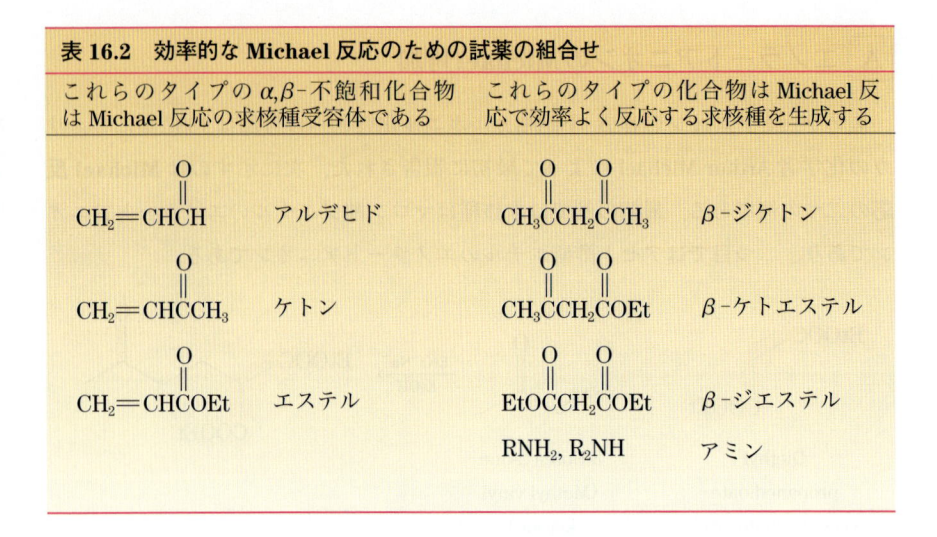

表 16.2　効率的な Michael 反応のための試薬の組合せ

これらのタイプの α,β-不飽和化合物は Michael 反応の求核種受容体である		これらのタイプの化合物は Michael 反応で効率よく反応する求核種を生成する	
$CH_2=CHCH(=O)$	アルデヒド	$CH_3C(=O)CH_2C(=O)CH_3$	β-ジケトン
$CH_2=CHCCH_3(=O)$	ケトン	$CH_3C(=O)CH_2C(=O)OEt$	β-ケトエステル
$CH_2=CHCOEt(=O)$	エステル	$EtOC(=O)CH_2C(=O)OEt$	β-ジエステル
		RNH_2, R_2NH	アミン

段階 2：Nu:⁻ が共役系の β 炭素に求核付加すると，共鳴安定化したエノラートアニオンが生じる．

共鳴安定化したエノラートアニオン

段階 3：H—B からプロトンが移動し，エノールを生成し，塩基を再生する．

エノール
（1,4-付加の生成物）

　この段階で生成したエノールは，α,β-不飽和カルボニル化合物の共役系へ **1,4-付加**したものに相当する．Michael 反応が **1,4-付加**あるいは**共役付加** conjugate addition といわれるのは，この中間体が生成するためである．Michael 反応は 1 当量よりも少ない触媒量の塩基で十分であるという実験的事実と一致して，塩基 B:⁻ が再生されることにも注意しよう．

段階 4：より不安定なエノール形が互変異性化（13.9A 節）して，より安定なケト形になる．

エノール形　　　　　ケト形
（より不安定）　　　（より安定）

例題 16.8

次の反応物の組合せを Michael 反応条件下，エタノール中ナトリウムエトキシドで処理して得られる生成物の構造式を書け．

(a) CH₃COCH₂COOEt + CH₂=CHCOOEt

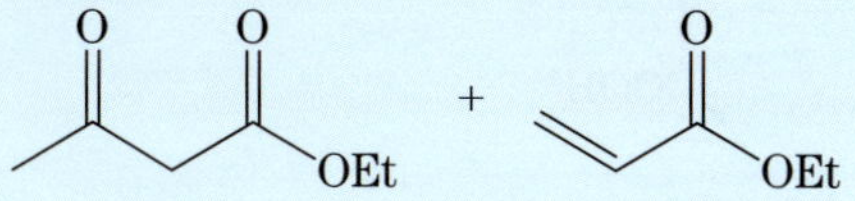

(b) EtOOCCH₂COOEt + 2-シクロペンテノン

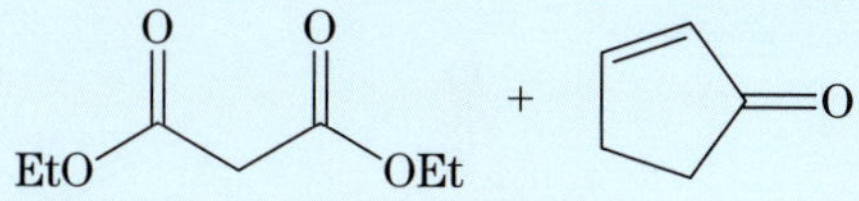

解 答

(a) 新しい C—C 結合を示した 3-アセチル-ペンタン二酸ジエステル型生成物（CH₃CO–CH(COOEt)–CH₂–CH₂–COOEt）

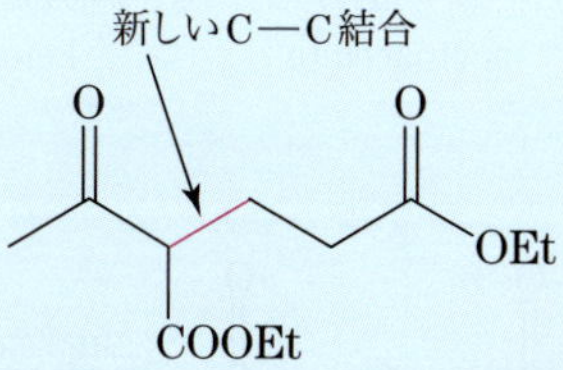

(b) 3-(ビス(エトキシカルボニル)メチル)シクロペンタノン

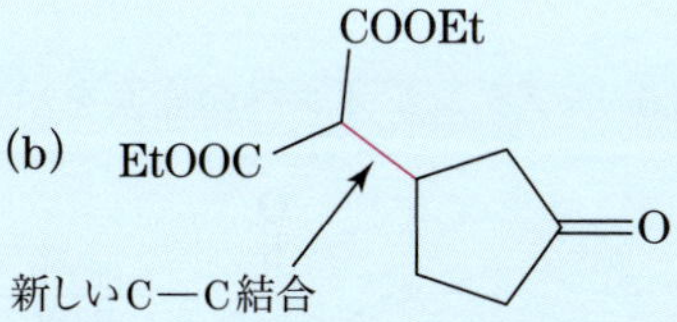

練習問題 16.8

例題 16.8 で得られた Michael 生成物を，(1) NaOH 水溶液中での加水分解，(2) 酸性化，(3) β-ケト酸あるいは β-ジカルボン酸の熱的脱炭酸して得られる生成物を示せ．これらの反応は 1,5-ジカルボニル化合物の合成に Michael 反応が有用であることを示している．

例題 16.9

例題 16.8 および練習問題 16.8 の一連の反応（Michael 反応，加水分解，酸性化，熱的脱炭酸）を用いて，2,6-ヘプタンジオンを合成する方法を示せ．

解 答

ケトンの β 位の COOH が脱炭酸によって失われることを理解していることが鍵である．ひとたび COOH がどこに位置するかを見つければ，標的分子のどの炭素がアセト酢酸エチルから，そしてどの炭素が α,β-不飽和カルボニル化合物から来ているかがわかるだろう．次に示すように，標的分子はアセト酢酸エチルとメチルビニルケトンの炭素骨格から構築することができる．

これら3炭素はアセト酢酸エステルから

この結合はMichael反応で生成

この炭素は脱炭酸で失われる

Ethyl acetoacetate + Methyl vinyl ketone

次に 2,6-ヘプタンジオンへの変換を示す.

1. EtO⁻Na⁺ / EtOH
2. H₂O, NaOH
3. H₂O, HCl
4. 加熱

2,6-Heptanedione

練習問題 16.9

Michael 反応，加水分解，酸性化，熱的脱炭酸からなる一連の反応がペンタン二酸（グルタル酸）の合成にどのように利用できるかを示せ.

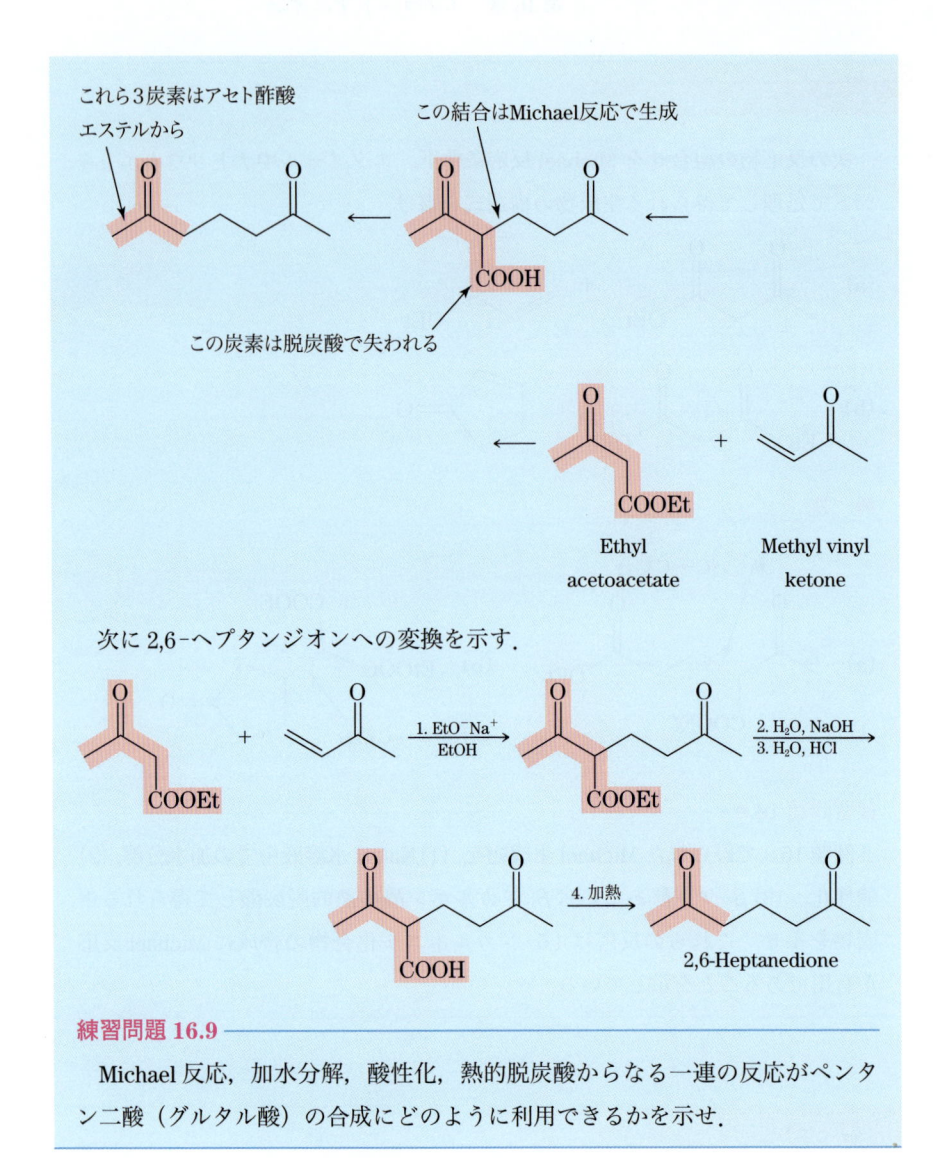

B アミンの Michael 付加

表 16.2 に示したように，脂肪族アミンもまた Michael 反応の求核種として働く.例えば，ジエチルアミンは次の反応式に示すようにアクリル酸メチルに付加する.

Diethylamine + Ethyl propenoate (Ethyl acrylate) → この結合が生成

例題 16.10

メチルアミン CH_3NH_2 は二つのN—H結合をもつので，1 mol のメチルアミンは 2 mol のアクリル酸メチルに Michael 反応を起こす．この二重 Michael 反応の生成物の構造式を書け．

解　答

$$H_3C-NH_2 + 2\ CH_2=CH-COOEt \longrightarrow H_3C-N\begin{matrix}CH_2-CH_2-COOEt\\CH_2-CH_2-COOEt\end{matrix}$$

練習問題 16.10

例題 16.10 の二重 Michael 反応生成物はジエステルであり，エタノール中ナトリウムエトキシドで処理すると Dieckmann 縮合を起こす．この Dieckmann 縮合後，塩酸で酸性にして得られる生成物の構造式を書け．

まとめ

エノラートアニオンは，カルボニル基をもつ化合物からα水素を取り除いてできるアニオンである（16.2節）．アルデヒド，ケトンおよびエステルは，金属アルコキシドや他の強塩基で処理するとそのエノラートアニオン（16.3A節）に変換される．**アルドール反応**（16.3B節）は，アルデヒドまたはケトンのエノラートアニオンが別のアルデヒドまたはケトンのカルボニル炭素に付加して**β-ヒドロキシアルデヒド**または**β-ヒドロキシケトン**を生じる反応である．アルドール反応生成物の脱水により**α,β-不飽和アルデヒド**または**α,β-不飽和ケトン**が得られる．**交差アルドール反応**は，2種のカルボニル化合物の一方がα水素をもっていないなど，反応性が十分異なる場合にのみ有用である．二つのカルボニル基が同一分子内にある場合には，アルドール反応により，環が生成する．分子内アルドール反応は特に五員環と六員環の生成に有用である．

Claisen 縮合と **Dieckmann 縮合**（16.4節）の重要な段階は，エステルのエノラートアニオンが別のエステルカルボニル基に付加して四面体カルボニル付加中間体を生じるところであり，続いてこの中間体が分解して**β-ケトエステル**を与える．

アセチル CoA（16.5節）は，テルペン，コレステロールおよび脂肪酸の合成における炭素原子の源である．これらの生体分子の合成の重要な中間体は，メバロン酸とイソペンテニルピロリン酸である．

Michael 反応（16.6節）は隣接するカルボニル基によって活性化された炭素-炭素二重結合への求核種の付加である．

重要な反応

1. アルドール反応（16.3B節）

アルドール反応は，アルデヒドまたはケトンから生成したエノラートアニオンによる別のアルデヒドまたはケトンのカルボニル基への求核攻撃を含む．その生成物はβ-ヒドロキシアルデヒドまたはβ-ヒドロキシケトンである．

$$2 \ \text{CH}_3\text{CH}_2\text{CH}_2\text{CHO} \xrightleftharpoons{\text{NaOH}} \text{CH}_3\text{CH}_2\text{CH}_2\text{CH(OH)CH(C}_2\text{H}_5\text{)CHO}$$

2. アルドール反応の生成物の脱水（16.3 節）

アルドール反応で生成したβ-ヒドロキシアルデヒドまたはケトンの脱水は，酸性または塩基性条件で非常に容易に起こり，α,β-不飽和アルデヒドまたはケトンを与える．

$$\text{CH}_3\text{CH(OH)CH}_2\text{CHO} \xrightarrow{\text{H}^+} \text{CH}_3\text{CH=CHCHO} + \text{H}_2\text{O}$$

3. Claisen 縮合（16.4A 節）

Claisen 縮合の生成物はβ-ケトエステルである．縮合はエステルのエノラートアニオンを攻撃求核種とする求核アシル置換によって起こる．

$$\text{CH}_3\text{CH}_2\text{COOEt} \xrightarrow[\text{2. H}_2\text{O, HCl}]{\text{1. EtO}^-\text{Na}^+} \text{CH}_3\text{CH}_2\text{COCH(CH}_3\text{)COOEt} + \text{EtOH}$$

4. Dieckmann 縮合（15.3B 節）

分子内 Claisen 縮合は Dieckmann 縮合とよばれる．

$$\text{EtOOC(CH}_2\text{)}_4\text{COOEt} \xrightarrow[\text{2. H}_2\text{O, HCl}]{\text{1. EtO}^-\text{Na}^+} \text{2-(ethoxycarbonyl)cyclopentanone} + \text{EtOH}$$

5. 交差 Claisen 縮合（15.3C 節）

交差 Claisen 縮合は，二つのエステルの反応性が十分違うときにのみ有用である．例えば，一方のエステルがα水素をもたなくてエノラートアニオン受容体としてのみ作用できるような場合である．

$$\text{PhCOOEt} + \text{CH}_3\text{CH}_2\text{COOEt} \xrightarrow[\text{2. H}_2\text{O, HCl}]{\text{1. EtO}^-\text{Na}^+} \text{PhCOCH(CH}_3\text{)COOEt} + \text{EtOH}$$

6. β-ケトエステルの加水分解と脱炭酸（16.4D 節）

このエステルの加水分解に続いて，生成したβ-ケト酸を脱炭酸させるとケトンと二酸化炭素が生じる．

$$\text{CH}_3\text{CH}_2\text{COCH(CH}_3\text{)COOEt} \xrightarrow[\text{3. 加熱}]{\substack{\text{1. NaOH, H}_2\text{O} \\ \text{2. H}_2\text{O, HCl}}} \text{CH}_3\text{CH}_2\text{COCH}_2\text{CH}_3 + \text{CO}_2$$

7. Michael 反応（16.6 節）

α,β-不飽和カルボニル化合物のβ炭素に求核種が攻撃すると，共役付加になる．

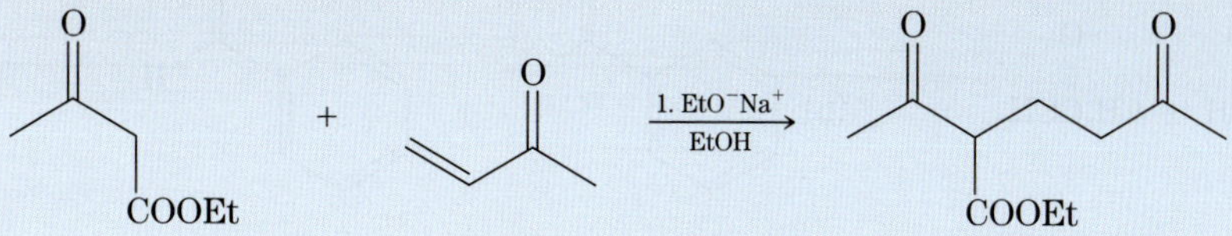

補充問題

アルドール反応

16.11 次の化合物の pK_a を推定し，酸性度の高い方から順に並べよ．

(a) $CH_3\overset{O}{\overset{\|}{C}}CH_3$ (b) $CH_3\overset{OH}{\overset{|}{C}H}CH_3$ (c) $CH_3CH_2\overset{O}{\overset{\|}{C}}OH$

16.12 次の化合物中の最も酸性度の高い水素を示せ（一つとは限らない）．

(a) 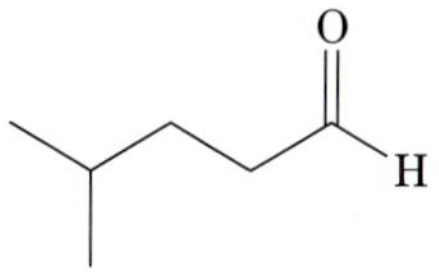 (b) 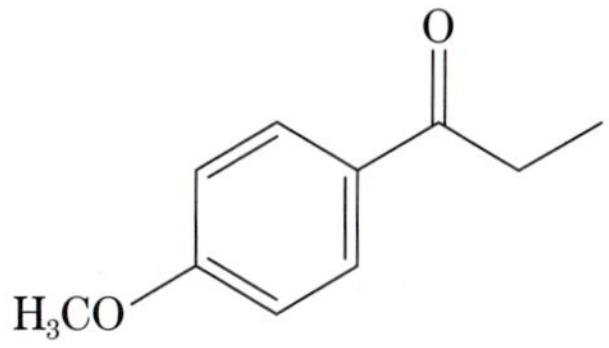 (c) 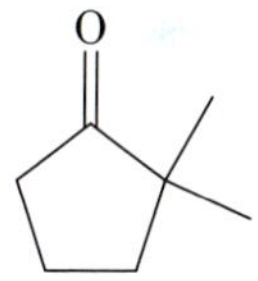 (d) 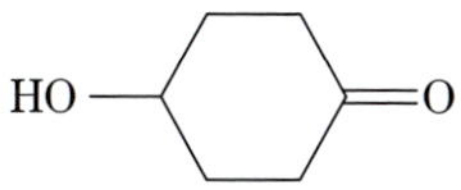 (e) 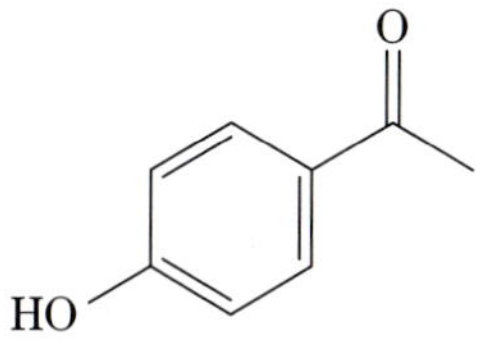 (f)

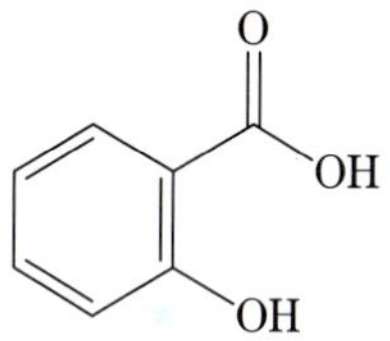

16.13 次のアニオンのもう一つの共鳴寄与構造を書き，巻矢印を用いてどのような電子の動きでその寄与構造が得られるか示せ．

(a) 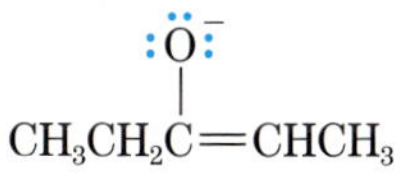 $CH_3CH_2\overset{:\ddot{O}:^-}{\overset{|}{C}}=CHCH_3$ (b) 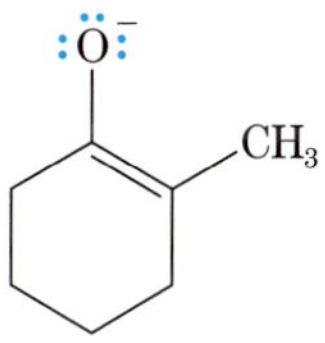 (c)

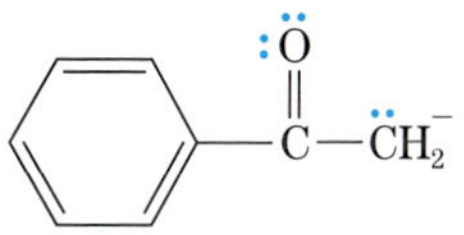

16.14 2-メチルシクロヘキサノンを塩基で処理すると2種のエノラートアニオンが得られる．それぞれについて炭素上に負電荷をもつ共鳴寄与構造を書け．

16.15 次の化合物のアルドール反応生成物ならびにその脱水によって得られる α,β-不飽和アルデヒドまたはケトンの構造式を書け．

(a) 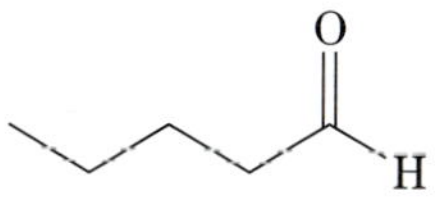 (b) 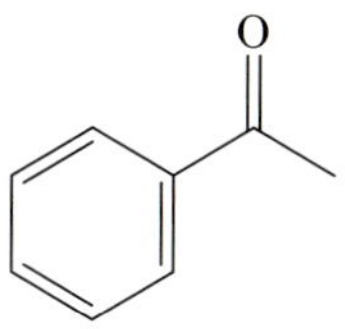 (c) 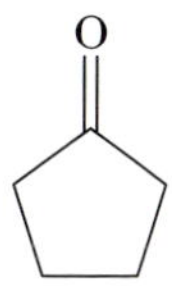 (d)

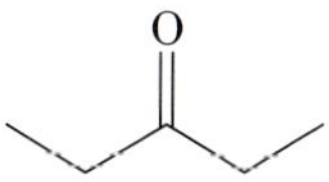

16.16 次の交差アルドール反応の生成物ならびにその脱水によって得られる化合物の構造式を書け．

(a) 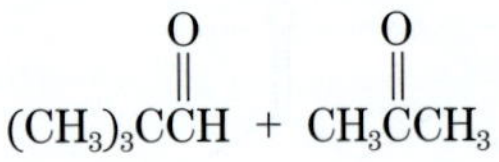 $(CH_3)_3CCH=O + CH_3CCH_3$ (ケトン)

(b) 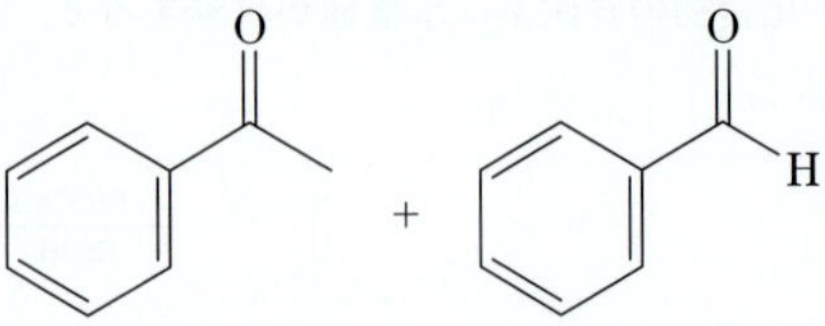 PhCOCH$_3$ + PhCHO

(c) 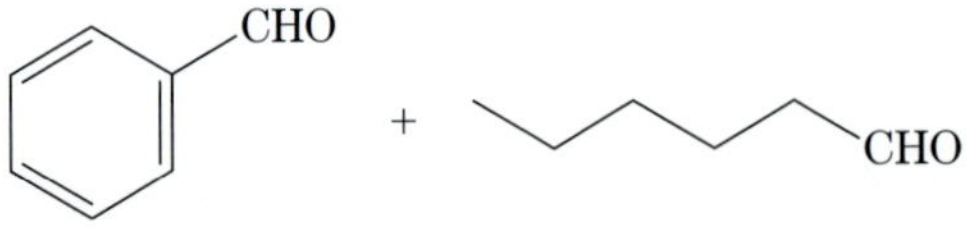 PhCHO + CH$_3$CH$_2$CH$_2$CH$_2$CHO

(d) 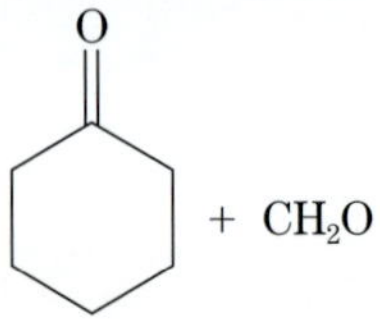 シクロヘキサノン + CH$_2$O

16.17 アセトンと2-ブタノンの1：1混合物を塩基で処理すると6種類のアルドール生成物ができる．これらすべての生成物を構造式で示せ．

16.18 アルドール反応とその生成物の脱水反応を使って，次の α,β-不飽和ケトンを合成する方法を示せ．

(a) 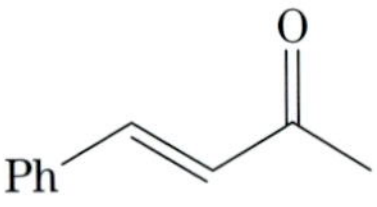 PhCH=CHCOCH$_3$

(b) 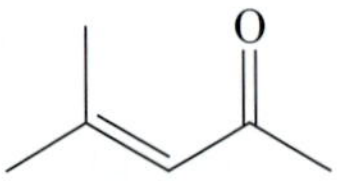 (CH$_3$)$_2$C=CHCOCH$_3$

16.19 アルドール反応とその生成物の脱水反応を使って，次の α,β-不飽和アルデヒドを合成する方法を示せ．

(a) 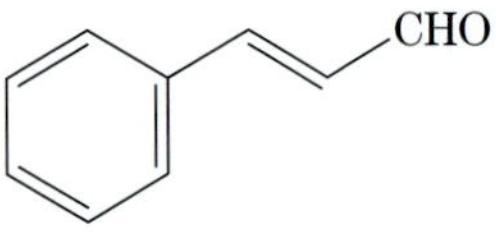 PhCH=CHCHO

(b) 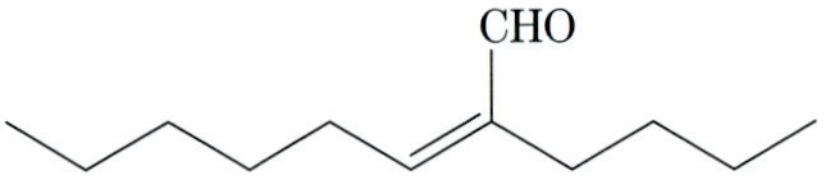 CH$_3$(CH$_2$)$_4$CH=C(CHO)(CH$_2$)$_3$CH$_3$

16.20 次の化合物を塩基で処理すると，分子内アルドール反応により環状生成物が得られる（収率78%）．この生成物の構造式を書け．

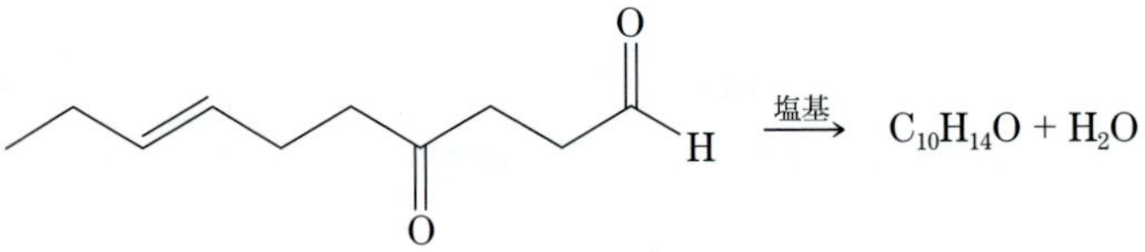

$$\text{CH}_3\text{CH=CHCH}_2\text{CH}_2\text{COCH}_2\text{CH}_2\text{CHO} \xrightarrow{\text{塩基}} C_{10}H_{14}O + H_2O$$

16.21 アルドール反応と脱水によって，次の α,β-不飽和アルデヒドを与える化合物 $C_6H_{10}O_2$ の構造式を示せ．

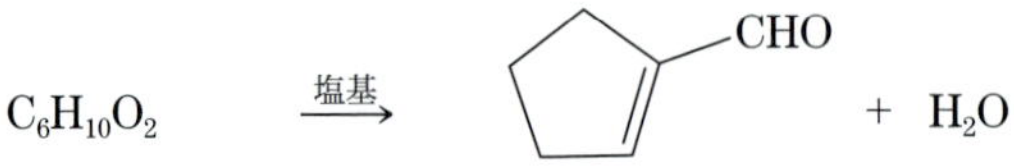

$$C_6H_{10}O_2 \xrightarrow{\text{塩基}} \text{1-Cyclopentenecarbaldehyde} + H_2O$$

16.22 次の変換反応はどのようにして行えばよいか．

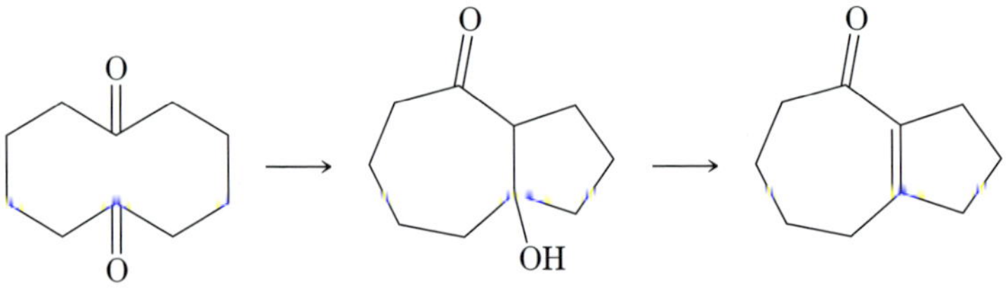

（シクロデカン-1,6-ジオン → ヒドロキシ二環式ケトン → 二環式エノン）

第 16 章　エノラートアニオン

16.23 温和な鎮静薬であるオキサナミドはブタナールから次の 5 段階の反応で合成される．

Butanal →(1)→ 2-Ethyl-2-hexenal →(2)→ 2-Ethyl-2-hexenoic acid →(3)→ 2-Ethyl-2-hexenoyl chloride →(4)→ 2-Ethyl-2-hexenamide →(5)→ Oxanamide

(a) この合成の各段階を行うのに必要な試薬と実験条件を示せ．
(b) オキサナミドには何個のキラル中心があるか．何個の立体異性体が可能か．

16.24 化合物 A と B の構造式を示せ．

(シクロヘキサノール誘導体) $\xrightarrow{H_2CrO_4}$ A ($C_{11}H_{18}O_2$) $\xrightarrow[EtOH]{EtO^-Na^+}$ B ($C_{11}H_{16}O$)

Claisen 縮合と Dieckmann 縮合

16.25 次のエステルの Claisen 縮合の生成物を示せ．
  (a) フェニル酢酸エチル（ナトリウムエトキシド存在下）
  (b) ヘキサン酸メチル（ナトリウムメトキシド存在下）

16.26 問題 16.25 で生成した β-ケトエステルを加水分解，酸性化，そして脱炭酸して得られる生成物の構造式を書け．

16.27 プロパン酸エチルとブタン酸エチルの 1：1 混合物をナトリウムエトキシドで処理すると 4 種類の Claisen 縮合生成物ができる．これら 4 種の生成物の構造式を書け．

16.28 プロパン酸エチルと次のエステルの交差 Claisen 縮合で生成する β-ケトエステルの構造式を書け．
  (a) EtOC—COEt　(b) PhCOEt　(c) HCOEt

16.29 次の交差 Claisen 縮合の反応式を完成せよ．

(3-ピリジル)COCH$_2$CH$_3$ + CH$_3$COCH$_2$CH$_3$ $\xrightarrow[2.\ H_2O,\ HCl]{1.\ EtO^-Na^+}$

16.30 Claisen 縮合を反応の 1 段階に用いて，次に示す一連の反応によりケトンを合成することができる．ここで生成する化合物 A，B およびケトンの構造式を示せ．

(ブタン酸エチル) $\xrightarrow[2.\ HCl,\ H_2O]{1.\ EtO^-Na^+}$ A $\xrightarrow[加熱]{NaOH,\ H_2O}$ B $\xrightarrow[加熱]{HCl,\ H_2O}$ $C_9H_{18}O$

16.31 次のジエステルをナトリウムエトキシドと反応させ，HCl で酸性にしたときにできる生成物の構造を示せ．
（ヒント：これは Dieckmann 縮合である．）

(a) シクロヘキサン環の 1,2-位に -CH₂COOEt 基が付いた cis 配置のジエステル

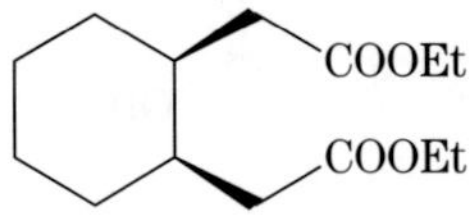

(b) EtO-CO-CH₂-CH₂-CH₂-CH₂-CH₂-CO-OEt

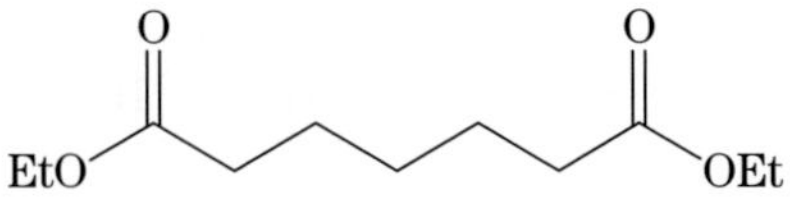

16.32 フタル酸ジエチルと酢酸エチルの Claisen 縮合に続いて，けん化，酸性化，脱炭酸を行うと，ジケトン $C_9H_6O_2$ が生成する．化合物 A，B およびジケトンの構造式を示せ．

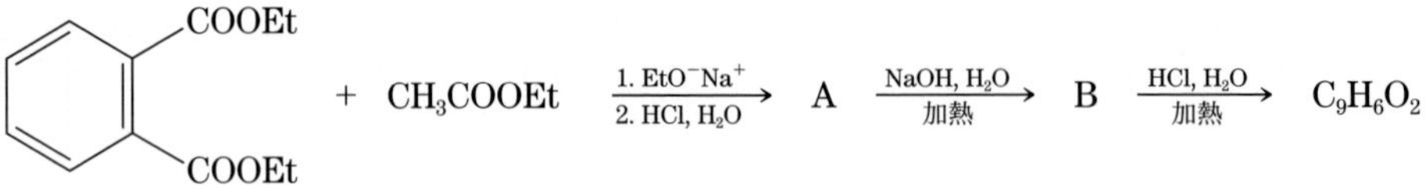

Diethyl phthalate + CH₃COOEt $\xrightarrow[\text{2. HCl, H}_2\text{O}]{\text{1. EtO}^-\text{Na}^+}$ A $\xrightarrow[\text{加熱}]{\text{NaOH, H}_2\text{O}}$ B $\xrightarrow[\text{加熱}]{\text{HCl, H}_2\text{O}}$ $C_9H_6O_2$

16.33 殺鼠剤と殺虫剤として用いられるピンドンは次の一連の反応で合成される．ピンドンの構造式を示せ．

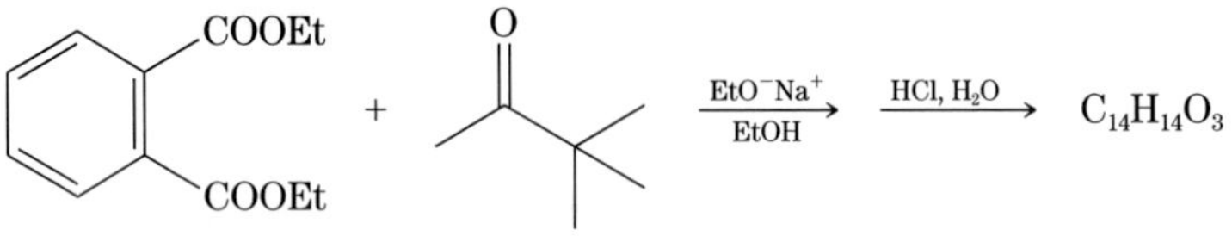

Diethyl phthalate + 3,3-Dimethyl-2-butanone $\xrightarrow[\text{EtOH}]{\text{EtO}^-\text{Na}^+}$ $\xrightarrow{\text{HCl, H}_2\text{O}}$ $C_{14}H_{14}O_3$ Pindone

16.34 フェンタニルは激しい痛みに処方される非オピオイド性（非モルヒネ様）鎮痛薬である．それはヒトにおいてはモルヒネそのものよりも約 50 倍も強力である．フェンタニルの一つの合成法は 2-フェニルエタンアミンから始まる．

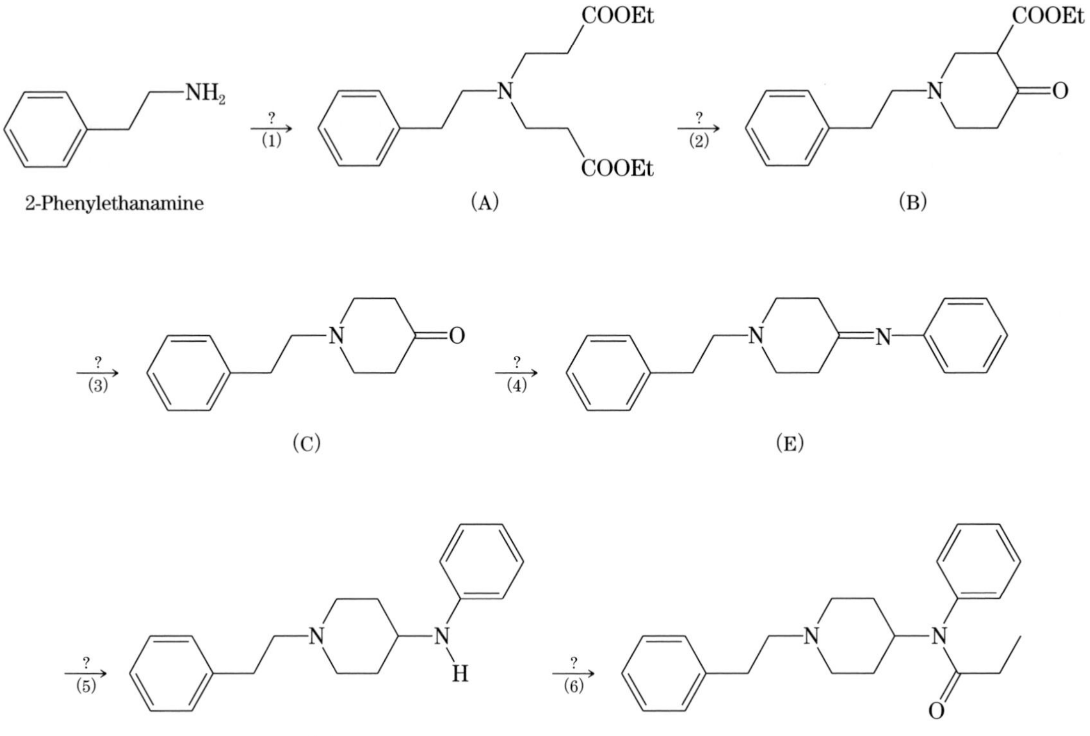

2-Phenylethanamine $\xrightarrow{?}_{(1)}$ (A) $\xrightarrow{?}_{(2)}$ (B) $\xrightarrow{?}_{(3)}$ (C) $\xrightarrow{?}_{(4)}$ (E) $\xrightarrow{?}_{(5)}$ (F) $\xrightarrow{?}_{(6)}$ Fentanyl

(a) 段階1に必要な試薬を書け．この段階の反応の名称は何か．
(b) 段階2を起こす試薬を書け．この段階の反応の名称は何か．
(c) 段階3を起こす一連の試薬を書け．
(d) 段階4に必要な試薬を書け．化合物Eのイミン（Schiff 塩基）部分を示せ．
(e) 段階5を起こす試薬を書け．
(f) 段階6を起こすための試薬を2種類示せ．
(g) フェンタニルはキラルかどうか説明せよ．

16.35 メクリジンの塩酸塩は船酔いを含む乗り物酔いの予防や症状軽減に用いられる．メクリジンは次の一連の反応でつくることができる．

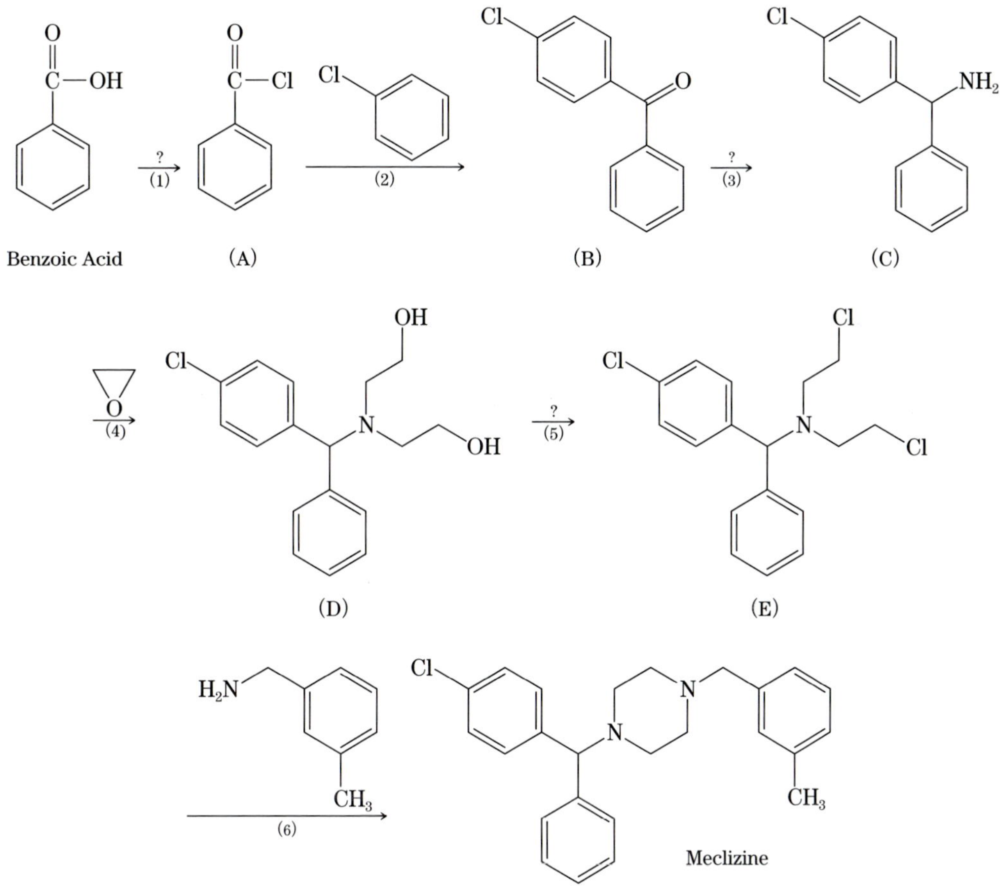

(a) (A)の官能基の名称は何か．カルボキシ基をこの官能基に変換するのに最も一般的に用いられる試薬は何か．
(b) 段階2の触媒は塩化アルミニウム $AlCl_3$ である．この段階で起こる反応の名称は何か．ここに示した生成物はクロロベンゼンの塩素のパラ位に新しい基をもつ．もしその新しい基の位置がわかっていないとしたら，その基の位置が塩素に対してオルト，メタあるいはパラであるか予想できるか．説明せよ．
(c) 段階3で C=O 基を —NH_2 基に変換するためにどのような試薬の組合せが使えるか．
(d) 段階4で用いられているのは環状エーテルのエチレンオキシドである．ほとんどのエーテルは第一級アミンのような求核種に対しては全く不活性であるが，エチレンオキシドは例外である．求核種によってエチレンオキシドの開環反応が容易に起こる理由を説明せよ．

(e) 段階5で第一級アルコールを第一級ハロゲン化物に変換するために用いることができる試薬は何か．
(f) 段階6は二重求核置換反応である．この反応はS$_N$1 と S$_N$2のどちらの機構で進行していると考えられるか．説明せよ．

16.36 2-エチル-1-ヘキサノールは日焼け止めのp-メトキシケイ皮酸オクチルの合成に用いられている（Chemical Connections 15A 参照）．この第一級アルコールは，次の一連の反応によりブタナールから合成できる．

(a) 段階1に必要な試薬を示せ．この反応の名称は何か．
(b) 段階2に必要な試薬を示せ．
(c) 段階3に必要な試薬を示せ．
(d) 次に示すのは市販の日焼け止め成分の構造式である．このエステルを合成するためにどのようなカルボン酸を用いればよいか．また，どのようにエステル化反応を行うか．

応用問題

16.37 次の反応は解糖（22.4節），すなわち一連の酵素触媒反応によりグルコースが2分子のピルビン酸に酸化される10段階のうちの一つである．この段階が逆アルドール反応であることを示せ．

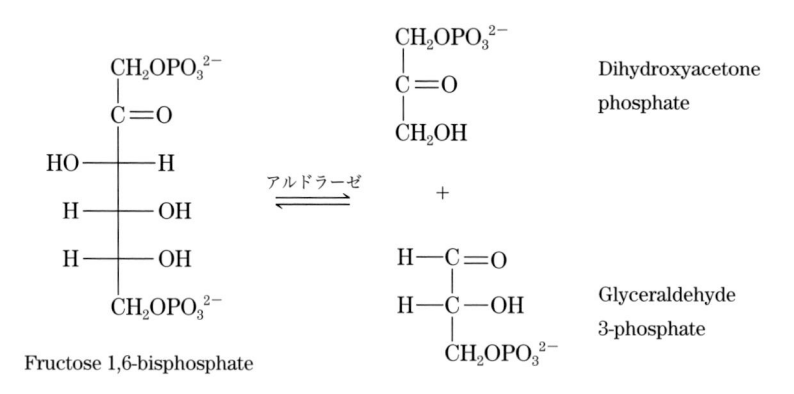

16.38 次の反応は脂肪酸（22.6節）の炭化水素鎖の2炭素ずつがアセチルCoAに酸化される四つの酵素触媒反応の中の4番目の反応である．この反応が逆Claisen縮合であることを示せ．

16.39　ステロイドは特徴的な四環性構造を有する主要な脂質（21.5 節）である．与えられた前駆体から Michael 反応とそれに続くアルドール反応（脱水反応も含めて）を用いて，テストステロンの A 環を構築する方法を示せ．

Testosterone

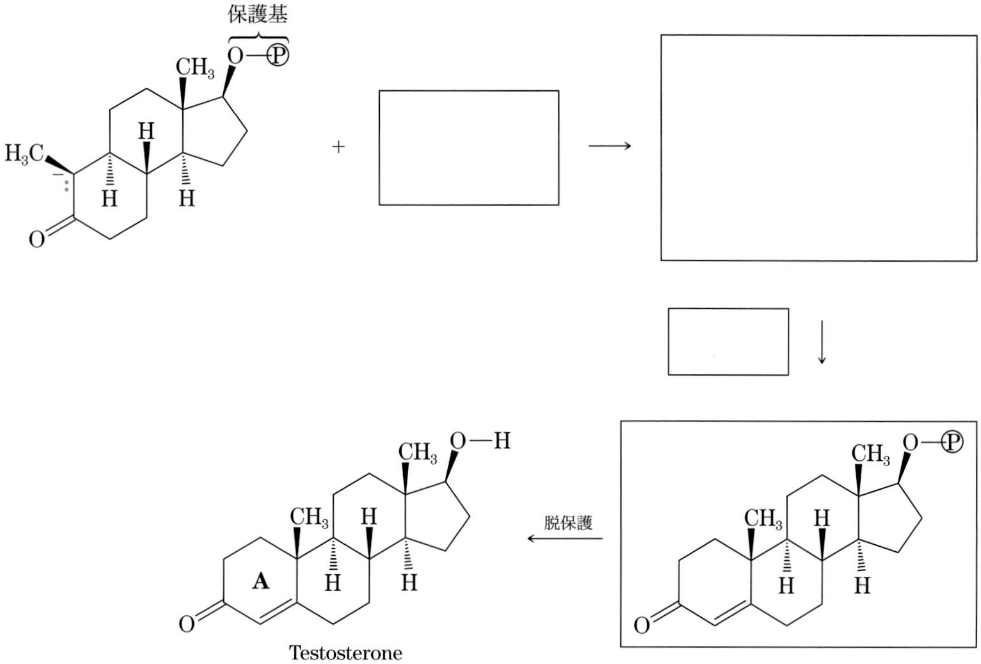

16.40　クエン酸回路（22.7 節）の第三段階は，β-ケト酸であるオキサロコハク酸イオン中の一つのカルボキシラート基のプロトン化とそれに続く α-ケトグルタル酸への脱炭酸を含んでいる．このカルボン酸はこの条件下ではイオン化している．α-ケトグルタル酸イオンの構造式を書け．

Oxalosuccinate　　α-Ketoglutarate

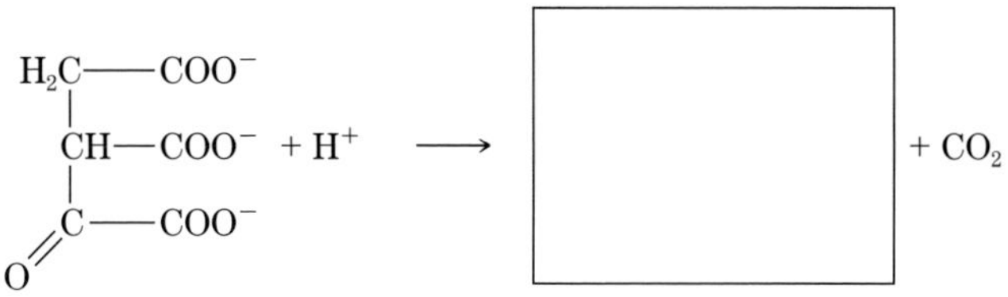

17 有機高分子化学

17.1　はじめに
17.2　高分子の構造
17.3　高分子の表記法と命名法
17.4　高分子の形状：結晶と非晶質
17.5　逐次重合高分子
17.6　連鎖重合高分子
17.7　プラスチックのリサイクル

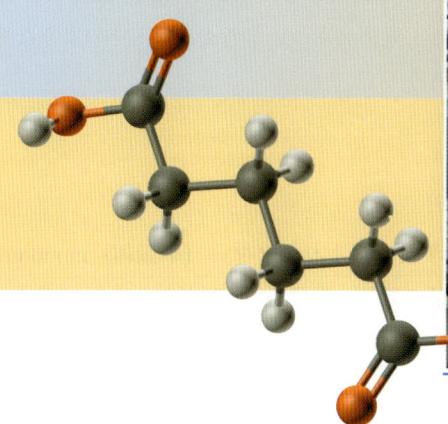

中国・上海の雨の日の傘の波．
左の図は，ナイロン66の製造に用いられる2種類の単量体のうちの一つであるアジピン酸の分子模型．
(Gavin Hellier/Stone/Getty Images)

17.1　はじめに

　どんな社会でも，科学技術の進歩は利用できる材料と密接に関係している．実際，歴史学者は，人類の文明の発展の足跡を歴史上に記す方法として，新たな材料の出現を指標の一つとして用いてきた．新材料の開発を行う研究分野において，高分子という合成材料を作ろうと，科学者は，ますます有機化学を利用するようになっている．高分子は万能であり，木材，金属やセラミックスのような材料では達成できないさまざまな物性を生み出すことができる．ある高分子の化学構造を少し変えるだけで，その物理的性質を，例えばサンドイッチの包装に適したものから防弾チョッキに適したものに変えることができる．さらに構造を変化させると，有機高分子に想像もしなかったような性質を導入することも可能である．一例をあげると，うま

く設計された有機反応を用いれば，あるタイプの高分子を絶縁体（例えば電気コードの被覆）になるように作ることができる．一方，異なる反応を用いれば，同じタイプの高分子を金属銅に匹敵する電気伝導性をもつように作ることができる．

1930年代以来，有機高分子化学の分野で，精力的な研究開発が行われているが，その中でも特に爆発的に発展したプラスチック製品，コーティング剤，ゴム製品に関する技術は，世界中に何億ドルもの産業を生み出した．この驚異的な成長にはいくつかの基本的な特徴がある．まず，合成高分子の原材料は主に石油に由来する．石油の精製プロセスの開発によって，高分子の合成に用いる原材料は，より安く，大量に供給されるようになった．次にその幅広い可能性の中で，科学者は，実際の利用者が求めているものに合うように，高分子をデザインするようになった．さらに，多くの消費財が，競合する木材，セラミックスや金属から作るよりも，合成高分子からより安価に作れるようになった．例えば，高分子技術によって水溶性の塗料が開発され，これはコーティング剤産業に革命を起こした．また，プラスチックのフィルムと発泡材は，梱包産業に画期的な発展をもたらした．日常生活の中で，私たちの周りのいたるところに見られる工業製品について考えれば，そのような例を次から次へとあげることができるだろう．

17.2　高分子の構造

高分子（ポリマー）polymer は，化学反応により**モノマー（単量体）**monomer から合成される長い鎖状構造をもつ分子である．高分子の分子量は，一般に通常の有機化合物に比べて大きく，1万〜100万以上にわたる範囲にある．これらの巨大分子の構造には様々な種類があり，直鎖と枝分れ鎖だけでなく，くし状，はしご状，星状の構造がある（図17.1）．さらに，それぞれの高分子鎖を共有結合によって架橋すると，構造はさらに多様になる．

直鎖あるいは枝分れ鎖をもつ高分子は，クロロホルム，ベンゼン，トルエン，ジメチルスルホキシド（DMSO），テトラヒドロフラン（THF）などの溶媒に溶ける場合が多い．さらに，多くの直鎖および枝分れ高分子は，融解すると高い粘性をもつ液体となる．高分子の世界では，**プラスチック** plastic とは，加熱すると成形することができ，冷やすと固まるものと定義される．**熱可塑性樹脂** thermoplastic は，融解すると十分な流動性をもつようになって型に入れることができ，冷えているときはその形を保つ．**熱硬化性樹脂** thermosetting plastic は，始めに作るときに型に入れられるが，いったん冷やされると不可逆的に固まり，加熱してももう再び融解することはない．熱可塑性樹脂と熱硬化性樹脂は，このように物理的性質がまったく異なるので，異なる工程で製造され，異なる用途に用いられる．

分子レベルにおける高分子の最も重要な性質は，その鎖の長さと形である．鎖の長さの重要性を示す最もよい例として，天然高分子であるパラフィンろうと合成高分子であるポリエチレンを比較してみよう．これらの異なる物質は，同じ繰り返し

高分子（ポリマー）：モノマーとよばれる単一の部分構造を，数多く結合させることによって合成される長い鎖状の分子．polymer はギリシア語の poly (多くの) と meros (部分) に由来する．

モノマー（単量体）：高分子の合成原料となる最小の単位分子．monomer はギリシア語の mono (単一の) と meros (部分) に由来する．

プラスチック：加熱すると成形することができて，冷やすとその形で固まる高分子．

熱可塑性樹脂：加熱すると融解して成形することができ，冷やすと可逆的に固まる高分子．

熱硬化性樹脂：合成した直後は成形できるが，いったん冷却すると非可逆的に硬くなり，再び融解できない高分子．

鎖状　　枝分れ　　くし状　　はしご状　　星状　　橋かけ網状　　デンドリマー

図 17.1
高分子の種々の構造．

単位，つまり―CH₂―から構成されているが，鎖の長さは大きく異なる．パラフィンろうは1本の鎖が25〜50個の炭素原子からなるのに対し，ポリエチレンは1本の鎖が1,000〜3,000個の炭素原子からなる．ろうそくの構成成分であるパラフィンろうは，強度が弱くて壊れやすいが，飲料用ボトルの原料であるポリエチレンは頑丈で，曲がりやすいが折れにくい．これらの大きな性質の違いは，それぞれの高分子鎖の長さと分子構造の違いから直接きている．

17.3　高分子の表記法と命名法

一般的に高分子の構造は，繰り返し単位にかっこをつけて表される．**繰り返し単位**というのは，その中に繰り返し構造を含まない最小の分子構成単位である．ここで，かっこの外の下付きの n は，繰り返し単位が n 回繰り返されることを示している．かっこでくくられた構造を結合の両方向に繰り返すことにより，全体の高分子鎖を作り出すことができる．次の例はプロピレンの重合により得られるポリプロピレンである．

平均重合度 n：最も簡単な繰り返し単位をかっこ内に示して高分子を表現する際，かっこの添字として示す数で，その単位構造の繰り返し数を表す．

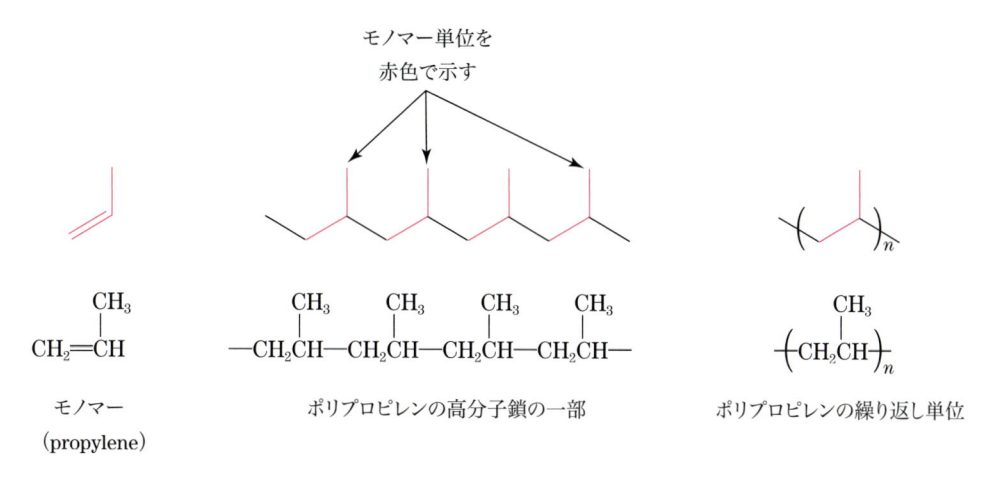

モノマー単位を赤色で示す

$CH_2=CH$ — CH_3
モノマー
（propylene）

ポリプロピレンの高分子鎖の一部

$\left(CH_2CH(CH_3)\right)_n$
ポリプロピレンの繰り返し単位

最も一般的な高分子の命名法は，合成に用いたモノマーの名称の前にポリ poly- をつける方法である．例えば，ポリエチレン polyethylene やポリスチレン polystyrene がある．モノマーがより複雑な場合やモノマーの名称が2語以上からなる（例：vinyl chloride）ときには，モノマーの名称にかっこをつけて表す．

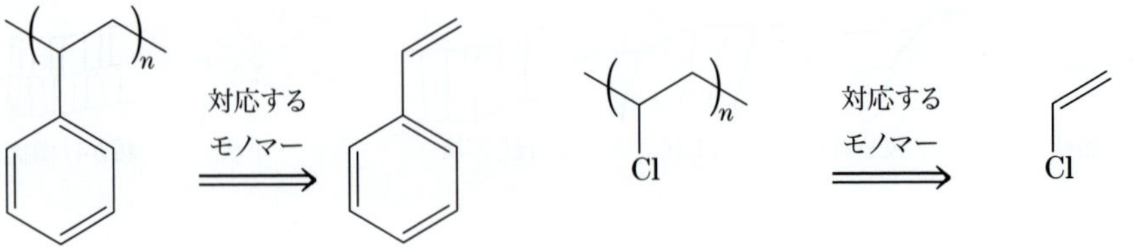

Polystyrene　対応するモノマー⟹　Styrene　　Poly(vinyl chloride)（PVC）　対応するモノマー⟹　Vinyl chloride

例題 17.1

次に示す構造について，高分子の繰り返し単位を書け．この高分子の構造を，かっこを用いた形で簡潔に表せ．また，この高分子を命名せよ．

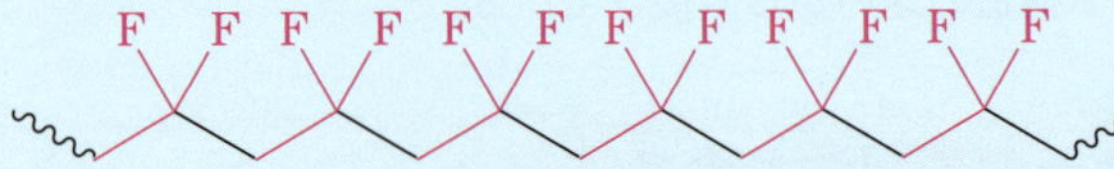

（繰り返し単位を赤色で示す）

解　答

繰り返し単位は —CH_2CF_2— であるので，高分子は $-(CH_2CF_2)-_n$ と表せる．この繰り返し単位は 1,1-ジフルオロエチレンから得られ，高分子の名称はポリ(1,1-ジフルオロエチレン) poly(1,1-difluoroethylene) である．この高分子は，マイクロホンの振動板に用いられている．

練習問題 17.1

次に示す構造について，高分子の繰り返し単位を書け．この高分子の構造を，かっこを用いた形で簡潔に表せ．また，この高分子を命名せよ．

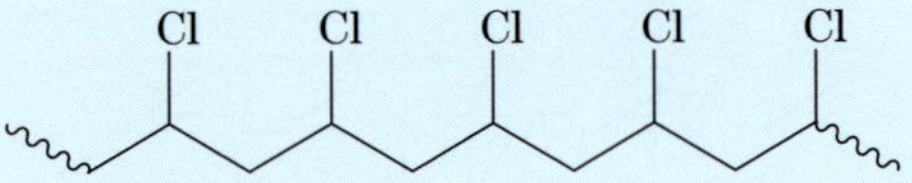

17.4　高分子の形状：結晶と非晶質

高分子は，分子量の小さい有機分子と同様に，溶液から析出させたり，溶融したものを冷やすことにより結晶化する傾向がある．しかし，拡散を抑制するような大きな分子構造，そして場合によっては鎖の効果的なパッキングを妨げるような複雑なあるいは不規則な構造のために結晶化は阻害される．これらの効果によって，固体状態にある高分子は，規則的に並んだ**結晶領域** crystalline domains（微結晶）と

不規則に並んだ**非晶領域** amorphous domains の両方から構成されている．結晶領域と非晶領域の相対的な量は，高分子によって異なり，その作り方にも依存することが多い．

規則正しい密な構造や，水素結合のような強い分子間力をもつ高分子には，しばしば高い結晶度が見られる．結晶が融解する温度を**融解転移温度** melt transition temperature（T_m）という．高分子の結晶度が高いものほど，その T_m は上昇し，また結晶領域によって光が散乱するため高分子はより不透明になる．結晶度が高いと，その強度や硬度が大きくなる．例えば，ナイロン6として一般的に知られているポリ（6-アミノヘキサン酸）の T_m は 223 ℃である．この高分子は，室温あるいはそれよりもずっと高い温度において，硬く，耐久性があり，夏の暑い午後でもその物理的性質に変化はない．その使用範囲は，衣料用繊維から靴底まで様々である．

非晶領域には広い範囲にわたって規則正しい配列がほとんどない．非晶性の高い高分子は，しばしばガラス状高分子といわれる．このような高分子は，光を散乱させる結晶性の部分をほとんどもたないため透明である．さらに，柔軟性が大きく物理強度も小さい点において，一般的に弱い高分子である．加熱すると，非晶質の高分子は，硬いガラス状態から，軟らかく柔軟性のあるゴム状に変化する．この転移が起こる温度を**ガラス転移温度** glass transition temperature（T_g）という．例えば，非晶性のポリスチレンの T_g は 100 ℃である．室温では硬い固体であり，コップや発泡スチロール，使い捨ての医療用品，テープリールなどに用いられる．もし，沸騰した湯の中に入れると，軟らかくなりゴム状になる．

高分子の物理的性質と結晶度の関係を，ポリテレフタル酸エチレン（PET）を例に説明しよう．

Poly(ethylene terephthalate)
(PET)

PET は結晶領域の割合が 0％ から約 55％ のものまで作ることができる．完全に非晶性の PET は，溶融した PET を急冷することによって生成する．一方，長時間かけて冷却すると，分子の拡散が起こり，鎖がより秩序立って配列し，微結晶を多く含むものが得られる．これら2種の PET の物理的性質の違いは大きい．結晶度の低い PET は飲料用ボトルに使われ，結晶度の高い PET は繊維として衣料用繊維やタイヤコードに使われる．

ゴム状物質は，**エラストマー** elastomer（**弾性高分子** elastic polymer）として振る舞うために，低い T_g 値をもつ必要がある．もし温度が T_g 値より低くなれば，材質は硬いガラス状となり，伸縮性は完全に失われる．このようなエラストマーの性質に対して十分な理解がなかったことが，1985 年に起こったスペースシャトル・

結晶領域：固体状態の高分子において，高分子鎖が規則正しく凝集した結晶性の領域．微結晶ともいう．

非晶領域：固体状態の高分子において，凝集状態が乱れた非結晶性の領域．

融解転移温度（T_m）：高分子の結晶領域が融解する温度．

ガラス転移温度（T_g）：高分子が硬いガラス状態からゴム状態へ変化する温度．

エラストマー：力を加えて伸ばしたり変形したものが，力を除くと元の形に戻る，という性質をもつ物質．

チャレンジャー号の事故の一因となった．ロケットの固体燃料を密封するためのOリングは，エラストマーで作られており，0 °C付近にT_g値をもっていた．ロケット打ち上げの初期段階に予期せず温度が低下してT_g値以下の温度になったとき，Oリングは直ちにエラストマーから硬いガラス質へと変化して密封能力を失ってしまった．その後は悲惨な物語となった．物理学者のRichard Feynman（ファインマン）はテレビの公聴会において，チャレンジャー号で使われたOリングを氷水に浸すと弾力性が失われることを示した．

17.5 逐次重合高分子

鎖の伸長が段階的に起こる重合は，**逐次重合** step-growth polymerization または**縮合重合** condensation polymerization とよばれる．逐次重合高分子は，二つの官能基をもつ分子間の反応により生成し，その際新しい結合がそれぞれ独立して形成される．この重合反応では，モノマー（単量体）どうしの反応により二量体が生じ，二量体と単量体との反応により三量体が，二量体どうしの反応により四量体が形成されるなどの反応が起こる．

逐次重合過程には，一般的に，(1) モノマー A—M—A と B—M—B との反応による高分子 ─(A—M—A—B—M—B)─$_n$ の形成，(2) モノマー A—M—B の自己重合による高分子 ─(A—M—B)─$_n$ の形成，という二つのタイプがある．ここで，"M"はモノマーを示し，"A"と"B"はモノマーの反応性官能基を示している．それぞれの逐次重合反応において，官能基Aは選択的に官能基Bと反応し，官能基Bは選択的に官能基Aと反応する．逐次重合反応において新しくできる共有結合は，一般的に官能基AとBの極性反応により形成される．例として求核アシル置換反応がある．この節では，ポリアミド，ポリエステル，ポリカーボネート，ポリウレタン，エポキシ樹脂という5種類の逐次重合高分子について述べる．

A ポリアミド

1930年代の初め，デュポン社の化学者たちは，ジカルボン酸とジアミンから**ポリアミド**を生成する反応について基礎研究を始めた．1934年，彼らは初めて純合成繊維をつくり，ナイロン66と命名した．この名称は，その高分子がそれぞれ6個の炭素原子を含む2種類のモノマーから合成されることに由来している．

ナイロン66の合成において，まずヘキサン二酸と1,6-ヘキサンジアミンを含水エタノールに溶かすと，ナイロン塩とよばれる1:1の塩が生成する．次にこの塩を250 °C，15気圧のオートクレーブで加熱する．この条件下，ジカルボン酸の—COO$^-$とジアミンの—NH$_3^+$が反応し，H_2Oを失ってポリアミドを生成する．この条件で作られるナイロン66の融解温度は250～260 °Cであり，1万～2万の分子量をもつ．

逐次重合：二つの官能基をもつモノマーの間で鎖の伸長が段階的に進行することにより起こる重合反応．縮合重合ともいう．例えば，アジピン酸とヘキサメチレンジアミンからナイロン66が生成する反応．

ポリアミド：モノマーどうしがアミド結合により結合した高分子．例，ナイロン66.

第 17 章　有機高分子化学

$$\text{HO-CO-(CH}_2)_4\text{-COOH} + \text{H}_2\text{N-(CH}_2)_6\text{-NH}_2$$

Hexanedioic acid　　　　　　　　1,6-Hexanediamine
（Adipic acid）　　　　　　　（Hexamethylenediamine）

↓

$$[\text{}^-\text{O-CO-(CH}_2)_4\text{-COO}^- \quad \text{H}_3\text{N}^+\text{-(CH}_2)_6\text{-NH}_3^+]$$

ナイロン塩

加圧下，加熱　↓ $-H_2O$

Nylon 66

　繊維製造の最初の工程では，粗製品のナイロン 66 を溶融し，これを繊維状に紡いで冷却する．次に，その溶融紡糸された繊維を，室温でもとの長さの約 4 倍まで冷延伸すると，結晶度が増加する．繊維が引き延ばされると，個々のポリマー分子が繊維の軸方向を向き，一つの鎖のカルボニル酸素ともう一つの鎖のアミド水素との間に水素結合が形成される（図 17.2）．ポリアミド分子の配向は繊維の物理的性質に劇的な影響を与える．つまり引っ張り強度と剛性の両方が著しく増大する．合成繊維の製造において冷延伸は重要な工程である．

　現在，アジピン酸製造の原材料はベンゼンである．ベンゼンはそのほとんどすべてが石油の接触熱分解や改質により得られる（3.11B 節）．ベンゼンの接触還元に

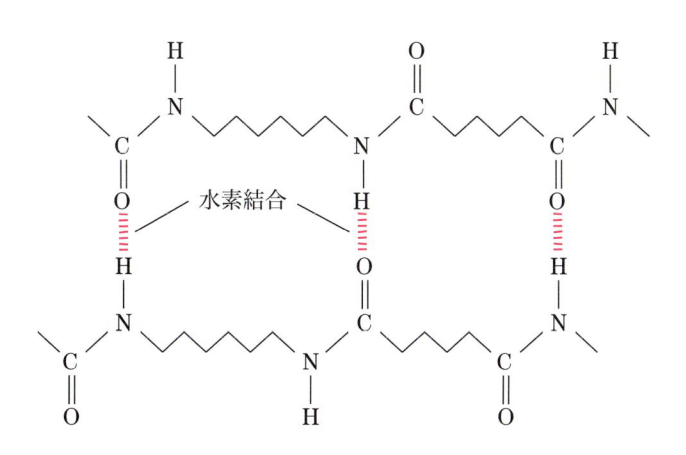

図 17.2
冷延伸により得られたナイロン 66 の構造．隣接する高分子鎖の間の水素結合により，その繊維の引っ張り強度と剛性はより強くなる．

よりシクロヘキサンが得られ（9.2D 節），続く空気酸化によりシクロヘキサノールとシクロヘキサノンとの混合物が得られる．この混合物を硝酸により酸化すると，アジピン酸が得られる．

$$\text{Benzene} \xrightarrow[\text{触媒}]{3H_2} \text{Cyclohexane} \xrightarrow[\text{触媒}]{O_2} [\text{Cyclohexanol} + \text{Cyclohexanone}] \xrightarrow{HNO_3} \text{Hexanedioic acid (Adipic acid)}$$

アジピン酸はまた，ヘキサメチレンジアミン合成の出発原料でもある．アジピン酸をアンモニアで処理するとアンモニウム塩が得られ，加熱によりアジポアミドを与える．アジポアミドの接触還元によりヘキサメチレンジアミンが得られる．

$$\text{Ammonium hexanedioate (Ammonium adipate)} \xrightarrow{\text{加熱}} \text{Hexanediamide (Adipamide)} \xrightarrow[\text{触媒}]{4H_2} \text{1,6-Hexanediamine (Hexamethylenediamine)}$$

ナイロン 66 の製造に使われる炭素源は完全に石油から来ている．これは残念なことに再生可能な資源ではない．

ナイロンは総称名であり，種類によって少しずつ性質が異なるので，その性質に合わせて用いることができる．もっとも広く用いられている 2 種のナイロンは，ナイロン 66 とナイロン 6 である．ナイロン 6 は，6 個の炭素からなるモノマーのカプロラクタムから合成されることからそう名づけられた．この合成では，カプロラクタムは 6-アミノヘキサン酸に部分的に加水分解され，その後 250 ℃で加熱することにより重合が起こる．ナイロン 6 は繊維，ブラシ，ロープ，耐衝撃性の鋳型，タイヤコードなどに加工される．

$$\text{Caprolactam} \xrightarrow[\text{2. 加熱}]{\text{1. 部分加水分解}} \text{Nylon 6}$$

分子構造とそれらの集合体の物理的性質との関係に関する多くの研究から，デュポン社の化学者たちは芳香環を含むポリアミドはナイロン 66 やナイロン 6 に比べ，硬くて強いだろうと考えた．そして 1960 年代の初め，テレフタル酸と p-フェニレンジアミンから合成したポリ芳香族アミド（**アラミド** aramide）繊維をケブラー Kevlar として世に出した．

アラミド：芳香族ポリアミドのこと．モノマーとして芳香族ジアミンと芳香族ジカルボン酸を用いて合成される高分子．

第17章　有機高分子化学

$$n\text{HOC}-\text{C}_6\text{H}_4-\text{COH} + n\text{H}_2\text{N}-\text{C}_6\text{H}_4-\text{NH}_2 \longrightarrow \left[\text{OC}-\text{C}_6\text{H}_4-\text{CNH}-\text{C}_6\text{H}_4-\text{NH}\right]_n + 2n\text{H}_2\text{O}$$

1,4-Benzenedicarboxylic acid　　1,4-Benzenediamine　　　　　　　　　　Kevlar
　　(Terephthalic acid)　　　　　(p-Phenylenediamine)

　この繊維の特筆すべき特徴の一つとして，同様の強度をもつ他の材料より軽いことがあげられる．例えば，7.6 cm 径のケブラー製ケーブルは，7.6 cm 径のスチール製ケーブルと同じ強度をもつ．しかし，スチール製ケーブルは 30 kg/m の重さであるのに対し，ケブラー製ケーブルはわずか 6 kg/m である．現在，ケブラーは海上油井基地のアンカーケーブルや自動車タイヤを補強するための繊維として用いられている．ケブラーの織物はとても丈夫であり，防弾チョッキやジャケット，レインコートなどに使われている．

防弾チョッキはケブラーの厚い層でできている．
(Charles D. Winters)

B　ポリエステル

ポリエステル：モノマーどうしがエステル結合により結合した高分子．例，ポリテレフタル酸エチレン．

　1940 年代に開発された最初の**ポリエステル** polyester は，ベンゼン-1,4-ジカルボン酸（テレフタル酸）と 1,2-エタンジオール（エチレングリコール）との重合により得られるポリテレフタル酸エチレン poly(ethylene terephthalate)（PET と略される）である．現在，ほとんどすべての PET は，次に示すようにテレフタル酸のジメチルエステルのエステル交換反応（15.5C 節）により作られている．

Dimethyl terephthalate ＋ 1,2-Ethanediol (Ethylene glycol) →(加熱, −CH₃OH) Poly(ethylene terephthalate) (PET)

　ポリエステルの粗製品を溶融し，押し出した後，冷延伸すると，衣料用繊維であるポリエステル繊維が得られる．この繊維の特徴は，硬くて（ナイロン 66 の約 4 倍），強度が強く，折り目やしわがつきにくいことである．初期のポリエステル繊維はその硬さゆえに肌触りが悪かったため，たいてい綿や羊毛と混ぜて織物としていた．現在では，新しく開発された技術により従来のものよりも肌触りのよい織物を製造できる．また，PET からフィルムや再生可能な飲料用ボトルが製造される．

　PET の合成に用いられるエチレングリコールは，エチレンの空気酸化で得られるエチレンオキシド（8.5B 節）を加水分解することによって製造される（8.5C 節）．一方，エチレンはそのほとんどが石油あるいは天然ガスからのエタンの接触熱分解により得られる（3.11 節）．テレフタル酸は p-キシレンの酸化によって得られ（9.5 節），芳香族炭化水素である p-キシレンは，ナフサや他の石油留分の接触熱分解および改質によってベンゼンやトルエンと共に得られる（3.11B 節）．

PET フィルムは，ヘリウムで膨らませる風船に使われている．フィルムの細孔がとても小さいので，ヘリウム分子は細孔を通して拡散するが，非常にゆっくりである．
(Charles D. Winters)

$$CH_2=CH_2 \xrightarrow[触媒]{O_2} H_2C\overset{O}{-}CH_2 \xrightarrow{H^+, H_2O} HOCH_2CH_2OH$$
Ethylene　　　　Ethylene oxide　　　　1,2-Ethanediol
（Ethylene glycol）

$$H_3C-\underset{}{\bigcirc}-CH_3 \xrightarrow[触媒]{O_2} HOOC-\underset{}{\bigcirc}-COOH$$
p-Xylene　　　　　　　Terephthalic acid

C　ポリカーボネート

ポリカーボネート：炭酸に由来するカルボニル基をもつポリエステル．

ポリカーボネート polycarbonate は工業的に重要なエンジニアリングプラスチックとなるポリエステルの一種であり，ビスフェノールAの二ナトリウム塩（問題 9.31）とホスゲンとの反応により生成する．ホスゲンは炭酸の酸塩化物（15.2A節）であり，加水分解により H_2CO_3 と HCl を生じる．

$$^+Na^-O-\bigcirc-\underset{CH_3}{\overset{CH_3}{C}}-\bigcirc-O\boxed{-Na^+ + Cl}-\overset{O}{C}-Cl \longrightarrow \left(-\bigcirc-\underset{CH_3}{\overset{CH_3}{C}}-\bigcirc-O-\overset{O}{C}-O-\right)_n + \boxed{NaCl}$$

Bisphenol Aの二ナトリウム塩　　　　　Phosgene　　　　　　　Polycarbonate

（Na^+Cl^- を除く）

ポリカーボネートは強靱で，衝撃や引っ張りに対する強い強度をもち，広い温度範囲においてその性質を保つことができる透明な高分子である．スポーツ用品（ヘルメットやフェイスマスク），家庭用電化製品の軽くて衝撃に強い本体，安全ガラスや割れない窓の製造に用いられている．

ポリカーボネート製のアイスホッケー用ヘルメット．
（Charles D. Winters）

D　ポリウレタン

ウレタン，すなわちカルバマート，はカルバミン酸 H_2NCOOH のエステルである．カルバミン酸エステルの最も一般的な合成法は，イソシアナートをアルコールと反応させることである．この反応でアルコールの H と OR′ は，C=O 結合への付加反応と同じような機構で，C=N 結合に付加する．

$$RN=C=O + R'OH \longrightarrow RNHCOR'$$
　　イソシアナート　　　　　　カルバマート

ポリウレタン：繰り返し単位として—NHCOO—基をもつ高分子．

ポリウレタン polyurethane は，柔軟なポリエステルまたはポリエーテル部分と，ジイソシアナートに由来する硬直なウレタン部分を交互にもつ．ジイソシアナートとしては 2,4- と 2,6-トルエンジイソシアナートの混合物がよく用いられる．

第17章　有機高分子化学

$$O=C=N-\underset{CH_3}{C_6H_3}-N=C=O + nHO\text{-polymer-OH} \longrightarrow \left(\underset{O}{\overset{\|}{C}}NH-\underset{CH_3}{C_6H_3}-NHC\underset{O}{\overset{\|}{}}O\text{-polymer-O}\right)_n$$

2,6-Toluene diisocyanate　　各鎖末端にOHをもつ低分子量　　　Polyurethane
　　　　　　　　　　　　　　ポリエステルまたはポリエーテル

　より柔軟な部分は，鎖の両端に—OH基をもつ低分子量（分子量1000〜4000）のポリエステルやポリエーテルに由来する．ポリウレタン繊維は非常に軟らかく，弾力性がある．この伸縮性のある布地は，水着やレオタード，下着に用いられている．

　室内装飾材料や絶縁体に用いられるウレタンフォームは，重合の際，少量の水を加えることにより作られる．イソシアナート基が水と反応してカルバミン酸を生成し，これは直ちに脱炭酸し，発生する二酸化炭素ガスが発泡剤として働く．

$$RN=C=O + H_2O \longrightarrow \left[RNH-\overset{O}{\underset{\|}{C}}-OH\right] \longrightarrow RNH_2 + CO_2$$

　イソシアナート　　　　　　　カルバミン酸
　　　　　　　　　　　　　　　（不安定）

E　エポキシ樹脂

　エポキシ樹脂 epoxy resin は少なくとも二つのエポキシ基をもつモノマーの重合により得られる．この条件の範囲で多くの高分子材料を作ることが可能であり，粘性の低い液状のものから高い融点をもつ固体に至るまで，様々なエポキシ樹脂が生産されている．エポキシ樹脂の合成に最もよく用いられるジエポキシドモノマーは，1 mol のビスフェノールA（問題 9.31）と 2 mol のエピクロロヒドリンを反応させることにより合成される．

> **エポキシ樹脂**：エポキシ基を二つ以上もつモノマーの重合により得られる高分子．

Epichloro-　　　　　Bisphenol Aのニナトリウム塩　　　　　Epichloro-
hydrin　　　　　　　　　　　　　　　　　　　　　　　　　　hydrin

↓

ジエポキシド　　+ 2NaCl

　このジエポキシドモノマーを1,2-エタンジアミン（エチレンジアミン）と反応させると，次に示すようなエポキシ樹脂が得られる．

CHEMICAL CONNECTIONS 17A

溶けてなくなる縫い目

医学の技術的能力が向上するに従い，ヒトの体内で用いることができる合成材料の需要がさらに増えている．高分子は理想的な生体材料の特徴を数多くもっている．軽くて強く，（化学構造によって）不活性あるいは生分解性がある．また，その物理的性質（柔軟性，剛性，弾力性）により，実際の生体組織に適合するものを簡単に作ることができる．炭素—炭素骨格をもつ高分子は，分解しにくく，器官や組織の永久的な移植に広く用いられている．

医療において最もよく用いられている高分子材料が，生体内での安定性を要求されている一方で，生分解性をもつ高分子の応用も開発されている．例えば，吸収性縫合糸として用いられるグリコール酸と乳酸の共重合体などである．

これまでの縫合糸は，その目的を果たした後，医療専門家が取り除かなければならなかった．しかし，上に述べたヒドロキシエステル高分子の縫合糸は約2週間かけてゆっくりと加水分解され，傷口の組織がすっかり治るころには縫合糸は完全になくなっているので，取り除く必要がない．縫合糸が加水分解して生じるグリコール酸や乳酸は生化学的な経路により代謝され排せつされる．

ポリグリコール酸と
ポリ乳酸の共重合体

エポキシ樹脂

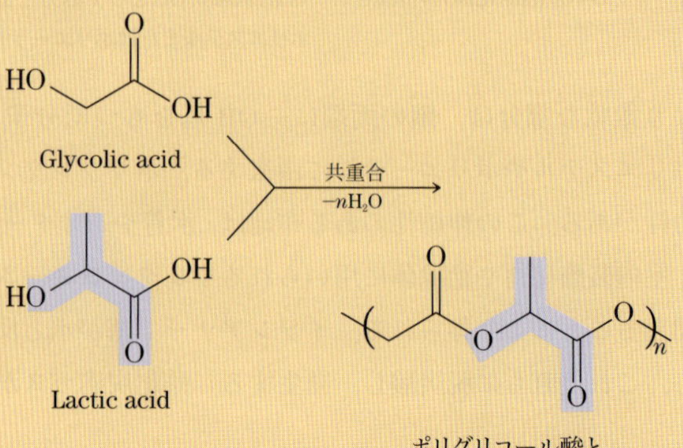

エチレンジアミンは，ホームセンターなどで買うことができる2剤を混ぜて用いるタイプの接着剤原料のうち，反応促進剤とよばれている方の成分で，刺激臭がある．ひずみの大きい三員環のエポキシドに対して，エチレンジアミンが求核的に反応して環が開くことにより反応が進行する（8.5C 節）．

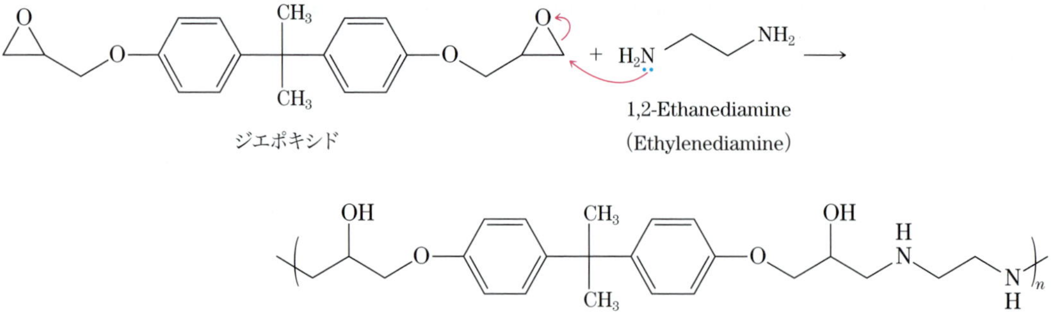

エポキシ樹脂は接着剤や絶縁被覆として広く用いられている．電気を絶縁する性質をもつため，集積回路基板からリレースイッチのコイルに至るまで，多くの電気部品を周りから絶縁するために用いられる．また送電システムの絶縁にも用いられ

ている．さらにエポキシ樹脂は，ガラス繊維や紙，金属箔，合成繊維のような他の材料に対する添加剤として，ジェット機の構成材やロケットエンジンの外壁などを作るために用いられている．

> **例題 17.2**
>
> ビスフェノールAの二ナトリウム塩とエピクロロヒドリンとの反応は，どのような反応機構で進行するか．
>
> **解　答**
>
> S_N2 反応機構により進行する．ビスフェノールAのフェノキシドイオンはよい求核種であり，エピクロロヒドリンの第一級炭素上の塩素が脱離基となる．
>
> **練習問題 17.2**
>
> 次の反応によって生成するエポキシ樹脂の繰り返し単位を書け．
>
> ジエポキシド + ジアミン ⟶

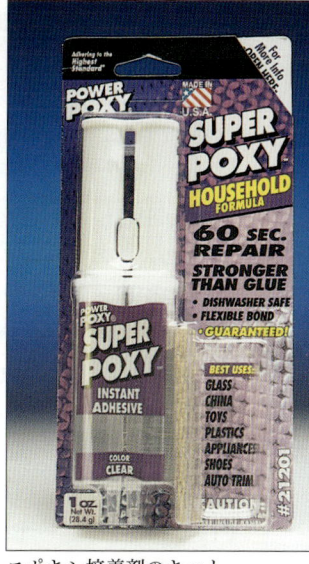

エポキシ接着剤のキット．
(*Charles D. Winters*)

17.6　連鎖重合高分子

　化学工業の観点からみると，アルケンの最も重要な反応は**連鎖重合 chain-growth polymerization** である．この重合では，モノマーが結合する際に原子を失うことなく反応する．例として，エチレンからポリエチレンの生成がある．

$$n\text{CH}_2=\text{CH}_2 \xrightarrow{\text{触媒}} \text{\textthreesuperior}(\text{CH}_2\text{CH}_2\text{\textthreesuperior})_n$$

Ethylene　　　　Polyethylene

　連鎖重合の反応機構と逐次重合の反応機構とは大きく異なる．後者においては，モノマーと高分子末端の官能基はすべて同じような反応性をもっているので，モノマーとモノマー，二量体と二量体，モノマーと四量体など可能な組み合わせの反応がすべて起こる．それに対して，連鎖重合では，活性中間体をもつ末端基が，モノマーとのみ反応する．連鎖重合に用いられる活性中間体には，ラジカル，カルボアニオン，カルボカチオン，有機金属錯体がある．

　連鎖重合を起こすモノマーは非常に多く，アルケン，アルキン，アレン，イソシアナートなどのような化合物とラクトン，ラクタム，エーテル，エポキシドなどの環状化合物がある．ここではエチレンと置換エチレンの連鎖重合に焦点を当て，ラ

連鎖重合：不飽和結合をもつモノマー，あるいは他の活性な官能基をもつモノマーに対する連続的な付加反応により進行する重合反応．

表 17.1　エチレンおよび置換エチレンから得られる高分子

モノマー構造	慣用名	高分子名	主な用途
$CH_2=CH_2$	ethylene（エチレン）	polyethylene（ポリエチレン）	割れない容器や包装材料
$CH_2=CHCH_3$	propylene（プロピレン）	polypropylene（ポリプロピレン）	織物, カーペットの繊維
$CH_2=CHCl$	vinyl chloride（塩化ビニル）	poly(vinyl chloride), PVC（ポリ塩化ビニル）	塩ビ管
$CH_2=CCl_2$	1,1-dichloroethylene（1,1-ジクロロエチレン）	poly(1,1-dichloroethylene)（ポリ(1,1-ジクロロエチレン)）	サランラップ®は塩化ビニルとの共重合体
$CH_2=CHCN$	acrylonitrile（アクリロニトリル）	polyacrylonitrile（ポリアクリロニトリル）	アクリル, アクリレート繊維
$CF_2=CF_2$	tetrafluoroethylene（テトラフルオロエチレン）	polytetrafluoroethylene, PTFE（ポリテトラフルオロエチレン）	テフロン, 焦げ付き防止コーティング
$CH_2=CHC_6H_5$	styrene（スチレン）	polystyrene（ポリスチレン）	発泡スチロール, 保温材料
$CH_2=CHCOOCH_2CH_3$	ethyl acrylate（アクリル酸エチル）	poly(ethyl acrylate)（ポリアクリル酸エチル）	ラテックス塗料
$CH_2=CCOOCH_3$ | CH_3	methyl methacrylate（メタクリル酸メチル）	poly(methyl methacrylate)（ポリメタクリル酸メチル）	有機ガラス, ガラスの代用品

ジカルや有機金属中間体を介した重合がどのようにして起こるかを見ていこう．

エチレンや置換エチレンから得られる様々な高分子のうち重要なものを, 一般名と主な用途とともに表 17.1 に示す．

A　ラジカル連鎖重合

最初の工業的なエチレンの重合反応は, 過酸化ベンゾイルのような有機過酸化物の熱分解で生じるラジカルによって開始されるものであった. **ラジカル** radical は一つあるいはそれ以上の**不対電子** unpaired electron をもつ分子である. ラジカルは, 結合電子対が, 結合している原子あるいは原子団に一つずつ電子が残るように開裂することによって生じる．一つの電子の移動を示すために, 次の反応式に示すような**釣り針形の矢印**（⌒）を用いる．

ラジカル：1個またはそれ以上の不対電子をもつ分子．

釣り針形矢印：1電子の移動を表すために用いる釣り針形の湾曲した矢印．

Benzoyl peroxide　→（加熱）　Benzoyloxyl radicals

CHEMICAL CONNECTIONS 17B

紙かプラスチックか

オーディオファンはだれでも，音響システムの品質はスピーカーで決まる部分が極めて大きいと口を揃えて言うだろう．スピーカーは振動板を内外に動かし，空気を移動させることによって音を作り出している．振動板のほとんどは円錐形をしており，伝統的には紙でつくられる．紙の振動板は安価で軽く，硬くて共振しにくい．一つの欠点は，水や湿気に弱いということである．古くなったり光が長く当たったりすると，紙でできた振動板はもろくなり，いい音が出なくなる．今日，手に入れることができるスピーカーの振動板の多くはポリプロピレンでできており，これも安価で軽く，硬くて共振しにくい．さらに，ポリプロピレンでできた振動板は，水や湿気に強いだけでなく，その性能が暑さや寒さの影響を受けにくい．また紙に比べて裂けにくく長持ちする．さらに紙の振動板に比べて速く大きく振動するので，低音域ではより低い音を，高音域ではより高い音を出すことができる．

（写真は *Crutchfield.com* の好意による）

エチレンや置換エチレンのラジカル重合反応には，(1) 連鎖開始，(2) 連鎖成長，および，(3) 連鎖停止という三つの段階が含まれている．それぞれの段階について順に見ていこう．

反応機構：エチレンのラジカル重合

段階 1：連鎖開始　非ラジカル化合物からのラジカル生成

$$\text{In－In} \xrightarrow{\text{加熱または光照射}} 2\text{In}\cdot$$

この式で，In-In は開始剤 initiator を示しており，加熱あるいは適切な波長の光の照射により開裂して，二つのラジカル（In·）を生成する．

段階 2：連鎖成長　ラジカルと分子の反応による新しいラジカルの生成

連鎖開始：ラジカル重合において，不対電子をもたない分子からラジカルを生じる反応．

連鎖成長：ラジカル重合において，ラジカルと非ラジカル分子が反応し，新たなラジカルを与える反応．

段階3：連鎖停止 ラジカルの消失

連鎖停止：ラジカル重合において，二つのラジカルが反応して共有結合を形成する反応．

*訳注：IUPAC 規則によれば，RO─基はアルコキシ基というが，RO・はアルコキシルラジカルという．

　連鎖開始段階の特徴的な点は，電子対だけをもつ分子からのラジカル生成である．過酸化物が開始剤として働くアルケンの重合において，連鎖開始段階は，(1) 熱による過酸化物の O─O 結合の開裂を伴う二つのアルコキシルラジカル*の生成，(2) アルケンとアルコキシルラジカルとの反応によるアルキルラジカルの生成により起こる．上に示した一般的な機構において，開始剤を In-In と表したとき，そのラジカルは In・で表される．

　炭素ラジカルの立体構造はアルキルカチオンに似ている．炭素ラジカルはほぼ平面構造をとっており，不対電子をもつ炭素の結合角は約 120°である．アルキルラジカルの相対的な安定性はアルキルカルボカチオンの相対的な安定性と同じ傾向がある．

$$\text{methyl} < \text{第一級} < \text{第二級} < \text{第三級}$$
アルキルラジカルの安定性の増大

　連鎖成長段階の特徴は，ラジカルと分子との反応により新たなラジカルが生成することである．ある段階で生成したラジカルがモノマーと反応し，新たなラジカルが生成するという成長段階が何度も繰り返される．連鎖成長段階の繰り返し回数は**連鎖長** chain length とよばれ，n で表す．エチレンの重合では，連鎖重合が非常に速い速度で起こっており，反応条件によっては1秒当たり数千回の頻度で付加反応が起こる．

　置換エチレンのラジカル重合では，ほとんどの場合より安定な（より置換された）ラジカルを与えるように反応が進行する．このような理由により付加反応が位置選択的な制御を受けるため，置換エチレンモノマーのラジカル重合では，モノマーの頭部（炭素1）と次のモノマーの尾部（炭素2）が結合した高分子を与える傾向がある．

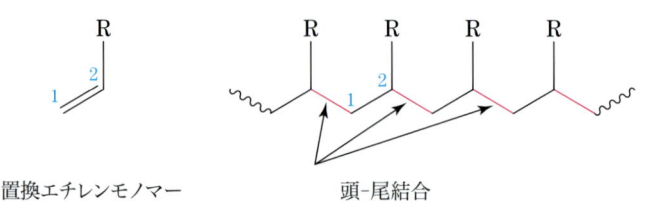

置換エチレンモノマー　　　　頭-尾結合

　原理上，連鎖成長段階はすべての原料が消費されるまで続く．実際は，二つのラジカルどうしが反応してこの過程が停止するまで反応が進行する．連鎖停止段階の

第 17 章　有機高分子化学

特徴は，ラジカルの消失である．置換エチレンのラジカル重合においては，二つのラジカルが新たな炭素–炭素単結合を形成することにより連鎖停止が起こる．

エチレン重合の最初の工業的な製法では，500 °C，1,000 気圧で過酸化物を触媒として用い，密度が 0.91〜0.94 g/cm^3，融解転移温度 T_m が約 115 °C の軟らかくて丈夫な高分子が製造された．これは低密度ポリエチレン low-density polyethylene（LDPE）として知られている．LDPE の融点はわずかに 100 °C を超える程度であるため，熱湯に触れるような用途には用いることができない．分子レベルで見ると，LDPE の鎖は枝分れ構造を多くもつ．

低密度ポリエチレン鎖の枝分れは，ラジカル末端が四つ前の炭素（鎖の 5 番目の炭素）から水素を引き抜く分子内移動反応が起こることにより生じる．この水素引抜きは，いす形シクロヘキサンのような立体配座の遷移状態を経由するため，特に容易に起こる．このとき，不安定な第一級ラジカルは，より安定な第二級ラジカルに変わっている．このような副反応を**連鎖移動反応** chain-transfer reaction といい，連鎖末端の活性が一つの鎖から他に"移動"する．この新たなラジカル中心からモノマーの重合が進むと，炭素 4 個分の長さの枝分れが生じる．

連鎖移動反応：ラジカル重合において，重合反応の進行中に，反応末端の活性が他の鎖に移動する反応．

1,5-水素引抜きの六員環遷移状態

すべての LDPE のうち約 65% は，図 17.3 に示すようなインフレーション成形によるフィルムの製造に使われている．LPDE フィルムは安価で，調理した食品や野菜などの生鮮食料品の包装や，ごみ袋に適している．

B　Ziegler-Natta 連鎖重合

1950 年代，ドイツの Karl Ziegler とイタリアの Giulio Natta は，過酸化物を開始剤とする従来の方法とは異なるアルケンの重合法を開発し，1963 年この功績に対して両者にノーベル化学賞が授与された．初期の Ziegler-Natta 触媒は高い活性をもっており，TiCl$_4$ のような 4 族のハロゲン化遷移金属と，塩化ジエチルアルミニウム Al(CH$_2$CH$_3$)$_2$Cl のような塩化アルキルアルミニウム化合物を，担体となる MgCl$_2$ とともに混合したものであった．これらの触媒は 1〜4 気圧下，約 60 °C の比較的低温でエチレンやプロピレンの重合を触媒する．

Ziegler-Natta 連鎖重合において触媒として機能している化学種は，MgCl$_2$/TiCl$_4$ 粒子の表面で Al(CH$_2$CH$_3$)$_2$Cl とハロゲン化チタンが反応して生じるアルキルチタン化合物である．いったんアルキルチタン化合物が生じると，チタン–炭素結合に次々とエチレンが挿入し，ポリエチレンを生成する．

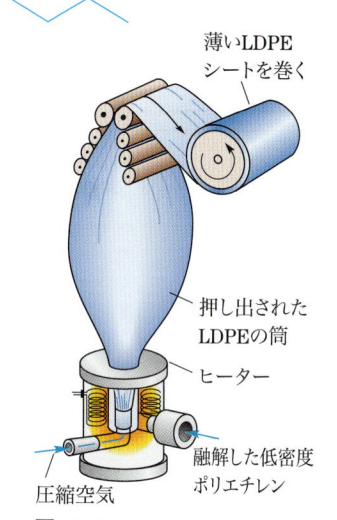

図 17.3
LDPE フィルムの製造工程．融解した LDPE が穴から押し出され，これに圧縮空気が勢いよく吹き込まれて大きな袋状の薄いフィルムに成形される．生成したフィルムは冷却され，ローラーに巻き取られる．この袋状のフィルムは端を切って LDPE フィルムにしたり，適当な長さで閉じて袋に加工する．

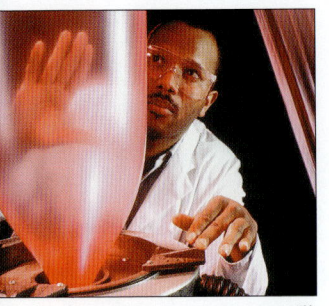

ポリエチレンフィルムは，融解したプラスチックを環状の穴を通して押し出し，生じた膜を風船状に膨らませることによって作られる．
(Brownie Harris/Corbis)

反応機構：エチレン重合における Ziegler-Natta 触媒

段階 1：チタン-エチル結合の生成

$$\sim\!\!\text{Ti}-\text{Cl} + \text{Al}(\text{CH}_2\text{CH}_3)_2\text{Cl} \longrightarrow \sim\!\!\text{Ti}-\text{CH}_2\text{CH}_3 + \text{Al}(\text{CH}_2\text{CH}_3)\text{Cl}_2$$

段階 2：チタン-炭素結合へのエチレンの挿入

$$\sim\!\!\text{Ti}-\text{CH}_2\text{CH}_3 + \text{CH}_2=\text{CH}_2 \longrightarrow \sim\!\!\text{Ti}-\text{CH}_2\text{CH}_2\text{CH}_2\text{CH}_3$$

毎年，世界中で2,700万トン以上のポリエチレンがZiegler-Natta触媒により生産されている．Ziegler-Natta系から得られるポリエチレンは，**高密度ポリエチレン high-density polyethylene（HDPE）**といわれ，低密度ポリエチレンよりも高い密度（0.96 g/cm^3）と高い融解転移温度（133 ℃），3〜10倍の強さをもち，透明ではなく不透明である．強度と透明度におけるこの違いは，HDPEがLDPEに比べて枝分れ鎖がかなり少なく，結晶度が高いことによっている．アメリカで用いられるHDPEのうち約45%がブロー成形により成形されている（図17.4）．

特別な処理技術によりHDPEの性質をさらに大きく改善することができる．融解状態では，HDPE鎖はゆでたスパゲティに似たランダムなコイル状の立体配座をもつ．技術者はHDPEのそれぞれの高分子鎖の立体配座を，コイル状から直線状に変える押出し成形技術を開発した．これらの直線状の鎖は互いに一直線に並ぶため，結晶度の高い材料を作ることができる．この処理をしたHDPEは，スチー

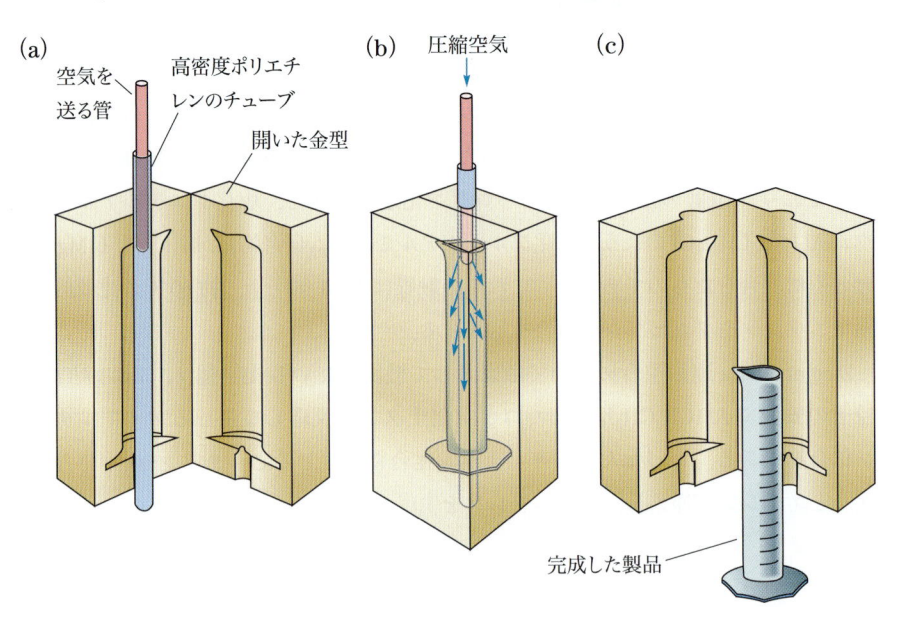

図 17.4
HDPE製の容器のブロー成形．(a) 金型を開き適当な長さのHDPEのチューブを入れて金型を閉じ，筒の下端を密封する．(b) 金型内にあるまだ熱いHDPEに圧縮空気を吹き込み，金型の形に成形する．(c) 冷却した後，金型を開くと，成形された容器が完成する．

第 17 章　有機高分子化学

ルより硬く，およそ 4 倍の引っ張り強度をもつ．ポリエチレンの密度（約 1.0 g/cm^3）はスチールの密度（約 8.0 g/cm^3）に比べて非常に小さいため，重量ベースで比較すると，強度や硬度の面でさらに優れている．

17.7　プラスチックのリサイクル

われわれの社会は，プラスチックというかたちで，高分子という材料に信じられないほど頼っている．耐久性があって軽いプラスチックは，おそらく最も用途が広い合成材料だろう．実際，アメリカにおけるプラスチックの生産量はスチールの生産量を上回っている．しかし近年，プラスチックはごみ問題のため厳しい批判にさらされている．固形廃棄物のうち，プラスチックは 21% の体積，8% の重量を占め，そのほとんどが使い捨てのこん包材や包装材である．アメリカでは年間に 5×10^8 kg の熱可塑性材料が製造され，リサイクルされているのは 2% 以下である*．

ほとんどのプラスチックは耐久性があって化学的に不活性のため，理想的にはリサイクルに適している．なぜプラスチックがもっとリサイクルされないのだろうか．問題は，技術的な障害よりも経済性や，消費者の意識にある．リサイクルのためのゴミ置き場やゴミ集積所が普及し始めたばかりなので，再処理のために入手できるリサイクル材料の量がもともと少なかった．このような制限と，さらに必要な分別過程のため，リサイクルプラスチックを用いると，新品の材料を用いる場合に比べて製造コストが高くついた．しかし，この 10 年あまりの間に環境に対する意識が増し，リサイクル製品に対する需要が増えた．メーカーはこの新たな市場の条件を満たそうとするだろう．したがってリサイクルプラスチックは，ガラスやアルミニウムのような他の材料のリサイクルに最終的には追いつくに違いない．

一般的に 6 種類のプラスチックがこん包材として用いられている．1988 年，各メーカーは，プラスチック産業協会によって定められた分別記号（表 17.2）の導入を決めた．現在，プラスチックのリサイクル産業はまだ十分には発展していないので，大量にリサイクルできるのは PET と HDPE だけである．プラスチックごみの約 40% を占める LDPE のリサイクル業者による受け入れはなかなか進まない．ポリ塩化ビニル PVC，ポリプロピレン，ポリスチレンのリサイクル施設は存在するが，めずらしい．

多くのプラスチックのリサイクル過程は簡単であり，不純物と必要なプラスチックを分離するのが最も労力のいる工程である．例えば，飲料用ボトルには，たいていリサイクルの際に取り除かなければならない紙ラベルや接着剤がついている．リサイクルの工程では，まず人や機械による分別を行い，その後，PET ボトルは小さい破片に刻まれる．次に，この PET の破片に強い風を吹きつけ，紙や他の軽重量材料を取り除く．まだ残っているラベルや接着剤は洗剤ではがした後，PET の破片を乾燥する．この方法により PET は 99.9% の純度で得られ，新品の材料の半分の値段で売られる．残念なことに，密度の近いプラスチックはこの技術で分離す

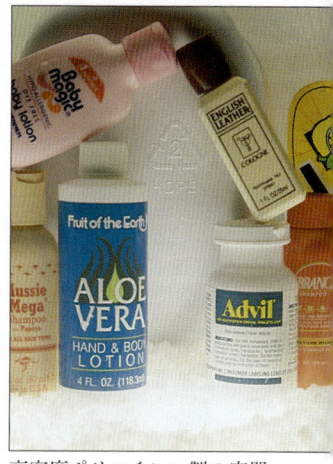

高密度ポリエチレン製の容器に入れられた日常用品．
(*Charles D. Winters*)

*訳注：しかしながら，最近では海洋に浮遊するプラスチック（特にマイクロプラスチック）が生物に悪影響を及ぼすことがわかり，問題になっている．

表17.2 プラスチックのリサイクルコード

リサイクルコード	高分子	一般的用途	リサイクルポリマーの用途
1 PET	ポリテレフタル酸エチレン	飲料用ボトル，家庭用薬品ボトル，フィルム，衣料用繊維	飲料用ボトル，家庭用薬品ボトル，フィルム，衣料用繊維
2 HDPE	高密度ポリエチレン	牛乳・水用の水差し，食料品・雑貨用の袋，ボトル	ボトル，成形容器
3 V	ポリ塩化ビニル（PVC）	シャンプーの容器，配管，シャワーカーテン，家の外壁，電線の絶縁材，床タイル，クレジットカード	プラスチック製の床マット
4 LDPE	低密度ポリエチレン	収縮包装，ゴミ袋，食料品・雑貨用の袋，サンドイッチ用の袋，軟質ボトル	ゴミ袋，食料品・雑貨用の袋
5 PP	ポリプロピレン	ヘルメット，衣料用繊維，ボトルキャップ，おもちゃ，紙おむつ	混合プラスチック材
6 PS	ポリスチレン	発泡スチロール製のコップ，卵の包装容器，使い捨て食器，梱包材，家電製品	食堂のトレー，物差し，フリスビー，ゴミ箱，ビデオカセットなどの成形された製品
7	他のプラスチックおよび混合プラスチック	種々の用途	プラスチック製材，公園の遊具，道路の反射板

ることができないので，様々な種類の高分子が混ざったプラスチックを純粋な成分に分離精製することはできない．しかし，リサイクル混合プラスチックは強くて耐久性があり，落書きに強いプラスチック板に成形できる．

上に述べたような精製に物理的方法のみを用いる手段と別な方法として，化学的なリサイクル法がある．イーストマン・コダック社は，エステル交換反応により大量のPETフィルムくずを処理している．フィルムくずを酸触媒の存在下，メタノールで処理すると，エチレングリコールとテレフタル酸ジメチルが得られる．それぞれのモノマーを蒸留または再結晶で精製したのち，PETフィルム製造原料として用いる．

$$\text{Poly(ethylene terephthalate) (PET)} \xrightarrow[\text{H}^+]{\text{CH}_3\text{OH}} \text{Ethylene glycol} + \text{Dimethyl terephthalate}$$

まとめ

重合とは多数の小さな**モノマー**が結合し，大きく，高い分子量をもつ**高分子**（ポリマー）を形成する過程である（17.1節）．高分子材料の特性は，その材料の形態や連鎖構造だけでなく，繰り返し単位の構造にも依存する（17.4節）．

逐次重合は二つの官能基をもつモノマーの段階的反応

第17章 有機高分子化学

が関与する（17.5節）．工業的に重要なポリアミド，ポリエステル，ポリカーボネート，ポリウレタン，エポキシ樹脂などの高分子は逐次重合反応により合成される．

連鎖重合は炭素鎖の活性末端にモノマーが連続的に付加することにより進行する（17.6節）．**ラジカル連鎖重合**（17.6A節）は連鎖開始，連鎖成長，連鎖停止という三つの段階からなる．**連鎖開始**では非ラジカル分子からラジカルが生成する．**連鎖成長**ではラジカルとモノマーが反応し，新しいラジカルが生成する．**連鎖長**とは連鎖成長段階が繰り返された回数である．**連鎖停止**ではラジカルが消失する．アルキルラジカルはほぼ平面であり，不対電子をもつ炭素の結合角は約120°である．

Ziegler-Natta 連鎖重合ではアルキル化された遷移金属化合物が生成し，その遷移金属—炭素結合にアルケンモノマーが繰り返し挿入されることによって，飽和した高分子鎖が得られる（17.6B節）．

重要な反応

1. ジカルボン酸とジアミンの逐次重合によるポリアミドの生成（17.5A節）

この反応式では，M と M' はそれぞれのモノマーの残りの部分を示す．

$$\text{HOC-M-COH} + \text{H}_2\text{N-M}'\text{-NH}_2 \xrightarrow{\text{加熱}} \left(\text{OC-M-CO-NH-M}'\text{-NH}\right)_n + 2n\text{H}_2\text{O}$$

2. ジカルボン酸とジオールの逐次重合によるポリエステルの生成（17.4B節）

$$\text{HOC-M-COH} + \text{HO-M}'\text{-OH} \xrightarrow{\text{酸触媒}} \left(\text{OC-M-CO-O-M}'\text{-O}\right)_n + 2n\text{H}_2\text{O}$$

3. ホスゲンとジオールの逐次重合によるポリカーボネートの生成（17.5C節）

$$\text{Cl-CO-Cl} + \text{HO-M-OH} \longrightarrow \left(\text{O-CO-O-M}\right)_n + 2n\text{HCl}$$

4. ジイソシアナートとジオールとの逐次重合によるポリウレタンの生成（17.5D節）

$$\text{O=C=N-M-N=C=O} + \text{HO-M}'\text{-OH} \longrightarrow \left(\text{OC-NH-M-NH-CO-O-M}'\text{-O}\right)_n$$

5. ジエポキシドとジアミンの逐次重合によるエポキシ樹脂の生成（17.5E節）

$$\text{エポキシド-M-エポキシド} + \text{H}_2\text{N-M}'\text{-NH}_2 \longrightarrow \left(\text{NH-CH}_2\text{-CH(OH)-M-CH(OH)-CH}_2\text{-NH-M}'\right)_n$$

6. エチレンおよび置換エチレンのラジカル連鎖重合（17.6A 節）

$$n\text{CH}_2=\text{CHCOOCH}_3 \xrightarrow[\text{加熱}]{\text{過酸化物}} -(\text{CH}_2\text{CH}(\text{COOCH}_3))_n-$$

7. エチレンおよび置換エチレンの Ziegler-Natta 連鎖重合（17.6B 節）

$$n\text{CH}_2=\text{CHCH}_3 \xrightarrow[\text{MgCl}_2]{\text{TiCl}_4/\text{Al}(\text{C}_2\text{H}_5)_2\text{Cl}} -(\text{CH}_2\text{CH}(\text{CH}_3))_n-$$

補充問題

逐次重合

17.3 次の逐次重合高分子の合成に必要なモノマーは何か．

(a) 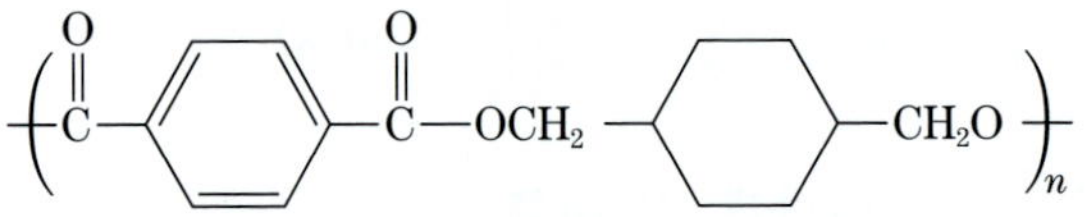 $-[\text{OC-C}_6\text{H}_4\text{-CO-OCH}_2\text{-C}_6\text{H}_{10}\text{-CH}_2\text{O}]_n-$ ポリエステル

(b) 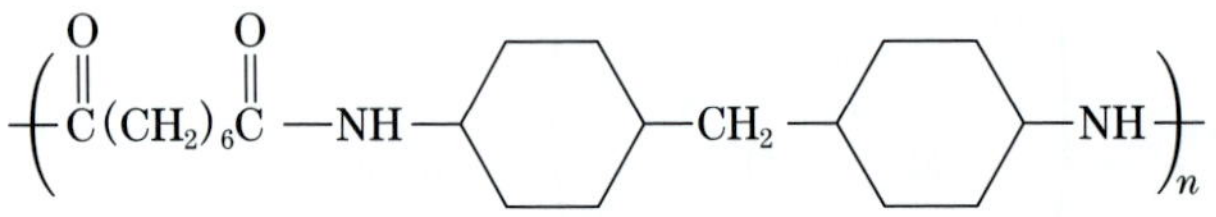 $-[\text{OC-(CH}_2)_6\text{-CO-NH-C}_6\text{H}_{10}\text{-CH}_2\text{-C}_6\text{H}_{10}\text{-NH}]_n-$ ポリアミド

(c) 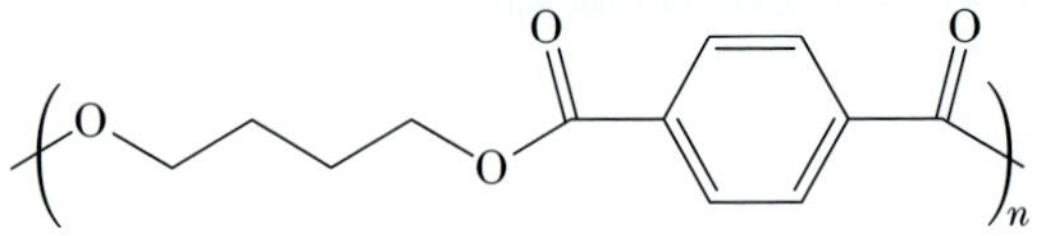 $-[\text{O-(CH}_2)_4\text{-O-CO-C}_6\text{H}_4\text{-CO}]_n-$ ポリエステル

(d) 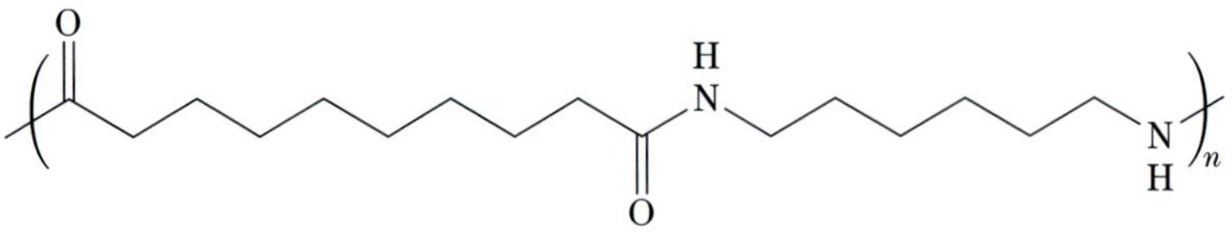 Nylon 6,10（ポリアミド）

17.4 ポリテレフタル酸エチレン（PET）は次の反応により合成される．この逐次重合の成長反応の機構を示せ．

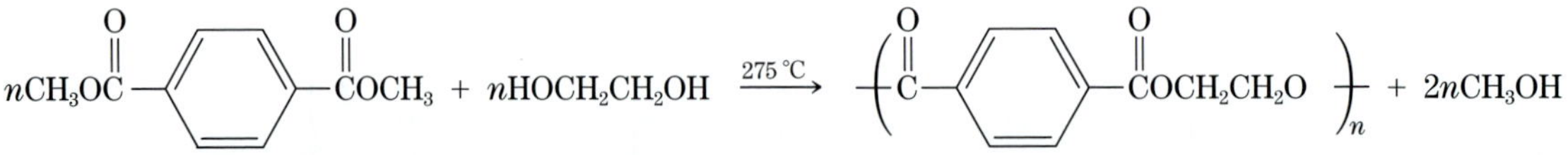

$$n\text{CH}_3\text{OC-C}_6\text{H}_4\text{-COCH}_3 + n\text{HOCH}_2\text{CH}_2\text{OH} \xrightarrow{275\,°\text{C}} -[\text{OC-C}_6\text{H}_4\text{-COOCH}_2\text{CH}_2\text{O}]_n- + 2n\text{CH}_3\text{OH}$$

Dimethyl terephthalate　　Ethylene glycol　　Poly(ethylene terephthalate)　　Methanol

第17章 有機高分子化学

17.5 現在飲料用PETボトルの約30％がリサイクルされている．一つのリサイクル反応では，破砕されたPETをメタノール中，酸触媒の存在下加熱すると，メタノールが高分子と反応してエチレングリコールとテレフタル酸ジメチルを生じる．このようにして得られたモノマーは新たなPET製品の製造原料として用いられる．メタノールとPETからエチレングリコールとテレフタル酸ジメチルを生じる反応式を書け．

17.6 1,3-ベンゼンジアミンと1,3-ベンゼンジカルボン酸の酸塩化物との重合により合成される芳香族ポリアミド（アラミド）は，パラシュートのコードやジェット機のタイヤのような高い強度，高い温度での使用に適した物性をもっている．この高分子の繰り返し単位の構造式を書け．

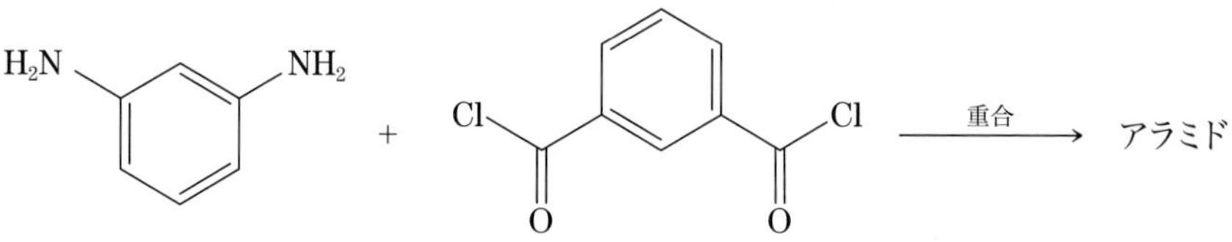

1,3-Benzenediamine + 1,3-Benzenedicarbonyl chloride → (重合) アラミド

17.7 Nylon 6,10 [問題 17.3 (d)] はジアミンとジカルボン酸の塩化物の反応により合成される．それぞれの反応物の構造式を書け．

連鎖重合

17.8 次の構造式は，ポリプロピレンの三つのプロピレンモノマー部分を表したものである．

$$-CH_2CH(CH_3)-CH_2CH(CH_3)-CH_2CH(CH_3)-$$
Polypropylene

次の高分子について同じように構造式を書け．
(a) Poly(vinyl chloride) (b) Polytetrafluoroethylene (PTFE) (c) Poly(methyl methacrylate)

17.9 次に示すのは高分子の部分構造である．それぞれの高分子は，どのようなアルケンモノマーから得られるか．

(a) $-CH_2CCl_2CH_2CCl_2-$ (b) $-CH_2CF_2CH_2CF_2-$

17.10 次の連鎖重合高分子を作るのに用いられるアルケンモノマーの構造を書け．

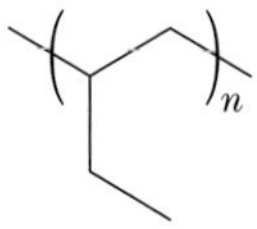

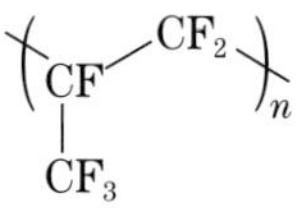

17.11 LDPEはHDPEよりも枝分かれ鎖を多くもっている．枝分かれと密度との関係を説明せよ．

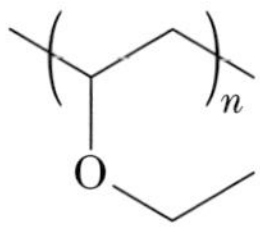

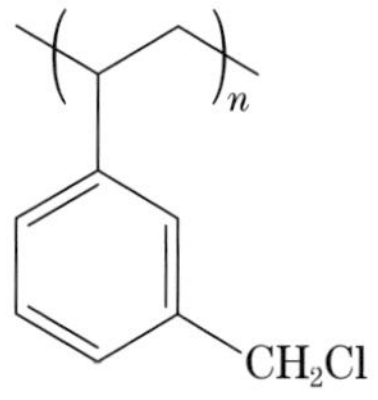

17.12 LDPE と HDPE の密度を表 3.4 に挙げた液体アルカンの密度と比較せよ．それらにどのような違いがあるかを考察せよ．

17.13 酢酸ビニルの重合によりポリ酢酸ビニルが得られる．この高分子を水酸化ナトリウム水溶液中で加水分解すると，ポリビニルアルコールが得られる．ポリ酢酸ビニルとポリビニルアルコールの繰り返し単位を書け．

$$\text{Vinyl acetate} \quad CH_3-\overset{\overset{O}{\|}}{C}-O-CH=CH_2$$

17.14 前問で見たように，ポリビニルアルコールは，酢酸ビニルの重合とそれに続く水酸化ナトリウム溶液中での加水分解により合成される．ポリビニルアルコールの合成を，直接ビニルアルコール $CH_2=CHOH$ の重合により行わないのはなぜか．

17.15 本章で学んだように，高分子鎖の形はその物性に影響を及ぼす．次の三つの高分子のうちで，最も硬いと思われるものはどれか．また，最も透明であると思われるものはどれか．ただし，同じ分子量をもつと仮定する．

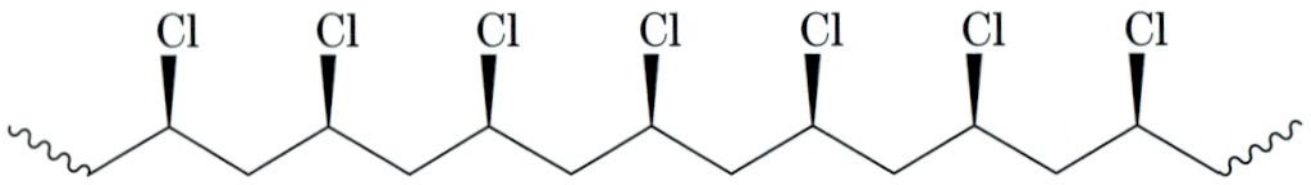

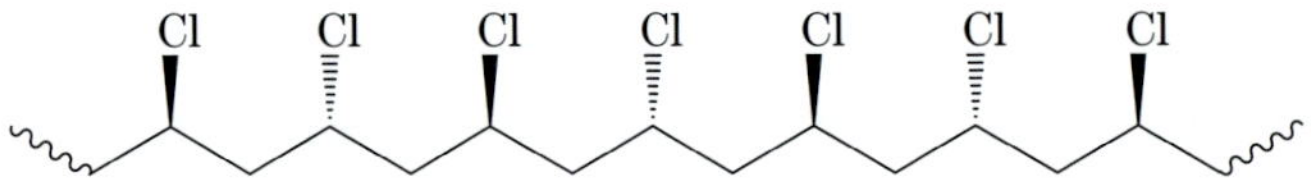

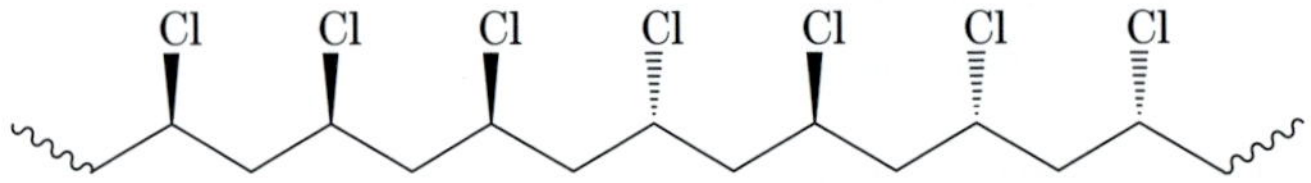

応用問題

17.16 D-グルコースの高分子であるセルロースは綿の主成分であり，矢印で示した原子においてモノマーが繰り返し結合している．三つのモノマー単位を示したセルロースの部分構造を書け．

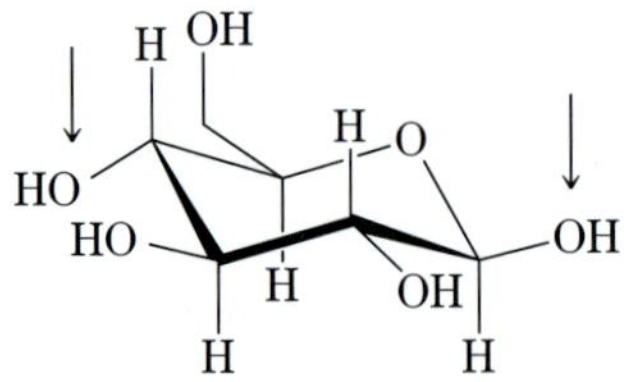

D-Glucose

17.17 繰り返し単位は，ある化合物が高分子（ポリマー）であるための必要条件であるか．

17.18 タンパク質はアミノ酸というモノマーから構成される天然高分子である．

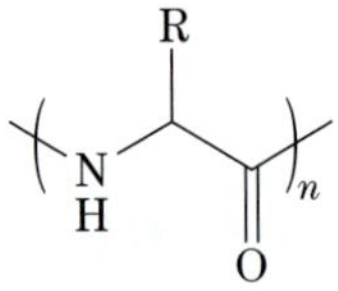

タンパク質

第17章　有機高分子化学

天然に見られるアミノ酸の R 基には，いくつかの種類がある．もしあるタンパク質の R 基を —$CH_2CH(CH_3)_2$ から —CH_2OH に変えたとすると，次の性質にどのような影響があるか説明せよ．

(a) 水への溶解性　　(b) T_m　　(c) 結晶性　　(d) 弾性

18 炭水化物

- 18.1 はじめに
- 18.2 単 糖
- 18.3 単糖の環状構造
- 18.4 単糖の反応
- 18.5 血糖（グルコース）値の検査
- 18.6 L-アスコルビン酸（ビタミンC）
- 18.7 二糖とオリゴ糖
- 18.8 多 糖

炭水化物の栄養源となるパン，穀物，パスタ．左の図はグルコースの分子模型．（Charles D. Winters）

18.1 はじめに

炭水化物は植物界で最も豊富に存在する有機化合物である．これらは化学エネルギーの貯蔵庫（グルコース，デンプン，グリコーゲン）であり，植物の支柱としての成分（セルロース），カニなどの甲殻類の殻（キチン），動物の結合組織（酸性多糖類）であり，また，核酸の必須構成成分（D-リボースと2-デオキシ-D-リボース）である．炭水化物は植物の乾燥重量のほぼ4分の3を占めている．動物（ヒトを含む）は植物を食べて炭水化物をとるが，消費するだけの量を貯蔵するわけではない．実際，動物の体重の1パーセントにも達しない．

炭水化物 carbohydrate という名称は 炭素の水和物（*carbon*+ *hydrate*）を意味し，その分子式 $C_n(H_2O)_m$ に由来する．炭素の水和物として書ける分子式をもった炭水化物の例を二つ示す．
・グルコース（ブドウ糖，血糖）$C_6H_{12}O_6$ は $C_6(H_2O)_6$ とも書ける．
・スクロース（砂糖）$C_{12}H_{22}O_{11}$ は $C_{12}(H_2O)_{11}$ とも書ける．

しかし，すべての炭水化物がこの一般式で書き表せるわけではない．中にはこの式よりも酸素原子の少ないものや多すぎるものもある．また窒素原子を含むものもある．それでも炭水化物の名称は化学命名法にしっかりと根をおろしているので，完全に正確とはいえないがこの化合物群の総称名として用いられている．

分子レベルで見れば，ほとんどの**炭水化物**はポリヒドロキシアルデヒド，ポリヒドロキシケトン，あるいは加水分解によってこれらを生じる化合物である．したがって，炭水化物の化学は本質的にはヒドロキシ基とカルボニル基，およびこれら2種の官能基から形成されるアセタール結合（13.7A 節）の化学であるといえる．

炭水化物：ポリヒドロキシアルデヒド，ポリヒドロキシケトン，あるいは加水分解によってこれらの化合物を与える物質．

18.2　単　糖

A 構造と命名法

単糖 monosaccharide は一般式 $C_nH_{2n}O_n$ をもち，炭素の一つはアルデヒドかケトンのカルボニル基である．最も一般的な単糖は炭素数が3から9までのものである．接尾語 -ose は炭水化物であることを示し，接頭語 tri-（三），tetr-（四），pent-（五）などは炭素鎖の原子数を示す．単糖はアルデヒド基を含む**アルドース** aldose と，ケトン基を含む**ケトース** ketose に分類される．

トリオースは2種類しかない．アルドトリオースのグリセルアルデヒドとケトトリオースのジヒドロキシアセトンである．

単糖：それ以上に加水分解不可能な炭水化物の最小単位．

アルドース：アルデヒド基を含む単糖．

ケトース：ケトン基を含む単糖．

```
        CHO                 CH₂OH
         |                    |
        CHOH                 C=O
         |                    |
        CH₂OH                CH₂OH

    Glyceraldehyde       Dihydroxyacetone
    （アルドトリオース）    （ケトトリオース）
```

アルド aldo- やケト keto- の接頭語はしばしば省略され，これらの分子は単にトリオース，テトロースとよばれる．これらの名称はカルボニル基の種類を示してはいないが，少なくともこれらの単糖が，それぞれ3個か4個の炭素原子からなることを示している．

B 立体異性

グリセルアルデヒドはキラル中心をもち，1組のエナンチオマーとして存在する．次に示す立体異性体の左側のものは R 配置であり，(R)-グリセルアルデヒドとい

第18章 炭水化物

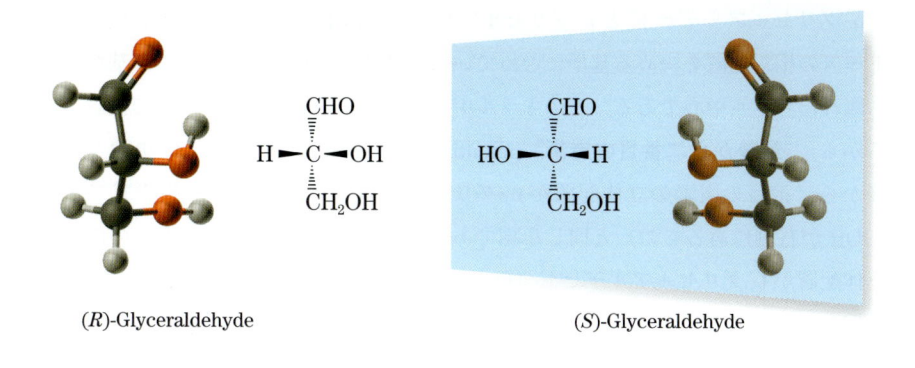

(R)-Glyceraldehyde   (S)-Glyceraldehyde

い，右側のものはそのエナンチオマーであり，(S)-グリセルアルデヒドという．

C Fischer 投影式

炭水化物の立体配置を示すのに，**Fischer 投影式**とよばれる二次元表示法が使われる．Fischer 投影式を書くには，まず炭素鎖を縦にして三次元式を書く．そのとき，最も酸化度の高い炭素を上に置き，キラル中心から出ている縦の線は紙面から後方へ遠く離れるように，横の線は紙面から手前になるように書く．次に線の交差する点がキラル中心になるようにして二次元式を書く．これで Fischer 投影式が書けたことになる．

(R)-Glyceraldehyde　　　　(R)-Glyceraldehyde
（三次元表示）　　　　　　（Fischer 投影式）

Fischer 投影式の二つの横に出た線は紙面から手前に出ている基を表しており，二つの縦方向に出た線は紙面の後方に出ている基を表している．紙面上にある唯一の原子はキラル中心である．

Fischer 投影式：キラル中心の立体配置を二次元で表すための表示法．横線が手前に出ている結合を示し，縦線は後方に出ている結合を示す．

D D-単糖と L-単糖

R, S 表示法は，立体配置を示す基準となる表示法として今日広く受け入れられているが，炭水化物の立体配置の表示には，1891 年に Emil Fischer によって考案された D,L 表示法が今でも慣用的に使用されている．彼は，グリセルアルデヒドの右旋性と左旋性のエナンチオマーが次の立体構造をもつものと仮定し，それぞれを D-グリセルアルデヒド と L-グリセルアルデヒドと命名した．

D-Glyceraldehyde　　　　L-Glyceraldehyde
$[\alpha]_D^{25} = +13.5$　　　　$[\alpha]_D^{25} = -13.5$

最後から二番目の炭素：単糖でカルボニル基から最も遠いキラル中心——例えば、グルコースでは5位の炭素.

D-単糖：Fischer 投影式で書いたとき、下から二番目の炭素の OH が右に出ている単糖.

L-単糖：Fischer 投影式で書いたとき、下から二番目の炭素の OH が左に出ている単糖.

D-グリセルアルデヒド と L-グリセルアルデヒドは他のすべてのアルドースとケトースの相対配置を決める基準になっている．基準になるのはカルボニル基から最も離れたキラル中心である．このキラル中心は炭素鎖の最後の炭素の次の位置にあるから，"**最後から二番目の炭素**" penultimate carbon とよばれる．**D-単糖**とは最後から二番目の炭素の立体配置が D-グリセルアルデヒド（Fischer 投影式でその —OH が右側にあるもの）と同じ単糖であり，**L-単糖**とは最後から二番目の炭素の立体配置が L-グリセルアルデヒド（Fischer 投影式でその—OH が左側にあるもの）と同じ単糖である．生物界に存在するほとんどすべての単糖は D 系列に属し，その大多数はヘキソースまたはペントースである．

表 18.1 にすべての D-アルドトリオース，テトロース，ペントース，ヘキソース

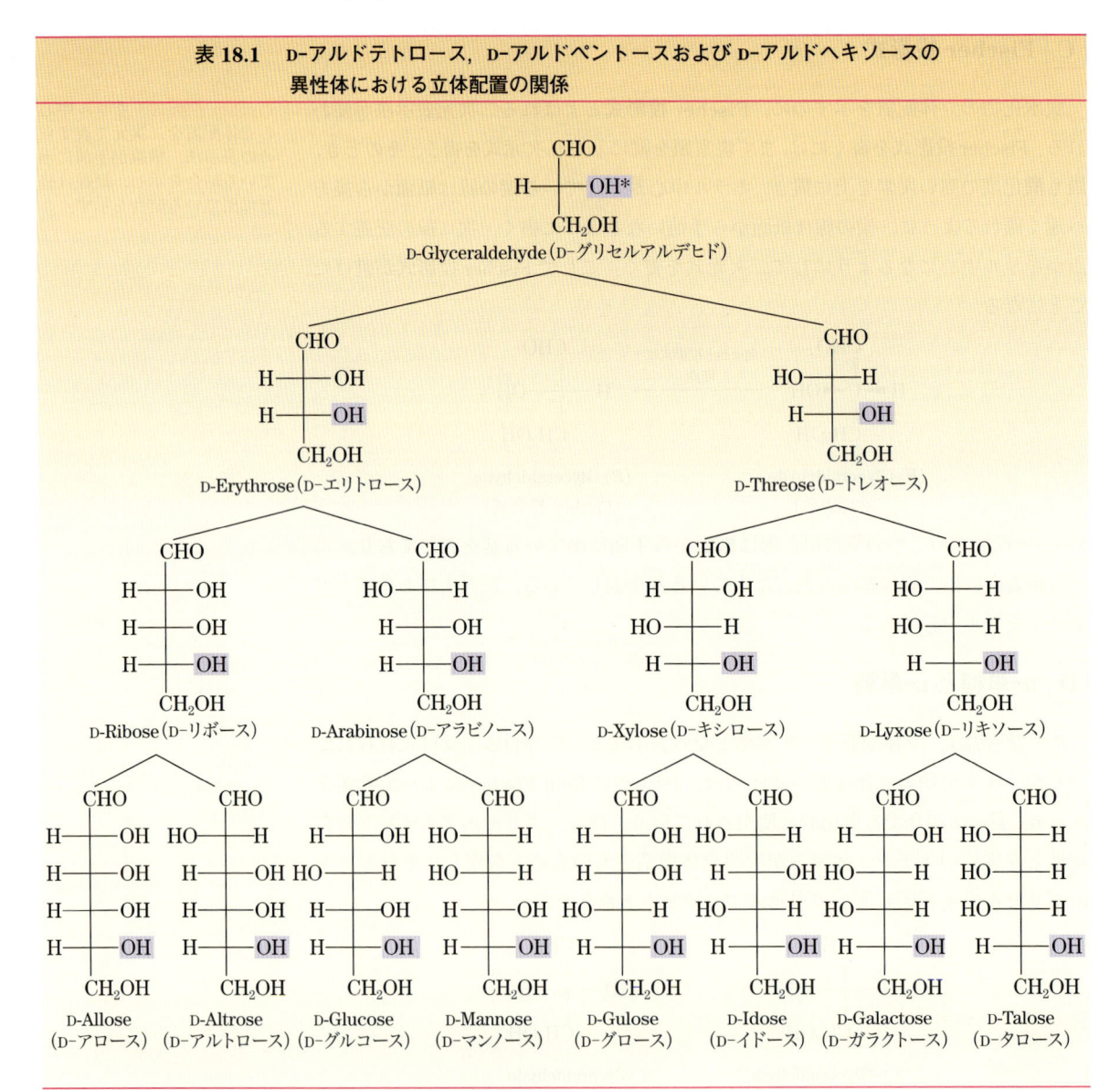

表 18.1 D-アルドテトロース，D-アルドペントースおよび D-アルドヘキソースの異性体における立体配置の関係

D-Glyceraldehyde（D-グリセルアルデヒド）

D-Erythrose（D-エリトロース） ／ D-Threose（D-トレオース）

D-Ribose（D-リボース） ／ D-Arabinose（D-アラビノース） ／ D-Xylose（D-キシロース） ／ D-Lyxose（D-リキソース）

D-Allose（D-アロース） ／ D-Altrose（D-アルトロース） ／ D-Glucose（D-グルコース） ／ D-Mannose（D-マンノース） ／ D-Gulose（D-グロース） ／ D-Idose（D-イドース） ／ D-Galactose（D-ガラクトース） ／ D-Talose（D-タロース）

＊下から二番目の炭素の基準となる—OH の立体配置を色で示した．

の名称と Fischer 投影式を示す．それぞれの名称は三つの部分からなる．文字 D はカルボニル基から最も離れたキラル中心の立体配置を示す．rib-, arabin-, gluc- などの接頭語は他のキラル中心の立体配置を特定している．接尾語 -ose は，これらの化合物が炭水化物に分類される化合物群に属することを示している．

　生物界で最も広く存在する 3 種のヘキソースは D-グルコース，D-ガラクトースと D-フルクトースである．最初の二つは D-アルドヘキソースであり，三つ目のフルクトースは D-2-ケトヘキソースである．グルコースはこの三つの中では最も広く存在し，右旋性であるためにデキストロース dextrose ともよばれる．この単糖の別名としてブドウ糖 grape sugar や血糖 blood sugar もある．ヒトの血液には通常グルコースが 100 mL 中に 65〜110 mg 含まれている．D-フルクトースはスクロース（砂糖，18.8A 節）の 2 種の構成単糖のうちの一つである．

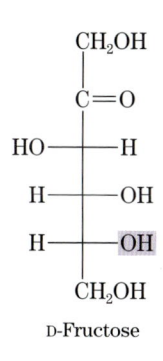

例題 18.1

(a) 4 種のアルドテトロースの Fischer 投影式を書け．
(b) このうちどれが D-単糖で，どれが L-単糖であるか，さらにどれがエナンチオマーの関係にあるかを示せ．
(c) 表 18.1 を参考にして，(a)で書いたアルドテトロースの名称を書け．

解　答

4 種のアルドテトロースの Fischer 投影式を次に示す．

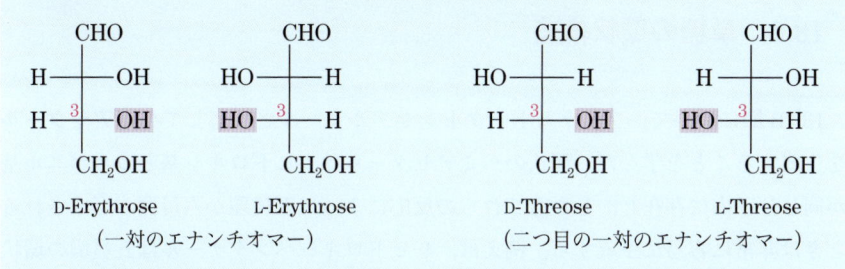

D-Erythrose　　L-Erythrose　　D-Threose　　L-Threose
（一対のエナンチオマー）　（二つ目の一対のエナンチオマー）

3 位の —OH 基は，D-アルドテトロースの Fischer 投影式では右側に，L-アルドテトロースでは左側にある．

練習問題 18.1

(a) すべての 2-ケトペントースの Fischer 投影式を書け．
(b) D-ケトペントースと L-ケトペントースに分類し，エナンチオマーの関係にあるものを示せ．

E　アミノ糖

アミノ糖には —OH の代りに —NH$_2$ が含まれる．天然に広く存在するのはただ 3

種のアミノ糖だけである．すなわち，D-グルコサミン，D-マンノサミンとD-ガラクトサミンである．D-グルコサミンから誘導されるN-アセチル-D-グルコサミンは，軟骨のような結合組織に含まれる多糖類の構成成分である．また，ロブスター，カニ，エビや貝などの甲殻類がもつ硬い殻のキチンの構成成分である．他のいくつかのアミノ糖は天然に存在する抗生物質の成分である．

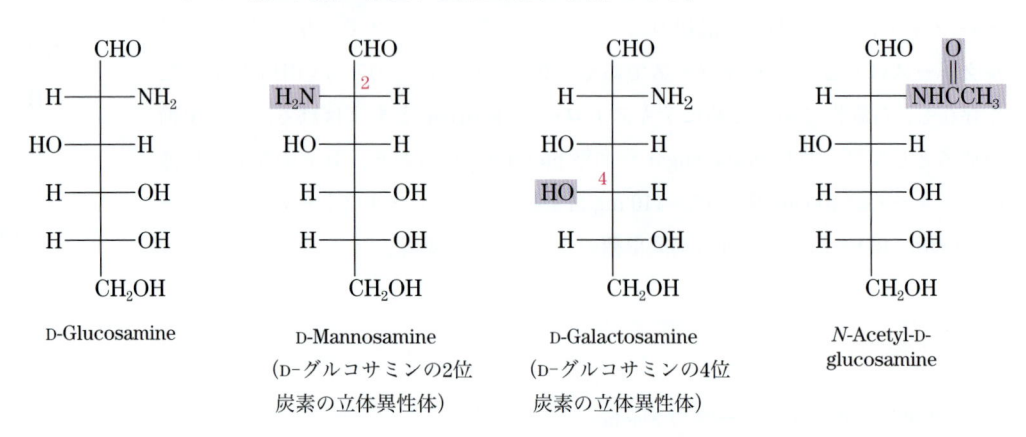

D-Glucosamine

D-Mannosamine
（D-グルコサミンの2位炭素の立体異性体）

D-Galactosamine
（D-グルコサミンの4位炭素の立体異性体）

N-Acetyl-D-glucosamine

F 物理的性質

単糖は無色，結晶性の固体である．極性の—OH 基と水との水素結合が可能なので，水によく溶ける．エタノールにはわずかに溶けるだけであり，ジエチルエーテル，ジクロロメタンやベンゼンのような無極性の溶媒には溶けない．

18.3 単糖の環状構造

13.7B 節において，アルデヒドとケトンがアルコールと反応して**ヘミアセタール**を生成することを学んだ．環状のヘミアセタールは，ヒドロキシ基とカルボニル基が同じ分子内に存在し，しかもこれらの反応によって五員環か六員環が形成されるときは非常に容易に生成する．例えば，4-ヒドロキシペンタナールは五員環の環状ヘミアセタールを生成する．4-ヒドロキシペンタナールはキラル中心を一つもっており，ヘミアセタールを生成すると1位の炭素に新たなキラル中心ができることに注意しよう．

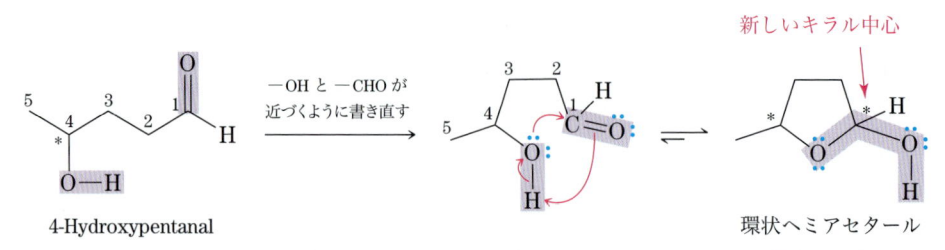

4-Hydroxypentanal → —OH と —CHO が近づくように書き直す → 環状ヘミアセタール

新しいキラル中心

単糖はヒドロキシ基とカルボニル基を同じ分子内にもっているので，ほとんど完全に五員環や六員環の環状ヘミアセタールの形で存在する．

A Haworth 投影式

単糖の環状構造を表す一般的方法に，**Haworth 投影式** Haworth projection がある．これは，イギリスの化学者である Sir Walter N. Haworth（ハワース）(1937 年ノーベル化学賞受賞)の名前に由来する．Haworth 投影式は，五員環や六員環の環状ヘミアセタールを平面状の五角形または六角形として書き表し，紙面にほぼ垂直であると考える．環炭素に結合している置換基は環の上か下にそれぞれ結合させる．単糖が環状ヘミアセタール構造をつくることによって生じる新しいキラル中心は**アノマー炭素** anomeric carbon といわれる．アノマー炭素の立体配置のみが異なる立体異性体を**アノマー** anomer という．アルドースのアノマー炭素は 1 位の炭素であり，最も代表的なケトースである D-フルクトースのそれは 2 位の炭素である．

Haworth 投影式ではアノマー炭素を右側に，ヘミアセタール酸素を後方の右側に書く（図 18.1）．

D-グルコースの鎖状構造と環状ヘミアセタール構造を学ぶとき，Fischer 投影式から Haworth 投影式に変換するには，

- Fischer 投影式の右側の基は Haworth 投影式では下に向ける．
- Fischer 投影式の左側の基は Haworth 投影式では上に向ける．
- D-単糖では末端—CH_2OH を Haworth 投影式では上に向ける．
- アノマー位の—OH の立体配置は，末端—CH_2OH に対して表される．アノマー位の—OH が末端—CH_2OH と同じ側であれば β，反対側であれば α である．

Haworth 投影式：単糖のフラノース形とピラノース形を表す方法．環を平らに書き，その一辺から見てアノマー炭素を環の右端に，また酸素原子を右後方に書く．

アノマー炭素：単糖の環状構造におけるヘミアセタール炭素．

アノマー：アノマー炭素の立体配置だけが異なる単糖．

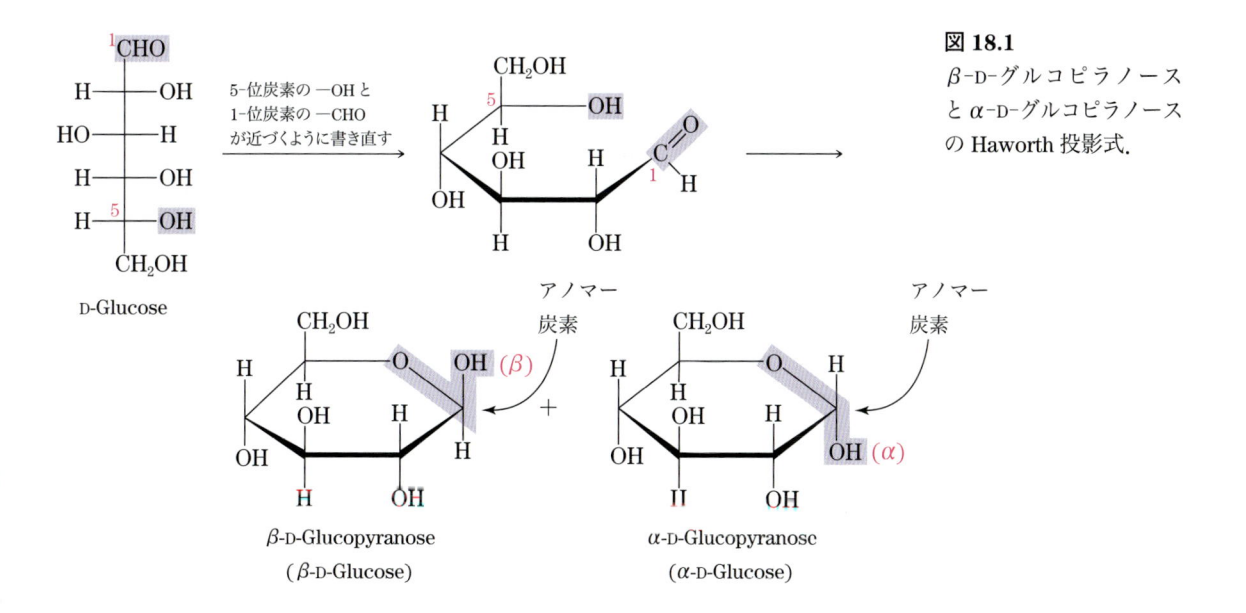

図 18.1
β-D-グルコピラノースと α-D-グルコピラノースの Haworth 投影式.

フラノース：単糖の五員環状構造．
ピラノース：単糖の六員環状構造．

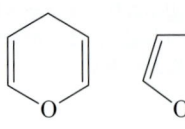

Pyran　　Furan

六員環ヘミアセタールは挿入語 -pyran-（ピラン）で，五員環ヘミアセタールは挿入語 -furan-（フラン）で示す．**ピラノース** pyranose と**フラノース** furanose という名称は，単糖の六員環と五員環がヘテロ環化合物のピランとフランに類似していることに由来している．

グルコースのαとβ形は六員環の環状ヘミアセタールなので，α-D-グルコピラノースとβ-D-グルコピラノースと命名する．しかし，単糖の場合はフランやピランの挿入語は必ずしも用いられない．単にα-D-グルコースあるいはβ-D-グルコースということが多い．

α-D-グルコピラノースとβ-D-グルコピラノースの Haworth 投影式における置換基の立体配置を基準構造として覚えておくとよい．他の単糖の Fischer 投影式が D-グルコースとどう違うかがわかれば，D-グルコースの Haworth 投影式を基準にして他の単糖の Haworth 投影式を書くことができる．

例題 18.2

D-ガラクトピラノースのαおよびβアノマーの Haworth 投影式を書け．

解　答

D-ガラクトピラノースのαとβアノマーの構造に到達する方法の一つは，D-グルコピラノースのαとβ形を基準にし，D-ガラクトースと D-グルコースのただ一つの違いが4位炭素の立体配置であることを記憶しておく（または，表 18.1 を見て調べる）ことに基づいている．図 18.1 に示した Haworth 投影式を書き，4位の炭素の立体配置を逆にする．

D-glucoseと4位の立体配置が異なる

α-D-Galactopyranose　　β-D-Galactopyranose
(α-D-Galactose)　　　　　(β-D-Galactose)

練習問題 18.2

マンノースは水溶液中でα-D-マンノピラノースとβ-D-マンノピラノースの混合物として存在する．これらの分子の Haworth 投影式を書け．

アルドペントースも環状ヘミアセタールをつくっている．D-リボースや生物界における他のペントースの最も一般的に存在する形はフラノース形である．次の図はα-D-リボフラノース（α-D-リボース）とβ-2-デオキシ-D-リボフラノース（β-2-

デオキシ-D-リボース）の Haworth 投影式である．

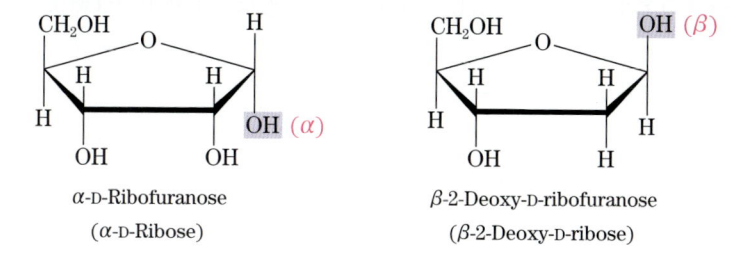

α-D-Ribofuranose
(α-D-Ribose)

β-2-Deoxy-D-ribofuranose
(β-2-Deoxy-D-ribose)

接頭語の 2-deoxy-（2-デオキシ）は，2位の炭素に酸素が存在しないことを意味する．核酸や他の生体分子の構成単位となる D-リボースや 2-デオキシ-D-リボースはほとんど完全に β 配置をとっている．

フルクトースは5員環ヘミアセタール構造をとっている．β-D-フルクトフラノースは，例えば，二糖のスクロース（18.8A 節）に含まれる．

α-D-Fructofuranose
(α-D-Fructose)

D-Fructose

β-D-Fructofuranose
(β-D-Fructose)

アノマー炭素

B 立体配座の表示法

五員環はほぼ平面であるので，Haworth 投影式はフラノースを表現するのには適している．しかし，ピラノースの場合には，六員環はもっと正確にはひずみが最小のいす形配座で表される（3.7B 節）．α-D-グルコピラノースと β-D-グルコピラ

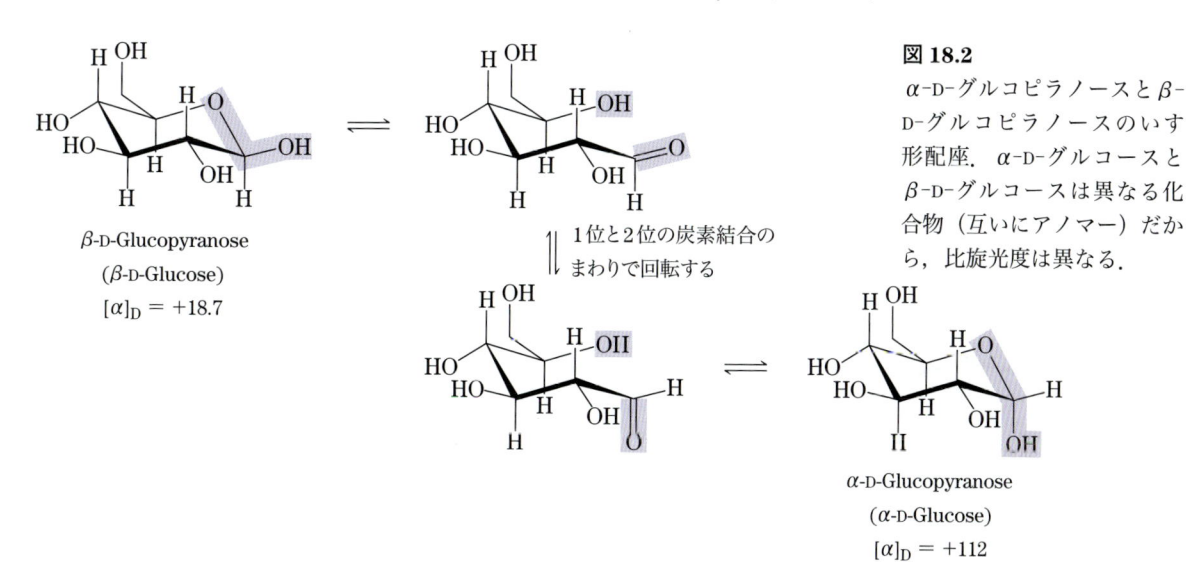

β-D-Glucopyranose
(β-D-Glucose)
$[\alpha]_D = +18.7$

1位と2位の炭素結合のまわりで回転する

α-D-Glucopyranose
(α-D-Glucose)
$[\alpha]_D = +112$

図 18.2
α-D-グルコピラノースと β-D-グルコピラノースのいす形配座．α-D-グルコースと β-D-グルコースは異なる化合物（互いにアノマー）だから，比旋光度は異なる．

ノースの立体構造は，図 18.2 のように**いす形配座**で書かれる．図には開環形，すなわち遊離のアルデヒド形も示しているが，この形は水溶液中では環状ヘミアセタール形と平衡状態にある．注目したいのは，β-D-グルコピラノースのいす形配座における置換基は，アノマー炭素の—OH を含めて，すべてエクアトリアル位にあることである．また，α-D-グルコピラノースではアノマー炭素の—OH がアキシアル位にあることにも注意しよう．したがって，β-D-グルコピラノースの方が安定形であり，水溶液中では優先的に存在する．

ここで，D-グルコピラノースの置換基の相対的な配向を Haworth 投影式といす形配座で比べてみよう．

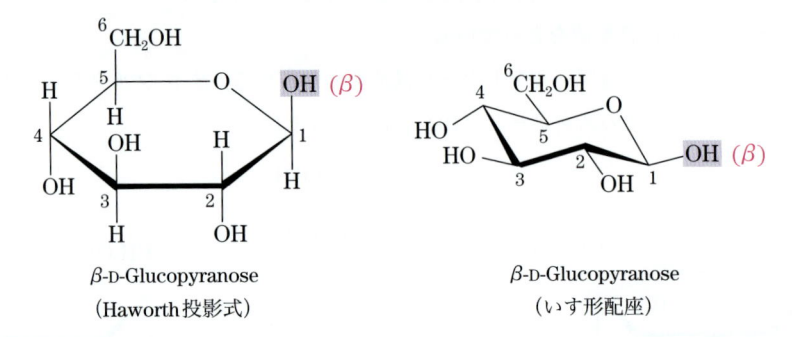

β-D-Glucopyranose
（Haworth 投影式）

β-D-Glucopyranose
（いす形配座）

例えば，β-D-グルコピラノースの Haworth 投影式において 1〜5 位の炭素の置換基の配向はそれぞれ上，下，上，下，上になっている．いす形配座においても同じことがいえる．

例題 18.3

α-D-ガラクトピラノースと β-D-ガラクトピラノースのいす形配座を書け．また，それぞれの環状ヘミアセタールのアノマー炭素を示せ．

解　答

D-ガラクトースは 4 位の炭素のみが D-グルコースの立体配置と異なる．したがって，D-グルコピラノースの α 形と β 形を書き，4 位の炭素の—H と—OH を入れ替えればよい．それぞれのアノマーの比旋光度も示している．

β-D-Galactopyranose
(β-D-Galactose)
$[\alpha]_D = +52.8$

D-Galactose

α-D-Galactopyranose
(α-D-Galactose)
$[\alpha]_D = +150.7$

練習問題 18.3

α-D-マンノピラノースとβ-D-マンノピラノースのいす形配座を書け．また，それぞれのアノマー炭素を示せ．

C 変旋光

変旋光 mutarotation とは，水溶液中でαとβアノマーの相互変換に伴って起こる比旋光度の変化のことである．例えば，結晶のα-D-グルコピラノースを水に溶かして作った溶液は＋112（図 18.2）の比旋光度を示すが，その比旋光度は徐々に減少していき，α-D-グルコピラノースがβ-D-グルコピラノースと平衡に達すると＋52.7 の平衡値になる．β-D-グルコピラノースの水溶液も変旋光により＋18.7 の比旋光度から＋52.7 の同じ平衡値まで変化する．その平衡混合物は 64％のβ-D-グルコピラノースと 36％のα-D-グルコピラノースからなり，痕跡量（0.003％）の開環形が含まれる．変旋光はヘミアセタール形で存在するすべての炭水化物に共通して見られる．

変旋光：炭水化物のα形またはβ形が両者の平衡混合物に変換されるとき起こる比旋光度の変化．

18.4 単糖の反応

この節では，単糖の反応として，アルコール，還元剤および酸化剤との反応について学ぶ．さらに，これらの反応が私たちの日常生活にどのように役立っているかも説明する．

A グリコシド（アセタール）の生成

13.7A 節で学んだように，アルデヒドやケトンを 1 mol のアルコールと反応させるとヘミアセタールを生成し，さらにそのヘミアセタールをもう 1 mol のアルコールと反応させるとアセタールを与える．環状ヘミアセタールとして存在する単糖をアルコールで処理するとアセタールになる．例として，β-D-グルコピラノース（β-D-グルコース）とメタノールの反応を示す．

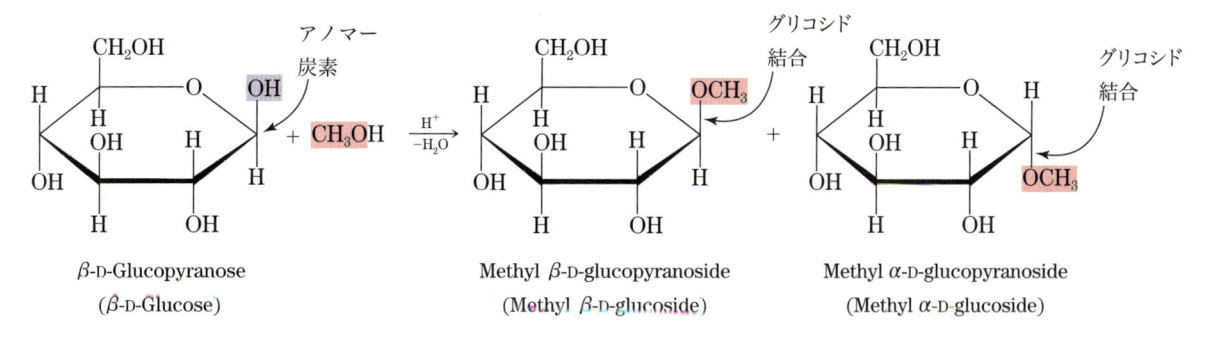

β-D-Glucopyranose
(β-D-Glucose)

Methyl β-D-glucopyranoside
(Methyl β-D-glucoside)

Methyl α-D-glucopyranoside
(Methyl α-D-glucoside)

単糖から得られる環状アセタールは**グリコシド** glycoside とよばれ，アノマー炭素と—OR の結合は**グリコシド結合** glycoside bond とよばれる．ヘミアセタールと違っ

グリコシド：アノマー炭素上の—OH が—OR に置換された炭水化物.

グリコシド結合：グリコシドのアノマー炭素と—OR を結ぶ結合.

て，アセタールは中性またはアルカリ性溶液中では開環したカルボニル化合物と平衡にはならないので，グリコシドには変旋光は見られない．他のアセタールと同様に（13.7節），グリコシドは水溶液や塩基性水溶液中では安定であるが，酸性水溶液中ではアルコールと単糖に加水分解される．

グリコシドの命名は，酸素に結合しているアルキルあるいはアリール基の名称の次に炭水化物の名称を続け，末尾の -e を -ide に変えることによって行う．例えば，β-D-glucopyranose のグリコシドは β-D-glucopyranoside（β-D-グルコピラノシド）に，また β-D-ribofuranose は β-D-ribofuranoside（β-D-リボフラノシド）になる．

例題 18.4

メチル β-D-リボフラノシド（メチル β-D-リボシド）の構造式を書け．また，それぞれについてアノマー炭素とグリコシド結合を示せ．

解 答

練習問題 18.4

メチル α-D-マンノピラノシド（メチル α-D-マンノシド）の構造式を書け．また，それぞれについてアノマー炭素とグリコシド結合を示せ．

環状ヘミアセタールのアノマー炭素は，アルコールの—OH と反応してグリコシドを生成するのと全く同様に，アミンの—NH と反応して N-グリコシドを生成する．特に生物界で重要なのは，フラノースである D-リボースおよび 2-デオキシ-D-リ

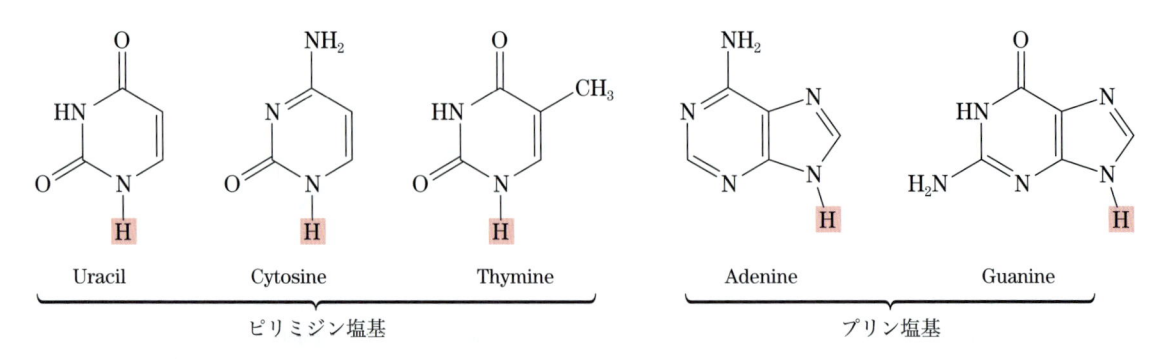

Uracil　　Cytosine　　Thymine　　　　Adenine　　　Guanine

ピリミジン塩基　　　　　　　　　　プリン塩基

図 18.3
DNA と RNA に見られる最も重要なピリミジン骨格とプリン骨格の構造式．色で示した水素原子が N-グリコシドを形成することで失われる．

第18章 炭水化物

ボースと芳香族ヘテロ環アミンであるウラシル，シトシン，チミン，アデニン，グアニンとの間に生成する N-グリコシドである（図18.3）．これらのプリンやピリミジン塩基の N-グリコシドは，核酸の構成成分である（第20章）．

例題 18.5

D-リボフラノース（D-リボース）とシトシンから生成する β-N-グリコシドの構造式を書け．また，アノマー炭素と N-グリコシド結合を示せ．

解　答

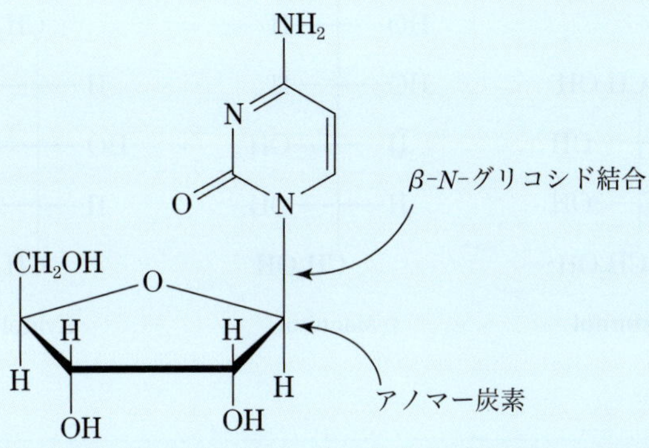

（構造式：シトシンと D-リボフラノースからなる β-N-グリコシドの図．矢印で β-N-グリコシド結合とアノマー炭素を示す）

練習問題 18.5

β-D-リボフラノース（β-D-リボース）とアデニンから生成する β-N-グリコシドの構造式を書け．

B　アルジトールへの還元

単糖のカルボニル基は $NaBH_4$（13.11B節）などの種々の還元剤によってヒドロキシ基へ還元される．還元生成物は**アルジトール** alditol とよばれる．D-グルコースを還元すると，D-グルシトール（もっと一般的には D-ソルビトールとして知られている）が生成する．次の反応式では，D-グルコースを開環体で示している．こ

アルジトール：単糖の C=O が CHOH に還元されて生じる生成物．

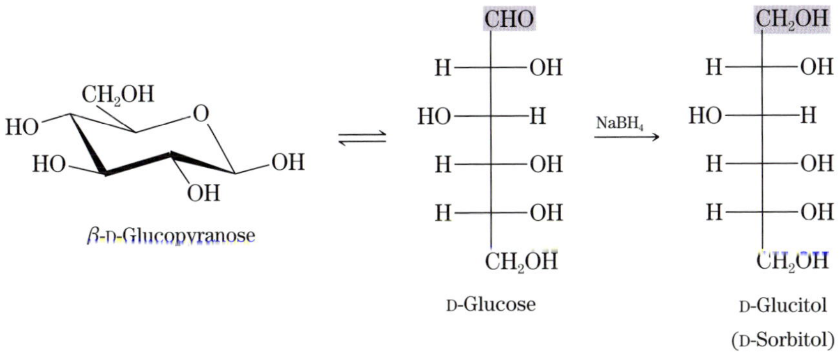

β-D-Glucopyranose ⇌ D-Glucose $\xrightarrow{NaBH_4}$ D-Glucitol (D-Sorbitol)

の開環体は溶液中では非常に少量しか存在しないが，還元が進むと，環状ヘミアセタールと開環体との平衡が開環体の方にずれる．

アルジトールの命名には，単糖の名称の -ose を -itol に置き換えればよい．ソルビトールは多くのイチゴ類，サクランボ，プラム，ナシ，リンゴ，海草類のような植物に存在する．ソルビトールはスクロース（砂糖）の約 60％の甘味をもち，キャンディーを作るのに使用され，砂糖の代わりに糖尿病患者に用いられる．生物界によくみられる他のアルジトールとしてはエリトリトール，D-マンニトール，キシリトールがあり，特にキシリトールは無砂糖のガム，キャンディー，シーリアルの甘味剤に用いられている．

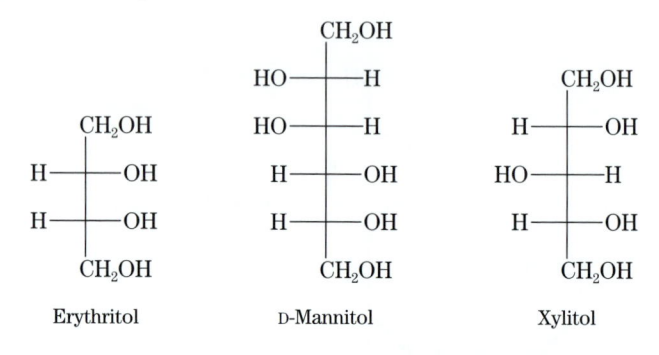

"ノンシュガー"をうたった製品の多くは，D-ソルビトールやキシリトールのような糖アルコールを含んでいる．(Andy Washnik)

Erythritol　　D-Mannitol　　Xylitol

例題 18.6

D-グルコースを $NaBH_4$ で還元すると D-グルシトールになる．このような条件で生成するアルジトールは光学活性または光学不活性のどちらと予想されるか，説明せよ．

解　答

D-グルシトールはキラルな物質である．$NaBH_4$ による還元は 4 個のキラル中心に何らの影響も与えないし，D-グルシトールが対称面をもたないことを考えれば，光学的に純粋で光学活性な生成物が得られると予想される．

練習問題 18.6

D-エリトロースを $NaBH_4$ で還元するとエリトリトールになる．このような条件で得られるアルジトールは光学活性または光学不活性のどちらと予想されるか，説明せよ．

C　アルドン酸への酸化（還元糖）

13.10A 節で，酸素などの酸化剤はアルデヒド（RCHO）をカルボン酸（RCOOH）に酸化することを学んだ．同様に塩基性の条件でアルドースのアルデヒド基はカル

ボキシラート基に酸化される．この条件でアルドースの環状形は開環形と平衡状態にあり，開環体は緩和な条件で酸化される．例えば，D-グルコースはD-グルコナート（D-グルコン酸のアニオン）に酸化される．

β-D-Glucopyranose (β-D-Glucose)　D-Glucose　D-Gluconate

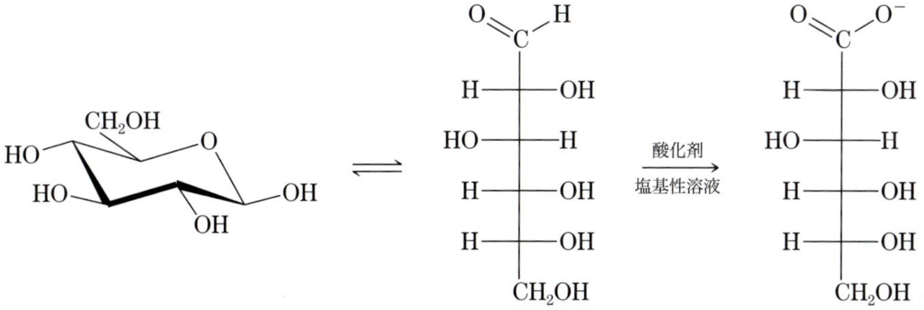

酸化剤と反応してアルドン酸を与える炭水化物はすべて**還元糖** reducing sugar（酸化剤を還元するからである）に分類される．

還元糖：酸化剤と反応してアルドン酸を生成する炭水化物．

D　ウロン酸への酸化

ヘキソースの6位の炭素の第一級のアルコールは酵素触媒によってウロン酸 uronic acid に酸化される．例えば，D-グルコースを酵素触媒で酸化するとD-グルクロン酸が生成する．次式にはグルクロン酸の環状ヘミアセタール形も示している．

D-Glucose　Fischer 投影式　いす形配座

D-Glucuronic acid（ウロン酸）

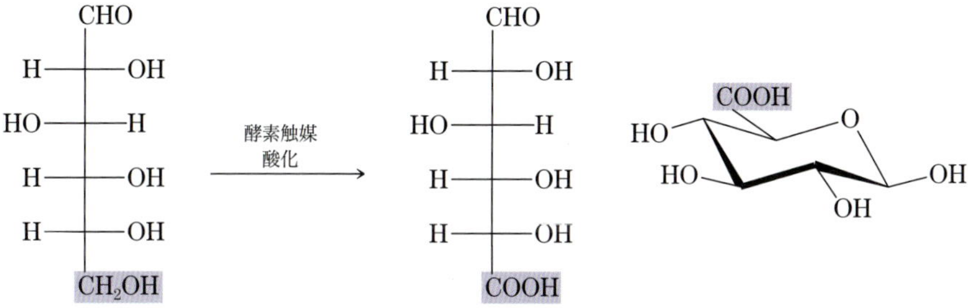

D-グルクロン酸は動植物界に広く分布している．ヒトでは結合組織の酸性の多糖類の構成成分として重要である．また，体内に外から入ってきたフェノールやアルコールを解毒するのにも役立っている．肝臓でこれらの外来物質はグルクロン酸のグリコシド（グルクロニド）に変えられ，尿中に排泄される．例えば，静脈注射された麻酔薬プロポホール（問題 10.41）は次のような水溶性のグルクロニドに変えられ尿中に排泄される．

Propofol

尿に溶けるグルクロニド

18.5　血糖（グルコース）値の検査

　臨床化学の研究室で最もよく行われる分析は，血液，尿あるいは他の生物体液中のグルコースの定量である．グルコースの迅速で信頼性のある試験の必要性は糖尿病の高い発生率に由来する．アメリカには，おおよそ1,800万人の糖尿病患者がいて，さらに毎年130万人が糖尿病と診断されている．

　糖尿病では，ポリペプチドホルモンのインスリン（19.5B節）のレベルが不十分になっている．インスリンの血中濃度が極端に低いと，筋肉や肝臓の細胞はグルコースを吸収しない．そのために血中のグルコース量が増大（血糖過多症）する．脂肪やタンパク質の代謝障害，ケトン症やさらに糖尿病による昏睡を引き起こす可能性がある．したがって，血中のグルコースの迅速な定量法は早期診断とこの病気の効果的な管理に必須である．迅速であることに加えて，そのテストはD-グルコースに特異的でなくてはならない．すなわち，グルコースには陽性で，体液中に通常存在する他の物質とは反応しないものでなければならない．

　今日，血糖値の測定は**グルコースオキシダーゼ** glucose oxidase という酵素を用いる酵素法で行われる．この酵素はβ-D-グルコースのグルコン酸への酸化を触媒する．

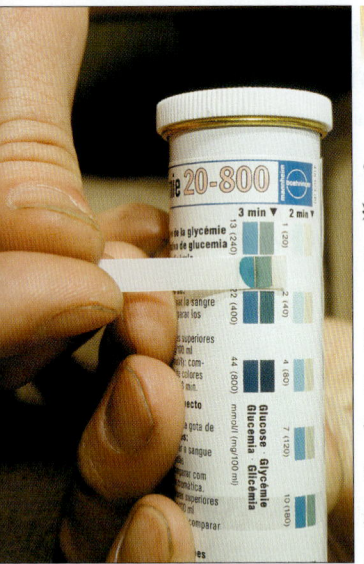

血糖値を測るキット．
(*Martin Dohrn / SPL / Photo Researchers, Inc.*)

β-D-Glucopyranose
(β-D-Glucose)
+ O_2 + H_2O →(グルコースオキシダーゼ) D-Gluconic acid + H_2O_2 Hydrogen peroxide

　グルコースオキシダーゼはβ-D-グルコースに特異的である．したがって，β-D-グルコースとα-D-グルコースの両方を含む試料を完全に酸化するには，α形をβ形に変換しなくてはならない．幸いこの変換は速く，検査に望ましい短時間内に完結する．

第 18 章　炭水化物

分子状酸素（O_2）がこの反応の酸化剤であり，過酸化水素（H_2O_2）に還元される．H_2O_2 の濃度は分光学的に定量できる．その一つの方法では酵素のペルオキシダーゼ peroxidase を用いており，グルコースオキシダーゼ触媒反応で生成した H_2O_2 が，無色の o-トルイジンを酸化して有色の生成物に変化させる．

$$\text{2-Methylaniline (}o\text{-Toluidine)} + H_2O_2 \xrightarrow{\text{ペルオキシダーゼ}} \text{着色物質}$$

この有色の酸化生成物の濃度は分光法で測定され，それは試料溶液中のグルコース濃度に比例する．いくつかの市販のテストキットは，尿中のグルコース量を半定量的に測定するために，このグルコースオキシダーゼ反応を利用している．

18.6　L-アスコルビン酸（ビタミンC）

L-アスコルビン酸（ビタミンC）の構造は単糖によく似ている．実際，このビタミンは，植物や一部の動物において生化学的に，また工業的にも D-グルコースから作られている．ヒトは L-アスコルビン酸の合成に必要な酵素系をもっていないので，ビタミンとして外部からの補給に頼っている．アメリカでは，年間およそ 6,600 万キログラムのビタミンCが合成されている．L-アスコルビン酸は L-デヒドロアスコルビン酸（ジケトン）に容易に酸化される．

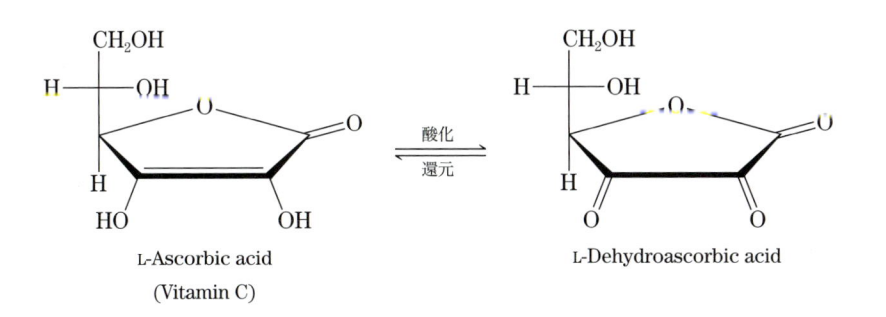

$$\text{L-Ascorbic acid (Vitamin C)} \underset{\text{還元}}{\overset{\text{酸化}}{\rightleftarrows}} \text{L-Dehydroascorbic acid}$$

オレンジに含まれるビタミンCは合成品と同じである．(Andy Washnik)

L-アスコルビン酸と L-デヒドロアスコルビン酸はともに生理学的に活性であり，二つともほとんどの体液に存在する．

18.7　二糖とオリゴ糖

天然の炭水化物の大部分は 2 個以上の単糖単位からできている．単糖 2 個を含むものは**二糖** disaccharide とよばれる．そして，3 個の単糖からなるものは**三糖**

二糖：2個の単糖がグリコシド結合で結ばれて生じる炭水化物．

オリゴ糖：6〜10個の単糖がそれぞれ隣の単糖とグリコシド結合で結ばれて生じる炭水化物．

多糖：多数の単糖がそれぞれ隣の単糖と1種または2種のグリコシド結合で結ばれて生じる炭水化物．

trisaccharide とよばれる．もっと一般的な用語として，**オリゴ糖** oligosaccharide があり，6〜10個の単糖からなる炭水化物に対してよく用いられる．もっと多数の単糖からなる炭水化物は**多糖** polysaccharide とよばれる．

二糖は2個の単糖が一方のアノマー炭素と他方の—OHとの間のグリコシド結合で結ばれている．二糖の中で重要なのは，スクロース，ラクトースとマルトースの三つである．

A スクロース

スクロース（砂糖）は天然に最も多く存在する二糖である．これは主にサトウキビやサトウダイコンの絞り汁から得られる．スクロースはα-D-グルコースの1位炭素とD-フルクトフラノースの2位の炭素とがα-1,2-グリコシド結合によって結ばれている．

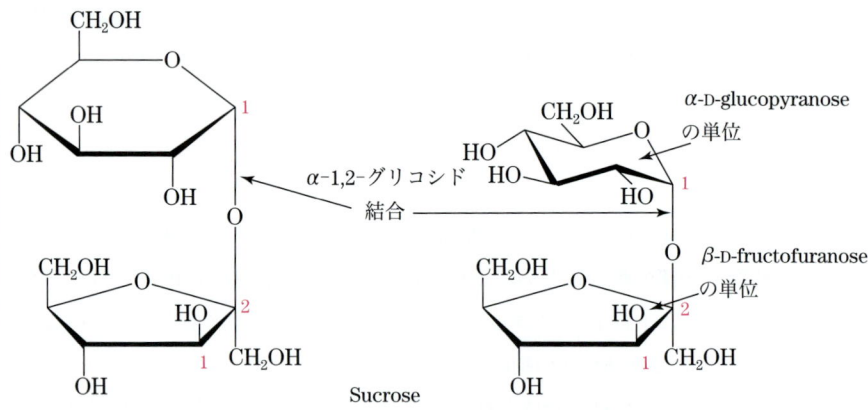

これらの製品はラクトース過敏症の人々がカルシウムの必要量を満たすのに役立っている．
(Charles D. Winters)

Sucrose

グルコピラノース部とフルクトフラノース部は両者のアノマー炭素がグリコシド結合をつくるために使用されているので，どちらの単糖単位も開環形と平衡になれない．したがって，スクロースは**非還元糖** nonreducing sugar である．

B ラクトース

ラクトース（乳糖）は，ミルクに含まれる主要な糖である．母乳に約5〜8％，牛乳に約4〜6％含まれている．この二糖はD-ガラクトピラノースがD-グルコピラノースの4位の炭素とβ-1,4-グリコシド結合で結ばれている．

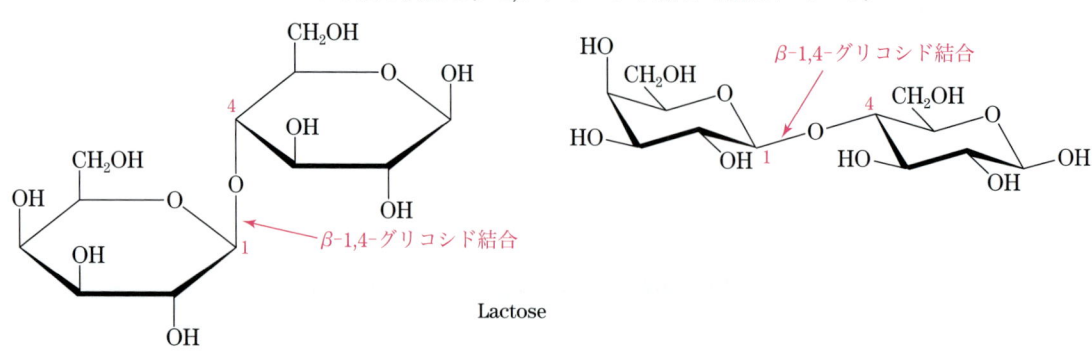

Lactose

第18章 炭水化物

CHEMICAL CONNECTIONS 18A

炭水化物と人工甘味料の相対的な甘さ

単糖と二糖の甘味剤の中ではフルクトース（果糖）が最も甘く，スクロース（砂糖）より甘い．蜂蜜の甘さは大部分 D-フルクトースと D-グルコースによるものである．ラクトースはほとんど甘味がなく，食品に賦形剤として添加されることがある．しかし，ラクトースに敏感な人もいるので，そのような食物は避けなくてはならない．次の表はスクロースの甘味を基準にして，種々の炭水化物と人工甘味剤の甘味をまとめたものである．

炭水化物	スクロースを 基準にした甘さ	人工甘味料	スクロースを 基準にした甘さ
フルクトース	1.74	サッカリン	450
スクロース（砂糖）	1.00	アセスルフェーム-K	200
蜂蜜	0.97	アスパルテーム	180
グルコース	0.74		
マルトース	0.33		
ガラクトース	0.32		
ラクトース（乳糖）	0.16		

ラクトースは還元糖である．D-グルコピラノース部の環状ヘミアセタールが開環形と平衡になり，カルボキシ基に酸化されるからである．

C マルトース

マルトースは，発芽した大麦や他の穀物の抽出液に含まれるので，麦芽 malt に由来する名称である．2分子の D-グルコピラノースの一方の1位炭素（アノマー炭素）ともう一方の4位炭素がグルコシド結合で結びついて，マルトースをつくっている．第一のグルコースのアノマー炭素上の酸素原子が α 配向なので，2個のグルコースの結合は α-1,4-グリコシド結合とよばれる．しかし，次の Haworth 投影式といす形配座に示すように，右側のグルコースのアノマー炭素の—OH が β なので β-マルトースとよばれる．

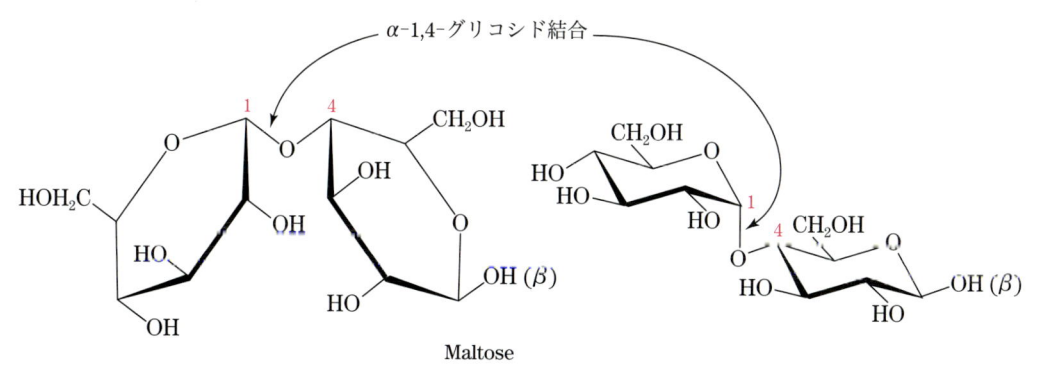

Maltose

Chemical Connections 18B

A, B, AB, O の血液型を決める物質

動物の細胞膜には比較的小さい炭水化物が多数結合している．実際，ほとんどの細胞膜の外側は，文字通りに"糖の被膜"でおおわれている．これらの膜結合炭水化物は細胞の種類を互いに認識し，事実上生化学的なマーカー（抗原決定基 antigenic determinant）として作用する機構を担っている．これらの膜結合炭水化物は，典型的には，主としてD-ガラクトース，D-マンノース，L-フコース，N-アセチル-D-グルコサミン，N-アセチル-D-ガラクトサミンなどの比較的限られた種類の単糖からなる4〜17個の単糖単位で構成されている．L-フコースは6-デオキシアルドヘキソースである．

最初に発見され最もよくわかっている膜結合炭水化物は，Karl Landsteiner（1868〜1943）ランドシュタイナーによって1900年に発見されたABO血液型である．各個人がA，B，AB，O型をもつかどうかは遺伝的に決まり，ヒトの赤血球の細胞の表面に結合している三糖または四糖の種類による．それぞれの血液型の単糖とそれを結合しているグリコシド結合の種類を下の図に示す（グリコシド結合の種類をかっこ内に示している）．

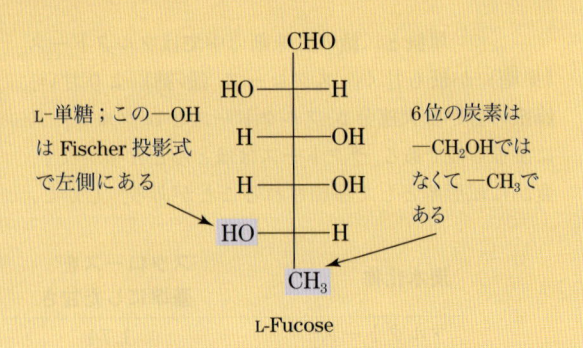

L-単糖；この—OHはFischer投影式で左側にある

6位の炭素は—CH_2OHではなくて—CH_3である

L-Fucose

```
              CHO
         HO ── H
          H ── OH
          H ── OH
         HO ── H
             CH₃
```

A型： N-Acetyl-D-galactosamine ─(α-1,4)─ D-Galactose ─(β-1,3)─ N-Acetyl-D-glucosamine ─ 赤血球細胞
　　　　　　　　　　　　　　　　　　　　　│(α-1,2)
　　　　　　　　　　　　　　　　　　　　　L-Fucose

B型： D-Galactose ─(α-1,4)─ D-Galactose ─(β-1,3)─ N-Acetyl-D-glucosamine ─ 赤血球細胞
　　　　　　　　　　　　　　│(α-1,2)
　　　　　　　　　　　　　　L-Fucose

O型： D-Galactose ─(β-1,3)─ N-Acetyl-D-glucosamine ─ 赤血球細胞
　　　│(α-1,2)
　　　L-Fucose

例題 18.7

2個のD-グルコピラノースがα-1,6-グリコシド結合で結合している二糖のβアノマーのいす形配座を書け．

解 答

まず α-D-グルコピラノースのいす形配座を書く．次にこの単糖のアノマー炭素ともう一つの D-グルコピラノースの6位炭素を α-グリコシド結合で結ぶ．その結果得られる分子は，この二糖の還元性の末端の—OH の配向によって α か β になる．ここには β の二糖を示している．

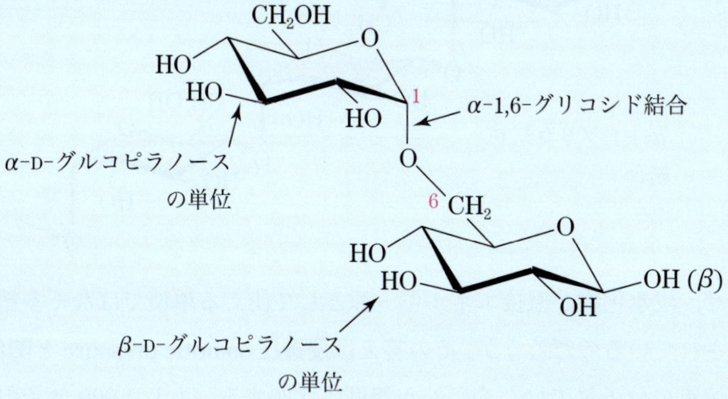

練習問題 18.7

2個の D-グルコピラノースが β-1,3-グリコシド結合で結合している二糖の α アノマーを Haworth 投影式といす形配座で書け．

18.8 多 糖

多糖は多数の単糖がグリコシド結合によって結合してできている．この中ですべてグルコースから構成されている3種の重要な多糖はデンプン，グリコーゲンとセルロースである．

A デンプン：アミロースとアミロペクチン

デンプン starch はあらゆる植物の種子や塊茎に存在し，植物は後で使うためにグルコースをこの形で貯えている．デンプンは二つの主な多糖，**アミロース** amylose と **アミロペクチン** amylopectin に分けられる．種々の植物から得られるデンプンは植物ごとに異なるが，ほとんどのデンプンは 20〜25％のアミロースと 75〜80％のアミロペクチンを含む．

アミロースとアミロペクチンを完全に加水分解すると，いずれも D-グルコースのみを与える．アミロースは 4,000 個もの D-グルコースが α-1,4-グリコシド結合で結合し，連続した枝分れのない鎖でできている．アミロペクチンは 10,000 個までの D-グルコースが α-1,4-グリコシド結合で結合して鎖をつくっている．直鎖の構造からかなり枝分れが出ている．24〜30 個単位からなる新しい鎖の枝分れのはじまりは α-1,6-グリコシド結合である（図 18.4）．

図 18.4
アミロペクチンは枝分れの非常に多いD-グルコースの重合体である．その鎖は24～30個のD-グルコースがα-1,4-グリコシド結合で結合し，枝分れはα-1,6-グリコシド結合によってつくられている．

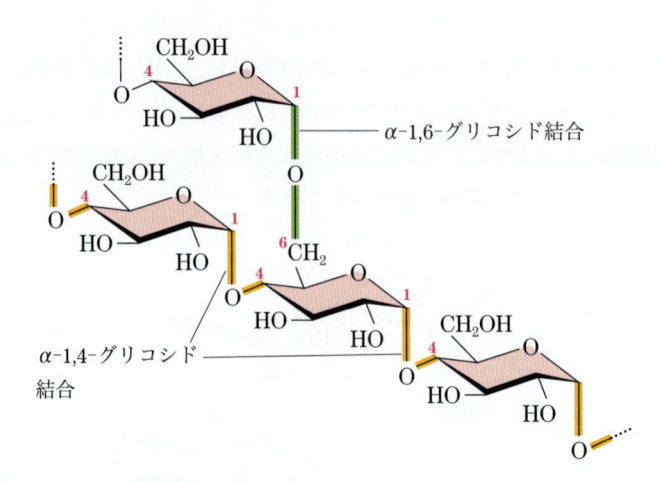

ではなぜ，炭水化物が直接エネルギー源として使える単糖ではなく多糖として植物に貯蔵されているのだろうか．その答えは**浸透圧** osmotic pressure と関係がある．浸透圧は溶質の分子量ではなく，モル濃度に比例する．もし1,000分子のグルコースが1個のデンプンの巨大分子に組み込まれているとすると，10 mL中にデンプン1 gが含まれる溶液は同じ体積にグルコースそのままで1 gが含まれる溶液と浸透圧を比較すると1,000分の1でしかない．このように1個の分子になることによって，この巨大分子の溶液を包み込む膜にかかる圧力が減少するので，その利点は，はかりしれないものがある．

B グリコーゲン

グリコーゲン glycogen は動物が貯蔵する炭水化物である．アミロペクチンのように，グリコーゲンは，ほぼ 10^6 個のD-グルコースがα-1,4-とα-1,6-グリコシド結合で結ばれ，複雑に枝分れした重合体である．その分子量は比較的低く，より高い分枝構造をもつ．栄養状態のよい成人の身体に含まれるグリコーゲンの総量は約350 gであり，肝臓と筋肉にほぼ等量ずつ蓄積されている．

C セルロース

セルロース cellulose は植物の骨格となる多糖として最も広く分布しており，木材の細胞壁のおおよそ半分を占めている．木綿はほぼ純粋なセルロースである．

セルロースはD-グルコースがβ-1,4-グリコシド結合で直鎖状に結合した重合体である（図 18.5）．その平均分子量は400,000で，1分子あたりおおよそ2,800個のグルコースに相当する．

図 18.5
セルロースはD-グルコースがβ-1,4-グリコシド結合によって結合した直鎖状の重合体である．

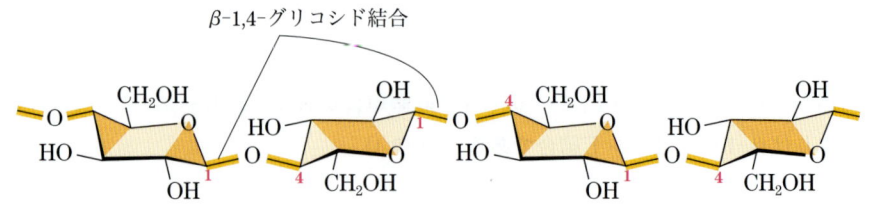

セルロース分子は堅い棒のようになっている．側面どうしが規則正しく並び，ヒドロキシ基が多数の分子間水素結合を形成して並んでいる．このように鎖が平行な束になり並んでいることがセルロース繊維の機械的な強さのもととなり，水に不溶であることの理由になっている．一片のセルロースを含む物質を水に浮かべたとき，強く水素結合で結ばれた繊維から個々のセルロース分子を引き離すには，繊維の表面上に出ている—OH基の数だけでは十分でないのである．

ヒトや他の動物は，β-グリコシド結合の加水分解を触媒する酵素であるβ-グルコシダーゼを消化器官系にもっていないので，セルロースを食物として利用できない．その代り，α-グルコシダーゼをもっているので，グルコース源として利用できる多糖はデンプンとグリコーゲンである．一方，多くのバクテリアや微生物はβ-グルコシダーゼをもっているので，セルロースを消化できる．シロアリは幸運にも（われわれにとっては残念なことに），腸内にそのようなバクテリアをもっており，木材を食物として利用できる．反芻動物（胃から再び咀嚼する動物）やウマは，β-グルコシダーゼをもつ微生物を消化器官系にもっているので，牧草を消化できる．

D　セルロースからの繊維

レーヨンとアセテート繊維はともにセルロースを化学的に処理して作られ，最初に市販された重要な化学繊維である．レーヨンの生産では，セルロース繊維はまず水酸化ナトリウム水溶液中で二硫化炭素(CS_2)と反応させる．この反応で，セルロース繊維の—OHのいくらかがキサントゲン酸エステルのナトリウム塩に変化し，粘性のあるコロイド状に分散してアルカリに溶解する．

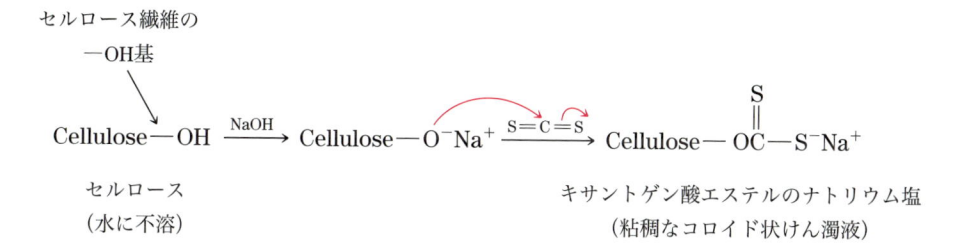

セルロース繊維の
　—OH基
　　↓
Cellulose—OH　$\xrightarrow{NaOH}$　Cellulose—O$^-$Na$^+$　$\xrightarrow{S=C=S}$　Cellulose—OC(=S)—S$^-$Na$^+$

セルロース
（水に不溶）　　　　　　　　　　　　　　　　　　キサントゲン酸エステルのナトリウム塩
　　　　　　　　　　　　　　　　　　　　　　　　（粘稠なコロイド状けん濁液）

キサントゲン酸セルロース cellulose xanthate の溶液は，木材のアルカリ不溶性分画から分離され，多くの小さな穴をもった金属板の紡糸口金から希硫酸の中につむぎ出される．キサントゲン酸エステル基が希硫酸によって加水分解され，再生セルロースの沈殿となる．繊維状に押し出された再生セルロースはビスコースレーヨン糸 viscose rayon thread とよばれる．

アセテート繊維の工業的製法では，セルロースを無水酢酸(15.5B節)で処理する．アセチル化されたセルロースを適当な溶媒に溶かし，沈殿させ，アセテート繊維として知られる繊維に引き延ばされる．今日，アメリカではアセテート繊維はポリエステル，ナイロン，レーヨンに次いで4番目に多く生産されている．

$$\text{セルロース繊維のグルコース単位} + 3CH_3COCCH_3 \text{(無水酢酸)} \longrightarrow \text{完全にアセチル化されたグルコース単位} + 3CH_3COH$$

まとめ

単糖（18.2A節）はポリヒドロキシアルデヒドあるいはポリヒドロキシケトンである。これらは一般式 $C_nH_{2n}O_n$ をもち，n は 3～9 である。その名称には接尾語 -ose がついている。接頭語 tri-（3），tetr-（4），pent-（5）などは，炭素鎖の炭素原子数を示す。また接頭語 aldo- はアルデヒド，keto- はケトンを示す。炭水化物の **Fischer 投影式**（18.2C節）では，炭素鎖は最も酸化状態の高い炭素を上にして縦に書かれる。横線は紙面から手前に出ている基を示し，縦線は紙面の後方に出ている基を示す。単糖の Fischer 投影式の炭素鎖の下から二番目の炭素が D-グリセルアルデヒドと同じ立体配置をもつ単糖は D-単糖とよばれる。これに対して，L-グリセルアルデヒドと同じ立体配置の単糖は L-単糖とよばれる。

単糖は主として環状ヘミアセタールの形で存在する（18.3A節）。ヘミアセタールの生成により生じる新しいキラル中心は**アノマー炭素**といわれる。そして生成した立体異性体は**アノマー**とよばれる。六員環状ヘミアセタールは**ピラノース**，五員環状ヘミアセタールは**フラノース**とよばれる。記号 β はアノマー炭素に結合している—OH が末端の—CH$_2$OH と環の同じ側にあることを示し，α は反対側にあることを示す。フラノースとピラノースは **Haworth 投影式**（18.3A節）で書くことができる。ピラノースは歪みのない**いす形配座**（18.3B節）で表すこともできる。

変旋光（18.3C節）は，水溶液中で α と β アノマーの平衡混合物になるのに伴って比旋光度が変化する現象である。

グリコシド（18.4A節）は単糖から形成されるアセタールである。グリコシドを命名するには，アセタール酸素に結合しているアルキルまたはアリール基の名称の後に，単糖の名称の語尾 -e を -ide に置き換えて続ける。

アルジトール（18.4B節）は単糖のカルボニル基を還元してアルコール基に変換したポリヒドロキシ化合物である。**アルドン酸**（18.4C節）はアルドースのアルデヒド基を酸化して生じるカルボン酸である。アルドースは酸化剤を還元するので，**還元糖**といわれる。末端の—CH$_2$OH を—COOH に酵素を触媒として酸化すると**ウロン酸**（18.4D節）になる。

L-アスコルビン酸（18.6節）は天然では D-グルコースから一連の酵素触媒反応によって合成される。

二糖（18.7節）は 2 個の単糖が**グリコシド結合**によって結合したものである。単糖が多数結合した炭水化物は**三糖**，**四糖**，**オリゴ糖**，**多糖**とよばれる。**スクロース**（18.7A節）は，D-グルコースが D-フルクトースと α-1,2-グリコシド結合で結合した二糖である。**ラクトース**（18.7B節）は D-ガラクトースが D-グルコースと β-1,4-グリコシド結合で結合した二糖である。**マルトース**（18.7C節）は 2 個の D-グルコースが α-1,4-グリコシド結合で結合した二糖である。

デンプン（18.8A節）は**アミロース**と**アミロペクチン**とよばれる 2 種の構成成分に分けることができる。アミロースは 4,000 個もの D-グルコピラノースが α-1,4-グリコシド結合で連結した直鎖の重合体である。アミロペクチンは D-グルコースが α-1,4-グリコシド結合で結合し，また α-1,6-グリコシド結合で分枝して高度に枝分れした重合体である。**グリコーゲン**（18.8B節）は動物の貯蔵炭水化物であり，D-グルコピラノースが α-1,4-グリコシド結合で結合し，さらに α-1,6-グリコシド結合で分枝を形成する高度に枝分れした重合体である。**セルロース**（18.8C節）は植物の骨格を作る多糖であり，D-グルコピラノースが β-1,4-グリコシド結合で結合した直鎖状重合体である。**レーヨン**（18.8D節）は化学修飾され，再生されたセルロースから作られる。**アセテート繊維**はセルロースのアセチル化により合成される。

重要な反応

1. 環状ヘミアセタールの生成（18.3 節）

五員環構造をもつ単糖はフラノースであり，六員環構造をもつものはピラノースである．ピラノースは Haworth 投影式またはいす形配座で書くのが普通である．

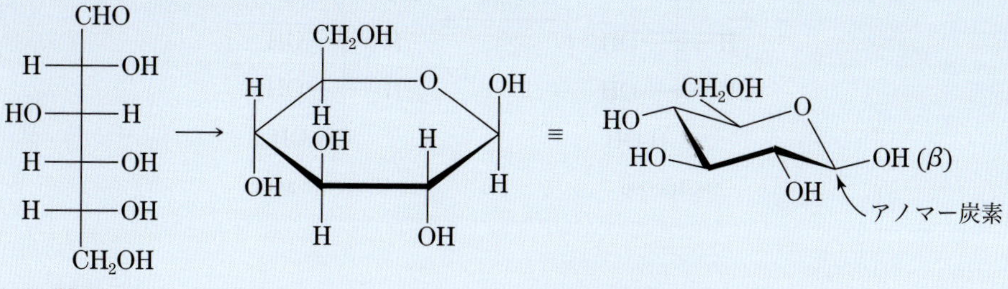
CHO
H
OH
HO
H
H
OH
H
OH
CH_2OH
CH_2OH
O
OH
≡
HO
HO
OH (β)
OH
アノマー炭素

D-Glucose　　β-D-Glucopyranose (β-D-Glucose)

2. 変旋光（18.3C 節）

単糖のアノマーは水溶液中で平衡状態になっている．変旋光は，この平衡反応に伴う比旋光度の変化である．

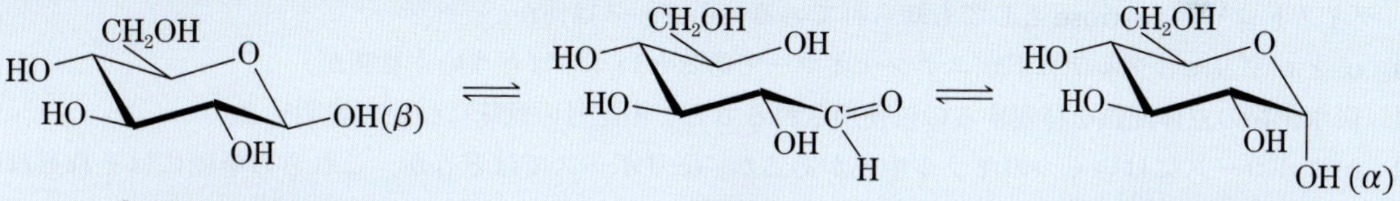
CH_2OH
HO
O
HO
OH(β)
OH
OH
C=O
H
OH (α)

β-D-Glucopyranose $[\alpha]_D^{25}$ + 18.7　　開環形　　α-D-Glucopyranose $[\alpha]_D^{25}$ + 112

3. グリコシドの生成（18.5A 節）

酸触媒存在下に，単糖とアルコールを反応させるとグリコシドとよばれる環状アセタールが生成する．新しい —OR との結合をグリコシド結合という．

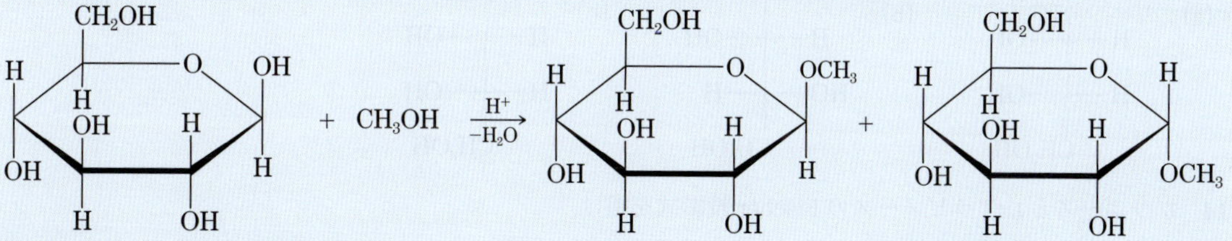
CH_2OH
O
OH
H
+ CH_3OH
H^+
$-H_2O$
OCH_3
+

4. アルジトールへの還元（18.5B 節）

アルドースやケトースのカルボニル基をヒドロキシ基に還元すると，アルジトールとよばれるポリヒドロキシ化合物が得られる．

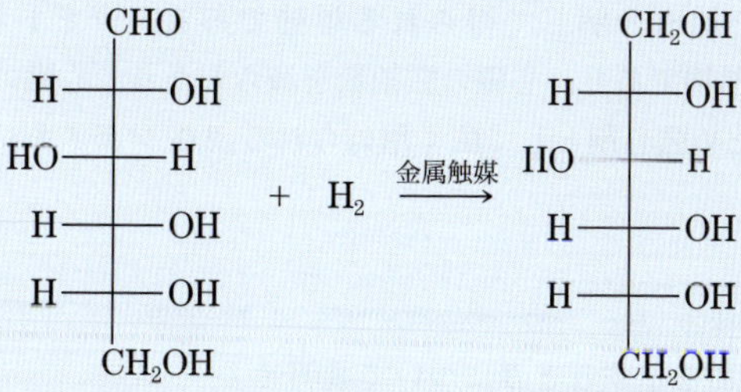
CHO
H
OH
HO
H
CH_2OH
+ H_2
金属触媒

D-Glucose　　D-Glucitol (D-Sorbitol)

5. アルドン酸への酸化（18.5C 節）

温和な酸化剤によってアルドースのアルデヒド基をカルボキシ基に酸化すると，アルドン酸とよばれるポリヒドロキシカルボン酸が得られる．

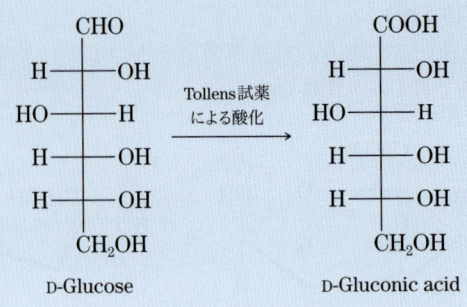

```
    CHO                              COOH
H ──┼── OH                       H ──┼── OH
HO──┼── H      Tollens 試薬      HO──┼── H
H ──┼── OH    ─────────────→    H ──┼── OH
H ──┼── OH       による酸化      H ──┼── OH
    CH₂OH                            CH₂OH
  D-Glucose                       D-Gluconic acid
```

補充問題

単 糖

18.8 アルドースとケトースの構造上の違いは何か．アルドペントースとケトペントースとではどうか．

18.9 デキストロース dextrose としても知られているヘキソースは何か．

18.10 D- と L-グリセルアルデヒドがエナンチオマーであるというのはどういう意味か．

18.11 炭水化物の立体配置を特定するのに使用される D と L の記号の意味について説明せよ．

18.12 D-グルコースにはいくつのキラル中心があるか．D-リボースではどうか．これらの単糖にはそれぞれいくつの立体異性体が可能か．

18.13 次の化合物はそれぞれ D-単糖か，あるいは L-単糖か．

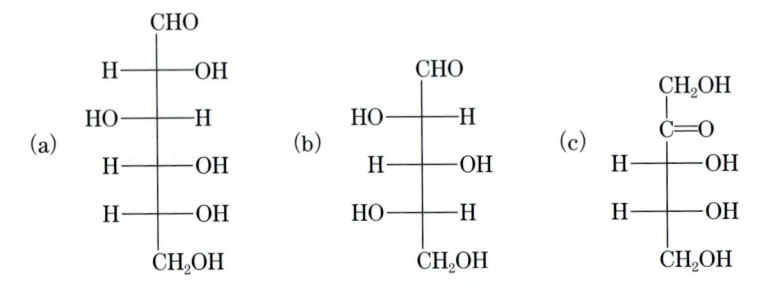

(a), (b), (c) [Fischer 投影式]

18.14 L-リボースと L-アラビノースの Fischer 投影式を書け．

18.15 なぜすべての単糖と二糖は水に可溶か説明せよ．

18.16 アミノ糖とは何か．天然に最もよく見いだされるアミノ糖 3 種の名称をあげよ．

18.17 別名 D-ジギトキソース D-digitoxose としても知られる 2,6-ジデオキシ-D-アルトロース 2,6-dideoxy-D-altrose は，ジギトキシン digitoxin を加水分解して得られる単糖である．ジギトキシンは，ジギタリス（*Digitalis purpurea*）から抽出される天然物であり，心臓の脈拍数を減らしたり，心臓のリズムを調節したり，また心収縮を強くする作用をもっているため強心剤として広く用いられる．2,6-ジデオキシ-D-アルトロースの構造式を書け．

単糖の環状構造

18.18 アノマー炭素の定義を述べよ．

18.19 単糖類の環状構造の立体配置を示す α と β について説明せよ．

18.20 α-D-グルコースと β-D-グルコースはアノマーかどうか，説明せよ．また，両者はエナンチオマーかどうか，

説明せよ．

18.21 α-D-グロース α-D-guloseとα-L-グロースはアノマーかどうか，説明せよ．

18.22 ヘキソピラノース分子の形を表すには，どのような点でいす形配座の方がHaworth投影式より正確であるといえるか．

18.23 α-D-グルコピラノース（α-D-グルコース）をHaworth投影式で書け．さらに次の単糖のHaworth投影式を，与えられた情報だけに基づいて書け．
  (a) α-D-マンノピラノース（α-D-マンノース）．D-マンノースの立体配置は2位の炭素だけでD-グルコースと異なる．
  (b) α-D-グロピラノース（α-D-グロース）．D-グロースの立体配置は3位と4位の炭素がD-グルコースと異なる．

18.24 次のHaworth投影式を開環形，次にFischer投影式に変換せよ．また，それぞれの単糖の名称を書け．

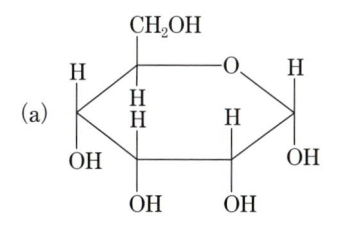

(a), (b) [Haworth投影式の構造]

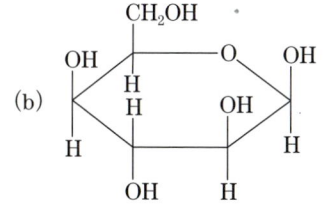

18.25 次のいす形配座を開環形，次にFischer投影式に変換せよ．また，それぞれの単糖の名称を書け．

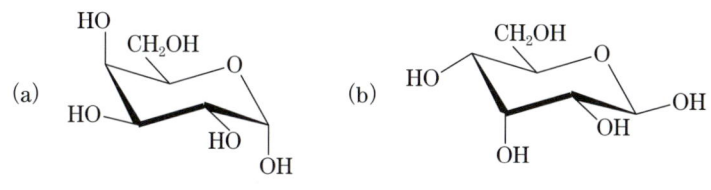

(a), (b) [いす形配座の構造]

18.26 D-アラビノースの立体配置はD-リボースと2位の炭素だけが異なる．この情報を使って，α-D-アラビノフラノース（α-D-アラビノース）のHaworth投影式を書け．

18.27 炭水化物について変旋光の現象を説明せよ．また，それはどのような方法で検出されるか．

18.28 α-D-グルコースの比旋光度は+112.2である．α-L-グルコースの比旋光度はいくらか．

18.29 α-D-グルコースを水に溶かすと，その溶液の比旋光度は+112.2から+52.7に変化する．α-L-グルコースの比旋光度も水に溶かしたとき変化するか．もし変化するとすれば，その値はいくらになるか．

単糖の反応

18.30 D-ガラクトースを次の試薬と反応させたとき，得られる生成物をFischer投影式で書け．また，それらの生成物は光学活性か，あるいは光学不活性か．
  (a) 水中でNaBH$_4$ (b) NH$_3$中AgNO$_3$，H$_2$O

18.31 D-ガラクトースの代わりにD-リボースを使って，問題18.30と同じように処理するとどうなるか．

18.32 D-フルクトースをNaBH$_4$で還元すると，2種のアルジトールが得られる．そのうちの1種はD-ソルビトールである．もう1種のアルジトールの名称と構造式を書け．

18.33 4種のD-アルドペントース（表18.1）がある．それぞれをNaBH$_4$で還元したとき，光学活性なアルジトールを与えるものはどれか．また光学不活性なアルジトールを与えるものはどれか．

18.34 D-グルコースをNaBH$_4$で還元すると，光学活性なアルジトールが得られるのに対して，D-ガラクトースをNaBH$_4$で還元すると，光学不活性なアルジトールが得られる．この事実について説明せよ．

18.35 NaBH₄ で還元すると光学不活性な（メソ）アルジトールを与える2種のD-アルドヘキソースは何か．

18.36 D-フルクトースのNaBH₄還元で得られる2種のアルジトールの名称を書け．

18.37 動物細胞の表面の多糖類の中に一般的に見出される単糖の一つにL-フコースがある（Chemical Connections 18B）．これは次のように8段階でD-マンノースから生化学的に合成される．

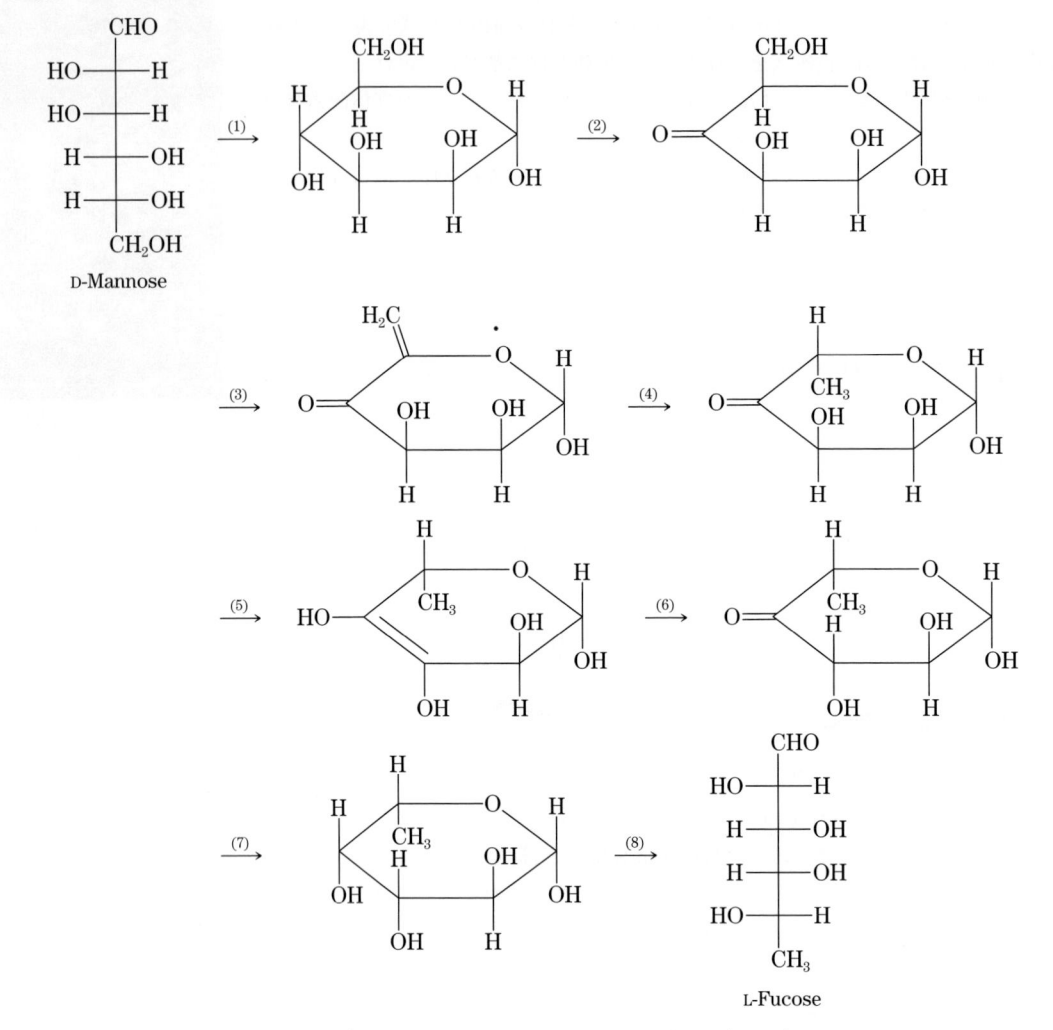

(a) 各段階に含まれる反応の種類（例えば，酸化，還元，水和，脱水など）を述べよ．
(b) D-マンノースから誘導されるこの単糖がL系列に属するのはなぜか．説明せよ．

アスコルビン酸

18.38 アスコルビン酸は生物学的酸化剤になるか，あるいは生物学的還元剤になるか．説明せよ．

18.39 アスコルビン酸は，pK_{a1} 4.10 と pK_{a2} 11.79 の酸解離定数をもつ二塩基酸である．二つの酸性水素は，アスコルビン酸分子のエンジオール部分に結合している．どちらの酸性水素がどちらの解離定数をもっているか．（ヒント：二つの水素のうち一方が失われて生じるアニオンと，他方の水素が失われて生じるアニオンを別々に書け．どちらのアニオンがより大きい共鳴安定化を受けているか．）

二糖とオリゴ糖

18.40 グリコシド結合の定義を述べよ．

18.41 グリコシド結合 glycosidic bond とグルコシド結合 glucosidic bond の意味の違いは何か．

18.42 グリコシドは変旋光するかどうか，説明せよ．

18.43 キャンディーや糖シロップを作るときにスクロースをレモンジュースのような少量の酸とともに水中で沸騰させる．もとのスクロース溶液より処理後の混合物の味が甘いのはなぜか．

18.44 次の二糖のうち $NaBH_4$ で還元されるのはどれか．
(a) スクロース　　(b) ラクトース　　(c) マルトース

18.45 トレハロースは若いマッシュルームに含まれ，ある種の昆虫の血液の主要炭水化物成分である．トレハロースは二つのD-単糖が α-1,1-グリコシド結合によって結ばれた二糖である．

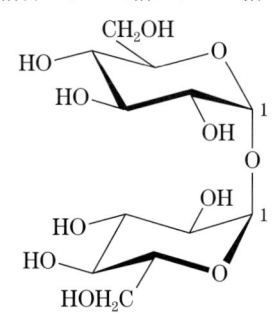

Trehalose

(a) トレハロースは還元糖であるか．
(b) トレハロースは変旋光するか．
(c) トレハロースを構成する二つの単糖の名称は何か．

18.46 ヤナギ樹皮の粉末を煎じたものは鎮痛剤として効果がある．しかし，これはあまりにも苦く，たいていの人は飲むことを拒否する．鎮痛作用をもつのはサリシンという物質である．サリシンに含まれる単糖の名称は何か．

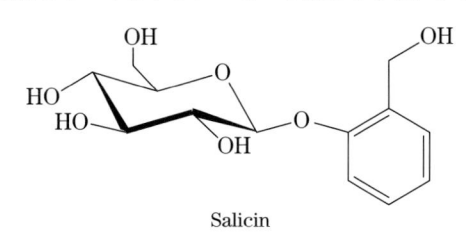

Salicin

多　糖

18.47 オリゴ糖と多糖の構造上の違いは何か．

18.48 D-グルコース単位から構成されている3種の多糖の名称を書け．これらのうち，グルコースが α-グリコシド結合で結合しているものはどれか．また，β-グリコシド結合しているものはどれか．

18.49 デンプンは2種の多糖，アミロースとアミロペクチンに大別される．この二つの構造上の主な違いは何か．

18.50 N-アセチル-D-グルコサミンの Fischer 投影式は 18.2E 節に与えられている．
(a) この単糖の α- および β-ピラノース形をそれぞれ Haworth 投影式といす形配座構造式で書け．
(b) 二つの N-アセチル-D-グルコサミンのピラノース形が β-1,4-グリコシド結合して生じる二糖を，それぞれ Haworth 投影式といす形配座構造式で書け．もしこれを正しく書いていれば，それはキチンのくり返し単位の二量体分を書いたことになる．

18.51 次の多糖の中で繰り返し単位となる二糖の構造式を示せ．
(a) アルギン酸 alginic acid．アルギン酸は，海草から単離され，アイスクリームや他の食品のとろみを出す添加物として用いられるものであり，D-マンヌロン酸のピラノース形が β-1,4-グリコシド結合して生成した重合体である．

(b) ペクチン酸 pectinic acid. ペクチン酸は，果物等のゼリーをつくるのに使われるペクチン pectin の主成分であり，D-ガラクツロン酸のピラノース形が，α-1,4-グリコシド結合して生成した重合体である．

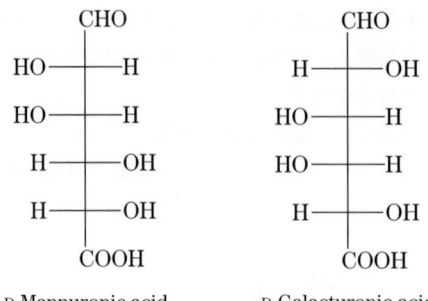

D-Mannuronic acid   D-Galacturonic acid

18.52 次に示すのはコンドロイチン 6-硫酸 chondroitin 6-sulfate 中の二糖の繰り返し単位の Haworth 投影式といす形配座式である．

　この重合体は軟骨中の剛直なタンパク質線維と結合してマトリックスを形成し，柔軟性を与えるのに重要な働きをしている．D-グルコサミン硫酸と組合わせてサプリメントとして利用されている．この組合せが関節の可動性を強化すると考える人もいる．

(a) コンドロイチン 6-硫酸の二糖の繰り返し単位はどのような 2 種の単糖単位から導かれたものか．
(b) 二つの単糖単位を結びつけているグリコシド結合について述べよ．

応用問題

18.53 グルコースをピルビン酸エステル（22.4 節）に変換する経路を解糖という．その一段階に，ジヒドロキシアセトンリン酸から D-グリセルアルデヒド 3-リン酸への酵素触媒による変換反応が含まれている．この変換反応は二つの異なる酵素触媒ケト-エノール互変異性化反応（13.9 節）からなるものとみなせることを示せ．

Dihydroxyacetone phosphate   ⇌ 酵素触媒   D-Glyceraldehyde 3-phosphate

18.54 グルコース 6-リン酸の代謝過程の一つに酵素触媒によるフルクトース 6-リン酸への変換がある．この変換反応は 2 種の酵素触媒ケト-エノール互変異性（13.9 節）からなるものとみなすことができることを示せ．

第 18 章　炭水化物

$$\text{D-Glucose 6-phosphate} \underset{酵素触媒}{\rightleftharpoons} \text{D-Fructose 6-phosphate}$$

18.55 エピマー epimer というのは，1 個のキラル中心の立体配置だけが異なる炭水化物の異性体のことである．
(a) アルドヘキソースのうち互いにエピマーの関係にあるのはどれか．
(b) すべてのアノマーの関係にある組合せは互いにエピマーであるかどうか，説明せよ．すべてのエピマーはまたアノマーでもあるかどうか，説明せよ．

18.56 オリゴ糖は病気治療のために非常に重要である．しかし，出発物質は簡単に手に入っても，合成するのは困難である．次にグロボトリオースの構造を示している．これはある種の大腸菌株によって合成される毒素の受容体である．

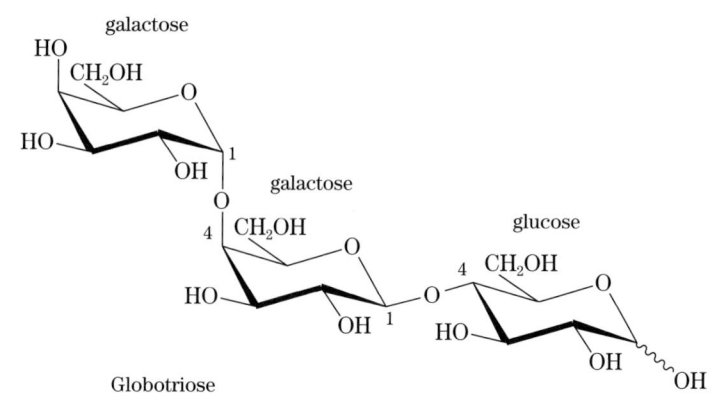

グロボトリオースは，左から右へ順にガラクトースが別のガラクトースと α-1,4-結合し，2 番目のガラクトースはさらにグルコースと β-1,4-結合をしている．波線の結合はその炭素の立体配置が α か β のどちらでもいいことを表している．例えば，まずガラクトースとガラクトースのグリコシド結合をつくり，その次にグルコースとのグリコシド結合をつくるとして，なぜこの三糖を合成することが困難であるかを推測せよ．

19 アミノ酸とタンパク質

- 19.1 はじめに
- 19.2 アミノ酸
- 19.3 アミノ酸の酸塩基の性質
- 19.4 ポリペプチドとタンパク質
- 19.5 ポリペプチドとタンパク質の一次構造
- 19.6 ポリペプチドとタンパク質の三次元構造

クモの糸は繊維状のタンパク質でできていて,非常に強く丈夫である.左の図はその主な構成成分である D-アラニンとグリシンの分子模型を示す.
(*PhotoDisc Inc. / Getty Images*)

19.1 はじめに

　この章では,アミン(第10章)とカルボン酸(第14章)の化学を組み込んだ化合物,アミノ酸の勉強から始めることにする.特に,アミノ酸の酸塩基の性質に注目したい.というのは,この性質が酵素の触媒機能を含むタンパク質の多くの性質を決定する上で極めて重要だからである.アミノ酸の化学を十分理解した上で,次にタンパク質そのものの構造を調べることにする.タンパク質は生体分子の中で最も重要な分子の一つである.その重要な機能を掲げると,

・骨格 —— コラーゲンやケラチンのようなタンパク質は皮膚,骨,毛,爪の主要構成成分である.

- 触媒 —— 生体内で起こるほとんどすべての反応は酵素という特殊なタンパク質によって触媒される．
- 運動 —— 筋肉線維はミオシンやアクチンとよばれるタンパク質からなっている．
- 運搬 —— タンパク質ヘモグロビンは肺から組織へ酸素を運搬する役割をもっている．別のタンパク質には細胞膜を通して分子を運搬するものもある．
- 保護 —— 抗体とよばれる一群のタンパク質は病気に対する身体の主な防御物質の一つである．

タンパク質は他にも機能をもっている．この簡単なリストを見ても，タンパク質が生体内で重要な役割を果たしていることがわかるであろう．

19.2　アミノ酸

A　構　造

アミノ酸：アミノ基とカルボキシ基をもつ化合物．

α-アミノ酸：アミノ基がカルボキシ基の隣りの炭素原子についているアミノ酸．

アミノ酸 amino acid はカルボキシ基とアミノ基の両方をもつ化合物である．多くのアミノ酸が知られているが，**α-アミノ酸** α-amino acid が生物の世界では最も重要である．それがタンパク質を作っているモノマーだからである．α-アミノ酸の一般式は図 19.1 に示すとおりである．

図 19.1(a) はアミノ酸を書くときの一般的な構造式であるが，同一分子中に酸（—COOH）と塩基（—NH$_2$）が書かれているので，正確な構造式ではない．この酸性基と塩基性基は互いに反応し，分子内塩［図 19.1(b)］を形成している．アミノ酸の分子内塩は特に**双性イオン** zwitterion とよばれる．双性イオンは 1 価の正電荷と 1 価の負電荷をもっているが，全体としては相殺されて電荷をもたない．

双性イオン：アミノ酸の分子内塩．

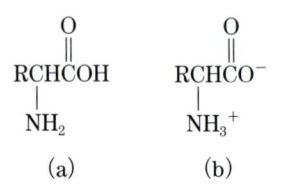

アミノ酸は双性イオンとして存在しているので，塩としての性質をもっている．一般に高融点の結晶性固体であり，水にかなりよく溶け，エーテルや炭化水素系溶媒のような非極性有機溶媒には溶けない．

$$\begin{array}{cc} \text{O} & \text{O} \\ \| & \| \\ \text{RCHCOH} & \text{RCHCO}^- \\ | & | \\ \text{NH}_2 & \text{NH}_3^+ \\ \text{(a)} & \text{(b)} \end{array}$$

図 19.1
α-アミノ酸．
(a) イオン化していない形と (b) 分子内塩（双性イオン）構造．

B　キラリティー

グリシン H$_2$NCH$_2$COOH を除くすべてのタンパク質由来のアミノ酸は，キラル中心を少なくとも 1 個もち，したがって，キラルである．図 19.2 にアラニンの両エナンチオマーの Fischer 投影式を示す．生物界で大多数の炭水化物は D 系列である（18.2 節）のに対して，α-アミノ酸は L 系列である．

図 19.2
アラニンのエナンチオマー．生物界の大部分の α-アミノ酸の α 炭素の立体配置は L 配置である．

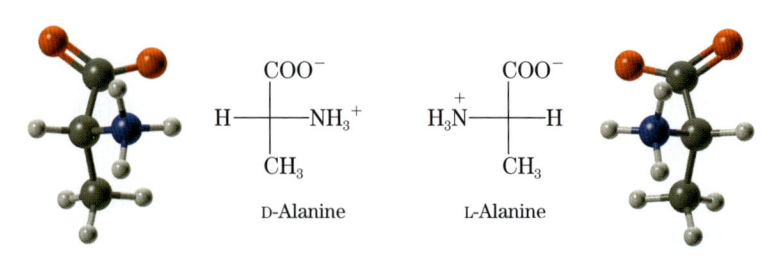

D-Alanine　　L-Alanine

表 19.1　タンパク質中に存在する 20 種類のアミノ酸

非極性側鎖をもつもの

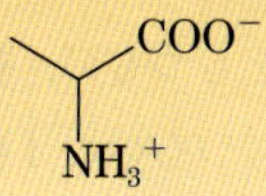

アミノ酸		アミノ酸	
Alanine (Ala, A)	アラニン	Phenylalanine	フェニルアラニン (Phe, F)
Glycine (Gly, G)	グリシン	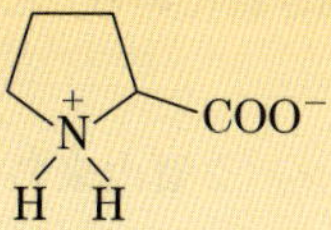 Proline (Pro, P)	プロリン
Isoleucine (Ile, I)	イソロイシン	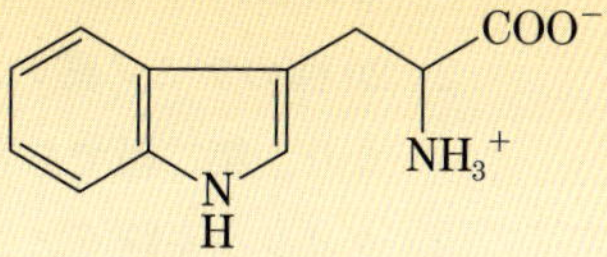 Tryptophan	トリプトファン (Trp, W)
Leucine (Leu, L)	ロイシン	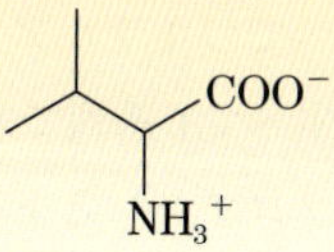 Valine (Val, V)	バリン
Methionine (Met, M)	メチオニン		

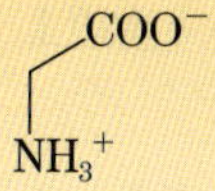

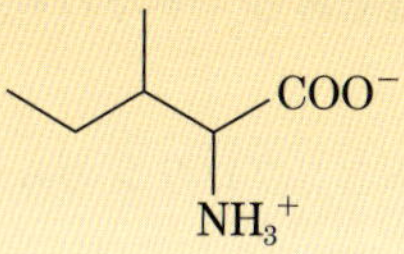

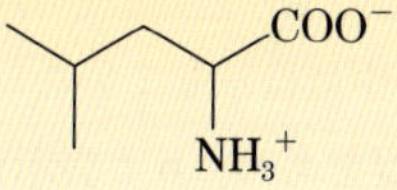

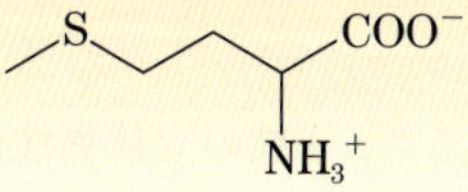

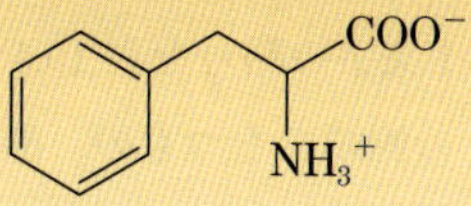

極性側鎖をもつもの

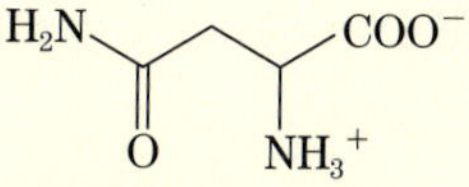

Asparagine (Asn, N)	アスパラギン	Serine (Ser, S)	セリン
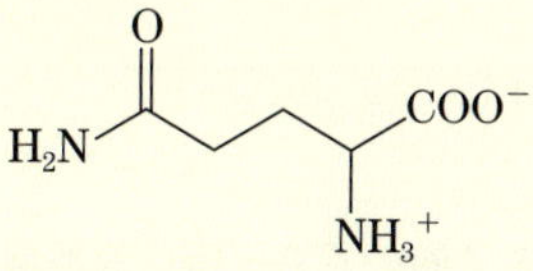 Glutamine (Gln, Q)	グルタミン	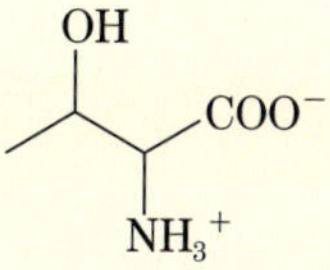 Threonine (Thr, T)	トレオニン

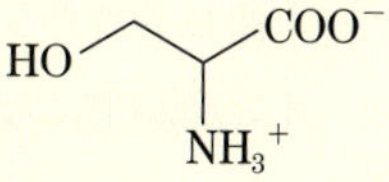

酸性側鎖をもつもの / 塩基性側鎖をもつもの

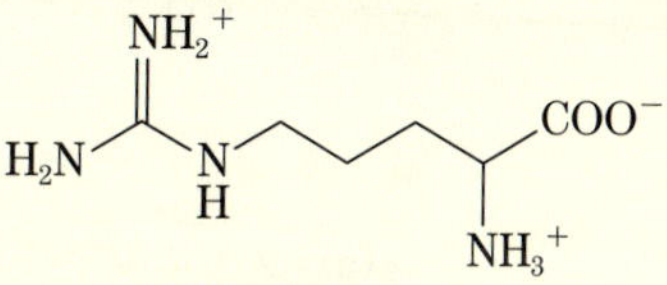

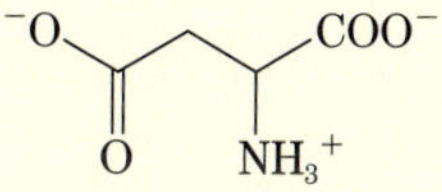 Aspartic acid (Asp, D)	アスパラギン酸	Arginine (Arg, R)	アルギニン
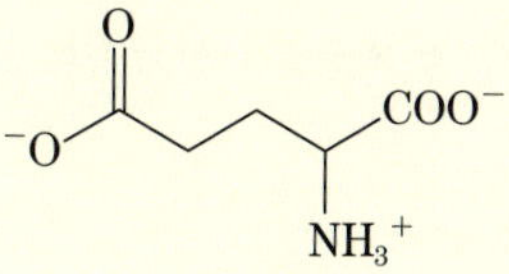 Glutamic acid (Glu, E)	グルタミン酸	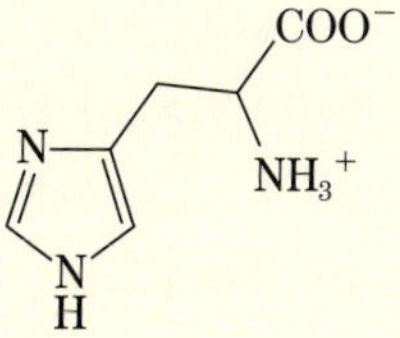 Histidine (His, H)	ヒスチジン
Cysteine (Cys, C)	システイン	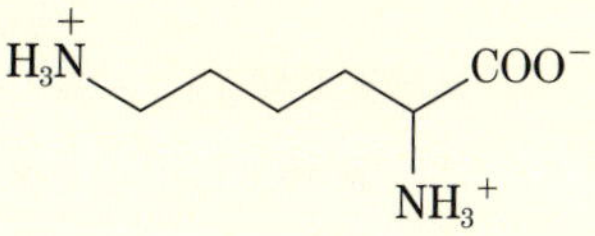 Lysine (Lys, K)	リシン
Tyrosine (Tyr, Y)	チロシン		

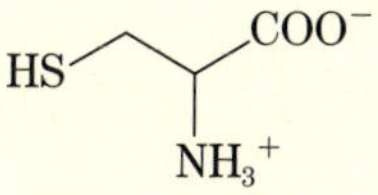

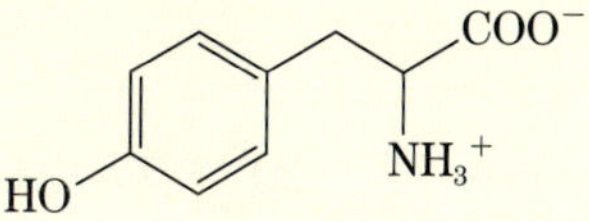

*イオン化可能な官能基は，pH 7.0 の水溶液中で最も高い濃度で存在している形で表している．

C タンパク質由来のアミノ酸

タンパク質に含まれる 20 種の L-アミノ酸の慣用名，構造式，標準的な 3 文字と 1 文字の略号を表 19.1 に示す．表中のアミノ酸は，非極性の側鎖をもつもの，極性の側鎖をもつもの，酸性基を側鎖にもつもの，塩基性基を側鎖にもつものの 4 種類に分類されている．この表を見るにあたって，注意すべき点をあげると次のようになる．

1. タンパク質由来の 20 種のアミノ酸はすべて α-アミノ酸である．すなわち，アミノ基はカルボキシ基の α 炭素についている．
2. 20 種のアミノ酸のうち 19 種の α-アミノ基は第一級である．プロリンのみが異なり，第二級である．
3. グリシンを除くアミノ酸の α 炭素はキラル中心である．表中には示していないが，すべてのキラルアミノ酸は α 炭素に関して同じ立体配置をもつ．D, L 表示法ではすべて L 系列である．
4. イソロイシンとトレオニンはキラル中心をもう 1 個もち，4 種の立体異性体が可能であるが，タンパク質中に見いだされる異性体は 1 種だけである．
5. システインのメルカプト基，ヒスチジンのイミダゾール基，チロシンのフェノール性ヒドロキシ基は pH 7.0 で部分的にはイオン化しているが，この pH ではイオン形が主になっているわけではない．

例題 19.1

表 19.1 に示したタンパク質由来の 20 種のアミノ酸のうち，(a) 芳香環，(b) 側鎖上にヒドロキシ基，(c) 側鎖上にフェノール性 OH 基，(d) 硫黄原子をもつアミノ酸はそれぞれいくつあるか．

解　答
 (a) フェニルアラニン，トリプトファン，チロシン，ヒスチジンが芳香環をもつ．
 (b) セリンとトレオニンが側鎖上にヒドロキシ基をもつ．
 (c) チロシンがフェノール性 OH 基をもつ．
 (d) メチオニンとシステインが硫黄原子をもつ．

練習問題 19.1

表 19.1 に示したタンパク質由来の 20 種のアミノ酸のうち，(a) キラル中心をもたないアミノ酸，(b) 2 個のキラル中心をもつアミノ酸はどれか．

D その他の L-アミノ酸

　大部分の植物や動物のタンパク質はこれら 20 種のアミノ酸から作られているが，天然には他の α-アミノ酸も知られている．例えば，オルニチンやシトルリンは主に肝臓に存在し，アンモニアを尿素に変える代謝経路として知られる尿素回路 urea cycle に不可欠である．

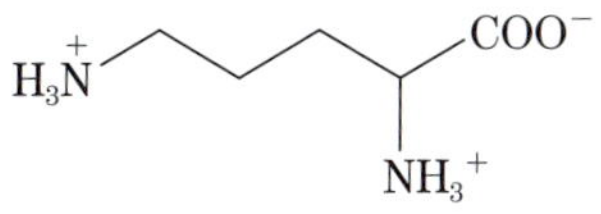

Ornithine

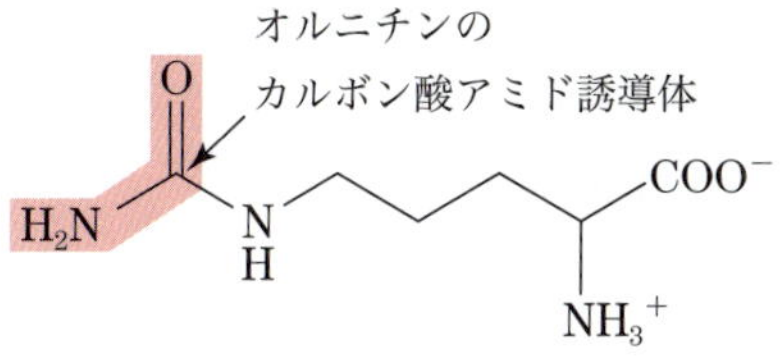

Citrulline （オルニチンのカルボン酸アミド誘導体）

　チロシンから誘導されるホルモンのうちの 2 種，チロキシンとトリヨードチロニンが甲状腺から見出されている．これらのホルモンの主な働きは他の細胞や組織の代謝を促進することである．

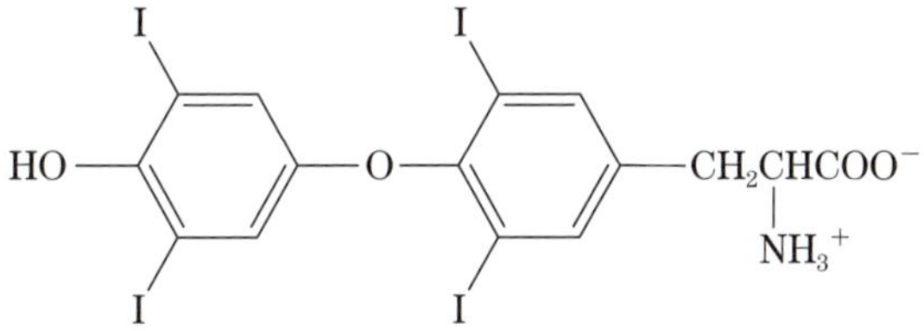

Thyroxine, T_4

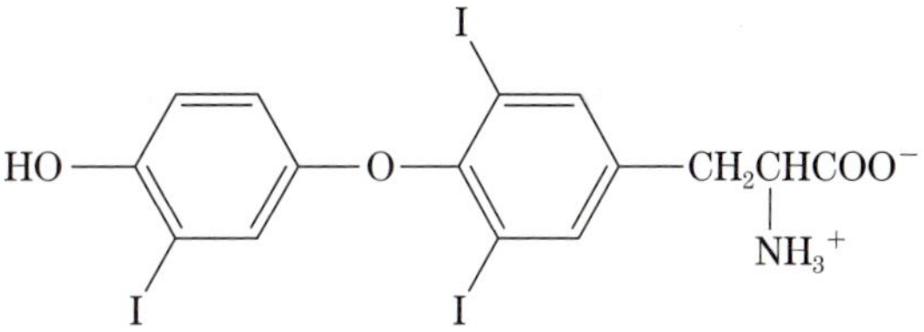

Triiodothyronine, T_3

　4-アミノブタン酸（γ-アミノ酪酸，GABA）は脳に高濃度（0.8 mM）で存在するが，哺乳動物の他の臓器にはほとんど存在しない．このアミノ酸はグルタミン酸の α-カルボキシ基の脱炭酸によって神経組織中で合成される．無脊椎動物やおそらくヒトの中枢神経系の神経伝達物質である．

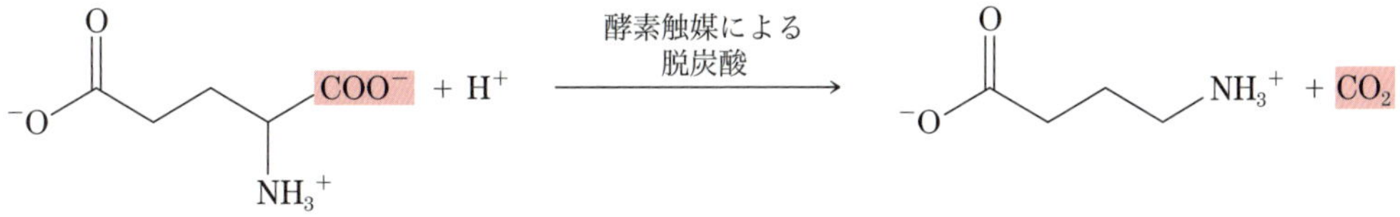

Glutamic acid $+ H^+$ →（酵素触媒による脱炭酸）→ 4-Aminobutanoic acid (γ-Aminobutyric acid, GABA) $+ CO_2$

　タンパク質中には L-アミノ酸のみが見いだされ，D-アミノ酸は高等生物にはほとんどまれにしか存在しない．しかし，低級な生命体には D-アミノ酸が L-エナンチオマーとともに若干知られている．D-アラニンと D-グルタミン酸はある種の微生物の細胞壁の構成成分である．また，ペプチド抗生物質に D-アミノ酸が見られる．

19.3 アミノ酸の酸塩基の性質

A アミノ酸の酸性基と塩基性基

アミノ酸の化学的性質の中で最も重要な性質の一つは酸塩基の性質である．すべてのアミノ酸は—COOHと—NH_3^+をもっているので，複数の酸性水素をもつ弱いプロトン酸である．表19.2にタンパク質由来の20種のアミノ酸のそれぞれの解離できる基のpK_a値を示す．

α-カルボキシ基の酸性度

プロトン化されたアミノ酸のα-カルボキシ基のpK_aの平均値は2.19である．これは酢酸（pK_a 4.76）や他の低分子量の脂肪族カルボン酸よりかなり強い酸であることを示している．この高い酸性度は，隣接する—NH_3^+基の電子求引誘起効果によって説明される．14.5A節で，酢酸とそのモノクロロ，ジクロロおよびトリクロロ誘導体の酸性度の差を説明するのに同じような議論をしたことを思い出そう．

アンモニオ基は
電子求引誘起効果をもつ

$$\text{RCHCOOH} + H_2O \rightleftharpoons \text{RCHCOO}^- + H_3O^+ \qquad pK_a = 2.19$$
$$\underset{NH_3^+}{|} \qquad\qquad\qquad \underset{NH_3^+}{|}$$

側鎖上のカルボキシ基の酸性度

α-NH_3^+基の電子求引誘起効果のために，プロトン化されたアスパラギン酸やグルタミン酸の側鎖上のカルボキシ基は酢酸（pK_a 4.76）より強い酸である．この誘起効果は—COOHとα-NH_3^+との距離が離れるほど減少する．例えば，アラニンのα-COOH（pK_a 2.35）をアスパラギン酸のβ-COOH（pK_a 3.86）やグルタミン酸のγ-COOH（pK_a 4.07）と比較するとよい．

α-アンモニオ基の酸性度

α-アンモニオ基 ammonio group（α-NH_3^+）のpK_aの平均値は9.47である．第一級脂肪族アンモニウムイオンの値（pK_a 約10.76）（10.5節）と比較すると，アミノ酸のα-アンモニオ基の方が少し強い酸である．逆にいえば，α-アミノ基は第一級脂肪族アミンより少し弱い塩基である．

$$\text{RCHCOO}^- + H_2O \rightleftharpoons \text{RCHCOO}^- + H_3O^+ \qquad pK_a = 9.47$$
$$\underset{NH_3^+}{|} \qquad\qquad\qquad \underset{NH_2}{|}$$

$$\text{CH}_3\text{CHCH}_3 + H_2O \rightleftharpoons \text{CH}_3\text{CHCH}_3 + H_3O^+ \qquad pK_a = 10.60$$
$$\underset{NH_3^+}{|} \qquad\qquad\qquad \underset{NH_2}{|}$$

表 19.2 アミノ酸のイオン化可能な基の pK_a 値

アミノ酸	α-COOH の pK_a	α-NH$_3^+$ の pK_a	側鎖の pK_a	等電点(pI)
alanine	2.35	9.87	—	6.11
arginine	2.01	9.04	12.48	10.76
asparagine	2.02	8.80	—	5.41
aspartic acid	2.10	9.82	3.86	2.98
cysteine	2.05	10.25	8.00	5.02
glutamic acid	2.10	9.47	4.07	3.08
glutamine	2.17	9.13	—	5.65
glycine	2.35	9.78	—	6.06
histidine	1.77	9.18	6.10	7.64
isoleucine	2.32	9.76	—	6.04
leucine	2.33	9.74	—	6.04
lysine	2.18	8.95	10.53	9.74
methionine	2.28	9.21	—	5.74
phenylalanine	2.58	9.24	—	5.91
proline	2.00	10.60	—	6.30
serine	2.21	9.15	—	5.68
threonine	2.09	9.10	—	5.60
tryptophan	2.38	9.39	—	5.88
tyrosine	2.20	9.11	10.07	5.63
valine	2.29	9.72	—	6.00

(注，—はイオン化できる側鎖のないことを示す)

アルギニンのグアニジノ基の塩基性

アルギニンの側鎖にあるグアニジノ基 guanidino group は脂肪族アミンよりかなり強塩基である．10.5 節でみたように，グアニジン guanidine（pK_b 0.4）は中性化合物の中では最も強い塩基である．このようなグアニジノ基の強塩基性は，プロトン化された方が中性の状態よりも共鳴安定化が大きいことによる．

アルギニンのグアニジニウムイオン側鎖のプロトン化された形は 3 種の寄与構造の共鳴混成体である．

脱プロトン化された形は共鳴安定化を受けることができない（共鳴構造を書いても電荷の分離を伴う）．

$pK_a = 12.48$

ヒスチジンのイミダゾリル基の塩基性

イミダゾール imidazole 環は平面で，共役した環の中に 6π 電子をもっているので，芳香族ヘテロ環アミン（9.3 節）に分類される．一方の窒素原子上の非共有電子対は芳香族 6π 電子系の一部をなしているが，もう一方の窒素原子上の電子対はそうではない．イミダゾール環の塩基性の原因となっているのは芳香族 6π 電子系に関係していない方の電子対である．この窒素原子がプロトン化されると共鳴安定化されたカチオンを生じる．

共鳴安定化されたイミダゾリウムイオン

この非共有電子対は芳香族 6π系に関与していないので，プロトン受容体となる

B アミノ酸の滴定

アミノ酸の解離できる基の pK_a 値は，一般には酸塩基滴定，すなわち加えた塩基（または酸）の関数として溶液の pH を測定することによって得られる．この実験操作を説明するために，グリシンを 1.00 mol 含む溶液を例にとって考えてみよう．まず，アミノ基とカルボキシ基の両方が完全にプロトン化されるだけの強酸を加える．次にこの溶液を 1.00 M の NaOH で滴定する．加えた塩基の量と得られた溶液の pH を記録し，図 19.3 のようにプロットする．

加えた水酸化ナトリウムと最初に反応するのは最も酸性の強い基であり，この場合カルボキシ基である．ちょうど 0.50 mol の NaOH を加えたとき，カルボキシ基は半分中和される．この時点で双性イオンの濃度は正電荷をもったイオンの濃度に等しくなるので，2.35 の pH はカルボキシ基の pK_a (pK_{a1}) に等しいことになる．

$$\text{pH} = \text{p}K_{a1} \text{ のとき} \quad [\overset{+}{\text{H}_3\text{N}}\text{CH}_2\text{COOH}] = [\overset{+}{\text{H}_3\text{N}}\text{CH}_2\text{COO}^-]$$
$$\text{正のイオン} \qquad \text{双性イオン}$$

1.00 mol の NaOH を加えたとき，滴定の第一の終了点に達する．このとき，優先的に存在する化学種は双性イオンであり，溶液の pH は 6.06 になる．

次の曲線部分は $-\text{NH}_3^+$ の滴定を示す．0.50 mol の NaOH（全体で 1.50 mol）をさらに加えたとき，$-\text{NH}_3^+$ が半分中和され $-\text{NH}_2$ になる．この時点で双性イオン

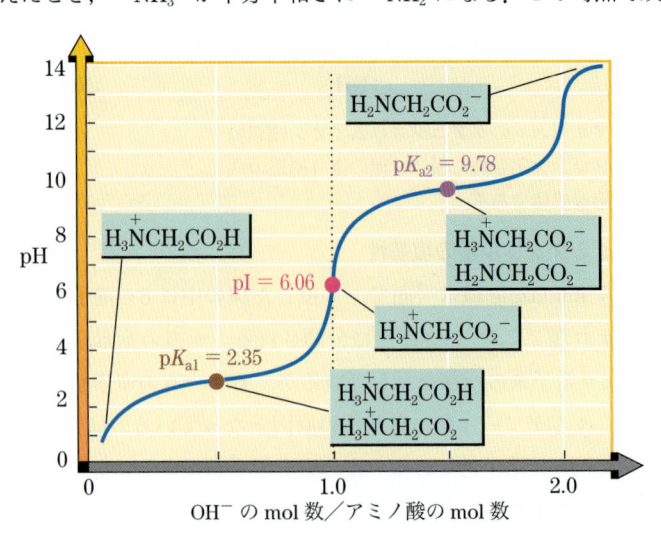

図 19.3
水酸化ナトリウムによるグリシンの滴定．

の濃度は負電荷をもったイオンの濃度に等しく，このとき pH は 9.78 となり，これはグリシンのアミノ基の pK_a (pK_{a2}) に等しい．

$$\text{pH} = \text{p}K_{a2} \text{ のとき } [\overset{+}{\text{H}_3\text{NCH}_2\text{COO}^-}] = [\text{H}_2\text{NCH}_2\text{COO}^-]$$
$$\quad\quad\quad\quad\quad\quad\quad\quad\quad\text{双性イオン}\quad\quad\text{負のイオン}$$

全体で 2.00 mol の NaOH を加えたとき，滴定の第二の終了点に達し，グリシンは完全にアニオンとなる．

C 等電点

滴定曲線は，グリシンの場合に示したように，アミノ酸の解離できる基の pK_a 値を求めるのに使えるほかに，もう一つ重要な性質を調べるのに用いられる．それは**等電点** isoelectric point, pI である．アミノ酸の等電点とは，溶液中の大多数の分子が全体として電荷がゼロ（すなわち，双性イオン）になる pH のことである．滴定曲線を見れば，グリシンの等電点はカルボキシ基とアミノ基の pK_a 値の中点であることがわかるだろう．

$$\text{pI} = \frac{1}{2}(\text{p}K_a\ \alpha\text{-COOH} + \text{p}K_a\ \alpha\text{-NH}_3^+)$$
$$\quad = \frac{1}{2}(2.35 + 9.78) = 6.06$$

> **等電点 (pI)**：アミノ酸，ポリペプチドおよびタンパク質が正味の電荷をもたない pH.

pH 6.06 においてグリシン分子の主要な形は双性イオンであるが，さらにこの pH では正電荷をもつグリシン分子の濃度と負電荷をもつグリシン分子の濃度とが等しいということもできる．

アミノ酸の等電点の値がわかれば，ある pH におけるアミノ酸上の電荷を知ることができる．例えば，チロシンの電荷は pH 5.63（等電点）でゼロである．pH 5.00 (pI より 0.63 小さい値) ではチロシン分子のうち少しが正電荷をもち，pH 3.63（pI より 2.00 小さい値）ではかなりのチロシン分子が正電荷をもつ．もう一つの例として，リシンの場合を見てみると，pH 9.74 で分子全体の電荷がゼロとなり，9.74 より小さな pH 値では正電荷をもつリシン分子が増える．

D 電気泳動

電気泳動 electrophoresis は電荷の差を用いて化合物を分離する方法で，アミノ酸やタンパク質の混合物を分離したり，同定したりするのに用いられる．電気泳動法には，担体としてろ紙，デンプン，寒天，ある種のプラスチック，あるいは酢酸セルロースが用いられる．この方法は生化学の研究に欠かすことのできない手法であり，臨床化学の実験室でも必須の手段となっている．ろ紙電気泳動法は，あらかじめわかっている pH の水性の緩衝液で飽和にしたろ紙を 2 個の電極の間に渡す（図 19.4）．次にアミノ酸の試料をろ紙上にスポットする．これに直流電圧をかけると，アミノ酸はその電荷とは逆の電極の方に移動する．高い電荷密度をもつ分子は低いものより速く移動する．等電点の分子は原点にとどまる．分離が終わると，ろ紙を

> **電気泳動**：電荷に基づいて化合物を分離する方法．

図 19.4
アミノ酸の混合物の電気泳動．負電荷をもつものは陽極の方に移動し，正電荷をもつものは陰極の方に移動する．全体として電荷のないものは原点に残る．

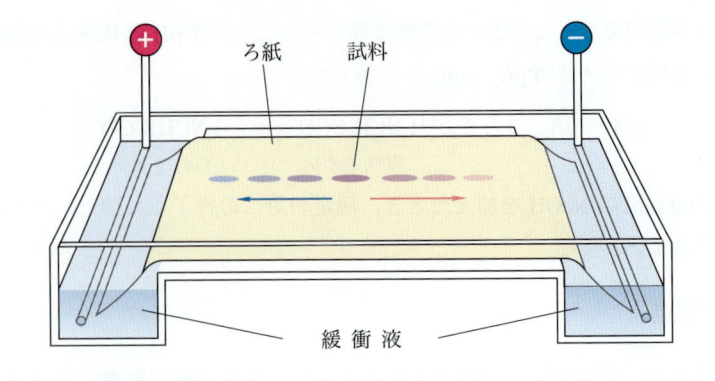

乾燥し分離した化合物が見えるように発色試薬をスプレーする．

アミノ酸を検出するのに最も広く用いられる発色試薬はニンヒドリン（1,2,3-インダントリオン一水和物 1,2,3-indanetrione monohydrate）である．ニンヒドリンは α-アミノ酸と反応してアルデヒド，二酸化炭素，紫色のアニオンを与える．この反応はアミノ酸の定性および定量分析に広く用いられる．

タンパク質由来の 20 種の α-アミノ酸のうち 19 種は第一級アミノ基をもち，同じ紫色のニンヒドリン由来のアニオンを与える．プロリンのみが第二級アミンなので，別のオレンジ色の化合物を与える．

例題 19.2

チロシンの等電点は 5.63 である．チロシンは，ろ紙電気泳動で pH 7.0 のとき，どちらの電極に移動するか．

解　答

pH 7.0（チロシンの等電点より塩基性である）では，チロシンは分子全体として負電荷をもち，陽極に移動する．

練習問題 19.2

ヒスチジンの等電点は 7.64 である．ヒスチジンは，ろ紙電気泳動で pH 7.0 のとき，どちらの電極に移動するか．

例題 19.3

リシン,ヒスチジンおよびシステインの混合物の電気泳動を pH 7.64 で行った.このときそれぞれのアミノ酸の挙動を述べよ.

解 答

ヒスチジンの等電点は 7.64 である.この pH ではヒスチジンの正味の電荷はゼロであり,原点から動かない.システインの等電点は 5.02 である.pH 7.64(システインの等電点より塩基性である)では,システインは負電荷をもち陽極に移動する.リシンの等電点は 9.74 である.pH 7.64(リシンの等電点より酸性である)では,リシンは正電荷をもち陰極に移動する.

練習問題 19.3

グルタミン酸,アルギニンおよびバリンの混合物の電気泳動を pH 6.0 で行ったとき,それぞれのアミノ酸の挙動を述べよ.

19.4 ポリペプチドとタンパク質

1902 年に Emil Fischer は,タンパク質というのは一つのアミノ酸の α-カルボキシ基ともう一つのアミノ酸の α-アミノ基とがアミド結合によって結合してできた長鎖状の化合物であること,そしてこのようなアミド結合を**ペプチド結合** peptide bond とよぶことを提案した.図 19.5 にセリンとアラニンがペプチド結合してできたジペプチド,セリルアラニンの構造を示す.

ペプチド結合:一つのアミノ酸の α-アミノ基と別のアミノ酸の α-カルボキシ基の間で作られるアミド結合に対する特別の名称.

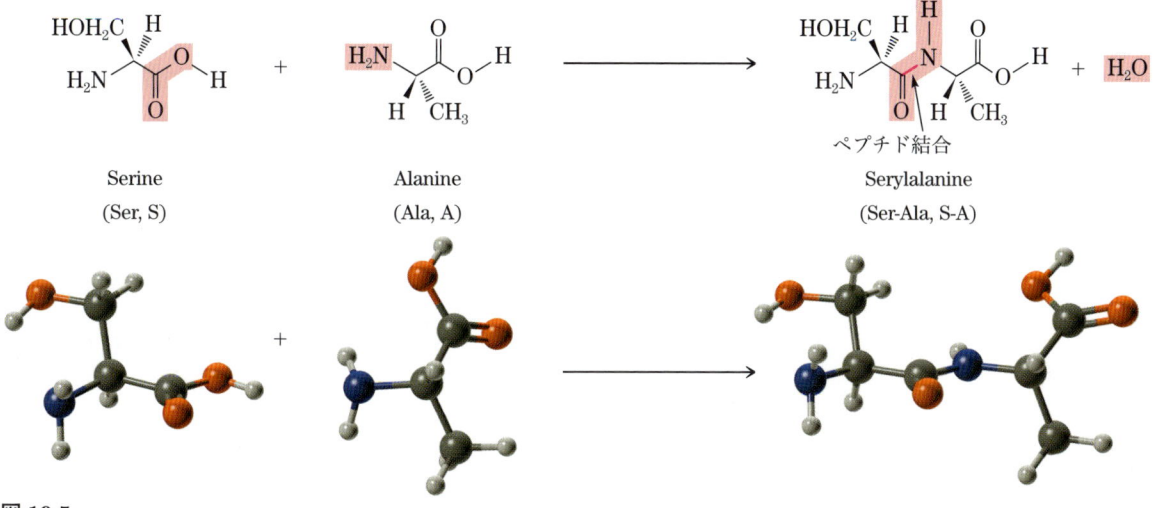

図 19.5
セリルアラニンのペプチド結合.

ジペプチド：2個のアミノ酸がペプチド結合によって結合している分子．

トリペプチド：3個のアミノ酸がそれぞれペプチド結合によって結合している分子．

ポリペプチド：20個以上のアミノ酸がそれぞれペプチド結合によって結合している分子．

N-末端アミノ酸：遊離—NH_3^+基をもつポリペプチド鎖の末端のアミノ酸．

C-末端アミノ酸：遊離—COO^-基をもつポリペプチド鎖の末端のアミノ酸．

ペプチドという名称は，アミノ酸の重合体のうち比較的短いものに用いられる．ペプチドは，その鎖を構成しているアミノ酸の数によって分類される．2個のアミノ酸がペプチド結合してできたものは**ジペプチド** dipeptide とよばれる．3～10個のアミノ酸からなるものは**トリペプチド** tripeptide，**テトラペプチド** tetrapeptide，**ペンタペプチド** pentapeptide などといい，10～20個のアミノ酸を含む場合は，**オリゴペプチド** oligopeptide という．数十個以上の場合は**ポリペプチド** polypeptide という．**タンパク質** protein は分子量5000以上の生体高分子で，1本または2本以上のポリペプチド鎖からできている．ただし，これらの用語の区別は厳密なものではない．

慣例により，ポリペプチドは左から，遊離の—NH_3^+基をもつアミノ酸から書き始め遊離の—COO^-基をもつアミノ酸に向かって右に書いていく．遊離の—NH_3^+をもつアミノ酸のことを **N-末端アミノ酸** N-terminal amino acid といい，また遊離の—COO^-をもつアミノ酸のことを **C-末端アミノ酸** C-terminal amino acid という．

Ser-Phe-Asp

例題 19.4

Cys-Arg-Met-Asn の構造式を書け．N-末端アミノ酸とC-末端アミノ酸にマークをつけよ．pH 6.0 でのこのテトラペプチドの分子全体の電荷を求めよ．

解 答

このテトラペプチドの主鎖は窒素-α炭素-カルボニルの単位の繰り返し構造である．pH 6.0 でのこのテトラペプチドの分子全体の電荷は+1である．

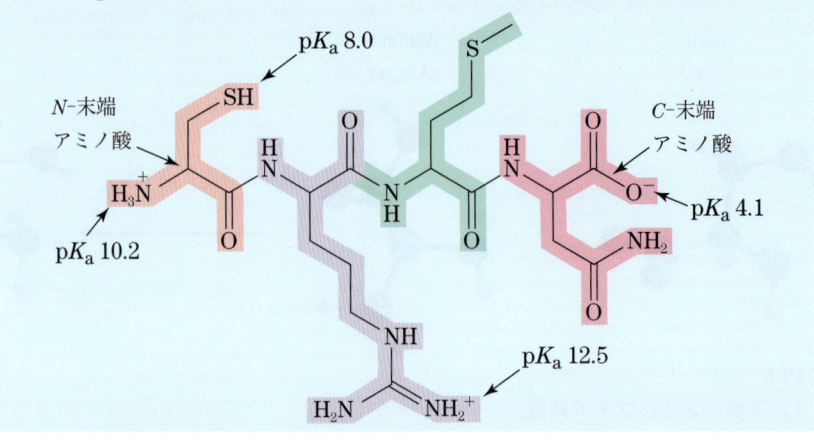

練習問題 19.4

Lys-Phe-Ala の構造式を書き，N-末端アミノ酸と C-末端アミノ酸にマークをつけよ．pH＝6.0 でのこのトリペプチドの分子全体の電荷を求めよ．

19.5　ポリペプチドとタンパク質の一次構造

ポリペプチドまたはタンパク質の**一次構造** primary structure とは，ポリペプチド鎖中のアミノ酸の配列順序をいう．すなわち，一次構造はポリペプチドまたはタンパク質中に含まれるすべての共有結合を記述するものである．

1953 年に，イギリス・ケンブリッジ大学の Frederick Sanger（サンガー）はホルモンの一つ，インスリンの 2 本のポリペプチド鎖の一次構造を報告した．これは分析化学における偉大な業績であるばかりでなく，ある一つのタンパク質分子は同じアミノ酸組成とアミノ酸配列をもっていることを明らかにしたものである．今日では，20,000 種以上のタンパク質のアミノ酸配列が知られている．

一次構造：ポリペプチド鎖中のアミノ酸の配列順序．N-末端アミノ酸から C-末端アミノ酸に向かって読む．

A　アミノ酸分析

ポリペプチドの一次構造を決定する第一段階は，加水分解とアミノ酸組成の定性分析である．15.4D 節で述べたように，アミド結合は加水分解を受けにくい．例えば，タンパク質の試料を加水分解するには，6 M HCl とともにガラスの封管中 110 ℃で 24～72 時間加熱する必要がある．ポリペプチドを加水分解したあと，得られたアミノ酸の混合物はイオン交換クロマトグラフィーという技術を使って分析する．標準カラムから溶出に要する時間は各アミノ酸で一定であるので，その溶出時間からアミノ酸を同定することが可能である．試料中のアミノ酸の量はニンヒドリン反応（19.3D 節）で決定される．現在，これらの一連の操作は，わずか 50 ナノモル（50×10^{-9} モル）のポリペプチドからアミノ酸組成がわかるくらいまで精度が高くなっている．図 19.6 はあるポリペプチドの加水分解物のイオン交換クロマトグラフィーによる分析結果を示している．加水分解中に，アスパラギンとグルタミンの側鎖のアミド基も加水分解され，これらのアミノ酸はアスパラギン酸とグルタミン酸として検出される．アスパラギンとグルタミンが加水分解されると，当量の塩化アンモニウムが生成する．

B　アミノ酸配列の決定

ポリペプチドのアミノ酸組成が決まると，次の段階はアミノ酸の結合順序を決定することである．最も一般的な方法は，ポリペプチドをある特定のペプチド結合のところで（例えば，臭化シアンやタンパク分解酵素を用いて）切断し，各フラグメントの配列を（例えば，Edman 分解で）決定する．そして，各フラグメントの重なっているところを合わせてポリペプチド全体の順序を決める．

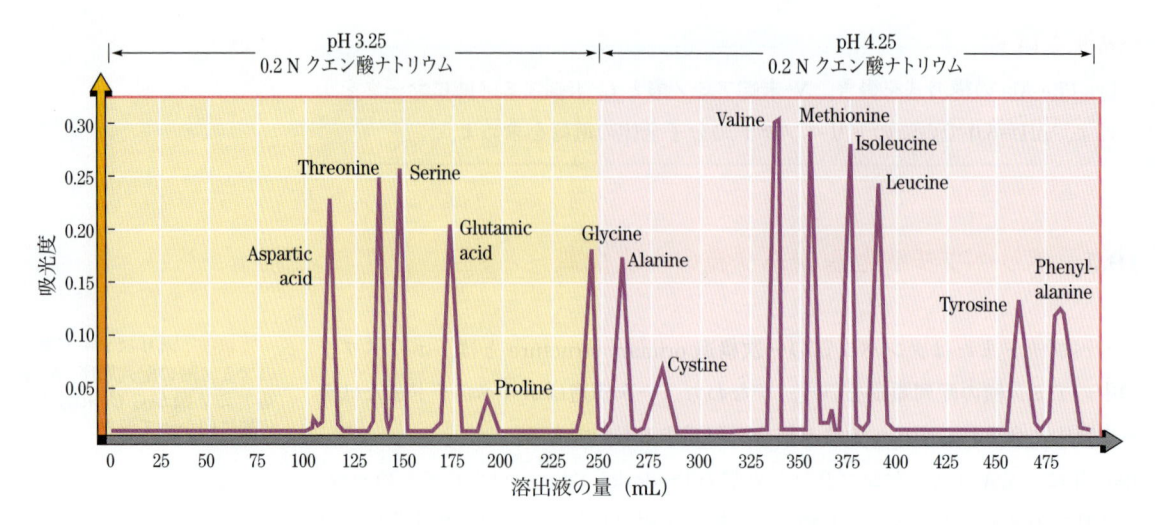

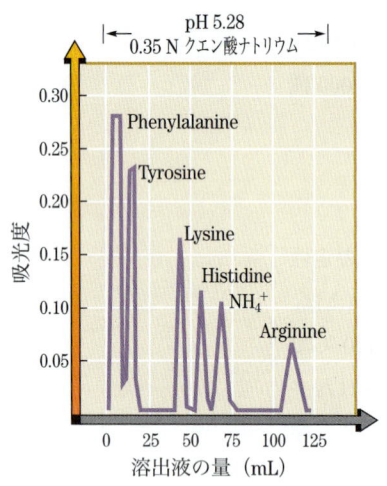

図 19.6
Amberlite IR-120（スルホン化ポリスチレン樹脂）を用いるイオン交換クロマトグラフィーによるアミノ酸の混合物の分析．この樹脂はフェニル-$SO_3^-Na^+$基をもっている．アミノ酸混合物を低い pH（3.25）でカラムにのせると，酸性アミノ酸（Asp, Glu）は樹脂に弱く結合し，塩基性アミノ酸（Lys, His, Arg）は強く結合する．2種類の濃度と3種類の pH 値のクエン酸ナトリウム緩衝液を用いると，すべてのアミノ酸をカラムから溶出することができる．システインは，そのジスルフィド体であるシスチン Cys-S-S-Cys として確認される．

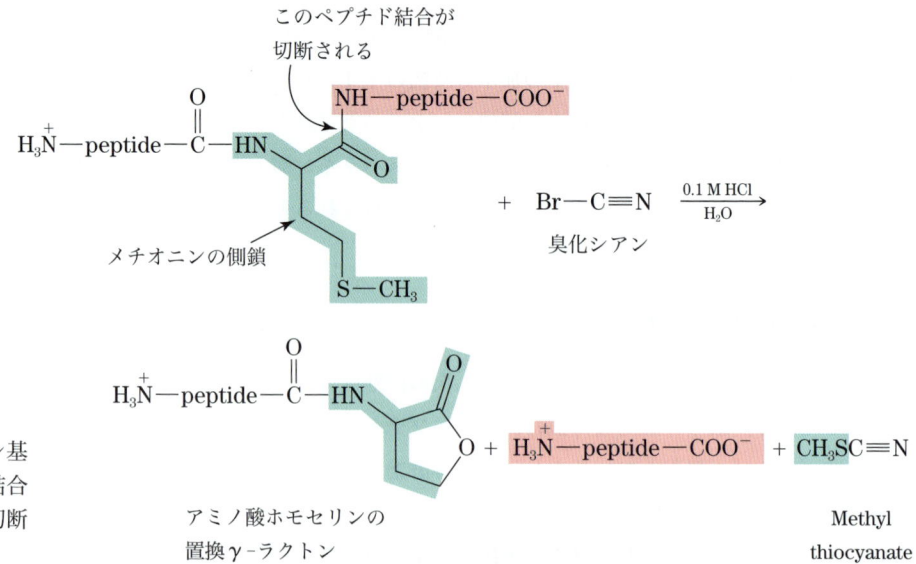

図 19.7
メチオニンのカルボキシ基から生成したペプチド結合は臭化シアン BrCN で切断される．

臭化シアン

臭化シアン cyanogen bromide（BrCN）はメチオニンのカルボキシ基から生成したペプチド結合を特異的に切断する（図19.7）．この切断によって得られる生成物には，ポリペプチドの N-末端部分から導かれる置換 γ-ラクトン（15.2C節）とポリペプチドの C-末端部分を含むフラグメントである．

ペプチド結合の酵素触媒加水分解

ある種のタンパク分解酵素 proteolytic enzyme，例えば，トリプシン trypsin やキモトリプシン chymotrypsin がある特定のペプチド結合を加水分解するのに用いられる．トリプシンはアルギニンおよびリシンのカルボキシ基から生成したペプチド結合を加水分解し，キモトリプシンはフェニルアラニン，チロシンおよびトリプトファンのカルボキシ基から生成したペプチド結合を切断する．

例題 19.5

次のトリペプチドはトリプシンで加水分解されるか，それともキモトリプシンで加水分解されるか．

(a) Arg-Glu-Ser　　(b) Phe-Gly-Lys

解　答

(a) トリプシンはアルギニンのカルボキシ基からなるペプチド結合を加水分解するから，アルギニンとグルタミン酸の間のペプチド結合が加水分解される．キモトリプシンはフェニルアラニン，チロシン，トリプトファンのカルボキシ基からなるペプチド結合を切断する．これらの三つの芳香族アミノ酸は存在しないから，トリペプチド(a)はキモトリプシンによって影響を受けない．

$$\text{Arg-Glu-Ser} + \text{H}_2\text{O} \xrightarrow{\text{トリプシン}} \text{Arg} + \text{Glu-Ser}$$

(b) トリペプチド(b)はトリプシンによって影響されない．リシンが含まれているが，そのカルボキシ基は C-末端にあるのでペプチド結合の生成に関係していない．トリペプチド(b)はキモトリプシンによって加水分解される．

$$\text{Phe-Gly-Lys} + \text{H}_2\text{O} \xrightarrow{\text{キモトリプシン}} \text{Phe} + \text{Gly-Lys}$$

練習問題 19.5

次のトリペプチドはトリプシンで加水分解されるか，それともキモトリプシンで加水分解されるか．

(a) Tyr-Gln-Val　　(b) Thr-Phe-Ser　　(c) Thr-Ser-Phe

図 19.8
Edman 分解. ポリペプチドをフェニルイソチオシアナート，次に酸で処理すると，N-末端アミノ酸が置換フェニルチオヒダントインとして切断される．

Edman 分解：ポリペプチド鎖の N-末端アミノ酸を選択的に切断し，同定する方法．

Edman 分解

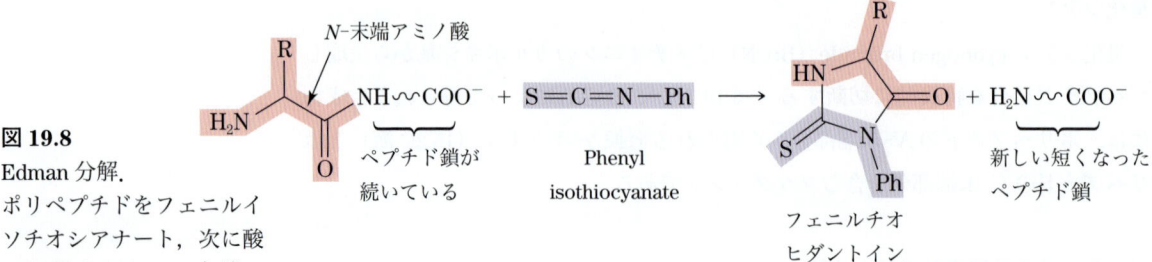

ポリペプチドのアミノ酸配列を決定するいろいろな化学的方法の中で，今日最も広く用いられる方法の一つは，スウェーデンのルンド大学の Pehr Edman によって 1950 年に開発された **Edman 分解** Edman degradation である．この方法はポリペプチドをまずフェニルイソチオシアナート $C_6H_5N=C=S$，次に酸で処理するものである．これによって N-末端アミノ酸が置換フェニルチオヒダントイン（図 19.8）として選択的に切断され，次いで分離同定される．

この方法の特徴は，N-末端アミノ酸をポリペプチド鎖の他の結合に影響を及ぼすことなく切断できる点にある．その結果，短くなったポリペプチドについて同じ操作を繰り返せば，その次のアミノ酸を同定することができる．実際には，現在この方法を使って，数ミリグラムの試料があれば，ポリペプチドの N-末端から 20～30 のアミノ酸の配列を決定することが可能である．

天然のポリペプチドの多くは，Edman 分解で決定できる限界の 20～30 のアミノ酸よりも長い．そのような場合，臭化シアン，トリプシンやキモトリプシンによる切断法によって，長いポリペプチドを特定のペプチド結合で小さなポリペプチドフラグメントに分解し，その各フラグメントの配列を別々に決めるという方法がとられる．

例題 19.6

次の実験結果からペンタペプチドのアミノ酸配列を決定せよ（アミノ酸成分の欄のアミノ酸はアルファベット順に並べてある．この順序と一次構造は関係ない）．

実験操作	操作によって得られたアミノ酸成分
ペンタペプチドのアミノ酸分析	Arg, Glu, His, Phe, Ser
Edman 分解	Glu
キモトリプシンによる加水分解	
フラグメント A	Glu, His, Phe
フラグメント B	Arg, Ser
トリプシンによる加水分解	
フラグメント C	Arg, Glu, His, Phe
フラグメント D	Ser

解 答

Edman 分解で，このペンタペプチドから Glu が同定されているから，N-末端アミノ酸はグルタミン酸である．

Glu-(Arg, His, Phe, Ser)

キモトリプシンによる加水分解から得られたフラグメント A は Phe を含んでいる．キモトリプシンの特異性から，Phe はフラグメント A の C-末端アミノ酸である．フラグメント A はまた Glu を含んでいるが，これは N-末端アミノ酸であることがわかっている．これらの結果から，N-末端から 3 個のアミノ酸は Glu-His-Phe であり，次の部分配列が書ける．

Glu-His-Phe-(Arg, Ser)

トリプシンがこのペンタペプチドを切断していることから，Arg がこのペンタペプチド鎖の中に存在するはずであり，また C-末端アミノ酸ではない．したがって，全配列は次の通りでなければならない．

Glu-His-Phe-Arg-Ser

練習問題 19.6

次の実験結果からウンデカペプチド（11 個のアミノ酸）のアミノ酸配列を決定せよ．

実験操作	操作によって得られたアミノ酸成分
ウンデカペプチドのアミノ酸分析	Ala, Arg, Glu, Lys_2, Met, Phe, Ser, Thr, Trp, Val
Edman 分解	Ala
トリプシンによる加水分解	
フラグメント E	Ala, Glu, Arg
フラグメント F	Thr, Phe, Lys
フラグメント G	Lys
フラグメント H	Met, Ser, Trp, Val
キモトリプシンによる加水分解	
フラグメント I	Ala, Arg, Glu, Phe, Thr
フラグメント J	Lys_2, Met, Ser, Trp, Val
臭化シアンによる分解	
フラグメント K	Ala, Arg, Glu, Lys_2, Met, Phe, Thr, Val
フラグメント L	Trp, Ser

19.6 ポリペプチドとタンパク質の三次元構造

A ペプチド結合の構造

1930 年代の後半に，Linus Pauling はペプチド結合の構造について研究し，ペプ

チド結合自体は平面であることを明らかにした．すなわち，図 19.9 に示すように，ペプチド結合の4個の原子とそれに結合している2個のα炭素は同一平面上にある．

第1章で学んだ知識に基づいてペプチド結合の構造について考えると，カルボニル炭素のまわりの結合角は 120°で，アミド窒素に関しては 109.5°と予想できる．この予想はカルボニル炭素に関しては正しいが，アミド窒素の結合角については間違っていて，実際は 120°である．これを説明するために，Pauling は，ペプチド結合は次の二つの寄与構造の共鳴混成体として表す方がより正確であると考えた．

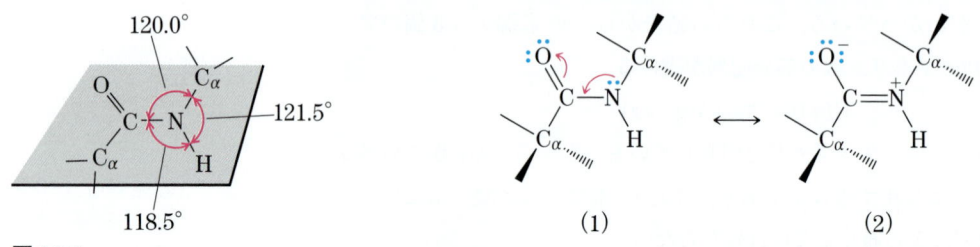

図 19.9
ペプチド結合の平面性．カルボニル炭素およびアミド窒素の結合角はともに 120°である．

すなわち，寄与構造 (1) では炭素-酸素結合が二重結合であるが，寄与構造 (2) では二重結合はカルボニル炭素とアミド窒素の間に存在する．実際の構造は，もちろんこのいずれでもなく両者の混成体であり，炭素-窒素結合がかなりの二重結合性をもつことになる．したがってこの6個の原子は平面上にある．

平面状のペプチド結合には二つの立体配置が可能である．2個のα炭素が互いにシスのものとトランスのものである．α炭素についている大きな置換基が互いに遠く離れるトランス配置の方がシス配置よりも優先する．実際，これまでに知られている天然のタンパク質のほとんどのペプチド結合はトランス配置をとっている．

B 二次構造

タンパク質の二次構造：ポリペプチドまたはタンパク質中のある特定の領域のアミノ酸の立体配座．

二次構造 secondary structure とはポリペプチドまたはタンパク質分子のある特定の領域のアミノ酸の規則的な配列（立体配座）のことである．ポリペプチドの立体配座に関する最初の研究は，1939年から Linus Pauling と Robert Corey（コーリー）によって行われた．その結果によると，最も安定な立体配座では，ペプチド結合中の原子はすべて同一平面上にあり，図 19.10 に示すように一つのペプチド結合の N—H ともう一つのペプチド結合の C=O の間に水素結合が存在すると考えた．さらに Pauling は分子模型の検討から，二次構造としては，αヘリックスと逆平行βプリーツシートの二つが特に安定であると提唱した．

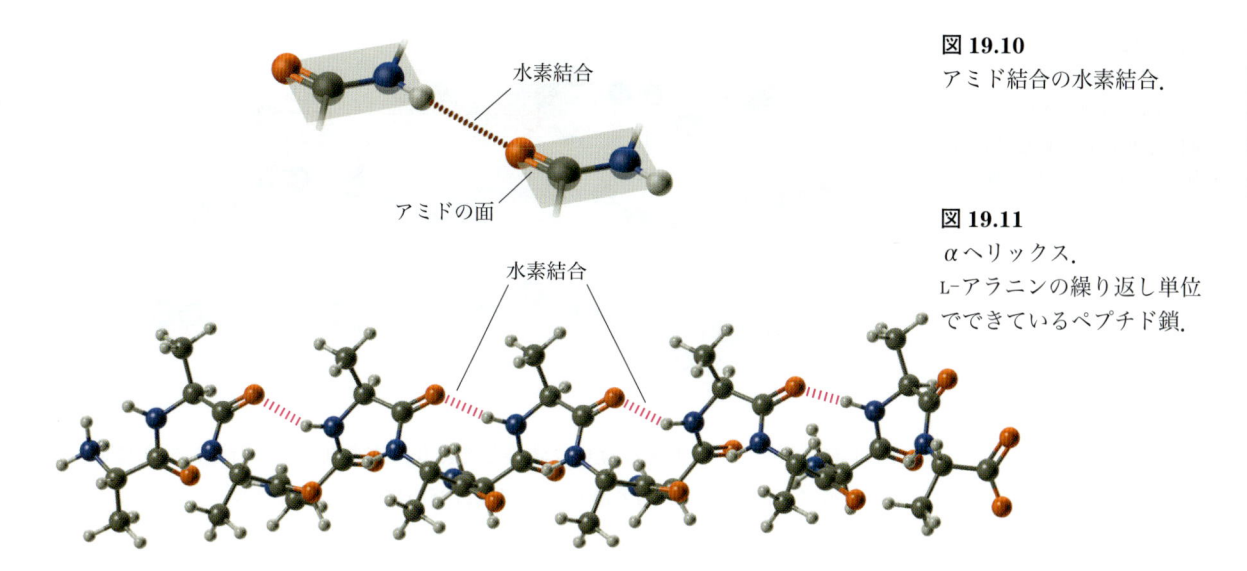

図 19.10
アミド結合の水素結合.

図 19.11
αヘリックス.
L-アラニンの繰り返し単位でできているペプチド鎖.

αヘリックス

図 19.11 に示す **αヘリックス** α-helix では，ポリペプチド鎖はらせん状に巻いている．この図を見るときに次のことに注意しよう．

1. ヘリックスは時計まわり（すなわち右まわり）に巻いている．右まわりということは，ヘリックスを時計まわりに巻くと，自分から離れていくということである．その意味で右巻きヘリックスは右巻きのより糸またはねじに似ている．
2. ヘリックスの 1 回転あたり 3.6 個のアミノ酸が存在する．
3. 各ペプチド結合はトランスで平面である．
4. 各ペプチド結合の N—H はほぼ下を向いており，ヘリックス軸と平行である．一方，各ペプチド結合の C=O はほぼ上を向いており，ヘリックス軸と平行である．
5. 各ペプチド結合の C=O は，アミノ酸 4 単位分離れたペプチド結合の N—H と水素結合している．水素結合は図中点線で示されている．
6. すべての R 基はヘリックスから外に向いている．

αヘリックスが Pauling によって提唱された後すぐに，ケラチン（頭髪やウールのタンパク質）にαヘリックス構造が存在することが証明された．その後αヘリックスはポリペプチド鎖の基本的な折りたたみ様式の一つであることがわかった．

βプリーツシート

逆平行**βプリーツシート** β-pleated sheet は隣りの鎖が逆方向（逆平行）に並んだポリペプチド鎖からできている．平行なβプリーツシートではポリペプチド鎖は同じ方向に並んでおり，互いに平行である．αヘリックスとは異なり，N—H と C=O はシートの面上にあり，シートの長軸にほぼ垂直である．各ペプチド結合の C=O は隣りの鎖のペプチド結合の N—H と水素結合している（図 19.12）．この図から次のことがわかる．

βプリーツシート：二次構造の一つで，ポリペプチド鎖の二つが平行または逆平行に並んでいる部分をいう．

図 19.12
βプリーツシート．
3本のペプチド鎖が反対方向（逆平行）に並んでいる．鎖間の水素結合を点線で示す．

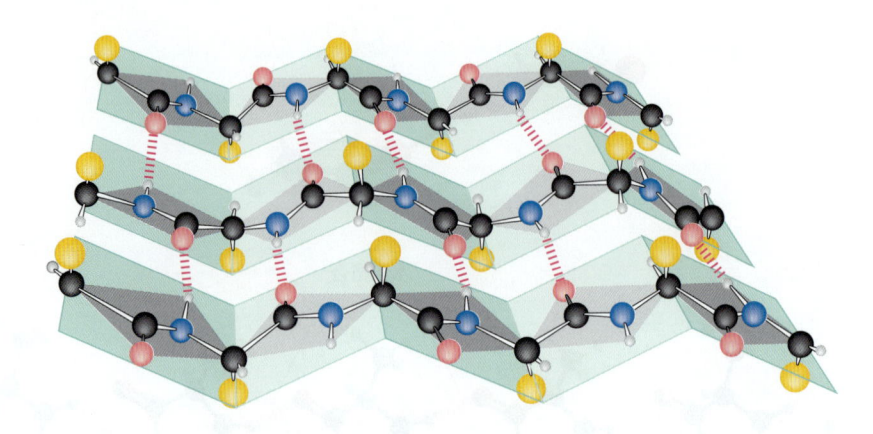

1. 3本のポリペプチド鎖は互いに隣接しており，逆方向（逆平行）に並んでいる．
2. 各ペプチド結合は平面であり，α炭素は互いにトランスである．
3. 隣りの鎖のペプチド結合の C=O と N—H どうしは互いに向かい合い，同じ平面にあって，そのため隣りどうしのポリペプチド鎖の間で水素結合ができる．
4. 鎖上の R 基はシートの上と下に交互に出ている．

βプリーツシートは，一つの鎖の N—H と隣接する鎖の C=O とが水素結合をつくることによって安定化している．これに対して，αヘリックスでは同一ポリペプチド鎖の N—H と C=O の水素結合によって安定化されている．

C 三次構造

タンパク質の三次構造：1本のポリペプチド鎖の全原子の空間における三次元配列．

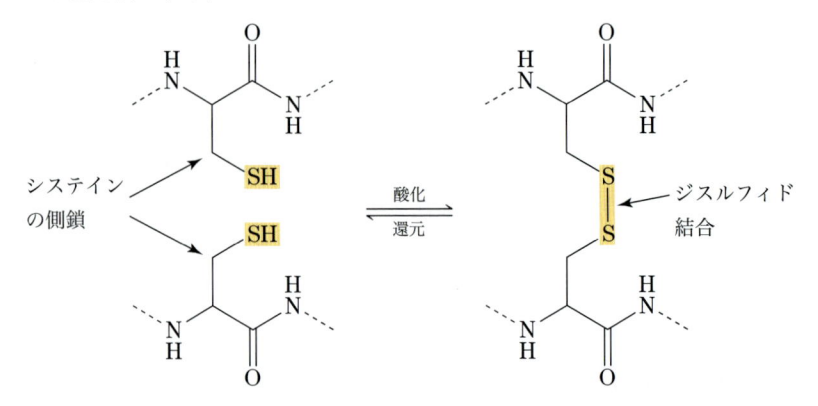

　三次構造 tertiary structure とは，1本のポリペプチド鎖のすべての原子の空間における折りたたみの様式と配列のことである．二次構造と三次構造の間にははっきりした区別はない．二次構造はポリペプチド鎖上の互いに近接して存在するアミノ酸相互の空間配列をいい，三次構造はポリペプチド鎖のすべての原子の三次元的配列をいう．

ジスルフィド結合：2個の硫黄原子間の共有結合，—S—S—結合．

　ジスルフィド結合 disulfide bond が三次元構造を維持するのに重要な働きをしている．ジスルフィド結合は，2個のシステインの側鎖のメルカプト基（—SH）の酸化によって形成される（8.7B 節）．ジスルフィド結合を還元剤で処理するとメルカプト基を再生する．

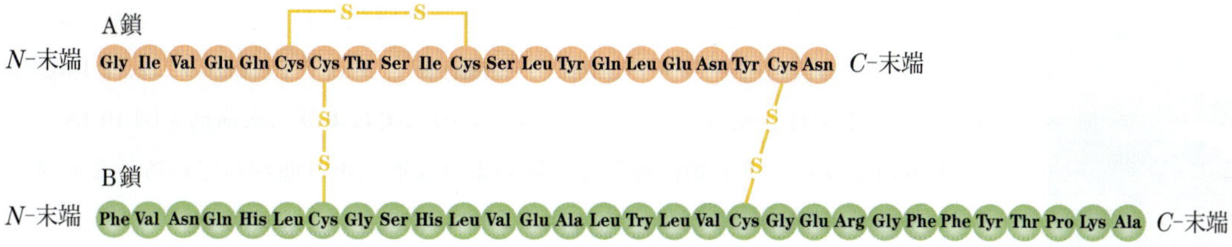
A 鎖
N-末端 Gly Ile Val Glu Gln Cys Cys Thr Ser Ile Cys Ser Leu Tyr Gln Leu Glu Asn Tyr Cys Asn C-末端
S S
S S S S
B 鎖
N-末端 Phe Val Asn Gln His Leu Cys Gly Ser His Leu Val Glu Ala Leu Try Leu Val Cys Gly Glu Arg Gly Phe Phe Tyr Thr Pro Lys Ala C-末端

図 19.13
ヒトインスリン．21 個のアミノ酸からなる A 鎖と 30 個のアミノ酸からできている B 鎖は，A7 と B7 および A20 と B19 の間で鎖間のジスルフィド結合をつくって結ばれている．また，A6 と A11 の間で A 鎖内のジスルフィド結合をつくっている．

図 19.13 はヒトインスリンのアミノ酸配列を示している．このタンパク質は 2 本のポリペプチド鎖からなる．すなわち，A 鎖は 21 個のアミノ酸，B 鎖は 30 個のアミノ酸からできており，両者はペプチド鎖間の 2 個のジスルフィド結合によって結ばれている．また，A 鎖の 6 位と 11 位のシステインが鎖内でジスルフィド結合をつくっている．

二次構造と三次構造の例として，骨格筋や特にアザラシ，クジラ，イルカのような水にもぐるほ乳類に多く存在するタンパク質，ミオグロビンの三次元構造を見てみよう．ミオグロビンとその構造類似体のヘモグロビンは脊椎動物の酸素の運搬と貯蔵に関与する分子である．ヘモグロビンは肺で分子状酸素と結合し，筋肉中のミオグロビンに運ぶ．ミオグロビンは，代謝の酸化に必要になるまで，分子状酸素を貯蔵する．

ミオグロビンは，153 個のアミノ酸からなる 1 本のポリペプチド鎖と 1 個のヘムでできている．ヘムは 1 個の Fe^{2+} イオンがポルフィリン分子の 4 個の窒素原子と配位結合している（図 19.14）．

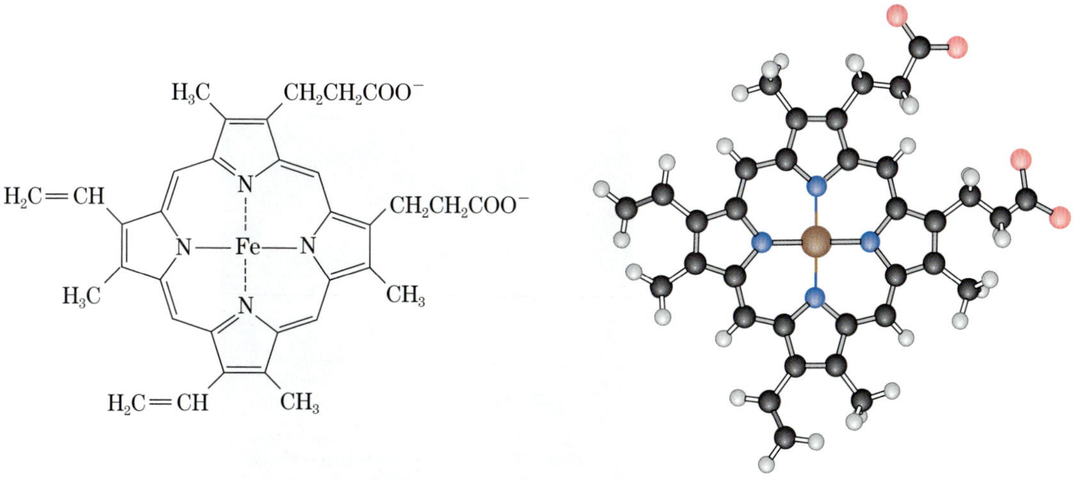
H3C
CH2CH2COO−
H2C=CH
CH2CH2COO−
N
N—Fe—N
N
H3C
CH3
H2C=CH
CH3

図 19.14
ミオグロビンとヘモグロビンに見られるヘムの構造．

ザトウクジラは酸素の貯蔵にミオグロビンを利用している．
(*Stuart Westmorland/ Stone/ Getty Images*)

　ミオグロビンの三次元構造の決定は分子構造の研究における画期的業績であり，この研究によって，イギリスの John C. Kendrew と Max F. Perutz の二人は 1962 年のノーベル化学賞を受賞した．ミオグロビンの二次および三次構造を図 19.15 に示す．1 本のポリペプチド鎖は複雑な，箱のような形に折れ曲がっている．ミオグロビンの三次元構造の重要な構造的特性をまとめると次のようになる．

1. 骨格は α ヘリックスが比較的直線状になった部分 8 本からなり，それぞれはポリペプチド鎖の湾曲部によって分けられている．α ヘリックスの最も長いところは 24 個のアミノ酸が含まれ，最も短いものは 7 個である．アミノ酸の約 75％ がこの 8 本の α ヘリックス部分の中に見いだされる．

2. フェニルアラニン，アラニン，バリン，ロイシン，イソロイシンおよびメチオニンの疎水性の側鎖は，分子の内部にかたまり，水との接触から守られている．この**疎水性効果**が，ミオグロビンのポリペプチド鎖を折り曲げて小さな三次元構造にしている主な要因である．

3. ミオグロビンの外部表面は，リシン，アルギニン，セリン，グルタミン酸，ヒスチジンおよびグルタミンのような親水性の側鎖で覆われている．これらの基がまわりの溶媒の水と**水素結合**によって相互作用する．ミオグロビン分子の内部に向いている極性の側鎖は 2 個のヒスチジンの側鎖だけであり，これらはヘム基の方に向いている．

4. 三次元構造で異符号の電荷をもつアミノ酸側鎖が近くに存在すると，**塩結合** salt linkage とよばれる静電引力によって相互作用する．リシンの側鎖の—NH_3^+ とグルタミン酸の側鎖の—COO^- の間の引力はその例である．

　何百というタンパク質の三次構造がすでに解明されている．その結果，タンパク質は α ヘリックス構造と β プリーツシート構造を含んでいることが明らかにされているが，その割合は千差万別である．リゾチーム lysozyme は，129 個のアミノ酸からなる 1 本のポリペプチドであるが，α ヘリックス領域のアミノ酸はわずか 25％ にしかすぎない．また，シトクロム cytochrome は，104 個のアミノ酸からな

図 19.15
ミオグロビンの"リボン"立体モデル．ポリペプチド鎖は黄色，ヘムリガンドは赤色，鉄原子は白い球で示している．

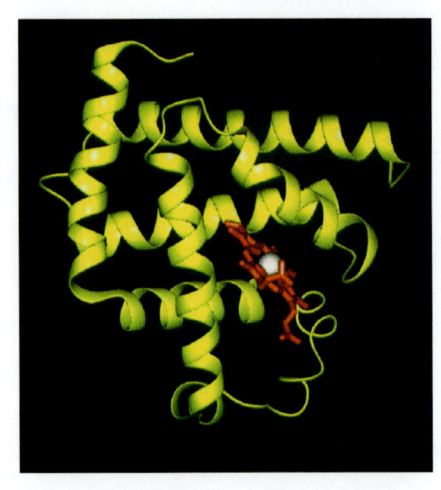

第 19 章　アミノ酸とタンパク質

る 1 本のポリペプチドであるが，α ヘリックス領域はなく，β プリーツシートの領域がいくつかある．α ヘリックスと β プリーツシートあるいは他の周期的構造の割合がどうであろうと，水溶性タンパク質のほとんどすべての非極性側鎖は分子の内部に向いているのに対して，極性側鎖は分子の表面にあって，まわりの水と相互作用している．

例題 19.7

次のアミノ酸の側鎖のうち，トレオニンの側鎖と水素結合できるものはどれか．
(a) バリン　　　(b) アスパラギン　　(c) フェニルアラニン
(d) ヒスチジン　(e) チロシン　　　　(f) アラニン

解　答

トレオニンの側鎖には 2 通りの方法で水素結合のできるヒドロキシ基がある．すなわち，酸素は部分負電荷をもち，水素結合の受容体となる．一方，水素は部分正電荷をもち，水素結合の供与体となる．したがって，トレオニンの側鎖はチロシン，アスパラギン，ヒスチジンの側鎖と水素結合ができる．

練習問題 19.7

pH 7.4 で，リシンの側鎖と塩結合ができるのは，どのアミノ酸側鎖であろうか．

D　四次構造

分子量が 50,000 以上のタンパク質は，共有結合以外の相互作用で結ばれた 2 個またはそれ以上のポリペプチド鎖からなることが多い．このようにいくつかの単位が集合している形を**四次構造** quaternary structure という．そのよい例は，ヘモグ

四次構造：ポリペプチドの単量体が共有結合以外の相互作用で集合した形．

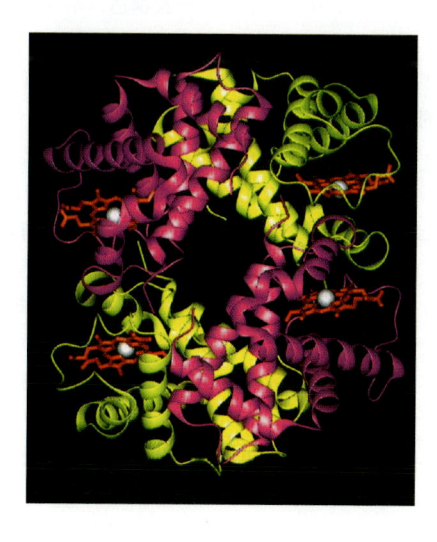

図 19.16
ヘモグロビンの"リボン"立体モデル．
α 鎖は紫色，β 鎖は黄色，ヘムリガンドは赤色，鉄原子は白い球で示している．

疎水性効果：非極性基がまわりの水との接触を避けるように，かたまりをつくる傾向．

ロビンである（図19.16）．141個のアミノ酸からなるα鎖2本と146個のアミノ酸からなるβ鎖2本の，合計4本のポリペプチド鎖からなるタンパク質である．

タンパク質のサブユニットの集合を安定化する主な要因は，**疎水性効果**である．ポリペプチド鎖がコンパクトな三次元構造をとり，極性側鎖をまわりの水性環境にさらし，非極性側鎖を水から遮断したとしても，疎水性部分が依然として表面に現れて水と接触する．しかし，疎水性部分どうしが互いに接触するように，2個以上の単量体が集まれば水から遮断することができる．四次構造のわかっているタンパク質のいくつかのサブユニットの数と生物学的機能を表19.3に示す．

表19.3　代表的なタンパク質の四次構造

タンパク質	サブユニット数
アルコール脱水素酵素	2
アルドラーゼ	4
ヘモグロビン	4
乳酸脱水素酵素	4
インスリン	6
グルタミン合成酵素	12
タバコモザイクウイルスタンパク	17

まとめ

α-アミノ酸はアミノ基とカルボキシ基（19.2A節）の両方をもつ化合物である．生理的pHではアミノ酸は**双性イオン**すなわち分子内塩として存在する．グリシンを除くすべてのタンパク質由来のアミノ酸はキラルである（19.2B節）．D,L表示法ではすべてのアミノ酸がL系列である．イソロイシンとトレオニンはさらにもう一つのキラル中心をもつ．20種のタンパク質由来のアミノ酸は，4種に大別される（19.2C節）．非極性の側鎖をもつもの9種，イオン化しない極性の側鎖をもつもの4種，酸性基を側鎖にもつもの4種，塩基性基を側鎖にもつもの3種である．

アミノ酸，ポリペプチドやタンパク質の**等電点 pI**は，その分子が全体として電荷がゼロになるpHのことである（19.3C節）．**電気泳動**は電荷の差を用いて化合物を分離する方法である（19.3D節）．高い電荷密度をもつ分子は低いものより速く移動する．アミノ酸やタンパク質を溶かした溶液のpHが化合物の等電点と同じとき分子は原点にとどまる．

ペプチド結合とはα-アミノ酸どうしの間でつくられるアミド結合に対して用いられる特別な名称である（19.4節）．**ポリペプチド**は20個以上のアミノ酸がペプチド結合によって結合している分子である．慣例によって，ポリペプチドをつくっているアミノ酸配列は***N*-末端アミノ酸**から***C*-末端アミノ酸**に向かって書いていく．ポリペプチドの**一次構造**はポリペプチド鎖中のアミノ酸の配列順序をいう（19.5B節）．

ペプチド結合は平面である（19.6A節）．すなわち，アミド結合の4個の原子とペプチド結合の2個のα炭素は同一平面にある．アミド窒素とカルボニル炭素の結合角はほぼ120°である．**二次構造**（19.6B節）はポリペプチドまたはタンパク質中のある特定の領域のアミノ酸の立体配座のことである．二次構造としては，αヘリックスとβプリーツシートの二つがある．**三次構造**（19.6C節）は，1本のポリペプチド鎖の全体的な折りたたみ様式とすべての原子の空間における配列のことである．**四次構造**（19.6D節）は2分子以上のポリペプチド鎖が共有結合以外の相互作用で集合したときの配列である．

重要な反応

1. α-カルボキシ基の酸性度（19.3A 節）

プロトン化されたアミノ酸の α-COOH（pK_a 約 2.19）は，α-NH_3^+ の強い電子求引誘起効果のために，酢酸（pK_a 4.76）やその他の低分子量脂肪族カルボン酸よりもかなり強い酸である．

$$\text{RCHCOOH} + H_2O \rightleftharpoons \text{RCHCOO}^- + H_3O^+ \qquad pK_a = 2.19$$
$$\overset{|}{NH_3^+} \qquad\qquad\qquad\quad \overset{|}{NH_3^+}$$

2. α-アンモニオ基の酸性度（19.3A 節）

α-NH_3^+ 基（pK_a 約 9.47）は，第一級脂肪族アンモニウムイオン（pK_a 約 10.76）より少し強い酸である．

$$\text{RCHCOO}^- + H_2O \rightleftharpoons \text{RCHCOO}^- + H_3O^+ \qquad pK_a = 9.47$$
$$\overset{|}{NH_3^+} \qquad\qquad\qquad\quad \overset{|}{NH_2}$$

3. α-アミノ酸とニンヒドリンの反応（19.3D 節）

プロリン以外の α-アミノ酸をニンヒドリンと処理すると，紫色のアニオンを生じる．プロリンをニンヒドリンと処理すると，オレンジ色のアニオンを生じる．

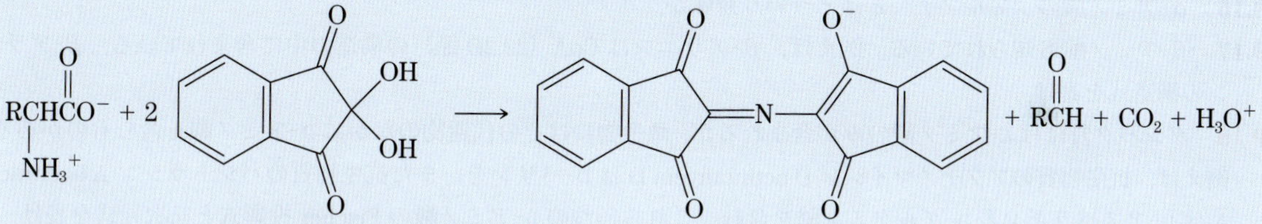

RCHCO$^-$ + 2 Ninhydrin → 紫色のアニオン + RCH + CO_2 + H_2O
(α-アミノ酸)

4. 臭化シアンによるペプチド結合の切断（19.5B 節）

メチオニンのカルボキシ基から生成したペプチド結合が位置選択的に切断される．

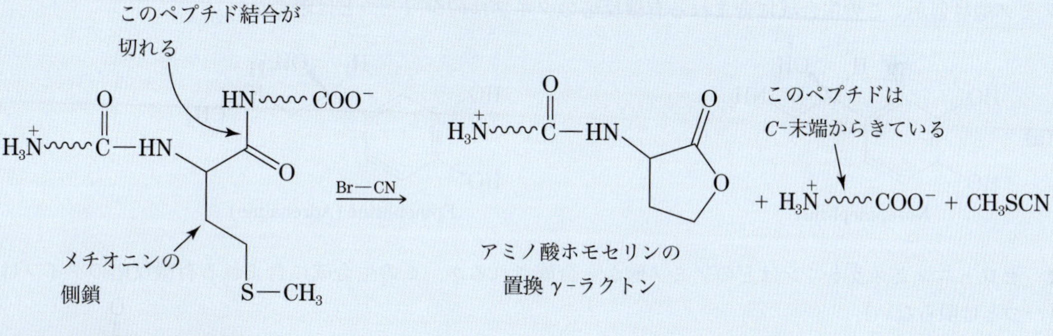

（このペプチド結合が切れる／メチオニンの側鎖）

Br—CN により切断され，アミノ酸ホモセリンの置換 γ-ラクトン ＋ H_3N^+～COO$^-$ ＋ CH_3SCN が生成する（このペプチドは C-末端からきている）．

5. Edman 分解（19.5B 節）

ポリペプチドをまずフェニルイソチオシアナート，次に酸で処理すると，N-末端アミノ酸が置換フェニルチオヒダントインとして選択的に切断される．次いでこれを分離，同定する．

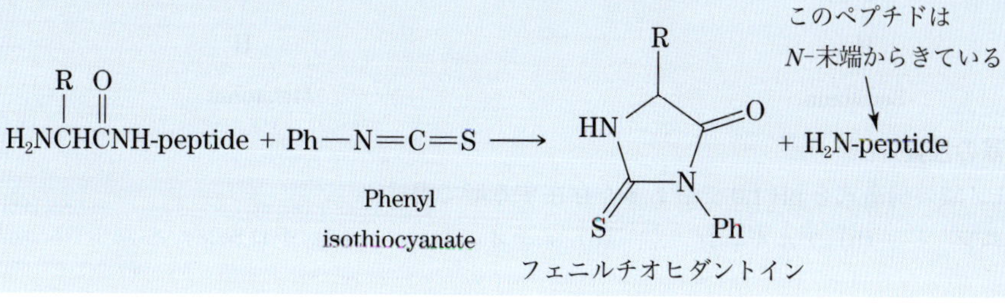

$H_2NCHCNH$-peptide + Ph—N=C=S ⟶ フェニルチオヒダントイン ＋ H_2N-peptide
（Phenyl isothiocyanate）（このペプチドは N-末端からきている）

補充問題

アミノ酸

19.8 次の略号は何というアミノ酸を表しているか．
(a) Phe　(b) Ser　(c) Asp　(d) Gln　(e) His　(f) Gly　(g) Tyr

19.9 α-アミノ酸のキラル中心の立体配置は，通常 D, L 命名法を用いて命名されるが，R, S 命名法（6.4節）を用いて命名することもできる．L-セリンのキラル中心は R か S か．

19.10 次のアミノ酸の立体配置は R か S か．
(a) L-フェニルアラニン　(b) L-グルタミン酸　(c) L-メチオニン

19.11 トレオニンは2個のキラル中心をもっている．タンパク質中に存在する立体異性体は，(2S, 3R) 体である．この立体異性体の Fischer 投影式を書け．また，実線，くさび，点線を用いて三次元式を書け．

19.12 双性イオンの定義を述べよ．

19.13 次のアミノ酸の双性イオン構造を書け．
(a) バリン　(b) フェニルアラニン　(c) グルタミン

19.14 Glu と Asp が酸性アミノ酸といわれる理由は何か．

19.15 Arg が塩基性アミノ酸といわれる理由を述べよ．他に塩基性アミノ酸を二つあげよ．

19.16 α-アミノ酸の"アルファ"とはどういう意味か．

19.17 β-アミノ酸も知られている．例えば，β-アラニンは CoA（22.2D節）の構造の中に含まれている．β-アラニンの構造式を書け．

19.18 タンパク質には L-アミノ酸のみが含まれるが，微生物にはその代謝物のなかに D-アミノ酸を含むものがある．例えば，抗生物質のアクチノマイシン D actinomycin D は D-バリンを，また抗生物質のバシトラシン A bacitracin A は D-アスパラギンと D-グルタミン酸を含む．これら三つの D-アミノ酸の Fischer 投影式と三次元式を書け．

19.19 ヒスタミンはタンパク質由来の20種のアミノ酸のうちの一つから合成される．生物学的前駆体となるアミノ酸は何か．この生合成に含まれる有機反応のタイプ（例えば，酸化，還元，脱炭酸，求核置換）は何か．

19.20 ノルエピネフリンとエピネフリンは同じタンパク質由来のアミノ酸から合成される．生物学的前駆体となるアミノ酸は何か．この生合成に含まれる有機反応のタイプは何か（一つとは限らない）．

(a) Norepinephrine
(b) Epinephrine (Adrenaline)

19.21 セロトニンとメラトニンはどのアミノ酸から合成されるか．この生合成に含まれる有機反応のタイプは何か（一つとは限らない）．

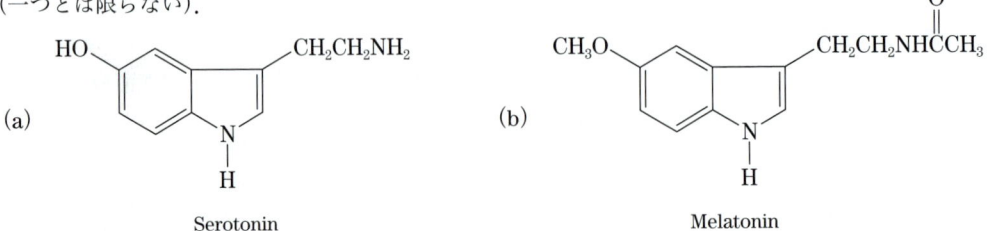

(a) Serotonin
(b) Melatonin

アミノ酸の酸塩基の性質

19.22 次のアミノ酸の構造式を pH 1.0 で最も多く存在する形で書け．
(a) トレオニン　(b) アルギニン　(c) メチオニン　(d) チロシン

第 19 章 アミノ酸とタンパク質

19.23 次のアミノ酸の構造式を pH 10.0 で最も多く存在する形で書け．
   (a) ロイシン　　　(b) バリン　　　(c) プロリン　　　(d) アスパラギン酸

19.24 アラニンの双性イオン構造を書き，次の試薬との反応を示せ．
   (a) 1.0 mol NaOH　　　(b) 1.0 mol HCl

19.25 pH 1.0 でリシンの最も多く存在する形を書き，次の試薬との反応を示せ．リシンの pK_a 値については表 19.2 を見よ．
   (a) 1.0 mol NaOH　　(b) 2.0 mol NaOH　　(c) 3.0 mol NaOH

19.26 pH 1.0 でアスパラギン酸の最も多く存在する形を書き，次の試薬との反応を示せ．アスパラギン酸の pK_a 値については表 19.2 を見よ．
   (a) 1.0 mol NaOH　　(b) 2.0 mol NaOH　　(c) 3.0 mol NaOH

19.27 表 19.2 に示した pK_a 値を使って，(a) グルタミン酸 および (b) ヒスチジンのそれぞれを NaOH で滴定したときの滴定曲線を書け．

19.28 アラニンを次の試薬で処理したとき，得られる生成物の構造式を書け．
   (a) NaOH 水溶液　　　　　　　(b) 塩酸
   (c) CH_3CH_2OH, H_2SO_4　　(d) $(CH_3CO)_2O$, $CH_3COO^-Na^+$

19.29 グルタミンの等電点（pI 5.65）がグルタミン酸のそれ（pI 3.08）より大きい事実を説明せよ．

19.30 グルタミン酸は酵素触媒脱炭酸により，4-アミノブタン酸（19.2D 節）を与える．4-アミノブタン酸の pI を推定せよ．

19.31 アルギニンに存在するグアニジノ基は，グアニジンとともに最も強い有機塩基の例である．この塩基性の理由を説明せよ．

19.32 血しょうの pH に相当する pH 7.4 では，大多数のタンパク質由来のアミノ酸は分子全体として負電荷をもつだろうか，それとも正電荷をもつだろうか．

19.33 それぞれの pH で電気泳動を行ったとき，次の化合物は陰極へ移動するだろうか，あるいは陽極へ移動するだろうか．
   (a) pH 6.8 でヒスチジン　　(b) pH 6.8 でリシン　　(c) pH 4.0 でグルタミン酸
   (d) pH 4.0 でグルタミン　　(e) pH 6.0 で Glu-Ile-Val　　(f) pH 6.0 で Lys-Gln-Tyr

19.34 次のアミノ酸混合物を電気泳動法で分離するには pH をいくらにすればよいか．
   (a) Ala, His, Lys　　(b) Glu, Gln, Asp　　(c) Lys, Leu, Tyr

19.35 ヒトインスリンのアミノ酸配列（図 19.13）を調べて，この分子中の Asp, Glu, His, Lys および Arg がそれぞれ何個あるか列挙せよ．ヒトインスリンは酸性アミノ酸（pI 2.0～3.0），中性アミノ酸（pI 5.5～6.5）あるいは塩基性アミノ酸（pI 9.5～11.0）のいずれに近い等電点をもつだろうか．

ポリペプチドとタンパク質の一次構造

19.36 4 個の異なる SH 基をもつタンパク質がジスルフィド結合を 1 個だけつくるとき，何通りのジスルフィド結合が可能か．2 個のジスルフィド結合をつくるときには，何通りのジスルフィド結合が可能か．

19.37 次の場合，何通りのテトラペプチドが可能か．
   (a) Asp, Glu, Pro, Phe をそれぞれ 1 個ずつ含むテトラペプチドをつくる．
   (b) 20 種類のアミノ酸のうちからそれぞれ 1 回だけ使ってテトラペプチドをつくる．

19.38 あるデカペプチドは次のアミノ酸組成をもっている．

$$Ala_2, Arg, Cys, Glu, Gly, Leu, Lys, Phe, Val$$

部分加水分解をすると，次のトリペプチドが得られた．

$$Cys\text{-}Glu\text{-}Leu + Gly\text{-}Arg\text{-}Cys + Leu\text{-}Ala\text{-}Ala + Lys\text{-}Val\text{-}Phe + Val\text{-}Phe\text{-}Gly$$

Edman 分解を1回行うと，リシンのフェニルチオヒダントインが得られた．これらの知見からこのデカペプチドの一次構造を推定せよ．

19.39 次の構造は29個のアミノ酸からなるポリペプチドホルモンのグルカゴン Glucagon の一次構造である．グルカゴンは膵臓のα細胞でつくられ，血糖値を正常な範囲に保つ働きをしている．

<pre>
          1   5   10   15
His-Ser-Glu-Gly-Thr-Phe-Thr-Ser-Asp-Tyr-Ser-Lys-Tyr-Leu-Asp-Ser-Arg-Arg-
                                    20   25   29
             Ala-Gln-Asp-Phe-Val-Gln-Trp-Leu-Met-Asn-Thr
</pre>

このペプチドを次の試薬または酵素で処理したとき，どのペプチド結合が切断されるか．
(a) フェニルイソチオシアナート　(b) キモトリプシン
(c) トリプシン　(d) Br—CN

19.40 テトラデカペプチド（14個のアミノ酸残基からなるペプチド）を部分加水分解したとき，次のようなフラグメントが得られた．この知見からこのポリペプチドの一次構造を推定せよ．各フラグメントはその大きさで分けてある．

ペンタペプチドフラグメント	テトラペプチドフラグメント
Phe-Val-Asn-Gln-His	Gln-His-Leu-Cys
His-Leu-Cys-Gly-Ser	His-Leu-Val-Glu
Gly-Ser-His-Leu-Val	Leu-Val-Glu-Ala

19.41 次のトリペプチドの構造式を書け．各ペプチド結合，N-末端アミノ酸および C-末端アミノ酸に印をつけよ．
(a) Phe-Val-Asn　(b) Leu-Val-Gln

19.42 問題 19.41 のトリペプチドの pI を推定せよ．

19.43 動物，植物あるいはバクテリア中に存在する最も一般的なトリペプチドの一つであるグルタチオン (G-SH) は，酸化剤の捕捉剤である．酸化剤と反応すると，グルタチオンは G-S-S-G になる．

Glutathione: $H_3\overset{+}{N}CHCH_2CH_2CNHCHCNHCH_2COO^-$ with COO⁻ and CH₂SH side chains

(a) グルタチオンに含まれるアミノ酸の名称を書け．
(b) N-末端アミノ酸がつくるペプチド結合の通常と異なる点は何か．
(c) グルタチオン2分子が反応して，ジスルフィド結合をつくるときの反応を係数つきの式で書け．グルタチオンは生物学的酸化剤かそれとも還元剤か．
(d) グルタチオンが分子状酸素 O_2 と反応して，G-S-S-G と H_2O を生成するときの反応式に係数をつけて書け．この反応で分子状酸素は酸化されるのか，あるいは還元されるのか．

19.44 次に示すのは人工甘味料アスパルテームの構造式である．各アミノ酸はL配置をもっている．

Aspartame (構造式)

(a) この分子中の2種のアミノ酸の名称を書け．
(b) アスパルテームの等電点を推定せよ．
(c) アスパルテームを1 M HClで加水分解したとき生じる生成物の構造式を書け．

ポリペプチドとタンパク質の三次元構造

19.45 αヘリックス構造を見て，アミノ酸側鎖はヘリックスの内側に向いているか，外側に出ているか，あるいは不規則になっているかを確かめよ．

19.46 ポリペプチド鎖骨格の官能基間の分子内水素結合と分子間水素結合を区別して，どのようなタイプの二次構造に分子内水素結合が見られるか．また，どのようなタイプの二次構造に分子間水素結合が見られるか，述べよ．

19.47 水性環境に見られる多くの血しょうタンパク質は球状の形をしている．このような球状タンパク質で，まわりの水と相互作用のできる表面には次のうちどのアミノ酸側鎖が見られるだろうか．また，水から遮へいされた内部には次のうちどのアミノ酸側鎖が見られるだろうか．説明せよ．

(a) Leu   (b) Arg   (c) Ser   (d) Lys   (e) Phe

応用問題

19.48 加熱するとタンパク質の三次構造が壊れる．タンパク質を加熱することによって起こる化学的過程を説明せよ．

19.49 ある種のアミノ酸はタンパク質の中には組み込むことができない．それは自己破壊的であるからである．例えば，ホモセリンは側鎖のヒドロキシ基が分子内アシル求核置換反応をしてペプチド結合を切断し，鎖の一方の末端に環状構造をつくるためである．生成する環状構造を書け．また，セリンはなぜ同じことにならないか説明せよ．

19.50 イソロイシン残基のみからなるデカペプチドはαヘリックスをとると予想できるか．説明せよ．

19.51 反応のエネルギー関係に次のような結果を与えるのは，どのような種類のタンパク質と考えられるか．

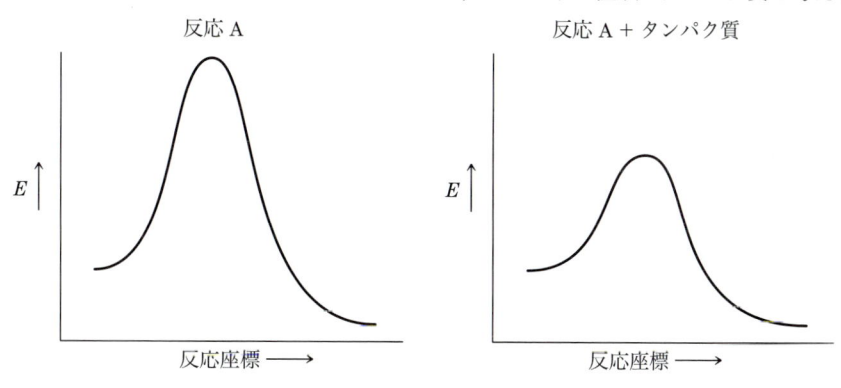

20 核酸

20.1 はじめに
20.2 ヌクレオシドとヌクレオチド
20.3 DNAの構造
20.4 リボ核酸
20.5 遺伝暗号
20.6 核酸の配列決定

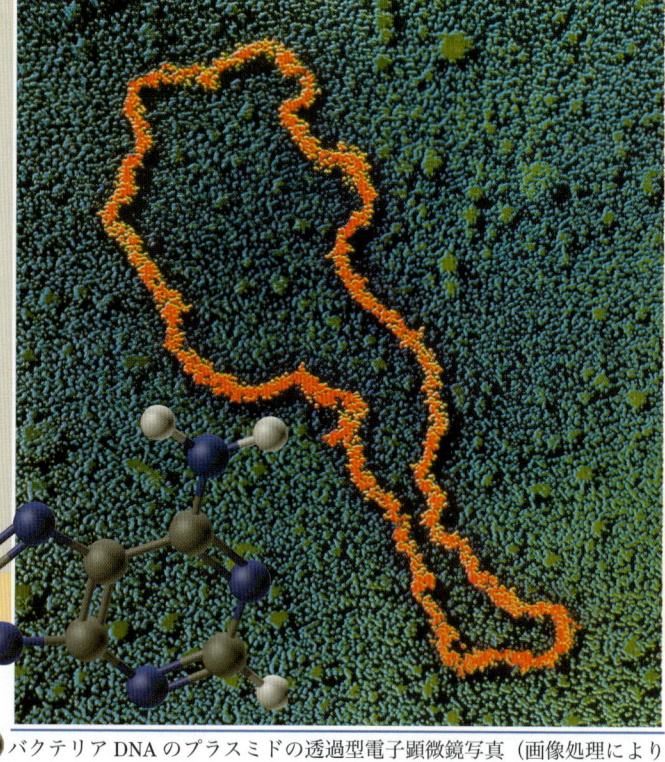

バクテリアDNAのプラスミドの透過型電子顕微鏡写真（画像処理により着色）．もし，大腸菌（*Escherichia coli*）のようなバクテリアの細胞壁が部分的に溶解されて，その後，細胞が水の希釈により浸透圧の刺激を受けると，細胞の内容物が外部に漏れ出る．左の図はアデノシン一リン酸（AMP）の分子模型．(*Professor Stanley Cohen/Photo Researchers, Inc.*)

20.1 はじめに

　細胞機能を組織し，維持し，調節するためには，膨大な量の情報が必要である．そして，細胞が複製される度に，その情報すべてが引き継がれなければならない．ほんのわずかな例外を除いて，遺伝情報は保存され，デオキシリボ核酸 deoxyribonucleic acid（DNA）の形で次世代へと引き継がれていく．染色体の遺伝を担う単位である遺伝子は，引き伸ばしてみると長い二本鎖DNAとなる．ヒトの一つの細胞の染色体中のDNAをほどいて伸ばすと，なんと約1.8メートルもの長さになるのである．

　遺伝情報は，DNAからリボ核酸 ribonucleic acid（RNA）への転写，ついでタン

Chemical Connections 20A

抗ウイルス薬の探索

抗ウイルス薬の探索は抗バクテリア薬の探索よりも難しいとされているのは，主としてウイルスの複製が宿主細胞の代謝過程に依存しているからである．それゆえに，抗ウイルス薬は，ウイルスが住みついている細胞に対しても有害な作用を及ぼしやすい．抗ウイルス薬開発の挑戦とはウイルスの生化学を知ることであり，そしてそれらに特定の代謝過程を標的とする薬を開発することである．非常に多くの抗菌薬があるのに対して，抗ウイルス薬はほんのわずかしかなく，抗生物質がバクテリア感染に対して示すような有効性に近い薬は全くない．

アシクロビルは，ヘルペスウイルスとよばれるDNAウイルスが引き起こす感染症治療のための最初の新しい薬物群の一つであった．ヒトのヘルペス感染は2種類に分けられる．単純ヘルペスⅠ型は口や目に炎症を起こし，単純ヘルペスⅡ型は危険な性感染症を引き起こす．アシクロビルは性感染症を起こすヘルペスウイルスに対して非常に有効である．アシクロビルの構造式は次の図に示すように，2-デオキシグアノシンと構造的に類似している．この薬は生体中で第一級ヒドロキシ基（リボースやデオキシリボースの5′-OHに相当する）が三リン酸となることで活性化される．DNA合成の重要前駆体であるデオキシグアノシン三リン酸と非常によく似ているので，アシクロビル三リン酸はウイルスDNAポリメラーゼに取り込まれて，酵素・基質複合体を形成するが，3′-OHが存在しないために複製が進まない．それゆえに，酵素・基質複合体はもはや活性ではなく（袋小路の複合体），ウイルスの複製は阻害され，ウイルスは死滅する．

おそらく，もっともよく知られている抗HIV代謝拮抗薬はジドブジン（AZT）であろう．これは，デオキシチミジンの類似体で，3′-OHがアジド基N_3に置換されている．AZTはAIDSを引き起こすレトロウイルスであるHIV-1に対して有効である．AZTは細胞酵

パク質合成への翻訳，という2段階で発現される．

$$\text{DNA} \xrightarrow{\text{転写}} \text{RNA} \xrightarrow{\text{翻訳}} \text{タンパク質}$$

このように，DNAは細胞中の遺伝情報の貯蔵庫であり，一方RNAはこの情報の転写と翻訳にかかわり，遺伝情報はタンパク質合成によって発現される．

この章においては，ヌクレオシドとヌクレオチドの構造と，これらのモノマーが共有結合して**核酸** nucleic acidを生成する様式について述べる．さらに，遺伝情報がDNA分子に暗号化されている様式，3種類のRNAの機能について述べ，最後に，DNA分子の一次構造がどのようにして決定されるかについて説明する．

核酸：プリンとピリミジンから誘導される芳香族ヘテロ環アミン塩基，D-リボースまたは2-デオキシ-D-リボースに由来する単糖，リン酸の3種類のモノマー単位からなる生体高分子．

20.2 ヌクレオシドとヌクレオチド

核酸をある条件で加水分解すると三つの成分に分かれる．すなわち，芳香族ヘテロ環アミン塩基，単糖のD-リボースまたは2-デオキシ-D-リボース（18.2節），そしてリン酸イオンである．図20.1は，核酸において最も一般的な5種類の芳香族ヘテロ環アミン塩基を示している．ウラシル，シトシン，チミンはその母核の名称からピリミジン塩基とよばれ，アデニンとグアニンはプリン塩基とよばれる．

素によって生体中で5′-三リン酸に変換され，ウイルスのRNA依存的DNAポリメラーゼ（逆転写酵素）によってデオキシチミジン5′-三リン酸として認識され，伸長しているDNA鎖に取り込まれる．そこでは，次のデオキシヌクレオチドを付加するべき3′-OHがないために，鎖の伸長が止まる．AZTの有効性は，ヒトのDNAポリメラーゼよりもウイルスの逆転写酵素により強く結合するという事実に依存している．

Acyclovir
（2-Deoxyguanosineと構造の関係がわかるように書かれている）

Zidovudine
（Azidothymidine; AZT）

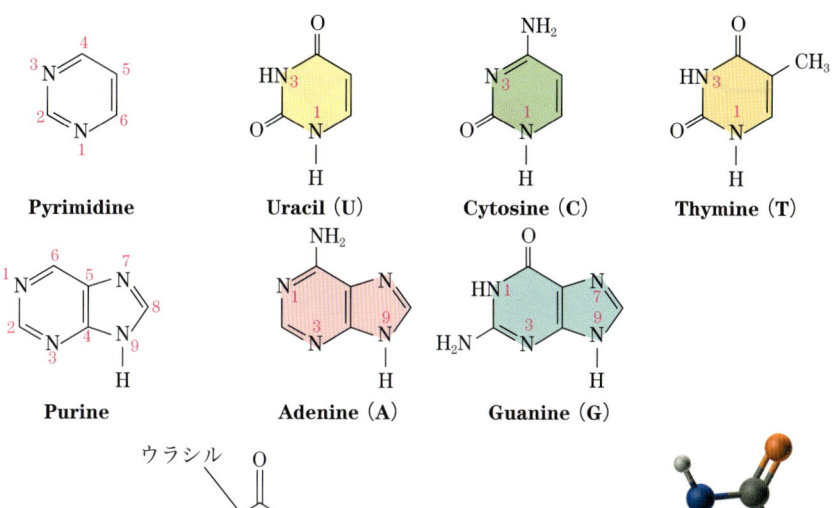

Pyrimidine　Uracil (U)　Cytosine (C)　Thymine (T)

Purine　Adenine (A)　Guanine (G)

図 20.1
DNAとRNAに最も一般的な芳香族ヘテロ環アミン塩基の名称と一文字の略称．塩基は，その母核であるプリンとピリミジンの方式にしたがって位置番号がつけられている．

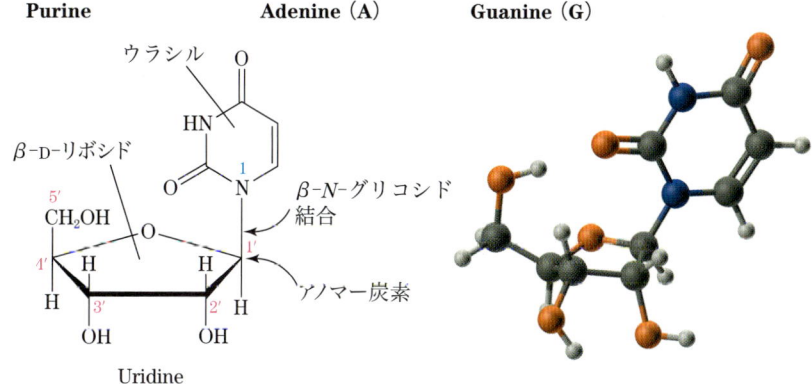

Uridine

図 20.2
ヌクレオシドの一つであるウリジン．芳香族ヘテロ環アミン塩基の位置番号と区別するために，単糖環上の位置番号にはダッシュ（′）がつけられている．

ヌクレオシド：核酸の構成成分で，β-N-グリコシド結合により芳香族ヘテロ環アミン塩基に結合したD-リボースまたは2-デオキシ-D-リボースからなる．

ヌクレオシド nucleoside は，D-リボースまたは2-デオキシ-D-リボースの単糖がβ-N-グリコシド結合（18.5A節）によって芳香族ヘテロ環アミン塩基と結合した化合物である．DNAの単糖部は2-デオキシ-D-リボース（2-デオキシとは2′位のヒドロキシ基がないという意味である）で，一方RNAの単糖部はD-リボースである．グリコシド結合は，リボースまたは2-デオキシリボースのC-1′位（アノマー炭素）とピリミジン塩基のN-1位またはプリン塩基のN-9位の間で形成されている．図20.2はリボースとウラシルからできているウリジンの構造を示している．

ヌクレオチド：ヌクレオシドにリン酸が単糖の-OH基，最も一般的には3′-OHか5′-OH，にエステル結合したもの．

ヌクレオチド nucleotide とは，単糖のヒドロキシ基（ほとんどの場合は3′位か5′位のOH）がリン酸1分子によってエステル化されているヌクレオシドのことである．ヌクレオチドは，母核のヌクレオシドに monophosphate（一リン酸）と付け加えることで命名される．リン酸エステルの位置は，その結合している炭素の位置番号で示される．図20.3はアデノシン5′-一リン酸 adenosine 5′-monophosphate（AMP）の構造式と球棒分子模型を示している．一リン酸エステルは pK_a 値が約1と6の二塩基酸である．そのため，pH 7では，このリン酸エステルの二つの水素はほとんど完全にイオン化しており，ヌクレオチドの電荷は –2 となる．

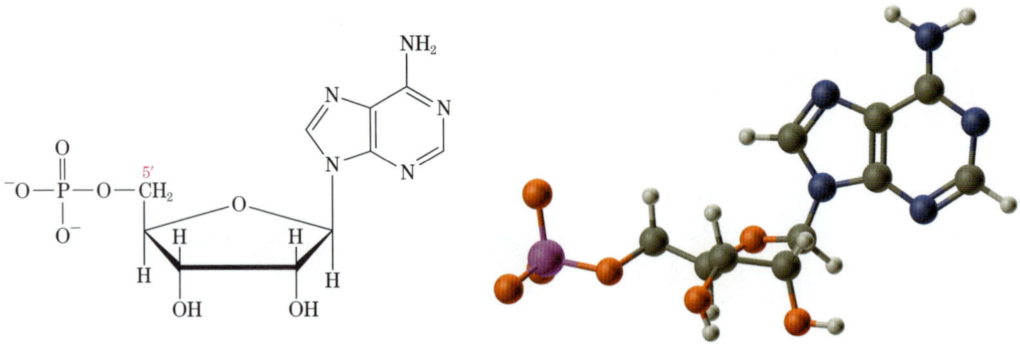

図 20.3
ヌクレオチドの一つであるアデノシン5′-一リン酸（AMP）．

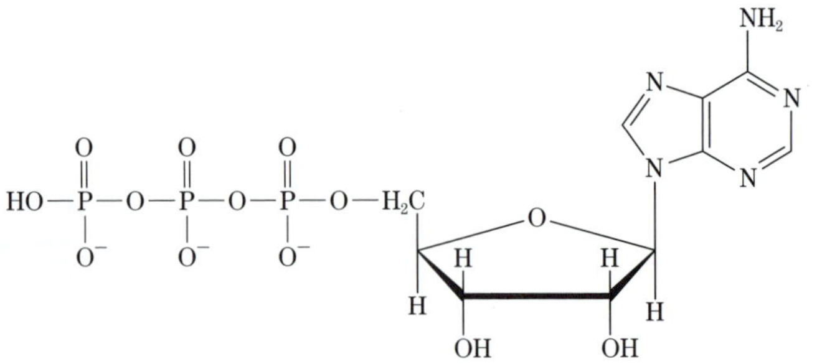

図 20.4
アデノシン5′-三リン酸（ATP）．

ヌクレオシド一リン酸はさらにリン酸化されてヌクレオシド二リン酸やヌクレオシド三リン酸となる．図 20.4 はアデノシン 5′-三リン酸 adenosine 5′-triphosphate（ATP）の構造式を示している．

ヌクレオシド二リン酸と三リン酸は，どちらも多塩基酸で，pH 7.0 ではその大部分がイオン化している．ATP の最初の 3 段階のイオン化の pK_a 値は 5.0 よりも小さい．pK_{a4} の値は約 7.0 であるため，pH 7.0 では，およそ 50％ の ATP が ATP^{4-} として，50％ が ATP^{3-} として存在していることになる．

例題 20.1

2′-デオキシシチジン 5′-二リン酸の構造式を書け．

解 答

シトシンの N-1 位と 2-デオキシ-D-リボースの環状ヘミアセタール形の C-1′ 位の間の β-N-グリコシド結合で，シトシンはつながっている．ペントースの 5′ 位のヒドロキシ基はエステル結合によりリン酸と結合しており，このリン酸は，さらにもう一つのリン酸基と酸無水物結合している．

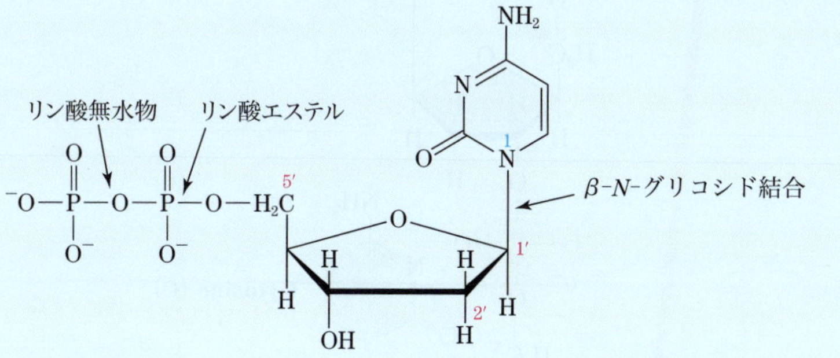

練習問題 20.1

2′-デオキシチミジン 3′-一リン酸の構造式を書け．

20.3 DNA の構造

第 19 章においてタンパク質とポリペプチドの構造的な複雑さを四つの段階，一次構造，二次構造，三次構造，四次構造に分けて見てきた．核酸においては，構造的な複雑さは 3 段階に分けられ，これらのレベルはタンパク質やポリペプチドの場合とある部分では共通点もあるが，大きく異なっている部分もある．

図 20.5
一本鎖 DNA のテトラヌクレオチド断片．

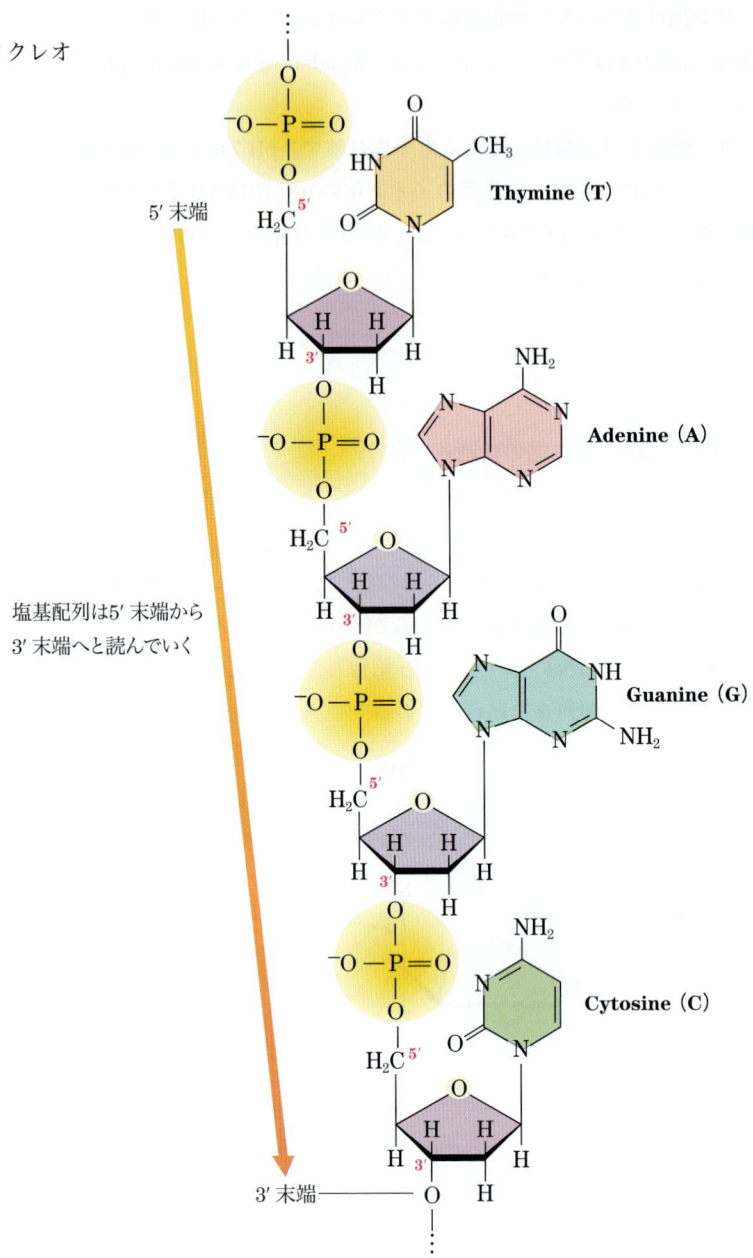

5′ 末端

塩基配列は 5′ 末端から 3′ 末端へと読んでいく

Thymine (T)

Adenine (A)

Guanine (G)

Cytosine (C)

3′ 末端

A 一次構造：共有結合骨格

核酸の一次構造：DNA または RNA 分子のペントース–リン酸ジエステル骨格に沿って 5′ 末端から 3′ 末端に向かってみた塩基配列．

　デオキシリボ核酸は，デオキシリボースとリン酸が交互に配列した骨格からなっている．すなわち，デオキシリボースの 3′ 位のヒドロキシ基と別のデオキシリボースの 5′ 位のヒドロキシ基がリン酸ジエステル結合でつながっている（図 20.5）．このペントース–リン酸ジエステル骨格の構造は DNA 分子全体で一定である．ヘテロ環芳香族アミン塩基（アデニン，グアニン，チミン，シトシン）は，β-N-グリコシド結合によってそれぞれのデオキシリボースに結合している．DNA 分子の一

次構造とはペントース–リン酸骨格に沿ってみたヘテロ環塩基の順序のことをいう．塩基の配列は **5′ 末端**から **3′ 末端**へと読んでいく．

5′ 末端：末端ペントースの 5′-OH が遊離になっているポリヌクレオチドの末端．

3′ 末端：末端ペントースの 3′-OH が遊離になっているポリヌクレオチドの末端．

例題 20.2

5′ 末端のみがリン酸化されている DNA ジヌクレオチド TG の構造式を書け．

解　答

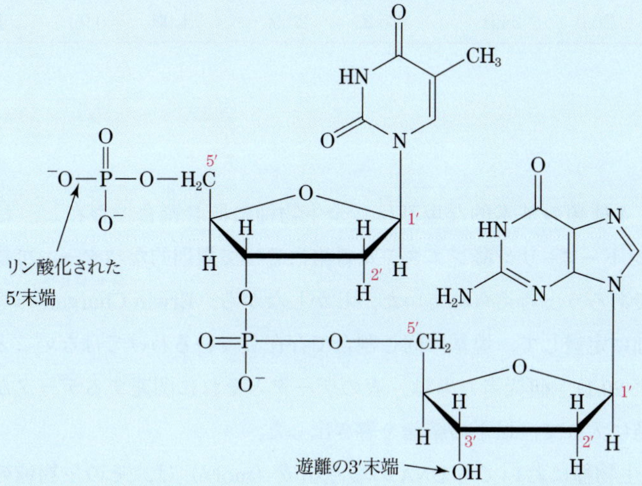

（構造式：5′末端がリン酸化された T（チミン）と 3′末端が遊離の G（グアニン）からなる DNA ジヌクレオチドの構造式．リン酸化された 5′末端と遊離の 3′末端が示されている．）

練習問題 20.2

塩基配列 CTG を含み，3′ 末端のみがリン酸化されている DNA 断片の構造式を書け．

B 二次構造：二重らせん

1950 年代の初めごろまでには，DNA 分子が 3′,5′–リン酸ジエステル結合でつながれたデオキシリボースとリン酸が交互に配列した骨格と β–N–グリコシド結合でそれぞれのデオキシリボース部と結合している塩基から構成されていることが明らかになっていた．1953 年にアメリカの生物学者 James D. Watson（ワトソン）とイギリスの物理学者 Francis H. C. Crick（クリック）が **DNA の二次構造**として二重らせんモデルを提案した．Watson と Crick は，Maurice Wilkins（ウイルキンス）とともに "核酸の分子構造と遺伝情報伝達におけるその意義の発見" に対して，1962 年度ノーベル医学生理学賞を授与された．Rosalind Franklin（フランクリン）もこの研究に参加していたが，1958 年に 37 歳で死去したため，彼女の名前はノーベル賞受賞者リストからは外された．ノーベル財団は，故人には賞を与えないためである．

核酸の二次構造：核酸の鎖の秩序だった配列．

Watson-Crick モデルは分子模型と二つの実験観測，DNA 塩基組成の化学的な解析と DNA 結晶の X 線回折像の数学的な解析に基づいている．

表 20.1　数種の生物種の DNA の塩基組成（mol%）の比較

生物種	プリン		ピリミジン		モル比		
	A	G	C	T	A/T	G/C	プリン/ピリミジン
ヒト	30.4	19.9	19.9	30.1	1.01	1.00	1.01
羊	29.3	21.4	21.0	28.3	1.04	1.02	1.03
酵母菌	31.7	18.3	17.4	32.6	0.97	1.05	1.00
大腸菌	26.0	24.9	25.2	23.9	1.09	0.99	1.04

Rosalind Franklin
(1920 – 1958)

1951 年に彼女はロンドン大学キングスカレッジの生物物理学研究室で，DNA の研究のために X 線回折法の応用研究を開始し，DNA の密度，らせん構造，その他重要な点を確立するという発見に大きく貢献した．そのため，彼女の仕事は Watson と Crick によって発展された DNA のモデル作りに重要であった．しかし彼女は 1958 年に 37 歳で亡くなった．ノーベル賞は故人に対しては与えられないので，1962 年に Watson, Crick, Wilkins が受賞したノーベル医学生理学賞の共同受賞者にはなれなかった．Watson, Crick と Franklin の関係は最初はうまくいっていなかったが，後に Watson は次のように語っている．"女性は集中的な思考に向かず，なぐさめ程度のことしかできないという偏見の強い科学界に受け入れられるために知的な女性が払った努力を，我々は後に評価するようになった．"

(Photo Researchers, Inc.)

塩基組成

一時期，4 種類の基本的な塩基は，全生物種に同じ割合で存在し，おそらくは DNA のペントース–リン酸ジエステル骨格にそって規則的なパターンで繰り返されているのであろうと考えられていた．しかしながら，Erwin Chargaff（シャルガフ）は塩基の組成をより詳細に定量して，塩基は同じ割合で存在しているわけではないことを明らかにした（表 20.1）．研究者たちは，表のデータとそれに関連するデータから，実験誤差を考慮に入れて，以下の結論を導き出した．

1. どんな生物種においても DNA の塩基組成（mol%）は，その生物種のすべての細胞において同じであり，その生物種に特徴的である．
2. アデニン（プリン塩基）とチミン（ピリミジン塩基）のモル比は 1：1 である．また，グアニン（プリン塩基）とシトシン（ピリミジン塩基）のモル比も 1：1 である．
3. プリン塩基（A + G）とピリミジン塩基（C + T）のモル比も 1：1 である．

X 線回折像の解析

DNA の構造に関するさらなる情報が Rosalind Franklin と Maurice Wilkins による X 線回折写真の解析によってもたらされた．異なる生物種から単離された DNA であれば塩基組成は異なるにもかかわらず，その X 線回折像は，DNA 分子自体の太さに関してはおどろくほど一定であることを示していた．DNA 分子は長くほぼ直線的で，外径は 2.0×10^{-9} m であり，原子数にして 12 個分にも相当しない太さである．さらに，結晶パターンは 3.4×10^{-9} m ごとに繰り返されていた．ここで，一つの重大な問題が提起された．様々な塩基の相対比率が幅広く異なっているのに，どのようにして DNA の分子の大きさ，形が規則的であるのか．これらのデータの積み重ねにより，DNA 構造に関する仮説が提案される準備が整っていった．

Watson-Crick の二重らせんモデル

Watson-Crick モデルの核心は，DNA 分子が 2 本の逆平行なポリヌクレオチド鎖

からなり,同じ軸に対して右巻きに巻いた相補的な**二重らせん** double helix で存在しているという仮説を立てたことである.図 20.6 にリボンモデルで示すように,二重らせんにはキラリティーが存在する.エナンチオマーと同じように,右巻きと左巻きの二重らせんは鏡像の関係にある.

二重らせん:DNA 分子の二次構造の一つのタイプで,2 本の逆平行ポリヌクレオチド鎖が同じ軸に対して右巻きに巻いたらせん.

観測された DNA 中の塩基比が異なるのに太さがほぼ等しいことを説明するために,Watson と Crick はプリンとピリミジン塩基が二重らせんの軸に対して内向きに向かい合っていて,いつも特定の方法で対になっているという仮説をたてた.分子模型を組んでみると,アデニン-チミン塩基対の大きさは,グアニン-シトシン塩基対の大きさとほぼ一致しており,それぞれの対の長さは DNA 鎖の内径に相当していた(図 20.7).それゆえに,もし片方の鎖のプリン塩基がアデニンならば,逆平行鎖の相補的な塩基はチミンでなければならない.もし片方の鎖のプリン塩基がグアニンならば,逆平行鎖の相補的な塩基はシトシンでなければならない.

図 20.6
DNA 二重らせんは,らせん構造のためキラリティーがある.ほかは全く同じ DNA の右巻きと左巻きの二重らせんは,重ね合わせることができない鏡像である.

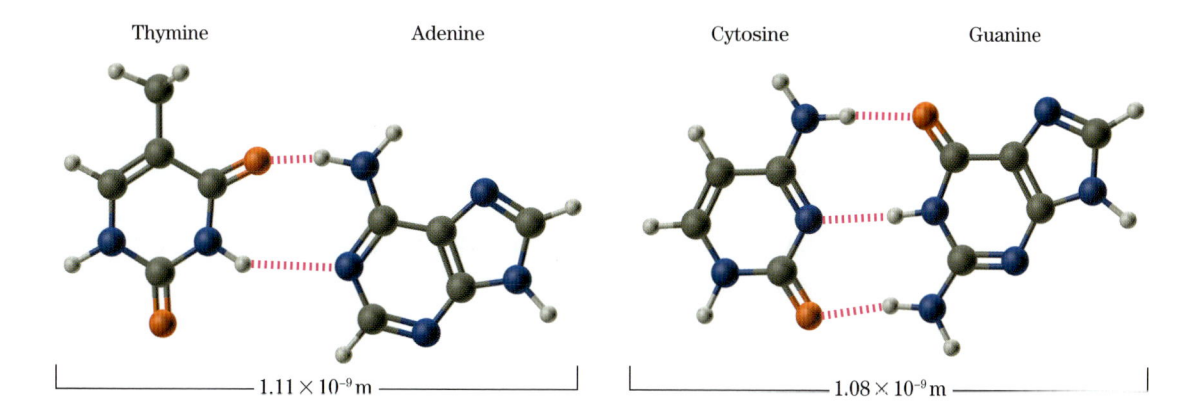

Watson-Crick モデルの重要な特徴は,他の塩基対の組み合わせでは DNA 分子の太さが観察値に合わないという点である.ピリミジン塩基対では小さすぎ,一方,プリン塩基対では大きすぎて,観測された DNA 分子の太さを説明できないのである.すなわち,Watson-Crick モデルによれば,二本鎖 DNA 分子の繰り返し単位は大きさの異なる単一の塩基からなるのではなく,ほぼ同じ大きさをもつ塩基対からなるである.

X 線データに見られた周期性を説明するために,Watson と Crick は塩基対が 3.4×10^{-10} m の間隔で積み重なっていて,らせんのちょうど 1 回転には 10 塩基対が存在すると推定した.したがって,3.4×10^{-9} m ごとにらせんはちょうど 1 回転する.図 20.8 に二本鎖 **B-DNA** のリボンモデルを示す.この構造は希薄水溶液中における主要な構造であり,自然界におけるもっとも一般的な形であると考えられている.

二重らせんにおいて,それぞれの塩基対の塩基はらせんの直径をはさんで真向か

Thymine　　Adenine　　　　　　Cytosine　　Guanine

— 1.11×10^{-9} m —　　　　— 1.08×10^{-9} m —

図 20.7
アデニンとチミン(A-T)間とグアニンとシトシン(G-C)間の塩基対.A-T 塩基対は二つの水素結合により保持され,G-C 塩基対は三つの水素結合により保持されている.

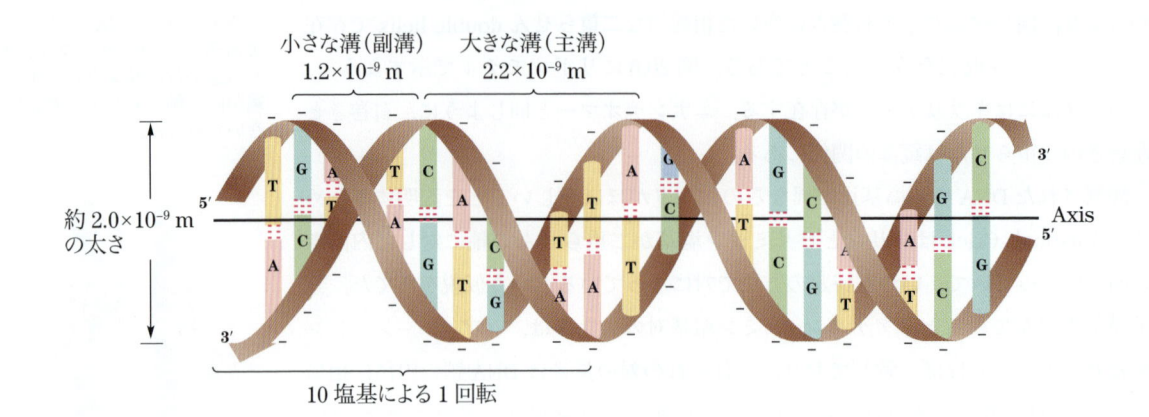

図 20.8
二本鎖 B-DNA のリボンモデル．それぞれのリボンは一本鎖 DNA 分子のペントース−リン酸ジエステル骨格を示している．2本の鎖は逆平行で，1本は左から右へ 5′ 末端から 3′ 末端へと書かれ，もう 1本は右からは左へ 5′ 末端から 3′ 末端へと書かれている．水素結合は，G–C 間に 3本の点線で，A–T 間に 2本の点線で書かれている．

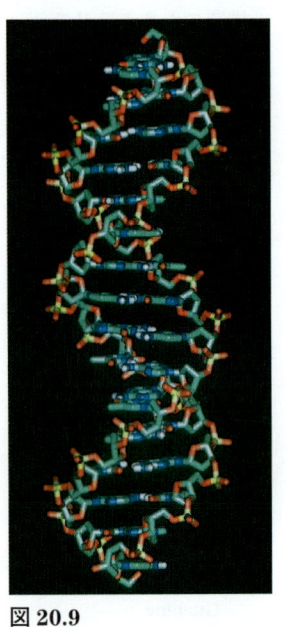

図 20.9
B-DNA の理想化されたモデル．

いにあるというわけではなく，わずかにずれた位置にある．このずれと糖−リン酸骨格に対するそれぞれの塩基をつないでいるグリコシド結合の相対的な配向のために，二つの大きさが異なる溝，大きな溝と小さな溝を作り出している（図 20.8）．それぞれの溝は二重らせんの円筒カラムの軸に沿って存在している．大きな溝は約 2.2×10^{-9} m の幅で，小さな溝は 1.2×10^{-9} m の幅である．

図 20.9 は，理想的な B-DNA 二重らせんの詳細を示している．大きな溝と小さな溝がこのモデルではっきりとわかる．

二次構造の別の形としては，塩基対の重なりの間隔が異なり，らせん 1 回転あたりの塩基対の数が異なるものが知られている．これらの中でもっとも一般的なものの一つは右巻き DNA である **A-DNA** であり，B-DNA よりも太く，繰り返しの長さはわずか 2.9×10^{-9} m しかない．らせんの 1 回転ごとに 10 塩基対があるので，塩基対どうしの間隔は 2.9×10^{-10} m である．

例題 20.3

DNA 分子の片方の鎖は，5′-ACTTGCCA-3′ という配列をもっている．その相補的な塩基配列を書け．

解 答

塩基配列はいつも鎖の 5′ 末端から 3′ 末端に書かれ，A は T と対になり，G は C と対になっている．二本鎖 DNA においては 2本の鎖は逆向き（逆平行）に配向しているので，片方の 5′ 末端はもう一方の 3′ 末端に配位している．

第20章 核酸

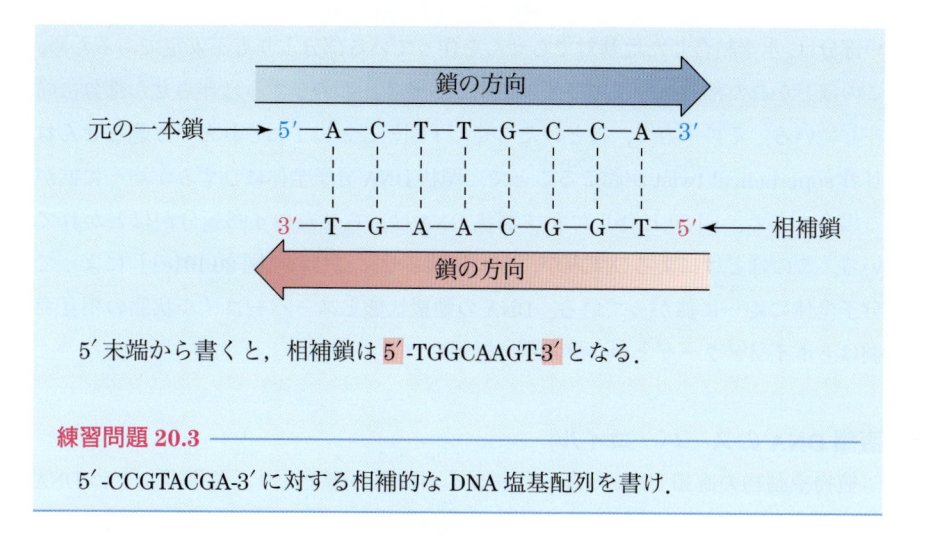

```
                        鎖の方向 →
元の一本鎖 → 5′—A—C—T—T—G—C—C—A—3′
                  ¦   ¦   ¦   ¦   ¦   ¦   ¦   ¦
             3′—T—G—A—A—C—G—G—T—5′  ← 相補鎖
                        ← 鎖の方向
```

5′末端から書くと，相補鎖は 5′-TGGCAAGT-3′ となる．

練習問題 20.3

5′-CCGTACGA-3′ に対する相補的な DNA 塩基配列を書け．

C 三次構造：スーパーコイル DNA

　DNA の長さはその直径よりもはるかに大きく，引き伸ばされた分子は非常に柔軟である．DNA 分子は二次構造によって生じたねじれ以外のねじれがなければ，弛緩しているといわれる．別のいい方をすると，弛緩した DNA ははっきりとした三次構造がないといえる．二つのタイプの**三次構造** tertiary structure がある．一つは環状 DNA の変化によって誘導されるものであり，もう一つはヒストンとよばれる核タンパク質と DNA が結合することで誘導されるものである．いずれのタイプであろうとも，三次構造は**スーパーコイル** supercoiling とよばれている．

核酸の三次構造：核酸のすべての原子を三次元に配置したもので，一般にスーパーコイルといわれる．

環状 DNA のスーパーコイル

　環状 DNA circular DNA は二本鎖 DNA の一種であり，それぞれの鎖の両末端がリン酸ジエステル結合でつながったものである［図 20.10(a)］．バクテリアやウイルスにもっとも顕著にみられるこのタイプの DNA は，<u>環状二本鎖らせん DNA</u> circular duplex DNA とよばれている（なぜなら，二本鎖 DNA であるから）．環状 DNA の片方の鎖が開環し，一部がほどけ，再び結合する．らせんを形成していな

環状 DNA：二本鎖 DNA の一種で，5′末端と3′末端がリン酸ジエステル結合でつながっている．

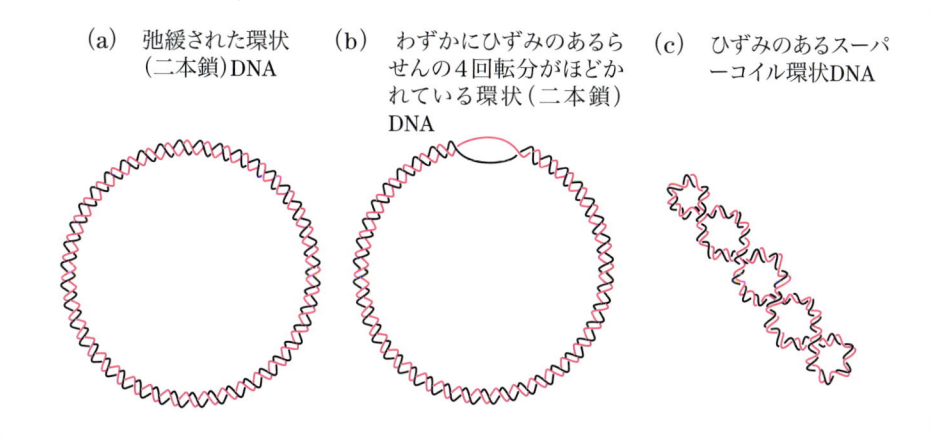

(a) 弛緩された環状（二本鎖）DNA

(b) わずかにひずみのあるらせんの4回転分がほどかれている環状（二本鎖）DNA

(c) ひずみのあるスーパーコイル環状 DNA

図 20.10
弛緩型とスーパーコイル型の DNA．(a) 環状 DNA が弛緩した状態．(b) 一本鎖が切断され，4回転分ほどけ，そして再環化されている．ほどかれたことで生じたひずみは非らせん部分に局在している．(c) 4回ねじれによりスーパーコイルを形成し，ほどけによるひずみが環状 DNA 分子全体に均一に拡がっている．

い部分は，水素結合した塩基対でらせんを作っている部分よりも不安定であるため，このほどかれた部分は分子にひずみを生じさせる．このひずみは非らせん部分に局在している．その一方で，ほどけたらせん1回転ごとに1ねじれという**超らせんねじれ** superhelical twist が起こることで，環状 DNA 分子全体にひずみが均一に拡がる場合もある．図 20.10(b) に示す環状 DNA は，らせんの4回転分がほどかれている．このほどけによるひずみが，四つの超らせんねじれ［図 20.10(c)］によって分子全体に均一に拡がっている．DNA の弛緩状態とスーパーコイル状態の相互変換はトポイソメラーゼという酵素群で触媒される．

直鎖 DNA のスーパーコイル

植物や動物の直鎖 DNA のスーパーコイルは別の形をとり，負電荷をもつ DNA 分子と**ヒストン** histon とよばれる正電荷をもつタンパク質群との相互作用によってもたらされる．ヒストンはリシンとアルギニンを特に多く含み，ほとんどの体液の pH において，その全長にわたって正電荷をもつ部位が多い．負電荷をもつ DNA と正電荷をもつヒストンの複合体は**クロマチン** chromatin とよばれている．ヒストンは会合して芯となる粒子を形成し，二本鎖 DNA がその周囲を覆う．さらに DNA がコイルを巻くことで，細胞核の中に見られるクロマチンを作り出す．

ヒストン：DNA 分子に会合した形で見られるタンパク質の一つで，塩基性アミノ酸であるリシンとアルギニンを多く含む．

クロマチン：負電荷をもつ DNA 分子と正電荷をもつヒストンとの間で形成される複合体．

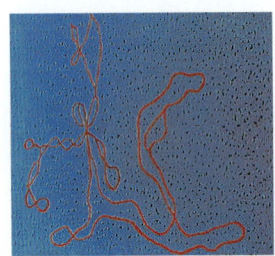

ミトコンドリアのスーパーコイル DNA．(*Fran Heyl Associates*)

20.4 リボ核酸

リボ核酸（RNA）はデオキシリボ核酸（DNA）と以下の点で似ている．すなわち，両者とも一つのペントースの 3′ 位のヒドロキシ基と次のペントースの 5′ 位のヒドロキシ基がリン酸ジエステル結合でつながった長い枝分かれのない鎖状のヌクレオチド鎖からなる．しかし，RNA と DNA には三つの大きな構造的な違いがある．

1. RNA のペントース部は β-2-デオキシ-D-リボースではなく，β-D-リボースである．
2. RNA のピリミジン塩基はチミンとシトシンではなく，ウラシルとシトシンである．
3. RNA は二本鎖ではなく，一本鎖である．

次に示すのは，D-リボースのフラノース形とウラシルの構造である．

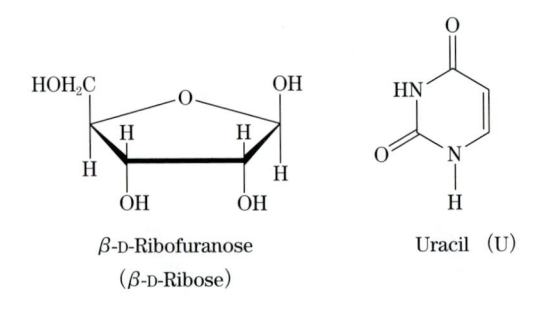

β-D-Ribofuranose
(β-D-Ribose)

Uracil (U)

第20章 核酸

表20.2 大腸菌細胞中に見られるRNAのタイプ

タイプ	分子量範囲	ヌクレオチド数	細胞中のRNA%
mRNA	25,000～1,000,000	75～3,000	2
tRNA	23,000～30,000	73～94	16
rRNA	35,000～1,100,000	120～2,904	82

　細胞はDNAの8倍量までのRNAを含有し，DNAと比較して，RNAは様々な形，そしてそれぞれをコピーした形で存在する．RNA分子はその構造と機能によって大きく三つのタイプ，リボソームRNA，転移RNA，メッセンジャーRNAに分類される．表20.2に，大腸菌細胞（最もよく研究されているバクテリアの一つで，細胞研究の代表的材料）中の三つのタイプのRNAの分子量，ヌクレオチド数，存在量の割合を示している．

A　リボソームRNA

　リボソームRNA ribosomal RNA（rRNA）の大部分は細胞質の中でリボソームとよばれる複合体粒子に存在する．リボソームは，RNA約60％とタンパク質40％からなり，細胞内のタンパク質合成部位である．

リボソームRNA（rRNA）：タンパク質合成の場であるリボソームに存在するリボ核酸．

B　転移RNA

　転移RNA transfer RNA（tRNA）分子は，すべての核酸の中で最も低分子量である．一本鎖は73から94のヌクレオチドからなる．tRNAの役割は，リボソームのタンパク質合成部位へアミノ酸を運ぶことであり，それぞれのアミノ酸に対して少なくとも一つのtRNAがこの目的のために特異的に働く．アミノ酸によっては，二つ以上のtRNAが働く場合もある．運搬過程において，アミノ酸は特異的なtRNAと，アミノ酸のα-カルボキシ基とtRNAの3′末端のリボース部の3′-ヒドロキシ基との間のエステル結合によって結合している．

転移RNA（tRNA）：リボソームのタンパク質合成の場へ特異的なアミノ酸を運ぶリボ核酸．

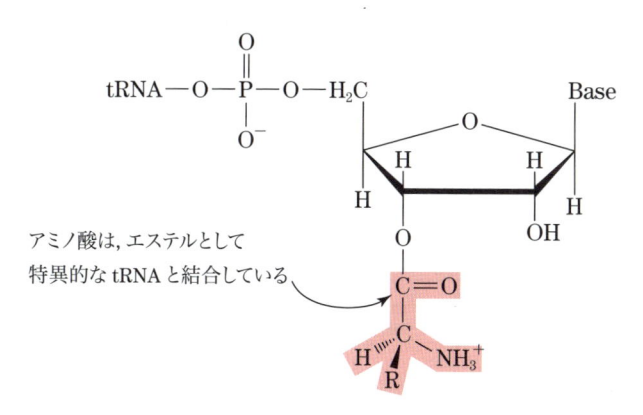

アミノ酸は，エステルとして特異的なtRNAと結合している

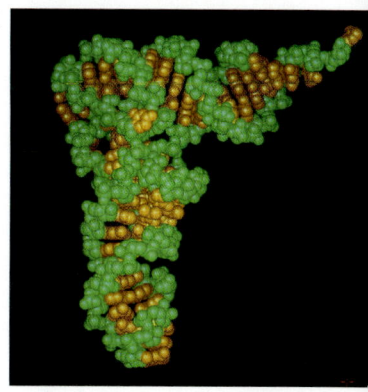

酵母菌フェニルアラニンtRNAの空間充填分子模型．(S. H. Kim, in P. Schimmel, D. Söll, and J. N. Abelson, eds., *Transfer RNA: Structure, Properties, and Recognition*, New York: Cold Spring Harbor Laboratories, 1979より)

C メッセンジャー RNA

メッセンジャー RNA（mRNA）：DNA からタンパク質合成が行われるリボソームへ暗号化された遺伝情報を運ぶリボ核酸．

メッセンジャー RNA messenger RNA（mRNA）は細胞中に比較的少量存在し，寿命も非常に短い．メッセンジャー RNA 分子は一本鎖で，その合成は DNA 分子で暗号化された情報にしたがって行われる．二本鎖 DNA がほどかれ，一本の DNA 鋳型 template に沿って 3′ 末端から相補的な mRNA 鎖が合成される．DNA 鋳型からの mRNA 合成は転写 transcription とよばれる．なぜなら，DNA 塩基の配列に含まれる遺伝情報が mRNA の相補的な塩基配列に転写されるからである．"メッセンジャー"という用語は，新たなタンパク質合成のために DNA からリボソームへ暗号化された遺伝情報を運んでいくというこのタイプの RNA の機能に由来している．

例題 20.4

次に示すのは DNA の部分的な塩基配列である．

$$3'\text{-A-G-C-C-A-T-G-T-G-A-C-C-}5'$$

この DNA 部分を鋳型として合成される mRNA の塩基配列を書け．

解　答

RNA 合成は DNA 鋳型の 3′ 末端から開始され，5′ 末端に向かって進んでいく．相補的な mRNA 鎖は塩基 C，G，A，U を用いて作られる．ウラシル（U）は DNA 鋳型のアデニン（A）に相補的である．

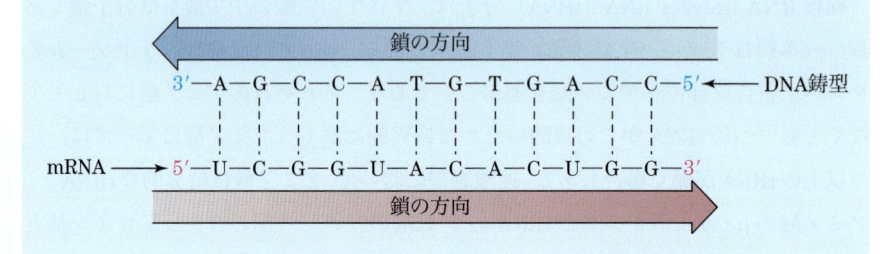

```
                     ← 鎖の方向
            3'—A—G—C—C—A—T—G—T—G—A—C—C—5'  ← DNA鋳型
               |  |  |  |  |  |  |  |  |  |  |  |
mRNA  →     5'—U—C—G—G—U—A—C—A—C—U—G—G—3'
                     鎖の方向 →
```

5′ 末端から読んでいくと，mRNA の配列は 5′-UCGGUACACUGG-3′ となる．

練習問題 20.4

ここにフェニルアラニン tRNA のヌクレオチド配列の一部がある．

$$3'\text{-ACCACCUGCUCAGGCCUU-}5'$$

この配列に相補的な DNA のヌクレオチド配列を書け．

20.5 遺伝暗号

A 遺伝暗号のトリプレット

　1950年代の初めまでにはDNA分子の塩基の配列は遺伝情報の貯蔵を担い，その配列がメッセンジャーRNAの合成を指示し，次いでmRNAがタンパク質の合成を指示していることが分かっていた．しかしながら，DNAの塩基配列がタンパク質の合成を指示するという考えは次のような問題を抱えていた．どのようにして4種類の異なるユニット（アデニン，シトシン，グアニン，チミン）しかもたない分子が20種類もの異なるユニット（タンパク質を構成するアミノ酸）の合成を指示できるのか．どのようにして，たった4文字のアルファベットでタンパク質に見られる20文字のアルファベットを順序だてて暗号化できるのだろうか．

　その答は，アミノ酸を暗号化しているのは塩基一つではなく，塩基の組み合わせであるということである．もし暗号codeがヌクレオチドの2個で構成されていれば，$4^2 = 16$通りの組み合わせがある．これでかなりの数の暗号が可能になるが，しかし20個のアミノ酸の暗号としてはまだ足りない．もし暗号が3個のヌクレオチドから構成されていれば，$4^3 = 64$通りとなりタンパク質の一次構造の暗号としては十分すぎるほどである．これが，生命誕生から長い間かけて試行錯誤を繰り返して進化した生命系にとって，非常に単純明快な問題解決法であったように思われる．遺伝子（核酸）とタンパク質（アミノ酸）の配列の比較から，自然は遺伝情報を保存するためにこの単純な三文字暗号，トリプレットコード triplet code を用いているという証拠が今では揃っている．ヌクレオチドのトリプレットのことを**コドン** codon とよぶ．

コドン：ポリペプチド配列に特定のアミノ酸の取り込みを命令するmRNAの三連続ヌクレオチド（トリプレット）．

B 遺伝暗号の解読

　次の問題点は，64組のトリプレットコードがどのアミノ酸を暗号化しているのかということである．1961年に Marshall Nirenberg（ニーレンバーグ）は，天然のmRNAが行うのとほぼ同じ方法で，合成ポリヌクレオチドがポリペプチドの合成を行うという観察に基づいて，その問題に対する単純明快な実験方法を提案した．Nirenberg は，まずリボソーム，アミノ酸，tRNA，そして適当なタンパク質合成酵素を試験管内で加温したが，ポリペプチド合成は起こらなかった．しかし，ここに合成ポリウリジン酸（poly U）を加えたとき，高分子量のポリペプチドが合成されたのである．もっと重要なことは，合成されたポリペプチドは，フェニルアラニンだけしか含んでいなかった．この発見により，遺伝暗号の最初の要素が解読された．トリプレットUUUはフェニルアラニンを暗号化している．

　同様の実験が種々の合成ポリヌクレオチドで実施された．例えば，ポリアデニル酸（poly A）はポリリシンを合成し，ポリシチジル酸（poly C）はポリプロリンを合成する．1964年までに，64種類のコドンすべてが解読された（表20.3）．

表 20.3　遺伝暗号：mRNA のコドンとそのコドンに対応するアミノ酸

第一塩基 (5′ 末端)	第二塩基								第三塩基 (3′ 末端)
	U		C		A		G		
U	UUU	Phe	UCU	Ser	UAU	Tyr	UGU	Cys	U
	UUC	Phe	UCC	Ser	UAC	Tyr	UGC	Cys	C
	UUA	Leu	UCA	Ser	UAA	Stop	UGA	Stop	A
	UUG	Leu	UCG	Ser	UAG	Stop	UGG	Trp	G
C	CUU	Leu	CCU	Pro	CAU	His	CGU	Arg	U
	CUC	Leu	CCC	Pro	CAC	His	CGC	Arg	C
	CUA	Leu	CCA	Pro	CAA	Gln	CGA	Arg	A
	CUG	Leu	CCG	Pro	CAG	Gln	CGG	Arg	G
A	AUU	Ile	ACU	Thr	AAU	Asn	AGU	Ser	U
	AUC	Ile	ACC	Thr	AAC	Asn	AGC	Ser	C
	AUA	Ile	ACA	Thr	AAA	Lys	AGA	Arg	A
	AUG*	Met	ACG	Thr	AAG	Lys	AGG	Arg	G
G	GUU	Val	GCU	Ala	GAU	Asp	GGU	Gly	U
	GUC	Val	GCC	Ala	GAC	Asp	GGC	Gly	C
	GUA	Val	GCA	Ala	GAA	Glu	GGA	Gly	A
	GUG	Val	GCG	Ala	GAG	Glu	GGG	Gly	G

*AUG は開始コドンとしても働く.

　Nirenberg と R. W. Holly（ホリー）, H. G. Khorana（コラーナ）は, その独創的な研究に対して 1968 年度ノーベル医学生理学賞を授与された.

C　遺伝暗号の特徴

　表 20.3 をよく調べると, 遺伝暗号のいくつかの特徴が明らかとなる.

1. 61 個のトリプレットコードのみがアミノ酸を暗号化している. 残りの三つ（UAA, UAG, UGA）はペプチド鎖停止のためのシグナルである. それらは, 細胞のタンパク質合成機に対してタンパク質の一次配列が完結したというシグナルを送るのである. それらの三つの停止暗号は表中では "Stop" と示している.
2. 暗号は縮重 degenerate している. すなわち, いくつかのアミノ酸は複数のトリプレットによって暗号化されている. メチオニンとトリプトファンのみがたった一つのトリプレットで暗号化されている. ロイシンとセリン, アルギニンは, 6 個のトリプレットにより暗号化されており, 残りのアミノ酸は 2 ～ 4 個のトリプレットにより暗号化されている.
3. 2 ～ 4 個のトリプレットにより暗号化されている 15 種のアミノ酸では, 暗号の

三つ目の文字だけが異なっている．例えば，グリシンは GGA, GGG, GGC, GGU というトリプレットによって暗号化されている．
4. 暗号に曖昧さはない．どのトリプレットコードも一つのアミノ酸のみを暗号化している．

最後に，遺伝暗号についてもう一つだけ考えておかなければならない．この遺伝暗号は普遍的なものなのかということである．すなわち，すべての生物種で同じなのか．ウイルス，バクテリアからヒトを含む高等動物まで，今日までに得られている多くの実験結果から，その暗号が普遍的なものであることが明らかになっている．さらに，すべての生物種において同じであるという事実は，何百万年もの進化の過程において同一であったということを意味している．

例題 20.5

転写の際に mRNA の一部が次のような塩基配列で合成された．

5′-AUG-GUA-CCA-CAU-UUG-UGA-3′

(a) この mRNA 部分を合成した DNA のヌクレオチド配列を書け．
(b) この mRNA 部分で暗号化されているポリペプチドの一次構造を書け．

解　答
(a) 転写の際には，mRNA は DNA 鎖から合成され，DNA 鋳型の 3′-末端から開始される．DNA 鎖は新たに合成された mRNA 鎖に相補的でなければならない．

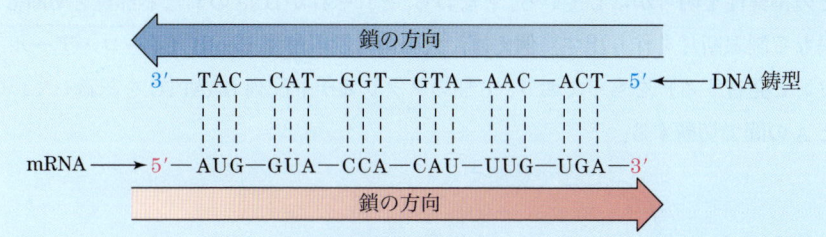

```
                     ← 鎖の方向
  3′—TAC—CAT—GGT—GTA—AAC—ACT—5′  ← DNA 鋳型
      |||  |||  |||  |||  |||  |||
mRNA → 5′—AUG—GUA—CCA—CAU—UUG—UGA—3′
                     鎖の方向 →
```

コドン UGA はポリペプチド鎖の伸長停止を暗号化していることに気をつけよ．したがって，この問題ではペンタペプチドを暗号化しているに過ぎない．

(b) アミノ酸の配列は，mRNA 鎖にしたがって下のようになる．

5′-AUG-GUA-CCA-CAU-UUG-UGA-3′
　　met---val---pro---his---leu---stop

練習問題 20.5

次の DNA の一部はポリペプチドホルモンであるオキシトシン oxytocin を暗号化しているものである．

3′-ACG-ATA-TAA-GTT-TTA-ACG-GGA-GAA-CCA-ACT-5′

(a) この DNA 部分から合成される mRNA の塩基配列を書け．
(b) (a) で答えた塩基配列を基にしてオキシトシンの一次構造を書け．

20.6　核酸の配列決定

1975 年までは，核酸の一次構造を決定する手法はタンパク質の一次構造を決定するよりもはるかに難しいと考えられていた．その理由としては，タンパク質は 20 個の異なる単位を含むが，核酸はわずか 4 個の異なる単位しか含んでいないことが挙げられる．たった 4 個の異なる単位しかなく，選択的な切断ができる部位がほとんどないので，他と区別して配列を確認することが難しく，配列の帰属には曖昧さが残ってしまう．ところが，二つの画期的な手法の開発によってこの状況が打破された．一つは**ポリアクリルアミドゲル電気泳動** polyacrylamide gel electrophoresis とよばれる電気泳動の進歩である．その技術は非常に感度が高いため，核酸断片のヌクレオチド 1 個分の差があれば分離することが可能である．二つ目は，主にバクテリアから単離された**制限酵素**（制限エンドヌクレアーゼ restriction endonuclease）の発見である．

> **制限酵素**（制限エンドヌクレアーゼ）：DNA 鎖中の特定のリン酸ジエステル結合の加水分解を触媒する酵素．

A　制限酵素

制限酵素は 4 〜 8 個のヌクレオチドの配列様式を認識し，その特別な配列を含むのであればどんな部位でも，リン酸ジエステル結合でつながっている DNA 鎖を加水分解して切断する．分子生物学者はいまや 1,000 種類近くの制限酵素を単離し，その特異性を明らかにしている．すなわち，それぞれが DNA の異なる部位を切断し，異なる制限断片を作り出す．例えば，大腸菌は制限酵素 EcoRI（イーコ・アール・ワンと発音する）をもっており，6 個のヌクレオチド配列 GAATTC を認識して，G と A の間で切断する．

ここで切断する

$$5'\text{---G-A-A-T-T-C-----}3' \xrightarrow{\text{EcoRI}} 5'\text{---G} + 5'\text{-A-A-T-T-C-----}3'$$

制限酵素の作用は，リシンとアルギニンのカルボキシ基で形成されたアミド結合の加水分解を触媒するトリプシンの作用（19.5B 節）や，フェニルアラニン，チロシン，トリプトファンのカルボキシ基によって形成されたアミド結合の切断を触媒するキモトリプシンの作用に似ている．

例題 20.6

次に示すのは牛のロドプシンを暗号化した遺伝子の一部であり，表にはいくつかの制限酵素と，その認識配列，加水分解部位が示されている．どの制限酵

第 20 章 核　酸

素が，この DNA 部分の切断を触媒するか．

5′GTCTACAACCCGGTCATCTACTATCATGATCAACAAGCAGTTCCGGAACT-3′

酵素	認識配列	酵素	認識配列
AluI	AG↓CT	HpaII	C↓CGG
BalI	TGG↓CCA	MboI	↓GATC
FnuDII	CG↓CG	NotI	GC↓GGCCGC
HeaIII	GG↓CC	SacI	GAGCT↓C

解　答

制限酵素 HpaII と MboI のみがこのポリヌクレオチドの切断を触媒する．HpaII は 2 箇所で切断し，MboI は 1 箇所で切断する．

```
         HpaII              MboI              HpaII
          ↓                  ↓                 ↓
5′-GTCTACAACC-CGGTCATCTACTATCAT-GATCAACAAGCAGTTC-CGGAACT-3′
```

練習問題 20.6

次に示すのは牛のロドプシン遺伝子の一部である．例題 20.6 に与えたどの制限酵素が，この DNA 部分の切断を触媒するか．

5′-ACGTCGGGTCGTCGTCCTCTCGCGGTGGTGAGTCTTCCGGCTCTTCT-3′

B　核酸の配列決定の方法

DNA の配列決定は，一つまたは複数の制限酵素による二本鎖 DNA の部位特異的な切断により**制限断片** restriction fragment とよばれる小さな断片に開裂することから開始される．それぞれの制限断片はその後別々に配列決定され，重なっている塩基配列が同定され，そしてそこからすべての塩基配列が決定される．

制限断片を配列決定する二つの方法が考案されている．一つは Allan Maxam（マクサム）と Walter Gilbert（ギルバート）によって開発され，**Maxam-Gilbert 法**として知られている塩基選択的な化学切断によるものである．もう一つの方法は，Frederick Sanger（サンガー）により開発され，**ジデオキシ法** dideoxy method あるいは**チェインターミネーション法** chain termination method として知られているもので，DNA ポリメラーゼ触媒による合成を阻害することに基づいている．Sanger と Gilbert は "DNA 構造の化学的生化学的な解析法の開発" で 1980 年度ノーベル化学賞を受賞した．Sanger のジデオキシ法の方が現在ではより幅広く使われているので，ここではその手法を中心に紹介する．

Sanger のジデオキシ法：DNA 分子の配列決定のために Frederick Sanger によって開発された方法．

C 試験管中での DNA の複製

ジデオキシ法の原理を理解するには，まず DNA 複製の生化学を理解しなければならない．最初に，細胞が分裂するときに DNA 複製が起こる．複製中に，一本鎖のヌクレオチドの配列が相補鎖としてコピーされて，二本鎖 DNA 分子の 2 本目の鎖を生成する．相補鎖の合成は DNA ポリメラーゼという酵素によって触媒される．次式に示すように，DNA 鎖は鎖の遊離 3′-OH 基に新しい単位を順々に付加して伸びていく．

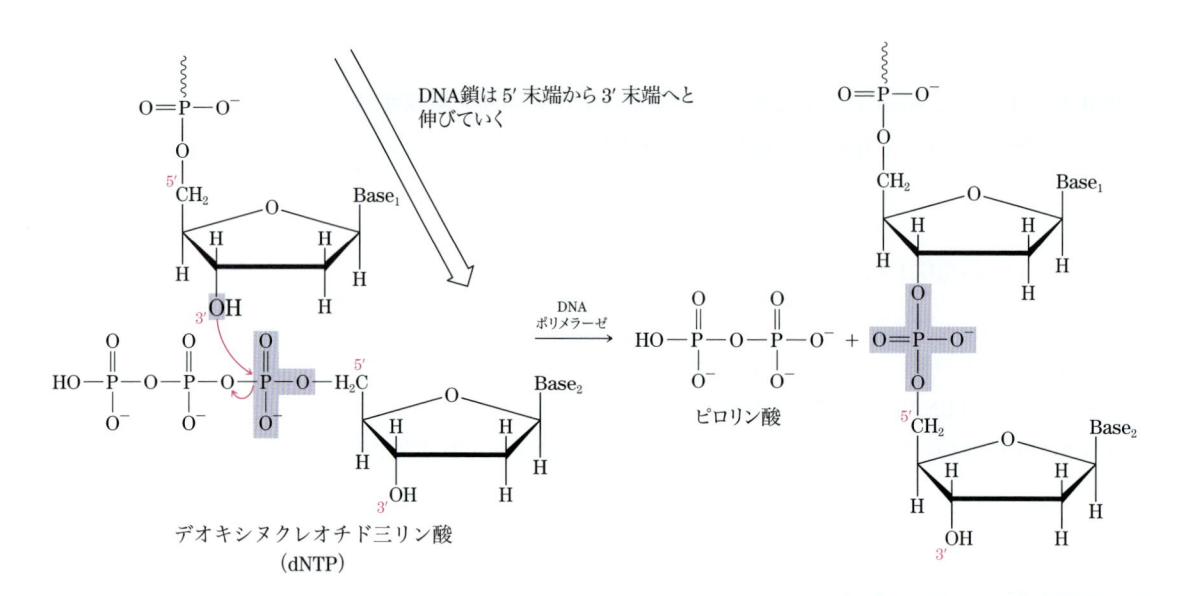

DNA ポリメラーゼは，試験管中でも，4 種のデオキシヌクレオチド三リン酸（dNTP）モノマーとプライマーの両方が存在している条件下であれば，一本鎖 DNA を鋳型としてこの合成を行う．**プライマー primer** とは，一本鎖 DNA（ssDNA）の相補鎖として塩基対を形成することで，短い二本鎖 DNA（dsDNA）の部分を生成できるオリゴヌクレオチドのことである．新しい DNA 鎖が 5′ 末端から 3′ 末端へ伸びるので，プライマーには伸長鎖の最初のヌクレオチドが付加するための遊離の 3′-OH 基がなくてはならない（図 20.11）．

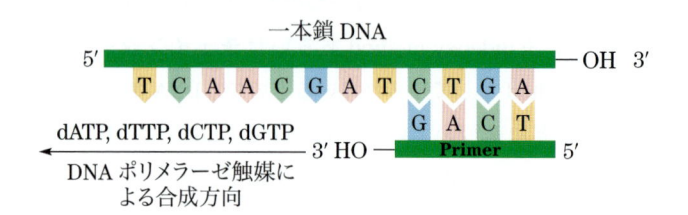

図 20.11
DNA ポリメラーゼは試験管中で，4 種のデオキシヌクレオチド三リン酸（dNTP）モノマーとプライマーが存在するときに，一本鎖 DNA を鋳型として相補的な DNA 鎖の合成を触媒する．プライマーは一本鎖 DNA に相補的な塩基対をもつことで二本鎖 DNA の合成開始点を供給する．

D ジデオキシ法

ジデオキシ法の重要な点は反応液中に 2′,3′-ジデオキシヌクレオシド三リン酸（ddNTP）を加えることである.

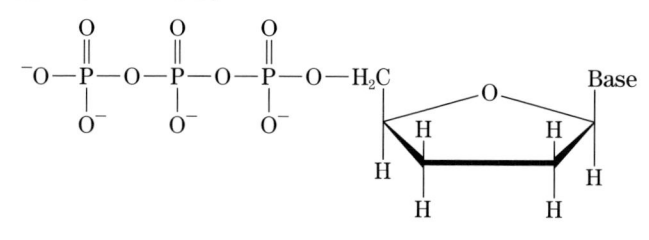

2′,3′-Dideoxynucleoside triphosphate
（ddNTP）

ddNTP は 3′-OH 基がないため，ポリヌクレオチド鎖を伸張させる際に付加される次のヌクレオチドの受容体として働かない．そのため，鎖合成は ddNTP が導入されたその場所で止まるので，チェインターミネーション法ともよばれる．

ジデオキシ法においては，配列不明の一本鎖の DNA をプライマーと混合して，四つの反応液に分ける．それぞれの反応液に，一つの 5′-ホスホリル基を ^{32}P で標識した4種のデオキシヌクレオシド三リン酸（dNTP）を加える．その結果，新しく合成された DNA 断片をオートラジオグラフィーで見ることができる．

$$^{32}_{15}P \longrightarrow {}^{32}_{16}S + \beta 粒 + r 線$$

さらに，それぞれの反応液に DNA ポリメラーゼと 4 種の ddNTP の一つを加える．反応液中の ddNTP と dNTP の比は，ddNTP がほんのまれにのみ導入されるように調節しなければならない．それぞれの反応液中では DNA 合成が進んでいくが，ある一定数の分子は合成が ddNTP 導入可能な場所で停止する（図 20.12）.

それぞれの反応液のゲル電気泳動が終了したとき，X 線フィルムをそのゲル上にのせ，^{32}P の放射性分解により放出される r 線がフィルムを黒くし，オリゴヌクレオチドを解析するイメージのパターンをその上につくり出す．元の一本鎖鋳型 DNA の相補的な塩基配列は，直接，そのつくり出されたフィルムの下から上へ読んでいく．

この手法の別法として，異なる蛍光指示薬で標識した 4 種の ddNTP を用いて一つの反応混合物で行う手法がある．それぞれの標識は特別なスペクトルとして解析される．この別法を用いた自動 DNA 配列決定機は 1 日あたり 10,000 塩基の配列決定を行うことができる．

図 20.12
DNA 配列決定のジデオキシ法．プライマー–DNA 鋳型を四つの反応液に分け，それぞれに dNTP, DNA ポリメラーゼ，そして，4種の ddNTP の一つを加える．合成は ddNTP が取り込まれた場所で停止する．オリゴヌクレオチドの混合物はポリアクリルアミドゲル電気泳動により分離する．DNA 相補鎖の塩基配列はゲルの下から上へ（5′末端から 3′末端へと）読んでいく．

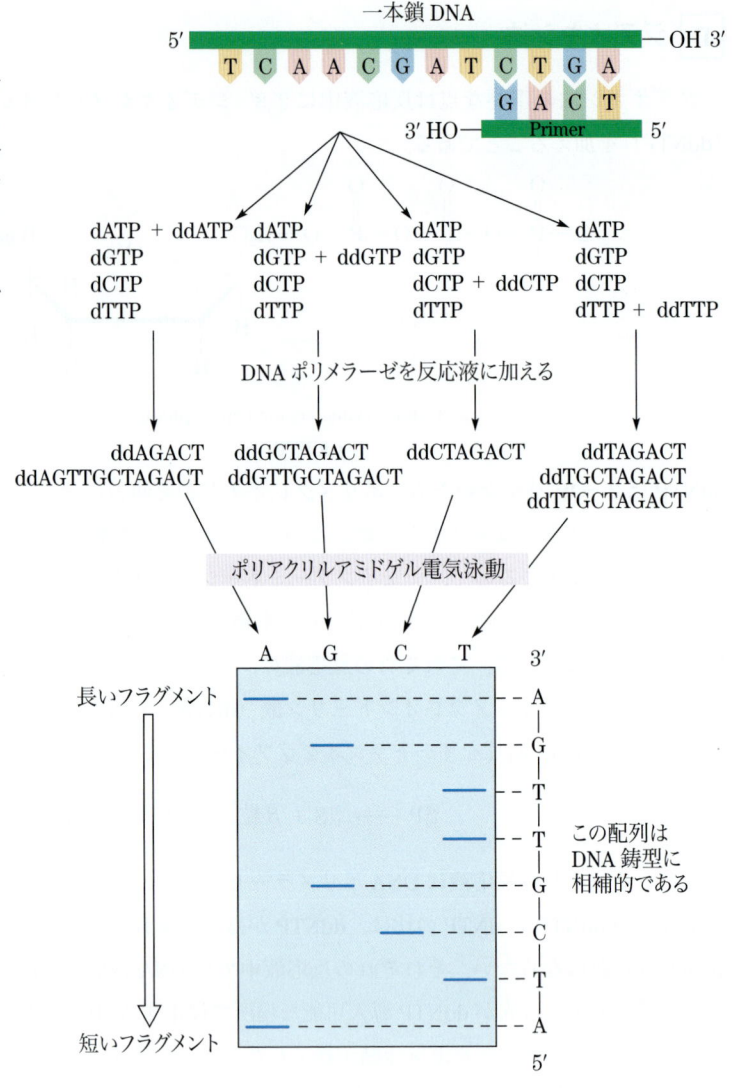

もしも DNA 鋳型の相補鎖が 5′A-T-C-G-T-T-G-A-3′ であれば，元の DNA 鋳型は 5′-T-C-A-A-C-G-A-T-3′ でなければならない．

E ヒトゲノムの配列決定

よく知られているように，ヒトゲノムの配列決定は二つの競争グループによって 2000 年の春に発表された．いわゆるヒトゲノムプロジェクトとよばれる公共的な機関のグループの提携によるものと，セレーラ Celera 社という私企業によるものである．実際には，この画期的な出来事は完全なすべての配列について行われたのではなく，全ゲノムの 85% を構成する"大まかな DNA 設計図"に対して行われたものである．ヒトゲノムの配列決定の手法は前に示した手法を精密化したものであり，キャピラリー管中で電気泳動することで DNA 断片を大規模に同時進行で分けることができることを基本としている．セレーラ社の手法は，300 もの最も高速な

第20章　核　酸

配列決定機を並列式に利用し，それぞれで多くのDNA断片を並列に解析するものである．スーパーコンピュータがデータ集積のために働き，何百万もの重なる配列を比較して順番を決定していった．

この成果は，分子医薬に新しい時代の幕開けを示すものである．これからは，致命的な病気につながる特別な遺伝的欠陥は分子レベルで理解され，望まれない遺伝子の働きを止めてしまうとか，望まれる遺伝子を活性化するということを目指した新しい治療法が発展するであろう．

CHEMICAL CONNECTIONS 20B

DNA指紋

ヒトはそれぞれ約30億対のヌクレオチドからなる遺伝的な構造をもっており，一卵性双生児を除いては，そのDNAの塩基配列は一人ずつ異なっている．その結果，それぞれの人は特徴的なDNA指紋をもっている．DNA指紋を決定するために，少量の血液，皮膚，あるいは他の組織から取ったDNAの試料をいくつかの制限酵素で処理し，それぞれの断片の5′末端を ^{32}P で標識する．得られた ^{32}P 標識制限断片を，ポリアクリルアミドゲル電気泳動で分離し，展開したゲルの上に写真乾板を置いて感光させる．

次の図に示しているDNA指紋のパターンにおいて，1，5，9レーンは内部標準（コントロール）で，標準的な制限酵素群で処理された標準的なウイルスのDNA指紋のパターンである．2，3，4レーンは，父親を決定するときに使用されたものである．4レーンに示す母親のDNA指紋には五つのバンドがあり，レーン3に示す子供のDNA指紋六つのうちの五つと一致している．レーン2が父親だと主張している人のDNA指紋であるが，子供のDNA指紋のうちの三つと一致している．子供は父親から遺伝子の半分だけを受けつぐので，子供と父親のDNA指紋は半分だけ一致することが予想される．この結果，親権の裁判はDNA指紋の一致に基づいて勝利に終わった．

6，7，8レーンは婦女暴行事件の証拠として使われたDNA指紋である．6レーンは被害者に付着した精液から得られたDNA指紋である．7と8レーンは被疑者のDNA指紋である．精液のDNA指紋パターンは，被疑者のものとは一致せず，その人はこの事件の犯人ではないと断定された．

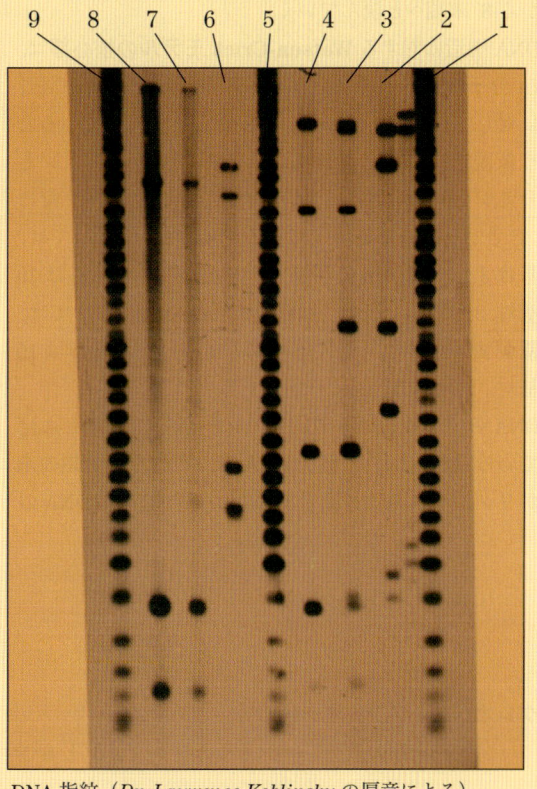

DNA指紋（*Dr. Lawrence Koblinsky* の厚意による）

まとめ

核酸は三つのタイプのモノマー単位で構成されている．プリンとピリミジンに由来する芳香族ヘテロ環アミン塩基，単糖のD-リボースまたは2-デオキシ-D-リボース，そしてリン酸イオンである（20.2節）．ヌクレオシドはD-リボースまたは2-デオキシ-D-リボースを含み，β-N-グリコシド結合で芳香族ヘテロ環アミン塩基と結合した化合物である．ヌクレオチドは，単糖の—OH基，最も一般的には3′-OHまたは5′-OHのいずれかにリン酸がエステル結合したヌクレオシドである．ヌクレオシド一リン酸，二リン酸，三リン酸は多塩基酸であり，pH 7.0ではかなりイオン化している．このpHでは，例えばアデノシン三リン酸はATP^{3-}とATP^{4-}の50：50混合物になっている．

デオキシリボ核酸（DNA）の一次構造は3′,5′-リン酸ジエステルで結合された2-デオキシリボース単位からなっている（20.3A節）．芳香族ヘテロ環アミン塩基はβ-N-グリコシド結合でそれぞれのデオキシリボースに結合している．塩基配列はポリヌクレオチドの5′末端から3′末端へと読んでいく．

DNA構造に対するWatson-Crickモデルの核心部は，DNA分子は2本の逆平行なポリヌクレオチド鎖が同じ軸に対して右巻きに巻いた二重らせんを形成しているという仮説を立てたところにある（20.3B節）．プリンとピリミジン塩基はらせん軸の内側に向いており，常にG—CとA—Tの対を作っている．B-DNAにおいては，塩基は3.4×10^{-10} mの間隔で積み重なり，らせんは10塩基対，3.4×10^{-9} mで一回転する．A-DNAにおいては，塩基が2.9×10^{-10} mの間隔で積み重なり，らせんは10塩基対，2.9×10^{-9} mで一回転する．

DNAの三次構造は一般的にはスーパーコイルとよばれている（20.3C節）．環状DNAは，それぞれの鎖の末端がリン酸ジエステル結合でつながった二本鎖DNAの一種である．環状DNAの片方の鎖が切れ，一部がほどかれ，再び結合すると，非らせん部にひずみが生じる．このひずみは超らせんねじれが起こると環状DNA全体に拡がる．ヒストンは特にリシンとアルギニンを多く含み，そのために正電荷を帯びている．DNAとヒストンが会合することでクロマチンとよばれる色素をつくり出す．

リボ核酸（RNA）の基本的な構造は，DNAと比べて，二つの大きな違いがある（20.4節）．(1) RNAの単糖はβ-D-リボースである．(2) DNAとRNAの両方ともプリン塩基としてアデニン(A)とグアニン(G)を含み，ピリミジン塩基としてシトシン(C)を含む．しかし，四つ目の塩基としては，RNAはウラシル(U)を，DNAはチミン(T)を含む．

遺伝暗号（20.5節）は，ヌクレオシド3個で1組になったトリプレットコードからなる．61個のトリプレットコードがアミノ酸を暗号化し，残りの3個はポリヌクレオチド合成の停止を暗号化している．

制限酵素は4〜8個のヌクレオチドの配列様式を認識し，その特定の配列を含む位置で，リン酸ジエステル結合でつながっているDNA鎖を加水分解して切断する（20.6A節）．Sangerにより開発されたDNA配列決定のジデオキシ法（20.6D節）においては，プライマー–DNA鋳型を四つの別々の反応混合物に分ける．それぞれに対して^{32}Pで標識された4種のdNTPを加える．さらに反応混合物にDNAポリメラーゼと4種のddNTPの一つを加える．合成はddNTP導入可能な位置で停止する．新たに合成されたオリゴヌクレオチドの混合物はポリアクリルアミドゲル電気泳動で分離され，オートラジオグラフィーで見ることができる．元のDNA鋳型の相補的なDNAの塩基配列は現像された写真乾板の下から上へ（5′末端から3′末端へ）と読まれていく．

補充問題

ヌクレオシドとヌクレオチド

20.7 急性白血病の治療に，6-メルカプトプリンと6-チオグアニンの二つの薬が使われる．

第 20 章 核 酸

6-Mercaptopurine

6-Thioguanine

これらの二つの薬は,母体になる化合物の 6 位炭素に結合した酸素が 2 価の硫黄に代わっている.6-メルカプトプリンと 6-チオグアニンのエンチオール(エノールの硫黄等価体)の構造式を書け.

20.8 次に示すのはシトシンとチミンの構造式である.シトシンの残り二つの互変異性体とチミンの残り三つの互変異性体の構造式を書け.

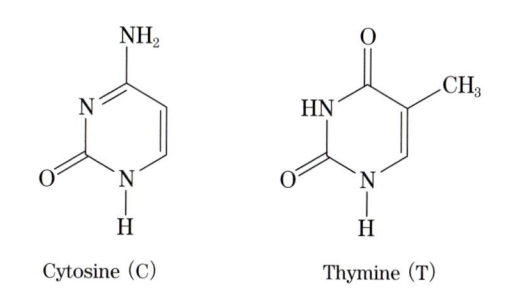

Cytosine (C)

Thymine (T)

20.9 次の成分で構成されているヌクレオシドの構造式を書け.
(a) β-D-リボースとアデニン　　(b) β-2-デオキシ-D-リボースとシトシン

20.10 ヌクレオシドは水と希薄な塩基中では安定である.しかし,希酸中ではヌクレオシドのグリコシド結合が加水分解を受けてペントースと芳香族ヘテロ環アミン塩基になる.この酸触媒加水分解の反応機構を書け.

20.11 ヌクレオシドとヌクレオチドの構造上の違いを述べよ.

20.12 次のヌクレオチドの構造式を書き,血しょうの pH である pH 7.4 における正味の電荷を推定せよ.
(a) $2'$-デオキシアデノシン $5'$-三リン酸(dATP)
(b) グアノシン $3'$-一リン酸(GMP)
(c) $2'$-デオキシグアノシン $5'$-二リン酸(dGDP)

20.13 1959 年に初めて単離された環状 AMP は代謝生理活性の調整剤として多様な生物学的過程に関与している.この化合物では,一つのリン酸基がアデノシンの $3'$ と $5'$ の両方のヒドロキシ基にまたがってエステル化している.環状 AMP の構造式を書け.

DNA の構造

20.14 なぜデオキシリボ核酸は酸とよばれているのか.その構造中の酸性基はどれか.

20.15 ヒトの DNA のおよそ 30.4% は A である.この値から G,C,T の割合を予測し,表 20.1 の値と比較せよ.

20.16 DNA テトラヌクレオチド $5'$-A-G-C-T-$3'$ の構造式を書け.このテトラヌクレオチドの pH 7.0 における正味の電荷を予測せよ.この配列に対する相補的なテトラヌクレオチドは何か.

20.17 DNA の二次構造の Watson-Crick モデルの仮定を列挙せよ.

20.18 Watson-Crick モデルは塩基の組成と分子の大きさと形に関する実験観測に基づいている.これらの実験観測について述べ,それぞれが Watson-Crick モデルではどのように説明されているか述べよ.

20.19 タンパク質の α ヘリックスと DNA 二重らせんについて,次の観点から比較せよ.
(a) ポリマー鎖の骨格の繰り返し単位

(b) 骨格に沿って存在する置換基（アミノ酸においては R 基，二重らせん DNA においてはプリンとピリミジン塩基）のらせん軸に対する空間的な位置関係

20.20 安定化された二本鎖 DNA における疎水的な相互作用の役割について述べよ．

20.21 次の生体高分子においてモノマーを結合している共有結合の種類の名称を述べよ．

(a) 多糖　　　(b) ポリペプチド　　　(c) 核酸

20.22 水素結合の観点からみると，A–T 塩基対と G–C 塩基対のどちらがより安定か．

20.23 温度が高くなると核酸は変性する．つまり，巻き戻されて一本鎖 DNA になる．核酸の G–C 含量が高くなると熱的な変性に必要とされる温度が高くなる理由を説明せよ．

20.24 5′-ACCGTTAAT-3′ に相補的な DNA を書け．その相補鎖のどちらが 5′ 末端でどちらが 3′ 末端かを示せ．

20.25 5′-TCAACGAT-3′ に相補的な DNA を書け．

リボ核酸

20.26 DNA 中にある A–T 塩基対の水素結合の強さと RNA 中にある A–U 塩基対の強さを比較せよ．

20.27 DNA と RNA を次の点で比較せよ．

(a) 単糖の単位　　　(b) プリン塩基とピリミジン塩基　　　(c) 一次構造
(d) 細胞中の存在場所　　　(e) 細胞での機能

20.28 細胞中で寿命が最も短いのは，どのタイプの RNA か．

20.29 5′-ACCGTTAAT-3′ に相補的な mRNA を書け．mRNA のどちらが 5′ 末端でどちらが 3′ 末端かを示すこと．

20.30 5′-TCAACGAT-3′ に相補的な mRNA を書け．

遺伝暗号

20.31 遺伝暗号が縮重しているとはどういう意味か．

20.32 アスパラギン酸とグルタミン酸は，側鎖にカルボキシ基があるため酸性アミノ酸とよばれる．これらの二つのアミノ酸のコドンを比較せよ．

20.33 芳香族アミノ酸，フェニルアラニンとチロシンの構造式を比較せよ．またこれら二つのアミノ酸のコドンを比較せよ．

20.34 グリシン，アラニン，バリンは非極性アミノ酸と分類されている．これらのコドンを比較せよ．どのような類似点と相違点が見られるか．

20.35 CUU，CUC，CUA，CUG というコドンは，すべてアミノ酸ロイシンを暗号化している．これらのコドンにおいて，最初と 2 番目の塩基は同一で，3 番目の塩基が異なる．3 番目の塩基が異なる組み合わせをもつコドンにはどのようなものがあり，それぞれどんなアミノ酸を暗号化しているのか．

20.36 2 番目の塩基としてピリミジン（U か C）のコドンで暗号化されているアミノ酸を比較せよ．これらのコドンで指定される多くのアミノ酸は疎水的な側鎖をもつか，親水的な側鎖をもつか．

20.37 2 番目の塩基としてプリン（A か G）のコドンで暗号化されているアミノ酸を比較せよ．これらのコドンで指定される多くのアミノ酸は親水的な側鎖をもつか，疎水的な側鎖をもつか．

20.38 次の mRNA 配列で暗号化されているポリペプチドは何か．

5′-GCU-GAA-GUC-GAG-GUG-UGG-3′

20.39 ヒトヘモグロビンの α 鎖は，141 個のアミノ酸からなるポリペプチド一本鎖である．この α 鎖を暗号化するのに必要な DNA の最小塩基数を計算せよ．その計算の中にはポリペプチド合成の停止を指定するのに必要な塩基の数も含めよ．

20.40 鎌状赤血球貧血症の人に見られるヒトヘモグロビン HbS において，β 鎖の 6 番目のグルタミン酸がバリンに置き換わっている．

(a) グルタミン酸の二つのコドンとバリンの四つのコドンを挙げよ．
(b) グルタミン酸のコドンの一つは一塩基置換の変異，つまり，コドンの一文字が変わることによってバリン

のコドンとなることを示せ．

応用問題

20.41 膜貫通型伝導制御タンパク質 CFTR を暗号化する遺伝子から三つの連続する T がなくなると，のう胞性繊維症として知られる病気になる．どのアミノ酸が CFTR からなくなると，この病気になるのか．

20.42 次の化合物は有効な抗ウイルス薬として研究されている．これらの化合物はそれぞれどのようにして RNA または DNA の合成を阻害すると考えられるか．

(a) コルジセピン cordycepin（3′-デオキシアデノシン）

(b) 2,5,6-トリクロロ-1-(β-D-リボフラノシル)ベンゾイミダゾール

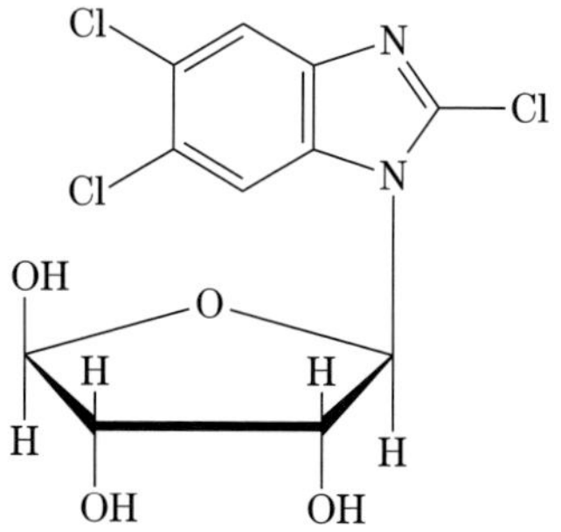

(c) 9-(2,3-ジヒドロキシプロピル)アデニン

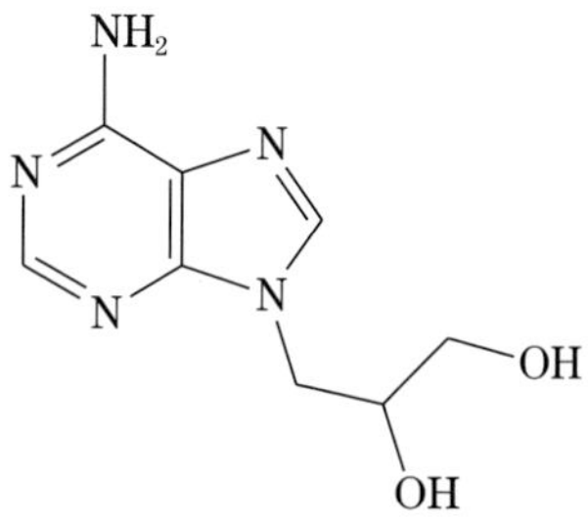

20.43 染色体の末端はテロメアとよばれ，ユニークで標準的でない構造をとる．一つの例として，グアノシン単位どうしの塩基対の存在があげられる．二つのグアニン塩基が互いにどのように水素結合で対になるかを示せ．

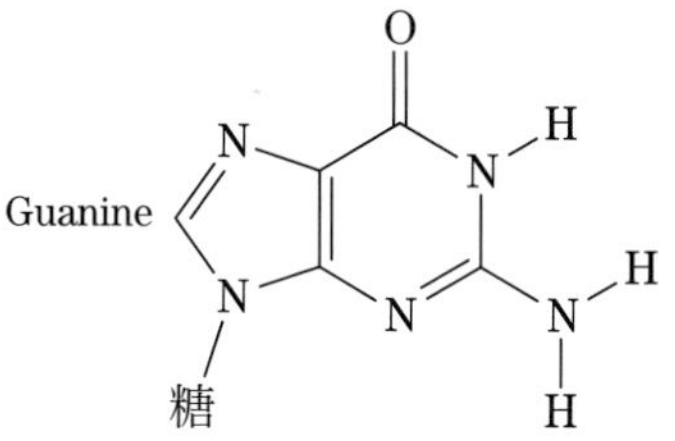

20.44 ジドブジン zidovudine（AZT）の合成法の一つには次の反応が含まれる．この反応の種類は何か．

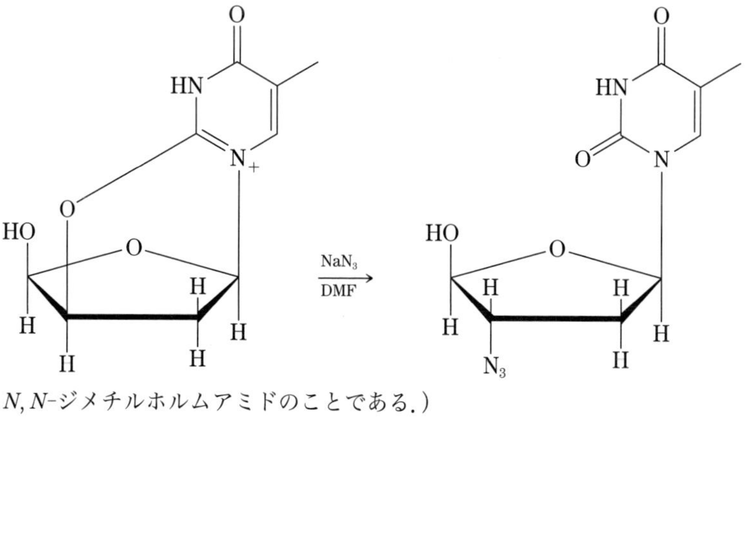

（DMF は溶媒で，N,N-ジメチルホルムアミドのことである．）

21 脂 質

- 21.1 はじめに
- 21.2 油　脂
- 21.3 せっけんと洗剤
- 21.4 リン脂質
- 21.5 ステロイド
- 21.6 プロスタグランジン
- 21.7 脂溶性ビタミン

カナダの雪で覆われた風景の中の北極グマ．北極グマは1年を通じて数週間しかエサをとらず，残りの8か月以上の間は食べ物や水分をほとんど摂取しない．主としてクマは冬季にもっぱらアザラシのあぶら肉（主成分はトリグリセリドである）を食べ，体内に脂肪の形で蓄える．夏の間，クマは長い距離を歩き回るなどの通常の行動を示すが，この間のエネルギーは冬季に蓄えられた体脂肪から供給される．そして，これらの行動には1日に約1.0～1.5 kgの脂肪が消費される．左の図はオレイン酸の分子模型である．（Daniel J. Cox/Stone/Getty Images）

21.1　はじめに

　脂質 lipid とは，溶解性を基準にして分類される天然に存在する多様な有機化合物群をいう．脂質は水に溶けにくいが，ジエチルエーテル，ジクロロメタン，アセトンなどの非極性の非プロトン性有機溶媒に溶ける．

　脂質はヒトの体内で三つの大きな役割を果たしている．その第一はトリグリセリドの形（脂肪）で化学エネルギーの貯蔵庫としての役割である．植物は炭水化物（例えば，でんぷん）としてエネルギーを蓄えるのに対して，ヒトは脂肪組織に脂肪粒として蓄える．第二はリン脂質の形で，膜の構成成分になっている．第三は，ステロイドホルモン，プロスタグランジン，トロンボキサン，ロイコトリエンとして化

脂質：動植物を起源とした化合物の中で，ジエチルエーテルやアセトンなどの有機溶媒に溶けやすい性質を示す生体関連分子の総称．

学伝達物質の役割を担っている．この章では脂質の種類ごとにその構造と生物学的機能について学ぶ．

21.2 油　脂

動物性脂肪や植物油は天然に最も豊富に存在する脂質であり，これらは長鎖の脂肪酸とグリセリンのトリエステルであり，油脂は**トリグリセリド** triglyceride あるいは**トリアシルグリセリン** triacylgrycerol ともいわれる．トリグリセリドをアルカリ加水分解し，これを酸性にするとグリセリンと3分子の脂肪酸を生じる．

トリグリセリド（トリアシルグリセリン）：1分子のグリセリンと3分子の脂肪酸とからなるエステル．

$$\begin{array}{c} O \\ \| \\ O\ CH_2OCR \\ \| \quad | \\ R'COCH \quad O \\ | \quad \| \\ CH_2OCR'' \end{array} \xrightarrow[\text{2. HCl, }H_2O]{\text{1. NaOH, }H_2O} \begin{array}{c} CH_2OH \\ | \\ HOCH \\ | \\ CH_2OH \end{array} + \begin{array}{c} RCOOH \\ R'COOH \\ R''COOH \end{array}$$

トリグリセリド　　　　　　1,2,3-Propanetriol　　脂肪酸
　　　　　　　　　　　　　（Glycerol, glycerin）

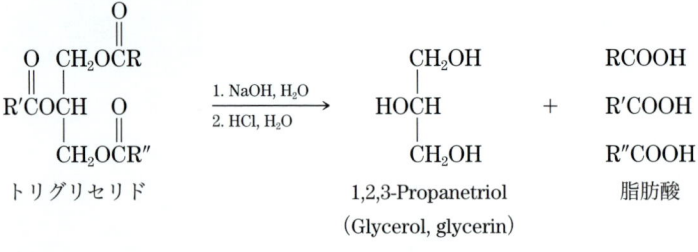

植物油 (Charles D. Winters)

A 脂肪酸

これまでに動植物のさまざまな細胞や組織から500種以上にもおよぶ多くの**脂肪酸** fatty acid が単離されている．表21.1に主要な脂肪酸の慣用名と構造式を示す．脂肪酸の炭素数と炭化水素鎖の炭素–炭素二重結合の数をコロン（：）で区切って示してある．例えば，リノール酸は18：2で表している．これは炭素数が18で2個の炭素–炭素二重結合をもつカルボン酸であることを意味している．

脂肪酸：動物の脂肪，植物油あるいは生体膜の構成成分であるリン脂質の加水分解によって得られる，主として炭素数12～20の直鎖の長鎖カルボン酸．

表21.1　油脂および生体膜に含まれる主要な脂肪酸

炭素数： 二重結合の数*	構造	慣用名	融点 (℃)
飽和脂肪酸			
12：0	$CH_3(CH_2)_{10}COOH$	lauric acid（ラウリン酸）	44
14：0	$CH_3(CH_2)_{12}COOH$	myristic acid（ミリスチン酸）	58
16：0	$CH_3(CH_2)_{14}COOH$	palmitic acid（パルミチン酸）	63
18：0	$CH_3(CH_2)_{16}COOH$	stearic acid（ステアリン酸）	70
20：0	$CH_3(CH_2)_{18}COOH$	arachidic acid（アラキジン酸）	77
不飽和脂肪酸			
16：1	$CH_3(CH_2)_5CH=CH(CH_2)_7COOH$	palmitoleic acid（パルミトオレイン酸）	1
18：1	$CH_3(CH_2)_7CH=CH(CH_2)_7COOH$	oleic acid（オレイン酸）	16
18：2	$CH_3(CH_2)_4(CH=CHCH_2)_2(CH_2)_6COOH$	linoleic acid（リノール酸）	-5
18：3	$CH_3CH_2(CH=CHCH_2)_3(CH_2)_6COOH$	linolenic acid（リノレン酸）	-11
20：4	$CH_3(CH_2)_4(CH=CHCH_2)_4(CH_2)_2COOH$	arachidonic acid（アラキドン酸）	-49

*はじめの数字は脂肪酸の炭素数で，2番目の数字は炭化水素鎖中の二重結合の数．

第21章 脂 質

高等植物や動物に広く存在する脂肪酸の特色を次に示す．

1. 大部分の脂肪酸は炭素の数が偶数で 12 ～ 20 の直鎖の炭素鎖からなる．
2. パルミチン酸（16：0），ステアリン酸（18：0），オレイン酸（18：1）の3種は天然に最も豊富に存在する代表的な脂肪酸である．
3. 油脂や細胞膜から得られる不飽和脂肪酸の二重結合の立体配置はシスのものが多く，トランスのものはほとんどない．
4. 不飽和脂肪酸は同じ炭素数の飽和脂肪酸よりも融点が低く，不飽和結合の数が増すほど融点は低くなる．例えば，炭素数が 18 の 4 種の脂肪酸の融点を比べてみるとよい．

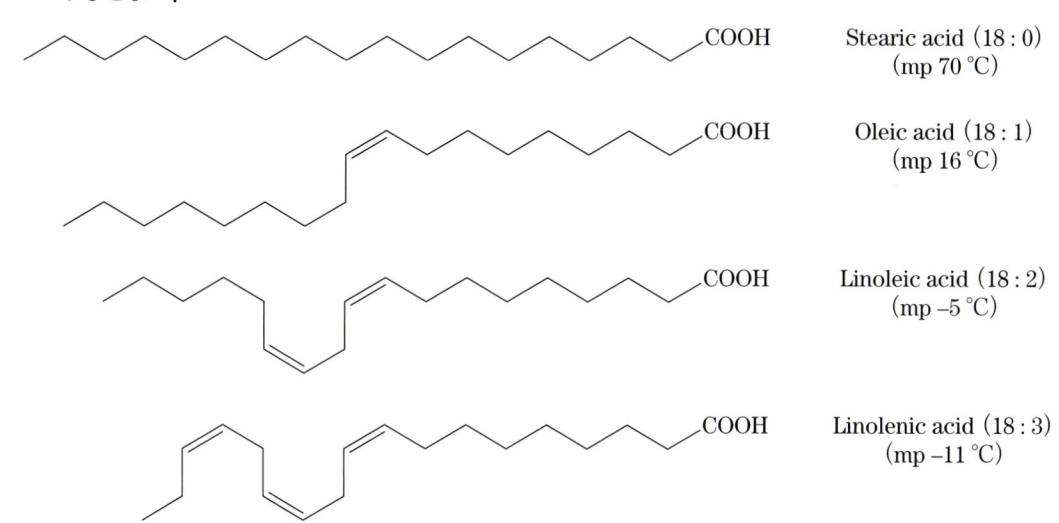

Stearic acid（18：0）（mp 70 ℃）

Oleic acid（18：1）（mp 16 ℃）

Linoleic acid（18：2）（mp –5 ℃）

Linolenic acid（18：3）（mp –11 ℃）

例題 21.1

生物界で最も一般的な3種の脂肪酸，パルミチン酸，オレイン酸およびステアリン酸それぞれ1分子からなるトリグリセリドの構造式を書け．

解 答

この次に示す構造式では，グリセリンの1位の炭素にパルミチン酸が，2位の炭素にオレイン酸が，3位の炭素にステアリン酸がそれぞれエステル結合したものを示している．

$$\text{CH}_3(\text{CH}_2)_7\text{CH}=\text{CH}(\text{CH}_2)_7\text{COCH} \begin{matrix} \text{CH}_2\text{OC}(\text{CH}_2)_{14}\text{CH}_3 \\ \\ \text{CH}_2\text{OC}(\text{CH}_2)_{16}\text{CH}_3 \end{matrix}$$

oleate (18:1), palmitate (16:0), stearate (18:0)

トリグリセリド

油：室温で液体のトリグリセリド．
脂肪：室温で半固体あるいは固体のトリグリセリド．

> **練習問題 21.1**
> (a) パルミチン酸，オレイン酸，ステアリン酸各 1 分子からなるトリグリセリドには何種類の構造異性体が可能か．
> (b) これらの構造異性体の中でキラルなものはどれか．

B 物理的性質

トリグリセリドの物理的な性質は脂肪酸の種類に関係している．通常，トリグリセリドの融点は炭素鎖の炭素数が増すほど，また二重結合の数が少ないほど高くなる．オレイン酸やリノール酸あるいは他の不飽和脂肪酸を主成分とするものは室温で一般に液体であるので，単に**油** oil とよばれる．一方，パルミチン酸やステアリン酸などの飽和脂肪酸を主成分とするものは室温で半固体または固体であり，**脂肪** fat とよばれる．通常，陸上動物の脂肪は重量比にして約 40〜50% の飽和脂肪酸を含むのに対して，植物油はこれが 20% あるいはそれ以下で，80% 以上を不飽和脂肪酸が占めている（表 21.2）．ただし，植物油の中でも熱帯植物から得られる**熱帯油** tropical oil（やし油やパーム油など）は例外的に低分子量の飽和脂肪酸を多く含んでいる．

不飽和脂肪酸の含量が多くなるとトリグリセリドの融点が低くなるという現象は，不飽和脂肪酸と飽和脂肪酸成分の炭素鎖の三次元構造の違いに関係している．図 21.1 に飽和トリグリセリドであるトリパルミチンの空間充填分子模型を示す．この分子模型からわかるように，このトリグリセリドでは炭素鎖が互いに平行に秩序よく並んだコンパクトな形をとる．このようにコンパクトな三次元構造と，その結果生じる隣接する分子の炭化水素鎖間の大きな分散力（3.9B 節）のために，飽和脂肪酸を主成分とするトリグリセリドは室温よりも高い融点を示すことになる．

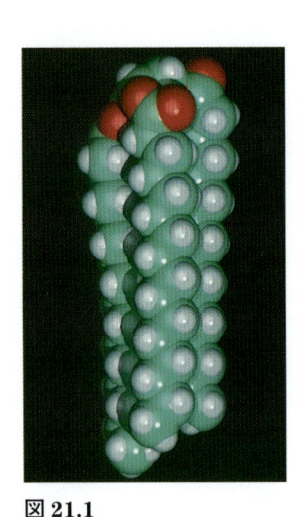

図 21.1
トリパルミチン，飽和トリグリセリドの一つ．
(*Brent Iverson, University of Texas*)

表 21.2 主要な油脂のトリグリセリド 100 g に含まれる脂肪酸の量（g）[*]

油　脂	飽和脂肪酸			不飽和脂肪酸	
	Lauric (12:0)	Palmitic (16:0)	Stearic (18:0)	Oleic (18:1)	Linoleic (18:2)
ヒト脂肪	−	24.0	8.4	46.9	10.2
牛　脂	−	27.4	14.1	49.6	2.5
バター	2.5	29.0	9.2	26.7	3.6
やし油	45.4	10.5	2.3	7.5	微量
コーン油	−	10.2	3.0	49.6	34.3
オリブ油	−	6.9	2.3	84.4	4.6
パーム油	−	40.1	5.5	42.7	10.3
落花生油	−	8.3	3.1	56.0	26.0
大豆油	0.2	9.8	2.4	28.9	50.7

[*] 主要な脂肪酸のみを示す．

第21章 脂 質

不飽和脂肪酸の三次元構造は飽和脂肪酸のものと比較して大きく異なっている．21.1A 節で述べたように，高等生物の不飽和脂肪酸の二重結合は主としてシス配置であり，トランス配置のものはまれである．図21.2に**ポリ不飽和トリグリセリド** polyunsaturated triglyceride の例として，各1分子のステアリン酸，オレイン酸およびリノール酸とからなるトリグリセリドの空間充填分子模型を示す．この不飽和トリグリセリド中の不飽和脂肪酸の二重結合の立体配置はいずれもシスである．

このポリ不飽和トリグリセリドでは，先の飽和トリグリセリドで認められた秩序性が低下し，互いにコンパクトに配列しにくくなっている．その結果，分子内および分子間の分散力による相互作用が弱まり，ポリ不飽和トリグリセリドの融点は，飽和トリグリセリドよりも低くなる．

C 不飽和脂肪酸の還元

今日，利便性や栄養学的利点などのさまざまな理由から，液状の油を固形の脂肪に変える工程の工業化が進んでいる．この過程は**硬化** hardening とよばれ，不飽和脂肪酸の含量の多い植物油の不飽和結合の一部あるいはすべてを接触還元（5.5A 節）している．この硬化の程度を注意深く制御することによって，望みの成分からなる脂肪が得られ，こうして作られたものは食用として販売されている．マーガリンや人工バターはコーン油，綿実油，落花生油，大豆油から得られたポリ不飽和の油を部分還元してつくられる．これにβ-カロテン（黄色に着色してバターに似せる），塩，体積比にして15% の牛乳を加え，乳濁状にする．ビタミンAやDも加えられる．まだこの段階では風味がないので，バターの特徴的な香りに似ているアセトインやジアセチルを加えることも多い．

```
        HO   O                          O   O
        |    ||                         ||  ||
  CH₃—CH—C—CH₃                    CH₃—C—C—CH₃
   3-Hydroxy-2-butanone              2,3-Butanedione
       （Acetoin）                      （Diacetyl）
```

図 21.2
ポリ不飽和トリグリセリドの一つ．
(Brent Iverson, University of Texas)

ポリ不飽和トリグリセリド：三つの脂肪酸の炭化水素鎖中に数個の炭素–炭素二重結合をもつトリグリセリド．

21.3 せっけんと洗剤

A せっけんの構造と製造

天然の**せっけん** soap は，牛脂ややし油からつくられる．牛脂をつくるには，牛の固形脂肪を蒸気で溶かし，上層にできた牛脂をとる．せっけんにするにはこれらのトリグリセリドを水酸化ナトリウムとともに煮沸する．この過程で起こる反応は**けん化** saponification（ラテン語：*saponem*，せっけん）とよばれる．分子レベルでは，けん化はトリグリセリドのエステル基のアルカリ加水分解（15.4C 節）にほかならない．こうして得られたせっけんは，牛脂からのものは主にパルミチン酸，ステアリン酸，オレイン酸のナトリウム塩であり，やし油からのものはラウリン酸，

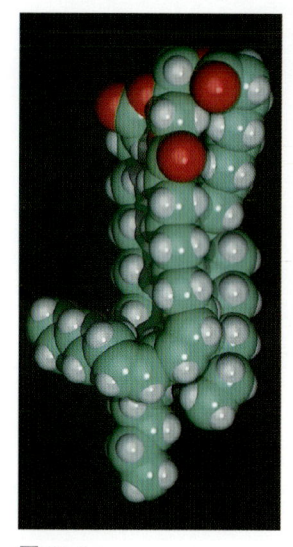

水素化された植物油を含む製品 (Charles D. Winters)

せっけん：脂肪酸のナトリウムあるいはカリウム塩．

$$\begin{array}{c}\text{O}\\\text{CH}_2\text{OCR}\\\text{O}\quad\quad\quad\quad\\\text{RCOCH}\quad\text{O}\\\text{CH}_2\text{OCR}\end{array} + 3\text{NaOH} \xrightarrow{\text{けん化}} \begin{array}{c}\text{CH}_2\text{OH}\\\text{CHOH}\\\text{CH}_2\text{OH}\end{array} + 3\text{RCO}^-\text{Na}^+$$

トリグリセリド　　　　　　　　　　　　　　　　　1,2,3-Propanetriol　　ナトリウムセッケン
　　　　　　　　　　　　　　　　　　　　　　　　(Glycerol; glycerin)

ミリスチン酸のナトリウム塩である．

　完全に加水分解してから，溶液に塩化ナトリウムを加えるとせっけんが凝固してくる．水層をろ別し，減圧蒸留によってグリセリンを回収する．このようにして作られた粗せっけんには食塩や水酸化ナトリウムなどの不純物が混入しているが，これらの不純物は粗せっけんを加熱下に水に溶かし，再び食塩を加えて凝固させることによって取り除かれる．この精製操作を数回繰り返すだけで，安価な工業用せっけんができる．また，ここで得られたせっけんに適切な処置を施すことによって，中性化粧せっけんや薬用せっけんなどがつくられる．

B　せっけんの洗浄作用

　せっけんは乳化剤として働き，優れた洗浄作用をもつ．せっけんの長い炭化水素鎖部分は水に溶けにくいので，まわりの水分子との接触面をなるべく小さくするように一団となって凝集しようとする．これに対して，極性の高いカルボキシラート基部分は水分子との接触を保とうとする傾向がある．このような性質によってせっけんは水溶液中で**ミセル** micelle を形成する（図 21.3）．

　通常，汚れ（グリース，油，脂肪などの付着物）とみなされる大部分のものは非極性で，水に溶けない物質である．これらの汚れをせっけんとともに洗濯機の中でかき混ぜると，せっけんのミセル内部の非極性炭化水素部分は非極性のよごれ分子を"溶解"する．要するに，汚れの分子が中心に集まった新しいミセルが形成されることになる（図 21.4）．このようにして，グリースや油脂などの非極性有機物が

ミセル：疎水性部分が凝集して球の内部にあり，親水性の部分が球の表面で水と接するように配置された有機分子の球状の集まり．

(a)　せっけん　　　　　　(b)　水中におけるせっけんミセルの断面図

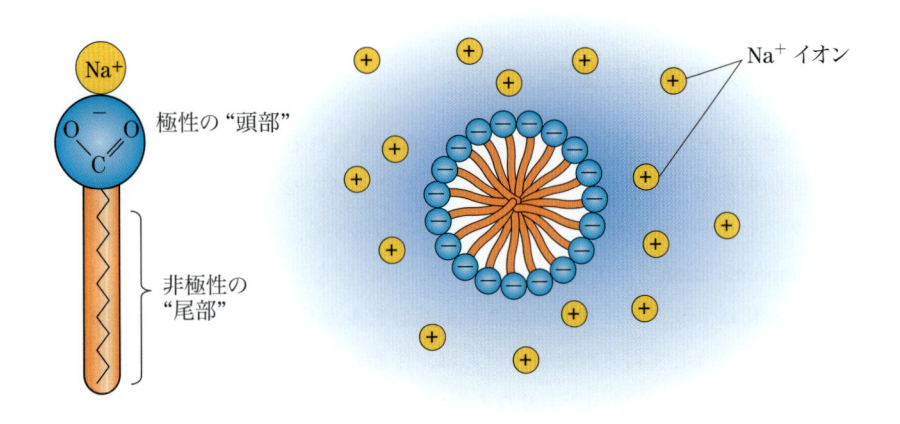

図 21.3
せっけんのミセル．
非極性（疎水性）の炭化水素鎖はミセルの内側に凝集しており，極性（親水性）のカルボキシラート基はミセルの表面にある．ミセルの表面は負に帯電しているので，ミセルどうしは互いに反発し合う．

極性の高い洗浄水に"溶解"されて洗い取られる．

せっけんにも欠点がないわけではない．その中でも一番の問題は，せっけんを Mg^{2+}，Ca^{2+}，あるいは Fe^{3+} イオンを含む水（硬水）の中で使うと，不溶性の塩を生じるという点である．

$$2CH_3(CH_2)_{14}COO^-Na^+ + Ca^{2+} \longrightarrow [CH_3(CH_2)_{14}COO^-]_2Ca^{2+} + 2Na^+$$

ナトリウムセッケン　　　　　　　　　　　脂肪酸のカルシウム塩
（ミセルとして水に可溶）　　　　　　　　　　（水に不溶）

脂肪酸のカルシウム塩，マグネシウム塩および鉄塩は，浴槽の汚れ，髪の毛の艶の低下，洗濯の繰り返しによる布の黄ばみとけば立ち，硬水によるせっけんの洗浄作用の低下などの原因になる．

図21.4 油滴やグリースを"溶解"した状態のせっけんのミセル．

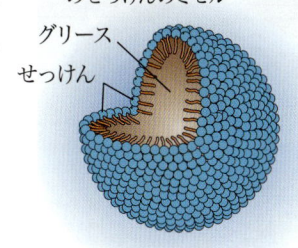

C 合成洗剤

せっけんのもつ洗浄作用の原理がわかると，この原理をもとにして合成洗剤が考え出された．優れた洗剤の分子は炭素数 12〜20 の炭化水素鎖からなり，その一端が硬水中に含まれる Mg^{2+}，Ca^{2+}，Fe^{3+} イオンなどと反応しても不溶性の塩を形成しないような極性基であればよいはずである．ここで，化学者はカルボキシラート基（—COO⁻）の代わりにスルホナート基（—SO_3^-）をもつものであれば洗剤としての機能が果たせるであろうと考えた．なぜならば，モノアルキル硫酸やスルホン酸のカルシウム，マグネシウムおよび鉄塩類は脂肪酸の塩類よりもずっと水に溶けやすいからである．

現在，最も広く用いられている合成洗剤は，直鎖アルキルベンゼンスルホン酸塩 linear alkylbenzenesulfonate（LAS）である．その中でも 4-ドデシルベンゼンスルホン酸ナトリウムが最も広く利用されているものの一つである．このタイプの洗剤を合成するには，まず直鎖のアルキル置換基をもつアルキルベンゼン類を硫酸でスルホン化し（9.7B 節），次いで，生成したアルキルベンゼンスルホン酸を NaOH で中和すればよい．

$$CH_3(CH_2)_{10}CH_2-C_6H_5 \xrightarrow[2.\ NaOH]{1.\ H_2SO_4} CH_3(CH_2)_{10}CH_2-C_6H_4-SO_3^-Na^+$$

Dodecylbenzene　　　　　　　Sodium 4-dodecylbenzenesulfonate
　　　　　　　　　　　　　　　　（アニオン性洗剤）

ビルダーと混合して噴霧乾燥すると，なめらかで流動性に優れたさらさらの洗剤の粉末が得られる．ビルダーとしてはケイ酸ナトリウムがよく用いられる．このアルキルベンゼンスルホン酸塩が洗剤として利用されるようになったのは 1950 年代の後半であるが，今日ではこの洗剤が天然せっけんを抑えて洗剤市場の 90% 近くを占めている．

洗剤への添加物としては，発泡剤，漂白剤，光沢増強剤がある．液体せっけんに加えられる通常の発泡剤（洗濯用の洗剤には加えられない．その理由は，一杯に詰め込まれた洗濯機から泡が吹き出してくるのを想像するだけでわかるであろう）はドデカン酸（ラウリン酸）と2-アミノエタノール（エタノールアミン）からつくられるアミドである．よく用いられる漂白剤は過ホウ酸ナトリウム四水和物である．これは50℃以上で分解し，実際の漂白剤である過酸化水素を発生する．

$$CH_3(CH_2)_{10}\overset{O}{\overset{\|}{C}}NHCH_2CH_2OH \qquad O=B-O-O^-Na^+ \cdot 4H_2O$$

N-(2-Hydroxyethyl)dodecanamide 　　　Sodium perborate tetrahydrate
（泡の安定化剤）　　　　　　　　　　　　　　　　（漂白剤）

洗濯用の洗剤には，さらに光沢増強剤が添加される．これらの物質は繊維に吸着され，周囲から光を吸収すると青色の蛍光を出し，古くなって黄色くなった繊維の色を打ち消す．このような光沢剤は"白より白い"外観をつくりだす．実際に暗いところで紫外線に当てると，Tシャツやブラウスが輝くのを見れば，その効果を自分で確かめることができる．

21.4　リン脂質

A 構　造

リン脂質 phospholipid，もっと正確にはホスホアシルグリセリン phosphoacylglycerol は，天然の脂質類の中で2番目に多い脂質である．そのほとんどは動植物の細胞膜の中にあり，一般に，細胞膜は40～50％のリン脂質と50～60％のタンパク質とから構成されている．その中でも最も多いリン脂質は，グリセリンが2分子の脂肪酸および1分子のリン酸とエステル結合したホスファチジン酸の誘導体である（図21.5）．

ホスファチジン酸を構成する最も一般的な脂肪酸は，パルミチン酸とステアリン酸（いずれも飽和脂肪酸）およびオレイン酸（二重結合を1個もつ不飽和脂肪酸）である．このホスファチジン酸のリン酸残基が低分子量のアルコールでエステル化されたものがリン脂質である．表21.3にリン脂質を構成している主なアルコールを示す．

B 脂質二分子膜

図21.6にレシチン（ホスファチジルコリン）の空間充填分子模型を示す．これらのリン脂質は伸張した棒状の分子で，一端は非極性（疎水性）の炭化水素鎖が互いにほぼ平行に並んだ状態にあり，他端の極性の高い（親水性）リン酸エステル基はこれと反対の方向に向いている．

リン脂質を水中に入れると，直ちに親水性の部分が表面に出て表面がイオンでお

第 21 章 脂 質

図 21.5

ホスファチジン酸とリン脂質．ホスファチジン酸はグリセリンに2分子の脂肪酸と1分子のリン酸とがエステル結合したものである．このリン酸残基をさらに低分子量のアルコールでエステル化するとリン脂質になる．二つの構造式の官能基は，血しょうや体液のpHに近いpH 7.4ではイオン化している．この条件下ではリン酸基は負電荷を，またアミノ基は正電荷をもっている．

表 21.3　リン脂質に含まれる一般的な低分子量アルコール

リン脂質中のアルコール 構造式	名　称	リン脂質の名称
$HOCH_2CH_2NH_2$	ethanolamine（エタノールアミン）	phosphatidylethanolamine（ホスファチジルエタノールアミン）（cephalin, セファリン）
$HOCH_2CH_2\overset{+}{N}(CH_3)_3$	choline（コリン）	phosphatidylcholine（ホスファチジルコリン）（lecithin, レシチン）
$HOCH_2CHCOO^-$ 　　　$\underset{NH_3^+}{\|}$	serine（セリン）	phosphatidylserine（ホスファチジルセリン）
イノシトール構造式	inositol（イノシトール）	phosphatidylinositol（ホスファチジルイノシトール）

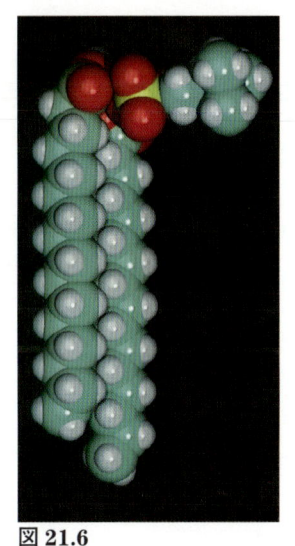

図 21.6

レシチンの空間充填分子模型．
(Brent Iverson, University of Texas)

おわれた**脂質二分子膜** lipid bilayer（図 21.7）を形成する．非極性の脂肪酸の炭化水素鎖は，この二分子膜の内側に埋もれて水との接触を避けるように配置される．このリン脂質が自己集合によって二分子膜を形成する過程は，次の2種類の非共有結合相互作用によって自然に起こる．

脂質二分子膜：リン脂質の単分子膜の疎水性部分が，互いに重なり合って形成された二分子膜．

CHEMICAL CONNECTIONS 21A

蛇毒のリン脂質加水分解酵素

　ある種の蛇毒中にはホスホリパーゼ phospholipase が含まれている．これらの酵素はリン脂質のカルボン酸エステル結合を加水分解する作用がある．アメリカガラガラ蛇（*Crotalus adamanteus*）やインドコブラ（*Naja naja*）の毒液はホスホリパーゼ PLA_2 とよばれる酵素を含んでおり，この酵素はリン脂質の 2 位の炭素のエステル結合の加水分解を触媒する．この反応の加水分解生成物，リソレシチン lysolecitin は界面活性作用をもち，赤血球の膜を溶かしてこれを破壊する．毎年数千人がインドコブラに命を奪われている．

インドコブラからの
蛇毒の採取
(*Dan McCoy/Rainbow*)

リン脂質 + H_2O $\xrightarrow{PLA_2}$ リソレシチン + $R_2-C(=O)-O^-$ + H^+

PLA_2 はこのエステル結合の加水分解を触媒する

1. 非極性の炭化水素鎖が互いに集合し，水分子を排除する疎水性効果．
2. 水の環境内で，頭部の極性基と水や他の極性分子との間に生じる静電相互作用．

　21.3B 節において，せっけんのミセルがこれと同じような分子間力によって生じていることを述べた．せっけん分子の極性（親水性）のカルボキシラート基はミセルの表面にあり，水分子と会合している．一方，非極性（疎水性）の炭化水素鎖はミセルの内部にかたまり，水分子との接触を避けている．

　リン脂質二分子膜の内側の炭化水素鎖の配列は，炭化水素鎖の不飽和度によって変化し，堅いものから流動性のあるものまでさまざまである．飽和炭化水素鎖は互いに平行かつ緊密になっていて，二分子膜を固定化する．これに対して，不飽和炭化水素鎖はシス配置の二重結合をもつので炭素鎖に"もつれ"を生じさせ，飽和鎖のように緊密に秩序正しく配列できなくする．このような不飽和炭化水素鎖の無

第21章 脂 質

図21.7
生体膜の流動モザイクモデル．脂質二分子膜には膜タンパク質が膜の表面の内と外にあり，また，膜の厚みを貫通している．

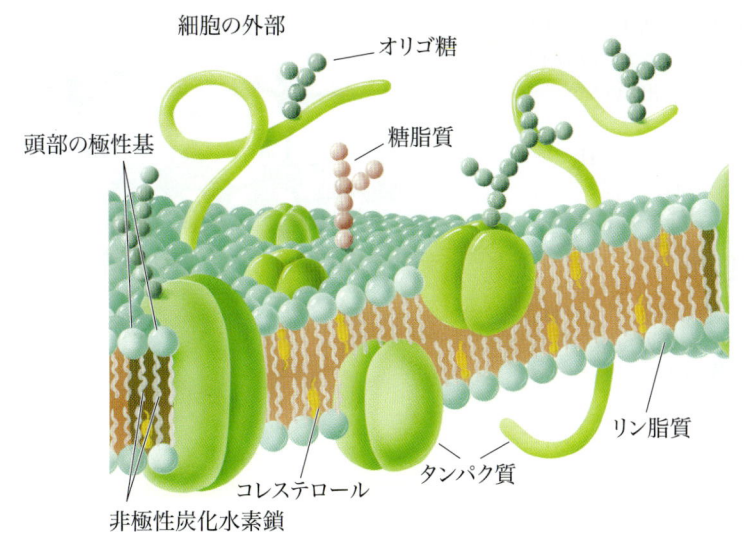

秩序な配列は，二分子膜に流動性をもたらすことになる．

　生体膜は脂質二分子膜からなっている．今日，動植物の生体膜のリン脂質，タンパク質，コレステロールの配列に関して最も広く受け入れられているモデルは，1972年に S. J. Singer（シンガー）と G. Nicolson（ニコルソン）によって提唱された**流動モザイクモデル** fluid-mosaic model である．ここでモザイクという用語は，新しい分子やイオンが結合によって形成されるのではなく，さまざまな膜の構成成分が互いに独立した単位として隣り合って共存していることを示している．また，流動という語は，前述の脂質二分子膜の流動性と同じ流動性のあることを示している．膜中のタンパク質は二分子膜の中に"浮いて"おり，膜内を自由に動くことができると考えられている．

流動モザイクモデル：生体膜はリン脂質二分子膜からなり，タンパク質，炭水化物，脂質類はこの二分子膜の中に埋もれていたり表面に付着しているというモデル．

21.5 ステロイド

　ステロイド steroid は動植物中に含まれる脂質の一種で，図21.8に示すような四環系の化合物である．天然に存在する一般的なステロイドの四環系に共通の特徴を図21.9に示す．これらは次のように要約される．

1. 環縮合の結合様式はトランス形であり，その結合位置の核間水素や置換基はアキシアルである．（例えば，5位の—H および10位の—CH$_3$ の配向を比べよ．）
2. 環の縮合位置（炭素 5-10-9-8-14-13）に沿った炭素上の水素原子やメチル基の結合様式は，ほとんどがトランス–アンチ–トランス–アンチ–トランスである．
3. 上記のような結合様式をとっているので，このステロイドの四環系は分子全体としては平面的で，堅固である．
4. 多くのステロイドは四環系の10位と13位にアキシアルメチル基をもつ．

ステロイド：動植物界に広く存在する脂質の一種で，六員環3個と五員環1個のステロイド核とよばれる特徴的な四環性構造をもつ化合物．

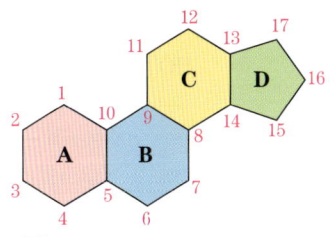

図21.8
ステロイドに特徴的な四環系構造．

図 21.9
多くのステロイドの四環系に共通な特徴.

10位と13位の炭素上のメチル基はいずれもアキシアルで,ステロイド核平面の上方につき出ている

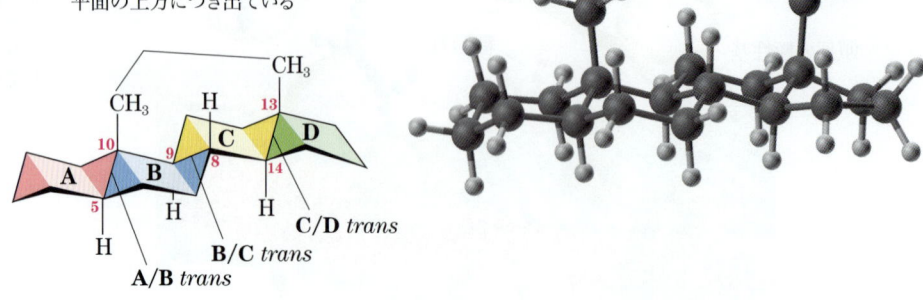

A/B trans
B/C trans
C/D trans

A 主なステロイドの構造

コレステロール

コレステロール cholesterol は,血しょうやすべての動物組織中に存在する白色の,水に不溶のろう状固体である.この化合物は次の二つの点からヒトの代謝に欠くことのできない物質である.

1. 生体膜に必須の構成成分であり,健康な成人には約 140 g のコレステロールが存在するが,そのうちの 120 g は細胞膜中にある.例えば,中枢神経や末梢神経系の膜中には重量比にして約 10% のコレステロールが含まれている.
2. コレステロールは性ホルモン,副腎皮質ホルモン,胆汁酸およびビタミン D の前駆物質である.すなわち,コレステロールは母体ステロイドといってもよい.

コレステロールには 8 個のキラル中心があるので,2^8 個すなわち 256 個(128 組のエナンチオマー)の立体異性体が可能である.これらの多くの立体異性体の中で天然に存在するのは,次に示す立体配置をもつもの 1 種だけである.

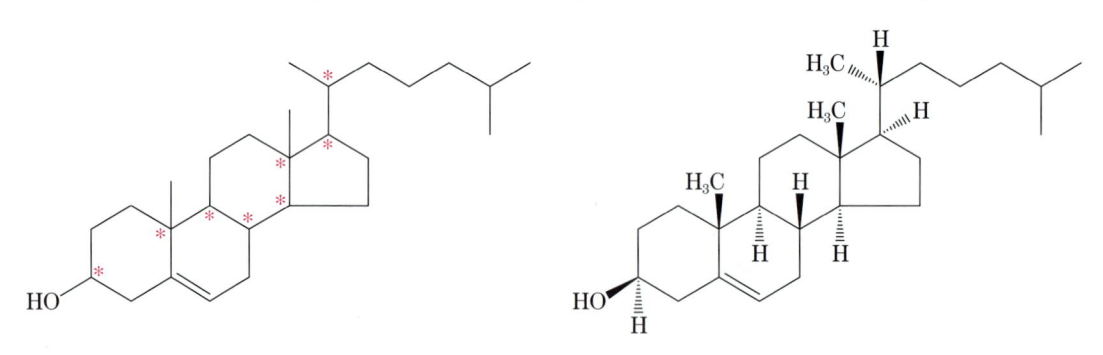

コレステロールは 8 個のキラル中心をもち,256 個の立体異性体が可能である

ヒトの代謝中に見いだされる立体異性体

コレステロールは血しょうには溶けないが,リポタンパク質といわれるタンパク質と複合体を形成して血液中に輸送される.**低比重リポタンパク質** low-density lipoprotein (LDL) は肝臓でつくられたコレステロールを,必要とされるさまざまな組

織や細胞に輸送する働きをもっている．血管の動脈硬化を起こす原因となるのはこの LDL に結合しているコレステロールである．他方，**高比重リポタンパク質** high-density lipoprotein (HDL) は利用されなかった過剰のコレステロールを細胞から肝臓へ戻し，最終的にコレステロールは肝臓で胆汁酸に代謝されて排泄される．したがって，HDL は動脈硬化を防ぐ働きがあると考えられている．

ステロイドホルモン

表 21.4 に主なステロイドホルモンの構造と生理作用を示す．女性ホルモンは総称して**エストロゲン** estrogens といい，男性ホルモンは**アンドロゲン** androgens という．

プロゲステロンに排卵抑制作用をもつことがわかると，避妊薬としての可能性が追求された．プロゲステロンを経口投与しても効果はあまり現れない．この問題を解決するために，製薬会社や大学の研究室で膨大な研究が行われ，1960 年代までに多くのプロゲステロンと同様の生理作用を示す合成ステロイドが開発された．これを一定の間隔で規則正しく用いると，排卵が抑制されるばかりでなく，正常な生理周期を保つこともできる．プロゲステロン様作用をもつ合成医薬品の中で最も効果的なものの一つとしてノルエチンドロンがある．このような化合物は，経口避妊薬として長期利用している間に生理が不規則になることを防ぐ目的で，少量のエストロゲン様作用物質との合剤にして用いられている．

"nor"という接頭語は，この位置にメチル基がないことを示している（エチンドロンにはメチル基がある）．

Norethindrone
（合成プロゲステロン類似体）

テストステロンおよびその他のアンドロゲンの主な生理作用は男性生殖器の正常な発育（第一次性徴）を促進し，変声の出現，体型，ヒゲの発育，筋組織の発達（第二次性徴）などの男性特有の体の発達を促すことにある．テストステロンは肝臓で不活性な化合物に代謝されてしまうため，これを経口的に服用してもこれらの効果は全く現れない．そこで，多くの経口可能な**タンパク同化ステロイド** anabolic steroid が，けがによって萎縮した筋組織の機能改善薬として開発された．次の化合物はその例である．

低比重リポタンパク質（LDL）：血しょう中に存在する比重 1.02〜1.06 g/mL の粒子であり，その組成はおよそタンパク質 25%，コレステロール 50%，リン脂質 21%，トリグリセリド 4% である．

高比重リポタンパク質（HDL）：血しょう中に存在する比重 1.06〜1.21 g/mL の粒子であり，その組成はおよそタンパク質 33%，コレステロール 30%，リン脂質 29%，トリグリセリド 8% である．

エストロゲン：エストラジオールのような，雌性の発達と雌性性徴の発現に関与しているステロイドホルモン．

アンドロゲン：テストステロンのような，雄性の発達と雄性性徴の発現に関与しているステロイドホルモン．

タンパク同化ステロイド：テストステロンのような，組織や筋肉の発育と発達に関与しているステロイドホルモン．

表21.4 主要なステロイドホルモン

構造式	起源と主な生理作用
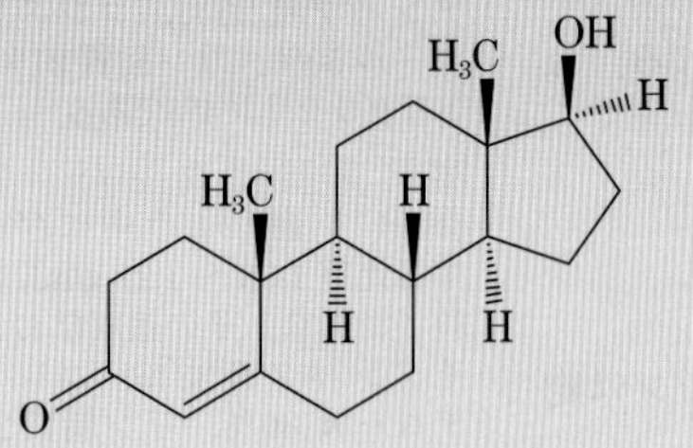 Testosterone（テストステロン）, 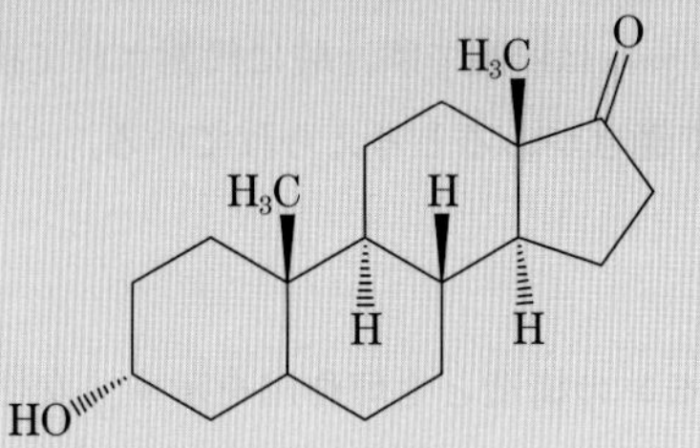 Androsterone（アンドロステロン）	アンドロゲン（男性ホルモン）：精巣で作られる．男性の第二次性徴の発現に関与する．
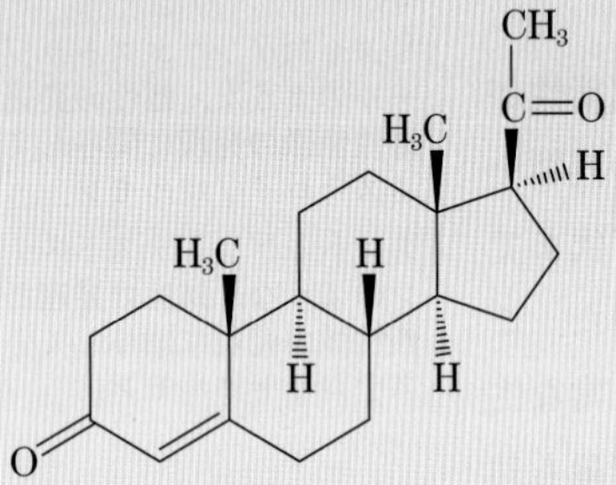 Progesterone（プロゲステロン）, 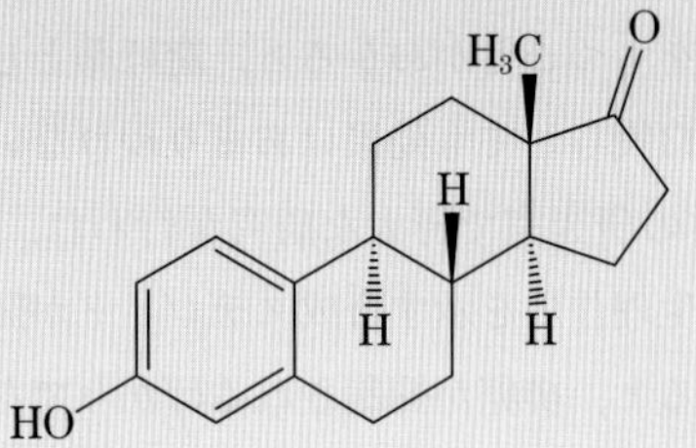 Estrone（エストロン）	エストロゲン（女性ホルモン）：卵巣で作られる．女性の第二次性徴および性周期の発現に関与する．
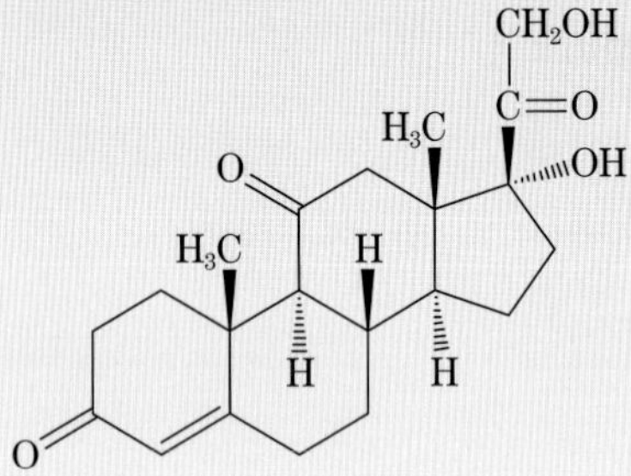 Cortisone（コルチゾン）, 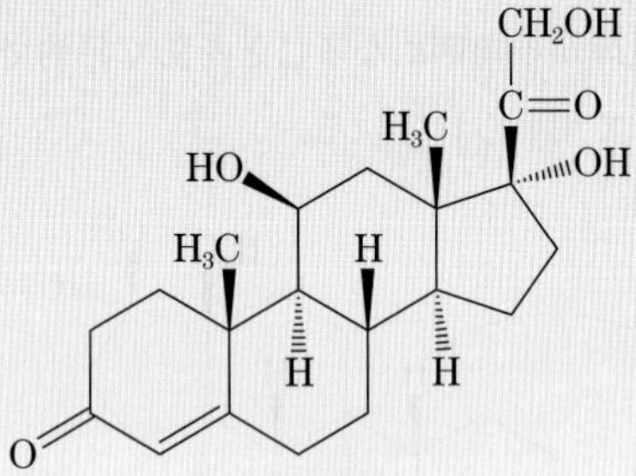 Cortisol（コルチゾール）	グルココルチコイドホルモン：副腎皮質で合成される．糖類の代謝調節に関与し，抗炎症作用，ストレスに対する抵抗性を高める作用をもつ．
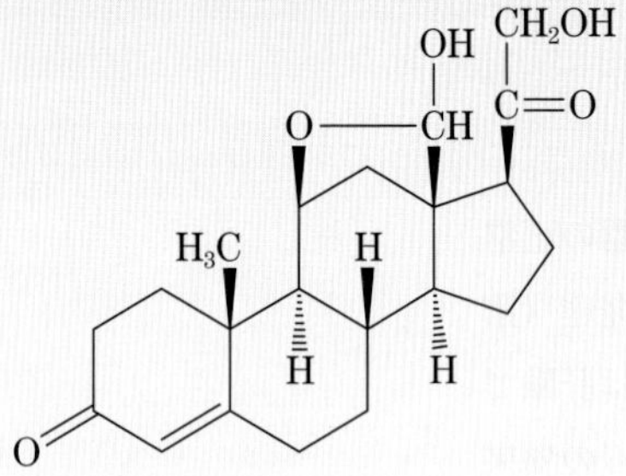 Aldosterone（アルドステロン）	ミネラルコルチコイドホルモン：副腎皮質で合成される．腎を刺激してNa^+, Cl^-, HCO_3^-の吸収を促進し，血圧や血液量を正常に保つ働きをする．

Methandrostenolone
メタンドロステノロン

Nandrolone
ナンドロロン

Methandriol
メタンドリオール

　一部の運動選手，特に瞬発力が要求される選手の間で，筋量や筋力の増強のためにタンパク同化ステロイドが悪用されていることはよく知られている．このような目的でのタンパク同化ステロイド類の乱用は，過度の攻撃性の発現，不妊症，インポテンス，糖尿病合併症に基づく突然死，狭心症，肝がんなどのさまざまな危険を伴う．

胆汁酸

　図21.10にヒトの胆汁成分であるコール酸の構造を示す．胆汁酸は胆のうや腸管中で負にイオン化しているので，構造をアニオンの形で示してある．**胆汁酸** bile acid，正確には胆汁酸の塩は，肝臓で生合成されて胆のうに蓄えられ，腸管に分泌される．生理的には，摂取された脂肪を乳化してその吸収と消化を促すことにある．さらに，胆汁酸塩はコレステロールの最終代謝産物でもあり，これを経て体外に排泄される．胆汁酸塩の構造化学的な特徴はA-B環の結合様式がシスになっていることである．

胆汁酸：コレステロール誘導体で界面活性作用をもつ分子であり，コール酸がその例である．胆のうから小腸中に分泌され，摂取された脂質の吸収に関与している．

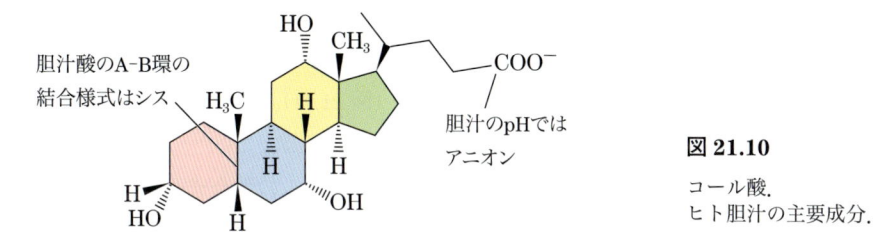

胆汁酸のA-B環の結合様式はシス

胆汁のpHではアニオン

図21.10
コール酸．
ヒト胆汁の主要成分．

B コレステロールの生合成

　コレステロールの生合成は，テルペン類（4.5節）の構造の項で述べたのと同様に，生物界で大きな分子ができる場合の一般的な様式に従う．すなわち，小さなサブユニットが結合し，次に酸化，還元，架橋，付加，脱離，その他のさまざまな環の化学修飾を経て，特定の生体分子ができあがる．
　ステロイドを形成しているすべての炭素原子の構成ブロックはアセチルCoAのアセチル基の2個の炭素原子である．アメリカの生化学者 Konrad Bloch とドイツの生化学者 Feodor Lynen は，コレステロールの27個の炭素原子のうち15個はアセチルCoAのメチル基の炭素に，残りの12個はカルボニル基の炭素にそれぞれ由

図 21.11
アセチル CoA のアセチル基からコレステロールが生合成されるときの重要中間体. 1 mol のコレステロールの合成に 18 mol のアセチル CoA が必要となる.

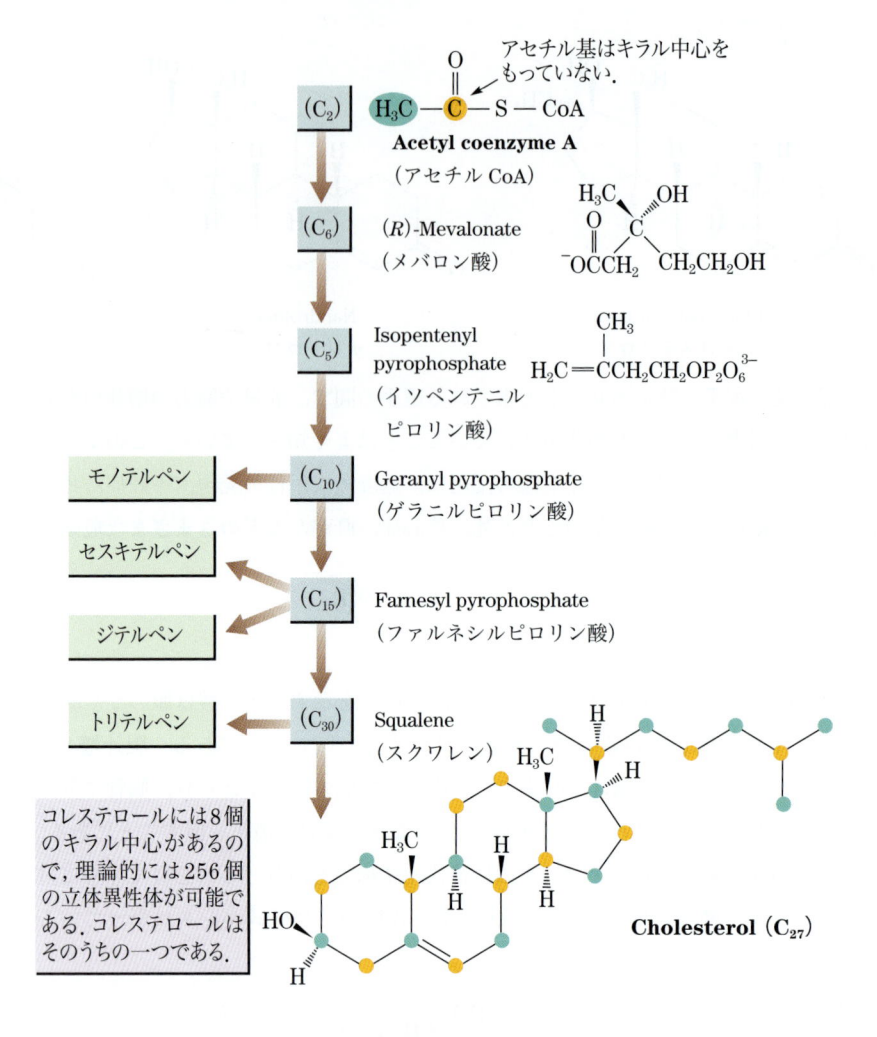

アセチル基はキラル中心をもっていない.

(C_2) → **Acetyl coenzyme A** （アセチル CoA）
$H_3C-\overset{O}{\underset{}{C}}-S-CoA$

(C_6) → (R)-Mevalonate （メバロン酸）
$^-OCCH_2-\overset{H_3C\;\;OH}{\underset{}{C}}-CH_2CH_2OH$

(C_5) → Isopentenyl pyrophosphate （イソペンテニルピロリン酸）
$H_2C=\overset{CH_3}{\underset{}{C}}CH_2CH_2OP_2O_6^{3-}$

(C_{10}) → Geranyl pyrophosphate （ゲラニルピロリン酸） → モノテルペン

(C_{15}) → Farnesyl pyrophosphate （ファルネシルピロリン酸） → セスキテルペン, ジテルペン

(C_{30}) → Squalene （スクワレン） → トリテルペン

↓ **Cholesterol** (C_{27})

コレステロールには 8 個のキラル中心があるので, 理論的には 256 個の立体異性体が可能である. コレステロールはそのうちの一つである.

来していることを明らかにした（図 21.11）. Bloch と Lynen は, この業績により 1964 年度のノーベル医学生理学賞を受賞した.

このアセチル CoA からのコレステロールの生合成経路で強調すべき点は, これらの一連の反応は完全に立体選択的に進行し, 理論的に可能な 256 個の立体異性体の中から, 特定のものが一つだけ合成されるということである. われわれはこのような驚くべき立体選択性を実験室で再現することは到底できない. コレステロールは, さらに他のすべてのステロイドの合成の重要な中間体になっている.

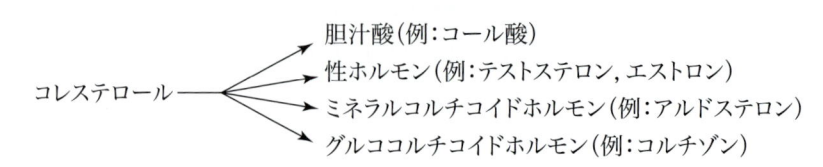

コレステロール →
- 胆汁酸（例：コール酸）
- 性ホルモン（例：テストステロン, エストロン）
- ミネラルコルチコイドホルモン（例：アルドステロン）
- グルココルチコイドホルモン（例：コルチゾン）

第 21 章 脂　質

CHEMICAL CONNECTIONS 21B

非ステロイド性エストロゲン拮抗剤

　エストロゲンは女性ホルモンである．その最も重要なものとしては，エストロン，エストラジオール，エストリオール（これら三つのうちではβ-エストラジオールが最も強力である）．（注：ステロイドの命名法によると，βは環を図で見たときに環の上に出ている，すなわち"見ている者の方に向いている"を意味しており，αは環の下側に出ている，すなわち"見る者から離れる方に向いている"を意味している．）

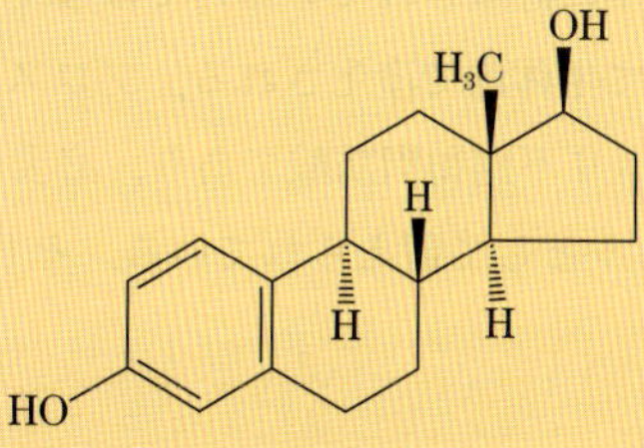

β-Estradiol 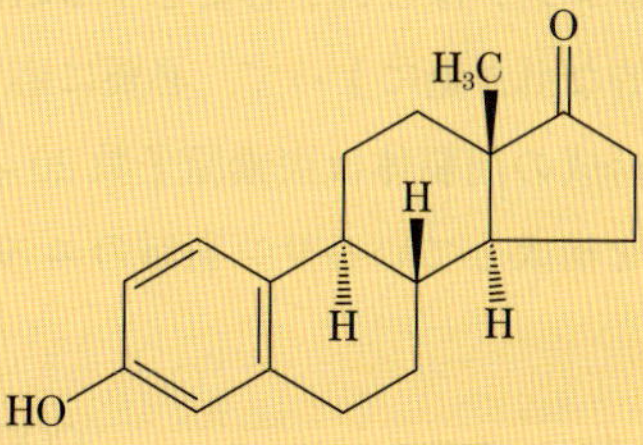　　　Estrone 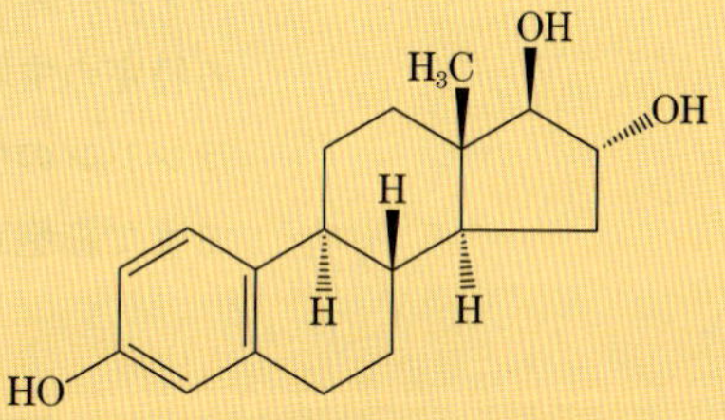　　　Estriol

　これらの化合物が1930年代のはじめに単離され，その薬理作用が研究されてすぐに，非常に強力であることがわかった．最近ではエストロゲンの受容体に結合する分子を設計し，合成する研究が活発に行われている．この研究の目標の一つは非ステロイド性のエストロゲン拮抗体で，この化合物はエストロゲン受容体と拮抗する化合物（内因性と外因性のエストロゲンの効果を阻害する化合物）である．開発された多くの化合物に共通の特徴は，1,2-ジフェニルエチレン構造をもっており，そのベンゼン環の一つにジアルキルアミノエトキシ基が結合していることである．最初に臨床的に重要になったこの種の非ステロイド性エストロゲン拮抗薬はタモキシフェンで，乳がんの予防と治療に重要な薬剤になっている．

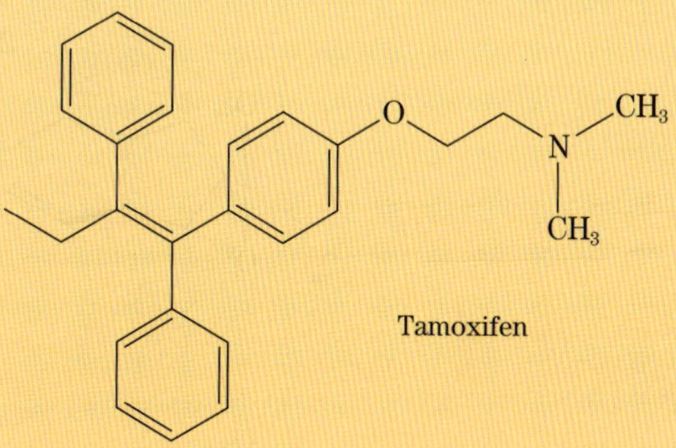

Tamoxifen

21.6　プロスタグランジン

　プロスタグランジン prostaglandin は炭素数20のプロスタン酸を基本骨格とする化合物群である．

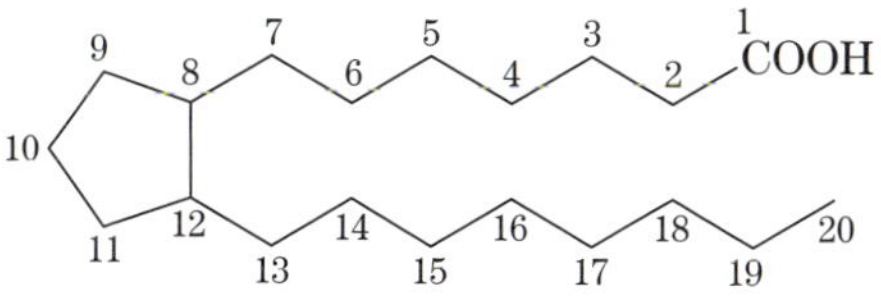

Prostanoic acid

プロスタグランジン：炭素数20のプロスタン酸骨格からなる一連の化合物．

　この化合物の発見と構造決定の物語は1930年に始まる．婦人科医 Raphael Kurzrock（クルツロック）と Charles Lieb（リーブ）は，ヒトの精液が取り出した子宮筋の収縮を促すことを

初めて報告した．その数年後，スウェーデンのUlf von Euler がこの報告を確認し，血中に注射すると，ヒトの精液は腸の平滑筋の収縮を促し，血圧を下げることを見いだした．von Euler はこれらの多様な効果に関係している神秘的な物質に対してプロスタグランジンという名称を提唱した．その当時，これらの物質は前立腺 prostate grand で合成されていると考えられていたからである．今日では，プロスタグランジンの生成は決して前立腺に限られているものではないことがわかっているけれども，名前はそのまま残っている．

プロスタグランジンはこれを必要とする組織中に貯蔵されているのではなく，ある特定の生理的な引き金によって，必要に応じて生体内で産生される．プロスタグランジンの生合成の前駆体は炭素原子数20のポリ不飽和脂肪酸であり，必要となるまで細胞膜を構成しているリン脂質のエステルとして蓄えられている．そして，

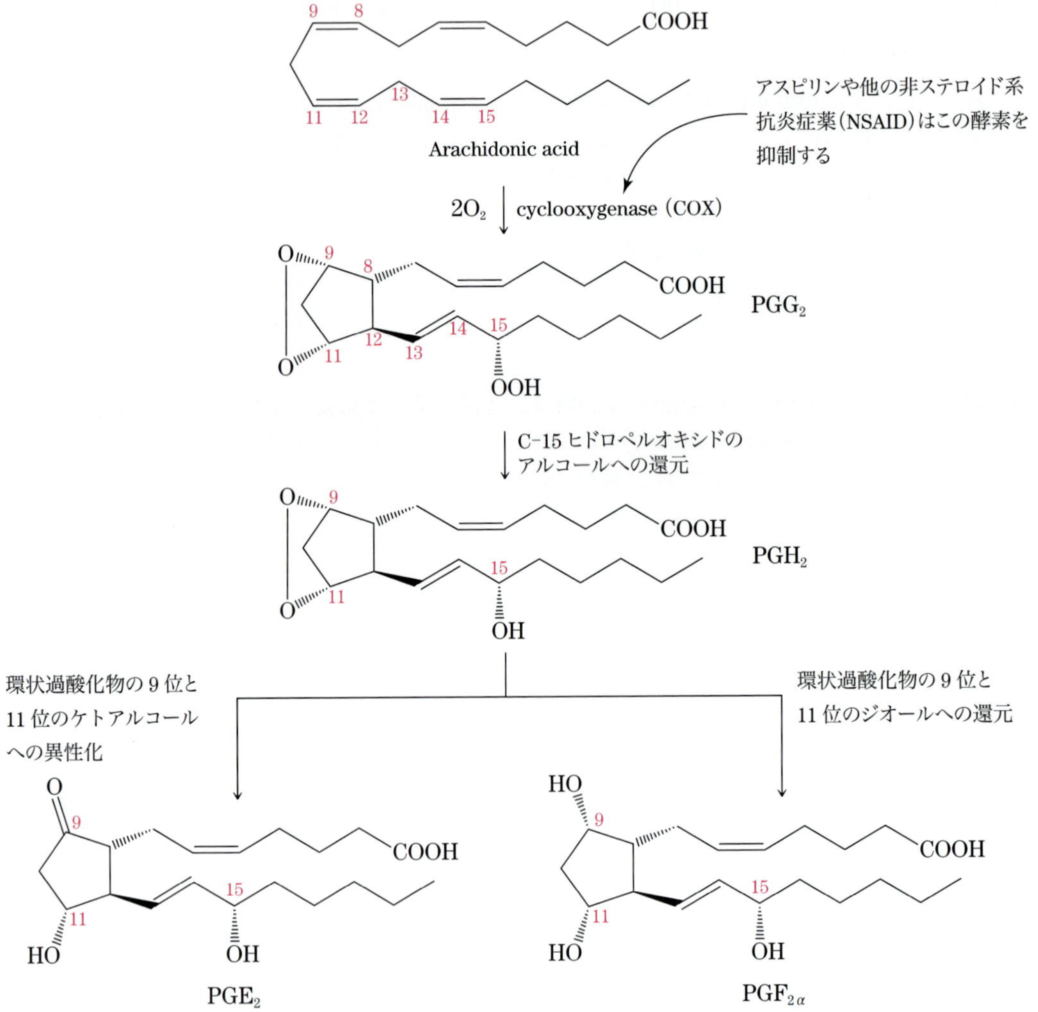

図 21.12

アラキドン酸から PGE_2 と $PGF_{2\alpha}$ への変換過程における重要な中間体．PG はプロスタグランジンを，E, F, G, H は異なるタイプの PG であることを表している．

第21章 脂 質

特定の生理的な引き金によってこの脂肪酸が遊離され，プロスタグランジンの生合成が開始される．図21.12はアラキドン酸からプロスタグランジンが生合成される過程の概要を示したものである．この生合成で最も重要な段階は，アラキドン酸が2分子の酸素と反応してプロスタグランジン G_2（PGG_2）を生成する過程である．今日，アスピリンやその他の非ステロイド系抗炎症薬 nonsteroidal anti-inflammatory drug（NSAID）の抗炎症作用は，この酸化過程に関与している酵素を阻害することに基づくことが証明されている．

プロスタグランジンの生殖機能や炎症の発現過程に関する研究から，プロスタグランジン類で初めての臨床的に有用な薬が開発された．$PGF_{2\alpha}$ が子宮平滑筋の収縮を促すという知見に基づいて，人工流産薬が開発された．この目的に利用する場合に問題になるのは，天然のプロスタグランジンが体内で速やかに分解されることである．生体内で分解しにくいプロスタグランジンを探索する研究から多くの誘導体が合成され，最も有効な化合物として 15-メチル $PGF_{2\alpha}$ が見いだされるにいたった．この合成プロスタグランジンは天然の $PGF_{2\alpha}$ よりも 10〜20 倍強い生理作用を示す．

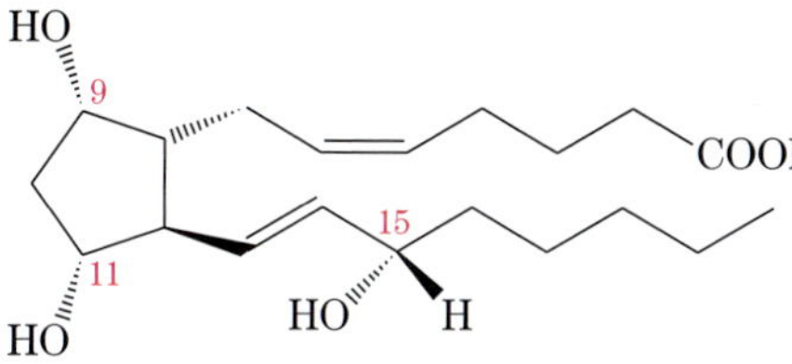

PGF$_{2\alpha}$

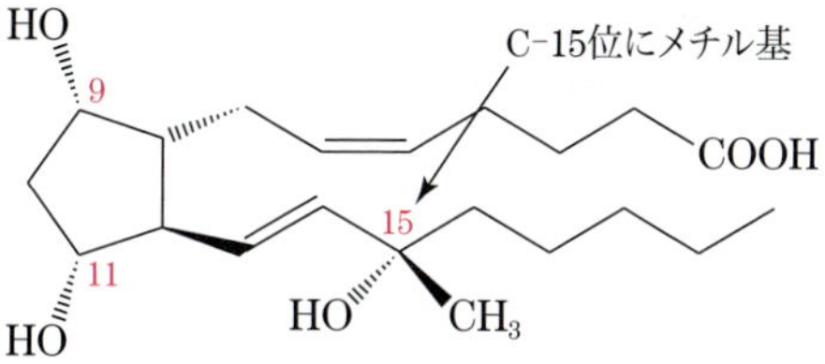

Carboprost
(15S)-15-Methyl-PGF$_{2\alpha}$

C-15位にメチル基

これら二つのプロスタグランジンを比較してみれば，構造がわずかに変わるだけで，その作用がいかに大きく変化するかがわかるであろう．

PGE誘導体や他のいくつかのプロスタグランジンは胃潰瘍を抑制するばかりでなく，その治療効果もある．PGE_1 誘導体の一つであるミソプロストールは主にアスピリン様非ステロイド系抗炎症薬の使用に伴う胃潰瘍の予防薬として広く利用されている．

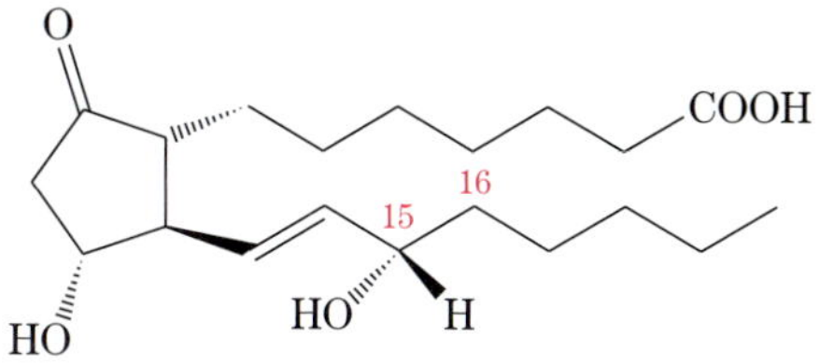

PGE$_1$

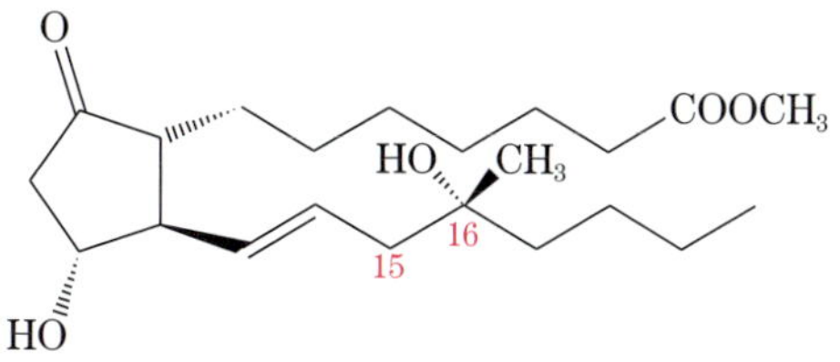

Misoprostol

プロスタグランジンは，アラキドン酸（20：4）から合成される**エイコサノイド** eicosanoid というさらに大きな化合物群の一種である．この中には，プロスタグランジンのほかに，ロイコトリエン，トロンボキサン，プロスタサイクリンが含まれる．エイコサノイドは非常に幅広く存在し，この種の化合物群はほとんどすべての器官や体液から単離されている．

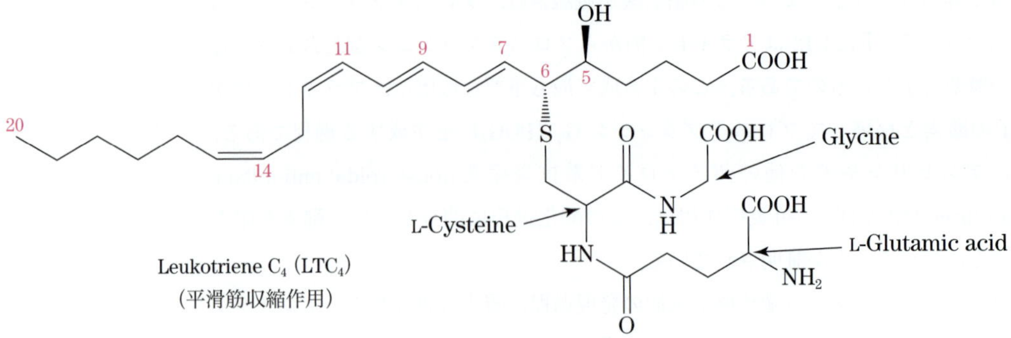

Leukotriene C₄ (LTC₄)
（平滑筋収縮作用）

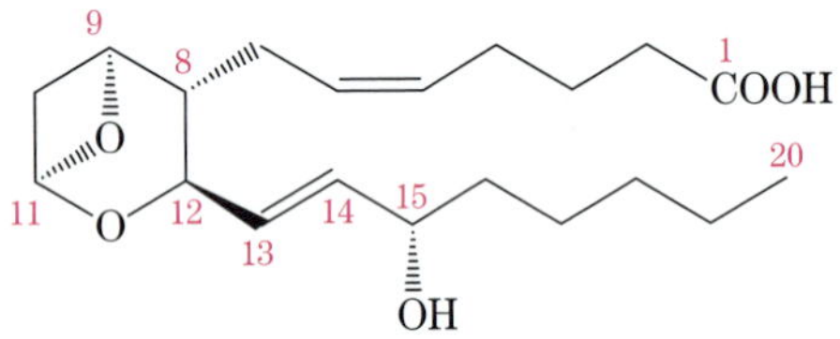

Thromboxane A₂
（強力な血管収縮作用）

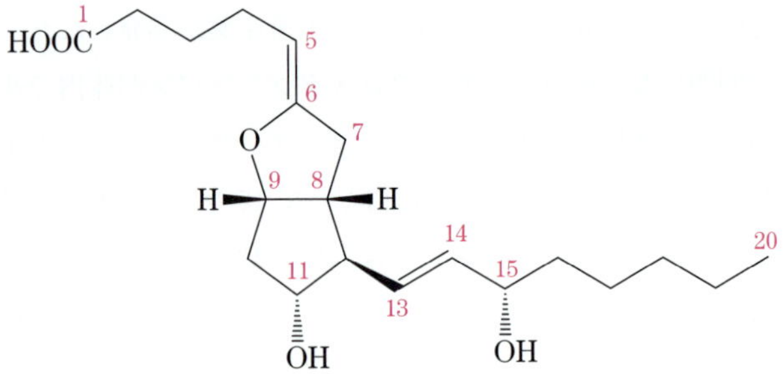

Prostacyclin
（血小板凝集阻害作用）

　ロイコトリエンはアラキドン酸から誘導され，主として白血球に見いだされている．ロイコトリエン C_4（LTC_4）はこの一群のなかでは代表的なもので，3個の共役二重結合（このために接尾語 -triene がついている）をもち，アミノ酸のL-システイン，グリシン，L-グルタミン酸（19.2節）を含む．LTC_4 の重要な生理作用は平滑筋，特に肺のそれの収縮である．LTC_4 の合成と遊離はアレルギー反応によって促進される．LTC_4 の合成を阻害する薬物は喘息に関係するアレルギー反応の治療に有望と考えられている．

　強い血管収縮作用をもつトロンボキサン A_2 もアラキドン酸から体内で合成される．これが放出されると，血小板凝集に対して非可逆的に作用し，傷ついた血管の収縮を開始する．アスピリンやアスピリン様薬物は軽い抗凝固作用を示す．それはアラキドン酸からトロンボキサン A_2 の合成を開始する酵素である シクロオキシゲナーゼを阻害するからである．

21.7 脂溶性ビタミン

　ビタミン類はその溶解性を基準にして，脂溶性のもの（したがって，脂質に分類される）と水溶性のものとに大別される．脂溶性のビタミンにはビタミンA，D，EとKがある．

A　ビタミン A

　ビタミン A（またはレチノール）は動物界にのみ存在する化合物で，特にタラをはじめとする魚類の肝油，動物の肝臓および乳製品に多く含まれている．また，植物界ではカロテンとよばれるテトラテルペン類（C_{40}）の色素として，ビタミン A はその前駆体（プロビタミン）の形で存在する．なかでも β-カロテンは最も一般的なもので，ニンジンやその他の緑黄色野菜中に豊富に含まれている．β-カロテンはビタミン A としての機能をもたないが，摂取後，体内で中心の炭素–炭素二重結合が開裂してレチノール（ビタミン A）になる．

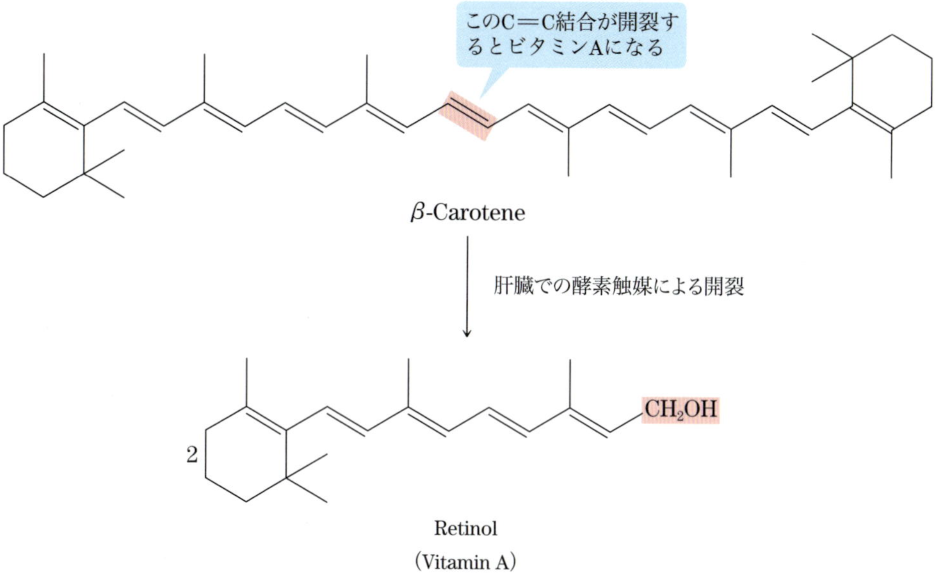

この C＝C 結合が開裂するとビタミン A になる

β-Carotene

↓ 肝臓での酵素触媒による開裂

Retinol
（Vitamin A）

　最もよく研究されているビタミン A の役割は，目の桿体細胞における視覚回路への関わりであろう．一連の酵素触媒反応によってレチノールは，(1) 二電子酸化を受けてすべての二重結合がトランス配置のレチナールになり，(2) 11 位と 12 位間の二重結合が異性化して 11-*cis*-レチナールとなり，(3) オプシン opsin というタンパク質のリシン残基の—NH_2 と反応してイミン（13.8A 節）を形成する．この反応の最終生成物はロドプシン rhodopsin である．これは可視光の青緑色の領域に強い吸収を示す共役系が長く連なった色素である．

　視覚でまず最初に起こる現象は，目の網膜の桿体細胞でロドプシンが光を吸収して電子的に励起された分子になることである．体温では数ピコ秒（1 ピコ秒 = 10^{-12} 秒）という短時間の間に過剰な電子エネルギーは振動と回転エネルギーに変換され，11-シス二重結合が安定な 11-トランス二重結合へと異性化する．このアルケンの異性化が引き金となってタンパク質のオプシンの立体配座に変化をもたらし，視神経が興奮して視覚像となる．この光による変化に伴って，ロドプシンの 11-*trans*-レチナールとオプシンへの加水分解が起こり，この時点で視色素は一瞬の間に色を失う．ここで生じた 11-*trans*-レチナールは酵素反応を経て再びシス体となり，次

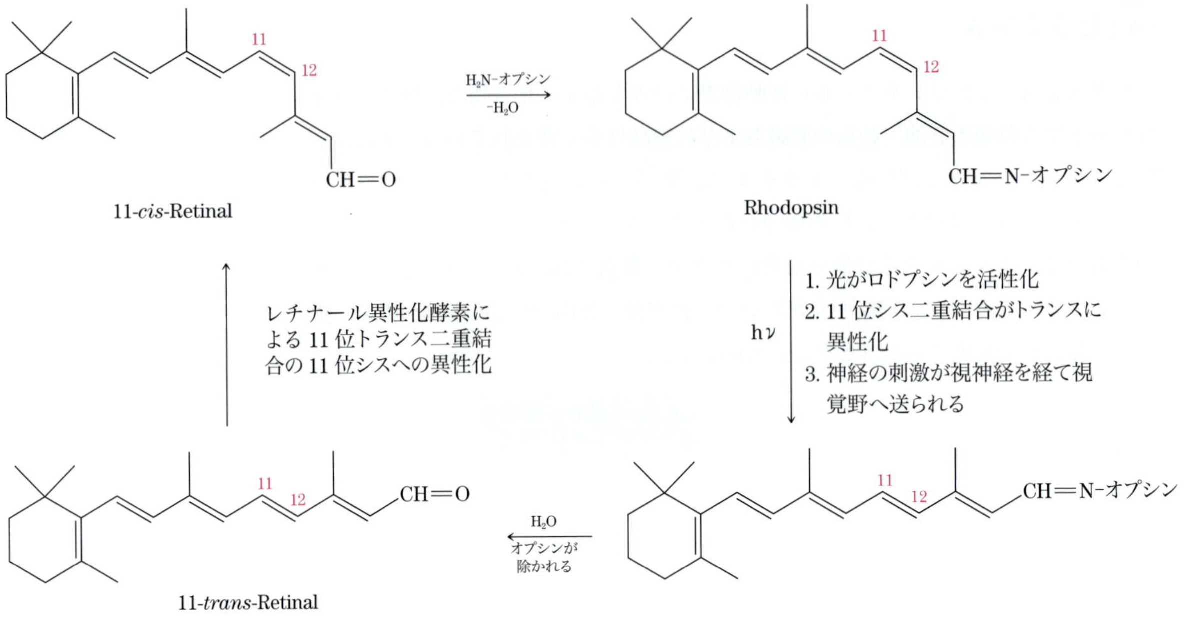

図 21.13
桿体細胞における視覚の主な化学反応は，ロドプシンが光を吸収することによって炭素–炭素二重結合がシスからトランス配置へと異性化することにある．

いでロドプシンを再生する．この視覚サイクルの概要を図 21.13 に示す．

B ビタミン D

　ビタミン D はカルシウムやリンの代謝の調節に重要な働きをする構造的に関係の深い化合物群に対する総称である．幼少期にビタミン D が不足すると，無機質の代謝異常による病気のくる病になり，ガニ股，X 脚，関節の肥大などの症状が現れる．循環器系に存在するこのビタミンの最も多い形であるビタミン D_3 は，7-デヒドロコレステロール（7 位と 8 位に二重結合をもつコレステロール）の紫外線照射によって哺乳動物の皮膚で産生される．ビタミン D_3 は側鎖の 25 位炭素が肝臓中の酵素によって二電子酸化を受けて 25-ヒドロキシビタミン D_3 となる．この時の酸化剤は分子状酸素 O_2 である．25-ヒドロキシビタミン D_3 はさらに腎臓中で O_2 によって酸化され，1,25-ジヒドロキシビタミン D_3 となる．この 1,25-ジヒドロキシビタミン D_3 がビタミン D のホルモン様活性の本体である．

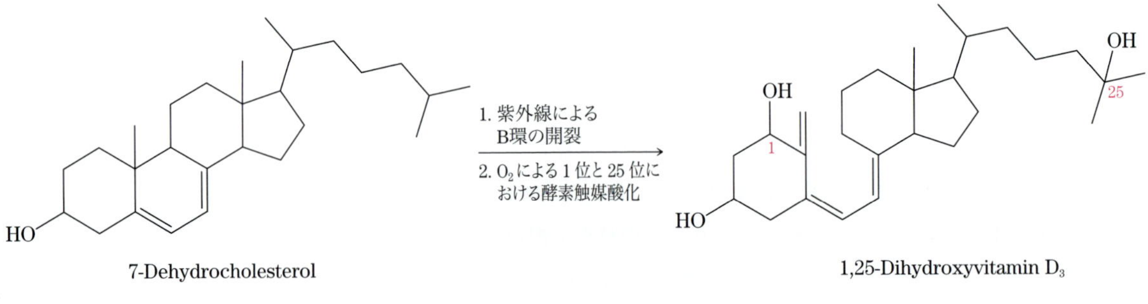

C ビタミンE

ビタミンEはネズミの正常な生殖に不可欠な食物因子として1922年に発見されたものであり,ギリシア語の *tocos*（出産）と *pherein*（もたらす）からトコフェロール tocopherol と名づけられた化合物である．ビタミンEは類似の構造をもつ化合物の総称であり，その中でもα-トコフェロールは最も強い作用を示す．

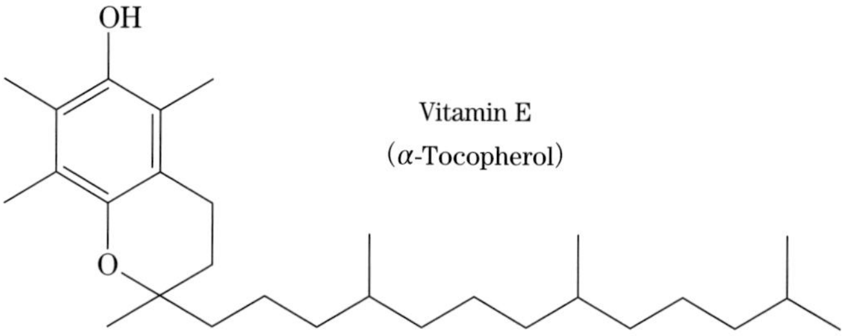

Vitamin E
（α-Tocopherol）

このビタミンは魚油，綿実油，落花生油，緑色野菜などのほか，小麦の麦芽油中に豊富に含まれている．

ビタミンEは体内で抗酸化作用を示し，リン脂質膜中の不飽和炭化水素鎖が酵素的に分子状の酸素によって酸化される過程で生成するHOO・やROO・などの過酸化物ラジカルを捕捉する働きがある．過酸化物ラジカルは老化現象と密接に関係していると考えられているが，ビタミンEや他の抗酸化剤はこの老化の過程を遅らせる働きをもつといわれている．また，ビタミンEは赤血球の細胞膜の正常な発育や機能の維持にも重要である．

D ビタミンK

このビタミンの名称はドイツ語の *Koagulation*（凝結）に由来し，ビタミンKは血液の凝固に重要な働きをしている．これが不足すると血液凝固障害が現れる．天然のビタミンK類の大部分は，今では医薬としては合成ビタミン類似体に取って代わられた．その一つとしてビタミンK作用をもつ合成品のメナジオンは，ビタミンK$_1$のアルキル鎖が水素原子に置き換わったものである．

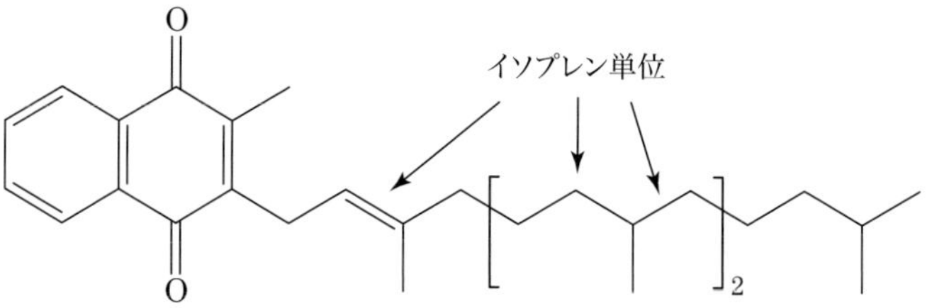

イソプレン単位

Vitamin K$_1$

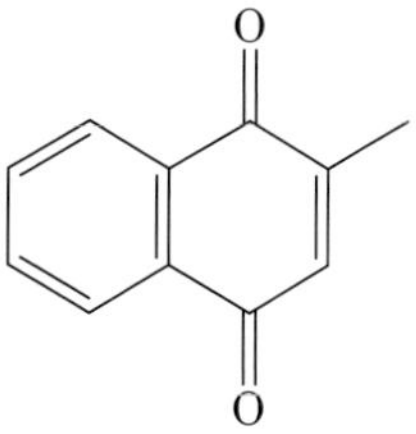

Menadione
（合成ビタミンK類似体）

まとめ

脂質とは溶解性を基準にしてひとまとめにされている様々な化合物の総称である．水に不溶で，ジエチルエーテル，アセトン，ジクロロメタンなどに溶けやすいという性質をもつ（21.1節）．炭水化物，アミノ酸，タンパク質などはこれらの有機溶媒にはほとんど溶けない．

脂質の中で最も多量に存在する**トリグリセリド（トリアシルグリセリン）**はグリセリンと脂肪酸のトリエステルである（21.2節）．**脂肪酸**（21.1A節）は油脂や細胞膜の成分であるリン脂質の加水分解によって得られる長鎖のカルボン酸である．トリグリセリドの融点は脂肪酸の（1）炭化水素鎖が長くなり，(2) 飽和度が増すに従って高くなる．主として飽和脂肪酸からなるトリグリセリドは室温で固体であり，不飽和脂肪酸が多く含まれるものは室温で液体（油）であることが多い．

せっけんは脂肪酸のナトリウムあるいはカリウム塩である（21.3節）．せっけんは水中で**ミセル**を形成し，非極性物質であるグリースや油を水に"溶解"させる働きがある．天然せっけんは酸性溶液中では水に不溶性の脂肪酸を生じ，硬水中に含まれる Mg^{2+}，Ca^{2+}，Fe^{3+} イオンと反応して不溶性の塩を生じる．最も一般的かつ広く利用されている**合成洗剤**は直鎖アルキルベンゼンスルホン酸塩である．

リン脂質（21.4節）は天然には2番目に多い脂質で，**ホスファチジン酸**（脂肪酸2分子とリン酸1分子でエステル化されたグリセリン）から誘導される．ホスファチジン酸のリン酸残基がエタノールアミン，コリン，セリン，イノシトールなどの低分子量のアルコールでエステル化されるとリン脂質になる．リン脂質を水中に入れると自動的に**脂質二分子膜**（21.4B節）を形成する．**流動モザイクモデル**（21.4B節）によると，膜のリン脂質は二分子膜をつくっており，この二分子膜の表面および内部にタンパク質がついていると考えられている．

ステロイドは動植物中に存在する脂質の一種で，3個の六員環と1個の五員環からなる特徴的な構造をした四環性化合物である（21.5節）．**コレステロール**は動物の細胞膜の主要成分であるばかりでなく，ヒトの性ホルモン，副腎皮質ホルモン，胆汁酸，ビタミンDなどの前駆体でもある．**低比重リポタンパク質**（**LDL**）は肝臓中で作られたコレステロールを他の細胞や組織に輸送する働きをするのに対して，**高比重リポタンパク質**（**HDL**）はこれを細胞から肝臓へ返す働きをする．そして，肝臓はコレステロールを最終生成物である胆汁酸に変えて体外に排泄する．

経口避妊薬は合成黄体ホルモン（例えば，ノルエチンドロン）で，女性の他の正常な生理周期には影響をおよぼすことなしに排卵を抑制することができる．多様な合成**タンパク同化ステロイド**はけがによって弱くなったり，萎縮したりした筋組織の治療のためにリハビリテーション医療に用いられている．**胆汁酸**はA環とB環の結合様式がシス配置になっている点で他のステロイドと異なっている．

コレステロールとそれから生成する生体関連物質の炭素骨格は，**アセチルCoA**のアセチル基（C_2 単位）の炭素に由来している（21.4B節）．

プロスタグランジンは炭素数20の骨格からなるプロスタン酸の誘導体である（21.6節）．これらはリン脂質に結合したアラキドン酸（20：4）とその他の炭素数20の脂肪酸から，生理的な引き金によって必要に応じて体内で合成される．

ビタミンA（21.7A節）は動物界のみに存在する．植物が産生するカロテンはテトラテルペン（C_{40}）であり，これは摂取後にビタミンAに分解される．ビタミンAは**視覚回路**に関与する重要な化合物である．**ビタミンD**（21.7B節）は7-デヒドロコレステロールの紫外線照射によって哺乳動物の皮膚中で合成される．このビタミンの主要な役割はカルシウムやリンの代謝調節である．**ビタミンE**（21.7C節）は類似の構造をもつ一連の化合物群であり，その中でα-トコフェロールが最も強い活性を示す．ビタミンEは体内で抗酸化剤として働く．**ビタミンK**（21.7D節）は血液凝固に必要である．

第 21 章 脂 質

補充問題

脂肪酸とトリグリセリド

21.2 疎水性について説明せよ．

21.3 トリグリセリドの疎水性の領域と親水性の領域を示せ．

21.4 不飽和脂肪酸は飽和脂肪酸よりも融点が低いのはなぜか．説明せよ．

21.5 トリオレイン酸グリセリンとトリリノール酸グリセリンの融点は，どちらが高いと考えられるか．

21.6 炭素–炭素二重結合の立体配置に注意してリノール酸メチルの構造式を書け．

21.7 主として飽和脂肪酸からなるトリグリセリドであるにもかかわらず，やし油が液状であるのはなぜか．

21.8 食用油のラベルに"熱帯植物油は含まれていません"と記載してあるのをよく目にするが，これはパーム油やし油を含んでいないことを意味している．熱帯植物油とコーン油，大豆油，落花生油などの植物油との組成の違いについて述べよ．

21.9 植物油に応用される，"硬化"とはどのようなことを意味しているのか．

21.10 ステアリン酸，リノール酸，アラキドン酸それぞれ1分子からなるトリグリセリド1 molを接触還元するとき，何 mol の水素を必要とするか．

21.11 優れた合成洗剤に必要な構造化学的特徴を述べよ．

21.12 次にカチオン性洗剤と中性洗剤の構造式を示す．それぞれの洗剤としての性質を説明せよ．

$$CH_3(CH_2)_6CH_2\overset{CH_3}{\underset{CH_2C_6H_5}{\overset{|+}{N}}}CH_3\ Cl^-$$

Benzyldimethyloctylammonium chloride
（カチオン性洗剤）

$$HOCH_2\overset{HOCH_2}{\underset{HOCH_2}{\overset{|}{C}}}CH_2O\overset{O}{\overset{||}{C}}(CH_2)_{14}CH_3$$

Pentaerythrityl palmitate
（中性洗剤）

21.13 シャンプーや食器用として使われている洗剤をいくつか列挙せよ．また，それらはアニオン性，中性，カチオン性洗剤のどれに分類されるか．

21.14 パルミチン酸（ヘキサデカン酸）を次の化合物に変換する方法を示せ．
 (a) Ethyl palmitate
 (b) Palmitoyl chloride
 (c) 1-Hexadecanol（cetyl alcohol）
 (d) 1-Hexadecanamine
 (e) N,N-Dimethylhexadecanamide

21.15 パルミチン酸（ヘキサデカン酸，16：0）は次の化合物のヘキサデシル基（セチル基）の原料となる化合物である．これらの界面活性剤は緩和な殺菌作用をもち，局所的な消毒薬や殺菌薬として利用されている．

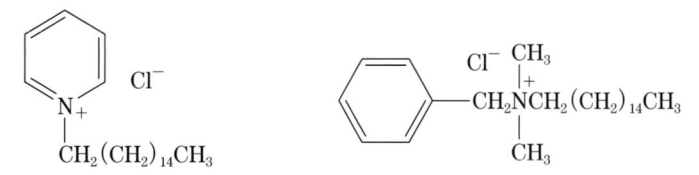

N-Cetylpyridinium chloride

N-Benzyl-N-cetyl-N,N-dimethylammonium chloride

 (a) 塩化 N-セチルピリジニウムは，ピリジンを1-クロロヘキサデカン（塩化セチル）と反応させることによって合成される．パルミチン酸から塩化セチルを合成する方法を示せ．
 (b) 塩化 N-ベンジル-N-セチル-N,N-ジメチルアンモニウムは，塩化ベンジルと N,N-ジメチル-1-ヘキサデカンアミンを反応させることによって合成される．パルミチン酸からこの第三級アミンを合成する方法を示せ．

リン脂質

21.16 パルミチン酸とリノール酸各 1 分子からなるレシチン（ホスファチジルコリン）の構造式を書け．

21.17 リン脂質の疎水性部分と親水性部分を示せ．

21.18 疎水性効果は生体分子が水溶液中で自己凝集する際に働く，最も重要な非共有結合性の分子間力の一つである．疎水性相互作用は次の二つの効果に起因している．水溶液中では（1）極性基が水分子と水素結合を生じるように配置される，（2）非極性基は水分子と接触を避けるように配置される．次の場合に，疎水性効果がどのように働いているかを図示して説明せよ．
  (a) せっけんと洗剤によるミセルの形成
  (b) リン脂質による脂質二分子膜の形成
  (c) DNA 二重らせんの形成

21.19 生体膜の流動性に不飽和脂肪酸の存在がどのような寄与をしているか．

21.20 レシチンは乳化作用をもち，例えば，卵黄中のレシチンはマヨネーズの乳化剤として働いている．レシチンの疎水性基と親水性基は何か．また，マヨネーズを作る際，レシチンのどの部分が油あるいは水とそれぞれ相互作用しているかを示せ．

ステロイド

21.21 コレステロールに（a）H_2/Pd あるいは（b）Br_2 を作用させたときに得られる生成物の構造式をそれぞれ書け．

21.22 ヒトの生命におけるコレステロールの役割を列挙せよ．また，多くの人々がコレステロールの摂取を制限する必要があるのはなぜか．

21.23 低比重リポタンパク質（LDL）および高比重リポタンパク質（HDL）は，いずれもトリグリセリドとコレステロールのエステルを中心核にして，その周囲がリン脂質の単分子膜で取り囲まれたものである．この中心核に存在するエステルの一つ，リノール酸コレステロール cholesteryl linoleate の構造式を示せ．

21.24 テストステロン（男性ホルモン）およびプロゲステロン（女性ホルモン）の構造式を書き，その類似点および相違点を指摘せよ．

21.25 コール酸の構造式を書け．この胆汁酸やその類縁体はどうして油脂を乳化してその消化を助ける作用をもつのか．説明せよ．

21.26 次にコルチゾール（ヒドロコルチゾン）の構造式を示す．この化合物の立体構造を書き，五員環と六員環の立体配座を示せ．

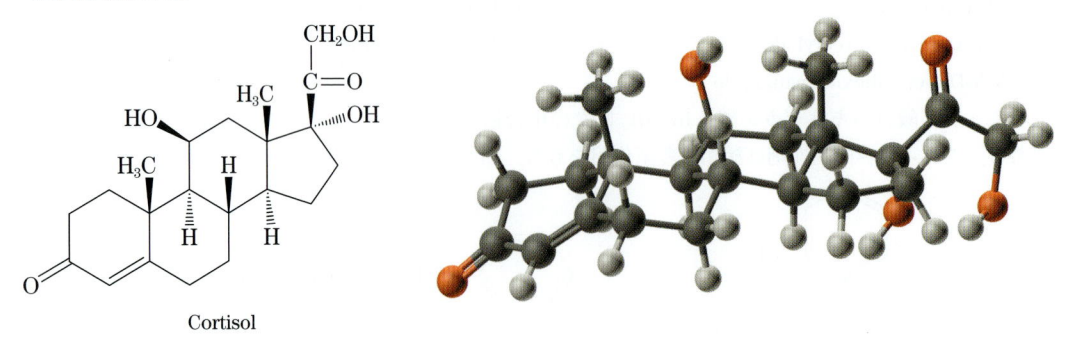

Cortisol
（Hydrocortisone）

21.27 ある種のがん細胞は生育にエストロゲンを必要とするので，がん細胞のエストロゲン受容体に対して競争的に作用する化合物は有用な抗がん薬になる．タモキシフェンはその例の一つである．タモキシフェンとエストロンの構造上の類似点を挙げよ．

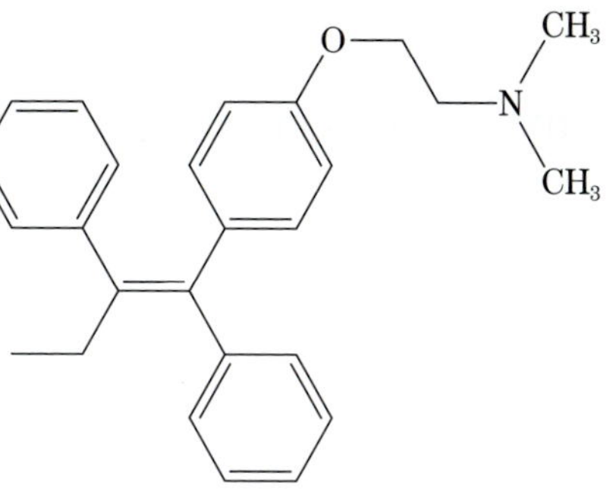

第 21 章 脂 質

Tamoxifen

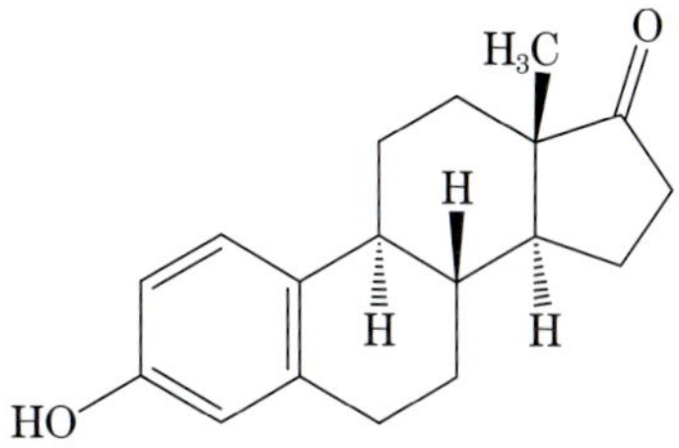

Estrone

プロスタグランジン

21.28 PGF$_{2\alpha}$の構造式を調べ，次の問に答えよ．
(a) PGF$_{2\alpha}$のすべてのキラル中心を示せ．
(b) シス-トランス異性の可能なすべての二重結合を示せ．
(c) この構造には理論的に何個の立体異性体が可能か．

21.29 次に天然のプロスタグランジン（21.6節）を参考にして作られた経口気管支拡張薬，ウノプロストンの構造式を示す．

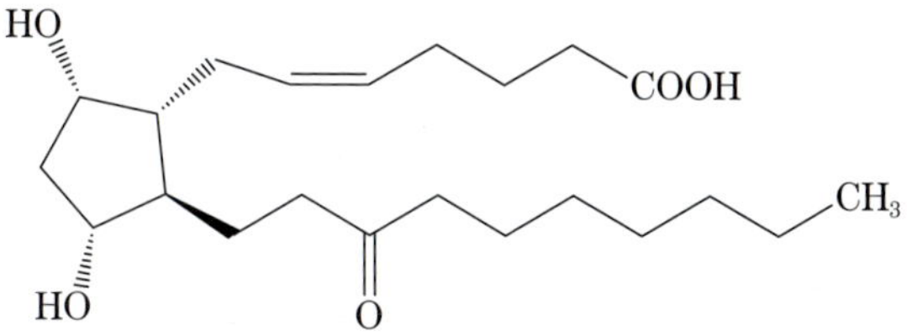

Unoprostone
（抗緑内障薬）

この化合物のイソプロピルエステルはレスクラ rescula とよばれ，緑内障の治療薬として用いられている．この合成プロスタグランジンを PGF$_{2\alpha}$ と比較して，その構造化学的な類似点と相違点を指摘せよ．

脂溶性ビタミン

21.30 ビタミンAの構造式を調べ，この分子に可能なシス-トランス異性体の数を述べよ．

21.31 多くの食物サプリメントとして用いられているビタミンAはパルミチン酸のエステルである．この分子の構造式を示せ．

21.32 ビタミンA，1,25-ジヒドロキシビタミン-D$_3$，ビタミンE，ビタミンK$_1$の構造式を調べて，これらのビタミンは水とジクロロメタンのどちらに溶けやすいと予想できるか，また，これらが血しょうに溶けると予想できるか，説明せよ．

応用問題

21.33 次の構造式は糖残基をもつ脂質群，糖脂質 glycolipid である．糖脂質は細胞膜中に存在する．

糖脂質

(a) この分子のどの部分が膜の外側に存在していると考えられるか．
(b) この糖脂質の脂質に結合している単糖は何か．

21.34 温度は細胞膜中の流動性にどのように影響すると考えられるか．

21.35 細胞膜中で脂質の動きとしてAとBのいずれが望ましいか，説明せよ．

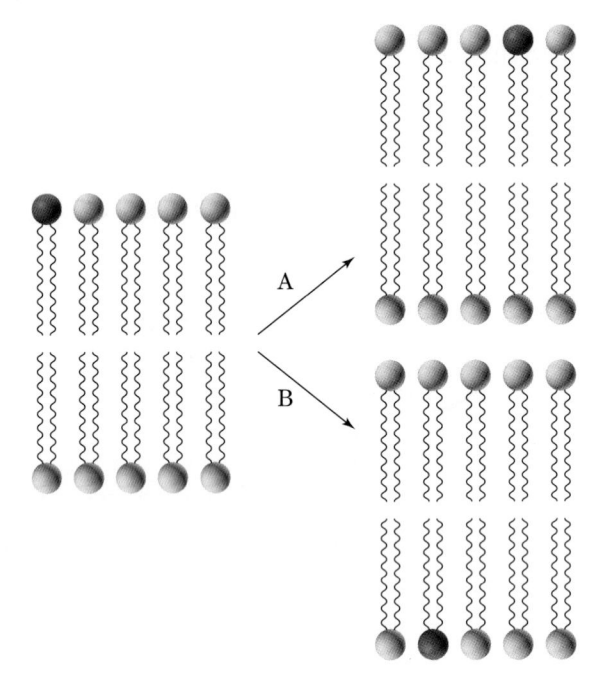

21.36 アスピリンは，タンパク質であるプロスタグランジン H_2 シンターゼ-1 prostagrandin H_2 synthase-1 の530番目のアミノ酸の側鎖へアセチル基を移動させる．この反応の生成物を書け．

530番目の残基 + アスピリン →

22 代謝の有機化学

22.1 はじめに
22.2 解糖とβ酸化に関与する主役たち
22.3 解糖
22.4 解糖の10の反応
22.5 ピルビン酸の運命
22.6 脂肪酸のβ酸化
22.7 クエン酸回路

このU.S.チームの走者たちは1996年のオリンピックで，4×400メートルリレーの金メダルを獲得した．乳酸の蓄積が激しい筋肉痛を引き起こしている．左の図は乳酸の分子模型である．(J. O. Atlanta 96/Gamma)

22.1 はじめに

　これまで主な官能基の構造と代表的な反応について学んできた．さらに炭水化物，アミノ酸とタンパク質，核酸，脂質の構造についても学んだ．これらの背景を代謝の有機化学に応用してみよう．この章では三つの鍵になる代謝経路，すなわち解糖，クエン酸回路，脂肪酸のβ酸化をとりあげる．最初はグルコースがピルビン酸を経て，アセチル補酵素A（アセチルCoA）になる過程である．第二は脂肪酸の炭化水素鎖が1回に炭素2個ずつ切れて，アセチルCoAになる過程である．第三は炭水化物，脂肪酸，タンパク質の炭素骨格が酸化され二酸化炭素になる過程である．
　生化学の方面に進む学生諸君は，エネルギーの生成と保存，あるいはその制御に

おける代謝の役割や特定の代謝段階の欠陥のために起こる疾病などを含め，このような代謝過程をさらに詳しく勉強することになるだろう．しかしこの章はもっと限られた範囲にしぼられている．代謝経路に含まれる反応はこれまで学んだ官能基の反応の生化学版であることを示したいがためである．この章ではこれまでに学んだ反応機構を用いて，酵素による触媒反応を考えてみたい．

22.2 解糖とβ酸化に関与する主役たち

脂肪酸のβ酸化，クエン酸回路および解糖で起こる反応を理解するためには，これらの過程のみならず他の多くの代謝経路に関与している重要な化合物を知っておく必要がある．そのうち三つの化合物（ATP，ADP，AMP）はリン酸の貯蔵と移動に関与するものであり，残りの二つの化合物（NAD^+/NADH と FAD/$FADH_2$）は代謝中間体の酸化還元に関与する**補酵素**である．最後の化合物（補酵素 A）は，アセチル基の貯蔵と移動に関係する．

補酵素：酵素と可逆的に結合する低分子量の非タンパク質性の分子またはイオンで，酵素が触媒する化学反応に直接関与し，別の反応で再生する．

A ATP，ADP および AMP：リン酸基の貯蔵と移動のための試薬

リン酸基の貯蔵と移動に関与する化合物，アデノシン三リン酸（ATP）（20.2 節）の構造式を次に示す．

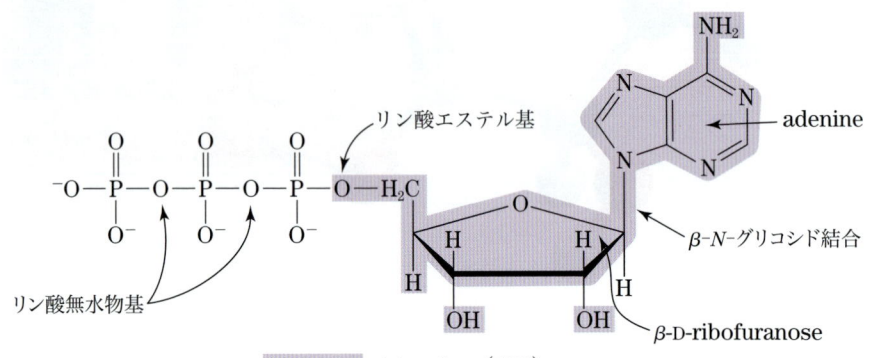

ATP と他の 5 個の鍵化合物の構成成分は，アデノシン（D-リボフラノースがアデニンとβ-N-グリコシド結合によって結合した化合物）である．リボースの末端―CH_2OH 基に 3 個のリン酸基が結合している．そのリン酸の一つはリン酸エステル結合で，残り二つはリン酸無水物結合によって結合している．ATP の末端のリン酸基が加水分解されると，アデノシン二リン酸（ADP）となる．次の簡略化された式ではアデノシン一リン酸を AMP の略号で表している．

第22章 代謝の有機化学

$$^-O-\underset{\underset{O^-}{\|}}{\overset{\overset{O}{\|}}{P}}-O-\underset{\underset{O^-}{\|}}{\overset{\overset{O}{\|}}{P}}-O-AMP + H_2O \longrightarrow {}^-O-\underset{\underset{O^-}{\|}}{\overset{\overset{O}{\|}}{P}}-O-AMP + H_2PO_4^-$$

Adenosine triphosphate (ATP)   水(リン酸受容体)   Adenosine diphosphate (ADP)

　この反応式はリン酸無水物結合の加水分解を示している．このときのリン酸基は水によって捕捉されリン酸になる．解糖のはじめの二つの反応ではリン酸はグルコースとフルクトースの―OH基によって捕捉され，これらの糖のリン酸エステルを生成する．解糖過程の後半の二つの反応では，逆にADPがリン酸を捕捉してATPに変換される．

B　NAD^+/NADH：生物学的酸化還元反応における電子の運び屋

　ニコチンアミドアデニンジヌクレオチド（NAD^+）は代謝の酸化還元反応で電子の移動に関与する最も重要な試薬の一つである．NAD^+は，β-D-リボフラノースの末端の―CH_2OH基にADPがリン酸エステル結合し，さらにβ-D-リボフラノースにニコチンアミドのピリジン環がβ-N-グリコシド結合してできている．

> ニコチンアミドアデニンジヌクレオチド（NAD^+）：生物学的酸化剤．酸化剤として作用すると，NAD^+はNADHに還元される．

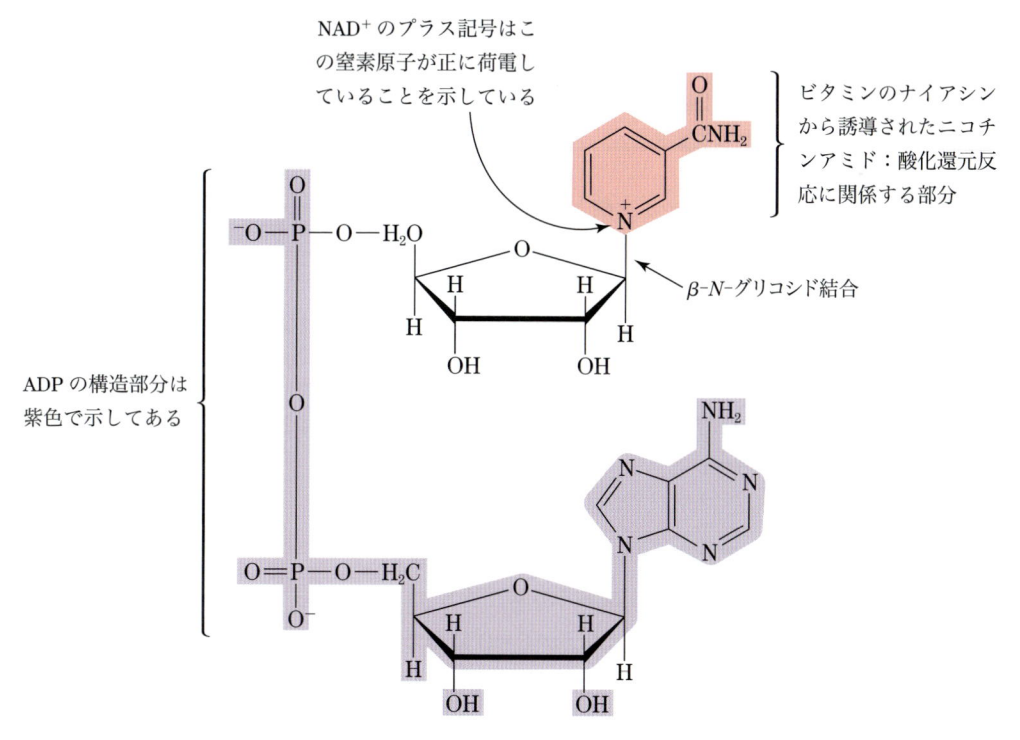

Nicotinamide adenine dinucleotide (NAD^+)

　NAD^+が酸化剤として働くとき，NADHに還元される．NADHは逆に還元剤となりNAD^+に酸化される．簡略化した構造式では，各分子のアデニンジヌクレオチド

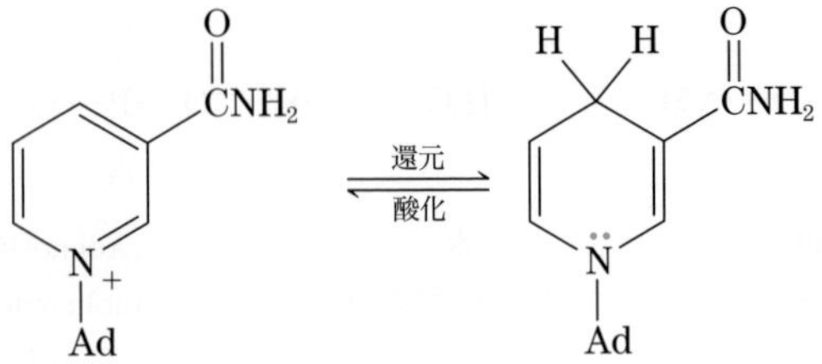

部分は Ad の略号で示している．

NAD$^+$は多くの酵素触媒による酸化還元反応に関与している．この章で取り扱う三つの酸化反応は次の通りである．

・第二級アルコールからケトンへの酸化

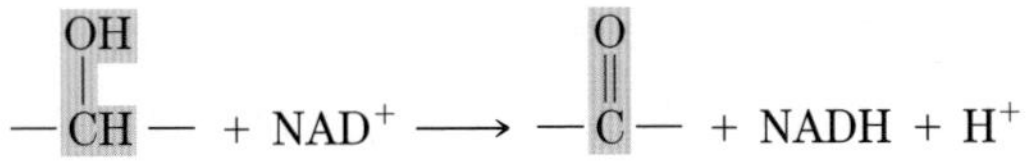

$$\text{—CH(OH)—} + \text{NAD}^+ \longrightarrow \text{—C(=O)—} + \text{NADH} + \text{H}^+$$

第二級アルコール　　　　　　　　ケトン

・アルデヒドからカルボン酸への酸化

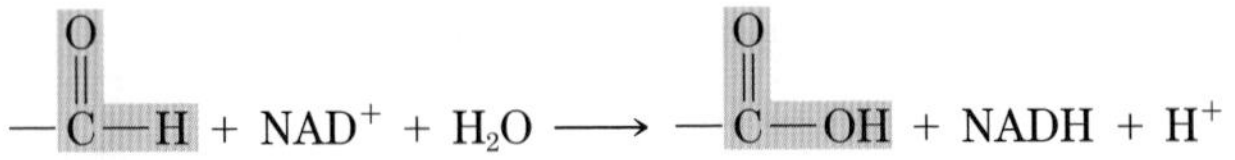

$$\text{—C(=O)H} + \text{NAD}^+ + \text{H}_2\text{O} \longrightarrow \text{—C(=O)OH} + \text{NADH} + \text{H}^+$$

アルデヒド　　　　　　　　　　　カルボン酸

・α-ケト酸からカルボン酸と二酸化炭素への酸化

$$\text{—C(=O)COOH} + \text{NAD}^+ + \text{H}_2\text{O} \longrightarrow \text{—C(=O)OH} + \text{CO}_2 + \text{NADH} + \text{H}^+$$

α-ケト酸　　　　　　　　　　　カルボン酸

反応機構が示すように，それぞれの官能基の酸化には NAD$^+$ へのヒドリドイオンの移動を伴っている．

反応機構：アルコールの NAD$^+$ による酸化

段階 1：酵素の表面上にある塩基性基 B$^-$ が OH 基からプロトン H$^+$ を引き抜く．
段階 2：O—H の σ 結合電子が C=O 結合の π 電子となる．
段階 3：ヒドリドイオンが炭素から NAD$^+$ へ移動し，新しい C—H 結合を形成する．
段階 4：環内の電子が正電荷をもつ窒素に移動する．

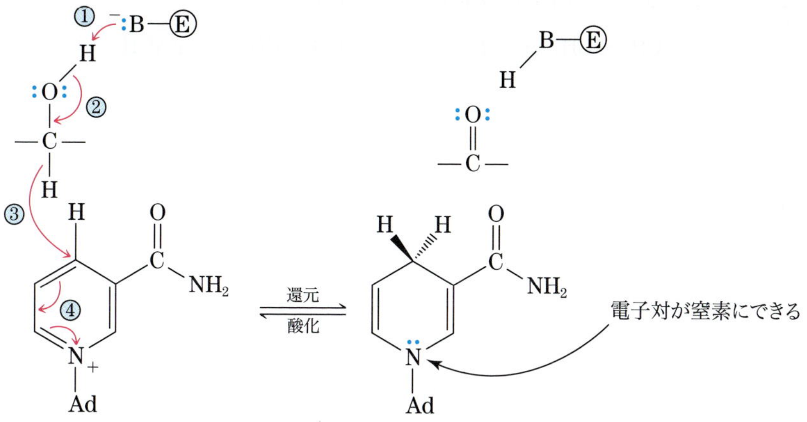

第二級アルコールから NAD^+ へ移動するヒドリドイオン $H:^-$ は2個の電子をもっているので，NAD^+ と NADH はそれぞれ二電子酸化と二電子還元に関係している．

C FAD/FADH₂：生物学的酸化還元反応における電子の運び屋

フラビンアデニンジヌクレオチド（FAD）も代謝において酸化還元で電子の移動に関わる重要な成分である．FAD はフラビンが炭素原子5個の単糖リビトールと結合し，そのリビトールには ADP の末端リン酸基が結合している．

フラビンアデニンジヌクレオチド（FAD）：生物学的酸化剤．酸化剤として作用すると，FAD は $FADH_2$ に還元される．

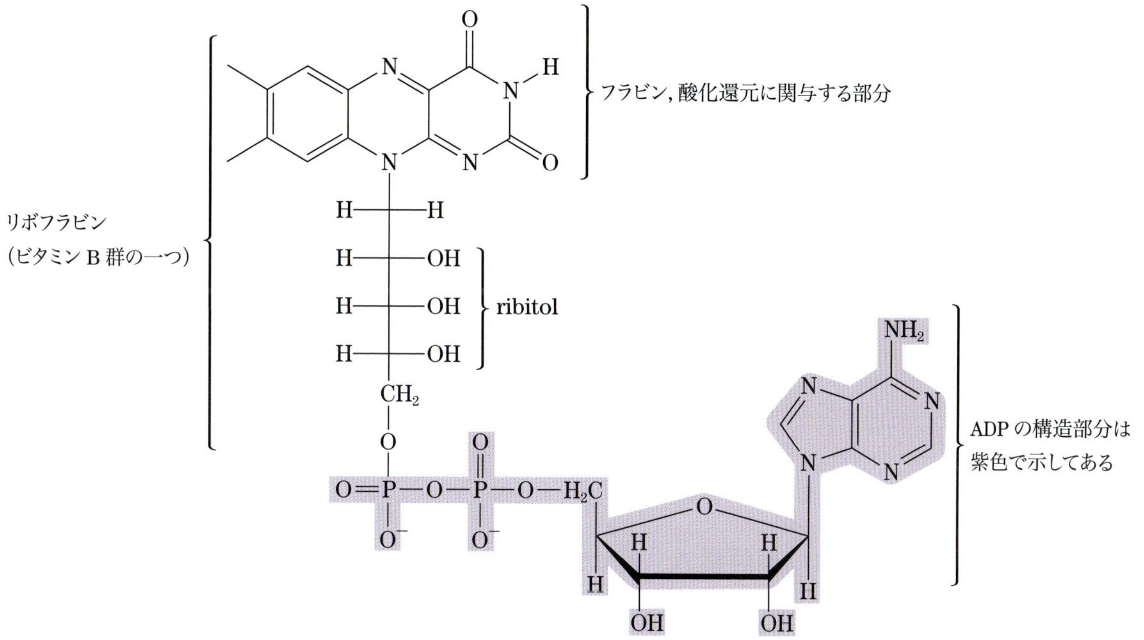

Flavin adenine dinucleotide (FAD)

FAD は酵素触媒による酸化還元反応のいくつかに関与している．ここでは脂肪酸の炭化水素鎖の炭素-炭素単結合が炭素-炭素二重結合に酸化される時の FAD の

役割についてみる．この過程で FAD は FADH$_2$ に還元される．

$$-CH_2-CH_2- \; + \; FAD \longrightarrow \; -CH=CH- \; + \; FADH_2$$

脂肪酸の
炭化水素鎖の一部

FAD が —CH$_2$—CH$_2$— を —CH=CH— に酸化する機構は，脂肪酸の炭化水素鎖からヒドリドイオンの FAD への移動が含まれている．

反応機構：脂肪酸 —CH$_2$—CH$_2$— の —CH=CH— への FAD による酸化

段階1：酵素上の塩基性基 B:$^-$ がカルボキシ基の α 炭素からプロトンを引き抜く．
段階2：C—H 結合の σ 結合の電子が新しい C=C 結合の π 電子となる．
段階3：ヒドリドイオンがカルボキシ基の β 炭素からフラビンに移動する．
段階4：フラビン環内の π 電子が移動する．
段階5：C=N 結合の電子が酵素からプロトンを引き抜く．
段階6：酵素表面上に新たな塩基性基ができる．

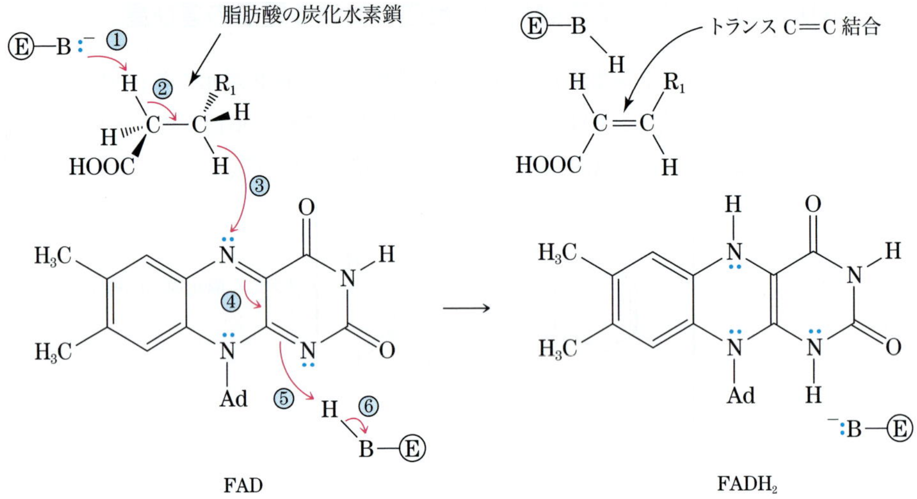

FAD から FADH$_2$ が生成するときに付加する 2 個の水素原子のうち，1 個は炭化水素鎖に由来し，もう 1 個はこの酸化を触媒する酵素上の酸性基からきている．また，酵素中の一方の基はプロトンの受容体として，また別の基はプロトンの供与体として働いている．

D 補酵素 A：アセチル基の運搬役

補酵素 A（CoA）は 4 個の成分からできている．左には 2-メルカプトエタンアミンからきた 2 個の炭素単位があり，これは 3-アミノプロパン酸（β-アラニン）のカルボキシ基とアミド結合で結合している．β-アラニンのアミノ基はビタミン B 群の一つパントテン酸のカルボキシ基とアミド結合によって結合している．最後にパントテン酸の —OH 基が ADP の末端リン酸基とリン酸エステル結合によって

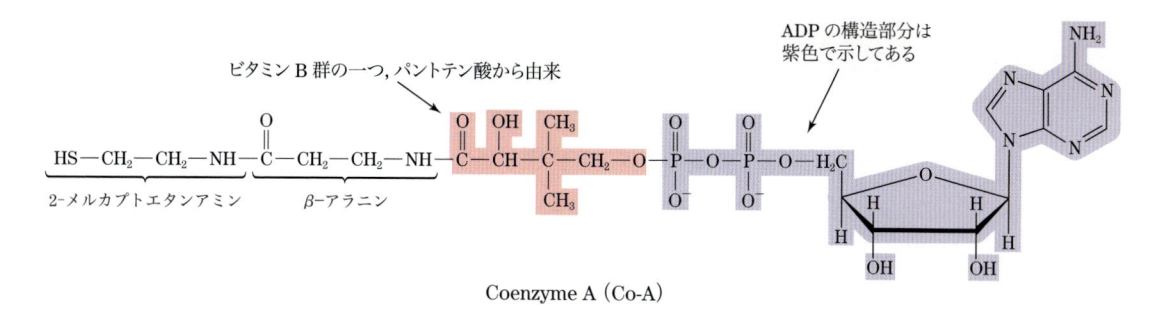

第22章 代謝の有機化学

ビタミンB群の一つ，パントテン酸から由来

ADPの構造部分は紫色で示してある

HS—CH₂—CH₂—NH—C(=O)—CH₂—CH₂—NH—C(=O)—C(OH)H—C(CH₃)₂—CH₂—O—P(=O)(O⁻)—O—P(=O)(O⁻)—O—H₂C—（リボース-アデニン）

2-メルカプトエタンアミン　β-アラニン

Coenzyme A (Co-A)

結合している．

CoAの構造上の鍵となる特性は，末端にメルカプト基（—SH）をもっていることである．エネルギーを産生するために食物を分解する過程で，グルコース，フルクトース，ガラクトースの炭素骨格は，脂肪酸，グリセリンやいくつかのアミノ酸のそれら炭素骨格とともに，アセチル補酵素A（もっと一般的にはアセチルCoAという）のチオエステルの形で酢酸エステルに変えられる．

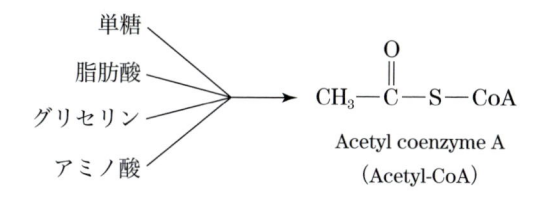

単糖
脂肪酸　　　　　　　　　　O
グリセリン　　→　　CH₃—C—S—CoA
アミノ酸　　　　　　Acetyl coenzyme A
　　　　　　　　　　　（Acetyl-CoA）

22.7節で，このアセチル基がどのようにしてクエン酸回路の反応によって二酸化炭素と水に酸化されるかを見る．

22.3 解 糖

ほとんどすべての生きた細胞は解糖を行っている．生物は最初 O_2 のない環境に出現したため，酸素を必要としない解糖が，栄養となる分子からエネルギーを取り出す重要な過程となった．解糖は地球上の生物進化の10億年くらいの間，嫌気性代謝過程の中で重要な役割を果たしてきた．現在の生物もクエン酸回路のような好気性過程に原料となる分子を供給するためや，酸素の供給が十分でない場合に短期のエネルギー源としてこれを用いている．

解糖 glycolysis は10段階の酵素触媒反応を含み，グルコースが酸化されて2分子のピルビン酸を与える．酸化剤は NAD^+ である．グルコース1分子がピルビン酸に酸化されると，2分子のATPがつくり出される．解糖の正味の反応は次の通りである．

解糖：glycolysis という語は，ギリシア語の *glyko-*（甘い）と *lysis*（分解）に由来．10段階の酵素反応からなり，グルコースが2分子のピルビン酸に酸化される．

$$C_6H_{12}O_6 + 2NAD^+ + 2HPO_4^{2-} + 2ADP \xrightarrow[\text{10段階からなる酵素触媒反応}]{\text{解糖}} 2CH_3COCOO^- + 2H^+ + 2NADH + 2ATP$$

Glucose　　　　　　　　　　　　　　　　　　　　　　　　　Pyruvate
　　　　　　　　　　　　　　　　　　　　　　　　　　　ピルビン酸イオン

例題 22.1

グルコースから2分子のピルビン酸への変換は酸化であることを示せ．（ヒント：酸化であることは，生成物がピルビン酸であることからすぐにわかる．ただし，この反応が細胞中で起こる pH の条件下では，ピルビン酸はイオン化してピルビン酸イオンになっている．）

解　答

グルコースは $C_6H_{12}O_6$ であり，ピルビン酸2分子は $2(C_3H_4O_3) = C_6H_8O_6$ である．この変換反応で酸素原子の数は同じであるが，水素が4個減っている．したがって，グルコースからピルビン酸への変換は酸化である．

練習問題 22.1

嫌気性（酸素のない）条件下，グルコースは嫌気性解糖あるいは乳酸発酵とよばれる代謝過程によって乳酸になる．嫌気性解糖は全体として酸化か，還元か，それともそのいずれでもないか．

$$C_6H_{12}O_6 \xrightarrow{\text{嫌気性解糖}} 2CH_3\overset{OH}{\underset{|}{C}}HCOO^- + 2H^+$$

Glucose　　　　　　　　Lactate
　　　　　　　　　　　　乳酸イオン

22.4　解糖の 10 の反応

　解糖の正味の反応を書くのは簡単だけれども，グルコースがピルビン酸に変換される個々の反応を発見するのに，多くの科学者による忍耐強い精力的な研究にもかかわらず，数十年もかかった．解糖はこの分野に非常に貢献した2人のドイツ人生化学者 Gustav Embden（エムデン）と Otto Meyerhof（マイヤーホフ）にちなんで，Embden–Meyerhof 反応ということも多い．解糖の 10 の反応を図 22.1 に示す．

反応 1：α-D-グルコースのリン酸化

　ATPからグルコースへリン酸基が移動し，α-D-グルコース 6-リン酸が生成する．この変換反応は酸無水物とアルコールからエステルが生成する反応（15.5B 節）と同じである．この場合には，リン酸無水物とグルコースの第一級アルコールが反応してリン酸エステルが生成する．15.7 節で，活性の高いカルボン酸誘導体から活性の低いカルボン酸誘導体に変換できることについて述べた．同じ原理がリン酸誘導体についてもあてはまる．解糖の反応 1 では反応性の高いリン酸無水物が反応性の低いリン酸エステルに変換されている．

第 22 章 代謝の有機化学

α-D-Glucose + ATP →(ヘキソキナーゼ, Mg^{2+}) α-D-Glucose 6-phosphate + ADP

この反応を触媒する酵素，ヘキソキナーゼ hexokinase は 2 価のマグネシウムイオン Mg^{2+} を必要とする．その役割は，ATP の末端にあるリン酸基の負電荷をもつ酸素原子 2 個に配位して，グルコースの—OH 基が P＝O 基のリン原子を攻撃しやすくすることにある．

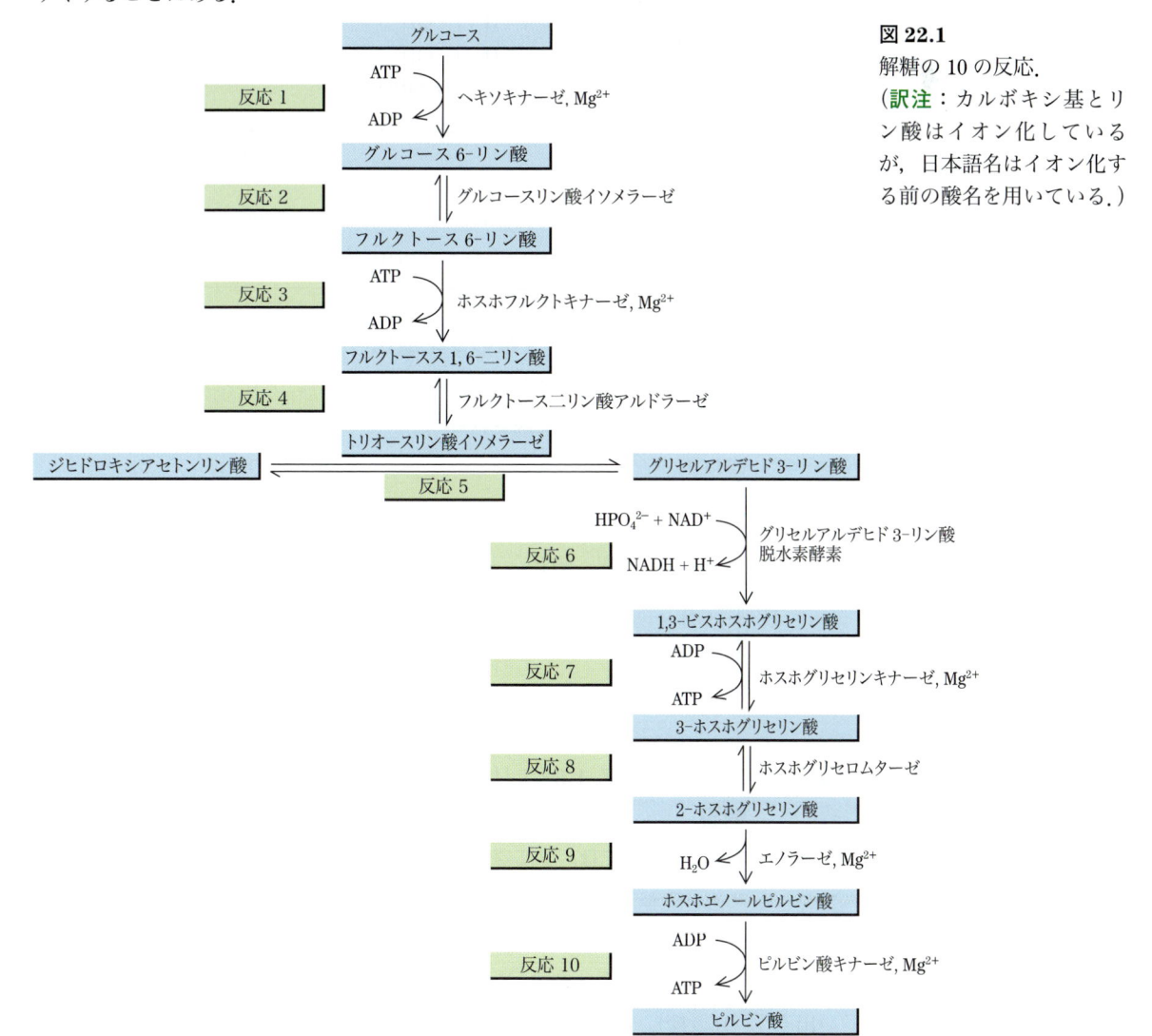

図 22.1
解糖の 10 の反応．
(訳注：カルボキシ基とリン酸はイオン化しているが，日本語名はイオン化する前の酸名を用いている．)

グルコース
- 反応 1：ATP → ADP, ヘキソキナーゼ, Mg^{2+}
グルコース 6-リン酸
- 反応 2：グルコースリン酸イソメラーゼ
フルクトース 6-リン酸
- 反応 3：ATP → ADP, ホスホフルクトキナーゼ, Mg^{2+}
フルクトース 1,6-二リン酸
- 反応 4：フルクトース二リン酸アルドラーゼ
ジヒドロキシアセトンリン酸 ⇌ グリセルアルデヒド 3-リン酸
- 反応 5：トリオースリン酸イソメラーゼ
- 反応 6：HPO_4^{2-} + NAD^+ → $NADH$ + H^+, グリセルアルデヒド 3-リン酸脱水素酵素
1,3-ビスホスホグリセリン酸
- 反応 7：ADP → ATP, ホスホグリセリンキナーゼ, Mg^{2+}
3-ホスホグリセリン酸
- 反応 8：ホスホグリセロムターゼ
2-ホスホグリセリン酸
- 反応 9：H_2O, エノラーゼ, Mg^{2+}
ホスホエノールピルビン酸
- 反応 10：ADP → ATP, ピルビン酸キナーゼ, Mg^{2+}
ピルビン酸

反応 2：グルコース 6-リン酸からフルクトース 6-リン酸への異性化

この反応でアルドヘキソースであるグルコース 6-リン酸が 2-ケトヘキソースのフルクトース 6-リン酸に変換される．

α-D-Glucose 6-phosphate ⇌ (グルコースリン酸イソメラーゼ) ⇌ α-D-Fructose 6-phosphate

この異性化はこの二つの単糖の開環形（Fischer 投影式）で考えるとわかりやすい．

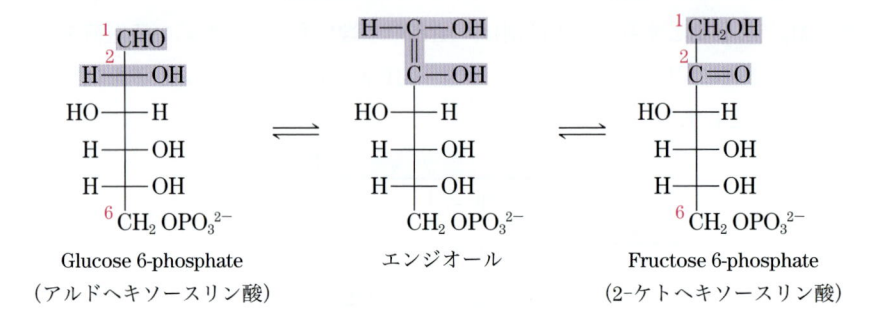

Glucose 6-phosphate （アルドヘキソースリン酸） ⇌ エンジオール ⇌ Fructose 6-phosphate （2-ケトヘキソースリン酸）

すなわち，ケト−エノール互変異性によってエンジオール enediol となり，この後フルクトース 6-リン酸のケト基に変わる（13.9A 節と問題 13.33 と 13.34 を見よ）．

反応 3：フルクトース 6-リン酸のリン酸化

解糖の 3 番目の反応では，ATP がもう 1 mol 使われ，フルクトース 6-リン酸がフルクトース 1,6-二リン酸に変換される．

Fructose 6-phosphate + ATP → (ホスホフルクトキナーゼ, Mg^{2+}) → Fructose 1,6-bisphosphate + ADP

反応 4：フルクトース 1,6-二リン酸から 2 分子のトリオースリン酸への開裂

解糖の 4 番目の反応では，フルクトース 1,6-二リン酸が逆アルドール反応によってジヒドロキシアセトンリン酸とグリセルアルデヒド 3-リン酸に開裂する．アルドール反応とは，一方のカルボニル化合物の α 炭素ともう一方のカルボニル炭素の間で起こり，その生成物は β-ヒドロキシアルデヒドまたはケトンであることを思い出そう（16.3 節）．

第22章 代謝の有機化学

アルドール反応の生成物の構造上の特性
(a) カルボニル基
(b) β-ヒドロキシ基

$$\text{Fructose 1,6-bisphosphate} \xrightleftharpoons{\text{アルドラーゼ}} \text{Dihydroxyacetone phosphate} + \text{Glyceraldehyde 3-phosphate}$$

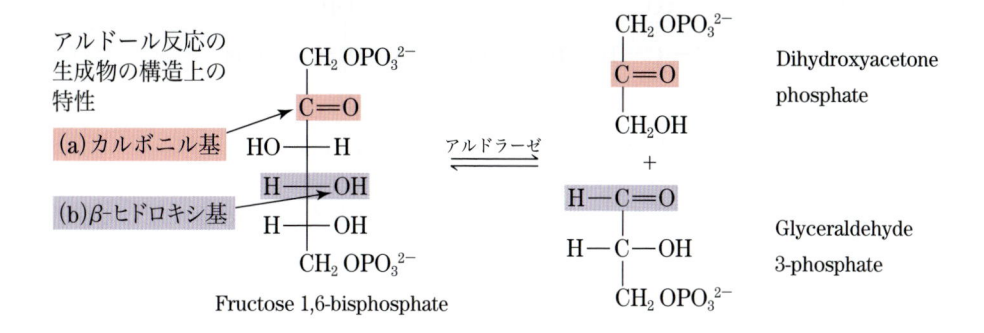

反応5：ジヒドロキシアセトンリン酸のグリセルアルデヒド3-リン酸への異性化

トリオースリン酸の相互変換反応は，先に述べたグルコース6-リン酸からフルクトース6-リン酸への異性化と同じように，ケト-エノール互変異性とエンジオール中間体を経て起こる．

Dihydroxyacetone phosphate ⇌ エンジオール中間体 ⇌ Glyceraldehyde 3-phosphate

反応6：グリセルアルデヒド3-リン酸のアルデヒド基の酸化

反応6の構造式を簡単にするためにグリセルアルデヒド3-リン酸を G—CHO で表す．この分子に二つの変化が起こる．まず，アルデヒド基がカルボキシ基に酸化され，それが混合酸無水物になる．酸化剤は NAD^+ であり，これ自身は NADH に還元される．

$$\text{G—CHO} + H_2O + NAD^+ \longrightarrow \text{G—COOH} + H^+ + NADH$$

Glyceraldehyde 3-phosphate → Glyceric acid 3-phosphate

実際の反応は上の反応よりもう少し複雑である．すなわち，反応は (1) チオアセタールの生成，(2) ヒドリドイオンの移動によるチオエステルの生成，(3) チオエステルの酸無水物への変換の3段階からなる．

反応機構：グリセルアルデヒド3-リン酸の1,3-ビスホスホグリセリン酸への酸化

段階1：グリセルアルデヒド3-リン酸と酵素のメルカプト基との反応によってヘミチオアセタール（13.7節参照）が生成する．

Glyceraldehyde 3-phosphate　　ヘミチオアセタール

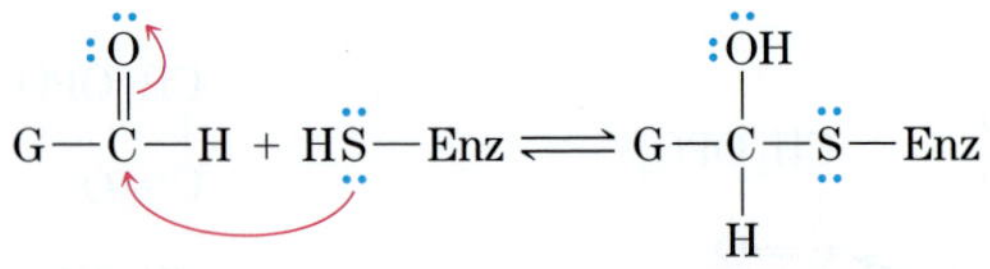

段階 2：ヘミチオアセタールから NAD^+ へのヒドリドイオンの移動によって酸化が起こる．

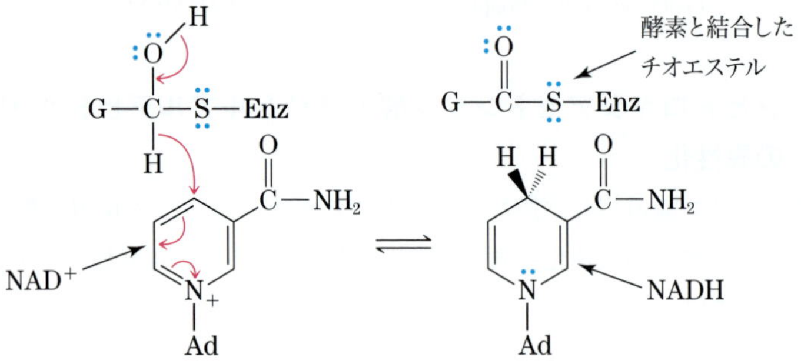

段階 3：チオエステルとリン酸イオンとが反応し，四面体カルボニル付加中間体を形成し，次にこれが開裂して酵素を再生するとともに，リン酸とグリセリン酸の混合酸無水物を与える．

四面体カルボニル付加中間体　　1,3-ビスホスホグリセリン酸（混合酸無水物）

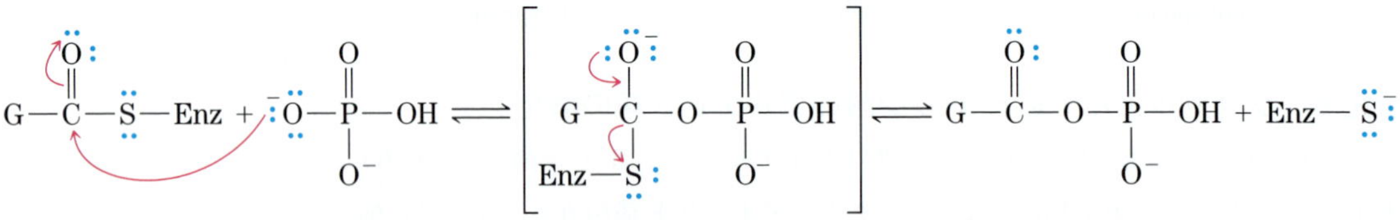

反応 7：1,3-ビスホスホグリセリン酸から ADP へのリン酸基の移動

この反応でのリン酸基の移動は，1,3-ビスホスホグリセリン酸の混合酸無水物と新しく生成する ATP のリン酸無水物との交換反応である．

1,3-Bisphosphoglycerate　　ADP　　3-Phosphoglycerate　　ATP

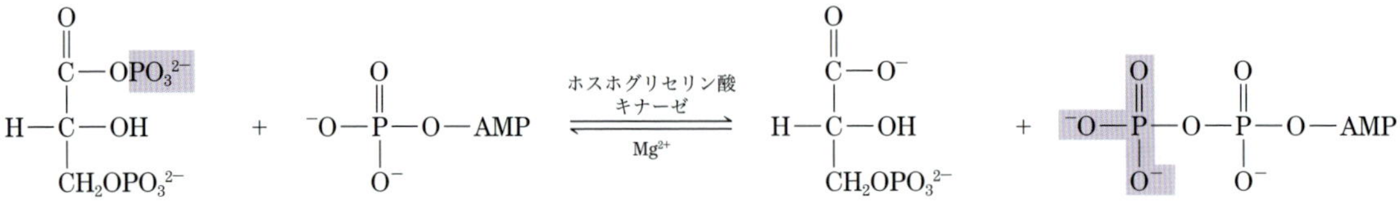

反応 8：3-ホスホグリセリン酸の 2-ホスホグリセリン酸への異性化

リン酸基が 3 位炭素上の第一級ヒドロキシ基から 2 位炭素上の第二級ヒドロキシ基に移動する．

第22章　代謝の有機化学

$$\text{3-Phosphoglycerate} \underset{}{\overset{\text{ホスホグリセリン酸}\\\text{ムターゼ}}{\rightleftarrows}} \text{2-Phosphoglycerate}$$

反応9：2-ホスホグリセリン酸の脱水

第一級アルコールが脱水（8.3E節）して，リン酸とピルビン酸のエノール形のエステル，ホスホエノールピルビン酸が生成する．

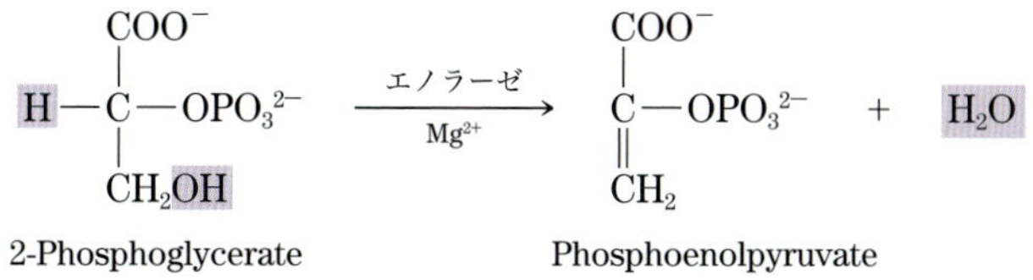

$$\text{2-Phosphoglycerate} \xrightarrow[\text{Mg}^{2+}]{\text{エノラーゼ}} \text{Phosphoenolpyruvate} + H_2O$$

反応10：ホスホエノールピルビン酸から ADP へのリン酸基の移動

反応10はさらに2段階に分けられる．リン酸基が ADP に移動し ATP を与える段階と，ケト-エノール互変異性（13.9A節）によって，ピルビン酸のエノール形がケト形に変換される段階である．

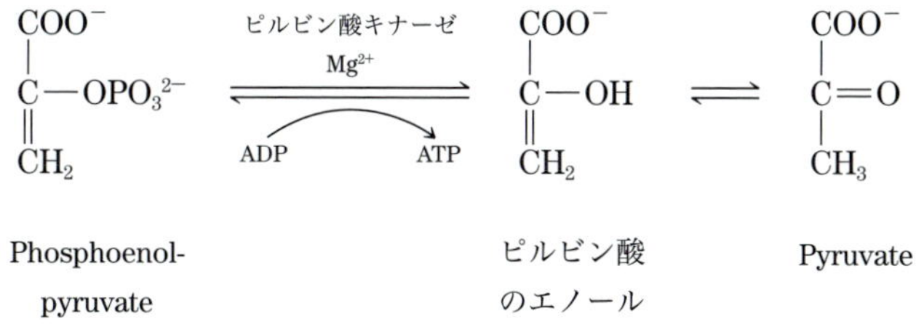

$$\text{Phosphoenol-pyruvate} \underset{\text{ADP} \quad \text{ATP}}{\overset{\text{ピルビン酸キナーゼ}\\\text{Mg}^{2+}}{\rightleftarrows}} \text{ピルビン酸のエノール} \rightleftarrows \text{Pyruvate}$$

これらの10の反応をまとめると，解糖は次のような正味の反応式で表される．

$$C_6H_{12}O_6 + 2NAD^+ + 2HPO_4^{2-} + 2ADP \xrightarrow[\text{10段階の酵素触媒反応}]{\text{解糖}} 2CH_3COCOO^- + 2H^+ + 2NADH + 2ATP$$

Glucose → Pyruvate

22.5　ピルビン酸の運命

　ピルビン酸は細胞中に蓄積されることはなく，酸素の存在の有無と細胞の種類によって三つの酵素触媒反応のうちのいずれか一つをうける．これらのピルビン酸の運命のうちの二つに関係する生物学的過程を理解する鍵は，ピルビン酸が解糖反応を経てグルコースの酸化によって作られることを思い起こすことである．NAD^+ が酸化剤であり，それ自身は NADH に還元される．解糖が続くためには NAD^+ の継続的な供給がなければならない．したがって，嫌気性条件下（NADH の再酸化に

必要な酸素が存在しない状態）では，二つの代謝経路は NAD^+ を再生するためにピルビン酸を用いる．

A 乳酸への還元：乳酸発酵

脊椎動物で，嫌気性条件下における NAD^+ の再生方法として最も重要な過程は，乳酸脱水素酵素によって触媒されるピルビン酸から乳酸への還元反応である．

$$CH_3\overset{O}{\overset{\|}{C}}COO^- + NADH + H_3O^+ \underset{}{\overset{乳酸脱水素酵素}{\rightleftarrows}} CH_3\overset{OH}{\overset{|}{C}}HCOO^- + NAD^+ + H_2O$$

Pyruvate　　　　　　　　　　　　　　　　　　　　Lactate

乳酸発酵：グルコースを2分子のピルビン酸イオンに変換する代謝経路．

乳酸発酵 lactate fermentation は酸素がなくても解糖が続くことを可能にしているが，乳酸の濃度を上昇させ，筋肉組織や血液の水素イオン（H^+）濃度も上昇させる．乳酸と H_3O^+ がたまることは，筋肉の疲労と関係がある．血液中の乳酸の濃度が約 0.4 mg/100 mL になると，筋肉はほぼ完全に疲労している．

例題 22.2

解糖に続いて，ピルビン酸の乳酸への還元（乳酸発酵）によって血液の水素イオン濃度が上昇することを示せ．

解　答

乳酸発酵によって乳酸が生成する．乳酸は血しょう中の正常なpHである pH 7.4 では完全にイオン化しているので，水素イオン濃度は増大する．

$$C_6H_{12}O_6 + 2H_2O \xrightarrow{乳酸発酵} 2CH_3\overset{OH}{\overset{|}{C}}HCOO^- + 2H_3O^+$$

Glucose　　　　　　　　　　　　　　　　Lactate

練習問題 22.2

乳酸発酵の結果，血液の pH は上がるか下がるか．

B エタノールへの還元：アルコール発酵

酵母などの微生物は，嫌気性条件下に NAD^+ を再生する方法として別の経路をもっている．最初の段階はピルビン酸が脱炭酸してアセトアルデヒドを生成する段階である．

$$\underset{\text{Pyruvate}}{CH_3CCOO^-} + H_3O^+ \xrightarrow{\text{ピルビン酸脱炭酸酵素}} \underset{\text{Acetaldehyde}}{CH_3CH} + CO_2 + H_2O$$

この反応で生成する二酸化炭素は，ビールの泡や天然で発酵させたワインやシャンパンの炭酸化と関連している．次にアセトアルデヒドが NADH によってエタノールに還元される．

$$\underset{\text{Acetaldehyde}}{CH_3CH} + NADH + H_3O^+ \xrightarrow{\text{アルコール脱水素酵素}} \underset{\text{Ethanol}}{CH_3CH_2OH} + NAD^+ + H_2O$$

ピルビン酸の脱炭酸とアセトアルデヒドの還元反応を解糖の正味の反応に加えると，**アルコール発酵** alcoholic fermentation の反応式が得られる．

$$\underset{\text{Glucose}}{C_6H_{12}O_6} + 2HPO_4^{2-} + 2ADP + 2H^+ \xrightarrow{\text{アルコール発酵}} \underset{\text{Ethanol}}{2CH_3CH_2OH} + 2CO_2 + 2ATP$$

アルコール発酵：グルコースを2分子のエタノールと2分子の CO_2 に変換する代謝経路．

C アセチル CoA への酸化と脱炭酸

好気性条件下（酸素の存在する状態）ではピルビン酸は酸化的脱炭酸を受け，カルボキシ基は二酸化炭素になり，残りの2個の炭素はアセチル CoA のアセチル基に変換される．

$$\underset{\text{Pyruvate}}{CH_3CCOO^-} + NAD^+ + CoASH \xrightarrow{\text{酸化的脱炭酸}} \underset{\text{アセチル CoA}}{CH_3CSCoA} + CO_2 + NADH$$

ピルビン酸の酸化的脱炭酸は，上の式よりもかなり複雑である．NAD^+ と CoA を用いる上に，この反応には FAD，チアミンピロリン酸（ビタミン B_1 から誘導される），リポ酸が必要である．

Thiamine pyrophosphate

Lipoic acid
（カルボキシラートアニオンとして）

アセチル CoA はクエン酸回路の燃料となる．その結果，NADH および $FADH_2$ の生成と同時に，アセチル基の2個の炭素鎖が酸化され CO_2 になる．還元された補酵素は呼吸によって取り込まれた O_2 を酸化剤として NAD^+ と FAD に酸化される．

22.6 脂肪酸の β 酸化

脂肪酸の分解代謝の第一段階は，脂肪組織か食物から摂取したトリグリセリドから切り離されることから始まる．トリグリセリドの加水分解はリパーゼとよばれる酵素群によって触媒される．

$$\underset{\text{トリグリセリド}}{\begin{array}{c}\text{O}\\\|\\\text{RCOCH}\end{array}\begin{array}{c}\text{O CH}_2\text{OCR}\\\|\\\text{O}\\\text{CH}_2\text{OCR}\end{array}} + 3\text{H}_2\text{O} \xrightarrow{\text{リパーゼ}} \underset{\substack{\text{1,2,3-Propanetriol}\\\text{(Glycerol; glycerin)}}}{\begin{array}{c}\text{CH}_2\text{OH}\\\text{CHOH}\\\text{CH}_2\text{OH}\end{array}} + \underset{\text{脂肪酸}}{3\text{RCOOH}}$$

脂肪酸のβ酸化：脂肪酸のカルボキシ基末端から炭素原子2個を同時に切断する四つの酵素触媒反応．四つの反応のうち二つの反応で，脂肪酸炭化水素鎖の β 炭素が酸化される．

遊離した脂肪酸は血流に乗り，細胞内に入って酸化を受ける．**脂肪酸のβ酸化** β-oxidation には，二つの重要な段階がある．(1) 細胞質中で遊離脂肪酸の活性化とミトコンドリア膜への移動，そして (2) β酸化である．β酸化は四つの反応をくり返して達成される．

A 脂肪酸の活性化：CoA とのチオエステルの生成

β酸化は，まず細胞質中で脂肪酸のカルボキシ基が CoA のメルカプト基（SH 基）と**チオエステル** thioester を形成することから始まる．このアシル CoA 誘導体の生成と同時に，ATP が加水分解され AMP とピロリン酸イオンを生じる．生化学反応を書くとき，主反応を表す矢印の上にカーブした矢印を使って，この反応に関与する反応物と生成物を示すことが多い．ここでは ATP が反応物，AMP とピロリン酸イオンが生成物である．

チオエステル：—OR 基の酸素原子が硫黄原子に置き換わったエステル．

$$\underset{\substack{\text{脂肪酸}\\(\text{アニオン形})}}{\begin{array}{c}\text{O}\\\|\\\text{R—C—O}^-\end{array}} + \underset{\text{補酵素 A}}{\text{HS—CoA}} \xrightarrow{\text{ATP} \quad \text{AMP}+\text{P}_2\text{O}_7^{4-}} \underset{\text{アシル CoA 誘導体}}{\begin{array}{c}\text{O}\\\|\\\text{R—C—S—CoA}\end{array}} + \text{OH}^-$$

この反応の機構は，脂肪酸のカルボキシラートアニオンが ATP のリン酸無水物結合の P=O を攻撃し，ちょうど C=O の化学で述べた四面体付加中間体とよく似た中間体を生成することから開始される．脂肪酸–ATP 反応で生成する中間体では，カルボキシラートアニオンによって攻撃されたリン原子は 5 価になる．この中間体はさらに分解し，脂肪酸のカルボキシ基と AMP のリン酸基の非常に活性な混合酸無水物であるアシル AMP となる．

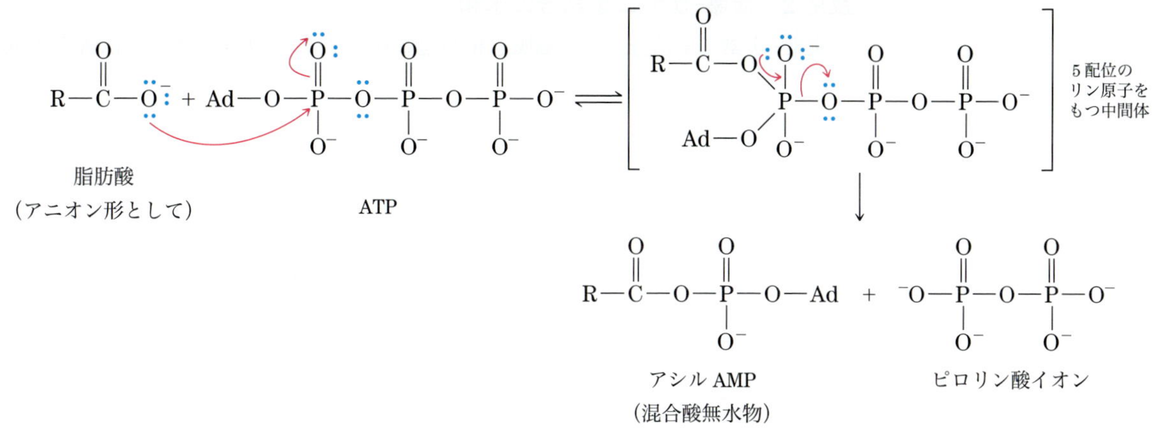

第22章 代謝の有機化学

[脂肪酸活性化反応の構造式：脂肪酸（アニオン形として）+ ATP ⇌ 5配位のリン原子をもつ中間体 → アシル AMP（混合酸無水物）+ ピロリン酸イオン]

この混合酸無水物に CoA のメルカプト基がカルボニル付加反応を行い，四面体カルボニル付加中間体を与える．この中間体は分解して AMP とアシル CoA（CoA の脂肪酸チオエステル）になる．

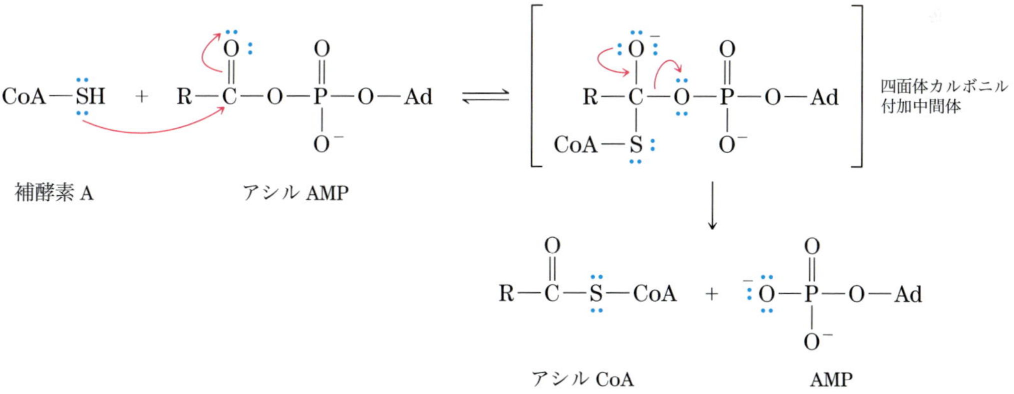

[反応式：補酵素 A (CoA—SH) + アシル AMP ⇌ 四面体カルボニル付加中間体 → アシル CoA + AMP]

ここで，活性化された脂肪酸はミトコンドリアに運ばれ，そこで炭素鎖が β 酸化によって分解される．

B β酸化の四つの反応

反応1：炭化水素鎖の酸化

β 酸化の最初の反応は，脂肪酸の炭素鎖の α と β 炭素間での酸化である．酸化剤は FAD であり，FAD 自身は $FADH_2$ に還元される．反応は立体選択的でトランスのアルケンのみが生成する．

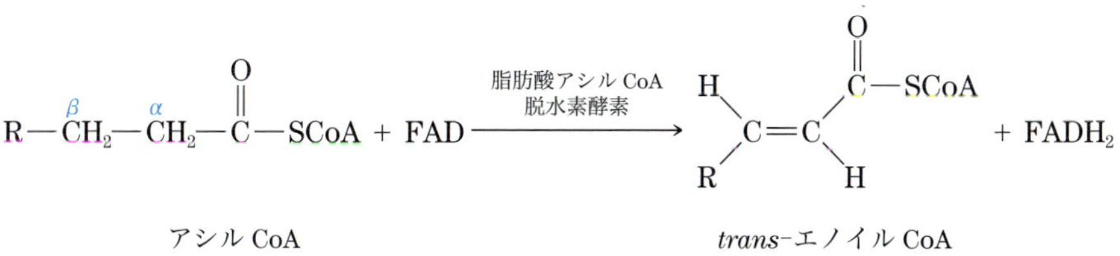

[反応式：アシル CoA ($R-CH_2^\beta-CH_2^\alpha-C(=O)-SCoA$) + FAD →（脂肪酸アシル CoA 脱水素酵素）→ trans-エノイル CoA + $FADH_2$]

反応 2：炭素-炭素二重結合の水和

炭素-炭素二重結合に酵素触媒水和が起こり，β-ヒドロキシアシル CoA が生成する．

$$\underset{\textit{trans-}エノイル CoA}{\overset{H}{\underset{R}{C}}=\overset{O}{\underset{H}{C}}-SCoA} + H_2O \xrightarrow{エノイル CoA ヒドラーゼ} \underset{(R)\text{-}\beta\text{-ヒドロキシアシル CoA}}{\overset{OH}{\underset{R}{C}}-CH_2-\overset{O}{C}-SCoA}$$

この水和反応は位置選択的であり，—OH は 3 位の炭素に付加する．また，立体選択的でもあり，R エナンチオマーのみが生成する．

反応 3：β-ヒドロキシ基の酸化

β 酸化の 2 番目の酸化段階では，第二級アルコールがケトンに酸化される．酸化剤は NAD^+ であり，これは NADH に還元される．

$$\underset{(R)\text{-}\beta\text{-ヒドロキシアシル CoA}}{\overset{OH}{\underset{R}{C}}-CH_2-\overset{O}{C}-SCoA} + NAD^+ \xrightarrow{(R)\text{-}\beta\text{-ヒドロキシアシル CoA 脱水素酵素}} \underset{\beta\text{-ケトアシル CoA}}{R-\overset{O}{C}-CH_2-\overset{O}{C}-SCoA} + NADH$$

反応 4：炭素鎖の開裂

β 酸化の最後の段階は炭素鎖の開裂であり，アセチル CoA 分子と炭素数が 2 個少なくなった新しいアシル CoA ができる．

$$\underset{\beta\text{-ケトアシル CoA}}{R-\overset{O}{C}-CH_2-\overset{O}{C}-SCoA} + \underset{補酵素 A}{HS-CoA} \xrightarrow{チオラーゼ} \underset{アシル CoA}{R-\overset{O}{C}-SCoA} + \underset{アセチル CoA}{CH_3\overset{O}{C}-SCoA}$$

反応機構：脂肪酸の β 酸化における逆 Claisen 縮合

段階 1：チオラーゼという酵素のメルカプト基がケトンのカルボニル炭素を攻撃し，四面体カルボニル付加中間体を形成する．

段階 2：この中間体は分解して，アセチル CoA のエノラートアニオンおよび酵素と結合したチオエステル（炭素数が 2 個減っている）が生成する．

段階 3：エノラートアニオンはプロトンをとり，アセチル CoA になる．

段階 4：酵素−チオエステル中間体は CoA 分子と反応して酵素上にメルカプト基を再生すると同時に，炭素鎖が 2 個短くなったアシル CoA を遊離する．

第 22 章　代謝の有機化学

もし段階1～3の反応を逆に見てみると，**Claisen 縮合**（16.4A 節）の一例とみなすことができる．すなわち，アセチル CoA のエノラートアニオンがチオエステルのカルボニル基を攻撃し，四面体カルボニル付加中間体を経て β-ケトチオエステルが生成している．

以上の β 酸化の四つの反応は図 22.2 のようにまとめられる．

C　β 酸化のくり返しによる酢酸ユニット単位の生成

この一連の β 酸化の四つの反応が短くなったアシル CoA 鎖上でくり返され，全脂肪酸鎖がアセチル CoA に分解されるまで続く．例えば，パルミチン酸の β 酸化は 7 回くり返されて 8 分子のアセチル CoA を与える．この過程には FAD による 7 回の酸化と，NAD^+ による 7 回の酸化が含まれる．

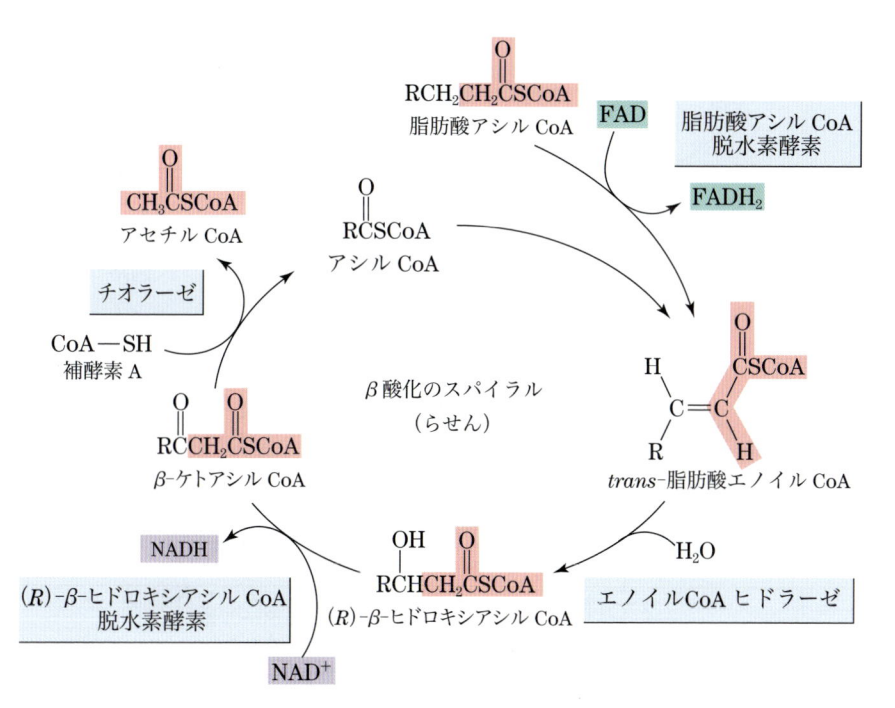

図 22.2
β 酸化の四つの反応．β 酸化の段階はらせんであるといわれる．四つの反応が終わると，炭素鎖が 2 個短くなって再び β 酸化がくり返されるからである．

$$\underset{\text{Hexadecanoic acid}\\ \text{(Palmitic acid)}}{CH_3(CH_2)_{14}\overset{O}{\overset{\|}{C}}OH} + 8CoA-SH + 7NAD^+ + 7FAD \xrightarrow{ATP \quad AMP+P_2O_7^{4-}} \underset{\text{アセチル CoA}}{8CH_3\overset{O}{\overset{\|}{C}}SCoA} + 7NADH + 7FADH_2$$

22.7 クエン酸回路

好気性条件下，炭水化物のみならず脂肪酸やアミノ酸の炭素骨格が酸化によって二酸化炭素にまで代謝される過程の中心は**クエン酸回路** citric acid cycle である．これは**トリカルボン酸回路** tricarboxylic acid (TCA) cycle や Krebs 回路という名称でも知られている．最後の名称は 1937 年にこの過程が循環していることを最初に提唱した生化学者 Sir Adolph Krebs に敬意をはらったものである．

A 回路の概要

クエン酸回路の反応を通して，アセチル CoA のアセチル基の炭素原子は二酸化炭素に酸化される．この回路には四つの独立した酸化が含まれている．その中の三つは NAD^+ が，一つは FAD がかかわっている．図 22.3 にこの回路の概要を示す*．この中に四つの段階も含まれている．

*訳注：この反応が細胞中で起こる pH の条件下ではカルボン酸はイオン化しているので，反応式ではイオン化した式が書かれている．また英語名はすべてイオン名で命名されているが，日本語名は生化学分野の習慣に従って，イオン化する前のカルボン酸名で表記している．

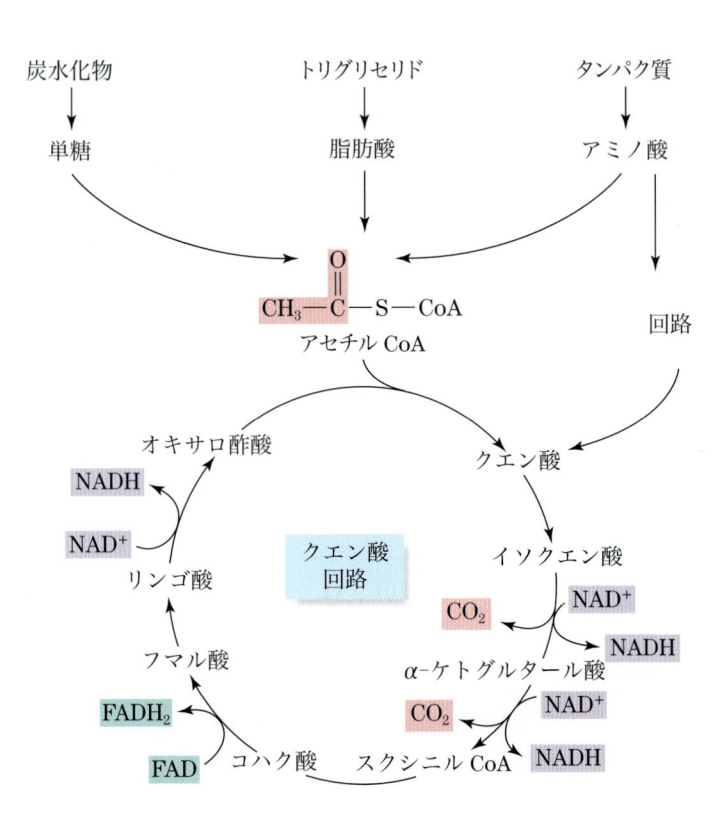

図 22.3
クエン酸回路．
回路の燃料は単糖，脂肪酸，アミノ酸の分解から得られる．

B クエン酸回路の反応

1. クエン酸の生成

アセチル CoA の α 炭素とオキサロ酢酸のケト基間での酵素触媒アルドール反応（16.3 節）によってクエン酸が生じ，アセチル CoA のアセチル基の炭素 2 個が，この回路に入る．クエン酸が，この回路の名称のもとになったトリカルボン酸である．この反応ではカルボニル縮合と同時にチオエステルの加水分解が起こり，遊離の CoA が生成する．

$$\underset{\text{Oxaloacetate}\\\text{オキサロ酢酸}}{\begin{array}{c}CH_3-C(=O)-S-CoA\\O=C-COO^-\\|\\CH_2-COO^-\end{array}} + H_2O \xrightarrow{\text{クエン酸}\\\text{シンターゼ}} \underset{\text{Citrate}\\\text{クエン酸}}{\begin{array}{c}CH_2-COO^-\\|\\HO-C-COO^-\\|\\CH_2-COO^-\end{array}} + CoA-SH$$

2. クエン酸からイソクエン酸への異性化

この回路の第二段階で，クエン酸は構造異性体のイソクエン酸に変換される．この異性化は 2 段階で起こる．両方ともアコニターゼによって触媒される．第一段階はアルコールの酸触媒脱水に類似の反応（8.3E 節）で，クエン酸が酵素触媒脱水してアコニット酸になる．次にアルケンへの酸触媒水和（5.3B 節）と類似の反応で，アコニット酸が酵素触媒水和を受けてイソクエン酸になる．

$$\underset{\text{Citrate}\\\text{クエン酸}}{\begin{array}{c}CH_2-COO^-\\|\\HO-C-COO^-\\|\\CH_2-COO^-\end{array}} \underset{\downarrow H_2O}{\xrightarrow{\text{アコニターゼ}}} \underset{\text{Aconitate}\\\text{アコニット酸}}{\begin{array}{c}CH_2-COO^-\\|\\C-COO^-\\||\\CH-COO^-\end{array}} \underset{\uparrow H_2O}{\xrightarrow{\text{アコニターゼ}}} \underset{\text{Isocitrate}\\\text{イソクエン酸}}{\begin{array}{c}CH_2-COO^-\\|\\HC-COO^-\\|\\HO-CH-COO^-\end{array}}$$

この変換反応について注意しておきたい重要な点がいくつかある．

- クエン酸の脱水は完全に位置選択的である：脱水はもとのオキサロ酢酸分子の $-CH_2-$ 基の方向に起こる．
- クエン酸の脱水は完全に立体選択的である：アコニット酸のシス異性体のみを生成する．
- アコニット酸の水和は完全に位置選択的である：イソクエン酸のみを生成する．
- アコニット酸の水和は完全に立体選択的である：イソクエン酸は 2 個のキラル中心をもっているので，4 個の立体異性体（2 対のエナンチオマー）が可能である．酵素触媒水和では 4 種の立体異性体のうちただ 1 種のみが生成する．

3. イソクエン酸の酸化と脱炭酸

段階3でイソクエン酸の第二級アルコールはNAD^+によってケトンに酸化される．この反応はイソクエン酸脱水素酵素によって触媒される．生成物のオキサロコハク酸はβ-ケト酸なので脱炭酸（14.9節）し，α-ケトグルタル酸を生成する．

$$\begin{array}{c} CH_2-COO^- \\ | \\ HC-COO^- \\ | \;\; \beta \\ O=C-COO^- \end{array} + H^+ \longrightarrow \begin{array}{c} CH_2-COO^- \\ | \\ CH_2 \\ | \\ O=C-COO^- \end{array} + CO_2$$

Oxalosuccinate　　　　　　　　　　　α-Ketoglutarate
オキサロコハク酸　　　　　　　　　　　α-ケトグルタル酸
（β-ケト酸）

オキサロコハク酸の3個のカルボキシ基の中，1個だけがケト基のβ位にあり，脱炭酸するのはこのカルボキシ基である．

4. α-ケトグルタル酸の酸化と脱炭酸

二酸化炭素の2番目の分子は，ピルビン酸（これもα-ケト酸である）がアセチルCoAと二酸化炭素（22.5C節）になる反応と同じ種類の酸化的脱炭酸によって，この回路の中で生成する．α-ケトグルタル酸の酸化的脱炭酸では，カルボキシ基が二酸化炭素になり，隣接するケトンはCoAとのチオエステルの形ではあるが，カルボキシ基に酸化される．

$$\begin{array}{c} CH_2-COO^- \\ | \\ CH_2 \\ | \\ O=C-COO^- \end{array} + NAD^+ + CoA-SH \longrightarrow \begin{array}{c} CH_2-COO^- \\ | \\ CH_2 \\ | \\ O=C-S-CoA \end{array} + CO_2 + NADH$$

α-Ketoglutarate　　　　　　　　　　　Succinyl CoA
　　　　　　　　　　　　　　　　　　　スクシニルCoA

クエン酸回路で発生する2分子の二酸化炭素はいずれもオキサロ酢酸の炭素骨格からのもので，アセチルCoAのアセチル基からではないことに注意しよう．

5. スクシニルCoAのコハク酸への変換

次はスクシニルCoAシンテターゼによって触媒される反応で，スクシニルCoA，HPO_4^{2-}とグアノシン二リン酸（GDP）が反応してコハク酸，グアノシン三リン酸（GTP）とCoAを生成する．

$$\begin{array}{c} CH_2-COO^- \\ | \\ CH_2 \\ | \\ O=C-S-CoA \end{array} + GDP + HPO_4^{2-} \longrightarrow \begin{array}{c} COO^- \\ | \\ CH_2 \\ | \\ CH_2 \\ | \\ COO^- \end{array} + GTP + CoA-SH$$

スクシニルCoA　　　　　　　　　　　Succinate
　　　　　　　　　　　　　　　　　　　コハク酸

この回路でここまでは，アセチルCoAからきたアセチル基の2個の炭素はオキサ

ロ酢酸の炭素原子とは区別されていた．しかし，コハク酸になると同時に，2個の $-CH_2$ 基と2個の $-COO^-$ 基はいずれももはや区別できない．

6. コハク酸の酸化

この回路の3回目の酸化で，コハク酸はフマル酸に酸化される．酸化剤は FAD であり，これは $FADH_2$ に還元される．この酸化は完全に立体選択的であり，トランス異性体のみが生成する．

$$\begin{array}{c} COO^- \\ | \\ CH_2 \\ | \\ CH_2 \\ | \\ COO^- \end{array} + FAD \xrightarrow{\text{コハク酸}\atop\text{脱水素酵素}} \begin{array}{c} H\quad COO^- \\ \diagdown\;\diagup \\ C \\ \| \\ C \\ \diagup\;\diagdown \\ ^-OOC\quad H \end{array} + FADH_2$$

Succinate　　　　　　　　　　　　　　Fumarate
コハク酸　　　　　　　　　　　　　　フマル酸

7. フマル酸の水和

この回路の2回目の水和段階で，フマル酸はリンゴ酸に変換される．

$$\begin{array}{c} H\quad COO^- \\ \diagdown\;\diagup \\ C \\ \| \\ C \\ \diagup\;\diagdown \\ ^-OOC\quad H \end{array} + H_2O \xrightarrow{\text{フマラーゼ}} \begin{array}{c} HO-CH-COO^- \\ | \\ CH_2-COO^- \end{array}$$

Fumarate　　　　　　　　　　　　　　Malate
フマル酸　　　　　　　　　　　　　　リンゴ酸

この水和を触媒する酵素はフマラーゼで，フマル酸のみを認識し（シス異性体は認識しない），単一のエナンチオマーとしてリンゴ酸のみを与える．

8. リンゴ酸の酸化

この回路の4回目の酸化で，リンゴ酸の第二級アルコールが NAD^+ によってケトンに酸化される．

$$\begin{array}{c} HO-CH-COO^- \\ | \\ CH_2-COO^- \end{array} + NAD^+ \xrightarrow{\text{リンゴ酸}\atop\text{脱水素酵素}} \begin{array}{c} O=C-COO^- \\ | \\ CH_2-COO^- \end{array} + NADH + H^+$$

Malate　　　　　　　　　　　　　　Oxaloacetate

オキサロ酢酸の生成でクエン酸回路の反応は完結する．回路が継続的に起こるには次の2点が必要である．(1) アセチル CoA からアセチル基の形で炭素原子が供給されること，(2) NAD^+ と FAD の形で酸化剤が供給されること．この2種の酸化剤が連続して供給されるためには，回路は呼吸と電子の運搬を必要とする．還元された補酵素の NADH と $FADH_2$ が，この一連の反応によって分子状酸素 O_2 を用いて再酸化される．

この回路のもう一つの重要な特徴は，回路の反応式を調べるとよくわかるだろう．

$$\underset{\text{CH}_3\overset{\overset{\text{O}}{\|}}{\text{C}}\text{SCoA}}{} + 3\text{NAD}^+ + \text{FAD} + \text{HPO}_4^{2-} + \text{ADP} \xrightarrow{\text{クエン酸回路}}$$

$$2\text{CO}_2 + 3\text{NADH} + \text{FADH}_2 + \text{ATP} + \text{CoA}\text{—SH}$$

回路は完全に触媒的に起こっている．中間体はこの反応式の中には入ってこない．正味の反応式で見れば中間体は破壊もされないし，合成もされていない．回路の唯一の機能はアセチル CoA からアセチル基を受け取り，それを二酸化炭素に酸化し，還元された補酵素を供給する．これは電子の移動と酸化的リン酸化の燃料となる．実際，サイクルのどこかの中間体を取り除くと，この回路は止まる．オキサロ酢酸を再生できなくなるからである．幸い回路は中間体のいくつかを通じて他の代謝経路とつながっている．実際，ある中間体は，別の中間体が供給されれば他の生体分子を合成するのに用いられるし，それがオキサロ酢酸に変換され，取り除かれた中間体を埋め合わせる．

まとめ

ATP，ADP，AMP（22.2A 節）はリン酸基の貯蔵と移動のための試薬である．**ニコチンアミドアデニンジヌクレオチド（NAD$^+$）**（22.2B 節）と**フラビンアデニンジヌクレオチド（FAD）**（22.2C 節）は，代謝の酸化還元反応における電子の貯蔵と移動のための試薬である．NAD$^+$ は二電子酸化剤で，NADH に還元される．逆に NADH は二電子還元剤であり，NAD$^+$ に酸化される．脂肪酸の β 酸化に含まれる FAD の反応では，FAD は二電子酸化剤で FADH$_2$ に還元される．**補酵素 A（CoA）**（22.2D 節）はアセチル基の運搬に関わっている．

解糖は 10 の酵素触媒反応を含み，グルコースを酸化して 2 分子のピルビン酸を生成する．解糖の 10 の反応（22.4 節）は次のように分類される．

- ATP から単糖の—OH 基へのリン酸基の移動によるリン酸エステルの生成（反応 1 と 3）．
- ケト-エノール互変異性による構造異性体の相互変換（反応 2 と 5）．
- 逆アルドール反応（反応 4）．
- アルデヒド基のカルボン酸とリン酸の混合酸無水物への酸化（反応 6）．
- 単糖中間体から ADP へのリン酸基の移動による ATP の生成（反応 7 と 10）．
- 第一級アルコールから第二級アルコールへのリン酸基の移動（反応 8）．
- 第一級アルコールの脱水による炭素-炭素二重結合の生成（反応 9）．

嫌気性解糖の生成物，ピルビン酸は細胞中に蓄積されることはなく，酸素の存在状態とその細胞の種類によって三つの酵素触媒反応のうちのいずれか一つの反応をする（22.5 節）．**乳酸発酵**では，NADH によってピルビン酸が乳酸に還元される．**アルコール発酵**では，ピルビン酸はアセトアルデヒドになり，さらに NADH によってエタノールに還元される．好気性条件下では，ピルビン酸は NAD$^+$ によってアセチル CoA に酸化される．

脂肪酸の代謝には二つの主要な段階が含まれている（22.6 節）．(1) 遊離の脂肪酸が細胞質中で CoA のチオエステルとなって活性化され，活性化された脂肪酸はミトコンドリア膜を通過し，(2) β 酸化を受ける．**脂肪酸の β 酸化**（22.6B 節）は四つの酵素触媒反応からなる．これによって脂肪酸はアセチル CoA に分解される．

クエン酸回路（22.7 節）では，アセチル CoA からアセチル基として 2 個の炭素を受取り，それを 2 分子の二酸化炭素に酸化する．酸化剤は NAD$^+$ と FAD である．

第22章　代謝の有機化学

重要な反応

1. 解糖（22.3節）

（訳注：カルボキシ基はイオン化しているが，日本語名はイオン化する前のカルボン酸名で表記している）

10段階の酵素触媒反応によって，グルコースがピルビン酸に変換される．

$$C_6H_{12}O_6 + 2NAD^+ + 2HPO_4^{2-} + 2ADP \xrightarrow{\text{解糖}} 2CH_3\overset{O}{\underset{\|}{C}}COO^- + 2NADH + 2ATP + 2H_3O^+$$

Glucose　　　　　　　　　　　　　　　　　　　　　　ピルビン酸

2. ピルビン酸の乳酸塩への還元：乳酸発酵（22.5A節）

$$CH_3\overset{O}{\underset{\|}{C}}COO^- + NADH + H^+ \xrightleftharpoons{\text{乳酸脱水素酵素}} CH_3\overset{OH}{\underset{|}{C}}HCOO^- + NAD^+$$

ピルビン酸　　　　　　　　　　　　　　　　乳酸

3. ピルビン酸のエタノールへの還元：アルコール発酵（22.5B節）

この反応で生成した二酸化炭素は，ビールの泡や天然発酵のワインやシャンパンの炭酸化に関係する．

$$CH_3\overset{O}{\underset{\|}{C}}COO^- + 2H^+ + NADH \xrightarrow{\text{アルコール発酵}} CH_3CH_2OH + CO_2 + NAD^+$$

ピルビン酸　　　　　　　　　　　　　　　　エタノール

4. ピルビン酸のアセチルCoAへの酸化的脱炭酸（22.5C節）

$$CH_3\overset{O}{\underset{\|}{C}}COO^- + NAD^+ + CoA\text{—}SH \xrightarrow{\text{酸化的脱炭酸}} CH_3\overset{O}{\underset{\|}{C}}SCoA + CO_2 + NADH$$

ピルビン酸　　　　　　　　　　　　　　　　アセチルCoA

5. 脂肪酸のβ酸化（22.6節）

一連の4種類の酵素反応で，それぞれの過程で脂肪酸の炭素鎖が2個ずつ短くなる．

$$CH_3(CH_2)_{14}\overset{O}{\underset{\|}{C}}OH + 8CoA\text{—}SH + 7NAD^+ + 7FAD \xrightarrow{ATP \quad AMP+P_2O_7^{4-}} 8CH_3\overset{O}{\underset{\|}{C}}SCoA + 7NADH + 7FADH_2$$

ヘキサデカン酸　　　　　　　　　　　　　　　　　　　　　　　　　　　　アセチルCoA
（パルミチン酸）

6. クエン酸回路（22.7節）

クエン酸回路の反応を通して，アセチルCoAのアセチル基の炭素原子は二酸化炭素に酸化される．この回路には四つの酸化過程があり，そのうち三つはNAD$^+$，一つはFADによる．

$$CH_3\overset{O}{\underset{\|}{C}}SCoA + 3NAD^+ + FAD + HPO_4^{2-} + ADP \xrightarrow{\text{クエン酸回路}} 2CO_2 + 3NADH + FADH_2 + ATP + CoA\text{—}SH$$

補充問題

解 糖

22.3 解糖に必要な補酵素を一つあげよ．それは何というビタミンから誘導されるか．

22.4 グルコースの1から6までの炭素原子に番号をつけよ．2個のピルビン酸のカルボキシ基は何番の炭素原子に由来するかを示せ．

22.5 3 mol のグルコースから何 mol の乳酸が生成するか．

22.6 解糖にはグルコースが炭水化物の主供給源であるが，フルクトースやガラクトースもエネルギー源として代謝される．
(a) フルクトースの主な食物源は何か．ガラクトースはどうか．
(b) フルクトースが解糖過程に入る一連の反応を述べよ．
(c) ガラクトースが解糖過程に入る一連の反応を述べよ．

22.7 解糖とアルコール発酵によって，スクロース 1 mol 当たり，何 mol のエタノールが生成するか．また何 mol の CO_2 が生成するか．

22.8 トリグリセリドやリン脂質の加水分解によって生成するグリセリンはエネルギー源として代謝される．グリセリンの炭素骨格が解糖の過程に入り，ピルビン酸に酸化される一連の反応を書け．

22.9 アセトアルデヒドのエタノールへの還元反応で，NADH の役割がわかるように機構を書け．

22.10 エタノールは肝臓で NAD^+ によって酢酸に酸化される．
(a) この酸化反応に対する反応式を書け．
(b) かなりの量のエタノールが代謝されたとして，血しょう中の pH は上がるか，下がるか，それとも変わらないか．

22.11 ピルビン酸が NADH によって乳酸に還元されるとき，ピルビン酸には2個の水素が付加する．すなわち，一つはカルボニル炭素に，もう一つはカルボニル酸素に付加する．このうちのどちらの水素が NADH から来ているか．

22.12 解糖はなぜ嫌気性過程といわれるか．

22.13 グルコースのアルコール発酵で，CO_2 になるのはどの炭素か．

22.14 解糖で ATP を必要とするのはどの段階か．どの段階で ATP ができるか．

β酸化

22.15 最も広く存在する3種の脂肪酸，パルミチン酸，オレイン酸およびステアリン酸の構造式を書け．

22.16 脂肪酸は細胞中で代謝される前に活性化されなければならない．パルミチン酸の活性化の反応式を書け．

22.17 脂肪酸のβ酸化に必要な三つの補酵素の名称をあげよ．それぞれ何というビタミンに由来するか．

22.18 この章ではパルミチン酸やステアリン酸のような飽和脂肪酸のβ酸化について学んだ．オレイン酸のような不飽和脂肪酸も食物中の油脂の一般的な成分として含まれている．この不飽和脂肪酸はβ酸化によって分解されるが，その分解のある段階でさらにエノイル CoA イソメラーゼという別の酵素が必要である．なぜこのような酵素が必要か，またどのような異性化を触媒するか．(ヒント：オレイン酸の炭素−炭素二重結合の立体配置と炭素鎖中の位置を考えよ．)

クエン酸回路

22.19 クエン酸回路の主な機能は何か．

22.20 次の過程はクエン酸回路のどの段階に含まれているか．
(a) 新しい炭素−炭素結合の生成 (b) 炭素−炭素結合の切断

(c) NAD$^+$による酸化   (d) FADによる酸化
(e) 脱炭酸   (f) 新しいキラル中心の出現

22.21 クエン酸回路は触媒的である，いいかえれば何も新しい化合物を生み出さないということはどういう意味か．

追加問題

22.22 解糖，β酸化およびクエン酸回路の酸化反応をまとめよ．そしてNAD$^+$によって酸化される官能基とFADによって酸化される官能基を比較せよ．

22.23 呼吸商 respiratory quotient（RQ）はエネルギー代謝の研究や運動生理学の研究で用いられる．これは生成した二酸化炭素の体積を使用した酸素の体積で割った値である．

$$RQ = \frac{CO_2 \text{の体積}}{O_2 \text{の体積}}$$

(a) グルコースのRQが1.00であることを示せ．（ヒント：グルコースを二酸化炭素と水に完全酸化したときの反応式を見よ．）
(b) トリオレイン triolein（分子式 $C_{57}H_{104}O_6$ をもつトリグリセリド）のRQを求めよ．
(c) 正常な食事をとっている人のRQはほぼ0.85である．もしカロリー源としてエタノールが相当量与えられた場合，この値は増えるだろうか，あるいは減るであろうか．

22.24 アセト酢酸，β-ヒドロキシ酪酸およびアセトンは，その一つはケトンではないけれども，健康科学では"ケトン体"として一般に知られている．これらはヒトの代謝産物であり，血しょう中には必ず存在している．脳を除くほとんどの臓器はこれらをエネルギー源として利用するための酵素系をもっている．ケトン体の生成は，次の酵素触媒反応によって起こる．各段階に含まれる反応の種類を書け．

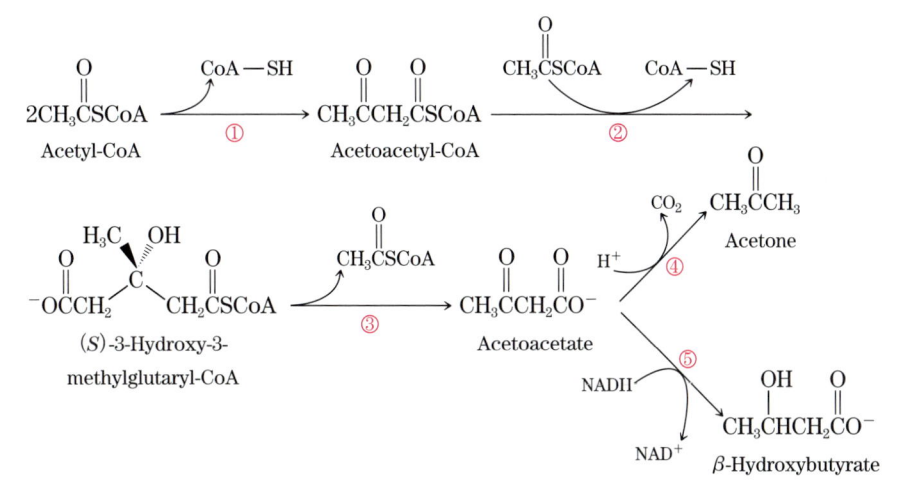

22.25 嫌気性の解糖とβ酸化の共通項はアセチルCoAの生成である．グルコースのどの炭素原子がアセチルCoAのメチル基となるか．また，パルミチン酸のどの炭素原子がアセチルCoAのメチル基となるか．

22.26 次の生化学的経路のどの段階に分子状酸素が酸化剤として用いられているか．
(a) 解糖   (b) β酸化   (c) クエン酸回路

応用問題

22.27 生物学的（酵素触媒）反応と実験室の反応を次の点について比較せよ．
(a) 収率の効率性
(b) 生成物の位置化学的結果（位置選択性）
(c) 生成物の立体化学的結果（立体選択性）

22.28 新薬の合成における立体化学の重要性について述べよ．

22.29 われわれが学んできた官能基のうち，生物学的環境の酸性度（生物学的pH）によって影響されるのは何か．

22.30 あなたの日常生活で，有機化学と関係ない，あるいは影響されないことが考えられるか．説明せよ．

問題の解答

第1章　共有結合と分子のかたち

1.1 基底状態電子配置は：
(a) C $1s^2 2s^2 2p^2$　Si $1s^2 2s^2 2p^6 3s^2 3p^2$
いずれも価電子を4個もつ．
(b) O $1s^2 2s^2 2p^4$　S $1s^2 2s^2 2p^6 3s^2 3p^4$
いずれも価電子を6個もつ．
(c) N $1s^2 2s^2 2p^3$　P $1s^2 2s^2 2p^6 3s^2 3p^3$
いずれも価電子を5個もつ．

1.2 $_{16}S$ の電子配置は $1s^2 2s^2 2p^6 3s^2 3p^4$ だから，S^{2-} の電子配置は $1s^2 2s^2 2p^6 3s^2 3p^6$ となる．すなわち，硫黄は2個の価電子を得ることによって，原子番号の一番近い貴ガス元素であるArと同じ電子配置になる．

1.3 (a) Li　(b) N　(c) C

1.4 (a) S—H 非極性共有結合
(b) P—H 非極性共有結合
(c) C—F 極性共有結合
(d) C—Cl 極性共有結合

1.5 (a) $\overset{\delta+}{C}-\overset{\delta-}{N}$　(b) $\overset{\delta+}{N}-\overset{\delta-}{O}$　(c) $\overset{\delta+}{C}-\overset{\delta-}{Cl}$

1.6 (a) H—C(H)(H)—C(H)(H)—H　(b) $\ddot{\underset{..}{S}}=C=\ddot{\underset{..}{S}}$
(c) H—C≡N:

1.7 (a) H—C(H)(H)—N$^+$(H)(H)—H　(b) H—C$^+$(H)—H

1.8 (a) H—C(H)(H)—$\ddot{\underset{..}{O}}$—H　すべての結合角が 109.5°
(b) H—C(H)(H)—$\ddot{\underset{..}{Cl}}$:　すべての結合角が 109.5°
(c) 炭酸構造（120°, 109.5°）

1.9 二酸化炭素は極性のあるC＝O結合を二つもっているが，直線状の分子であるために双極子モーメントをもたない．二酸化硫黄は曲がった分子であり，極性のあるS＝O結合を二つもっているので，双極子モーメントをもつ．

$\ddot{\underset{..}{O}}=C=\ddot{\underset{..}{O}}$　　:$\ddot{\underset{..}{O}}$—$\overset{..}{S}$—$\ddot{\underset{..}{O}}$:

二酸化炭素　　　二酸化硫黄

1.10 (a) だけが二つの共鳴寄与構造を表している．

1.11 $CH_3-C(=\ddot{\underset{..}{O}})-\ddot{\underset{..}{O}}$: ⟷ $CH_3-C^+(\ddot{\underset{..}{O}}:)(:\ddot{\underset{..}{O}}:)$ ⟷ $CH_3-C(-\ddot{\underset{..}{O}}:)=\ddot{\underset{..}{O}}$
　　(a)　　　　　　(b)　　　　　　(c)

1.12 sp^3 混成原子のまわりの結合角は 109.5°，sp^2 混成原子のまわりの結合角は 120°と予想される．

(a) エチレン構造で sp^3, sp^2 のラベル付き；右側にσ1s-sp^3, σsp^2-sp^2, σ1s-sp^2, σsp^3-sp^2, π2p-2p のラベル

1.13

(b)
- CH₃CH₂CH₂CH₂OH （第一級）
- CH₃CH(OH)CH₂CH₃ （第二級）
- (CH₃)CHCH₂OH i.e., CH₃CH(CH₃)CH₂OH （第一級）
- (CH₃)₃COH （第三級）

1.14
- CH₃CH₂CH₂—NH—CH₃
- CH₃CH(CH₃)—NH—CH₃
- CH₃CH₂—NH—CH₂CH₃

1.15
- CH₃COCH₂CH₂CH₃
- CH₃CH₂COCH₂CH₃
- CH₃COCH(CH₃)CH₃

1.16
- CH₃CH₂CH₂COOH
- CH₃CH(CH₃)COOH

1.17 (a) $_{11}$Na $1s^2 2s^2 2p^6 3s^1$ 　(b) $_{12}$Mg $1s^2 2s^2 2p^6 3s^2$
(c) $_8$O $1s^2 2s^2 2p^4$ 　(d) $_7$N $1s^2 2s^2 2p^3$

1.19 (a) 硫黄　(b) 酸素

1.21 (a) 原子価殻は原子の最外殻である．
(b) 価電子は原子の原子価殻（最外殻）の電子である．

1.23 (a) H^+ は原子価殻に電子を一つももたない．
(b) H^- は原子価殻に電子を2個もつ．

1.25 (a) LiF はイオン結合．
(b) C—H は非極性共有結合．C—F は極性共有結合．
(c) Mg—Cl は極性共有結合．
(d) H—Cl は極性共有結合．

1.27 次に各分子の Lewis 構造を示す．

(a) H—Ö—Ö—H　(b) H—N̈—N̈—H (with H on each N)
(c) H—C(H)(H)—Ö—H　(d) H—C(H)(H)—S̈—H
(e) H—C(H)(H)—N̈—H with H on N
(f) H—C(H)(H)—Cl̈:
(g) H—C(H)(H)—Ö—C(H)(H)—H
(h) H—C(H)(H)—C(H)(H)—H
(i) H₂C=CH₂
(j) H—C≡C—H
(k) Ö=C=Ö
(l) H—C(=Ö)—H
(m) H—C(H)(H)—C(=Ö)—C(H)(H)—H
(n) H—Ö—C(=Ö)—Ö—H
(o) H—C(H)(H)—C(=Ö)—Ö—H

1.29 炭素は結合を4個までしかもてない．これらの分子はそれぞれ炭素の一つが，結合を5個もっており，原子価殻に10電子収容することを意味する．

1.31
(a) H—C(H)(H)—C(=Ö)—H with negative charge (carbanion-like)
(b) H—N(H)(H)—C(Ö⁻)=C(H)—H
(c) H—C(H)(H)—Ö⁺(H)—H
(d) H—C(H)(H)⁻ (carbanion)

1.33 この化合物は酸化銀 Ag₂O である．銀と酸素の電気陰性度の差 3.5 − 1.9 = 1.6 を考えれば，極性共有結合と予想される．

1.35 電気陰性度を大きくする二つの因子は，原子核の正電荷の大きさと原子半径（原子核と価電子の距離）

問題の解答   **645**

の小ささである．フッ素は，これらの二つの因子の結果として，最大の電気陰性度をもつ．

1.37 (a) $\overset{\delta-}{O}—\overset{\delta+}{H}$ (b) $\overset{\delta-}{N}—\overset{\delta+}{H}$ (c) $\overset{\delta-}{S}—\overset{\delta+}{H}$ (d) $\overset{\delta+}{H}—\overset{\delta-}{F}$

1.39 (a) $\overset{\delta-}{C}—\overset{\delta+}{Pb}$ (b) $\overset{\delta-}{C}—\overset{\delta+}{Mg}—\overset{\delta-}{Cl}$ (c) $\overset{\delta-}{C}—\overset{\delta+}{Hg}$
　　　極性　　　　　いずれも　　　　極性
　　共有結合　　　極性共有結合　　共有結合

1.41 書いてある結合角のほかは，すべて 109.5°．

(a) $CH_3—CH_2—CH_2—\ddot{O}H$

(b) $CH_3—CH_2—\underset{120°}{\overset{:\ddot{O}:}{C}}—H$

(c) $CH_3—\underset{120°}{CH}=CH_2$ (d) $CH_3—\underset{180°}{C}\equiv C—CH_3$

(e) $CH_3—\underset{120°}{\overset{:\ddot{O}:}{C}}—\ddot{\ddot{O}}—CH_3$ (f) $CH_3—\underset{H}{\overset{CH_3}{N}}—CH_3$

1.43 CCl_4 以外の分子はすべて双極子モーメントをもつ．

(a) CH_3F (b) CH_2Cl_2
(c) $CHCl_3$ (d) CCl_4
(e) $CH_2=CCl_2$
(f) $CH_2=CHCl$
(g) $H_3C—C\equiv N$ (h) $(H_3C)_2C=O$

1.45 CCl_3F　　　CCl_2F_2

1.47 (a) $H—\ddot{\ddot{O}}—\underset{\underset{:\ddot{O}:}{|}}{\overset{:\ddot{O}:^-}{C}}$ (b) $\underset{H}{\overset{H}{C}}^+—\ddot{\ddot{O}}:^-$

(c) $CH_3—\ddot{\ddot{O}}—\underset{\underset{:\ddot{O}:^-}{|}}{\overset{:\ddot{O}:^-}{C^+}}$

1.49 (a) sp^3 (b) sp^2 (c) sp (d) sp^3
(e) C は sp^2 で，O は sp^3 (f) sp^2

1.51 (a) $\overset{:O:}{C}$ (b) $\overset{:O:}{C}—\overset{H}{\ddot{O}:}$

(c) $—\ddot{\ddot{O}}—H$ (d) $—\underset{H}{\overset{..}{N}}—H$

1.53 (a) $CH_3CH_2CH_2\overset{O}{C}H$　　$CH_3\underset{CH_3}{\overset{O}{C}H}CH$　　$CH_3CH_2\overset{O}{C}CH_3$

(b) $\overset{OH}{C}H=CHCH_2CH_3$　　$CH_2=\overset{OH}{C}CH_2CH_3$

　　$CH_2=CHCHCH_3$ (OH)　　$CH_2=CHCH_2CH_2$ (OH)

　　$CH_2CH=CHCH_3$ (OH)　　$CH_3\overset{OH}{C}=CHCH_3$

　　$\overset{OH}{C}H_2C=CH_2$ (CH_3)　　$CH_3\overset{OH}{C}H$ (CH_3)

1.55 (a) 第二級ヒドロキシ基とカルボキシ基
(b) 第一級ヒドロキシ基 2 個
(c) 第一級アミノ基とカルボキシ基
(d) 第一級ヒドロキシ基，第二級ヒドロキシ基とカルボニル（アルデヒド）基
(e) カルボニル（ケトン）基とカルボキシ基
(f) 第一級アミノ基 2 個

1.57 $CH_3\underset{OH}{C}H\underset{OH}{C}H_2$

1.59 二酸化炭素は直線状分子である．オゾン分子は折れ曲がった分子であり，O—O—O 結合角は約 120°である．

646

オゾンの各酸素原子はsp²混成であり，二つの共鳴寄与構造の混成体として表すのが最も適切である．

1.61 (a) [構造式：ジメチルスルホキシド]

(b) 硫黄はsp³混成であり，四つの電子密度の高い領域に囲まれている．

(c) 硫黄のまわりの結合角は109.5°と予想される．

(d) ジメチルスルホキシドは，極性のS=O結合をもっており，極性分子である．

1.63 (b) 正に荷電した炭素は6個の価電子をもつ．

(c) 120°と予想される．

(a) このカチオンのLewis構造と (d) 各炭素の混成状態を次に示す．

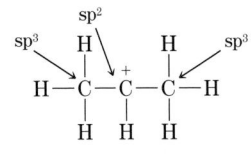

[構造式：sp^3 sp^2 sp^3 のカチオン]

1.65 ベンゼンは，二つの等価な共鳴寄与構造の混成体である．これらの寄与構造は同じパターンの共有結合をもっているので，混成して同じC—C結合をもつ共鳴混成体になる．これらの結合の長さは，C—C単結合（1.54×10^{-10} m）とC=C二重結合（1.33×10^{-10} m）のほぼ中間である．

第2章 酸塩基反応

2.1 (a) $CH_3-\ddot{S}-H + {}^-\ddot{O}-H \longrightarrow CH_3-\ddot{S}:^- + H-\ddot{O}-H$
　　　　酸　　　　塩基　　　　CH_3SH　　　　OH^-
　　　　　　　　　　　　　　　の共役塩基　　　の共役酸

(b) $CH_3-\ddot{O}-H + :\ddot{N}-H \longrightarrow CH_3-\ddot{O}:^- + H-\ddot{N}-H$
　　　　　　　　　　　　　　H　　　　　　　　　　　　H
　　　　酸　　　　塩基　　　　CH_3OH　　　　NH_2^-
　　　　　　　　　　　　　　　の共役塩基　　　の共役酸

2.2 (a) 4.76　　　(b) 15.7

酢酸（$pK_a = 4.76$）は水（$pK_a = 15.7$）よりも強酸である．

2.3 (a) $CH_3NH_2 + CH_3COOH \rightleftharpoons CH_3NH_3^+ + CH_3COO^-$
　　　より強い塩基　より強い酸　　より弱い酸　より弱い塩基
　　　　　　　　　pK_a 4.76　　　pK_a 10.6

(b) $CH_3CH_2O^- + NH_3 \rightleftharpoons CH_3CH_2OH + NH_2^-$
　　　より弱い塩基　より弱い酸　　より強い酸　より強い塩基
　　　　　　　　　pK_a 38　　　　pK_a 15.9

2.4 $CH_3-\ddot{O}:^- + CH_3-\overset{+}{N}-CH_3 \rightleftharpoons$
　　　　　　　　　　　　　　　$|$
　　　　　　　　　　　　　　CH_3

$CH_3-\ddot{O}-H + CH_3-\ddot{N}-CH_3$
　　　　　　　　　　　　$|$
　　　　　　　　　　　CH_3

2.5 (a) [反応式：$Cl^- + AlCl_3 \longrightarrow AlCl_4^-$]

(b) [反応式：$CH_3Cl + AlCl_3 \longrightarrow CH_3^+ + AlCl_4^-$]

2.7 (a) $CH_3-\ddot{N}-H + H-\ddot{O}-H \rightleftharpoons$
　　　　　　$|$
　　　　　　H　　　　　pK_a 15.7

$CH_3-\overset{+}{N}-H + :\ddot{O}-H$
　　$|$
　　H
　　pK_a 10.6

(b) $H-\ddot{O}-\underset{\underset{:O:}{\overset{:O:}{\|}}}{S}-\ddot{O}:^- + H-\ddot{O}-H \rightleftharpoons$
　　　　　　　pK_a 15.7

$H-\ddot{O}-\underset{\underset{:O:}{\overset{:O:}{\|}}}{S}-\ddot{O}-H + :\ddot{O}-H$
　　　　　pK_a -5.2

(c) $:\ddot{Br}:^- + H-\ddot{O}-H \rightleftharpoons H-\ddot{Br}: + {}^-\ddot{O}-H$
　　　　　　　　pK_a 15.7　　　　pK_a -8

(d) ${}^-\ddot{O}-\underset{\overset{:O:}{\|}}{C}-\ddot{O}:^- + H-\ddot{O}-H \rightleftharpoons$
　　　　　　　　　　pK_a 15.7

${}^-\ddot{O}-\underset{\overset{:O:}{\|}}{C}-\ddot{O}-H + :\ddot{O}-H$
　　　　　　pK_a 6.36

2.9 まず塩基の Lewis 構造を書き，ついで共役酸の Lewis 構造を示している．

(a) CH$_3$CH$_2$—Ö—H   CH$_3$CH$_2$—Ö$^+$—H
                                              |
                                              H

(b) :Ö: H—Ö$^+$
    ‖   ‖
    H—C—H   H—C—H

(c) CH$_3$—N̈—H   CH$_3$—N$^+$—H
         | |
         CH$_3$ CH$_3$
                           (with extra H)

(d) :O: :O:
    ‖   ‖
    H—Ö—C—Ö:$^-$ H—Ö—C—Ö—H

2.11
(a) H$_3$C—C(=O)—CH—C(=O)—CH$_3$ ⟶ H$_3$C—C(=O)—CH=... (enol form with H migration)

(b) H$_2$N—C(=N$^+$H$_2$)—NH$_2$

2.13
(a) Pyruvic acid（ピルビン酸）
(b) Phosphoric acid（リン酸）
(c) Aspirin（アスピリン）
(d) Acetic acid（酢酸）

2.15
(a) HOCO$_2^-$ < NH$_3$ < CH$_3$CH$_2$O$^-$
(b) CH$_3$CO$_2^-$ < HOCO$_2^-$ < HO$^-$
(c) H$_2$O < CH$_3$CO$_2^-$ < NH$_3$
(d) CH$_3$CO$_2^-$ < HO$^-$ < $^-$NH$_2$

2.17 (a) 発生する (b) 発生しない (c) 発生しない

2.19 酸塩基平衡において，平衡位置はより強い酸とより強い塩基が反応して，より弱い塩基とより弱い酸が生成する方向にかたよる．pK_a が大きいほど酸は弱いので，矢印はその方向に向ける．

2.21 (a) CH$_3$—CH$^+$—CH$_3$ + CH$_3$—Ö—H ⟶ CH$_3$—CH—CH$_3$
                                                     |
                                                 H—Ö$^+$—CH$_3$

(b) CH$_3$—CH$^+$—CH$_3$ + :B̈r:$^-$ ⟶ CH$_3$—CH—CH$_3$
                                              |
                                              :B̈r:

(c) CH$_3$—C$^+$(CH$_3$)—CH$_3$ + H—Ö—H ⟶ (CH$_3$)$_3$C—Ö$^+$H$_2$

2.23
(a) CH$_3$CH$_2$OH + HCO$_3^-$ ⇌ CH$_3$CH$_2$O$^-$ + H$_2$CO$_3$
    pK_a 15.9   pK_a 6.36
(b) CH$_3$CH$_2$OH + OH$^-$ ⇌ CH$_3$CH$_2$O$^-$ + H$_2$O
    pK_a 15.9   pK_a 15.7
(c) CH$_3$CH$_2$OH + NH$_2^-$ ⇌ CH$_3$CH$_2$O$^-$ + NH$_3$
    pK_a 15.9   pK_a 38
(d) CH$_3$CH$_2$OH + NH$_3$ ⇌ CH$_3$CH$_2$O$^-$ + NH$_4^+$
    pK_a 15.9   pK_a 9.25

2.25 (a) 溶ける (b) 溶ける (c) 溶ける

2.27 CH$_3$OCH$_3$ の水素の酸性度は CH$_3$ 基の一つから H$^+$ が外れて生じるアニオンの安定性によって決まる．炭素の電気陰性度は 2.5 に過ぎないので，生成するアニオンはあまり安定なものではない．すなわち，この化合物の C—H 結合は非常に弱い酸である．

2.29 アラニンは (B) で表すのがよい．(A) のように表すと，アラニンはその構造の中に酸（COOH）と塩基（NH$_2$）を両方もつことになり，分子内酸塩基反応を起こして分子内塩 (B) になるだろう．

第 3 章　アルカンとシクロアルカン

3.1 (a) 構造異性体
(b) 同一化合物

3.2 （構造式3つ）

3.3
(a) 5-Isopropyl-2-methyloctane（5-イソプロピル-2-メチルオクタン）
(b) 4-Isopropyl-4-propyloctane（4-イソプロピル-4-プロピルオクタン）

3.4
(a) C$_9$H$_{18}$ Isobutylcyclopentane（イソブチルシクロペンタン）
(b) C$_{11}$H$_{22}$ sec-Butylcycloheptane（sec-ブチルシクロヘプタン）
(c) C$_6$H$_{12}$ 1-Ethyl-1-methylcyclopropane（1-エチル-1-メチルシクロプロパン）

3.5
(a) Propanone（プロパノン）
(b) Pentanal（ペンタナール）
(c) Cyclopentanone（シクロペンタノン）

(d) Cycloheptene（シクロヘプテン）

3.6

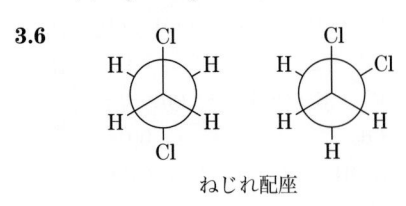

ねじれ配座

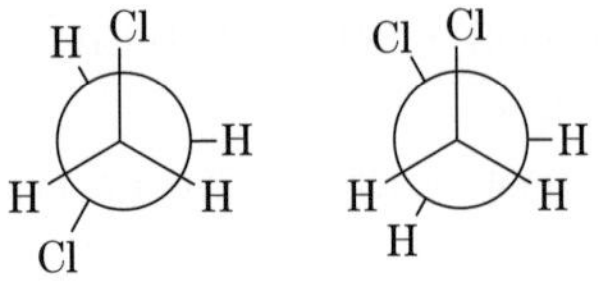

重なり配座

3.7

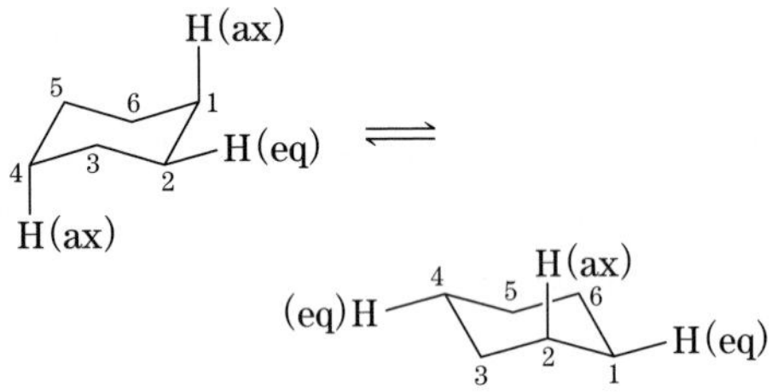

3.8 アキシアルメチル，エチル，およびイソプロピル基は，環との結合のまわりで回転できるので，そのC—H結合の一つだけが環の同じ側にある2個のアキシアル水素側に向かい合う．tert-ブチル基がアキシアルにあるときは，3個のメチル基のうちの1個が環の同じ側にある2個のアキシアル水素に向かなければならず，強い1,3-ジアキシアル相互作用を生じる．このために，tert-ブチルシクロヘキサンのエクアトリアル配座はアキシアル配座よりもかなり安定になる．

3.9 (a) と (c) はともにシス-トランス異性を示すが，(b) は示さない．各異性体は2種の異なる立体表示法で示してある．

(a) cis-1,3-ジメチルシクロペンタン

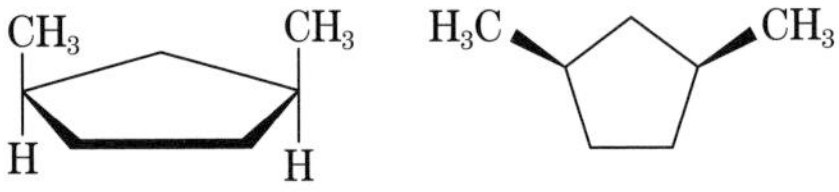

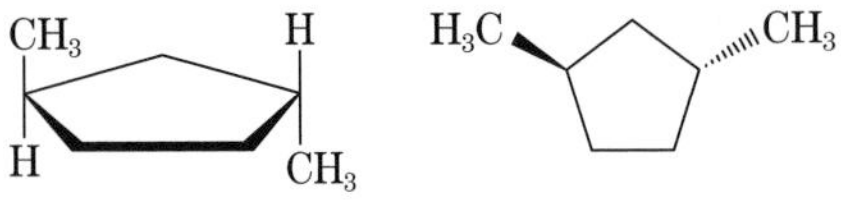

trans-1,3-ジメチルシクロペンタン

(c) cis-1-エチル-2-メチルシクロブタン

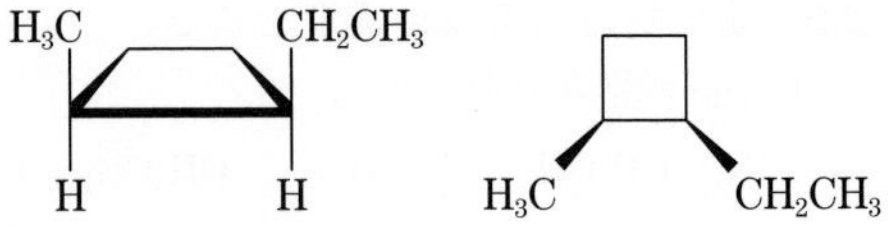

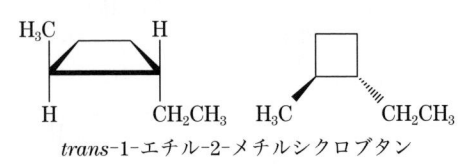

trans-1-エチル-2-メチルシクロブタン

3.10

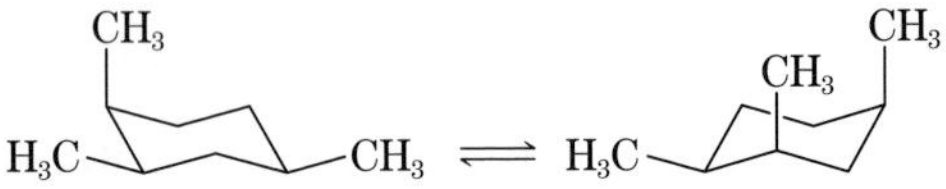

より安定ないす形配座
（一つのメチル基のみがアキシアル）

不安定ないす形配座
（二つのメチル基がアキシアル）

3.11 (a) 2,2-ジメチルプロパン＜2-メチルブタン＜ペンタン

(b) 2,2,4-トリメチルヘキサン＜3,3-ジメチルヘプタン＜ノナン

3.13 (a) $C_{10}H_{22}$ $(CH_3)_2CHCHCH_2CH_2CH_3$
$\quad\quad\quad\quad\quad\quad\quad\quad\quad\quad\quad|$
$\quad\quad\quad\quad\quad\quad\quad\quad\quad CH(CH_3)_2$

(b) C_8H_{18} $(CH_3)_3CC(CH_3)_3$

(c) $C_{11}H_{24}$ $(CH_3CH_2CH_2)_2CHC(CH_3)_3$

3.15 (a) 正 (b) 正 (c) 誤 (d) 誤

3.17 (1) (a)と(g)の構造式は同一化合物を表す．
(2) (a)＝(g), (c), (d), (e), (f) は，$C_4H_{11}N$ の分子式をもつ構造異性体である．
(3) 化合物(b)と(h)は，構造異性体でない異なる化合物を示す．

3.19 (a)と(d)の構造式は構造異性体でない異なる化合物を示す．(b), (c), (e), (f)は構造異性体を示す．

3.21 (a), (b), (c), (f)のみが構造異性体．

3.23 (a) 2-Methylpentane（2-メチルペンタン）
(b) 2,5-Dimethylhexane（2,5-ジメチルヘキサン）
(c) 3-Ethyloctane（3-エチルオクタン）
(d) 2,2,3-Trimethylbutane（2,2,3-トリメチルブタン）
(e) Isobutylcyclopentane（イソブチルシクロペンタン）
(f) 1-tert-Butyl-2,4-dimethylcyclohexane（1-tert-ブチル-2,4-ジメチルシクロヘキサン）

3.25 (a) 最も長い鎖は pentane（ペンタン）である．IUPAC 名は 2-methylpentane（2-メチルペンタン）．

(b) ペンタン鎖の番号のつけ方が正しくない．IUPAC 名は 2-methylpentane（2-メチルペンタン）．

(c) 最も長い鎖はペンタンである．IUPAC 名は 3-ethyl-3-methylpentane（3-エチル-3-メチルペンタン）．

(d) 最も長い鎖はヘキサンである．IUPAC 名は 3,4-dimethylhexane（3,4-ジメチルヘキサン）．

(e) 最も長い鎖はヘプタンである．IUPAC 名は 4-methylheptane（4-メチルヘプタン）．

(f) 最も長い鎖はオクタンである．IUPAC 名は 3-ethyl-3-methyloctane（3-エチル-3-メチルオクタン）．

(g) 環の番号のつけ方が正しくない．IUPAC 名は 1,1-dimethylcyclopropane（1,1-ジメチルシクロプロパン）．

(h) 環の番号のつけ方が正しくない．IUPAC 名は 1-ethyl-3-methylcyclohexane（1-エチル-3-メチルシクロヘキサン）．

3.27 (a) Propanone（プロパノン）
(b) Pentanal（ペンタナール）
(c) Decanoic acid（デカン酸）
(d) Cyclohexene（シクロヘキセン）
(e) Cyclohexanone（シクロヘキサノン）
(f) Cyclobutanol（シクロブタノール）

3.29 安定性の高いものから低いものの順に示すと：

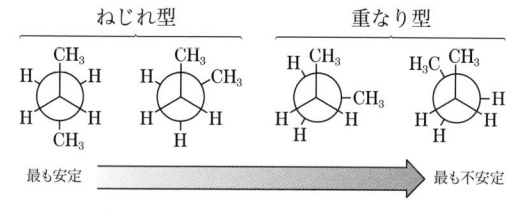

3.31 単結合の回転により異なる立体配座が生じる．C=C 二重結合は回転が制限され，回転しない．cis- と trans-3-ヘキセンは，C=C 結合に結合しているエチル基の空間配置が異なるが，C=C 結合の回転が制限されるために相互に変換できない．

3.33 (a) 構造異性体　(b) 同一化合物
(c) 同一化合物　(d) 同一化合物

3.35 不可能．

3.37 C_5H_{10} の分子式をもつシクロアルカンは 6 個ある．

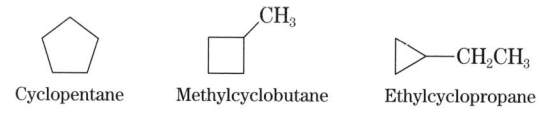

Cyclopentane　Methylcyclobutane　Ethylcyclopropane

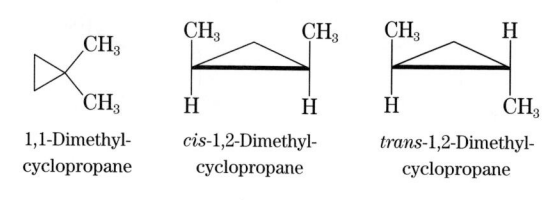

1,1-Dimethyl-cyclopropane　cis-1,2-Dimethyl-cyclopropane　trans-1,2-Dimethyl-cyclopropane

3.39 次のいす形配座では，アキシアルメチル基を太字で示す．

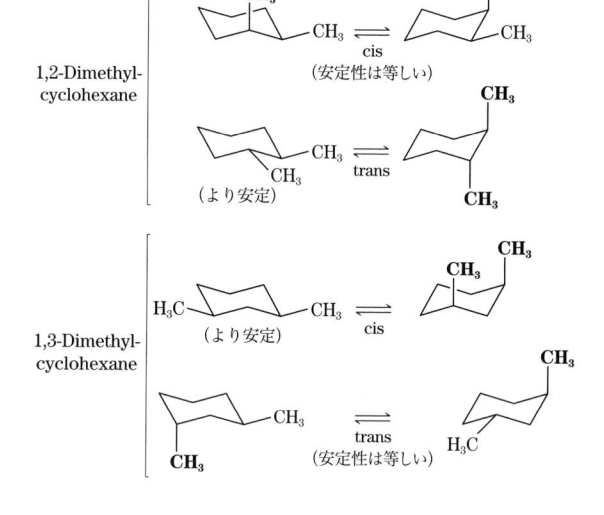

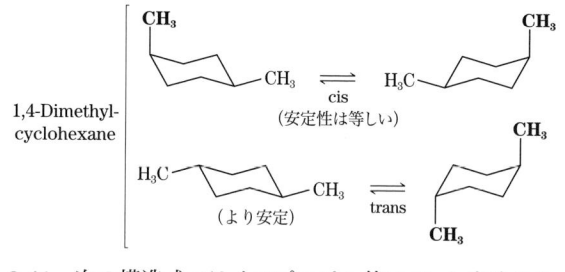

1,2-Dimethyl-cyclohexane
cis（安定性は等しい）
trans（より安定）

1,3-Dimethyl-cyclohexane
cis（より安定）
trans（安定性は等しい）

1,4-Dimethyl-cyclohexane
cis（安定性は等しい）
trans（より安定）

3.41 次の構造式ではイソプロピル基は iPr と省略されている．4 個のシスおよびトランス異性体は，はじめに平面六角形で OH 基を上向きに示し，メチル基とイソプロピル基を OH に対してシスまたはトランス位に示す．各構造式の下に，より安定ないす形配座を示す．これらの 4 個の中では (3) のいす形配座がもっとも安定である．なぜなら，シクロヘキサン環上の 3 個の置換基がすべてエクアトリアル位にあるからである．

C環のものはアキシアルである．

(c) A環とB環との縮環部にあるメチル基はA環に対してエクアトリアル位，B環に対してアキシアル位にある．

(d) C, D環の縮環部にあるメチル基はC環に対してアキシアル位にある．

3.57 この問題に答えるにあたって，各アルコールのOH基はsp^3（四面体型）炭素原子に結合すると仮定せよ．同様に，各アミンのアミノ基はsp^3（四面体型）炭素原子についていなければならない．

(a) $CH_3CH_2CH_2CH_3$

(b) $CH_2=CHCH_2CH_3$ または $CH_3-CH=CH-CH_3$

(c) $HC\equiv CCH_2CH_3$ または $CH_3C\equiv CCH_3$

(d) $CH_3CH_2CH_2CH_2OH$ または $CH_3CH_2\overset{OH}{\underset{|}{C}}HCH_3$

(e) $CH_2=CHCHCH_3$（OH付き）または $CH_2=CHCH_2CH_2OH$ または $CH_3CH=CHCH_2OH$

(f) $HC\equiv CCH_2CH_2OH$ または $HC\equiv C\overset{OH}{\underset{|}{C}}HCH_3$ または $CH_3C\equiv CCH_2OH$

(g) $CH_3CH_2CH_2CH_2NH_2$ または $CH_3CH_2\overset{NH_2}{\underset{|}{C}}HCH_3$

(h) $CH_2=CHCH_2CH_2NH_2$ または $CH_2=CH\overset{NH_2}{\underset{|}{C}}HCH_3$ または $CH_3CH=CHCH_2NH_2$

(i) $HC\equiv CCH_2CH_2NH_2$ または $HC\equiv C\overset{NH_2}{\underset{|}{C}}HCH_3$ または $CH_3C\equiv CCH_2NH_2$

(j) $CH_3CH_2CH_2CHO$

(k) $CH_2=CHCH_2CHO$ または $CH_3CH=CHCHO$

(l) $HC\equiv CCH_2CHO$ または $CH_3-C\equiv C-C(=O)-H$

(m) $CH_3CH_2COCH_3$

(n) $CH_2=CHCOCH_3$

(o) $HC\equiv CCOCH_3$

3.43 アダマンタンでは，シクロヘキサン環はすべていす形配座をとっている．

3.45 (1) すべてのアルカンは水よりも密度が小さい．
(2) アルカンの分子量が増加するにつれて密度は増加する．
(3) 構造異性体は似た密度をもつ．

3.47 枝分かれのないアルカンの沸点は，その化合物の表面積と関係がある．表面積が大きくなるにつれて分散力がより強くなり，沸点が上がる．CH_2あたりの大きさの相対的な増加量は，CH_4からCH_3CH_3間がもっとも大きく，分子量が増加するにつれて次第に小さくなる．したがって，CH_2の増加に伴う沸点の上昇は，CH_4とCH_3CH_3の間が最大であり，炭素数の多いアルカンでは次第に小さくなる．

3.49 水は極性化合物であり，りんごの皮にある疎水性炭化水素の膜を通過できない．

3.51 グラム基準では，メタン（-13.2 kcal/g）はプロパン（-12.0 kcal/g）より熱エネルギー源として優れている．

3.53 シクロドデカン環（環中に12個の炭素がある）は柔軟であるので2個のメチル基間のC—C結合が自由に回転できる．

3.55 (a) 環A, BとCはいす形配座である．D環は封筒形配座である．
(b) A環上のOH基はエクアトリアルである．B,

(p) CH₃CH₂CH₂COH (with =O on C)

(q) CH₂=CHCH₂COH または CH₃CH=CHCOH (with =O on C)

(r) HC≡CCH₂COH または CH₃C≡CCOH (with =O on C)

第4章　アルケンとアルキン

4.1 (a) 3,3-Dimethyl-1-pentene (3,3-ジメチル-1-ペンテン)

(b) 2,3-Dimethyl-2-butene (2,3-ジメチル-2-ブテン)

(c) 3,3-Dimethyl-1-butyne (3,3-ジメチル-1-ブチン)

4.2 (a) *cis*-4-Methyl-2-pentene (*cis*-4-メチル-2-ペンテン)

(b) *trans*-2,2-Dimethyl-3-hexene (*trans*-2,2-ジメチル-3-ヘキセン)

4.3 (a) (*E*)-1-Chloro-2,3-dimethyl-2-pentene ((*E*)-1-クロロ-2,3-ジメチル-2-ペンテン)

(b) (*Z*)-1-Bromo-1-chloropropene ((*Z*)-1-ブロモ-1-クロロプロペン)

(c) (*E*)-2,3,4-Trimethyl-3-heptene ((*E*)-2,3,4-トリメチル-3-ヘプテン)

4.4 (a) 1-Isopropyl-4-methylcyclohexene (1-イソプロピル-4-メチルシクロヘキセン)

(b) Cyclooctene (シクロオクテン)

(c) 4-*tert*-Butylcyclohexene (4-*tert*-ブチルシクロヘキセン)

4.5

cis,trans-2,4-Heptadiene
cis,trans-2,4-ヘプタジエン

cis,cis-2,4-Heptadiene
cis,cis-2,4-ヘプタジエン

4.6 二重結合の各原子に二つの異なる基が結合している二重結合二つだけがシス-トランス異性を示す．したがって，4個のシス-トランス異性体が可能である．

4.7 エタンの各炭素は四つの電子密度の高い領域で囲まれているので，結合角は109.5°である．エチレンの各炭素は三つの電子密度の高い領域で囲まれているので，結合角は120°である．

4.9 C—H結合は炭素の混成軌道と水素の1s軌道の重なりによって形成される．π結合は平行な2p軌道の重なりによって形成される．

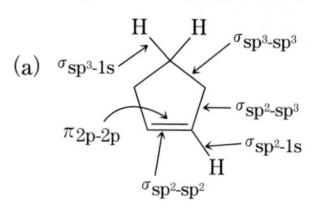

(a) シクロペンテン構造に σ_{sp^3-1s}, $\sigma_{sp^3-sp^3}$, $\sigma_{sp^2-sp^3}$, σ_{sp^2-1s}, $\sigma_{sp^2-sp^2}$, π_{2p-2p} の表示

(b) シクロヘキセン-CH₂OH構造に $\sigma_{sp^2-sp^3}$, $\sigma_{sp^2-sp^2}$, π_{2p-2p} の表示

(c) HC≡C—CH=CH₂ に σ_{sp-sp}, σ_{sp-sp^2}, $\sigma_{sp^2-sp^2}$, $2 \times \pi_{2p-2p}$, π_{2p-2p} の表示

(d) ブタジエン構造に $\sigma_{sp^2-sp^2}$, $\sigma_{sp^2-sp^3}$, $\sigma_{sp^2-sp^2}$, π_{2p-2p} の表示

4.11 C—H結合は炭素の混成軌道と水素の1s軌道の重なりによって形成される．π結合は平行な2p軌道の重なりによって形成される．

(a) シクロヘキセン構造に $\sigma_{sp^3-sp^3}$, $\sigma_{sp^2-sp^3}$, $\sigma_{sp^2-sp^2}$, σ_{sp^3-1s}, $\sigma_{sp^3-sp^3}$, π_{2p-2p} の表示

(b) OH含有構造に σ_{sp^3-1s}, $\sigma_{sp^3-sp^3}$, $\sigma_{sp^2-sp^3}$, σ_{sp^2-1s}, $\sigma_{sp^2-sp^2}$, π_{2p-2p} の表示

(c) アルキン構造に σ_{sp^3-1s}, σ_{sp^3-sp}, σ_{sp-sp}, $\sigma_{sp^3-sp^3}$, $2 \times \pi_{2p-2p}$ の表示

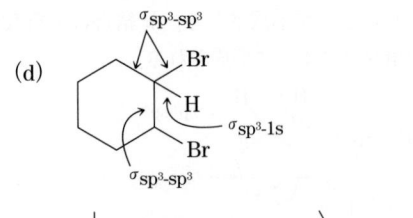

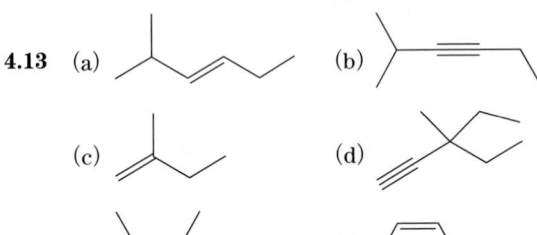

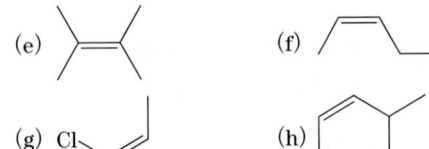

(d) [structure showing cyclohexane with Br, H, Br and σsp³-sp³, σsp³-1s labels]

4.13 (a) [structure] (b) [structure]
(c) [structure] (d) [structure]
(e) [structure] (f) [structure]
(g) Cl [structure] (h) [structure]

4.15 (a) 2-Isobutyl-1-heptene（2-イソブチル-1-ヘプテン）
(b) 1,4,4-Trimethylcyclopentene（1,4,4-トリメチルシクロペンテン）
(c) 1,3-Cyclopentadiene（1,3-シクロペンタジエン）
(d) 3,3-Dimethyl-1-butyne（3,3-ジメチル-1-ブチン）
(e) 2,4-Dimethyl-2-pentene（2,4-ジメチル-2-ペンテン）
(f) 1-Octyne（1-オクチン）
(g) 2,2,5-Trimethyl-3-hexyne（2,2,5-トリメチル-3-ヘキシン）
(h) 3-Methyl-1-pentyne（3-メチル-1-ペンチン）

4.17 (a) 最も長い炭素鎖は butane（ブタン）であり，正しい名称は 2-methyl-1-butene（2-メチル-1-ブテン）である.
(b) 環の番号のつけ方が間違っている．正しい名称は 4-isopropylcyclohexene（4-イソプロピルシクロヘキセン）である.
(c) 主鎖の番号のつけ方が間違っている．正しい名称は 3-methyl-2-hexene（3-メチル-2-ヘキセン）である.
(d) 主鎖は pentane（ペンタン）であり，正しい名称は 2-ethyl-3-methyl-1-pentene（2-エチル-3-メチル-1-ペンテン）である.
(e) 環の番号のつけ方が間違っている．正しい名称は 3,3-dimethylcyclohexene（3,3-ジメチルシクロヘキセン）である.
(f) 主鎖は heptane（ヘプタン）であり，正しい名称は 3-methyl-3-heptene（3-メチル-3-ヘプテン）である.

4.19 (b) だけがシス-トランス異性を示す.

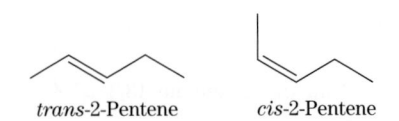

trans-2-Pentene   cis-2-Pentene

4.21 三つの化合物がすべて極性結合 C—Br をもっている．しかし，その幾何構造のために，三つ目の異性体は双極子をもたない.

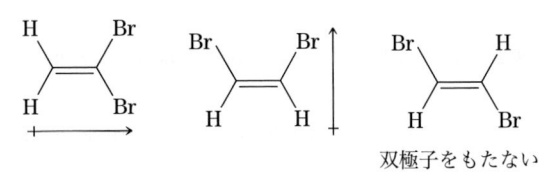

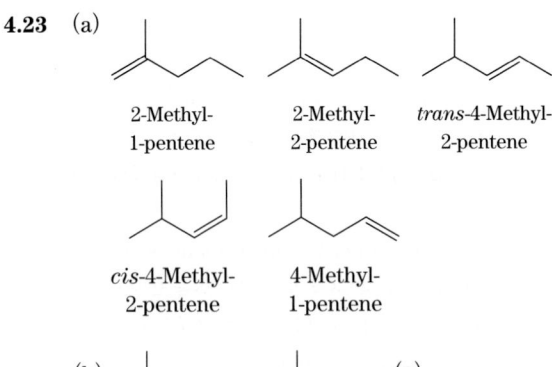

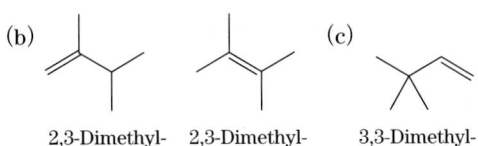

[three structures]   双極子をもたない

4.23 (a)
2-Methyl-1-pentene   2-Methyl-2-pentene   trans-4-Methyl-2-pentene
cis-4-Methyl-2-pentene   4-Methyl-1-pentene

(b) 2,3-Dimethyl-1-butene   2,3-Dimethyl-2-butene   (c) 3,3-Dimethyl-1-butene

4.25 (a) 次の化合物はすべて E,Z 異性を示す.

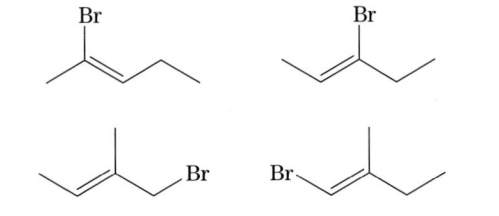

[four structures with Br]

(b) 次の化合物はいずれも E,Z 異性を示さない.

[three structures with Br]

4.27 この問題の化合物はいずれも *E,Z* 異性（あるいはシス-トランス異性）を示さない．正しい名称は，立体配置を示す接頭語を除いたものである．

4.31 (a) シス-トランス異性体．(b, c, d) 同じ化合物の異なる立体配座．

4.33 (a) リコペンの炭素骨格は 8 個のイソプレン単位に分けられる．それを太い線で示す．

(b) 13 個の二重結合のうち 11 個がシス-トランス異性の可能性をもつ．分子の両端の二重結合はシス-トランス異性を示さない．

4.35 3 個のイソプレン単位を太い線で示す．

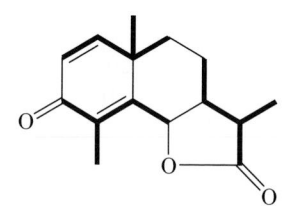

ファルネソールの炭素鎖をここに示すように，どちらの折りたたみ方をしてもサントニンの炭素骨格ができる．

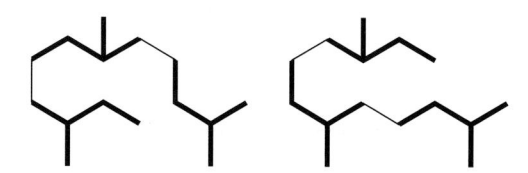

4.37 6 個のイソプレン単位のつながり方は 2 通りあり，太い線で示している．

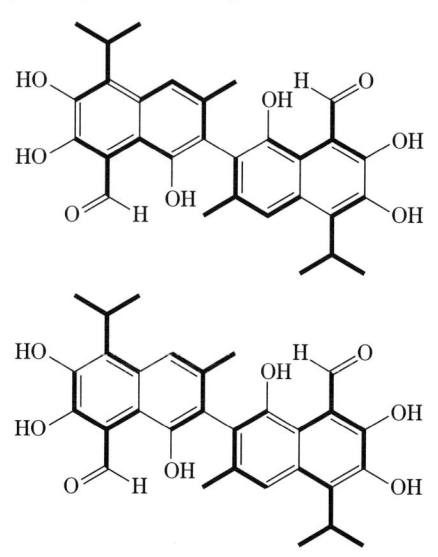

4.39 (a) ピレトリン II にはシス-トランス異性の可能な C=C 二重結合が二つあり，ピレトロシンには一つある．

Pyrethrin II

Pyrethrosin

(b) ピレトリン II の五員環の幾何構造を見れば，環内の二重結合の置換基は互いにシスしかとれず，トランスにはなり得ない．

(c) ピレトロシンのイソプレン単位 3 個を太い線で示している．

4.41 1,3-ブタジエンの炭素 2 と 3 の結合は，p 軌道の部分的な重なりがあるので，少し π 結合性をもつ．この p 電子の非局在化は共鳴としても理解され，分子の強い安定化に寄与する（黒点は p 電子を表す）．

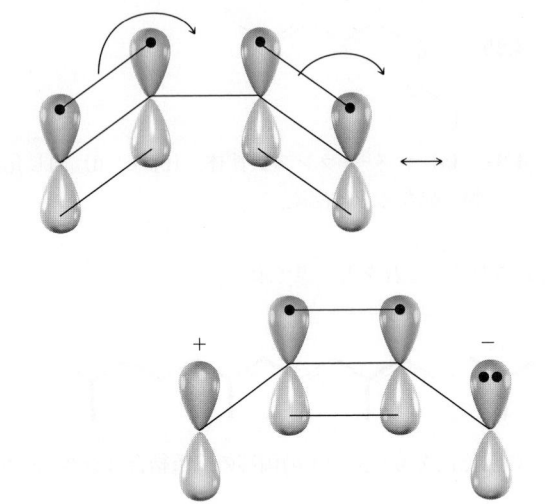

4.43 酸素と窒素のどちらも炭素より電気陰性なので，(a) の OCH$_3$ 基と (b) の CN 基は二重結合から電子を引きつけており，その電子密度を低下させている．(c) ケイ素は炭素よりも電気陰性度が小さいので，ケイ素からの結合電子は二重結合の炭素の方に分極している．その結果，二重結合の電子密度は大きくなる．

4.45 (a) フマル酸は E あるいはトランスである．
(b) アコニチン酸は Z である（訳注：三置換アルケンにシス-トランス命名法を適用するのは避けた方がよい）．

第 5 章 アルケンの反応

5.1 吸熱反応では生成物のエネルギーが反応物のエネルギーより高くなる．

5.2 (a) CH$_3$CHCH$_3$ with I — 2-Iodopropane，2-ヨードプロパン
(b) 1-Iodo-1-methyl-cyclohexane，1-ヨード-1-メチルシクロヘキサン

5.3 安定性は次の順に大きくなる．

cyclohexyl-CH$_2^+$ < cyclohexyl-$^+$CH$_3$ < cyclohexyl(CH$_3$)-$^+$CH$_3$

5.4
段階1： (遅い，律速段階)
段階2： (速い)

5.5 (a) OH (b) OH

5.6
段階1： (遅い，律速段階) 第三級カルボカチオン中間体
段階2： (速い)
段階3： (速い)

5.7 (a) (ジブロモ構造) (b) Cl, CH$_2$Cl (シクロヘキサン)

問題の解答

5.9 エネルギー図：反応物 → 遷移状態 → 生成物（遷移状態が一つあり、中間体はない）

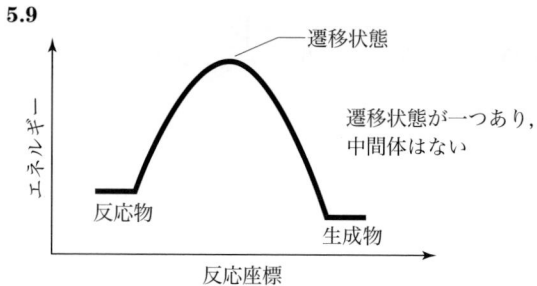

5.11 (a) 正 (b) 誤 (c) 誤

5.13 (a) シクロヘキシル–CH₃ カチオン（第二級） または シクロヘキサン環上のCにCH₃が結合した第三級カチオン【正解】

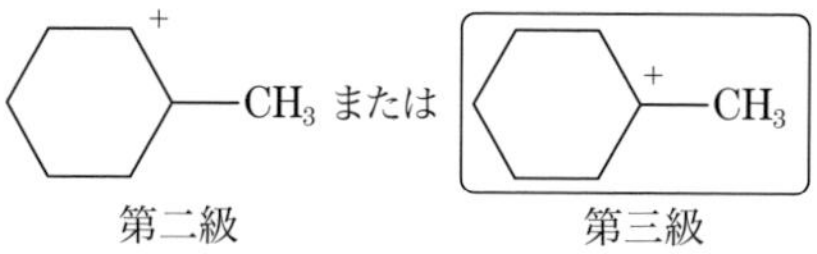

(b) シクロヘキシル位カチオン–CH₃（第二級）【正解】 または –CH₂⁺（第一級）

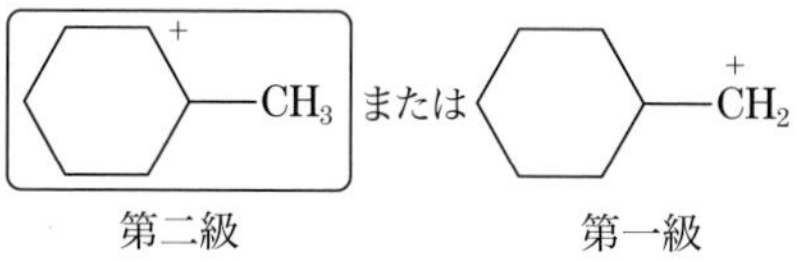

5.15 より安定なカルボカチオン中間体を生成するアルケンの方が反応性が高い．

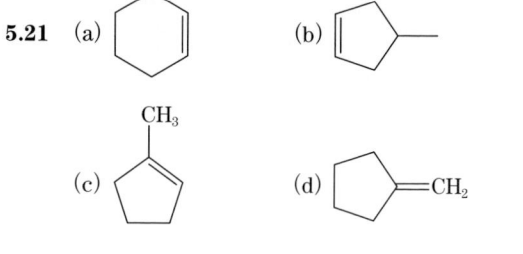

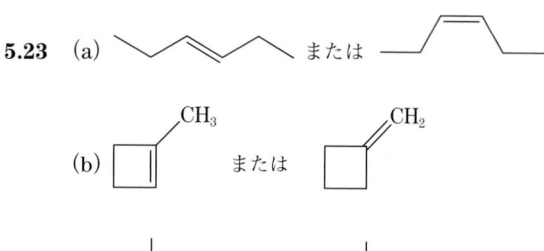

(a) (CH₃)₂C=CHCH₃ + HI ⟶ (CH₃)₂CI-CH₂CH₃

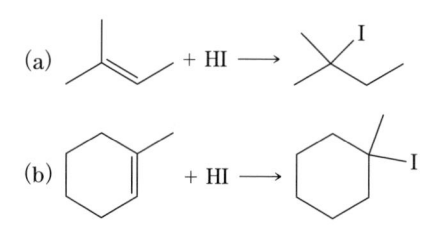

(b) 1-メチルシクロヘキセン + HI ⟶ 1-ヨード-1-メチルシクロヘキサン

5.17 各反応の第一段階でアルケンへプロトンが付加し，カルボカチオンを生成する．より安定なカルボカチオンを生成する反応が速く進行するので，次の位置選択性を示す．

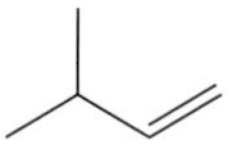

(a) 2-ヨード-2-メチルブタン (b) 2-メチル-2-ブタノール

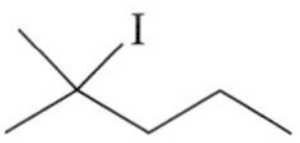

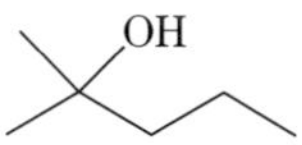

5.19
(a) CH₂=C(CH₃)CH₂CH₃ または (CH₃)₂C=CHCH₃

(b) (CH₃)₂CHCH=CH₂

(c) 1-メチルシクロヘキセン または メチレンシクロヘキサン

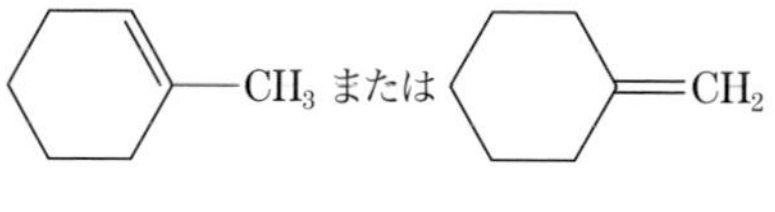

5.21 (a) シクロヘキセン (b) 3-メチルシクロペンテン (c) 1-メチルシクロペンテン (d) メチレンシクロペンタン

5.23
(a) (E)-2-ペンテン または (Z)-2-ペンテン

(b) 1-メチルシクロブテン または メチレンシクロブタン

(c) 2-メチル-1-ブテン または 2-メチル-2-ブテン

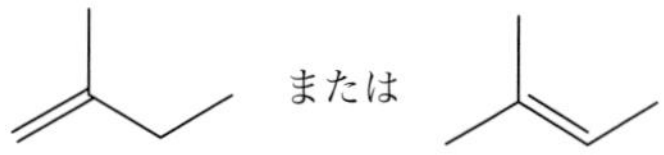

(d) CH₃CH=CH₂

5.25 (a) それぞれの二重結合に対して第三級カルボカチオンを生成するように位置選択的にプロトン付加し，そのカルボカチオンに水が反応する．その後プロトンがはずれてテルピンが生成する．反応は必ずしも次の反応式の順序で進行する必要はない．どちらのアルケンも第三級カルボカチオンが生成するので，同程度の速度で反応する．

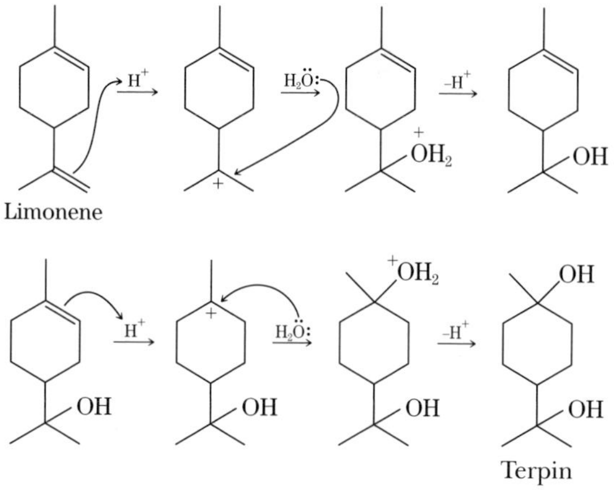

Limonene → (H⁺) → カチオン → (H₂Ö:) → ⁺OH₂ → (-H⁺) → OH

→ (H⁺) → カチオン → (H₂Ö:) → ⁺OH₂ → (-H⁺) → Terpin

(b) 2種類のシス-トランス異性体が生成可能である．

(c) より安定ないす形配座では3個の炭素からなる側鎖がエクアトリアル位をとる．

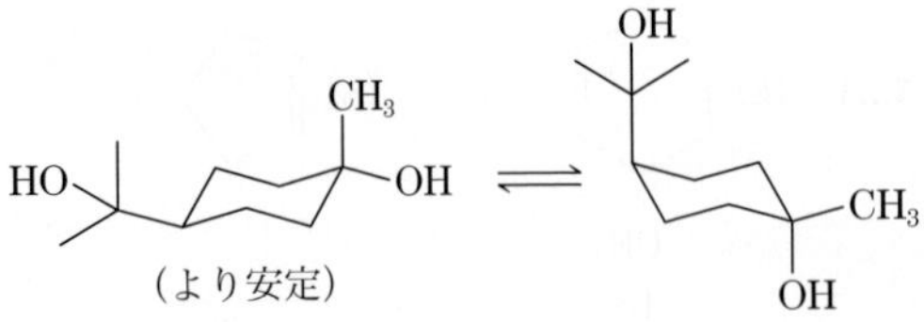

5.27

段階 1:

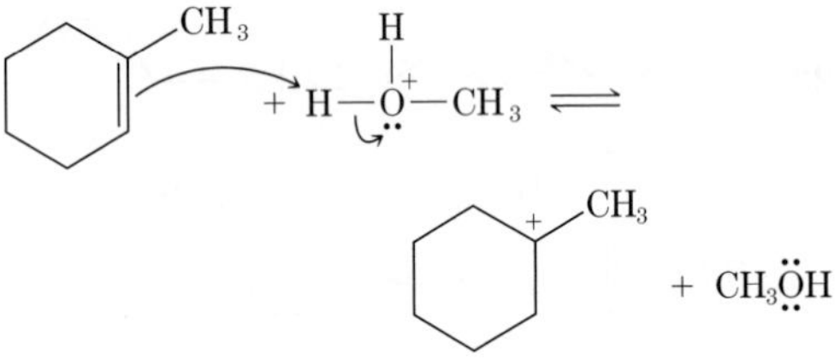

段階 2:

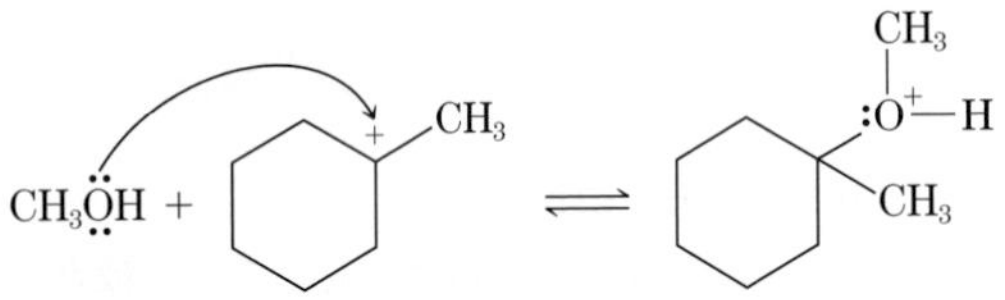

段階 3:

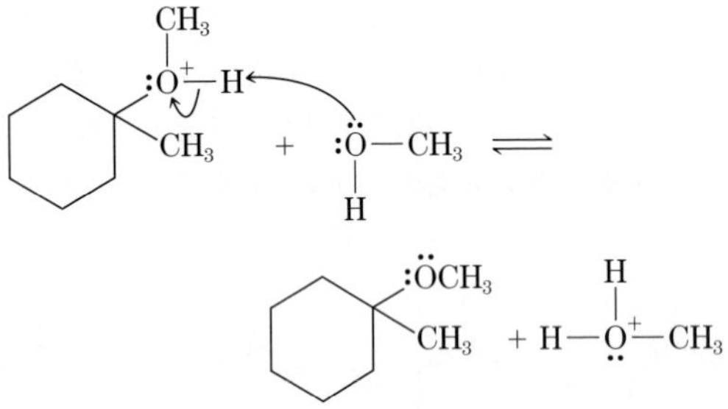

5.29 (a) 酸化 (b) 酸化でも還元でもない
 (c) 還元

5.31 (a), (b), 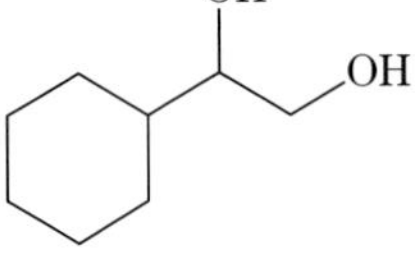 (c)

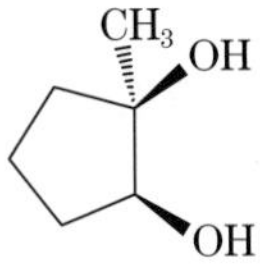

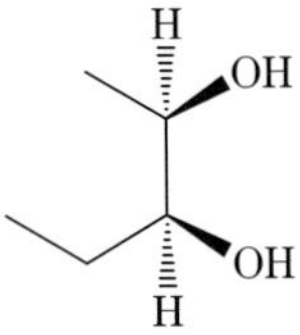

5.33 (a),  (b),  (c), 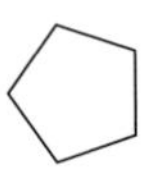 (d)

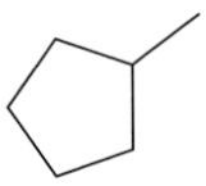

5.35 A: 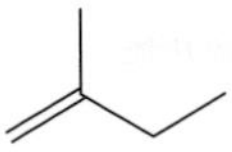   B:

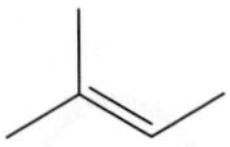

5.37 (a) シクロペンテン + Br₂ → trans-1,2-ジブロモシクロペンタン
(b) シクロペンテン + OsO₄/ROOH → cis-1,2-ジオール
(c) シクロペンテン + H₂O/H₂SO₄ → シクロペンタノール
(d) シクロペンテン + HBr → ブロモシクロペンタン
(e) シクロペンテン + H₂/Pt → シクロペンタン

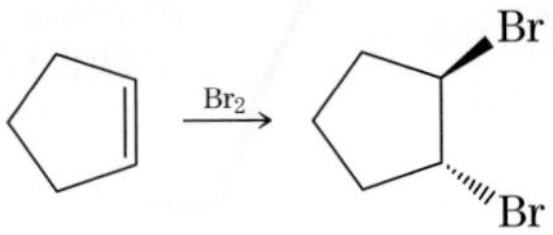

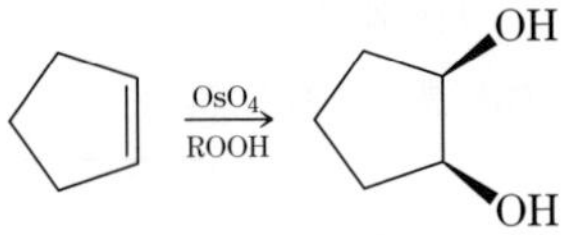

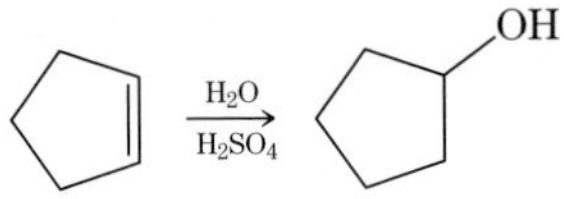

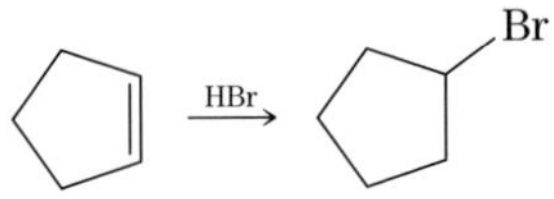

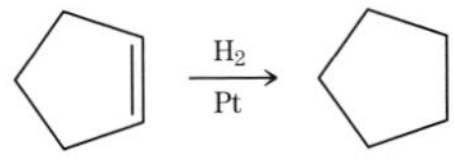

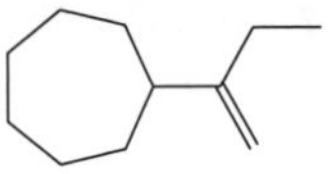

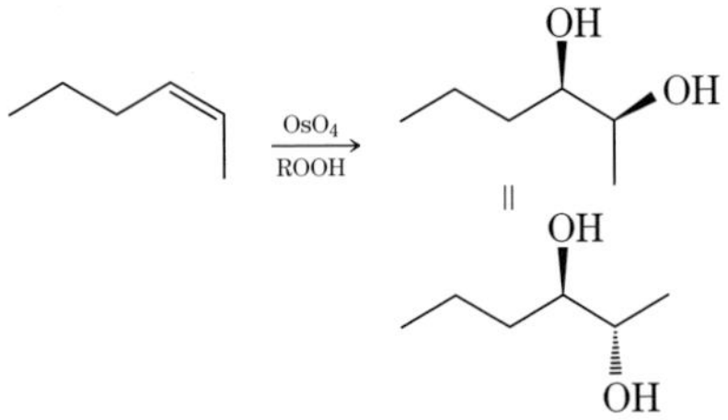

5.39 (a), 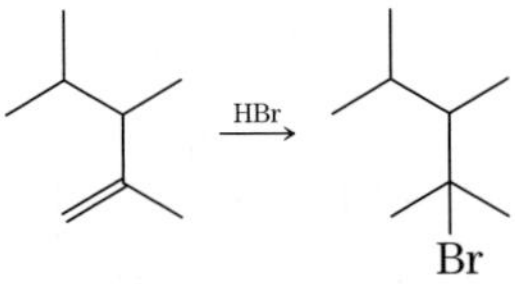 (b) 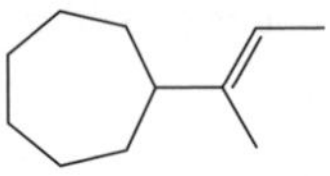 または, H₂O/H₂SO₄, (c) OsO₄/ROOH, (d) Br₂

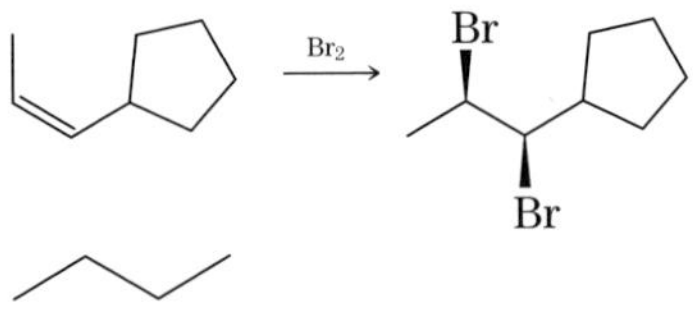

5.41 (a) 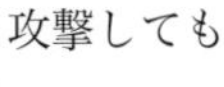 上から攻撃しても下から攻撃しても同じ化合物が生成する.

これらの二つの構造は同じである．立体的に異なっているように見えるが，右の構造は回転させると左の構造に重ねることができる（第6章参照）．

これら二つの構造は重ね合わせることができない鏡像関係にある．このようなものをエナンチオマーとよぶ（第6章参照）．

第6章 キラリティー：分子の左右性

6.1 (a), (b) 図

6.2 (a) S (b) S (c) R

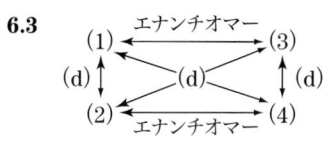

6.3

(d) でジアステレオマー対を示す．

6.4 (a) 構造式 (2) と (3) は同じ化合物（メソ化合物）を表している．
(b) 構造式 (1) と (4) は互いにエナンチオマーを表している．
(c) 化合物 (2) と (3) がメソ化合物である．

6.5 3個の立体異性体が可能である．1組のエナンチオマーと一つのメソ化合物である．

6.6 2個の立体異性体が可能である．1組のシス–トランス異性体で，それぞれアキラルである．

6.7 g/mL の単位で濃度を表すと 0.040 g/mL となる．観測される旋光度は $+6.9°$ である．

6.9 構造異性体とは，同じ分子式をもつが原子の結合の順序が異なるものである．立体異性体とは分子式と原子の結合の順序は同じであるが，その原子の空間的配置が異なるものである．

6.11 一方の端から見て左巻きのらせんを反対側の端から見ても同じように左巻きである．

6.13 この問題の意図は，身の回りにある様々なものについてキラリティーを考えてもらいたい，というところにある．あなたが見たものをクラスの他の人と一緒に見て考えてみよう．

6.15 (a) 正 (b) 誤 (c) 正 (d) 誤
(e) 誤 (f) 正 (g) 誤

6.17 (a) 〜 (e) 図

6.19 8個の可能なカルボン酸のうち，3個がキラルである．

6.21 (a), (b), (c) の構造にはキラル中心がある．(d) にはキラル中心はない．

6.23 (b), (c), (f) の構造にはキラル中心がある．(a), (d), (e), (g) にはキラル中心はない．

(b) COOH
　　 |
　　 H*C̣OH
　　 |
　　 CH₃

(c) CH₃ CH=CH₂ CHCOOH
　　　　　　　|
　　　　　　 NH₂

(f) CH₃CH₂CHCH=CH₂
　　　　　　|
　　　　　　OH*

6.25 (a) —H (4)　—CH₃ (3)　—OH (1)
　　　—CH₂OH (2)
　　(b) —CH₂CH=CH₂ (3)　—CH=CH₂ (1)
　　　—CH₃ (4)　—CH₂COOH (2)
　　(c) —CH₃ (3)　—H (4)　—COO⁻ (2)
　　　—NH₃⁺ (1)
　　(d) —CH₃ (4)　—CH₂SH (2)　—NH₃⁺ (1)
　　　—COO⁻ (3)

6.26 (a) S　(b) S　(c) R　(d) R

6.27 アキラルな環境では，エナンチオマーは同じ物理的および化学的性質を示す．しかし，キラルな環境ではエナンチオマーは全く異なった挙動を示す．カルボンのにおいを感じる受容体はそれ自体がキラルなので，両エナンチオマーを生理学的に区別できる．

6.29 (構造式)

6.30 構造式の左の炭素はRであり，右の炭素はSである．

6.31 天然に得られるエフェドリンのエナンチオマーの比旋光度は+41である．

6.33 アモキシシリンは4個のキラル中心をもつ．

6.35 (a) Flioxetine　2個の立体異性体が可能

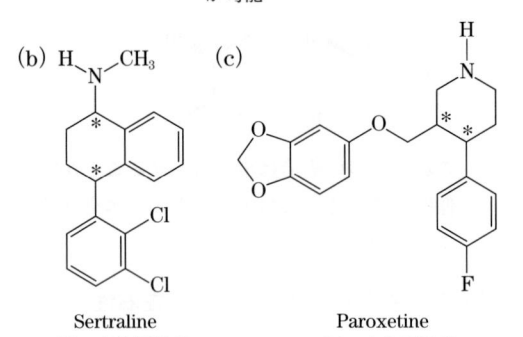

(b) Sertraline　4個の立体異性体が可能

(c) Paroxetine　4個の立体異性体が可能

6.37 化合物 (a), (c), (d), (f) はそれぞれ少なくとも2個のキラル中心と一つの分子内対称面をもっている．したがって，これらはメソ化合物である．

6.39 1組のエナンチオマーと1個のメソ化合物の合計3個の立体異性体が可能である．

6.41 ラセミ混合物とはキラルな化合物の二つのエナンチオマーが50:50で混ざったものである．純粋なエナンチオマーはそれぞれ平面偏光を同じだけ回転させるが，その向きは両エナンチオマーで逆である．ラセミ混合物は，一方のエナンチオマーによる平面偏光の回転を，もう一方のエナンチオマーが打ち消すので，光学活性を示さない．

6.43 (A) の水素化ではH₂がアルケンのどちらの面から反応しても同じ化合物を与えるが，(B) の水素化では2種類の生成物を与え，このうち一方のみがcis-デカリンである．

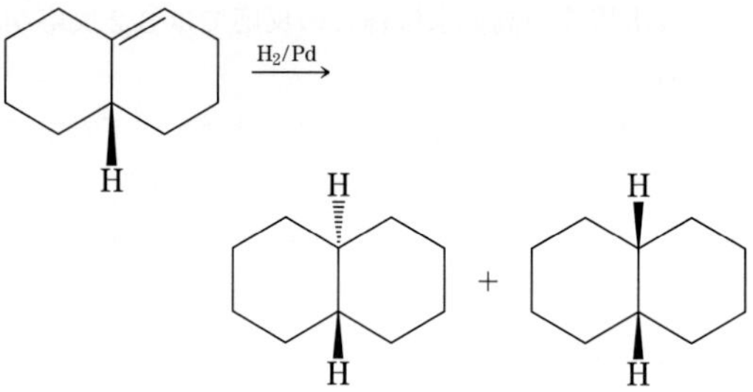

6.45 反応基質はどちらの面から見ても同じであるので，反応はどちらの面からも同じ確率で起こり，シン（同じ面からの）付加体またはアンチ（反対側からの）付加体を与える．生成物は2個のキラル中心をもっており，4個の立体異性体（2組のエナンチオマー）が可能である．もし立体選択性（一つの立体異性体を他の可能な立体異性体に優先して合成すること）を望むのであれば，これは有用な方法ではない．

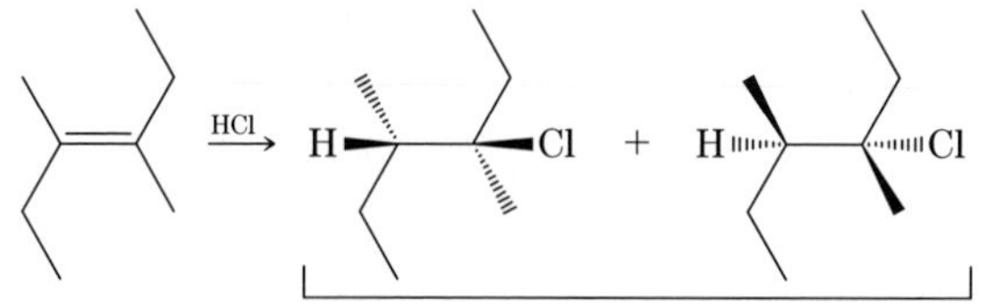

第7章　ハロアルカン

7.1 (a) 1-Chloro-3-methyl-2-butene（1-クロロ-3-メチル-2-ブテン）
(b) 1-Bromo-1-methylcyclohexane（1-ブロモ-1-メチルシクロヘキサン）
(c) 1,2-Dichloropropane（1,2-ジクロロプロパン）
(d) 2-Chloro-1,3-butadiene（2-クロロ-1,3-ブタジエン）

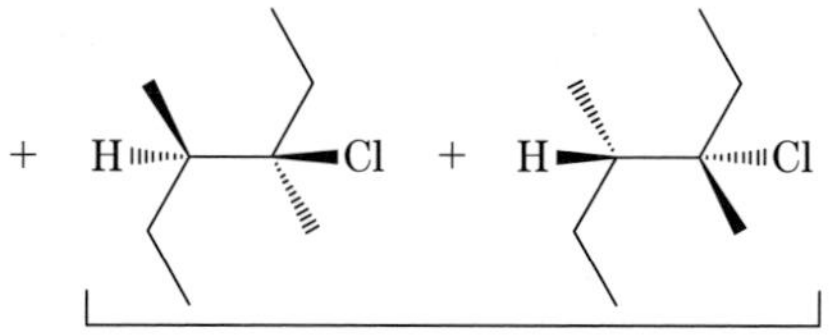

7.2 (a) シクロペンチル−SCH$_2$CH$_3$ + NaBr
(b) シクロペンチル−OC(=O)CH$_3$ + NaBr

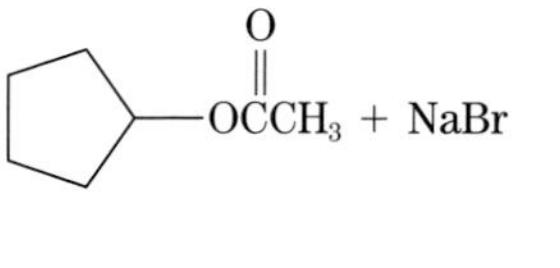

7.3 (a) 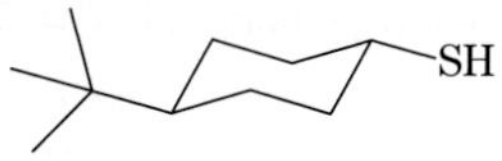 S$_N$2反応による．
(b) CH$_3$CH(OCHO)CH$_2$CH$_3$　S$_N$1反応による．

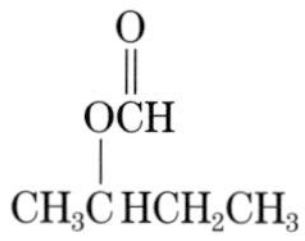

7.4 (a) 主生成物：1-メチルシクロヘキセン ＋ メチレンシクロヘキサン
(b) メチレンシクロヘキサン
(c) 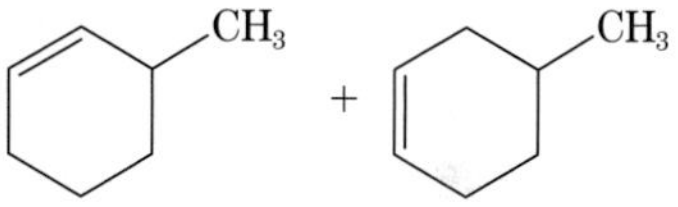 ほぼ等量生成

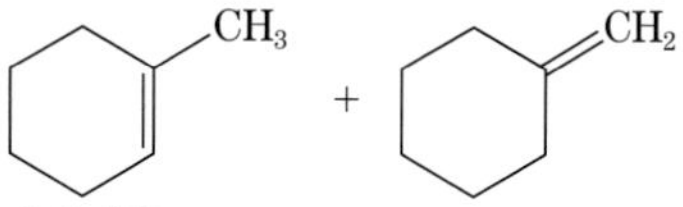

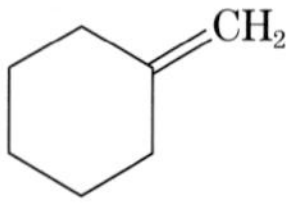

7.5 これらの反応はE2機構で進行する．第二級または第三級ハロゲン化物と強塩基との反応ではS$_N$2機構よりE2機構が優先する．
(a) 主生成物：(E)-2-ペンテン ＋ (Z)-2-ペンテン
(b) 1対のエナンチオマー

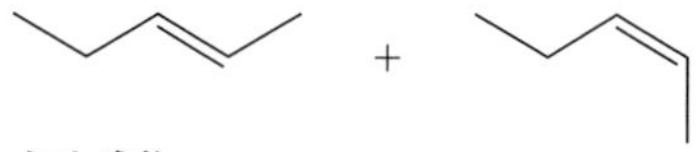

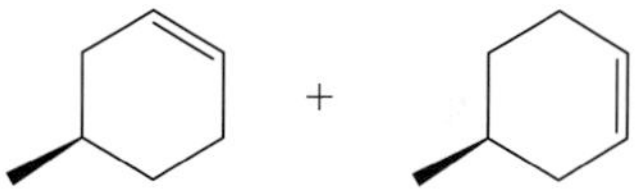

7.6 (a) 主生成物：(E)-2-ペンテン ＋ (Z)-2-ペンテン　E2反応による．
(b) S$_N$2反応による．

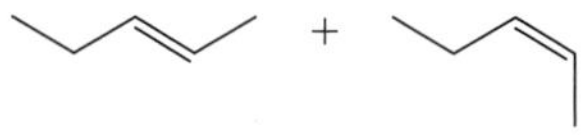

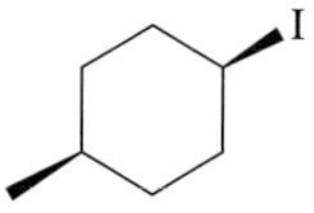

7.7 (a) 1,1-Difluoroethene（1,1-ジフルオロエテン）
(b) 3-Bromocyclopentene（3-ブロモシクロペンテン）
(c) 2-Chloro-5-methylhexane（2-クロロ-5-メチルヘキサン）
(d) 1,6-Dichlorohexane（1,6-ジクロロヘキサン）
(e) Dichlorodifluoromethane（ジクロロジフルオロメタン）

(f) 3-Bromo-3-ethylpentane（3-ブロモ-3-エチルペンタン）

7.9
(a) CH₂=CH-CH₂-Br
(b) sec-butyl chloride (S configuration)
(c) meso-2,3-dibromobutane structure
(d) trans-1-bromo-3-isopropylcyclohexane (chair form shown)
(e) ClCH₂CH₂Cl
(f) bromocyclobutane

7.11 2-ヨードオクタンと trans-1-クロロ-4-メチルシクロヘキサンはともに第二級ハロゲン化アルキルである．

7.13
(a) (CH₃)₂C=CHCH₃ + HCl ⟶ (CH₃)₂CClCH₂CH₃
(b) CH₃CH₂CH=CH₂ + HI ⟶ CH₃CH₂CHICH₃
(c) CH₃CH=CHCH₃ + HCl ⟶ CH₃CHClCH₂CH₃
(d) 1-methylcyclopentene + HBr ⟶ 1-bromo-1-methylcyclopentane

7.15 CH₃CH₂OH < CH₃OH < H₂O

7.17 (a) OH⁻ (b) OH⁻ (c) CH₃S⁻

7.19 (a) CH₃CH₂CH₂I + NaCl   (b) C₆H₁₁NH₃⁺ Br⁻
(c) CH₂=CHCH₂OCH₂CH₃ + NaCl

7.21
(a) 第二級ハロゲン化物，中程度の求核種，それに中程度のイオン化能をもつ溶媒は S_N2 反応に適当である．

(b) 第二級ハロゲン化物，弱塩基であるが極めて優れた求核種であるエタンチオラートイオン，イオン化能の弱い溶媒中での反応は S_N2 機構で進行する．

(c) 第一級ハロゲン化物とヨウ化物イオンのような求核性の高い求核種との反応では S_N2 反応が起こる．

(d) メチルカルボカチオンは極めて不安定であるので S_N1 反応は起こらず，ハロゲン化メチルでは S_N2 反応のみが起こる．中程度の求核種であるトリメチルアミンとイオン化能の弱いアセトン中ではさらに S_N2 反応が起こりやすい．

(e) 第一級ハロゲン化物とメトキシドイオンのような求核性の高い求核種との反応では常に S_N2 反応が優先する．

(f) 第二級ハロゲン化物，弱塩基であるが極めて優れた求核種であるメタンチオラートアニオン，イオン化能の中程度の溶媒中では S_N2 反応が起こる．

(g) ピペリジンはアミンの一種であって中程度の求核種で，エタノールは中程度のイオン化能をもつ溶媒であるので，第一級ハロゲン化物との反応では S_N2 反応が優先する．

(h) アンモニアは中程度の求核種で，エタノールは中程度のイオン化能をもつ溶媒であるので，第一級ハロゲン化物との反応では S_N2 反応が優先する．

7.23 (a) 誤 (b) 誤 (c) 正
(d) 正 (e) 誤 (f) 誤

7.25
(a) 塩化物イオンは優れた脱離基であり，生成する第二級カルボカチオンは比較的安定な中間体である．この反応が S_N1 機構で進行するのに決定的な因子は，溶媒のエタノールであって，これは求核性には乏しいが中程度のイオン化能をもっている．

(b) 塩化物イオンは優れた脱離基であり，安定な第三級カルボカチオン中間体を生成する．さらに S_N1 反応に有利に働いているのは溶媒のメタノールであって，求核性には乏しいが大きいイオン化能をもっている．

(c) 塩化物イオンは優れた脱離基である．また，酢酸は，求核性には乏しいがイオン化能の強い溶媒である．第三級ハロゲン化アルキルは弱い求核種との反応では S_N1 反応しか起こさない．これらすべての要因から S_N1 反応が優先する．

(d) メタノールは，求核性には乏しいが優れたイオン化溶媒である．臭化物イオンはよい脱離基であり，比較的安定な第二級カルボカチオンを生成している．いずれも S_N1 機構に有利である．

7.27
段階1：塩素がイオン化して第三級カルボカチオン中間体を生成する．

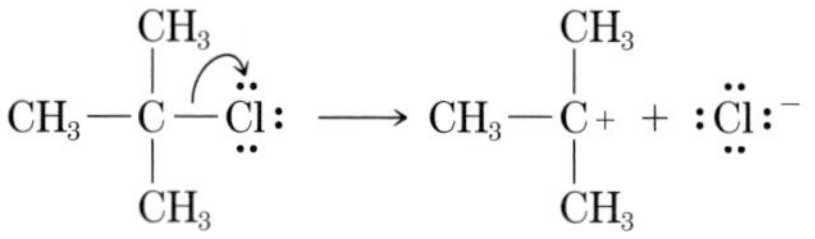

段階2：カルボカチオン（求電子種）と水またはエタノール（いずれも求核種）との反応によってオキソニウムイオンが生成する．オキソニウムイオンから溶媒へプロトンが移動するとエーテルとアルコールとが生成する．

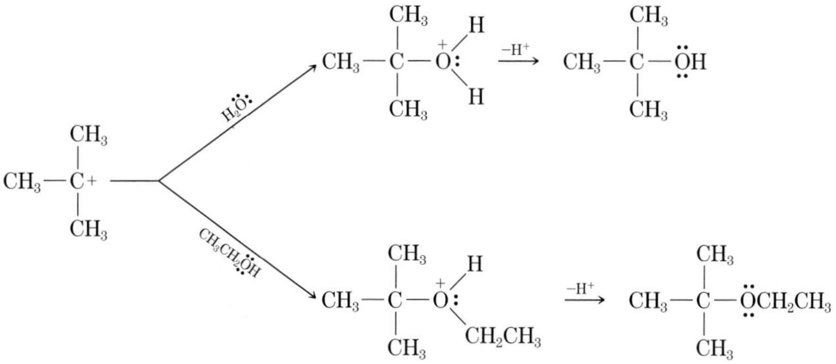

段階2′：カルボカチオンから溶媒（この場合 H_2O）へプロトン移動してアルケンを生成する．

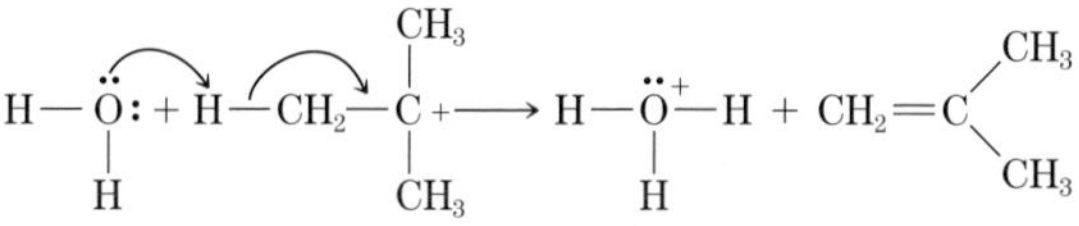

7.29 (a), 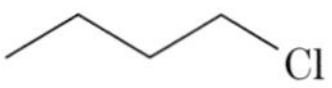 (b),  (c), 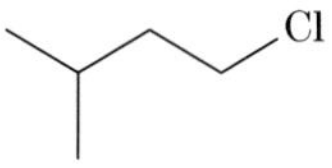 (d) 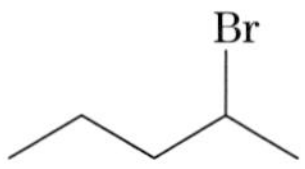 構造式

7.31 二重結合の炭素−ハロゲン結合のイオン化によって生成するアルケニルカルボカチオンは極めて不安定であるため，ハロアルケンの S_N1 反応は起こりにくい．ハロアルケンの立体構造を考慮すれば，ハロゲンが結合している炭素への背後からの攻撃が起こりにくいことが分かる．

7.33
(a) 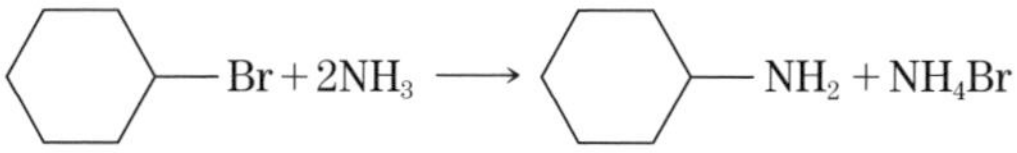 C₆H₁₁−Br + 2NH₃ ⟶ C₆H₁₁−NH₂ + NH₄Br

(b) 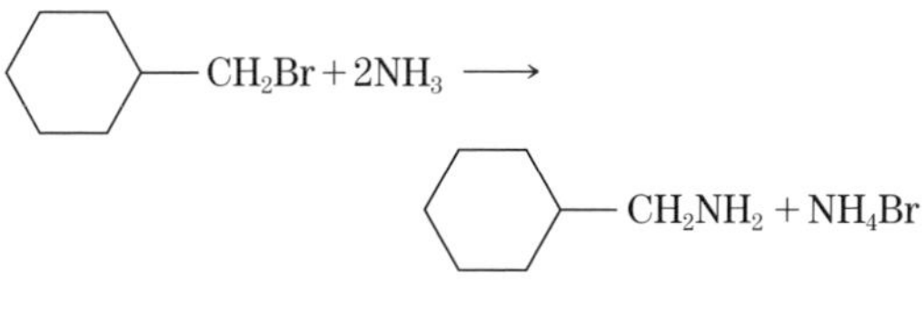 C₆H₁₁−CH₂Br + 2NH₃ ⟶ C₆H₁₁−CH₂NH₂ + NH₄Br

(c) 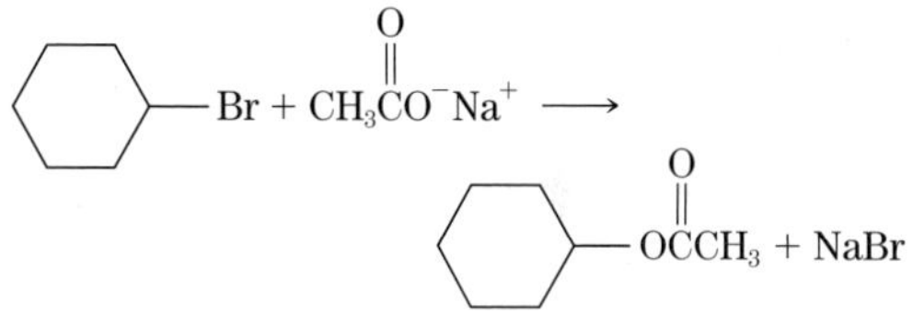 シクロヘキシル−Br + $CH_3CO^-Na^+$ ⟶ シクロヘキシル−OCOCH₃ + NaBr

(d) 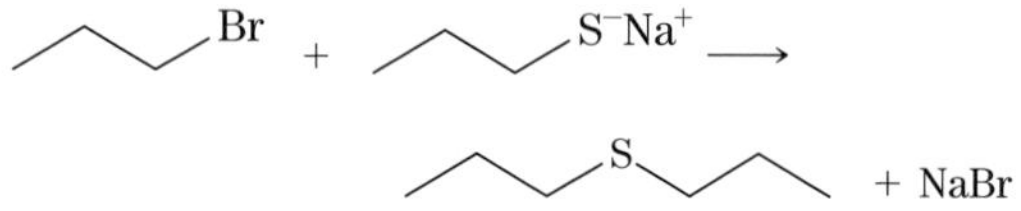 CH₃CH₂CH₂−Br + CH₃CH₂CH₂−S⁻Na⁺ ⟶ ジプロピルスルフィド + NaBr

(e) 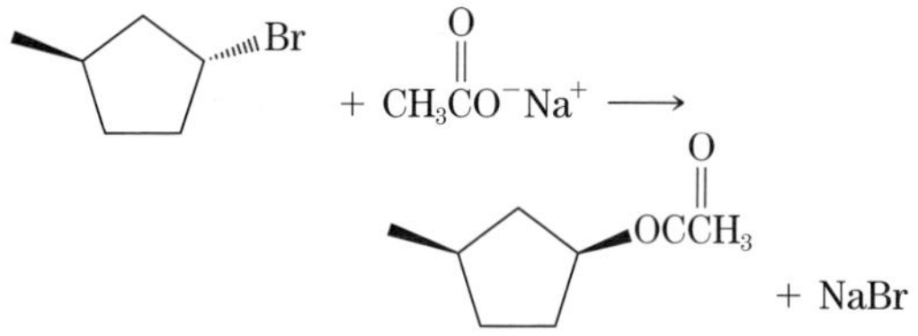 cis-3-メチルシクロペンチル−Br + $CH_3CO^-Na^+$ ⟶ trans-3-メチルシクロペンチル−OCOCH₃ + NaBr

(f) 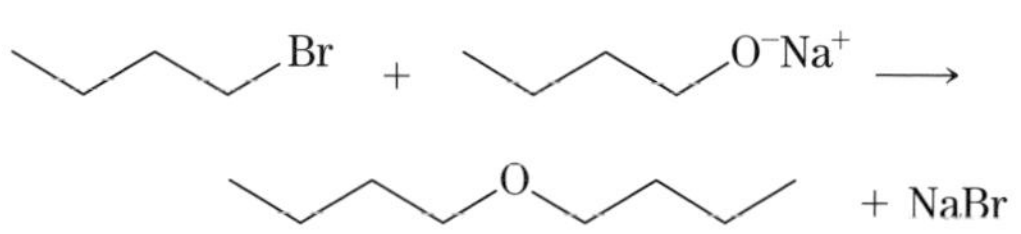 CH₃CH₂CH₂CH₂−Br + CH₃CH₂CH₂CH₂−O⁻Na⁺ ⟶ ジブチルエーテル + NaBr

7.35 シス−トランス異性体を生成しないのは化合物(c)と(d)である．

7.37 (a) [cyclohexylmethyl chloride構造] (b) [(CH₃)₂CHCH₂CH₂CH₂Cl構造]

7.39 (a) [HO⁻ がtrans-4-クロロシクロヘキサノールを攻撃する機構図] $\xrightarrow{S_N2}$

[生成物: シクロヘキサン-1,4-ジオール + :Cl⁻]
(1)

(b) [HO⁻ が β-Hを引き抜き、Cl⁻が脱離する E2機構図] $\xrightarrow{E2}$

[3-シクロヘキセノール + :Cl⁻ + H₂O]
(2)

(c) S_N2 反応は，脱離基をもつ炭素への求核種の背面攻撃で進行する．*trans*-4-クロロシクロヘキサノールでは，求核種は OH 基の脱プロトン化によって生じる．シクロヘキサン環のいす形配座が舟形配座になると，求核種となるこのアルコキシドイオンが分子内で塩素を S_N2 置換（背面攻撃）するのに好都合な立体的配置になる．*cis*-4-クロロシクロヘキサノールから生じるアルコキシドでは，このような分子内 S_N2 反応に好都合な立体的配置は不可能である．

[いす形⇌舟形配座を経て分子内 S_N2 によりエポキシド（二環性エーテル）を生成する機構図]

7.41 反応 (a) がよりよい収率でエーテルを生成する．第一級ハロゲン化物に優れた求核種という S_N2 反応に好都合な反応条件になっているからである．反応 (b) では E2 反応が優先する．立体障害のある第三級ハロゲン化物に強塩基を反応させると，β炭素からプロトンを引き抜いて，アルケン（2-メチルプロペン）を生成する．

7.43 この反応では，まず酸塩基反応，ついで分子内 S_N2 反応が起こっている．

:Cl̈—CH₂CH₂—Ö̈—H + :ÖH⁻ ⟶

:Cl̈—CH₂CH₂—Ö̈⁻ ⟶ H₂C—CH₂ (エポキシド、O架橋)

7.45 この S_N2 反応条件では，求核種である臭化物イオンがキラル中心の立体化学を反転させる．この反応が繰り返し起こると，二つのエナンチオマーが 50：50 になり，ラセミ混合物になる．

7.47 アルコキシドの脱離能は乏しいが，三員環のひずみの解消が反応の推進力となって，求核種によるエポキシドの開環反応は容易に起こる．

第 8 章 アルコール，エーテルおよびチオール

8.1 (a) 2-Heptanol（2-ヘプタノール）
(b) 2,2-Dimethyl-1-propanol（2,2-ジメチル-1-プロパノール）
(c) *cis*-3-Isopropylcyclohexanol（*cis*-3-イソプロピルシクロヘキサノール）

8.2 (a) 第一級　(b) 第二級　(c) 第一級
(d) 第三級

8.3 (a) (*E*)-3-Penten-1-ol（(*E*)-3-ペンテン-1-オール）
(b) 2-Cyclopentenol（2-シクロペンテノール）

8.4 平衡は右にかたよっている．

8.5 (a) CH₃C(CH₃)=CHCH₃ ＋ CH₂=C(CH₃)CH₂CH₃
　　　　主生成物

(b) [1-メチルシクロペンテン] ＋ [メチレンシクロペンタン]
　　主生成物

8.6 (a) [ヘキサン酸 構造]
(b) [2-ヘキサノン 構造]　(c) [シクロヘキサノン 構造]

8.7 (a) 1-Ethoxy-2-methylpropane（1-エトキシ-2-メチルプロパン）（ethyl isobutyl ether エチルイソブチルエーテル）
(b) Methoxycyclopentane（メトキシシクロペンタン）（cyclopentyl methyl ether シクロペンチルメチルエーテル）

8.8 次の順に沸点が高くなる．
CH₃OCH₂CH₂OCH₃ < CH₃OCH₂CH₂OH < HOCH₂CH₂OH

8.9 [エポキシド構造図: シス-1,2-ジメチルシクロペンタンのエポキシド]

8.10 シクロヘキセン + OsO₄, ROOH → cis-1,2-シクロヘキサンジオール

8.11
(a) 3-Methyl-1-butanethiol (3-メチル-1-ブタンチオール)
(b) 3-Methyl-2-butanethiol (3-メチル-2-ブタンチオール)

8.13
(a) 1-Pentanol (1-ペンタノール)
(b) 1,3-Propanediol (1,3-プロパンジオール)
(c) 3-Buten-1-ol (3-ブテン-1-オール)
(d) 3-Methyl-1-butanol (3-メチル-1-ブタノール)
(e) trans-1,2-Cyclohexanediol (trans-1,2-シクロヘキサンジオール)
(f) 1-Butanethiol (1-ブタンチオール)

8.15
(a) Dicyclopentyl ether (ジシクロペンチルエーテル)
(b) Dibutyl ether (ジブチルエーテル)
(c) 2-Ethoxyethanol (2-エトキシエタノール)

8.17 (d) < (b) < (a) < (c)

8.19 プロパン酸は，分子間水素結合のために高い沸点 (141 ℃) をもつ．カルボキシ基は，同時に水素結合供与体（—OH 基を通して）としても水素結合受容体（C=O と C—O 基を通して）としても作用できるので，それが液体状態における高度の分子間会合の原因になっている．酢酸メチルは分子間水素結合をもたないので，沸点が低い (57 ℃)．

8.21 チオールの S—H 結合は，アルコールの O—H 結合よりもずっと極性が小さい．したがって，チオールは顕著な水素結合を形成しない．1-ブタノールの強い水素結合が，1-ブタンチオールよりも高い沸点をもつ原因である．

8.23
(a) Ethanol > Diethyl ether > Butane
(b) 1,2-Hexanediol > 1-Hexanol > Hexane

8.25 (a) [1-ブテン] と [trans-2-ブテン] と [cis-2-ブテン]
(b) [1-メチルシクロヘキセン] と [メチレンシクロヘキサン]
(c) [trans-2-ヘキセン] と [cis-2-ヘキセン]
(d) [2-メチル-1-ブテン] と [2-メチル-2-ブテン]
(e) [シクロペンテン] (f) [プロペン]

8.27
(a) H₂CO₃, H—O—C(=O)—O⁻
(b), (c) CH₃COOH, CH₃—C(=O)—O⁻

8.29
(a) CH₃O⁻, CH₃OH
(b) CH₃CH₂O⁻, CH₃CH₂OH
(c) NH₂⁻, NH₃

8.31 (a) ほぼ均衡 (b) 右 (c) 左 (d) 右

8.33
(a) [CH₃CH₂CH₂CH₂O⁻Na⁺] (b) [CH₃CH₂CH₂CH₂Br]
(c) [CH₃CH₂CH₂COOH] (d) [CH₃CH₂CH₂CH₂Cl]
(e) [CH₃CH₂CH₂CHO]

8.35 酸水溶液で処理すると，第二級と第三級アルコールは S_N1 機構で水と反応する．(R)-2-ブタノールはプロトン化され，ついで水を失ってアキラルな平面状のカルボカチオンを生じ，立体化学が失われる．水がカルボカチオンの平面のどちらからでも攻撃できるので，ラセミ混合物になる．

8.37 (a) [3-メチルブタン酸] (b) [1-クロロ-3-メチルブタン]
(c) [1-クロロ-1-メチルシクロヘキサン] (d) [1,4-ジブロモブタン]
(e) [シクロオクタノン] (f) [cis-1,2-シクロヘキサンジオール]

8.39 化合物 (a) と (c) は分子内で環化して環状エー

テルを生成するが，(b) は分子内 S_N2 反応をしない．

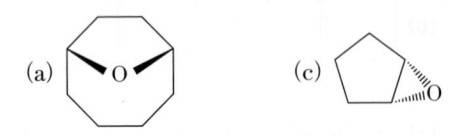

(a), (c)

8.41

[シクロヘキサノン ← H$_2$CrO$_4$ — シクロヘキサノール — H$_2$SO$_4$, $-H_2O$ → シクロヘキセン]

シクロヘキセン — H$_2$/Ni → シクロヘキサン

8.43

[(CH$_3$)$_2$CHCOOH ← H$_2$CrO$_4$ — イソブチルアルコール — H$_2$SO$_4$, $-H_2O$ → イソブチレン]

イソブチレン:
- OsO$_4$/ROOH → HOCH$_2$C(CH$_3$)$_2$OH (ジオール)
- H$_2$O/H$_2$SO$_4$ → (CH$_3$)$_3$COH

8.45

[1-(クロロメチル)-1-メチルシクロペンタン ← SOCl$_2$ — 1-(ヒドロキシメチル)-1-メチルシクロペンタン — PCC → 対応するアルデヒド]

アルデヒド — H$_2$CrO$_4$ → カルボン酸

8.47 (a)

trans-10-cis-12-Hexadecadien-1-ol

(b) 4 種のシス-トランス異性体が可能である．

8.49 (a) フェノールの方がより強い酸である．

C$_6$H$_5$—OH + NaOH ⇌ C$_6$H$_5$—O$^-$Na$^+$ + H$_2$O
pK_a 10

C$_6$H$_{11}$—OH + NaOH ⇌ C$_6$H$_{11}$—O$^-$Na$^+$ + H$_2$O
pK_a 18

(b) シクロヘキサノールの共役塩基はフェノキシドよりも強い求核種である．同じ原子の求核性を比べるときには，塩基性が強くなるとともに求核反応性が大きくなる．

8.51 求核性は次の順に減少する．

(a) R—C(=O)—N(CH$_3$)$^-$ > R—C(=O)—S$^-$ > R—C(=O)—O$^-$

(b) R—CH$_2^-$ > R—NH$^-$ > R—O$^-$

8.53 反応性の順序は次のようになる．

R—C(=O)—Cl   R—C(=O)—OCH$_3$ R—C(=O)—NH$_2$
C   A   B
高反応性 ───────────────→ 低反応性

第9章 ベンゼンとその誘導体

9.1 (a) 2-Phenyl-2-propanol（2-フェニル-2-プロパノール）

(b) (E)-3,4-Diphenyl-3-hexene（(E)-3,4-ジフェニル-3-ヘキセン）

(c) 3-Methylbenzoic acid（3-メチル安息香酸）（m-methylbenzoic acid m-メチル安息香酸）

9.2
(a) 1,2-ベンゼンジカルボン酸（フタル酸）
(b) 4-ニトロ安息香酸

9.3 段階 1：求電子種 HSO_3^+ の発生．

HO—S(=O)(=O)—OH + H—O(H)—S(=O)(=O)—OH ⇌

HO—S(=O)(=O)—O$^+$(H)—H + :Ö—S(=O)(=O)—OH

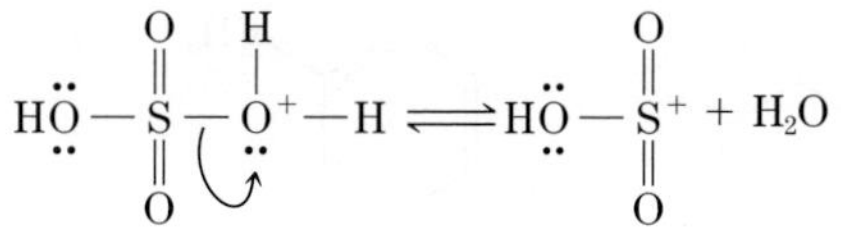

段階2：ベンゼンの HSO_3^+ への求核攻撃.

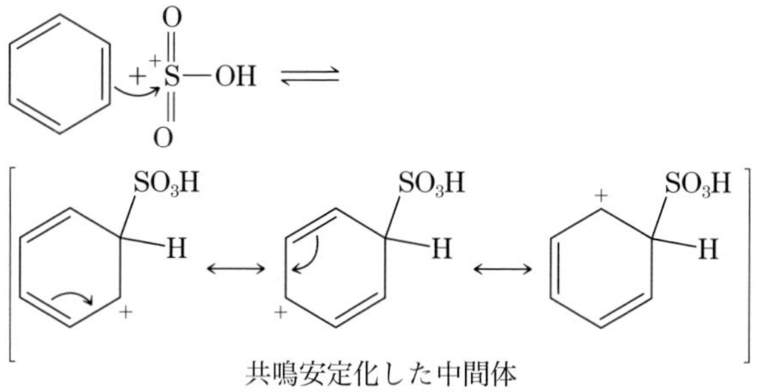

段階3：プロトンが外れて芳香環を再生.

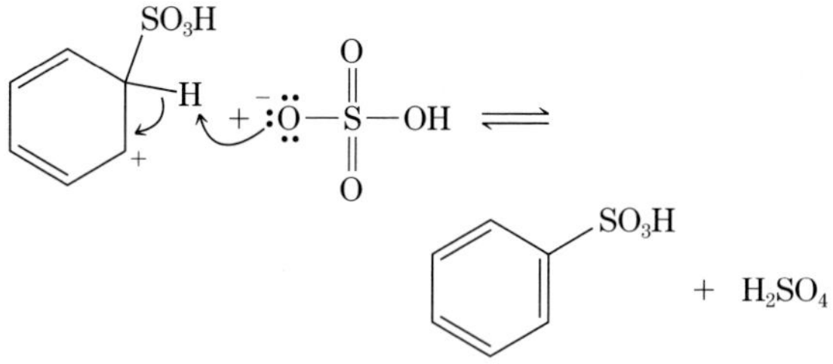

[共鳴安定化した中間体]

ベンゼンスルホン酸 + H_2SO_4

9.4 (a) フェニル tert-ブチルケトン (b) シクロヘキシルベンゼン (c) 1,1-ジフェニルエタン

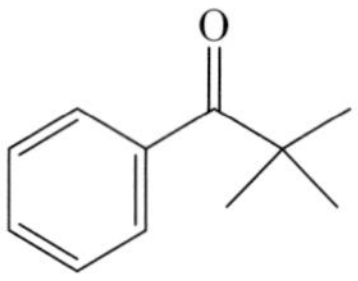

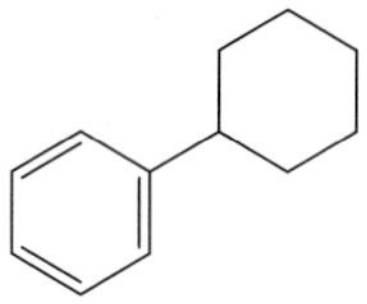

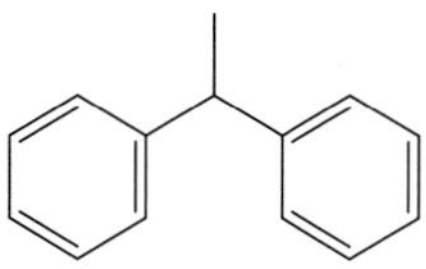

9.5 段階1：第三級アルコールへのプロトン化により第三級カルボカチオンを発生.

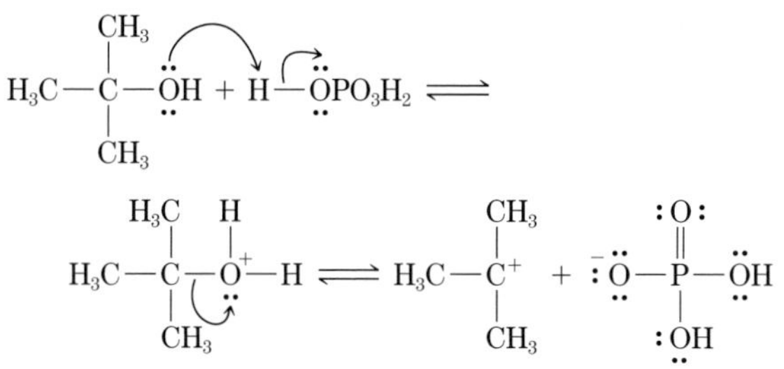

段階2：ベンゼンの第三級カルボカチオンへの求核攻撃.

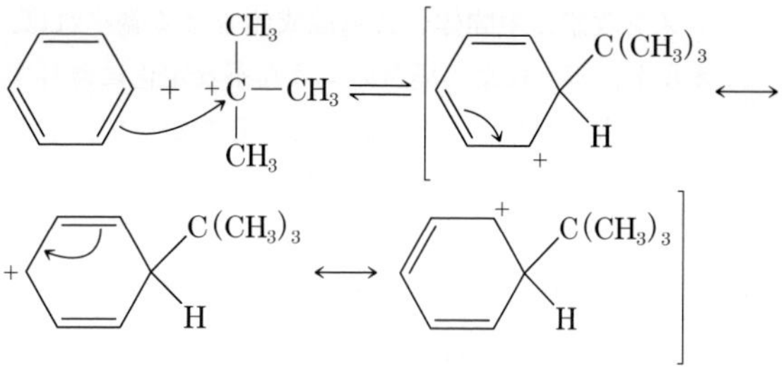

[共鳴安定化した中間体]

段階3：プロトンが外れて芳香環を再生.

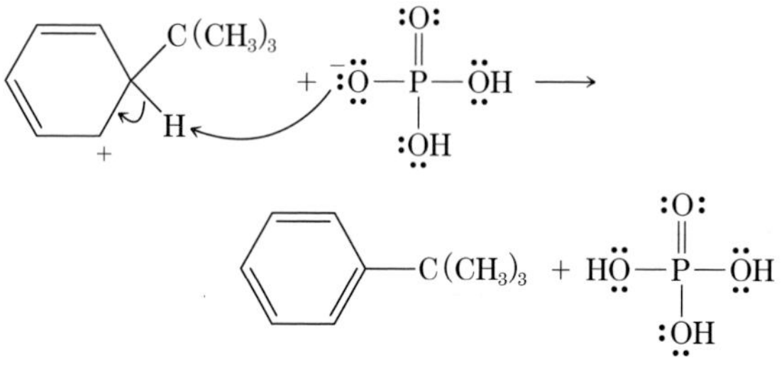

$C(CH_3)_3$ ベンゼン + H_3PO_4

9.6
(a) 3-ニトロ安息香酸メチル(O_2N-C$_6$H$_4$-COOCH$_3$)
(b) 2-ニトロフェニル酢酸エステル + 4-ニトロフェニル酢酸エステル

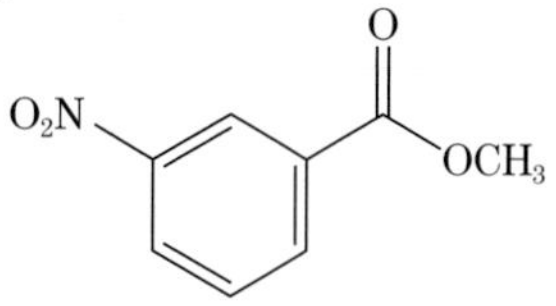

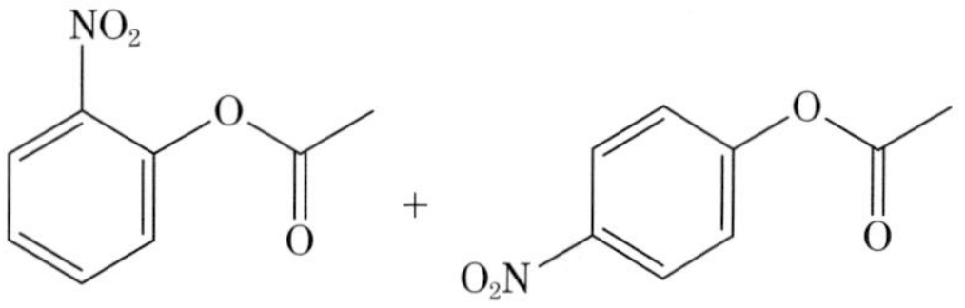

9.7 オルト攻撃においては（パラ攻撃も同様であるが）, 反応中間体の三つ目の共鳴寄与構造で隣接炭素に正電荷が生じるので, 中間体, したがって遷移状態を不安定化する.

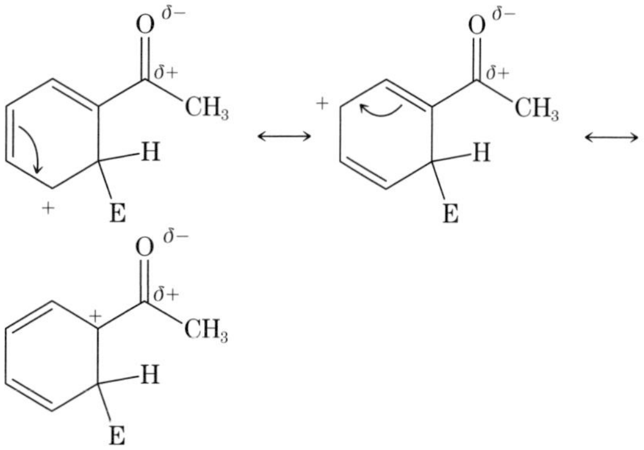

隣接する正電荷

メタ攻撃の中間体の共鳴混成体をよく調べれば，オルト，パラ攻撃の場合のような不安定化に寄与する共鳴構造がないことがわかる．したがって，アセトフェノンの芳香族求電子置換は優先的にメタ位で起こる．

9.8 (a) 1-メチル-2-ニトロ-4-クロロベンゼン (b) 3,5-ジニトロ安息香酸

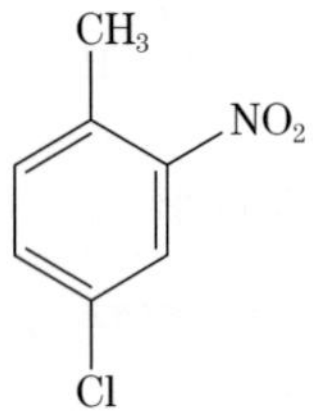

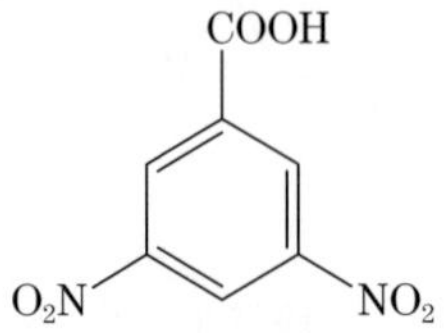

9.9 次の順に酸性度が増大する．
シクロヘキサノール < フェノール < 2,4-ジクロロフェノール

9.11 Hückel 則によると，シクロペンタジエニドアニオンは芳香族である．平面で完全に共役した環状構造にπ電子を6個もつ．芳香族性のために，このアニオンは，共鳴安定化のないシクロペンタニドアニオンよりもかなり安定である．したがって，シクロペンタジエンはそれだけ酸性の強い化合物である．

9.13 (a)〜(j) 構造式

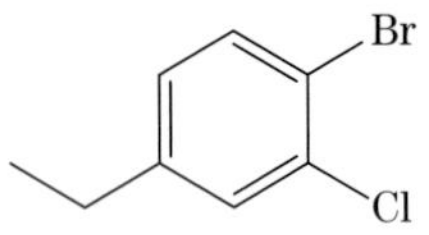

9.15 ナフタレンの共鳴構造

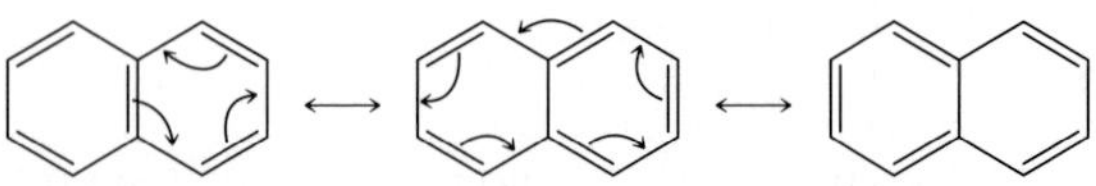

9.17 (a), 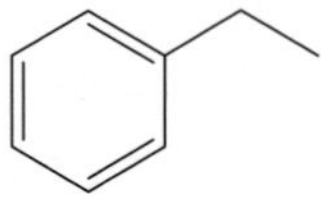 (b), 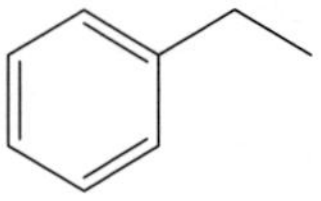 (c) 構造式

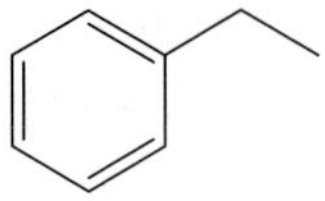

9.19 2種の生成物が可能．

9.21 段階1：Lewis 酸-塩基錯体の生成．

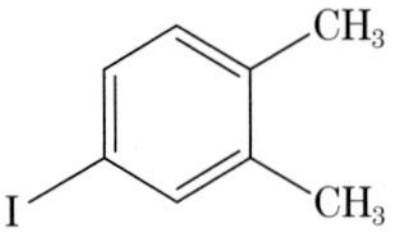

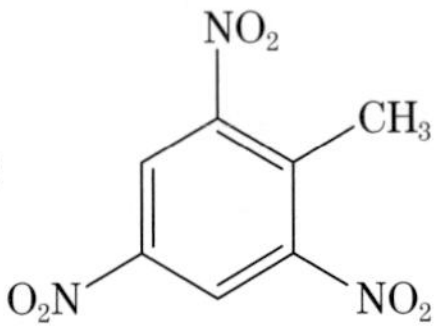

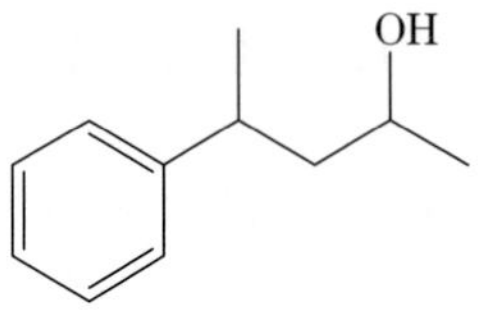

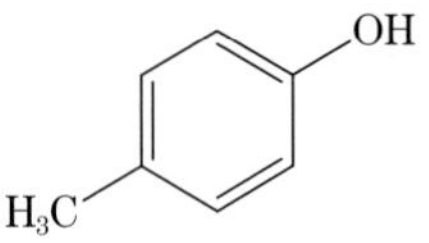

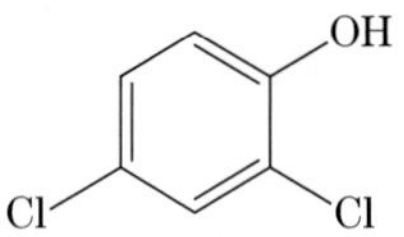

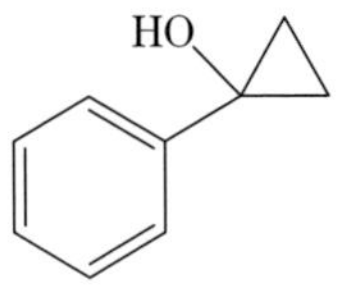

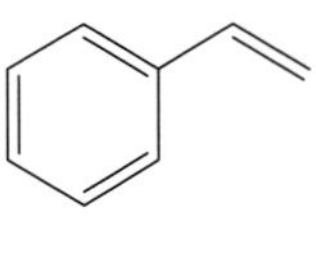

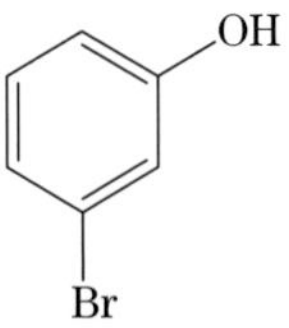

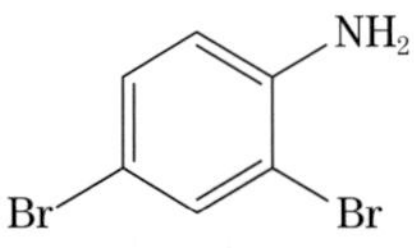

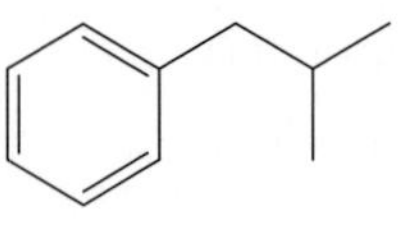

$$ClCH_2-\ddot{C}l: + Al-Cl \rightleftharpoons ClCH_2-\ddot{C}l^+-Al^--Cl$$

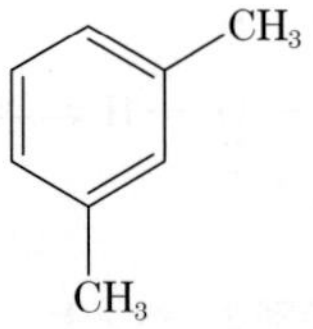

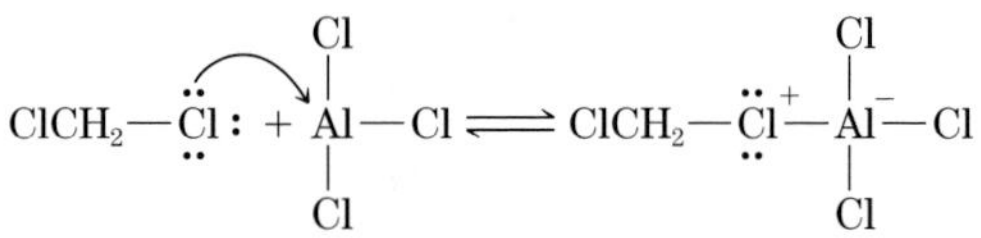

段階2：求電子的な Lewis 酸-塩基錯体へのベンゼンの求核攻撃により共鳴安定化したカルボカチオンを生じる．

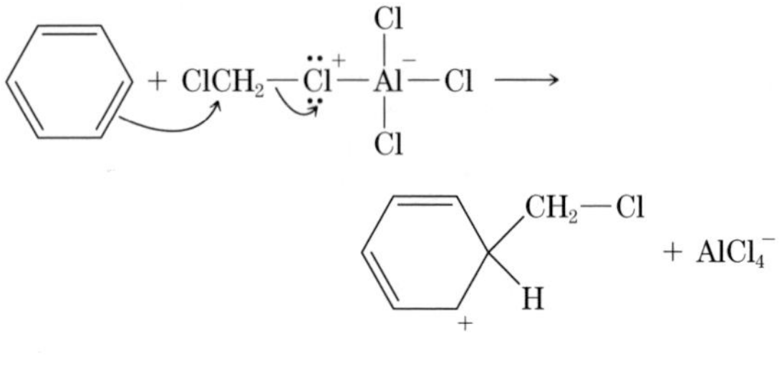

$$\text{ベンゼン} + ClCH_2-\ddot{C}l^+-AlCl_3 \longrightarrow \text{アレニウムイオン}(CH_2-Cl) + AlCl_4^-$$

段階3：カルボカチオンの脱プロトン化により塩化ベンジル，HCl と AlCl$_3$ を生成する．

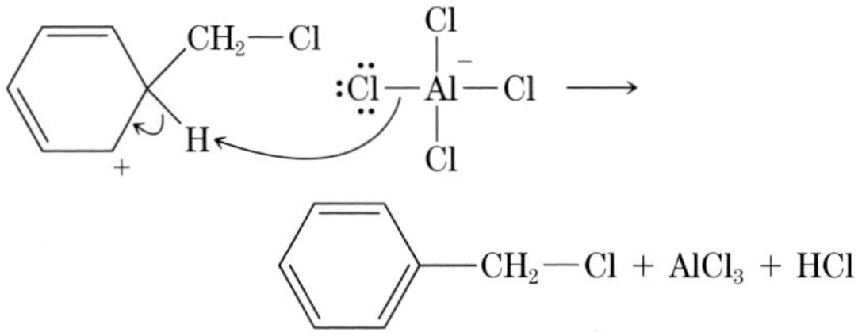

$$\text{中間体} + :\ddot{C}l-AlCl_3^- \longrightarrow \text{PhCH}_2-Cl + AlCl_3 + HCl$$

段階4：塩化ベンジルと AlCl$_3$ の Lewis 酸-塩基錯体の生成．

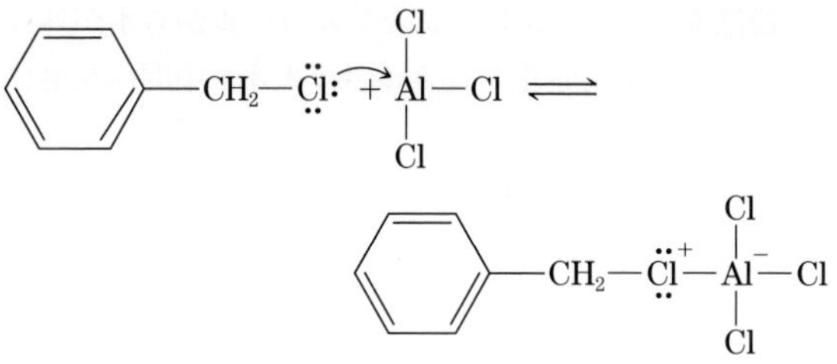

段階5：錯体が解離して共鳴安定化したベンジルカチオンと $AlCl_4^-$ を生じる.

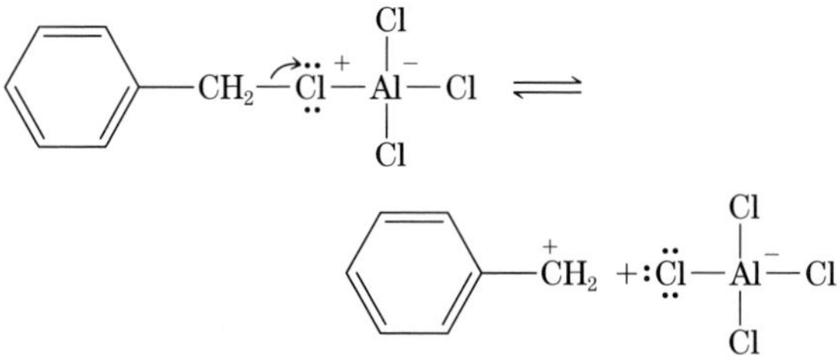

段階6：もう1分子のベンゼンがベンジルカチオンを求核攻撃して，別の共鳴安定化したカルボカチオンを生じる.

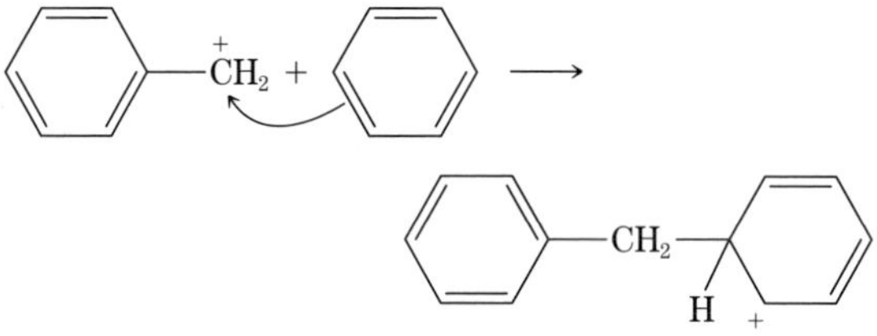

段階7：カルボカチオン中間体から脱プロトン化して芳香環を再生するとともに，HCl と $AlCl_3$ を生成する.

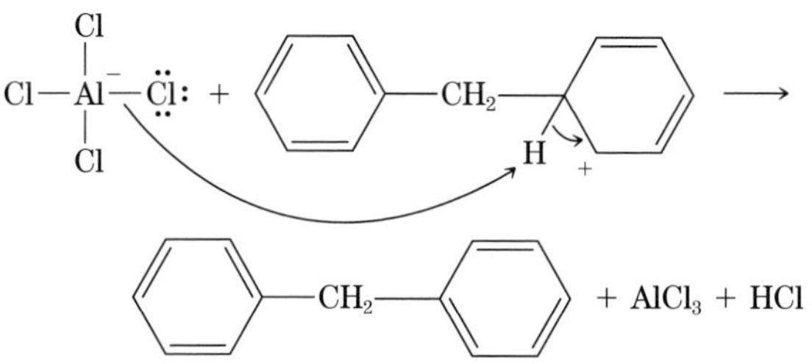

9.23 1,4-ジメチルベンゼンは一塩素化生成物を1種類与えるのに対して，1,3-ジメチルベンゼンは一塩素化生成物を2種類与える.

9.25 トルエンの芳香族求電子置換反応はクロロベンゼンの反応よりも速い. 塩素はオルト-パラ配向性の不活性化基であり，メチル基はオルト-パラ配向性の活性化基である.

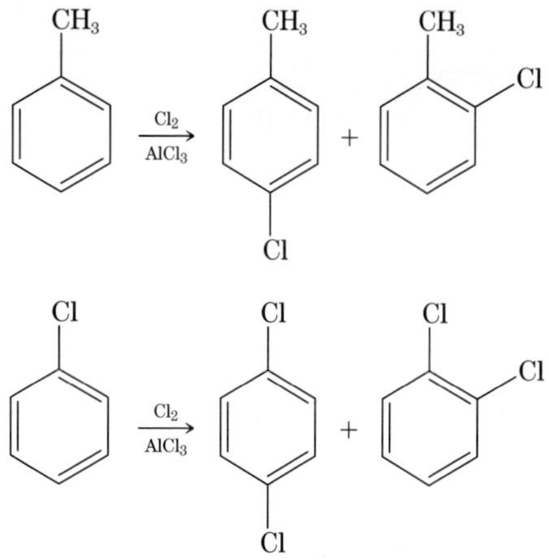

9.27 トリフルオロメチル基は強い電子求引基である. 電気陰性度の非常に大きいフッ素原子が炭素原子から電子を引きつけ，ベンゼン環に結合した炭素上に部分正電荷を生じるからである.

9.29

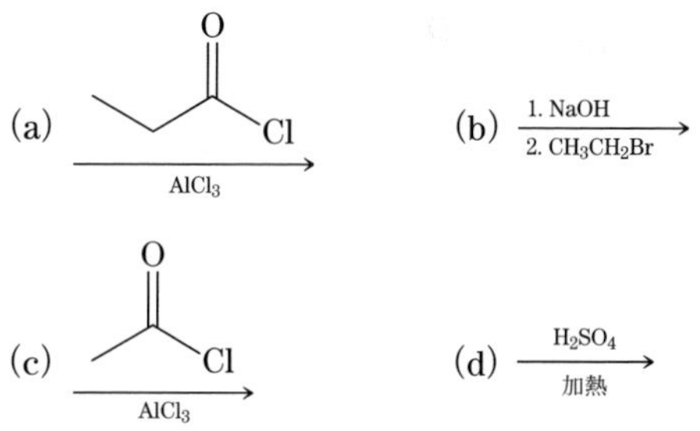

(a) プロピオニルクロリド / $AlCl_3$

(b) 1. NaOH 2. CH_3CH_2Br

(c) アセチルクロリド / $AlCl_3$

(d) H_2SO_4 / 加熱

9.31 段階1：反応はアセトンにプロトン化してその共役酸を生じることから始まる. この共役酸は二つの寄与構造の共鳴混成体で表せる.

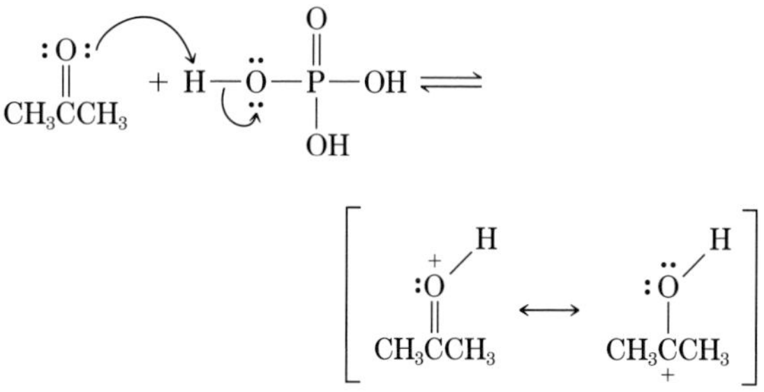

段階2：アセトンの共役酸が求電子種になり，フェノールのパラ位で反応して共鳴安定化したカルボカチオン中間体を生じる.

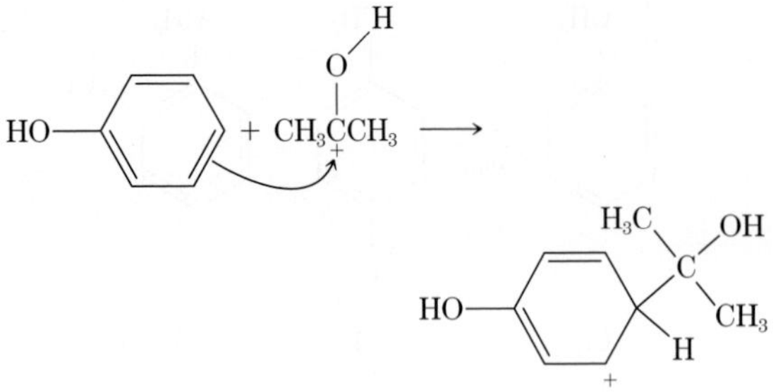

段階3：カルボカチオン中間体から脱プロトン化して，2-(4-ヒドロキシフェニル)-2-プロパノールが生成する．

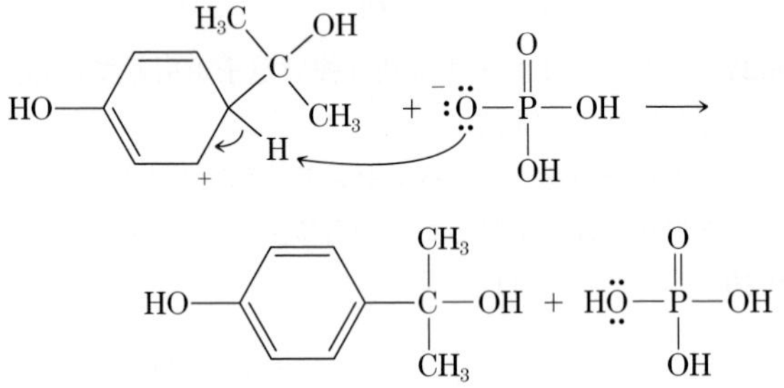

段階4：第三級アルコールがプロトン化される．

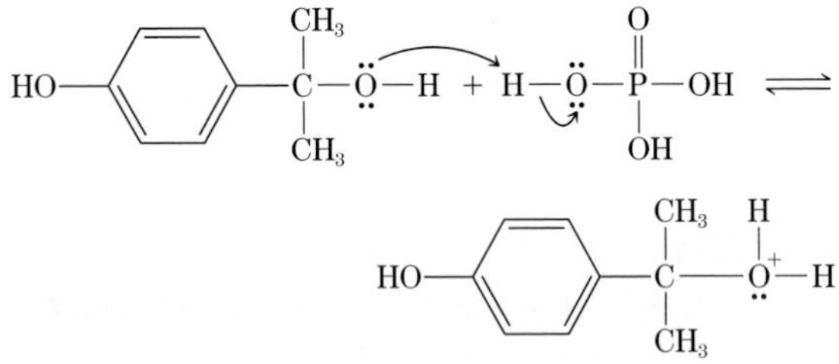

段階5：プロトン化されたアルコールから水が外れて，共鳴安定化したカルボカチオン中間体が生じる．

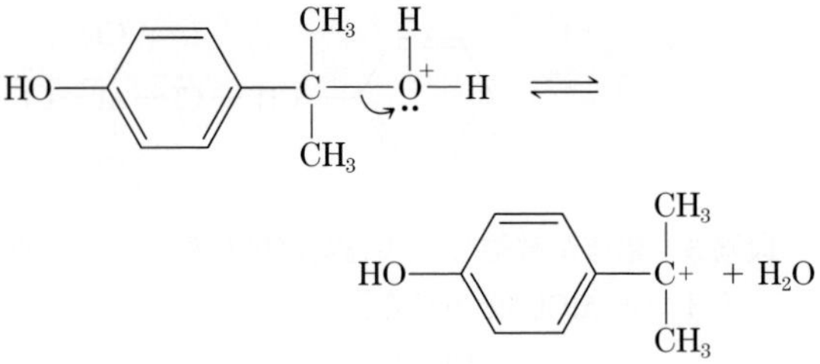

段階6：フェノールがカルボカチオン中間体を攻撃して，共鳴安定化したカルボカチオン中間体を生じる．

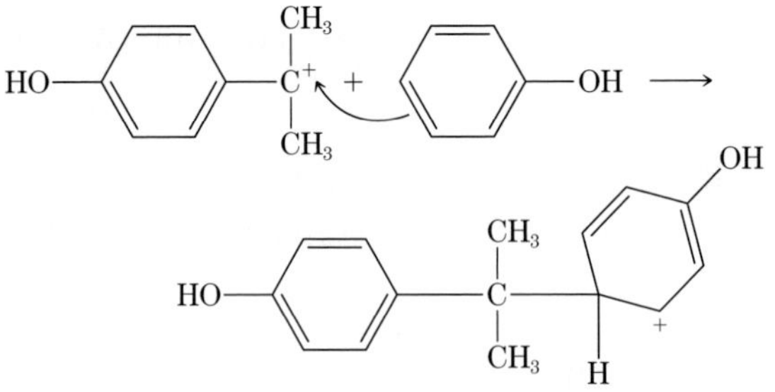

段階7：カルボカチオン中間体から脱プロトン化して，ビスフェノールAを生成する．

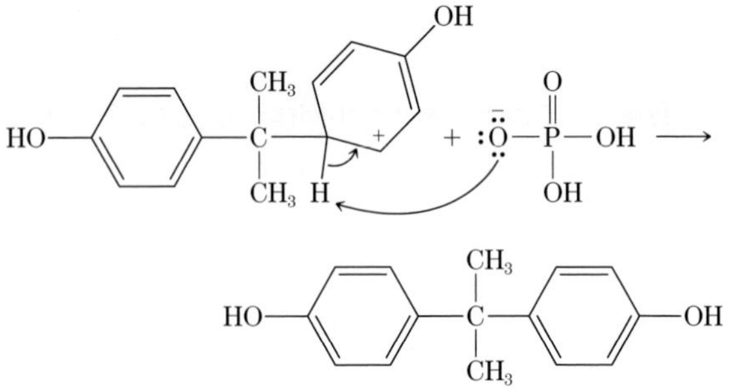

9.33

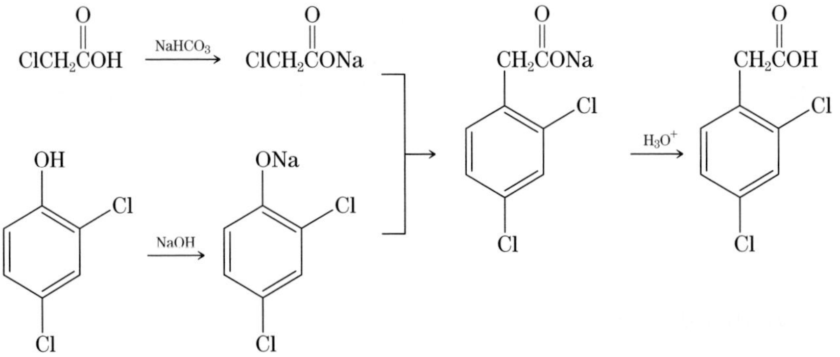

9.35 酸性度の増大する順に並べると:
(a) シクロヘキサノール<フェノール<酢酸
(b) 水(pK_a 15.7)<炭酸水素ナトリウム(pK_a 10.33)<フェノール(pK_a 9.95)
(c) ベンジルアルコール<フェノール<4-ニトロフェノール

9.37 炭酸が生成すると,次式のようにCO_2と水に分解.

$$H_2CO_3 \longrightarrow CO_2 + H_2O$$

酸塩基平衡はより弱い酸とより弱い塩基の方にかたよる.カルボン酸(炭酸よりも強酸)は炭酸水素イオンと反応して炭酸(より弱い酸)を生じる.生じた炭酸は二酸化炭素と水に分解する.フェノールは炭酸よりも弱い酸なので,その平衡は左にかたよっている.すなわち,フェノールが炭酸水素ナトリウムと反応して炭酸を生じることはない.

9.43
(a) 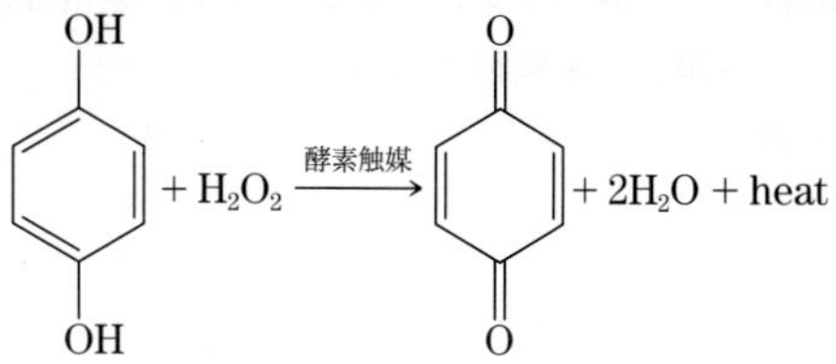 ヒドロキノン + H_2O_2 —酵素触媒→ ベンゾキノン + $2H_2O$ + heat

(b) 出発物のヒドロキノンは水素を2個失っているので,酸化されている.

9.45 ベンゼン + プロパノイルクロリド/AlCl₃ → プロピオフェノン → Cl₂/AlCl₃ → 3-クロロプロピオフェノン

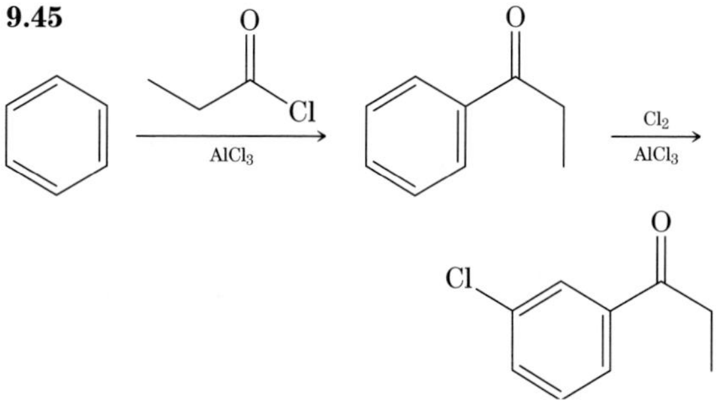

9.39 スチレンを中心とする反応:
- H₂CrO₄ → 安息香酸 (COOH)
- HBr → 1-ブロモエチルベンゼン
- H₂/Ni → エチルベンゼン
- OsO₄, ROOH → 1-フェニル-1,2-エタンジオール
- H₂O/H₂SO₄ → 1-フェニルエタノール → H₂CrO₄ → アセトフェノン

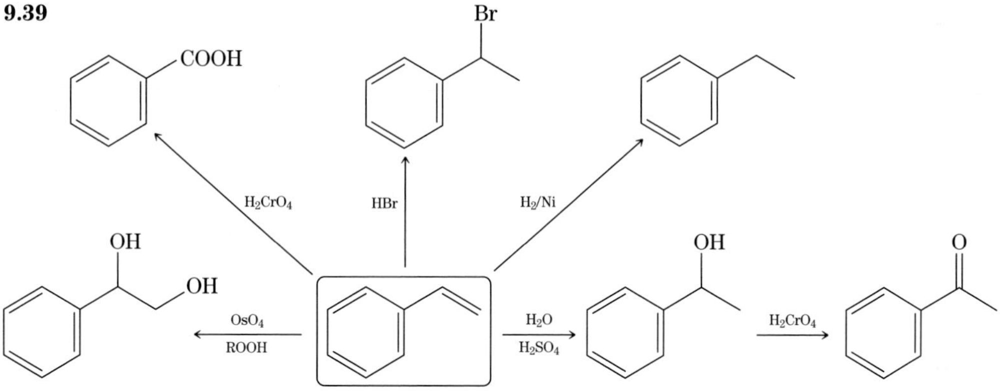

9.41
(a) 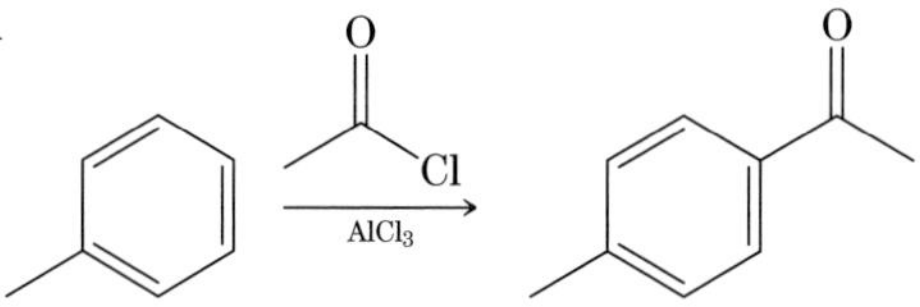 トルエン + アセチルクロリド/AlCl₃ → 4-メチルアセトフェノン

(b, c) ベンゼン
- Br₂/FeBr₃ → ブロモベンゼン + アセチルクロリド/AlCl₃ → 4-ブロモアセトフェノン (b)
- アセチルクロリド/AlCl₃ → アセトフェノン + Br₂/FeBr₃ → 3-ブロモアセトフェノン (c)

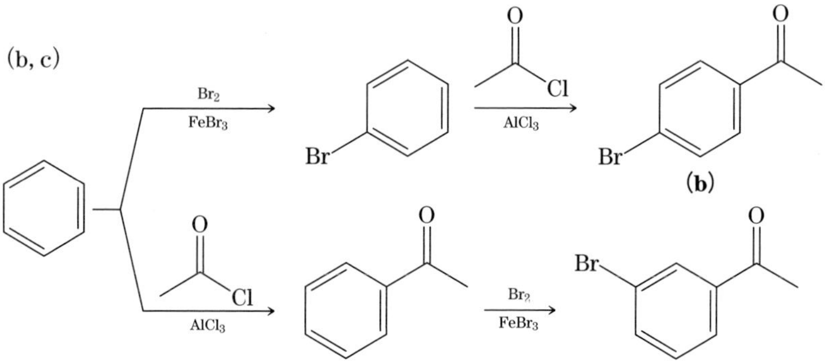

9.47 シクロヘキシルアミンの方が，塩基性が強く，より優れた求核種である．

9.49

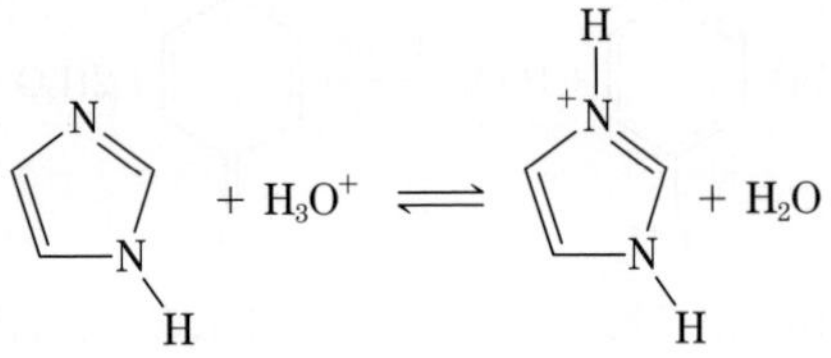

Imidazole + H_3O^+ ⇌ (protonated imidazole) + H_2O

第10章 アミン

10.1 (a) (S)-Coniine　(b) (S)-Nicotine　(c) Cocaine

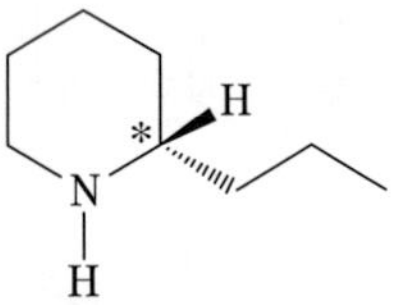

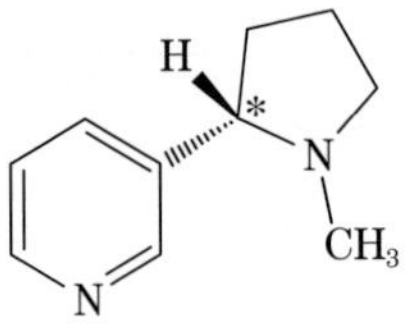

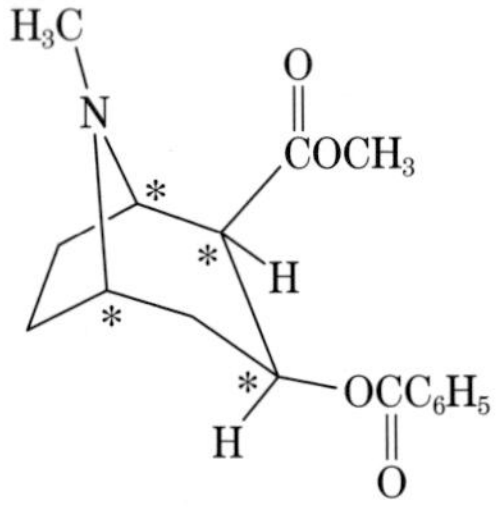

10.2 (a) イソブチルアミン　(b) シクロヘキシルアミン　(c) sec-ブチルアミン

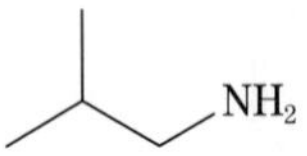

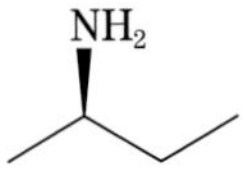

10.3 (a) イソブチルアミン　(b) トリフェニルアミン　(c) ジイソプロピルアミン

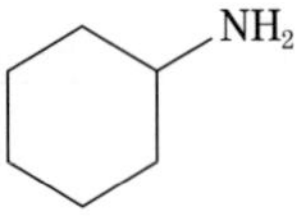

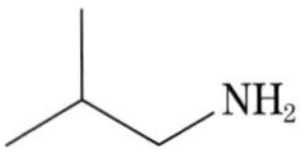

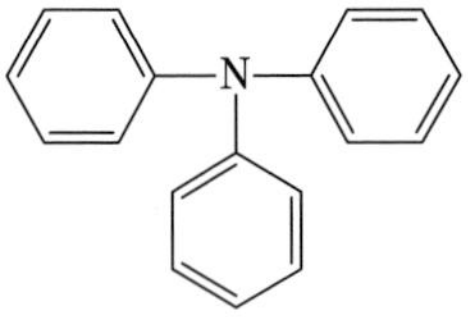

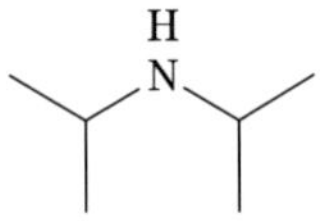

10.4 平衡は左にかたよる．

10.5 (a) A の方が強い酸．(b) C の方が強い酸．

10.6
(a) $(CH_3CH_2)_3NH^+Cl^-$　Triethylammonium chloride（塩化トリエチルアンモニウム）
(b) Piperidinium acetate（酢酸ピペリジニウム）

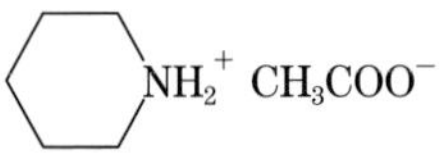

10.7
(a) pH 2.0 で $CH_3CH(NH_3^+)COOH$
(b) pH 12.0 で $CH_3CH(NH_2)COO^-$

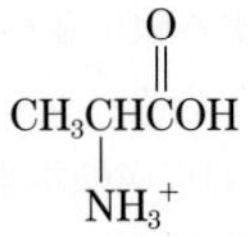

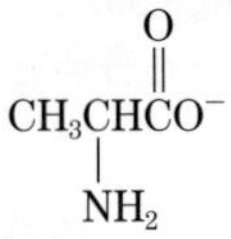

10.8 第一段階と第二段階を逆にする．

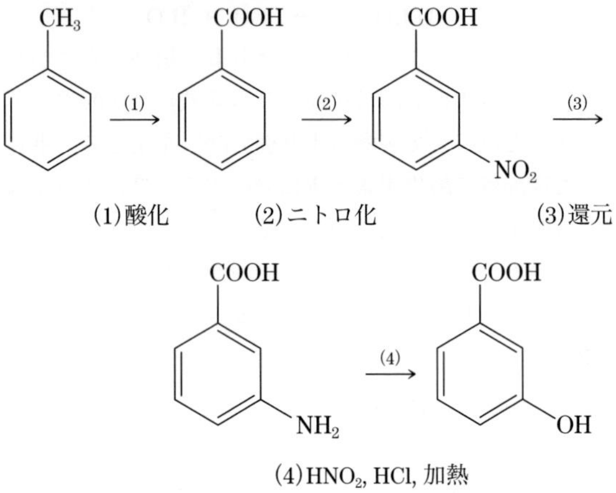

(1) 酸化　(2) ニトロ化　(3) 還元　(4) HNO_2, HCl, 加熱

10.9 (a) sec-ブチルアミン　(b) 1-オクチルアミン　(c) ネオペンチルアミン　(d) 1,5-ペンタンジアミン　(e) 2-ブロモアニリン　(f) トリブチルアミン $(CH_3CH_2CH_2CH_2)_3N$　(g) N,N-ジメチルアニリン　(h) ベンジルアミン　(i) イソプロピルアミン　(j) N-エチルシクロヘキシルアミン

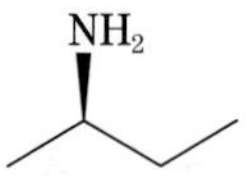

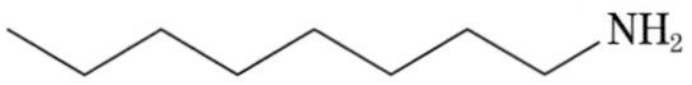

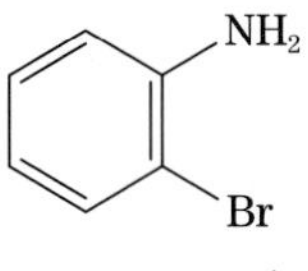

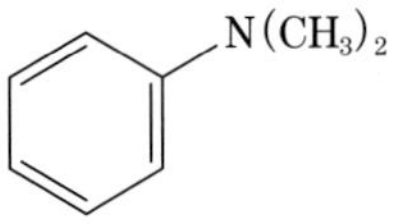

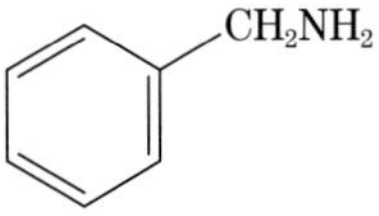

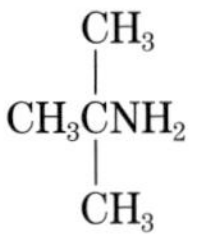

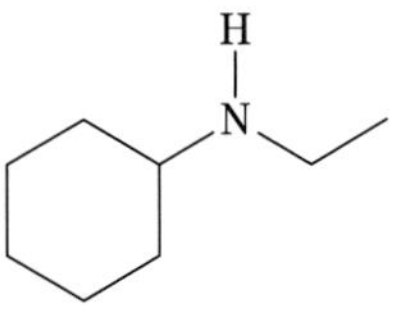

(k) ジフェニルアミン構造 (l) イソブチルアミン構造

10.11 第一級, 第二級, 第三級アミンの分類は, アンモニアの水素がいくつアルキル基あるいはアリール基と置き換わっているかに基づいており, 第一級, 第二級, 第三級アルコールの分類は, ヒドロキシ基の結合している炭素にいくつ炭素基が結合しているかに基づいている.

CH$_3$CH$_2$CH$_2$CH$_2$NH$_2$ CH$_3$CH$_2$NHCH$_2$CH$_3$ CH$_3$CH$_2$N(CH$_3$)$_2$
第一級アミン   第二級アミン   第三級アミン

CH$_3$CH$_2$CH$_2$CH$_2$OH   CH$_3$CH$_2$CH(OH)CH$_3$ (CH$_3$)$_3$COH
第一級アルコール   第二級アルコール   第三級アルコール

10.13 (a) アミノ基はいずれも脂肪族第二級アミンである.
(b) 構造類似性は構造式の太線で示した.

(R)-Epinephrine (Adrenaline)   (R)-Albuterol

10.15 (f)と(g)の場合には他の異性体も可能である.

(a) C$_6$H$_5$—NHCH$_3$
(b) C$_6$H$_5$—N(CH$_3$)$_2$
(c) C$_6$H$_5$—CH$_2$NH$_2$
(d) CH$_3$*CHCH$_2$CH$_3$ with NH$_2$
(e) N-メチルピロリジン
(f) 2,6-ジメチルアニリン (H$_3$C, CH$_3$, NH$_2$置換)
(g) H$_3$C, CH$_3$, N$^+$, エチル基, *付き sec-ブチル基, Cl$^-$

10.17 N—H 結合は O—H 結合ほど極性ではないので, N—H⋯N 水素結合は O—H⋯O 水素結合ほど強くない. 1-ブタノールの分子間水素結合が強いので, 1-ブタノール分子をバラバラにして気化するために, より多くのエネルギーを必要とする.

10.19 窒素の電気陰性度は酸素よりも小さいので, 窒素の非共有電子対は酸素の非共有電子対ほど強く保持されておらず, プロトンとの結合に関与しやすい. したがって, アミンのほうがアルコールよりも塩基性が強い.

10.21 ニトロ基は芳香環から電子を求引する. 4-ニトロアニリンは, アミン窒素の非共有電子対の共鳴による非局在化のためにプロトンと結合し難くなり, その結果, アニリンよりも弱塩基になる. 同じ非局在化効果は 4-ニトロフェノールの共役塩基の安定化を助けるので, フェノールと比べてその酸性を強める.

10.23 それぞれの酸の下に pK_a 値(推定値)を示し, 平衡位置は平衡矢印の長さで示す.

(a) CH$_3$COOH + ピリジン ⇌ CH$_3$COO$^-$ + ピリジニウム
    pK_a 4.76   pK_a 5.25

(b) C$_6$H$_5$OH + (CH$_3$CH$_2$)$_3$N ⇌
    pK_a 9.95
    C$_6$H$_5$O$^-$ + (CH$_3$CH$_2$)$_3$NH$^+$
    pK_a 10.75

(c) PhCH$_2$CH(NH$_2$)CH$_3$ + CH$_3$CH(OH)COOH ⇌
                                pK_a 3.08
    PhCH$_2$CH(NH$_3^+$)CH$_3$ + CH$_3$CH(OH)COO$^-$
    pK_a ~11

(d) 構造式: PhCH(CH₃)NH(CH₃) + CH₃COOH ⇌ PhCH(CH₃)NH₂⁺(CH₃) + CH₃COO⁻

pKₐ 4.76 / pKₐ ~11

10.25 pH 7.4 では，アンフェタミンはほとんど完全に共役酸のかたちになっている．塩基と共役酸の比は 1:2,500 になる．

10.27
(a) ピリドキサミン型構造 (CH₂NH₂ ← より強い塩基, HO, CH₂OH, H₃C, N)
(b) プロトン化体 CH₂NH₃⁺ Cl⁻

10.29
(a) H₂N–C₆H₄–COO–CH₂CH₂–N(Et)₂ (← より塩基性の強い窒素)
(b) H₂N–C₆H₄–COO–CH₂CH₂–N⁺H(Et)₂ Cl⁻

(c) プロカインはキラルではない．ノボカインの溶液は光学不活性である．

10.31 混合物をジエチルエーテルのような有機溶媒に溶かし，ついでエーテル層を HCl 水溶液で抽出する．アニリンは HCl と反応して水溶性の塩になる．ニトロベンゼンは中性でエーテル層に残る．エーテル層と水層を分離してエーテルを蒸留してニトロベンゼンを回収する．水層を NaOH で塩基性にし，水に不溶のアニリンをエーテルで抽出して回収する．エーテル層を分けて，エーテルを蒸発させてアニリンを回収する．

10.33 塩酸メトホルミンはアミンの塩酸塩であり，水には溶けるが非極性の有機溶媒には溶けない．したがって，塩酸メトホルミンは水や血しょうには溶け，ジエチルエーテルやジクロロメタンのような非極性溶媒には溶けないと予想される．＝NH の窒素の塩基性がその他の窒素よりも強い．

(構造式: メトホルミン塩酸塩)

10.35 (1) HNO₃/H₂SO₄ (2) H₂CrO₄ (3) H₂/Ni

10.37 エチレンオキシドをジエチルアミンと反応させる．

エポキシド + HN(Et)₂ → HO–CH₂CH₂–N(Et)₂

10.39 (1) 1. NaOH 2. CH₃CH₂Br
(2) HNO₃/H₂SO₄ (3) H₂/Ni

10.41 (1) HNO₃/H₂SO₄ (2) 2CH₃CH=CH₂/H₃PO₄
(3) H₂/Ni (4) 1. NaNO₂; HCl/0°C 2. H₃PO₂

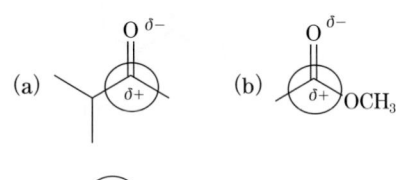

10.43
(a) (CH₃)₂CH–C(=O)– δ⁻ O, δ⁺ C
(b) CH₃–C(=O)–OCH₃ δ⁻ O, δ⁺ C
(c) Cl–CH(δ⁺)–CH₂CH₂CH₂–Br (δ⁻ Cl)
しかし Br の方が優れた脱離基である．

10.45

R–Cl R–O–C(=O)–R R–OCH₃ R–N(CH₃)₂

脱離能 大 ──────────────→ 小

第 13 章 アルデヒドとケトン

13.1 (a) 2,2-Dimethylpropanal (2,2-ジメチルプロパナール)
(b) 3-Hydroxycyclohexanone (3-ヒドロキシシクロヘキサノン)

(c) (*R*)-2-Phenylpropanal ((*R*)-2-フェニルプロパナール)

13.2 次に分子式 $C_6H_{12}O$ のアルデヒドの構造式を線角表示法で示す．キラルなアルデヒドのキラル中心には＊印をつけてある．

Hexanal
（ヘキサナール）

4-Methylpentanal
（4-メチルペンタナール）

3-Methylpentanal
（3-メチルペンタナール）

2-Methylpentanal
（2-メチルペンタナール）

2,3-Dimethylbutanal
（2,3-ジメチルブタナール）

3,3-Dimethylbutanal
（3,3-ジメチルブタナール）

2,2-Dimethylbutanal
（2,2-ジメチルブタナール）

2-Ethylbutanal
（2-エチルブタナール）

13.3 (a) 2-Hydroxypropanoic acid（2-ヒドロキシプロパン酸）
(b) 2-Oxopropanoic acid（2-オキソプロパン酸）
(c) 4-Aminobutanoic acid（4-アミノブタン酸）

13.4 これらの Grignard 試薬が生成すると，直ちに同一分子内あるいは近傍の酸性水素と反応する．

13.5

(a) [cyclohexenyl-MgBr → cyclohexenyl-CH$_2$OH, reagents: 1. CH$_2$O, 2. NH$_4$Cl/H$_2$O]

(b) [cyclohexenyl-MgBr → cyclohexenyl-CH(OH)CH$_3$, reagents: 1. CH$_3$CHO, 2. NH$_4$Cl/H$_2$O]

(c) [cyclohexenyl-MgBr → cyclohexenyl-C(OH)(cyclohexyl), reagents: 1. cyclohexanone, 2. NH$_4$Cl/H$_2$O]

13.6 (a) H_3CO-C$_6H_4$-CHO + 2 CH_3OH

(b) acetone + HOCH$_2$CH$_2$OH

(c) 4-hydroxypentanal + CH_3OH

13.7 (a) benzaldehyde + $CH_3CH_2NH_3^+$

(b) cycloheptyl-CH$_2$NH$_3^+$ + cyclopentanone

13.8

(a) cyclohexanone + H_2N-Ph $\xrightarrow{\text{1. H}^+(-H_2O)}_{\text{2. H}_2/\text{Ni}}$ cyclohexyl-NH-Ph

(b) propiophenone + NH_3 $\xrightarrow{\text{1. H}^+(-H_2O)}_{\text{2. H}_2/\text{Ni}}$ 1-phenylpropylamine

13.9

(a) 2-oxocyclohexanecarbaldehyde

(b) 2-hydroxycyclohexanone

(c) 2-cyclohexenone

13.10

(a) acetoacetic acid

(b) 3-phenylpropanoic acid

13.11

(a) cyclohexanone

(b) phenylacetaldehyde

(c) hexane-2,5-dione

13.13 (a) $\xrightarrow[CH_2Cl_2]{PCC}$ (b) $\xrightarrow{H_2CrO_4}$

(c) または $\xrightarrow{H_2CrO_4}{PCC/CH_2Cl_2}$ (d) $\xrightarrow[H_2SO_4]{H_2O}$ $\xrightarrow{H_2CrO_4}{PCC/CH_2Cl_2}$

(e) 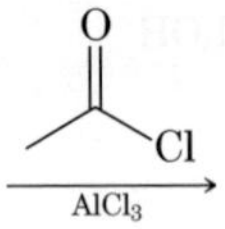 CH₃COCl / AlCl₃ (f) $\xrightarrow[H_2SO_4]{H_2O}$ $\xrightarrow{H_2CrO_4}$

(g) または $\xrightarrow{H_2CrO_4}{PCC/CH_2Cl_2}$ (h) $\xrightarrow[H_2SO_4]{H_2O}$ または $\xrightarrow{H_2CrO_4}{PCC/CH_2Cl_2}$

13.15 この分子式のアルデヒドは4種存在し，そのうちの一つがキラルである．

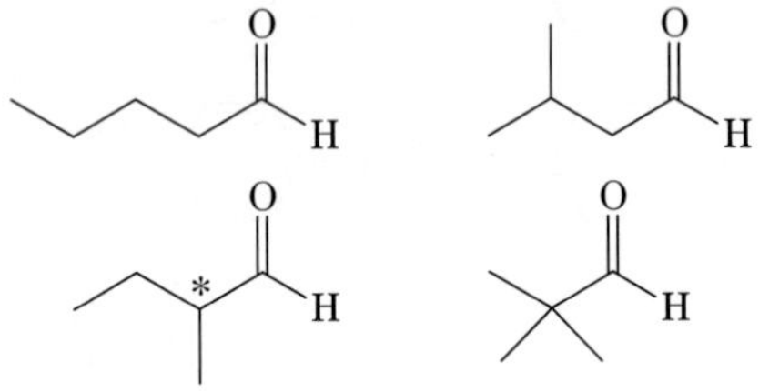

13.17 (a)〜(i) 構造式

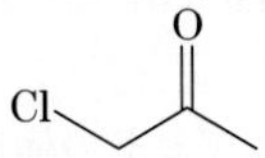

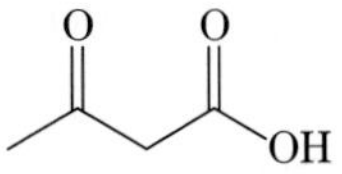

13.21 標的化合物の合成経路として可能なものを示す．

(a) ペンタナール + 1. CH₃MgBr/ether, 2. H₃O⁺ → 2-ヘキサノール
    CH₃CHO + 1. CH₃CH₂CH₂CH₂MgBr/ether, 2. H₃O⁺ → 2-ヘキサノール

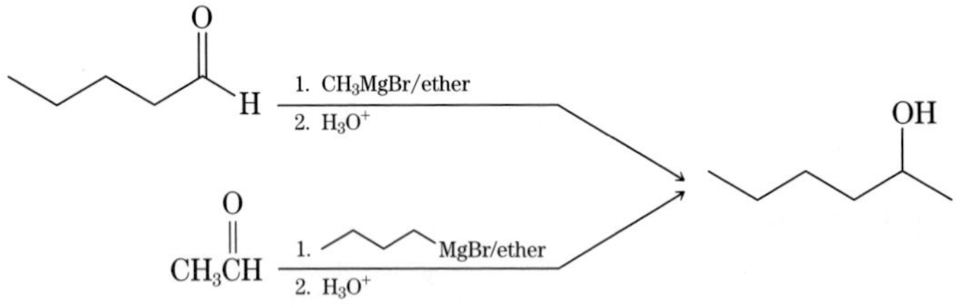

(b) PhMgBr + 3-メトキシベンズアルデヒド → ジアリールカルビノール
    3-メトキシフェニルMgBr + ベンズアルデヒド → ジアリールカルビノール

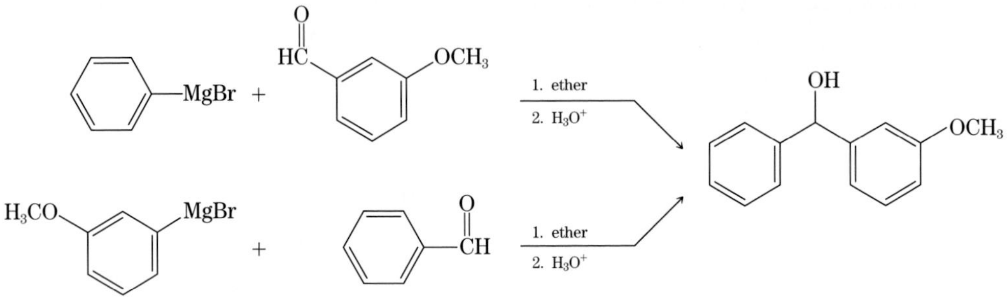

(c) 2-ブタノン + 1. CH₃CH₂CH₂MgBr/ether, 2. H₃O⁺ →
    3-ヘキサノン + 1. CH₃MgBr/ether, 2. H₃O⁺ → 3-メチル-3-ヘキサノール
    2-ペンタノン + 1. CH₃CH₂MgBr/ether, 2. H₃O⁺ →

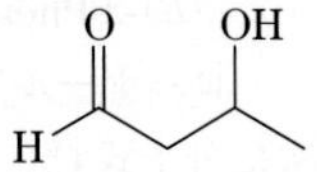

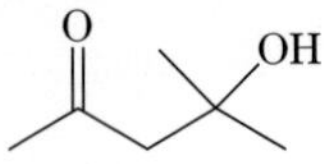

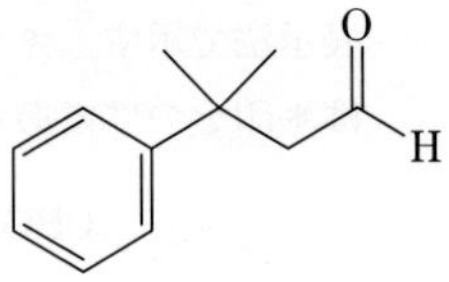

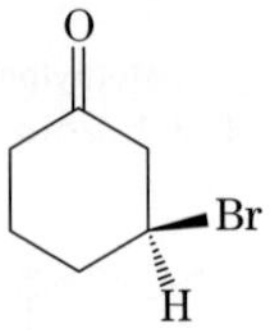

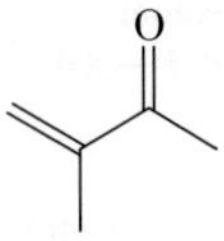

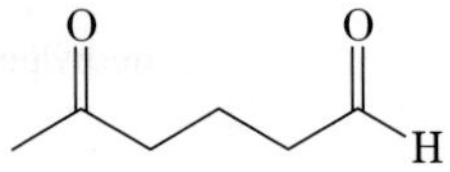

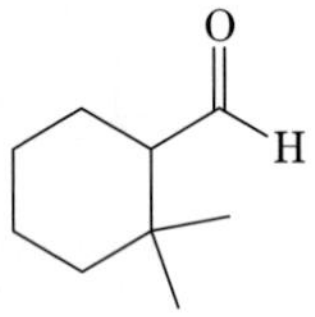

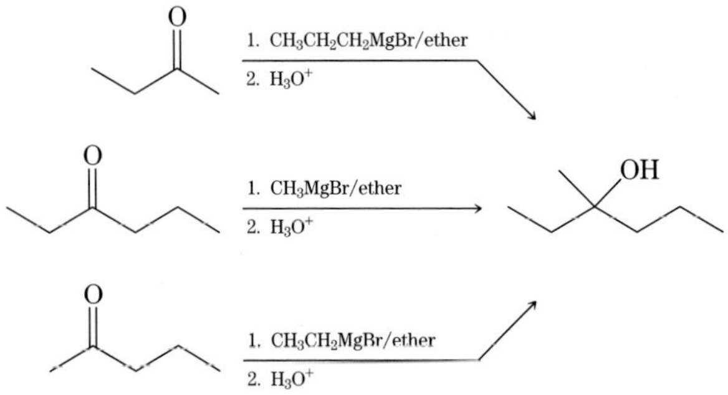

13.19 Grignard試薬は強塩基であり，エタノールや水を脱プロトン化して炭化水素と水酸化物イオンに分解する．

13.23

(a) [構造式: 1-ヒドロキシ-1-エトキシシクロヘキセン] ⟶ [構造式: 1,1-ジエトキシシクロヘキセン] + H₂O

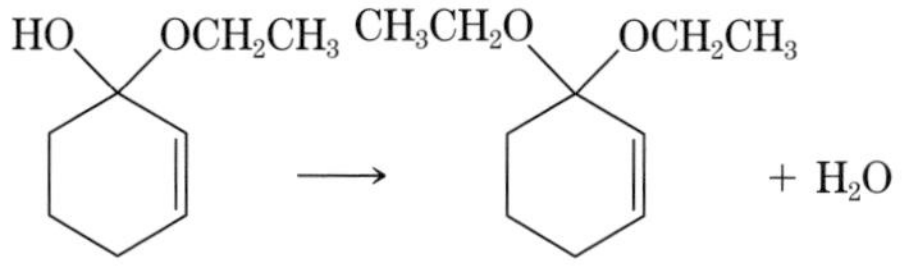

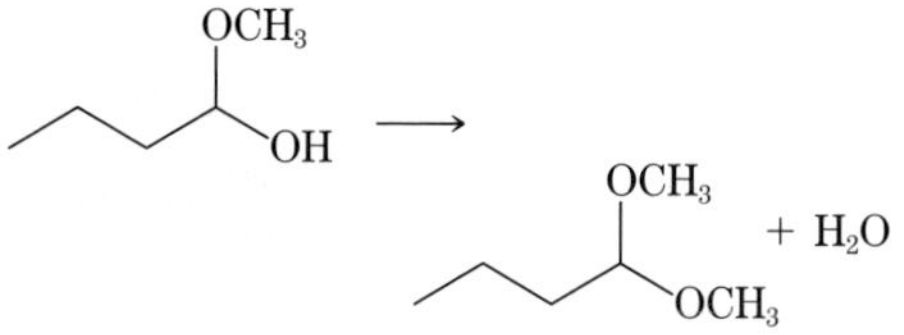

(b) [構造式: シクロヘキサン-1,2-ジオール + アセトン半アセタール] ⟶ [構造式: 二環式アセタール] + H₂O

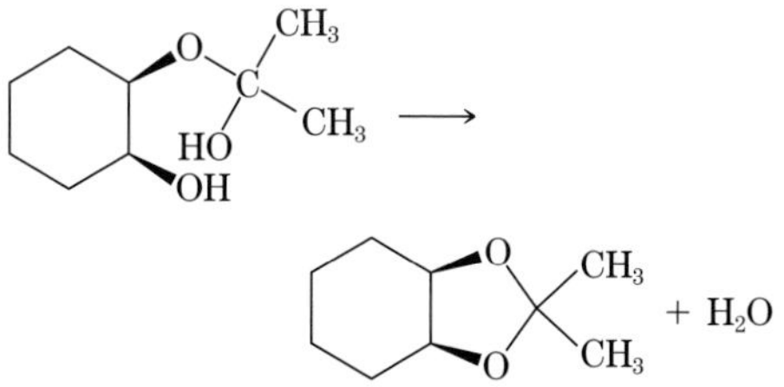

(c) [構造式: 1-メトキシ-1-ヒドロキシブタン] ⟶ [構造式: 1,1-ジメトキシブタン] + H₂O

13.25 [構造式: 1-フェニル-1,2-エタンジオール] + [構造式: ホルムアルデヒド]

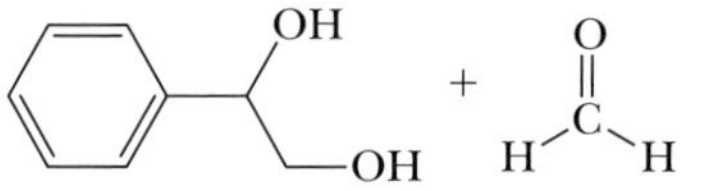

13.27 反応機構を7段階で示す（*は ^{18}O を表す）．

段階1：カルボニル酸素のプロトン化により共鳴安定化したカルボカチオンを生じる．

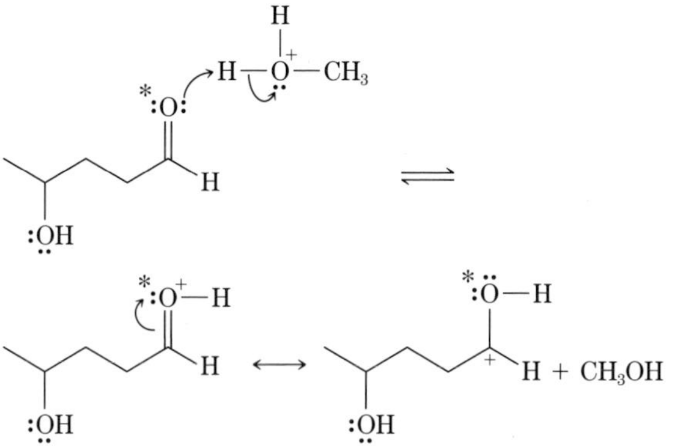

[反応機構の構造式]

段階2：ヒドロキシ基がプロトン化カルボニル基の炭素原子を攻撃し，プロトン化された環状ヘミアセタールを与える．

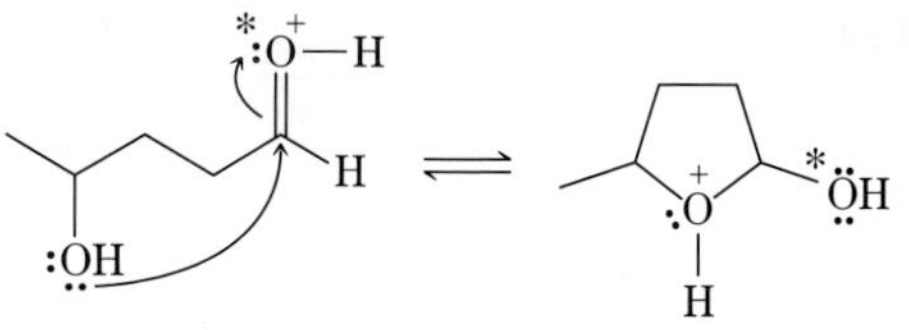

段階3：プロトン化環状ヘミアセタールからプロトンが失われてヘミアセタールを与える．

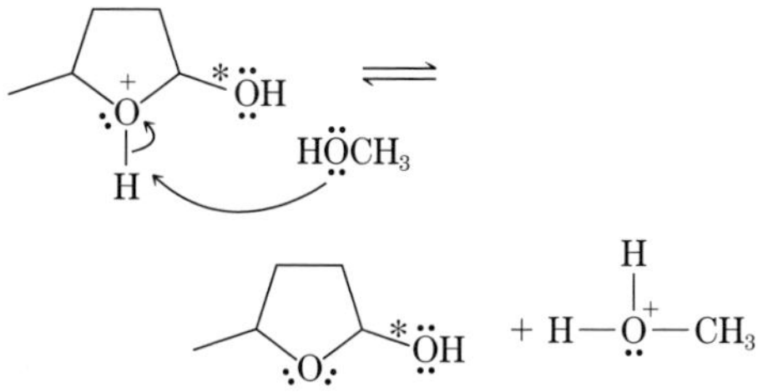

段階4：ヒドロキシ基がプロトン化によってよい脱離基に変換される．

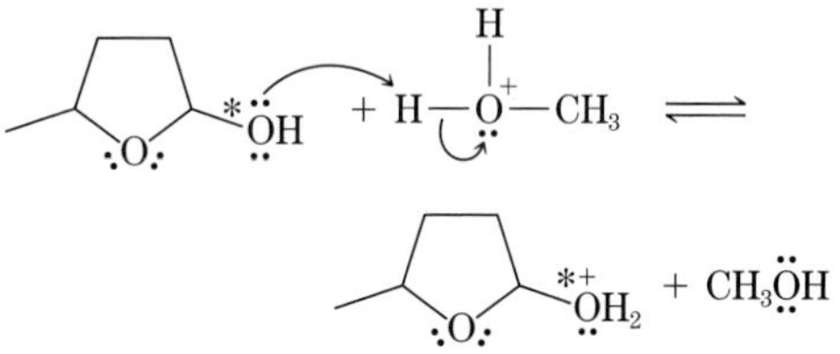

段階5：水を失って新しい共鳴安定化したカルボカチオンを生成する．この段階で ^{18}O 標識は水分子にあることに注意しよう．

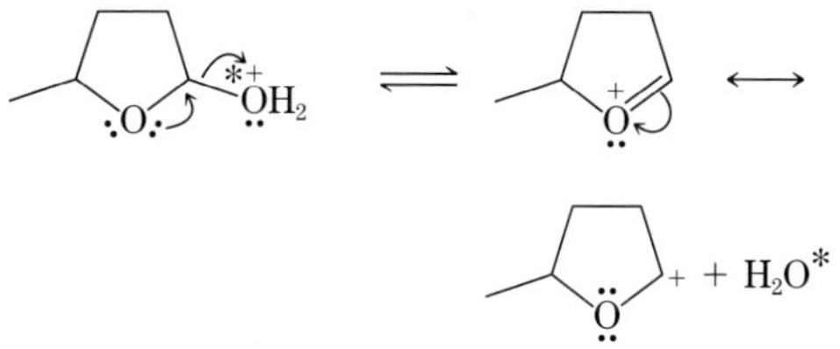

段階6：メタノールが求電子性炭素原子へ求核攻撃し，プロトン化されたアセタールを生じる．

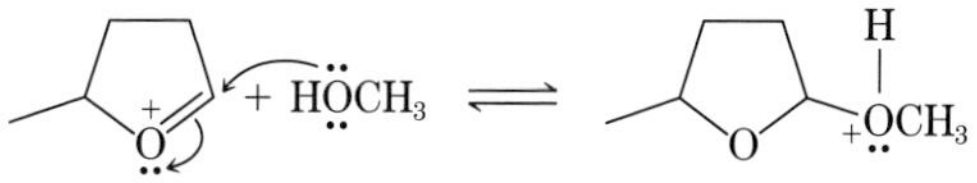

段階7：プロトン化環状アセタールからプロトンが失われてアセタールが生成する．

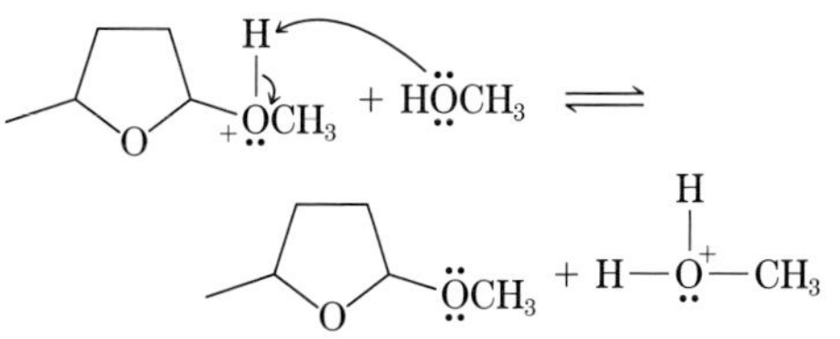

13.29

cyclohexanone + NH₃ (−H₂O) → cyclohexanone imine (=NH) →[H₂/Ni]→ cyclohexylamine (−NH₂)

cyclohexanone + CH₃CHCH₃ NH₂ (−H₂O) → =NCH(CH₃)₂ →[H₂/Ni]→ −NHCH(CH₃)₂

cyclohexanone + C₆H₅NH₂ (−H₂O) → =N−C₆H₅ →[H₂/Ni]→ −N(H)−C₆H₅

13.30
(a) C₆H₅CHO + NH₃ →[H₂/Ni] C₆H₅CH₂NH₂
(b) C₆H₅CHO + CH₃NH₂ →[H₂/Ni] C₆H₅CH₂NHCH₃
(c) C₆H₅CHO + (CH₃)₂NH →[H₂/Ni] C₆H₅CH₂N(CH₃)₂

13.31

adamantyl-C(=O)-CH₃ + NH₃ (−H₂O) → adamantyl-C(=NH)-CH₃ →[H₂/Ni]→ adamantyl-CH(NH₂)*-CH₃

Rimantadine はキラルである

13.33

α-ヒドロキシアルデヒド ⇌ エンジオール ⇌ α-ヒドロキシケトン

13.35

(a, b, c) CH₃CH₂CH₂CH₂OH   (d, e) CH₃CH₂CH₂COOH

(f) CH₃CH₂CH₂CH₂−NH−C₆H₅

13.37
(1) SOCl₂　　(2) Mg/ether
(3) CH₂O, 次いで HCl　　(4) PCC/CH₂Cl₂

13.39 (a), (b), (c) のカルボニル基は NaBH₄, LiAlH₄, H₂/Ni のいずれを用いても還元できるが，解答では NaBH₄ を用いている．

(a) C₆H₅C(=O)CH₂CH₃ →[NaBH₄] C₆H₅CH(OH)CH₂CH₃ →[H₂SO₄/加熱] C₆H₅CH=CHCH₃

(b) cyclopentanone →[NaBH₄] cyclopentanol →[SOCl₂/pyridine] cyclopentyl-Cl →[1. Mg/ether, 2. CH₂O, 3. H₃O⁺]→ cyclopentyl-CH₂OH

(c) cyclopentanone →[NaBH₄] cyclopentanol →[SOCl₂/pyridine] cyclopentyl-Cl →[1. Mg/ether, 2. cyclopentanone, 3. H₃O⁺]→ dicyclopentyl-OH

(d) cyclopentanone + pyrrolidine (N−H) (−H₂O) → [1-pyrrolidinylcyclopentene] →[H₂/Ni]→ 1-cyclopentylpyrrolidine

13.41 段階 1〜4 に必要な反応剤を示す．

(1) CH₃CH₂C(=O)Cl/AlCl₃　　(2) Cl₂/AlCl₃
(3) Br₂/CH₃COOH　　(4) 2(CH₃)₃CNH₂

13.43 (1) (CH₃)₂NH　　(2) SOCl₂/pyridine

(3) C₆H₅CCl/AlCl₃ にカルボニル (4) NaBH₄/MeOH または LiAlH₄

(5) 段階5の基質は第一級ハロゲン化アルキルでS_N2反応だけが可能である。S_N2反応を容易にするために，ジフェニルメタノールを強い求核種であるアルコキシドイオンにするため強塩基で脱プロトン化する必要がある．

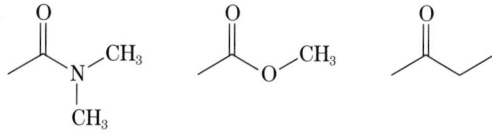

13.46

反応性の増大 →

アミド基とエステル基はいずれも，二つの重要な寄与構造の共鳴混成体として表される．これらの官能基が共鳴安定化されている程度に応じて，そのカルボニル基はケトンカルボニル基よりも求核攻撃に対する反応性が低くなる．共鳴安定化はアミドの方がエステルよりも大きいので（窒素は酸素よりも電気陰性度が小さい），アミドはエステルよりも求核攻撃に対する反応性が低い．

13.48 次に示すのはそれぞれの分子から生成した環状ヘミアセタールである．(a) はいす形配座で書かれている．ここで，環状ヘミアセタールの環の大きさと環状アセタールの生成に際して新たにキラル中心が生成していることを理解してほしい．環上のそれぞれの基の相対的な立体化学については第18章で炭水化物について学ぶときに詳しく説明する．

(a) この環状ヘミアセタールが生成する際，グルコースの5位炭素の—OH基は1位炭素のカルボニル基と六員環ヘミアセタールを形成して結合する．

(b) この環状ヘミアセタールが生成する際，リボースの4位炭素の—OH基は1位炭素のカルボニル基と五員環ヘミアセタールを形成して結合する．

第14章　カルボン酸

14.1 (a) (R)-2, 3-Dihydroxypropanoic acid（(R)-2, 3-ジヒドロキシプロパン酸）

(b) cis-2-Butenedioic acid（cis-2-ブテン二酸）

(c) (R)-3, 5-Dihydroxy-3-methylpentanoic acid（(R)-3, 5-ジヒドロキシ-3-メチルペンタン酸）

14.2

CH₃CCOOH (CH₃)   CF₃COOH   CH₃CHCOOH (OH)

pK_a 5.03   pK_a 0.22   pK_a 3.08

14.3 (a)

$\diagdown\diagup$COOH + NH₃ → $\diagdown\diagup$COO⁻NH₄⁺

Butanoic acid（ブタン酸）　　Ammonium butanoate（ブタン酸アンモニウム）

OH-CHCOOH + NH₃ → OH-CHCOO⁻NH₄⁺

2-Hydroxypropanoic acid (2-ヒドロキシプロパン酸) (Lactic acid 乳酸)

Ammonium 2-hydroxypropanoate (2-ヒドロキシプロパン酸アンモニウム) (Ammonium lactate 乳酸アンモニウム)

14.4

(a) 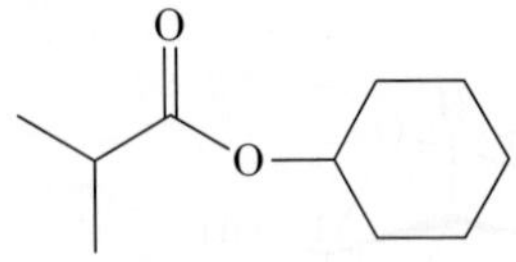 [isobutyrate ester of cyclohexanol] + H₂O

(b) 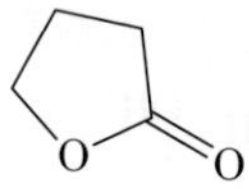 [γ-butyrolactone] + H₂O

14.5

(a) 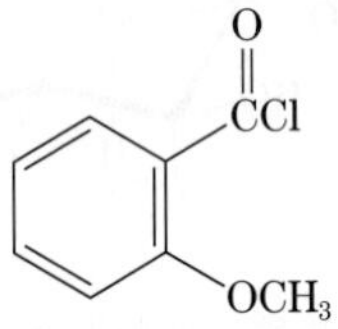 [2-methoxybenzoyl chloride] + SO₂ + HCl

(b) 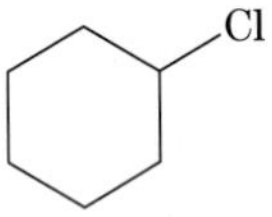 [cyclohexyl chloride] + SO₂ + HCl

14.6 [2-ethyl-2-methyl-3-oxo-3-phenylpropanoic acid structure]

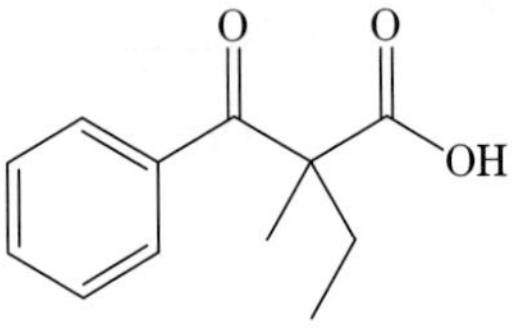

14.7 これらのカルボン酸のうち，一つだけがキラルである．キラル中心には * 印をつけてある．

Pentanoic acid 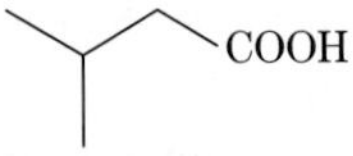　　3-Methylbutanoic acid

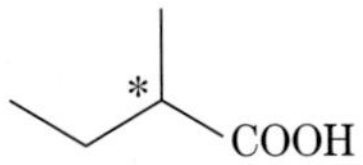

2-Methylbutanoic acid 　　2,2-Dimethylpropanoic acid

14.9

(a) 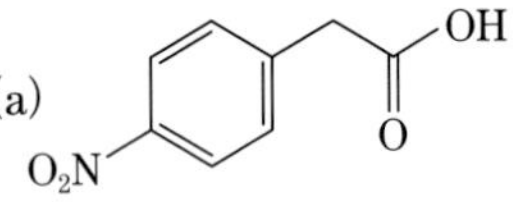 O₂N–C₆H₄–CH₂COOH

(b) 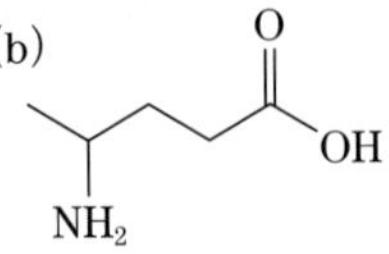 [4-amino-pentanoic acid with NH₂]

(c) 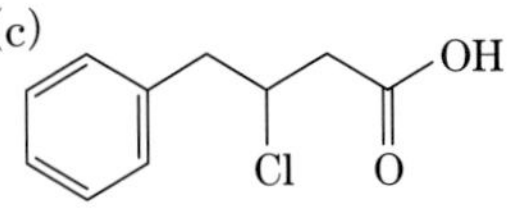 [3-chloro-4-phenylbutanoic acid]

(d) 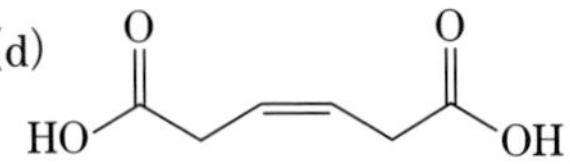 HOOC–CH₂–CH=CH–CH₂–COOH (cis)

(e) 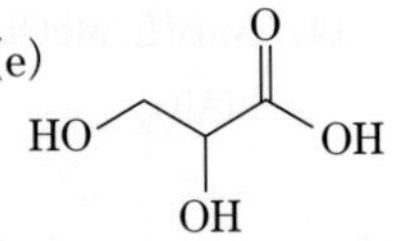 HOCH₂–CH(OH)–COOH

(f) 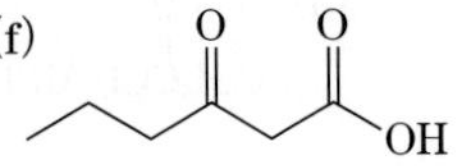 CH₃CH₂–CO–CH₂–COOH

(g) 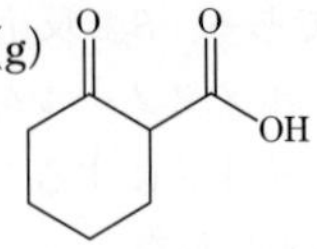 [2-oxocyclohexanecarboxylic acid]

(h) 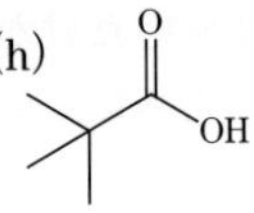 (CH₃)₃C–COOH

14.11 [ibuprofen structure]

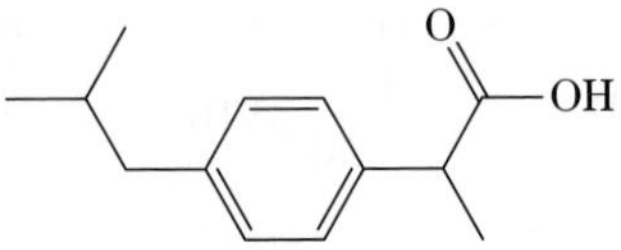

14.13 HO–C(=O)–C(=O)–O⁻K⁺

14.15 (CH₂=CH–(CH₂)₈–COO⁻)₂ Zn²⁺

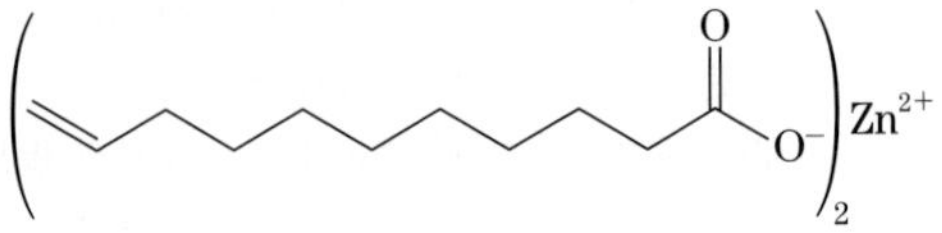

14.17

(a) CH₃(CH₂)₄COOH

(b) 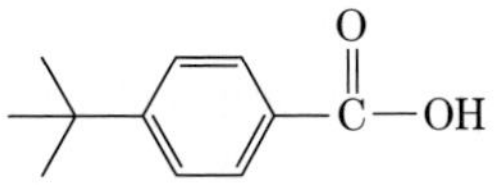 (CH₃)₃C–C₆H₄–C(=O)–OH

(c) O=[cyclohexane]–COOH

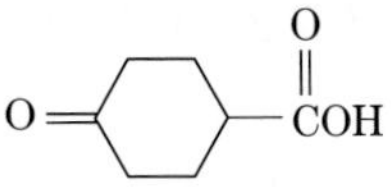

14.19 (a) 安息香酸 (pK_a 4.17)
　　　(b) 乳酸 (K_a 1.4 × 10⁻⁴)

14.21

(a) 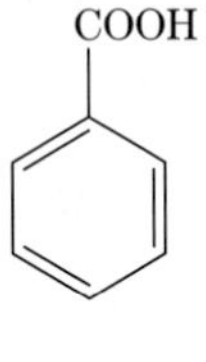 [benzoic acid] と [4-nitrobenzoic acid]
　　pK_a 4.19　　　　pK_a 3.14

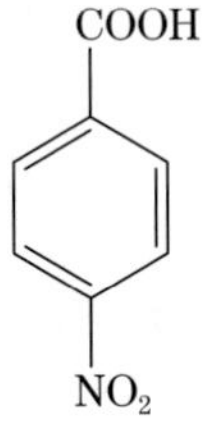

(b) 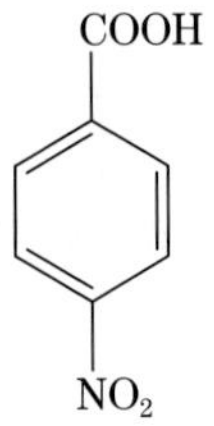 [4-nitrobenzoic acid] と [4-aminobenzoic acid]
　　pK_a 3.14　　　　pK_a 4.92

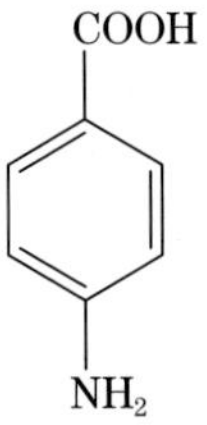

(c) CH₃COCH₂COOH (pKₐ 3.58) と CH₃COCOOH (pKₐ 2.49)

(d) CH₃CH(OH)COOH (pKₐ 3.85) と CH₃CH₂COOH (pKₐ 4.78)

14.23 乳酸は血しょう中ではほぼ完全にカルボン酸イオンとして存在する．血しょうのpH（約7.4）は乳酸のpKₐ（3.85）より約3.5単位高い．

14.25 アスコルビン酸は尿中ではアニオンとして存在している．

14.27 アラニンはBで表す方が望ましい．アラニンは構造式中に塩基性基（—NH₂）と酸性基（—COOH）の両方をもち，互いに反応して分子内塩をつくっている．

14.29
(a) PhCH₂COCl + SO₂ + HCl
(b) PhCH₂CO⁻Na⁺ + CO₂ + H₂O
(c) PhCH₂CO⁻Na⁺ + H₂O (d) PhCH₂CO⁻NH₄⁺
(e) PhCH₂CH₂OH   (f) 反応しない
(g) PhCH₂COCH₃ + H₂O   (h) 反応しない

14.31 (a) NaBH₄/CH₃OH (b) 1. LiAlH₄ 2. H₂O
(c) NaBH₄/CH₃OH, H₂SO₄/加熱

14.33 H–C(=O)–OH + NaHCO₃ ⟶ H–C(=O)–O⁻Na⁺ + CO₂ + H₂O

14.35 H₂N–C₆H₄–C(=O)–OCH₂CH₃

14.37 (a) シス／トランス比は市販品のトランス異性体に対するシス異性体のパーセント比を表す．
(b) （+）と（-）はキラルな立体異性体が平面偏光を回転する方向を示している．（+/-）は両エナンチオマーの等量混合物，すなわちラセミ混合物を示している．

14.39 γ-ブチロラクトン構造

14.41 (1) HNO₃/H₂SO₄ (2) H₂CrO₄ (3) Ni/H₂ (4) CH₃OH/H⁺

14.43 Procaine (H₂N–C₆H₄–C(=O)–O–CH₂CH₂–N(Et)₂)

14.45 (a) この反応はFriedel-Craftsアシル化反応で，塩化アシルと塩化アルミニウムを用いる．
(b) 酢酸中臭素（Br₂）
(c) 2-Methyl-2-propanamine（2-メチル-2-プロパンアミン）（*tert*-butylamine *tert*-ブチルアミン）
(d) カルボン酸は第一級アルコールに還元され，ケトンは第二級アルコールに還元される．還元剤はLiAlH₄である．

14.47 カルボン酸イオンはカルボン酸より還元されにくい．カルボン酸イオンの負電荷がヒドリドアニオン（H⁻）の攻撃に対するカルボニル炭素の求電子性を弱めている．

14.49 Grignard試薬はカルボン酸のカルボニル炭素を攻撃するよりも，強塩基として働きカルボキシ基からプロトンを取り，カルボン酸イオンにする．Grignard試薬はカルボン酸エステルとは反応する．カルボニル炭素を2回攻撃し，加水分解後第三級アルコールを生成する（ギ酸エステルの場合は例外で，第二級アルコールを与える）．

第15章　カルボン酸誘導体

15.1
(a) CH₃–C(=O)–N(H)–シクロヘキシル
(b) CH₃CH₂–CH(CH₃)–O–C(=O)–CH₃
(c) シクロブチル–O–C(=O)–CH₂CH₂CH₃

(d) Benzamide of 2-aminooctane (N-(octan-2-yl)benzamide)

(e) $C_2H_5OC(=O)(CH_2)_4C(=O)OC_2H_5$

(f) Propanoic anhydride: $CH_3CH_2C(=O)OC(=O)CH_2CH_3$

15.2

(a) Dimethyl phthalate + 2 NaOH (過剰) $\xrightarrow{H_2O}$ disodium phthalate + 2 CH_3OH

(b) Ethyl 5-oxohexanoate + H_2O $\xrightarrow{HCl}$ 5-oxohexanoic acid + CH_3CH_2OH

15.3

(a) $CH_3C(=O)N(CH_3)_2$ + NaOH → $CH_3CO^-Na^+$ + $(CH_3)_2NH$

(b) δ-valerolactam (2-piperidinone) + NaOH → $H_2N(CH_2)_4C(=O)O^-Na^+$

15.4

(a) $CH_3CO\text{-}O\text{-}C_6H_4\text{-}O\text{-}OCCH_3$ + 2 NH_3 → hydroquinone (HO-C$_6$H$_4$-OH) + 2 CH_3CNH_2 (acetamide)

(b) δ-valerolactone + NH_3 → $HO(CH_2)_4C(=O)NH_2$

15.5

(a) $HCOCH_3$ $\xrightarrow{\text{1. 2 cyclopentyl-MgBr} \quad \text{2. } H_3O^+}$ dicyclopentylmethanol

(b) $PhCOCH_3$ $\xrightarrow{\text{1. allyl-MgBr} \quad \text{2. } H_3O^+}$ 4-phenyl-hepta-1,6-dien-4-ol (Ph, OH, two allyl groups)

15.6

(a) Hexanoic acid $\xrightarrow{SOCl_2}$ hexanoyl chloride $\xrightarrow{2(CH_3)_2NH}$ N,N-dimethylhexanamide $\xrightarrow{\text{1. LiAlH}_4 \quad \text{2. } H_2O}$ N,N-dimethylhexylamine

(b) Hexanoic acid $\xrightarrow{SOCl_2}$ hexanoyl chloride $\xrightarrow{2\ (CH_3)_2CHNH_2}$ N-isopropylhexanamide $\xrightarrow{\text{1. LiAlH}_4 \quad \text{2. } H_2O}$ N-isopropylhexylamine

15.7

(a) (S)-2-phenylpropanoic acid $\xrightarrow{\text{1. LiAlH}_4 \quad \text{2. } H_2O}$ (S)-2-phenyl-1-propanol

(b) (S)-2-phenylpropanoic acid $\xrightarrow{SOCl_2}$ (S)-2-phenylpropanoyl chloride $\xrightarrow{2 NH_3}$

(amide) $\xrightarrow{\text{1. LiAlH}_4 \quad \text{2. } H_2O}$ (S)-2-phenyl-1-propylamine

問題の解答

15.9 (a) Benzoic anhydride（安息香酸無水物）
(b) Methyl hexadecanoate（ヘキサデカン酸メチル）
(c) *N*-Methylhexanamide（*N*-メチルヘキサンアミド）
(d) 4-Aminobenzamide（4-アミノベンズアミド）
(e) Diethyl propandioate（プロパン二酸ジエチル）（diethyl malonate マロン酸ジエチル）
(f) Methyl 2-methyl-3-oxo-4-phenylbutanoate（2-メチル-3-オキソ-4-フェニルブタン酸メチル）

15.11 酢酸の沸点（118 ℃）の方が，ギ酸メチルの沸点（32 ℃）より高い．酢酸は液体状態では分子どうしが強い分子間水素結合をしている．沸騰して分子が気体状態になる前にその水素結合を切らなくてはならない．ギ酸メチルには分子間水素結合はなく，分子間の会合を切るのに必要なエネルギーは少なくてすむ．そのため酢酸より沸点が低い．

15.13 反応性が増大する順は次の通りである．
(3) < (1) < (4) < (2)

15.15
(a) [カルボン酸 + SOCl₂ → 酸塩化物, +シクロヘキサノール → エステル]

(b) [イソ酪酸 + SOCl₂ → 酸塩化物, + CH₃CH₂OH → エステル]

15.17 3 段階の機構が考えられる．

段階 1：カルボニル炭素にアンモニアが求核アシル攻撃をして，四面体カルボニル付加中間体を生成する．

段階 2：中間体から塩化物イオン（Cl⁻）が脱離し，プロトン化したアミドが生成する．

段階 3：もう 1 分子のアンモニアがプロトン化したアミドからプロトンを取り，アミドとアンモニウムイオンが生成する．

15.19 (a) [エチルエステル + プロピオン酸]
(b) [プロピオンアミド + プロピオン酸アンモニウム]

15.21 [p-エトキシアニリン + (CH₃CO)₂O → p-エトキシアセトアニリド + CH₃COOH]

15.23 [ニコチン酸 1. C₂H₅OH/H₂SO₄ 2. Na₂CO₃/H₂O → ニコチン酸エチル, NH₃ → ニコチンアミド]

15.25
(a) [安息香酸ナトリウム + CH₃CH₂OH]
(b) [ベンジルアルコール + CH₃CH₂OH]

(c) 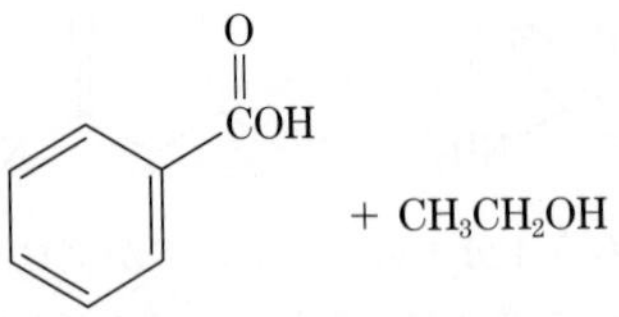 [benzoic acid] + CH₃CH₂OH

(d) 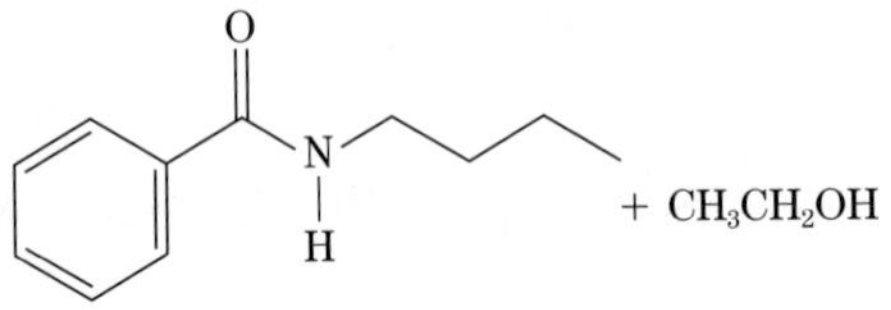 [N-butylbenzamide] + CH₃CH₂OH

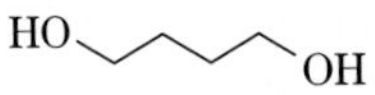

(e) 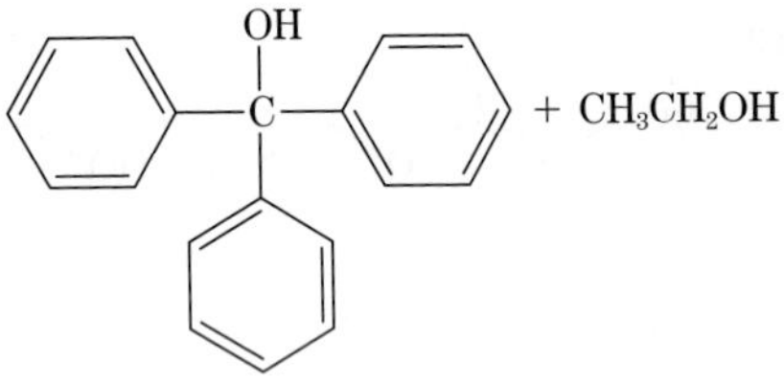 [triphenylmethanol] + CH₃CH₂OH

15.27
(a) 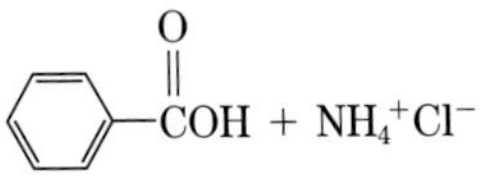 PhCOOH + NH₄⁺Cl⁻

(b) 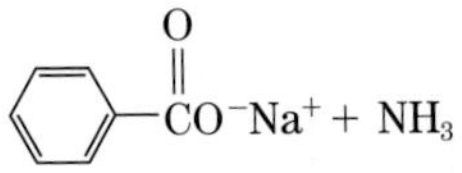 PhCO⁻Na⁺ + NH₃ (c) 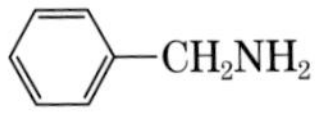 PhCH₂NH₂

15.29
(a) 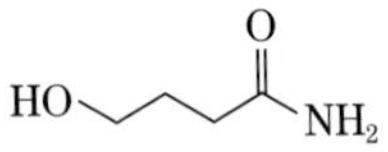 HO–(CH₂)₂–C(=O)NH₂ (b) HO–(CH₂)₄–OH

(c) HO–(CH₂)₂–C(=O)O⁻Na⁺

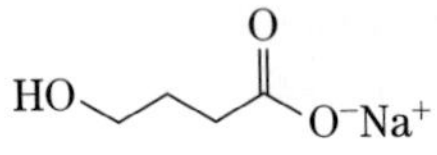

15.31
(a) 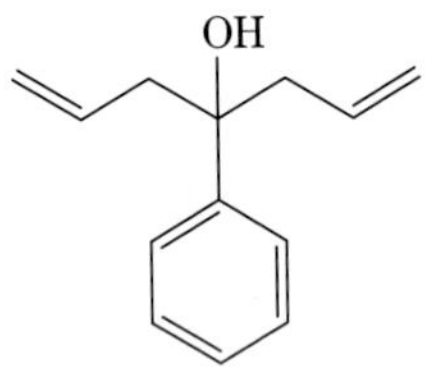 [1-phenyl-1-(allyl)₂ carbinol structure] (b) 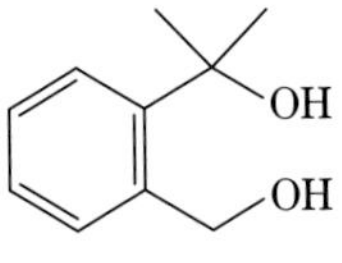 [2-(2-hydroxymethylphenyl)propan-2-ol]

(c) 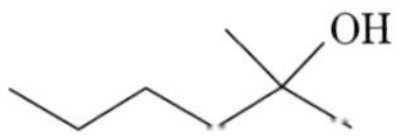 [2-methylhexan-2-ol type structure]

15.33 3段階の機構が考えられる．ここではブチル基をBuで示している．

段階1：アミンが求核アシル攻撃をして不安定な四面体中間体を生成する．

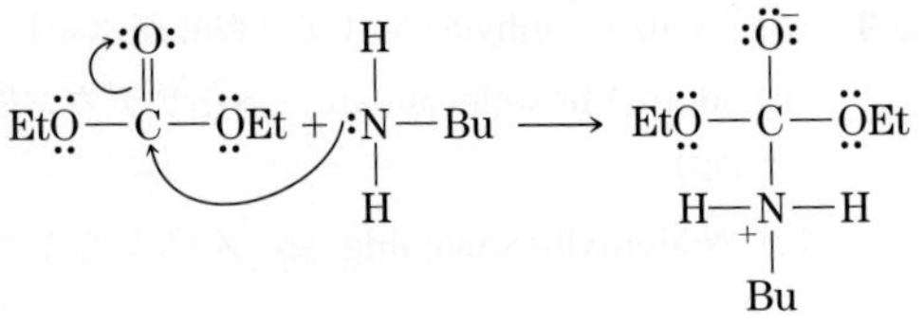

$$EtO-C(=O)-OEt + :NH(H)Bu \longrightarrow EtO-C(O^-)(OEt)-N^+H_2Bu$$

段階2：四面体中間体が分解して，プロトン化したカルバミン酸エステルを生成する．

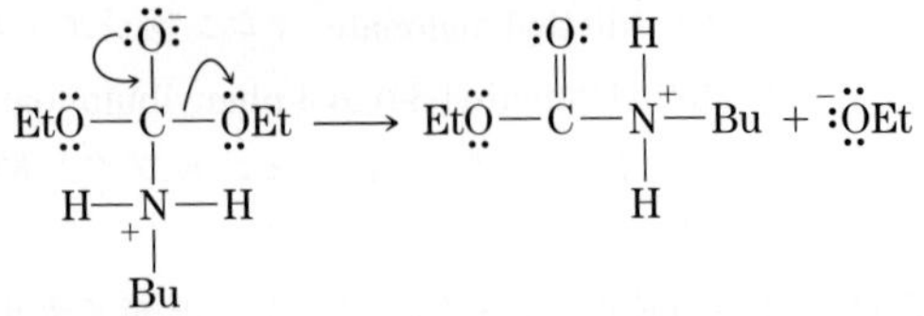

$$EtO-C(O^-)(OEt)-N^+H(H)Bu \longrightarrow EtO-C(=O^+H)-N(H)Bu + :OEt^-$$

段階3：アンモニウムイオンが脱プロトン化し，カルバミン酸エステルを生成する．

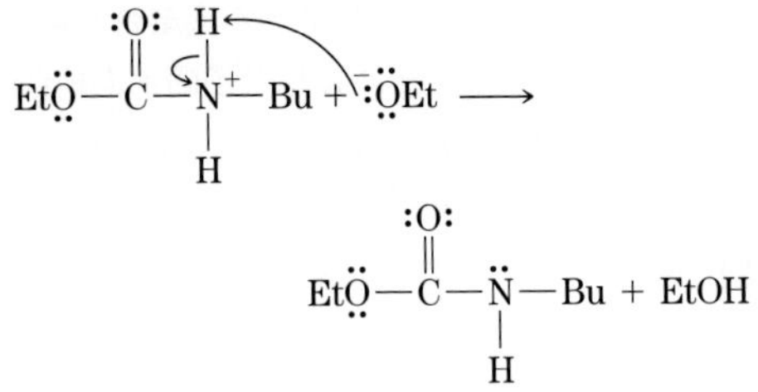

$$EtO-C(=O)-N^+H(H)Bu + :OEt^- \longrightarrow EtO-C(=O)-N(H)Bu + EtOH$$

15.35
(a) 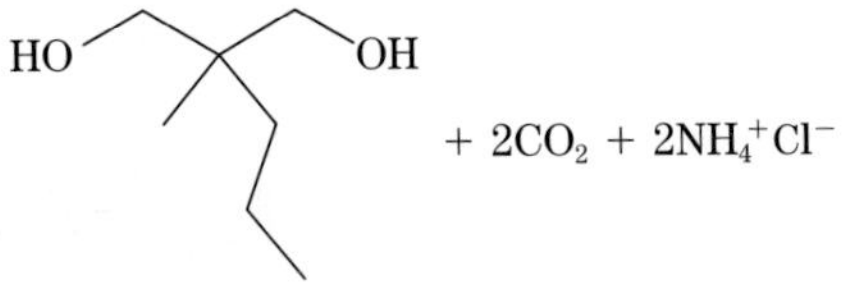 HOCH₂–C(CH₃)(Bu)–CH₂OH + 2CO₂ + 2NH₄⁺Cl⁻

(b) 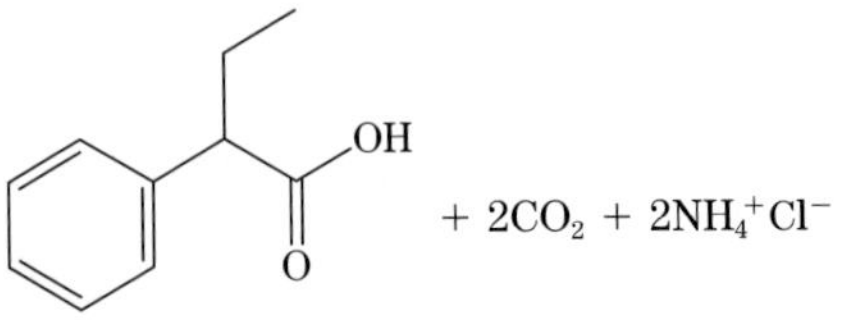 PhCH(Et)COOH + 2CO₂ + 2NH₄⁺Cl⁻

15.37 (a) $\xrightarrow{H_2/Pd}$ (b) $\xrightarrow[2. H_3O^+]{1.\ LiAlH_4}$

(c) $\xrightarrow[H_2O_2]{OsO_4}$

15.39 第三級脂肪族アミンの方が強塩基性であるので，そのHCl塩は次の構造式のようになる．

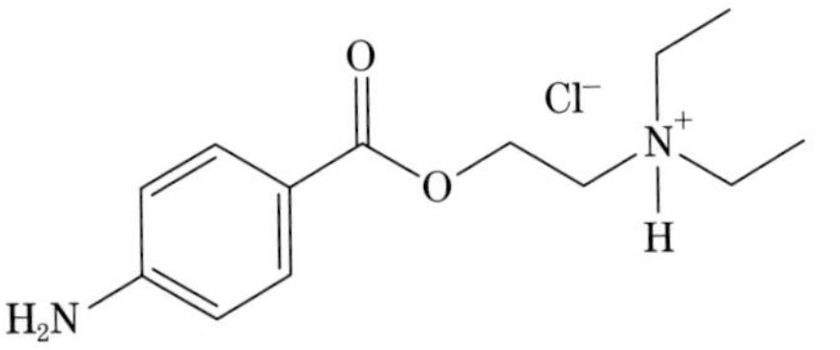

[H₂N–C₆H₄–C(=O)–O–CH₂CH₂–N⁺H(Et)₂ Cl⁻]

15.41

(a) 2,6-dimethylaniline + ClCH₂CCl(=O) → 2,6-dimethyl-N-(chloroacetyl)aniline

2(CH₃CH₂)₂NH → 2,6-dimethyl-N-(diethylaminoacetyl)aniline

(b) 2,6-dimethylaniline + CH₃CH(Cl)C(=O)Cl → 2,6-dimethyl-N-(2-chlorobutanoyl)aniline

2 EtNH₂ → 2,6-dimethyl-N-[2-(ethylamino)butanoyl]aniline derivative

(c) 2,6-dimethylaniline + 1-methylpiperidine-2-carbonyl chloride → 2,6-dimethyl-N-(1-methylpiperidine-2-carbonyl)aniline

15.43

(1) HNO₃/H₂SO₄ (2) H₂CrO₄
(3) CH₃OH/H₂SO₄ (4) H₂/Ni
(5) NaNO₂/H₂SO₄, 次いで加熱

15.45
ナトリウムメトキシドの酸素を ^{18}O のような同位元素で標識する。もし ^{18}O メトキシ基と ^{16}O メトキシ基の置換が起これば、アシル置換が起きたことになる。

15.47
アミド基のプロトンは Grignard 試薬に対して酸性である。したがって、Grignard 試薬はアシル置換する代わりに、アミドからプロトンを引き抜く。

第16章 エノラートアニオン

16.1
シクロヘキサノンには4個の、アセトフェノンには3個の酸性水素がある。

(a) シクロヘキサノンのα位の4つのH

(b) アセトフェノン PhC(=O)CH₃ の3つのH

16.2
(a) PhC(=O)CH₂C(OH)(CH₃)Ph

(b) 2-(1-ヒドロキシシクロペンチル)シクロペンタノン

16.3
(a) PhC(=O)CH=C(CH₃)Ph

(b) 2-シクロペンチリデンシクロペンタノン

16.4
PhCH(OH)CH(CH₃)C(=O)CH₂CH₃ —H₂O→ PhCH=C(CH₃)C(=O)CH₂CH₃

16.5
(CH₃)₂CHCH₂C(=O)CH(CH(CH₃)₂)C(=O)OEt

16.6
C₆H₅C(=O)CH(C₆H₅)C(=O)OEt

16.7
まず Fischer エステル化により安息香酸を安息香酸エチルに変換する。安息香酸エチルと 3-メチルブタン酸エチルの Claisen 縮合に続いて、エステルのけん化、酸性化、加熱により脱炭酸して望みの生成物が得られる。

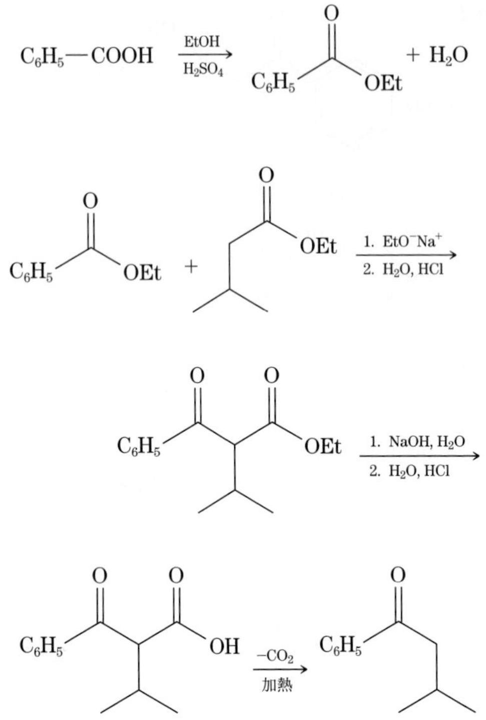

16.8

(a) 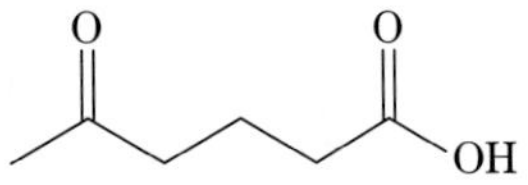

(b) 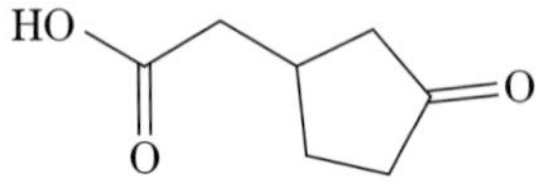

16.9

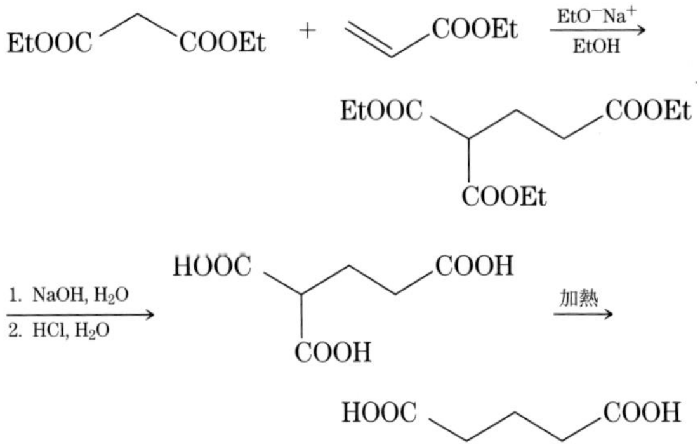

Pentanedioic acid
(Glutaric acid)

16.10

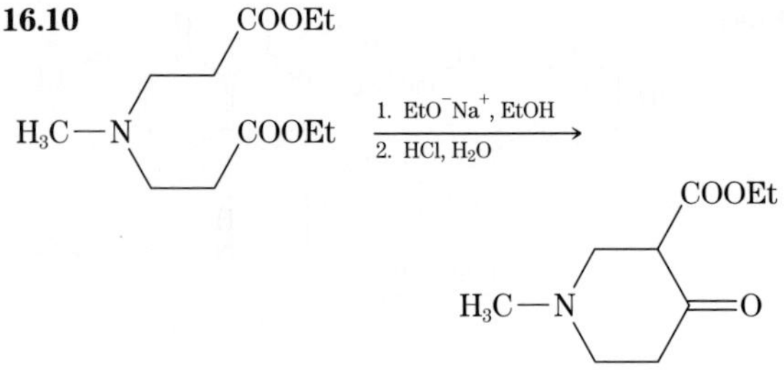

16.11

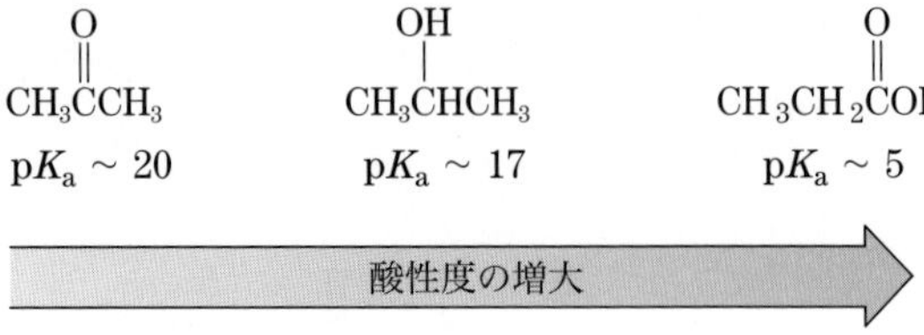

16.13

(a) 

(b) 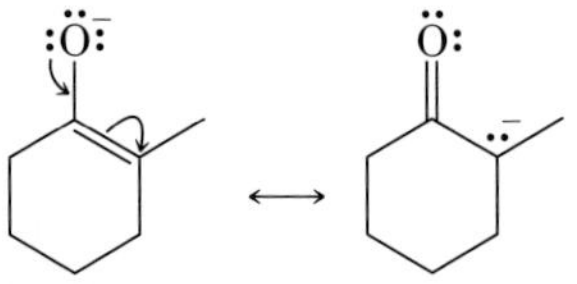

(c) 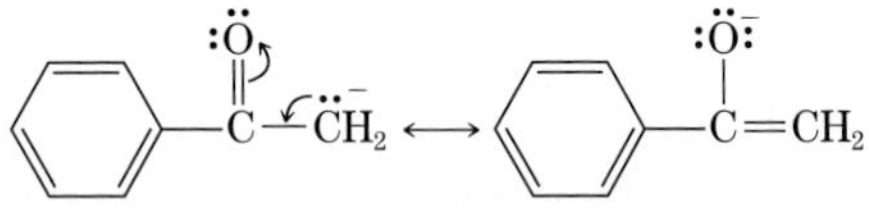

16.15

(a) 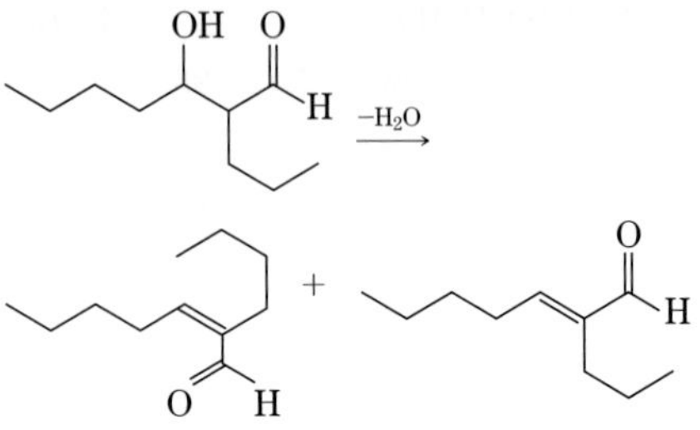

(b) 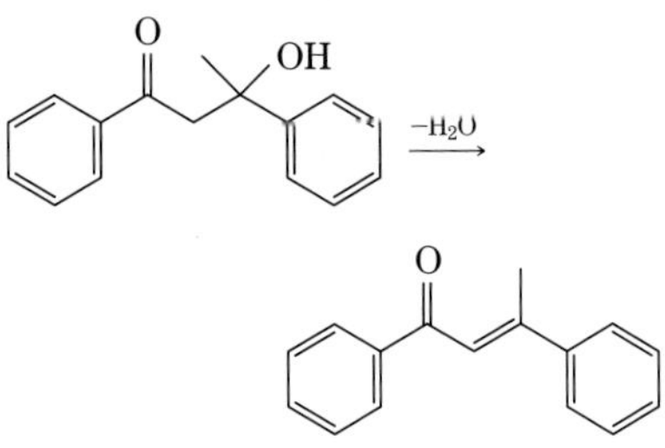

(c) 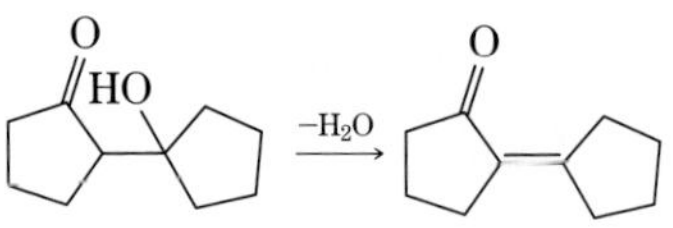

(d) 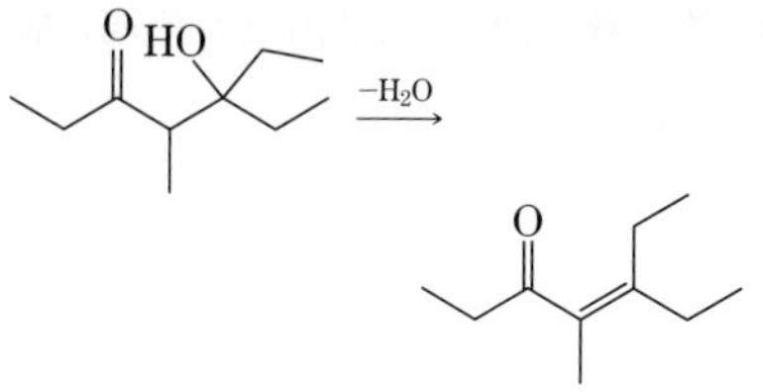 [構造式: 3-hydroxy-3-ethyl-4-methyl-hexan-... → エノン脱水生成物]

16.17 6種のアルドール生成物が可能である．一つはアセトンの自己縮合，一つはアセトンと2-ブタノンの縮合，二つは2-ブタノンの自己縮合，一つは2-ブタノンの1位炭素とアセトンとの縮合，もう一つは2-ブタノンの3位炭素とアセトンとの縮合によるものである．

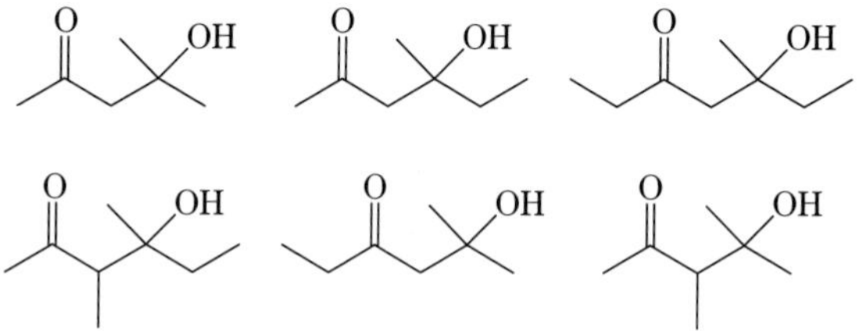

[6つのアルドール生成物の構造式]

16.19
(a) 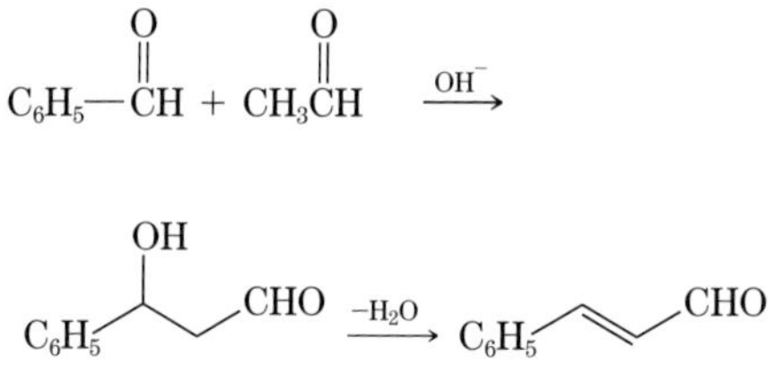 $C_6H_5-\overset{O}{\underset{\|}{C}}H + CH_3\overset{O}{\underset{\|}{C}}H \xrightarrow{OH^-}$

$C_6H_5\underset{OH}{CH}-CH_2-CHO \xrightarrow{-H_2O} C_6H_5CH=CH-CHO$

(b) 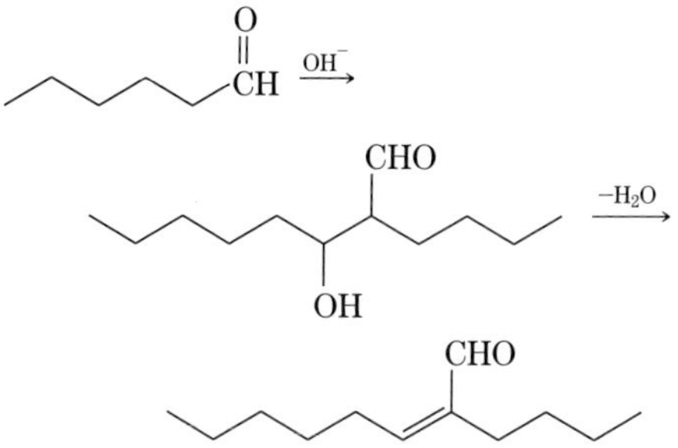 [ヘキサナール] $\xrightarrow{OH^-}$ [アルドール生成物] $\xrightarrow{-H_2O}$ [エナール生成物]

16.21 [アジピンアルデヒド] $\xrightarrow{塩基}$ [1-シクロペンテン-1-カルボアルデヒド] $+ H_2O$

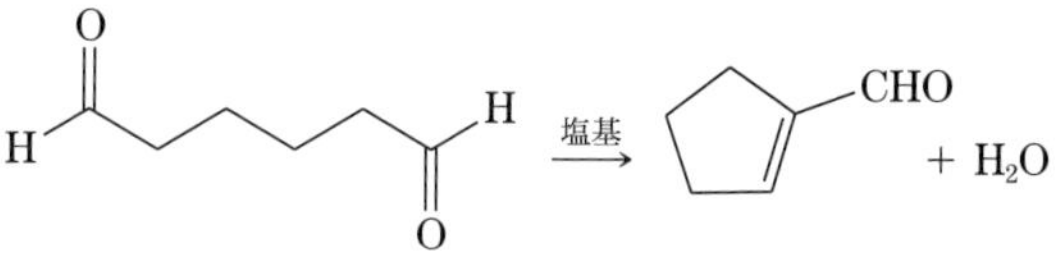

16.23 (a) (1) アルドール反応のための NaOH
(2) アルデヒドを酸化するための H_2CrO_4
(3) 酸塩化物を合成するための $SOCl_2$
(4) アミドの合成のために2分子の NH_3
(5) エポキシ化のための過酸 RCO_3H
(b) オキサナミドにはキラル中心が二つあり，4

種の立体異性体が可能である．

16.25 (a) 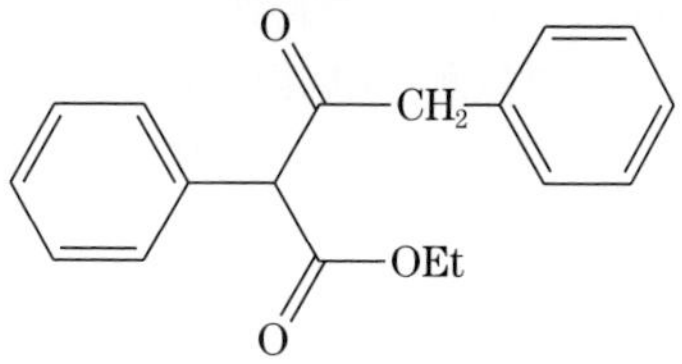 [構造式: フェニル, ベンジル, エステル基をもつケトエステル]

(b) 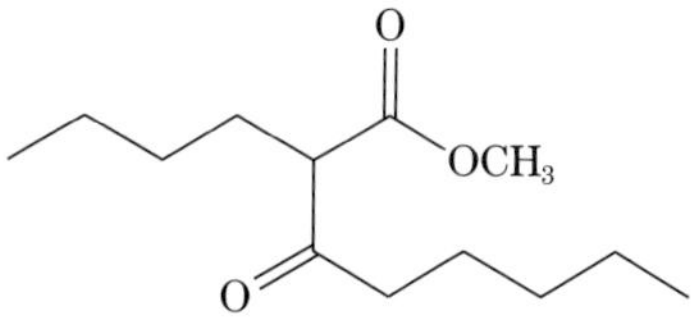 [構造式: β-ケトエステル, メチルエステル]

16.27 [4つのβ-ケトエステル構造式]

16.29 [ニコチン酸エチル + 酢酸エチル $\xrightarrow{\text{1. EtO}^-\text{Na}^+, \text{2. HCl, H}_2\text{O}}$ 3-ピリジル β-ケトエステル]

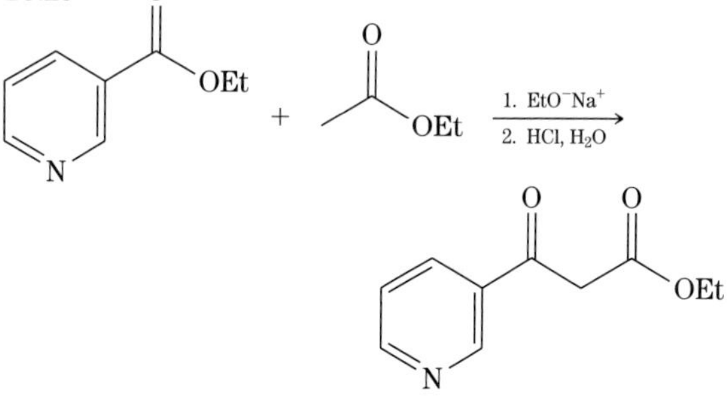

16.31 (a) 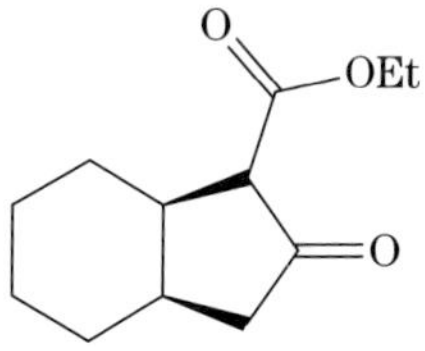 [ビシクロ構造のケトエステル] (b) 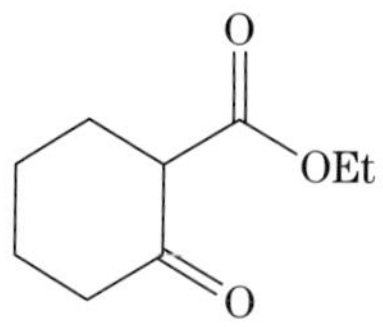 [2-オキソシクロヘキサンカルボン酸エチル]

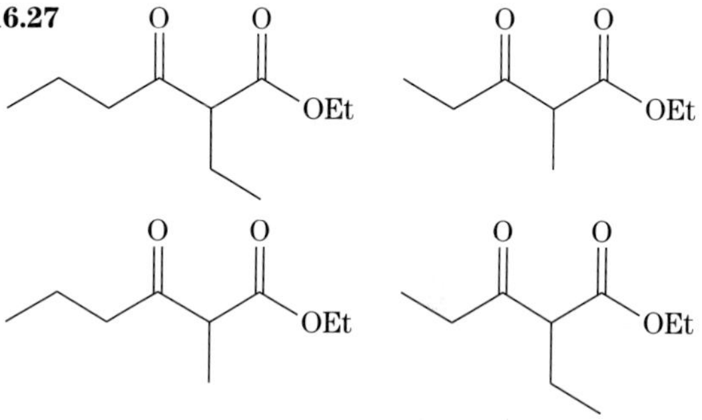

16.33 [2-ピバロイル-1,3-インダンジオン構造式]

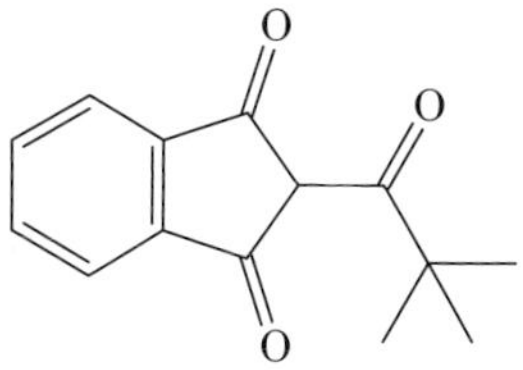

16.35 (a) 官能基は酸塩化物で反応剤は塩化チオニル $SOCl_2$ である．

(b) 段階2はFriedel-Crafts反応である．塩素置換基はオルト-パラ配向性なので，この段階ではオルトとパラ置換の生成物が優先する．

(c) アンモニア（NH_3）とH_2/Niによるイミン中間体の接触還元

(d) 求核種によるエポキシドの開環反応の推進力は，三員環の角度のひずみからの解放である．

(e) 塩化チオニル$SOCl_2$

(f) 最も可能性のある反応機構はS_N2である．第一級のハロアルカンはS_N1反応を起こさない．

16.37 アルドール反応の特徴的な生成物はβ-ヒドロキシアルデヒドやβ-ヒドロキシケトンである．フルクトース1,6-二リン酸はβ-ヒドロキシケトン構造をもっている．塩基がβ-ヒドロキシケトンから水素を引き抜いて反応を開始する．逆アルドール反応に続くアニオン中間体のプロトン化とケト-エノール互変異性化を経て，トリオースリン酸が生成する．

16.39 次に枠で囲んだ中間体と反応剤の構造を示す．

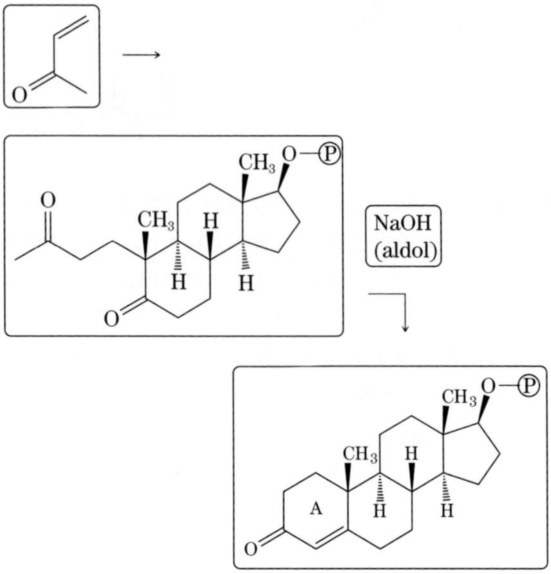

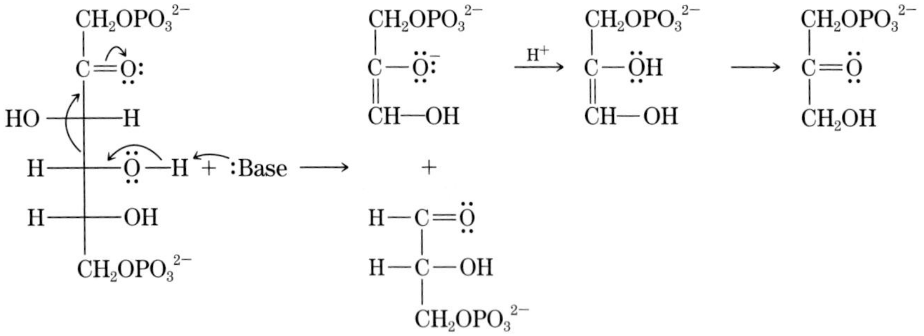

第17章 有機高分子化学

17.1 poly(vinyl chloride)（ポリ塩化ビニル）

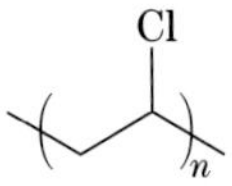

17.2

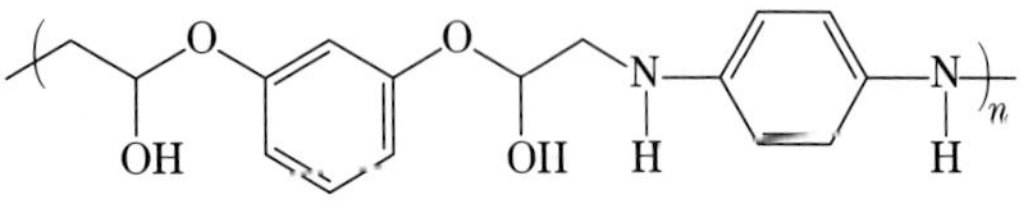

17.3

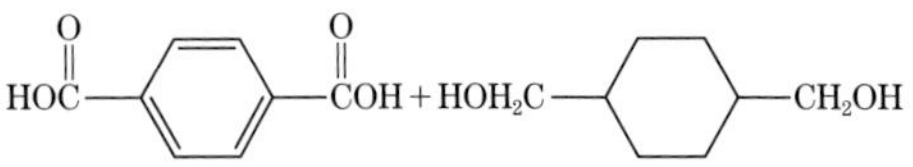

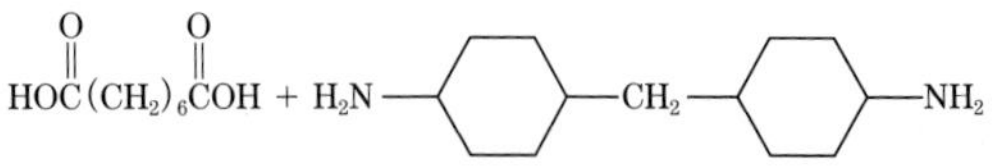

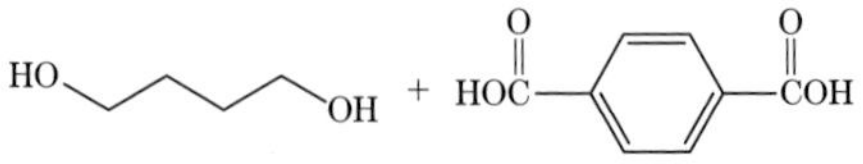

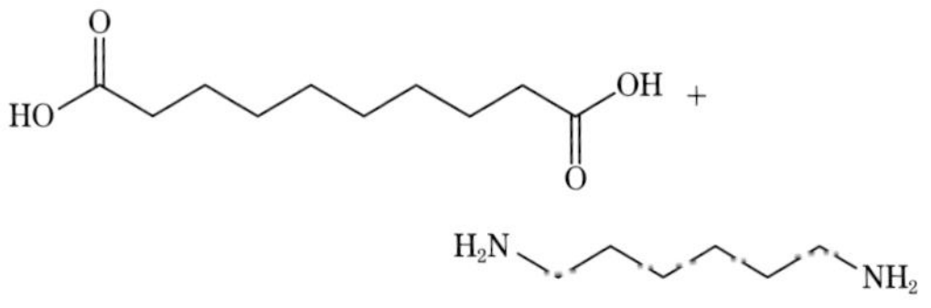

17.5 この反応は問題17.4の逆反応で，エステル交換反応である．

$$\text{[structure: poly(ethylene terephthalate)]} \xrightarrow{2n\text{CH}_3\text{OH}}$$

$$n\text{CH}_3\text{OOC-C}_6\text{H}_4\text{-COOCH}_3 + n\text{HOCH}_2\text{CH}_2\text{OH}$$

17.7 ナイロン6,10の6という数字はアミンにおける炭素数を表しており，10という数字はカルボン酸誘導体の炭素数を表している．

$$\text{H}_2\text{N-(CH}_2)_6\text{-NH}_2 + \text{ClOC-(CH}_2)_8\text{-COCl}$$

17.9 (a) $\text{CH}_2=\text{CCl}_2$ (b) $\text{CH}_2=\text{CF}_2$

17.11 高分子鎖の枝分かれが多いほど，固体状態で高分子鎖が密にパッキングされにくい．したがって，高分子の密度が低い．

17.13

ポリ酢酸ビニル　　ポリビニルアルコール

17.15 AとBはともに硬く，不透明な高分子であり，それに比べてCは柔らかく，透明な高分子であると予測される．これらの物理的性質は共に高分子の結晶度に依存している．これら3種の高分子はすべて繰り返し単位にキラル中心を含んでいる．AとBは立体規則的と表現される．すなわち高分子鎖において，ある一定のパターンでキラル中心の絶対配置が繰り返されている．Aではすべてのキラル中心は同じ絶対配置をもっており，BではRとSが交互に繰り返されている．この立体規則的なパターンのため，AとBの分子では，それぞれ固相において強い分子間相互作用が働いて，密に充填される．分子がそのような集合状態をとっているため，高分子AとBは結晶性が高く，硬い高分子となっている．

一方，高分子Cはキラル中心がランダムに配列しているので，固相において高分子鎖がしっかりとは充填できない．すなわち，結晶度が低い．結晶度が低いと，高分子はより透明になる傾向にある．

17.17 正しい．高分子は繰り返し単位であるモノマーから構成されている．

第18章　炭水化物

18.1 4種の2-ケトペントースがある．2対のエナンチオマーである．

1対のエナンチオマー

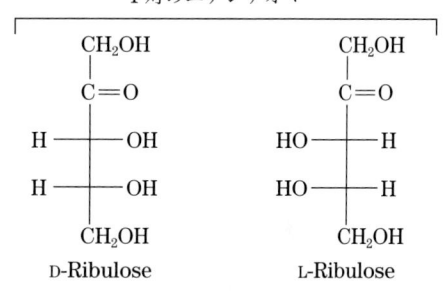

D-Ribulose　　L-Ribulose

もう1対のエナンチオマー

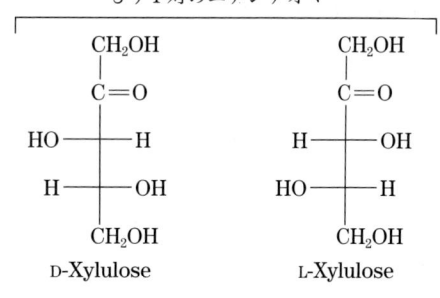

D-Xylulose　　L-Xylulose

18.2 マンノースはグルコースと2位炭素の立体配置が異なる．

β-D-Mannopyranose　　α-D-Mannopyranose
(β-D-Mannose)　　(α-D-Mannose)

18.3 マンノースはグルコースと2位炭素の立体配置が異なる．

β-D-Mannopyranose　　α-D-Mannopyranose

アノマー炭素

18.4 Methyl α-D-mannopyranoside — アノマー炭素, グリコシド結合, OCH₃(α)

18.5 β-N-グリコシド結合, アノマー炭素（アデノシン構造）

18.6 光学不活性である．エリトリトールはメソ化合物である．

18.7 β-1,3-グリコシド結合（二糖構造）

18.9 D-グルコース

18.11 DとLは単糖のアルデヒドまたはケト基から最も離れたキラル中心の立体配置を表す．単糖をFischer投影式で書いたとき，D-単糖のこの炭素上の—OHは右側に，またL-単糖のそれは左側になる．

18.13 化合物 (a) と (c) はD-単糖であり，化合物 (b) はL-単糖である．

18.15 単糖の各炭素は水分子と水素結合できるヒドロキシ基をもっているからである．

18.17 2,6-Dideoxy-D-altrose

18.19 βは環状ヘミアセタールのアノマー炭素上の—OH基が末端の—CH₂OH基と環の同じ側にあることを示している．αは末端の—CH₂OH基とは逆側にあることを示している．

18.21 違う．アノマーではなく，エナンチオマーである．アノマーはアノマー炭素の立体配置だけが異なる．

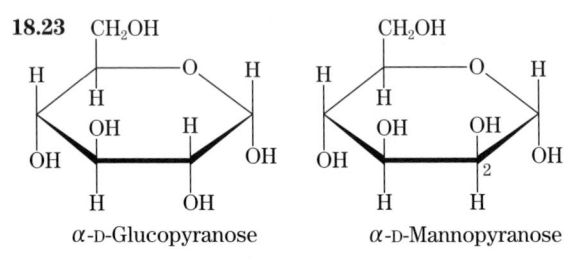

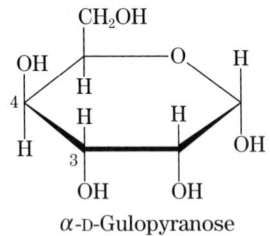

18.23 α-D-Glucopyranose, α-D-Mannopyranose, α-D-Gulopyranose

18.25
(a) → D-Galactose
(b) → D-Allose

18.27 変旋光は炭水化物のαとβ体が平衡混合物になることである．変旋光は二つのアノマーが平衡になるときに，時間とともに光学活性（旋光度）の変化を見ることによって検出できる．

18.29 正しい．α-L-グルコースの比旋光度は−52.7である．

18.31 D-リボースは還元されるとリビトールに，酸化されるとD-リボン酸になる．

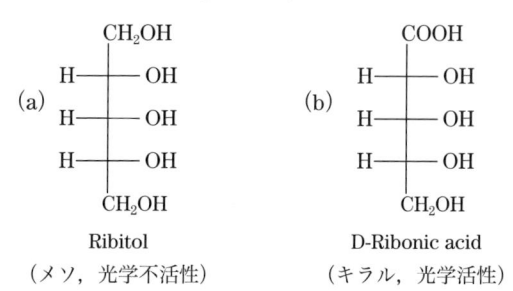

(a) Ribitol（メソ，光学不活性）
(b) D-Ribonic acid（キラル，光学活性）

18.33 D-アラビノースとD-リキソースは光学活性アルジトールを与える．D-リボースとD-キシロースは光学不活性（メソ化合物のため）アルジトールを与える．

18.35 D-アロースとD-ガラクトースを還元すると，光学不活性なメソアルジトールを与える．

18.37 (a) (1) カルボニル基と第二級アルコールからの環状ヘミアセタールの生成．
(2) 5位炭素上の第二級アルコールのケトンへの酸化．
(3) 第一級アルコールの脱水であり，炭素-炭素二重結合が生成する．
(4) 炭素-炭素二重結合の還元であり，炭素-炭素単結合になる．
(5) ケト-エノール互変異性化．
(6) ケト-エノール互変異性化．
(7) ケトンの第二級アルコールへの還元．
(8) 環状ヘミアセタールのアルデヒドとアルコールへの開環．

(b) (3)と(4)の反応で5位炭素の立体配置が反転するからである．

18.39 (a) pK_a 4.10 → HO, pK_a 11.79

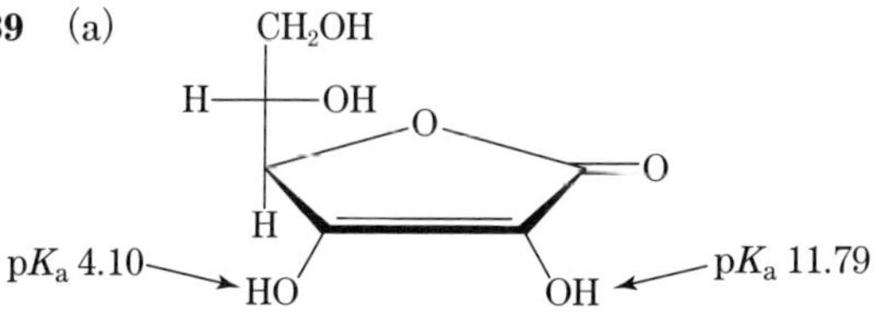

(b) 3位炭素の−OHのイオン化によって生じたアニオンはカルボニル基との共鳴によって安定化されるが，2位炭素の−OHのイオン化によって生じたアニオンには，そのような共鳴安定化はない．

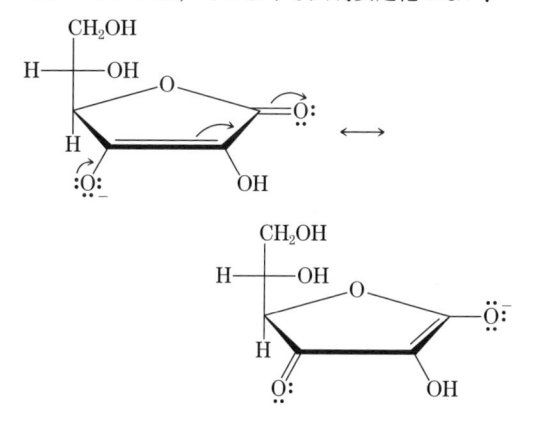

18.41 グリコシド結合とは単糖（どの単糖でもよい）のアノマー炭素と−OR基との結合である．グルコシド結合とはグルコースのアノマー炭素と−OR基との結合である．

18.43 スクロースは単糖のD-グルコースとD-フルクトースがグリコシド結合によって結合した二糖である．酸はグリコシド結合の加水分解を触媒し，D-グルコースとD-フルクトースを与える．D-フルクトースの甘味はスクロースを100とすると174になる．したがって，スクロースをフルクトースに変換すると，その混合物の甘味は増す．

18.45 (a) トレハロースは還元糖ではない．(b) 変旋光をしない．(c) D-グルコース2単位からできている．

18.47 オリゴ糖はほぼ6〜10個の単糖単位からなる．多糖は一般に10個以上の単糖から構成されている．

18.49 違いは枝分かれの程度である．アミロースは枝分かれがなく，アミロペクチンはβ-1,6-グリコシド結合で始まる枝分かれで，網目状になっている．

18.51
(a) β-1,4-グリコシド結合

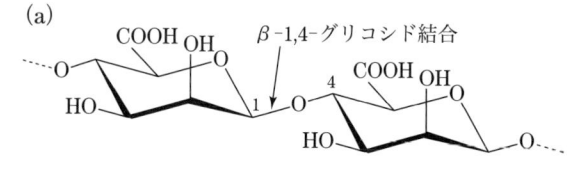

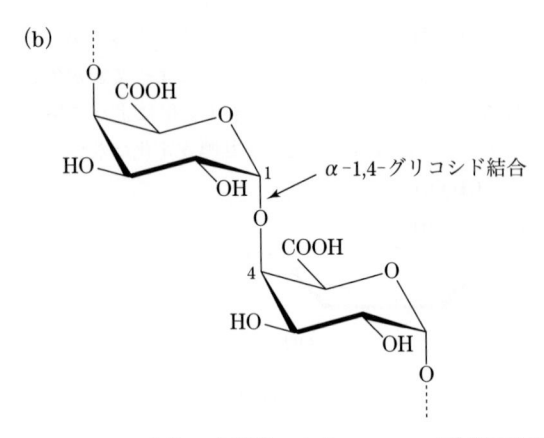

(b) [構造式: α-1,4-グリコシド結合を示すグルコース二糖の図]

18.53 この変換の中間体はケト-エノール互変異性体エンジオール，すなわち，炭素-炭素二重結合に OH 基を2個もつ分子である．

[構造式: Dihydroxyacetone phosphate ⇌ エンジオール中間体 ⇌ D-Glyceraldehyde 3-phosphate]

18.55 (a) 多くのエピマーの組合せがある．その一つの組合せは D-アロース，D-アルトロース（C-2 が異なる），D-グルコース（C-3 が異なる）と D-グロース（C-4 が異なる）である．

(b) アノマーは常に対になる．D-アルドースのアノマーは環状ヘミアセタール形になったとき，1位炭素の立体配置のみが異なる．2-ケトースのアノマーは環状ヘミアセタール形になると2位炭素の立体配置のみが異なる．エピマーはアノマー炭素以外の1個の炭素の立体配置のみが異なるものをいう．
（訳注：アノマーもエピマーの1種として含める場合もある．）

第19章 アミノ酸とタンパク質

19.1 (a) グリシンだけがキラル中心をもたない．
(b) イソロイシンとトレオニンは2個のキラル中心をもっている．

19.2 pH 7.0 では，ヒスチジン（pI 7.64）は全体としては正電荷をもち，陰極へ移動する．

19.3 pH 6.0 では，グルタミン酸（pI 3.08）は全体としては負電荷をもち，陽極へ移動する．この pH ではアルギニン（pI 10.76）は全体としては正電荷をもち，陰極へ移動する．バリン（pI 6.00）は正味の電荷をもたないので原点に留まる．

19.4 [構造式: トリペプチド（N-末端アミノ酸 Lys, Phe, C-末端アミノ酸 Ala）, pK_a 10.53, pK_a 8.95, pK_a 2.35]

pH 6 では正味の電荷は +1 である．

19.5 これらのトリペプチドはどれも Arg や Lys をもたないので，トリプシンによっては加水分解されない．トリペプチド (a) と (b) はキモトリプシンによって加水分解される．

19.6 Ala-Glu-Arg-Thr-Phe-Lys-Lys-Val-Met-Ser-Trp

19.7 pH 7.4 では，リシンの側鎖は Asp, Glu の側鎖と塩を形成する．

19.9 L-セリンのキラル中心は S 配置である．

19.11 [構造式: (S, R 配置を示すアミノ酸構造)]

19.13 (a) Valine (b) Phenylalanine (c) Glutamine

19.15 Arg は側鎖に塩基性基（—NH_2）をもっているために，塩基性アミノ酸といわれる．His と Lys も

塩基性側鎖をもっているので同様に塩基性アミノ酸と考えられている．

19.17

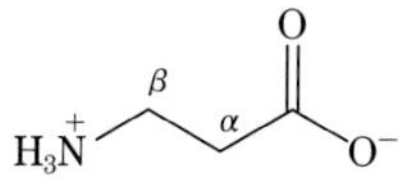

β-Alanine

(構造: H$_3$N$^+$–CH$_2$(β)–CH$_2$(α)–COO$^-$)

19.19 ヒスチジンはヒスタミンの生物学的前駆体で，His からヒスタミンへの変換には脱炭酸が含まれる．

19.21 セロトニンとメラトニンはトリプトファンから合成される．

　(a) セロトニンの合成には，トリプトファンの脱炭酸とインドール環の酸化による OH 基の導入が含まれる．

　(b) メラトニンの合成には，トリプトファンのカルボキシ基の脱炭酸，第一級アミンのアセチル化，さらにインドール環の C—H 基の C—OH 基への酸化，引き続きメチル化が含まれる．

19.23
(a) ロイシン (H$_2$N–CH(CH$_2$CH(CH$_3$)$_2$)–COO$^-$)
(b) バリン (H$_2$N–CH(CH(CH$_3$)$_2$)–COO$^-$)
(c) プロリン
(d) アスパラギン酸 (H$_2$N–CH(CH$_2$COO$^-$)–COO$^-$)

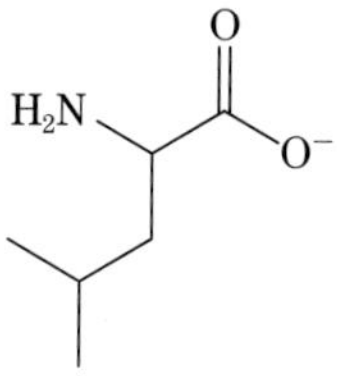

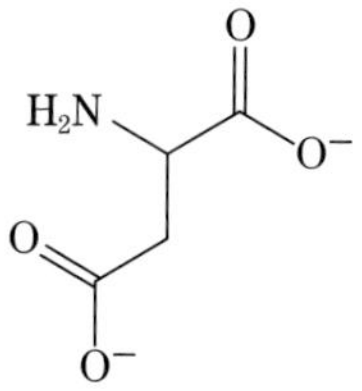

19.25

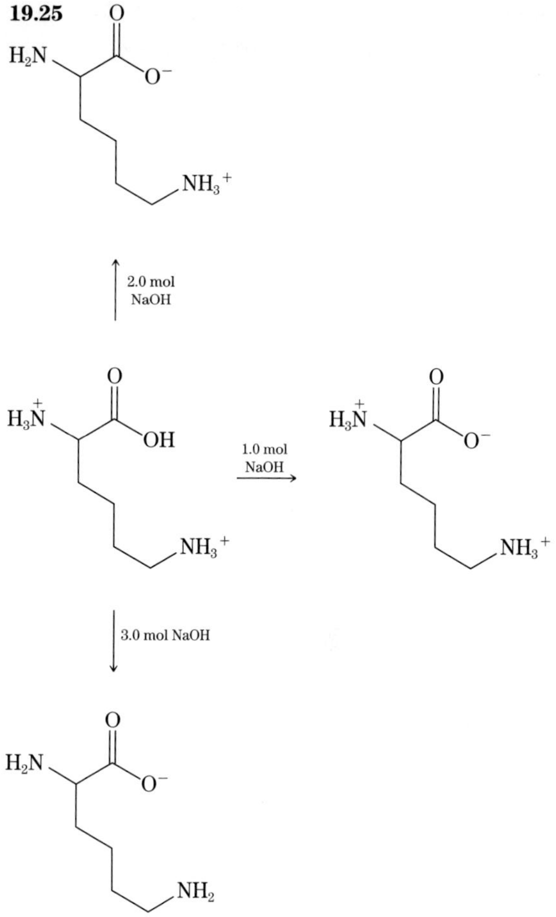

(リシンの滴定過程: 完全プロトン化体 →[2.0 mol NaOH]→ 双性イオン形 →[1.0 mol NaOH]→ アニオン形; また完全プロトン化体 →[3.0 mol NaOH]→ 中性アミン形)

19.27

(a) pK$_{a1}$ = 2.10, pI = 3.08, pK$_{a2}$ = 4.07, pK$_{a3}$ = 9.47

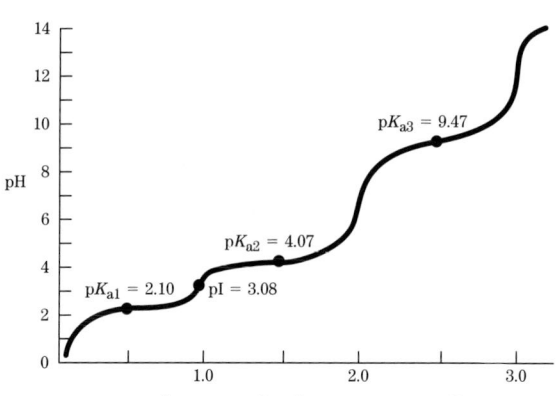

(b) pK$_{a1}$ = 1.77, pK$_{a2}$ = 6.10, pI = 7.64, pK$_{a3}$ = 9.18

(横軸: アミノ酸の 1 mol 当たりの OH$^-$ の mol 数，縦軸: pH)

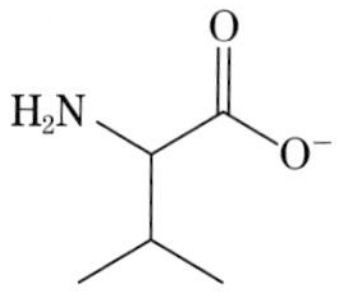

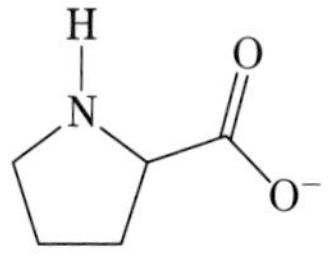

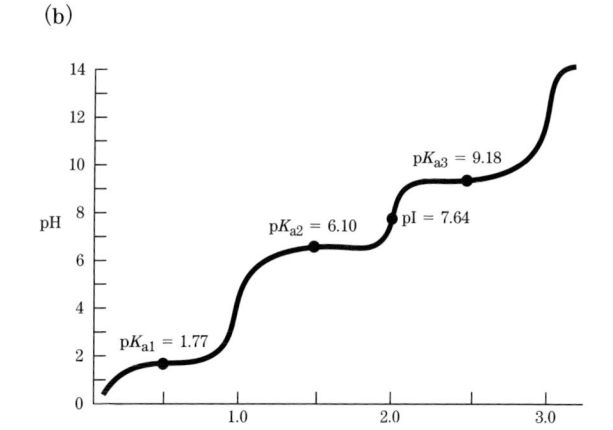

19.29 グルタミン酸は側鎖に酸性のカルボキシ基をもっているので，Glu が中性になるためには，2個のカルボキシ基を合わせた全体の電荷が -1 にならなくてはならない．グルタミン酸の pI は 2 個のカルボン酸の pK_a 値（pK_a 2.10 と 4.07）の間になる．グルタミンの pI は α–COOH 基（pK_a 2.17）と α–NH$_3^+$ 基（pK_a 9.13）の pK_a 値の間になる．

19.31 グアニジンとグアニジノ基の強い塩基性は，19.3A 節で述べたように，プロトン化された形が共鳴安定化されるためである．

19.33 電気泳動における化合物の移動しやすさは，その pH におけるその分子の正味の電荷に依存する．次に各化合物の正味の電荷と移動の方向を示す．
 (a) His（+1，陽極）　　(b) Lys（+1，陽極）
 (c) Glu（−1，陰極）　　(d) Gln（+1，陽極）
 (e) Glu-Ile-Val（−1，陰極）
 (f) Lys-Gln-Tyr（+1，陽極）

19.35 インスリンは 4 個の酸性側鎖と 4 個の塩基性側鎖をもっている．その等電点（pI）はすべての酸性基が脱プロトン化され（pH > 4），すべての塩基性基がプロトン化される（pH < 6）pH であるはずである．インスリンの pI は中性アミノ酸のそれとほぼ同じ pH 5 付近になるはずである．

19.37 (a) $4 \times 3 \times 2 \times 1 = 24$ 通り
 (b) $20 \times 19 \times 18 \times 17 = 116{,}280$ 通り

19.39 各試薬または酵素が加水分解する位置をペプチド結合の位置番号で示している．
 (a) 1-2
 (b) 6-7，10-11，13-14，22-23，25-26
 (c) 12-13，17-18，18-19
 (d) 27-28

19.41

(a) Phe-Val-Asn （N-末端アミノ酸，C-末端アミノ酸，ペプチド結合）

(b) Leu-Val-Gly （N-末端アミノ酸，C-末端アミノ酸，ペプチド結合）

19.43 (a) Glu-Cys-Gly
 (b) Glu と Cys 間のペプチド結合は Glu の側鎖のカルボキシ基を使って形成されている．Glu と Cys の正常なペプチド結合は Glu の α-カルボキシ基と Cys のアミノ基の間の結合である．
 (c) グルタチオンは生物学的な還元剤である．
$$2\,\text{GSH} \longrightarrow \text{G-S-S-G} + 2\,e^- + 2\,\text{H}^+$$
 (d) O_2 は H_2O に還元される．
$$4\,\text{GSH} + O_2 \longrightarrow 2\,\text{G-S-S-G} + 2\,H_2O$$

19.45 α ヘリックスのアミノ酸側鎖はヘリックスの外側に向いている．

19.47 極性，酸性および塩基性側鎖は親水性相互作用を最大にするように周囲の水と接触することを好む．それらには (b) Arg，(c) Ser，(d) Lys があげられる．無極性側鎖は周囲の水を避けるようにして疎水性相互作用を最大にする．それらには (a) Leu と (e) Phe があげられる．

19.49 ホモセリンは次の五員環ラクトンを生成する．

ホモセリンから

セリンは同じようには反応しない．もし反応したとすれば非常にひずみの高い四員環ラクトンを生成することになるからである．

19.51 二つ目のエネルギー図に示された反応の活性化エネルギーは下がっている．これは触媒と関係し，酵素として知られているタンパク質の機能である．

第20章 核 酸

20.1 [構造式: チミジン 3'-リン酸]

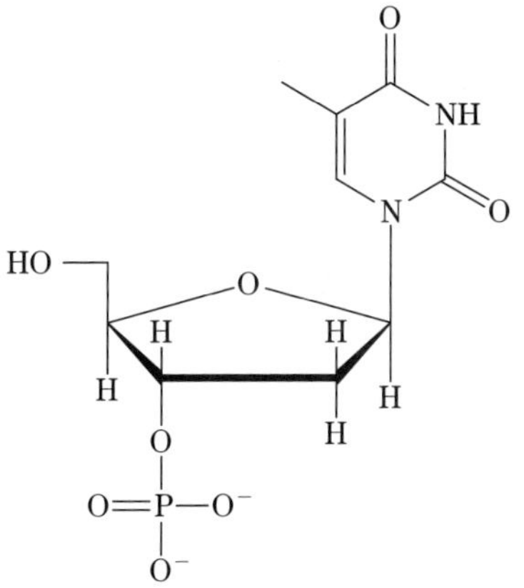

20.2 [構造式: C-T-G の三量体、リン酸化された 3' 末端]

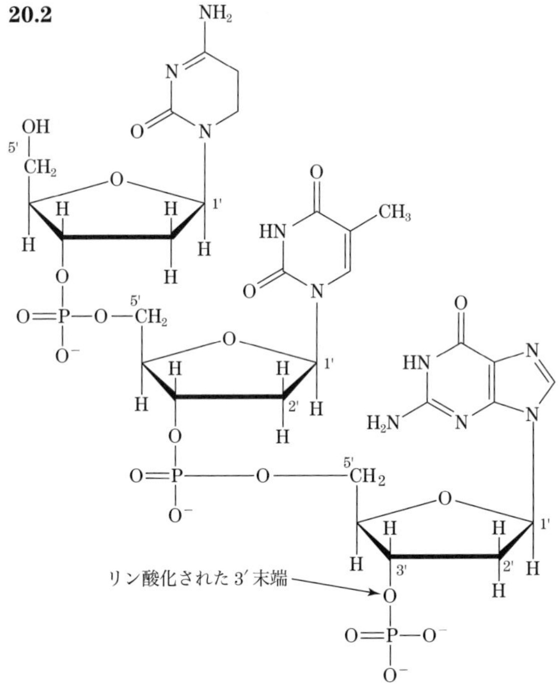

20.3 5'-TCGTACGG-3'

20.4 RNA のウラシル (U) 塩基は，DNA のアデニン (A) と相補的である．相補的な DNA の配列は 5'-TGGTGGACGAGTCCGGAA-3' である．

20.5 (a) 5'-UGC-UAU-AUU-CAA-AAU-UGC-CCU-CUU-GGU-UGA-3'

(b) オキシトシンの一次構造は Cys-Tyr-Ile-Gln-Asn-Cys-Pro-Leu-Gly である．

20.6 $FnuD$II と HpaII の切断位置は:

```
         FnuDII              HpaII
           ↓                   ↓
5'-ACGTCGGGTCGTCGTCCTCTCGCGGTGGTGAGTCTTC
                         CGGCTCTTCT-3'
```

20.7 [構造式: 6-メルカプトプリンのエンチオール, 6-チオグアニンのエンチオール]

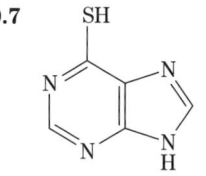

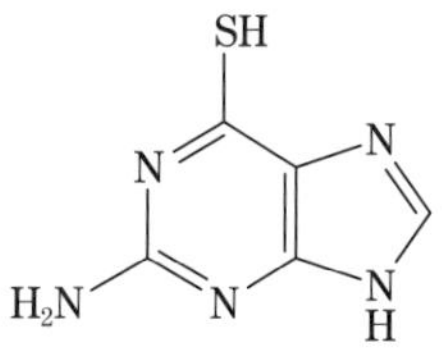

6-メルカプトプリンの　　　　6-チオグアニンの
　エンチオール　　　　　　　　エンチオール

20.9 (a) [構造式: アデノシン]

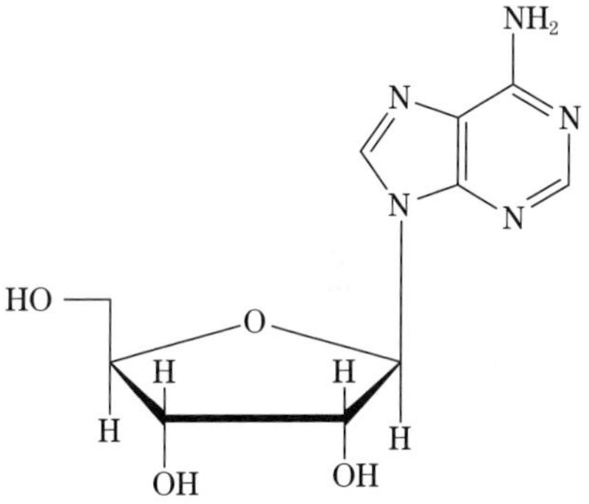

(b) [構造式: 2'-デオキシシチジン]

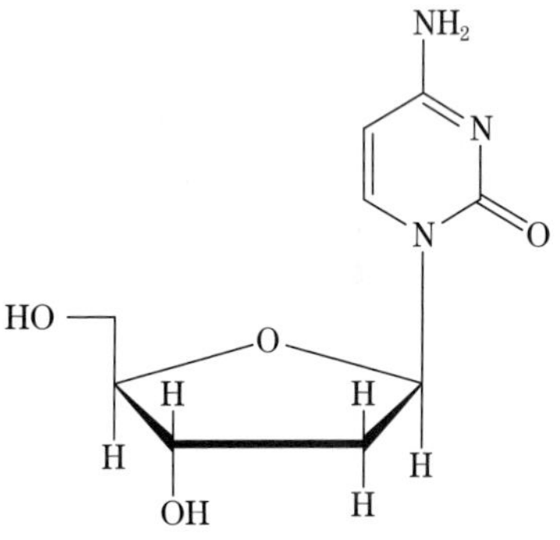

20.11 ヌクレオチドは 5' または 3' 位にリン酸基をもっており，この点でヌクレオシドと異なっている．

20.13 [構造式: アデノシン 3'-リン酸]

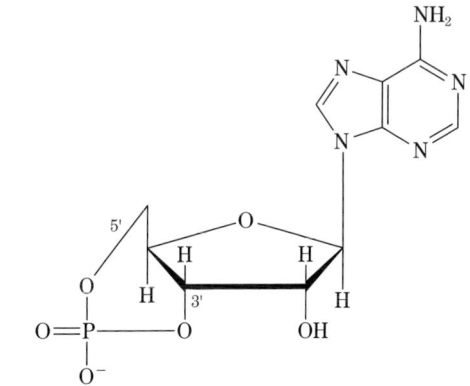

20.15 AはTと対をなすため，ヒトのDNA中にはTも30.4％存在する．したがって，AとTはヒトDNA中で60.8％を占める．残りの39.2％がGとCのはずであり，二等分すると19.6％のGと19.6％のCになる．これらの値は，表20.1に見られる実験値に非常によく一致する．

20.17 (1) DNAは同じ軸に対して右巻きに巻いた逆平行のポリヌクレオチド鎖から構成され，二重らせんを形成している．

(2) プリンとピリミジン塩基は内向きにらせん軸のほうに向いており，常に特異的にAとT，GとCの対をなしている．

(3) 塩基対が3.4×10^{-10} mの間隔で積み重なっており，らせんのちょうど1回転には10塩基対が存在する．

(4) 3.4×10^{-9} mごとにらせんのちょうど1回転となる．

20.19 (a) タンパク質のαヘリックスの骨格の繰り返し単位はα-アミノ酸であり，DNAのそれはβ-$2'$-デオキシ-D-リボースのリン酸エステル単位である．

(b) αヘリックスにおけるアミノ酸のR基はらせんの外側に向いているが，DNAの二重らせんにおけるプリンとピリミジン塩基は内側を向いており，水性の細胞環境から隔離されている．

20.21 (a) グリコシド結合は多糖のモノマー単位を結合している．

(b) ペプチド結合はポリペプチドのモノマー単位を結合している．

(c) リン酸エステル結合は核酸のモノマー単位を結合している．

20.23 G-C塩基対は3本の水素結合で対をなしており，一方，A-T塩基対は2本の水素結合だけで対をなしている．水素結合の数が多ければ，その結合切断のためのエネルギーがより多く必要となる．そのため，G-C塩基対をより多く含む核酸のほうが，変性するためにより多くのエネルギー（熱という形で）が必要となる．

20.25 5′-ATCGTTGA-3′

20.27 (a) DNAにおいて単糖の単位はβ-$2'$-デオキシ-D-リボースであるが，RNAの場合の単糖の単位はβ-D-リボースである．

(b) DNAとRNAは同じプリン塩基GとCを使っているが，ピリミジン塩基に関しては，RNAはUを使い，DNAはTを使う点で異なっている．ピリミジン塩基Aは両者とも使っている．

(c) DNAの一次構造はA，T，G，Cの組合せで構成されているが，RNAはA，U，G，Cの組合せで構成されている．

(d) RNAは細胞の細胞質（細胞壁と核の間の領域）に存在するが，DNAは細胞の核に存在する．

(e) DNAの機能は情報の貯蔵であるが，RNAの機能は翻訳と転写である．

20.29 5′-AUUAACGGU-3′

20.31 縮重とは，アミノ酸が複数のトリプレットで暗号化されていることをいう．

20.33 フェニルアラニンPheとチロシンTyrは側鎖が異なっている．両者とも側鎖には芳香環をもっているが，Pheはベンゼンを，Tyrはフェノールをもっている．これらのコドンは2番目の位置だけが異なっている．

20.35 次のものは，3番目の塩基が異なるコドン（X＝3番目の塩基）で，それらが暗号化しているアミノ酸は次のとおりである．

GUX-Val　GCX-Ala　GGX-Gly　CGX-Arg
UCX-Ser　CCX-Pro　ACX-Thr

20.37 TryとGlyの例外を除いて，2番目の塩基がAかGのすべてのコドンは極性で親水性の側鎖をもつアミノ酸を暗号化している．

20.39 141個のアミノ酸からなるポリペプチドはそれぞれのアミノ酸に対して一つのトリプレットコドンがあり，それに加えて一つの停止コドンがある．したがって，α鎖を暗号化するのに必要なDNA塩基の最小数は$(141 + 1) \times 3 = 426$である．

20.41 遺伝子の3連続しているTがなくなるということは，その相補的なmRNAにおいてAAAがなくなるということである．このトリプレットコドンはリシンを暗号化している．これが，のう胞性繊維症におけるCFTRから欠如しているアミノ酸である．

20.43

[構造式: グアニン-シトシン様塩基対の水素結合を示す図。糖が結合した2つのプリン塩基が水素結合で対になっている]

第21章 脂 質

21.1 (a) 次の3種の構造異性体が存在する．

```
H₂C—palmitate    H₂C—oleate      H₂C—oleate
 |                |                |
HC—oleate        HC—palmitate     HC—stearate
 |                |                |
H₂C—stearate     H₂C—stearate     H₂C—palmitate
```

(b) すべてキラル中心を1個もっているので，すべてキラルである．

21.3 疎水性領域は3個の脂肪酸の炭化水素鎖であり，親水性領域は3個のエステル基である．

21.5 トリオレイン酸グリセリンのほうが，C＝C結合が少ないために高い融点をもっている．脂肪酸にC＝C結合が少ないほど，その構造はよりコンパクトになり，分子が密につまりやすくなる．

21.7 やし油は数少ない液体の飽和トリグリセリドである．その理由は大部分が低分子量の脂肪酸からなっているためである．低分子量の脂肪酸は分子間に働く分散力が弱い．

21.9 植物油の硬化とは，植物油のC＝C結合を接触還元によって水素化することである．

21.11 よい合成洗剤は，一方に長い炭化水素鎖，もう一方の端に硬水に含まれる Ca^{2+}, Mg^{2+} や Fe^{3+} と不溶な塩をつくらない極性基をもつものである．

21.13 シャンプーや皿洗いに使われる洗剤は，アルキルベンゼンスルホン酸塩で，次の一般式で表される．

$$R\text{—}\bigcirc\text{—}SO_3^-Na^+$$

ここで R は長い炭化水素鎖を表す．これらはアニオン性の洗剤である．

21.15

(a) $CH_3(CH_2)_{14}\text{—}\underset{O}{\overset{\|}{C}}\text{—}OH \xrightarrow[2) H^+, H_2O]{1) LiAlH_4} CH_3(CH_2)_{14}\text{—}CH_2\text{—}OH \xrightarrow{SOCl_2}$ cetyl chloride

(b) $CH_3(CH_2)_{14}\text{—}\underset{O}{\overset{\|}{C}}\text{—}OH \xrightarrow{SOCl_2} CH_3(CH_2)_{14}\text{—}\underset{O}{\overset{\|}{C}}\text{—}Cl \xrightarrow{(CH_3)_2NH} CH_3(CH_2)_{14}\text{—}\underset{O}{\overset{\|}{C}}\text{—}N\underset{CH_3}{\overset{CH_3}{\diagup}}$

$\xrightarrow{1) LiAlH_4, 2) H^+, H_2O} CH_3(CH_2)_{15}N(CH_3)_2$

21.17

[構造式: ホスファチジルコリン（レシチン）の構造。2本の長い飽和脂肪酸鎖がグリセロール骨格にエステル結合しており，3位にホスホコリン基 $CH_2\text{—}O\text{—}P(O^-)(=O)\text{—}OCH_2CH_2\overset{+}{N}(CH_3)_3$ が結合している]

疎水性領域　　　　　　　　　親水性領域

21.19 不飽和脂肪酸が存在すると，生体膜の流動性を高める．それはシスの C＝C 結合が炭化水素鎖にねじれを生じさせ，分子全体を密につまりにくくするためである．

21.21 各反応は立体選択的である．(a) では水素は炭素-炭素二重結合の立体障害の少ない側（この場合は A 環の OH 基および A と B 環の間にある CH_3 基とは反対側）から付加する．臭素化では環状のブロモニウムイオンを経て Br_2 がアンチ付加する．シクロヘキセン環への付加はトランスジアキシアルで起こる．(b) の臭素はいずれもジアキシアルである．（訳注：臭素化は 2 段階で起こる．第 1 段階の Br^+ の付加は，水素化の場合と同じ立体障害の少ない側から起こりブロモニウムイオンができる．これに Br^- がトランスジアキシアルになるように攻撃する．通常はこのあと環が反転してより安定なジエクアトリアルになるが，この場合は環が反転できない．）

(a) [コレステロール類似構造]

(b) [ジブロモ体構造]

21.23 $CH_3(CH_2)_4(CH=CHCH_2)_2(CH_2)_6-C(=O)-O-$ [コレステロールエステル構造]

21.25 コール酸（図 21.10）はステロイドの A〜D 環のうち，A と B 環の結合はシスになっている．ステロイド骨格が疎水性領域，カルボン酸イオンとヒドロキシ基が親水性領域として働くために，脂肪や油を乳化させることができる．これは脂肪酸の場合と同じである．

21.27 タモキシフェンはエストロンのフェノール環に類似したベンゼン環をいくつかもっている．

21.29 合成プロスタグランジンのウノプロストンとレスクラは $PGF_{2\alpha}$ と類似の炭素骨格をもっている．しかし，合成類似体には 13 位に C＝C 結合がなく，21 位と 22 位に 2 個の余分の炭素をもち，15 位炭素上の—OH の代わりにカルボニル基をもつ点で異なる．

21.31 $CH_3(CH_2)_{14}CO-$ [ビタミンAパルミチン酸エステル構造]

Vitamin A palmitate

21.33 (a) 糖は水溶性分子であるから，糖脂質の糖部分は膜の外側にあると予想される．
(b) D-ガラクトース

21.35 脂質の動き A のほうが好ましいと考えられる．B では脂質の極性の頭部分が膜の無極性部分を通過しなくてはならない．

第 22 章 代謝の有機化学

22.1 グルコースが 2 分子の乳酸に変換されるのは酸化でも還元でもない．

22.2 乳酸発酵では，グルコースは 2 分子の乳酸に変換される．これがイオン化すると血液の pH は下がる．

22.3 ニコチンアミドである．解糖の酸化段階に必要で，ビタミンの一種ナイアシンから誘導される．

22.5 3 mol のグルコースは 6 mol の乳酸を与える．

22.7 解糖とアルコール発酵によって，1 mol のスクロースは 4 mol のエタノールと 2 mol の二酸化炭素を与える．

22.9 次の反応機構の各段階に 1〜5 の番号をつけた．この機構の鍵反応は段階 3 で，NADH から電子対をもった水素（ヒドリドイオン H:⁻）がアセトアルデヒドのカルボニル基へ移動する．

矢印 1〜2：環内の電子が窒素から流れ出す．
矢印 3：六員環の CH_2 からヒドリドイオンがカルボニル炭素へ移動し，アセトアルデヒドのカルボニル炭素に新しい C—H 結合ができる．
矢印 4：C=O の π 結合が，新しい C—H 結合の生成とともに，切断される．
矢印 5：酵素の表面上の酸性基—BH から新しくできたアルコキシドイオンへプロトンを渡し，エタノールのヒドロキシ基が完全にでき上がる．

22.11 カルボニル炭素に付加する水素は NADH に由来する．

22.13 アルコール発酵の結果グルコースから生成した 2 mol の CO_2 は，グルコースの 3 位と 4 位の炭素に由来する．

22.15 オレイン酸の炭素-炭素二重結合はシス配置をもっていることに注意しよう．

Palmitic acid (C16)

Oleic acid (C18)

Stearic acid (C18)

22.17 3 種の補酵素とそれらが導かれるビタミン（かっこ内に示した）は FAD（リボフラビン），NAD^+（ナイアシン）および補酵素 A（パントテン酸）である．

22.19 クエン酸回路の主要な役割は，還元された補酵素（NADH と $FADH_2$）をつくることである．呼吸によって再酸化され，ATP の形でエネルギーの生成と組み合わされている．

22.21 クエン酸回路はアセチル CoA の形で酢酸単位を受取り，回路に入ってくるアセチル基ごとに 2 分子の CO_2 を生じる．また，NAD^+ と FAD を受け入れ，NADH と $FADH_2$ を生成する．これらの化学的変換の他には，この回路の中間体のいずれにも他の正味の変化はない．

22.23 (a) $C_6H_{12}O_6 + 6\,O_2 \longrightarrow 6\,CO_2 + 6\,H_2O$

$$RQ = \frac{6\,CO_2}{6\,O_2} = 1.00$$

(b) 1 mol のトリオレインの酸化の係数付きの反応式によると，80 mol の O_2 が使われ，57 mol の CO_2 を生じる．したがって RQ は 57/80 = 0.71 である．

$C_{57}H_{104}O_6 + 80\,O_2 \longrightarrow 57\,CO_2 + 52\,H_2O$

(c) エタノールの酸化の係数つきの反応式によると，3 mol の O_2 が使われ，2 mol の CO_2 が生じる，したがって RQ は 2/3 = 0.67 である．カロリーの多くをエタノールからとると，その人の RQ は減少する．

$C_2H_6O + 3\,O_2 \longrightarrow 2\,CO_2 + 3\,H_2O$

22.25 グルコースの 1 位と 6 位の炭素は，アセチル CoA のメチル基となる．パルミチン酸の 2, 4, 6, 8, 10, 12, 14 および 16 位の炭素原子がアセチル CoA のメチル基となる．

22.27 (a) 酵素触媒反応は目的物を 100 % の効率で与える．実験室の反応でこれほど効率のよいものはまれにしかない．

(b) 酵素触媒反応は 100 % 位置選択的である．実験室の反応でこれに近いものはあるが，ほとんどそうはならない．

(c) 酵素触媒反応は 100 % 立体選択的である．実験室の反応でこれに近いものはあるが，ほとんど

そうはならない．

22.29 この章で学んだ官能基のうち，カルボン酸とアミンはその生物学的環境の酸性度に影響される．プロトン化されるか，脱プロトン化されるかの程度は，場合にもよるがまわりのpHに依存する．

索 引

ア

アキシアル (axial) 96
アキシアル結合 (axial bond) 79
アキラル (achiral) 159,179
アシクロビル (acyclovir) 560
アジピン酸 (adipic acid) 361,362,379, 471,478
亜硝酸 (nitrous acid) 323
アシリウムイオン (acylium ion) 278
アシル基 (acyl group) 408
アスコルビン酸 (ascorbic acid) 513,520
アスピリン (aspirin) 388,420,605
アセタール (acetal) 366,507
　生成反応機構 349
アセチル基 (acetyl group) 381
アセチルコリン (acetylcholine) 331
アセチルサリチル酸 (acetyl salicylate) 388
アセチル CoA (acetyl-CoA) 453,461,601, 610,621,629
アセチレン (acetylene) 18,30,109
アセテート繊維 (acetate rayon) 519,520
アセトアミノフェン (acetaminophen) 332,434
アセトフェノン (acetophenone) 339
アデニン (adenine) 560
アデノシン (adenosine) 616
アデノシン一リン酸 *(adenosine monophosphate) 562,616
アデノシン三リン酸 *(adenosine triphosphate) 562,616
アデノシン二リン酸 *(adenosine diphosphate) 616
アドレナリン (adrenaline) 328
アニオン (anion) 6,7,36
アニシジン (anisidine) 312
アニソール (anisole) 267
　ニトロ化 285
アニリン (aniline) 267,312
アノマー (anomer) 503,520
アノマー炭素 (anomeric carbon) 503,520
油 (oil) 590
アミド (amide) 412,421,422,427,430
　加水分解 418
アミド結合 (amide bond) 539
アミトリプチリン (amitriptyline) 373
p-アミノ安息香酸 (p-aminobenzoic acid) 341
アミノ基 (amino group) 34,37
アミノ酸 (amino acid) 321,530
　慣用名 532
　酸塩基性 534
　酸性度 534,553
　滴定 536
　等電点 535
　略号 532
　pK_a値 535
アミノ酸組成 (amino acid composition) 541
アミノ酸配列 (amino acid sequence) 541
アミノ糖 (amino sugar) 501
4-アミノブタン酸 (4-aminobutanoic acid) 533
アミロース (amylose) 517,520
アミロペクチン (amylopectin) 517,520
アミン (amine) 34
　塩基性度 315,317,318,326
　水素結合 315
　物理的性質 316
アモキシシリン (amoxicillin) 183,407, 412
アラキドン酸 (arachidonic acid) 605
アラニン (alanine) 62,321
アラミド (aramide) 478,493
アリル位炭素 (allylic carbon) 295
アリール基 (aryl group) 260
アリルラジカル (allyl radical) 295
アルカジエン (alkadiene) 115
アルカロイド (alkaloid) 310
アルカン (alkane) 63
　構造異性 66
　酸化 96
　反応 91
　名称 65
　命名 69
　立体配座 76
アルカンアミン (alkanamine) 311,326
アルギニン (arginine) 535
アルキルアミン (alkylamine) 313,326
アルキルカルボカチオン (alkyl carbocation)
　安定性 138
アルキル基 (alkyl group) 70,76
　名称 71
アルキルラジカル (alkyl radical)
　安定性 486
アルキン (alkyne) 64,105,108,121
アルギン酸 (alginic acid) 525
アルケン (alkene) 64,105,121
　安定性 147
　シス-トランス異性 108
　水素化熱 147
立体配置 110
アルコキシ基 (alkoxy group) 237
アルコキシド (alkoxide) 227
アルコール (alcohol) 220,250
　塩基性度 226
　酸化 234,251
　酸触媒脱水 251
　酸性度 226,250
　沸点 224
　HBr との反応 250
　pK_a値 226
　SOCl$_2$ との反応 251
アルコール発酵 (alcoholic fermentation) 629,638,639
アルジトール (alditol) 509,520,521
アルデヒド (aldehyde) 34,338,365
　酸化 359,367
　接触還元 363
アルドース (aldose) 498
アルドステロン (aldosterone) 600
アルドール (aldol) 443
　塩基触媒脱水 445
アルドール反応 (aldol reaction) 442, 461,624,635
　交差 446
　反応機構 443
　分子内 447
アルドン酸 (aldonic acid) 511,520,522
アルブテロール (albuterol) 307,328,406
アレン (allene) 41,122
アレーン (arene) 64,105,260,297
アレーンジアゾニウム塩 (arenediazonium salt) 324
　還元 327
安息香酸 (benzoic acid) 267,270
安息香酸ナトリウム (sodium benzoate) 385
アンチ選択性 (*anti* selectivity)
　臭素付加 144
アンチノック剤 (antiknock agent) 255
安定性 (stability)
　アルキルカルボカチオン 138
　アルケン 147
　カルボカチオン 137,197
アントラセン (anthracene) 269
アンドロゲン (androgens) 599
アンドロステロン (androsterone) 600
アンフェタミン (amphetamine) 311
アンモニア (ammonia) 17
α水素 (α-hydrogen) 356,365
　酸性度 440
α炭素 (α-carbon) 203,356,365,440,532
α-ハロゲン化 (α-halogenation) 358

*日本名は解離する前の名称，英語名は解離したときの名称で示されている．

反応機構　359
αヘリックス (α-helix)　547,552
α, β-不飽和アルデヒド (α, β-unsaturated aldehyde)　461
α, β-不飽和カルボニル化合物 (α,β-unsaturated carbonyl compound)　457
α, β-不飽和ケトン (α, β-unsaturated ketone)　461
Arrhenius 酸塩基 (Arrhenius acid and base)　44
Arrhenius の定義　58
Arrhenius, S.　44
IUPAC 命名法 (IUPAC nomenclature)　69,74,104,109,188,220,237,247,312,338,378
R　179
RNA　559,570,582
rRNA　571
R, S 表記法　179,162

イ

イオン結合 (ionic bond)　7,8,36
イオン交換クロマトグラフィー (ion-exchange chromatography)　541
いす形配座 (chair conformation)　79,80,86,96,506,520
イソキノリン (isoquinoline)　312
イソシアナート (isocyanate)　480
イソフタル酸 (isophthalic acid)　271
イソフルラン (isoflurane)　219
イソプレン (isoprene)　119
イソプレン単位 (isoprene unit)　118,121
イソペンテニルピロリン酸*(isopentenyl pyrophosphate)　455
一塩基酸 (monoprotic acid)　47
一次構造 (primary structure)　563,582
　核酸　564
　タンパク質　541
　ポリペプチド　541
位置選択性 (regioselectivity)　245,486,632,635
位置選択的反応 (regioselective reaction)　134
一分子反応 (unimolecular reaction)　194
遺伝暗号 (genetic code)　573,574,582
遺伝子 (gene)　573
イブプロフェン (ibuprofen)　162,164,176,377,389,401
イミダゾール (imidazole)　266,535
イミン (imine)　366
　生成反応機構　353
陰イオン (anion)　6
インスリン (insulin)　549
インドール (indole)　266,312
E1 反応 (E1 reaction)　205,210,211
　機構　233

反応機構　359
　E2 反応との比較　206
　S_N1 反応との比較　207
E2 反応 (E2 reaction)　205,210,211
　機構　233
　E1 反応との比較　206
　S_N2 反応との比較　208
E, Z 命名法　111,121

ウ

右旋性 (dextrorotatory)　173,179
ウノプロストン (unoprostone)　613
ウラシル (uracil)　560
ウルシオール (urushiol)　290
ウレタン (urethane)　480
ウロン酸 (uronic acid)　511
10-ウンデセン酸亜鉛 (zinc 10-undecenoate)　401

エ

エイコサノイド (eicosanoid)　605
液化石油ガス (liquefied petroleum gas)　93
エクアトリアル (equatorial)　96
エクアトリアル結合 (equatorial bond)　79
エステラーゼ (esterase)　176
エステル (ester)　409,416,420,422,427
　酸触媒加水分解　416
　加水分解反応機構　416
エステル交換 (transesterification)　420
エストロゲン (estrogens)　599
エストロン (estrone)　600
エタノール (ethanol)
　会合　224
エチドカイン (etidocaine)　437
エチレン (ethylene)　18,29,106
エチレンオキシド (ethylene oxide)　243,246,479
エチレングリコール (ethylene glycol)　223,243,479
エテホン (ethephon)　106
エーテル (ether)　237,250
　反応　241
　沸点　238
エナンチオ異性 (enantiomerism)　157
エナンチオマー (enantiomer)　156,160,179,498,598
　物理的性質　171
エネルギー障壁 (energy barrier)　132
エネルギー図 (energy diagram)　131
エノラートアニオン (enolate anion)　441,461
　生成　442
エノール (enol)　356,396,397
　生成反応機構　357

エピクロロヒドリン (epichlorohydrin)　481
エピネフリン (epinephrine)　328
エピバチジン (epibatidine)　330
エピマー (epimer)　527
エフェドリン (ephedrine)　41,182
エポキシ樹脂 (epoxy resin)　481,491
エポキシド (epoxide)　241,251
　開環反応　243
　求核的開環　252
　酸化　251
　酸触媒加水分解　251
　S_N2 反応　245
エラストマー (elastomer)　475
エリトロース (erythrose)　165
塩化 N-アルキルピリジニウム (N-alkylpyridinium chloride)　313
塩化チオニル (thionyl chloride)　230,395
塩化ヨウ素 (iodine chloride)　334
塩基 (base)　46,55,58
塩基解離定数 (base ionization constant)　316
塩基触媒脱水 (base catalyzed dehydration)
　アルドール　445
塩基性度 (basicity)
　アミン　315,317,318,326
　アルコール　226
塩結合 (salt linkage)　550
エンケファリン (enkephalin)　309
エンジオール (enediol)　372
塩素化 (chlorination)　273,297
塩素付加 (addition of chlorine)　143,150
A-DNA　568,582
ADP　616,638
AMP　562,616,638
Ar-　260
ATP　562,616,638
Edman 分解 (Edman degradation)　544,553
Edman, P.　544
Embden, G.　622
Embden-Meyerhof 反応 (E-M reaction)　622
FAD　619
FAD による酸化　620
$FADH_2$　619
HBr
　アルコールとの反応　250
H-X
　アルケンへの付加　149
L-単糖 (L-monosaccharide)　499
MEK　342
mRNA　572
MTBE　237
N-末端アミノ酸 (N-terminal amino acid)　540,552

NAD$^+$ 617
NAD$^+$による酸化反応機構 618
NADH 617
NO$_2$ 基
　還元 326
S 179
s 軌道 (s orbital) 25
SH(メルカプト)基 250
S$_N$1 反応 (S$_N$1 reaction) 194,210,211
　第三級アルコール 229
　E1 反応との比較 207
　S$_N$2 反応との比較 200
S$_N$2 反応 (S$_N$2 reaction) 193,210,211
　エポキシド 245
　第一級アルコール 229
　E2 反応との比較 208
　S$_N$1 反応との比較 200
SOCl$_2$
　アルコールとの反応 251
sp 混成軌道 (sp hybrid orbital) 30,37
sp^2 混成軌道 (sp^2 hybrid orbital) 28,37
sp^3 混成軌道 (sp^3 hybrid orbital) 27,37
X 線造影剤 (X-ray imaging agent) 333

オ

オイゲノール (eugenol) 290
大きな溝 (major groove) 568
オキサナミド (oxanamide) 465
オキサロコハク酸 (oxalosuccinic acid) 397
オキシトシン (oxytocin) 575
オキソニウムイオン (oxonium ion) 14, 56,142,229,233,349,392
3-オキソブタン酸 (3-oxobutanoic acid) 396
オクタン価 (octane rating) 94
オクテット則 (octet rule) 6,36
オゾン層 (ozone layer)
　破壊 190
オプシン (opsin) 117
オリゴ糖 (oligosaccharide) 514,520
オリゴペプチド (oligopeptide) 540
オルト (ortho) 268,297
オルト-パラ配向基 (ortho-para director) 281,297
オルニチン (ornithine) 533

カ

開環反応 (ring opening reaction)
　エポキシド 243,245
開始剤 (initiator) 485
回転障壁 (rotational barrier) 108
解糖 (glycolysis) 468,526,616,621,638,639
化学結合 (chemical bond) 7
　軌道モデル 25

Lewis モデル 6
可逆反応 (reversible reaction) 234
殻 (shell) 2,36
核酸 (nucleic acid) 560,582
　一次構造 564
　三次構造 569
　二次構造 565
角度ひずみ (angle strain) 78,96,243
過酢酸 (peracetic acid) 242
重なり配座 (eclipsed conformation) 77
過酸 (peracid) 242
過酸化水素 (hydrogen peroxide) 360
過酸化物 (peroxide) 484
過酸化ベンゾイル (benzoyl peroxide) 484
加水分解 (hydrolysis) 415,430
　アミド 418
　エステル 416
　エポキシド 243
　β-ケトエステル 452
化石燃料 (fossil fuel) 92
ガソホール (gasohol) 94,220
カチオン (cation) 6,7,36
活性化エネルギー (activation energy) 132,149
活性化基 (activating group) 281,297
価電子 (valence electron) 5
カプサイシン (capsaicin) 259,291
カプトプリル (captopril) 178
カプロラクタム (caprolactam) 478
過ホウ酸ナトリウム四水和物 (sodium perborate tetrahydrate) 594
過マンガン酸カリウム (potassium permanganate) 361
加溶媒分解 (solvolysis) 194
ガラクトース (galactose) 501
ガラス転移温度 (glass transition temperature) 475
カルバミン酸 (carbamic acid) 480
カルボアニオン (carbanion) 345
カルボアルデヒド (carbaldehyde) 338
カルボカチオン (carbocation) 57,136, 149,195
　安定性 137,197
カルボカチオン中間体 (carbocation intermediate) 141,194,205,229,233,285
　共鳴安定化 285
カルボキシ基 (carboxy group) 35,37, 378,399
　還元 389
カルボニル基 (carbonyl group) 34,37
　共鳴混成体 343
カルボニル保護基 (carbonyl protecting group) 351
カルボン (carvone) 182
カルボン酸 (carboxylic acid) 35,399
　酸解離定数 383

酸性度 383,399
二量体 382
沸点 383
カルボン酸エステル (carboxylic acid ester) 409,430
カルボン酸無水物 (carboxylic anhydride) 408
カルボン酸誘導体 (carboxylic derivative)
　反応性 424
還元 (reduction) 145,363,399,427,432
　アルケン 150
　アレーンジアゾニウム塩 327
　カルボキシ基 389
　単糖 521
　ニトロ基 323,326
還元的アミノ化 (reductive amination) 355,367
還元糖 (reducing sugar) 511,520
環状エーテル (cyclic ether) 237
環状炭化水素 (cyclic hydrocarbon) 73
環状 DNA(circular DNA) 569,582
官能基 (functional group) 31,37
　優先順位 341
慣用名 (common name) 72,110,188,313, 342,378
　アミノ酸 532
簡略化構造式 (condensed structural formula) 32
γ-アミノ酪酸 (γ-aminobutyric acid) 381,533
Curl, R. 20

キ

貴ガス (noble gas) 6
キサントゲン酸セルロース (cellulose xanthate) 519
キシリトール (xylitol) 510
キシレン (xylene) 268
キチン (chitin) 502
基底状態 (ground state)
　電子配置 3
軌道 (orbital) 2,3,36
軌道モデル (orbital overlap model) 37, 121
　共有結合 25
　炭素-炭素二重結合 107
　ベンゼン 262
キノリン (quinoline) 312
p-キノン (p-quinone) 304
キモトリプシン (chymotrypsin) 543
逆アルドール反応 (reversed aldol reaction) 468,624
逆 Claisen 縮合 (reversed Claisen condensation) 468,632
求核アシル置換 (nucleophilic acyl substitution) 414,430

求核アシル付加 (nucleophilic acyl
　　addition)　414,430
求核試薬 (nucleophilic reagent)　190
求核種 (nucleophile)　190,191,196,210,
　　344
求核性 (nucleophilicity)　196,210
求核置換 (nucleophilic substitution)
　　脂肪族　190,211
　　脱離との競争　207
求核的開環 (nucleophilic ring opening)
　　245
　　エポキシド　252
求電子種 (electrophile)　136,149,273
求電子置換 (electrophilic substitution)
　　芳香族　273
求電子付加 (electrophilic addition)　134,
　　149
吸熱反応 (endothermic reaction)　131
強塩基 (strong base)　49,58,203
強酸 (strong acid)　49,58
鏡像 (mirror image)　155,179
鏡像体 (enantiomer)　156
協奏反応 (concerted reaction)　193
共鳴 (resonance)　22
共鳴安定化 (resonance stabilization)
　　535
　　カルボカチオン中間体　285
共鳴エネルギー (resonance energy)
　　263,297
　　ベンゼン　263
　　芳香族炭化水素　264
共鳴寄与構造 (resonance contributing
　　structure)　22,23,37
共鳴効果 (resonance effect)　53,288
共鳴混成体 (resonance hybrid)
　　22,262,535,546
　　カルボニル基　343
　　フェノキシドイオン　292
共鳴理論 (resonance theory)　22,37,
　　262,297
鏡面 (mirror plane)　160
共役塩基 (conjugate base)　46,58
共役酸 (conjugate acid)　46,58
　　酸解離定数　316
共役付加 (conjugate addition)　455,458
共有結合 (covalent bond)　7,9,36
　　軌道モデル　25
　　炭素　31
極性共有結合 (polar covalent bond)
　　10,36,345
極性分子 (polar molecule)　20
キラリティー (chirality)　159,530,567
キラル (chiral)　159,179
キラル中心 (chiral center)　160,179,598
　　立体配置　162
銀鏡反応 (silver-mirror test)　360
金属ヒドリド還元 (metal hydride
　　reduction)　363,367
GABA　381,533
Gilbert, W.　577

ク

グアニジノ基 (guanidino group)　535
グアニジン (guanidine)　320,535
グアニン (guanine)　560
クエン酸 (citric acid)　43
クエン酸回路 (citric acid cycle)　397,
　　469,634,638,639
クパレン (cuparene)　126
クマリン (coumarin)　410
クメン (cumene)　279
繰り返し単位 (repeating unit)　473
グリコーゲン (glycogen)　518,520
グリコシド (glycoside)　507,520,521
グリコシド結合 (glycoside bond)
　　507,508,520
グリコール (glycol)　145,222,244
グリセリン (glycerine;glycerol)　588
グリセルアルデヒド (glyceraldehyde)
　　499,176
グリセルアルデヒド 3-リン酸 *
　　(glyceraldehyde 3-phosphate)　625
グリーン合成 (green synthesis)　362
グルカゴン (glucagon)　556
グルクロン酸 (glucuronic acid)　511
グルココルチコイドホルモン
　　(glucocorticoid hormone)　600
グルコサミン (glucosamine)　502
グルコース (glucose)　103,185,501,
　　505,622
　　リン酸化　622
グルコースオキシダーゼ (glucose
　　oxidase)　512
グルコース 6-リン酸 *(glucose
　　6-phosphate)　624
グルコン酸 (gluconic acid)　512
グルタチオン (glutathione)　556
グルタミン酸 (glutamic acid)　62
グロボトリオース (globotriose)　527
クロマチン (chromatin)　570,582
クロム酸酸化 (chromic acid oxidation)
　　234
クロルプロマジン (chlorpromazine)
　　373
クロロキン (chloroquine)　328
クロロクロム酸ピリジニウム (pyridinium
　　chlorochromate)　235
クロロフルオロカーボン
　　(chlorofluorocarbons)　189
Claisen 縮合 (Claisen condensation)
　　461,462,633
　　交差　451
　　反応機構　448
　　分子内　450
Claisen, L.　448
Crafts, J.　276
Crick, F.H.C.　565
Crutzen, P.　190
Grignard 試薬 (Grignard reagent)
　　345,365,366,425,432
Grignard 反応 (Grignard reaction)　346
Grignard, V.　345
Krebs 回路 (Krebs cycle)　634
Krebs, A.　634
Kroto, H.　20
Kurzlock, R.　603

ケ

経口避妊薬 (oral contraceptive)　599,610
形式電荷 (formal charge)　14,15,36
結合角 (bond angle)　16
結合距離 (bond length)　10
結合電子対 (bonding electron pair)　13
結合部位 (binding site)　176
血中アルコール検査 (blood alcohol
　　screening)　239
血糖 (blood sugar)　501
ケト-エノール互変異性 (keto-enol
　　tautomerism)　356,367,397,458,526,
　　624,627
ケト形 (keto form)　356
ケトース (ketose)　498
ケトプロフェン (ketoprofen)　389
ケトン (ketone)　34,338,365
　　酸化　361
　　接触還元　363
ケトン体 (ketone body)　396,641
ケブラー (Kevlar)　478
ケフレックス (keflex)　412
ゲラニオール (geraniol)　116,120,235
けん化 (saponification)　416,452,591
検光子 (analyzing filter)　173
原子 (atom)
　　電子構造　2
原子価殻 (valence shell)　5,36
原子価殻電子対反発モデル (valence-shell
　　electron-pair repulsion model)　16,37,
　　107,136
原子核 (nucleus)　2
原子価電子 (valence electron)　5
原子軌道 (atomic orbital)　25
　　混成　297
K_a　49
Kekulé 構造 (Kekulé structure)　261,262
Kekulé, A.　261
Kendrew, J.C.　550

コ

抗ウイルス薬 (antiviral drug)　560
硬化 (hardening)　591
光学活性 (optically active)　172,179
光学分割 (resolution)　176,179
交差アルドール反応 (crossed aldol reaction)　446,461
交差Claisen縮合 (crossed Claisen condensation)　451,462
合成ガス (synthesis gas)　95
合成洗剤 (synthetic detergent)　610
酵素 (enzyme)　176
　模式図　175
構造異性 (constitutional isomerism)
　アルカン　66
構造異性体 (constitutional isomer)　66,90,95
高比重リポタンパク質 (high-density lipoprotein, HDL)　599,610
高分子 (polymer)　472,490
高密度ポリエチレン (high-density polyethylene)　488
香料 (flavoring agent)　393
コカイン (cocaine)　310
呼吸商 (respiratory quotient)　641
国際純正・応用化学連合 (IUPAC)　95
ゴシポール (gossypol)　125
コデイン (codeine)　308
コドン (codon)　573
コニイン (coniine)　310
互変異性 (tautomerism)　356
互変異性体 (tautomer)　356
孤立電子対 (lone pair)　13
コール酸 (cholic acid)　103,601
コルジセピン (cordycepin)　585
コルチゾール (cortisol)　600
コルチゾン (cortisone)　600
コレスタノール (cholestanol)　103
コレステロール (cholesterol)　171, 439,598,610
　生合成　601
混成 (hybridization)　37
混成軌道 (hybrid orbital)　26,37
混成体 (hybrid)　37
コンドロイチン6-硫酸 *(chondroitin 6-sulfate)　526
Corey, R.　546
Khorana, H.G.　574

サ

最後から二番目の炭素 (penultimate carbon)　500
サイトゾル (cytosol)　597
細胞質ゾル (cytosol)　597
左旋性 (levorotatory)　173,179
殺虫剤 (insecticide)　394
砂糖 (sucrose)　514
左右性 (handedness)　159
サリシン (salicin)　388,525
サリチル酸 (salicylic acid)　380,388,425
酸 (acid)　46,58
酸塩化物 (acid chloride)　394,415,420, 421
三塩基酸 (triprotic acid)　47
酸塩基反応 (acid-base reaction)　46,51
　フェノール　293
　平衡　52
酸化 (oxidation)　145,367,618
　アルケン　150
　アルコール　234,251
　アルデヒド　359,367
　エポキシド　251
　ケトン　361
　単糖　522
　チオール　249,252
　ベンジル位　270,297
　リンゴ酸　637
酸解離定数 (acid dissociation constant, acid ionization constant)　49,58,291
　カルボン酸　383
　共役酸　316
酸化的脱炭酸 (oxidative decarboxylation)　636,639
酸化防止剤 (antioxidant)　295
三次構造 (tertiary structure)　552,582
　核酸　569
　タンパク質　548
三重結合 (triple bond)　13,30
酸触媒 (acid catalysis)
　加水分解　243
　水和反応　234
　脱水反応　231
酸触媒加水分解 (acid-catalyzed hydrolysis)
　エステル　416
　エポキシド　251
酸触媒水和反応 (acid-catalyzed hydration)　140,149
酸触媒脱水 (acid-catalyzed dehydration)
　アルコール　251
酸性度 (acidity)　53,383
　アミノ酸　534,553
　アルコール　226,250
　カルボン酸　383,399
　酸解離定数　383
　チオール　249,252
　フェノール　291,298
　α水素　440
三糖 (trisaccharide)　513,520
サントニン (santonin)　124
酸ハロゲン化物 (acid halide)　394,408, 430
酸無水物 (acid anhydride)　408,415,420,422,430
Sanger, F.　541,577
Zaitsev則 (Zaitsev's rule)　203,231
Zaitsev脱離 (Zaitsev elimination)　203, 210

シ

1,3-ジアキシアル相互作用 (1,3-diaxial interaction)　81,96
ジアステレオマー (diastereomer)　156,165,179
ジアゾニウム塩 (diazonium salt)　324
次亜リン酸 (hypophosphorous acid)　325
ジエチルカルバマジン (diethylcarbamazine)　437
N,N-ジエチル-m-トルアミド (N,N-diethyl-m-toluamide)　436
ジエン (diene)　115
ジオール (diol)　222
ジオールエポキシド (diol epoxide)　270
視覚 (vision)　607
ジカルボン酸 (dicarboxylic acid)　379
ジギタリス (*Digitalis purpurea*)　522
ジギトキシン (digitoxin)　522
ジギトキソース (digitoxose)　522
シグマ結合 (sigma (σ) bond)　26,37
ジクマロール (dicoumarol)　410
シクロアルカン (cycloalkane)　73,95
　シス-トランス異性　83
シクロアルケン (cycloalkene)　113
　シス-トランス異性　114
シクロオキシゲナーゼ (cyclooxygenase, COX)　389,606
シクロオクテン (cyclooctene)　114
シクロヘキサン (cyclohexane)　79
シクロペンタン (cyclopentane)　78
1,2-シクロペンタンジオール (1,2-cyclopentanediol)　168
2,4-ジクロロフェノキシ酢酸 (2,4-dichlorophenoxyacetic acid)　302
四酸化オスミウム (osmium tetroxide)　145,244
脂質 (lipid)　587,610
脂質二分子膜 (lipid bilayer)　595,610
システイン (cysteine)　548
シス-トランス異性 (*cis-trans* isomerism)　83,121
　アルケン　108
　シクロアルカン　83
　シクロアルケン　114
　ポリエン　115
シス-トランス命名法 (*cis-trans* nomenclature)　110

ジスパルア (disparlure) 257
ジスルフィド (disulfide) 249
ジスルフィド結合 (disulfide bond) 548
ジデオキシ法 (dideoxy method) 577,
　579,582
自動酸化 (autoxidation) 295
自動DNA配列決定機 (automated
　DNA-sequencing machine) 579
シトクロム (cytochrome) 550
シトシン (cytocine) 560
ジドブジン (zidovudine) 560,585
シトルリン (citrulline) 533
ジヒドロキシアセトン
　(dihydroxyacetone) 41,338
ジヒドロキシアセトンリン酸*
　(dihydroxyacetone phosphate) 625
1,25-ジヒドロキシビタミン D_3
　(1,25-dihydroxyvitamin D_3) 608
2,3-ジヒドロキシブタン二酸
　(2,3-dihydroxybutanedioic acid) 166
ジフェンヒドラミン (diphenhydramine)
　374
ジペプチド (dipeptide) 540
脂肪 (fat) 590
脂肪酸 (fatty acid) 588,610,638
　β酸化 630
脂肪族アミン (aliphatic amine) 308,326
脂肪族求核置換 (nucleophilic aliphatic
　substitution) 190
脂肪族炭化水素 (aliphatic hydrocarbon)
　63
ジメチルエーテル (dimethyl ether) 237
ジメチルスルホキシド (dimethyl
　sulfoxide) 41
四面体カルボニル付加中間体
　(tetrahedral carbonyl addition
　intermediate) 344,353,392,414,416,
　426,430,444,449,461,626,631
四面体形 (tetrahedral) 17,27
弱塩基 (weak base) 49
弱酸 (weak acid) 49
ジャスミン (jasmine) 370
蛇毒 (snake venom) 596
臭化シアン (cyanogen bromide)
　543,553
臭化tert-ブチル (tert-butyl bromide)
　194
周期表 (periodic table) 5
重合 (polymerization) 490
重合体 (polymer) 129
シュウ酸 (oxalic acid) 379
臭素化 (bromination) 297
臭素付加 (addition of bromine) 143,150
　アンチ選択性 144
主エネルギー準位 (principal energy
　level) 2
縮合 (condensation) 448

縮合重合 (condensation polymerization)
　476
酒石英 (cream of tartar) 166
酒石酸 (tartaric acid) 155,166,172
順位則 (priority rule) 112,162
硝酸 (nitric acid) 361
脂溶性ビタミン (fat-soluble vitamin)
　606
女性ホルモン (estrogens) 599
除虫菊 (*Chrysanthemum
　cinerariaefolium*) 394
人工甘味料 (artificial sweetener) 515
親水性 (hydrophilicity) 382,399,592,594
シンナムアルデヒド (cinnamaldehyde)
　337,339
シン付加 (*syn* addition) 146,147
C_{60} 20
C-末端アミノ酸 (C-terminal amino acid)
　540,552
CFC 189
Chargaff, E. 566
Schiff塩基 (Schiff's base) 353
Sharkey, T. 119
Singer, S.J. 597

ス

水素化アルミニウムリチウム (lithium
　aluminum hydride) 363,389,427
水素化熱 (heat of hydrogenation)
　アルケン 147
　ベンゼン 263
水素化ホウ素ナトリウム (sodium
　borohydride) 363,427,509
水素結合 (hydrogen bonding) 199,223,
　240,250,344,382,477,519,547,550,567
　アミン 315
水素結合供与体 (hydrogen bond donor)
　240
水素結合受容体 (hydrogen bond
　acceptor) 240
水和 (hydration) 140,632
　酸触媒 234
　フマル酸 637
スクロース (sucrose) 514,520
スチレン (styrene) 267
ステロイド (steroid) 597,598,610
ステロイドホルモン (steroid hormone)
　600
スーパーコイル (supercoiling) 569,582
スピン (spin) 3
　対形成 4
スルフィド (sulfide) 247
スルホン化 (sulfonation) 274,298,593
Smalley, R. 20

セ

制限エンドヌクレアーゼ (restriction
　endonuclease) 576
生合成 (biosynthesis)
　コレステロール 601
　プロスタグランジン 604
静電引力 (electrostatic attraction) 89
生分解性高分子 (biodegradable polymer)
　482
精油 (essential oil) 120
石炭 (coal) 95
石油 (petroleum) 92,96
石油改質 (petroleum reforming) 94
石油精製 (petroleum refining) 93
せっけん (soap) 591,610
接触還元 (catalytic reduction) 146,
　323,367,390,477,591
　アルデヒド 363
　ケトン 363
接触水素化 (catalytic hydrogenation)
　146
接頭語 (prefix) 69,75,95
接尾語 (suffix) 75,96
セファロスポリン (cephalosporin) 412
セルトラリン (sertralin) 184
セルロース (cellulose) 494,518,520
セロトニン (serotonin) 266
遷移状態 (transition state) 131,149,194
遷移状態理論 149
線角構造式 (line-angle formula) 65
旋光角 (angle of rotation) 173,179
旋光計 (polarimeter) 172,173,179
選択的還元 (selective reduction) 364

ソ

ゾアパタノール (zoapatanol) 125
双極子 (dipole) 11,20
双極子-双極子相互作用 (dipole-dipole
　interaction) 238,343
双性イオン (zwitterion) 321,530,536,552
双頭矢印 (double-headed arrow) 22,37
挿入語 (infix) 75,96
相補鎖 (complementary strand) 578
相補的塩基 (complementary base) 567
疎水性 (hydrophobicity) 382,399,592,
　594
疎水性効果 (hydrophobic effect) 550,
　552
ソルビトール (sorbitol) 510
ソルビン酸カリウム (potassium sorbate)
　401
Sobrero, A. 225

タ

第一級 95,250,326
第一級アミン (primary amine) 34,308,428
第一級アルコール (primary alcohol) 33,221,347,363
　脱水反応 233
　S_N2 反応 229
第一級カルボカチオン (primary carbocation) 136
第一級水素 (primary hydrogen) 73
第一級炭素 (primary carbon) 73
第三級 95,250,326
第三級アミン (tertiary amine) 34,308,428
第三級アルコール (tertiary alcohol) 33,221,347,425
　S_N1 反応 229
第三級カルボカチオン (tertiary carbocation) 136
第三級水素 (tertiary hydrogen) 73
第三級炭素 (tertiary carbon) 73
対称面 (plane of symmetry) 159,179
ダイナマイト (dynamite) 225
第二級 95,250,326
第二級アミン (secondary amine) 34,308,428
第二級アルコール (secondary alcohol) 33,221,347,363,425
第二級カルボカチオン (secondary carbocation) 136
第二級水素 (secondary hydrogen) 73
第二級炭素 (secondary carbon) 73
ダイヤモンド (diamond) 1
第四級 95
第四級アンモニウムイオン 326
第四級アンモニウム塩 (quaternary ammonium salt) 313
第四級炭素 (quaternary carbon) 73
多環式芳香族化合物 297
多環芳香族炭化水素 (polynuclear aromatic hydrocarbon) 269
脱水 (dehydration) 462
　酸触媒 231
　第一級アルコール 233
　反応機構 445
　2-ブタノール 233
脱炭酸 (decarboxylation) 395,400,452,462,629
　反応機構 396,397
脱ハロゲン化水素 (dehydrohalogenation) 202,210
脱離 (elimination) 211
　求核置換との競争 207
脱離基 (leaving group) 190,198,415

脱離能 (leaving ability) 415
脱離反応 (elimination reaction) 191,202,204,210
多糖 (polysaccharide) 514,517,520
タモキシフェン (tamoxifen) 373,603,612
炭化水素 (hydrocarbon) 63,95
タングステン酸ナトリウム (sodium tungstate) 362
単結合 (single bond) 9,13
炭酸イオン (carbonate ion) 22
胆汁酸 (bile acid) 601,610
炭水化物 (carbohydrate) 498
弾性高分子 (elastic polymer) 475
男性ホルモン (androgens) 599
炭素-炭素三重結合 (carbon-carbon triple bond) 108,121
炭素-炭素二重結合 (carbon-carbon double bond) 121
　軌道モデル 107
　付加 129
単糖 (monosaccharide) 498,500,520
　還元 509
　酸化 511
タンパク質 (protein) 540,552
　一次構造 541
　機能 529
　三次構造 548
　二次構造 546
　四次構造 551
タンパク同化ステロイド (anabolic steroid) 599,610
タンパク分解酵素 (proteolytic enzyme) 543
単分子反応 (unimolecular reaction) 194
単量体 (monomer) 129,472

チ

小さな溝 (minor groove) 568
チェインターミネーション法 (chain termination method) 577,579
チオエステル (thioester) 630
6-チオグアニン (6-thioguanine) 582
チオラーゼ (thiolase) 453
チオール (thiol) 246,250
　酸化 249,252
　酸性度 248,252
　沸点 248
置換基効果 (substituent effect) 288
　芳香族求電子置換反応 282
逐次重合 (step-growth polymerization) 476,490
チミン (thymine) 560
チモール (thymol) 290
中間体 149
中性子 (neutron) 2

超らせんねじれ (superhelical twist) 570,582
直鎖アルキルベンゼンスルホン酸塩 (linear alkylbenzenesulfonate) 593
チロキシン (thyroxine) 533
Chain, E. 412
Ziegler, K. 487
Ziegler-Natta 触媒 487
Ziegler-Natta 連鎖重合 (Ziegler-Natta chain-growth polymerization) 487,491,492
　反応機構 488

ツ・テ

釣り針形矢印 (fishhook arrow) 484
停止暗号 574
低密度ポリエチレン (low-density polyethylene) 487
低密度（比重）リポタンパク質 (low-density lipoprotein, LDL) 456,598,610
デオキシリボ核酸 (deoxyribonucleic acid) 559,582
デオキシ-D-リボース (deoxy-D-ribose) 582
2-デオキシ-D-リボース (2-deoxy-D-ribose) 560
デキストロース (dextrose) 501
テストステロン (testosterone) 600
テトラペプチド (tetrapeptide) 540
テトロドトキシン (tetrodotoxin) 84
7-デヒドロコレステロール (7-dehydrocholesterol) 608
テルペン (terpene) 118,121
テレフタル酸 (terephthalic acid) 271,380,478,479
転移 RNA (transfer RNA) 571
電気陰性度 (electronegativity) 7,9,36,53
電気泳動 (electrophoresis) 537,552
電子求引基 (electron-withdrawing group) 277
電子効果 (electronic effect) 230
電子構造 (electronic structure)
　原子 2
電子対供与体 (electron pair donar) 57
電子対受容体 (electron pair acceptor) 57
電子的因子 (electronic factor) 197,198,210
電子配置 (electron configuration) 3
　基底状態 3
電子密度モデル (electron density model) 11
転写 (transcription) 572
天然ガス (natural gas) 92

デンプン (starch)　517, 520
2,4-D　302
D-単糖 (D-monosaccharide)　499
Dieckmann 縮合 (Dieckmann condensation)　450, 461, 462
D,L 表示法　532
DNA　559, 582
　複製　577
DNA 指紋 (DNA fingerprint)　581
DNA ポリメラーゼ (DNA polymerase)　578
tRNA　571

ト

同素体 (allotrope)　1, 20
　炭素　20
等電点 (isoelectric point)　537, 552
　アミノ酸　535
　pK_a 値　535
頭-尾結合 (head-tail linkage)　120, 486
トコフェロール (tocopherol)　609
ドーパ (DOPA)　178
ドーパミン (dopamine)　178
トリアシルグリセロール (triacylgrycerol)　588, 610
トリアムシノロン (triamcinolone) アセトニド　184
トリオール (triol)　222
トリカルボン酸回路 (tricarboxylic acid cycle)　634
トリグリセリド (triglyceride)　588, 610
トリパルミチン (tripalmitin)　590
2,3,4-トリヒドロキシブタナール (2,3,4-trihydroxybutanal)　164
トリプシン (trypsin)　543
トリペプチド (tripeptide)　540
トリヨードチロニン (triiodothyronine)　533
トルイジン (toluidine)　312
トルエン (toluene)　267
トレオース (threose)　165
トレハロース (trehalose)　525
トロンボキサン A_2 (thromboxane A_2)　606
Tollens 試薬 (Tollens' reagent)　360

ナ

ナイアシン (niacin)　434
ナイロン 66 (nylon 66)　476, 477
ナフタレン (naphthalene)　269
ナプロキセン (naproxen)　176, 389
Natta, G.　487

ニ

二塩基酸 (diprotic acid)　47
二クロム酸カリウム (potassium dichromate)　234, 239, 361
ニコチン (nicotine)　310
ニコチンアミドアデニンジヌクレオチド (nicotinamide adenine dinucleotide)　454, 617, 638
ニコチン酸 (nicotinic acid)　434
二酸化炭素 (carbon dioxide)　18
二次構造 (secondary structure)　546, 552
　核酸　565
　タンパク質　546
二重結合 (double bond)　13, 29
二重らせん (double helix)　565, 567, 582
二糖 (disaccharide)　513, 520
ニトロ化 (nitration)　274, 297
　アニソール　285
　ニトロベンゼン　286
ニトロ基 (nitro group)
　還元　323, 326
ニトログリセリン (nitroglycerin)　225
ニトロニウムイオン (nitronium ion)　274
ニトロベンゼン (nitrobenzene)
　ニトロ化　286
二分子反応 (bimolecular reaction)　193
二本鎖 DNA (double-stranded DNA)　567
乳酸 (lactic acid)　160
乳酸発酵 (lactate fermentation)　628, 638, 639
乳糖 (lactose)　514
二硫化炭素 (carbon disulfide)　519
二量体 (dimer)
　カルボン酸　382
ニンヒドリン (ninhydrin)　538, 553
Newman 投影式 (Newman projection)　76, 96
Nicolson, G.　597
Nirenberg, M.　573

ヌ

ヌクレオシド (nucleoside)　562, 582
ヌクレオチド (nucleotide)　562, 582

ネ

ねじれ配座 (staggered conformation)　76
ねじれひずみ (torsional strain)　77, 96
熱可塑性樹脂 (thermosetting plastic)　472
熱硬化性樹脂 (thermoplastic)　472
熱分解 (cracking)　92, 106

ノ

燃焼 (combustion)　91
燃焼熱 (heat of combustion)　102

ノ

ノボカイン (Novocaine)　245, 331
野依良治　362
ノルアドレナリン (noradrenaline)　320
ノルエチンドロン (norethindrone)　599
ノルエピネフリン (norepinephrine)　320
Nobel, A.　225

ハ

パイ (π) 結合 (pi (π) bond)　29, 37
配向効果 (directing effect)　285
背面攻撃 (back-side attack)　193, 198
麦芽 (malt)　515
橋かけハロニウムイオン (bridged halonium ion)　144
パジメート A (padimate A)　409
旗ざお相互作用 (flagpole interaction)　80
発がん物質 (carcinogen)　269, 270
バッキーボール (buckyball)　1, 20
発熱反応 (exothermic reaction)　131
バトラコトキシニン A (batrachotoxinin A)　314
バトラコトキシン (batrachotoxin)　314
バニリン (vanillin)　290
パラ (para)　268, 297
パラ攻撃 (para attack)　285, 286
パラフィンろう (paraffin wax)　472
バルビタール (barbital)　435
パルミチン酸セチル (cetyl palmitate)　433
ハロアルカン (haloalkane)　187, 188, 210, 228
ハロアルケン (haloalkene)　188
パロキセチン (paroxetine)　184
ハロゲン化アシル (acyl halide)　278, 408
ハロゲン化アルキル (alkyl halide)　187, 188, 210
ハロゲン化水素付加 (addition of hydrogen halide)　134
ハロニウムイオン (halonium ion)　144
ハロホルム (haloform)　188, 210
パントテン酸 (pantothenic acid)　620
反応機構 (reaction mechanism)　130, 133, 149, 426, 488
　アセタールの生成　349
　アルドール反応　443
　イミンの生成　353
　エステル加水分解　416
　エノールの生成　357
　脱水　445
　脱炭酸　396, 397

索　引

ラジカル重合　485
α-ハロゲン化　359
Claisen 縮合　448
FAD による酸化　620
Fischer エステル化　392
Friedel-Crafts アルキル化　276
Michael 反応　457
NAD$^+$ による酸化　618
Ziegler-Natta 重合　488
反応座標 (reaction coordinate)　131
反応性 (reactivity)
　カルボン酸誘導体　424
反応中間体 (reaction intermediate)　132
反応熱 (heat of reaction)　131
反応物 (reactant)　130
Haworth, W.N.　503
Haworth 投影式 (Haworth projection)　503,520

ヒ

非還元糖 (nonreducing sugar)　514
非共有電子対 (unshared pair of electrons)　13
非局在化 (delocalization)　53
　電荷　139
非極性共有結合 (nonpolar covalent bond)　10,36
非極性分子 (non-polar molecule)　20
非結合性電子対 (nonbonding electron pair)　13
ビスコースレーヨン糸 (viscose rayon thread)　519
ヒスチジン (histidine)　535
非ステロイド系抗炎症薬 (nonsteroidal anti-inflammatory drug)　605
ヒストン (histone)　570,582
ビスフェノール A (bisphenol A)　302,480
1,3-ビスホスホグリセリン酸*
　(1,3-bisphosphoglycerate)　625
比旋光度 (specific rotation)　173,179
ビタミン A (vitamin A)　116,124,607,610
ビタミン A アルデヒド (vitamin A aldehyde)　354
ビタミン C (vitamin C)　513
ビタミン D (vitamin D)　608,610
ビタミン E (vitamin E)　296,609,610
ビタミン K (vitamin K)　410,609,610
ヒトゲノム (human genome)　580
ヒドリドイオン (hydride ion)　363,390,618
ヒドロキシ基 (hydroxy group)　32,37,220,250
3-ヒドロキシブタン酸
　(3-hydroxybutanoic acid)　396
2-ヒドロキシプロパン酸
　(2-hydroxypropanoic acid)　160

ヒドロキノン (hydroquinone)　304
ヒドロクロロフルオロカーボン
　(hydrochlorofluorocarbon(HCFC))　190
ヒドロニウムイオン (hydronium ion)　14
ヒドロフルオロカーボン
　(hydrofluorocarbon(HFC))　190
ヒドロペルオキシド (hydroperoxide)　295
ビニルエーテル (vinyl ether)　237
非プロトン性溶媒 (aprotic solvent)　199,200,210
ピペリジン (piperidine)　310
ピラノース (pyranose)　504,520
ピラン (pyran)　504
ピリジン (pyridine)　265,310
ピリドキサミン (pyridoxamine)　330
ピリミジン (pyrimidine)　265,582
ピリミジン塩基 (pyrimidine base)　508,560
ピルビン酸 (pyruvic acid)　627
ピレトリン I (pyrethrin I)　394
ピレトリン II (pyrethrin II)　126,394
ピレトロシン (pyrethrosine)　126
ピロリジン (pyrrolidine)　310
ピロリン酸 (pyrophosphoric acid)　409
ピロール (pyrrole)　266,310
ピンドン (pindone)　466
B-DNA　567,582
BHA　296
BHT　296,302
Hippocrates　388
Hückel, E.　264
Hückel 則 (Hückel's rule)
　芳香族性　265
p 軌道 (p orbital)　25
PABA　341
PCC 酸化 (PCC oxidation)　235
PET　479,475
pK_a　49,58
pK_a 値
　アミノ酸　535
　アルコール　226
　等電点　535

フ

ファルネソール (farnesol)　120
封筒形配座 (envelope conformation)　78
フェキソフェナジン (fexofenadine)　184
フェナセチン (phenacetin)　333,434
フェナントレン (phenanthrene)　269
フェニルイソチオシアナート
　(phenylisothiocyanate)　544
フェニル基 (phenyl group)　267
フェニルチオヒダントイン
　(phenylthiohydantoin)　544

p-フェニレンジアミン
　(p-phenylenediamine)　478
フェノキシドイオン (phenoxide ion)
　共鳴混成体　292
フェノバルビタール (phenobarbital)　435
フェノール (phenol)　267,290,297
　合成法　324,327
　酸塩基反応　293
　酸性度　291,298
フェロモン (pheromone)　125
フェンタニル (fentanyl)　466
付加 (addition)　149
　炭素-炭素二重結合　129
1,4-付加 (1,4-addition)　458
不活性化基 (deactivating group)　281,297
副殻 (subshell)　3
複製 (replication)
　DNA　577
フコース (fucose)　516
不斉炭素 (asymmetric carbon)　160
2-ブタノール (2-butanol)　157
　脱水反応　233
tert-ブチルカチオン (tert-butyl cation)　136
ブチル化ヒドロキシトルエン (butylated hydroxytoluene)　296,302
tert-ブチルメチルエーテル (tert-butyl methyl ether)　255
不対電子 (unpaired electron)　295,484
沸点 (boiling point)　88
　アミン　315
　アルコール　224
　エーテル　238
　カルボン酸　383
　チオール　248
ブドウ糖 (grape sugar)　501
プトレッシン (putrescine)　329
舟形配座 (boat conformation)　80,96
ブプロピオン (bupropion)　304,373
不飽和アルコール (unsaturated alcohol)　222
不飽和アルデヒド (unsaturated aldehyde)　338
不飽和脂肪酸 (unsaturated fatty acid)　588,590
不飽和炭化水素 (unsaturated hydrocarbon)　64,105
プライマー (primer)　578
プラスチック (plastic)　472,489
　リサイクル　489
　リサイクルコード　490
フラノース (furanose)　504,520
フラビン (flavin)　619
フラビンアデニンジヌクレオチド (flavin adenine dinucleotide)　619,638

フラーレン (fullerene)　20
フラン (furan)　266,504
プリン (purine)　266,312,582
プリン塩基 (purine base)　508,560
フルオキセチン (fluoxetine)　184
フルクトース (fructose)　501,505
フルクトース 6-リン酸 *(fructose 6-phosphcte)　624
フレオン (freon)　39,189
プロカイン (procaine)　331,404,436
プロゲステロン (progesterone)　600
プロスタグランジン (prostaglandin)　603,610
　生合成　604
プロスタサイクリン (prostacyclin)　605
プロスタン酸 (prostanoic acid)　603
プロドラッグ (prodrug)　178,371
プロトン移動反応 (proton-transfer reaction)　46,58
プロトン供与体 (proton donor)　46
プロトン酸 (protic acid)　345
プロトン受容体 (proton acceptor)　46
プロトン性溶媒 (protic solvent)　199,210
プロパニル (propanil)　436
2-プロパノール (2-propanol)　159
プロビタミン (provitamin)　607
プロピルパラベン (propylparaben)　404
プロピレングリコール (propylene glycol)　41
プロプラノロール (propranolol)　333
プロポキシカイン (propoxycaine)　332
プロポホール (propofol)　334,511
ブロモニウムイオン (bromonium ion)　145
1-ブロモプロパン (1-bromopropane)　205
ブロモメタン (bromomethane)　193
2-ブロモ-2-メチルプロパン (2-bromo-2-methylpropane)　194,205
フロン　189
分散力 (dispersion force)　89,96,118,121,224,590
分子内アルドール反応 (intramolecular aldol reaction)　447
分子内塩 (internal salt)　321,530
分子ひずみ (molecular strain)　96
Bloch, K.　601
Brønsted, J.　46
Brønsted-Lowry 酸塩基 (Brønsted-Lowry acid and base)　46
Brønsted-Lowry の定義　58
Faraday, M.　259
Fischer, E.　390,499,539
Fischer エステル化 (Fischer esterification)　390,399,416,428
　反応機構　392
Fischer 投影式 (Fischer projection)　499,520,624
Fleming, A.　412
Florey, H.　412
Franklin, R.　565
Friedel, C.　276
Friedel-Crafts アシル化 (Friedel-Crafts acylation)　278,298
Friedel-Crafts アルキル化 (Friedel-Crafts alkylation)　298
　反応機構　276
von Euler, U.　604
VSEPR モデル　16,19

へ

平均重合度 (average degree of polymerization)　473
平面偏光 (plane-polarized light)　173,179
ヘキサメチレンジアミン (hexamethylenediamine)　478
ヘキシルレゾルシノール (hexylresorcinol)　290
ヘキソキナーゼ (hexokinase)　623
ペクチン (pectin)　526
ペクチン酸 (pectinic acid)　526
ペチジン (pethidine)　309
ヘテロ環アミン (heterocyclic amine)　309,326
ヘテロ環化合物 (heterocyclic compound)　265
ヘミアセタール (hemiacetal)　348,502,507,521
　生成　366
ヘミチオアセタール (hemithioacetal)　625
ヘム (heme)　549
ヘモグロビン (hemoglobin)　549,584
ペリプラノン (periplanone)　125
ペルオキシカルボン酸 (peroxycarboxylic acid)　242
ペルオキシダーゼ (peroxidase)　513
ヘルベルテン (herbertene)　126
ペルメトリン (permethrin)　394
ヘロイン (heroin)　308
変異原物質 (mutagen)　269
偏光子 (polarizing filter)　173
ベンジル位 (benzylic position)
　酸化　270,297
ベンジル位炭素 (benzylic carbon)　270
ベンジル基 (benzyl group)　267
ベンズアルデヒド (benzaldehyde)　267,337,339
ベンゼン (benzene)　42,259,260
軌道モデル　262
共鳴エネルギー　263
構造　260
水素化熱　263
変旋光 (mutarotation)　507,520,521
ベンゾカイン (benzocaine)　328,332,403
ベンゾ[a]ピレン (benzo[a]pyrene)　269,270
ベンゾフェノン (benzophenone)　339
ペンタペプチド (pentapeptide)　540
ベンラファキシン (venlafaxine)　375
β-アラニン (β-alanine)　620
β-オシメン (β-ocimene)　123
β-カロテン (β-carotene)　124,607
β-ケトエステル (β-ketoester)　448,461
　加水分解　452
β-ケト酸 (β-ketoacid)　395
β-N-グリコシド結合 (β-N-glycoside bond)　562,582
β酸化 (β-oxidation)　616,631,638,639
　くり返し　633
　脂肪酸　630
β-ジカルボン酸 (β-dicarboxylic acid)　397
β炭素 (β-carbon)　203
β-ヒドロキシアルデヒド (β-hydroxyaldehyde)　443,461
β-ヒドロキシケトン (β-hydroxyketone)　443,461
β プリーツシート (β-pleated sheet)　547,552
β-ラクタム環 (β-lactam ring)　412
β-ラクタム抗生物質 (β-lactam antibiotics)　412
Perutz, M.F.　550

ホ

芳香族 (aromatic)　260
芳香族アミン (aromatic amine)　308,326
　合成法　323
芳香族求電子置換 (electrophilic aromatic substitution)　272,273,297
　置換基効果　282
芳香族性 (aromaticity)　264
　Hückel 則　265
芳香族炭化水素 (aromatic hydrocarbon)　297
　共鳴エネルギー　264
芳香族 6π電子系 (aromatic sextet)　266
芳香族ヘテロ環アミン (heterocyclic aromatic amine)　309,326,560
芳香族ヘテロ環化合物 (heterocyclic aromatic compound)　297
飽和脂肪酸 (saturated fatty acid)　590
飽和炭化水素 (saturated hydrocarbon)

索引

63, 95
補酵素 (coenzyme) 616
補酵素 A (coenzyme A) 453, 620
保護基 (protecting group) 351
ホスゲン (phosgene) 480
ホスファチジルコリン
　(phosphatidylcholine) 594
ホスファチジン酸 (phosphatidic acid) 594, 610
ホスホアシルグリセリン (phosphoacyl glycerol) 594
ホスホグリセリン酸 *(phosphoglycerate) 626
ホスホリパーゼ (phospholipase) 596
ホモサレート (homosalate) 409
ホモセリン (homoserine) 557
ポリアクリルアミドゲル電気泳動
　(polyacrylamide gel electrophoresis) 576
ポリアミド (polyamide) 476, 491
ポリウレタン (polyurethane) 480, 491
ポリエステル (polyester) 479, 491
ポリエン (polyene)
　シス-トランス異性 115
ポリカーボネート (polycarbonate) 480, 491
ポリテレフタル酸エチレン
　(poly(ethylene terephthalate)) 475, 479
ポリ不飽和トリグリセリド
　(polyunsaturated triglyceride) 591
ポリペプチド (polypeptide) 540, 552
　一次構造 541
ポリマー (polymer) 130, 472, 490
ホルムアルデヒド (formaldehyde) 18, 29
ボンビコール (bombykol) 257
Holly, R.W. 574
Pauling, L. 7, 8, 22, 26, 262, 545, 546

マ

マイマイガ (gypsy moth) 257
巻矢印 (curved arrow) 23, 37, 44
マルトース (maltose) 515, 520
マロン酸 (malonic acid) 397
Markovnikov 則 (Markovnikov's rule) 134, 138
Markovnikov, V. 134
Maxam, A. 577
Maxam-Gilbert 法 577
Meyerhof, O. 622
Michael 反応 (Michael reaction) 442, 455, 461, 463
　反応機構 457
Michael, A. 457

ミ

ミオグロビン (myoglobin) 549
水 (water) 17
ミセル (micelle) 592
ミソプロストール (misoprostol) 605
密度 (density) 90
ミネラルコルチコイドホルモン
　(mineralocorticoid hormone) 600
ミルセン (myrcene) 120

ム

無水物 (anhydride) 408
ムスク (musk) 304

メ

命名法 (nomenclature) 74
メクリジン (meclizine) 405, 467
メソ化合物 (meso compound) 167, 179
メタ (*meta*) 268, 297
メタ攻撃 (*meta* attack) 285, 286
メタノール (methanol) 220, 223
メタ配向基 (*meta* director) 281, 297
メタロイド (metaloid) 7
メタン (methane) 16
メタンチオール (methanethiol) 246
メチルエチルケトン
　(methyl ethyl ketone) 342
メチルシクロヘキサノール
　(methylcyclohexanol) 169
2-メチルシクロペンタノール
　(2-methylcyclopentanol) 168
メチルパラベン (methylparaben) 404, 437
メチル *tert*-ブチルエーテル (methyl *tert*-butyl ether) 237
15-メチル PGF$_{2\alpha}$ 605
メチレン基 (methylene group) 65
メッセンジャー RNA (messenger RNA) 572
メテナミン (methenamine) 371
p-メトキシケイ皮酸オクチル
　(octyl *p*-methoxycinnamate) 409
メトホルミン (metformin) 331
メナジオン (menadione) 609
メバスタチン (mevastatin) 456
メバロン酸 (mevalonic acid) 454
メピバカイン (mepivacaine) 437
メプロバメート (meprobamate) 435
メペリジン (meperidine) 309
メルカプタン (mercaptan) 247
メルカプト基 (mercapto group) 246, 453
6-メルカプトプリン (6-mercaptopurine) 582

モ

メントール (menthol) 101, 120, 171, 236

モノマー (monomer) 472, 490
モルヒネ (morphine) 308
モルホリン (morpholine) 330
Molina, M. 190

ヤ・ユ

ヤドクガエル (poison dart frog) 314
融解転移温度 (melt transition temperature) 475
有機金属化合物 (organometallic compound) 344
誘起効果 (inductive effect) 54, 138, 288
有機マグネシウム化合物
　(organomagnesium compound) 344
優先順位 (order of preference) 341, 365
　官能基 341
　置換基 112
融点 (melting point) 90

ヨ

陽イオン (cation) 6
陽子 (proton) 2
ヨウ素化 (iodination) 334
四次構造 (quaternary structure) 551, 552

ラ

ラクタム (lactam) 413, 430
ラクトース (lactose) 514, 520
ラクトン (lactone) 410, 411, 430
ラジカル (radical) 295, 484
ラジカル重合 (radical polymerization)
　反応機構 485
ラジカル捕捉剤 (radical scavenger) 296
ラジカル連鎖機構 (radical chain mechanism) 295
ラジカル連鎖重合 (radical chain polymerization) 484, 491, 492
ラセミ化 (racemization) 358
ラセミ混合物 (racemic mixture) 175, 179, 195, 358
Landsteiner, K. 516

リ

リコペン (lycopene) 124
リサイクルコード (recycling code)
　プラスチック 490
リゾチーム (lysozyme) 550
律速段階 (rate-determining step) 132,

149,194
立体異性体 (stereoisomer) 156,179
　　最大数　164
立体効果 (steric effect)　230
立体障害 (steric hindrance)　197
立体選択性 (stereoselectivity)　242,
　　243,244,631,632,635
立体選択的反応 (stereoselective
　　reaction)　143
立体中心 (stereocenter)　160
立体的因子 (steric factor)　197,198,210
立体配座 (conformation)　96,505
　　アルカン　76
立体配置 (configuration)　179
　　アルケン　110
　　キラル中心　162
立体ひずみ (steric strain)　80,96
リドカイン (lidocaine)　437
リボ核酸 (ribonucleic acid)　559,570,582
リポ酸 (lipoic acid)　629
D-リボース (D-ribose)　560,582
リボソーム RNA (ribosomal RNA)　571
リボフラビン (riboflavin)　619
リマンタジン (rimantadine)　371
リモネン (limonene)　120
流動モザイクモデル (fluid-mosaic model)
　　597,610
リン酸エステル (phosphoric ester)　411
リン酸化 (phosphorylation)　622
　　グルコース　622

リン酸無水物 (phosphoric anhydride)
　　408
リン脂質 (phospholipid)　594,610
Lieb, C.　603
Link, K.　410
Lister, J.　290
Lynen, F.　601

ル

Le Châtelier の原理　234
Lewis 塩基 (Lewis base)　55,56,136
Lewis 構造 (Lewis structure)　5,12,36
Lewis 酸 (Lewis acid)　55,136
Lewis 酸塩基反応 (Lewis acid-base
　　reaction)　55,136
Lewis 酸触媒 (Lewis acid catalyst)
　　273,277
Lewis の定義　58
Lewis モデル (Lewis model)
　　化学結合　6
Lewis, G.　5,6,55

レ

レシチン (lecithin)　594
レチナール (retinal)　117,354,607
レチノール (retinol)　116,607
レボメトルファン (levomethorphan)
　　308

レーヨン (rayon)　519,520
連鎖移動反応 (chain-transfer reaction)
　　487
連鎖開始 (chain initiation)　295,485,491
連鎖重合 (chain-growth polymerization)
　　483,491
連鎖成長 (chain propagation)
　　295,485,491
連鎖長 (chain length)　296,486,491
連鎖停止 (chain termination)　486,491

ロ

ロイコトリエン (leukotriene)　606
六員環遷移状態 (six-membered transition
　　state)　396,397
ロドプシン (rhodopsin)　117,354,607
ロバスタチン (lovastatin)　456
ローブ (lobe)　25,27
ロラタジン (loratadine)　184
Lowry, T.　46
Rowland, S.　190

ワ

ワルファリン (warfarin)　410
Watson-Crick モデル (Watson-Crick
　　model)　565,566,582
Watson, J.D.　565

ブラウン・プーン 基本有機化学
［第3版］

定　価（本体8,000円+税）

| 監訳 | 池田 正澄
奥山 格 | 平成18年5月10日　初版発行Ⓒ
平成31年3月30日　5刷発行 |

発 行 所　株式会社　廣 川 書 店

〒 113-0033　東京都文京区本郷3丁目27番14号
〔編集〕電話 03(3815)3656　FAX 03(5684)7030
〔販売〕　　 03(3815)3652　FAX 03(3815)3650

Hirokawa Publishing Co.
27-14, Hongō-3, Bunkyo-ku, Tokyo

ソロモンの新有機化学（上・下）[第9版]

京都薬科大学名誉教授　池田　正澄
京都薬科大学教授　　　上西　潤一　監訳
兵庫県立大学名誉教授　奥山　　格
大阪大学名誉教授・広島大学名誉教授　花房　昭静

〔上〕B5判　630頁　7,665円
〔下〕B5判　380頁　6,615円

フルカラー　このテキストが日本で最初に刊行されたのは1984年である．その後幾度かの改訂を経てその時代に合った内容に改善されてきたが，その基本理念は不変である．読みやすい日本語で，ゆったりと，やさしく有機化学の基本を学ぶことである．今回の改訂版は「薬学教育モデル・コアカリキュラム」に従った内容になっている．

ソロモン 新有機化学スタディガイド [第9版]

京都薬科大学名誉教授　池田　正澄
京都薬科大学教授　　　上西　潤一　監訳
兵庫県立大学名誉教授　奥山　　格
大阪大学名誉教授・広島大学名誉教授　花房　昭静

B5判　290頁　6,090円

「ソロモンの新有機化学」の学習の手引きであり，全演習問題の解答とその解き方が示されている．

ブラウン・プーン 基本有機化学 [第3版]

京都薬科大学名誉教授　池田　正澄　監訳
兵庫県立大学名誉教授　奥山　　格

B5判　700頁　8,400円

フルカラー　本書は生命化学への応用を重視しているので，特に薬学や医学などを学ぶ学生用のテキストとして最適である．主な特徴は，1）コンパクトであるが基本事項は十分カバーされている，2）理解度のチェックならびに応用力をつけるために演習問題が豊富である，3）巻末にその約半数以上の問題に対する解答がついている，4）フルカラーである，5）薬学モデルコアカリキュラムにほぼ準拠しているなどがあげられる．

有機化学入門 [第2版]

京都薬科大学名誉教授　池田　正澄
京都薬科大学名誉教授　太田　俊作　編著

A5判　330頁　3,990円

本書は大学で有機化学をはじめて学ぶ人のために書かれた教科書である．半年くらいで有機化学の基本事項が楽しく理解できるように工夫されている．例えば，関連するマンガが随所に見られ，各章末の有機化学にまつわるトピックスも楽しい．理解度を確かめるための演習問題もある．大学の有機化学は高校のそれに比べて難易度が格段に高くなるため「両者の橋渡し役」として最適である．

ポイント有機化学演習 [第3版]

京都薬科大学名誉教授　池田　正澄　編著

A5判　270頁　3,045円

このユニークな問題集は，有機化学の基本事項，特に学生諸君の苦手とする共鳴法，立体化学，反応機構が完全に理解できるように特別に工夫されている．例えば，随所にマンガを配し，『ポイント』として教科書よりも簡単明瞭な解説を加え，さらに学生諸君の答案によくみられるミスを問題として取り入れた．「問題集にして問題集にあらず」．教科書としても使える．

廣川書店
Hirokawa Publishing Company

113-0033　東京都文京区本郷3丁目27番14号
電話03(3815)3652　FAX03(3815)3650　http://www.hirokawa-shoten.co.jp/

元素の

周期＼族	1	2	3	4	5	6	7	8	9
1	1 H 水素 1.008								
2	3 Li リチウム 6.941	4 Be ベリリウム 9.012							
3	11 Na ナトリウム 22.990	12 Mg マグネシウム 24.305							
4	19 K カリウム 39.10	20 Ca カルシウム 40.08	21 Sc スカンジウム 44.96	22 Ti チタン 47.87	23 V バナジウム 50.94	24 Cr クロム 51.99	25 Mn マンガン 54.94	26 Fe 鉄 55.85	27 Co コバルト 58.93
5	37 Rb ルビジウム 85.47	38 Sr ストロンチウム 87.62	39 Y イットリウム 88.91	40 Zr ジルコニウム 91.22	41 Nb ニオブ 92.91	42 Mo モリブデン 95.94	43 Tc* テクネチウム (99)	44 Ru ルテニウム 101.07	45 Rh ロジウム 102.91
6	55 Cs セシウム 132.91	56 Ba バリウム 137.33	57~71 ランタノイド	72 Hf ハフニウム 178.49	73 Ta タンタル 180.95	74 W タングステン 183.84	75 Re レニウム 186.21	76 Os オスミウム 190.23	77 Ir イリジウム 192.22
7	87 Fr* フランシウム (223)	88 Ra* ラジウム (226)	89~103 アクチノイド	104 Rf* ラザホージウム (267)	105 Db* ドブニウム (268)	106 Sg* シーボーギウム (271)	107 Bh* ボーリウム (272)	108 Hs* ハッシウム (277)	109 Mt* マイトネリウム (276)

凡例：
- 非金属元素
- 典型金属
- 遷移金属
- メタロイド

原子番号 元素記号[注1]
元素名
原子量[注2]

	57~71 ランタノイド	57 La ランタン 138.91	58 Ce セリウム 140.12	59 Pr プラセオジム 140.91	60 Nd ネオジム 144.24	61 Pm* プロメチウム (145)	62 Sm サマリウム 150.36
	89~103 アクチノイド	89 Ac* アクチニウム (227)	90 Th* トリウム 232.04	91 Pa* プロトアクチニウム 231.04	92 U* ウラン 238.03	93 Np* ネプツニウム (237)	94 Pu* プルトニウム (239)

注1：安定同位体が存在しない元素には元素記号の右肩に＊を示す．
注2：安定同位体がなく，天然で特定の同位体組成を示さない元素については，
備考：アクチノイド以降の元素については，周期表の位置は暫定的である．

©日本化学会